Princípios de
TRANSFERÊNCIA DE CALOR

Tradução da 7ª edição norte-americana

Dados Internacionais de Catalogação na Publicação (CIP)
(Câmara Brasileira do Livro, SP, Brasil)

Kreith, Frank
  Princípios de transferência de calor / Frank Kreith, Raj M. Manglik, Mark S. Bohn ; revisão técnica Keli Fabiana Seidel, Sergio Roberto Lopes ; tradução Noveritis do Brasil. -- São Paulo : Cengage Learning, 2014.

Título original: Principles of heat transfer 7. ed. norte-americana

Bibliografia.
ISBN 978-85-221-1803-8

  1. Calor - Transmissão I. Manglik, Raj M.. II. Bohn, Mark S.. III. Título.

14-11550   CDD-536.2

Índice para catálogo sistemático:
1. Calor : Transferência : Física 536.2
2. Transferência de calor : Física 536.2

Princípios de
TRANSFERÊNCIA DE CALOR

Tradução da 7ª edição norte-americana

Frank Kreith

Professor Emérito, Universidade de Colorado em Boulder, Boulder, Colorado

Raj M. Manglik

Professor, Universidade de Cincinnati, Cincinnati, Ohio

Mark S. Bohn

Ex-Vice-Presidente, Engineering Rentech, Inc., Denver, Colorado

Edição SI preparada por:

ShaligramTiwari

Indian Institute of Technology Madras

Revisão técnica:

Keli Fabiana Seidel

Licenciada em Física pela Universidade do Estado de Santa Catarina (UDESC) e doutora em Física pela Universidade Federal do Paraná (UFPR), professora adjunta – Universidade Tecnológica Federal do Paraná (UTFPR) – Campus Curitiba.

Sergio Roberto Lopes

Licenciado em Física pela Universidade Estadual de Maringá (UEM) e doutor em Ciência Espacial pelo Instituto Nacional de Pesquisas Espaciais (INPE), professor associado IV – Universidade Federal do Paraná (UFPR) – Campus Curitiba.

Tradução:

Noveritis do Brasil

Austrália • Brasil • Japão • Coreia • México • Cingapura • Espanha • Reino Unido • Estados Unidos

Princípios de transferência de calor – Tradução da 7ª edição norte-americana
Frank Kreith, Raj M. Manglik e Mark S. Bohn

Gerente editorial: Noelma Brocanelli

Editora de desenvolvimento: Viviane Akemi Uemura

Supervisora de produção gráfica: Fabiana Alencar Albuquerque

Título original: Principles of Heat Transfer – 7th edition
(ISBN 13: 978-1-4390-6186-2; ISBN 10: 1-4390-6186-6)

Tradução: Noveritis do Brasil

Revisão técnica: Keli Fabiana Seidel e Sergio Roberto Lopes

Copidesque: iEA Soluções Educacionais

Revisão: Luicy Caetano, Bel Ribeiro e Mayra Clara Albuquerque Venâncio dos Santos

Diagramação: Cia. Editorial e Mariana Ferrari

Indexação: Casa Editorial Maluhy

Capa: Sérgio Bergocce

Imagem da capa: Excellent backgrounds/Shutterstock

Especialista em direitos autorais: Jenis Oh

© 2011, 2003 Cengage Learning
© 2016 Cengage Learning Edições Ltda.

Todos os direitos reservados. Nenhuma parte deste livro poderá ser reproduzida, sejam quais forem os meios empregados, sem a permissão por escrito da Editora. Aos infratores aplicam-se as sanções previstas nos artigos 102, 104, 106, 107 da Lei no 9.610, de 19 de fevereiro de 1998.

Esta editora empenhou-se em contatar os responsáveis pelos direitos autorais de todas as imagens e de outros materiais utilizados neste livro. Se porventura for constatada a omissão involuntária na identificação de algum deles, dispomo-nos a efetuar, futuramente, os possíveis acertos.

A Editora não se responsabiliza pelo funcionamento dos links contidos neste livro que possam estar suspensos.

> Para informações sobre nossos produtos, entre em contato pelo telefone **0800 11 19 39**
> Para permissão de uso de material desta obra, envie seu pedido para **direitosautorais@cengage.com**

© 2016 Cengage Learning. Todos os direitos reservados.
ISBN 13: 978-85-221-1803-8
ISBN 10: 85-221-1803-5

Cengage Learning
Condomínio E-Business Park
Rua Werner Siemens, 111 – Prédio 11 – Torre A – Conjunto 12
Lapa de Baixo – CEP 05069-900 – São Paulo – SP
Tel.: (11) 3665-9900 Fax: 3665-9901
SAC: 0800 11 19 39
Para suas soluções de curso e aprendizado, visite
www.cengage.com.br

Impresso no Brasil
Printed in Brazil
1 2 3   16 15 14

*Para nossos alunos
em todo o mundo*

PREFÁCIO

Quando um livro didático que foi usado por mais de um milhão de alunos em todo o mundo chega em sua sétima edição, é natural perguntar "O que levou os autores a revisarem esse livro?". O delineamento básico de como ensinar o assunto de transferência de calor, que foi primeiramente estabelecido pelo autor sênior em sua primeira edição, publicada há 60 anos, agora é universalmente aceito por todos os autores subsequentes de livros sobre esse assunto. Assim, a organização deste livro permaneceu essencialmente a mesma durante os anos, mas dados experimentais mais recentes, e especialmente o advento da tecnologia computacional, demandaram reorganização, adições e integração de métodos numéricos e computacionais de solução.

A necessidade de uma nova edição foi primariamente exigida pelos seguintes fatores:

Quando um aluno começa a ler um capítulo em um livro que aborda temas que são novos para ele, é necessário delinear os tipos de problemas que serão importantes. Portanto, a cada início de capítulo, apresentamos um resumo dos principais pontos que serão abordados para que o aluno possa reconhecê-los quando ao longo da leitura. Esperamos que essa técnica pedagógica torne mais fácil o aprendizado de um tópico tão específico quanto a transferência de calor.

Um aspecto importante de aprender ciência da engenharia é conectá-la a aplicações práticas e o modelamento adequado de sistemas ou dispositivos associados. Novas aplicações, exemplos de modelos ilustrativos e, mais atualmente, as correlações preditivas de ponta foram adicionadas em vários capítulos nesta edição.

A sexta edição usou MathCAD como o método computacional para resolver problemas reais de engenharia. Durante os dez anos desde a publicação da sexta edição, o ensino e o uso do MathCAD foi substituído pelo MATLAB. Assim, aquela abordagem foi substituída pelo MATLAB no capítulo sobre análises numéricas, além dos problemas ilustrativos nas aplicações do mundo real de transferência de calor em outros capítulos.

Novamente, de uma perspectiva pedagógica de avaliar o desempenho do aprendizado do aluno, foi considerado importante preparar problemas gerais que testam sua habilidade em absorver os principais conceitos do capítulo. Fornecemos, portanto, um conjunto de Perguntas de Revisão de Conceitos que solicita que o aluno demonstre sua habilidade de entender os novos conceitos relacionados a uma área específica de transferência de calor. Essas perguntas de revisão, assim como suas soluções, estão disponíveis no web site do livro no Site Companheiro do Aluno, em <www.cengagebrain.com.>. Além disso, embora na sexta edição houvesse muitos problemas para que os alunos resolvessem em casa, apresentamos outros que lidam diretamente com tópicos de interesse atual, como programas espaciais e energia renovável.

O livro foi projetado para ser um curso de um semestre sobre transferência de calor em nível júnior ou sênior. Entretanto, há alguma flexibilidade. As seções marcadas com asterisco podem ser omitidas sem quebrar a continuidade da apresentação. Caso todas as seções marcadas com um asterisco forem omitidas, o material no livro pode ser coberto em um único bimestre. Para um curso de um semestre, o instrutor pode selecionar de cinco a seis dessas seções e, assim, enfatizar suas próprias áreas de interesse.

O autor sênior expressa seu apreço ao Professor Raj M. Manglik, que auxiliou na tarefa de atualizar a sexta edição para que ela estivesse aos moldes dos alunos do século XXI. Por sua vez, RajManglik é profundamente grato pela oportunidade de participar da autoria desta edição revisada, que fornece uma experiência de aprendizagem motivadora sobre a transferência de calor aos alunos do mundo todo. Embora o Dr. Mark Bohn tenha decidido não participar da sétima edição, desejamos expressar nosso apreço por sua contribuição prévia. Além disso, os autores agradecem aos revisores da sexta edição, que deram valiosas sugestões para a atualização levando à nova edição do livro: B. Rabi Baliga, McGillUniversity; F.C. Lai, Universityof Oklahoma; S. Mostafa Ghiaasiaan, Georgia Tech; Michael Pate, Iowa State University; and Forman A. Williams, University of California, San Diego. Os autores também estendem seus agradecimentos a Hilda Gowans, a Editora de Desenvolvimento Sênior para Engenharia na Cengage Learning, que apoiou e encorajou o preparo dessa nova edição. Particularmente, Frank Kreith agradece a sua assistente, Bev Weiler, que apoiou seu trabalho de formas tangíveis e intangíveis, e a sua esposa, Marion Kreith, cuja paciência pelo tempo despendido em escrever livros tem sido de uma ajuda incalculável. Raj Manglik agradece a seus alunos de graduação Prashant Patel, Rohit Gupta e Deepak S. Kalaikadal pelas soluções computacionais e algoritmos no livro. Também gostaria de expressar sua gratidão a sua esposa, Vandana Manglik, por sua paciência e encorajamento durante as longas horas necessárias para esta empreitada, e a seus filhos, Aditi e Animaesh, pela afeição e disposição em abrir mão de um pouco do tempo que compartilhariam.

Sumário

Capítulo 1   **Modos básicos de transferência de calor**   2
      1.1 Relação de transferência de calor e termodinâmica   2
      1.2 Dimensões e unidades   5
      1.3 Condução de calor   6
      1.4 Convecção   13
      1.5 Radiação   16
      1.6 Sistemas combinados de transferência de calor   18
      1.7 Isolamento térmico   36
      1.8 Transferência de calor e as leis de conservação de energia   41
      Referências   47
      Problemas   47
      Problemas de projeto   56

Capítulo 2   **Condução de calor**   58
      2.1 Introdução   59
      2.2 A equação da condução   59
      2.3 Condução de calor estável em geometrias simples   65
      2.4 Superfícies estendidas   79
      2.5* Condução estacionária multidimensional   88
      2.6 Condução de calor transiente ou instável   97
      2.7* Gráficos para a condução transiente de calor 111
      2.8 Considerações finais   126
      Referências   127
      Problemas   128
      Problemas de projeto   139

Capítulo 3   **Análise numérica da condução de calor**   143
      3.1 Introdução   144
      3.2 Condução unidimensional em regime estável   145
      3.3 Condução unidimensional em regime instável   154
      3.4* Condução bidimensional em regime estável e instável   165
      3.5* Coordenadas cilíndricas   182
      3.6* Limites irregulares   184
      3.7 Considerações finais   187
      Referências   188
      Problemas   188
      Problemas de projeto   194

Capítulo 4   **Análise da transferência de calor por convecção**   196
      4.1 Introdução   197
      4.2 Transferência de calor por convecção   197
      4.3 Fundamentos da camada-limite   199
      4.4 Equações de conservação de massa, momento e energia para fluxo laminar em uma placa plana   200
      4.5 Equações adimensionais da camada-limite e parâmetros de similaridade   204
      4.6 Cálculo de coeficientes de transferência de calor por convecção   207
      4.7 Análise dimensional   208
      4.8* Solução analítica para o escoamento laminar da camada-limite sobre uma placa plana   214

4.9* Análise aproximada da camada-limite por integração 222
4.10* Analogia entre transferência de momento e de calor em fluxo turbulento sobre uma superfície plana 227
4.11 Analogia de Reynolds para o escoamento turbulento sobre superfícies planas 232
4.12 Camada-limite mista 233
4.13* Condições de contorno especiais e escoamento de alta velocidade 235
4.14 Considerações finais 240
Referências 241
Problemas 241
Problemas de projeto 251

Capítulo 5   Convecção natural   252

5.1 Introdução 253
5.2 Parâmetros de similaridade para convecção natural 254
5.3 Correlação empírica para várias formas 262
5.4* Cilindros, discos e esferas rotativos 273
5.5 Convecção forçada e natural combinadas 275
5.6* Superfícies aletadas 278
5.7 Considerações finais 282
Referências 287
Problemas 288
Problemas de projeto 295

Capítulo 6   Convecção forçada dentro de tubos e dutos   297

6.1 Introdução 298
6.2* Análise de convecção forçada laminar em um tubo longo 305
6.3 Correlações para convecção forçada laminar 314
6.4* Analogia entre momento e transferência de calor em fluxo turbulento 324
6.5 Correlações empíricas para convecção forçada turbulenta 327
6.6 Melhoramento de transferência de calor e arrefecimento de dispositivo eletrônico 335
6.7 Considerações finais 344
Referências 347
Problemas 349
Problemas de projeto 356

Capítulo 7   Convecção forçada sobre superfícies exteriores   357

7.1 Fluxo sobre corpos bojudos 358
7.2 Cilindros, esferas e outros formatos bojudos 359
7.3* *Packed-beds* 373
7.4 Feixes de tubos em fluxo cruzado 376
7.5* Feixes de tubos com aletas em fluxo cruzado 390
7.6* Jatos livres 392
7.7 Considerações finais 400
Referências 402
Problemas 404
Problemas de projeto 409

Capítulo 8   Trocadores de calor   411

8.1 Introdução 412
8.2 Tipos básicos de trocadores de calor 412
8.3 Coeficiente global de transferência de calor 419
8.4 Diferença de temperatura média logaritmica 422

8.5 Eficiência do trocador de calor   429
8.6* Melhoria de transferência de calor   437
8.7* Trocadores de calor em microescala   445
8.8 Considerações finais   445
Referências   447
Problemas   448
Problemas de projeto   459

Capítulo 9   Transferência de calor por radiação   460
9.1 Radiação térmica   461
9.2 Radiação de corpo negro   462
9.3 Propriedades de radiação   472
9.4 O fator de forma da radiação   486
9.5 Envoltórios com superfícies negras   495
9.6 Envoltórios com superfícies cinza   498
9.7* Inversão da matriz   503
9.8* Propriedade de radiação de gases e vapores   512
9.9 Radiação combinada com convecção e condução   519
9.10 Considerações finais   522
Referências   523
Problemas   524
Problemas de projeto   530

Capítulo 10   Transferência de calor com mudança de fase   532
10.1 Introdução à ebulição   533
10.2 Ebulição em recipiente   533
10.3 Ebulição em convecção forçada   551
10.4 Condensação   563
10.5* Projeto de condensador   571
10.6* Tubos de calor   572
10.7* Congelamento e fusão   582
Referências   586
Problemas   589
Problemas de projeto   593

Apêndice 1   Sistema Internacional de Unidades   A3

Apêndice 2   Tabelas de dados   A6
Propriedades dos sólidos   A7
Propriedades termodinâmicas dos líquidos   A13
Fluidos de transferência de calor   A22
Metais líquidos   A23
Propriedades termodinâmicas dos gases   A25
Outras propriedades e função de erro   A36
Equações de correlação para propriedades físicas   A44

Apêndice 3   Programas computacionais de matriz tridiagonal   A48
Solução de um sistema tridiagonal de equações   A48

Apêndice 4   Códigos de computador para transferência de calor   A53

Apêndice 5   Literatura de transferência de calor   A54

Índice remissivo   I1

NOMENCLATURA

Símbolo	Quantidade	Sistema Internacional de Unidades
a	velocidade do som	m/s
a	aceleração	m/s²
A	área; A_c, área transversal; A_p, área projetada de um corpo normal à direção de fluxo; A_q, área através da qual a taxa de fluxo de calor é q; A_s, área de superfície; A_o, área de superfície externa; A_i, área de superfície interna	m²
b	extensão ou largura	m
c	calor específico; c_p, calor específico em pressão constante; c_v, calor específico em volume constante	J/kg K
C	constante	
C	capacidade térmica	J/K
C	taxa de capacidade de calor por hora no Cap. 8; C_c, taxa de capacidade de calor por hora do fluido mais frio em um trocador de calor; C_h, taxa de capacidade de calor por hora do fluido mais quente em um trocador de calor	W/K
C_D	coeficiente de arrasto total	
C_f	coeficiente de atrito de superfície; C_{fx}, valor local de C_f na distância x de uma borda dianteira; $\bar{C}_f$, valor médio de C_f definido pela Eq. (4.31)	
d, D	diâmetro; D_H, diâmetro hidráulico; D_o, diâmetro externo; D_i, diâmetro interno	m
e	base de logaritmo natural ou nepieriano	
e	energia interna por unidade de massa	J/kg
E	energia interna	J
E	potência emissiva de um corpo de radiação; E_b, potência emissiva de um corpo negro	W/m²
E_λ	potência emissiva monocromática por mícron no comprimento de onda λ	W/m² μm
$\mathscr{E}$	eficiência do trocador de calor definida pela Eq. (8.22)	
f	Fator de atrito de Darcy para o fluxo por um cano ou duto, definido pela Eq. (6.13)	
f	coeficiente de atrito para o fluxo sobre bancos de tubos definidos pela Eq. (7.37)	
F	força	N
F_T	fator de temperatura definido pela Eq. (9.119)	
F_{1-2}	fator de formato geométrico para radiação de um corpo negro a outro	
$\mathscr{F}_{1-2}$	fator de formato geométrico e emissividade para radiação de um corpo cinza a outro	
g	aceleração devido à gravidade	m/s²
g_c	fator de conversão dimensional	1,0 kg m/N s²
G	taxa de fluxo de massa por unidade de área ($G = \rho U_\infty$)	kg/m² s
G	radiação incidente na superfície unitária no tempo unitário	W/m2
h	entalpia por unidade de massa	J/kg
h_c	coeficiente de transferência de calor por propagação local	W/m2 K
$\bar{h}$	coeficiente de transferência de calor combinado $\bar{h} = \bar{h}_c + \bar{h}_r$; h_b, coeficiente de transferência de calor de um líquido em ebulição, definido pela Eq. (10.1); $\bar{h}_c$, coeficiente médio de transferência de calor por propagação; $\bar{h}_r$, coeficiente médio de transferência de calor para radiação	W/m² K
h_{fg}	calor latente de condensação ou evaporação	J/kg

Símbolo	Quantidade	Sistema Internacional de Unidades
i	ângulo entre a direção do Sol e a superfície normal	rad
i	corrente elétrica	ampère (A)
I	intensidade da radiação	W/sr
I_λ	intensidade por unidade de comprimento de onda	W/sr
J	radiosidade	W/m²
k	condutividade térmica; k_s, condutividade térmica de um sólido; k_f, condutividade térmica de um fluido	W/m K
K	condutância térmica; K_k, condutância térmica para a transferência de calor por condução; K_c, condutância térmica para a transferência de calor por convecção; K_r, condutância térmica para a transferência de calor por radiação	W/K
l	comprimento, geral	m
L	comprimento ao longo de um caminho de fluxo de calor ou comprimento característico de um corpo	m
L_f	calor latente de solidificação	J/kg
$\dot{m}$	taxa de fluxo de massa	kg/s
M	massa	kg
$\mathcal{M}$	peso molecular	gm/gm-mol
N	número em geral; número de tubos, etc.	
p	pressão estática; p_c, pressão crítica; p_A, pressão parcial do componente A	N/m²
P	perímetro molhado (úmido)	m
q	taxa de fluxo de calor; q_k, taxa de fluxo de calor por condução; q_r, taxa de fluxo de calor por radiação; q_c, taxa de fluxo de calor por convecção; q_b, taxa de fluxo de calor por ebulição nucleada	W
$\dot{q}_G$	taxa de geração de calor por unidade de volume	W/m³
q''	fluxo de calor	W/m²
Q	quantidade de calor	J
$\dot{Q}$	taxa volumétrica de fluxo de fluido	m³/s
r	raio; r_H, raio hidráulico; r_i, raio interno; r_o, raio externo	m
R	resistência térmica; R_c, resistência térmica para transferência de calor por convecção; R_k, resistência térmica para transferência de calor por condução; R_r, resistência térmica para transferência de calor por radiação	K/W
R_e	resistência elétrica	ohm
$\mathcal{R}$	constante de gás perfeito	8,314 J/K kg-mol
S	fator de forma para fluxo de calor por condução	
S	espaçamento	m
S_L	distância entre linhas de centro de tubos em linhas longitudinais adjacentes	m
S_T	distância entre linhas de centro de tubos em linhas transversais adjacentes	m
t	espessura	m
T	temperatura; T_b, temperatura do centro do fluido; T_f, temperatura média de filme; T_s, temperatura superficial; T_{ra}, temperatura de fluido removido longe da fonte de calor ou sumidouro; T_m, temperatura média do centro do fluido fluindo em um duto; T_{sv}, temperatura de vapor saturado; T_s, temperatura de um líquido saturado; T_f, temperatura de congelamento; T, temperatura de líquidos; T_{as}, temperatura da parede adiabática	K ou °C
u	energia interna por unidade de massa	J/kg

Símbolo	Quantidade	Sistema Internacional de Unidades
u	velocidade média temporal na direção x; u', flutuação instantânea na componente x da velocidade; $\bar{u}$, velocidade média	m/s
U	coeficiente de transferência de calor total	W/m² K
U_∞	velocidade de fluido livre	m/s
v	volume específico	m³/kg
v	velocidade média temporal na direção y; v', flutuação instantânea na componente y da velocidade	m/s
V	volume	m³
w	velocidade média de temporal na direção z; w', flutuação instantânea na componente z da velocidade	m/s
w	largura	m
$\dot{W}$	taxa de produção de trabalho	W
x	distância da borda dianteira; x_c, distância da borda dianteira onde o fluxo se torna turbulento	m
x	coordenada	m
x	qualidade	
y	coordenada	m
y	distância de um limite sólido medido em uma direção normal à superfície	m
z	coordenada	m
Z	razão das taxas de capacidade de calor por hora em trocadores de calor	

Letras gregas

Símbolo	Quantidade	Sistema Internacional de Unidades
α	absortividade para radiação; α_λ, absortividade monocromática no comprimento de onda λ	
α	difusão térmica $= k/\rho c$	m²/s
β	coeficiente de temperatura da expansão de volume	1/K
β_k	coeficiente de temperatura da condutividade térmica	1/K
γ	razão de calor específico, c_p/c_v	
Γ	força do corpo por unidade de massa	N/kg
Γ_c	taxa de fluxo de massa de condensado por extensão unitária para um tubo vertical	kg/s m
δ	espessura da camada-limite; δ_h, espessura da camada-limite hidrodinâmica; δ_{th}, espessura da camada-limite térmica	m
Δ	diferença entre valores	
ε	fração entre lacunas em leitos empacotados (*packed bed*)	
ε	emissividade para radiação; ε_λ, emissividade monocromática no comprimento de onda λ; ε_ϕ, emissividade em direção de ϕ	
ε_H	difusividade de turbilhão térmico	m²/s
ε_M	difusividade de turbilhão de momento	m²/s
ζ	razão da espessura de camada-limite térmica a hidrodinâmica, δ_{th}/δ_h	
η_f	eficiência da aleta	
θ	tempo	s
λ	comprimento de onda; $\lambda_{máx}$, comprimento de onda no qual a energia emissiva monocromática $E_{b\lambda}$ é um máximo	μm
λ	calor latente de vaporização	J/kg
μ	viscosidade absoluta	N s/m²
ν	viscosidade cinemática, μ/ρ	m²/s

Símbolo	Quantidade	Sistema Internacional de Unidades
ν_r	frequência de radiação	1/s
ρ	densidade de massa, $1/v$; ρ_l, densidade de líquido; ρ_v, densidade do vapor	kg/m³
ρ	refletividade para radiação	
τ	tensão de cisalhamento; τ_s, tensão de cisalhamento na superfície; τ_w, cisalhamento na parede de um tubo ou duto	N/m²
τ	transmissividade para radiação	
σ	constante de Stefan-Boltzmann	W/m² K⁴
σ	tensão de superfície	N/m
ϕ	ângulo	rad
ω	velocidade angular	rad/s
ω	ângulo sólido	sr
	Números adimensionais	
Bi	Número de Biot $= \bar{h}L/k_s$ ou $\bar{h}r_o/k_s$	
Fo	Módulo de Fourier $= a\theta/L^2$ ou $a\theta/r_o^2$	
Gz	Número de Graetz $= (\pi/4)\text{RePr}(D/L)$	
Gr	Número de Grashof $= \beta_g L^3 \Delta T/\nu^2$	
Ja	Número de Jakob $= (T_\infty - T_{sat})c_{pl}/h_{fg}$	
M	Número Mach $= U_\infty/a$	
Nu$_x$	Número de Nusselt local na distância x da borda dianteira, $h_c x/k_f$	
$\overline{\text{Nu}}_L$	Número de Nusselt médio para placa, $\bar{h}_c L/k_f$	
$\overline{\text{Nu}}_D$	Número de Nusselt médio para cilindro, $\bar{h}_c D/k_f$	

Símbolo	Quantidade
Pe	Número de Peclet $= \text{RePr}$
Pr	Número de Prandtl $= c_p \mu/k$ ou ν/α
Ra	Número de Rayleigh $= \text{GrPr}$
Re$_L$	Número de Reynolds $= = U_\infty \rho L/\mu$:,
Re$_x = U_\infty \rho x/\mu$	Valor local de Re na distância x da borda dianteira
Re$_D = U_\infty \rho D/\mu$	Número de Reynolds de diâmetro
Re$_b = D_b G_b/\mu_l$	Número de Reynolds de bolha
θ	Módulo de Fourier de borda $= \bar{h}^2 a\theta/k_s^2$
St	Número de Stanton $= \bar{h}_c/\rho U_\infty c_p$ ou $\overline{\text{Nu}}/\text{RePr}$
	Outros
$a > b$	a maior que b
$a < b$	a menor que b
$\propto$	sinal proporcional
$\simeq$	sinal de aproximadamente igual
∞	sinal de infinito
Σ	sinal de somatório

CAPÍTULO 1

Modos Básicos de Transferência de Calor

Uma estação de energia solar com suas matrizes ou campo de heliostatos e a torre de energia solar no primeiro plano – este tipo de sistema envolve todos os modos de transferência de calor – radiação, condução e convecção, incluindo ebulição e condensação.
Fonte: Foto cortesia da Abengoa Solar.

Conceitos e análises a serem aprendidos

O calor é transportado ou "movido" basicamente por um gradiente de temperatura; ele *flui* ou é *transferido* de uma região de alta temperatura para uma de baixa temperatura. Uma compreensão desse processo e de seus diferentes mecanismos requer conectar princípios de termodinâmica e fluxo de fluidos aos princípios de transferência de calor. Este último aspecto tem seu próprio conjunto de conceitos e definições, e os princípios de base dentre eles são apresentados neste capítulo com suas descrições matemáticas e algumas aplicações de engenharia típicas. O estudo deste capítulo abordará:

- Como aplicar a relação básica entre termodinâmica e transferência de calor.
- Como modelar os conceitos de diferentes modos ou mecanismos de transferência de calor para aplicações práticas de engenharia.
- Como usar a analogia entre o calor e o fluxo de corrente elétrica, bem como a resistência térmica e elétrica, na análise de engenharia.
- Como identificar a diferença entre o estado estacionário e os modos transientes de transferência de calor.

1.1 Relação de transferência de calor e termodinâmica

A energia será transferida sempre que houver um gradiente de temperatura dentro de um sistema ou cada vez que dois sistemas com diferentes temperaturas sejam postos em contato. O processo pelo qual se efetua o transporte de energia é conhecido como *transferência de calor*. O objeto em trânsito, chamado calor, não pode ser observado ou medido diretamente. No entanto, é possível identificar e quantificar seus efeitos por meio de medições e análise. O fluxo de calor, como o desempenho do trabalho, é um processo pelo qual a energia inicial de um sistema é alterada.

O ramo da ciência que lida com a relação entre calor e outras formas de energia, incluindo o trabalho mecânico em particular, é chamado *termodinâmica*. Como todas as leis da natureza, seus princípios são baseados em observações e têm sido generalizados em leis que servem para todos os processos que ocorrem na natureza, pois nenhuma exceção foi encontrada. Por exemplo, a Primeira Lei da Termodinâmica afirma que energia não pode ser criada ou destruída, somente alterada de uma forma para outra. Ela governa todas as transformações de energia quantitativamente, mas não considera restrições na orientação da transformação. Com base em experiências, sabe-se que nenhum processo cujo único resultado seja a transferência líquida de calor de uma região de baixa temperatura para uma de alta temperatura é possível. Esta declaração da verdade experimental é conhecida como a Segunda Lei da Termodinâmica.

Todos os processos de transferência de calor envolvem conversão e/ou troca de energia. Portanto, devem obedecer a Primeira e a Segunda Lei da Termodinâmica. À primeira vista, pode-se considerar que os princípios de transferência de calor podem ser derivados das leis básicas da termodinâmica. Esta conclusão, no entanto, é errônea, porque a termodinâmica clássica é restrita basicamente ao estudo dos estados de equilíbrio (incluindo equilíbrio mecânico, químico e térmico) e é, por si só, de pouca ajuda na determinação quantitativa das transformações que ocorrem devido à falta de equilíbrio nos processos de engenharia. Desde que o fluxo de calor é o resultado do não equilíbrio da temperatura, seu tratamento quantitativo deve se basear em outros ramos da ciência. O mesmo raciocínio aplica-se a outros tipos de processos de transporte, tais como transferência de massa e difusão.

Limitações da termodinâmica clássica A termodinâmica clássica trabalha com os estados dos sistemas a partir de um ponto de vista macroscópico e não levanta hipóteses sobre a estrutura da matéria. Para executar uma análise termodinâmica, é necessário descrever o estado de um sistema considerando características tais como pressão, volume e temperatura, que podem ser medidas diretamente e não envolvem suposições especiais sobre a estrutura da matéria. Essas variáveis (ou propriedades termodinâmicas) são importantes para o sistema como um todo apenas quando são uniformes em todo o sistema, ou seja, quando o sistema está em equilíbrio. Assim, a termodinâmica clássica não se preocupa com os detalhes de um processo, mas com os estados de equilíbrio e as relações entre eles. Os processos utilizados em uma análise termodinâmica são idealizados, concebidos para dar informações relativas aos estados de equilíbrio.

O exemplo esquemático do motor de um automóvel na Fig. 1.1 ilustra as distinções entre a termodinâmica e a análise de transferência de calor. Enquanto a Lei Básica da Conservação de Energia é aplicável em ambos os casos, do ponto de vista da termodinâmica, a quantidade de calor transferida durante um processo é igual à diferença entre a mudança de energia do sistema e o trabalho realizado. Esse tipo de análise não considera o mecanismo de fluxo de calor nem o tempo necessário para transferi-lo. Ele prescreve quanto calor deve-se fornecer ou rejeitar a partir de um sistema durante um processo entre os estados finais especificados sem considerar se, ou como, isso poderia ser feito. A questão de quanto tempo levaria para transferir uma quantidade específica de calor através de diferentes mecanismos ou modos de transferência e seus processos (tanto em termos de espaço quanto de tempo), embora de grande importância prática, não costuma entrar na análise termodinâmica.

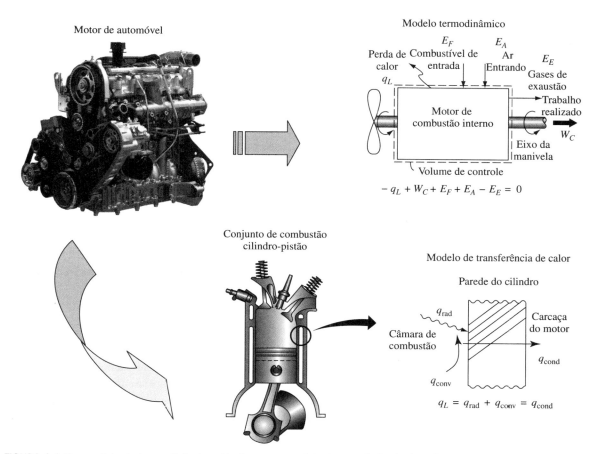

FIGURA 1.1 Um modelo de termodinâmica clássica e um modelo de transferência de calor de um motor de automóvel típico (combustão interna de ignição por faísca).

Fonte: Motor de um automóvel, cortesia de Ajancso/Shutterstock.

Engenharia de transferência de calor Do ponto de vista da engenharia, o principal problema é a determinação da *taxa de transferência de calor a uma diferença de temperatura especificada*. Para estimar o "custo", viabilidade e tamanho do equipamento necessário para transferir uma quantidade especificada de calor em determinado momento, deve ser feita uma análise de transferência de calor detalhada. As dimensões de caldeiras, aquecedores, refrigeradores e trocadores de calor dependem da quantidade de calor a ser transmitida, e da taxa em que o calor vai ser transferido sob determinadas condições. A bem-sucedida operação de componentes de equipamentos, tais como lâminas de turbina ou paredes das câmaras de combustão, depende da possibilidade de resfriamento de certas peças de metal removendo continuamente o calor de uma superfície a uma taxa rápida. Também deve ser feita uma análise de transferência de calor no projeto de máquinas elétricas, transformadores e rolamentos para evitar condições que possam causar sobreaquecimento e, com isso, danificar o equipamento. A listagem na Tabela 1.1, que não é abrangente, dá uma indicação do significado amplo de transferência de calor e suas diferentes aplicações práticas. Esses exemplos confirmam que muitos ramos da engenharia encontram problemas de transferência de calor, o que mostra a impossibilidade de serem resolvidos pelo raciocínio termodinâmico isoladamente, sendo necessária uma análise baseada na ciência de transferência de calor.

Como em outros ramos da engenharia, em transferência de calor, a solução bem-sucedida de um problema exige suposições e idealizações. Não é possível descrever fenômenos físicos de forma exata e é necessário fazer algumas aproximações para expressar um problema sob a forma de uma equação que pode ser resolvida. Nos cálculos de circuitos elétricos, por exemplo, geralmente presume-se que os valores de resistências, capacitâncias e indutâncias são independentes da corrente que flui por eles. Essa suposição simplifica a análise, mas pode, em certos casos, limitar severamente a precisão dos resultados.

TABELA 1.1 Significado e diversas aplicações práticas de transferência de calor

Indústria química, petroquímica e de processo: trocadores de calor, reatores, refervedores etc.

Geração e distribuição de energia: caldeiras, condensadores, torres de resfriamento, aquecedores de alimentação, resfriamento de transformadores, resfriamento de cabos de transmissão etc.

Aviação e exploração do espaço: resfriamento de lâmina de turbina a gás, blindagem de veículos contra o calor, resfriamento de motor/bico de foguete, trajes espaciais, geração de energia espacial etc.

Máquinas elétricas e equipamentos eletrônicos: resfriamento de motores, geradores, computadores e dispositivos microeletrônicos etc.

Fabricação e processamento de materiais: Processamento de metal, tratamento térmico, tratamento de material composto, crescimento de cristais, microusinagem, usinagem a laser etc.

Transporte: resfriamento de motores, radiadores de automóveis, controle de temperatura, armazenamento móvel de alimentos etc.

Incêndio e combustão

Aplicações biomédicas e cuidados com a saúde: aquecedores de sangue, armazenamento de órgãos e tecidos, hipotermia etc.

Aquecimento, ventilação e ar-condicionado para conforto: condicionadores de ar, aquecedores de água, fornos, câmaras frias, refrigeradores etc.

Mudanças de clima e ambientais

Sistema de energia renovável: coletores de placa planos, armazenamento de energia térmica, resfriamento de módulo PV etc.

Para interpretar os resultados finais, é importante levar em consideração as idealizações, as aproximações e os pressupostos, feitos no decorrer de uma análise. Às vezes, informações insuficientes sobre propriedades físicas tornam necessário usar aproximações de engenharia para ser possível resolver um problema. Por exemplo, na concepção de peças de máquina para operação em temperaturas elevadas, pode ser necessário estimar o limite proporcional ou a tensão de fadiga do material a partir de dados de baixa temperatura. Para garantir o bom funcionamento de uma peça específica, um *designer* deve aplicar um fator de segurança para os resultados obtidos a partir da análise. Também são necessárias aproximações similares em problemas de transferência de calor. Propriedades físicas, como a condutividade térmica ou viscosidade, mudam com a temperatura, mas, se são selecionados valores médios apropriados, os cálculos podem ser consideravelmente simplificados sem introduzir um erro significativo no resultado final. Quando o calor é transferido de um fluido a uma parede, como o que ocorre em uma caldeira, uma película forma-se em operação contínua e reduz a taxa de fluxo de calor. Portanto, para garantir o funcionamento satisfatório durante longo período de tempo, deve ser aplicado um fator de segurança que considere essa eventualidade.

Quando se torna necessário fazer suposição ou aproximação na solução de um problema, o engenheiro deve se basear na criatividade e em experiências anteriores. Não existem guias simples para problemas novos e inexplorados, e uma suposição válida para um problema pode ser equivocada em outro. A experiência tem mostrado, no entanto, que o primeiro requisito para fazer suposições ou aproximações sólidas na engenharia é uma compreensão física completa e abrangente do problema em mãos. No campo da transferência de calor, isso significa ter familiaridade com leis e mecanismos físicos de fluxo de calor, e também com as da mecânica dos fluidos, física e matemática.

Transferência de calor pode ser definida como a transmissão de energia de uma região para outra, como resultado de uma diferença de temperatura entre elas. Considerando que existem diferenças nas temperaturas de tudo sobre o universo, o fenômeno de fluxo de calor é tão universal quanto aqueles associados às atrações gravitacionais. Entretanto, ao contrário da gravidade, o fluxo de calor é governado não por uma relação única, mas por uma combinação de várias leis independentes da física.

Mecanismos de transferência de calor A literatura referente à transferência de calor geralmente reconhece três modalidades distintas de transmissão de calor: *condução*, *radiação* e *convecção*. Especificamente falando, apenas condução e radiação devem ser classificadas como processos de transferência de calor, porque apenas esses mecanismos dependem da existência de uma diferença de temperatura para sua operação. A convecção não satisfaz completamente a definição de transferência de calor porque sua operação também depende do transporte mecânico em massa. Mas, como a convecção também realiza transmissão de energia de regiões de maior temperatura para regiões de menor temperatura, o termo "transferência de calor por convecção" torna-se geralmente aceito.

Nas seções 1.3 – 1.5, serão avaliadas as equações básicas que regem cada um dos três modos de transferência de calor. O objetivo inicial é obter uma ampla perspectiva da área sem nos envolvermos em detalhes. Devemos, portanto, considerar apenas casos simples. Ainda deve-se ressaltar que, em situações mais naturais, o calor é transferido não por um, mas por vários mecanismos que operam simultaneamente. Assim, na Seção 1.6 será apresentado como combinar relações simples em situações em que vários modos de transferência de calor ocorrem simultaneamente. Na Seção 1.7, como reduzir o fluxo de calor pelo isolamento. E, finalmente, na Seção 1.8, será mostrado como usar as leis da termodinâmica na análise de transferência de calor.

1.2 Dimensões e unidades

Antes de prosseguir com o desenvolvimento dos conceitos e dos princípios que regem a transmissão ou o fluxo de calor, é interessante rever as dimensões primárias e as unidades pelas quais suas variáveis descritivas são quantificadas. É importante não confundir os significados das **unidades** de termos e **dimensões**. Dimensões são conceitos básicos de medidas como comprimento, tempo e temperatura. Por exemplo, a distância entre dois pontos é uma dimensão chamada comprimento. **Unidades** são meios de expressar dimensões numericamente, por exemplo, metro ou centímetro para comprimento; segundo ou hora para tempo. Antes de efetuar cálculos numéricos, as dimensões devem ser quantificadas por unidades.

Vários sistemas diferentes de unidades estão em uso em todo o mundo. O sistema SI (*Systeme International d'Unites*) foi adotado pela Organização Internacional de Normalização e é recomendado pela maioria das organizações nacionais de normalização dos EUA. Esse sistema será usado neste livro.

As unidades básicas do SI são para comprimento, massa, tempo e temperatura. A unidade de força, o newton, é obtida a partir da Segunda Lei de Newton de Movimento, que afirma que a força é proporcional à taxa de variação do momento em relação ao tempo. Para dada massa, a lei de Newton pode ser escrita na forma

$$F = \frac{1}{g_c} ma \tag{1.1}$$

em que F é a força, m é a massa, a é a aceleração, e g_c é uma constante cujo valor numérico e unidades dependem dos selecionados para F, m, e a.

No sistema SI, o Newton é definido como

$$1 \text{ newton} = \frac{1}{g_c} \times 1 \text{ kg} \times 1 \text{ m/s}^2$$

Assim, vemos que

$$g_c = 1 \text{ kg m/newton s}^2$$

O peso de um corpo, F_p, é definido como a força exercida sobre o corpo pela gravidade. Assim,

$$F_p = \frac{g}{g_c} m$$

em que g é a aceleração local devido à gravidade. Peso tem as dimensões de força e 1 kg de massa pesará 9,8 N ao nível do mar.

Deve-se notar que g e g_c não são quantidades semelhantes. A aceleração gravitacional g varia de acordo com a localização e a altitude, considerando que g_c é uma constante cujo valor depende do sistema de unidades. Uma das grandes convenções do sistema SI é que g_c é numericamente igual a 1 e, portanto, não precisa ser mostrado especificamente.

Com as unidades fundamentais de metro, quilograma, segundo e kelvin, as unidades para força e energia ou calor são unidades derivadas. Para quantificar o calor, sua taxa de transferência, seu fluxo e sua temperatura, as unidades utilizadas de acordo com a convenção internacional são dadas na Tabela 1.2. O joule (newton metro) é a única unidade de energia no sistema SI, e o watt (joule por segundo) é a unidade correspondente de energia.

A unidade de temperatura do SI é o kelvin, mas o uso da escala de temperatura em graus Celsius é considerado admissível. O kelvin é baseado na escala termodinâmica: zero na escala em graus Celsius (0°C) corresponde à temperatura de congelamento da água e é equivalente a 273,15 K na escala termodinâmica. Note, no entanto, que as diferenças de temperatura são numericamente equivalentes em K e °C, uma vez que $\Delta T = 1$ K é igual a $\Delta T = 1$°C.

TABELA 1.2 Dimensões e unidades de calor e temperatura

Quantidade	Unidades SI	Unidades inglesas	Conversão
Q, quantidade de calor	J	Btu	1 J = 9,4787 × 10^{-4} Btu
q, taxa de transferência de calor	J/s ou W	Btu/h	1 W = 3,4123 Btu/h
q″, fluxo de calor	W/m²	Btu/h · ft²	1 W/m² = 0,3171 Btu/h · ft²
T, temperatura	K	°R ou °F	T °C = (T °F−32)/1,8
	[K] = [°C] + 273,15	[R] = [°F] + 459,67	T K = T °R/1,8

*Graus Rankine = °R

EXEMPLO 1.1 A parede de tijolos de alvenaria de uma casa apresenta temperatura de 13°C na superfície interior e uma temperatura média de 7°C na superfície externa. A parede tem 0,3 m de espessura e, por causa da diferença de temperatura, a perda de calor através dela é de 10,7 W/m² por pé quadrado. Calcule o valor dessa perda de calor para uma superfície de 9 m² durante um período de 24 horas; considere que a casa é aquecida por um aquecedor de resistência elétrica e o custo da eletricidade é de 10 ¢/kWh.

SOLUÇÃO A taxa de perda de calor é de 10,7 W/m² por unidade de área de superfície.

A perda de calor total para o meio ambiente sobre a área da superfície especificada da parede da casa em 24 horas é de

$$Q = 10{,}7\left(\frac{W}{m^2}\right) \times 9(m^2) \times 24(h) = 2311 \text{ [Wh]}$$

Isso pode ser expresso em unidades de kWh como

$$Q = 2{,}311 \text{ [kWh]}$$

E a 10 ¢/kW·h, o que totaliza ≈ 23 ¢ como o custo da perda de calor em 24 h.

1.3 Condução de calor

Sempre que um gradiente de temperatura existe em meio sólido, o calor fluirá da região de temperatura mais alta para a de temperatura mais baixa. A taxa na qual o calor é transferido por condução, q_k, é proporcional ao gradiente de temperatura dT/dx vezes a área A, por meio da qual o calor é transferido:

$$q_k \propto A \frac{dT}{dx}$$

Nessa relação, $T(x)$ é a temperatura local e x é a distância na direção do fluxo de calor. A taxa real de fluxo de calor depende da condutividade térmica k, que é uma propriedade física do meio. Para a condução por um meio homogêneo, a taxa de transferência de calor é, então:

$$q_k = -kA \frac{dT}{dx} \tag{1.2}$$

O sinal de menos (−) é uma consequência da Segunda Lei da Termodinâmica, que requer que o calor flua na direção da temperatura maior para a menor. Conforme ilustrado na Fig. 1.2, o gradiente de temperatura será negativo se a temperatura diminuir com o aumento de valores de x. Portanto, se o calor transferido na direção positiva de x deve ser uma quantidade positiva, um sinal negativo (−) deve ser inserido no lado direito da Eq. (1.2).

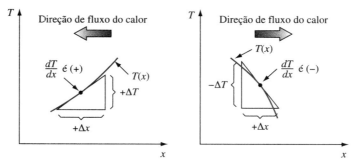

FIGURA 1.2 A convenção de sinal para o fluxo de calor de condução.

A Equação (1.2) define a condutividade térmica. Chama-se Lei de Fourier da Condução em homenagem ao cientista francês Jean Baptiste Joseph Fourier, que a propôs em 1822. A condutividade térmica na Eq. (1.2) é uma propriedade material que indica a quantidade de calor que fluirá através de uma unidade de área por unidade de tempo, quando o gradiente de temperatura é a unidade. No sistema SI, a área é dada em metros quadrados (m²), a temperatura em kelvins (K), x em metros (m) e a taxa de fluxo de calor em watts (W). A condutividade térmica, portanto, tem as unidades de watts por metro por kelvin (W/m K).

Ordens de magnitude da condutividade térmica de vários tipos de materiais são apresentadas na Tabela 1.3. Embora, em geral, a condutividade térmica varie com a temperatura, em muitos problemas de engenharia, a variação é suficientemente pequena para ser desconsiderada.

Tabela 1.3 Condutividades térmicas de alguns metais, sólidos não metálicos, líquidos e gases

Material	Condutividade térmica, a 300 K (W/m K)
Cobre	399
Alumínio	237
Aço-carbono, 1% C	43
Vidro	0,81
Plásticos	0,2-0,3
Água	0,6
Etilenoglicol	0,26
Óleo de motor	0,15
Freon (líquido)	0,07
Hidrogênio	0,18
Ar	0,026

1.3.1 Paredes planas

Para o caso simples de fluxo de calor unidimensional no estado estacionário através de uma parede plana, o gradiente de temperatura e o fluxo de calor não variam com o tempo, e a área transversal ao longo do caminho de fluxo de calor é uniforme. As variáveis na Eq. (1.2) podem ser separadas e a equação resultante é:

$$\frac{q_k}{A} \int_0^L dx = -\int_{T_{\text{quente}}}^{T_{\text{frio}}} k\,dT = -\int_{T_1}^{T_2} k\,dT$$

Os limites de integração podem ser verificados pela inspeção da Fig. 1.3, em que a temperatura na face esquerda ($x = 0$) é uniforme em T_{quente} e a temperatura na face direita ($x = L$) é uniforme em T_{frio}.

Se k é independente de T, obtemos, após a integração, a seguinte expressão para a taxa de condução de calor através da parede:

$$q_k = \frac{Ak}{L}(T_{\text{quente}} - T_{\text{frio}}) = \frac{\Delta T}{L/Ak} \tag{1.3}$$

Nessa equação ΔT, a diferença entre a temperatura mais alta T_{quente} e a temperatura mais baixa T_{frio}, é o potencial de condução que causa o fluxo de calor. A quantidade L/Ak é equivalente a uma resistência térmica R_k que a parede oferece ao fluxo de calor por condução:

$$R_k = \frac{L}{Ak} \tag{1.4}$$

Há uma analogia entre os sistemas de fluxo de calor e os circuitos elétricos CC. Como mostrado na Fig. 1.3, o fluxo de corrente elétrica, i, é igual ao potencial da tensão, $E_1 - E_2$, dividida pela resistência elétrica, R_e, enquanto a taxa de fluxo de calor, q_k, é igual à temperatura potencial $T_1 - T_2$, dividida pela resistência térmica R. Essa analogia é uma ferramenta conveniente, especialmente para a visualização de situações mais complexas.

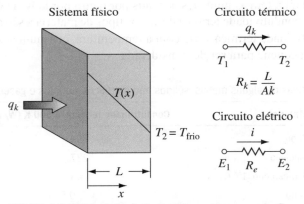

FIGURA 1.3 Distribuição de temperatura para a condução no estado estacionário através de uma parede plana e a analogia entre circuitos elétricos e térmicos.

O recíproco da resistência térmica é referido como a condutância térmica K_k, definida por

$$K_k = \frac{Ak}{L} \tag{1.5}$$

A relação k/L na Eq. (1.5), a condutância térmica por unidade de área, é chamada *unidade de condutância térmica* para a condução do fluxo de calor, enquanto a recíproca, L/k, é chamada *unidade de resistência térmica*. O k subscrito indica que o mecanismo de transferência é a condução. A condutância térmica tem as unidades de diferença de temperatura de watts por kelvin, e a resistência térmica tem as unidades kelvin por watt. Os conceitos de resistência e condutância são úteis na análise de sistemas térmicos em que vários modos de transferência de calor ocorrem simultaneamente.

O matemático e físico francês Jean Baptiste Joseph Fourier (1768-1830) e o jovem físico alemão Georg Ohm (1789-1854), o descobridor da lei de Ohm, que é a base fundamental da teoria de circuito elétrico, foram praticamente contemporâneos. Acredita-se que o tratamento matemático do Ohm, publicado no *Die Galvanische Kette, Mathematisch Bearbeitet* (O Circuito Galvânico Investigado Matematicamente) em 1827, foi inspirado e baseado na obra de Fourier. Ele tinha desenvolvido a equação da taxa para descrever o fluxo de calor em um meio condutor. Assim, o tratamento análogo do fluxo de calor e eletricidade, em termos de circuito térmico com uma resistência térmica entre uma diferença de temperatura, não é surpreendente.

Para muitos materiais, a condutividade térmica pode ser aproximada como uma função linear da temperatura ao longo de intervalos de temperatura limitada:

$$k(T) = k_0(1 + \beta_k T) \tag{1.6}$$

em que β_k é uma constante empírica, e k_0 é o valor da condutividade a uma temperatura de referência. Em tais casos, a integração da Eq. (1.2) dá

$$q_k = \frac{k_0 A}{L}\left[(T_1 - T_2) + \frac{\beta_k}{2}(T_1^2 - T_2^2)\right] \tag{1.7}$$

ou

$$q_k = \frac{k_{av} A}{L}(T_1 - T_2) \tag{1.8}$$

em que k_{av} é o valor de k para a temperatura média $(T_1 + T_2)/2$.

A distribuição de temperatura para uma constante térmica ($\beta_k = 0$) e para condutividades térmicas que aumentam ($\beta_k > 0$) e diminuem ($\beta_k < 0$) com temperatura são mostradas na Fig. 1.4.

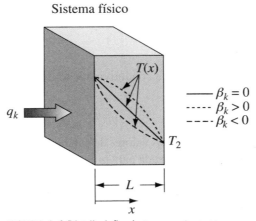

FIGURA 1.4 Distribuição de temperatura na condução por meio de uma parede plana com condutividade térmica constante e variável.

EXEMPLO 1.2 Calcule a resistência térmica e a taxa de transferência de calor através de um painel de janela de vidro ($k = 0{,}81$ W/m K) de 1 m de altura, 0,5 m de largura e 0,5 cm de espessura, se a temperatura da superfície externa é de 24°C e a temperatura da superfície interna é de 24,5°C.

SOLUÇÃO Um diagrama esquemático do sistema é mostrado na Fig. 1.5. Suponha que existe um estado estável e que a temperatura é uniforme sobre as superfícies internas e externas. A resistência térmica à condução R_k é dada a partir da Eq. (1.4)

$$R_k = \frac{L}{kA} = \frac{0{,}005 \text{ m}}{0{,}81 \text{ W/m K} \times 1 \text{ m} \times 0{,}5 \text{ m}} = 0{,}0123 \text{ K/W}$$

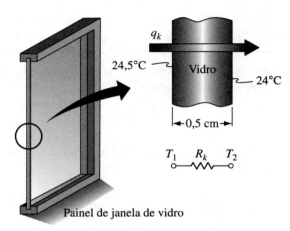

FIGURA 1.5 Transferência de calor por condução através de um painel de janela.

A taxa de perda de calor da superfície interior para a superfície exterior é obtida a partir da Eq. (1.3):

$$q_k = \frac{T_1 - T_2}{R_k} = \frac{(24{,}5 - 24{,}0)°C}{0{,}0123 \text{ K/W}} = 40 \text{ W}$$

Observe que uma diferença de temperatura de 1°C é igual a uma diferença de temperatura de 1 K. Portanto, °C e K podem ser usados de forma permutável quando são indicadas as diferenças de temperatura. Se um nível de temperatura está envolvido, no entanto, é importante lembrar de que a escala de zero grau Celsius (0°C) é equivalente a 273,15 K na escala termodinâmica ou de temperatura absoluta e

$$T(\text{K}) = T(°C) + 273{,}15$$

1.3.2 Condutividade térmica

De acordo com a Lei de Fourier, a Eq. (1.2), a condutividade térmica é definida como

$$k \equiv \frac{q_k/A}{|dT/dx|}$$

Para cálculos de engenharia, geralmente usamos valores de condutividade térmica medidos experimentalmente, embora a teoria cinética dos gases possa ser usada para prever os valores experimentais com precisão para gases em temperaturas moderadas. Também têm sido propostas teorias para calcular condutividades térmicas para outros materiais, mas, no caso de líquidos e sólidos, teorias não são adequadas para predizer a condutividade térmica com precisão satisfatória [1, 2].

A Tabela 1.3 relaciona valores de condutividade térmica para diversos materiais. Observe que os melhores condutores são metais puros e os gases são os mais pobres. No meio-termo estão as ligas, os sólidos não metálicos e os líquidos.

O mecanismo de condução térmica de um gás pode ser explicado em um nível molecular a partir de conceitos básicos da teoria cinética dos gases. A energia cinética de uma molécula está relacionada à sua temperatura. Moléculas em uma região de alta temperatura têm velocidades mais altas do que aquelas em uma região de temperaturas mais baixas. Mas as moléculas estão em movimento aleatório contínuo e, como elas colidem uma com a outra, trocam energia e momento. Quando uma molécula se move de uma região de maior temperatura para uma de temperatura mais baixa, ela transporta energia cinética da temperatura mais alta para a mais baixa do sistema. Após a colisão com as moléculas mais lentas, doa um pouco dessa energia e aumenta a energia de moléculas com um conteúdo energético inferior. Dessa maneira, a energia térmica é transferida de regiões com temperatura mais alta para mais baixa em um gás pela ação molecular.

De acordo com essa simplificada descrição, quanto mais rápido o movimento das moléculas, mais rápido elas transportarão energia. Consequentemente, a propriedade de transporte que chamamos *condutividade térmica* deve depender da temperatura do gás. Um tratamento analítico um pouco simplificado (por exemplo, veja [3]) indica que a condutividade térmica de um gás é proporcional à raiz quadrada da temperatura absoluta. Em pressões moderadas, o espaço entre as moléculas é grande em comparação com o tamanho de uma molécula; a condutividade térmica dos gases, portanto, é essencialmente independente da pressão. As curvas na Fig. 1.6 (a) mostram como as condutividades térmicas de alguns gases típicos variam de acordo com a temperatura.

O mecanismo básico de condução de energia em líquidos é qualitativamente semelhante ao dos gases. Contudo, as condições moleculares dos líquidos são mais difíceis de descrever e os detalhes dos mecanismos de condução de líquidos não são bem compreendidos. As curvas na Fig. 1.6 (b) mostram a condutividade térmica de alguns líquidos não metálicos em função da temperatura. Para a maioria dos líquidos, a condutividade térmica diminui com o aumento da temperatura, mas a água é uma exceção notável. Insensível à pressão exceto perto do ponto crítico, como regra geral, a condutividade térmica de líquidos diminui com o aumento do peso molecular. Para fins de engenharia, valores da condutividade térmica de líquidos são obtidos das tabelas em função da temperatura no estado saturado. O Apêndice 2 apresenta esses dados para vários líquidos comuns. Os líquidos metálicos têm condutividades muito mais elevadas que os não metálicos e suas propriedades são listadas separadamente nas tabelas 25 a 27 no Apêndice 2.

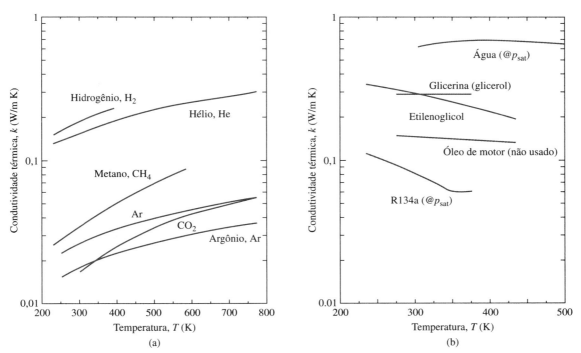

FIGURA 1.6. Variação da condutividade térmica com a temperatura de fluidos típicos: (a) gases e (b) líquidos.
Fontes de dados de propriedade: *ASHRAE Handbook* 2005, Union Carbide (etilenoglicol) e Dow Chemicals (glicerina ou glicerol).

De acordo com as teorias atuais, materiais sólidos consistem de elétrons livres e átomos em um arranjo da estrutura periódica. Assim, a energia térmica pode ser conduzida por dois mecanismos: *migração de elétrons livres* e *vibração da rede*. Esses dois efeitos são aditivos, mas, em geral, o transporte devido a elétrons é mais eficaz que o devido a energia vibracional na estrutura da rede. Uma vez que os elétrons transportam cargas elétricas de maneira similar à que carregam energia térmica de uma região com temperatura mais alta para uma com temperatura mais baixa, bons condutores elétricos geralmente também são bons condutores de calor, enquanto bons isolantes térmicos são pobres condutores de calor. Em sólidos não metálicos, há pouco ou nenhum transporte de elétrons e a condutividade, portanto, é determinada principalmente pela vibração da rede. Assim, esses materiais têm uma condutividade térmica mais baixa que os metais. As condutividades térmicas de alguns metais e ligas típicos são mostradas na Fig. 1.7

Os isolantes térmicos [4] constituem um importante grupo de materiais sólidos para aplicações que envolvem transferência de calor. Esses materiais são sólidos, mas sua estrutura contém espaços de ar suficientemente pequenos para suprir o movimento gasoso e, portanto, aproveitar a baixa condutividade térmica dos gases na redução da transferência de calor. Embora normalmente se fale de uma condutividade térmica para isolantes térmicos, na realidade, o transporte através de um isolante é composto de condução, bem como a radiação através dos interstícios preenchidos com gás. O isolamento térmico será discutido na Seção 1.7. A Tabela 11 no Apêndice 2 relaciona valores típicos da condutividade eficaz para vários materiais isolantes.

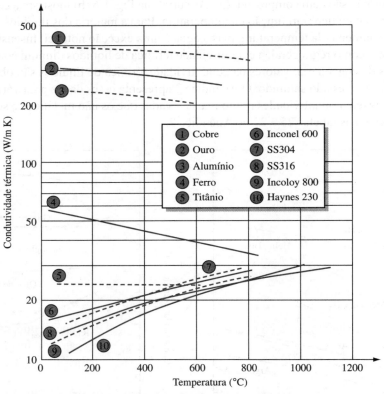

FIGURA 1.7 Variação da condutividade térmica com a temperatura para elementos metálicos e ligas típicos.

Fontes: Alumínio, Cobre, Ouro, Ferro, e Titânio – Y. S. Touloukian; R. W. Powell; C. Y. Ho; P. G. Klemens, *Thermophysical Properties of Matter*, v. 1, *Thermal Conductivity Metallic Elements and Alloys*, IFI/Plenum, Nova York, 1970. Aço Inoxidável 304 e 316 D. Pecjner; I. M. Bernstein, *Handbook of Stainless Steels*, McGrawHill, Nova York, 1977. Inconel 600 e Incoloy 800 Huntington Alloys, *Huntington Alloys Handbook*, 5a. ed. 1970. Haynes 230 Haynes International, *Haynes Alloy n. 230* (Inconel e Incoloy são marcas comerciais registradas da Huntington Alloys, Inc. Haynes é uma marca comercial registrada da Haynes International.).

1.4 Convecção

O modo de transferência de calor de convecção consiste em dois mecanismos que operam simultaneamente. O primeiro é a transferência de energia devido ao movimento molecular, ou seja, o modo condutor. Sobreposta a este modo está a transferência de energia pelo movimento macroscópico das partes do fluido. O movimento do fluido é resultado das partes de fluido, cada uma composta por um grande número de moléculas, movendo-se em razão de uma força externa. Esta pode ser devida a um gradiente de densidade, como na convecção natural, devida a uma diferença de pressão gerada por bomba ou ventilador, ou, possivelmente, devida a uma combinação dos dois.

A Figura 1.8 mostra uma placa na temperatura de superfície T_s e um fluido em temperatura T_∞ fluindo paralelo à placa. Como resultado de forças viscosas, a velocidade do fluido será zero na parede e aumentará para U_∞ como mostrado. Uma vez que o líquido não está se movendo na interface, o calor é transferido naquele local apenas por condução. Se soubéssemos o gradiente de temperatura e a condutividade térmica nessa interface, poderíamos calcular a taxa de transferência de calor a partir da Eq. (1.2):

$$q_c = -k_{\text{fluido}} A \left| \frac{\partial T}{\partial y} \right|_{\text{em } y=0} \tag{1.9}$$

O gradiente de temperatura na interface depende da taxa na qual os movimentos macroscópico e microscópico do fluido transportam o calor para longe da interface. Consequentemente, o gradiente de temperatura na interface fluido-placa depende da natureza do campo de fluxo, particularmente da velocidade de fluxo livre U_∞.

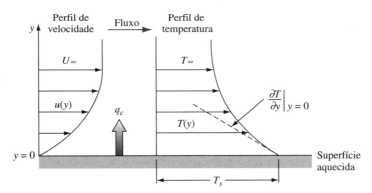

FIGURA 1.8 Perfil de velocidade e temperatura para transferência de calor de convecção de uma placa aquecida com fluxo ao longo de sua superfície.

A situação é bastante semelhante à convecção natural. A principal diferença é que, na convecção forçada, a velocidade distante da superfície aproxima-se do valor do fluxo livre imposto por uma força externa. Na convecção natural, a velocidade aumenta primeiro com a distância cada vez maior entre a superfície de transferência de calor, e diminui em seguida, como mostrado na Fig. 1.9. A razão para esse comportamento é que a ação da viscosidade diminui muito rapidamente com a distância da superfície, enquanto a diferença de densidade diminui mais lentamente. Eventualmente, no entanto, a força de empuxo também diminui à medida que a densidade do fluido aproxima-se do valor do fluido circundante não aquecido. Essa interação de forças fará com que a velocidade atinja um valor máximo e, em seguida, aproxime-se de zero longe da superfície aquecida. Os campos de temperatura na convecção natural e forçada têm formas semelhantes, e, em ambos os casos, o mecanismo de transferência de calor na interface líquido-sólido é a condução.

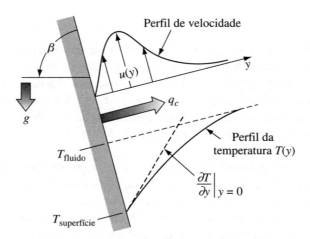

FIGURA 1.9 Distribuição da velocidade e temperatura para convecção natural sobre uma placa plana aquecida inclinada para um ângulo β a partir do plano horizontal.

A discussão anterior indica que a transferência de calor por convecção depende da velocidade, da viscosidade e da densidade do fluido, bem como de suas propriedades térmicas (condutividade térmica e calor específico). Enquanto, na convecção forçada, a velocidade é geralmente imposta no sistema por uma bomba ou um ventilador e pode ser especificada diretamente; na convecção natural, a velocidade depende da diferença de temperatura entre a superfície e o fluido, do coeficiente de expansão térmica do fluido (que determina a mudança de densidade por diferença de temperatura de unidade) e do campo de força do corpo, que em sistemas localizados na Terra é a força gravitacional.

Em capítulos posteriores, desenvolveremos métodos para relacionar o gradiente de temperatura na interface às condições de fluxo externo, mas, por enquanto, usaremos uma abordagem mais simples para calcular a taxa de transferência de calor de convecção, como mostrado abaixo.

Independentemente dos detalhes do mecanismo, a taxa de transferência de calor por convecção entre uma superfície e um fluido pode ser calculada a partir da relação

$$q_c = \bar{h}_c A \Delta T \qquad (1.10)$$

em que q_c = taxa de transferência de calor por convecção, W
A = área de transferência de calor, m^2
ΔT = diferença entre a temperatura da superfície T_s e a temperatura do fluido T_∞ em algum local especificado (geralmente longe da superfície), K
$\bar{h}_c$ = coeficiente médio de transferência de calor por convecção sobre a área A (muitas vezes chamado coeficiente de transferência de calor de superfície ou coeficiente de transferência de calor por convecção), W/m^2 K

A relação expressa pela Eq. (1.10) foi originalmente proposta pelo cientista britânico Isaac Newton em 1701. Engenheiros utilizaram essa equação por muitos anos, ainda que seja uma definição de $\bar{h}_c$ em vez de uma lei fenomenológica da convecção. A avaliação do coeficiente de transferência de calor por convecção é difícil porque esta se constitui em um fenômeno muito complexo. Os métodos e técnicas disponíveis para uma avaliação quantitativa do $\bar{h}_c$ serão apresentados em capítulos posteriores. Nesse ponto, é suficiente notar que o valor numérico do $\bar{h}_c$ em um sistema depende da geometria da superfície, da velocidade, bem como das propriedades físicas do fluido e, muitas vezes, da diferença de temperatura ΔT. Considerando o fato de que essas quantidades não são necessariamente constantes sobre uma superfície, o coeficiente de transferência de calor por convecção pode também variar de ponto a ponto. Por esse motivo, podemos distinguir o coeficiente de transferência de calor por convecção entre o valor local ou um valor médio. O coeficiente local h_c é definido por

$$dq_c = h_c \, dA(T_s - T_\infty) \tag{1.11}$$

enquanto o coeficiente médio de $\bar{h}_c$ pode ser definido em termos do valor local por

$$\bar{h}_c = \frac{1}{A} \iint_A h_c \, dA \tag{1.12}$$

Para a maioria das aplicações de engenharia, interessam os valores médios. Valores típicos da ordem de grandeza dos coeficientes médios de transferência de calor por convecção vistos na prática da engenharia são dados na Tabela 1.4.

Usando a Eq. (1.10), podemos definir a *condutância térmica para transferência de calor por convecção* K_c como

$$K_c = \bar{h}_c A \quad \text{(W/K)} \tag{1.13}$$

TABELA 1.4 Ordem de grandeza dos coeficientes de transferência de calor por convecção $\bar{h}_c$

Fluido	Coeficiente de Transferência de Calor por Convecção W/m² K
Ar, convecção livre	6-30
Vapor superaquecido ou ar, convecção forçada	30-300
Óleo, convecção forçada	60-1 800
Água, convecção forçada	300-18 000
Água, fervendo	3 000-60 000
Vapor, condensando	6 000-120 000

e a resistência térmica à transferência de calor por convecção R_c, que é igual ao recíproco da condutância, como

$$R_c = \frac{1}{\bar{h}_c A} \quad \text{(K/W)} \tag{1.14}$$

EXEMPLO 1.3 Calcule a taxa de transferência de calor por convecção natural entre um telhado de galpão de área 20 m × 20 m e o ar ambiente, se a temperatura da superfície do telhado é de 27°C, a temperatura do ar −3°C e o coeficiente de transferência de calor por convecção médio é 10 W/m² K (veja a Fig. 1.10).

SOLUÇÃO Suponha que o estado estacionário existe e a direção do fluxo de calor é do ar para o telhado. A taxa de transferência de calor por convecção do ar para o telhado é dada pela Eq. (1.10):

$$q_c = \bar{h}_c A_{\text{telhado}}(T_{\text{ar}} - T_{\text{telhado}})$$
$$= 10 \, (\text{W/m}^2 \, \text{K}) \times 400 \, \text{m}^2 (-3 - 27)°\text{C}$$
$$= -120\,000 \, \text{W}$$

Observe que, no uso da Eq. (1.10), inicialmente pensamos que a transferência de calor seria do ar para o telhado. Mas, uma vez que o fluxo de calor sob esse pressuposto acaba por ser uma quantidade negativa, a *direção do fluxo de calor é do telhado para o ar*. Poderíamos, claro, ter deduzido isso desde o início aplicando a Segunda Lei da Termodinâmica, que nos diz que o calor sempre fluirá de uma mais alta para uma temperatura mais baixa se não houver intervenção externa. Mas, como veremos em uma seção posterior, argumentos termodinâmicos não podem sempre ser usados desde o início em problemas de transferência de calor porque, em muitas situações reais, a temperatura da superfície não é conhecida.

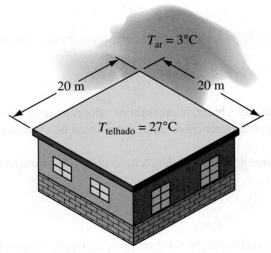

FIGURA 1.10 Desenho esquemático do galpão para análise de temperatura do telhado no Exemplo 1.3.

1.5 Radiação

A quantidade de energia, deixando uma superfície como calor radiante, depende da temperatura absoluta e da natureza da superfície. Um radiador perfeito, chamado um *corpo negro*,* emite energia radiante de sua superfície em uma taxa conforme a dada por

$$q_r = \sigma A_1 T_1^4 \tag{1.15}$$

A taxa de fluxo de calor q_r estará em watts se a área A estiver em metros quadrados e a temperatura superficial T_1 estiver em kelvin; σ é uma constante dimensional com um valor de $5{,}67 \times 10^{-8}$ (W/m² K⁴). A constante σ é a constante Stefan-Boltzmann; ela foi nomeada em homenagem a dois cientistas austríacos, J. Stefan, que descobriu a Eq. (1.15) experimentalmente em 1879, e L. Boltzmann, que a derivou teoricamente em 1884.

A inspeção da Eq. (1.15) mostra que qualquer superfície de corpo negro acima de uma temperatura de zero absoluto irradia calor a uma taxa proporcional à quarta potência da temperatura absoluta. Enquanto a taxa de emissão de calor radiante é independente das condições do entorno, uma transferência líquida de calor radiante requer uma diferença de temperatura da superfície de quaisquer dois corpos entre os quais a troca está ocorrendo. Se o corpo negro irradiar para um envoltório fechado (ver Fig. 1.11) que também é negro (ou seja, absorve toda energia radiante incidente em cima dele), a *taxa líquida* de transferência de calor radiante é dada por

$$q_r = A_1 \sigma (T_1^4 - T_2^4) \tag{1.16}$$

em que T_2 é a temperatura da superfície do compartimento em kelvin.

Corpos reais não satisfazem as especificações de um radiador ideal, mas emitem radiação em uma taxa mais baixa do que corpos negros. Se eles emitem, a uma temperatura igual à de um corpo negro (uma fração constante da emissão do corpo negro em cada comprimento de onda), eles são chamados *corpos cinzentos*. Um corpo cinzento A_1 em T_1 emite radiação na taxa $\varepsilon_1 \sigma A_1 T_1^4$, e a taxa de transferência de calor entre um corpo cinzento a uma temperatura T_1 e um envoltório fechado preto em torno em T_2 é

$$q_r = A_1 \varepsilon_1 \sigma (T_1^4 - T_2^4) \tag{1.17}$$

em que ε_1 é a emissão da superfície cinza e é igual à relação entre essa emissão e de um radiador perfeito na mesma temperatura.

---

* Uma discussão detalhada sobre o significado desses termos é apresentada no Capítulo 9.

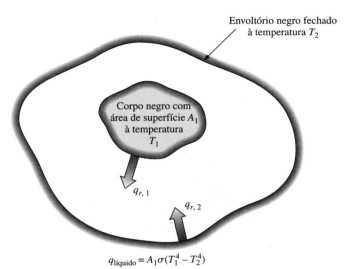

FIGURA 1.11 Diagrama esquemático de radiação entre corpo 1 e o envoltório fechado 2.

Se nem um dos dois corpos é um radiador perfeito e se os dois corpos têm uma relação geométrica um com o outro, a transferência líquida de calor por radiação entre eles é dada por

$$q_r = A_1 \mathscr{F}_{1-2} \sigma (T_1^4 - T_2^4) \tag{1.18}$$

em que $\mathscr{F}_{1-2}$ é um módulo adimensional que modifica a equação para radiadores perfeitos para se responsabilizar pelas emissões e geometrias relativas dos corpos reais. Os métodos para calcular $\mathscr{F}_{1-2}$ serão retomados no Capítulo 9.

Em muitos problemas de engenharia, a radiação é combinada com outros modos de transferência de calor. Muitas vezes, a solução de tais problemas pode ser simplificada usando uma condutância térmica K_r, ou uma resistência térmica R_r, por radiação. A definição de K_r é semelhante à de K_k, a condutância térmica por condução. Se a transferência de calor por radiação é escrita como

$$q_r = K_r (T_1 - T_2') \tag{1.19}$$

a condutância de radiação, por comparação com a Eq. (1.18), é dada por

$$K_r = \frac{A_1 \mathscr{F}_{1-2} \sigma (T_1^4 - T_2^4)}{T_1 - T_2'} \text{ W/K} \tag{1.20}$$

A unidade de condutância de radiação térmica, ou os coeficientes de transferência de calor de radiação, $\bar{h}_r$, é então

$$\bar{h}_r = \frac{K_r}{A_1} = \frac{\mathscr{F}_{1-2} \sigma (T_1^4 - T_2^4)}{T_1 - T_2'} \text{ W/m}^2 \text{ K} \tag{1.21}$$

em que T_2' é qualquer temperatura de referência conveniente cuja escolha é, muitas vezes, ditada pela equação de convecção, que será apresentada em seguida. Da mesma forma, a unidade de *resistência térmica para radiação* é

$$R_r = \frac{T_1 - T_2'}{A_1 \mathscr{F}_{1-2} \sigma (T_1^4 - T_2^4)} \text{ K/W} \tag{1.22}$$

EXEMPLO 1.4 Uma haste cilíndrica longa eletricamente aquecida, com 2 cm de diâmetro, é instalada em um forno a vácuo, como mostrado na Fig. 1.12. A superfície da haste em aquecimento tem uma emissividade de 0,9 e é mantida a 1 000 K, enquanto as paredes interiores do forno são pretas e estão a 800 K. Calcule a taxa em que o calor é perdido da haste por unidade de comprimento e o coeficiente de transferência de calor por radiação.

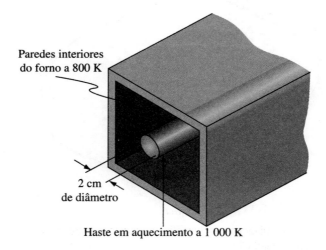

FIGURA 1.12 Diagrama esquemático de um forno a vácuo com haste de aquecimento para o Exemplo 1.4.

SOLUÇÃO Suponha que o estado estacionário foi alcançado. Além disso, observe que, uma vez que as paredes do forno circundam completamente a haste em aquecimento, toda a energia radiante emitida pela superfície da haste é interceptada pelas paredes do forno. Assim, para um compartimento negro, a Eq. (1.18) se aplica e a perda líquida de calor da haste de superfície A_1 é

$$q_r = A\varepsilon\sigma(T_1^4 - T_2^4) = \pi D_1 L\varepsilon\sigma(T_1^4 - T_2^4)$$

$$= \pi(0{,}02 \text{ m})(1{,}0 \text{ m})(0{,}9)\left(5{,}67 \times 10^{-8}\frac{\text{W}}{\text{m}^2\text{K}^4}\right)(1\,000^4 - 800^4)(\text{K}^4)$$

$$= 1\,893 \text{ W}$$

Observe que, para que o estado estacionário exista, a haste de aquecimento deve dissipar a energia elétrica à taxa de 1 893 W, e a taxa de perda de calor através das paredes do forno deve ser igual à taxa de entrada elétrica para o sistema, ou seja, para a haste.

Da Eq. (1.17), $\mathscr{F}_{1-2} = \varepsilon_1$, e, portanto, o coeficiente de transferência térmica por radiação, de acordo com sua definição na Eq. (1.21), é

$$h_r = \frac{\varepsilon_1\sigma(T_1^4 - T_2^4)}{T_1 - T_2} = 151 \text{ W/m}^2\text{ K}$$

Aqui, usamos T_2 como a temperatura de referência T_2'.

1.6 Sistemas combinados de transferência de calor

Nas seções anteriores, os três mecanismos básicos de transferência de calor foram tratados separadamente. Na prática, no entanto, o calor é geralmente transferido por vários dos mecanismos básicos que ocorrem simultaneamente. Por exemplo, no inverno, o calor é transferido do telhado de uma casa para o ambiente mais frio não apenas por convecção, mas também por radiação, enquanto a transferência de calor através do telhado do interior para a superfície exterior é realizada por condução. A transferência de calor entre as placas de uma janela de vidro duplo ocorre por convecção e radiação, atuando em paralelo, enquanto a transferência através das placas de vidro é realizada por condução com alguma radiação passando diretamente através do sistema de janela inteira. Nesta seção, examinaremos os problemas de transferência de calor. Vamos criar e resolver os problemas dividindo o caminho de transferência de calor em seções que podem ser conectadas em série, como um circuito elétrico, com calor sendo transferido em cada seção por um ou mais mecanismos agindo em paralelo. A Tabela 1.5 resume as relações básicas para a equação de taxa de cada um dos três mecanismos de transferência de calor básico para auxiliar na criação de circuitos termais e, com isso, para resolver problemas de transferência de calor.

TABELA 1.5 Os três modos de transferência de calor

Transferência de calor por condução, unidimensional através de um meio estacionário

$$q_k = \frac{kA}{L}(T_1 - T_2) = \frac{T_1 - T_2}{R_k}$$

$$R_k = \frac{L}{kA}$$

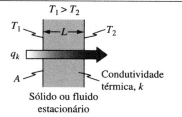

Transferência de calor por convecção de uma superfície para um fluido em movimento

$$q_c = \bar{h}_c A(T_s - T_\infty) = \frac{T_s - T_\infty}{R_c}$$

$$R_c = \frac{1}{\bar{h}_c A}$$

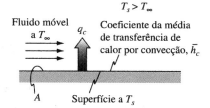

Taxa líquida de transferência de radiação a partir da superfície 1 para a superfície 2

$$q_r = A_1 \mathscr{F}_{1-2} \sigma (T_1^4 - T_2^4) = \frac{T_2 - T_2}{R_r}$$

$$R_r = \frac{T_1 - T_2}{A_1 \mathscr{F}_{1-2} \sigma (T_1^4 - T_2^4)}$$

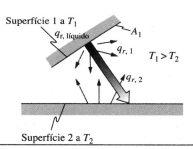

1.6.1 Paredes planas em série e em paralelo

Se o calor é conduzido por meio de várias paredes planas com bom contato térmico, como uma parede com múltiplas camadas de um edifício, a taxa de condução de calor é a mesma em todas as partes. No entanto, como mostrado na Fig. 1.13, para um sistema de três camadas, os gradientes de temperatura nas camadas são diferentes. A taxa de condução de calor através de cada camada é q_k e, a partir da Eq. (1.2), obtemos

$$q_k = \left(\frac{kA}{L}\right)_A (T_1 - T_2) = \left(\frac{kA}{L}\right)_B (T_2 - T_3) = \left(\frac{kA}{L}\right)_C (T_3 - T_4) \qquad (1.23)$$

Eliminando as temperaturas intermediárias, T_2 e T_3 na Eq. (1.23), q_k podem ser expressas sob a forma

$$q_k = \frac{T_1 - T_4}{(L/kA)_A + (L/kA)_B + (L/kA)_C}$$

Similarmente, para N camadas em séries, temos

$$q_k = \frac{T_1 - T_{N+1}}{\sum_{n=1}^{n=N}(L/kA)_n} \qquad (1.24)$$

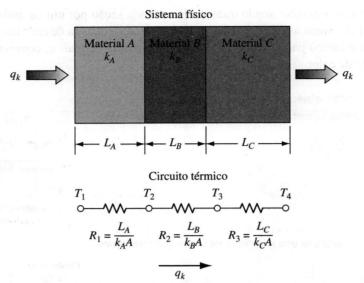

FIGURA 1.13 Condução através de um sistema de três camadas em série.

em que T_1 é a temperatura da superfície externa da camada 1 e T_{N+1} é a temperatura da superfície externa da camada N. Usando a definição de resistência térmica de Eq. (1.4), Eq. (1.24) torna-se

$$q_k = \frac{T_1 - T_{N+1}}{\sum_{n=1}^{n=N} R_{k,n}} = \frac{\Delta T}{\sum_{n=1}^{n=N} R_{k,n}} \quad (1.25)$$

onde ΔT é a diferença de temperatura global, muitas vezes chamada temperatura potencial. A taxa do fluxo de calor é proporcional à temperatura potencial.

EXEMPLO 1.5 Calcule a taxa de perda de calor da parede de um forno por unidade de área. A parede é construída a partir de uma camada interna de aço de 0,5 cm de espessura ($k = 40$ W/m K) e uma camada externa de tijolo de zircônio de 10 cm ($k = 2,5$ W/m K), como mostrado na Fig. 1.14. A temperatura da superfície interna é de 900 K e a temperatura da superfície exterior é de 460 K. Qual é a temperatura na interface?

SOLUÇÃO Suponha que o estado estacionário exista, ignore os efeitos nos cantos e bordas da parede e considere que as temperaturas da superfície são uniformes. O sistema físico e o circuito térmico correspondente são similares na Fig. 1.13, mas só duas camadas ou paredes estão presentes. A taxa de perda de calor por unidade de área pode ser calculada a partir da Eq. (1.24):

$$\frac{q_k}{A} = \frac{(900 - 460) \text{ K}}{(0{,}005 \text{ m})/(40 \text{ W/m K}) + (0{,}1 \text{ m})/(2{,}5 \text{ W/m K})}$$

$$= \frac{440 \text{ K}}{(0{,}000125 + 0{,}04)(\text{m}^2 \text{ K/W})} = 10\,965 \text{ W/m}^2$$

A temperatura da interface T_2 é obtida a partir de

$$\frac{q_k}{A} = \frac{T_1 - T_2}{R_1}$$

Resolvendo para T_2 temos

$$T_2 = T_1 - \frac{q_k}{A_1} \frac{L_1}{k_1}$$

$$= 900 \text{ K} - \left(10\,965 \frac{\text{W}}{\text{m}^2}\right)\left(0{,}000125 \frac{\text{m}^2 \text{ K}}{\text{W}}\right)$$

$$= 898{,}6 \text{ K}$$

Observe que a queda de temperatura na parede interior de aço é de apenas 1,4 K, porque a resistência térmica da parede é pequena em comparação à resistência do tijolo, na qual a queda de temperatura é muitas vezes maior.

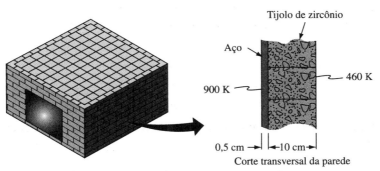

FIGURA 1.14 Diagrama esquemático da parede de um forno para o Exemplo 1.5.

A analogia entre os sistemas de fluxo de calor e circuitos elétricos foi apresentada anteriormente. Uma resistência de contato ou de interface pode ser integrada à abordagem do circuito térmico. O exemplo a seguir ilustra o procedimento.

EXEMPLO 1.6 Duas placas grandes de alumínio ($k = 240$ W/m K), cada uma com 1 cm de espessura, como usado no Exemplo 1.5, com 10 μm de rugosidade da superfície são colocadas em contato sob uma pressão abaixo de 10^5 N/m², conforme mostrado na Fig. 1.15. As temperaturas nas superfícies externas são 395° e 405°C. Calcule: (a) o fluxo de calor; (b) a temperatura que cai devido à resistência de contato (veja Seção 1.6.2).

SOLUÇÃO (a) A taxa de fluxo de calor por unidade de área, q'', através da parede tipo sanduíche é

$$q'' = \frac{T_{s1} - T_{s3}}{R_1 + R_2 + R_3} = \frac{\Delta T}{(L/k)_1 + R_i + (L/k)_2}$$

A partir da Tabela 1.7, a resistência de contato R_i é $2,75 \times 10^{-4}$ m² K/W enquanto cada uma das outras duas resistências é igual a

$$(L/k) = (0,01 \text{ m})/(240 \text{ W/m K}) = 4,17 \times 10^{-5} \text{ m}^2 \text{ K/W}$$

Portanto, o fluxo de calor é

$$q'' = \frac{(405 - 395)°C}{(4,17 \times 10^{-5} + 2,75 \times 10^{-4} + 4,17 \times 10^{-5}) \text{m}^2 \text{ K/W}}$$
$$= 2,79 \times 10^4 \text{ W/m}^2 \text{ K}$$

(b) A queda de temperatura em cada seção desse sistema unidimensional é proporcional à resistência. A fração da resistência de contato é

$$R_i \bigg/ \sum_{n=1}^{3} R_n = 2,75/3,584 = 0,767$$

Assim, 7,67°C da queda total da temperatura de 10°C é o resultado da resistência de contato.

Pode ocorrer a condução em uma seção com dois materiais diferentes em paralelo. Por exemplo, a Fig. 1.16 mostra a seção transversal de uma laje com dois materiais diferentes nas áreas A_A e A_B em paralelo. Se as temperaturas sobre as faces esquerda e direita são uniformes em T_1 e T_2, podemos analisar o problema em termos do circuito térmico mostrado à direita dos sistemas físicos. Uma vez que o calor é conduzido por dois materiais ao longo de caminhos separados entre o mesmo potencial, a taxa total do fluxo de calor é a soma dos fluxos através de A_A e A_B:

$$q_k = q_1 + q_2 = \frac{T_1 - T_2}{(L/kA)_A} + \frac{T_1 - T_2}{(L/kA)_B} = \frac{T_1 - T_2}{R_1 R_2 / (R_1 + R_2)} \tag{1.26}$$

Observe que a área de transferência de calor total é a soma de A_A e A_B e que a resistência total é igual ao produto das resistências individuais dividido pela sua soma, como em qualquer circuito paralelo.

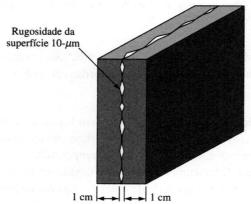

FIGURA 1.15 Diagrama esquemático de uma interface entre as placas para o Exemplo 1.6.

Uma aplicação mais complexa da abordagem de rede térmica é ilustrada na Fig. 1.17, em que o calor é transferido por uma estrutura composta envolvendo resistências térmicas em série e em paralelo. Para esse sistema, a resistência da camada do meio, R_2 torna-se

$$R_2 = \frac{R_B R_C}{R_B + R_C}$$

e a taxa do fluxo de calor é

$$q_k = \frac{\Delta T_{\text{global}}}{\sum_{n=1}^{n=3} R_n} \tag{1.27}$$

Em que N = número de camadas em série (três)
R_n = resistência térmica na camada n
ΔT_{global} = diferença de temperatura entre duas superfícies externas

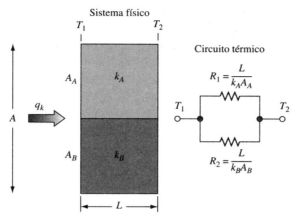

FIGURA 1.16 Condução de calor através de uma seção de parede com dois caminhos em paralelo.

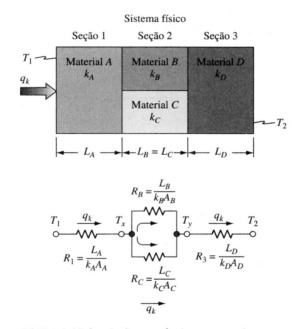

FIGURA 1.17 Condução através de uma parede composta por caminhos térmicos em série e em paralelo.

Por analogia com as Eqs. (1.4) e (1.5), a Eq. (1.27) também pode ser usada para obter uma condutância total entre as duas superfícies externas:

$$K_k = \left(\sum_{n=1}^{n=N} R_n\right)^{-1} \tag{1.28}$$

EXEMPLO 1.7 Uma camada de 5 cm de espessura de tijolo refratário (k_b = 1,7 W/m °C) é colocada entre duas chapas de aço de 6,4 mm de espessura (k_s = 51 W/m °C). As faces do tijolo adjacentes às placas são ásperas, tendo contato *sólido para sólido* sobre apenas 30% da área total, com a altura média das asperezas sendo 0,8 mm. Se as temperaturas de superfície das placas de aço são 93°C e 423°C, respectivamente, determine a taxa de fluxo de calor por unidade de área.

SOLUÇÃO O sistema real é primeiro idealizado supondo que as asperezas da superfície são distribuídas, como mostrado na Fig. 1.18. Notamos que a parede composta é simétrica em relação ao plano central e, portanto, consideramos apenas metade do sistema. A unidade global de condutância para metade da parede composta é então, a partir da Eq. (1.28),

$$K_k = \frac{1}{R_1 + [R_4 R_5/(R_4 + R_5)] + R_3}$$

de uma inspeção do circuito térmico.

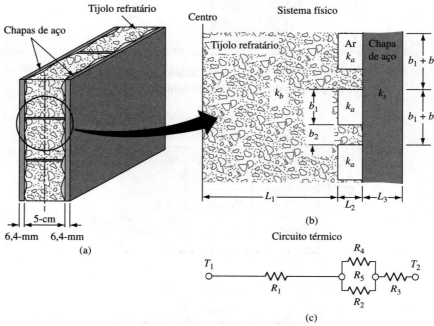

FIGURA 1.18 Circuito térmico para a parede composta em paralelo-série no Exemplo 1.7. $L_1 = 2{,}5$ cm; $L_2 = 0{,}8$ mm; $L_3 = 6{,}4$ mm; T_1 fica no centro.

A resistência térmica da chapa de aço R_3 com base em uma unidade de área da parede é igual a

$$R_3 = \frac{L_3}{k_s} = \frac{(6{,}4 \text{ mm})}{(1\,000 \text{ mm/m})(51 \text{ W/m °C})} = 0{,}125 \times 10^{-3}(\text{W/m}^2 \text{ °C})^{-1}$$

A resistência térmica das asperezas do tijolo R_4 com base em uma unidade de área da parede, é igual a

$$R_4 = \frac{L_2}{0{,}3 k_b} = \frac{(0{,}8 \text{ mm})}{(1\,000 \text{ mm/m})(1{,}7 \text{ W/m °C}) \times 0{,}3} = 1{,}57 \times 10^{-3}(\text{W/m}^2 \text{ °C})^{-1}$$

Uma vez que o ar é preso em compartimentos muito pequenos, os efeitos de convecção são pequenos e presume-se que o calor flui através do ar por condução. A uma temperatura de 150°C, a condutividade de ar k_a é cerca de 0,034 W/m °C. Então R_5, a resistência térmica do ar presa entre as asperezas é, com base em uma unidade de área, igual a

$$R_5 = \frac{L_2}{0{,}7 k_a} = \frac{(0{,}8 \text{ mm})}{(1\,000 \text{ mm/m})(0{,}034 \text{ W/m °C})} = 23{,}53 \times 10^{-3} \, (\text{W/m}^2 \text{ °C})^{-1}$$

Os fatores 0,3 e 0,7 no R_4 e R_5, respectivamente, representam a percentagem da área total dos dois caminhos de fluxo de calor separadamente.

A resistência térmica total para os dois caminhos, R_4 e R_5 em paralelo, é

$$R_2 = \frac{R_4 R_5}{R_4 + R_5} = \frac{1,57 \times 23,53 \times 10^{-6}}{(1,57 + 23,53) \times 10^{-6}} = 1,472 \times 10^{-3} \text{ (W/m}^2\text{ °C)}^{-1}$$

A resistência térmica de metade do tijolo sólido, R_1, é

$$R_1 = \frac{L_1}{k_b} = \frac{(25,4 \text{ mm})}{(1\,000 \text{ mm/m})(1,7 \text{ W/m °C})} = 14,94 \times 10^{-3} \text{ (W/m}^2\text{ °C)}^{-1}$$

e a unidade de condutância global é

$$K_k = \frac{1/2 \times 10^3}{14,94 + 1,472 + 0,125} = 30,23 \text{ W/m}^2 \text{ °C}$$

A inspeção dos valores para as diversas resistências térmicas mostra que o aço oferece uma resistência desprezível, enquanto a seção de contato, embora tenha apenas 0,8 mm de espessura, contribui com 10% para a resistência total. Da Eq. (1.27), a taxa de fluxo de calor por unidade de área é

$$\frac{q}{A} = K_k \Delta T = 30,23 \times (423 - 93)$$
$$= 9\,975,9 \text{ W/m}^2$$
$$= 9,976 \text{ kW/m}^2$$

1.6.2 Resistência ao contato

Em muitas aplicações práticas, quando duas superfícies de condução diferentes são colocadas em contato, como mostrado na Fig. 1.19, uma resistência térmica está presente na interface dos sólidos. Montar dissipadores de calor em módulos de *chip* microeletrônicos ou CI (circuito integrado) e anexar as aletas para superfícies tubulares em evaporadores e condensadores para sistemas de ar-condicionado são alguns exemplos da importância dessa situação. A resistência da interface, chamada frequentemente *resistência de contato térmica* desenvolve-se quando dois materiais não se ajustam completamente e uma fina camada de fluido é presa entre elas. Uma visão ampliada do contato entre duas superfícies mostra que os sólidos tocam apenas em picos na superfície e que os vales são ocupados por um fluido (possivelmente ar), um líquido ou vácuo.

A resistência da interface é primariamente uma função da rugosidade da superfície, a pressão que mantém as duas superfícies em contato, o fluido de interface e a temperatura da interface. O mecanismo de transferência de calor na interface é complexo. A condução ocorre através dos pontos de contato do sólido, enquanto o calor é transferido por radiação e convecção pelo fluido interfacial preso.

Se o fluxo de calor por meio de duas superfícies sólidas em contato é q/A, e a diferença de temperatura entre o espaço do fluido separando os dois sólidos é ΔT_i, a resistência da interface R_i é definida por

$$R_i = \frac{\Delta T_i}{q/A} \tag{1.29}$$

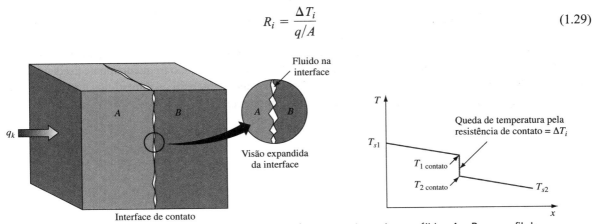

FIGURA 1.19 Diagrama esquemático mostrando o contato físico entre duas placas sólidas A e B e o perfil de temperatura através de sólidos e a interface de contato.

Quando duas superfícies estão em contato térmico perfeito, a resistência da interface se aproxima de zero, e não há diferença de temperatura em toda a interface. Para contato térmico imperfeito, ocorre uma diferença de temperatura na interface, como mostrado na Fig. 1.19.

A Tabela 1.6 mostra a influência da pressão de contato sobre a resistência térmica de contato entre as superfícies de metal sob condições de vácuo. É evidente que um aumento na pressão pode reduzir a resistência de contato sensivelmente. Como mostrado na Tabela 1.7, o fluido interfacial também afeta a resistência térmica. Colocar um líquido viscoso, como glicerina, na interface reduz a resistência de contato entre duas superfícies de alumínio por um fator de 10 em determinada pressão.

TABELA 1.6 Intervalo aproximado de resistência de contato térmico para interfaces metálicas sob condições de vácuo [5]

Material da interface	Resistência, $R_i(m^2 K/W \times 10^{-4})$	
	Pressão de contato 100 kN/m²	Pressão de contato 10 000 kN/m²
Aço inoxidável	6-25	0,7-4,0
Cobre	01-10	0,1-0,5
Magnésio	1,5-3,5	0,2-0,4
Alumínio	1,5-5,0	0,2-0,4

TABELA 1.7 Resistência térmica de contato para interface[a] alumínio – alumínio com diferentes fluidos interfaciais [5]

Fluido interfacial	Resistência, $R_i(m^2 K/W)$
Ar	$2,75 \times 10^{-4}$
Hélio	$1,05 \times 10^{-4}$
Hidrogênio	$0,720 \times 10^{-4}$
Óleo de silicone	$0,525 \times 10^{-4}$
Glicerina	$0,265 \times 10^{-4}$

[a] 10 μm rugosidade da superfície sob pressão de contato de 10^5 N/m².

Foram feitas inúmeras medições da resistência de contato na interface entre diferentes superfícies metálicas, mas nenhuma correlação satisfatória tem sido encontrada. Cada situação deve ser tratada separadamente. Os resultados de muitas condições e materiais diferentes têm sido resumidos por Fletcher [6]. Na Fig. 1.20, alguns resultados experimentais para a resistência de contato entre as superfícies de metais dissimilares à pressão atmosférica são plotados em função da pressão de contato.

Esforços têm sido feitos para reduzir a resistência de contato colocando, por exemplo: uma folha metálica macia, gordura ou um líquido viscoso na interface entre os materiais de contato.

Esse procedimento pode reduzir a resistência de contato, conforme mostrado na Tabela 1.7, mas não há maneira de prever o efeito quantitativamente. Pastas de alta condutividade são frequentemente usadas para montar componentes eletrônicos dissipadores de calor. Essas pastas preenchem os interstícios e reduzem a resistência térmica na interface do dissipador de calor do componente.

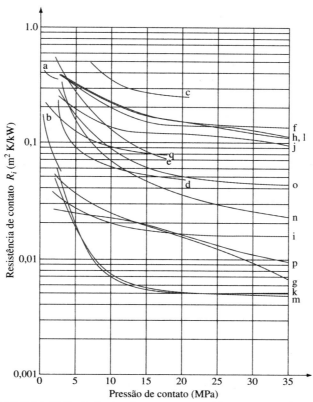

FIGURA 1.20 Resistências de contato entre diferentes superfícies metálicas. Blocos de metal sólido no ar à pressão de 1 atmosfera absoluta (ver legenda na sequência de texto).

Legenda para a Fig. 1.20

Curva na Fig. 1.20	Material	Acabamento	Rugosidade rms (Mm)	Temp. (°C)	Condição	Dispersão de Dados
a	416 Inoxidável 7075(75S)T6 Al	Piso	0,76–1,65	93	Fluxo de calor do aço inoxidável para o alumínio	±26%
b	7075(75S)T6 Al para inoxidável	Piso	1,65–0,76	93–204	Fluxo de calor do alumínio para o inoxidável	±30%
c	Alumínio inoxidável		19,94–29,97	20	Limpo	
d	Alumínio inoxidável		1,02–2,03	20	Limpo	
e	Aço Bessemer Latão fundido	Piso	3,00–3,00	20	Limpo	
f	Aço Ct-30	Usinado	7,24–5,13	20	Limpo	
g	Aço Ct-30	Piso	1,98–1,52	20	Limpo	
h	Aço Ct-30 Alumínio	Usinado	7,24–4,47	20	Limpo	
i	Aço Ct-30 Alumínio	Piso	1,98–1,35	20	Limpo	
j	Aço Ct-30 Cobre	Usinado	7,24–4,42	20	Limpo	
k	Aço Ct-30 Cobre	Piso	1,98–1,42	20	Limpo	
l	Latão Alumínio	Usinado	5,13–4,47	20	Limpo	
m	Latão Alumínio	Piso	1,52–1,35	20	Limpo	
n	Latão Cobre	Usinado	5,13–4,42	20	Limpo	
o	Alumínio Cobre	Usinado	4,47–4,42	20	Limpo	
p	Alumínio Cobre	Piso	1,35–1,42	20	Limpo	
q	Urânio Alumínio	Piso		20		

Fonte: Retirado de *Heat Transfer and Fluid Flow Data Books*, Ed. F. Kreith, Genium Pub, Comp., Schenectady, NY, 1991, com permissão.

EXEMPLO 1.8 Um instrumento usado para estudar a diminuição da camada de ozônio perto dos polos é colocado em uma grande placa de duralumínio com 5 cm de espessura. Para simplificar essa análise, o instrumento pode ser pensado como uma placa de aço inoxidável de 1 cm de altura com uma base quadrada de 10 cm × 10 cm, como mostrado na Fig. 1.21. A rugosidade da interface do aço e o duralumínio é entre 20 e 30 rms (μm). Quatro parafusos nos cantos fornecem a fixação, exercendo uma pressão média de 7 MPa. A parte superior e os lados dos instrumentos são isolados termicamente. Um circuito integrado colocado entre o isolamento e a superfície superior da chapa de aço inoxidável gera calor, que deve ser transferido para a superfície inferior de duralumínio, estima-se que a uma temperatura de 0°C. Determine a taxa de dissipação máxima admissível desse circuito se a temperatura não exceder a 40°C.

SOLUÇÃO Uma vez que a parte superior e os lados do instrumento são isolados, todo o calor gerado pelo circuito deve fluir para baixo. O circuito térmico terá três resistências – aço inoxidável, contato e duralumínio. Usando condutividades térmicas da Tabela 10 no Apêndice 2, as resistências térmicas das placas de metal são calculadas a partir da Eq. 1.4:

Inoxidável:

$$R_k = \frac{L_{ss}}{Ak_{ss}} = \frac{0,01 \text{ m}}{0,01 \text{ m}^2 \times 14,4 \text{ W/m K}} = 0,07 \frac{\text{K}}{\text{W}}$$

Duralumínio:

$$R_k = \frac{L_{Al}}{Ak_{Al}} = \frac{0,02 \text{ m}}{0,01 \text{ m}^2 \times 164 \text{ W/m K}} = 0,012 \frac{\text{K}}{\text{W}}$$

A resistência de contato é obtida a partir da Fig. 1.20. A pressão de contato é 7 MPa. Para essa pressão, a resistência de contato fornecida pela linha c na Fig. 1.20 é 0,5 m² K/kW. Assim,

$$R_i = 0,5 \frac{\text{m}^2\text{K}}{\text{kW}} \times 10^{-3} \frac{\text{kW}}{\text{W}} \times \frac{1}{0,01 \text{ m}^2} = 0,05 \frac{\text{K}}{\text{W}}$$

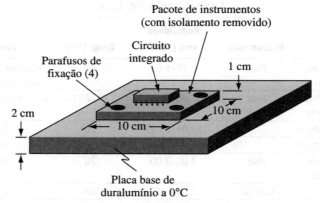

FIGURA 1.21 Desenho esquemático do instrumento para medição de ozônio.

O circuito térmico é

$R_k = 0,07$ K/W $R_i = 0,05$ K/W $R_k = 0,012$ K/W

Isolamento | Fonte de calor 40°C | Placa de aço inoxidável | Resistência de contato | Chapa de duralumínio | Dissipador térmico 0°C

A resistência total é 0,132 K/W e a taxa máxima permitida de dissipação de calor é, portanto,

$$q_{máx} = \frac{\Delta T}{R_{total}} = \frac{40 \text{ K}}{0,132 \text{ K/W}} = 303 \text{ W}$$

A taxa de dissipação de calor máxima admissível é cerca de 300 W. Observe que, se as superfícies eram suaves (1-2μm rms), a resistência de contato de acordo com a curva *a* na Fig. 1.20 teria aproximadamente 0,03 K/W e a dissipação de calor pode ser aumentada para 357 W sem exceder o limite de temperatura superior.

A maioria dos problemas apresentados no final do capítulo não considera a resistência da interface, apesar de ela existir em certa medida sempre que superfícies sólidas são unidas mecanicamente. Devemos, portanto, estar sempre cientes da existência da resistência de interface e da diferença de temperatura através dela. Particularmente com superfícies ásperas e com baixas pressões de adesão, a queda de temperatura através da interface pode ser significativa e não pode ser ignorada. O assunto é complexo e nenhuma teoria ou conjunto de dados empíricos descreve com precisão a resistência de interface para superfícies importantes para a engenharia. As referências de 5 a 8 devem ser consultadas para informações mais detalhadas sobre esse assunto.

1.6.3 Convecção e condução em série

Na seção anterior, tratamos da condução pelas paredes compostas quando as temperaturas de superfície de ambos os lados são especificadas. O problema mais comum encontrado na prática da engenharia, no entanto, é o calor transferido entre dois fluidos de temperaturas especificadas separados por uma parede. Em tal situação, as temperaturas da superfície não são conhecidas, mas elas podem ser calculadas se os coeficientes de transferência do calor de convecção em ambos os lados da parede forem conhecidos.

A transferência de calor de convecção pode ser facilmente integrada em uma rede térmica. Da Eq. (1.14), a resistência térmica para transferência de calor de convecção é

$$R_c = \frac{1}{\bar{h}_c A}$$

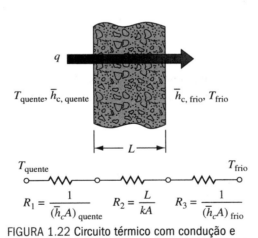

FIGURA 1.22 Circuito térmico com condução e convecção em série.

A Figura 1.22 mostra uma situação em que o calor é transferido entre dois líquidos separados por uma parede. De acordo com a rede térmica mostrada a seguir, a taxa de transferência de calor do líquido quente à temperatura T_{quente} para o fluido frio à temperatura T_{frio} é

$$q = \frac{T_{quente} - T_{frio}}{\sum_{n=1}^{n=3} R_n} = \frac{\Delta T}{R_1 + R_2 + R_3} \qquad (1.30)$$

em que $R_1 = \dfrac{1}{(\overline{h}_c A)_{\text{quente}}}$

$R_2 = \dfrac{L}{kA}$

$R_3 = \dfrac{1}{(\overline{h}_c A)_{\text{frio}}}$

EXEMPLO 1.9 Uma parede de tijolos de 0,1 m de espessura ($k = 0,7$ W/m K) é exposta a um vento frio a 270 K através de um coeficiente de transferência de calor de convecção de 40 W/m^2 K. Do outro lado há ar calmo a 330 K, com um coeficiente de transferência de calor de convecção natural de 10 W/m^2 K. Calcule a taxa de calor de transferência por unidade de área (ou seja, o fluxo de calor).

SOLUÇÃO As três resistências são

$$R_1 = \dfrac{1}{\overline{h}_{c,\text{quente}} A} = \dfrac{1}{(10 \text{ W/m}^2 \text{ K})(1 \text{ m}^2)} = 0,10 \text{ K/W}$$

$$R_2 = \dfrac{L}{kA} = \dfrac{(0,1 \text{ m})}{(0,7 \text{ W/m K})(1 \text{ m}^2)} = 0,143 \text{ K/W}$$

$$R_3 = \dfrac{1}{\overline{h}_{c,\text{frio}} A} = \dfrac{1}{(40 \text{ W/m}^2 \text{ K})(1 \text{ m}^2)} = 0,025 \text{ K/W}$$

e a partir da Eq. (1.30), a taxa de transferência de calor por unidade de área é

$$\dfrac{q}{A} = \dfrac{\Delta T}{R_1 + R_2 + R_3} = \dfrac{(330 - 270) \text{ K}}{(0,10 + 0,143 + 0,025) \text{ K/W}} = 223,9 \text{ W}$$

A abordagem utilizada no Exemplo 1.9 também pode ser usada para paredes compostas, e a Fig. 1.23 mostra a estrutura, a distribuição de temperatura e a rede equivalente para uma parede com três camadas e convecção em ambas as superfícies.

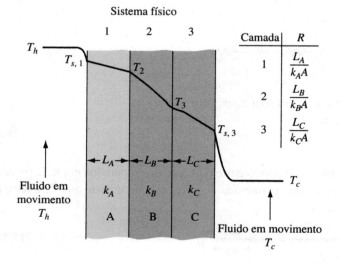

FIGURA 1.23 Diagrama esquemático e circuito térmico para uma parede composta de três camadas com convecção sobre ambas as superfícies externas.

1.6.4 Convecção e radiação em paralelo

Em muitos problemas de engenharia, uma superfície perde ou recebe energia térmica por convecção e radiação simultaneamente. Por exemplo, o telhado de uma casa aquecida do interior está a uma temperatura mais elevada do que o ar ambiente e, portanto, perde calor por convecção, bem como por radiação. Desde que ambos os fluxos de calor emanem a partir do mesmo potencial, ou seja, o telhado, eles agem em paralelo. Da mesma forma, os gases em uma câmara de combustão contêm variedades que emitem e absorvem radiação. Consequentemente, a parede da câmara de combustão recebe calor por convecção, bem como a radiação. A Figura 1.24 ilustra a transferência de calor simultânea de um superfície de seus arredores por convecção e radiação. A taxa total de transferência de calor é a soma das taxas de fluxo de calor por convecção e radiação ou

$$\begin{aligned} q &= q_c + q_r \\ &= \bar{h}_c A(T_1 - T_2) + \bar{h}_r A(T_1 - T_2) \\ &= (\bar{h}_c + \bar{h}_r) A(T_1 - T_2) \end{aligned} \quad (1.31)$$

em que $\bar{h}_c$ é o coeficiente de transferência de calor de convecção médio entre área A_1 e o ar ambiente a T_2, e, como mostrado anteriormente, o coeficiente de transferência de calor de radiação entre A_1 e os arredores a T_2 é

$$\bar{h}_r = \frac{\varepsilon_1 \sigma(T_1^4 - T_2^4)}{T_1 - T_2} \quad (1.32)$$

A análise de transferência de calor, especialmente nos limites de uma geometria complicada ou na condução do estado instável, muitas vezes pode ser simplificada usando um coeficiente de transferência de calor efe-

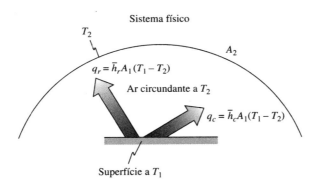

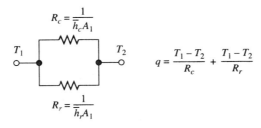

FIGURA 1.24 Circuito térmico com convecção e radiação atuando em paralelo.

tivo que combina convecção e radiação. O coeficiente de transferência de calor associado (ou coeficiente de transferência de calor abreviado) é definido por

$$\bar{h} = \bar{h}_c + \bar{h}_r \quad (1.33)$$

O coeficiente de transferência de calor especifica a taxa média total de fluxo de calor, entre uma superfície e um fluido adjacente e os arredores, por unidade de área superficial e a diferença de temperatura de unidade entre a superfície e o fluido. Suas unidades são W/m² K.

EXEMPLO 1.10 Um tubo de 0,5 cm de diâmetro ($\varepsilon = 0,9$) transportando vapor tem uma temperatura de superfície de 500 K (veja Fig. 1.25). O tubo está localizado em uma sala a 300 K, e o coeficiente de transferência de calor de convecção entre a superfície do tubo e o ar na sala é de 20 W/m² K. Calcular a combinação do coeficiente de transferência de calor e a taxa de perda de calor por metro do comprimento de tubulação.

SOLUÇÃO Este problema pode ser idealizado como um pequeno objeto (tubo) dentro de um grande comparti-

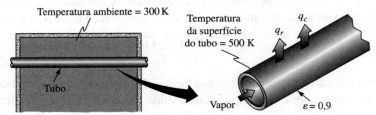

FIGURA 1.25 Diagrama esquemático de uma parede de um forno para o Exemplo 1.10.

mento preto (sala). Observando que

$$\frac{T_1^4 - T_2^4}{T_1 - T_2} = (T_1^2 + T_2^2)(T_1 + T_2)$$

o coeficiente de transferência de calor por radiação é, a partir da Eq. (1.33),

$$\bar{h}_r = \sigma\varepsilon(T_1^2 + T_2^2)(T_1 + T_2) = 13,9 \text{ W/m}^2 \text{ K}$$

O coeficiente de transferência de calor combinado é, a partir da Eq. (1.32),

$$\bar{h} = \bar{h}_c + \bar{h}_r = 20 + 13,9 = 33,9 \text{ W/m}^2 \text{ K}$$

e a taxa da perda do fluxo de calor é

$$q = \pi DL\bar{h}(T_{tubo} - T_{ar}) = (\pi)(0,5 \text{ m})(1 \text{ m})(33,9 \text{ W/m}^2 \text{ K})(200 \text{ K}) = 10\ 650 \text{ W}$$

1.6.5 Coeficiente global de transferência de calor

Observamos anteriormente que um problema comum de transferência de calor é para determinar a taxa de fluxo de calor entre dois fluidos, gasosos ou líquidos, separados por uma parede (veja Fig. 1.26.). Se a parede é plana e o calor é transferido apenas por convecção em ambos os lados, a taxa de transferência de calor em termos de duas temperaturas de fluido é dada pela Eq. (1.30):

$$q = \frac{T_{quente} - T_{frio}}{(1/\bar{h}_c A)_{quente} + (L/kA) + (1/\bar{h}_c A)_{frio}} = \frac{\Delta T}{R_1 + R_2 + R_3}$$

Na Eq. (1.30), a taxa de fluxo de calor é expressa somente em uma temperatura total potencial e as características de transferência de calor de seções individuais no caminho do fluxo de calor. A partir dessas relações, é possível avaliar quantitativamente a importância de cada resistência térmica individual no caminho.

A inspeção das ordens de magnitude dos termos individuais no denominador revela, muitas vezes, um meio de simplificar um problema. Quando um termo domina quantitativamente, é admissível negligenciar o restante. Conforme ganhamos facilidade nas técnicas de determinação de conduções e resistências térmicas individuais, haverá inúmeros exemplos de tais aproximações. Existem, no entanto, certos tipos de problemas, conhecidos em projetos de trocadores de calor, em que é conveniente simplificar a escrita de Eq. (1.30), combinando as resistências individuais ou conduções do sistema térmico em uma quantidade, chamada *unidade de condutância global*, transmissão total ou o coeficiente global de transferência de calor U. O uso de um coeficiente global é uma conveniência em notação, e é importante considerar os fatores individuais que determinam o valor numérico de U.

Escrever a Eq. (1.30) em termos de coeficiente global resulta:

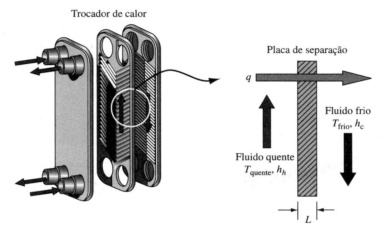

FIGURA 1.26 Transferência de calor por convecção entre duas correntes de fluido em um trocador de calor.

$$q = UA\Delta T_{\text{total}} \quad (1.34)$$

em que

$$UA = \frac{1}{R_1 + R_2 + R_3} = \frac{1}{R_{\text{total}}} \quad (1.35)$$

O coeficiente global U pode ser baseado em qualquer área escolhida. A área selecionada se torna particularmente importante na transferência de calor pelas paredes dos tubos em um trocador de calor e, para evitar equívocos, a base da área de um coeficiente global sempre deve ser indicada. Informações adicionais sobre o coeficiente de transferência térmica global U serão apresentadas em capítulos posteriores, principalmente no Capítulo 8.

Um coeficiente global de transferência de calor também pode ser obtido em termos de resistências individuais nos circuitos térmicos, quando a convecção e a radiação transferem calor para e/ou de uma ou ambas as superfícies da parede. Em geral, a radiação não será muito significante quando o fluido for um líquido, mas pode ser fundamental na convecção de/ou para um gás, quando as temperaturas são altas ou o coeficiente de transferência de calor por convecção é baixo, o que ocorre na convecção natural, por exemplo. A integração da radiação em um coeficiente global de transferência de calor será ilustrada na sequência.

O diagrama esquemático na Figura 1.27 apresenta a transferência de calor dos produtos de combustão gerados na câmara de um motor de foguete que passa por convecção por uma parede com sua superfície externa refrigerada a líquido. Na primeira seção deste sistema, o calor é transferido por convecção e radiação em paralelo. Portanto, a taxa do fluxo de calor na superfície interna da parede é a soma dos dois fluxos de calor

$$q = q_c + q_r$$
$$= \bar{h}_{c1}A(T_g - T_{sg}) + \bar{h}_{r1}A(T_g - T_{sg})$$
$$= (\bar{h}_{c1} + \bar{h}_{r1})A(T_g - T_{sg}) = \frac{T_g - T_{sg}}{R_1} \quad (1.36)$$

onde T_g = temperatura do gás quente presente no interior
T_{sg} = temperatura da superfície quente da parede

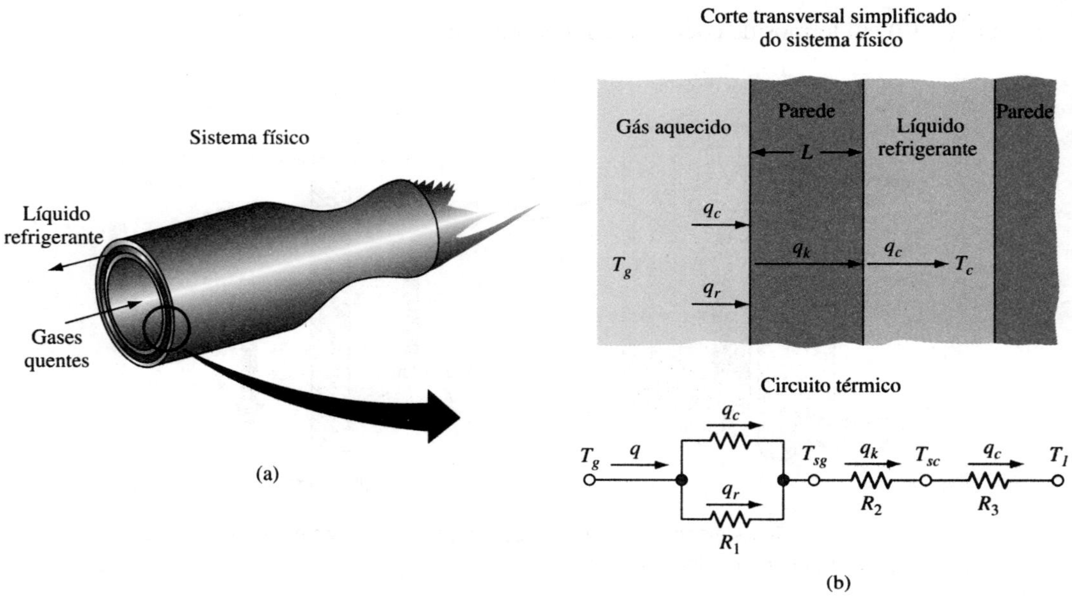

FIGURA 1.27 Transferência de calor dos gases de combustão para um líquido refrigerante em um motor de

$$\bar{h}_{r1} = \frac{\sigma(T_g^4 - T_{sg}^4)}{T_g - T_{sg}} = \text{coeficiente de transferência de calor por radiação na primeira seção}$$
(ε é assumido como unitário)

$\bar{h}_{c1}$ = coeficiente da transferência de calor por convecção do gás para a parede

$$R_1 = \frac{1}{(h_r + \bar{h}_{c1})A} = \text{resistência térmica combinada da primeira seção}$$

No estado estacionário, o calor é conduzido pela carcaça, à segunda seção do sistema, com a mesma taxa de calor que ocorre na superfície e

$$q = q_k = \frac{kA}{L}(T_{sg} - T_{sc})$$
$$= \frac{T_{sg} - T_{sc}}{R_2} \quad (1.37)$$

em que T_{sc} = temperatura da superfície no lado refrigerado da parede
R_2 = resistência térmica da segunda seção

Após passar pela parede, o fluxo de calor passa pela terceira seção do sistema por convecção, atingindo o arrefecimento. A taxa do fluxo de calor na terceira e última etapa é

$$q = q_c = \bar{h}_{c3}A(T_{sc} - T_l)$$
$$= \frac{T_{sc} - T_l}{R_3} \quad (1.38)$$

em que T_l = temperatura do líquido de arrefecimento
R_3 = resistência térmica na terceira seção do sistema

Cabe ressaltar que o símbolo $\bar{h}_c$ significa o coeficiente médio de transferência de calor por convecção, mas os valores numéricos dos coeficientes por convecção presentes na primeira, $\bar{h}_{c1}$, e terceira, $\bar{h}_{c3}$, dependem de diversos fatores e podem, em geral, ser diferentes. Note também que as áreas dos fluxos de calor das três seções não são iguais, mas, como a parede é muito fina, a mudança na área do fluxo de calor é tão pequena que pode ser desprezada nesse sistema.

Na prática, geralmente as únicas temperaturas conhecidas são a do gás aquecido e a do arrefecimento. Se as temperaturas intermediárias forem eliminadas pelas somas algébricas das Eqs. (1.36), (1.37) e (1.38), a taxa do fluxo de calor é

$$q = \frac{T_g - T_l}{R_1 + R_2 + R_3} = \frac{\Delta T_{\text{total}}}{R_1 + R_2 + R_3} \quad (1.39)$$

onde a resistência térmica das três seções conectadas em série ou as etapas do fluxo de calor do sistema são definidas nas Eqs. (1.36), (1.37), e (1.38).

EXEMPLO 1.11 Na concepção de um trocador de calor para uma aeronave (Fig. 1.28), a temperatura máxima da parede não deve exceder 800 K quando em estado estacionário. Para as condições informadas abaixo, determine a unidade máxima permitida da resistência térmica por metro quadrado de uma parede de metal que separa um gás quente de um gás frio.

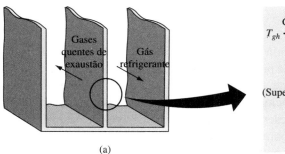
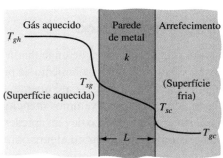
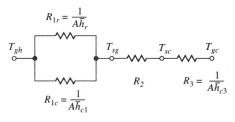

FIGURA 1.28 Sistema físico e circuito térmico do Exemplo 1.11.

Temperatura do gás quente = T_{gh} = 1300 K
Coeficiente de transferência de calor no lado quente = $\bar{h}_1$ = 200 W/m² K
Coeficiente de transferência de calor no lado frio = $\bar{h}_3$ = $\bar{h}_{c3}$ = 400 W/m² K
Temperatura refrigerante = T_{gc} = 300 K

SOLUÇÃO No estado estacionário, podemos dizer que

$\dfrac{q}{A}$ do gás quente para o lado quente da parede = $\dfrac{q}{A}$ do gás quente através da parede para o gás frio

Utilizando-se a nomenclatura da Fig. 1.28, obtemos

$$\frac{q}{A} = \frac{T_{gh} - T_{sg}}{R_1} = \frac{T_{gh} - T_{gc}}{R_1 + R_2 + R_3}$$

em que T_{sg} é a temperatura da superfície quente. Ao substituir os valores numéricos para as unidades de resistências térmicas e pelas temperaturas obtidas

$$\frac{1\,300 - 800}{1/200} = \frac{1\,300 - 300}{1/200 + R_2 + 1/400}$$

$$\frac{1\,300 - 800}{0{,}005} = \frac{1\,300 - 300}{R_2 + 0{,}0075}$$

Resolvendo para R_2 obtém-se

$$R_2 = 0{,}0025 \text{ m}^2 \text{ K/W}$$

Assim, uma resistência térmica unitária maior que 0,0025 m² K/W, aplicada à parede, aumentaria sua temperatura interna para mais de 800 K. Esse valor pode estabelecer o limite máximo suportado pela espessura da parede.

1.7 Isolamento térmico

Existem diversas situações na área de engenharia de projetos em que o objetivo é diminuir o fluxo de calor. Exemplos de tais casos incluem o isolamento de prédios para minimizar a perda de calor no inverno, uma garrafa térmica para manter o chá ou o café quente, e uma jaqueta de esqui para prevenir uma perda excessiva de calor do esquiador. Todos os exemplos mencionados exigem o uso de um isolante térmico.

Materiais de isolamento térmico devem apresentar baixa condutividade térmica. Na maioria dos casos, isso é obtido pelo aprisionamento do ar ou algum outro gás dentro de pequenas cavidades existentes em uma superfície sólida, mas, por vezes, o mesmo efeito pode ser obtido com o preenchimento dos espaços vazios com pequenas partículas sólidas e aprisionamento do ar entre essas partículas, o que reduz o fluxo de calor. Esses tipos de material de isolamento térmico utilizam a baixa condutividade inerente a um gás para inibir o fluxo de calor. Entretanto, uma vez que gases são fluidos, o calor também pode ser transferido por meio de uma convecção natural dentro dos bolsões de gás e por radiação entre as paredes sólidas. A condutividade dos materiais isolantes não é, portanto, uma propriedade material, mas sim o resultado de uma combinação de mecanismos de fluxo de calor. A condutividade térmica do isolamento é um valor efetivo, o k_{eff}, que muda não somente com a temperatura, como também com a pressão e as condições do ambiente, como a umidade, por exemplo. A mudança do k_{eff} causada pela temperatura pode ser bem acentuada, especialmente em temperaturas elevadas, quando a radiação tem um papel muito importante no processo global de transporte de calor.

Os diferentes tipos de materiais de isolamento podem ser classificados em três amplas categorias:

1. *Fibroso*. Materiais fibrosos consistem em partículas de filamentos de baixa densidade com diâmetro pequeno que podem preencher os espaços vazios com um "enchimento solto", ou podem formar chapas, mantas de isolamento ou cobertas. Materiais fibrosos apresentam porosidade muito alta (~90%). Lã mineral é um material fibroso bastante utilizado para aplicações em temperaturas abaixo de 700°C, e a fibra de vidro é frequentemente utilizada para temperaturas abaixo de 200°C. Para proteções térmicas em tempera-

turas entre 700°C e 1700°C, podem-se utilizar fibras refratárias como óxido de alumínio (Al$_2$O$_3$) ou de sílica (SiO$_2$).

2. *Celular*. Isolamentos celulares são materiais celulares abertos ou fechados e, geralmente, têm formato de placas longas e flexíveis ou rígidas. Elas podem, entretanto, ser pulverizadas ou espumadas no local em questão a fim de atingir os formatos geométricos desejados. Como vantagem, o isolamento celular apresenta baixa densidade, baixa capacidade de transmissão de calor e alta resistência. Poliuretano e a espuma de poliestireno expandido podem ser citadas como exemplos.

3. *Granular*. O isolamento granular consiste em pequenos flocos ou partículas de materiais inorgânicos agrupados em formatos predeterminados ou utilizados como pó. Exemplos: pó de perlite, sílica diatomácea e vermiculite.

Para uso em temperaturas criogênicas, os gases nos materiais celulares podem ser condensados ou congelados a fim de criar um vácuo parcial que aumenta a efetividade do isolamento. Pode-se criar um vácuo nos isolamentos fibroso e granular para eliminar a convecção e a condução e, com isso, diminuir consideravelmente a condutividade efetiva. A Figura 1.29 apresenta as variações da condutividade térmica efetiva para isolamentos evacuados e não evacuados, bem como o produto da condutividade térmica e a densidade total, dados que geralmente são importantes no projeto.

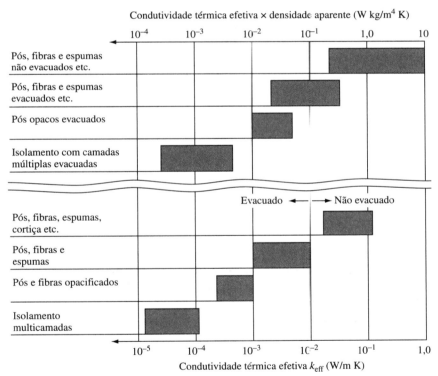

FIGURA 1.29 Faixa de variações das condutividades térmicas dos isolantes térmicos e dos produtos de condutividade térmica e densidade aparente.

Além desses três tipos de materiais, o isolamento térmico também pode ser obtido pelo uso de películas refletoras. Nessa abordagem, duas ou mais películas finas de metais com baixa emissividade são colocadas em paralelo para que reflitam entre si a radiação de volta à fonte. Um exemplo disso são as garrafas térmicas nas quais o espaço entre as superfícies reflexivas é evacuado para suprimir a condução e a convecção, fazendo com que a radiação seja o único mecanismo de transferência. O isolamento refletivo será abordado no Capítulo 9.

A propriedade mais importante a ser considerada na hora de selecionar um material de isolamento é a condutividade térmica efetiva, mas também são fatores importantes: densidade, limite máximo da temperatura, rigidez estrutural, degradação, estabilidade química e custo. As propriedades físicas dos materiais de isolamento podem ser fornecidas pelo fabricante do produto ou obtidas nos manuais. Frequentemente, os dados são muito limitados, especialmente quando se trata de temperaturas elevadas. Em alguns casos, é necessário ir além da informação disponível e, assim, utilizar um fator de segurança no projeto final.

As variações das condutividades térmicas efetivas para os materiais mais comuns de isolamento fibroso e celular em baixa temperatura são mostradas na Fig. 1.30. O valor mais baixo é referente às temperaturas mais baixas, e o valor mais alto é referente às temperaturas em limite máximo permitido para uso. Todos os valores considerados são para materiais novos. O poliuretano e o poliestireno geralmente perdem entre 20% e 50% de suas qualidades de isolamento durante o primeiro ano de uso. Alguns materiais aumentam sua condutividade térmica efetiva como resultado de uma absorção da umidade em ambientes com alta umidade ou com perda do vácuo. Observe que, com exceção do vidro celular, os materiais isolantes celulares são plásticos baratos e leves, ou seja, têm densidades da ordem de 30 kg/m^3. Todos os materiais celulares são rígidos e podem ser obtidos em praticamente qualquer forma desejada.

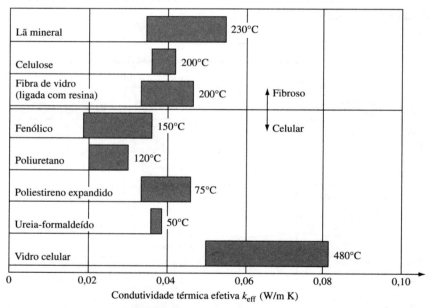

FIGURA 1.30 A condutividade térmica efetiva varia para o isolamento fibroso típico e celular. Aproximação de temperaturas máximas de uso estão listadas ao lado direito dos isolamentos.

Fonte: Adaptado do *Handbook of Applied Thermal Design*, E. C. Guyer, ed., McGraw-Hill, 1989.

Materiais refratários são utilizados para aplicações de alta temperatura. Eles apresentam um formato de tijolo e podem suportar temperaturas de até 1700°C. A condutividade efetiva varia desde 1,5 W/m K para esmaltadores até em torno de 2,5 W/m K para o zircônio. Os isolamentos de enchimento solto têm uma condutividade térmica muito baixa, conforme apresentado na Fig. 1.31, mas a maior parte deles só pode ser utilizada em temperaturas abaixo de 900°C. Os materiais de enchimento solto tendem a se "assentar", causando potenciais problemas em locais de difícil acesso.

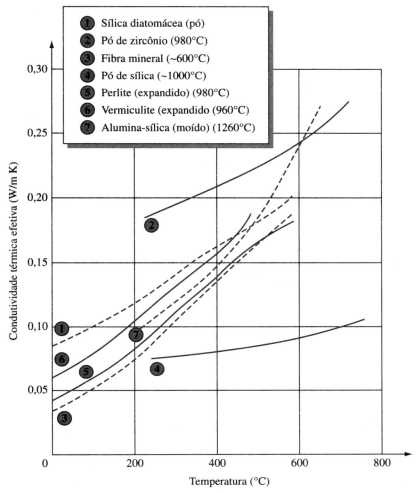

FIGURA 1.31 A relação da condutividade térmica efetiva e a temperatura, para alguns isolamentos de alta temperatura. A temperatura máxima de uso é fornecida entre parênteses.

EXEMPLO 1.12 A porta de uma fornalha industrial a gás tem uma área de superfície de 2 m × 4 m que deve ser isolada para reduzir a perda de calor para no máximo 1200 W/m². O desenho esquemático da porta é apresentado na Fig. 1.32. A superfície interna é uma chapa de Inconel 600 com 10 mm de espessura, e a superfície externa é uma chapa de aço inoxidável 316 com espessura de 7 mm. Deve ser colocada uma espessura adequada de material de isolamento entre essas chapas de metal. A temperatura efetiva do gás dentro do forno é de 1200°C, e o coeficiente global de transferência de calor entre o gás e a porta é de $U_i = 20$ W/m² K. O coeficiente de transferência de calor entre a superfície externa da porta e suas proximidades a 20°C é $\bar{h} = 5$ W/m² K. Escolha o material de isolamento adequado, bem como seu tamanho e espessura.

SOLUÇÃO A partir da Fig. 1.7, foi estimado que a condutividade térmica das chapas de metal era de aproximadamente 43 W/m K. A resistência térmica das duas chapas de metal era de aproximadamente

$$R = L/k \sim \frac{17 \text{ mm}}{25 \text{ W/m K}} \times \frac{1 \text{ m}}{1\,000 \text{ mm}} \sim 6{,}8 \times 10^{-4} \text{ m}^2 \text{ K/W}$$

Essas resistências são desprezíveis se comparadas às outras três resistências apresentadas no circuito térmico simplificado na sequência:

$$20°C \quad Ar \quad Isolamento \quad Gás \quad 1200°C$$
$$R_a = \frac{1}{h} \quad R_{isol} \quad R_g = \frac{1}{U_i}$$

A queda de temperatura entre o gás e a superfície interior da porta a um fluxo de calor específico é:

$$\Delta T = \frac{q/A}{U} = \frac{1\,200 \text{ W/m}^2}{20 \text{ W/m}^2 \text{ K}} = 60 \text{ K}$$

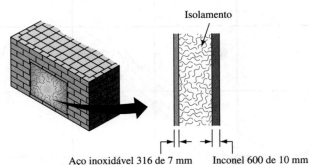

FIGURA 1.32 Corte transversal da composição da parede do forno a gás para o Exemplo 1.12.

Portanto, a temperatura do Inconel deverá ser em torno de 1 140°C. Essa temperatura é aceitável, uma vez que nenhuma carga estrutural significativa foi aplicada.

Observando a Fig. 1.31, pode-se perceber que somente flocos de fibra cerâmica moídos podem suportar a temperatura máxima na porta. Os dados da condutividade térmica estão disponíveis somente entre 300 e 650°C. A tendência dos dados sugere que, quando em temperaturas altas, e a radiação se torna o mecanismo dominante, o aumento de k_{eff} com T se tornará mais acentuado. Nesse caso, será escolhida a temperatura de 650°C (0,27 W/m K) e então aplicado um fator de segurança à espessura do isolamento.

A queda de temperatura na superfície externa é de

$$\Delta T = \frac{1\,200 \text{ W/m}^2}{5 \text{ W/m}^2 \text{ K}} = 240°C$$

Portanto, ΔT a temperatura por todo isolamento é de 1180°C − (240 + 60)°C = 880 K. A espessura do isolamento para $k = 0{,}27$ W/m K é:

$$L = \frac{k\,\Delta T}{q/A} = \frac{0{,}27 \text{ W/m K} \times 880 \text{ K}}{1\,200 \text{ W/m}^2} = 0{,}2 \text{ m}$$

Devido a essa incerteza no valor k_{eff}, e à possibilidade de que o isolamento se torne mais compacto com o uso, um projetista prudente dobraria o valor da espessura. Isolamentos adicionais também reduzem a temperatura da superfície externa da porta, o que proporciona mais segurança, conforto e facilidade na operação.

Nas práticas de engenharia, especialmente na construção de materiais, o isolamento é frequentemente caracterizado por um termo chamado *valor-R*. A diferença de temperatura dividida pelo valor-R fornece a taxa de transferência de calor por unidade de área. Para grandes chapas ou placas do material, temos:

$$\text{valor-}R = \frac{\text{espessura}}{\text{condutividade térmica média efetiva}}$$

Por exemplo, o valor-R de uma folha de fibra de vidro com espessura de 9 cm ($k_{eff} = 0{,}06$ W/m da Tabela 11 no Apêndice 2) é igual a

$$\frac{(9\text{ cm})\text{ mK}}{0{,}06\text{ W}} \times \frac{1\text{m}}{100\text{ cm}} = 1{,}5\,\frac{\text{m}^2}{\text{K/W}}$$

Na maioria dos países, os valores-R são fornecidos em unidades SI de m² K/W ou m² °C/W. Entretanto, em obras de autores norte-americanos, o valor-R geralmente é fornecido em unidades inglesas de hr ft² °F/Btu. É importante notar esta diferença, pois os valores-R são frequentemente citados sem suas unidades, por exemplo, R-3.5. Muitos autores utilizam os símbolos R-SI ou R_{SI} para demonstrar os valores-R em unidades SI. O valor-R de 1,5 m² K/W calculado acima pode ser indicado em alguns livros como R-SI1,5, sem que as unidades sejam especificadas. Ao analisar os dados do fabricante (especialmente se localizado nos Estados Unidos), tome cuidado para verificar as unidades antes de utilizar os valores-R em seus cálculos. Neste livro, serão utilizadas unidades SI para as referências dos valores-R, a menos que seja indicado o contrário. Valores-R podem também ser utilizados para compor estruturas como as janelas de vidros duplos ou paredes feitas de madeira com isolamento entre as vigas.

É necessário prestar atenção ao utilizar manuais de fabricantes, pois, ao examinar as unidades fornecidas para a propriedade, deve estar claro qual valor-R é fornecido.

Em alguns casos, o valor-R é fornecido "por polegada". Uma vez que polegadas ainda é amplamente utilizada nos cenários de práticas de engenharia, é muito difícil eliminá-las. Caso você queira trabalhar somente com unidades SI, ou não se sente confortável para utilizar polegadas, utilize o simples procedimento apresentado abaixo para calcular o valor-R em unidades SI. Uma polegada é 2,54 cm. Para calcular o valor-R fornecido por polegada, divida as polegadas do valor-R por 2,54 e multiplique o resultado pela espessura do material em cm. O valor-R por polegada de 1,5 m² K/W calculado acima é de 0,424 m² K/W. Dividindo esse valor por 2,54 e multiplicando-o pela espessura de 9 cm obtém-se 1,50, que é o valor-R original.

É necessário sempre prestar atenção ao utilizar manuais de fabricantes quando se trata do valor-R, pois, o valor fornecido pode ser em polegadas, mesmo que seja chamando somente de valor-R. Ao examinar as unidades fornecidas para a propriedade deve-se estar claro qual valor-R é fornecido.

1.8 Transferência de calor e as leis de conservação de energia

Ao analisar um sistema, além das equações da taxa de transferência de calor, também deve ser utilizada a Primeira Lei da Termodinâmica, ou a Lei Fundamental de Conservação de Energia. Embora, conforme mencionado anteriormente, a análise termodinâmica sozinha não consiga prever a taxa em que a transferência ocorrerá em termos de grau do não equilíbrio térmico, as leis básicas da termodinâmica (tanto a primeira como a segunda) devem ser obedecidas. Portanto, quaisquer leis físicas que possam ser atendidas por um processo ou um sistema fornecerão uma equação que pode ser utilizada para análise. A Segunda Lei da Termodinâmica já foi utilizada neste livro para indicar a direção do fluxo do calor. Agora será demonstrado como a Primeira Lei da Termodinâmica pode ser aplicada na análise dos problemas de transferência de calor.

1.8.1 Primeira Lei da Termodinâmica

Essa lei afirma que a energia não pode ser criada ou destruída, mas pode ser transformada de uma forma para outra, ou transferida por calor ou trabalho. Para aplicar a Lei de Conservação de Energia, é necessário identificar um volume de controle, que é uma região fixa no espaço limitado por uma *superfície de controle* na qual calor, trabalho e massa podem passar. O requisito de conservação de energia para um sistema aberto em um formato útil para a análise da transferência de calor é:

A taxa em que as energias mecânicas e térmicas entram em um volume do controle, mais a taxa em que a energia é gerada dentro daquele volume, menos a taxa em que as energias mecânicas e térmicas deixem o volume do controle devem ser iguais à taxa para a qual a energia é armazenada dentro desse volume.

Se a soma do fluxo de entrada de energia e a geração exceder o fluxo de entrada, ocorrerá um aumento na quantidade de energia armazenada no volume de controle, sendo que ocorrerá uma diminuição no armazenamento de energia quando o fluxo de saída exceder o fluxo de entrada e a geração. Mas, quando não houver geração e a taxa de energia do fluxo de entrada for igual à taxa do fluxo de saída, o estado estacionário existe e não há mudança na energia armazenada no volume de controle.

Em relação à Fig. 1.33, os requisitos da conservação de energia podem ser expressos na forma de

$$(e\dot{m})_{entrada} + q + \dot{q}_G - (e\dot{m})_{saída} - W_{saída} = \frac{\partial E}{\partial t} \tag{1.40}$$

onde $(e\dot{m})_{entrada}$ é a taxa de energia do fluxo de entrada, $(e\dot{m})_{saída}$ é a taxa do fluxo de saída da energia, q é a taxa líquida da transferência de calor no volume do controle ($q_{entrada} - q_{saída}$), $W_{saída}$ é a taxa líquida do rendimento, $\dot{q}_G$ é a taxa de geração de energia dentro do volume de controle e $\partial E/\partial t$ é a taxa do armazenamento de energia dentro do volume de controle.

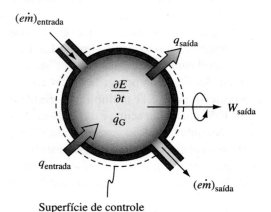

FIGURA 1.33 Volume de controle para a Primeira Lei da Termodinâmica ou conservação de energia.

A energia específica carregada pelo fluxo de massa e por toda sua superfície pode conter formas potenciais e cinéticas, bem como térmicas (internas). Mas os termos de energia potencial e cinética são desprezíveis para a maioria dos problemas de transferência de calor. Os termos do fluxo de entrada e saída de energia também podem incluir as interações de trabalho, mas esses fenômenos são importantes somente em processo com fluxo de velocidade extremamente alta.

Observe que os termos da taxa do fluxo de entrada e saída são fenômenos da superfície e, portanto, proporcionais à área da superfície. O $\dot{q}_G$, termo da geração de energia interna é encontrado quando outra forma de energia (tais como energia química, elétrica ou nuclear) é convertida para uma energia térmica dentro do volume de controle. O termo de geração é, portanto, um fenômeno volumétrico e sua taxa é proporcional ao volume dentro da superfície de controle. O armazenamento da energia também é um fenômeno volumétrico associado à energia interna da massa dentro do volume de controle, mas o processo de geração de energia é muito diferente do de armazenamento, embora ambos contribuam com a taxa de armazenamento de energia.

A Equação (1.40) pode ser simplificada quando não ocorrer um transporte de massa que ultrapasse os limites. Tal sistema é chamado *sistema fechado* e, para essas condições, a Eq. (1.40) se torna

$$q + \dot{q}_G - W_{saída} = \frac{\partial E}{\partial t} \tag{1.41}$$

onde o lado direito representa a taxa de armazenamento de energia ou a taxa de aumento da energia interna. Note que E é a energia interna total armazenada no sistema e é igual ao produto da energia interna específica e da massa do sistema.

1.8.2 Conservação da energia aplicada à análise de transferência de calor

Os próximos dois exemplos demonstram o uso da Lei de Conservação de Energia na análise de transferência de calor. O primeiro exemplo é um problema no estado estacionário em que o termo de armazenamento é zero; o segundo exemplo demonstra o procedimento analítico para um problema em que ocorra um armazenamento de energia interna. Este último é chamado *transferência de calor transiente*. Uma análise mais detalhada de tais casos será apresentada no próximo capítulo.

EXEMPLO 1.13 A casa tem um telhado plano horizontal pintado de preto (breu). A superfície inferior do telhado apresenta bom isolamento, enquanto a superfície superior fica exposta ao ar ambiente a 300 K com um coeficiente de transferência de calor de 10 W/m² K. Calcule a temperatura do telhado para as seguintes condições: (a) Um dia ensolarado com uma incidência de fluxo de radiação solar de 500 W/m² e a temperatura ambiente efetiva do céu de 50 K e (b) Uma noite clara com temperatura ambiente do céu de 50 K.

SOLUÇÃO Um diagrama esquemático do sistema é mostrado na Fig. 1.34. O volume de controle é o telhado. Considere que não haja obstruções entre o telhado e o céu, superfície 1 e superfície 2 respectivamente, e que ambas as superfícies sejam pretas. O céu comporta-se como um corpo negro, pois absorve toda a radiação emitida pelo telhado e não emite nem uma.

O calor é transferido por convecção entre o ar ambiente e o telhado, e por radiação entre o sol e o telhado e entre o telhado e o céu. Esse é um sistema fechado em equilíbrio térmico. Uma vez que não haja geração, armazenamento ou rendimento, os requisitos para a conservação de energia podem ser expressos pela taxa de relação conceitual do

| calor da radiação solar transferido *para* o telhado | + | a taxa de convecção do calor transferido *para* o telhado | = | valor líquido da transferência do calor *por* radiação do telhado para o céu ambiente. |

Analiticamente falando, esta relação pode ser mais bem expressa na forma

$$A_1 q_{r,\text{sol}\rightarrow\text{telhado}} + \bar{h}_c A_1 (T_{\text{ar}} - T_{\text{telhado}}) = A_1 q_{r,\text{telhado}\rightarrow\text{céu ambiente}}$$

Cancelando a área A1 do telhado e substituindo a relação Stefan-Boltzmann [Eq. (1.16)] para a radiação líquida do telhado para o ambiente do céu, obtém-se

$$q_{r,\text{sol}\rightarrow 1} + \bar{h}_c (300 - T_{\text{telhado}}) = \sigma(T_{\text{telhado}}^4 - T_{\text{céu}}^4)$$

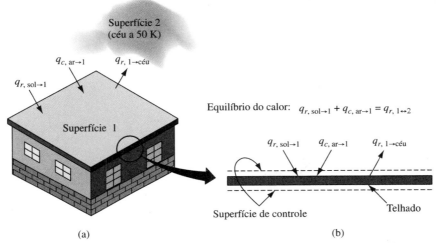

FIGURA 1.34 Transferência de calor por convecção e radiação para o telhado do Exemplo 1.13.

(a) Quando a radiação solar incidida no telhado, $q_{r,\text{sol}\to 1}$, é 500 W/m² e $T_{\text{céu}}$ é 50 K, obtemos

$$500 \text{ W/m}^2 + (10 \text{ W/m}^2 \text{ K})(300 - T_{\text{telhado}})(\text{K})$$
$$= (5{,}67 \times 10^{-8} \text{ W/m}^2 \text{ K}^4)(T_{\text{telhado}}^4 - 50^4)(\text{K}^4)$$

Resolvendo por tentativa e erro para a temperatura do telhado, obtemos

$$T_{\text{telhado}} = 303 \text{ K} = 30°\text{C}$$

Observe que o termo de convecção é negativo, pois o sol aquece o telhado a uma temperatura acima da do ar ambiente, logo, o telhado não é aquecido, mas resfriado pela convecção para o ar.

(b) À noite, o termo $q_{r,\text{sol}\to 1} = 0$ e obtemos, ao substituir os dados numéricos na relação de conservação de energia,

$$\bar{h}_c(T_{\text{ar}} - T_{\text{telhado}}) = \sigma(T_{\text{telhado}}^4 - T_{\text{céu}}^4)$$

ou

$$(10 \text{ W/m}^2 \text{ K})(300 - T_{\text{telhado}})(\text{K}) = (5{,}67 \times 10^{-8} \text{ W/m}^2 \text{ K}^4)(T_{\text{telhado}}^4 - 50^4)(\text{K}^4)$$

Resolvendo esta equação para T_{telhado}, encontra-se

$$T_{\text{telhado}} = 270 \text{ K} = -3°\text{C}$$

À noite, o telhado tem uma temperatura mais fria do que o ar ambiente e a convecção do ar ocorre no telhado, que se aquece durante o processo. Observe também que as condições durante a noite e o dia foram consideradas estacionárias, e que a mudança de uma condição estacionária para outra requer um período de transição em que a energia armazenada no telhado muda, bem como sua temperatura. A energia armazenada no telhado aumenta durante a madrugada e diminui depois que o sol se põe, mas esses períodos não foram considerados nesse exemplo.

EXEMPLO 1.14 Um longo e fino fio de cobre com um diâmetro D e um comprimento L possui uma resistência elétrica de ρ_e por unidade de comprimento. O fio está inicialmente no estado estacionário em local com temperatura ambiente T_{ar}. No tempo $t = 0$, uma corrente elétrica percorre o fio. A temperatura do fio começa a aumentar devido à geração de calor elétrico interno, mas, ao mesmo tempo, se perde calor por convecção através de um coeficiente de convecção $\bar{h}_c$ para o ar do ambiente.

Elabore uma equação para determinar a mudança de temperatura no fio ao longo do tempo, pressupondo que a temperatura no fio seja uniforme. Esse é um bom pressuposto, pois a condutividade térmica do cobre é muito grande e o fio é fino. No Capítulo 2 aprenderemos como calcular a distribuição da temperatura transiente radial se a distribuição da condutividade for pequena.

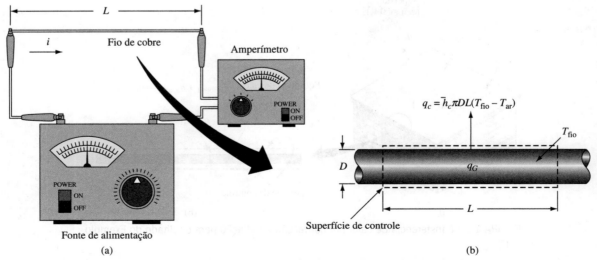

FIGURA 1.35 Diagrama esquemático para o sistema de geração de calor elétrico do Exemplo 1.14.

SOLUÇÃO O desenho na Fig. 1.35 mostra o fio e o volume de controle. Assume-se que as perdas por radiação são desprezíveis, portanto, a taxa líquida do fluxo de calor por convecção q_c é igual à taxa da perda de calor do fio, $q_{saída}$

$$q_{saída} = \overline{h}_c A_{superfície}(T_{fio} - T_{ar}) = \overline{h}_c \pi DL(T_{fio} - T_{ar})$$

A taxa de geração de energia (ou dissipação elétrica) no volume de controle do fio é

$$\dot{q}_G = i^2 R_e = i^2 \rho_e L$$

em que $R_e = \rho_e L$, a resistência elétrica.

A taxa de armazenamento de energia interna no volume de controle é

$$\frac{\partial E}{\partial t} = \frac{d[(\pi D^2/4)Lc\rho T_{fio}(t)]}{dt}$$

onde c é o calor específico e ρ é a densidade do material do fio.

Aplicando-se a relação de conservação de energia para um sistema fechado [Eq. (1.41)] ao problema em questão, obtemos

$$\dot{q}_G - q_{saída} = \frac{\partial E}{\partial t}$$

com a condição de que não haja rendimento e que o $q_{entrada}$ seja zero.

Substituindo as relações apropriadas para os três termos de energia nas leis de conservação de energia, encontra-se uma equação diferencial:

$$i^2 \rho_e L - (\overline{h}_c \pi DL)(T_{fio} - T_{ar}) = \left(\frac{\pi D^2}{4} Lc\rho\right)\frac{dT_{fio}(t)}{dt}$$

Se o calor específico e a densidade forem constantes, a solução para a equação da temperatura do fio como uma função de tempo $T(t)$ torna-se

$$T_{fio}(t) - T_{ar} = C_1(1 - e^{-C_2 t})$$

em que $C_1 = \dfrac{i^2 \rho_e}{\overline{h}_c \pi D}$

$C_2 = \dfrac{4\overline{h}_c}{c\rho D}$

Observe que, sendo $t \to \infty$, o segundo termo do lado direito se aproxima de C_1 e $dT_{fio}/dt \to 0$. Isso significa fisicamente que *a temperatura do fio atingiu um novo valor de equilíbrio* que pode ser avaliado a partir da relação de conservação do estado estacionário $q_{saída} = \dot{q}_G$ ou

$$(T_{fio} - T_{ar})\overline{h}_c \pi DL = i^2 \rho_e L$$

Somente a termodinâmica, ou seja, a Lei da Conservação de Energia, poderia prever as diferenças na energia interna armazenada no volume de controle entre os dois estados de equilíbrio com $t = 0$ e $t \to \infty$, mas ela não poderia prever a taxa pela qual essa mudança ocorre. Para esse cálculo, é necessário utilizar a análise da taxa de transferência de calor apresentada acima.

1.8.3 Condições de contorno

Existem diversas situações em que os requisitos de conservação de energia são aplicados na superfície de um sistema. Nesses casos, a superfície de controle não contém massa e seu volume é quase zero, conforme apresentado na Fig. 1.36.

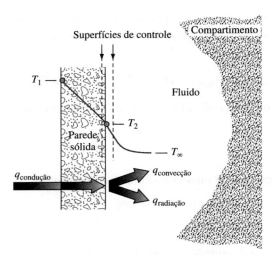

FIGURA 1.36 Aplicação da Lei de Conservação de Energia na superfície de um sistema.

Consequentemente, não poderá ocorrer armazenamento ou geração de energia e o requisito de conservação reduz para

$$q_{\text{líquido}} = q_{\text{entrada}} - q_{\text{saída}} = 0 \tag{1.42}$$

É importante notar que, nessa forma, a lei de conservação é válida para o estado estacionário, bem como para as condições transitórias, e que o fluxo de entrada e saída do calor pode ocorrer paralelamente por diversos mecanismos de transferência de calor. Aplicações da Eq. (1.42) para as mais variadas situações físicas serão ilustradas posteriormente.

1. Leia cuidadosamente o problema e responda: o que é conhecido sobre o sistema, quais informações podem ser obtidas de fontes como as tabelas de propriedades, manuais ou apêndices, e quais são desconhecidos e para os quais devem ser encontrados uma resposta.

2. Desenhe um diagrama esquemático do sistema, incluindo as fronteiras que serão utilizadas na aplicação das leis de conservação. Identifique os processos de transferência de calor mais importantes e faça um desenho de um circuito térmico para o sistema. As Figuras 1.18 e 1.27, por exemplo, representam muito bem esse procedimento.

3. Anote todas as suposições simplificadoras que você achar apropriadas para solucionar o problema e destaque os que precisarão ser verificados depois de obtida a resposta. Preste atenção no sistema e verifique se está em estado estável ou instável, compile as propriedades necessárias para a análise do sistema e cite as fontes pelas quais você as obteve.

4. Analise o problema utilizando as leis da conservação e equações apropriadas, utilizando o seu discernimento sobre os processos e sua intuição sempre que possível. Conforme for desenvolvendo seu conhecimento, volte ao circuito térmico e modifique-o apropriadamente. Faça os cálculos numéricos cautelosa e gradativamente para que possa verificar seus resultados facilmente, utilizando uma análise de ordem de grandeza.

5. Comente os resultados que obteve e discuta quaisquer pontos questionáveis, principalmente aqueles que se aplicam aos pressupostos originais. Para finalizar, faça um resumo das principais conclusões.

Esse método de análise foi amplamente demonstrado nos exemplos de problemas apresentados nas seções anteriores (particularmente nas 1.11–1.13), e suas análises dentro do contexto das cinco etapas listadas acima são importantes. Além disso, na progressão de seus estudos de transferência de calor nos capítulos subsequentes deste livro, os procedimentos descritos acima se tornarão mais importantes e você pode utilizá-los como base para quando iniciar sua análise em projetos de sistemas termais mais complexos.

Por fim, tenha sempre em mente que o assunto transferência de calor está em permanente evolução, e um engenheiro deve se manter atualizado seguindo a literatura atual sobre o tema. As publicações mais importantes sobre o assunto que apresentam as novas descobertas sobre a transferência de calor estão listadas no Apêndice 5. Além delas, é fundamental pesquisar manuais e monografias que periodicamente resumem o atual estado do conhecimento em relação a esse assunto.

Referências

1. KLEMENS, P. G. Theory of the Thermal Conductivity of Solids. In: TYE, R. P. *Thermal Conductivity*, v. 1, London: Academic Press, 1969.
2. McLAUGHLIN, E. Theory of the Thermal Conductivity of Fluids. In: TYE R. P. *Thermal Conductivity*, v. 2. London: Academic Press, 1969.
3. VINCENTI, W. G. ; KRUGER Jr., C. H. *Introduction to Physical Gas Dynamics*. New York: Wiley, 1965.
4. MALLORY, J. F., *Thermal Insulation*. New York: Van Nostrand Reinhold, 1969.
5. FRIED, E. Thermal Conduction Contribution to Heat Transfer at Contacts. In: TYE, R. P. *Thermal Conductivity*, v. 2, London: Academic Press, 1969.
6. FLETCHER, L. S. Imperfect Metal-to-Metal Contact, sec. 502.5. In: KREITH, F. *Heat Transfer and Fluid Flow Data Books*. New York: Genium, Schenectady, 1991.
7. FLETCHER, L. S. Recent Developments in Contact Conductance Heat Transfer. *Journal of Heat Transfer*, vol. 110, n. 4b, 1988, p. 1059-1070.
8. KANG, T. K.; PETERSON, G. P.; FLETCHER, L. S. Effect of Metallic Coatings on the Thermal Contact Conductance of Turned Surfaces. *Journal of Heat Transfer*, v. 112, n. 4, 1990, p. 864-871.

Problemas

Os problemas deste capítulo estão organizados por assunto, conforme descrito abaixo.

Tópico	Número do problema
Condução	1.1-1.11
Convecção	1.12-1.21
Radiação	1.22-1.29
Conduções em série e paralelo	1.30-1.35
Convecção e condução em série e paralelo	1.36-1.43
Convecção e radiação em paralelo	1.44-1.53
Combinações de condução, convecção e radiação	1.54-1.56
Transferência de calor e conservação de energia	1.57-1.58
Dimensões e unidades	1.59-1.65
Modos de transferência de calor	1.66-1.72

1.1 A superfície externa de uma parede de concreto com espessura de 0,2 m é mantida a uma temperatura de −5°C, enquanto a superfície interna é mantida a 20°C.

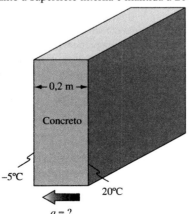

A condutividade térmica do concreto é de 1,2 W/m K. Determine a perda de calor através de uma parede de 10 m de comprimento e 3 m de altura.

1.2 O peso de um isolamento em uma aeronave pode ser mais importante do que o espaço necessário. Analiticamente, mostre que o isolamento mais leve para ser utilizado em uma parede plana com uma resistência térmica específica é o isolamento que tem o menor produto da densidade vezes a condutividade térmica.

1.3 A parede de um forno deve ser construída de tijolos com as dimensões-padrão de 225 mm × 110 mm × 75 mm. Dois tipos de material estão disponíveis. Um apresenta uma temperatura máxima de uso de 1040°C e uma condutividade térmica de 1,7 W/m K e, o outro, um limite de temperatura máxima de 870°C a uma condutividade térmica de 0,85 W/m K. Os tijolos têm o mesmo custo e podem ser dispostos de qualquer maneira, mas queremos projetar a parede mais econômica para um forno com temperatura de 1040°C em seu lado quente e 200°C em seu lado frio. Se a quantidade máxima de transferência de calor permitida é de 88 W para cada metro quadrado de área, determine a disposição mais econômica utilizando os tijolos disponíveis.

1.4 Para medir a condutividade térmica, duas amostras similares com espessura de 1 cm são colocadas no aparelho apresentado na ilustração abaixo. Uma corrente elétrica alimenta um aquecedor de proteção de 6 cm × 6 cm e um wattímetro mostra que a dissipação de energia é de 10 W. Termopares conectados às superfícies quente e fria mostram temperaturas de 322 e 300 K, respectivamente. Calcule a condutividade térmica do material para a temperatura média.

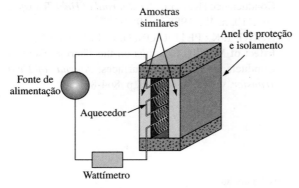

1.5 Para determinar a condutividade térmica de materiais estruturais, uma grande placa com espessura de 150 mm foi sujeita a um fluxo de calor uniforme de 2 500 W/m², enquanto os termopares conectados à parede com distância de 25 mm entre eles foram lidos durante um período de tempo. Após o sistema atingir seu equilíbrio, um operador gravou as leituras feitas pelos termopares apresentadas abaixo para duas condições de ambiente diferentes:

Distância da superfície (mm)	Temperatura (°C)
Teste 1	
0	40
50	65
100	97
150	132
Teste 2	
0	95
50	130
100	318
150	208

Com base nesses dados, determine uma expressão aproximada para a condutividade térmica como uma função da temperatura entre 40°C e 200°C.

1.6 Um *chip* quadrado de silício com tamanho 7 mm × 7 mm e espessura de 0,5 mm é colocado em um substrato plástico, conforme apresentado no esboço a seguir. A superfície superior do *chip* é resfriada por um líquido sintético que escoa sobre ela. Circuitos eletrônicos na parte inferior geram calor com uma taxa de 5 W que deve ser transferida através do *chip*. Estime a diferença de temperatura no estado estacionário entre as superfícies frontal e traseira do *chip*. A condutividade térmica do silício é de 150 W/m K.

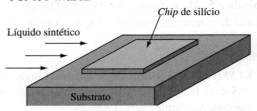

1.7 Um armazém deve ser projetado para manter resfriados os alimentos perecíveis antes de seu transporte para a mercearia. Ele tem uma área de superfície efetiva de 1860 m² exposta à temperatura com ar ambiente de 32°C. O isolamento da parede do armazém ($k = 0,17$ W/m K) apresenta espessura de 75 mm. Determine a taxa em que o calor deve ser removido (W) do armazém para manter o alimento a 4°C.

1.8 Com ênfase crescente na conservação de energia, a perda de calor das construções tem se tornado uma grande preocupação. As áreas da superfície exterior típica e os fatores-R (área × resistência térmica) de uma casa pequena estão listados abaixo:

Elemento	Área (m²)	Fatores-R (m² K/W)
Paredes	150	2,0
Teto	120	2,8
Piso	120	2,0
Janelas	20	0,1
Portas	5	0,5

(a) Calcule a taxa de perda de calor da casa quando a temperatura interna for de 22°C e a externa −5°C.
(b) Sugira as formas e os meios para a redução da perda de calor e mostre quantitativamente o efeito de dobrar a quantidade do isolamento da parede e de substituir uma com vidros duplos (resistência térmica = 0,2 m² K/W) por uma janela de vidro simples, na tabela acima.

1.9 O calor é transferido a uma taxa de 0,1 kW por um isolamento de lã de vidro (densidade = 100 kg/m³) com espessura de 5 cm e área de 2 m². Se a superfície quente estiver a 70°C, determine a temperatura da superfície fria.

1.10 Um medidor de fluxo de calor localizado na parede externa (fria) de uma construção de concreto indica que a perda de calor por uma parede de 10 cm de espessura é de 20 W/m². Se um termopar na superfície interna da parede indicar uma temperatura de 22°C, e outro que estiver na superfície externa apresentar temperatura de 6°C, calcule a condutividade térmica do concreto e compare seu resultado com o valor no Apêndice 2, na Tabela 11.

1.11 Calcule a perda de calor por uma janela de vidro de 1 m × 3 m com espessura de 7 mm, se a temperatura da superfície interna for de 20°C e a temperatura da superfície externa for de 17°C. Comente em sua resposta sobre o possível efeito da radiação.

1.12 Se a temperatura externa do ar apresentada no problema 1.11 for de −2°C, calcule o coeficiente de transferência de calor por convecção entre a superfície externa da janela e o ar, assumindo que a radiação é insignificante.

1.13 Utilizando a Tabela 1.4 como base, organize uma tabela similar mostrando as ordens de magnitude das resistências térmicas de uma unidade de área para a convecção entre a superfície e os diversos fluidos.

1.14 Um termopar (com fio de diâmetro de 0,8 mm), utilizado para medir a temperatura de um gás em repouso em um forno, apresenta uma leitura de 165°C. É conhecido, no entanto, que a taxa de radiação do fluxo de calor por metro de comprimento a partir das paredes quentes do forno até o fio do termopar é de 1,1 W/m, e que o coeficiente de transferência de calor por convecção entre o fio e o gás é de 6,8 W/m² K. Em posse dessa informação, estime a temperatura real do gás. Explique suas suposições e indique as equações utilizadas.

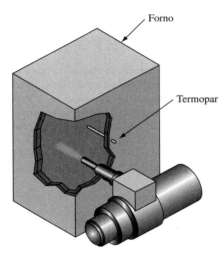

1.15 A uma temperatura de 77°C, a água deve evaporar lentamente em um recipiente. A água está em um recipiente com baixa pressão rodeado de vapor, conforme mostrado na ilustração abaixo. O vapor condensa a 107°C. O coeficiente global de transferência de calor entre a água e o vapor é de 1100 W/m² K. Calcule a superfície necessária da área do recipiente para que a água evapore a uma taxa de 0,01 kg/s.

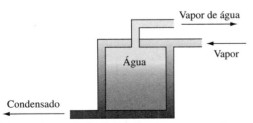

1.16 A taxa de transferência de calor de um ar quente por convecção a 100°C, circulando sobre uma face de uma placa plana com dimensões de 0,1 m por 0,5 m, foi determinada ser de 125 W quando a superfície da placa estiver a 30°C. Qual é o coeficiente médio de transferência de calor por convecção entre a placa e o ar?

1.17 O coeficiente de transferência de calor para um gás circulando sobre uma placa plana e fina de 3 m de comprimento e 0,3 m de espessura varia com a distância da borda dianteira de acordo com

$$h_c(x) = 10x^{-1/4} \frac{W}{m^2\,K}$$

Se a temperatura da placa for de 170°C e a temperatura do gás de 30°C, calcule: (a) o coeficiente médio de transferência de calor; (b) a taxa de transferência de calor entre a placa e o gás; (c) o fluxo de calor local com uma distância de 2 m da borda dianteira.

1.18 Um fluido criogênico é armazenado em um recipiente esférico com diâmetro de 0,3 m em ar parado. Se o coeficiente de transferência de calor por convecção entre a superfície externa do recipiente e o ar for de 6,8 W/m² K, a temperatura do ar for de 27°C e a temperatura na superfície da esfera for de −183°C, determine a taxa da transferência de calor por convecção.

1.19 Um computador de alta velocidade está localizado em uma sala com temperatura controlada a 26°C. Quando ele está operando, estima-se que sua taxa de geração de calor interno seja 800 W. A temperatura da superfície externa do computador deve ser mantida abaixo de 85°C. Estima-se que o coeficiente de transferência de calor para a superfície do computador seja de 10 W/m² K. Qual é o tamanho da área de superfície necessária para garantir uma operação segura desse equipamento? Comente sobre os métodos para redução dessa área.

1.20 A fim de prevenir queimaduras de frio nos esquiadores quando sentados no teleférico, a previsão do tempo na maior parte das estações de esqui informa a temperatura do ar e a temperatura de resfriamento pelo vento. A temperatura do ar é medida com um termômetro que não é afetado pelo vento. Entretanto, a taxa de perda de calor do esquiador aumenta com a velocidade do vento, e a temperatura de sensação térmica é a temperatura que resultaria na mesma taxa de perda de calor em ar parado, do mesmo modo que ocorre à temperatura de ar medido com o vento existente.

Suponha que a temperatura interna de uma camada de pele com espessura de 3 mm com uma condutividade térmica de 0,35 W/m K é de 35°C e a temperatura do ar é de −20°C. Sob condições de ambiente calmo, o coeficiente de transferência de calor na superfície externa da pele é de 20 W/m² K (veja a Tabela 1.4). Com um vento de 40 milhas por hora, ele aumenta para 75 W/m² K. (a) Se a queimadura de frio pode ocorrer quando a temperatura da pele cai para 10°C, você aconselharia o esquiador a usar uma máscara de proteção?; (b) O que ocorre se a temperatura da pele cair em decorrência da ação do vento?

1.21 Utilizando a informação do problema 1.20, estime a temperatura do ar ambiente que poderia causar queimaduras de frio em um dia calmo nas pistas de esqui.

1.22 Duas grandes placas paralelas com condições de superfícies que as assemelham a um corpo negro são mantidas a uma temperatura de 816°C e 260°C, respectivamente. Determine a taxa de transferência de calor por radiação entre as placas em W/m² e o coeficiente de transferência de calor por radiação W/m² K.

1.23 Um recipiente esférico com 0,3 m de diâmetro está em uma sala grande com as paredes a uma temperatura de 27°C (consulte a ilustração). Se o recipiente for utilizado para armazenar oxigênio líquido a −183°C, e tanto a superfície da parede como a do recipiente forem pretas, calcule a taxa de transferência de calor por radiação para o oxigênio líquido em watt e em Btu/h.

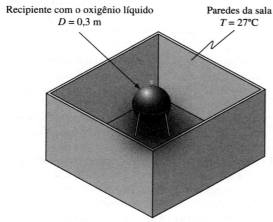

1.24 Releia o problema 1.23 considerando que a superfície do recipiente de armazenamento apresente uma absorbância (igual a emitância) de 0,1. Então, determine a taxa de evaporação do oxigênio líquido em quilogramas por segundo e libras por hora, supondo que a convecção pode ser desprezada. O calor da vaporização do oxigênio a −183°C é 213,3 kJ/kg.

1.25 Determine a taxa da emissão de calor radiante em watt por metro quadrado de um corpo negro a (a) 150°C, (b) 600°C, (c) 5 700°C.

1.26 O Sol tem um raio de 7×10^8 m e se aproxima a um corpo negro com temperatura de superfície de 5 800 K. Calcule a taxa total de radiação do Sol e o fluxo de radiação emitida por metro quadrado da área de superfície.

1.27 Uma pequena esfera cinza apresenta emissividade de 0,5 e a temperatura da superfície de 537°C está cercado por um corpo negro fechado com temperatura de 37°C. Para este sistema, calcule: (a) a taxa líquida da transferência de calor por radiação por unidade, ou unidade de área da superfície da esfera; (b) a condutância térmica radiativa em W/K se a área da superfície da esfera for de 95 cm²; (c) a resistência térmica para a radiação entre a esfera e sua área ao redor; (d) a razão entre a resistência térmica para radiação e a resistência térmica para convecção, se o coeficiente de transferência de calor por convecção for de 11 W/m² K; (e) a taxa total de transferência de calor a partir da esfera e suas adjacências; (f) o coeficiente combinado de transferência de calor para a esfera.

1.28 Um satélite de comunicação esférico com um diâmetro de 2 m é colocado em órbita ao redor da Terra. Por meio de um pequeno gerador nuclear, o satélite gera uma energia interna de 1000 W. Se sua superfície tem uma emitância de 0,3 e for sombreada da radiação solar pela Terra, calcule a temperatura da superfície. Qual seria a temperatura do satélite se ele apresentasse uma absorção de 0,2 quando em uma órbita em que ele estaria exposto à radiação solar? Suponha que a soma é um corpo negro de 6 700 K e comprove suas suposições.

1.29 Um fio longo de 0,7 mm de diâmetro com uma emissividade de 0,9 é colocado em um amplo espaço com ar parado a 270 K. Se o fio estiver a 527°C ou 800 K, calcule a taxa líquida da perda de calor. Discuta suas suposições.

1.30 Utilizar diversas camadas de roupas no frio é frequentemente recomendado, pois o espaço de ar parado entre as camadas mantém o corpo aquecido. A explicação para isso é que a perda de calor do corpo é menor. Compare a taxa de perda de calor de uma única camada de lã com espessura de 20 mm ($k = 0,04$ W/m K), com três camadas de 6 mm separadas entre elas por lacunas de ar de 1,5 mm. A condutividade térmica do ar é de 0,024 W/m K.

1.31 Uma área de uma parede composta com as dimensões apresentadas abaixo apresenta temperaturas uniformes de 200°C e 50°C nas superfícies da esquerda e da direita, respectivamente. Se as condutividades térmicas dos materiais da parede forem: $k_A = 70$ W/m K, $k_B = 60$ W/m K, $k_C = 40$ W/m K, e $k_D = 20$ W/m K, determine a taxa de transferência de calor por esta área da parede e a temperatura nas interfaces.

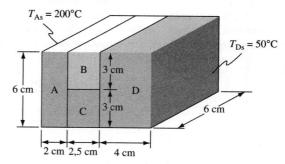

1.32 Considere os dados do problema 1.31 incluindo a resistência de contato de 0,1 K/W a cada uma das interfaces.

1.33 Retome o problema 1.32, mas suponha que, ao invés das temperaturas da superfície, as temperaturas fornecidas foram as do ar presente na lateral esquerda e direita da parede, e que os coeficientes de transferência de calor por convecção nas superfícies esquerda e direita são de 6 e 10 W/m²K, respectivamente.

1.34 Pregos de aço macio foram colocados em uma madeira sólida que consistia de duas camadas, cada uma com espessura de 2,5 cm para reforço. Se a área transversal total dos pregos for de 0,5% da área da parede, determine a unidade de condutância térmica da parede composta e a porcentagem do fluxo total de calor que passa pelos pregos quando a diferença de temperatura pela parede é de 25°C. Despreze a resistência de contato entre as camadas de madeira.

1.35 Calcule a taxa de transferência de calor que passa pela parede composta apresentada no problema 1.34, se a diferença de temperatura for 25°C e a resistência de contato entre as lâminas de madeira for de 0,005 m²K/W.

1.36 O calor é transferido por uma parede plana de dentro de uma sala a 22°C para o ar externo a −2°C, os coeficientes de transferência de calor por convecção nas superfícies internas e externas são 12 e 28 W/m²K, respectivamente. A resistência térmica de uma unidade de área da parede é de 0,5 m²K/W. Determine a temperatura da superfície externa da parede e a taxa do fluxo de calor pela parede por unidade de área.

1.37 Qual a quantidade de isolamento de fibra de vidro (k = 0,035 W/m K) necessária para garantir que a temperatura externa de um forno de cozinha não exceda 43°C? A temperatura máxima do forno a ser mantida pelo modo convencional de um controle termostático é de 290°C, a temperatura da cozinha pode variar de 15°C a 33°C, e o coeficiente médio de transferência de calor entre a superfície do forno e a cozinha é de 12 W/m²K.

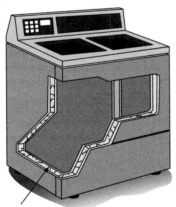

Isolamento de fibra de vidro.

1.38 Uma parede trocadora de calor é composta por uma placa de cobre com espessura 20 mm. Os coeficientes de transferência de calor dos dois lados da placa são de 2 700 e 7 000 W/m²K, correspondendo às temperaturas de fluidos de 92°C e 32°C, respectivamente. Supondo que a condutividade térmica da parede seja de 375 W/m K, (a) calcule as temperaturas da superfície em °C; (b) calcule o fluxo de calor em W/m².

1.39 Um submarino foi projetado para fornecer para a tripulação uma temperatura confortável que não fosse menor que 21°C. O submarino pode ser representado por um cilindro com 9 m de diâmetro e 61 m de comprimento, conforme mostrado a seguir. O coeficiente combinado de transferência de calor em seu interior é cerca de 14 W/m²K, estima-se que no exterior o coeficiente de transferência de calor varie entre 57 W/m²K (parado) e 847 W/m²K (velocidade máxima). Para as seguintes construções de paredes, determine a capacidade mínima (em quilowatt) da unidade de aquecimento necessária, se a temperatura da água do mar varia de 1,1°C a 12,8°C durante a operação. As paredes do submarino são de (a) alumínio de 25 mm, (b) aço inoxidável com espessura de 38 mm com uma grossa camada de 50 mm de isolamento interno de fibra de vidro, e (c) uma construção tipo sanduíche com uma camada de aço inoxidável com espessura de 38 mm, uma camada grossa de isolamento de fibra de vidro de 50 mm e uma camada grossa de 12,5 mm de alumínio na parte interna. A que conclusões você consegue chegar?

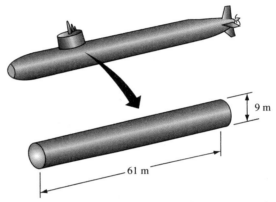

1.40 Um simples aquecedor solar consiste em uma placa plana de vidro sobre um recipiente raso cheio de água, assim, a água fica em contato com a placa de vidro acima dela. A radiação solar passa pelo vidro com uma taxa de 490 W/m². A água está a 92°C e o ar em sua volta a 27°C. Se o coeficiente de transferência de calor entre a água e o vidro e entre o vidro e o ar for 28 W/m² e 7 W/m²K, respectivamente, determine o tempo necessário para transferir 11 KJ/m² da superfície da água para o recipiente. Supõe-se que a superfície inferior do recipiente está isolada.

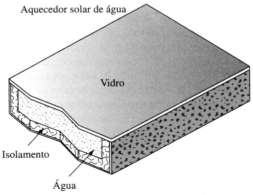

1.41 Uma parede de uma geladeira composta é formada por uma placa de 50 mm de cortiça colocada entre uma camada de carvalho com espessura de 12 mm e uma de revestimento de alumínio com espessura de 0,8 mm em sua superfície interna. Os coeficientes médios de transferência de calor por convecção nas paredes externas e internas são 11 e 8 W/m²K, respectivamente. (a) Desenhe o circuito térmico. (b) Calcule as resistências individuais dos componentes desta parede composta e as resistências das superfícies. (c) Calcule o coeficiente global de transferência de calor pela parede. (d) Para uma temperatura do ar de $-1°C$ no interior da geladeira e de 32°C no exterior, calcule a taxa de transferência de calor por unidade de área pela parede.

1.42 Um dispositivo eletrônico que gera calor interno de 600 mW apresenta temperatura máxima permitida de 70°C. Ele será resfriado em 25°C de ar por meio de aletas de alumínio fixadas ao dispositivo com a superfície de área total de 12 cm². O coeficiente de transferência de calor por convecção entre as aletas e o ar é de 20 W/m²K. (a) Estime a temperatura de operação quando as aletas estiverem presas, de modo que haja uma resistência de contato de aproximadamente 50 K/W entre a superfície do dispositivo e as aletas, e (b) não haja resistência de contato (neste caso, é mais caro construir o dispositivo). Comente sobre as opções de projetos.

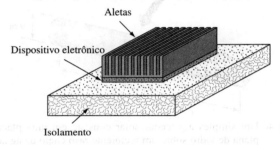

1.43 Para reduzir a necessidade de aquecimento de casas em diversas partes do país, as normas da construção moderna exigem o uso de janelas com vidros duplos. Algumas das chamadas de janelas com vidraças térmicas apresentam um vácuo entre os dois vidros, enquanto outras aprisionam o ar estagnado no espaço. (a) Considere uma janela com vidro duplo com as dimensões apresentadas no desenho abaixo. Se esta janela apresentar um ar estagnado aprisionado entre dois vidros e o coeficiente de transferência de calor por convecção nas superfícies internas e externas for de 4 W/m² K e 15 W/m²K, respectivamente, calcule o coeficiente de transferência de calor para o sistema. (b) Se a temperatura do ar interna for de 22°C e a temperatura externa do ar for de $-5°C$, compare a perda de calor por uma janela de vidro duplo de 4 m² com a perda de calor de uma janela com um vidro único. Comente o efeito da moldura da janela nesse resultado. (c) Se a área total da janela de uma casa aquecida por um aquecedor com resistência elétrica com um custo de $ 0,10/kW h é 80 m². Quanto do aumento do custo você pode justificar para o uso das janelas com vidro duplo se a diferença da temperatura média durante os seis meses de inverno, quando o uso do aquecimento é necessário, gira em torno de 15°C?

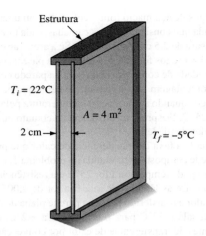

1.44 Um telhado plano pode ser modelado como uma placa plana com isolamento em sua base e colocado ao sol. Se o calor radiante que o telhado receber do sol for de 600 W/m², o coeficiente de transferência de calor por convecção entre o telhado e o ar for de 12 W/m² K, e a temperatura do ar for de 27°C, determine a temperatura do telhado nos dois casos abaixo: (a) Perda do calor por radiação para o espaço é desprezível. (b) O telhado é preto ($\varepsilon = 1,0$) e irradia para o espaço, o qual se assume ser um corpo negro a 0 K.

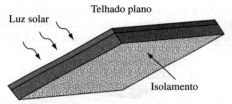

1.45 Uma placa horizontal plana de cobre com espessura de 3 mm, comprimento de 1 m e 0,5 m de largura, foi exposta ao ar a uma temperatura de 27°C a uma irradiação solar. Se a taxa total de radiação solar absorvida é de 300 W e os coeficientes combinados de calor por radiação e convecção nas superfícies superiores e inferiores são de 20 e 15 W/m² K, respectivamente, determine o equilíbrio da temperatura da placa.

1.46 Um pequeno forno com uma área de superfície de 0,28 m² está em um ambiente em que as paredes e o ar estão a uma temperatura de 27°C. A superfície externa do forno está a 150°C, e a transferência de calor próxima por radiação entre a superfície do forno e seus arredores é de 586 W. Se o coeficiente médio de transferência de calor por convecção entre o forno e o ar for de 11 W/m² K, calcule: (a) a transferência líquida de calor entre o forno e os arredores em W; (b) a resistência térmica na superfície para a radiação e convecção, respectivamente, em k/W; (c) o coeficiente combinado de transferência de calor em W/m² K.

1.47 Uma tubulação de vapor com um diâmetro de 200 mm passa por uma sala grande localizada no subsolo. A temperatura da parede em que a tubulação passa é de

500°C, enquanto o ar ambiente no quarto é de 20°C. Determine a taxa de transferência de calor por convecção e radiação por unidade de comprimento da tubulação de vapor, se a emissividade da superfície do tubo for de 0,8 e o coeficiente de transferência de calor por convecção natural for de 10 W/m² K.

1.48 A parede interna de uma câmara de combustão de um motor de foguete recebe 160 kW/m² por radiação de um gás com temperatura a 2 760°C. O coeficiente de transferência de calor por convecção entre o gás e a parede é de 110 W/m² K. Se a parede interna da câmara de combustão estiver a uma temperatura de 540°C, determine: (a) a resistência térmica total de uma unidade de área da parede em m² K/W; (b) o fluxo de calor. Desenhe também o circuito térmico.

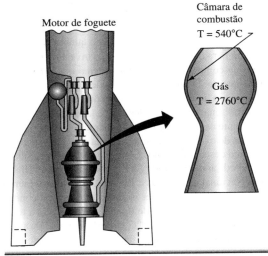

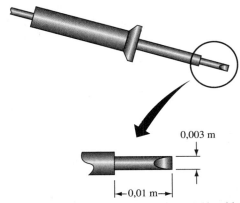

1.49 Um telhado plano de uma casa absorve um fluxo de radiação solar de 600 W/m². A parte traseira do telhado é bem isolada, mas a externa perde calor por radiação e convecção para um ar ambiente de 20°C. Se a emitância do telhado for de 0,80 e o coeficiente de transferência de calor por convecção entre o telhado e o ar for de 12 W/m² K, calcule: (a) a temperatura de equilíbrio da superfície do telhado; (b) a razão entre a perda de calor de convecção e radiação. Neste caso, uma das duas pode ser desprezada? Explique sua resposta.

1.50 Determine a potência necessária de um ferro de solda para que a ponta é mantida a 400°C. Essa ponta é cilíndrica e mede 3 mm de diâmetro e 10 mm de comprimento. A temperatura de ar ao redor é de 20°C e o coeficiente médio de transferência de calor por convecção na ponta é de 20 W/m²K. Inicialmente, a ponta foi altamente polida causando uma baixa emitância.

1.51 A ponta do ferro de soldar do problema 1.50 oxidou com o tempo e a emitância de corpo cinza aumentou para 0,8. Supondo que o entorno tem uma temperatura de 20°C, determine a energia necessária para o ferro de solda.

1.52 Alguns fabricantes de carro estão trabalhando atualmente em um bloco de motor de cerâmica que poderia operar sem um sistema de refrigeração. Idealize tal motor como uma peça sólida retangular de 45 cm × 30 cm × 30 cm. Suponha que, sob potência máxima, o motor consuma 5,7 L de combustível por hora, o calor liberado pelo combustível seja de 9,29 kW/h por litro, e a eficiência líquida do motor (trabalho efetivo dividido pelo total de entrada de calor) seja de 0,33. Se o bloco do motor for de alumínio com uma emissividade de corpo cinza de 0,9, o compartimento do motor operar a 150°C, e o coeficiente de transferência de calor por convecção for de 30 W/m²K, determine a temperatura média da superfície do bloco do motor. Comente sobre a utilidade prática do conceito.

1.53 Uma tubulação, transportando um vapor superaquecido em um porão com temperatura de 10°C, apresenta uma temperatura de superfície de 150°C. A perda do calor pela tubulação ocorre por radiação ($\varepsilon = 0,6$) e convecção natural ($\bar{h}_c = 25$ W/m² K). Determine a percentagem da perda de calor total por esses dois mecanismos.

1.54 Para a parede de um forno industrial, desenhe o circuito térmico, determine a taxa de fluxo de calor por unidade de área e estime a temperatura da superfície externa se: (a) o coeficiente de transferência de calor por convecção for de 15 W/m² K; (b) a taxa de fluxo de calor por radiação dos gases quentes e das partículas de fuligem, a 2 000°C na superfície interna da parede, for de 45 000 W/m²; (c) a unidade da condutância térmica da parede (temperatura da superfície interior gira em torno de 850°C) é 250 W/m²; (d) ocorre convecção da superfície externa.

1.55 Desenhe o circuito térmico da transferência de calor por uma janela com vidros duplos. Identifique cada um dos elementos do circuito. Inclua a radiação solar que entra pela janela para o espaço interior.

1.56 Em um condomínio de casas iguais, o telhado de uma delas foi construído com vigas de madeira com isolamento de fibra de vidro entre elas. O interior desse telhado é de gesso e o exterior é uma fina camada de uma chapa metálica. Um corte seccional do telhado com as respectivas dimensões é apresentado abaixo.

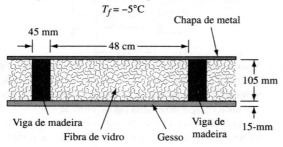

(a) O fator-R descreve a resistência térmica do isolamento e é definido por

$$fator - R = L/k_{\text{efetivo}} = \Delta T/(q/A)$$

Calcule o fator-R para esse tipo de telhado e compare esse valor com um para uma espessura de fibra de vidro similar. Por que os dois são diferentes?; (b) Calcule a taxa de transferência de calor pelo telhado, por metro quadrado, quando a temperatura interior for de 22°C e a temperatura externa for de -5°C.

1.57 O proprietário de um imóvel quer trocar seu aquecedor elétrico que opera com água quente. Existem dois modelos na loja: o mais barato custa $ 280 e não apresenta isolamento entre suas paredes internas e externas. Devido à convecção natural, o espaço entre as paredes internas e externas tem uma condutividade efetiva três vezes maior que a do ar. O modelo mais caro custa $ 310 e apresenta isolamento de fibra de vidro no espaço entre as paredes. Ambos os modelos medem 3,0 m de altura e formato cilíndrico com um diâmetro da parede interna de 0,60 m e um espaço vazio entre elas de 5 cm. O ar do entorno está a 25°C, e o coeficiente de transferência de calor por convecção no exterior é de 15 W/m²K. O ar quente dentro do tanque é de 60°C.

Se a energia custa 6 ¢/k Wh, estime quanto tempo demorará para que seja compensado o investimento extra feito na compra do aquecedor elétrico que opera com água quente. Discuta suas suposições.

1.58 O oxigênio líquido (LOX) para um ônibus espacial pode ser armazenado a 90 K, antes de seu lançamento, em um recipiente esférico com 4 m de diâmetro. Para reduzir a perda de oxigênio, a esfera é isolada com um super isolamento desenvolvido nos EUA, no National Institute of Standards and Technology's Cryogenic Division (Instituto Nacional de Normas e Tecnologia – Departamento de Criogênio). Esse super isolamento tem uma condutividade térmica efetiva de 0,00012 W/m K. Se a temperatura externa for de 20°C em média e o LOX apresentar um calor de vaporização de 213 J/g, calcule a espessura do isolamento necessário para manter a taxa de evaporação do LOX abaixo de 200 g/h.

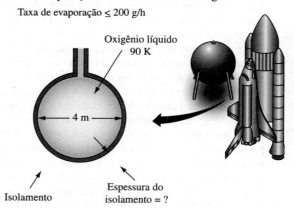

1.59 O coeficiente de transferência de calor entre a superfície e um líquido é de 57 W/m²K. Quantos watts por metro quadrado seriam transferidos para esse sistema se a diferença de temperatura fosse 10°C?

1.60 Uma caixa para gelo (observe a ilustração) será construída com isopor ($k = 0,033$ W/m K). Se a parede dessa caixa apresenta uma espessura de 5 cm, calcule o valor-R em m²K/W.

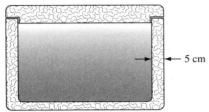

1.61 Estime os valores-R para uma placa de fibra de vidro com uma espessura de 50 mm e uma camada de espuma de poliuretano com espessura de 25 mm. Em seguida, compare os respectivos produtos da condutividade vezes a densidade; considere a densidade da fibra de vidro a 50 kg/m³ e a densidade do poliuretano a 30 kg/m³. Utilize as unidades fornecidas na Figura 1.30.

1.62 Um fabricante norte-americano quer vender um sistema de refrigeração para um cliente na Alemanha. A medida padrão da capacidade de refrigeração utilizada nos Estados Unidos é a tonelada (T); uma capacidade de 1 T significa que a unidade consegue fazer 1 T de gelo por dia e tem uma taxa de remoção do calor de 3,52 kW. A capacidade do sistema norte-americano é de ser garantida até 3 T. Qual seria esta garantia em unidades no SI?

1.63 Em relação ao problema 1.62, quantos quilos de gelo uma unidade de refrigeração de 3 toneladas produz em um período de 24 horas? O calor da fusão da água é de 330 kJ/kg.

1.64 Explique a característica fundamental que diferencia a condução por convecção e a por radiação.

1.65 Com suas palavras, explique: (a) Qual é o modo de transferência de calor por uma grande placa de aço que apresenta suas superfícies sob temperaturas específicas?; (b) Quais os métodos que podem ser utilizados quando a temperatura de uma superfície de placa de aço não está especificada, mas essa superfície está exposta a um fluido em uma temperatura específica?

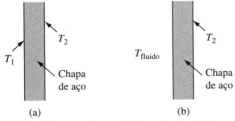

1.66 Quais são os modos mais importantes de transferência de calor de uma pessoa sentada calmamente em uma sala? O que acontece se a pessoa estiver sentada próxima a uma lareira acesa?

1.67 Considere o arrefecimento de: (a) um computador pessoal com uma CPU separada; (b) um *notebook*. O bom funcionamento dessas máquinas depende da efetividade de sua refrigeração. Identifique e explique resumidamente todos os modos de transferência de calor envolvidos no processo de arrefecimento.

1.68 Descreva e compare os modos de perda de calor pelas estruturas de uma janela com vidro único e uma com vidro duplo, conforme desenho abaixo.

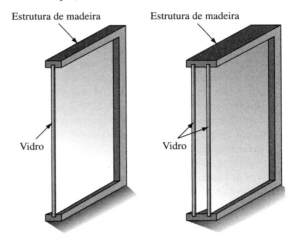

1.69 Um pessoa usando um casaco grosso está parada no vento frio. Descreva os modos de transferência de calor, que determinam a perda de calor do corpo dessa pessoa.

1.70 Discuta sobre os modos de transferência de calor que determinam o equilíbrio da temperatura do ônibus espacial *Endeavour* quando em órbita. O que acontecerá quando ele entrar novamente na atmosfera da Terra?

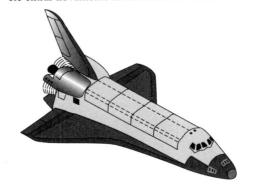

Problemas de projeto

1.1 **Pacote de isolamento para caldeira** (Capítulo 1) Para isolar superfícies de alta temperatura, é econômico utilizar duas camadas de isolamento. A primeira é colocada próxima à superfície quente e é recomendada para altas temperaturas. Esta opção é cara e geralmente oferece um isolamento relativamente baixo. A segunda camada é colocada no lado externo da primeira, é mais barata e isola melhor, mas não aguenta altas temperaturas. Basicamente, a primeira camada protege a segunda fornecendo capacidade de isolamento suficiente para que ela esteja exposta somente a temperaturas moderadas. Dados os materiais de isolamento disponíveis comercialmente, projete a melhor combinação de dois desses materiais para isolar uma superfície com temperatura constante de 1 000°C e ar ambiente a 20°C. Seu objetivo é reduzir a taxa de transferência e calor para 0,1% comparada àquela sem qualquer isolamento, para atingir uma temperatura externa que seja segura para as pessoas e minimize os custos do pacote de isolamento.

1.2 **Erro de radiação do termopar** (Capítulo 1 e 9) Projete uma instalação termopar para medir a temperatura do ar com uma velocidade de 15 m/s em um duto com diâmetro de 1 m. O ar está a aproximadamente 1000°C e as paredes do duto estão a 200°C. Selecione o tipo de termopar que pode ser utilizado e, então, determine a precisão com que ele medirá a temperatura do ar. Prepare uma análise sobre a relação do erro de medição *versus* a temperatura do ar e discuta os resultados. Utilize a Tabela 1.4 para estimar o coeficiente de transferência de calor por convecção.

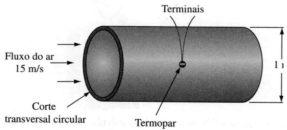

Este é um problema com várias etapas; após estudar a convecção e a radiação, você melhorará esse projeto para reduzir o erro de medição orientando o termopar e seus terminais diferentemente e utilizando uma blindagem contra radiação.

1.3 **Carga de Aquecimento de uma Fábrica** (Capítulo 1, 4 e 5) Projete um sistema de aquecimento para uma pequena fábrica em Denver, Colorado. Este é um problema com múltiplas etapas que terá continuação nos próximos capítulos. Na primeira etapa, você deve determinar a carga de aquecimento na construção, ou seja, a taxa em que a construção perde calor no inverno, se a temperatura interna se mantiver em 20°C. Para compensar essa perda de calor, será solicitado posteriormente que você projete um aquecedor adequado que possa fornecer uma taxa de transferência de calor igual à carga de calor da construção. Um diagrama esquemático da construção, bem como seus detalhes referentes às paredes e telhado, está apresentado na figura. Podem ser obtidas informações adicionais no *ASHRAE Handbook of Fundamentals*.

Para o propósito dessa análise, supõe-se que a temperatura ambiente em Denver é igual ou maior que −10°C em 97% do tempo. Além disso, a infiltração do ar pelas janelas e portas pode ser supostamente de 0,2 vezes o volume da construção por hora. Para a estimativa inicial da carga de calor, você deve utilizar valores médios para os coeficientes de transferência de calor por convecção nas superfícies internas e externas da Tabela 1.4. Observe que, para este projeto, a temperatura externa assume as piores condições possíveis e, se o aquecedor for capaz de manter a temperatura sob essas condições, também será capaz de atender condições climáticas menos severas.

Ao finalizar seu projeto, examine os resultados e prepare um relatório para o arquiteto e proprietário do imóvel, mostrando como o projeto térmico poderia ser aprimorado. Preste atenção, sobretudo, em qualquer área em haja a possibilidade de ocorrer um calor excessivo. Após estudar os capítulos 4 e 5, será solicitado que você repita os cálculos de perda de calor, mas, por enquanto, calcule o coeficiente da transferência de calor com as informações apresentadas nesses capítulos.

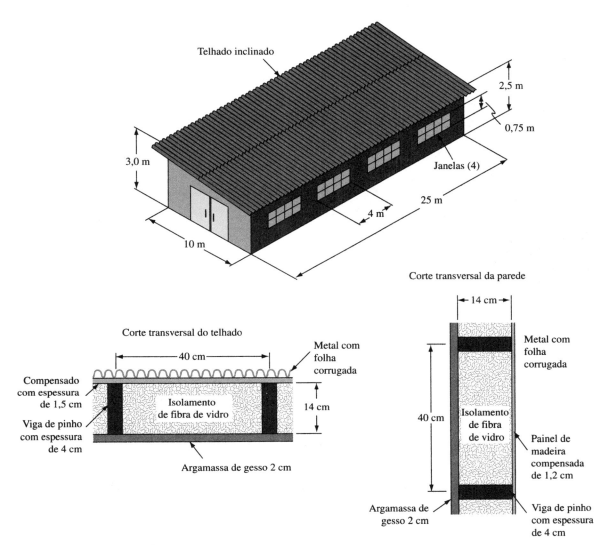

Design do Problema 1.3

CAPÍTULO 2

Condução de Calor

Um arranjo típico de dissipadores de calor do tipo aleta-pino retangular montado em um computador/*hardware* microprocessador para resfriamento eletrônico.
Fonte: Cortesia de Hardware Canucks.

Conceitos e análises a serem aprendidos

A transferência de calor por condução é um processo de *difusão* pelo qual a energia térmica é transferida a partir de uma extremidade quente de um meio (geralmente sólido) para a sua extremidade mais fria através de uma troca de energia intermolecular. A modelagem do processo da condução de calor exige que se aplique a termodinâmica da conservação de energia, juntamente com a Lei de Fourier da condução do calor. As descrições matemáticas consequentes são geralmente sob a forma de equações comuns e equações diferenciais parciais. Ao considerar as diferentes aplicações de engenharia que representam situações para a condução constante, bem como para a condução dependente do tempo (ou transiente), o estudo deste capítulo vai abordar:

- Como derivar a equação de condução em sistemas de coordenadas diferentes para ambas as condições de estado: estacionário e transiente.
- Como obter distribuições de temperatura no estado estacionário em geometrias condutoras simples com e sem geração de calor.
- Como desenvolver a formulação matemática das condições de contorno com isolamento, fluxo de calor constante, convecção de superfície e alterações especificadas na temperatura da superfície.
- Como aplicar o conceito de capacitância agrupada (condições sob as quais a resistência interna em um corpo condutor pode ser negligenciada) na transferência de calor transiente.
- Como utilizar os gráficos para a condução de calor transiente para obter uma distribuição de temperatura como uma função do tempo em geometrias simples.
- Como obter a distribuição da temperatura e a taxa de perda ou de ganho de calor das superfícies estendidas, também chamadas *aletas* e utilizá-las em aplicações típicas.

2.1 Introdução

O calor flui através de um sólido por um processo chamado *difusão térmica* ou simplesmente *difusão* ou *condução*. Neste modo, o calor é transferido por meio de um mecanismo submicroscópico complexo, no qual os átomos interagem por colisões elásticas e não elásticas, para propagar a energia a partir das regiões de maior para as de menor temperatura. De um ponto de vista da engenharia, não há necessidade de se aprofundar na complexidade dos mecanismos moleculares, pois a taxa de propagação de calor pode ser prevista pela Lei de Fourier, a qual incorpora as características mecanísticas do processo em uma propriedade física conhecida como *condutividade térmica*.

Apesar de a condução também ocorrer em líquidos e gases, raramente esse é o mecanismo de transporte predominante em fluidos – uma vez que o calor começa a fluir em um fluido, mesmo se não for aplicada nenhuma força externa, criam-se gradientes de densidade e as correntes de convecção são postas em movimento. Na convecção, a energia térmica é transportada em escalas macroscópica e microscópica e as correntes de convecção são geralmente mais eficazes no transporte de calor que a condução apenas, em que o movimento está limitado ao transporte submicroscópico de energia.

A transferência de calor por condução pode ser facilmente modelada e descrita matematicamente. As relações físicas associadas governantes são equações diferenciais parciais, as quais são suscetíveis de solução por métodos clássicos [1]. Matemáticos famosos, incluindo Laplace e Fourier, passaram parte de suas vidas buscando e tabulando soluções úteis para os problemas da condução do calor. No entanto, a abordagem analítica na condução é limitada às formas geométricas relativamente simples e a condições de contorno que só podem aproximar a situação em problemas de engenharia realistas. Com o advento do computador de alta velocidade, a situação mudou substancialmente e uma revolução ocorreu na área da transferência do calor por condução. O computador permitiu resolver, com relativa facilidade, problemas complexos que se aproximam realmente das condições reais. Como resultado, a abordagem analítica quase desapareceu da cena da engenharia. Entretanto, deve-se considerar que essa abordagem é importante como pano de fundo para o próximo capítulo, no qual vamos mostrar como resolver problemas da condução por meio de métodos numéricos.

2.2 A equação da condução

Nesta seção, a equação da condução geral é derivada. Uma solução dessa equação, sujeita a determinadas condições iniciais e de contorno, fornece a distribuição da temperatura em um sistema sólido. Uma vez que a distribuição da temperatura é conhecida, a taxa da transferência de calor no modo de condução pode ser avaliada pela aplicação da Lei de Fourier [Eq. (1.2)].

A equação da condução é uma expressão matemática da conservação da energia em uma substância sólida. Para derivar essa equação, nós realizamos um balanço de energia em um volume elementar do material no qual o calor é transferido apenas por condução. A transferência de calor por radiação ocorre em um sólido apenas se o material for transparente ou translúcido.

O balanço da energia inclui a possibilidade da geração do calor no material. A geração do calor em um sólido pode resultar de reações químicas, de correntes elétricas que passam pelo material ou de reações nucleares. Exemplos típicos estão ilustrados na Fig. 2.1, que incluem: (a) um elemento de célula de combustível de óxido sólido planar (SOFC), que tem uma reação química na interface do elotrólito-eletrodo; (b) um cabo elétrico de transporte de corrente; (c) um elemento de combustível nuclear esférico para um reator nuclear do tipo *pebble-bed*.* A forma geral da equação da condução também leva em consideração o armazenamento de energia interna. As considerações termodinâmicas mostram que, quando a energia interna de um material aumenta, a sua temperatura aumenta também. Um material sólido, portanto, experimenta um aumento líquido da energia armazenada quando sua temperatura aumenta no decorrer do tempo. Se a temperatura do material permanece constante, nenhuma energia é armazenada e as condições do estado estacionário prevalecem.

---

* Reator nuclear do tipo *pebble-bed* leva este nome por apresentar elementos de combustível esféricos chamados *pebbles* que parecem com bolas de tênis, como ilustrado na Figura 2.1(c).

Os problemas da transferência do calor são classificados de acordo com as variáveis que influenciam a temperatura. Se a temperatura é uma função do tempo, o problema é classificado como *instável* ou *transiente*; se é independente do tempo, o problema é chamado *problema no estado estacionário*; se é uma função de uma coordenada de espaço simples, o problema é *unidimensional*; se ele é uma função de duas ou três dimensões de coordenadas, o problema é *bi* ou *tridimensional*, respectivamente; se a temperatura é uma função do tempo e de apenas uma coordenada de espaço, o problema é classificado como *unidimensional* e *transiente*.

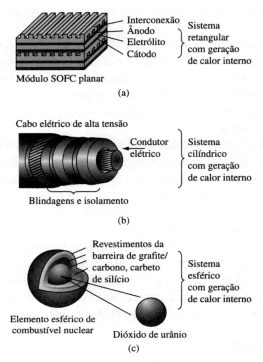

FIGURA 2.1 Exemplos de sistemas condutores de calor com geração de calor interno: (a) um elemento de eletrólito-eletrodo de célula de combustível de óxido sólido (SOFC) com reações eletroquímicas; (b) cabo blindado e isolado transportando corrente elétrica; (c) elemento esférico de combustível nuclear revestido esférico para um reator nuclear de próxima geração do tipo *pebble-bed* proposto para a geração de energia.

2.2.1 Coordenadas retangulares

Para ilustrar a abordagem analítica, vamos primeiro derivar a equação da condução para um sistema de coordenadas retangulares unidimensional, como mostrado na Fig. 2.2. Vamos assumir que a temperatura no material é uma função apenas da coordenada x e do tempo; isto é, $T = T(x,t)$, e a condutividade k, a densidade ρ, e o calor específico c do sólido são constantes.

O princípio da conservação da energia para o volume de controle, a área da superfície A e a espessura Δx, da Fig. 2.2, podem ser expressos da seguinte maneira:

$$\begin{array}{c} \text{Taxa da condução de} \\ \text{calor no volume de controle} \\ + \\ \text{Taxa da geração do calor dentro} \\ \text{do volume de controle} \end{array} = \begin{array}{c} \text{Taxa de condução do calor} \\ \text{fora do volume de controle} \\ + \\ \text{Taxa de armazenamento de energia} \\ \text{dentro do volume de controle} \end{array} \quad (2.1)$$

Nós usaremos a Lei de Fourier para expressar os dois termos da condução e definir o símbolo $\dot{q}_G$ como a taxa da geração da energia por unidade de volume dentro do volume de controle. Então, a equação em palavras (Eq. 2.1) pode ser expressa na forma matemática:

$$-kA\frac{\partial T}{\partial x}\bigg|_x + \dot{q}_G A\Delta x = -kA\frac{\partial T}{\partial x}\bigg|_{x+\Delta x} + \rho A \Delta x c \frac{\partial T(x+\Delta x/2, t)}{\partial t} \qquad (2.2)$$

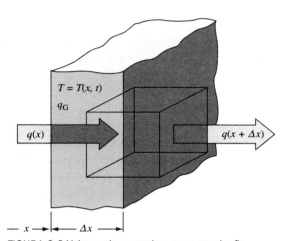

FIGURA 2.2 Volume de controle para a condução unidimensional em coordenadas retangulares.

Dividindo a Eq. (2.2) pelo volume de controle $A\Delta x$ e reorganizando, obtém-se:

$$k\frac{(\partial T/\partial x)_{x+\Delta x} - (\partial T/\partial x)_x}{\Delta x} + \dot{q}_G = \rho c\frac{\partial T(x+\Delta x/2, t)}{\partial t} \qquad (2.3)$$

No limite quando $\Delta x \to 0$, o primeiro termo do lado esquerdo da Eq. (2.3) pode ser expresso sob a forma

$$\frac{\partial T}{\partial x}\bigg|_{x+dx} = \frac{\partial T}{\partial x}\bigg|_x + \frac{\partial}{\partial x}\left(\frac{\partial T}{\partial x}\bigg|_x\right)dx = \frac{\partial T}{\partial x}\bigg|_x + \frac{\partial^2 T}{\partial x^2}\bigg|_x dx \qquad (2.4)$$

O lado direito da Eq. (2.3) pode ser expandido em uma série de Taylor como

$$\frac{\partial T}{\partial t}\left[\left(x+\frac{\Delta x}{2}\right), t\right] = \frac{\partial T}{\partial t}\bigg|_x + \frac{\partial^2 T}{\partial x \partial T}\bigg|_x \frac{\Delta x}{2} + \ldots$$

A Eq. (2.2), em seguida, transforma-se para a ordem de Δx,

$$k\frac{\partial^2 T}{\partial x^2} + \dot{q}_G = \rho c\frac{\partial T}{\partial t} \qquad (2.5)$$

Fisicamente, o primeiro termo ao lado esquerdo representa a *taxa líquida da condução do calor* para o volume de controle por unidade de volume. O segundo termo, ao lado esquerdo, é a *taxa de geração de energia por volume unitário* no interior do volume de controle. O lado direito representa a *taxa do aumento da energia interna* no interior do volume de controle por unidade de volume. Cada termo tem dimensões de energia por unidade de tempo e volume com as unidades (W/m^3) no sistema SI e (Btu/h ft^3) no sistema inglês.

A Eq. (2.5) apenas se aplica ao fluxo de calor unidimensional porque ela foi derivada na hipótese de que a distribuição da temperatura é unidimensional. Se essa restrição for removida e a temperatura assumida como uma função de todas as três coordenadas e do tempo, isto é, $T = T(x, y, z, t)$, termos similares ao primeiro na

Eq. (2.5), mas representando a taxa líquida de condução por unidade de volume nas direções y e z aparecerão. A forma tridimensional da equação da condução torna-se então (ver Fig. 2.3).

$$\frac{\partial^2 T}{\partial x^2} + \frac{\partial^2 T}{\partial y^2} + \frac{\partial^2 T}{\partial z^2} + \frac{\dot{q}_G}{k} = \frac{1}{\alpha}\frac{\partial T}{\partial t} \quad (2.6)$$

onde α é a *difusividade térmica*, um grupo de propriedades do material definido como

$$\alpha = \frac{k}{\rho c} \quad (2.7)$$

A difusividade térmica tem unidades de (m²/s) no sistema SI. Os valores numéricos da condutividade térmica, densidade, calor específico e difusividade térmica para diversos materiais de engenharia estão listados no Apêndice 2.

As soluções para a equação da condução geral sob a forma da Eq. (2.6) podem ser obtidas somente para formas geométricas simples e condições de contorno facilmente especificadas. No entanto, como mostrado no capítulo seguinte, as soluções por métodos numéricos podem ser obtidas facilmente para formas complexas e condições de contorno realistas; esse procedimento é usado para a maior parte dos problemas de condução na prática da engenharia. No entanto, um entendimento básico das soluções analíticas é importante para escrever programas de computador e, no restante deste capítulo, examinaremos problemas para os quais hipóteses simplificadoras podem eliminar alguns termos da Eq. (2.6) e reduzir a complexidade da solução.

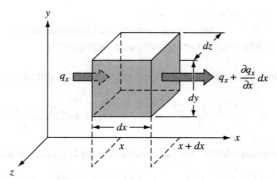

FIGURA 2.3 Volume de controle diferencial para a condução tridimensional em coordenadas retangulares.

Se a temperatura de um material não é uma função do tempo, o sistema está no estado estacionário e não armazena qualquer energia. A forma de uma equação de condução tridimensional em coordenadas retangulares no estado estacionário é

$$\frac{\partial^2 T}{\partial x^2} + \frac{\partial^2 T}{\partial y^2} + \frac{\partial^2 T}{\partial z^2} + \frac{\dot{q}_G}{k} = 0 \quad (2.8)$$

Se o sistema está no estado estacionário e nenhum calor é gerado internamente, a equação da condução simplifica ainda mais para

$$\frac{\partial^2 T}{\partial x^2} + \frac{\partial^2 T}{\partial y^2} + \frac{\partial^2 T}{\partial z^2} = 0 \quad (2.9)$$

A Eq. (2.9) é conhecida como a *equação de Laplace*, em homenagem ao matemático francês Pierre Laplace. Ela ocorre em um número de áreas para além da transferência de calor, por exemplo, na difusão de massa ou em campos eletromagnéticos. A operação de tomar as segundas derivadas do potencial em um campo foi representada pelo símbolo ∇^2, chamado *operador Laplaciano*. Para a do sistema de coordenada retangular, Eq. (2.9), torna-se

$$\frac{\partial^2 T}{\partial x^2} + \frac{\partial^2 T}{\partial y^2} + \frac{\partial^2 T}{\partial z^2} = \nabla^2 T = 0 \qquad (2.10)$$

Uma vez que o operador ∇^2 é independente do sistema de coordenadas, a forma dada é particularmente útil quando estudarmos a condução em coordenadas cilíndricas e esféricas.

2.2.2 Forma adimensional

A equação da condução na forma da Eq. (2.6) é dimensional. É mais conveniente expressar essa equação em uma forma em que cada termo é adimensional. No desenvolvimento de tal equação, iremos identificar grupos adimensionais que regulam o processo da condução do calor. Começamos por definir uma temperatura adimensional como a relação

$$\theta = \frac{T}{T_r} \qquad (2.11)$$

uma coordenada x adimensional como a relação

$$\xi = \frac{x}{L_r} \qquad (2.12)$$

e um tempo adimensional como a relação

$$\tau = \frac{t}{t_r} \qquad (2.13)$$

em que os símbolos T_r, L_r e t_r representam temperatura de referência, comprimento de referência e tempo de referência, respectivamente. Embora a escolha dessas quantidades seja um tanto arbitrária, os valores selecionados devem ser fisicamente significativos. A escolha dos grupos adimensionais varia de problema para problema, mas a forma dos grupos adimensionais deve ser estruturada de modo que limite as variáveis adimensionais entre extremos convenientes, tais como zero e um. O valor de L_r deve, portanto, ser selecionado como a dimensão máxima x do sistema para o qual se busca a distribuição de temperatura. De igual modo, uma relação adimensional de diferenças de temperatura que variam entre zero e unidade, é preferível para uma relação de temperaturas absolutas.

Se as definições da temperatura adimensional, coordenada x e tempo são substituídas na Eq. (2.5), obtemos a equação da condução na forma adimensional:

$$\frac{\partial^2 \theta}{\partial \xi^2} + \frac{\dot{q}_G L_r^2}{k T_r} = \frac{L_r^2}{\alpha t_r} \frac{\partial \theta}{\partial \tau} \qquad (2.14)$$

A recíproca do grupo adimensional $(L_r^2/\alpha t_r)$ é chamada *número de Fourier*, designada pelo símbolo Fo:

$$\text{Fo} = \frac{\alpha t_r}{L_r^2} = \frac{(k/L_r)}{(\rho c L_r / t_r)} \qquad (2.15)$$

Em um sentido mais fundamental e físico, o número de Fourier, em homenagem ao matemático e físico francês Jean Baptiste Joseph Fourier (1768-1830), é a razão entre a taxa de transferência do calor por condução para a taxa de armazenamento de energia no sistema. Isso é evidente a partir do segundo lado direito expandido da Eq. (2.15). É um grupo adimensional importante em problemas de condução transiente e será encontrado com frequência. A escolha do tempo e do comprimento de referência no número de Fourier depende do problema específico, mas a forma básica é sempre uma difusividade térmica multiplicada pelo tempo e dividida pelo quadrado de um comprimento característico.

O outro grupo adimensional que aparece na Eq. (2.14) é a razão entre a geração de calor interna por unidade de tempo para a condução do calor através do volume por unidade de tempo. Usaremos o símbolo $\dot{Q}_G$ para representar esse número adimensional:

$$\dot{Q}_G = \frac{\dot{q}_G L_r^2}{k T_r} \tag{2.16}$$

A forma unidimensional da equação da condução expressa na forma adimensional torna-se agora

$$\frac{\partial^2 \theta}{\partial \xi^2} + \dot{Q}_G = \frac{1}{\text{Fo}} \frac{\partial \theta}{\partial \tau} \tag{2.17}$$

Se o estado estacionário prevalece, o lado direito da Eq. (2.17) torna-se zero.

2.2.3 Coordenadas cilíndricas e esféricas

A Eq. (2.6) foi derivada para um sistema de coordenada retangular. Apesar de os termos do armazenamento da energia e da geração serem independentes do sistema de coordenadas, os termos da condução do calor dependem da geometria e, portanto, do sistema de coordenadas. A dependência no sistema de coordenadas utilizado para formular o problema pode ser removida pela substituição dos termos da condução do calor pelo operador Laplaciano.

$$\nabla^2 T + \frac{\dot{q}_G}{k} = \frac{1}{\alpha} \frac{\partial T}{\partial t} \tag{2.18}$$

A forma diferencial do Laplaciano é diferente para cada sistema de coordenadas.

Para um problema tridimensional transiente geral em coordenadas cilíndricas mostrado na Fig. 2.4, $T = T(r, \phi, z, t)$ e $\dot{q}_G = \dot{q}_G(r, \phi, z, t)$. Se o Laplaciano é substituído na Eq. (2.18), a forma geral da equação da condução em coordenadas cilíndricas se torna

$$\frac{1}{r} \frac{\partial}{\partial r}\left(r \frac{\partial T}{\partial r}\right) + \frac{1}{r^2} \frac{\partial^2 T}{\partial \phi^2} + \frac{\partial^2 T}{\partial z^2} + \frac{\dot{q}_G}{k} = \frac{1}{\alpha} \frac{\partial T}{\partial t} \tag{2.19}$$

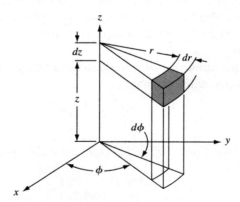

FIGURA 2.4 Sistema de coordenadas cilíndricas para a equação geral condução.

Se o fluxo de calor em uma forma cilíndrica é apenas na direção radial, $T = T(r,t)$, a equação da condução se reduz a

$$\frac{1}{r} \frac{\partial}{\partial r}\left(r \frac{\partial T}{\partial r}\right) + \frac{\dot{q}_G}{k} = \frac{1}{\alpha} \frac{\partial T}{\partial t} \tag{2.20}$$

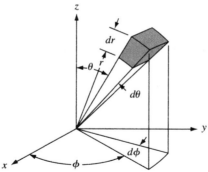

FIGURA 2.5 Sistema de coordenada esférica para a equação da condução geral.

Além disso, se a distribuição da temperatura não varia com o tempo, a equação da condução torna-se:

$$\frac{1}{r}\frac{d}{dr}\left(r\frac{dT}{dr}\right) + \frac{\dot{q}_G}{k} = 0 \qquad (2.21)$$

Neste caso, a equação para a temperatura contém apenas uma variável r e é, portanto, uma equação diferencial comum.

Quando não existe geração de energia interna e a temperatura é uma função apenas do raio, a equação da condução no estado estacionário para as coordenadas cilíndricas é

$$\frac{d}{dr}\left(r\frac{dT}{dr}\right) = 0 \qquad (2.22)$$

Para as coordenadas esféricas, como mostrado na Fig. 2.5, a temperatura é uma função das três coordenadas espaciais r, θ, ϕ e do tempo t, isto é, $T = T(r, \theta, \phi, t)$. A forma geral da equação da condução em coordenadas esféricas é, então,

$$\frac{1}{r^2}\frac{\partial}{\partial r}\left(r^2\frac{\partial T}{\partial r}\right) + \frac{1}{r^2\mathrm{sen}^2\theta}\frac{\partial}{\partial \theta}\left(\mathrm{sen}\theta\frac{\partial T}{\partial \theta}\right) + \frac{1}{r^2\mathrm{sen}\theta}\frac{\partial^2 T}{\partial \phi^2} + \frac{\dot{q}_G}{k} = \frac{1}{\alpha}\frac{\partial T}{\partial t} \qquad (2.23)$$

2.3 Condução de calor estável em geometrias simples

Nesta seção, será demonstrado como obter soluções para as equações de condução derivadas na seção anterior para configurações geométricas relativamente simples, com e sem geração interna de calor.

2.3.1 Parede plana com e sem geração de calor

No primeiro capítulo, vimos que a distribuição da temperatura para a condução unidimensional estável através de uma parede é linear. Podemos verificar esse resultado simplificando o caso mais geral expresso pela Eq. (2.6). Para o estado estacionário $\partial T/\partial t = 0$ e, uma vez que T é apenas uma função de x, $\partial T/\partial y = 0$ e $\partial T/\partial z = 0$. Além disso, se não há geração interna, $\dot{q}_G = 0$, a Eq. (2.6) reduz-se a

$$\frac{d^2 T}{dx^2} = 0 \qquad (2.24)$$

Integrando essa equação diferencial ordinária duas vezes, obtém-se a distribuição da temperatura

$$T(x) = C_1 x + C_2 \qquad (2.25)$$

Para uma parede com $T(x = 0) = T_1$ e $T(x = L) = T_2$, obtemos

$$T(x) = \frac{T_2 - T_1}{L}x + T_1 \qquad (2.26)$$

Essa relação está de acordo com a distribuição de temperatura linear deduzida integrando a Lei de Fourier, $q_k = -kA(dT/dx)$.

A seguir, considere um problema semelhante, mas com a geração de calor em todo o sistema, como mostrado na Fig. 2.6. Se a condutividade térmica é constante e a geração do calor é uniforme, a Eq. (2.5) reduz-se a

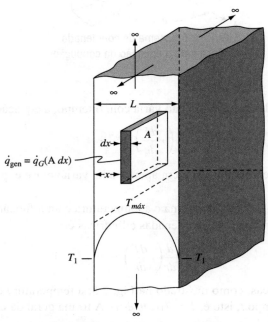

FIGURA 2.6 Condução em uma parede plana com geração de calor uniforme. A distribuição da temperatura é para o caso $T_1 = T_2$ (ver Eq. 2.33).

$$k\frac{d^2T(x)}{dx^2} = -\dot{q}_G \qquad (2.27)$$

Integrando essa equação uma vez obtém-se

$$\frac{dT(x)}{dx} = -\frac{\dot{q}_G}{k}x + C_1 \qquad (2.28)$$

e uma segunda integração resulta

$$T(x) = -\frac{\dot{q}_G}{2k}x^2 + C_1x + C_2 \qquad (2.29)$$

em que C_1 e C_2 são as constantes de integração cujos valores são determinados pelas condições de contorno. As condições especificadas requerem que a temperatura em $x = 0$ seja T_1 e $x = L$ seja T_2. Substituindo essas condições sucessivamente na equação da condução, obtém-se:

$$T_1 = C_2 \; (x = 0) \qquad (2.30)$$

e

$$T_2 = -\frac{\dot{q}_G}{2k}L^2 + C_1 L + T_1 \quad (x = L) \tag{2.31}$$

Resolvendo para C_1 e substituindo na Eq. (2.29), obtemos a distribuição da temperatura

$$T(x) = -\frac{\dot{q}_G}{2k}x^2 + \frac{T_2 - T_1}{L}x + \frac{\dot{q}_G L}{2k}x + T_1 \tag{2.32}$$

Observe que a Eq. (2.26) está agora modificada por dois termos contendo a geração do calor, e que a distribuição da temperatura não é mais linear.

Se as duas temperaturas de superfície são iguais, $T_1 = T_2$, a distribuição da temperatura torna-se:

$$T(x) = \frac{\dot{q}_G L^2}{2k}\left[\frac{x}{L} - \left(\frac{x}{L}\right)^2\right] + T_1 \tag{2.33}$$

Essa distribuição de temperatura é parabólica e simétrica em relação ao plano central com um $T_{máx}$ máximo em $x = L/2$. Na linha de centro $dT/dx = 0$, o que corresponde a uma superfície isolada a $x = L/2$. A temperatura máxima é:

$$T_{máx} = T_1 + \frac{\dot{q}_G L^2}{8k} \tag{2.34}$$

Para as condições de contorno simétricas, a temperatura na forma adimensional é

$$\frac{T(x) - T_1}{T_{máx} - T_1} = 4(\xi - \xi^2)$$

em que $\xi = x/L$

EXEMPLO 2.1 Um elemento de aquecimento elétrico alongado feito de ferro tem uma seção transversal de 10 cm × 1,0 cm. Ele está imerso em um óleo de transferência de calor a 80°C, como mostrado na Fig. 2.7. Se o calor é gerado uniformemente a uma taxa de 1 000 000 W/m³ por uma corrente elétrica, determine o coeficiente de transferência de calor necessário para manter a temperatura do aquecedor abaixo de 200°C. A condutividade térmica para o ferro a 200°C é de 64 W/m K por interpolação a partir da Tabela 12 no Apêndice 2.

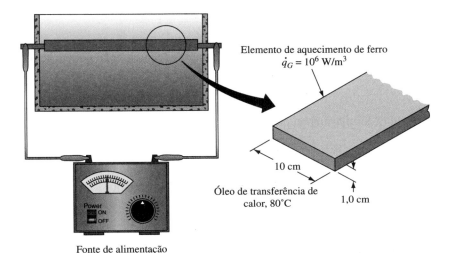

FIGURA 2.7 Elemento de aquecimento elétrico para o Exemplo 2.1.

SOLUÇÃO Se eliminarmos o calor dissipado a partir das bordas, uma hipótese razoável desde que o aquecedor tenha uma largura 10 vezes maior do que a sua espessura, a Eq. (2.34) pode ser usada para calcular a diferença da temperatura entre o centro e a superfície:

$$T_{máx} - T_1 = \frac{\dot{q}_G L^2}{8k} = \frac{(1\,000\,000\ \text{W/m}^3)(0{,}01\ \text{m})^2}{(8)(64\ \text{W/m k})} = 0{,}2°C$$

A queda de temperatura do centro para a superfície do aquecedor é pequena, porque o material do aquecedor é feito de ferro, que é um bom condutor. Pode-se não considerar essa queda de temperatura e calcular o coeficiente de transferência de calor mínimo a partir de um balanço do calor:

$$\dot{q}_G \frac{L}{2} = \bar{h}_c(T_1 - T_\infty)$$

Resolvendo para $\bar{h}_c$:

$$\bar{h}_c = \frac{\dot{q}_G(L/2)}{(T_1 - T_\infty)} = \frac{(10^6\ \text{W/m}^3)(0{,}005\ \text{m})}{120\ \text{K}} = 42\ \text{W/m}^2\ \text{K}$$

Assim, o coeficiente da transferência do calor requerido para manter a temperatura no aquecedor sem exceder o limite de ajuste deve ser maior que 42 W/m² K.

2.3.2 Formas cilíndricas e esféricas sem geração de calor

Nesta seção, obteremos soluções para alguns problemas em sistemas cilíndricos e esféricos que são frequentemente encontrados na prática. Provavelmente, o caso mais comum é o da transferência de calor através de um tubo com um fluido em movimento em seu interior. Esse sistema pode ser idealizado, como mostrado na Fig. 2.8, pelo fluxo de calor radial através de um invólucro cilíndrico. Então, nosso problema é determinar a distribuição da temperatura e a taxa de transferência de calor em um cilindro oco longo de comprimento L, se as temperaturas da superfície externa e interna são T_i e T_o, respectivamente, e não há geração de calor interno. Considerando que as temperaturas são constantes nos limites e a distribuição da temperatura não é uma função do tempo, a forma apropriada da equação da condução é

$$\frac{d}{dr}\left(r\frac{dT}{dr}\right) = 0 \qquad (2.35)$$

Integrando uma vez em relação ao raio, obtém-se:

$$r\frac{dT}{dr} = C_1 \quad \text{ou} \quad \frac{dT}{dr} = \frac{C_1}{r}$$

Uma segunda integração resulta $T = C_1 \ln r + C_2$. As constantes de integração podem ser determinadas a partir das condições de contorno:

$$T_i = C_1 \ln r_i + C_2 \qquad \text{para } r = r_i$$

Portanto, $C_2 = T_i - C_1 \ln r_i$. Similarmente, para T_o,

$$T_o = C_1 \ln r_o + T_i - C_1 \ln r_i \qquad \text{para } r = r_o$$

Portanto, $C_1 = (T_o - T_i)/\ln(r_o/r_i)$.

A distribuição de temperatura, escrita na forma adimensional é, portanto

$$\frac{T(r) - T_i}{T_o - T_i} = \frac{\ln(r/r_i)}{\ln(r_o/r_i)} \qquad (2.36)$$

A taxa da transferência do calor por condução por meio do cilindro de comprimento L é, a partir da Eq. (1.1),

$$q_k = -kA\frac{dT}{dr} = -k(2\pi rL)\frac{C_1}{r} = 2\pi Lk\frac{T_i - T_o}{\ln(r_o/r_i)} \qquad (2.37)$$

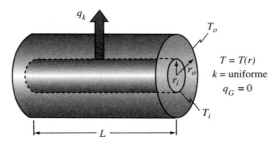

FIGURA 2.8 Condução de calor radial através de um envoltório cilíndrico.

Em termos de uma resistência térmica, podemos escrever

$$q_k = \frac{T_i - T_o}{R_{th}} \qquad (2.38)$$

em que a resistência ao fluxo de calor por condução, através de um cilindro de comprimento L, raio interno r_i, e raio externo r_o é

$$R_{th} = \frac{\ln(r_o/r_i)}{2\pi L k} \qquad (2.39)$$

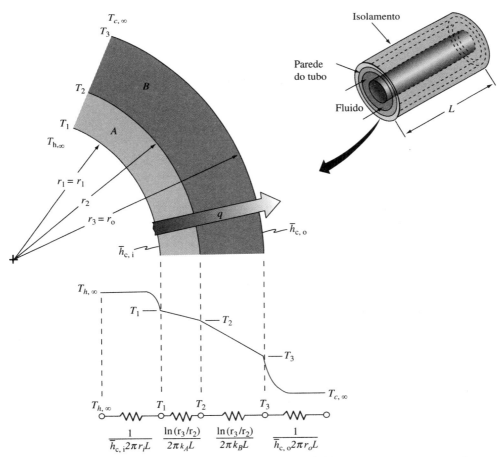

FIGURA 2.9 Distribuição da temperatura para uma parede cilíndrica composta com convecção nas superfícies internas e externas.

Os princípios desenvolvidos para uma parede plana com condução e convecção em série também podem ser aplicados a um cilindro oco longo, tal como um cano ou um tubo. Como exemplo, observe a Fig. 2.9; suponha que um fluido quente segue através de um tubo que é coberto por um material isolante. O sistema perde calor para o ar circundante por meio de um coeficiente de transferência de calor médio $\bar{h}_{c,o}$.

Usando a Eq. (2.38) para a resistência térmica dos dois cilindros e a Eq. (1.14) para a resistência térmica no interior do tubo e no exterior do isolamento térmico, tem-se a rede térmica mostrada abaixo do sistema físico, na Fig. 2.9. Indicando a temperatura do fluido quente por $T_{h,\infty}$ e a temperatura do ar ambiental por $T_{c,\infty}$, a taxa do fluxo do calor é

$$q = \frac{\Delta T}{\sum_{1}^{4} R_{th}} = \frac{T_{h,\infty} - T_{c,\infty}}{\dfrac{1}{\bar{h}_{c,i} 2\pi r_1 L} + \dfrac{\ln(r_2/r_1)}{2\pi k_A L} + \dfrac{\ln(r_3/r_2)}{2\pi k_B L} + \dfrac{1}{\bar{h}_{c,o} 2\pi r_3 L}} \qquad (2.40)$$

EXEMPLO 2.2 Compare a perda de calor de um tubo de cobre isolado e não isolado sob as seguintes condições: o tubo (k = 400 W/m K) tem um diâmetro interno de 10 cm e um diâmetro externo de 12 cm. Vapor saturado flui no interior do tubo a 110°C. O tubo está localizado num espaço a 30°C e o coeficiente de transferência de calor sobre a sua superfície externa é estimado em 15 W/m² K. O isolamento disponível para reduzir as perdas de calor é de 5 cm de espessura e a sua condutividade é de 0,20 W/m K .

SOLUÇÃO O tubo não isolado é representado pelo sistema na Fig. 2.10. A perda de calor por unidade de comprimento é, portanto,

$$\frac{q}{L} = \frac{T_s - T_\infty}{R_1 + R_2 + R_3}$$

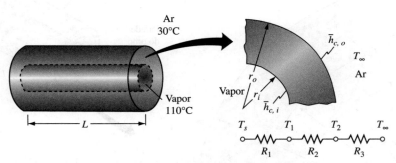

FIGURA 2.10 Diagrama esquemático e circuito térmico para um cilindro oco com as condições da superfície de convecção (Exemplo 2.2).

Para a resistência da superfície interna nós podemos usar a Tabela 1.3 para estimar $\bar{h}_{c,i}$. Para o vapor saturado de condensação, $\bar{h}_{c,i}$ = 10 000 W/m² K. Então, obtém-se:

$$R_1 = R_i = \frac{1}{2\pi r_i \bar{h}_{c,i}} \simeq \frac{1}{(2\pi)(0{,}05 \text{ m})(10\ 000 \text{ W/m}^2 \text{ K})} = 0{,}000318 \text{ m K/W}$$

$$R_2 = \frac{\ln(r_o/r_i)}{2\pi k_{tubo}} = \frac{0{,}182}{(2\pi)(400 \text{ W/m K})} = 0{,}00007 \text{ m K/W}$$

$$R_3 = R_o = \frac{1}{2\pi r_o \bar{h}_{c,o}} = \frac{1}{(2\pi)(0{,}06 \text{ m})(15 \text{ W/m}^2 \text{ K})} = 0{,}177 \text{ m K/W}$$

Desde que R_1 e R_2 sejam insignificantemente pequenos em comparação com R_3, q/L = 80/0,177 = 452 W/m, para o tubo não isolado.

Para o tubo isolado, o sistema corresponde ao que é mostrado na Fig. 2.9; por isso, deve-se acrescentar uma quarta resistência entre r_1 e r_3.

$$R_4 = \frac{\ln(11/6)}{(2\pi)(0,2 \text{ W/m K})} = 0,482 \text{ m K/W}$$

Além disso, a resistência de convecção externa muda para

$$R_o = \frac{1}{(2\pi)(0,11 \text{ m})(15 \text{ W/m}^2 \text{ K})} = 0,096 \text{ m K/W}$$

A resistência térmica total por metro de comprimento é, portanto, 0,578 m K/W e a perda de calor é 80/0,578 = 138 W/m. O isolamento adicionado reduzirá a perda do calor do vapor em 70%.

Raio crítico de isolamento No contexto do Exemplo 2.2, enquanto a perda de calor a partir de um *sistema cilíndrico* isolado para um ambiente convectivo externo pode, geralmente, ser minimizada pelo aumento da espessura do isolamento, o problema é um pouco diferente em sistemas com pequeno diâmetro. Um caso prático é o isolamento ou o revestimento de fios elétricos, resistores elétricos e outros dispositivos eletrônicos cilíndricos por meio dos quais a corrente flui. Considere um resistor elétrico (ou fio) com uma luva isoladora de condutividade k, que tem uma resistividade elétrica R_e e transporta uma corrente i, como se mostra na Fig. 2.11, junto com o seu circuito de resistência térmica, em que o calor gerado no fio é transferido para o ambiente através da condução pelo isolamento e da convecção na superfície do isolamento externo.

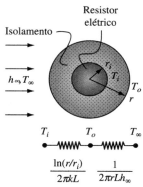

FIGURA 2.11 Transporte de corrente num resistor elétrico ou fio com uma camada isolante e seu circuito de resistência térmica.

Aqui, o calor da resistência elétrica dissipado no cabo é transferido (ou perdido) para o ambiente e a taxa de transferência de calor é determinada por

$$q = i^2 R_e = \frac{T_i - T_\infty}{R_{\text{total}}} \quad (2.41)$$

em que a resistência térmica total R_{total} é a soma das resistências para a condução através do isolamento e da convecção externa, ou

$$R_{\text{total}} = R_{\text{cond}} + R_{\text{conv}} = \frac{\ln(r/r_i)}{2\pi k L} + \frac{1}{2\pi r L h_\infty} \quad (2.42)$$

Observando a Eq. (2.42), conclui-se que, conforme o raio r do isolamento externo aumenta, R_{cond} também aumenta, e R_{conv} diminui devido ao aumento da área da superfície externa. Uma diminuição relativamente maior no último poderia sugerir que há um valor ótimo de r, ou um *raio crítico* r_{cr} de isolamento, para o qual R_{total} é mínimo e a perda de calor q é máxima. Isso pode ser prontamente obtido pela diferenciação de R_{total} na Eq. (2.42) em relação a r e definindo a derivada igual a zero como segue:

$$\frac{dR_{\text{total}}}{dr} = \frac{1}{2\pi k r L} - \frac{1}{2\pi r^2 L h_\infty} = 0$$

ou

$$r = r_{\text{cr}} = \frac{k}{h_\infty} \quad (2.43)$$

Que r_{cr} produz uma resistência mínima total pode ser confirmado por meio do estabelecimento de um valor positivo para a segunda derivada da Eq. (2.42) com $r = r_{\text{cr}}$ e os estudantes podem facilmente mostrar isso como um exercício de casa.

O gráfico da Fig. 2.12 descreve as variações em R_{total} dadas pela Eq. (2.42) para um resistor elétrico típico ou cabo transportando corrente e que as alterações concorrentes em R_{cond} e R_{conv} com r resultam em um valor mínimo de R_{total} é autoevidente. Esta característica é, muitas vezes, empregada na *refrigeração* de sistemas elétricos e eletrônicos cilíndricos (fios, cabos, resistores etc.) em que o projeto fornece isolamento elétrico eficaz ao mesmo tempo em que promove a perda de calor ideal (*reduz o efeito do isolamento térmico*), o que evita o superaquecimento.

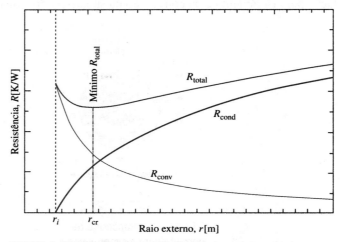

FIGURA 2.12 Variação da resistência térmica com o raio de isolamento em um sistema cilíndrico e existência de um raio crítico para a resistência total mínima.

Essa condição é também encontrada em um *sistema esférico* (ver o tratamento subsequente da equação da condução em coordenadas esféricas) em que, com base em um tratamento matemático semelhante, o raio crítico correspondente pode ser determinado sendo $r_{\text{cr}} = (2k/h_\infty)$. A derivação desse resultado, seguindo o método anterior, é deixada para o estudante realizar como um exercício de dever de casa.

Além disso, é importante notar que a funcionalidade do raio crítico é um tanto limitada a sistemas de pequeno diâmetro em ambientes de muito baixo coeficiente de convecção; em essência, o raio do sistema cilíndrico que necessitaria isolamento para um efeito de "resfriamento" ou quando o isolamento térmico poderia ser ineficaz, deve ser inferior a (k/h_∞). Isso pode ser visto a partir da extensão numérica do Exemplo 2.2, em que, para os valores fornecidos de k e h_∞ (ou $h_{c,o}$), o raio crítico do isolamento é $r_{\text{cr}} = 1{,}33$ cm, que é muito menor que o diâmetro interno de 10 cm do tubo de vapor.

Coeficiente de transferência de calor total Como mostrado no Capítulo 1, Seção 1.6.4, para o caso de paredes planas com resistências de convecção nas superfícies, é conveniente definir um coeficiente de transferência de calor total pela equação

$$q = UA\,\Delta T_{\text{total}} = UA(T_{\text{quente}} - T_{\text{frio}}) \quad (2.44)$$

Comparando as equações (2.40) e (2.44), vemos que:

$$UA = \frac{1}{\sum_{1}^{4} R_{th}} = \frac{1}{\frac{1}{\bar{h}_{c,i} A_i} + \frac{\ln(r_2/r_1)}{2\pi k_A L} + \frac{\ln(r_3/r_2)}{2\pi k_B L} + \frac{1}{\bar{h}_{c,o} A_o}} \qquad (2.45)$$

Para paredes planas, as áreas de todas as seções do percurso do fluxo do calor são as mesmas, mas a área varia com a distância radial para sistemas cilíndricos e esféricos, e o coeficiente de transferência total de calor pode ser baseado em qualquer área no percurso do fluxo de calor. Assim, o valor numérico de U dependerá da área selecionada. Uma vez que o diâmetro exterior é o mais fácil de medir na prática, $A_o = 2\pi r_3 L$ é geralmente escolhido como a área de base. A taxa de fluxo de calor é, então:

$$q = (UA)_o (T_{\text{quente}} - T_{\text{frio}}) \qquad (2.46)$$

e o coeficiente total se torna

$$U_o = \frac{1}{\frac{r_3}{r_1 \bar{h}_{c,1}} + \frac{r_3 \ln(r_2/r_1)}{k_A} + \frac{r_3 \ln(r_3/r_2)}{k_B} + \frac{1}{\bar{h}_{c,o}}} \qquad (2.47)$$

EXEMPLO 2.3 Um fluido a uma temperatura média de 200°C, flui por um tubo de plástico de 4 cm de diâmetro externo e 3 cm de diâmetro interno. A condutividade térmica do plástico é de 0,5 W/m² K e o coeficiente de transferência de calor por convecção no interior é de 300 W/m² K. O tubo está localizado em uma sala a 30°C e o coeficiente de transferência de calor na superfície externa é de 10 W/m² K. Calcule o coeficiente da transferência de calor total e a perda de calor por unidade de comprimento do tubo.

SOLUÇÃO Um esboço do sistema físico e do circuito térmico correspondente é mostrado na Fig. 2.10. O coeficiente de transferência de calor total a partir da Eq. (2.47) é:

$$U_o = \frac{1}{\frac{r_o}{r_i \bar{h}_{c,1}} + \frac{r_o \ln(r_o/r_1)}{k} + \frac{1}{\bar{h}_{c,o}}}$$

$$= \frac{1}{\frac{0,02}{0,015 \times 300} + \frac{0,02 \ln(2/1,5)}{0,5} + \frac{1}{10}} = 8{,}62 \text{ W/m}^2 \text{ K}$$

em que U_o é baseado na área externa do tubo. A perda de calor por unidade de comprimento é, a partir da Eq. 2.46:

$$\frac{q}{L} = (UA)_o (T_{\text{quente}} - T_{\text{frio}}) = (8{,}62 \text{ W/m}^2 \text{ K})(\pi)(0{,}04 \text{ m})(200 - 30)(\text{K})$$
$$= 184 \text{ W/m}$$

Sistema de coordenada esférica Para uma esfera oca com temperaturas uniformes nas superfícies interna e externa (ver Fig. 2.13), a distribuição da temperatura sem a geração de calor no estado estacionário pode ser obtida pela simplificação da Eq. (2.23). Sob essas condições de contorno, a temperatura é apenas uma função do raio r e a equação da condução em coordenadas esféricas é:

$$\frac{1}{r^2} \frac{d}{dr}\left(r^2 \frac{dT}{dr}\right) = \frac{1}{r} \frac{d^2(rT)}{dr^2} = 0 \qquad (2.48)$$

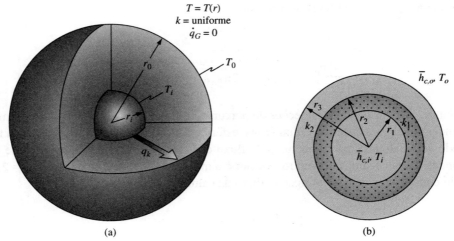

FIGURA 2.13 (a) Esfera oca com temperatura de superfície uniforme e sem geração de calor; (b) esfera oca com várias camadas, com convecção nas superfícies internas e externas.

Se a temperatura em r_i é uniforme e igual a T_i e, igual a T_o em r_o, a distribuição da temperatura é:

$$T(r) - T_i = (T_o - T_i)\frac{r_o}{r_o - r_i}\left(1 - \frac{r_i}{r}\right) \tag{2.49}$$

A taxa de transferência de calor através do envoltório esférico é

$$q_k = -4\pi r^2 k \frac{\partial T}{\partial r} = \frac{T_i - T_o}{(r_o - r_i)/4\pi k r_o r_i} \tag{2.50}$$

A resistência térmica para um envoltório esférico é então

$$R_{th} = \frac{r_o - r_i}{4\pi k r_o r_i} \tag{2.51}$$

Além disso, como no caso de um sistema cilíndrico, o *coeficiente de transferência de calor total* para o sistema esférico multicamadas mostrado na Fig. 2.13 (b) pode ser expresso como

$$UA = \frac{1}{\sum_{1}^{4} R_{th}} = \frac{1}{\dfrac{1}{\bar{h}_{c,i} A_i} + \dfrac{r_2 - r_1}{4\pi k_1 r_1 r_2} + \dfrac{r_3 - r_2}{4\pi k_2 r_2 r_3} + \dfrac{1}{\bar{h}_{c,o} A_o}} \tag{2.52}$$

Aqui, as áreas das superfícies interna e externa são, respectivamente, $A_i = 4\pi r_1^2$ e $A_o = 4\pi r_3^2$.
A taxa de transferência de calor total é novamente determinada pela equação

$$q = (UA)\Delta T_{total} = \frac{(T_o - T_i)}{\sum_{1}^{4} R_{th}} \tag{2.53}$$

EXEMPLO 2.4 O recipiente metálico esférico de paredes finas, mostrado na Fig. 2.14, é utilizado para armazenar nitrogênio líquido a 77 K. Com um diâmetro de 0,5 m, é coberto com um sistema de isolamento evacuado composto de pó de sílica ($k = 0{,}0017$ W/m K), com 25 mm de espessura, e a sua superfície externa está exposta ao ar ambiente a 300 K. Considerando que o calor latente de vaporização h_{fg} do nitrogênio líquido é de 2×10^5 J/kg e o coeficiente de convecção é 20 W/m² K sobre a superfície externa, determine a taxa de evaporação do nitrogênio por hora.

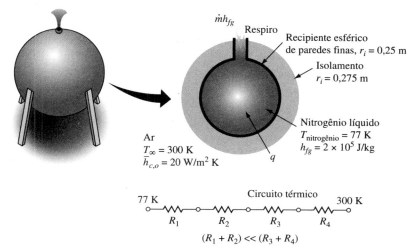

FIGURA 2.14 Diagrama esquemático do recipiente esférico para o Exemplo 2.4.

SOLUÇÃO A taxa de transferência de calor do ar ambiente para o nitrogênio no recipiente pode ser obtida com base no circuito térmico representado na Fig. 2.14. Pode-se desprezar as resistências térmicas da parede de metal e entre o nitrogênio em ebulição e a parede interna, porque o coeficiente de transferência de calor (ver Tabela 1.3) é grande. Assim,

$$q = \frac{T_{\infty,\,ar} - T_{nitrogênio}}{R_3 + R_4} = \frac{(300 - 77) \text{ K}}{\dfrac{1}{\bar{h}_{c,o} 4\pi r_o^2} + \dfrac{r_o - r_i}{4\pi k r_o r_i}}$$

$$= \frac{223 \text{ K}}{\dfrac{1}{(20 \text{ W/m}^2 \text{ K})(4\pi)(0{,}275 \text{ m})^2} + \dfrac{(0{,}275 - 0{,}250) \text{ m}}{4\pi(0{,}0017 \text{ W/m K})(0{,}275 \text{ m})(0{,}250 \text{ m})}}$$

$$= \frac{223 \text{ K}}{(0{,}053 + 17{,}02) \text{ K/W}} = 13{,}06 \text{ W}$$

Observe que quase toda a resistência térmica está no isolamento. Para determinar a taxa de evaporação, podemos fazer um balanço de energia:

$$\begin{array}{c}\text{taxa de evaporação} \\ \text{do nitrogênio líquido}\end{array} \times \begin{array}{c}\text{calor de vaporização} \\ \text{do nitrogênio}\end{array} = \begin{array}{c}\text{taxa de transferência de calor} \\ \text{para o nitrogênio líquido}\end{array}$$

ou

$$\dot{m} h_{fg} = q$$

Resolvendo para $\dot{m}$ resulta

$$\dot{m} = \frac{q}{h_{fg}} = \frac{(13{,}06 \text{ J/s})(3\,600 \text{ s/h})}{2 \times 10^5 \text{ J/kg}} = 0{,}235 \text{ kg/h}$$

2.3.3 Cilindro sólido longo com geração de calor

Um cilindro sólido circular e longo, com geração de calor interno, pode ser considerado uma idealização de um sistema real como, por exemplo, uma bobina elétrica na qual o calor é gerado como um resultado da corrente elétrica no fio [ver Fig. 2.1 (b) por exemplo] ou um elemento cilíndrico de combustível de urânio 235, no qual o calor é gerado pela fissão nuclear (um exemplo é considerado no problema subsequente, Exemplo 2.5, o qual é tipicamente utilizado em reatores nucleares convencionais e é diferente do elemento esférico mostrado na Fig. 2.1c.). A equação da energia para um elemento anular (Fig. 2.15) formado entre um cilindro interno fictício de raio r e um cilindro externo fictício de raio $r + dr$ é

$$-kA_r \frac{dT}{dr}\bigg|_r + \dot{q}_G L 2\pi r\, dr = -kA_{r+dr} \frac{dT}{dr}\bigg|_{r+dr}$$

em que $A_r = 2\pi r L$ e $A_{r+dr} = 2\pi(r + dr)L$. Relacionando o gradiente de temperatura a $r + dr$ ao gradiente de temperatura em r, obtemos, após a simplificação,

$$r\dot{q}_G = -k\left(\frac{dT}{dr} + r\frac{d^2 T}{dr^2}\right) \quad (2.54)$$

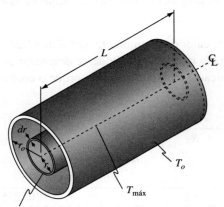

A geração de calor no elemento diferencial é $\dot{q}_G L 2\pi r\, dr$

FIGURA 2.15 Nomenclatura para a condução de calor em um cilindro circular longo com a geração de calor interna.

A integração da Eq. (2.54) pode ser melhor efetuada observando que

$$\frac{d}{dr}\left(r\frac{dT}{dr}\right) = \frac{dT}{dr} + r\frac{d^2 T}{dr^2}$$

e reescrevendo a mesma na forma

$$\dot{q}_G r = -k\frac{d}{dr}\left(r\frac{dT}{dr}\right)$$

Isso é semelhante ao resultado obtido anteriormente simplificando a equação de condução geral [ver Eq. (2.21)]. A integração resulta:

$$\frac{\dot{q}_G r^2}{2} + = -kr\frac{dT}{dr} + C_1$$

a partir da qual deduzimos que a constante de integração C_1 deve ser zero para satisfazer a condição de contorno $dT/dr = 0$ a $r = 0$. Outra integração nos fornece a distribuição da temperatura

$$T = -\frac{\dot{q}_G r^2}{4k} + C_2$$

Para satisfazer a condição de que a temperatura na superfície externa, $r = r_o$, é T_o, $C_2 = (\dot{q}_G r_o^2/4k) + T_o$. A distribuição da temperatura é, portanto,

$$T = T_o + \frac{\dot{q}_G r_o^2}{4k}\left[1 - \left(\frac{r}{r_o}\right)^2\right] \tag{2.55}$$

A temperatura máxima a $r = 0$, $T_{\text{máx}}$, é

$$T_{\text{máx}} = T_o + \frac{\dot{q}_G r_o^2}{4k} \tag{2.56}$$

Na forma adimensional a Eq. (2.55) torna-se:

$$\frac{T(r) - T_o}{T_{\text{máx}} - T_o} = 1 - \left(\frac{r}{r_o}\right)^2 \tag{2.57}$$

Para um cilindro oco com fontes de calor uniformemente distribuídas e temperaturas de superfície específicas, as condições de contorno são

$$T = T_i \quad \text{a} \quad r = r_i \text{ (superfície interna)}$$
$$T = T_o \quad \text{a} \quad r = r_o \text{ (superfície externa)}$$

É deixado como um exercício para verificar que, para esse caso, a distribuição de temperatura é dada por

$$T(r) = T_o + \frac{\dot{q}_G}{4k}(r_o^2 - r^2) + \frac{\ln(r/r_o)}{\ln(r_o/r_i)}\left[\frac{\dot{q}_G}{4k}(r_o^2 - r_i^2) + T_o - T_i\right] \tag{2.58}$$

Se um cilindro sólido é imerso em um fluido a uma temperatura T_∞ especificada e o coeficiente de transferência de calor por convecção na superfície é especificado e indicado por $\bar{h}_c$, a temperatura da superfície a r_o, não é conhecida previamente. A condição de contorno para esse caso requer a condução de calor a partir do cilindro igual à taxa de convecção na superfície ou

$$-k\frac{dT}{dr}\bigg|_{r=r_o} = \bar{h}_c(T_o - T_\infty)$$

Usando essa condição para avaliar as constantes de integração, resulta para a distribuição de temperatura adimensional:

$$\frac{T(r) - T_\infty}{T_\infty} = \frac{\dot{q}_G r_o}{4\bar{h}_c T_\infty}\left\{2 + \frac{\bar{h}_c r_o}{k}\left[1 - \left(\frac{r}{r_o}\right)^2\right]\right\} \tag{2.59}$$

e para a relação de temperatura máxima adimensional:

$$\frac{T_{\text{máx}}}{T_\infty} = 1 + \frac{\dot{q}_G r_o}{4\bar{h}_c T_\infty}\left(2 + \frac{\bar{h}_c r_o}{k}\right) \tag{2.60}$$

Nas equações anteriores, consideramos dois parâmetros adimensionais de importância na condução. O primeiro é o de geração de calor $\dot{q}_G r_o/\bar{h}_c T_\infty$, e o outro é o *Número de Biot*, $\text{Bi} = \bar{h}_c r_o/k$, que aparece em problemas com modos de condução e convecção simultâneos de transferência de calor.

Fisicamente, o Número de Biot representa a razão entre uma resistência térmica de condução, $R_k = r_o/k$, e uma resistência de convecção, $R_c = 1/\bar{h}_c$. Os limites físicos desta razão para o problema anterior são:

$$\text{Bi} \to 0 \quad \text{quando} \quad R_k = \left(\frac{r_o}{k}\right) \to 0 \quad \text{ou} \quad R_c = \frac{1}{\bar{h}_c} \to \infty$$

$$\text{Bi} \to \infty \quad \text{quando} \quad R_c = \frac{1}{\bar{h}_c} \to 0 \quad \text{ou} \quad R_k = \frac{r_o}{k} \to \infty$$

O Número de Biot aproxima-se de zero quando a condutividade do sólido ou a resistência de convecção é tão grande que ele é praticamente isotérmico e a alteração da temperatura é, na maior parte no fluido, na interface. Por outro lado, esse número aproxima-se do infinito quando a resistência térmica no sólido predomina e a alteração da temperatura ocorre na sua maior parte.

EXEMPLO 2.5 A Figura 2.16, na página seguinte, mostra um reator nuclear moderado a grafite. O calor é gerado uniformemente nas barras de urânio de 0,05 m de diâmetro, a uma taxa de $7,5 \times 10^7$ W/m³. Essas barras são envolvidas por um anel no qual a água, a uma temperatura média de 120°C, é colocada para circular. Com isso, a água resfria as barras e o coeficiente de transferência de calor por convecção médio é estimado em 55 000 W/m² K. Se a condutividade térmica do urânio é 29,5 W/m K, determine a temperatura no centro das barras de combustível desse elemento.

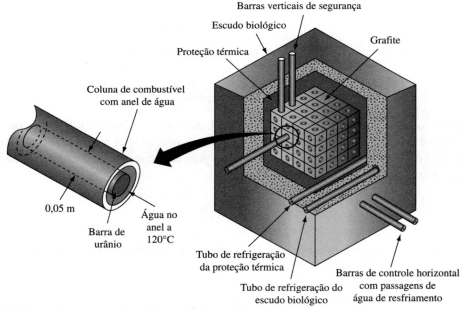

FIGURA 2.16 Reator nuclear para o Exemplo 2.5.
Fonte: General Electric Review

SOLUÇÃO Considerando que as barras de combustível são suficientemente longas para que os efeitos nas extremidades possam ser desprezados e que a condutividade térmica do urânio não se altera apreciavelmente com a temperatura, o sistema térmico pode ser aproximado pelo sistema mostrado na Fig. 2.16. Então, a taxa de fluxo através da superfície da barra é igual à taxa da geração de calor interno:

$$2\pi r_o L \left(-k\frac{dT}{dr}\right)_{r_o} = \dot{q}_G \pi r_o^2 L$$

ou

$$-k\frac{dT}{dr}\bigg|_{r_o} = \frac{\dot{q}_G r_o}{2} = \frac{(7,5 \times 10^7 \text{ W/m}^3)(0,025 \text{ m})}{2}$$
$$= 9,375 \times 10^5 \text{ W/m}^2$$

A taxa do fluxo de calor por condução na superfície externa é igual à taxa do fluxo de calor por convecção a partir da superfície para a água:

$$2\pi r_o\left(-k\frac{dT}{dr}\right)\bigg|_{r_o} = 2\pi r_o \bar{h}_{c,o}(T_o - T_{\text{água}})$$

da qual

$$T_o = \frac{-k(dT/dr)|_{r_o}}{\bar{h}_{c,o}} + T_{\text{água}}$$

Substituindo os dados numéricos para T_o:

$$T_o = \frac{9,375 \times 10^5 \text{ W/m}^2}{5,5 \times 10^4 \text{ W/m}^2 \text{ K}} + 120°C = 137°C$$

Adicionando a diferença de temperatura entre o centro e a superfície das barras de combustível para a temperatura da superfície T_o, resulta na temperatura máxima:

$$T_{\text{máx}} = T_o + \frac{\dot{q}_G r_o^2}{4k} = 137 + \frac{(7,5 \times 10^7 \text{ W/m}^3)(0,025 \text{ m})^2}{(4)(29,5 \text{ W/m K})} = 534°C$$

O mesmo resultado pode ser obtido com base na Eq. (2.59). Observamos que a maior parte da queda da temperatura ocorre no sólido porque a resistência de convecção é muito pequena (Bi é aproximadamente 100).

2.4 Superfícies estendidas

Os problemas considerados nesta seção são encontrados, na prática, quando um sólido com área da seção transversal relativamente pequena projeta-se a partir de um corpo grande em um fluido a uma temperatura diferente. Tais superfícies estendidas têm ampla aplicação industrial como aletas fixas às paredes do equipamento de transferência de calor, com a finalidade de aumentar a taxa de aquecimento ou de resfriamento.

2.4.1 Aletas de seção transversal uniforme

Como uma ilustração simples, considere uma aleta-pino com forma de uma barra, cuja base é ligada a uma parede com temperatura T_s na superfície (Fig. 2.17). Essa aleta é resfriada ao longo de sua superfície por um fluido à temperatura T_∞. Ela apresenta uma área A de seção transversal uniforme e é feita de um material com condutividade uniforme k; o coeficiente de transferência de calor entre sua superfície e o fluido é $\bar{h}_c$. Vamos

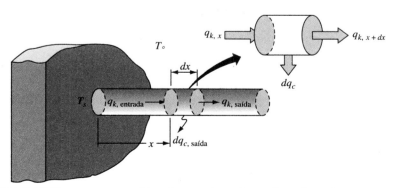

FIGURA 2.17 **Diagrama esquemático de uma aleta-pino projetando-se de uma parede.**

considerar que os gradientes de temperatura transversais são tão pequenos que a temperatura, em qualquer secção transversal da haste, é uniforme, isto é, $T = T(x)$ apenas. Como mostrado em Gardner [2], mesmo em uma aleta relativamente espessa, o erro em uma solução unidimensional é inferior a 1%.

Para derivar uma equação para a distribuição da temperatura, realizamos um balanço do calor para um pequeno elemento da aleta. O calor flui por condução para dentro da face esquerda do elemento enquanto, o calor flui para fora do elemento por condução através da face direita e, por convecção a partir da superfície. Sob condições no estado estacionário,

a taxa de fluxo de calor por condução no elemento em x	=	taxa de fluxo de calor por condução fora do elemento em $x + dx$	+	taxa de fluxo de calor por convecção a partir da superfície entre x e $x + dx$

Na forma simbólica, essa equação torna-se:

$$q_{k,x} = q_{k,x+dx} + dq_c$$

ou

$$-kA\frac{dT}{dx}\bigg|_x = -kA\frac{dT}{dx}\bigg|_{x+dx} + \bar{h}_c P\, dx[T(x) - T_\infty] \tag{2.61}$$

onde P é o perímetro do pino e $P\,dx$ é a área de superfície do pino entre x e $x + dx$.
Se k e $\bar{h}_c$ são uniformes, a Eq. (2.61) simplifica para a forma

$$\frac{d^2 T(x)}{dx^2} - \frac{\bar{h}_c P}{kA}[T(x) - T_\infty] = 0 \tag{2.62}$$

Será conveniente definir uma temperatura em excesso da aleta acima da ambiente, $\theta(x) = [T(x) - T_\infty]$ e transformar a Eq. (2.62) na forma:

$$\frac{d^2\theta}{dx^2} - m^2\theta = 0 \tag{2.63}$$

em que $m^2 = \bar{h}_c P / kA$

A Equação (2.63) é uma equação diferencial de segunda ordem, linear e homogênea, cuja solução geral é da forma:

$$\theta(x) = C_1 e^{mx} + C_2 e^{-mx} \tag{2.64}$$

Para avaliar as constantes C_1 e C_2, é necessário especificar as condições de contorno apropriadas. Uma condição é que, na base ($x = 0$), a temperatura da aleta é igual à temperatura da parede, ou

$$\theta(0) = T_s - T_\infty \equiv \theta_s$$

A outra condição de contorno depende da condição física na extremidade da aleta. Trataremos os quatro casos seguintes:

1. A aleta é muito longa e a temperatura na extremidade aproxima-se da temperatura do fluido:

$$\theta = 0 \quad \text{para} \quad x \to \infty$$

2. A extremidade da aleta é isolada:

$$\frac{d\theta}{dx} = 0 \quad \text{para} \quad x = L$$

3. A temperatura na extremidade da aleta é fixa:

$$\theta = \theta_L \quad \text{para} \quad x = L$$

4. A ponta perde calor por convecção:

$$-k\frac{d\theta}{dx}\bigg|_{x=L} = \bar{h}_{c,L}\theta_L$$

A Figura 2.18 ilustra esquematicamente os casos descritos por essas condições na ponta. Para o caso 1, a segunda condição de contorno pode ser satisfeita apenas se C_1 na Eq. (2.64) for igual a zero, isto é:

$$\theta(x) = \theta_s e^{-mx} \tag{2.65}$$

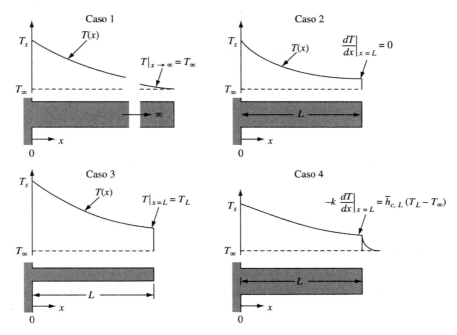

FIGURA 2.18 Representação esquemática das quatro condições de contorno na ponta de uma aleta.

Normalmente, nós estamos interessados não só na distribuição da temperatura, mas na taxa total de transferência de calor para ou a partir da aleta. A taxa de fluxo de calor pode ser obtida por dois métodos. Uma vez que o calor conduzido pela raiz da aleta deve ser igual ao calor transferido por convecção a partir da superfície da haste para o fluido,

$$\begin{aligned} q_{\text{aleta}} &= -kA\frac{dT}{dx}\bigg|_{x=0} = \int_0^\infty \bar{h}_c P[T(x) - T_\infty]\, dx \\ &= \int_0^\infty \bar{h}_c P \theta(x)\, dx \end{aligned} \tag{2.66}$$

Diferenciando a Eq. (2.65) e substituindo o resultado para $x = 0$ na Eq. (2.66), resulta

$$q_{\text{aleta}} = -kA[-m\theta(0)e^{(-m)0}] = \sqrt{\bar{h}_c P A k}\,\theta_s \tag{2.67}$$

O mesmo resultado é obtido pela avaliação do fluxo de calor por convecção a partir da superfície da haste:

$$q_{aleta} = \int_0^\infty \bar{h}_c P \theta_s e^{-mx} dx = \frac{\bar{h}_c P}{m} \theta_s e^{-mx} \bigg|_0^\infty = \sqrt{\bar{h}_c P A k}\, \theta_s$$

As equações (2.65) e (2.67) são aproximações razoáveis da distribuição da temperatura e da taxa do fluxo de calor em uma aleta finita, se o quadrado do seu comprimento for muito grande em comparação à sua área transversal. Se a haste for de comprimento finito, mas a perda de calor a partir da extremidade da haste for negligenciada ou isolada a extremidade da haste, a segunda condição de contorno requer que o gradiente de temperatura a $x = L$ seja igual a zero, isto é, $dT/dx = 0$ a $x = L$. Essas condições requerem que

$$\left(\frac{d\theta}{dx}\right)_{x=L} = 0 = mC_1 e^{mL} - mC_2 e^{-mL}$$

Resolvendo essa equação para a condição 2 simultaneamente com a relação para a condição 1, o que requer:

$$\theta(0) = \theta_s = C_1 + C_2$$

obtemos

$$C_1 = \frac{\theta_s}{1 + e^{2mL}} \quad C_2 = \frac{\theta_s}{1 + e^{-2mL}}$$

Com a substituição das relações acima para C_1 e C_2 na Eq. (2.64), resulta na distribuição da temperatura

$$\theta = \theta_s \left(\frac{e^{mx}}{1 + e^{2mL}} + \frac{e^{-mx}}{1 + e^{-2mL}}\right) = \theta_s \frac{\cosh m(L-x)}{\cosh(mL)} \qquad (2.68)*$$

TABELA 2.1 Equações para a distribuição da temperatura e taxa de transferência de calor para as aletas de seção transversal uniforme

Caso	Condição da Ponta ($x = L$)	Distribuição da Temperatura, θ/θ_s	Taxa de Transferência de Calor da Aleta, q_{aleta}
1	Aleta infinita ($L \to \infty$): $\theta(L) = 0$	e^{-mx}	M
2	Adiabático: $\dfrac{d\theta}{dx}\bigg|_{x=L} = 0$	$\dfrac{\cosh m(L-x)}{\cosh mL}$	$M \tanh mL$
3	Temperatura fixa: $\theta(L) = \theta_L$	$\dfrac{(\theta_L/\theta_s)\operatorname{senh} mx + \operatorname{senh} m(L-x)}{\operatorname{senh} mL}$	$M\dfrac{\cosh mL - (\theta_L/\theta_s)}{\operatorname{senh} mL}$
4	Transferência de calor por convecção: $\bar{h}_c \theta(L) = -k \dfrac{d\theta}{dx}\bigg|_{x=L}$	$\dfrac{\cosh m(L-x) + (\bar{h}_c/mk)\operatorname{senh} m(L-x)}{\cosh mL + (\bar{h}_c/mk)\operatorname{senh} mL}$	$M\dfrac{\operatorname{senh} mL + (\bar{h}_c/mk)\cosh mL}{\cosh mL + (\bar{h}_c/mk)\operatorname{senh} mL}$

$^a \theta \equiv T - T_\infty$
$\theta_s \equiv \theta(0) = T_s - T_\infty$
$m^2 \equiv \dfrac{\bar{h}_c P}{kA}$
$M \equiv \sqrt{\bar{h}_c P k A}\, \theta_s$

---

* A derivação da Eq. (2.68) é deixada como um exercício para o leitor. O cosseno hiperbólico, *cosh* abreviado, é definido por $\cosh x = (e^x + e^{-x})/2$.

A perda de calor a partir da aleta pode ser encontrada pela substituição do gradiente de temperatura na raiz dentro da Eq. (2.66). Observando que, tgqh (mL) = $(e^{mL} - e^{-mL})/(e^{mL} + e^{-mL})$, obtém-se:

$$q_{aleta} = \sqrt{\overline{h_c}PAk}\,\theta_s \,\text{tgh}(mL) \tag{2.69}$$

Os resultados para as duas outras condições de ponta podem ser obtidos de um modo semelhante, mas a álgebra é mais demorada. Todos os quatro casos encontram-se resumidos na Tabela 2.1.

EXEMPLO 2.6 Um dispositivo experimental que produz calor excessivo é passivamente resfriado. Para aumentar a taxa de resfriamento, adicionou-se aletas-pino no revestimento do dispositivo. Considere uma aleta-pino de cobre de 0,25 centímetro de diâmetro, que se projeta de uma parede a 95°C para o ar ambiente a 25°C, como mostrado na Fig. 2.19. A transferência de calor é essencialmente por convecção natural, com um coeficiente igual a 10 W/m² K. Calcule a perda de calor, considerando que (a) a aleta é "infinitamente longa"; (b) a aleta tem 2,5 cm de comprimento e o coeficiente na extremidade é o mesmo que em torno da circunferência; (c) qual comprimento essa aleta deve ter para a solução de infinitamente longa estar correta dentro de 5%?

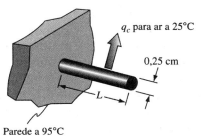

FIGURA 2.19 Aleta de pino de cobre para o Exemplo 2.6.

SOLUÇÃO Considere as seguintes premissas:

1. A condutividade térmica não muda com a temperatura.
2. O estado estacionário prevalece.
3. A radiação é insignificante.
4. O coeficiente de transferência de calor por convecção é uniforme sobre a superfície da aleta.
5. A condução ao longo da aleta é unidimensional.

A condutividade térmica do cobre pode ser encontrada na Tabela 12 do Apêndice 2. Sabe-se que a temperatura da aleta diminuirá ao longo de seu comprimento, mas não se sabe seu valor na ponta. Como aproximação, deve-se escolher uma temperatura de 70°C ou 343 K.

Interpolando os valores na Tabela 12 resulta $k = 396$ W/m K.

(a) Da Eq. (2.67), a perda de calor para a aleta "infinitamente longa" é

$$q_{aleta} = \sqrt{\overline{h_c}PkA}\,(T_s - T_\infty)$$
$$= \left[(10\text{ W/m}^2\text{ K})(\pi)(0{,}0025\text{ m})(396\text{ W/m K}) \times \left(\frac{\pi}{4}\right)(0{,}0025\text{ m})^2\right]^{1/2}$$
$$(95 - 25)°C$$
$$= 0{,}865\text{ W}$$

(b) A equação para a perda de calor desta aleta finita é o caso 4 na Tabela 2.1:

$$q_{\text{aleta}} = \sqrt{\overline{h_c}PkA}\,(T_s - T_\infty)\frac{\operatorname{senh} mL + (\overline{h_c}/mk)\cosh mL}{\cosh mL + (\overline{h_c}/mk)\operatorname{senh} mL}$$

$$= 0{,}140\text{ W}$$

(c) Para as duas soluções estarem dentro de 5%, é necessário que

$$\frac{\operatorname{senh} mL + (\overline{h_c}/mk)\cosh mL}{\cosh mL + (\overline{h_c}/mk)\operatorname{senh} mL} \geq 0{,}95$$

Esta condição é satisfeita quando $mL \geq 1{,}8$ ou $L > 28{,}3$ centímetros.

2.4.2 Seleção e projeto de aleta

Na seção anterior, desenvolvemos equações para a distribuição da temperatura e para a taxa de transferência de calor para as superfícies estendidas e aletas, que são amplamente utilizadas para aumentar a taxa de transferência de calor de uma parede. Como uma ilustração de tal aplicação, considere uma superfície exposta a um fluido a temperatura T_∞ fluindo sobre a superfície. Se a parede estiver sem revestimento e a temperatura da superfície T_s for fixa, a taxa de transferência de calor por unidade de área a partir da parede plana é totalmente controlada pelo coeficiente de transferência de calor $\overline{h}$. Potencializando a velocidade do fluido, o coeficiente na parede plana pode ser aumentado, mas isso também cria uma queda de pressão maior e requer uma maior potência de bombeamento.

Em muitos casos, portanto, é preferível aumentar a taxa de transferência de calor da parede usando aletas que se estendem a partir da parede para o fluido para deixar maior a área de contato entre a superfície sólida e o fluido. Se a aleta é feita de um material com alta condutividade térmica, o gradiente de temperatura da base para a ponta será pequeno e as características da transferência do calor da parede serão enormemente melhoradas. As aletas têm muitas formas e formatos, alguns dos quais são mostrados na Fig. 2.20, e sua seleção é feita com base em desempenho térmico e custo. A seleção de uma geometria de aleta adequada requer um compromisso entre custo, peso, espaço disponível e queda de pressão do fluido de transferência de calor, bem como das características da transferência de calor da superfície estendida. Do ponto de vista do desempenho térmico, a dimensão, a forma e o comprimento mais desejável da aleta podem ser avaliados por uma análise tal como a indicada na discussão a seguir.

A eficácia da transferência do calor de uma aleta é medida por um parâmetro chamado eficiência da aleta η_f, definido como:

$$\eta_f = \frac{\text{calor real transferido por}}{\text{calor que seria transferido se toda aleta estivesse na temperatura de base}}$$

Usando a Eq. (2.69), a eficiência da aleta para uma de pino circular de diâmetro D e comprimento L, com uma extremidade isolada é:

$$\eta_f = \frac{\tanh\sqrt{4L^2\overline{h}/kD}}{\sqrt{4L^2\overline{h}/kD}} \tag{2.70}$$

para uma aleta de seção transversal retangular (comprimento L e espessura t) e uma extremidade isolada, a eficiência é:

$$\eta_f = \frac{\tanh\sqrt{\overline{h}PL^2/kA}}{\sqrt{\overline{h}PL^2/kA}} \tag{2.71}$$

Se uma aleta retangular é comprida, larga e fina, $P/A \simeq 2/t$ e a perda de calor a partir da extremidade pode ser computada, aproximadamente, aumentando L para $t/2$ e assumindo que a extremidade é isolada. Esta aproximação mantém a área de superfície na qual o calor é perdido igual a do caso real e a eficiência da aleta torna-se então

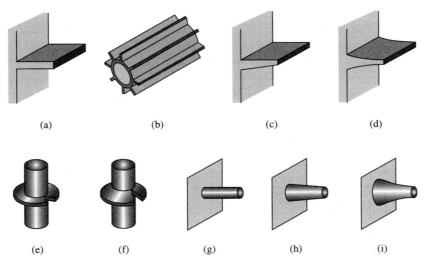

(a) (b) (c) (d)
(e) (f) (g) (h) (i)

FIGURA 2.20 Diagramas esquemáticos de diferentes tipos de aletas: (a) aleta longitudinal de perfil retangular; (b) tubo cilíndrico com aletas de perfil retangular; (c) aleta longitudinal de perfil trapezoidal; (d) aleta longitudinal de perfil parabólico; (e) tubo cilíndrico com aleta radial de perfil retangular; (f) tubo cilíndrico com a aleta radial de perfil cônico truncado; (g) aleta de pino cilíndrico; (h) espinha cônica truncada; (i) espinha parabólica.

$$\eta_f = \frac{\tanh\sqrt{2\bar{h}L_c^2/kt}}{\sqrt{2\bar{h}L_c^2/kt}} \tag{2.72}$$

onde $L_c = (L + t/2)$
O erro que resulta dessa aproximação será inferior a 8% quando

$$\left(\frac{\bar{h}t}{2k}\right)^{1/2} \leq \frac{1}{2}$$

Muitas vezes, é conveniente utilizar a área do perfil de uma aleta, A_m. Para uma forma retangular, A_m é Lt, ao passo que, para uma seção transversal triangular, A_m é $Lt/2$, em que t é a espessura da base. Na Fig. 2.21, são comparadas as eficiências da aleta para aletas retangulares e triangulares.

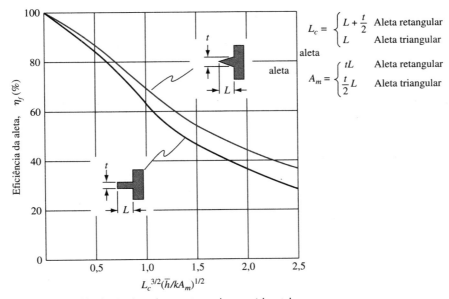

FIGURA 2.21 Eficiência das aletas retangulares e triangulares.

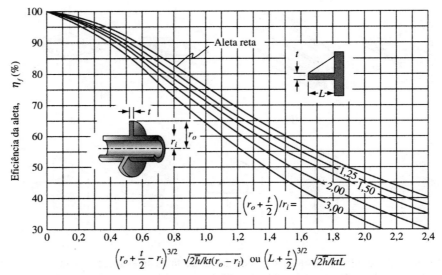

FIGURA 2.22 Eficiência de aletas retangulares circunferenciais.

A Figura 2.22 apresenta a eficiência da aleta para aletas circunferenciais de seção transversal retangular [2,3].

EXEMPLO 2.7 Para aumentar a dissipação de calor de um tubo de 2,5 cm de diâmetro externo, aletas circunferenciais de alumínio ($k = 200$ W/m K) são soldadas na superfície externa. As aletas são de 0,1 cm de espessura e têm um diâmetro externo de 5,5 cm, como mostrado na Fig. 2.23. Se a temperatura do tubo é 100°C, a do ambiente é 25°C e o coeficiente de transferência de calor entre as aletas e o ambiente é de 65 W/m²K, calcule a taxa de perda de calor de uma aleta.

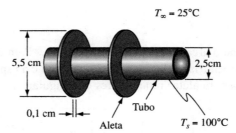

FIGURA 2.23 Aletas circunferenciais para o Exemplo 2.7.

SOLUÇÃO Neste problema, a geometria da aleta corresponde à da Fig. 2.22 e podemos, portanto, utilizar a curva de eficiência da aleta na Figura. 2.22. Os parâmetros requeridos para se obter a eficiência da aleta são:

$$\left(r_o + \frac{t}{2} - r_i\right)^{3/2} = [(2,75 + 0,05 - 1,25)/100 \text{ m}]^{3/2} = 0,00193 \text{ m}^{3/2}$$

$$[2\bar{h}/kt(r_o - r_i)]^{1/2} = \left[\frac{2(65 \text{ W/m}^2 \text{ K})}{(200 \text{ W/m K})(0,001 \text{ m})(0,0275 - 0,0125)(\text{m})}\right]^{1/2}$$

$$= 208 \text{ m}^{3/2}$$

$$\left(r_o + \frac{t}{2}\right)\bigg/ r_i = \frac{(0,0275 + 0,001)(\text{m})}{0,0125 \text{ m}} = 2,24$$

$$\left(r_o + \frac{t}{2} - r_i\right)^{3/2} [2\bar{h}/kt\,(r_o - r_i)]^{1/2} = 0{,}402$$

A partir da Fig. 2.22, a eficiência da aleta é encontrada como 91%. A taxa de perda de calor a partir de uma única aleta é

$$\begin{aligned}q_{\text{aleta}} &= \eta_{\text{aleta}}\bar{h}A_{\text{aleta}}(T_s - T_\infty)\\ &= \eta_{\text{aleta}}\bar{h}2\pi\left[\left(r_o + \frac{t}{2}\right)^2 - r_i^2\right](T_s - T_\infty)\\ &= 0{,}91(65\text{ W/m}^2\text{ K})2\pi(7{,}84 - 1{,}56) \times 10^{-4}\text{ m}^2\,(75\text{ K}) = 17{,}5\text{ W}\end{aligned}$$

Para uma superfície plana de área A, a resistência térmica é $1/\bar{h}A$. A adição de aletas aumenta a área de superfície, mas, ao mesmo tempo, introduz uma resistência de condução sobre esta porção da superfície original, na qual as aletas estão fixadas. A adição de aletas nem sempre aumenta a taxa de transferência de calor. Na prática, a adição de aletas quase nunca é justificável, a menos que $\bar{h}A/Pk$ seja consideravelmente menor que a unidade.

É interessante notar que a eficácia da aleta atinge o seu valor máximo para o caso trivial de $L = 0$, ou nenhuma aleta ao todo. Portanto, não é possível maximizar seu desempenho com relação ao seu comprimento. É normalmente mais importante maximizar a eficiência no que diz respeito à quantidade de material da aleta (massa, volume ou custo), porque a otimização tem óbvia importância econômica.

Usando os valores dos coeficientes de transferência de calor médios na Tabela 1.3 como guia, podemos ver facilmente que as aletas aumentam efetivamente a transferência de calor para/ou de um gás, são menos eficazes quando o meio é um líquido em convecção forçada, porém não oferecem qualquer vantagem na transferência de calor para líquidos em ebulição ou para vapores de condensação. Por exemplo, para uma aleta de pino de alumínio de 0,3175 cm de diâmetro em um aquecedor de gás típico, $\bar{h}A/Pk = 0{,}00045$, enquanto em um aquecedor de água, por exemplo, $\bar{h}A/Pk = 0{,}022$. Em um aquecedor de gás, a adição de aletas, portanto, seria muito mais eficaz do que em um aquecedor de água.

Com base nessas considerações, fica evidente que, quando as aletas são usadas, elas devem ser colocadas no lado da superfície de troca de calor onde o coeficiente de transferência de calor entre o fluido e a superfície seja mais baixo. Aletas finas, delgadas, espaçadas estreitamente são superiores àquelas mais grossas e em menor quantidade. Obviamente, as aletas fabricadas de materiais que têm uma elevada condutibilidade térmica são desejáveis. As aletas são, algumas vezes, parte integrante da superfície de transferência de calor, mas pode haver uma resistência de contato na sua base se não estiverem ligadas mecanicamente.

Para obter a eficiência total η_t, de uma superfície com aletas, combinamos a porção sem aletas da superfície com eficácia de 100% com a área da superfície das aletas a η_f, ou

$$A_o\eta_t = (A_o - A_f) + A_f\eta_f \tag{2.73}$$

onde A_o = área de transferência de calor total
A_f = área de transferência de calor das aletas

Na prática, particularmente nos trocadores de calor industriais [4], as aletas podem, muitas vezes, ser utilizadas em ambos os lados da superfície da transferência de calor primária. Assim, por exemplo, o coeficiente de transferência de calor total U_o, com base na área da superfície externa total, para a transferência de calor entre dois fluidos separados por uma parede tubular com aletas pode ser expresso como

$$U_o = \cfrac{1}{\cfrac{1}{\eta_{to}\bar{h}_o} + R_{k_{\text{parede}}} + \cfrac{A_o}{\eta_{ti}A_i\bar{h}_i}} \tag{2.74}$$

em que $R_{k_{parede}}$ = resistência térmica da parede na qual as aletas estão ligadas, m² K/W (superfície externa)
A_o = área total da superfície externa, m²
A_i = área total da superfície interna, m²
η_{to} = eficiência total da superfície externa
η_{ti} = eficiência total da superfície interna
$\bar{h}_o$ = coeficiente médio de transferência de calor para a superfície externa, W/m² K
$\bar{h}_i$ = coeficiente médio de transferência de calor para a superfície interna, W/m² K

Para tubos com aletas apenas na parte externa, o caso mais comum encontrado na prática, η_{ti} é a unidade e $A_i = \pi D_i L$.

Na análise apresentada neste capítulo, os detalhes do fluxo de calor por convecção entre a superfície da aleta e o fluido circundante foram omitidos. A análise de engenharia completa de transferência de calor em sistemas de trocadores de calor não apenas requer uma avaliação do desempenho da aleta, mas deve também tomar a relação entre a geometria da aleta e a transferência de calor por convecção em consideração. Os problemas na parte de transferência de calor por convecção do projeto serão considerados nos capítulos 6 e 7 e a aplicação de tais análises no projeto de trocadores de calor será apresentada no Capítulo 8.

2.5* Condução estacionária multidimensional

Na parte anterior deste capítulo, foram abordados os problemas nos quais a temperatura e o fluxo de calor podem ser tratados como funções de uma única variável. Muitos problemas práticos se enquadram nessa categoria, mas, quando os limites de um sistema são irregulares ou quando a temperatura ao longo de um limite não é uniforme, um tratamento unidimensional pode não ser mais satisfatório. Em tais casos, a temperatura é uma função de duas ou até três coordenadas. O fluxo de calor por meio de uma seção de canto, em que duas ou três paredes se encontram, a condução de calor pelas paredes de um curto cilindro oco e a perda de calor de uma tubulação enterrada são exemplos típicos dessa classe de problema.

Agora, vamos considerar alguns métodos para a análise da condução em sistemas bi ou tridimensionais. A ênfase será em problemas bidimensionais, porque eles são menos complicados de se resolver, contudo eles ilustram os métodos básicos da análise para sistemas tridimensionais. A condução do calor em sistemas bi ou tridimensionais pode ser tratada por métodos analíticos, gráficos, analógicos, numéricos e computacionais. Para alguns casos, "fatores de forma" também estão disponíveis. Neste capítulo, vamos considerar os métodos de solução analítico, gráfico e de fator de forma. A abordagem numérica que requer simulação computacional será retomada no Capítulo 3. O tratamento analítico neste capítulo é limitado a um exemplo ilustrativo e, para uma cobertura mais ampla dos métodos analíticos, o leitor é remetido para [1, 4-6]. O método analógico é apresentado em [7], mas é omitido aqui, pois já não é utilizado na prática.

2.5.1 Solução analítica

O objetivo de qualquer análise de transferência de calor é o de prever a taxa do fluxo de calor, a distribuição de temperatura ou ambos. De acordo com a Eq. (2.10), em um sistema bidimensional, sem fontes de calor da equação de condução geral que governa a distribuição da temperatura no estado estacionário é:

$$\frac{\partial^2 T}{\partial x^2} + \frac{\partial^2 T}{\partial y^2} = 0 \quad (2.75)$$

se a condutividade térmica é uniforme. A solução da Eq. (2.75) dará $T(x, y)$, a temperatura como uma função das duas coordenadas espaciais x e y. Os componentes do fluxo de calor por unidade de área ou o fluxo de calor q'' nas direções x e y (q''_x e q''_y, respectivamente) podem ser obtidos a partir da lei de Fourier:

$$q''_x = \left(\frac{q}{A}\right)_x = -k\frac{\partial T}{\partial x}$$

$$q''_y = \left(\frac{q}{A}\right)_y = -k\frac{\partial T}{\partial y}$$

Deve ser notado que, enquanto a temperatura é um escalar, o fluxo de calor depende do gradiente da temperatura e é, por conseguinte, um vetor. O fluxo de calor q'' em determinado ponto x, y é a resultante dos componentes q''_x e q''_y naquele ponto e é dirigida perpendicular à isotérmica, como mostrado na Fig. 2.24. Assim, se a distribuição da temperatura em um sistema é conhecida, a taxa de fluxo de calor pode ser facilmente calculada. Portanto, a análise da transferência de calor geralmente se concentra em determinar o campo de temperatura.

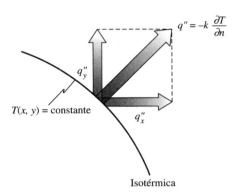

FIGURA 2.24 Esboço mostrando o fluxo de calor em duas dimensões.

Uma solução analítica de um problema de condução de calor deve satisfazer a equação de condução de calor, bem como as condições de limite especificadas pelas condições físicas do problema. A abordagem clássica para uma solução exata da equação de Fourier é a técnica de separação de variáveis. Vamos ilustrar essa abordagem aplicando-a a um problema relativamente simples. Considere uma fina placa retangular, livre de fontes de calor e isolada nas superfícies superior e inferior (Fig. 2.25). Uma vez que $\partial T/\partial z$ é assumido como sendo negligenciável, a temperatura é uma função de x e y apenas. Se a condutividade térmica é uniforme, a distribuição de temperatura deve satisfazer a Eq. (2.75), uma equação diferencial parcial linear e homogênea que pode ser integrada, assumindo uma solução de produto para $T(x, y)$ da forma

$$T = XY \tag{2.76}$$

em que $X = X(x)$, uma função de x apenas e $Y = Y(y)$, uma função de y apenas. Substituindo a Eq. (2,76) na Eq. (2.75) resulta:

$$-\frac{1}{X}\frac{d^2X}{dx^2} = \frac{1}{Y}\frac{d^2Y}{dy^2} \tag{2.77}$$

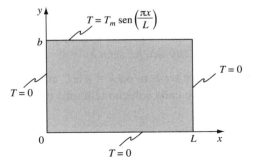

FIGURA 2.25 Placa adiabática retangular com distribuição de temperatura senoidal em uma borda.

As variáveis estão agora separadas. O lado esquerdo é uma função apenas de x, e o lado direito é uma função de y apenas. Como nem um dos lados pode mudar à medida em que x e y variam, ambos devem ser iguais a uma constante, digamos λ^2. Temos, portanto, as duas equações diferenciais ordinárias:

$$\frac{d^2X}{dx^2} + \lambda^2 X = 0 \qquad (2.78)$$

e

$$\frac{d^2Y}{dy^2} - \lambda^2 Y = 0 \qquad (2.79)$$

A solução geral para a Eq. (2.78) é:

$$X = A \cos \lambda x + B \operatorname{sen} \lambda x$$

e a solução geral para a Eq. (2.79) é:

$$Y = Ce^{-\lambda y} + De^{\lambda y}$$

e, portanto, a partir da Eq. (2.76),

$$T = XY = (A \cos \lambda x + B \operatorname{sen} \lambda x)(Ce^{-\lambda y} + De^{\lambda y}) \qquad (2.80)$$

onde A, B, C e D são constantes a serem avaliadas a partir das condições de contorno. Como mostrado na Figura 2.25, as condições de contorno a serem satisfeitas são

$$T = 0 \quad \text{em} \quad y = 0$$
$$T = 0 \quad \text{em} \quad x = 0$$
$$T = 0 \quad \text{em} \quad x = L$$
$$T = T_m \operatorname{sen}(\pi x/L) \quad \text{em} \quad y = b$$

Substituindo essas condições na Eq. (2.80) para T, obtemos, da primeira condição:

$$(A \cos \lambda x + B \operatorname{sen} \lambda x)(C + D) = 0$$

da segunda condição:

$$A(Ce^{-\lambda y} + De^{\lambda y}) = 0$$

da terceira condição:

$$(A \cos \lambda L + B \operatorname{sen} \lambda L)(Ce^{-\lambda y} + De^{\lambda y}) = 0$$

A primeira condição só pode ser satisfeita se $C = -D$ e a segunda se $A = 0$. Usando esses resultados na terceira condição, obtemos:

$$2BC \operatorname{sen} \lambda L \operatorname{senh} \lambda y = 0$$

Para satisfazer essa condição, o sen λL deve ser zero ou $\lambda = n\pi/L$, em que $n = 1, 2, 3$, etc. * Existe, portanto, uma solução diferente para cada inteiro n e cada solução tem uma constante de integração separada C_n. Somando essas soluções, obtemos

$$T = \sum_{n=1}^{\infty} C_n \operatorname{sen} \frac{n\pi x}{L} \operatorname{senh} \frac{n\pi y}{L} \qquad (2.81)$$

---

* O valor $n = 0$ foi excluído porque ele daria a solução trivial $T = 0$.

A última condição de contorno exige $y = b$,

$$\sum_{n=1}^{\infty} C_n \operatorname{sen} \frac{n\pi x}{L} \operatorname{senh} \frac{n\pi b}{L} = T_m \operatorname{sen} \frac{\pi x}{L}$$

de modo que apenas o primeiro termo da solução da série com $C_1 = T_m/\operatorname{senh}(\pi b/L)$ seja necessário. Por conseguinte, a solução torna-se:

$$T(x, y) = T_m \frac{\operatorname{senh}(\pi y/L)}{\operatorname{senh}(\pi b/L)} \operatorname{sen} \frac{\pi x}{L} \tag{2.82}$$

O campo de temperatura correspondente é mostrado na Fig. 2.26. As linhas sólidas são isotérmicas e as linhas tracejadas são as linhas do fluxo de calor. Deve ser notado que as linhas que indicam a direção do fluxo de calor são perpendiculares às isotérmicas.

Quando as condições de contorno não são tão simples como no problema ilustrativo, a solução é obtida na forma de uma série infinita. Por exemplo, se a temperatura na borda $y = b$ é uma função de x, digamos $T(x, b) = F(x)$, então a solução, como mostrado em [1], é a série infinita

$$T = \frac{2}{L} \sum_{n=1}^{\infty} \frac{\operatorname{senh}(n\pi/L)y}{\operatorname{senh} n\pi(b/L)} \operatorname{sen} \frac{\pi n}{L} x \int_0^L F(x') \operatorname{sen}\left(\frac{n\pi}{L} x'\right) dx' \tag{2.83}$$

que é difícil para se avaliar quantitativamente.

O método de separação de variáveis pode ser estendido para os casos tridimensionais assumindo $T = XYZ$, substituindo essa expressão para T na Eq. (2.9), separando as variáveis e integrando as equações diferenciais totais resultantes sujeitas às condições de contorno dadas. Exemplos de problemas tridimensionais são apresentados em [1, 5, 6, e 17].

2.5.2 Método gráfico e fatores de forma

O método gráfico apresentado nesta seção pode produzir rapidamente uma estimativa aceitável da distribuição de temperatura e do fluxo de calor em sistemas bidimensionais geometricamente complexos, mas a sua aplicação é restrita a problemas com limites isotérmicos e isolados. O objeto de uma solução gráfica é a construção de uma rede consistindo de isotérmicas (linhas de temperatura constante) e linhas de fluxo constante (linhas de fluxo de calor constante). As linhas de fluxo são análogas às linhas de corrente em um fluxo de fluido potencial, isto é, elas são tangentes à direção do fluxo de calor em qualquer ponto. Consequentemente, nenhum calor pode fluir através das linhas de fluxo constante. As isotérmicas são análogas às linhas de potencial constante e o calor flui perpendicularmente a elas. Assim, as linhas de temperatura constante e as linhas de fluxo de calor constante se cruzam em ângulos retos. Para obter a distribuição da temperatura, deve-se preparar um modelo em escala e, em seguida, desenhar as isotérmicas e as linhas de fluxo à mão livre, por tentativa e erro, até que elas formem uma rede de quadrados curvilíneos. Em seguida, uma quantidade constante de calor flui entre quaisquer duas linhas de fluxo. O procedimento está ilustrado na Fig. 2.27 para uma seção de canto de profundidade unitária ($\Delta z = 1$) com as faces ABC à temperatura T_1, faces FED à temperatura T_2 e faces CD e AF isoladas. A Figura 2.27 (a) mostra o modelo em escala, e a Fig. 2.27 (b) mostra a rede curvilínea das isotérmicas e as linhas de fluxo. Deve ser notado que as linhas de fluxo que emanam dos limites isotérmicos são perpendiculares ao limite, exceto quando elas partem de um canto. As linhas de fluxo conduzindo para, ou, a partir de um canto de um limite isotérmico bifurcam o ângulo entre as superfícies que o formam.

Uma solução gráfica, assim como uma analítica, de um problema de condução de calor descrito pela equação de Laplace com suas condições de contorno é única. Portanto, qualquer rede curvilínea que satisfaça às condições de contorno, independente da dimensão dos quadrados, representa a solução correta. Para qualquer quadrado curvilinear (por exemplo, ver Fig. 2.27 (c)), a taxa do fluxo de calor é determinada pela Lei de Fourier:

$$\Delta q = -k(\Delta l \times 1)\frac{\Delta T}{\Delta l} = -k\Delta T$$

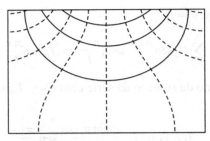

—— Isotérmicas
----- Linhas de fluxo de calor

FIGURA 2.26 Isotérmicas e linhas de fluxo de calor para a placa mostrada na Fig. 2.25.

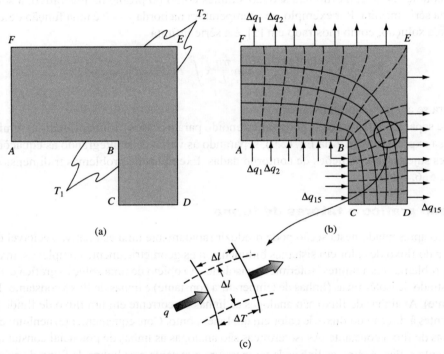

FIGURA 2.27 Construção de uma rede de quadrados curvilíneos para uma seção de canto: (a) modelo de escala; (b) diagrama do fluxo; (c) quadrado curvilinear típico.

Esse fluxo de calor permanecerá o mesmo por qualquer quadrado dentro de qualquer faixa de fluxo de calor a partir do limite a T_1 até o limite a T_2. O ΔT por meio de qualquer um dos elementos da faixa de fluxo de calor é, portanto:

$$\Delta T = \frac{T_2 - T_1}{N}$$

em que N é o número de incrementos de temperatura entre os dois limites em T_1 e T_2. A taxa total de fluxo de calor a partir do limite a T_2 para o limite a T_1 é igual à soma do fluxo de calor através de todas as faixas. De acordo com essas relações, a taxa de fluxo de calor é a mesma por todas as faixas, pois ela é independente da dimensão dos quadrados em uma rede de quadrados curvilineares. A taxa total de transferência de calor pode, portanto, ser escrita:

$$q = \sum_{n=1}^{n=M} \Delta q_n = \frac{M}{N} k(T_2 - T_1) = \frac{M}{N} k \,\Delta T_{\text{total}} \qquad (2.84)$$

em que Δq_n é a taxa de fluxo de calor pela faixa n-ésima e M é o número de faixas de fluxo de calor.

Assim, para calcular a taxa de transferência de calor, é necessário apenas construir uma rede de quadrados curvilineares no modelo de escala e contar o número de incrementos de temperatura e de faixas de fluxo de calor. Embora a precisão do método dependa muito da habilidade e da paciência da pessoa que esboça a rede de quadrado curvilinear, mesmo um esboço bruto pode fornecer uma razoável estimativa da distribuição de temperatura; se desejado, esse tipo de estimativa pode ser refinada pelo método numérico descrito no próximo capítulo.

Em qualquer sistema bidimensional, no qual o calor é transferido de uma superfície a T_1 para outra a T_2, a taxa de transferência de calor por unidade de profundidade depende apenas da diferença de temperatura $T_1 - T_2 = \Delta T_{\text{total}}$, da condutividade térmica k e da razão M/N. Essa razão depende da forma do sistema e é chamada *fator de forma*, S.

Então, a taxa de transferência de calor pode ser escrita:

$$q = kS \,\Delta T_{\text{total}} \qquad (2.85)$$

quando a grade consiste de quadrados curvilineares. Os valores de S para os diversos formatos de significado prático [7-10] estão sumarizados na Tabela 2.2.

TABELA 2.2 Fator de forma de condução S para vários sistemas [$q_k = Sk(T_1 - T_2)$]

Descrição do sistema	Esboço simbólico	Fator de forma S
A condução através de um meio homogêneo de condutividade térmica k entre uma superfície isotérmica e uma esfera enterrada a uma distância z abaixo da superfície.		$\dfrac{2\pi D}{1 - D/4z}$
Condução através de um meio homogêneo de condutividade térmica k entre uma superfície isotérmica e um cilindro horizontal de comprimento L enterrado com seu eixo a uma distância z abaixo da superfície.		$\dfrac{2\pi L}{\cosh^{-1}(2z/D)}$ se $z/L \ll 1$ e $D/L \ll 1$
Condução através de um meio homogêneo de condutividade térmica k entre uma superfície isotérmica e um cilindro infinitamente longo enterrado a uma distância z abaixo da superfície (por unidade de comprimento do cilindro).		$\dfrac{2\pi}{\cosh^{-1}(2z/D)}$
Condução através de um meio homogêneo de condutividade térmica k entre uma superfície isotérmica e um cilindro vertical de comprimento L.		$\dfrac{2\pi L}{\ln(4L/D)}$ se $D/L \ll 1$
Disco horizontal circular fino enterrado muito abaixo de uma superfície isotérmica em um material homogêneo de condutividade térmica k.		$\dfrac{4{,}45 D}{1 - D/5{,}67z}$

(continua)

TABELA 2.2 (*Continuação*)

Descrição do sistema	Esboço simbólico	Fator de forma *S*
Condução através de um material homogêneo de condutividade térmica *k* entre dois longos cilindros paralelos separados por uma distância *l* (por unidade de comprimento dos cilindros).		$\dfrac{2\pi}{\cosh^{-1}\left(\dfrac{L^2 - 1 - r^2}{2r}\right)}$ ($r = r_1/r_2$ e $L = l/r_2$)
Condução através de duas secções planas e a seção da borda[a] de duas paredes de condutividade térmica *k*, com temperaturas uniformes nas superfícies internas e externas.		$\dfrac{al}{\Delta x} + \dfrac{bl}{\Delta x} + 0{,}54l$
Condução pela seção de canto *C* de três[a] paredes homogêneas de condutividade térmica *k* com temperaturas das superfícies interna e externa uniformes		(0,15 Δx) se Δx é pequeno em comparação com os comprimentos das paredes

[a]Esboço ilustrando as dimensões para utilização no cálculo dos fatores de forma tridimensionais:

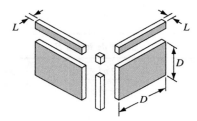

EXEMPLO 2.8 Um longo tubo de 10 cm de diâmetro externo está enterrado com sua linha de centro 60 cm abaixo da superfície no solo, que tem uma condutividade térmica de 0,4 W/m K, como mostrado na Fig. 2.28. (a) Prepare uma rede quadrada curvilinear para esse sistema e calcule a perda de calor por metro linear se a temperatura da superfície do tubo é de 100°C e a superfície do solo está a 20°C. (b) Compare o resultado da parte (a) com o obtido usando o fator de forma apropriada *S*.

SOLUÇÃO (a) A rede quadrada curvilinear para o sistema é mostrada na Fig. 2.29 na página seguinte. Devido à simetria, apenas a metade deste campo de fluxo de calor precisa ser traçada.

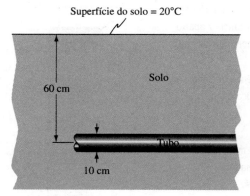

FIGURA 2.28 Perda de calor de um tubo enterrado, Exemplo 2.8.

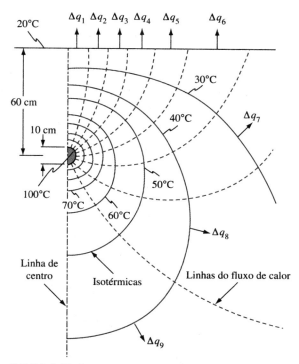

FIGURA 2.29 Campo potencial para um tubo enterrado para o Exemplo 2.8.

Existem 18 faixas de fluxo de calor que conduzem do tubo à superfície e, cada uma dessas faixas consiste de 8 quadrados curvilineares. O fator de forma é, portanto,

$$S = \frac{18}{8} = 2{,}25$$

e a taxa de fluxo de calor por metro é, a partir da Eq. (2.85),

$$q = (0{,}4 \text{ W/m K})(2{,}25)(100 - 20)(\text{K}) = 72 \text{ W/m}$$

(b) A partir da Tabela 2.2

$$S = \frac{2\pi(1)}{\cosh^{-1}(120/10)} = \frac{2\pi}{3{,}18} = 1{,}98$$

e a taxa de perda de calor por metro linear é

$$q = (0{,}4)(1{,}98)(100 - 20) = 63{,}4 \text{ W/m}$$

A razão para a diferença na perda de calor calculada é que o campo potencial na Fig. 2.29 tem um número finito de linhas de fluxo e isotérmicas e é, portanto, apenas aproximado.

Para uma parede tridimensional, tal como em um forno, fatores de forma distintos são usados para calcular o fluxo de calor através das seções da borda e do canto. Quando todas as dimensões interiores são maiores que um quinto da espessura da parede,

$$S_{\text{parede}} = \frac{A}{L} \quad S_{\text{borda}} = 0{,}54D \quad S_{\text{canto}} = 0{,}15L$$

em que A = área interior da parede
L = espessura da parede
D = comprimento da borda

Estas dimensões estão ilustradas na Tabela 2.2. Note que o fator de forma por profundidade unitária é determinado pela relação M/N, quando o método de quadrados curvilineares é usado para os cálculos.

EXEMPLO 2.9 Um pequeno forno cúbico de 50 cm × 50 cm é construído de tijolo refratário ($k = 1{,}04$ W/m °C) com uma espessura de parede de 10 cm, conforme mostra a Fig. 2.30. No interior desse forno, a temperatura é mantida a 500°C, e a 50°C no lado de fora. Calcule a perda de calor através das paredes.

SOLUÇÃO Calculamos o fator de forma total adicionando os fatores de forma para as paredes, bordas e cantos.

Paredes: $$S = \frac{A}{L} = \frac{(0{,}5)(0{,}5)}{0{,}1} = 2{,}5 \text{ m}$$

Bordas: $$S = 0{,}54D = (0{,}54)(0{,}5) = 0{,}27 \text{ m}$$

Cantos: $$S = 0{,}15L = (0{,}15)(0{,}1) = 0{,}015 \text{ m}$$

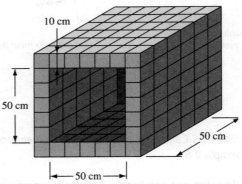

(Parede frontal removida para mostrar a vista interior)
FIGURA 2.30 Forno cúbico para o Exemplo 2.9.

(a) (b)
FIGURA 2.31 Estufas e fornos típicos: (a) um conjunto de estufas de tijolos e (b) de fornos de tratamento térmico industriais.
Fontes: (a) Cortesia de ©iStockphoto.com/TimMcClean. (b) Cortesia de Kusuma Baja.

Existem seis seções de parede, 12 bordas e 8 cantos, de modo que o fator de forma total é

$$S = (6)(2{,}5) + (12)(0{,}27) + (8)(0{,}015) = 18{,}36 \text{ m}$$

e o fluxo de calor é calculado como

$$q = ks\,\Delta T = (1{,}04 \text{ W/m K})(18{,}36 \text{ m})(500 - 50)(\text{K}) = 8{,}59 \text{ kW}$$

2.6 Condução de calor transiente ou instável

Até agora, neste capítulo, foram abordadas situações de condução no estado estacionário, e pudemos observar que algum tempo deve transcorrer após o início do processo de transferência de calor ser iniciado até que as condições de estado estacionário sejam atingidas. Durante esse período transitório, as mudanças de temperatura e as análises devem levar em conta as mudanças na energia interna. No Capítulo 1, o Exemplo 1.14 ilustra esse fenômeno para um caso simples. No restante deste capítulo, vamos lidar com os métodos para analisar problemas de fluxo de calor instável mais complexos, pois o fluxo de calor transitório é de grande importância prática no aquecimento e na refrigeração industrial.

Em adição ao fluxo de calor instável, quando o sistema sofre transição de um estado estável para outro, também existem problemas de engenharia que envolvem variações periódicas no fluxo de calor e na temperatura. Exemplos de tais casos são o fluxo de calor periódico em um edifício entre o dia e a noite e o fluxo de calor em um motor de combustão interna.

Vamos primeiro analisar os problemas que podem ser simplificados, considerando que a temperatura é apenas uma função do tempo e é uniforme ao longo de todo o sistema em qualquer instante. Esse tipo de análise é chamado *método de capacidade de calor aglomerado*. Nas seções seguintes, vamos considerar os métodos para a resolução de problemas de fluxo de calor instável quando a temperatura não depende apenas do tempo, mas varia no interior do sistema. Ao longo deste capítulo, não devemos nos preocupar com os mecanismos da transferência de calor por convecção ou radiação, pois um valor apropriado para o coeficiente de transferência de calor será especificado quando esses modos de transferência de calor afetarem as condições de contorno do sistema.

2.6.1 Sistemas com resistência interna desprezível

Embora, na natureza, nem um material tenha uma condutividade térmica infinita, muitos problemas de fluxo de calor transiente podem ser prontamente resolvidos com precisão aceitável, assumindo que a resistência condutiva interna do sistema é tão pequena que a temperatura dentro do sistema é substancialmente uniforme em qualquer instante. Essa simplificação é justificada quando a resistência térmica externa entre a superfície do sistema e o meio envolvente é tão grande em comparação com a resistência térmica interna do sistema que ela controla o processo de transferência de calor.

Uma medida da importância relativa da resistência térmica dentro de um corpo sólido é o Número de Biot, Bi, que é a relação entre a resistência interna e a externa e pode ser definido pela seguinte equação:

$$\text{Bi} = \frac{R_{\text{interna}}}{R_{\text{externa}}} = \frac{\bar{h}L}{k_s} \qquad (2.86)$$

em que $\bar{h}$ é o coeficiente de transferência de calor médio, L é uma dimensão de comprimento significativo, obtida pela divisão do volume do corpo por sua área de superfície e k é a condutividade térmica do corpo sólido. Em corpos cuja forma se assemelha a uma placa, um cilindro ou uma esfera, o erro introduzido pela hipótese de que a temperatura, em qualquer instante, é uniforme será inferior a 5% quando a resistência interna for inferior a 10% da resistência da superfície externa, isto é, quando $\bar{h}L/k_s < 0,1$. Um sistema de condução de calor transiente no qual Bi < 0,1 é, muitas vezes, referido como uma *capacitância aglomerada* e, como mostrado posteriormente, isso reflete o fato de que a sua resistência interna é muito pequena ou desprezível.

Como um exemplo típico desse tipo de fluxo de calor transiente, considere o resfriamento de uma pequena fundição de metal ou de um tarugo em um banho de resfriamento após a sua remoção de um forno quente. Suponha que o tarugo foi retirado do forno a uma temperatura T_0 uniforme e resfriado tão repentinamente que se pode aproximar a alteração da temperatura ambiente para uma etapa. Designe o momento em que o resfriamento começa como $t = 0$ e considere que o coeficiente de transferência de calor $\bar{h}$ permanece constante durante o processo e a temperatura do banho T_∞ a uma grande distância do tarugo não varia com o tempo. Em seguida, de acordo com o pressuposto de que a temperatura no interior do corpo é substancialmente uniforme em qualquer instante, um equilíbrio de energia para o tarugo durante um intervalo de tempo pequeno dt é:

mudança na energia interna do tarugo durante dt = fluxo líquido de calor do tarugo para o banho durante dt

ou

$$-cpV\,dT = \bar{h}A_s(T - T_\infty)dt \qquad (2.87)$$

em que c = calor específico do tarugo, J/kg K
ρ = densidade do tarugo, kg/m^3
V = volume do tarugo, m^3
T = temperatura média do tarugo, K
$\bar{h}$ = coeficiente médio de transferência de calor, W/m^2 K
A_s = área de superfície do tarugo, m^2
dT = mudança de temperatura (K) durante o intervalo de tempo dt (s)

Na Eq. (2.87), o sinal negativo indica que a energia interna diminui quando $T > T_\infty$. As variáveis T e t podem ser facilmente separadas e, para um intervalo de tempo diferencial dt, na Eq. (2.87), torna-se

$$\frac{dT}{T - T_\infty} = \frac{d(T - T_\infty)}{(T - T_\infty)} = -\frac{\bar{h}A_s}{c\rho V}dt \qquad (2.88)$$

onde se verifica que $d(T - T_\infty) = dT$, desde que T_∞ seja constante. Com uma temperatura inicial a T_0 e uma temperatura no tempo t de T como limites, a integração da Eq. (2.88) resulta:

$$\ln\frac{T - T_\infty}{T_0 - T_\infty} = -\frac{\bar{h}A_s}{c\rho V}t$$

ou

$$\frac{T - T_\infty}{T_0 - T_\infty} = e^{-(\bar{h}A_s/c\rho V)t} \qquad (2.89)$$

em que o expoente $\bar{h}A_s t/c\rho V$ deve ser adimensional. A combinação de variáveis nesse expoente pode ser expressa como o produto de dois grupos adimensionais que encontramos anteriormente, como segue:

$$\frac{\bar{h}A_s t}{c\rho V} = \left(\frac{\bar{h}L}{k_s}\right)\left(\frac{\alpha t}{L^2}\right) = \text{Bi Fo} \qquad (2.90)$$

onde o comprimento característico L é o volume do corpo V dividido pela sua área superficial A_s.

Uma rede elétrica análoga à rede térmica para um sistema de capacidade simples aglomerado é mostrada na Fig. 2.32. Nessa rede, o capacitor é inicialmente "carregado" para o potencial T_0 fechando o interruptor S. Quando o interruptor é aberto, a energia armazenada na capacitância é descarregada pela resistência $1/\bar{h}A_s$. A analogia é aparente entre esse sistema térmico e um sistema elétrico. A resistência térmica é $R = 1/\bar{h}A_s$ e a capacitância térmica é $C = \rho Vc$, ao passo que R_e e C_e são a resistência elétrica e a capacitância, respectivamente. Para construir um sistema elétrico que se comportasse exatamente como o sistema térmico, seria necessário fazer a relação $\bar{h}A_s/c\rho V$ igual a $1/R_e C_e$. No sistema térmico, a energia interna é armazenada, enquanto, no sistema elétrico, a carga elétrica é armazenada. O fluxo de energia no sistema térmico é de calor e o fluxo de carga é a corrente elétrica.

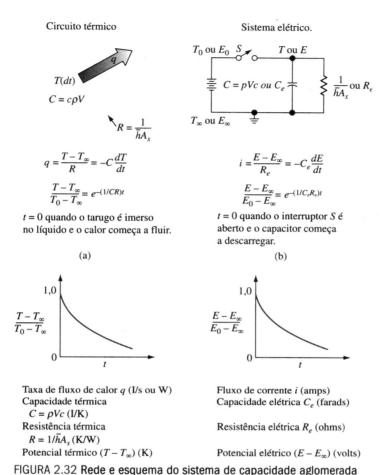

FIGURA 2.32 Rede e esquema do sistema de capacidade aglomerada transitória.

A quantidade $c\rho V/\bar{h}A$ é chamada *constante de tempo do sistema*, pois ela tem as dimensões do tempo. Seu valor é indicativo da taxa de resposta de um sistema de capacidade única para uma mudança brusca na temperatura ambiente. Observe que, quando o tempo $t = c\rho V/\bar{h}A_s$, a diferença de temperatura $T - T_\infty$ é igual a 36,8% da diferença inicial $T_0 - T_\infty$.

EXEMPLO 2.10 Quando um termopar é movido de um meio para outro meio a uma temperatura diferente, a ele deve ser dado tempo suficiente para entrar em equilíbrio térmico com as novas condições, antes de uma leitura ser tomada. Considere um fio de termopar de cobre de 0,10 cm de diâmetro originalmente a 150°C. Determine a resposta de temperatura quando esse fio for subitamente imerso em (a) água a 40°C ($\bar{h} = 80$ W/m² K) e (b) em ar a 40°C ($\bar{h} = 10$ W/m² K).

SOLUÇÃO Com base nos dados da Tabela 12, Apêndice 2, obtém-se:

$$k_s = 391 \text{ W/m K}$$
$$c = 383 \text{ J/kg K}$$
$$\rho = 8\,930 \text{ kg/m}^3$$

A área de superfície A_s e o volume do fio por unidade de comprimento são:

$$A_s = \pi D = (\pi)(0{,}001 \text{ m}) = 3{,}14 \times 10^{-3} \text{ m}$$
$$V = \frac{\pi D^2}{4} = (\pi)(0{,}001^2 \text{ m}^2)/4 = 7{,}85 \times 10^{-7} \text{ m}^2$$

O Número de Biot na água é

$$\mathrm{Bi} = \frac{\bar{h}D}{4k_s} = \frac{(80\ \mathrm{W/m^2\ K})(0{,}001\ \mathrm{m})}{(4)(391\ \mathrm{W/m\ K})} \ll 1$$

Uma vez que o Número de Biot para o ar é ainda menor, a resistência interna pode ser desprezada para ambos os casos e a Eq. (2.89) se aplica. Da Eq. (2. 90),

$$\mathrm{Bi\ Fo} = \frac{\bar{h}A}{c\rho V}t = \frac{4\bar{h}}{c\rho D}t$$

A partir dos valores de propriedade, obtém-se:

$$\mathrm{Bi\ Fo} = \frac{4(80\ \mathrm{J/s\ m^2\ K})}{(383\ \mathrm{J/kg\ K})(8\ 930\ \mathrm{kg/m^3})(0{,}001\ \mathrm{m})}$$
$$= 0{,}0936t \quad \text{para água}$$

$$\mathrm{Bi\ Fo} = \frac{4(10\ \mathrm{J/s\ m^2\ K})}{(383\ \mathrm{J/kg\ K})(8\ 930\ \mathrm{kg/m^3})(0{,}001\ \mathrm{m})}$$
$$= 0{,}0117t \quad \text{para ar}$$

A resposta da temperatura é dada pela Eq. (2.84):

$$\frac{T - T_\infty}{T_0 - T_\infty} = e^{-\mathrm{Bi\ Fo}}$$

Os resultados estão plotados na Fig. 2.33. Note que o tempo requerido para que a temperatura do fio atinja 67°C é mais que 2 minutos no ar, mas apenas 15 s na água. Um termopar de 0,1 cm de diâmetro, por conseguinte, defasaria consideravelmente se fosse utilizado para medir a rápida mudança na temperatura do ar e seria aconselhável a utilização de um fio de diâmetro menor para reduzir essa defasagem.

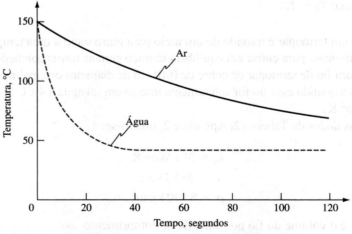

FIGURA 2.33 Resposta da temperatura do termopar no Exemplo 2.10, depois da imersão no ar e na água.

Esse método geral pode ser utilizado também para estimar o histórico do tempo-temperatura e a variação da energia interna de um fluido muito agitado em um recipiente imerso subitamente em um meio com uma temperatura diferente. Se as paredes do recipiente são tão finas que a sua capacidade de calor é desprezível, o histórico do tempo-temperatura do fluido é dado por uma relação similar à Eq. (2.89):

$$\frac{T - T_\infty}{T_0 - T_\infty} = e^{-(UA_s/c\rho V)t}$$

em que U é o coeficiente de transferência de calor total entre o fluido e o meio circundante, V é o volume do fluido no recipiente, A_s é a sua área superficial e c e ρ são o calor específico e a densidade do fluido, respectivamente.

O método de capacidade aglomerada de análise pode também ser aplicado em sistemas ou corpos compostos. Por exemplo, se as paredes do recipiente mostrado na Fig. 2.34 têm uma capacitância térmica substancial $(c\rho V)_2$, o coeficiente de transferência de calor a A_1, a superfície interna do recipiente, é $\bar{h}_1$, o coeficiente de transferência de calor a A_2, a superfície exterior do recipiente, é $\bar{h}_2$, e a capacitância térmica do fluido no recipiente é $(c\rho V)_1$, o histórico do tempo-temperatura do fluido $T_1(t)$ é obtido resolvendo simultaneamente as equações de balanço de energia para o fluido:

$$-(c\rho V)_1 \frac{dT_1}{dt} = \bar{h}_1 A_1 (T_1 - T_2) \qquad (2.91a)$$

e para o recipiente:

$$-(c\rho V)_2 \frac{dT_2}{dt} = \bar{h}_2 A_2 (T_2 - T_\infty) - \bar{h}_1 A_1 (T_1 - T_2) \qquad (2.91b)$$

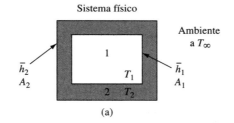

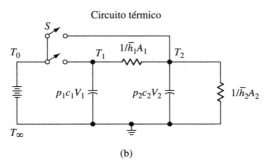

FIGURA 2.34 Diagrama esquemático e rede térmica para um sistema de duas capacidades térmicas aglomeradas.

em que T_2 é a temperatura das paredes do recipiente. Inerente a esta abordagem é a hipótese de que ambos, fluido e recipiente, podem ser considerados isotérmicos.

As duas equações diferenciais lineares simultâneas anteriores podem ser resolvidas para o histórico da temperatura em cada um dos corpos. Se o fluido e o recipiente estão inicialmente a T_0, as condições iniciais para o sistema são

$$T_1 = T_2 = T_0 \quad \text{em} \quad t = 0$$

o que implica que a $t = 0$, $dT_1/dt = 0$ a partir da Eq. (2.86a).

As equações (2.91a) e (2.9q1b) podem ser reescritas na forma de operador, como:

$$\left(D + \frac{\bar{h}_1 A_1}{\rho_1 c_1 V_1}\right) T_1 - \left(\frac{\bar{h}_1 A_1}{\rho_1 c_1 V_1}\right) T_2 = 0$$

$$-\left(\frac{\bar{h}_1 A_1}{\rho_2 c_2 V_2}\right) T_1 + \left(D + \frac{\bar{h}_1 A_1 + \bar{h}_2 A_2}{\rho_2 c_2 V_2}\right) T_2 = \frac{\bar{h}_2 A_2}{\rho_2 c_2 V_2} T_\infty$$

onde o símbolo D indica a diferenciação relativa ao tempo. Por conveniência, faça:

$$K_1 = \frac{\bar{h}_1 A_1}{\rho_1 c_1 V_1} \quad K_2 = \frac{\bar{h}_1 A_1}{\rho_2 c_2 V_2} \quad K_3 = \frac{\bar{h}_2 A_2}{\rho_2 c_2 V_2}$$

então

$$(D + K_1)T_1 - K_1 T_2 = 0$$
$$-K_2 T_1 + (D + K_2 + K_3)T_2 = K_3 T_\infty$$

Resolvendo as equações simultaneamente, obtém-se uma equação diferencial envolvendo apenas T_1:

$$[D^2 + (K_1 + K_2 + K_3)D + K_1 K_3] T_1 = K_1 K_3 T_\infty$$

A solução geral dessa equação é

$$T = T_\infty + M e^{m_1 t} + N e^{m_2 t}$$

onde m_1 e m_2 são dados por

$$m_1 = \frac{-(K_1 + K_2 + K_3) + [(K_1 + K_2 + K_3)^2 - 4K_1 K_3]^{1/2}}{2}$$

$$m_2 = \frac{-(K_1 + K_2 + K_3) + [(K_1 + K_2 + K_3)^2 - 4K_1 K_3]^{1/2}}{2}$$

As constantes arbitrárias M e N podem ser obtidas pela aplicação das condições iniciais

$$T_1 = T_0 \quad \text{a} \quad t = 0$$

e

$$\frac{dT_1}{dt} = 0 \quad \text{a} \quad t = 0$$

Isso leva às duas equações:

$$T_0 = T_\infty + M + N$$
$$0 = m_1 M + m_2 N$$

A solução final para T_1, na forma adimensional é:

$$\frac{T_1 - T_\infty}{T_0 - T_\infty} = \frac{m_2}{m_2 - m_1} e^{m_1 t} - \frac{m_1}{m_2 - m_1} e^{m_2 t} \qquad (2.92)$$

A solução para $T_2(t)$ é obtida pela substituição da relação para T_1 da Eq. (2.92) na Eq. (2.91a).

A analogia da rede para o sistema de duas protuberâncias é mostrada na Fig. 2.34. Quando o interruptor S é fechado, as duas capacitâncias térmicas são carregadas para o potencial T_0. No tempo zero, o interruptor é aberto e as capacitâncias descarregam através das duas resistências térmicas mostradas.

2.6.2* Placa Infinita

No restante deste capítulo, vamos considerar alguns problemas de condução transiente nos quais a temperatura no interior do sistema não é uniforme. Um exemplo é o fluxo de calor transiente em uma placa infinita, como mostrado na Fig. 2.35. Se as temperaturas sobre as duas superfícies são uniformes, o problema é unidimensional e transiente. Se, além disso, não existem fontes de calor internas e as propriedades físicas da placa são constantes, a equação da condução de calor geral se reduz à forma:

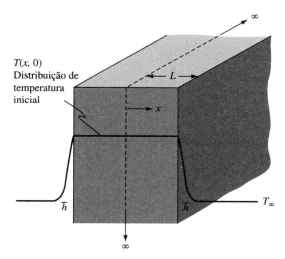

FIGURA 2.35 Nomenclatura para a solução analítica de uma placa, inicialmente com temperatura uniforme, submetida no tempo zero a uma mudança na temperatura do ambiente por meio de uma condutância de superfície unitária $\bar{h}$.

$$\frac{1}{\alpha} \frac{\partial T}{\partial t} = \frac{\partial^2 T}{\partial x^2} \quad 0 \leq x \leq L \qquad (2.93)$$

A difusividade térmica α, que aparece em todos os problemas de condução do calor instáveis, é uma propriedade do material e a taxa temporal de mudança da temperatura depende do seu valor numérico. Qualitativamente, observamos que, em um material que combina uma baixa condutividade térmica com um grande calor específico (α pequeno), a taxa de mudança de temperatura será mais lenta do que em um material com uma grande difusividade térmica.

Considerando que a temperatura T deve ser uma função do tempo t e x, começamos por assumir uma solução do produto:

$$T(x, t) = X(x)\Theta(t)$$

Note que

$$\frac{\partial T}{\partial t} = X\frac{\partial \Theta}{\partial t} \quad \text{e} \quad \frac{\partial^2 T}{\partial x^2} = \Theta\frac{\partial^2 X}{\partial x^2}$$

Substituindo essas derivadas parciais na Eq. (2.93), resulta:

$$\frac{1}{\alpha}X\frac{\partial \Theta}{\partial t} = \Theta\frac{\partial^2 X}{\partial x^2}$$

Nós obtemos, agora, podemos separar as variáveis, ou seja, trazer todas as funções que dependem de x para um dos lados da equação e todas as funções que dependem de t para o outro. Ao dividir ambos os lados por $X\Theta$, obtemos

$$\frac{1}{\alpha\Theta}\frac{\partial \Theta}{\partial t} = \frac{1}{X}\frac{\partial^2 X}{\partial x^2}$$

Agora, observe que o lado esquerdo é uma função de t apenas e, portanto, é independente de x, enquanto o lado direito é uma função de x apenas e não muda quando t varia. Uma vez que nem um dos lados pode mudar quando t e x variam, ambos os lados são iguais a uma constante, a qual chamaremos μ. Consequentemente, teremos duas equações diferenciais ordinárias e lineares com coeficientes constantes:

$$\frac{d\Theta(t)}{dt} = \alpha\mu\Theta(t) \tag{2.94}$$

e

$$\frac{d^2 X}{dx^2} = \mu X(x) \tag{2.95}$$

A solução geral para a Eq. (2.94) é

$$\Theta(t) = C_1 e^{\alpha\mu t}$$

Se μ fosse um número positivo, a temperatura da chapa se tornaria infinitamente alta com t aumentado, o que é fisicamente impossível. Portanto, devemos rejeitar a possibilidade de que $\mu > 0$. Se μ fosse zero, a temperatura da placa poderia ser uma constante. Mais uma vez, essa possibilidade deve ser rejeitada porque não seria consistente com as condições físicas do problema. Portanto, pode-se concluir que μ deve ser um número negativo e, por conveniência, $\mu = -\lambda^2$. A função dependente do tempo torna-se, então:

$$\Theta(t) = C_1 e^{-\alpha\lambda^2 t} \tag{2.96}$$

Em seguida, dirigimos a atenção para a equação que envolve x, (Eq. (2.95)). Sua solução geral pode ser escrita em termos de uma função senoidal. Uma vez que esta é uma equação de segunda ordem, deve haver duas constantes de integração na solução. Na forma conveniente, a solução para a equação

$$\frac{d^2 X(x)}{dx^2} = -\lambda^2 X(x)$$

pode ser escrita como

$$X(x) = C_2 \cos \lambda x + C_3 \operatorname{sen} \lambda x \tag{2.97}$$

A temperatura como uma função da distância e do tempo na placa é dada por

$$\begin{aligned} T(x, t) &= C_1 e^{-\alpha\lambda^2 t}(C_2 \cos \lambda x + C_3 \operatorname{sen} \lambda x) \\ &= e^{-\alpha\lambda^2 t}(A \cos \lambda x + B \operatorname{sen} \lambda x) \end{aligned} \tag{2.98}$$

em que $A = C_1 C_2$ e $B = C_1 C_3$ são constantes que devem ser avaliadas a partir das condições iniciais e de contorno. Além disso, é necessário determinar o valor da constante λ com a finalidade de completar a solução.

As condições de contorno e iniciais são:

1. Em $x = 0$, $\partial T/\partial x = 0$.
2. Em $x = \pm L$, $-(\partial T/\partial x)|_{x=\pm L} = (\bar{h}/k_s)(T_{x=\pm L} - T_\infty)$.
3. Em $t = 0$, $T = T_i$.

A condição de contorno 1 requer:

$$\left.\frac{\partial T}{\partial x}\right|_{x=0} = e^{-\alpha\lambda^2 t}(-A\lambda \operatorname{sen} \lambda x + B\lambda \cos \lambda x)\bigg|_{x=0} = 0$$

Agora, sen $0 = 0$, mas o segundo termo entre parênteses, envolvendo cosseno 0, pode ser zero somente se $B = 0$ ou $\lambda = 0$. Uma vez que $\lambda = 0$ fornece uma solução trivial, nós a rejeitamos e a solução para $T(x, t)$, portanto, torna-se:

$$T(x, t) = e^{-\alpha\lambda^2 t} A\cos\lambda x$$

Para satisfazer a segunda condição de contorno, ou seja, que o fluxo de calor por condução na interface deve ser igual ao fluxo de calor por convecção, a igualdade

$$-\left.\frac{\partial T}{\partial x}\right|_{x=L} = e^{-\alpha\lambda^2 t} A\lambda \operatorname{sen} \lambda L = \frac{\bar{h}}{k_s}(T_{x=L} - 0) = \frac{\bar{h}}{k_s}e^{-\alpha\lambda^2 t} A \cos \lambda L$$

deve se manter para todos os valores de t, o que resulta:

$$\frac{\bar{h}}{k_s}\cos \lambda L = \lambda \operatorname{sen} \lambda L \quad \text{ou}$$

$$\cot \lambda L = \frac{k_s}{\bar{h}L}\lambda L = \frac{\lambda L}{\text{Bi}} \tag{2.99}$$

A Equação (2.99) é *transcendental* e há um número infinito de valores de λ, chamados valores característicos que a satisfará. A maneira mais simples para determinar os valores numéricos de λ é traçar cot λL e $\lambda L/\text{Bi}$ contra λL. Os valores de λ nos pontos de intersecção dessas curvas são os valores característicos e satisfazem a segunda condição de contorno. A Figura 2.36 é um gráfico dessas curvas e, se $L = 1$, podemos anotar os primeiros poucos valores característicos como $\lambda_1 = 0{,}86$ Bi, $\lambda_2 = 3{,}43$ Bi, $\lambda_3 = 6{,}44$ Bi etc. O valor de $\lambda = 0$ é desconsiderado, pois leva à solução trivial $T = 0$. Uma solução particular da Eq. (2.99) corresponde a cada valor de λ. Por isso, devemos adotar uma notação subscrita para identificar a correspondência entre A e λ. Por exemplo, A_1 corresponde a λ_1 ou, em geral, A_n a λ_n. A solução completa é formada como a soma das soluções que correspondem a cada valor característico:

$$T(x, t) = \sum_{n=1}^{\infty} e^{-\alpha\lambda_n^2 t} A_n \cos \lambda_n x \tag{2.100}$$

Cada termo dessa série infinita contém uma constante. Essas constantes são avaliadas por meio da substituição da condição inicial na Eq. (2.100):

$$T(x, 0) = T_i = \sum_{n=1}^{\infty} A_n \cos \lambda_n x \tag{2.101}$$

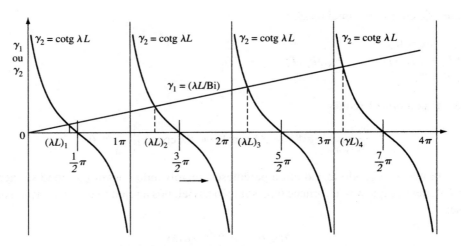

FIGURA 2.36 Solução gráfica da equação transcendental.

Pode ser mostrado que as funções características $\cos \lambda_n x$ são ortogonais entre $x = 0$ e $x = L$ e, por conseguinte,*

$$\int_0^L \cos \lambda_n x \cos \lambda_m x \, dx \begin{cases} = 0 & \text{se } m \neq n \\ \neq 0 & \text{se } m = n \end{cases} \qquad (2.102)$$

em que λ_m pode ser qualquer valor característico de λ. Para obter um valor particular de A_n, multiplicamos ambos os lados da Eq. (2.96) por $\cos \lambda_m x$ e integramos entre 0 e L.

De acordo com a Eq. (2.102), todos os termos no lado direito desaparecem, exceto aquele que envolve o quadrado da função característica $\cos \lambda_n x$ e obtém-se:

$$\int_0^L (T_i - T_\infty) \cos \lambda_n x \, dx = A_n \int_0^L \cos^2 \lambda_n x \, dx$$

Das tabelas de integrais padrão (11), obtemos

$$\int_0^L \cos^2 \lambda_n x \, dx = \frac{1}{2}x + \frac{1}{2\lambda_n} \operatorname{sen}\lambda_n x \cos \lambda_n x \bigg|_0^L = \frac{L}{2} + \frac{1}{2\lambda_n} \operatorname{sen}\lambda_n L \cos \lambda_n L$$

e

$$\int_0^L \cos \lambda_n x \, dx = \frac{1}{\lambda_n} \operatorname{sen}\lambda_n L$$

---

* Isso pode ser verificado por meio da integração, o que resulta:

$$\int_0^L \cos \lambda_n x \cos \lambda_m x \, dx = \frac{\lambda_n \operatorname{sen} L\lambda_n \cos L\lambda_m - \lambda_m \operatorname{sen} L\lambda_m \cos L\lambda_n}{2L(\lambda_m^2 - \lambda_n^2)}$$

quando $m \neq n$. No entanto, a partir da Eq. (2.99), tem-se:

$$\frac{\cotg \lambda_m L}{\lambda_m} = \frac{k_s}{\overline{h}} = \frac{\cotg \lambda_n L}{\lambda_n}$$

ou

$$\lambda_n \cos \lambda_m L \operatorname{sen} \lambda_n L = \lambda_m \cos \lambda_n L \operatorname{sen} \lambda_m L$$

Portanto, a integral é zero quando $m \neq n$.

em que a constante A_n é

$$A_n = \frac{2\lambda_n}{L\lambda_n + \text{sen }\lambda_n L \cos\lambda_n L} \frac{(T_i - T_\infty)\text{sen}\lambda_n L}{\lambda_n} = \frac{2(T_i - T_\infty)\text{sen}\lambda_n L}{L\lambda_n + \text{sen}\lambda_n L \cos\lambda_n L} \quad (2.103)$$

Como uma ilustração do procedimento geral descrito, vamos determinar A_1 quando $\bar{h} = 1$, $k_s = 1$ e $L = 1$. A partir do gráfico da Fig. 2.36, o valor de λ_1 é 0,86 radianos ou 49,2°. Então, temos:

$$A_1 = (T_i - T_\infty)\frac{2 \text{ sen } 49,2}{(1)(0,86) + \text{sen } 49,2 \cos 49,2}$$

$$= (T_i - T_\infty)\frac{(2)(0,757)}{0,86 + (0,757)(0,653)}$$

$$= 1,12(T_i - T_\infty)$$

Similarmente, obtemos

$$A_2 = -0,152(T_i - T_\infty) \quad \text{e} \quad A_3 = 0,046(T_i - T_\infty)$$

A série converge rapidamente e, para Bi = 1, três termos representam, relativamente, uma boa aproximação para fins práticos.

Para expressar a temperatura na placa em termos dos módulos adimensionais convencionais, fazemos $\lambda_n = \delta_n/L$. A forma final da solução, obtida por substituição Eq. (2.103) na Eq. (2.101), é:

$$\frac{T(x,t) - T_\infty}{T_i - T_\infty} = \sum_{n=1}^{\infty} e^{-\delta_n^2(t\alpha/L^2)} 2\frac{\text{sen}\delta_n \cos(\delta_n x/L)}{\delta_n + \text{sen }\delta_n \cos \delta_n} \quad (2.104)$$

A dependência do tempo agora está contida no Módulo de Fourier adimensional, Fo = $t\alpha/L^2$. Além disso, se escrevermos a segunda condição de contorno em termos de δ_n, obteremos da Eq. (2.99):

$$\cot \delta_n = \frac{k_s}{\bar{h}L}\delta_n \quad (2.105)$$

ou

$$\delta_n \text{ tg } \delta_n = \frac{\bar{h}L}{k_s} = \text{Bi}$$

Desde que δ_n é uma função apenas do número adimensional de Biot, Bi = $\bar{h}L/k_s$, a temperatura $T(x, t)$ pode ser expressa em termos das três quantidades adimensionais, Fo = $t\alpha/L^2$, Bi = $\bar{h}L/k_s$ e x/L.

A taxa de alteração da energia interna da placa por unidade de área superficial da placa, dQ/dt, é dada por

$$\frac{dQ}{dt} = \frac{q}{A} = -k_s\frac{\partial T}{\partial x}\bigg|_{x=L} \quad (2.106)$$

O gradiente de temperatura pode ser obtido pela diferenciação da Eq. (2.104) em relação a x para um dado valor de t ou

$$\frac{\partial T}{\partial x}\bigg|_{x=L} = -\frac{2(T_0 - T_\infty)}{L}\sum_{n=1}^{\infty} e^{-\delta_n^2 \text{Fo}}\frac{\delta_n \text{sen}^2 \delta_n}{\delta_n + \text{sen }\delta_n \cos \delta_n} \quad (2.107)$$

Substituindo a Eq. (2.107) na Eq. (2.106) e integrando entre os limites de $t = 0$ e t, fornece-se a alteração da energia interna da placa durante o tempo t, a qual é igual à quantidade de calor Q absorvido pela (ou removido da) placa. Depois de alguma simplificação algébrica, obtém-se:

$$Q = 2(T_0 - T_\infty)Lc\rho\sum_{n=1}^{\infty}(1 - e^{-\delta_n^2 \text{Fo}})\frac{\text{sen}^2\delta_n}{\delta_n^2 + \delta_n \text{sen }\delta_n \cos \delta_n} \quad (2.108)$$

Para tornar a Eq. (2.108) adimensional, notamos que $c\rho L T_0$ representa a energia interna inicial por área unitária da placa. Se designamos $c\rho L(T_0 - T_\infty)$ por Q_0, obtemos:

$$\frac{Q}{Q_0} = \sum_{n=1}^{\infty} \frac{2 \operatorname{sen}^2 \delta_n}{\delta_n^2 + \delta_n \operatorname{sen} \delta_n \cos \delta_n}(1 - e^{-\delta_n^2 \operatorname{Fo}}) \tag{2.109}$$

A distribuição da temperatura e a quantidade de calor transferido em qualquer momento podem ser determinadas a partir das equações (2.104) e (2.109), respectivamente. As expressões finais estão na forma de séries infinitas que foram avaliadas e os resultados estão disponíveis sob a forma de gráficos. O uso dos gráficos para o problema tratado nesta seção, bem como para outros casos de interesse prático será retomado na Seção 2.7. Uma compreensão completa dos métodos pelos quais as soluções matemáticas foram obtidas é útil, mas não é necessária para a utilização dos gráficos.

2.6.3* Sólido semi-infinito

Outra configuração geométrica simples para a qual as soluções analíticas estão disponíveis é o sólido semi-infinito. Tal sólido se estende até ao infinito, em todas menos uma direção e pode ser caracterizado por uma superfície simples (Fig. 2.37). Um sólido semi-infinito é uma aproximação de muitos problemas práticos. Ele pode ser utilizado para estimar os efeitos da transferência de calor transiente próximos da superfície da terra ou para aproximar a resposta transiente do sólido finito, tal como uma placa espessa, durante a parte inicial de um transiente quando a temperatura no interior da placa não é ainda influenciada pela alteração nas condições da superfície.

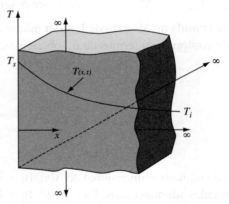

FIGURA 2.37 Diagrama esquemático e nomenclatura para a condução transiente em um sólido semi-infinito.

Um exemplo deste último caso é o tratamento por calor (aquecimento transitório, bem como o resfriamento) de uma grande placa de aço retangular vista na Fig. 2.38, em que a espessura é substancialmente menor que o comprimento e a largura da placa.

Se uma alteração térmica é subitamente aplicada a esta superfície, uma onda de temperatura unidimensional será propagada por condução no interior do sólido. A equação apropriada para a condução transiente em um sólido semi-infinito é a Eq. (2.93) no domínio $0 \leq x < \infty$. Para resolver essa equação, é necessário especificar duas condições de contorno e a distribuição da temperatura inicial. Para a condição inicial, devemos especificar que a temperatura no interior do sólido é uniforme a T_i, isto é, $T(x, 0) = T_i$. Para uma das duas condições de contorno necessárias, postulamos que a temperatura interior não será afetada pela onda de temperatura longe da superfície, isto é, $T(\infty, t) = T_i$, com as especificações acima.

Figura 2.38 Uma grande placa de aço retangular, de maneira que ela sai de um forno de tratamento térmico.

Fonte: Cortesia de SBS, <www.sbs-forge.com>.

Soluções de forma fechada foram obtidas para três tipos de mudanças nas condições da superfície, instantaneamente aplicada a $t = 0$:

1. a súbita mudança da temperatura da superfície, $T_s \neq T_i$;
2. uma aplicação súbita de um fluxo de calor especificado q_0'', por exemplo, expondo a superfície à radiação;
3. uma súbita exposição da superfície a um fluido a uma temperatura diferente por um coeficiente de transferência de calor uniforme e constante $\bar{h}$.

Esses três casos estão ilustrados na Fig. 2.39 e as soluções resumidas abaixo.

Caso 1. Mudança na temperatura de superfície:

$$T(0, t) = T_s$$

$$\frac{T(x, t) - T_s}{T_i - T_s} = \text{erf}\left(\frac{x}{2\sqrt{\alpha t}}\right) \tag{2.110}$$

$$q_s''(t) = -k\frac{\partial T}{\partial x}\bigg|_{x=0} = \frac{k(T_s - T_i)}{\sqrt{\pi \alpha t}}$$

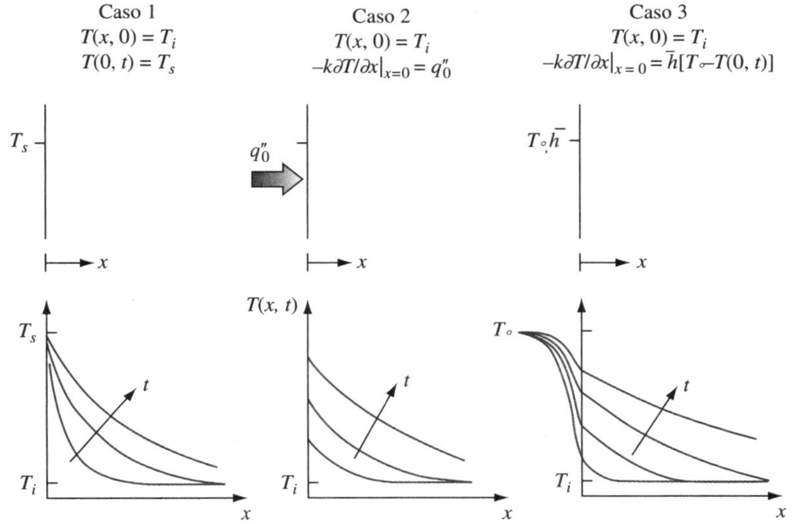

FIGURA 2.39 Distribuições de temperatura transitória em um sólido semi-infinito para três condições de superfície: (1) temperatura de superfície constante, (2) fluxo de calor na superfície constante e (3) convecção na superfície.

Caso 2. Fluxo de calor constante na superfície:

$$q''_s = q''_0$$

$$T(x,t) - T_i = \frac{2q''_0(\alpha t/\pi)^{1/2}}{k_s}\exp\left(\frac{-x^2}{4\alpha t}\right) - \frac{q''_0 x}{k_s}\text{erfc}\left(\frac{x}{2\sqrt{\alpha t}}\right) \qquad (2.111)$$

Caso 3. Transferência de calor na superfície por convecção e radiação:

$$-k\frac{\partial T}{\partial x}\bigg|_{x=0} = \bar{h}[T_\infty - T(0,t)]$$

$$\frac{T(x,t) - T_i}{T_\infty - T_i} = \text{erfc}\left(\frac{x}{2\sqrt{\alpha t}}\right) - \exp\left(\frac{\bar{h}x}{k} + \frac{\bar{h}^2\alpha t}{k^2}\right)\text{erfc}\left(\frac{x}{2\sqrt{\alpha t}} + \frac{\bar{h}\sqrt{\alpha t}}{k}\right) \qquad (2.112)$$

Note que a quantidade de $\bar{h}^2\alpha t/k^2$ é igual ao produto do Número de Biot ao quadrado (Bi = $\bar{h}x/k$) vezes o número de Fourier (Fo = $\alpha t/x^2$).

A função *erf* aparecendo na Eq. (2.110) é a função de *Gaussiana de erro*, que é encontrada com frequência em engenharia e definida como:

$$\text{erf}\left(\frac{x}{2\sqrt{\alpha t}}\right) = \frac{2}{\sqrt{\pi}}\int_0^{x/2\sqrt{\alpha t}} e^{-\eta^2}d\eta \qquad (2.113)$$

Os valores dessa função estão indicados na Tabela 43 do Apêndice. A função de erro complementar erfc(*w*) é definida como

$$\text{erfc}(w) = 1 - \text{erf}(w) \qquad (2.114)$$

Históricos de temperatura para os três casos estão ilustrados qualitativamente na Fig. 2.39. Para o Caso 3, os históricos das temperaturas específicas computadas a partir da Eq. (2.112) estão plotados na Fig. 2.40. A curva que corresponde a $\bar{h} = \infty$ é equivalente ao resultado que seria obtido por uma mudança súbita na temperatura da superfície para $T_s = T(x,0)$ porque quando $\bar{h} = \infty$, o segundo termo do lado direito da Eq. (2.112) é zero e o resultado é equivalente à Eq. (2.110) para o Caso 1.

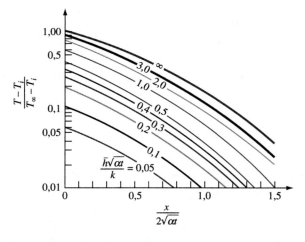

FIGURA 2.40 Temperaturas transientes adimensionais para um sólido semi-infinito com transferência de calor na superfície.

EXEMPLO 2.11 Estime a profundidade mínima x_m na qual se deve colocar o encanamento de água abaixo da superfície para evitar o congelamento. O solo está inicialmente a uma temperatura uniforme de 20°C. Considere que, sob as piores condições previsíveis, ele é submetido a uma temperatura de superfície de $-15°C$ durante um período de 60 dias. Use as seguintes propriedades para o solo (300 K):

$$\rho = 2\,050 \text{ kg/m}^3 \quad k = 0,52 \text{ W/m K} \quad c = 1\,840 \text{ J/kg K}$$

$$\alpha = \frac{k}{\rho c} = 0,138 \times 10^{-6} \text{ m}^2/\text{s}$$

Um esboço do sistema é mostrado na Fig. 2.41.

SOLUÇÃO Para simplificar o problema assuma que

1. a condução é unidimensional;
2. o solo é um meio semi-infinito;
3. o solo tem propriedades uniformes e constantes.

As condições previstas correspondem às do Caso 1 da Fig. 2.39 e a resposta da temperatura transiente do solo é regulada pela Eq. (2.112). No tempo $t = 60$ dias após a mudança na temperatura da superfície, a distribuição de temperatura no solo é:

$$\frac{T(x_m, t) - T_s}{T_i - T_s} = \text{erf}\left(\frac{x_m}{2\sqrt{\alpha t}}\right)$$

ou

$$\frac{0 - (-15°C)}{20°C - (-15°C)} = 0,43 = \text{erf}\left(\frac{x_m}{2\sqrt{\alpha t}}\right)$$

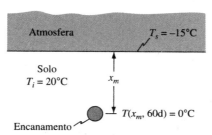

FIGURA 2.41 Diagrama esquemático para o Exemplo 2.11.

Com base na Tabela 43, para satisfazer a relação acima, encontramos por interpolação que quando $x_m/2\sqrt{\alpha t} = 0,4$, $\text{erf}(0,4) = 0,43$. Assim

$$x_m = (0,4)(2\sqrt{\alpha t})$$
$$= 0,8[(0,138 \times 10^{-6} \text{ m}^2/\text{s})(60 \text{ dias})(24 \text{ h/dia})(3600 \text{ s/h})]^{1/2} = 0,68 \text{ m}$$

Para usar a Fig. 2.40, primeiro calcule $[T(x, t) - T_s]/(T_\infty - T_s) = (0 - 20)/(-15 - 20) = 0,57$, em seguida, entre na curva para $\bar{h}\sqrt{\alpha t}/k = \infty$ e obtenha $x/2\sqrt{\alpha t} = 0,4$, o mesmo resultado acima encontrado.

2.7* Gráficos para a condução transiente de calor

Para a condução de transiente de calor em formas simples diversas, sujeitas a condições de contorno de importância prática, a distribuição da temperatura e o fluxo de calor foram calculados e os resultados estão disponíveis sob a forma de gráficos ou tabelas [5, 6,12-14]. Embora a maioria dos problemas de condução transiente possa ser computados com facilidade empregando modernas ferramentas, como planilhas e calculadoras programáveis, os gráficos e as tabelas aqui apresentados são úteis para fornecer um meio para a obtenção de soluções rápidas para a maioria dos problemas de engenharia. Nesta seção, vamos ilustrar a aplicação de alguns desses gráficos para problemas típicos da condução de calor transiente em sólidos que têm um Número de Biot maior que 0,1.

2.7.1 Soluções unidimensionais

Três geometrias simples para as quais os resultados foram elaborados na forma gráfica são:

1. uma placa infinita de largura $2L$ (ver Fig. 2.42);
2. um cilindro infinitamente longo de raio r_0 (ver Fig. 2.43);
3. uma esfera de raio r_0 (ver Fig. 2.44).

As condições de contorno e as condições iniciais para essas três geometrias são semelhantes. Uma condição de contorno requer que o gradiente de temperatura no meio plano da placa, no eixo do cilindro e no centro da esfera, sejam iguais a zero. Fisicamente, isso corresponde a nenhum fluxo de calor nesses locais.

A outra condição de contorno requer que o calor conduzido para a, ou a partir da, superfície seja transferido por convecção para ou a partir de um fluido com uma temperatura T_∞ por meio de um coeficiente de transferência de calor por convecção constante e uniforme $\bar{h}_c$ ou

$$\bar{h}_c(T_s - T_\infty) = -k\frac{\partial T}{\partial n}\bigg|_s \qquad (2.115)$$

em que o subscrito s refere-se às condições na superfície e n à direção da coordenada normal à superfície. Nota-se que o caso limite de Bi $\to \infty$ corresponde a uma resistência térmica insignificante na superfície ($\bar{h}_c \to \infty$) de modo que a temperatura da superfície é especificada como igual a T_∞ para $t > 0$.

As condições iniciais para essas três soluções gráficas exigem que o sólido esteja, inicialmente, a uma temperatura uniforme T_i e que, quando o transiente começa no tempo zero ($t = 0$), toda a superfície do corpo esteja contactada por um fluido a T_∞.

As soluções para esses três casos estão representadas em termos de parâmetros adimensionais. As formas dos parâmetros adimensionais estão resumidas na Tabela 2.3. A utilização das soluções gráficas é discutida abaixo.

Existem três gráficos para cada geometria sendo, os dois primeiros para as temperaturas, e o terceiro para o fluxo de calor. As temperaturas adimensionais são apresentadas na forma de dois gráficos inter-relacionados para cada forma. O primeiro conjunto de gráficos, figuras 2.42 (a) para a placa, 2.43 (a) para o cilindro e 2.44 (a) para a esfera, fornece a temperatura adimensional no centro ou no ponto médio como uma função do Número de Fourier, isto é, tempo adimensional, com o inverso do Número de Biot como parâmetro constante. A temperatura adimensional do ponto médio ou do centro para esses gráficos é definida como

$$\frac{T(0, t) - T_\infty}{T_i - T_\infty} \equiv \frac{\theta(0, t)}{\theta_i} \qquad (2.116)$$

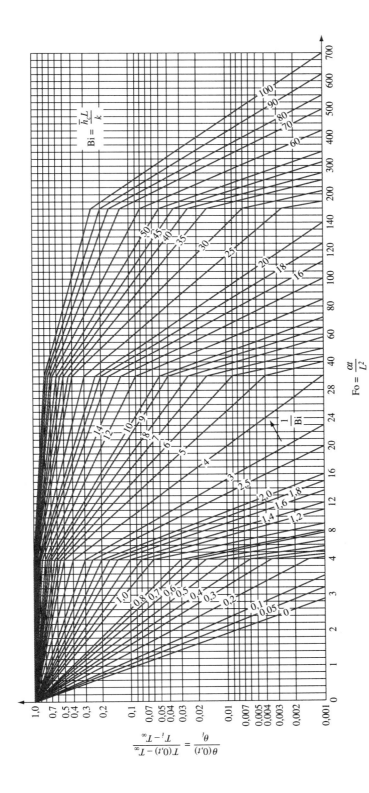

FIGURA 2.42 Temperaturas transientes adimensionais e fluxo de calor em uma placa infinita de largura 2L. (continua)

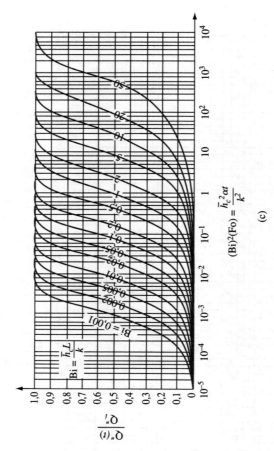

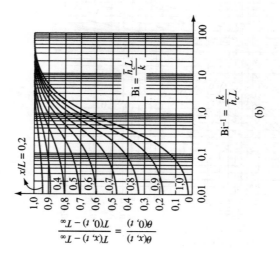

FIGURA 2.42 (Continuação)

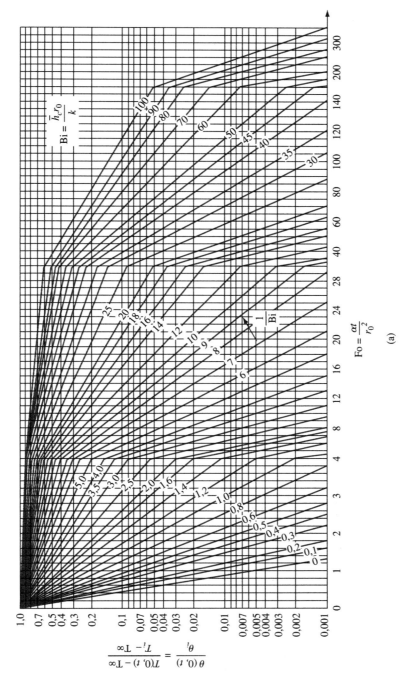

FIGURA 2.43 Temperaturas transientes adimensionais e fluxo de calor para um cilindro longo. (continua)

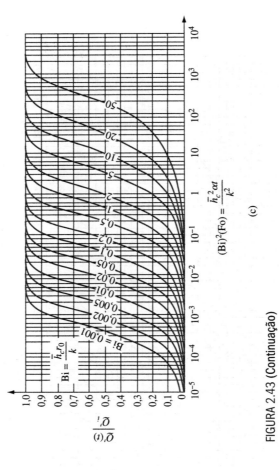
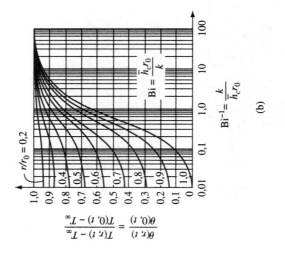

FIGURA 2.43 (Continuação)

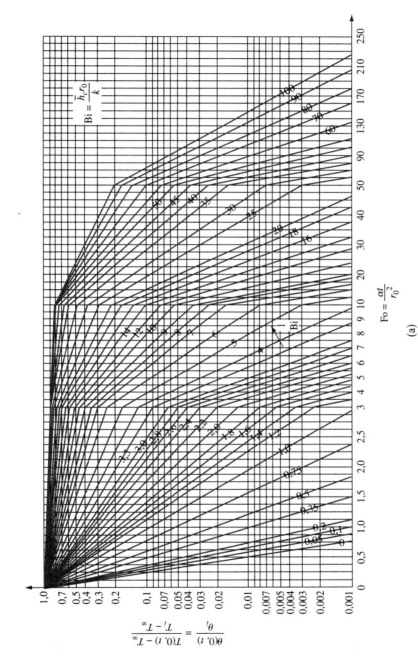

FIGURA 2.44 Temperaturas transientes adimensionais e fluxo de calor para uma esfera. (continua)

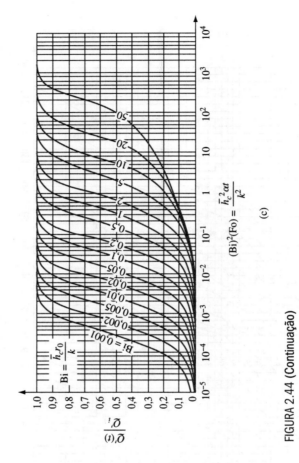
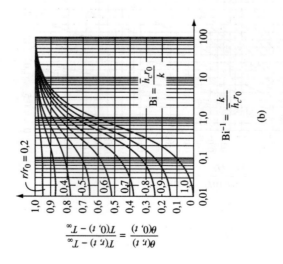

FIGURA 2.44 (Continuação)

TABELA 2.3 Resumo dos parâmetros adimensionais para uso com os gráficos de condução de calor transiente nas figuras 2.42, 2.43 e 2.44

Situação	Placa infinita, Largura $2L$	Cilindro infinitamente longo com raio r_0	Esfera, Raio r_0
Geometria			
Posição adimensional	$\dfrac{x}{L}$	$\dfrac{r}{r_0}$	$\dfrac{r}{r_0}$
Número de Biot	$\dfrac{\bar{h}_c L}{k}$	$\dfrac{\bar{h}_c r_0}{k}$	$\dfrac{\bar{h}_c r_0}{k}$
Número de Fourier	$\dfrac{\alpha t}{L^2}$	$\dfrac{\alpha t}{r_0^2}$	$\dfrac{\alpha t}{r_0^2}$
Linha de centro da temperatura adimensional na $\dfrac{\theta(0,t)}{\theta_i}$	Fig 2.42(a)	Fig. 2.43(a)	Fig. 2.44(a)
Temperatura local adimensional $\dfrac{\theta(x,t)}{\theta(0,t)}$ ou $\dfrac{\theta(r,t)}{\theta(0,t)}$	Fig 2.42(b)	Fig 2.43(b)	Fig. 2.44(b)
Transferência de calor adimensional $\dfrac{Q''(t)}{Q_i''}, \dfrac{Q'(t)}{Q_i'}, \dfrac{Q(t)}{Q_i}$	Fig 2.42(c) $Q_i'' = \rho c L(T_i - T_\infty)$	Fig 2.43(c) $Q_i' = \rho c \pi r_0^2 (T_i - T_\infty)$	Fig. 2.44(c) $Q_i = \rho c \tfrac{4}{3}\pi r_0^3 (T_i - T_\infty)$

Para avaliar a temperatura local como uma função do tempo, o segundo gráfico de temperatura deve ser usado. O segundo conjunto de gráficos, figuras 2.42 (b) para uma placa, 2.43 (b) para um cilindro e 2.44 (b) para uma esfera, fornece a relação da temperatura do local para a temperatura no centro ou ponto médio como uma função do inverso do Número de Biot para vários valores do parâmetro de distância adimensional, x/L para a placa e r/r_0 para o cilindro e para a esfera. Para a placa infinita, essa relação de temperatura é:

$$\frac{T(x,t) - T_\infty}{T(0,t) - T_\infty} = \frac{\theta(x,t)}{\theta(0,t)} \qquad (2.117)$$

As expressões são similares para o cilindro e a esfera, mas x é substituído por y.

Para determinar a temperatura local em qualquer tempo t, forme o produto

$$\frac{T(x,t) - T_\infty}{T_i - T_\infty} = \left[\frac{T(0,t) - T_\infty}{T_i - T_\infty}\right]\left[\frac{T(x,t) - T_\infty}{T(0,t) - T_\infty}\right]$$

$$= \frac{\theta(0,t)}{\theta_i}\frac{\theta(x,t)}{\theta(0,t)} \qquad (2.118)$$

para a placa e

$$\frac{T(r,t) - T_\infty}{T_i - T_\infty} = \left[\frac{T(0,t) - T_\infty}{T_i - T_\infty}\right]\left[\frac{T(r,t) - T_\infty}{T(0,t) - T_\infty}\right] \qquad (2.119)$$

para o cilindro e a esfera.

A razão instantânea da transferência de calor para ou a partir da superfície do sólido pode ser avaliada a partir da Lei de Fourier, pois a distribuição da temperatura é conhecida. A alteração na energia interna entre o tempo $t = 0$ e $t = t$ pode ser obtida pela integração das taxas de transferência de calor instantânea, como mostrado para a placa, através das equações (2.106) e (2.108). Designando por $Q(t)$, a energia interna em relação ao fluido no tempo t e por Q_i a energia interna inicial relativa ao fluido, as relações $Q(t)/Q_i$ são plotadas contra $Bi^2 Fo = \bar{h}^2 \alpha t/k^2$ para vários valores de Bi na Fig. 2.42 (c) para a placa, Fig. 2.43 (c) para o cilindro e Fig. 2.44 (c) para a esfera.

Cada valor de transferência de calor $Q(t)$ é a quantidade total de calor que é transferida a partir da superfície para o fluido durante o tempo de $t = 0$ a $t = t$. O fator de normalização Q_i é a quantidade inicial de energia no sólido a $T_\infty = 0$, quando a temperatura de referência para zero de energia é T_∞. Os valores para Q_i para cada uma das três geometrias estão listados na Tabela 2.3 por conveniência. Uma vez que o volume da placa é infinito, a transferência de calor adimensional para essa geometria, pela área da superfície unitária, é designada pela relação $Q''(t)/Q_i''$. O volume de um cilindro infinitamente longo é também infinito, de modo que a relação da transferência de calor adimensional é escrita por comprimento unitário como $Q'(t)/Q_i'$. A esfera tem um volume finito, então a relação de transferência de calor é simplesmente $Q(t)/Q_i$ para essa geometria. Se o valor de $Q(t)$ é positivo, o calor flui do sólido para o fluido, isto é, o corpo é resfriado. Se ele é negativo, o sólido é aquecido pelo fluido.

Duas classes gerais de problemas transientes podem ser resolvidas pelo uso dos gráficos. Uma classe de problemas envolve o conhecimento do tempo, enquanto a temperatura local neste tempo é desconhecida. No outro tipo de problema, a temperatura local é a quantidade conhecida e o tempo necessário para alcançar essa temperatura é desconhecido. A primeira classe de problemas pode ser resolvida de uma forma simples com o uso dos gráficos. A segunda classe, ocasionalmente, envolve um procedimento de tentativa e erro. Ambos os tipos de soluções serão ilustradas nos exemplos seguintes.

EXEMPLO 2.12 Em um processo de fabricação, componentes de aço são moldados a quente e temperados em água em seguida. Considere um cilindro de aço com 2,0 m de comprimento, 0,2 m de diâmetro ($k = 40$ W/m K, $\alpha = 1,0 \times 10^{-5}$ m²/s), inicialmente a 400°C, que é subitamente resfriado na água a 50°C. Se o coeficiente de transferência de calor é 200 W/m² K, calcule o que se pede a seguir considerando 20 minutos da imersão:

1. a temperatura no centro;
2. a temperatura na superfície;
3. o calor transferido para a água durante os 20 minutos iniciais.

SOLUÇÃO Uma vez que o cilindro tem um comprimento de 10 vezes o diâmetro, podemos desprezar os efeitos nas extremidades. Para determinar se a resistência interna é desprezível, em primeiro lugar, calculamos o Número de Biot:

$$Bi = \frac{\bar{h}_c r_0}{k} = \frac{(200 \text{ W/m}^2\text{K})(0,1 \text{ m})}{40 \text{ W/m K}} = 0,5$$

Uma vez que o Número de Biot é maior que 0,1, a resistência interna é significativa e não se pode usar o método de capacitância aglomerada. Para utilizar a solução gráfica, calcula-se os parâmetros adimensionais apropriados de acordo com a Tabela 2.3:

$$Fo = \frac{\alpha t}{r_0^2} = \frac{(1 \times 10^{-5} \text{ m}^2/\text{s})(20 \text{ min})(60 \text{ s/min})}{0,1^2 \text{ m}^2} = 1,2$$

e

$$Bi^2 Fo = (0,5^2)(1,2) = 0,3$$

A quantidade inicial de energia interna armazenada no cilindro por unidade de comprimento é:

$$Q_i' = c\rho\pi r_0^2(T_i - T_\infty) = \left(\frac{k}{\alpha}\right)\pi r_0^2(T_i - T_\infty)$$

$$= \frac{40 \text{ W/m K}}{1 \times 10^{-5} \text{ m}^2/\text{s}}(\pi)(0,1^2 \text{ m}^2)(350 \text{ K}) = 4,4 \times 10^7 \text{ W s/m}$$

A temperatura adimensional na linha de centro para 1/Bi = 2,0 e Fo = 1,2 partir da Fig. 2.43 (a) é:

$$\frac{T(0, t) - T_\infty}{T_i - T_\infty} = 0,35$$

Uma vez que $T_i - T_\infty$ é especificado como 350°C e T_∞ = 50°C, $T(0, t)$ = (0,35)(350) + 50 = 172,5°C.

A temperatura da superfície em r/r_0 = 1,0 e t = 1 200 s é obtida a partir da Fig. 2.43 (b) em termos da temperatura da linha de centro:

$$\frac{T(r_0, t) - T_\infty}{T(0, t) - T_\infty} = 0,8$$

A razão da temperatura da superfície é, portanto:

$$\frac{T(r_0, t) - T_\infty}{(T_i - T_\infty)} = 0,8\frac{T(0, t) - T_\infty}{T_i - T_\infty} = (0,8)(0,35) = 0,28$$

e a temperatura da superfície após 20 minutos é:

$$T(r_0, t) = (0,28)(350) + 50 = 148°C$$

Em seguida, a quantidade de calor transferida da barra de aço para a água pode ser obtida a partir da Fig. 2.43 (c). Desde que $Q'(t)/Q'_i = 0,61$,

$$Q(t) = (0,61)\frac{(2 \text{ m})(4,4 \times 10^7 \text{ W s/m})}{3\,600 \text{ s/h}} = 14,9 \text{ kWh}$$

EXEMPLO 2.13 Uma grande parede de concreto de 50 centímetros de espessura está inicialmente a 60°C. Um dos lados da parede está isolado. O outro lado está subitamente exposto a gases de combustão quentes a 900°C por meio de um coeficiente de transferência de calor de 25 W/m² K. Determine: (a) o tempo requerido para a superfície isolada alcançar 600°C; (b) a distribuição de temperatura na parede naquele instante; e (c) o calor transferido durante o processo. As seguintes propriedades físicas médias devem ser consideradas:

$$k_s = 1,25 \text{ W/m K}$$
$$c = 837 \text{ J/kg K}$$
$$\rho = 500 \text{ kg/m}^3$$
$$\alpha = 0,30 \times 10^{-5} \text{ m}^2/\text{s}$$

SOLUÇÃO Note que a espessura da parede é igual a L desde que a superfície isolada corresponda ao plano do centro de uma placa de espessura $2L$, quando ambas as superfícies experimentam uma alteração térmica. A razão da temperatura $(T_s - T_\infty)/(T_i - T_\infty)$ para a face isolada no tempo procurado é

$$\left.\frac{T_s - T_\infty}{T_i - T_\infty}\right|_{x=0} = \frac{600 - 900}{60 - 900} = 0,357$$

e a recíproca do Número de Biot é:

$$\frac{k_s}{hL} = \frac{1,25 \text{ W/m K}}{(25 \text{ W/m}^2 \text{ K})(0,5 \text{ m})} = 0,10$$

Com base na Fig. 2.42 (a), encontramos que, para as condições acima, o Número de Fourier $\alpha t/L^2 = 0,70$ no plano intermediário. Portanto,

$$t = \frac{(0,7)(0,5^2 \text{ m}^2)}{0,3 \times 10^{-5} \text{ m}^2/\text{s}}$$

$$= 58\,333 \text{ s} = 16,2 \text{ h}$$

A distribuição da temperatura na parede 16 h após ter sido iniciado o transiente pode ser obtida a partir da Fig. 2.42 (b) para vários valores de x/L, como mostrado abaixo:

$\dfrac{x}{L}$	1,0	0,8	0,6	0,4	0,2
$\dfrac{T\left(\dfrac{x}{L}\right) - T_\infty}{T(0) - T_\infty}$	0,13	0,41	0,64	0,83	0,96

A partir dos dados adimensionais apresentados, podemos obter a distribuição de temperatura como uma função da distância a partir da superfície isolada:

x, m	0,5	0,4	0,3	0,2	0,1	0
$T_\infty - T(x)$, °C	39	123	192	249	288	300
$T(x)$, °C	861	777	708	651	612	600

O calor transferido para a parede por metro quadrado da área de superfície durante o transiente pode ser obtido com base na Fig. 2.42 (c). Para Bi = 10, $Q''(t)/Q_i''$ em Bi^2 Fo = 70 é 0,70. Assim, temos:

$$Q''(t) = c\rho L(T_i - T_\infty) = (837 \text{ J/kg K})(500 \text{ kg/m}^3)(0,5 \text{ m})(-840 \text{ K})$$

$$= -1,758 \times 10^8 \text{ J/m}^2$$

O sinal negativo indica que o calor foi transferido para a parede e a energia interna aumentada durante o processo.

2.7.2* Sistemas Multidimensionais[†]

O uso dos gráficos transientes unidimensionais pode ser estendido para problemas bi e tridimensionais [15]. O método envolve o uso do produto de valores múltiplos a partir dos gráficos unidimensionais, figuras 2.40, 2.42, e 2.43. A base para a obtenção de soluções bi e tridimensionais a partir de gráficos unidimensionais é a maneira pela qual as equações diferenciais parciais podem ser separadas no produto de duas ou três equações diferenciais ordinárias. Uma prova do método pode ser encontrada em Arpacı ([16], Seção 5-2). Mais uma vez, deve ser reconhecido que, apesar de as técnicas computacionais (discutidas no Capítulo 3) serem agora cada vez mais usadas para resolver a maioria das conduções transientes multidimensionais, o uso de gráficos proporciona uma ferramenta de estimativa rápida na maioria dos casos antes que se realize uma análise mais detalhada.

O método de solução do produto pode ser mais bem ilustrado por um exemplo. Suponha que desejamos determinar a temperatura transiente no ponto P, em um cilindro de comprimento finito, como mostrado na Fig. 2.45. O ponto P está localizado pelas duas coordenadas (x, r), em que x é a localização axial medida a partir do centro do cilindro e r é a posição radial. A condição inicial e as condições de contorno são as mesmas que as que se aplicam aos gráficos unidimensionais transientes. O cilindro está inicialmente a uma temperatura uniforme T_i. No tempo $t = 0$ a superfície inteira é submetida a um fluido com temperatura ambiente constante T_∞, e o coeficiente de transferência de calor por convecção entre a área da superfície do cilindro e o fluido é um valor constante e uniforme $\bar{h}_c$.

[†]Kreith F.; Black W. Z., *Basic Heat Transfer*, Harper & Row, Nova York, 1980.

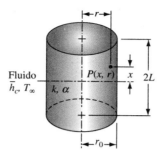

FIGURA 2.45 Geometria para uma solução de produto de cilindro curto.

A distribuição da temperatura radial para um cilindro infinitamente longo é dada na Fig. 2.43. Para um cilindro com um comprimento finito, a distribuição da temperatura radial e axial é determinada pela solução do produto de um cilindro infinitamente longo e da placa infinita

$$\frac{\theta_p(r, x)}{\theta_i} = C(r)P(x)$$

onde os símbolos $C(r)$ e $P(x)$ são as temperaturas adimensionais do cilindro infinito e da placa infinita, respectivamente:

$$C(r) = \frac{\theta(r, t)}{\theta_i}$$

$$P(x) = \frac{\theta(x, t)}{\theta_t}$$

A solução para $C(r)$ é obtida com base nas figuras 2.43 (a) e (b), e o valor para a $P(x)$ é obtido com base nas figuras 2.42(a) e (b).

As soluções para outras geometrias bi ou tridimensionais podem ser obtidas utilizando um procedimento semelhante ao ilustrado para o cilindro finito. Problemas tridimensionais envolvem o produto de três soluções, e os problemas bidimensionais podem ser resolvidos tomando o produto de duas soluções.

Geometrias bidimensionais que tenham soluções gráficas estão resumidas na Tabela 2.4. As soluções tridimensionais são descritas na Tabela 2.5. Os símbolos usados nas duas tabelas representam as soluções seguintes:

$$S(x) = \frac{\theta(x, t)}{\theta_i} \text{ para um sólido semi-infinito. A ordenada na Fig. 2.40 fornece } 1 - S(x)$$

$$P(x) = \frac{\theta(x, t)}{\theta_i} \text{ para uma placa infinita, figuras 2.42(a) e (b)}$$

$$C(r) = \frac{\theta(r, t)}{\theta_i} \text{ para um cilindro longo, figuras 2.43(a) e (b)}$$

TABELA 2.4 Diagramas esquemáticos e nomenclatura para soluções de produtos para os problemas de condução transiente com as figuras 2.40, 2.42 e 2.43 para os sistemas bidimensionais

Geometria	Temperatura adimensional no Ponto P
Placa semi-infinita 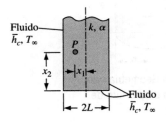	$\dfrac{\theta_p(x_1, x_2)}{\theta_i} = P(x_1)S(x_2)$
Barra retangular infinita 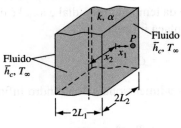	$\dfrac{\theta_p(x_1, x_2)}{\theta_i} = P(x_1)P(x_2)$
Um quarto de sólido infinito 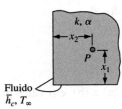	$\dfrac{\theta_p(x_1, x_2)}{\theta_i} = S(x_1)S(x_2)$
Cilindro semi-infinito 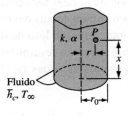	$\dfrac{\theta_p(x, r)}{\theta_i} = S(x)C(r)$
Cilindro finito 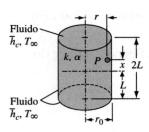	$\dfrac{\theta_p(x, r)}{\theta_i} = P(x)C(r)$

TABELA 2.5 Diagramas esquemáticos e nomenclatura para soluções de produtos para os problemas de condução transiente com as figuras 2.40, 2.42 e 2.43 para os sistemas tridimensionais

	Geometria	Temperatura adimensional no Ponto P
Barra retangular semi-infinita		$\dfrac{\theta_p(x_1, x_2, x_3)}{\theta_i} = S(x_1)P(x_2)P(x_3)$
Paralelepípedo Retangular		$\dfrac{\theta_p(x_1, x_2, x_3)}{\theta_i} = P(x_1)P(x_2)P(x_3)$
Um quarto de placa infinita		$\dfrac{\theta_p(x_1, x_2, x_3)}{\theta_i} = S(x_1)S(x_2)P(x_3)$
Um oitavo de placa infinita		$\dfrac{\theta_p(x_1, x_2, x_3)}{\theta_i} = S(x_1)S(x_2)S(x_3)$

A extensão dos gráficos unidimensionais para geometrias bi e tridimensionais nos permite resolver grande variedade de problemas de condução transiente.

EXEMPLO 2.14 Um cilindro de diâmetro de 10 cm, 16 cm de comprimento, com propriedades $k = 0{,}5$ W/m K e $\alpha = 5 \times 10^{-7}$ m²/s está inicialmente a uma temperatura uniforme de 20°C. O cilindro é colocado em um forno onde a temperatura do ar ambiente é de 500°C e $\bar{h}_c = 30$ W/m² K. Determine as temperaturas máximas e mínimas no cilindro 30 minutos depois de ter sido colocado no forno.

SOLUÇÃO O Número de Biot com base no raio do cilindro é

$$\text{Bi} = \frac{\bar{h}_c r_0}{k} = \frac{(30 \text{ W/m}^2 \text{ K})(0{,}05 \text{ m})}{(0{,}5 \text{ W/m K})} = 3{,}0$$

O problema não pode ser resolvido por meio da utilização da abordagem simplificada assumindo resistência interna insignificante; uma solução gráfica é necessária.

A Tabela 2.4 indica que a distribuição da temperatura em um cilindro de comprimento finito pode ser determinada pelo produto da solução para uma placa infinita e um cilindro infinito. A qualquer momento, a temperatura mínima está no centro geométrico do cilindro e a temperatura máxima está na circunferência exterior em cada uma de suas extremidades. Utilizando as coordenadas para o cilindro finito mostradas na Fig. 2.45, temos

$$\text{temperatura mínima a:} \quad x = 0 \quad r = 0$$
$$\text{temperatura máxima a:} \quad x = L \quad r = r_0$$

Os cálculos estão resumidos nas seguintes tabelas:

Placa infinita

$\text{Fo} = \dfrac{\alpha t}{L^2}$	$\text{Bi}^{-1} = \dfrac{k}{\bar{h}_c L}$	$P(0) = \dfrac{\theta(0,\,t)}{\theta_i}$ [Fig. 2.42(a)]	$P(L) = \dfrac{\theta(L,\,t)}{\theta_i}$ [Figs. 2.42(a) e (b)]
$\dfrac{(5 \times 10^{-7})(1\,800)}{(0{,}08)^2} = 0{,}14$	$\dfrac{0{,}5}{(30)(0{,}08)} = 0{,}21$	0,90	(0,90)(0,27) = 0,243

Cilindro infinito

$\text{Fo} = \dfrac{\alpha t}{r_0^2}$	$\text{Bi}^{-1} = \dfrac{k}{\bar{h}_c r_0}$	$C(0) = \dfrac{\theta(0,\,t)}{\theta_i}$ [Fig. 2.43(a)]	$C(r_0) = \dfrac{\theta(r_0,\,t)}{\theta_i}$ [Figs. 2.43(a) e (b)]
$\dfrac{(5 \times 10^{-7})(1\,800)}{(0{,}05)^2} = 0{,}36$	$\dfrac{0{,}5}{(30)(0{,}05)} = 0{,}33$	0,47	(0,47)(0,33) = 0,155

A temperatura mínima do cilindro é:

$$\frac{\theta_{\min}}{\theta_i} = P(0)C(0) = (0{,}90)(0{,}47) = 0{,}423$$
$$T_{\min} = 0{,}423(20 - 500) + 500 = 297°C$$

A temperatura máxima do cilindro é:

$$\frac{\theta_{\text{máx}}}{\theta_i} = P(L)C(r_0) = (0{,}243)(0{,}155) = 0{,}038$$
$$T_{\text{máx}} = 0{,}038(20 - 500) + 500 = 482°C$$

2.8 Considerações finais

Neste capítulo, consideramos os métodos de análise de problemas de condução de calor nos estados estáveis e instáveis. Os problemas no estado estacionário são divididos em geometrias unidimensionais e multidimensionais. Para os unidimensionais, as soluções estão disponíveis na forma de equações simples que podem incorporar várias condições de contorno, utilizando circuitos térmicos. Para os problemas de condução de calor em mais de uma dimensão, as soluções podem ser obtidas por meios analíticos, gráficos e numéricos. A abordagem analítica é recomendada apenas para as situações que envolvem os sistemas com uma geometria e condições de contorno simples. Ela é precisa e presta-se prontamente à parametrização, mas, quando as condições de contorno são complexas, a abordagem analítica torna-se geralmente muito envolvida para ser prática e, para geometrias complexas, é impossível obter uma solução de forma fechada.

Os sistemas de geometrias complexas, mas, tendo limites isolados e isotérmicos, são facilmente passíveis de soluções gráficas. O método gráfico, no entanto, se torna pesado quando as condições de contorno envolvem a transferência de calor por meio de condutância de superfície. Para tais casos, a abordagem numérica a ser considerada no capítulo seguinte é recomendada, porque pode ser facilmente adaptada a todos os tipos de condições de limite e formas geométricas.

Problemas de condução em estado instável podem ser subdivididos entre aqueles que podem ser tratados pelo método de capacidade aglomerada, e aqueles em que a temperatura é uma função não apenas do tempo, mas de uma ou mais coordenadas espaciais. No método de capacidade aglomerada, que é uma boa aproximação para as condições em que o Número de Biot é inferior a 0,1, é assumido que a condução interna é suficientemente grande para que a temperatura de todo o sistema possa ser considerada uniforme em qualquer instante no tempo. Quando essa aproximação não é permitida, é necessário criar e resolver equações diferenciais parciais, as quais geralmente exigem soluções de série que são possíveis apenas para formas geométricas simples. No entanto, para as esferas, cilindros, placas, chapas e outras formas geométricas simples, os resultados das soluções analíticas foram apresentados na forma de gráficos que são relativamente simples e fáceis de usar. Tal como no caso dos problemas de condução em estado de equilíbrio, quando as geometrias são complexas e as condições de contorno variam com o tempo ou têm outras características complexas, é necessário obter a solução por meios numéricos, tal como discutido no capítulo seguinte.

Referências

1. CARSLAW, H. S.; JAEGER, J. C. *Conduction of Heat in Solids*. 2. ed., Londres: Oxford University Press, 1986.
2. GARDNER, K. A.. Efficiency of Extended Surfaces. *Trans. ASME*, v. 67, 1945, p. 621-631.
3. HARPER, W. P. ; BROWN, D. R. *Mathematical Equation for Heat Conduction in the Fins of Air-Cooled Engines*, NACA Rep. 158, 1922.
4. MANGLIK, R. M. *Heat Transfer Enhancement. Heat Transfer Handbook*. A. Bejan; A. D. Kraus, eds., Wiley, Hoboken, NJ, 2003, Cap. 14.
5. SCHNEIDER, P. J. *Conduction Heat Transfer*. Cambridge: AddisonWesley, Mass., 1955.
6. OZISIK, M. N. *Boundary Value Problems of Heat Conduction*, International Textbook Co., Scranton, Pa., 1968.
7. BOELTER, L. M. K.; CHERRY, V. H.; JOHNSON, H. A. *Heat Transfer Notes*. 3. ed., Berkeley: University of California Press, 1942.
8. KAYAN, C. F. An Electrical Geometrical Analogue for Complex Heat Flow. *Trans. ASME*, v. 67, 1945, p. 713-716.
9. LANGMUIR, I.; ADAMS, E. Q.; MEIKLE, F. S. Flow of Heat through Furnace Walls, *Trans. Am. Electrochem. Soc.*, v. 24, 1913, p. 53-58.
10. RÜDENBERG, O. Die Ausbreitung der Luft und Erdfelder um Hochspannungsleitungen besonders bei Erd- und Kurzschlüssen. *Electrotech Z*, v. 46, 1925, p. 1342-1346.
11. PIERCE, B. O. *A Short Table of Integrals*. Boston: Ginn, 1929.
12. HEISLER, M. P. Temperature Charts for Induction and Constant Temperature Heating. *Trans. ASME*, v. 69, 1947, p. 227-236.
13. GRÖBER, H.; ERK , S; GRIGULL, U. *Fundamentals of Heat Transfer*. Nova York: McGraw-Hill, 1961.
14. SCHNEIDER, P. J., *Temperature Response Charts*. New York: Wiley, 1963.
15. KREITH, F. ; BLACK, W. Z. *Basic Heat Transfer*. Nova York: Harper & Row, 1980.
16. ARPACI, V. *Heat Transfer*. Prentice Hall, Upper Saddle River, NJ, 2000.
17. KAKAÇ, S.; YENER, Y. *Heat Conduction*. 2. ed.,Washington, Hemisphere, 1988.

PROBLEMAS

Os problemas para este capítulo estão organizados por assunto, como mostrados abaixo.

Tópico	Número do Problema
Equação de condução	2,1-2,2
Condução no estado estacionário em geometrias simples	2,3-2,30
Superfícies estendidas	2,31-2,42
Condução no estado estacionário multidimensional	2,42-2,57
Condução transiente (soluções analíticas)	2,58-2,69
Condução transiente (soluções gráficas)	2,70-2,87

2.1 A equação de condução de calor em coordenadas cilíndricas é

$$\rho c \frac{\partial T}{\partial t} = k\left(\frac{\partial^2 T}{\partial r^2} + \frac{1}{r}\frac{\partial T}{\partial r} + \frac{1}{r^2}\frac{\partial^2 T}{\partial \phi^2} + \frac{\partial^2 T}{\partial z^2}\right) + \dot{q}_G$$

(a) Simplifique essa equação eliminando os termos iguais a zero para o caso de fluxo de calor no estado estacionário, sem fontes ou dissipadores em torno de um canto em ângulo reto, tal como o do desenho seguinte. Pode ser suposto que o canto se prolonga até o infinito na direção perpendicular à página. (b) Resolva a equação resultante para a distribuição de temperatura pela substituição da condição de contorno. (c) Determine a taxa do fluxo de calor de T_1 para T_2. Considere $k = 1$ W/m K e profundidade unitária.

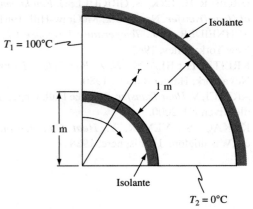

2.2 Escreva a Eq. (2.20) na forma adimensional semelhante à Eq. (2.17).

2.3 Calcule a taxa de perda de calor por metro e a resistência térmica para um tubo de aço de 15 cm, especificação 40, coberto com uma camada de 7,5 cm de espessura de magnésia 85%. Vapor superaquecido a 150°C flui no interior do tubo ($\bar{h}_c = 170$ W/m²K) e ar parado a 16°C na parte exterior ($\bar{h}_c = 30$ W/m²K).

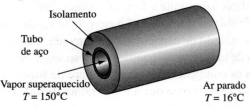

2.4 Suponha que um tubo transportando um fluido quente com uma temperatura externa de T_i e de raio externo r_i deve ser isolado com um material de isolamento de condutividade térmica k e raio externo r_o. Demonstre que, se o coeficiente de transferência de calor por convecção no lado externo do isolamento é $\bar{h}$ e a temperatura do ambiente é T_∞, a adição de isolamento pode realmente aumentar a taxa de perda de calor se $r_o < k/\bar{h}$ e a perda máxima de calor ocorre quando $r_o = k/\bar{h}$. Este raio r_c é, muitas vezes, chamado raio crítico.

2.5 Uma solução com um ponto de ebulição de 82°C ferve no exterior de um tubo de 25 mm com uma parede de bitola nº 14 BWG. No interior do tubo, flui vapor saturado a 0,4 MPa (abs). Os coeficientes de transferência de calor por convecção são 8 500 W/m² K, no lado do vapor, e 6 200 W/m² K na superfície exterior. Calcule o aumento na taxa de transferência de calor se um tubo de cobre for utilizado em vez de um tubo de aço.

2.6 Vapor tendo uma qualidade de 98% a uma pressão de $1,37 \times 10^5$ N/m² está fluindo a uma velocidade de 1 m/s por um tubo de aço com 2,7 cm de diâmetro externo e 2,1 cm de diâmetro interno. O coeficiente de transferência de calor na superfície interna, onde ocorre a condensação é 567 W/m² K. Uma película de sujeira na superfície interna adiciona uma resistência térmica unitária de 0,18 m² K/W. Estime a taxa de perda de calor por metro de comprimento da tubulação se (a) o tubo não é isolado, (b) o tubo é coberto com uma camada de 5 cm de isolamento de magnésia 85%. Para ambos os casos, considere que o coeficiente de transferência de calor por convecção na superfície externa é de 11 W/m² K e que a temperatura do ambiente é de 21°C. Estime também a qualidade do vapor após um comprimento de 3 m de tubo em ambos os casos.

2.7 Estime a taxa de perda de calor por comprimento unitário de um tubo de aço de 50 mm de diâmetro interno e 60 mm de diâmetro externo coberto com isolamento de alta temperatura que tem uma condutividade térmica de 0,11 W/m K e uma espessura de 25 mm. O vapor flui no tubo, tem uma qualidade de 99% e está a

150°C. A unidade de resistência térmica para a parede interna é de 0,015 h ft² °C/Btu, o coeficiente de transferência de calor na superfície externa é de 17 W/m² K e a temperatura ambiente é de 16°C.

2.8 A taxa de fluxo de calor por unidade de comprimento q/L por um cilindro oco de raio interno r_i e raio externo r_o é

$$q/L = (\bar{A} \, k \, \Delta T)/(r_o - r_i)$$

onde $\bar{A} = 2\pi(r_o - r_i)/\ln(r_o/r_i)$. Determine o erro percentual na taxa de fluxo de calor se a média aritmética da área $\pi(r_o + r_i)$ é utilizada em vez da área média logarítmica para as razões dos diâmetros externo para interno (D_o/D_i) de 1,5, 2,0 e 3,0. Plotar os resultados.

2.9 Um tubo de cobre de 2,5 cm de diâmetro externo, 2 cm de diâmetro interno carrega oxigênio líquido para o local de armazenamento de um ônibus espacial a -183°C e 0,04 m³/min. O ar ambiente está a 21°C e tem um ponto de orvalho de 10°C. Quanto de isolamento com uma condutividade térmica de 0,02 W/m K é necessário para evitar a condensação sobre a parte externa do isolamento se $h_c + h = 17$ W/m² K do lado de fora?

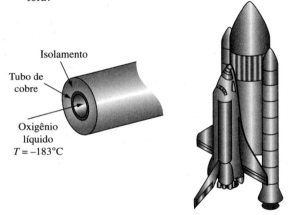

2.10 Um vendedor de material de isolamento afirma que o isolamento das tubulações de vapor expostas no porão de um grande hotel será rentável. Suponha que vapor saturado a 5,7 bars flui por um tubo de aço de 30 cm de diâmetro externo, com uma espessura de parede de 3 cm. O tubo é rodeado por ar a 20°C. O coeficiente de transferência de calor por convecção na superfície externa do tubo é estimado em 25 W/m² K. O custo da geração de vapor é estimado sendo de US $5 por 10⁹ J e o vendedor se oferece para instalar uma camada de 5 cm de espessura de isolamento de magnésia 85% nos tubos por $ 200/m ou uma camada de 10 cm de espessura por $ 300/m. Estime o tempo de retorno para essas duas alternativas, assumindo que a linha de vapor opera durante todo o ano e faça uma recomendação para o proprietário do hotel. Assuma que a superfície do tubo e o isolamento têm baixa emissividade e a transferência de calor por radiação é desprezível.

2.11 Uma esfera oca com raios interior e exterior de R_1 e R_2, respectivamente, é revestida com uma camada de isolamento tendo um raio exterior de R_3. Derive uma expressão para a taxa de transferência de calor pela esfera isolada em termos dos raios, das condutividades térmicas, dos coeficientes de transferência de calor e das temperaturas do interior e do meio circundante da esfera.

2.12 A condutividade térmica de um material pode ser determinada da seguinte maneira. Vapor saturado a $2,41 \times 10^5$ N/m² é condensado a uma taxa de 0,68 kg/h dentro de uma esfera oca de ferro que tem 1,3 cm de espessura e tem um diâmetro interno de 51 cm. A esfera é revestida com o material cuja condutividade térmica deve ser avaliada. A espessura do material a ser testado é de 10 cm e existem dois termopares incorporados nele, um a 1,3 centímetro a partir da superfície da esfera de ferro, e outro a 1,3 centímetro a partir da superfície exterior do sistema. Se o termopar interior indica uma temperatura de 110°C e o termopar exterior uma temperatura de 57°C, calcule: (a) a condutividade térmica do material em torno da esfera de metal; (b) as temperaturas nas superfícies internas e externas do material de teste; (c) o coeficiente de transferência de calor total com base na superfície interna da esfera de ferro, assumindo que as resistências térmicas nas superfícies e na interface entre as duas cascas esféricas são desprezíveis.

2.13 Um tanque de oxigênio líquido cilíndrico (LOX) tem um diâmetro de 1,22 m, um comprimento de 6,1 m e as extremidades hemisféricas. O ponto de ebulição do LOX é $-179,4$°C. Um isolamento é procurado que reduzirá a taxa de evaporação no estado estacionário a não mais de 11,3 kg/h. O calor de vaporização do LOX é 214 kJ/kg. Se a espessura desse isolamento não deve ser superior a 75 mm, qual é o valor que sua condutividade térmica deve ter?

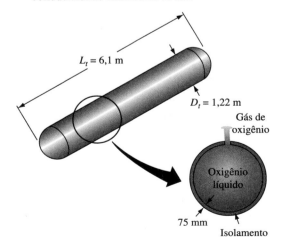

2.14 A adição de isolamento em uma superfície cilíndrica, tal como um fio, pode aumentar a taxa de dissipação de calor para o ambiente (ver Problema 2.4). (a) Para um fio n⁰ 10 (0,26 cm de diâmetro), qual é a espessura do isolamento de borracha ($k = 0,16$ W/m K) que maximizará a taxa de perda de calor, se o coeficiente de transferência de calor é 10 W/m² K? (b) Se a capacidade de transporte de corrente deste fio é considerada para ser limitada pela temperatura do isolamento, qual aumento percentual na capacidade é obtido pela adição do isolamento? Indique suas suposições.

2.15 Para o sistema descrito no Problema 2.11, determine uma expressão para o raio crítico do isolamento em termos da condutividade térmica do isolamento e o coeficiente da superfície entre a superfície externa do isolamento e do fluido circundante. Considere que a diferença de temperatura R_1, R_2, o coeficiente de transferência de calor no interior e a condutividade térmica do material da esfera entre R_1 e R_2 são constantes.

2.16 Um tubo de aço padrão de 100 mm (diâmetro interno igual a 100,7 mm, diâmetro externo igual a 112,7 milímetros) transporta vapor superaquecido a 650°C em um espaço fechado onde existe risco de incêndio, o que limita a temperatura da superfície externa a 38°C. Para minimizar o custo do isolamento, dois materiais devem ser utilizados: primeiro um isolamento de alta temperatura (relativamente dispendioso) deve ser aplicado no tubo e, em seguida, magnésia (um material mais barato) será aplicado sobre o lado de fora. A temperatura máxima da magnésia deve ser de 315°C. As seguintes constantes são conhecidas:

coeficiente do lado de vapor $\quad h = 500$ W/m² K
condutividade do isolamento
de alta temperatura $\quad k = 0,1$ W/m K
condutividade da magnésia $\quad k = 0,076$ W/m K
coeficiente de transferência
de calor externo $\quad h = 11$ W/m² K
condutividade do aço na $\quad k = 140$ W/m² K
temperatura ambiente $\quad T_a = 21°C$

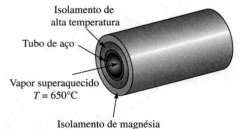

(a) Especifique a espessura para cada material isolante.
(b) Calcule o coeficiente de transferência de calor total com base no diâmetro externo do tubo.

(c) Qual fração da resistência total é devida a: (1) a resistência do lado do vapor; (2) a resistência do tubo de aço; (3) ao isolamento (a combinação dos dois); (4) a resistência externa?
(d) Quanto calor é transferido por hora por pé linear do tubo?

2.17 Mostre que a taxa de condução de calor por unidade de comprimento por um cilindro longo, oco de raio interior r_i e de raio exterior r_o, fabricado de um material cuja condutividade térmica varia linearmente com a temperatura, é dada por

$$\frac{q_k}{L} = \frac{T_i - T_o}{(r_o - r_i)/k_m \bar{A}}$$

em que T_i = temperatura na superfície interna
T_o = temperatura na superfície externa
$A = 2\pi(r_o - r_i)/\ln(r_o/r_i)$
$k_m = k_o[1 + \beta_k(T_i + T_o)/2]$
L = comprimento do cilindro

2.18 Um cilindro longo, oco, é fabricado de um material cuja condutividade térmica é uma função da temperatura de acordo com $k = 0,15 + 0,0018T$, em que T está em °C e k está em W/m K. Os raios interno e externo do cilindro medem 125 mm e 250 mm, respectivamente. Sob as condições de estado estacionário, a temperatura na superfície interna do cilindro é de 427°C e a temperatura na superfície externa é de 93°C. (a) Calcule a taxa de transferência de calor por pé linear, levando em consideração a variação na condutividade térmica com a temperatura. (b) Se o coeficiente de transferência de calor na superfície externa do cilindro é de 17 W/m² K, calcule a temperatura do ar no exterior do cilindro.

2.19 Uma parede plana de 15 cm de espessura tem uma condutividade térmica dada pela relação

$$k = 2,0 + 0,0005T \text{ W/m K}$$

em que T está em kelvins. Se uma superfície dessa parede é mantida a 150°C e outra a 50°C, determine a taxa de transferência de calor por metro quadrado. Esboce a distribuição da temperatura pela parede.

2.20 Uma parede plana de 7,5 cm de espessura gera calor internamente a uma taxa de 10^5 W/m³. Um de seus lados é isolado e outro está exposto a um ambiente a 90°C. O coeficiente de transferência de calor por convecção entre a parede e o ambiente é de 500 W/m² K. Se a condutividade térmica da parede é de 12 W/m² K, calcule a temperatura máxima na parede.

2.21 Uma pequena barragem, que pode ser idealizada como uma grande placa de 1,2 m de espessura, é para ser completamente esvaziada em um curto período de tempo. A hidratação do concreto resulta no equivalente a uma fonte distribuída de resistência constante de 100 W/m³. Se ambas as superfícies da barragem estão a 16°C, determine a temperatura máxima a qual o concreto será submetido, assumindo que as condições são de estado estacionário. A condutividade térmica do concreto úmido pode ser tomada como 0,84 W/m K.

2.22 Duas grandes chapas de aço a temperaturas de 90°C e 70°C estão separadas por uma barra de aço de 0,3 m de comprimento e 2,5 cm de diâmetro. A haste é soldada em cada placa. O espaço entre as placas é preenchido com isolamento que também isola a circunferência da haste. Devido a uma diferença de tensão entre as duas placas, a corrente flui através da barra, dissipando a energia elétrica a uma taxa de 12 W. Determine a temperatura máxima na haste e a taxa de fluxo de calor em cada extremidade. Verifique os resultados comparando a taxa de fluxo de calor líquido nas duas extremidades com a taxa total de geração de calor.

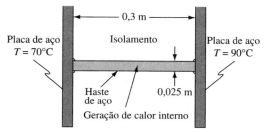

2.23 A blindagem de um reator nuclear pode ser idealizada por uma grande placa plana de 250 mm de espessura com uma condutividade térmica de 3,5 W/m K. A radiação do interior do reator penetra o escudo e nele produz geração de calor que diminui exponencialmente desde um valor de 103 W/m³, na superfície interna, para um valor de 10,3 W/m³ a uma distância de 125 mm da superfície interna. Se a superfície externa é mantida a 38°C por convecção forçada, determine a temperatura na superfície interna do campo. Sugestão: Primeiro configure a equação diferencial para um sistema no qual a taxa de geração de calor varia de acordo com $\dot{q}(x) = \dot{q}(0)e^{-Cx}$.

2.24 Derive uma expressão para a distribuição de temperatura em uma haste infinitamente longa de secção transversal uniforme, dentro da qual existe geração de calor uniforme a uma taxa de 1 W/m. Assuma que a haste é ligada a uma superfície a T_s e está exposta a um fluido com temperatura T_f, por meio de um coeficiente de transferência de calor por convecção h.

2.25 Derive uma expressão para a distribuição de temperatura em uma parede plana na qual existem fontes de calor uniformemente distribuídas que variam de acordo com a relação linear:

$$\dot{q}_G = \dot{q}_w[1 - \beta(T - T_w)]$$

em que $\dot{q}_w$ é uma constante igual a geração de calor por volume unitário à temperatura de parede T_w. Ambos os lados da placa são mantidos a T_w e a espessura da chapa é $2L$.

2.26 Uma parede plana de espessura $2L$ tem fontes de calor internas cuja resistência varia de acordo com

$$\dot{q}_G = \dot{q}_o \cos(ax)$$

em que $\dot{q}_o$ é o calor gerado por unidade de volume no centro da parede ($x = 0$) e a é uma constante. Se ambos os lados da parede são mantidos a uma temperatura constante de T_w, derive uma expressão para a perda total de calor a partir da parede por unidade de área superficial.

2.27 Calor é gerado uniformemente na haste de combustível de um reator nuclear. A haste tem uma forma longa, cilíndrica oca com as suas superfícies interna e externa a temperaturas de T_i e T_o, respectivamente. Derive uma expressão para a distribuição de temperatura.

2.28 Mostre que a distribuição de temperatura em uma esfera de raio r_o, fabricada de um material homogêneo, cuja energia é liberada a uma taxa uniforme por unidade de volume $\dot{q}_G$, é

$$T(r) = T_o + \frac{\dot{q}_G r_o^2}{6k}\left[1 - \left(\frac{r}{r_o}\right)^2\right]$$

2.29 Em uma haste cilíndrica de combustível de um reator nuclear, o calor é gerado internamente de acordo com a equação

$$\dot{q}_G = \dot{q}_1\left[1 - \left(\frac{r}{r_o}\right)^2\right]$$

em que $\dot{q}_G$ = taxa local de geração de calor por unidade de volume em r
r_o = raio externo
$\dot{q}_1$ = taxa de geração de calor por unidade de volume na linha de centro

Calcule a queda da temperatura a partir da linha de centro para a superfície para uma haste de diâmetro de 25 m, que tem uma condutividade térmica de 26 W/m K, se a taxa de remoção de calor a partir da sua superfície é 1 570 kW/m².

2.30 Um aquecedor elétrico capaz de gerar 10 000 W deve ser projetado. O elemento de aquecimento é para ser um fio de aço inoxidável que tem uma resistência elétrica de 80×10^{-6} ohm-centímetro. A temperatura de operação do aço inoxidável não deve ser mais que 1 260°C. O coeficiente de transferência de calor na superfície externa está previsto para ser inferior a 1 720 W/m² K em um meio no qual a temperatura máxima é de 93°C. Um transformador capaz de fornecer corrente a 9 e 12 V está disponível. Determine uma dimensão adequada para o fio, a corrente requerida, e discuta qual efeito uma redução do coeficiente de transferência de calor provocaria. (*Sugestão*: Demonstre que a queda de temperatura entre o centro e a superfície do fio é independente do diâmetro do fio e determine o seu valor.)

2.31 A adição de aletas de alumínio foi sugerida para aumentar a taxa de dissipação de calor de um lado de um dispositivo eletrônico de 1 m de largura e 1 m de altura. As aletas devem ser de seção transversal retangular, ter 2,5 cm de comprimento e 0,25 cm de espessura, como mostrado na figura. Devem existir 100 aletas por metro. O coeficiente de transferência de calor por convecção na parede e nas aletas está estimado em 35 W/m² K. Com essa informação, determine o aumento percentual na taxa de transferência de calor da parede com aletas em comparação com a parede sem elas.

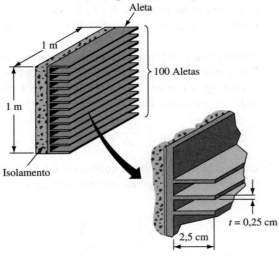

2.32 A ponta de um ferro de soldar consiste de uma haste de cobre de 0,6 cm de diâmetro, 7,6 cm de comprimento. Se a ponta deve ter 204°C, qual é a temperatura mínima necessária da base e o fluxo de calor, em BTU por hora e em watts, dentro da base? Considere $\bar{h} = 22,7$ W/m² K e $T_{ar} = 21°C$

2.33 Uma extremidade de uma haste de aço com 0,3 m de comprimento está conectada a uma parede a 204°C. A outra extremidade está conectada a uma parede mantida a 93°C. Ar é soprado através da haste, de modo que o coeficiente de transferência de calor de 17 W/m² K é mantido ao longo de toda a superfície. Se o diâmetro da haste é de 5 cm e a temperatura do ar é de 38°C, qual é a taxa líquida da perda de calor para o ar?

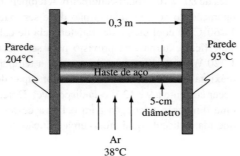

2.34 Ambas as extremidades de uma haste de cobre em forma de U de 0,6 cm estão rigidamente fixadas a uma parede vertical, como mostrado no desenho. A temperatura da parede é mantida a 93°C. O comprimento estendido da haste é de 0,6 m e ela é exposta ao ar a 38°C. A radiação combinada e o coeficiente de transferência de calor por convecção para este sistema é 34 W/m² K.
(a) Calcule a temperatura do ponto médio da haste.
(b) Qual será a taxa de transferência de calor a partir da haste?

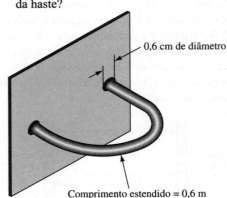

2.35 Uma aleta circunferencial de seção transversal retangular de 3,7 cm de diâmetro externo e 0,3 cm de espessura envolve um tubo de 2,5 cm de diâmetro, como mostrado abaixo. A aleta é construída de aço carbono. O ar sobre a aleta produz um coeficiente de transferência de calor de 28,4 W/m² K. Se as temperaturas da base da aleta e do ar são 260°C e 38°C, respectivamente, calcule a taxa de transferência de calor a partir da aleta.

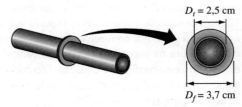

2.36 Uma lâmina de turbina de 6,3 centímetros de comprimento, com a área de seção transversal $A = 4,6 \times 10^{-4}$ m² e perímetro $P = 0,12$ m, é fabricada de aço

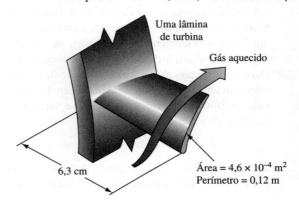

inoxidável ($k = 18$ W/m K). A temperatura da raiz T_s, é 482°C. A lâmina é exposta a um gás quente a 871°C e o coeficiente de transferência de calor é 454 W/m² K. Determine a temperatura da ponta da lâmina e a taxa do fluxo de calor na raiz da lâmina. Considere que a ponta é isolada.

2.37 Para determinar a condutividade térmica de uma longa haste sólida de 2,5 cm de diâmetro, uma metade da haste foi inserida dentro de um forno, e a outra metade foi projetada no ar a 27°C. Quando o estado estacionário foi atingido, as temperaturas em dois pontos com 7,6 centímetros de separação foram medidas e foi verificado serem 126°C e 91°C, respectivamente. O coeficiente de transferência de calor sobre a superfície da haste exposta ao ar foi estimado como sendo 22,7 W/m² K. Qual é a condutividade térmica dessa haste?

2.38 Calor é transferido da água para o ar por uma parede de latão ($k = 54$ W/m K). Está prevista a adição de aletas de latão retangular com 0,08 cm de espessura e 2,5 cm de comprimento, espaçadas com 1,25 centímetro de distância,. Assumindo um coeficiente de transferência de calor do lado da água de 170 W/m² K e um coeficiente de transferência de calor do lado do ar de 17 W/m² K, compare o ganho na taxa de transferência de calor obtido através da adição das aletas: no (a) lado da água; (b) no lado do ar; (c) em ambos os lados. (Queda de temperatura desprezível através da parede.)

2.39 A parede de um trocador de calor de líquido-gás tem uma área superficial no lado do líquido de 1,8 m² (0,6 m × 3,0 m) com um coeficiente de transferência de calor de 255 W/m² K. Pelo outro lado da parede do trocador de calor flui um gás e a parede tem 96 finas aletas de aço retangulares de 0,5 cm de espessura e 1,25 cm de altura ($k = 3$ W/m K), como mostrado no desenho. As aletas são de 3 m de comprimento e o coeficiente de transferência de calor do lado do gás é de 57 W/m² K. Assumindo que a resistência térmica da parede é negligenciável, determine a taxa de transferência de calor se a diferença de temperatura total é de 38°C.

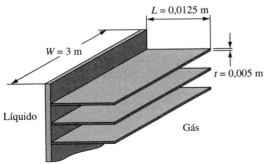

Uma seção da parede

2.40 A parte superior de uma viga em I de 300 mm é mantida a uma temperatura de 260°C, e a parte inferior a 93°C. A espessura da junção central é de 12,5 milímetros. Ar a 260°C é soprado ao longo da lateral da viga de modo que $\bar{h} = 40$ W/m² K. A condutividade térmica do aço pode ser assumida constante e igual a 43 W/m K. Encontre a distribuição da temperatura ao longo da membrana da parte superior para a inferior e plote os resultados.

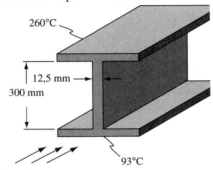

Fluxo de ar

2.41 A alça de uma concha usada para derramar chumbo derretido tem 30 cm de comprimento. Originalmente, essa alça era fabricada de barra de aço carbono de 1,9 cm × 1,25 cm. Para reduzir a temperatura do punho, propõe-se fabricar a alça de tubo de 0,15 cm de espessura com a mesma forma retangular. Se o coeficiente da transferência de calor médio sobre sua superfície é 14 W/m² K, estime a redução da temperatura na alça no ar a 21°C.

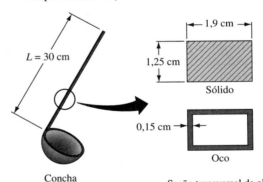

Concha   Seção transversal da alça

2.42 Uma placa de alumínio de 0,3 cm de espessura tem aletas retangulares de 0,16 cm × 0,6 cm de um lado, espaçadas com 0,6 centímetros de distância. O lado com aletas está em contato com ar a baixa pressão a 38°C e o coeficiente de transferência de calor médio é de 28,4 W/m² K. No lado sem aletas, a água flui a 93°C e o coeficiente de transferência de calor é 284 W/m² K. (a) Calcule a eficácia das aletas, (b) calcule a taxa de transferência de calor por unidade de área da parede e (c) comente sobre o projeto, se a água e o ar forem mudados de posição.

2.43 Compare a taxa de fluxo de calor do fundo para o topo da estrutura de alumínio mostrada na figura abaixo, com a taxa de fluxo de calor através de uma placa sólida. O topo está a $-10°C$, a parte inferior a $0°C$. Os orifícios são preenchidos com isolamento que não conduz calor sensivelmente.

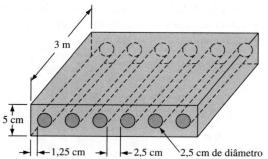

2.44 Determine por meio de um gráfico de fluxo as temperaturas e o fluxo de calor por unidade de profundidade no isolamento com nervuras mostrado no desenho.

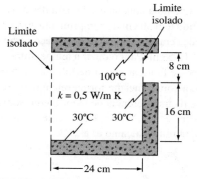

2.45 Utilize um gráfico de fluxo para estimar a taxa de fluxo de calor através do objeto mostrado no esboço. A condutividade térmica do material é de 15 W/m K. Assuma que nenhum calor é perdido pelas laterais.

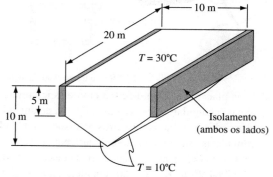

2.46 Determine a taxa de transferência de calor por metro linear de um tubo de 5 cm de diâmetro externo a 150°C, colocado excentricamente dentro de um cilindro maior de lã de magnésia 85%, como mostrado no desenho. O diâmetro externo do cilindro maior é de 15 cm e a temperatura da superfície é de 50°C.

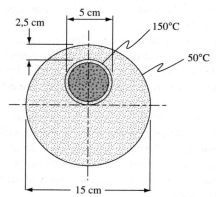

2.47 Determine a taxa de fluxo de calor por pé linear da superfície interna para a superfície externa do isolamento moldado no desenho. Use $k = 0,17$ W/m K.

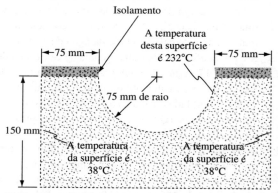

2.48 Um longo cabo elétrico de cobre com 1,0 cm de diâmetro está embutido no centro de um bloco de concreto de 25 cm². Se a temperatura externa do concreto é de 25°C e a taxa de dissipação de energia elétrica no cabo é de 150 W por metro linear, determine as temperaturas na superfície externa e no centro do cabo.

2.49 Um grande número de tubos de 38 mm de diâmetro externo que transportam líquidos quentes e frios estão embutidos no concreto em um arranjo escalonado equilateral com 112 milímetros de centro a centro, como indicado na figura. Se os tubos nas fileiras A e C estão a 16°C, e os tubos nas fileiras B e D estão a 66°C, determine a taxa de transferência de calor por pé linear do tubo X na fileira B.

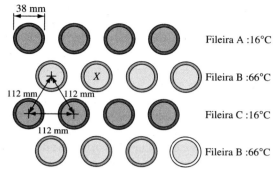

2.50 Um longo cabo elétrico de 1 cm de diâmetro está embutido em uma parede de concreto ($k = 0,13$ W/m K) que é de 1 m × 1 m, como mostrado no diagrama abaixo. Se a superfície inferior é isolada, a superfície do cabo está a 100°C e a superfície exposta do concreto está a 25°C, estime a taxa de dissipação de energia por metro de cabo.

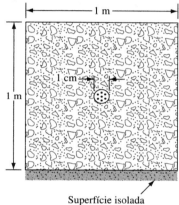

2.51 Determine a distribuição da temperatura e a taxa de fluxo de calor por metro linear em um bloco de concreto longo que tem a forma mostrada abaixo. A área da seção transversal do bloco é quadrada e o furo é centralizado.

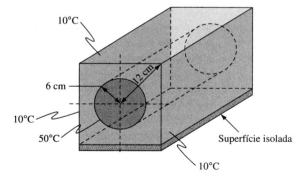

2.52 Um tubo de 30 cm de diâmetro externo com uma temperatura superficial de 90°C conduz vapor a uma distância de 100 m. O tubo está enterrado com a sua linha de centro a uma profundidade de 1 m, a superfície do solo está a −6°C e a condutividade térmica média do solo é de 0,7 W/m K. Calcule a perda de calor por dia e o custo dessa perda se o calor do vapor tem o valor de $ 3,00 por 10^6 kJ. Estime também a espessura de isolamento de magnésia 85% necessária para atingir o mesmo isolamento, tal como o fornecido pelo solo com um coeficiente de transferência total de calor de 23 W/m² K no lado de fora do tubo.

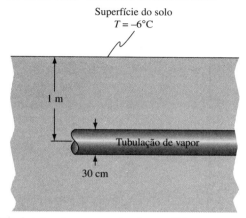

2.53 Dois tubos longos, um tendo um diâmetro externo de 10 cm e uma temperatura de superfície de 300°C, o outro tendo um diâmetro externo de 5 cm e uma temperatura de superfície de 100°C estão enterrados profundamente na areia seca com as suas linhas de centro separadas por 15 cm. Determine a taxa do fluxo de calor a partir do tubo maior para o menor por metro linear.

2.54 Uma amostra radioativa deve ser armazenada em uma caixa de proteção com paredes de 4 cm de espessura e dimensões interiores de 4 cm × 4 cm × 12 cm. A radiação emitida pela amostra é completamente absorvida na superfície interna da caixa, fabricada de concreto. Se a temperatura no exterior da caixa é de 25°C, mas a temperatura no interior não deve exceder 50°C, determine a taxa de radiação máxima permissível da amostra, em watts.

2.55 Um tubo de 150 mm de diâmetro externo é enterrado com sua linha de centro 1,25 m abaixo da superfície do solo (k do solo é de 0,35 W/m K). Um óleo com uma densidade de 800 kg/m³ e um calor específico de 2,1 kJ/kg K flui no tubo a 5,6 litros/s. Assumindo a temperatura na superfície do solo a 5°C e uma temperatura da parede do tubo de 95°C, estime o comprimento do tubo no qual a temperatura do óleo diminui 5,5°C.

2.56 Uma linha de vapor quente de 2,5 cm de diâmetro externo a 100°C corre paralela a uma linha de água fria de 5,0 cm de diâmetro externo a 15°C. Os tubos estão a 5 cm de distância (centro a centro) e enterrados profundamente em concreto com uma condutibilidade térmica de 0,87 W/m K. Qual é a transferência de calor por metro de tubo entre os dois tubos?

2.57 Calcule a taxa de transferência de calor entre um tubo de 15 cm de diâmetro externo a 120°C e um tubo de 10 cm de diâmetro externo a 40°C. Os dois tubos são de 330 m de comprimento e estão enterrados em areia ($k = 0{,}33$ W/m K) 12 m abaixo da superfície ($T_s = 25°C$). Os tubos são paralelos e estão separados por 23 cm (centro a centro).

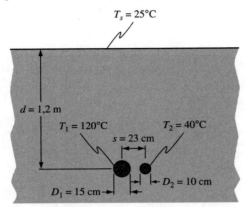

2.58 Uma haste de aço carbono de 0,6 cm de diâmetro a 38°C é subitamente imersa em um líquido a 93°C com $\bar{h}_c = 110$ W/m² K. Determine o tempo requerido para que ela se aqueça até 88°C.

2.59 Um satélite com envoltório esférico (3 m de diâmetro externo, 1,25 cm de espessura de paredes de aço inoxidável) reentra na atmosfera vindo do espaço. Se a sua temperatura original é de 38°C, a temperatura média efetiva da atmosfera é de 1 093°C e o coeficiente de transferência de calor efetivo é de 115 W/m² °C, estime a temperatura do envoltório após a reentrada, considerando que o tempo de reentrada é de 10 min e o interior do invólucro está evacuado.

2.60 Um vaso cilíndrico de parede fina (1 m de diâmetro) está cheio até uma profundidade de 1,2 m com água a uma temperatura inicial de 15°C. A água é bem agi-

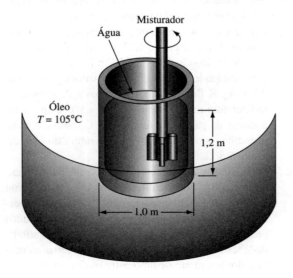

tada por um agitador mecânico. Estime o tempo requerido para aquecer a água a 50°C se o tanque for subitamente imerso em óleo a 105°C. O coeficiente de transferência de calor total entre o óleo e a água for de 284 W/m² K e a superfície de transferência de calor efetiva, de 4,2 m².

2.61 Um tanque revestido com uma parede fina aquecido por vapor condensado a uma atmosfera contém 91 kg de água agitada. A área de transferência de calor do revestimento é de 0,9 m² e o coeficiente de transferência de calor total $U = 227$ W/m² K com base nessa área. Determine o tempo de aquecimento requerido para um aumento da temperatura de 16°C para 60°C.

2.62 Os coeficientes de transferência de calor para o fluxo de ar a 26,6°C sobre uma esfera de 1,25 cm de diâmetro são medidos pela observação do histórico de tempo temperatura de uma esfera de cobre da mesma dimensão. A temperatura da esfera de cobre ($c = 376$ J/kg K, $\rho = 8\,928$ kg/m³) foi medida por dois termopares, um localizado no centro e outro perto da superfície. Os dois termopares registraram, com a precisão dos instrumentos de registro, a mesma temperatura em qualquer dado instante. Em uma execução de teste, a temperatura inicial da esfera é de 66°C e a temperatura diminuiu 7°C em 1,15 min. Calcule o coeficiente de transferência de calor para esse caso.

2.63 Um vaso esférico de aço inoxidável a 93°C contém 45 kg de água, inicialmente na mesma temperatura. Se todo o sistema é subitamente imerso em água gelada, determine: (a) o tempo requerido para que a água no vaso resfrie até 16°C; (b) a temperatura das paredes do vaso nesse momento. Considere que o coeficiente de transferência de calor na superfície interna é de 17 W/m² K, o coeficiente de transferência de calor na superfície externa é de 22,7 W/m² K e a parede do vaso tem 2,5 cm de espessura.

2.64 Um fio de cobre de 0,8 mm de diâmetro externo e 50 mm de comprimento está colocado em uma corrente de ar cuja temperatura aumenta a uma taxa determinada por $T_{ar} = (10 + 14t)°C$, em que t é o tempo em segundos. Se a temperatura inicial do fio é de 10°C, determine a sua temperatura depois de 2 s, 10 s e 1 min. O coeficiente de transferência de calor entre o ar e o fio é de 40 W/m² K.

2.65 Uma placa grande de cobre com 2,54 cm de espessura é colocada entre duas correntes de ar. O coeficiente da transferência de calor de um lado é de 28 W/m² K e do outro lado é de 57 W/m² K. Se a temperatura de ambos os fluxos é subitamente alterada de 38°C para 93°C, determine quanto tempo vai demorar para a placa de cobre atingir uma temperatura de 82°C.

2.66 Um ferro doméstico de alumínio de 1,4 kg tem um elemento de aquecimento de 500 W. A área da superfície é 0,046 m². A temperatura ambiente é de

21°C e o coeficiente de transferência de calor da superfície é de 11 W/m² K. Sua temperatura atingirá 104° C quanto tempo após o ferro estar ligado?

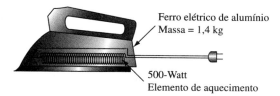

Ferro elétrico de alumínio
Massa = 1,4 kg
500-Watt
Elemento de aquecimento

2.67 Estime a profundidade em solo úmido na qual a variação de temperatura anual será de 10% na superfície.

2.68 Uma esfera de alumínio pequena de diâmetro D, inicialmente a uma temperatura uniforme T_o, é imersa em um líquido cuja temperatura T_∞ varia senoidalmente de acordo com

$$T_\infty - T_m = A \, \text{sen}(\omega t)$$

Em que T_m = média temporal da temperatura no líquido
A = amplitude da flutuação de temperatura
ω = frequência das flutuações

Se o coeficiente de transferência de calor entre o fluido e a esfera, $\bar{h}_o$ é constante e o sistema pode ser tratado como uma "capacidade aglomerada", derive uma expressão para a temperatura de esfera como uma função do tempo.

2.69 Um fio de perímetro P e área de seção transversal A emerge a partir de uma matriz a uma temperatura T (acima da temperatura ambiente) e com uma velocidade de U. Determine a distribuição da temperatura ao longo do fio no estado estacionário, se o comprimento exposto à jusante do molde é bastante longo. Expresse de forma clara e tente justificar todos os pressupostos.

2.70 Rolamentos de esferas devem ser endurecidos por têmpera em um banho de água a uma temperatura de 37°C. Você é solicitado para elaborar um processo contínuo no qual as esferas poderiam rolar a partir de um forno de imersão a uma temperatura uniforme de 870°C para a água, onde elas são levadas por uma correia transportadora de borracha. A correia transportadora de borracha, no entanto, não seria satisfatória se a temperatura da superfície das esferas saindo da água está acima de 90°C. Se o coeficiente de superfície da transferência de calor entre as esferas e a água pode ser assumido como igual a 590 W/m² K: (a) encontre uma relação aproximada fornecendo o tempo de resfriamento mínimo permitido na água como uma função do raio da esfera para esferas de até 1,0 cm de diâmetro; (b) calcule o tempo de resfriamento em segundos, requerido para uma esfera com um diâmetro de 2,5 cm; (c) calcule a quantidade total de calor em watts que teria de ser removida do banho de aquecimento com a finalidade de manter uma

temperatura uniforme se 100 000 esferas de 2,5 cm de diâmetro que devem ser temperadas por hora.

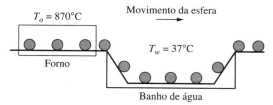

T_o = 870°C   Movimento da esfera
Forno T_w = 37°C
Banho de água

2.71 Estime o tempo requerido para aquecer o centro de um assado de 1,5 kg em um forno de 163°C para 77°C. Indique suas suposições cuidadosamente e compare seus resultados com as instruções de cozimento em um livro de receitas.

2.72 Um tarugo cilíndrico de aço inoxidável (k = 14,4 W/m K, α = 3,9 × 10^{-6} m²/s) é aquecido a 593°C em preparação para um processo de moldagem. Se a temperatura mínima permitida para a moldagem é 482°C, quanto tempo pode o tarugo ser exposto ao ar a 38°C, se o coeficiente médio de transferência de calor é de 85 W/m² K? A forma do tarugo é mostrada no desenho.

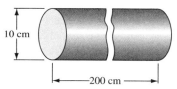

10 cm
200 cm

2.73 Na vulcanização de pneus, a carcaça é colocada em um gabarito e o vapor entra repentinamente a 149°C em ambos os lados. Se a espessura do pneu é de 2,5 cm, a temperatura inicial é de 21°C, o coeficiente de transferência de calor entre o pneu e o vapor é de 150 W/m² K e o calor específico da borracha é 1 650 J/K kg, estime o tempo requerido para o centro da borracha atingir 132°C.

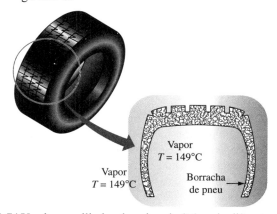

Vapor T = 149°C
Vapor T = 149°C
Borracha de pneu

2.74 Um longo cilindro de cobre de 0,6 m de diâmetro e inicialmente a uma temperatura uniforme de 38°C é colocado em um banho de água a 93°C. Assumindo que o coeficiente de transferência de calor entre o cobre e a água é 1 248 W/m² K, calcule o tempo necessário para aquecer o centro do cilindro a 66°C. Como uma primeira aproximação, despreze o gradiente de temperatura no interior do cilindro; em seguida, repita o seu cálculo sem esta hipótese simplificadora e compare seus resultados.

2.75 Uma esfera de aço com um diâmetro de 7,6 cm deve ser temperada, primeiro sendo aquecida a uma temperatura uniforme de 870°C e, em seguida, temperada em um grande banho de água a uma temperatura de 38°C. Os dados a seguir se aplicam:

coeficiente de transferência de calor da superfície
$\bar{h}_c = 590$ W/m² K

condutividade térmica do aço = 43 W/m K

calor específico do aço = 628 J/kg K

densidade de aço = 7 840 kg/m³

Calcule: (a) o tempo decorrido no resfriamento da superfície da esfera para 204°C; (b) o tempo decorrido no resfriamento do centro da esfera para 204°C.

2.76 Uma folha de 2,5 cm de espessura de plástico inicialmente a 21°C é colocada entre duas placas de aço aquecido que são mantidas a 138°C. O plástico é para ser aquecido apenas o suficiente para que a sua temperatura de plano médio atinja 132°C. Se a condutividade térmica do plástico é de $1,1 \times 10^{-3}$ W/m K, a difusividade térmica é de $2,7 \times 10^{-6}$ m/s e a resistência térmica na interface entre as placas e o plástico é negligenciável, calcule: (a) o tempo de aquecimento requerido; (b) a temperatura em um plano a 0,6 cm da placa de aço no momento em que o aquecimento é interrompido; (c) o tempo requerido para que o plástico atinja uma temperatura de 132°C a 0,6 cm da placa de aço.

2.77 Um nabo gigante (assumido esférico) pesando 0,45 kg é colocado em um caldeirão de água fervente em pressão atmosférica. Se a temperatura inicial do nabo é de 17°C, quanto tempo leva para chegar a 92°C no centro? Considere:

$\bar{h}_c = 1\ 700$ W/m² K $c_p = 3\ 900$ J/kg K

$k = 0,52$ W/m K $\rho = 1\ 040$ kg/m³

2.78 Um ovo, que, para os fins deste problema, pode ser assumido como uma esfera de 5 cm de diâmetro tendo as propriedades térmicas da água, está inicialmente a uma temperatura de 4°C. Ele é imerso em água em ebulição a 100°C durante 15 min. O coeficiente de transferência de calor da água para o ovo pode ser considerado 1 700 W/m² K. Qual é a temperatura do centro do ovo no final do período de cozimento?

2.79 Uma haste longa de madeira a 38°C, com um diâmetro externo de 2,5 cm, é colocada em uma corrente de ar a 600°C. O coeficiente de transferência de calor entre ela e o ar é de 28,4 W/m² K. Se a temperatura de ignição da madeira é de 427°C, $\rho = 800$ kg/m³, $k = 0,173$ W/m K e $c = 2\ 500$ J/kg K, determine o tempo entre a exposição inicial e a ignição da madeira.

2.80 Na inspeção de uma amostra de carne destinada ao consumo humano, verificou-se que certos organismos indesejáveis estavam presentes. Para tornar a carne segura para o consumo, foi ordenado que ela fosse mantida a uma temperatura de, pelo menos, 121°C durante um período de cerca de 20 minutos durante a preparação. Considere que uma placa de 2,5 cm de espessura da referida carne está originalmente a uma temperatura uniforme de 27°C, que ela deve ser aquecida de ambos os lados em um forno de temperatura constante e que a carne possa resistir a 154°C de temperatura máxima. Assuma ainda que o coeficiente da superfície da transferência de calor permanece constante e é de 10 W/m² K. Os seguintes dados podem ser considerados para a amostra de carne: calor específico = 4 184 J/kg K; densidade = 1 280 kg/m³; condutividade térmica = 0,48 W/m K. Calcule a temperatura do forno e o tempo mínimo total de aquecimento requerido para cumprir o regulamento de segurança.

2.81 Uma empresa de alimentos congelados congela seu espinafre primeiro comprimindo-o em grandes placas e, em seguida, expondo a placa de espinafre em um meio de refrigeração de baixa temperatura. A grande placa de espinafre comprimido está inicialmente a uma temperatura uniforme de 21°C; ela deve ser reduzida para uma temperatura média sobre a totalidade da placa de $-34°C$. A temperatura, em qualquer parte da placa, no entanto, nunca deve cair abaixo de $-51°C$. O meio de resfriamento que passa por ambos os lados da placa está a uma temperatura constante de $-90°C$. Os seguintes dados podem ser utilizados para o espinafre: densidade = 80 kg/m³; condutividade térmica = 0,87 W/m K; calor específico = 2 100 J/kg K. Apresente uma análise detalhada descrevendo um método para estimar a espessura máxima da placa que pode ser resfriada com segurança em 60 min.

2.82 Na determinação experimental do coeficiente de transferência de calor entre uma esfera de aço aquecida e sólidos minerais moídos, uma série de 1,5% de esferas de aço carbono foi aquecida a uma temperatura de 700°C. O histórico de temperatura-tempo no centro de cada uma delas foi medido com um termopar enquanto ela esfriou em um leito de minério de ferro moído colocado em um tambor rotativo de aço na horizontal a cerca de 30 rpm. Para uma esfera de 5 cm de diâmetro, o tempo requerido para que a diferença de temperatura entre o centro da esfera e o minério ao redor diminuir dos 500°C iniciais para 250°C foi encontrado como 64, 67 e 72 s, respectivamente, em três execuções de teste diferentes. Determine o coeficiente médio de transferência de calor entre a esfera e o minério. Compare os resultados obtidos assumindo a condutividade térmica como infinita, com aqueles obtidos tomando a resistência térmica interna da esfera em consideração.

2.83 Um tarugo cilíndrico de aço carbono com 25 cm de diâmetro deve ser elevado a uma temperatura mínima de 760°C pela passagem por um forno tipo pista de 6 m de comprimento. Se os gases do forno estão a 1 538°C e o coeficiente de transferência de calor total do lado de fora do tarugo é 68 W/m² K, determine a velocidade máxima na qual um tarugo contínuo entrando a 204°C pode se deslocar através do forno.

2.84 Um cilindro de chumbo sólido de 0,6 m de diâmetro e 0,6 m de comprimento, inicialmente a uma temperatura uniforme de 121°C é colocado em um banho de líquido a 21°C, no qual o coeficiente de transferência de calor $\bar{h}_c$ é 1 135 W/m² K. Trace o histórico do temperatura-tempo do centro desse cilindro e compare-o com os históricos do tempo de um cilindro de chumbo infinitamente longo de 0,6 m de diâmetro e uma placa de chumbo de 0,6 m de espessura.

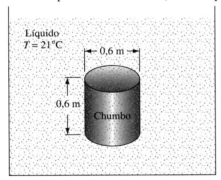

2.85 Um tarugo cilíndrico longo de aço inoxidável 347 (k = 14 W/m K) de 0,6 m de diâmetro externo a 16°C de temperatura ambiente é colocado em um forno em que a temperatura é de 260°C. Se o coeficiente de transferência de calor médio é de 170 W/m² K: (a) estime o tempo necessário para a temperatura no centro aumentar para 232°C usando o gráfico apropriado; (b) determine o fluxo instantâneo de calor da superfície quando a temperatura no centro for 232°C.

2.86 Repita o Problema 2.85 (a), mas considere o tarugo de apenas de 1,2 m de comprimento, com o coeficiente de transferência de calor médio nas duas extremidades igual a 136 W/m² K.

2.87 Um grande tarugo de aço inicialmente a 260°C é colocado em um forno radiante em que a temperatura de superfície é mantida a 1 200°C. Assumindo que ele seja infinito em sua extensão, calcule a temperatura no ponto P (ver o desenho seguinte) após 25 minutos. As propriedades médias de aço são: k = 28 W/m K, ρ = 7 360 kg/m³, e c = 500 J/kg K.

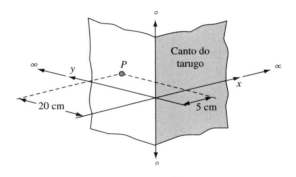

PROBLEMAS DO PROJETO

2.1 **Aletas para recuperação de calor** (Capítulos 2 e 5) Um inventor quer aumentar a eficiência dos fornos a lenha reduzindo a perda de energia pela chaminé de exaustão. Ele propõe alcançar seu objetivo conectando aletas na superfície externa da chaminé, como mostrado esquematicamente na sequência. As aletas estão conectadas perifericamente na chaminé, com uma base de 0,5 cm, 2 cm de comprimento perpendicular à superfície e 6 cm de comprimento na direção vertical. A temperatura da superfície da chaminé é de 500°C e a temperatura circundante é de 20°C. Para esse projeto térmico inicial, considere que cada aleta perde calor por convecção natural com um coeficiente de transferência de calor por convecção de 10 W/m² K. Selecione um material adequado para a aleta e discuta a forma de fixação, bem como o efeito da resistência de contato. No Capítulo 5, você deverá reconsiderar esse projeto e calcular o coeficiente de transferência de calor por convecção natural a partir das informações já apresentadas. Para informações adicionais sobre este conceito, consulte U.S. Patent 4.236.578, F. Kreith e R. C. Corneliusen, *Heat Exchange Enhancement Structure*, Washington, 2 dez., 1980.

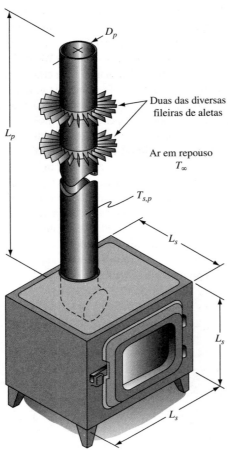

2.2 Refrigerador para acampamento (Capítulo 2) Projete um refrigerador que pode ser usado em viagens ao campo. As considerações primárias no projeto são peso, capacidade e quanto tempo o refrigerador pode manter os itens gelados. Investigue materiais de isolamento disponíveis no mercado e conceitos avançados de isolamento para determinar um projeto otimizado. O volume interno nominal do refrigerador deve ser 0,057 m³ e deve ser capaz de manter uma temperatura interna de 4,4°C quando a temperatura exterior é de 32°C.

2.3 Vasos de pressão (Capítulo 2) Projete um vaso de pressão que pode conter 45 kg de vapor saturado a 2,8 Mpa(abs.) para um processo químico. A forma do recipiente deve ser um cilindro com as extremidades hemisféricas. O vaso deve ter isolamento suficiente para manter o equilíbrio com uma entrada de calor máxima interna de 3 000 MW. Para a fase inicial desse projeto, determine a espessura do isolamento necessário, se a perda de calor deve ocorrer apenas por condução com uma temperatura externa de 21°C. Para este projeto, examine Section VIII, Division I do ASME Boiler and Pressure Vessel Code para determinar a resistência admissível e a espessura da parede. Depois de completar o projeto inicial, repita os cálculos considerando que a transferência de calor do vapor para o interior do vaso é por condensação, com um coeficiente de transferência de calor médio da Tabela 1.4. No exterior, a transferência de calor por convecção natural com um coeficiente de transferência de calor de 15 W/m² K. Selecione um aço apropriado para o vaso para garantir um tempo de vida de pelo menos 12 anos.

2.4 Recuperação de calor residual (Capítulo 2) Suponha que o calor residual de uma refinaria está disponível para uma instalação de produtos químicos localizada a 1,5 km de distância. O fluxo de resíduos provenientes da refinaria consiste de 57 m³ por minuto de gás corrosivo a 150°C e 3,5 MPa. A refinaria está localizada em um dos lados de uma rodovia e a instalação de produtos químicos no outro lado. Para trazer o calor residual para o processo químico, uma tubulação tem de ser colocada no subsolo e enterrada no solo. A tubulação deve ser feita de um material que pode resistir à corrosão. Selecione um material apropriado para a tubulação e seu isolamento e estime a perda de calor a partir do gás entre a fonte e o local de utilização como uma função da espessura do isolamento de dois materiais de isolamento diferentes. A velocidade do fluxo de gás no interior do tubo é da ordem de 5 m/s e tem um coeficiente de transferência de calor de 100 W/m² K. Como parte da atribuição, descreva os problemas de segurança que precisam ser abordados com uma companhia de seguros com a finalidade de proteger contra uma reivindicação no caso de um acidente.

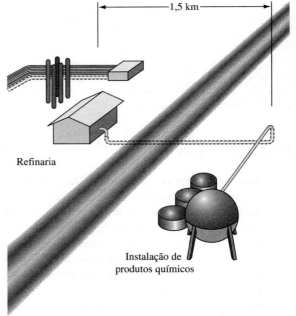

2.5 Sistema de hidrogênio combustível (Capítulo 2) Existe em todo o mundo a preocupação de que a disponibilidade de petróleo diminuirá dentro de 20 ou 30 anos. (Ver, por exemplo, Frank Kreith et al., *Ground Transportation for the 21st Century*, ASME Press, 2000.) Em um esforço para manter a disponibilidade de um combustível conveniente e, ao mesmo tempo, reduzir o impacto ambiental adverso, alguns têm sugerido que haverá uma mudança de paradigma de óleo para hidrogênio como combustível primário. O hidrogênio, no entanto, não está disponível na natureza como o óleo. Por conseguinte, ele deve ser produzido pela eletrólise da água ou produzido a partir de um combustível rico nesse elemento. Além disso, para o transporte de hidrogênio, ele tem de estar liquefeito e transportado por tubulações para o local onde é necessário. Prepare uma avaliação preliminar para a viabilidade de um sistema de abastecimento de hidrogênio combustível.

Como um primeiro passo, é necessário separar a água em hidrogênio e oxigênio. Para fazer isso, as turbinas eólicas serão utilizadas para gerar energia para a separação eletrolítica do hidrogênio e oxigênio. Isso pode ser realizado a um custo de $ 0,06/kWh em partes do país que têm recursos eólicos adequados, como Dakota do Norte. Comece a sua análise térmica por meio do cálculo da energia requerida para resfriar o hidrogênio gasoso de uma temperatura de 30°C para uma temperatura na qual ele se tornará um líquido. Assuma, por esta estimativa, que a refrigeração pode ser conseguida com um COP de aproximadamente 50% da eficiência de Carnot entre os limites de temperatura apropriados. Agora que o hidrogênio está disponível como um líquido, estime a perda de calor de um tubo colocado em uma distância subterrânea razoável e isolado com isolamento criogênico no transporte da Dakota do Norte para Chicago. Estime também os requisitos de bombeamento para mover o hidrogênio, assumindo que bombas adequadas com uma eficiência total de 65% estão disponíveis. Uma vez que o hidrogênio liquefeito chegou a seu destino, ele deve ser armazenado em um recipiente esférico adequado. Estime a dimensão do recipiente suficiente para fornecer cerca de 100 MW de energia elétrica em Chicago por meio de uma célula de combustível com eficiência de 60%. O custo da célula de combustível é estimado em cerca de $ 5.000/kW. Depois de ter concluído essas estimativas, prepare uma breve análise sobre a viabilidade técnica e econômica de uma economia baseada no hidrogênio. Para alguma base adicional sobre este problema, consulte também P. Sharpe, Fueling the Cells, *Mech. Eng.*, dez. 1999, p. 46-49.

2.6 **Caminhão refrigerado** (Capítulos 2 e 4) Prepare o projeto térmico para um caminhão baú refrigerado para transportar carne congelada de Butte, em Montana para Phoenix, no Arizona. O recipiente de transporte refrigerado tem dimensões de 6 m × 3 m × 2,4 m e usará gelo seco como refrigerante. Para esse projeto, é necessário selecionar o tipo de isolamento e sua espessura adequada. Estime também a dimensão do compartimento de gelo seco suficiente para manter a temperatura no interior do recipiente a 0°C, quando a temperatura da superfície externa média do recipiente durante a viagem pode subir até 38°C. O gelo seco atualmente custa $ 0,6/kg e a empresa de transporte gostaria de saber a quantidade requerida para uma viagem e o custo. Assumindo que o isolamento no caminhão durará 10 anos, prepare uma comparação dos custos da espessura do isolamento para o recipiente *versus* a quantidade de gelo seco necessária para manter a temperatura de refrigeração durante a viagem. Expresse claramente todas as suas suposições.

2.7 **Aquecedor de resistência elétrica** (Capítulos 2, 3, 6 e 10) Aquecedores de resistência elétrica são geralmente fabricados a partir de bobinas de fio de cromoníquel. O fio enrolado pode ser apoiado entre isolantes e apresentar um refletor na parte posterior, por exemplo, como em um aquecedor de ambiente suplementar. Em outras aplicações, contudo, é necessário proteger o fio de cromoníquel de seu ambiente. Um exemplo de tal aplicação é um aquecedor de processo em que um fluido que escoa deve ser aquecido. Em tal caso, o fio de cromoníquel é incorporado em um isolante elétrico e coberto por um revestimento de metal. O esboço (a) mostra os detalhes da construção. Uma vez que o aquecedor revestido é, muitas vezes, usado para aquecer um fluido que escoa sobre a sua superfície externa, pode ser necessário aumentar a área de superfície do revestimento do aquecedor. Um projeto proposto para tal aplicação é mostrado no esboço (b).

O projeto preliminar de um aquecedor de água quente de resposta rápida usando esse elemento de aquecedor proposto é mostrado no esboço (c). O elemento de aquecimento está localizado no interior de um tubo que conduz a água a ser aquecida. O elemento de aquecimento dissipa 4 800 watts por metro linear e tem um limite máximo de temperatura de 200°C. A água deve ser aquecida a 65°C pelo dispositivo e a superfície do elemento de aquecimento não deve ultrapassar 100°C para evitar a ebulição.

Para simplicidade, assuma que o calor dissipado pelo fio de cromoníquel é distribuído uniformemente sobre a seção transversal do elemento de aquecimento mostrado no desenho (b) e que a condutividade térmica do isolamento de MgO é 2 W/m K. Você pode também assumir que o revestimento de metal é muito fino.

Em primeiro lugar, realize uma análise de ordem de magnitude para estimar o coeficiente de transferência de calor por convecção requerido e para determinar se as restrições de temperatura indicadas acima podem ser cumpridas. Em seguida, use as ferramentas analíticas desenvolvidas neste capítulo para refinar sua resposta. Nos capítulos 3, 6 e 10, você será solicitado para refinar essas estimativas ainda mais.

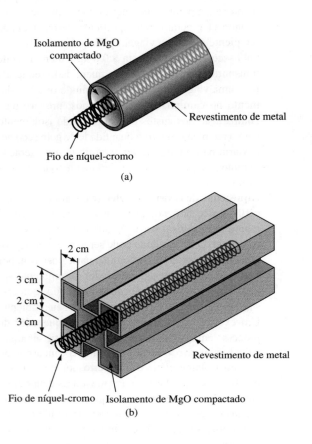
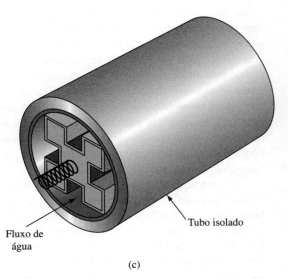

CAPÍTULO 3

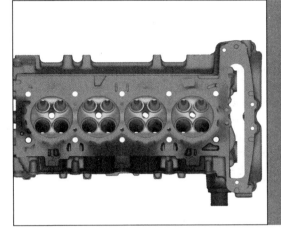

Análise numérica da condução de calor

Distribuição de temperatura no lado estrutural de um revestimento de arrefecimento de um motor automotivo obtido em uma simulação por computador (análise numérica) da transferência de calor.
Fonte: Cortesia da *General Motors* e *CD-adapco*.

Conceitos e análises a serem aprendidos

Os problemas práticos da transferência de calor por condução são, muitas vezes, complicados e não podem ser resolvidos por métodos analíticos. Seus modelos matemáticos podem incluir equações diferenciais não lineares em condições complexas de contorno. Em tais casos, o único recurso é obter soluções aproximadas ao empregar técnicas numéricas discretas. Tais técnicas computacionais fornecem uma forma eficiente não só de resolver esses problemas, mas para simular modelos multidimensionais intrínsecos para uma série de aplicativos. Um estudo deste capítulo ajudará a compreender os mecanismos dos métodos de diferença finitos baseados no volume de controle para resolver equações diferenciais, e ensinará:

- como resolver equações de condução de calor de uma dimensão para condições de estado estável e instável (ou transiente) em diferentes condições de contorno;
- como realizar uma análise numérica de equações de condução de calor em estado estável e instável em diferentes condições de contorno;
- como obter soluções numéricas para problemas em coordenadas cilíndricas além daquelas com contornos irregulares.

3.1 Introdução

Modelos matemáticos e suas equações governantes que descrevem a transferência de calor por condução foram desenvolvidos no Capítulo 2 e as soluções analíticas para vários problemas de condução para aplicativos típicos de engenharia foram apresentadas. Com base nos dois tipos de problemas endereçados no Capítulo 2, fica claro que as soluções analíticas geralmente são possíveis somente para casos relativamente simples. Contudo, essas soluções têm uma função importante na análise de transferência de calor, pois fornecem *insight* em problemas complexos de engenharia que podem ser simplificados usando certas suposições.

Entretanto, muitos problemas práticos envolvem geometrias e condições de contornos complexas, propriedades termofísicas variáveis e não podem ser resolvidos analiticamente, mas por métodos numéricos ou de computador que incluem métodos de diferença finita, elemento finito, elemento de contorno, entre outros. Além de fornecer um método de solução para esses problemas mais complexos, a análise numérica é mais eficiente em termos de tempo total necessário para encontrar uma solução. Outra vantagem é que as alterações nos parâmetros dos problemas podem ser mais facilmente realizadas, permitindo que um engenheiro determine o comportamento de um sistema térmico ou otimize um sistema térmico muito mais facilmente.

Métodos analíticos de solução, como os descritos no Capítulo 2, resolvem as equações diferenciais regentes e podem fornecer uma solução em cada ponto no espaço e tempo dentro dos limites de contorno do problema. Por outro lado, os métodos numéricos fornecem a solução somente em pontos discretos dentro dos limites de contorno do problema e proporcionam apenas uma aproximação para a solução exata. Entretanto, ao lidar com a solução em somente um número finito de pontos discretos, simplificamos o método de solução para um de resolução de um sistema de equações algébricas simultâneas, em oposição à resolução da equação diferencial. A solução de um sistema de equações simultâneas é uma tarefa adaptada para computadores.

Além de substituir a equação diferencial com um sistema de equações algébricas, processo este chamado *discretização*, há outras considerações importantes para uma solução numérica completa. Primeiro, as condições de contorno ou condições iniciais especificadas para o problema precisam ser discretizadas. Segundo, precisamos estar cientes de que, como uma solução aproximada, o método numérico conta com um erro na solução. É necessário saber como estimar e minimizar esses erros. Finalmente, sob certas condições, o método numérico pode dar uma solução que oscila em tempo ou espaço e é preciso saber como evitar esses problemas de *estabilidade*.

Vários métodos estão disponíveis para discretizar as equações diferenciais da condução de calor. Entre eles, estão as abordagens de diferença finita, elemento finito e volume de controle. Há vantagens e desvantagens para cada método. Neste capítulo, será usada a abordagem de volume de controle, que é relativamente mais prevalente no uso científico além de empregada em vários códigos comerciais e *software* [1]. A abordagem de volume de controle considera o equilíbrio de energia em um volume pequeno, mas finito dentro dos limites de contorno do problema. Essa abordagem foi usada no Capítulo 2 para desenvolver a equação *diferencial* para uma condução instável de uma dimensão. Lá, a equação de equilíbrio de energia para uma placa com espessura Δx foi escrita ao determinar a condução de calor para a face esquerda, a condução de calor fora da face direita e a energia armazenada na placa. A etapa final foi diminuir, matematicamente, o tamanho do volume de controle para que a equação de equilíbrio de energia se tornasse, no limite do Δx infinitesimal, uma equação *diferencial* [Eq. (2.5)]. Neste capítulo, seguimos o mesmo procedimento, exceto que a última etapa não será trabalhada, deixando o equilíbrio de energia na forma de uma equação de diferença. O método de volume de controle determina a equação de diferença diretamente das considerações de conservação de energia.

Uma vantagem desse método é que já sabemos como determinar um balanço de energia no volume de controle. É necessário, somente, adicionar as condições de contorno e implantar um método para resolver o sistema resultante de equações das diferenças. Outra vantagem é que a energia é conservada independente do tamanho do volume de controle. Assim, um problema pode ser resolvido rapidamente em uma grade razoavelmente simples para desenvolver a técnica numérica e depois, em uma grade mais elaborada para encontrar o final, a solução mais precisa. Finalmente, o método de volume de controle minimiza a matemática complexa e, portanto, promove um melhor sentido físico para o problema.

Neste capítulo, será apresentada a abordagem de volume de controle para resolver problemas de transferência de calor de condução. Primeiro, desenvolveremos a análise numérica de um problema de condução estável de uma dimensão. A complexidade será aumentada ao examinar a condição de instabilidade em uma dimensão, condução instável e estável de duas dimensões, condução em uma geometria cilíndrica e, finalmente, limites de contornos irregulares. Em cada caso, a equação de diferença adequada e as condições de contorno serão derivadas a partir das condições de equilíbrio de energia. Os métodos para resolver o conjunto resultante das equações de diferença são discutidos em cada tipo de problema.

3.2 Condução unidimensional em regime estável
3.2.1 Equação de diferença

Em primeiro lugar, é preciso considerar a condução estável com a geração de calor em uma placa semi-infinita (isto é, espessura da placa L é algumas ordens de magnitude menor que seu comprimento ou altura e largura). Assim, o domínio em estado estável unidimensional de interesse é $0 \leq x \leq L$, como exibido no esquema da Fig. 3.1. Para essa geometria, e conforme descrito no Capítulo 2, a equação de condução de calor geral, dada pela Eq. (2.8), reduz para aquela dada pela Eq. (2.27), que pode ser reescrita como segue:

$$\frac{d^2T}{dx^2} + \frac{\dot{q}_G}{k} = 0 \tag{3.1}$$

Para discretizar essa equação e aplicar o método de volume de controle, divide-se o domínio em $N - 1$ segmentos iguais de comprimento $\Delta x = L/(N - 1)$, como mostrado na Fig. 3.1. Com esse arranjo, é possível identificar os contornos de cada segmento com

$$x_i = (i - 1)\Delta x, \quad i = 1, 2, \ldots, N$$

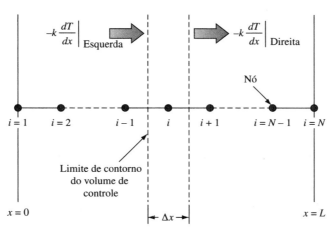

FIGURA 3.1 Volume de controle para condução unidimensional.

A meta é determinar os valores de T_i em todos os pontos de nós. Os locais x_i são chamados *nós*, e os 1 e N são chamados nós de contorno. Podemos, assim, identificar a temperatura em cada nó por $T(x_i)$, ou abreviado, de T_i. Agora, centralize uma placa de espessura Δx sobre um dos nós interiores (veja a porção sombreada da Fig. 3.1). Como estamos considerando uma condução unidimensional, podemos tomar uma unidade de comprimento nas direções y e z para essa placa, que apresenta dimensões Δx por 1 por 1 e se torna nosso volume de controle.

Considere um equilíbrio de energia nesse volume de controle conforme desenvolvemos no Capítulo 2 e expresso pela Eq. (2.1), como segue:

$$\text{taxa de condução de calor dentro do volume de controle} + \text{taxa de geração de calor dentro do volume de controle} = \text{taxa de condução de calor fora do volume de controle} \tag{2.1}$$

O termo de armazenamento de energia foi deixado a partir da Eq. (2.1), pois interessa o comportamento de estado estável. O primeiro termo no lado esquerdo da Eq. (2.1) pode ser escrito de acordo com a Eq. (1.1) (veja o Capítulo 1), como a

$$\text{taxa de condução de calor dentro do volume de controle} = -k\frac{dT}{dx}\bigg|_{\text{esquerda}}$$

em que o gradiente de temperatura será avaliado como a face esquerda do volume de controle. O objetivo é determinar os valores de T_i em todos os pontos de nós. Não estamos especificamente preocupados com a distribuição de temperatura entre os nós, portanto, é razoável supor que a temperatura varia linearmente entre eles. Com essa suposição, o gradiente de temperatura na face esquerda do volume de controle é de exatamente

$$\frac{dT}{dx}\bigg|_{\text{esquerda}} = \frac{T_i - T_{i-1}}{\Delta x}$$

Se nós estamos dando a taxa volumétrica da geração de calor, $\dot{q}_G(x)$, então o segundo termo do lado esquerdo da Eq. (2.1) é somente $\dot{q}_G(x_i)\Delta x$ ou, abreviado, $\dot{q}_{G,i}\Delta x$. Aqui, supõe-se que a taxa de geração de calor seja constante sobre o volume de controle inteiro. Finalmente, o termo no lado esquerdo da Eq. (2.1) é

$$\text{taxa de condução de calor fora do volume de controle} = -k\frac{dT}{dx}\bigg|_{\text{direita}}$$

Com argumentos semelhantes àqueles usados para encontrar $\dfrac{dT}{dx}\bigg|_{\text{esquerda}}$, podemos escrever:

$$\frac{dT}{dx}\bigg|_{\text{direita}} = \frac{T_{i+1} - T_i}{\Delta x}$$

Em termos de temperaturas nodais, podemos escrever o equilíbrio de energia do volume de controle como:

$$-k\frac{T_i - T_{i-1}}{\Delta x} + \dot{q}_{G,i}\Delta x = -k\frac{T_{i+1} - T_i}{\Delta x}$$

Rearranjando a equação, temos:

$$\frac{T_{i+1} - 2T_i + T_{i-1}}{\Delta x^2} - \frac{\dot{q}_{G,i}}{k} = 0 \tag{3.2}$$

Ao comparar essa expressão com a Eq. (3.2), podemos prontamente ver como é uma versão discretizada da equação diferencial, em que a derivada de segunda ordem da temperatura com relação a x é agora expressa em termos de valores discretos de T no domínio $i = 1, 2, \ldots N$ ou $<= x <= L$.

No tratamento acima, o calor conduzido *na* face esquerda está ao lado esquerdo da equação de equilíbrio de energia, e o calor conduzido *fora* da face direita está ao lado direito da equação de equilíbrio de energia. Essa convenção foi seguida para ser consistente com a Eq. (2.1). Na verdade, a escolha de direção do fluxo de calor nos contornos do volume de controle é arbitrária contanto que seja corretamente contabilizada na equação de equilíbrio de energia. Para o termo "taxa de condução de calor fora do volume de controle" na Eq. (2.1), poderíamos ter escrito:

$$\begin{pmatrix}\text{taxa de condução de calor} \\ \textit{dentro do volume de controle}\end{pmatrix} = k\frac{dT}{dx}\bigg|_{\text{direita}} = -\begin{pmatrix}\text{taxa de condução de calor} \\ \textit{fora o volume de controle}\end{pmatrix}$$

O equilíbrio da energia do volume de controle seria, então,

$$k\frac{T_{i-1} - T_i}{\Delta x} + k\frac{T_{i+1} - T_i}{\Delta x} + \dot{q}_{G,i}\Delta x = 0$$

que é equivalente à Eq. (3.2). Essa formulação pode ser mais facilmente lembrada, pois é possível pensar em todos os termos de condução sendo positivos quando o fluxo de calor é para dentro do volume de controle. Os termos de condução sempre estarão ao mesmo lado da equação. Além disso, serão proporcionais à temperatura do nó T_i subtraída *da* temperatura do nó imediatamente fora da superfície em questão.

A Eq. (3.2) é chamada *equação de diferença finita* e representa o equilíbrio de energia em um volume de controle finito de comprimento Δx. Por outro lado, a Eq. (2.27) é a *equação diferencial* e representa um equilíbrio de energia em um volume de controle de largura infinitesimal dx. Pode ser exibida no limite como $\Delta x \to 0$, a Eq. (3.2) e a Eq. (2.27) são idênticas.

Na ausência de geração de calor, a Eq. (3.2) torna-se:

$$T_{i+1} - 2T_i + T_{i-1} = 0 \tag{3.3}$$

Portanto, a temperatura em cada nó é um pouco acima da média de seus vizinhos se não há geração de calor. A Eq. (3.3) é a forma discretizada da Eq. (2.24) ou a equação de condução de calor para uma placa semi-infinita sem geração interna de calor.

Se a condutividade térmica k varia com a temperatura e, portanto, com o x, por exemplo, $k = k[T(x)]$, é necessário modificar a avaliação dos termos na Eq. (2.1) por um método sugerido por Patankar [2]. A condutividade adequada para o fluxo de calor na face esquerda do volume de controle é:

$$k_{\text{esquerda}} = \frac{2k_i k_{i-1}}{k_i + k_{i-1}}$$

De maneira semelhante, na face direita, usamos:

$$k_{\text{direita}} = \frac{2k_i k_{i+1}}{k_i + k_{i+1}}$$

Na Seção 3.2.3, discutiremos como usar esse método para resolver um problema de condutividade térmica variável.

Como podemos escolher o tamanho do volume de controle Δx? Geralmente, um menor volume de Δx dará uma solução mais precisa, mas aumentará o tempo de computador necessário para encontrar a solução. Essencialmente, nossa distribuição de temperatura pontual pode representar mais precisamente uma distribuição de temperatura não linear quando reduzimos Δx. Algumas tentativas e erros podem ser necessárias para determinar uma precisão desejável para um tempo de computação razoável. Geralmente, é realizada uma série de computações para valores cada vez menores de Δx. Em algum ponto, maiores reduções em Δx não produzirão qualquer alteração significativa na solução. Não é necessário reduzir Δx para além desse valor.

Em algumas situações, é pertinente permitir o espaçamento de nós Δx para variar por meio do domínio espacial do problema. Um exemplo de tal situação ocorre quando um alto fluxo de calor é imposto em um contorno e um grande gradiente de temperatura é esperado próximo àquele contorno. Próximo à superfície, valores menores de Δx seriam usados para que um grande gradiente de temperatura pudesse ser representado com precisão. Mais longe desse contorno, em que é pequeno o gradiente de temperatura, Δx pode ser maior, pois o pequeno gradiente de temperatura pode ser representado com precisão por um Δx maior. Essa técnica permite o uso de um número mínimo de nós para atingir uma precisão desejada sem usar tempo computacional excessivo ou memória do computador. Os detalhes do método de espaçamento de nó variável, que também é chamado *Método de grade não uniforme* ou *Método de malha não uniforme*, são dados por Patankar e outros [1-3].

Foi anteriormente mencionado que uma vantagem da abordagem de volume de controle é que a energia é conservada independente do tamanho do volume de controle. Essa característica torna conveniente iniciar com uma grade levemente grosseira, isto é, relativamente poucos volumes de controle para desenvolver a solução numérica. Dessa forma, as operações computacionais necessárias para depurar o programa se executam rapidamente e não consomem muita memória. Quando o programa é depurado, uma grade mais fina pode então ser usada para determinar a solução para a precisão desejada.

Uma última consideração é o erro de arredondamento. Como o computador lida somente com dado número de dígitos, cada operação matemática resulta em algum arredondamento da solução. Conforme o número de operações matemáticas necessárias para produzir uma solução numérica aumenta, esses erros de arredondamento podem se acumular e, sob certas circunstâncias, podem afetar de forma adversa a solução.

O método utilizado para desenvolver a equação de diferença nesta seção será usado em todo o capítulo. Independente do problema em questão ser estável, instável, unidimensional, bidimensional, cartesiano ou cilíndrico, antes, deve-se determinar o formato adequado do volume de controle. Depois, serão definidos todos os fluxos de calor para dentro e para fora dos contornos do volume de controle e escrita a equação de equilíbrio de energia. Para problemas estáveis, a soma de todos os fluxos de calor para o volume de controle mais o calor gerado dentro do volume de controle deve ser igual à soma de todos os fluxos de calor para fora do volume de controle. Para problemas instáveis, a diferença de todos os fluxos de calor para o volume de controle mais o calor gerado dentro do volume de controle deve ser igual à taxa na qual a energia é armazenada no volume de controle.

3.2.2 Condições de contorno

Lembre-se de que a solução de uma equação diferencial exige a aplicação de condições de contorno. Então, esse também é o caso na análise numérica e, para completar a declaração do problema, é necessário incorporar as condições de contorno no método de volume de controle. As três condições de contorno a seguir foram discutidas no Capítulo 2: (i) temperatura superficial especificada, (ii) fluxo de calor superficial especificado, e (iii) convecção superficial especificada. As técnicas para incorporar cada uma dessas condições no método de volume de controle estão descritas abaixo.

A mais simples dessas três condições de contorno é a *temperatura superficial especificada*, para qual

$$T(x_1) = T_1 \qquad T(x_N) = T_N \tag{3.4}$$

em que T_1 e T_N são as temperaturas superficiais especificadas nos limites de contorno esquerdo e direito, respectivamente. A condição de contorno de temperatura superficial especificada é ilustrada na Fig. 3.2(a). Essa condição de contorno é muito simples para implantar, pois precisamos somente atribuir as temperaturas superficiais dadas aos nós de contorno. Não precisamos escrever um equilíbrio de energia no nó de superfície em que a temperatura é prescrita para resolver o problema. Entretanto, em problemas onde a temperatura superficial é prescrita, muitas vezes deve-se determinar o fluxo de calor nesse contorno e, nesta situação, é necessário um equilíbrio de energia, conforme descrito abaixo.

Se a condição de contorno consistir em um *fluxo de calor especificado* para o contorno, q_1'', podemos calcular a temperatura de contorno em termos do fluxo ao considerar o equilíbrio de energia sobre o volume de controle se estendendo de $x = 0$ a $x = \Delta x/2$, como mostrado na Fig. 3.2(b). Observe que esse volume de controle de contorno tem um comprimento de metade daquele dos volumes de controle internos. Usando a Eq. (2.1) novamente, temos:

$$q_1'' + \dot{q}_{G,1}\frac{\Delta x}{2} = -k\frac{T_2 - T_1}{\Delta x} \tag{3.5}$$

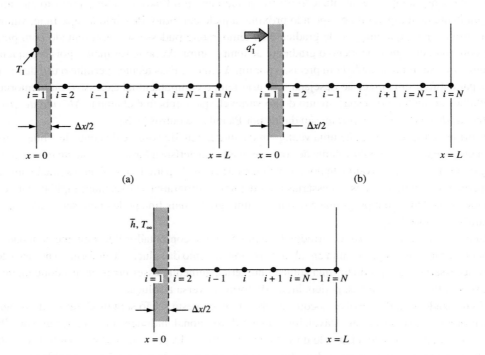

FIGURA 3.2 Volume de controle de contorno para condução unidimensional, (a) condição de contorno de temperatura especificada, (b) condição de contorno de fluxo de calor especificado, (c) condição de contorno de convecção superficial especificada.

Resolvendo para T_1, temos:

$$T_1 = T_2 + \frac{\Delta x}{k}\left(q_1'' + \dot{q}_{G,1}\frac{\Delta x}{2}\right)$$

A Eq. (3.5) também pode ser utilizada para resolver o fluxo de calor superficial em problemas em que a temperatura do contorno seja especificada. Nesse caso, as temperaturas T_1 e T_2 e o termo de geração de calor são conhecidos, e o fluxo de calor pode ser calculado.

Para uma condição de contorno *superficial isolada*, ou $q_1'' = 0$, a Eq. (3.5) resulta em:

$$T_1 = T_2 + \dot{q}_{G,1}\frac{\Delta x^2}{2k}$$

Finalmente, se uma *convecção superficial* for especificada na face esquerda, aplicando a Eq. (2.1) ao volume de controle exibido na Fig. 3.2(c) resulta em:

$$\bar{h}(T_\infty - T_1) + \dot{q}_{G,1}\frac{\Delta x}{2} = -k\frac{T_2 - T_1}{\Delta x} \qquad (3.6)$$

em que T_∞ é a temperatura do fluido ambiente em contato com a face esquerda e $\bar{h}$ é o coeficiente de transferência de calor de convecção. Solucionando a Eq. (3.5) T_1, temos:

$$T_1 = \frac{T_2 + \dfrac{\Delta x}{k}\left(\bar{h}T_\infty + \dot{q}_{G,1}\dfrac{\Delta x}{2}\right)}{1 + \dfrac{\bar{h}\Delta x}{k}} \qquad (3.7)$$

Observe que, se o coeficiente de transferência de calor é muito grande, o T_1 se aproxima a T_∞, como esperado. Se o coeficiente de transferência de calor for muito pequeno, novamente como esperado, obtemos a condição de contorno superficial isolada.

Uma variação desse tipo de condição de contorno é quando a *radiação de superfície* é especificada em vez da *convecção de superfície*. Em tal caso, o coeficiente de transferência de calor convectivo nas equações (3.6) e (3.7) pode ser substituído pelo coeficiente de transferência de calor de radiação dado pela Eq. (1.21) (Capítulo 1; veja também a Eq. (9.118) no Capítulo 9). O tratamento numérico do coeficiente de transferência de calor de radiação, entretanto, é um pouco complexo, pois é uma função da temperatura superficial, não uma variável independente.

Para os três tipos de condições de contorno, a temperatura de superfície pode ser expressa em termos do fluxo de calor conhecido ou condições de convecção conhecidas ($\bar{h}$ e T_∞) e a temperatura nodal, T_2. Isto é, poderíamos escrever as três condições de contorno como

$$a_1 T_1 = b_1 T_2 + d_1 \qquad (3.8)$$

Para a condição de contorno de *temperatura superficial especificada*:

$$a_1 = 1 \qquad b_1 = 0 \qquad d_1 = T_1$$

Para a condição de contorno de *fluxo de calor especificada*:

$$a_1 = 1 \qquad b_1 = 1 \qquad d_1 = \frac{\Delta x}{k}\left(q_1'' + \dot{q}_{G,1}\frac{\Delta x}{2}\right)$$

Para a condição de contorno de *convecção superficial especificada*:

$$a_1 = 1 \qquad b_1 = \frac{1}{1 + \dfrac{\bar{h}\Delta x}{k}} \qquad d_1 = \frac{\Delta x}{k}\frac{\left(\bar{h}T_\infty + \dot{q}_{G,1}\dfrac{\Delta x}{2}\right)}{1 + \dfrac{\bar{h}\Delta x}{k}}$$

De forma semelhante, as condições para o contorno certo poderiam ser escritas como:

$$a_N T_N = c_N T_{N-1} + d_N \tag{3.9}$$

Os coeficientes a_N, c_N e d_N são dados na Tabela 3.1. A derivação desses coeficientes está para ser resolvida como um exercício.

TABELA 3.1 Coeficientes de matriz para condução unidimensional em regime estável [Eq. (3.11)]

	a_i	b_i	c_i	d_i
$i = 1$, temperatura superficial especificada	1	0	0	T_i
$i = 1$, fluxo de calor especificado	1	1	0	$\dfrac{\Delta x}{k}\left(q_1'' + \dot{q}_{G,1}\dfrac{\Delta x}{2}\right)$
$i = 1$, convecção superficial especificada	1	$\left(1 + \dfrac{\bar{h}_1 \Delta x}{k}\right)^{-1}$	0	$\dfrac{\dfrac{\Delta x}{k}\left(\bar{h}_1 T_{\infty,1} + \dot{q}_{G,1}\dfrac{\Delta x}{2}\right)}{1 + \dfrac{\bar{h}_1 \Delta x}{k}}$
$1 < i < N$	2	1	1	$\dfrac{\Delta x^2}{k}\dot{q}_{G,i}$
$i = N$, temperatura superficial especificada	1	0	0	T_N
$i = N$, fluxo de calor especificado	1	0	1	$\dfrac{\Delta x}{k}\left(q_N'' + \dot{q}_{G,N}\dfrac{\Delta x}{2}\right)$
$i = N$, convecção superficial especificada	1	0	$\left(1 + \dfrac{\bar{h}_N \Delta x}{k}\right)^{-1}$	$\dfrac{\Delta x}{k}\left(\dfrac{\bar{h}_N T_{\infty,N} + \dot{q}_{G,N}\dfrac{\Delta x}{2}}{1 + \dfrac{\bar{h}_N \Delta x}{k}}\right)$

Obs.: q_A'' é o fluxo de calor *dentro* da superfície A.

3.2.3 Métodos de solução

A equação de diferença, Eq. (3.2), pode ser escrita utilizando a notação usada acima nas equações de condições de contorno:

$$a_i T_i = b_i T_{i+1} + c_i T_{i-1} + d_i, \quad 1 < i < N \tag{3.10}$$

onde

$$a_i = 2 \quad b_i = 1 \quad c_i = 1 \quad d_i = \frac{\Delta x^2}{k}\dot{q}_{G,i}$$

Como $c_1 = b_N = 0$, a Eq. (3.10) representa a equação de diferença para todos os nós, incluindo os de contorno.

O conjunto inteiro de equações das diferenças simultâneas pode assim ser expresso na notação de matriz como segue:

$$\begin{bmatrix} a_1 & -b_1 & & & \\ -c_2 & a_2 & -b_2 & & \\ & & \vdots & & \\ & & -c_{n-1} & a_{N-1} & -b_{N-1} \\ & & & -c_N & -a_N \end{bmatrix} \begin{bmatrix} T_1 \\ T_2 \\ \vdots \\ T_{N-1} \\ T_N \end{bmatrix} = \begin{bmatrix} d_1 \\ d_2 \\ \vdots \\ d_{N-1} \\ d_N \end{bmatrix} \quad (3.11)$$

Os espaços em branco na matriz representam zeros. A Eq. (3.11) pode ser escrita como:

$$\mathbf{AT} = \mathbf{D}$$

E, ao inverter a matriz **A**, a solução para o vetor de temperatura **T** é:

$$\mathbf{T} = \mathbf{A}^{-1}\mathbf{D}$$

Como todos os coeficientes de matriz a_i, b_i, c_i e d_i são conhecidos, o problema foi reduzido a fim de encontrar o inverso de uma matriz com coeficientes conhecidos, uma tarefa facilmente realizada por um computador. Por exemplo, a maioria dos programas de planilhas para computadores pessoais incorporam inversão e multiplicação de matrizes, e isso é satisfatório para muitos problemas. Os coeficientes para a matriz **A** e o vetor **D** na Eq. (3.11) estão resumidos na Tabela 3.1 para as três condições de contorno e para os nós interiores.

Para um problema com um grande número de nós, usar uma planilha pode não ser prático ou eficiente. Em tais casos, deve-se aproveitar a característica especial da matriz **A**. Como visto na Eq. (3.11), cada linha da matriz apresenta, no máximo, três elementos não zeros e, por esse motivo, **A** é chamada *matriz tridiagonal*. Foram desenvolvidos métodos especiais muito eficientes para resolver sistemas tridiagonais. Os programas de computador que implementam um algoritmo de matriz tridiagonal popular (TDMA) são apresentados no Apêndice 3. Esses programas são escritos para MATLAB além de C^{++} como função definida pelo usuário ou sub-rotina para que possam ser facilmente adaptados a uma grande gama de problemas e códigos de computação. Também inclusa, está uma versão antiga de Fortran da sub-rotina; muitos dos códigos e *softwares* comerciais atualmente populares desenvolvidos nas décadas de 1970 e 1980 estão nessa linguagem, e uma lista de alguns desses *softwares* é fornecida no Apêndice 4.

Um método de solução alternativo, chamado *iteração*, pode ser usado se o *software* para a inversão de matriz não estiver disponível. Nesse método, começamos com um palpite inicial para toda a distribuição de temperatura para o problema. Denote esse palpite inicial da distribuição de temperatura por zero sobrescrito, isto é, $T_i^{(0)}$. Essa distribuição de temperatura é usada nos lados direitos das equações (3.8, 3.9, 3.10). O lado esquerdo de cada uma dessas equações terá a atribuição de uma estimativa revisada da distribuição de temperatura. A Eq. (3.8) dá a temperatura revisada no limite de contorno esquerdo, T_1. A Eq. (3.9) dá a temperatura revisada no limite de contorno direito, T_N. A Eq. (3.10) dá a temperatura revisada para todos os nós interiores. Chame essa distribuição de temperatura $T_i^{(1)}$, pois é a primeira revisão de nosso palpite inicial. Isso completa a primeira iteração. A distribuição de temperatura revisada é, então, inserida ao lado direito das equações para produzir a próxima revisão, $T_i^{(2)}$. Esse procedimento é repetido até que a distribuição de temperatura pare de mudar significativamente entre as iterações. A Fig. 3.3 mostra o procedimento na forma de um fluxograma.

O método iterativo mostrado na Fig. 3.3 é chamado *iteração de Jacobi*. Uma inspeção mais detalhada do procedimento mostra que, após a primeira temperatura $T_1^{(1)}$ ser calculada, temos uma temperatura nodal atualizada que pode ser usada no lugar de $T_1^{(0)}$ ao lado direito da Eq. (3.9) conforme calculamos $T_2^{(1)}$:

$$T_2^{(1)} = (b_2 T_3^{(0)} + c_2 T_1^{(1)} + d_2)/a_2$$

A equação para $T_3^{(1)}$ pode usar os valores atualizados $T_1^{(1)}$ e $T_2^{(1)}$ em vez de $T_1^{(0)}$ e $T_2^{(0)}$. Essa observação pode ser generalizada para qualquer iteração p: a equação para $T_i^{(p)}$ pode usar $T_j^{(p)}$ para $j < i$ e $T_j^{(p-1)}$ para $j > i$. Como estamos usando as temperaturas nodais atualizadas assim que se tornam disponíveis, a convergência é mais rápida. Essa versão melhorada da Iteração de Jacobi é chamada *iteração Gauss-Seidel*. Ambas são, entretanto, esquemas iterativos para cálculos ponto a ponto ou nó a nó. Para matrizes muito grandes, há outras variantes mais rápidas de esquemas iterativos, também conhecidas como *métodos interativos de bloco* ou *linha a linha* [1-3].

Quanto melhor o primeiro palpite, $T_i^{(0)}$, mais rapidamente a solução convergirá. Pode-se, geralmente, dar um primeiro palpite razoavelmente bom com base nas condições de contorno.

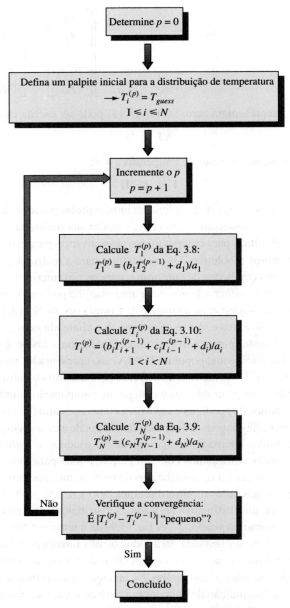

FIGURA 3.3 Fluxograma para solução iterativa nó por nó de um problema de condução estável unidimensional.

Quando qualquer um dos métodos iterativos é usado, a distribuição de temperatura converge para a solução correta se uma condição for conhecida – devemos especificar a temperatura para um nó do limite de contorno no mínimo, ou especificar uma condição de contorno de tipo de convecção com a temperatura de fluido ambiente fornecida por sobre um nó do limite de contorno pelo menos. Os limites de contorno restantes podem, então, ter qualquer tipo de condição de contorno. Essa restrição é razoável, pois as equações de diferença não podem, por si só, estabelecer uma temperatura absoluta em qualquer nó; elas podem somente estabelecer as diferenças de temperatura relativas entre os nós. Ao especificar, pelo menos, uma temperatura de contorno ou uma temperatura de fluido ambiente para a condição de contorno de convecção, podemos alcançar a temperatura absoluta para o problema.

O método para lidar com a condutividade térmica variável descrita na Seção 3.2.1 resultará em coeficientes d_i que dependem da temperatura naquele nó e nos nós ao redor. Assim, um procedimento de solução iterativa *deve* ser usado para esse tipo de problema. Deve ser feita uma estimativa inicial na distribuição de temperatura, T_i, para permitir que o d_i seja determinado. Uma distribuição de temperatura atualizada pode, então, ser determinada pelo método descrito nos parágrafos anteriores. Essa distribuição de temperatura atualizada é usada para revisar o d_i, e o procedimento é repetido até que a distribuição de temperatura pare de se alterar.

EXEMPLO 3.1 Use uma abordagem de volume de controle para verificar os resultados para o Exemplo 2.1. Use 5 nós ($N = 5$).

Lembre-se de que o Exemplo 2.1 envolve um elemento de aquecimento elétrico longo feito de ferro. Ele apresenta uma seção transversal de 10 cm $\times$ 1,0 cm e é imerso em um óleo de transferência de calor a 80°C. Pudemos determinar o coeficiente de transferência de calor de convecção necessário para manter a temperatura do aquecedor abaixo de 200°C quando o calor foi gerado de forma uniforme na razão de 10^6 W/m^3 por uma corrente elétrica. A condutividade térmica para o ferro a 200°C (64 W/m K) foi tomada a partir da Tabela 12 no Apêndice 2 por interpolação.

SOLUÇÃO Devido à simetria, deve-se considerar somente metade da espessura do elemento de aquecimento, como mostrado na Fig. 3.4. Defina os nós como:

$$x_i = (i - 1)\Delta x \quad \text{onde} \quad i = 1, 2, \ldots, N$$
$$\text{e} \quad \Delta x = \frac{L}{N - 1}, L = 0{,}005\,\text{m}, \text{e } N = 5$$

Escolha a face superior, $x_N = L$, para corresponder ao plano de simetria. Como nenhum calor flui através desse plano, ele corresponde a uma condição de contorno de fluxo de calor zero. Aplicando a Eq. (2.1) a um volume de controle se estendendo de $x = L - \Delta x/2$ para L, temos:

$$\dot{q}_G \frac{\Delta x}{2} = k \frac{T_N - T_{N-1}}{\Delta x} \quad \text{ou} \quad T_N = T_{N-1} + \dot{q}_G \frac{\Delta x^2}{2k}$$

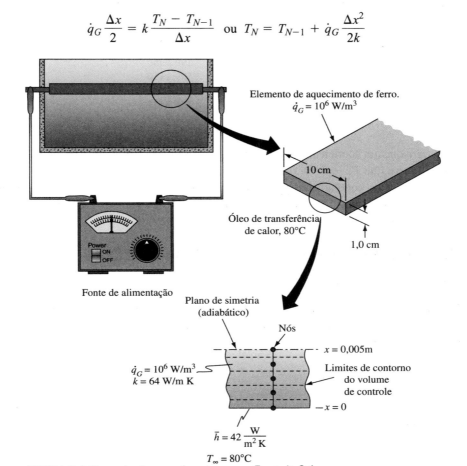

FIGURA 3.4 **Elemento de aquecimento para o Exemplo 3.1.**

Na face esquerda, $x_1 = 0$, tem-se uma condição de contorno de convecção de superfície para a qual a Eq. (3.7) pode ser aplicada. Podemos agora determinar todos os coeficientes de matriz na Eq. (3.11):

$$a_1 = 1 \quad b_1 = \frac{1}{1 + \dfrac{\bar{h}\,\Delta x}{k}} \quad c_1 = 0 \quad d_1 = \frac{\dfrac{\Delta x}{k}\left(\bar{h}T_\infty + \dot{q}_G \dfrac{\Delta x}{2}\right)}{1 + \dfrac{\bar{h}\,\Delta x}{k}}$$

$$a_i = 2 \quad b_i = 1 \quad c_i = 1 \quad d_i = \frac{\Delta x^2}{k}\dot{q}_G \qquad 1 < i < N$$

$$a_N = 1 \quad b_N = 0 \quad c_N = 1 \quad d_N = \dot{q}_G \frac{\Delta x^2}{2k}$$

Note que esses coeficientes podem ser obtidos diretamente da Tabela 3.1.

Os parâmetros a seguir são dados no enunciado do problema:

$$\bar{h} = 42\,\frac{\text{W}}{\text{m}^2\,\text{K}}$$

$$T_\infty = 80°\text{C}$$

$$k = 64\,\frac{\text{W}}{\text{m K}}$$

$$\dot{q}_G = 10^6\,\frac{\text{W}}{\text{m}^3}$$

Usando o programa de computador no Apêndice 3 para resolver o sistema tridiagonal, encontramos a distribuição de temperatura dada abaixo:

i	T_i (°C)
1	199,0556
2	199,1410
3	199,2021
4	199,2387
5	199,2509

Os resultados mostram que um coeficiente de transferência de calor de 42 W/m² K permite que o aquecedor opere abaixo de 200°C. Observe que $T_5 - T_1 = 0,1953°\text{C}$, enquanto o valor exato do Exemplo 2.1 é de 0,2°C. Como temos uma solução exata para comparação, é possível confiar nessa solução numérica. Se não tivéssemos a solução exata disponível, provavelmente seria útil repetir a solução numérica para um Δx menor (N maior) para avaliar sua precisão, conforme discutido na Seção 3.2.1.

3.3 Condução unidimensional em regime instável

3.3.1 Equação de diferença

Para desenvolver uma equação das diferenças para problemas de condução instáveis, é necessário considerar o termo de armazenagem de energia na Eq. (2.1). Primeiro, define-se uma etapa de tempo discreta Δt análoga à etapa espacial discreta Δx apresentada na seção anterior:

$$t_m = m\,\Delta t \qquad m = 0, 1, \ldots$$

As temperaturas nodais agora dependem de dois índices, i e m, que correspondem às dependências espacial e de tempo, respectivamente:

$$T_{i,m} \equiv T(x_i, t_m)$$

Como $\Delta y = \Delta z = 1$, o termo de armazenamento de energia na Eq. (2.1) pode ser escrita como

$$\text{taxa de armazenagem de energia dentro do volume de controle} = \rho c \, \Delta x \, \frac{T_{i,m+1} - T_{i,m}}{\Delta t} \tag{3.12}$$

Esse termo representa a energia armazenada do tempo t_m até t_{m+1} em uma placa de espessura Δx dividida pelo intervalo de tempo $\Delta t = t_{m+1} - t_m$. Da mesma forma que permite-se que a temperatura variasse linearmente entre os nós espaciais na Seção 3.2, aqui será permitido que a temperatura varie linearmente entre as etapas de tempo.

Adiciona-se esse termo de armazenagem de energia ao lado direito da Eq. (2.1), pois os termos do lado esquerdo da equação representam a energia que flui para o volume de controle e tende a aumentar a temperatura nodal com o tempo. Após alguns rearranjos algébricos, resulta na seguinte expressão:

$$-k\frac{T_{i,m} - T_{i-1,m}}{\Delta x} + \dot{q}_{G,i,m}\, \Delta x = -k\frac{T_{i+1,m} - T_{i,m}}{\Delta x} + \rho c\, \Delta x\, \frac{T_{i,m+1} - T_{i,m}}{\Delta t} \tag{3.13}$$

A Equação (3.13) é a forma discretizada da Eq. (2.5) e a taxa de geração de calor e todas as temperaturas, exceto uma, nesta expressão são avaliadas no tempo t_m. Uma temperatura na Eq. (3.13) é avaliada no tempo $t_{m+1} = t_m + \Delta t$. Resolvendo para esta temperatura, temos

$$T_{i,m+1} = T_{i,m} + \frac{\Delta t}{\rho c\, \Delta x}\left\{\frac{k}{\Delta x}(T_{i+1,m} - 2T_{i,m} + T_{i-1,m}) + \dot{q}_{G,i,m}\, \Delta x\right\} \tag{3.14}$$

A Eq. (3.14) é chamada *equação explícita das diferenças*, pois a distribuição de temperatura no novo tempo t_{m+1} pode ser determinada se for conhecida a distribuição de temperatura completa no tempo t_m. Como qualquer enunciado de problema instável, deve incluir uma condição inicial, $T_{i,0}$ fornecida para todo i. A Equação (3.14) pode então ser usada para calcular $T_{i,1}$, $T_{i,2}$, e assim por diante, para todas as etapas de tempo requeridas. Esse procedimento é chamado *marcha*, pois a solução é essencialmente marchada adiante de uma etapa de tempo à outra.

Assim, a solução da equação explícita é muito simples. Entretanto, há uma limitação quanto ao tamanho de cada etapa de tempo Δt. Precisamos de:

$$\Delta t < \frac{\Delta x^2}{2\alpha} \tag{3.15}$$

Com base na definição do Número de Fourier, dado no Capítulo 2, também pode-se escrever a Eq. (3.15) em termos desse parâmetro adimensional:

$$\text{Fo} < \frac{1}{2} \quad \text{onde} \quad \text{Fo} \equiv \frac{\alpha \Delta t}{\Delta x^2}$$

Se for usada uma etapa de tempo maior que a descrita pela Eq. (3.15), a solução começará a exibir oscilações de crescimento. Nessa situação, a solução é considerada *instável*. Esse comportamento pode ser explicado tanto matemática quanto fisicamente. Primeiro, deve-se rearranjar a Eq. (3.14):

$$T_{i,m+1} = T_{i,m}\left\{1 - \frac{\Delta t}{(\Delta x^2/2\alpha)}\right\} + \frac{\Delta t}{\rho c\, \Delta x}\left\{\frac{k}{\Delta x}(T_{i+1,m} + T_{i-1,m}) + \dot{q}_{G,i,m}\, \Delta x\right\}$$

Observe que, se a condição expressa pela Eq. (3.15) for violada, o coeficiente em $T_{i,m}$ será negativo. Isso levará a oscilações na solução, pois a temperatura no nó i para o novo intervalo de tempo $m + 1$ terá uma dependência negativa no valor naquele nó na etapa de tempo m. Fisicamente, o lado direito da Eq. (3.15) pode ser considerada o tempo exigido para que o campo de temperatura se difunda pelo volume de controle Δx. Se o método de solução usar etapas de tempo maiores que este tempo de difusão, provavelmente aparecerão resultados não realísticos em algumas etapas de tempo.

É possível eliminar as oscilações ao tornar as etapas de tempo pequenas o suficiente. Entretanto, etapas de tempo muito pequenas não são desejáveis, pois exigem mais tempo de computação para dado tempo total decorrido. Observe também que, se desejamos aumentar a precisão da solução ao utilizar valores menores de Δx, somos forçados pela Eq. (3.15) a usar etapas de tempo menores. Isso também aumenta o tempo de computação.

Na prática, a etapa de tempo Δt será definida em um valor um pouco menor que aquele descrito pela Eq. (3.15). O valor real de Δt a ser usado na solução numérica final pode ser determinado por meio de tentativa e erro, assim como o valor adequado de Δx foi determinado para problemas em estado estável (veja a Seção 3.2.1). Uma série de soluções é encontrada para valores decrescentes de Δt até que maiores reduções em Δt deixam de afetar a distribuição de temperatura. O erro de arredondamento deve ser considerado, assim como foi para os problemas do estado estacionário, pois conforme o Δt é diminuído, mais operações matemáticas são necessárias para produzir a solução.

Deve ser observado que as equações de diferença para os volumes de controle de contorno também impõem restrições de estabilidade no tamanho do intervalo de tempo. Isso será discutido nas Seções 3.3.2 e 3.3.4.

EXEMPLO 3.2 Considere o problema dado no Exemplo 2.11 – determinando a profundidade mínima x_m na qual um cano de água deve ser enterrado para evitar congelamento (veja a Fig. 3.5). Para os parâmetros fornecidos naquele problema, foi necessária a profundidade de 0,68 m. Determine x_m ao resolver a equação explícita das diferenças.

No Exemplo 2.11, o solo estava inicialmente a uma temperatura uniforme de 20°C e supomos que, sob as piores condições antecipadas, estaria sujeito a uma temperatura de superfície de $-15°C$ por um período de 60 dias. Usamos as seguintes propriedades para o solo (a 300 K):

$$\rho = 2\,050 \text{ kg/m}^3 \quad k = 0{,}52 \text{ W/mK} \quad c = 1\,840 \text{ J/kgK}$$
$$\alpha = 0{,}138 \times 10^{-6} \text{ m}^2/\text{s}$$

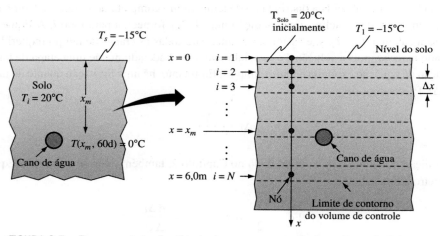

FIGURA 3.5 Esquema da profundidade do encanamento de água, Exemplo 3.2.

SOLUÇÃO É necessário implantar a Eq. (3.14) em um programa de computador. A Fig. 3.5 mostra a relação entre profundidade e nós. Como não há geração de calor ($\dot{q}_G = 0$), a equação simplifica para

$$T_{i,m+1} = T_{i,m} + \text{Fo}(T_{i+1,m} - 2T_{i,m} + T_{i-1,m})$$

em que Fo é o Número de Fourier, Fo $= \Delta t \alpha / \Delta x^2$, conforme discutido anteriormente.

Vamos criar um arranjo unidimensional para conter as temperaturas conhecidas no intervalo de tempo m e um arranjo semelhante para a temperatura desconhecida no intervalo de tempo m + 1:

$$T_{i,\text{velho}} \equiv T_{i,m}$$
$$T_{i,\text{novo}} \equiv T_{i,m+1}$$

Agora, temos uma equação da forma

$$T_{i,\text{novo}} = T_{i,\text{velho}} + \text{Fo}(T_{i+1,\text{velho}} - 2T_{i,\text{velho}} + T_{i-1,\text{velho}})$$

que é válida para todos os nós exceto os de limite de contorno. Para os de contorno, temos $T_{1,\text{velho}} = T_{1,\text{novo}} = -15°C$ e $T_{N,\text{velho}} = T_{N,\text{novo}} = 20°C$.

Agora, o objetivo é decidir até que profundidade o cálculo deve se estender e também o tamanho dos volumes de controle. Em uma profundidade muito grande, esperaríamos não encontrar qualquer alteração de temperatura para todos os 60 dias. Vamos, então, selecionar uma profundidade máxima de 6 m e verificar a solução para garantir que nenhuma alteração de temperatura seja vista na profundidade de 6 m. Se a solução mostrar que a temperatura alterou-se de forma significativa aos 6 m, será preciso permitir que o cálculo estenda-se para uma profundidade maior.

Somos livres para selecionar o tamanho do volume de controle, Δx, mas lembre-se de que a precisão melhora conforme o Δx diminui. Com relação ao intervalo de tempo, deve-se seguir a restrição dada na Eq. (3.15). Conforme o intervalo de tempo diminui, espera-se ter maior precisão. Outra restrição é o tempo, pois o cálculo deve terminar para exatamente 60 dias, então, esse tempo deve representar um número inteiro múltiplo de Δt.

O procedimento de solução é mostrado no fluxograma da Fig. 3.6 na sequência.

Primeiro, vamos escolher $N = 6$, dando $\Delta x = 1,2$ m. Com o valor dado de α, o valor máximo permitido de Δt da Eq. (3.15) é de 60,43 dias. Ao selecionar $\Delta t = 30$ dias, nós encontramos a seguinte distribuição de temperatura em $t = 60$ dias:

i	$T_i(°C)$
1	−15,000
2	11,306
3	20,000
4	20,000
5	20,000
6	20,000

Pela interpolação linear entre $i = 1$, onde $T_{x=0} = -15°C$ e $i = 2$, em que $T_{x=1,2m} = 11,306°C$, x_m, a profundidade em que $T = 0°C$, é encontrado como 0,684 m.

Depois, é necessário determinar se usamos um intervalo de tempo suficientemente pequeno para a precisão. Dividimos o Δt sucessivamente ao meio, encontrando x_m para cada Δt. Isso resulta em:

Δt (dias)	x_m(m)
30	0,684
15	0,724
7,5	0,743
3,75	0,753
1,875	0,757

Reduzir a etapa de tempo para menos que 1,875 dia não produzirá alterações significativas em x_m.

Agora, determinamos se o volume de controle é suficientemente pequeno. Fixe Δt em 1,875 dia. Depois, dividimos sucessivamente o Δx ao meio, encontrando x_m para cada valor de Δx. Isso resulta em

Δx (m)	x_m(m)
1,2	0,757
0,6	0,680
0,3	0,676

Reduzir o espaçamento do nó para menos de 0,3 m não produzirá mais nenhuma alteração significativa em x_m. (Observe que, se quisermos tentar $\Delta x = 0,15$ m, precisaríamos reduzir o Δt para menos de 1,875 dia.).

Para demonstrar o que acontece se o Δt for grande demais, foram realizadas duas execuções adicionais. Usamos $\Delta x = 0,1$ m que, de acordo com a Eq. (3.15), exige um intervalo de tempo menor que $\Delta t = 0,4197$ dia. Usa-

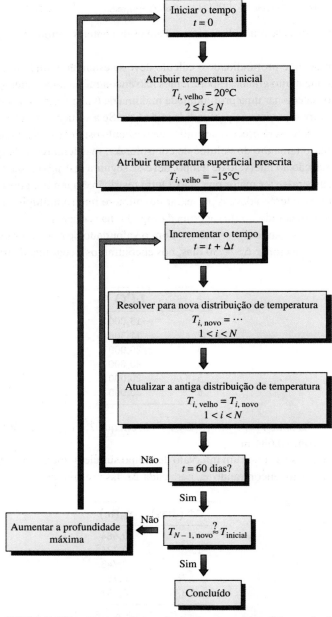

FIGURA 3.6 Fluxograma para a solução de um problema de condução transiente unidimensional, Exemplo 3.2.

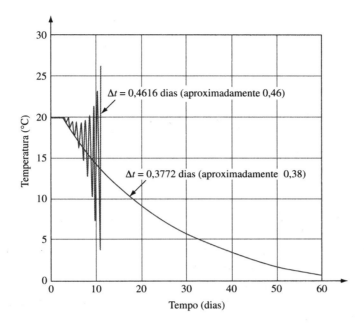

FIGURA 3.7 Temperatura como função de tempo para o Exemplo 3.2 usando dois valores de intervalo de tempo Δt.

mos $\Delta t_1 = 1{,}1 \times \Delta t = 0{,}4616$ dia para uma corrida e $\Delta t_2 = 0{,}9 \times \Delta t = 0{,}3772$ dia para a outra execução. A Fig. 3.7 apresenta a temperatura em um ponto no solo ($x = x_m - \Delta x$) como uma função de tempo para ambas as execuções. A solução para um intervalo de tempo maior é instável, como visto pelas crescentes oscilações com o tempo.

O Exemplo 3.2 demonstra as principais desvantagens do método explícito – são necessários pequenos intervalos de tempo e grandes tempos de computação para garantir precisão e estabilidade. Podemos contornar esse problema ao escrever a equação das diferenças em sua forma *implícita*. Para fazer isso, avaliamos os termos entre colchetes na Eq. (3.14) no intervalo de tempo $m + 1$ em vez de em m:

$$T_{i,m+1} = T_{i,m} + \frac{\Delta t}{\rho c \, \Delta x}$$
$$\times \left\{ \frac{k}{\Delta x}(T_{i+1,m+1} - 2T_{i,m+1} + T_{i-1,m+1}) + \dot{q}_{G,i,m+1} \Delta x \right\} \quad (3.16)$$

A Eq. (3.16) é chamada implícita, pois as temperaturas no intervalo de tempo $m + 1$ devem ser determinadas simultaneamente. Essa exigência complica a solução, mais que para o método explícito, pois a restrição no intervalo de tempo expressa pela Eq. (3.15) é eliminada. Assim, a solução da Eq. (3.16) é estável para qualquer intervalo de tempo Δt. Intervalos de tempo maiores sacrificam a precisão da mesma forma que antes, mas, ao menos, não é necessário levar em consideração a estabilidade. A solução de equações das diferenças implícitas será discutida na Seção 3.3.3.

3.3.2 Condições de contorno

Como no problema de condução em regime estável, a temperatura de superfície especificada para o problema instável é simples de implementar. O fluxo de superfície especificada ou as condições de contorno de convecção de superfície são mais complexos, pois precisamos considerar o armazenamento de energia nos volumes de controle próximos às superfícies. Primeiro, considere a condição de contorno do fluxo especificado. Para condições estáveis, é necessário um equilíbrio de energia sobre um volume de controle estendendo de $x = 0$ a $x = \Delta x/2$, Eq. (3.5). Durante o intervalo de tempo Δt, a taxa na qual o volume de controle armazena energia é de:

$$\rho c \frac{\Delta x}{2} \frac{T_{i,m+1} - T_{i,m}}{\Delta t}$$

Esse termo deve ser adicionado ao lado direito da Eq. (3.5) resultando em

$$q''_{1,m} + \dot{q}_{G,1,m}\frac{\Delta x}{2} = -k\frac{T_{2,m} - T_{1,m}}{\Delta x} + \rho c \frac{\Delta x}{2}\frac{T_{1,m+1} - T_{1,m}}{\Delta t}$$

Resolvendo para $T_{1,m+1}$ temos:

$$T_{1,m+1} = T_{1,m} + \frac{2\Delta t}{\rho c \Delta x}\left\{q''_{l,m} + \frac{\Delta x}{2}\dot{q}_{G,1,m} + \frac{k}{\Delta x}(T_{2,m} - T_{1,m})\right\} \quad (3.17)$$

A Eq. (3.17) pode ser rearranjada para mostrar que o coeficiente em $T_{1,m}$ é de

$$\left(1 - \frac{2\alpha\Delta t}{\Delta x^2}\right)$$

Assim, o critério de estabilidade imposto por essa equação é idêntico àquele para os volumes de controle interiores conforme expressos pela Eq. (3.15).

Essa expressão para a condição de contorno é explícita, pois sua nova temperatura pode ser determinada, uma vez que a distribuição de temperatura no tempo m é conhecida. Em uma equação implícita, teríamos que avaliar os termos entre colchetes na Eq. (3.17) no intervalo de tempo $m + 1$.

Para a *condição de contorno de convecção de superfície*, adicionamos o termo de armazenamento para o lado direito da Eq. (3.6), resultando em:

$$\bar{h}(T_\infty - T_{1,m}) + \dot{q}_{G,1,m}\frac{\Delta x}{2} = -k\frac{T_{2,m} - T_{1,m}}{\Delta x} + \rho c \frac{\Delta x}{2}\frac{T_{1,m+1} - T_{1,m}}{\Delta t}$$

Resolvendo para $T_{1,m+1}$, temos:

$$T_{1,m+1} = T_{1,m} + \frac{2\Delta t}{\rho c \Delta x}\left\{\bar{h}(T_\infty - T_{1,m}) + \dot{q}_{G,i,m}\frac{\Delta x}{2} + k\frac{T_{2,m} - T_{1,m}}{\Delta x}\right\} \quad (3.18)$$

Rearranjando essa equação, o coeficiente em $T_{1,m}$ é:

$$1 - \frac{2\alpha\Delta t}{\Delta x^2}\left(1 + \frac{\bar{h}\Delta x}{k}\right)$$

Essa restrição de estabilidade é mais restritiva que aquela para os nós interiores Eq. (3.15). (Se $\Delta x/k$ é pequeno em comparação a 1, então as restrições são semelhantes.). As soluções numéricas para problemas com coeficientes de convecção muito altos podem se tornar instáveis, a menos que sejam escolhidas etapas suficientemente pequenas para que os grandes gradientes de temperatura esperados próximos ao limite de contorno possam ser precisamente representados.

Expressões semelhantes podem ser desenvolvidas para condições especificadas em $x = L$. Para um *fluxo de calor especificado* em $x = L$,

$$T_{N,m+1} = T_{N,m} + \frac{2\Delta t}{\rho c \Delta x}\left\{q''_{N,m} + \frac{\Delta x}{2}\dot{q}_{G,N,m} + \frac{k}{\Delta x}(T_{N-1,m} - T_{N,m})\right\} \quad (3.19)$$

onde $q''_{N,m}$ é o fluxo especificado dentro do limite de contorno direito. Para uma *convecção de superfície especificada* em $x = L$,

$$T_{N,m+1} = T_{N,m} + \frac{2\Delta t}{\rho c \Delta x}\left\{\bar{h}(T_\infty - T_{N,m}) + \frac{\Delta x}{2}\dot{q}_{G,N,m} + \frac{k}{\Delta x}(T_{N-1,m} - T_{N,m})\right\} \quad (3.20)$$

EXEMPLO 3.3 Uma grande chapa de aço inoxidável é removida de um banho de tratamento térmico e resfriada no ar (veja a Fig. 3.8). Se a temperatura inicial da chapa for de 500°C, determine quanto tempo levará para que o centro da chapa chegue à temperatura de 250°C. A chapa mede 2 cm de espessura e densidade de 8 500 kg/m^3, um calor específico de 460 J/kg K e uma condutividade térmica de 20 W/m K. O coeficiente de transferência de calor com o ar é de 80 W/m^2 K e a temperatura do ar ambiente é de 20°C. Use um método explícito e compare seus resultados com aquele de uma solução gráfica.

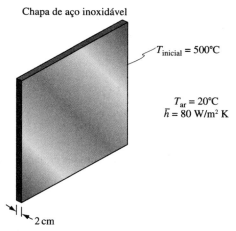

FIGURA 3.8 Chapa de aço inoxidável, Exemplo 3.3.

SOLUÇÃO O resfriamento transiente da chapa de aço inoxidável pode ser modelado como um problema de placa semi--infinita (uma dimensão no espaço), pois a espessura da chapa é muito menor que sua largura e comprimento. Também, antes de conduzir a análise numérica, é interessante encontrar a solução gráfica. O Número de Biot é:

$$\text{Bi} = \frac{\bar{h}L}{k} = \frac{\left(80\,\dfrac{\text{W}}{\text{m}^2\,\text{K}}\right)(0{,}01\,\text{m})}{\left(20\,\dfrac{\text{W}}{\text{m\,K}}\right)} = 0{,}04$$

ou 1/Bi = 25. Observe que Bi < 0,1 e, assim, a chapa pode ser tratada como uma capacitância aglomerada. Para a ordenada na Fig. 2.42(a), temos:

$$\frac{T(0,t) - T_\infty}{T(x,0) - T_\infty} = \frac{250 - 20}{500 - 20} = 0{,}479$$

resultando em

$$\frac{\alpha t}{L^2} = 19$$

da qual:

$$t = \frac{(19)(0{,}01\,\text{m}^2)}{\left(20\,\dfrac{\text{W}}{\text{m\,K}}\right)}\left(8500\,\dfrac{\text{kg}}{\text{m}^3}\right)\left(460\,\dfrac{\text{W\,s}}{\text{kg\,K}}\right) = 371\,\text{s}$$

Para implementar o método numérico explícito, considere a metade da espessura da chapa, com $x = 0$ sendo a face esquerda exposta e $x = L = 0{,}01$ m a linha central da chapa. A Eq. (3.14) pode ser usada para todos os nós interiores:

$$T_{i,m+1} = T_{i,m} + \frac{\Delta t\,\alpha}{\Delta x^2}(T_{i+1,m} - 2T_{i,m} + T_{i-1,m})$$

Para a face esquerda, a Eq. (3.18) é simplificada para

$$T_{1,m+1} = T_{1,m} + \frac{2\Delta t}{\rho c\,\Delta x}\left(\bar{h}(T_\infty - T_{1,m}) + k\frac{T_{2,m} - T_{1,m}}{\Delta x}\right)$$

Como o limite de contorno direito corresponde ao plano de simetria, não pode haver fluxo de calor entre o plano $x = L$ e a Eq. (3.19), portanto, simplificada para

$$T_{N,m+1} = T_{N,m} + \frac{2\Delta t \alpha}{\Delta x^2}(T_{N-1,m} - T_{N,m})$$

Para simplificar a notação, é necessário definir:

$$C_1 = \frac{\alpha \Delta t}{\Delta x^2} \qquad C_2 = \frac{2\bar{h}\Delta t}{\rho c \Delta x} \qquad C_3 = \frac{2\alpha \Delta t}{\Delta x^2}$$

Observe que $C_1 = C_3/2 = $ Fo.

Como antes, seja $T_{i,\text{velho}} \equiv T_{i,m}$ e $T_{i,\text{novo}} \equiv T_{i,m+1}$. Então, nossas equações se tornam

$$T_{1,\text{novo}} = T_{1,\text{velho}} + C_2(T_\infty - T_{1,\text{velho}}) + C_3(T_{2,\text{velho}} - T_{1,\text{velho}}) \qquad \text{(a)}$$

$$T_{i,\text{novo}} = T_{i,\text{velho}} + C_1(T_{i+1,\text{velho}} - 2T_{i,\text{velho}} + T_{i-1,\text{velho}}) \qquad i = 2, 3, \ldots, N-1 \qquad \text{(b)}$$

$$T_{N,\text{novo}} = T_{N,\text{velho}} + C_3(T_{N-1,\text{velho}} - T_{N,\text{velho}}) \qquad \text{(c)}$$

A condição inicial é

$$T_{i,m=0} = 500°C \quad \text{para todo } i$$

O procedimento de solução é exibido na Fig. 3.9. Usando 20 volumes de controle ($N = 21$), tem-se $\Delta x = L/20 = 0{,}01/20 = 0{,}0005$ m. Como usamos o esquema explícito, precisamos ter

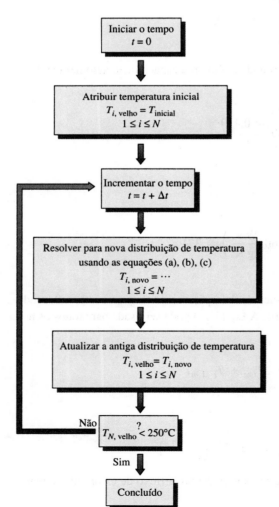

FIGURA 3.9 Fluxograma para a solução explícita de um problema de condução transiente unidimensional, Exemplo 3.3.

$$\Delta t < \frac{\Delta x^2}{2\alpha} = \frac{(0,0005\,\text{m})^2}{2\left(20\,\dfrac{\text{W}}{\text{m\,K}}\right)}\left(8\,500\,\dfrac{\text{kg}}{\text{m}^3}\right)\left(460\,\dfrac{\text{W\,s}}{\text{kg\,K}}\right) = 0,0244\,\text{s}$$

Como $\bar{h}\,\Delta x/k \ll 1$, o critério de estabilidade para o volume de controle no limite do contorno fornecerá um valor semelhante para Δt. Para fornecer uma margem, usaremos $\Delta t = 0,02$ s.

Um programa de computador que realiza o procedimento que acabou de ser descrito dá um resultado de $t = 367,5$ s, que é cerca de 1,5% menor que a solução gráfica. Considerando que os gráficos não podem ser lidos com precisão, essa concordância é boa. Executando o programa com metade dos números de volumes de controle, ($N = 11$) e uma etapa de tempo de 0,08 s, tem-se $t = 367,6$ s, indicando que a solução para $\Delta t = 0,02$ s é precisa o suficiente.

3.3.3 Métodos de solução

Como demonstrado nos exemplos 3.2 e 3.3, a solução das equações explícitas das diferenças é direta. É simplesmente uma questão de levar a solução do intervalo de tempo anterior para o novo intervalo de tempo. Nessa seção, nos deteremos na solução de uma equação de diferenças implícita, a Eq. (3.16), com condições de contorno associadas. Os inter-relacionamentos de temperaturas no tempo $m + 1$ na Eq. (3.16) são semelhantes àqueles na Eq. (3.2), sugerindo um meio de resolver a equação implícita. Primeiro, deve-se rearranjar a Eq. (3.16) para resultar em

$$(1 + 2\,\text{Fo})T_{i,m+1} = \text{Fo}\,T_{i+1,m+1} + \text{Fo}\,T_{i-1,m+1} + T_{i,m} + \frac{\Delta t}{\rho c}\dot{q}_{G,i,m+1}$$

que pode ser escrita em uma forma como a Eq. (3.10):

$$a_i T_{i,m+1} = b_i T_{i+1,m+1} + c_i T_{i-1,m+1} + d_i \tag{3.21}$$

Comparando a Eq. (3.21) com a forma rearranjada da Eq. (3.16), vemos que:

$$a_i = 1 + 2\,\text{Fo}, \qquad b_i = c_i = \text{Fo}, \qquad d_i = T_{i,m} + \frac{\Delta t}{\rho c}\dot{q}_{G,i,m+1}$$

Portanto, os coeficientes a_i, b_i e c_i ($1 < i < N$) são conhecidos, assim como os coeficientes d_i, ou da condição inicial dada, $T_{i,0}$, ou por termos resolvido para $T_{i,m}$ no intervalo anterior de tempo.

Se pudermos expressar as condições de contorno em uma forma semelhante às equações (3.8) e (3.9), poderíamos resolver a equação das diferenças transiente implícita ao inverter a matriz, da mesma forma que fizemos para resolver a equação das diferenças no regime estacionário. No limite de contorno esquerdo, procuramos uma equação como

$$a_1 T_{1,m+1} = b_1 T_{2,m+1} + d_1$$

Para uma temperatura de superfície especificada, temos, portanto,

$$a_1 = 1 \qquad b_1 = 0 \qquad d_1 = T_1$$

A inspeção das formas implícitas das Eqs. (3.17) e (3.18) mostra que, para uma condição de contorno de fluxo de calor de superfície especificada, temos:

$$a_1 = 1 + \frac{2\,\Delta t\,\alpha}{\Delta x^2} \qquad b_1 = \frac{2\,\Delta t\,\alpha}{\Delta x^2} \qquad d_1 = T_{1,m} + \frac{2\,\Delta t}{\rho c\,\Delta x}\left(q''_{1,m+1} + \frac{\Delta x}{2}\dot{q}_{G,1,m+1}\right)$$

Para a condição de contorno de convecção superficial, a forma implícita da Eq. (3.18) resulta em:

$$a_1 = 1 + \frac{2\,\Delta t\,\alpha}{\Delta x^2} + \frac{2\,\Delta t\,\bar{h}}{\rho c\,\Delta x} \qquad b_1 = \frac{2\,\Delta t\,\alpha}{\Delta x^2}$$

$$d_1 = T_{1,m} + \frac{2\,\Delta t}{\rho c\,\Delta x}\left(\bar{h}T_\infty + \frac{\Delta x}{2}\dot{q}_{G,1,m+1}\right)$$

No limite do contorno direito, procuramos uma equação como

$$a_N T_{N,m+1} = c_N T_{N-1,m+1} + d_N$$

Para uma temperatura superficial especificada, temos:

$$a_N = 1 \quad c_N = 0 \quad d_N = T_N$$

Para um fluxo de calor superficial especificado

$$a_N = 1 + \frac{2\Delta t \alpha}{\Delta x^2} \quad c_N = \frac{2\Delta t \alpha}{\Delta x^2}$$

$$d_N = T_{N,m} + \frac{2\Delta t}{\rho c \Delta x}\left(q''_{N,m+1} + \frac{\Delta x}{2}\dot{q}_{G,N,m+1}\right)$$

Para a condição de contorno de convecção superficial especificada

$$a_N = 1 + \frac{2\Delta t \alpha}{\Delta x^2} + \frac{2\Delta t \bar{h}}{\rho c \Delta x} \quad c_N = \frac{2\Delta t \alpha}{\Delta x^2}$$

$$d_N = T_{N,m} + \frac{2\Delta t}{\rho c \Delta x}\left(\bar{h}T_\infty + \frac{\Delta x}{2}\dot{q}_{G,N,m+1}\right)$$

Os coeficientes para a Eq. (3.21) estão resumidos na Tabela 3.2 para as três condições de contorno.

A solução usando a inversão de matriz segue o procedimento para a equação das diferenças no regime estável. A única diferença entre as duas é que, para o problema instável, é necessário atualizar as constantes d_i entre os intervalos de tempo, pois o d_i depende da temperatura no nó i, que depende do intervalo de tempo. Após atualizá-las, aplica-se a inversão de matriz na técnica de solução de matriz tridiagonal para obter a nova distribuição de temperatura, $T_{i,m+1}$. Então, é possível atualizar os coeficientes d_i novamente e repetir o processo. Isso pode ser ilustrado ao aplicar o procedimento para o Exemplo 3.3.

TABELA 3.2 Coeficientes de matriz para condução instável unidimensional Eq. (3.21), solução implícita

	a_i	b_i	c_i	d_i
$i = 1$, temperatura superficial especificada	1	0	0	T_1
$i = 1$, fluxo de calor especificado	$1 + 2\,\text{Fo}$	$2\,\text{Fo}$	0	$T_{1,m} + \frac{2\Delta t}{\rho c \Delta x}\left(q''_{1,m+1} + \frac{\Delta x}{2}\dot{q}_{G,1,m+1}\right)$
$i = 1$, convecção superficial especificada	$1 + 2\,\text{Fo} + \frac{2\bar{h}\Delta t_1}{\rho c \Delta x}$	$2\,\text{Fo}$	0	$T_{1,m} + \frac{2\Delta t}{\rho c \Delta x}\left(\bar{h}_1 T_{\infty,1} + \frac{\Delta x}{2}\dot{q}_{G,1,m+1}\right)$
$1 < i < N$	$1 + 2\,\text{Fo}$	Fo	Fo	$T_{i,m} + r_s \dot{q}_{G,i,m+1}$
$i = N$, temperatura superficial especificada	1	0	0	T_N
$i = N$, fluxo de calor especificado	$1 + 2\,\text{Fo}$	0	$2\,\text{Fo}$	$T_{N,m} + \frac{2\Delta t}{\rho c \Delta x}\left(q''_{N,m+1} + \frac{\Delta x}{2}\dot{q}_{G,N,m+1}\right)$
$i = N$, convecção superficial especificada	$1 + 2\,\text{Fo} + \frac{2\bar{h}\Delta t_N}{\rho c \Delta x}$	0	$2\,\text{Fo}$	$T_{N,m} + \frac{2\Delta t}{\rho c \Delta x}\left(\bar{h}_N T_{\infty,N} + \frac{\Delta x}{2}\dot{q}_{G,N,m+1}\right)$

Observação: $\text{Fo} = \dfrac{\alpha \Delta t}{\Delta x^2}$

$q''_{A,m+1}$ é o fluxo de calor para *dentro* da superfície A.

No Exemplo 3.3, nós temos uma condição de contorno de convecção em $x = 0$ e uma condição de contorno de fluxo especificada ($q'' = 0$) em $x = L$. Como não há geração de calor, os coeficientes da Eq. (3.21) são:

$$a_1 = 1 + 2\,\text{Fo} + \frac{2\bar{h}\Delta t}{\rho c \Delta x} \quad b_1 = 2\,\text{Fo} \quad d_1 = T_{1,m} + \frac{2\bar{h}\Delta t T_\infty}{\rho c \Delta x}$$

$$a_i = 1 + 2\,\text{Fo} \quad b_i = c_i = \text{Fo} \quad d_i = T_{i,m} \quad 1 < i < N$$

$$a_N = 1 + 2\,\text{Fo} \quad c_N = 2\,\text{Fo} \quad d_N = T_{N,m}$$

A representação de matriz do problema é

$$\begin{bmatrix} a_1 & -b_1 & & & \\ -c_2 & a_2 & -b_2 & & \\ & & \vdots & & \\ & & -c_{N-1} & a_{N-1} & -b_{N-1} \\ & & & -c_N & a_N \end{bmatrix} \begin{bmatrix} T_{1,\text{novo}} \\ T_{2,\text{novo}} \\ \vdots \\ T_{N-1,\text{novo}} \\ T_{N,\text{novo}} \end{bmatrix}$$

$$= \begin{bmatrix} T_{1,\text{velho}} + 2\bar{h}\Delta t T_\infty/\rho c \Delta x \\ T_{2,\text{velho}} \\ \vdots \\ T_{N-1,\text{velho}} \\ T_{N,\text{velho}} \end{bmatrix}$$

Escreva isso como

$$\mathbf{A}\mathbf{T}_{\text{novo}} = \mathbf{D}$$

Depois, para cada intervalo de tempo, é possível encontrar o vetor $\mathbf{T}_{\text{novo}}$ ao resolver esse sistema tridiagonal. O procedimento de solução é exibido na Fig. 3.10.

3.4* Condução bidimensional em regime estável e instável

3.4.1 Equação de diferença

Com o método do volume de controle, a extensão para sistemas bi ou tridimensionais é direta. Considere a Fig. 3.11, que mostra um volume de controle para um problema bidimensional $\Delta z = 1$. Como na Seção 3.2, os nós x são identificados por

$$x_i = (i - 1)\Delta x \quad i = 1, 2, \ldots, M$$

De forma semelhante, os nós y são identificados por

$$y_i = (j - 1)\Delta y \quad j = 1, 2, \ldots, N$$

O tamanho do volume de controle é de Δx por Δy, e está centralizado em relação ao nó i, j. Agora, aplicando a Eq. (2.1), temos:

$$\text{taxa de condução de calor dentro do volume de controle} = -k\frac{\partial T}{\partial x}\bigg|_{\text{esquerda}} \Delta y - k\frac{\partial T}{\partial y}\bigg|_{\text{inferior}} \Delta x$$

e

$$\text{taxa de condução fora do volume de controle} = -k\frac{\partial T}{\partial x}\bigg|_{\text{direita}} \Delta y - k\frac{\partial T}{\partial y}\bigg|_{\text{superior}} \Delta x$$

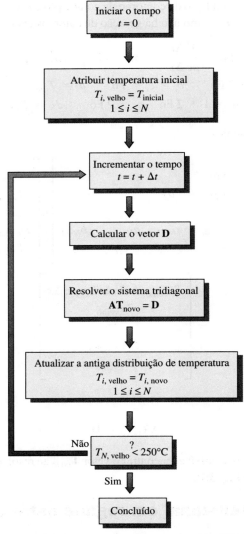

FIGURA 3.10 Fluxograma para o Exemplo 3.3, usando a solução implícita de um problema de condução transiente unidimensional.

em que "esquerda", "direita", "superior" e "inferior" estão relacionados às faces do volume de controle mostrado na Fig. 3.11. Observe que a área de superfície da face normal do volume de controle para o gradiente de temperatura é responsável por Δy nos termos da direita e esquerda, e por Δx nos termos superior e inferior.

Os gradientes de temperatura na superfície de volume de controle são avaliados como na Seção 3.2.

$$\left.\frac{\partial T}{\partial x}\right|_{\text{esquerda}} = \frac{T_{i,j,m} - T_{i-1,j,m}}{\Delta x} \qquad \left.\frac{\partial T}{\partial x}\right|_{\text{direita}} = \frac{T_{i+1,j,m} - T_{i,j,m}}{\Delta x}$$

$$\left.\frac{\partial T}{\partial x}\right|_{\text{inferior}} = \frac{T_{i,j,m} - T_{i,j-1,m}}{\Delta y} \qquad \left.\frac{\partial T}{\partial y}\right|_{\text{superior}} = \frac{T_{i,j+1,m} - T_{i,j,m}}{\Delta y}$$

Se a taxa de geração de calor volumétrico for de $\dot{q}_G(x, y, t)$, então a

taxa de geração de calor está dentro do volume de controle $= \dot{q}_{G,i,j,m} \Delta x \Delta y$

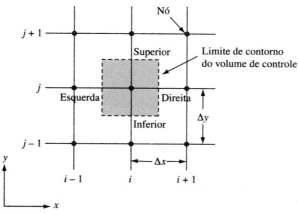

FIGURA 3.11 Volume de controle para condução bidimensional.

Finalmente,

taxa de armazenamento de energia dentro do volume de controle = $\rho c \, \Delta x \, \Delta y \dfrac{T_{i,j,m+1} - T_{i,j,m}}{\Delta t}$

Portanto, o equilíbrio de calor geral no volume de controle é

$$-k\left(\frac{T_{i,j,m} - T_{i-1,j,m}}{\Delta x}\Delta y + \frac{T_{i,j,m} - T_{i,j-1,m}}{\Delta y}\Delta x\right) + \dot{q}_{G,i,j,m}\Delta x \, \Delta y$$
$$= -k\left(\frac{T_{i+1,j,m} - T_{i,j,m}}{\Delta x}\Delta y + \frac{T_{i,j+1,m} - T_{i,j,m}}{\Delta y}\Delta x\right) \quad (3.22)$$
$$+ \rho c \, \Delta x \Delta y \, \frac{T_{i,j,m+1} - T_{i,j,m}}{\Delta t}$$

Dividindo por $k \, \Delta x \, \Delta y$, obtemos a equação das diferenças desejada

$$\frac{T_{i+1,j,m} - 2T_{i,j,m} + T_{i-1,j,m}}{\Delta x^2} + \frac{T_{i,j+1,m} - 2T_{i,j,m} + T_{i,j-1,m}}{\Delta y^2} + \frac{\dot{q}_{G,i,j,m}}{k}$$
$$= \frac{\rho c}{k}\frac{T_{i,j,m+1} - T_{i,j,m}}{\Delta t} \quad (3.23)$$

Para a condução bidimensional estável, sem geração de calor, a Eq. (3.23) torna-se

$$\frac{T_{i+1,j} - 2T_{i,j} + T_{i-1,j}}{\Delta x^2} + \frac{T_{i,j+1} - 2T_{i,j} + T_{i,j-1}}{\Delta y^2} = 0 \quad (3.24)$$

Resolvendo para $T_{i,j}$

$$T_{i,j} = \frac{\Delta y^2(T_{i+1,j} + T_{i-1,j}) + \Delta x^2(T_{i,j+1} + T_{i,j-1})}{2(\Delta x^2 + \Delta y^2)}$$

Se $\Delta x = \Delta y$, temos

$$T_{i,j} = \frac{1}{4}(T_{i+1,j} + T_{i-1,j} + T_{i,j+1} + T_{i,j-1})$$

Como na condução estável unidimensional sem geração de calor, a temperatura em qualquer nó interior i, j é a média das temperaturas nos nós vizinhos.

Com relação à Eq. (3.23), vemos que a distribuição de temperatura no intervalo de tempo $m + 1$ é facilmente determinada a partir da distribuição na etapa de tempo m. Em outras palavras, a Eq. (3.23) está na forma explícita. É estável somente se

$$\Delta t < \frac{1}{2\alpha}\left(\frac{1}{\Delta x^2} + \frac{1}{\Delta y^2}\right)^{-1}$$

A forma implícita das equações das diferenças é

$$\frac{T_{i+1,j,m+1} - 2T_{i,j,m+1} + T_{i-1,j,m+1}}{\Delta x^2} + \frac{T_{i,j+1,m+1} - 2T_{i,j,m+1} + T_{i,j-1,m+1}}{\Delta y^2}$$

$$+ \frac{\dot{q}_{G,i,j,m+1}}{k} = \frac{\rho c}{k}\frac{T_{i,j,m+1} - T_{i,j,m}}{\Delta t} \qquad (3.25)$$

A condutividade térmica variável pode ser lidada como na Seção 3.2.1. A condutividade térmica adequada para determinar o fluxo nas faces esquerda e direita do volume de controle na Fig. 3.11 pode ser calculada de:

$$k_{\text{esquerda}} = \frac{2k_{i,j}k_{i-1,j}}{k_{i,j}k_{i-1,j}} \quad \text{e} \quad k_{\text{direita}} = \frac{2k_{i,j}k_{i+1,j}}{k_{i,j} + k_{i+1,j}}$$

e, para as faces inferior e superior do volume de controle,

$$k_{\text{inferior}} = \frac{2k_{i,j}k_{i,j-1}}{k_{i,j} + k_{i,j-1}} \quad \text{e} \quad k_{\text{superior}} = \frac{2k_{i,j}k_{i,j+1}}{k_{i,j} + k_{i,j+1}}$$

3.4.2 Condições de contorno

Desenvolver equações de diferença para nós de contorno em várias dimensões é semelhante a desenvolvê-las em uma dimensão, como descrito na Seção 3.2.2. Primeiro, define-se o volume de controle que contém o nó do limite de contorno. Depois, todos os fluxos de energia para dentro e fora dos contornos do volume de controle e os termos volumétricos, incluindo a geração de calor e os termos de armazenagem de energia.

Considere a borda vertical da forma geométrica bidimensional mostrada na Fig. 3.12. Um volume de controle de largura $\Delta x/2$ e altura Δy é mostrado pela área sombreada. A temperatura no nó de contorno é de $T_{i,j,m}$. O tamanho e o formato desse volume de controle foi selecionado para que, se os volumes e os controles interiores forem como mostrados na Fig. 3.11, e os volumes de controle de bordas remanescentes forem como mostrados na Fig. 3.12 (na próxima página), todo o volume do domínio do problema (com exceção dos cantos) estará incluso.

Considere um equilíbrio de calor no volume de controle na Fig. 3.12:

$$\text{fluxo de calor para dentro da face esquerda do volume de controle por condução} = k\frac{T_{i-1,j,m} - T_{i,j,m}}{\Delta x}\Delta y$$

$$\text{fluxo de calor para fora da face direita} = q''_{x,i,j,m}\Delta y$$

em que $q''_{x,i,j,m}$ é um fluxo de calor especificado na direção $+x$ no local i, j na borda no tempo m.

$$\text{fluxo de calor para dentro do volume de controle pela face inferior por condução} = k\frac{T_{i,j-1,m} - T_{i,j,m}}{\Delta y}\frac{\Delta x}{2}$$

$$\text{fluxo de calor para fora do volume de controle pela face superior por condução} = k\frac{T_{i,j,m} - T_{i,j+1,m}}{\Delta y}\frac{\Delta y}{2}$$

Se a taxa de geração de calor volumétrico for $\dot{q}_{G,i,j,m}$, então a taxa de geração de calor no volume de controle é

$$\dot{q}_{G,i,j,m}\frac{\Delta x\,\Delta y}{2}$$

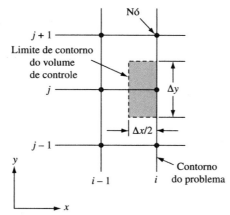

FIGURA 3.12 Volume de controle de contorno para condução bidimensional – borda vertical.

A taxa na qual a energia é armazenada no volume de controle durante uma etapa de tempo Δt é

$$\rho c \frac{\Delta x \Delta y}{2} \frac{T_{i,j,m+1} - T_{i,j,m}}{\Delta t}$$

e o equilíbrio de energia do volume de controle é:

$$k \frac{T_{i-1,j,m} - T_{i,j,m}}{\Delta x} \Delta y + k \frac{T_{i,j-1,m} - T_{i,j,m}}{\Delta y} \frac{\Delta x}{2} + \dot{q}_{G,i,j,m} \frac{\Delta x \Delta y}{2}$$
$$= q''_{x,i,j,m} \Delta y + k \frac{T_{i,j,m} - T_{i,j+1,m}}{\Delta y} \frac{\Delta x}{2} + \rho c \frac{\Delta x \Delta y}{2} \frac{T_{i,j,m+1} - T_{i,j,m}}{\Delta t}$$

que pode ser rearranjado para fornecer uma equação explícita para a temperatura de contorno no próximo intervalo de tempo, $T_{i,j,m+1}$:

$$T_{i,j,m+1} = T_{i,j,m}\left[1 - 2\alpha \Delta t \left(\frac{1}{\Delta x^2} + \frac{1}{\Delta y^2}\right)\right] + T_{i-1,j,m}\left(\frac{2\alpha \Delta t}{\Delta x^2}\right)$$
$$+ (T_{i,j-1,m} + T_{i,j+1,m})\left(\frac{\alpha \Delta t}{\Delta y^2}\right) + \dot{q}_{G,i,j,m}\left(\frac{\alpha \Delta t}{k}\right) - q''_{x,i,j,m}\left(\frac{2\alpha \Delta t}{k \Delta x}\right) \quad (3.26)$$

Seguindo esse mesmo procedimento para um canto externo, Fig. 3.13, encontramos:

$$T_{i,j,m+1} = T_{i,j,m}\left[1 - 2\alpha \Delta t\left(\frac{1}{\Delta x^2} + \frac{1}{\Delta y^2}\right)\right] + T_{i-1,j,m}\left(\frac{2\alpha \Delta t}{\Delta x^2}\right)$$
$$+ T_{i,j-1,m}\left(\frac{2\alpha \Delta t}{\Delta y^2}\right) + \dot{q}_G\left(\frac{\alpha \Delta t}{k}\right)$$
$$- \frac{2\alpha \Delta t}{k}\left(q''_{x,i,j,m}\frac{1}{\Delta x} + q''_{y,i,j,m}\frac{1}{\Delta y}\right) \quad (3.27)$$

onde $q''_{y,i,j,m}$ é um fluxo de calor especificado na direção $+y$ na superfície superior do volume de controle no nó i, j no tempo m.

Finalmente, para um canto interno como na Fig. 3.14,

$$T_{i,j,m+1} = T_{i,j,m}\left[1 - 2\alpha\Delta t\left(\frac{1}{\Delta x^2} + \frac{1}{\Delta y^2}\right)\right] + T_{i-1,j,m}\left(\frac{4}{3}\frac{\alpha\Delta t}{\Delta x^2}\right)$$
$$+ T_{i+1,j,m}\left(\frac{2}{3}\frac{\alpha\Delta t}{\Delta x^2}\right) + T_{i,j+1,m}\left(\frac{4}{3}\frac{\alpha\Delta t}{\Delta y^2}\right)$$
$$+ T_{i,j-1,m}\left(\frac{2}{3}\frac{\alpha\Delta t}{\Delta y^2}\right) + \dot{q}_{G,i,j,m}\left(\frac{\alpha\Delta t}{k}\right)$$
$$+ \frac{2}{3}\frac{\alpha\Delta t}{k}\left(-\frac{q''_{x,i,j,m}}{\Delta x} + \frac{q''_{y,i,j,m}}{\Delta y}\right) \tag{3.28}$$

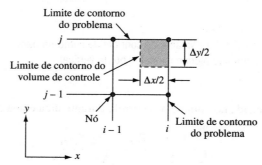

FIGURA 3.13 Volume de controle do limite de contorno para condução bidimensional – canto externo.

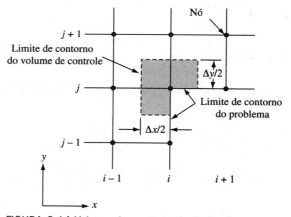

FIGURA 3.14 Volume de controle do limite de contorno para condução bidimensional – canto interno.

Observe que, com nossa convenção de sinais nos fluxos de calor de contornos especificados, um valor positivo de $q''_{y,i,j,m}$ aumenta a temperatura no nó i, j, e um valor positivo de $q''_{x,i,j,m}$ diminui a temperatura no nó i, j.

Nas equações (3.26) até (3.28), os índices i, j do volume de controle de contorno dependem do local do volume de controle de limite do contorno dentro da geometria do problema. Por exemplo, para uma geometria retangular, os volumes de controle do canto e da borda no lado direito do retângulo teriam $i = M$, o canto superior teria $j = N$, o canto inferior teria $j = 1$, e assim por diante.

As equações de equilíbrio de energia para esses volumes de controle de contornos impõem seus próprios critérios de estabilidade, como expressos pelo coeficiente de $T_{i,j,m}$. Como escolhemos a condição de contorno de fluxo de calor especificado, aqui, esses critérios são idênticos aos usados para os volumes de controle interiores. Como sugerido pelas equações de energia de volume de controle de contorno unidimensional para condições de contorno de convecção superficial, esperamos que a condição de contorno de convecção de superfície pudesse impor critérios de estabilidade mais restritivos para problemas bidimensionais.

As condições de contorno expressas pelas equações (3.26) a (3.28) são explícitas. As versões implícitas podem ser derivadas como segue. Substitua o m subscrito por $m + 1$ em todos os termos exceto $T_{i,j,m}$ do lado direito das equações. Para o termo $T_{i,j,m}$, mantenha o m subscrito para o termo 1 dentro dos colchetes, e use $m + 1$ para o segundo termo dentro do colchete. Para a equação implícita, estamos determinando a alteração de temperatura $T_{i,j,m+1} - T_{i,j,m}$ a partir das temperaturas no novo intervalo de tempo $m + 1$ em oposição a determinar a alteração de temperatura com base nas temperaturas no intervalo de tempo m para a equação explícita.

Para equações de contorno de estado estável, o termo representando a taxa de armazenamento de energia

$$\rho c \frac{T_{i,j,m+1} - T_{i,j,m}}{\Delta t}$$

é, por definição, zero. Isso pode ser mais facilmente acomodado nas equações (3.26) a (3.28) ao dividir por Δt e deixar $\Delta t \to \infty$. Então, esses dois termos são excluídos em cada equação que não são proporcionais a Δt. Por exemplo, a Eq. (3.26) torna-se

$$T_{i,j} = \frac{\frac{2\alpha}{\Delta x^2} T_{i-1,j} + \frac{\alpha}{\Delta y^2}(T_{i,j+1} + T_{i,j-1}) + \frac{\alpha}{k}\dot{q}_{G,i,j} - q''_{x,i,j}\frac{2\alpha}{k\,\Delta x}}{2\alpha\left(\frac{1}{\Delta x^2} + \frac{1}{\Delta y^2}\right)}$$

3.4.3 Métodos de solução

Métodos de solução para estado estacionário Para condução bidimensional em regime estável com geração de calor, a Eq. (3.23) torna-se:

$$\frac{T_{i+1,j} - 2T_{i,j} + T_{i-1,j}}{\Delta x^2} + \frac{T_{i,j+1} - 2T_{i,j} + T_{i,j-1}}{\Delta y^2} + \frac{\dot{q}_{G,i,j}}{k} = 0 \tag{3.29}$$

Observe que a temperatura de cada nó interior $T_{i,j}$ depende de seus quatro vizinhos. Resolvendo para $T_{i,j}$:

$$T_{i,j} = \frac{\Delta y^2(T_{i+1,j} + T_{i-1,j}) + \Delta x^2(T_{i,j+1} + T_{i,j-1}) + \frac{\Delta x^2 \Delta y^2}{k}\dot{q}_{G,i,j}}{2\,\Delta x^2 + 2\,\Delta y^2}$$
$$1 < i < M, \quad 1 < j < N \tag{3.30}$$

Os índices i, j são restritos para as faixas indicadas, pois as equações de diferença especiais, como aquelas desenvolvidas na Seção 3.4.2, são necessárias nos contornos.

O método iterativo apresentado na Seção 3.2 é o mais direto para resolver a Eq. (3.30). Para aplicar a Iteração de Jacobi, começamos com uma estimativa da distribuição de temperatura para o problema. Chame essa hipótese de distribuição de temperatura.

$$T_{i,j}^{(0)} \quad 1 \leq i \leq M, \quad 1 \leq j \leq N$$

Se usarmos essa distribuição no lado direito da Eq. (3.30) e as equações de contorno adequadas, podemos calcular um novo valor para $T_{i,j}$ em cada nó. Denote essa nova distribuição de temperatura pelo sobrescrito 1, ou

$$T_{i,j}^{(1)} \quad 1 \leq i \leq M, \quad 1 \leq j \leq N$$

desde que esta seja a primeira revisão em nossa hipótese inicial, $T_{i,j}^{(0)}$. A nova distribuição de temperatura $T_{i,j}^{(1)}$ é agora usada do lado direito da Eq. (3.30) para dar uma nova distribuição de temperatura, $T_{i,j}^{(2)}$. Se continuarmos com esse procedimento iterativo, a distribuição de temperatura convergirá para a solução correta, se forem utilizados os mesmos critérios especificados na Seção 3.2: devemos especificar a temperatura para, no mínimo, um nó de contorno, ou devemos especificar uma condição de contorno de tipo de convecção com a temperatura do fluido ambiente fornecida por um nó de contorno, pelo menos. Os limites de contorno restantes podem, então, ter qualquer tipo de condição de contorno.

EXEMPLO 3.4 Uma longa haste de 2,7 cm × 2,7 cm de seção transversal é submetida ao teste de estresse térmico. Dois lados opostos da haste são mantidos a 0°C e os outros dois lados são mantidos a 50°C e 100°C (veja a Fig. 3.15). Usando um espaçamento de nó de 9 mm, determine a temperatura no estado estacionário na seção transversal da haste.

SOLUÇÃO O objetivo é encontrar a distribuição de temperatura no domínio quadrado $0 \leq x \leq 1$, $0 \leq y \leq 1$, como mostrado na Fig. 3.15. Como $\Delta x = \Delta y = 9$ mm, $M = N = 4$. Devido às condições de contorno simples, é preciso considerar equações de diferença somente para os quatro nós interiores. Como $\dot{q}_G = 0$ e $\Delta x = \Delta y$, a Eq. (3.30) resulta em

$$T_{2,2} = \frac{1}{4}(50 + 0 + T_{2,3} + T_{3,2})$$

$$T_{2,3} = \frac{1}{4}(50 + 0 + T_{2,2} + T_{3,3})$$

$$T_{3,2} = \frac{1}{4}(100 + 0 + T_{2,2} + T_{3,3})$$

$$T_{3,3} = \frac{1}{4}(100 + 0 + T_{2,3} + T_{3,2})$$

Vamos começar com uma hipótese de $T_{i,j} = 0$ para os quatro nós interiores. Esse não é especialmente um bom palpite inicial, mas ilustrará o procedimento (Um melhor palpite inicial pode ser interpolar, de maneira grosseira, as temperaturas de nós interiores a partir das temperaturas de contorno.) A tabela a seguir exibe os resultados de cada iteração.

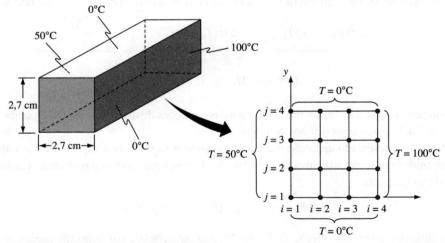

FIGURA 3.15 Esboço para o Exemplo 3.4.

Número de Iteração	T$_{2,2}$ (°C)	T$_{2,3}$ (°C)	T$_{3,2}$ (°C)	T$_{3,3}$ (°C)
0	0	0	0	0
1	12,5	12,5	25	25
2	21,875	21,875	34,375	34,375
3	26,563	26,563	39,063	39,063
4	28,907	28,907	41,407	41,407
5	30,079	30,079	42,579	42,579
6	30,665	30,665	43,165	43,165
7	30,957	30,957	43,457	43,457
8	31,104	31,104	43,604	43,604
9	31,177	31,177	43,677	43,677
10	31,214	31,214	43,714	43,714
⋮	⋮	⋮	⋮	⋮
20	31,25	31,25	43,75	43,75

Após 20 iterações, a solução para de alterar de forma significativa.

No Exemplo 3.4, a solução seria atingida após 11 iterações usando a Iteração Gauss-Seidel em vez de 20 iterações exigidas pela Iteração de Jacobi, o que demonstra uma melhora significante.

EXEMPLO 3.5 O barramento de liga ($k = 20$ W/m K) mostrado na Fig. 3.16 carrega corrente elétrica suficiente para ter uma taxa de geração de calor de 10^6 W/m^3. Esse barramento mede 10 cm de altura por 5 cm de largura e 1 cm de espessura, com fluxos de corrente na direção da maior dimensão entre dois eletrodos resfriados em água, que mantêm a ponta esquerda do barramento em 40°C e a ponta direita em 10°C. Ambas as faces largas e uma extremidade longa são isoladas. A outra é resfriada por convecção natural a um coeficiente de transferência de calor de 75 W/m^2 K e uma temperatura de ar ambiente de 0°C. Determine a distribuição de temperatura ao longo de ambas as extremidades, a temperatura máxima no barramento e a distribuição da perda de calor ao longo da extremidade resfriada por convecção natural.

SOLUÇÃO A Fig. 3.16 mostra a rede nodal. Escolhemos $\Delta x = \Delta y = 1$, resultando em $M = 11$ nós na direção x, e $N = 6$ nós na direção y. Como não esperamos qualquer gradiente na direção z, temos $\Delta z = 1$ cm. Também observe que a geração de calor volumétrico é constante e uniforme.

Para todos os nós interiores, $1 < i < M$, $1 < j < N$, a Eq. (3.30) aplica-se diretamente. Para $\Delta x = \Delta y$, a Eq. (3.30) é simplificada:

$$T_{i,j} = \frac{T_{i+1,j} + T_{i-1,j} + T_{i,j+1} + T_{i,j-1} + \left(\frac{\Delta x^2}{k}\right)\dot{q}_G}{4}$$

Para nós nas bordas curtas, temos:

$$T_{1,j} = 40°C, \qquad T_{M,j} = 10°C \qquad 1 \leq j \leq N$$

Para nós ao longo da borda superior, $1 < i < M$, $j = N$, é preciso derivar uma equação das diferenças semelhante à forma estável da Eq. (3.26). A área sombreada na borda superior da Fig. 3.16 representa um volume de controle típico para a borda superior. Um equilíbrio de energia no volume de controle fornece a equação das diferenças necessária:

$$k\left[\left(\frac{T_{i-1,j} - T_{i,j}}{\Delta x} + \frac{T_{i+1,j} - T_{i,j}}{\Delta x}\right)\frac{\Delta y}{2} + \left(\frac{T_{i,j-1} - T_{i,j}}{\Delta y}\right)\Delta x\right] + \dot{q}_G \frac{\Delta x \, \Delta y}{2}$$
$$= \bar{h}\Delta x(T_{i,j} - T_\infty) \qquad 1 < i < M, \qquad j = N$$

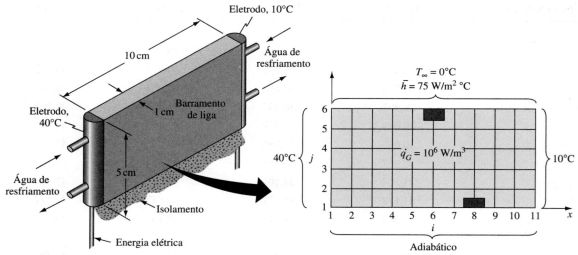

FIGURA 3.16 Barramento de liga, Exemplos 3.5 e 3.6 (isolamento nas faces maiores não exibidos por questão de clareza).

Resolvendo para $T_{i,N}$ e usando $\Delta x = \Delta y$,

$$T_{i,N} = \frac{\bar{h}T_\infty + \dot{q}_G \dfrac{\Delta x}{2} + \dfrac{k}{\Delta x}\left(\dfrac{1}{2}(T_{i-1,N} + T_{i+1,N}) + T_{i,N-1}\right)}{\bar{h} + 2\dfrac{k}{\Delta x}} \qquad 1 < i < M$$

Para nós ao longo da borda adiabática, considere um equilíbrio de energia na área sombreada na borda inferior da Fig. 3.16:

$$k\left[\left(\frac{T_{i-1,j} - T_{i,j}}{\Delta x} + \frac{T_{i+1,j} - T_{i,j}}{\Delta x}\right)\frac{\Delta y}{2} + \left(\frac{T_{i,j+1} - T_{i,j}}{\Delta y}\right)\Delta x\right] + \dot{q}_G \frac{\Delta x \Delta y}{2} = 0$$

$$1 < i < M, \quad j = 1$$

Resolvendo para $T_{i,1}$ e usando $\Delta x = \Delta y$, obtemos:

$$T_{i,1} = \frac{1}{4}(T_{i+1,1} + T_{i-1,1}) + \frac{1}{2}T_{i,2} + \dot{q}_G \frac{\Delta x^2}{4k} \qquad 1 < i < M$$

O procedimento de solução para o conjunto de equações de diferença é exibido na Fig. 3.17 na sequência. Após 198 iterações, os resultados para as bordas superior e inferior são:

	Nó				
	1	2	3	4	5
Borda superior, °C	40,000	55,138	66,643	74,143	77,553
Borda inferior, °C	40,000	58,089	71,333	79,859	83,756

	Nó					
	6	7	8	9	10	11
Borda superior, °C	76,847	71,998	62,960	49,668	32,035	10,000
Borda inferior, °C	83,070	77,811	67,950	53,426	34,148	10,000

A temperatura máxima ocorre na extremidade isolada no quinto nó a partir da borda esquerda ($i = 5, j = 1, x(5 - 1)\Delta x = 0,04\,\text{m}, y = 0,0\,\text{m}$), em que $T_{5,1} \approx 83,8°C$.

A perda de calor ao longo da borda superior para cada nó i é:

$$q_i = \bar{h}A_i(T_i - T_\infty)$$

onde $A_i = \Delta x\, \Delta z$ para $i = 2, 3, \ldots, N - 1$ e
$A_i = \Delta x\, \Delta z/2$ para $i = 1$ e $i = N$

Usando $\bar{h} = 75\,\text{W/m}^2\,\text{K} = 0,0075\,\text{W/cm}^2\,\text{K}$, $T_\infty = 0°C$, $\Delta x = \Delta z = 1\,\text{cm}$ e os valores para T_i ao longo da borda superior dada na tabela anterior, encontramos a seguinte distribuição de perda de calor na borda superior:

	Nó				
	1	2	3	4	5
Perda de calor (watts)	0,15	0,414	0,500	0,556	0,582

	Nó					
	6	7	8	9	10	11
Perda de calor (watts)	0,576	0,540	0,472	0,373	0,240	0,0375

Lembre-se de que as soluções numéricas tendem a ser dependentes do tamanho da rede nodal (ou grade, ou malha) que descreve o domínio espacial do problema. A solução anterior foi obtida com 11 nós na direção x e 6 nós na direção y (ou uma grade de 11 × 6). É interessante ver como a solução para a distribuição de temperatura no barramento se altera quando escolhemos uma rede nodal maior. Isso é visto na representação gráfica da distribuição de temperatura com um aumento no tamanho da grade na Fig. 3.18, em que uma alteração substancial na resolução da distribuição de temperatura daquela em nossa solução anterior é vista como o aumento da grade de 11 × 6 para 41 × 21, e depois para 161 × 81. Mais significativamente, a temperatura máxima na borda isolada (incluindo sua região espacial no barramento) altera-se de 83,75°C para 83,98°C para 83,28°C, respectivamente, com o refinamento sucessivo no tamanho da grade. Uma rede nodal maior que 161 × 81 não resultou em qualquer alteração significativa na distribuição de temperatura e, na maioria dos casos práticos, essa solução pode ser considerada o que frequentemente é chamado *solução independente de grade* na literatura de análise numérica. Esse exemplo destaca claramente a natureza aproximada da solução numérica e os problemas que podem ser encontrados com cálculos baseados em uma grade mais grosseira ou rede nodal. É claro, quanto maior o número de nós ou mais refinada a malha, maior o tempo de computação, especialmente em problemas tridimensionais mais complexos.

Devido às alterações na distribuição de temperatura com o refinamento de grade, os valores para perda de temperatura na borda superior do barramento também serão alterados. Os valores revisados podem ser prontamente calculados ao seguir a metodologia descrita no exemplo.

Métodos de solução de regime não-permanente (estado instável) Se a equação das diferenças para os nós interiores e os de limite de contorno for escrita em sua forma explícita, por exemplo, a Eq. (3.23), a solução pode ser encontrada pelo mesmo método usado para resolver equações de diferença instáveis unidimensionais. A distribuição de temperatura inicial, $T_{i,j,m=0}$, é inserida na Eq. (3.23) para dar a distribuição de temperatura no intervalo de tempo $m = 1$, isto é, $T_{i,j,m=1}$. A nova distribuição $T_{i,j,m=1}$ é, então, inserida na Eq. (3.23) para dar $T_{i,j,m=2}$. Esse procedimento é repetido em quantas etapas de tempo forem necessárias para alcançar a condição final.

Se a forma implícita for escolhida, o método iterativo pode ser aplicado de forma simples. Considere a Eq. (3.25), por exemplo. A temperatura no novo intervalo de tempo, $T_{i,j,m+1}$, é dada nos termos da temperatura naquele nó em uma etapa de tempo anterior, $T_{i,j,m}$, que é conhecida, e as temperaturas nos nós ao redor do nó i, j na nova etapa de tempo, que não são conhecidas. Uma estimativa da distribuição completa de temperatura $T_{i,j,m+1}$ pode ser obtida usando a distribuição de temperatura calculada mais recentemente para todas as temperaturas na Eq. (3.25), exceto

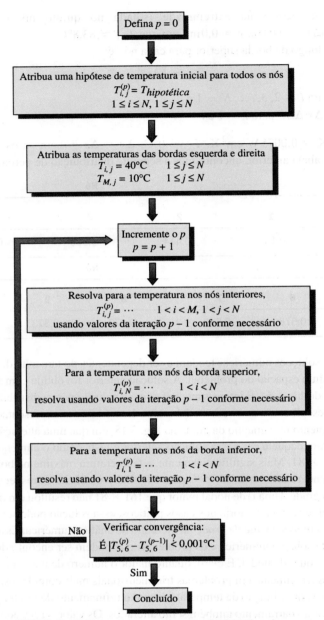

FIGURA 3.17 Fluxograma para a solução iterativa de um problema de condução estável bidimensional, Exemplo 3.5.

para $T_{i,j,m}$ que é conhecida. Se essa estimativa for determinada para a temperatura em todos os nós, concluímos uma iteração. A distribuição de temperatura correta para todos os nós na nova etapa de tempo, $m + 1$, é determinada quando iterações subsequentes convergem, isto é, quando a distribuição de temperatura deixa de se alterar significativamente de uma iteração para a outra. Estamos, então, prontos para passar para o próximo intervalo de tempo.

EXEMPLO 3.6 Considere o comportamento transiente do barramento no Exemplo 3.5. Considere que a difusividade térmica da liga seja $\alpha = 8 \times 10^{-6}$ m²/s. Inicialmente, a temperatura do barramento é uniforme a 20°C. Em $t = 0$, o fluxo de água é iniciado pelos eletrodos, o fluxo de ar resfriado é aplicado na borda superior e a energia elétrica é aplicada por meio dos eletrodos. Quanto tempo é necessário para atingir o estado estacionário? Use métodos de solução implícitos e explícitos.

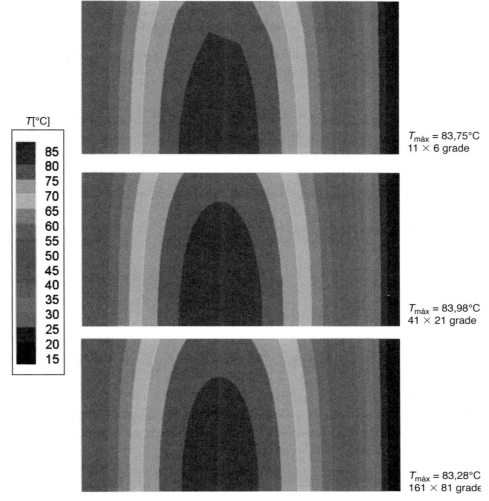

FIGURA 3.18 Efeito do refinamento da grade ou malha (aumentando o número de pontos de nós) na distribuição de temperatura no barramento de liga.
Fonte: Cortesia do Prof. Raj M. Manglik, Thermal-Fluids & Thermal Processing Laboratory, Universidade de Cincinnati.

SOLUÇÃO (a) *Método explícito*. Será utilizada a mesma rede de nós aplicada na Fig. 3.16. Primeiro, será usada a forma explícita da equação de diferença. A maior etapa de tempo permitida é:

$$\Delta t_{\text{máx}} = \frac{1}{2\alpha\left(\dfrac{1}{\Delta x^2} + \dfrac{1}{\Delta y^2}\right)}$$

Usando $\Delta x = \Delta y = 0{,}01$ m como anteriormente, será encontrado $\Delta t_{\text{máx}} = 3{,}13$ s. Como $h\,\Delta x/k = 0{,}03 \ll 1$, o critério de estabilidade para o volume de controle de contorno é muito próximo àquele para os volumes de controle interiores. Será usado $\Delta t = 3{,}0$ s.

Vamos definir o estado estacionário como sendo aquele em que a alteração de temperatura no interior do barramento por etapa de tempo seja menor que $0{,}0001\,°\text{C}$.

Resolvendo a equação de diferença explícita para $T_{i,j,m+1}$, a Eq. (3.23) resulta:

$$T_{i,j,m+1} = T_{i,j,m} + \alpha\,\Delta t\left\{\frac{T_{i+1,j,m} - 2T_{i,j,m} + T_{i-1,j,m}}{\Delta x^2} + \frac{T_{i,j+1,m} - 2T_{i,j,m} + T_{i,j-1,m}}{\Delta y^2} + \frac{\dot{q}_G}{k}\right\}$$

Como antes, as condições de contorno à esquerda e direita são

$$T_{1,j,m} = 40°C \qquad T_{M,j,m} = 10°C$$

Para os nós ao longo da borda superior, o equilíbrio de energia é semelhante àquele no Exemplo 3.5, exceto que devemos considerar a taxa na qual a energia é armazenada no volume de controle sombreado exibido na borda superior da Fig. 3.16:

$$k\left[\left(\frac{T_{i-1,j,m} - T_{i,j,m}}{\Delta x} + \frac{T_{i+1,j,m} - T_{i,j,m}}{\Delta x}\right)\frac{\Delta y}{2} + \left(\frac{T_{i,j-1,m} - T_{i,j,m}}{\Delta y}\right)\Delta x\right] + \dot{q}_G \frac{\Delta x \Delta y}{2}$$

$$= \bar{h}\Delta x(T_{i,j,m} - T_\infty) + \rho c \frac{\Delta x \Delta y}{2}\left(\frac{T_{i,j,m+1} - T_{i,j,m}}{\Delta t}\right) \qquad 1 < i < M, \qquad j = N$$

Resolvendo para encontrar $T_{i,j,m+1}$, usando $\Delta x = \Delta y$, e definindo $j = N$, temos:

$$T_{i,N,m+1} = T_{i,N,m} + \frac{2\Delta t}{\Delta x^2 \rho c}\left\{k\left(\frac{T_{i-1,N,m} + T_{i+1,N,m}}{2} + T_{i,N-1,m} - 2T_{i,N,m}\right)\right.$$

$$\left. + \dot{q}_G \frac{\Delta x^2}{2} - \bar{h}\Delta x(T_{i,N,m} - T_\infty)\right\} \qquad 1 < i < M$$

Ao longo da borda adiabática, um equilíbrio de energia fornece

$$T_{i,1,m+1} = T_{i,1,m} + \frac{2\Delta t}{\Delta x^2 \rho c} \times \left\{k\left(\frac{T_{i-1,1,m} + T_{i+1,1,m}}{2} + T_{i,2,m} - 2T_{i,1,m}\right) + \dot{q}_G \frac{\Delta x^2}{2}\right\} \qquad 1 < i < M$$

O procedimento de solução é exibido na Fig. 3.19.

Os resultados do procedimento mostram que o estado estacionário é atingido em 1131 segundos ou 18,85 minutos. Resultados semelhantes são encontrados para valores menores de Δt, contanto que a definição do estado estável seja expressa como uma taxa de variação, por exemplo:

$$\frac{T_{5,6,m+1} - T_{5,6,m}}{\Delta t} = 0,0001/3 = 3,3 \times 10^{-5} \frac{°C}{s}$$

Usando $\Delta t = 0,3$ s, o tempo necessário para atingir o estado estacionário é encontrado como 1 140 s e para $\Delta t = 0,1$ s, é de 1 141 s. Em todos os casos, a distribuição de temperatura resultante está entre 0,002°C do que é determinado pelo cálculo de estado estável no Exemplo 3.5.

(b) *Método implícito*. As equações de diferença dadas acima são facilmente convertidas em sua forma implícita. Para os nós interiores, temos:

$$T_{i,j,m+1} = T_{i,j,m} + \alpha \Delta t\left\{\frac{T_{i+1,j,m+1} - 2T_{i,j,m+1} + T_{i-1,j,m+1}}{\Delta x^2} + \frac{T_{i,j+1,m+1} - 2T_{i,j,m+1} + T_{i,j-1,m+1}}{\Delta y^2} + \frac{\dot{q}_G}{k}\right\}$$

Resolvendo para $T_{i,j,m+1}$:

$$T_{i,j,m+1} = \frac{T_{i,j,m} + \alpha \Delta t\left\{\dfrac{T_{i+1,j,m+1} + T_{i-1,j,m+1}}{\Delta x^2} + \dfrac{T_{i,j+1,m+1} + T_{i,j-1,m+1}}{\Delta y^2} + \dfrac{\dot{q}_G}{k}\right\}}{1 + 2\alpha \Delta t\left(\dfrac{1}{\Delta x^2} + \dfrac{1}{\Delta y^2}\right)}$$

$$1 < i < M, \qquad 1 < j < N$$

(a)

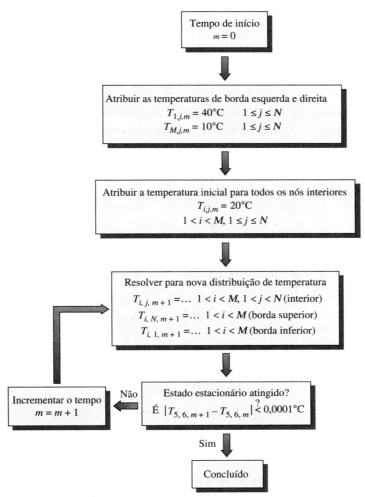

FIGURA 3.19 Fluxograma para a solução explícita de um problema de condução transiente bidimensional, Exemplo 3.6.

Na borda superior

$$T_{i,N,m+1} = T_{i,N,m} + \frac{2\Delta t}{\Delta x^2 \rho c} \times \left\{ k\left(\frac{T_{i+1,N,m+1} + T_{i-1,N,m+1}}{2} + T_{i,N-1,m+1} - 2T_{i,N,m+1} \right) \right.$$
$$\left. + \dot{q}_G \frac{\Delta x^2}{2} - \bar{h}\Delta x(T_{i,N,m+1} - T_\infty) \right\}$$

Resolvendo para $T_{i,N,m+1}$ resulta:

$$T_{i,N,m+1} = \frac{T_{i,N,m} + \dfrac{2\Delta t}{\Delta x^2 \rho c}\left\{ k\left(\dfrac{T_{i+1,N,m+1} + T_{i-1,N,m+1}}{2} + T_{i,N-1,m+1} \right) + \dot{q}_G \dfrac{\Delta x^2}{2} + \bar{h}\Delta x T_\infty \right\}}{1 + \dfrac{2\Delta t}{\Delta x^2 \rho c}(2k + \bar{h}\Delta x)} \quad \text{(b)}$$

em que $1 < i < M$

De maneira semelhante, ao longo da borda adiabática, a equação das diferenças implícita é

$$T_{i,1,m+1} = T_{i,1,m} + \frac{2\Delta t}{\Delta x^2 \rho c}\left\{ k\left(\frac{T_{i+1,1,m+1} + T_{i-1,1,m+1}}{2} + T_{i,2,m+1} - 2T_{i,1,m+1} \right) + \dot{q}_G \frac{\Delta x^2}{2} \right\}$$

Portanto,

$$T_{i,1,m+1} = \frac{T_{i,1,m} + \dfrac{2\Delta t}{\Delta x^2 \rho c}\left\{k\left(\dfrac{T_{i+1,1,m+1} + T_{i-1,1,m+1}}{2} + T_{i,2,m+1}\right) + \dot{q}_G \dfrac{\Delta x^2}{2}\right\}}{1 + \dfrac{2\Delta t}{\Delta x^2 \rho c}(2k)} \quad (c)$$

Os lados direitos das equações (a), (b) e (c) têm os termos avaliados no intervalo de tempo $m+1$ e um termo avaliado no intervalo de tempo m. Podemos expressar essas equações como

$$T_{i,j,m+1} = f(T_{i,j,m}, T_{i,j,m+1})$$

O termo avaliado no intervalo de tempo m é conhecido de nosso intervalo de tempo anterior. Para encontrar os termos $m+1$, deve-se usar a iteração. Para nossa primeira hipótese nos termos $m+1$, usaremos os valores do intervalo de tempo anterior:

$$T_{i,j,m+1}^{(0)} = T_{i,j,m}$$

Novamente, usamos a notação sobrescrita $T^{(0)}$ para denotar nossa primeira hipótese.

Inserimos essa hipótese ao lado direito das equações (a), (b) e (c) para obter um valor revisado para a temperatura no intervalo de tempo $m+1$:

$$T_{i,j,m+1}^{(1)} = f(T_{i,j,m}, T_{i,j,m+1}^{(0)})$$

Esses valores atualizados de $T_{i,j,m+1}^{(1)}$ podem, então, ir para o lado direito das equações (a), (b) e (c) para fornecer a próxima atualização:

$$T_{i,j,m+1}^{(2)} = f(T_{i,j,m}, T_{i,j,m+1}^{(1)})$$

Esse processo é repetido até que a variação entre iterações seja pequena, digamos:

$$|T_{5,6,m+1}^{(p)} - T_{5,6,m+1}^{(p-1)}| < \delta T$$

em que δT é alguma pequena diferença de temperatura especificada e o p sobrescrito denota a p-ésima iteração. Quando esse critério de convergência é atendido, temos a solução para a etapa de tempo $m+1$. Então, é possível comparar a alteração *por intervalo de tempo* para ver se o estado estacionário é atingido:

$$|T_{5,6,m+1}^{(p)} - T_{5,6,m}| < \frac{dT}{dt}$$

em que o lado direito dessa equação é alguma taxa especificada de variação de temperatura por unidade de tempo.

O procedimento de solução é exibido na Fig. 3.20.

Usando a mesma etapa de tempo utilizada para a solução explícita, 3 s, o tempo necessário para atingir o estado estacionário é determinado como 1143 s, e a distribuição de temperatura resultante é essencialmente idêntica àquela para a solução explícita.

A variação na distribuição de temperatura espacial (plano x-y do barramento) com o tempo, em três intervalos de tempo intermediários diferentes ($t = 50$, 150 e 300 s) com a condição inicial ($t = 0$) e o estado estacionário, baseada no cálculo com uma grade composta de 161 × 81 nós, é apresentada na Fig. 3.21. Os resultados de estado estacionário correspondentes, obtidos após 499 s neste caso (que é significativamente menor que aquele com uma grade mais grosseira), podem ser observados na Fig. 3.18. Replicar esse exercício com uma grade x-y diferente, alterar a etapa de tempo de maneira adequada e recalcular o tempo necessário para obter as condições de estado estacionário é uma tarefa deixada aos alunos.

Lembre-se de que o principal motivo para usar o método implícito é que, se for preciso reduzir o espaçamento de nós, Δx, o método explícito reduz o intervalo de tempo na proporção de Δx^2, enquanto o método implícito não apresenta essa restrição. Outra vantagem do método implícito é que o comportamento não linear pode ser acomodado. Por exemplo, se o termo de geração de calor, no Exemplo 3.5, dependesse da temperatura (como seria se a resistividade elétrica do barramento dependesse fortemente na temperatura), precisaríamos usar o método iterativo para garantir a convergência. Neste caso, o termo $\dot{q}_G$ seria recalculado em cada iteração a partir da temperatura calculada mais recentemente.

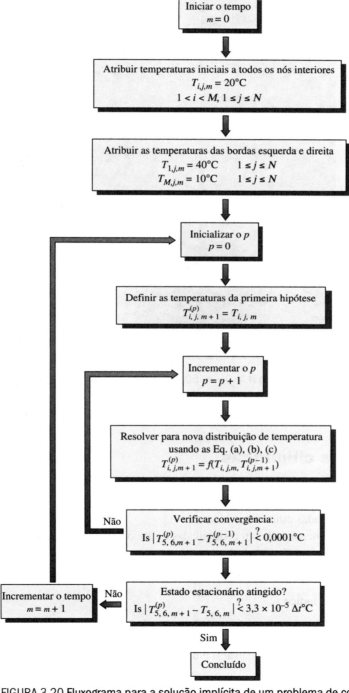

FIGURA 3.20 Fluxograma para a solução implícita de um problema de condução transiente bidimensional, Exemplo 3.6.

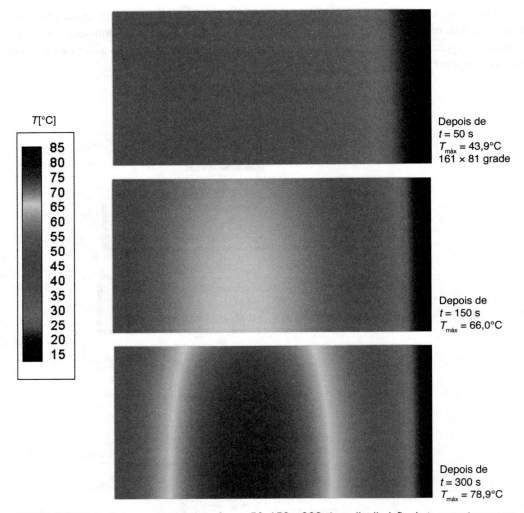

FIGURA 3.21 Variação com o tempo ($t > 0 \rightarrow$ 50, 150 e 300 s) na distribuição de temperatura na seção transversal x-y do barramento de liga; note que $T_{máx} = 83,3°C$ no estado estacionário ($t \rightarrow \infty$).
Fonte: Cortesia do Prof. Raj M. Manglik, Thermal-Fluids & Thermal Processing Laboratory, University of Cincinnati.

3.5* Coordenadas cilíndricas

O sistema cilíndrico de coordenadas é importante, pois apresenta uma série de aplicações incluindo perda de calor por meio de canos, fios e gabinetes de trocadores de calor. Portanto, é interessante desenvolver as equações de volume de controle para coordenadas cilíndricas.

Considere um sistema bidimensional com coordenadas r e θ e o volume de controle sombreado como mostrado na Fig. 3.22. Seja o raio r determinado pelo índice i.

$$r_i = (i-1)\Delta r \quad i = 1, 2, \ldots, N$$

e o ângulo θ determinado pelo índice j

$$\theta_j = (j-1)\Delta\theta \quad j = 1, 2, \ldots, M$$

Para problemas em regime instável, deve-se usar o índice m para indicar o tempo

$$t = m\Delta t \quad m = 0, 1, \ldots$$

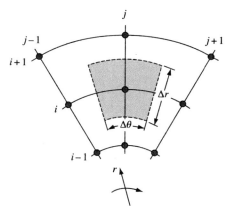

FIGURA 3.22 Controle de volume para geometria cilíndrica.

Agora, para um comprimento unitário na direção z, a área de volume de controle normal à direção radial é $(r - \Delta r/2)\Delta\theta$ na superfície interna e $(r + \Delta r/2)\Delta\theta$ na superfície externa. A área normal à direção circunferencial é Δr. A distância entre os nós é de

$$(i,j) \text{ a } (i \pm 1, j): \Delta r$$

$$(i,j) \text{ a } (i, j \pm 1): r\Delta\theta$$

O volume do volume de controle por unidade de largura é

$$\frac{1}{2}\Delta\theta\left[\left(r + \frac{\Delta r}{2}\right)^2 - \left(r - \frac{\Delta r}{2}\right)^2\right] = r\Delta\theta\Delta r$$

Com essas informações, a equação das diferenças pode ser determinada a partir do equilíbrio de energia:

$$\text{calor conduzido para dentro da face entre } (i,j) \text{ e } (i, j-1) = k\Delta r \frac{T_{i,j-1,m} - T_{i,j,m}}{r\Delta\theta}$$

$$\text{calor conduzido para dentro da face entre } (i,j) \text{ e } (i, j+1) = k\Delta r \frac{T_{i,j+1,m} - T_{i,j,m}}{r\Delta\theta}$$

$$\text{calor conduzido para dentro da face entre } (i,j) \text{ e } (i-1, j) = k\left(r - \frac{\Delta r}{2}\right)\Delta\theta \frac{T_{i-1,j,m} - T_{i,j,m}}{\Delta r}$$

$$\text{calor conduzido para dentro da face entre } (i,j) \text{ e } (i+1, j) = k\left(r + \frac{\Delta r}{2}\right)\Delta\theta \frac{T_{i+1,j,m} - T_{i,j,m}}{\Delta r}$$

A taxa na qual a energia é armazenada no volume de controle é

$$\rho c r \Delta\theta \Delta r \frac{T_{i,j,m+1} - T_{i,j,m}}{\Delta t}$$

Se a taxa de geração de calor é diferente de zero ($\dot{q}_G \neq 0$), então a taxa de geração de calor dentro do volume de controle é

$$\dot{q}_{G,i,j,m} r \Delta\theta \Delta r$$

O balanço de energia resultante no volume de controle de acordo com a Eq. (2.1) é

$$k\left\{\frac{\Delta r}{r\Delta\theta}\right\}(T_{i,j+1,m} - 2T_{i,j,m} + T_{i,j-1,m}) + \frac{r\Delta\theta}{\Delta r}(T_{i+1,j,m} - 2T_{i,j,m} + T_{i-1,j,m})$$

$$+ \frac{\Delta\theta}{2}(T_{i+1,j,m} - T_{i-1,j,m})\right\} + \dot{q}_{G,i,j,m} r\Delta\theta\Delta r = \rho c r \Delta\theta\Delta r \frac{T_{i,j,m+1} - T_{i,j,m}}{\Delta t} \quad (3.31)$$

Na forma implícita da Eq. (3.31), todos os m subscritos ao lado esquerdo da equação seriam substituídos por $m + 1$.

Ao comparar a Eq. (3.31) com a Eq. (3.22), vemos que as formas das equações das diferenças para a condução de calor instável bidimensional com geração de calor são idênticas para um sistema cartesiano e cilíndrico. A única diferença está nos coeficientes que multiplicam as temperaturas nodais e o termo de geração de calor. Devido a isso, as técnicas de solução para geometrias cilíndricas são idênticas àquelas descritas para o sistema Cartesiano na Seção 3.4.2.

Os equilíbrios de energia de volume de controle para os nós de contornos em uma geometria cilíndrica são desenvolvidos, assim como foram em uma geometria cartesiana. A transferência de calor para dentro ou fora do volume de controle por condução ou convecção deve ser considerada juntamente com a geração volumétrica e os termos de armazenamento de energia. A principal diferença na geometria cilíndrica é que as áreas superficiais e o volume do volume de controle são levemente mais complicadas para calcular, pois dependem do raio. Esse aspecto do método para geometrias cilíndricas é deixado como exercício (veja problemas 3.15 e 3.38).

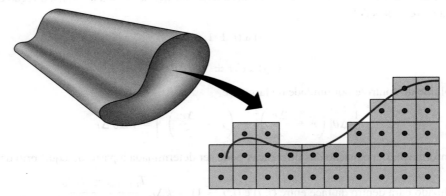

FIGURA 3.23 Volumes de controle próximos a um limite de contorno irregular.

3.6* Limites irregulares

Trabalhamos com volumes de controle retangulares na Seção 3.4.1 e, na Seção 3.5, com volumes de controle que eram seções de um círculo (veja as figuras. 3.11 e 3.22). A escolha da forma do volume de controle depende da forma da geometria geral do sistema que está sendo considerado. Se a geometria do sistema é retangular, faz sentido trabalhar em um sistema de coordenadas cartesianas e usar volumes de controle retangulares. Podemos então facilmente preencher a geometria toda com volumes de controle. Na Seção 3.5, usamos os volumes de controle que foram modelados como seções de um círculo para que pudéssemos preencher as geometrias circulares com facilidade. Para geometrias que não podem ser classificadas como especificamente retangulares ou circulares, nem uma dessas formas de volume de controle preencherá completamente a geometria do sistema. Dizemos que esses sistemas apresentam um *limite irregular*.

Um método para resolver problemas com limites irregulares é sugerido pela Fig. 3.23, em que temos um longo cilindro de seção transversal não circular. Se o cilindro for longo o suficiente, pode-se dizer que o sistema é bidimensional. *Aproximamos* o limite de contorno em curva com os volumes de controle retangulares, como mostrado na Fig. 3.23. Embora estejamos somente aproximando o contorno em curva, essa abordagem frequentemente é satisfatória. A única complexidade adicional apresentada por essa abordagem é que precisamos desenvolver equações de equilíbrio de energia para o preenchimento completo dos volumes de controle que apresentam superfícies expostas.

EXEMPLO 3.7 Um cilindro longo de seção transversal circular foi aquecido uniformemente até 500°C e será resfriado por imersão repentina em um banho refrigerante a 0°C. O diâmetro do cilindro é de 10 cm e apresenta condutividade térmica de 20 W/m K e difusividade térmica de 10^{-5} m²/s. O coeficiente de transferência de calor na superfície do cilindro é de 200 W/m² K. Use os métodos gráficos para determinar quanto tempo demorará para resfriar o centro do cilindro para 100°C e compare seus resultados com aqueles de uma solução numérica explícita usando os volumes de controle quadrados 1 cm × 1 cm.

SOLUÇÃO Primeiro, vamos encontrar a solução gráfica. O Número de Biot é

$$\text{Bi} = \frac{\bar{h}R_0}{k} = \frac{\left(200\,\frac{\text{W}}{\text{m}^2\,\text{K}}\right)(0{,}05\,\text{m})}{\left(20\,\frac{\text{W}}{\text{m K}}\right)} = 0{,}5$$

e

$$\frac{T(r=0,t) - T_\infty}{T(r=0,t=0) - T_\infty} = \frac{100 - 0}{500 - 0} = 0{,}2$$

A Fig. 2.43(a) então resulta em

$$\frac{\alpha t}{R_0^2} = 1{,}8$$

do qual encontramos $t = 450$ s.

A Fig. 3.24 mostra o arranjo de volumes de controle e nós para a solução numérica. A alocação dos volumes de controle é uma questão de julgamento, mas o objetivo é representar o contorno em curva o melhor possível. Devido à simetria, é necessário considerar somente um quarto da seção transversal circular. Os raios vertical e horizontal são superfícies adiabáticas. Temos nove tipos diferentes de volume de controle identificados pelo número no canto inferior direito de cada volume de controle. Para simplificar a notação, vamos definir na sequência

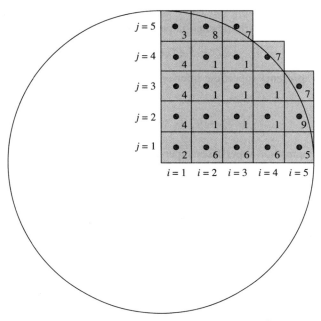

FIGURA 3.24 Arranjo de volumes de controle e nós para o Exemplo 3.7.

$$T_l \equiv T_{i-1,j,m} \text{ (esquerda)}$$
$$T_r \equiv T_{i+1,j,m} \text{ (direita)}$$
$$T_u \equiv T_{i,j+1,m} \text{ (superior)}$$
$$T_d \equiv T_{i,j-1,m} \text{ (inferior)}$$
$$T \equiv T_{i,j,m}$$
$$T_{novo} \equiv T_{i,j,m+1}$$
$$P_1 \equiv \frac{\Delta x^2}{\alpha \Delta t}$$
$$P_2 \equiv \frac{\bar{h} \Delta x}{k}$$

O volume de controle tipo 1 é interior. A equação de equilíbrio de energia para esse tipo de volume de controle é

$$T_l + T_r + T_u + T_d - 4T = P_1(T_{novo} - T)$$

O volume de controle tipo 2 apresenta superfícies adiabáticas na esquerda e na parte inferior. A equação de equilíbrio de energia para esse tipo de volume de controle é

$$T_r + T_u - 2T = P_1(T_{novo} - T)$$

O volume de controle tipo 3 apresenta superfície adiabática em sua face esquerda, e sua face superior é exposta às condições ambientes. A equação de equilíbrio de energia para esse tipo de volume de controle é

$$T_r + T_d - 2T + P_2(T_\infty - T) = P_1(T_{novo} - T)$$

O volume de controle tipo 4 apresenta superfície adiabática em sua face esquerda. A equação de equilíbrio de energia para esse tipo de volume de controle é

$$T_u + T_r + T_d - 3T = P_1(T_{novo} - T)$$

O volume de controle tipo 5 apresenta uma superfície inferior adiabática e uma superfície direita exposta às condições ambientais. A equação de equilíbrio de energia para esse tipo de volume de controle é

$$T_l + T_u - 2T + P_2(T_\infty - T) = P_1(T_{novo} - T)$$

O volume de controle tipo 6 apresenta superfície inferior adiabática. A equação de equilíbrio de energia para esse tipo de volume de controle é

$$T_l + T_u + T_r - 3T = P_1(T_{novo} - T)$$

O volume de controle tipo 7 apresenta superfícies superior e direita expostas às condições ambientes. A equação de equilíbrio de energia para esse tipo de volume de controle é

$$T_l + T_d - 2T + 2P_2(T_\infty - T) = P_1(T_{novo} - T)$$

O volume de controle tipo 8 apresenta superfície superior exposta às condições ambientes. A equação de equilíbrio de energia para esse tipo de volume de controle é

$$T_l + T_r + T_d - 3T + P_2(T_\infty - T) = P_1(T_{novo} - T)$$

O volume de controle tipo 9 apresenta superfície direita exposta às condições ambientes. A equação de equilíbrio de energia para esse tipo de volume de controle é

$$T_l + T_u + T_d - 3T + P_2(T_\infty - T) = P_1(T_{novo} - T)$$

Cada uma das equações de equilíbrio de energia de volume de controle pode ser resolvida para T_{novo}. A solução explícita pode, então, ser encontrada com o mesmo procedimento já usado. Antecipamos que o critério de estabilidade virá do controle tipo 7, pois tem duas superfícies expostas às condições ambientes. O coeficiente em T para o volume de controle tipo 7 é

$$\frac{\Delta x^2}{\alpha \Delta t} - 2 - 2\frac{\bar{h}\Delta x}{k}$$

Para que esse coeficiente permaneça positivo, o intervalo de tempo máximo é

$$\Delta t_{máx} = \frac{\Delta x^2}{2\alpha\left(1 + \dfrac{\bar{h}\Delta x}{k}\right)}$$

Então, o valor de Δt usado na solução numérica precisa ser menor que esse valor máximo. O cálculo continua até que a temperatura para o volume de controle mais próximo ao eixo do cilindro seja menor que 100°C, isto é,

$$T_{1,1,m_{final}} < 100°C$$

O valor de m_{final} resulta no tempo desejado de

$$t_{final} = m_{final}\Delta t$$

Os resultados do cálculo numérico resultam em $t_{final} = 431$ s, cerca de 4% menos que a solução gráfica de 450 s.

Para melhorar a precisão, podemos usar volumes de controle menores através do cilindro ou usar um tamanho de volume de controle variável como discutido anteriormente. No caso anterior, o tempo de computação será aumentado. No último caso, é necessário desenvolver equações de energia de volume de controle em ambos os lados desses volumes e para os de controle especiais, em que os dois tamanhos de volume de controle se encontram.

Nos exemplos 3.6 e 3.7, vimos que mesmo um problema bidimensional relativamente simples torna-se envolvente, pois acabamos com um tipo de equação de equilíbrio de energia de volume de controle usada para os volumes de controle internos e outra para cada tipo de volume de controle nos limites de contorno. Claramente, se um problema envolve um grande número de volumes de controle com limites diferentes, será necessária uma boa quantidade de trabalho para configurar as equações de volume de controle.

3.7 Considerações finais

Este capítulo pode ser considerado uma extensão do Capítulo 2. Aqui, desenvolvemos métodos numéricos para a análise de problemas de condução que não podem ser facilmente resolvidos por métodos analíticos ou gráficos. Os problemas que entram nessa categoria incluem aqueles com geometrias complexas, condições de contorno complexas ou propriedades variáveis. Avanços recentes tanto em *hardware* quanto em *software* computacionais possibilitaram a resolução eficiente de muitos problemas de condução com métodos numéricos.

Apresentamos também o método de volume de controle, pois sua implantação é a mesma para todos os problemas: os unidimensionais, multidimensionais, em regimes estável e instável. A base para esse método implica dividir o domínio de problema em volumes de controle discretos e escrever um equilíbrio de energia para cada volume de controle. O resultado é um conjunto de equações algébricas envolvendo as temperaturas no centro de cada volume de controle. O conjunto resultante de equações pode ser resolvido por métodos como inversão de matriz, resoluções de matriz diagonais, marchas, iterações ou uma combinação desses métodos. Para problemas unidimensionais estáveis e instáveis, as tabelas 3.1 e 3.2, respectivamente, podem ser usadas para determinar os coeficientes de matriz para três tipos de condições de contorno. Ao estabelecer os volumes de controle e escolher o método de solução para o problema, devem ser consideradas as questões de precisão e estabilidade da solução.

Enquanto a equação de equilíbrio de energia para os volumes de controle interiores pode ser generalizada, as equações para os volumes de controle de contorno podem ser especializadas para cada problema, especialmente para os multidimensionais com limites de contorno complexos. Em alguns casos, o esforço exigido para desenvolvê-las pode ser excessivo. Para tais problemas, devem ser considerados pacotes de *softwares* comerciais que resolvem problemas de condução. No Apêndice 4, é fornecida uma lista de vários deles, incluindo alguns de fonte aberta ou softwares de domínio público, que estão sendo muito utilizados na prática de engenharia.

Referências

1. MAJUMDAR, P. *Computational Methods for Heat and Mass Transfer*. New York: Taylor & Francis, 2005.
2. PATANKAR, S. V. Numerical Heat Transfer and Fluid Flow. *Hemisphere Publishing Corp.*, Washington, 1980.
3. TANNEHILL, J. C.; ANDERSON, D. A.; PLETCHER, R. H. *Computational Fluid Mechanics and Heat Transfer*. 2. ed. Washington: Taylor & Frances, 1997.

Problemas

Os problemas para este capítulo estão organizados por assunto, como mostrados abaixo.

Tópico	Número do Problema
Condução unidimensional em regime estável	3.1 - 3.16
Condução transiente unidimensional	3.17 - 3.26
Coordenadas retangulares, condução bidimensional em regime estável	3.27 - 3.37
Coordenadas cilíndricas, condução bidimensional em regime estável	3.38 - 3.40
Coordenadas retangulares, condução bidimensional transiente	3.41 - 3.46
Coordenadas cilíndricas, condução bidimensional transiente	3.47 - 3.48
Limites irregulares	3.49
Condução transiente tridimensional	3.50 - 3.52

3.1 Mostre que, no limite $\Delta x \to 0$, a equação das diferenças para condução estável unidimensional com a geração de calor, a Eq. (3.2), é equivalente à equação diferencial, a Eq. (2.27).

3.2 Qual é o significado físico da declaração de que a temperatura de cada nó é somente a média de seus vizinhos se não há geração de calor [com referência à Eq. (3.3)]?

3.3 Exemplifique um problema prático no qual a variação de condutividade térmica com a temperatura é significante e, para o qual, uma solução numérica é o único método de solução viável.

3.4 Discuta as vantagens e as desvantagens de usar um volume de controle grande.

3.5 Para a condução unidimensional, por que os volumes de controle nos limites de contorno têm metade do tamanho dos volumes de controle interiores?

3.6 Discuta as vantagens e as desvantagens de dois métodos para resolver problemas de condução unidimensional estável.

3.7 Resolva o seguinte sistema de equações:

$$2T_1 + T_2 - T_3 = 30$$
$$T_1 - T_2 + 7T_3 = 270$$
$$T_1 + 6T_2 - T_3 = 160$$

pela Iteração de Jacobi e Gauss-Seidel. Use como critério de convergência $|T_2^{(p)} - T_2^{(p-1)}| < 0,001$. Compare a taxa de convergência para os dois métodos.

3.8 Desenvolva uma equação das diferenças para o volume de controle para condução estável unidimensional em uma aleta com área transversal variável $A(x)$ e perímetro $P(x)$. O coeficiente de transferência de calor do estabilizador vertical para o ambiente é uma constante $\bar{h}_0$ e a ponta do estabilizador é adiabático. Veja um desenho para o Problema 3.9.

3.9 Usando os resultados do Problema 3.8, encontre o fluxo de calor na base da aleta para as seguintes condições:

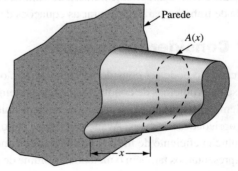

$$k = 34 \, \text{W/m k}$$
$$L = 5 \, \text{cm}$$
$$A(x) = 0,047\left(1 - \frac{1}{3} \operatorname{sen} \frac{x}{L}\right) \text{m}^2$$
$$P(x) = 0,3[A(x)]^{1/2}$$
$$\bar{h}_0 = 110 \, \text{W/m}^2 \, \text{k}$$
$$T_0 = 93°C$$
$$T_\infty = 27°C$$

Use um espaçamento de grade de 5 mm.

3.10 Considere uma aleta de pinos com condutividade variável $k(T)$, área transversal constante A_c e perímetro constante, P. Desenvolva as equações das diferenças para condução unidimensional estável na aleta e sugira um método para resolvê-las. O estabilizador está exposto à temperatura ambiente T_a por meio de um coeficiente de transferência de calor h. A ponta do estabilizador é isolada e a haste do estabilizador está na temperatura T_0.

3.11 Como você trataria uma condição de contorno de transferência de calor de radiação para um problema estável unidimensional? Desenvolva a equação das diferenças para um volume de controle próximo ao contorno e explique como resolver o sistema inteiro de equações das diferenças. Suponha que o fluxo de calor na superfície seja $q = \epsilon\sigma(T_s^4 - T_e^4)$, em que T_s é a temperatura de superfície e T_e é a temperatura de um envoltório em torno da superfície.

3.12 Como o método de volume de controle deve ser implantado em uma interface entre dois materiais com diferentes condutividades térmicas? Ilustre com um exemplo unidimensional em regime estável. Desconsidere a resistência de contato.

3.13 Como você inclui a resistência de contato entre os dois materiais no Problema 3.12? Derive as equações das diferenças adequadas.

3.14 Uma lâmina de turbina de 5 cm de comprimento com uma área transversal $A = 4,5$ cm² e um perímetro $P = 12$ cm é feita de uma liga de aço ($k = 25$ W/m K). A temperatura do ponto de fixação da lâmina é de 500°C e esta é exposta a gases de combustão a 900°C. O coeficiente de transferência de calor entre a superfície da lâmina e os gases de combustão é de 500 W/m² K. Usando a rede nodal mostrada no desenho abaixo: (a) determine a distribuição de temperatura na lâmina, a taxa de transferência de calor para a lâmina e a eficiência da aleta da lâmina; (b) compare a eficiência do estabilizador calculado numericamente com aquele calculado pelo método exato.

Visão frontal da lâmina

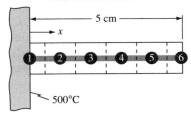

Visão transversal da lâmina

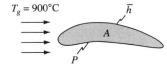

3.15 Determine as equações das diferenças aplicáveis na linha central e na superfície de uma geometria cilíndrica simétrica de eixo com geração de calor volumétrico e condição de contorno de convecção. Considere condições de estado estacionário.

3.16 Determine as equações das diferenças adequadas para uma geometria simétrica de eixo, estável e esférica, com a geração de calor volumétrico. Explique como resolver essas equações.

3.17 Mostre que, no limite em $\Delta x \to 0$ e $\Delta t \to 0$, a equação das diferenças, a Eq. (3.13), é equivalente à equação diferencial, a Eq. (2.5).

3.18 Determine o maior intervalo de tempo permitido para um problema de condução transiente unidimensional para ser resolvido por um método explícito se o espaçamento de nó é de 1 mm e o material é de (a) aço carbono 1C, (b) vidro. Explique a diferença nos dois resultados.

3.19 Considere a condução transiente unidimensional com uma condição de contorno de convecção no qual a temperatura ambiente próximo à superfície é uma função do tempo. Determine a equação de equilíbrio de energia para o volume de controle no limite de contorno. Como o método de solução precisa ser modificado para acomodar essa complexidade?

3.20 Quais são as vantagens e as desvantagens de usar equações das diferenças explícitas e implícitas?

3.21 Muitas vezes, a Eq. (3.16) é chamada, de *forma implícita*, de uma equação das diferenças de condução transiente unidimensional, pois as suas quantidades, exceto pelas temperaturas no termo de armazenagem de energia, são avaliadas no próximo intervalo de tempo, $m + 1$. Em uma forma alternativa, chamada *forma de Crank-Nicholson*, essas quantidades são avaliadas na etapa de tempo m e etapa de tempo $m + 1$ e depois calculada a média. Essa média melhora de forma significativa a precisão da solução numérica relativa à forma implícita total sem aumentar a complexidade do método de solução. Derive a equação de diferença de condução transiente unidimensional na forma Crank-Nicholson.

3.22 Uma haste de aço de 3 m de comprimento ($k = 43$ W/m K, $\alpha = 1,17 \times 10^{-5}$ m²/s) está inicialmente a 20°C e é completamente isolada, exceto por suas faces de extremidade. Uma extremidade é repentinamente exposta ao fluxo de combustão de gases a 1000°C por um coeficiente de transferência de calor de 250 W/m² K e a outra extremidade é mantida a 20°C. Quanto tempo demorará para a extremidade exposta atingir 700°C? Quanta energia a haste terá absorvido se for circular na sessão transversal e apresentar um diâmetro de 3 cm?

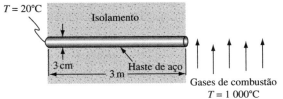

3.23 Uma parede Trombe é uma parede de alvenaria utilizada, geralmente, em casas solares para armazenar energia do sol. Suponha que essa parede, fabricada com blocos de concreto sólidos de 20 cm de espessura ($k = 0{,}13$ W/m K, $\alpha = 5 \times 10^{-7}$ m²/s), está inicialmente em 15°C em equilíbrio com o cômodo onde está localizada, é exposta à luz solar e absorve 500 W/m² na face iluminada. A face iluminada perde calor por radiação e convecção para a temperatura ambiente externa de -15°C por meio de um coeficiente de transferência de calor combinada de 10 W/m² K. A outra face da parede está exposta ao ar ambiente através de um coeficiente de transferência de calor de 10 W/m² K. Supondo que a temperatura do ar ambiente não seja alterada, determine: (a) a temperatura máxima na parede após 4 h de exposição; (b) o calor bruto transferido para o cômodo (observe a figura).

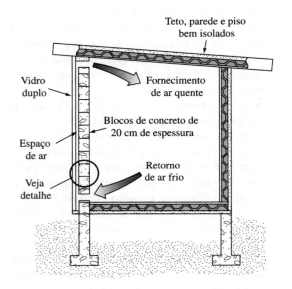

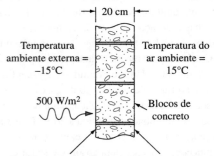

Detalhe blocos de concreto

3.24 Para modelar de forma mais precisa a entrada de energia do sol, suponha que o fluxo absorvido no Problema 3.23 é dado por

$$q_{abs}(t) = t(375 - 46{,}875t)$$

em que t está em horas e q_{abs} em W/m² (Essa variação de tempo do q_{abs} dá a mesma entrada de calor total para a parede, como no Problema 3.23, isto é, 2 000 W h/m²). Repita o Problema 3.23 com a equação acima para q_{abs} no lugar dos valores constantes de 500 W/m². Explique seus resultados.

3.25 Uma parede interior de uma fornalha fria, inicialmente a 0°C, é repentinamente exposta a um fluxo radiante de 15 kW/m². A superfície externa da parede está exposta ao ar ambiente a 20°C por um coeficiente de transferência de calor de 10 W/m² K. A parede mede 20 cm de espessura e é feita de perlite expandida ($k = 0{,}10$ W/m K, $\alpha = 3 \times 10^{-7}$ m²/s) entre duas folhas de aço oxidado (observe o desenho a seguir). Determine quanto tempo, após o início, a superfície de metal da folha interior (quente) ficará quente o suficiente para que a re-radiação torne-se significante.

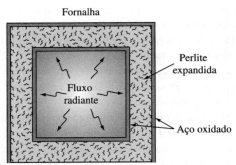

3.26 Uma longa haste cilíndrica de 8 cm de diâmetro está, inicialmente, à temperatura uniforme de 20°C. No momento t = 0, a haste é exposta a uma temperatura ambiente de 400°C por um coeficiente de transferência de calor de 20 W/m² K. A condutividade térmica da haste é de 0,8 W/m K e a difusividade térmica é de 3×10^{-6} m²/s. Determine quanto tempo será necessário para que a temperatura se *altere* na linha central da haste para atingir 93,68% de seu valor máximo. Use uma equação das diferenças explícita e compare seus resultados numéricos com uma solução de gráfico do Capítulo 2.

3.27 Desenvolva um *layout* razoável de nós e volumes de controle para uma geometria exibida no modelo abaixo. Elabore um desenho em escala mostrando a geometria do problema sobreposto com os nós e os volumes de controle.

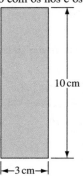

3.28 Desenvolva um *layout* razoável de nós e volumes de controle para uma geometria exibida no modelo abaixo. Elabore um desenho em escala mostrando a geometria do problema sobreposto com os nós e os volumes de controle. Identifique cada tipo de volume de controle utilizado.

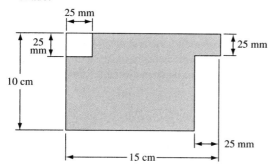

3.29 Determine a temperatura nos quatro nós mostrados no modelo. Suponha condições estáveis e condução de calor bidimensional. As quatro faces da forma quadrada estão em temperaturas diferentes, como mostrado a seguir:

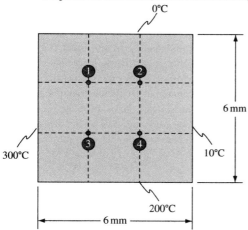

3.30 A seção transversal horizontal de uma chaminé industrial é mostrada no modelo a seguir. Os gases de exaustão mantêm a superfície interna da chaminé a 300°C, e a superfície externa é exposta a uma temperatura ambiente de 0°C por um coeficiente de transferência de calor de 5 W/m² K. A condutividade térmica da chaminé é de $k = 0,5$ W/m K. Para um espaçamento de grade de 0,2 m, determine a distribuição de temperatura na chaminé e a taxa de perda de calor dos gases de exaustão por comprimento unitário da chaminé.

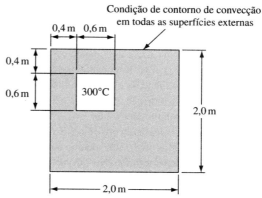

3.31 Em uma barra longa de 30 cm² mostrada no modelo abaixo, a face esquerda é mantida a 40°C e, a superior, a 250°C. A face direita está em contato com um fluido a 40°C por meio de um coeficiente de transferência de calor de 60 W/m² K, e a inferior está em contato com um fluido a 250°C por meio de um coeficiente de transferência de calor de 100 W/m² K. Se a condutividade térmica da barra for 20 W/m K, calcule a temperatura nos nove nós mostrados no modelo.

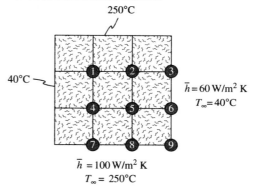

3.32 Repita o Problema 3.31 considerando que a distribuição de temperatura na superfície superior da barra varia de forma senoidal a partir de 40°C na borda esquerda para um máximo de 250°C no centro e de volta a 40°C na borda direita.

3.33 Uma placa de aço de 1 cm de espessura e 1 m² é exposta à luz solar e absorve um fluxo solar de 800 W/m². A parte inferior da placa é isolada, as bordas são mantidas a 20°C por grampos resfriados por água e a face exposta é resfriada por um coeficiente de convecção de 10 W/m² K a uma temperatura ambiente de 10°C. A placa é polida para minimizar a re-radiação. Determine a distribuição de temperatura na placa usando um espaçamento de nó de 20 cm. A condutividade térmica do aço é de 40 W/m K.

3.34 A placa no Problema 3.33 vai oxidando com o tempo e a emissividade de superfície aumenta para 0,5. Calcule a temperatura resultante na placa, incluindo a transferência de calor por radiação ao redor na mesma temperatura que a temperatura ambiente.

3.35 Determine: (a) a temperatura nos 16 pontos igualmente espaçados mostrados no desenho abaixo para uma precisão de três números significativos; (b) a taxa de fluxo de calor por metro de espessura. Suponha um fluxo de calor bidimensional e $k = 1$ W/m K.

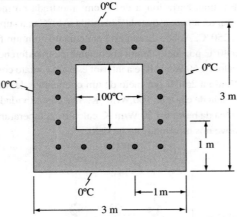

3.36 Uma viga longa de aço com uma seção transversal retangular de 40 cm × 60 cm é montada em uma parede isolada, como mostrado no desenho abaixo. A viga é aquecida por aquecedores radiantes que mantêm as superfícies superior e inferior a 300°C. Uma corrente de ar a 130°C resfria a face exposta através de um coeficiente de transferência de calor de 20 W/m² K. Usando um espaçamento entre nós de 1 cm, determine a distribuição de temperatura na viga e a taxa de entrada de calor para a viga. A condutividade térmica do aço é de 40 W/m K.

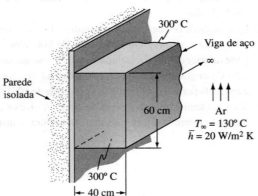

3.37 Considere uma lâmina de serra fita usada para cortar barras de aço. A espessura dessa lâmina é de 2 mm, a altura é de 20 mm e penetrou no pedaço de aço em uma profundidade de 5 mm (observe o desenho abaixo). As superfícies expostas da lâmina são resfriadas pela temperatura ambiente de 20°C por um coeficiente de convecção de 40 W/m² K. A condutividade térmica do aço da lâmina é de 30 W/m K. A energia dissipada pelo processo de corte fornece um fluxo de calor de 10^4 W/m² para as superfícies da lâmina que estão em contato com a peça de corte. Supondo uma condução bidimensional em regime estável, determine as temperaturas mínimas e máximas na seção transversal da lâmina. Use um espaçamento entre nós de 0,5 mm horizontalmente e 2 mm verticalmente.

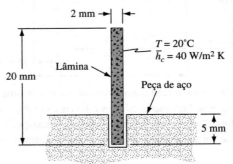

3.38 Como os resultados do Problema 3.15 seriam modificados se o problema não tivesse simetria axial?

3.39 Considerando a geometria mostrada no desenho abaixo determine o *layout* de nós e os volumes de controle. Elabore um desenho em escala mostrando a geometria do problema sobreposto com os nós e os volumes de controle. Explique como derivar a equação de equilíbrio de energia para todos os volumes de controle de contorno.

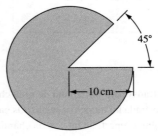

3.40 Gases quentes de exaustão de uma fornalha de combustão sobem por uma chaminé de 7 m de altura com uma seção transversal cilíndrica oca de diâmetro interno $d_i = 30$ cm e diâmetro externo de $d_o = 50$ cm. Os gases fluem com uma temperatura média de $T_g = 300°C$ e coeficiente de transferência de calor convectivo de $h_g = 75$ W/m² K. A chaminé é feita de concreto, que apresenta condutividade térmica de $k = 1,4$ W/m K e exposta para o ar externo, a uma temperatura média de $T_a = 25°C$ e coeficiente de transferência de calor convectivo de 15 W/m²K. Para condições de estado estacionário: (a) determine as temperaturas das paredes interna e externa; (b) plote a distribuição de temperatura ao longo da espessura da parede da chaminé; (c) determine a taxa de perda de calor para o ar externo da chaminé. Resolva o problema pela análise numérica usando uma rede nodal com $\Delta r = 2$ cm e $\Delta \theta = 10°$.

3.41 Mostre que, no limite em $\Delta x \rightarrow 0$, $\Delta y \rightarrow 0$ e $\Delta t \rightarrow 0$, a equação das diferenças, Eq. (3.23), é equivalente à versão bidimensional da equação diferencial, a Eq. (2.6).

3.42 Derive o critério de estabilidade para a solução explícita da condução transiente bidimensional.

3.43 Derive a Eq. (3.28).

3.44 Derive o critério de estabilidade de um volume de controle de contorno do canto interno para uma condução estável bidimensional quando existir uma condição de contorno de convecção.

3.45 Uma longa viga de concreto será submetida a um teste térmico para determinar sua perda de força no caso de um incêndio. A seção transversal da barra é triangular, como mostrada no desenho. Inicialmente, a barra está em uma temperatura uniforme de 20°C. No início do teste, uma das faces curtas e a face longa são expostas a gases quentes a 400°C por meio de um coeficiente de transferência de calor de 10 W/m²K, e a outra face curta é isolada. Produza um gráfico mostrando as maiores e menores temperaturas na barra como uma função de tempo para a primeira hora de exposição. Para as propriedades do concreto, use $k = 0,5$ W/m K e $\alpha = 5 \times 10^{-7}$ m²/s. Use um espaçamento entre nós de 4 cm e um esquema de diferença explícito.

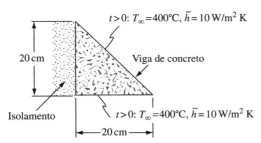

3.46 Um tarugo de aço será tratado por aquecimento em imersão em um banho de sal fundido. Ele apresenta 5 cm² e 1 m de comprimento. Antes da imersão no banho, o tarugo está em temperatura uniforme de 20°C. O banho está a 600°C e o coeficiente de transferência de calor na superfície do tarugo é de 20 W/m²K. Plote a temperatura no centro do tarugo como uma função de tempo. Quanto tempo é necessário para aquecer o centro do tarugo a 500°C? Use um esquema de diferença implícita com um espaçamento entre nós de 1 cm. A condutividade térmica do aço é de 40 W/mK, e a difusividade térmica é de 1×10^{-5} m²/s.

3.47 Foi proposto que um coletor solar de alta concentração, como o que segue, pode ser usado para processar materiais, de forma econômica, quando é desejável aquecer rapidamente sua superfície sem significativamente aquecer o lote. Em um processo para fazer a têmpera de aço carbono de baixo custo, a superfície de um disco fino precisa ser exposta ao fluxo solar concentrado. A distribuição do fluxo solar absorvido no disco é dado por:

$$q''(r) = q''_{máx} (1 - 0,09(r/R_0)^2)$$

em que r é a distância do eixo do disco e $q''_{máx}$ e R_0 são parâmetros que descrevem a distribuição do fluxo. O diâmetro do disco é de $2R_s$, a espessura é Z_s, a condutividade térmica é de k e a difusividade térmica é α. O disco está inicialmente na temperatura $T_{inicial}$ e, no momento $t = 0$, é repentinamente exposto ao fluxo concentrado. Derive o conjunto de equações das diferenças explícita necessário para prever como a distribuição de temperatura do disco evolui com o tempo. A borda e a superfície inferior do disco são isoladas, e a re-radiação do disco pode ser descartada.

Problema 3.47 Fornalha solar usada para gerar energia solar altamente concentrada.
Iconotec / Alamy

3.48 Resolva o conjunto de equações das diferenças derivadas no Problema 3.47, dados os seguintes valores de parâmetros do problema:

$k = 40,0$ W/m K, condutividade térmica do disco
$\alpha = 1 \times 10^{-5}$ m²/s, difusividade térmica do disco
$R_s = 25$ mm, raio do disco
$Z_s = 5$ mm, espessura do disco
$q''_{máx} = 3 \times 10^6$ W/m², pico do fluxo de absorção
$R_0 = 50$ mm, parâmetro na distribuição do fluxo
$T_{init} = 20°C$, temperatura inicial do disco

Determine a distribuição de temperatura no disco quando a temperatura máxima for 300°C.

3.49 Considere uma condução bidimensional em regime estável próxima a um contorno em curva. Determine a equação das diferenças para um volume de controle adequado próximo ao nó (i, j). O contorno sofre transferência de calor por convecção através de um coeficiente h para a temperatura ambiente T_a. A superfície do limite de contorno é dada por $y_s = f(x)$.

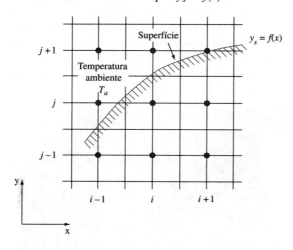

3.50 Derive a equação de equilíbrio de energia do volume de controle para uma condução tridimensional com a geração de calor em um sistema de coordenadas retangulares.

3.51 Derive a equação de equilíbrio de energia para um volume de controle de canto em um problema de condução estável tridimensional com geração de calor em um sistema de coordenadas retangulares. Suponha uma condição de contorno adiabática e espaçamento de nós igual nas três dimensões.

3.52 Determine o critério de estabilidade para uma solução explícita de condução transiente tridimensional em uma geometria retangular.

Problemas do Projeto

3.1 **Análise de resfriamento de uma extrusão de alumínio** (Capítulos 3 e 7) Esse problema é composto de duas etapas. Suponha que uma longa extrusão de alumínio, com as dimensões mostradas na figura seguinte, foi aquecida de forma uniforme até 150°C. É preciso determinar o tempo necessário para essa extrusão resfriar até uma temperatura máxima de 40°C em ar ambiente parado com uma temperatura de 20°C. Para a estimativa inicial, use um coeficiente de transferência de calor médio da Tabela 1.3. Após ter estudado a transferência de calor por convecção, será solicitado que você reconsidere esse problema com os coeficientes de transferência de calor por convecção calculados com as informações do Capítulo 7.

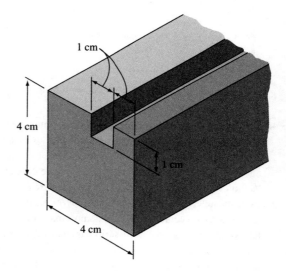

3.2 **Aquecedor de água quente de resposta rápida** (capítulos 3, 6 e 10) O *design* preliminar de um aquecedor de água quente de resposta rápida foi concluído no Problema de *Design* 2.7. No modelo mostrado abaixo, é exibida uma seção transversal do aquecedor. Um elemento de aquecimento extrusado está localizado dentro do cano de condução de água para aquecimento (A forma transversal do elemento de aquecimento fornece mais

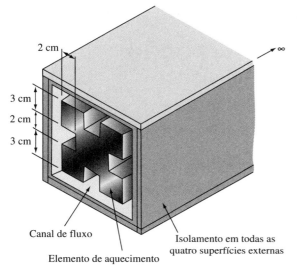

área de superfície que um elemento de aquecimento transversal quadrado ou redondo.). O elemento de aquecimento dissipa 4800 watts por metro de comprimento, apresenta condutividade térmica de 20 W/m K e uma temperatura máxima de operação de 110°C. A água precisa ser aquecida até 65°C com esse dispositivo e a superfície do elemento de aquecimento não deve exceder 100°C para evitar ebulição. Determine o coeficiente de transferência de calor convectivo necessário, supondo que seja uniforme sobre a superfície do elemento de aquecimento.

3.3 **Preaquecedor a gás** (Capítulo 3) Uma visão transversal de um preaquecedor a gás de 1 m de comprimento é mostrado no modelo a seguir. O dispositivo fornece 14 g/min de gás preaquecido a 150°C para um reator químico. As hastes do aquecedor dissipam 700 watts cada. Para evitar a quebra química do gás, é importante que a parede do canal de fluxo não exceda 300°C. O corpo de alumínio contendo o canal de fluxo de gás e os elementos do aquecedor distribuem calor transferido dos elementos do aquecedor ao gás, mas não podem exceder 325°C. Usando um coeficiente de transferência de calor de 500 W/m² K entre o gás e as superfícies do canal de fluxo retangular, determine se o corpo de alumínio pode operar dentro da temperatura máxima exigida. Estime os coeficientes de transferência de calor para as superfícies exteriores da Tabela 1.3 e compare seus resultados com a suposição de que as superfícies estão isoladas.

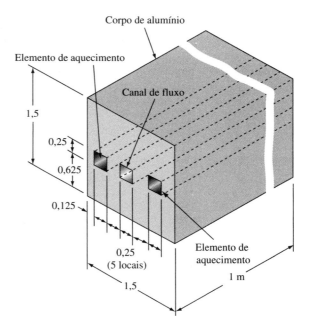

CAPÍTULO 4

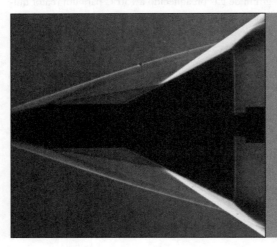

Análise da transferência de calor por convecção

Fluxo em alta velocidade sobre um corpo de um míssil genérico retratando uma onda de choque oblíqua na ponta do corpo, ventilador de expansão no rebordo, uma área de vácuo devido à interação da camada-limite da onda de choque laminar e recursos de fluxo de base em alta velocidade na parte de trás.

Fonte: Impresso com permissão de Erdem E., Yang L., e Kontis K. Apresentado como "Drag Reduction by Energy Deposition in Hypersonic Flows" no 16º AIAA/DLR/DGLR International Space Planes and Hypersonic Systems and Technologies Conference Bremen, Alemanha, 2009. Filiação: The School of MACE, The University of Manchester.

Conceitos e análises a serem aprendidos

A transferência de calor por convecção envolve dois mecanismos que ocorrem simultaneamente – *difusão ou condução* – acompanhados por transporte macroscópico de calor para (ou de) um fluido em movimento ou fluindo. Esse modo de transferência de calor é encontrado em um amplo espectro de aplicações que incluem efeitos de sensação térmica no inverno, resfriamento de bocais de foguetes, resfriamento de *chips* microeletrônicos, recuperação de calor de gás de combustão em um trocador de calor, resfriamento de pás de turbinas de gás, aquecimento de água em um coletor solar e resfriamento de mistura de água-glicol com ar em um radiador automotivo, dentre muitos outros. Portanto, para o projeto de engenharia desses sistemas e dispositivos, é fundamental um bom entendimento dos conceitos e expressões matemáticas que descrevem a transferência de calor por convecção. Esses conceitos são desenvolvidos neste capítulo, e seu estudo abordará:

- como modelar uma camada-limite na transferência de calor por convecção;
- como derivar as equações matemáticas para conservação de massa, momento e energia térmica;
- como executar análises adimensionais e desenvolver correlações para transferência de calor por convecção com diferentes fluidos em fluxo laminar e turbulento;
- como obter soluções analíticas para equações típicas de camada-limite de fluxo laminar;
- como aplicar analogia entre momento e transferência de calor para resolver problemas de convecção de fluxo turbulento.

4.1 Introdução

Nos capítulos anteriores, a convecção foi considerada somente para fornecer a condição de contorno quando a superfície do corpo não estava em contato com um fluido com temperatura diferente. Entretanto, a partir de problemas ilustrativos, pode-se perceber que, dificilmente, há algum problema prático que possa ser tratado sem o conhecimento do mecanismo por meio do qual o calor é transferido entre a superfície do corpo e o meio ao redor. Nesse capítulo, portanto, ampliaremos o tratamento da convecção para obter um melhor entendimento do mecanismo e alguns parâmetros-chave que o influenciam.

4.2 Transferência de calor por convecção

Antes de tentar calcular um coeficiente de transferência de calor, é preciso examinar o processo de convecção em alguns detalhes e relacionar a transferência de calor para (ou do) fluxo de fluido. A Fig. 4.1 mostra uma placa plana aquecida sendo resfriada por um fluxo de ar sobre ela. Também mostra as distribuições de velocidade e temperatura que representam essa situação de convecção. O primeiro ponto a observar é que a velocidade diminui na direção da superfície como resultado de forças atuando no fluido. Como a velocidade da camada de fluido adjacente à parede é zero, a transferência de calor entre a superfície e esta camada de fluido deve ser por condução:

$$q_c'' = -k_f \frac{\partial T}{\partial y}\bigg|_{y=0} = h_c(T_s - T_\infty) \tag{4.1}$$

Embora essa equação sugira que o processo pode ser exibido como condução, o gradiente de temperatura na superfície $(\partial T/\partial y)_{y=0}$ é determinado pela taxa na qual o fluido está mais afastado da parede pode transportar a energia para dentro do fluxo principal. Assim, o gradiente de temperatura na parede depende do campo de fluxo, com maior velocidade sendo capazes de produzir maiores gradientes de temperatura e taxas superiores de transferência de calor; conforme explicado posteriormente, a transferência de calor por convecção em fluxo turbulento de alta velocidade geralmente é maior que em fluxo laminar de fluidos em velocidades menores. Ao mesmo tempo, no entanto, a condutividade térmica de fluido exerce uma função. Por exemplo, o valor de k_f da água é uma ordem de maior magnitude do que para o ar; assim, conforme mostrado na Tabela 1.3, o coeficiente de transferência de calor da convecção para água é maior que do ar.

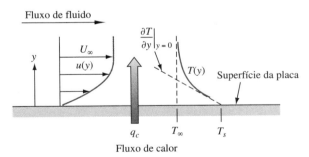

FIGURA 4.1 Distribuições de temperatura e velocidade em fluxo de convecção laminar forçado sobre uma placa plana aquecida em temperatura T_s.

EXEMPLO 4.1 Ar a 20°C está fluindo sobre a placa plana cuja temperatura de superfície é 100°C. Em determinado local, a temperatura é medida como uma função da distância da superfície na placa; os resultados estão demonstrados na Fig. 4.2. Desses dados, determine o coeficiente de transferência de calor de convecção nesse local.
SOLUÇÃO Da Eq. (4.1), o coeficiente de transferência de calor pode ser expresso na forma

$$h_c = \frac{-k_f(\partial T/\partial y)_{y=0}}{T_s - T_\infty}$$

A Tabela 28 no Apêndice 2 mostra que a condutividade térmica do ar à temperatura média entre a chapa e o fluxo de fluido (60°C) é 0,028 W/mK. O gradiente de temperatura $\partial T/\partial y$ na superfície é obtido graficamente pelo desenho da tangente para os dados de temperatura exibidos na Fig. 4.2. Assim, temos $(\partial T/\partial y)_{y=0} \approx -66,7$ K/mm. Substituindo-se esse valor pelo gradiente na superfície aquecida da chapa em Eq. (4.1), resulta:

$$h_c = \frac{-(0,028 \text{ W/m K})(-66,7 \text{ K/mm})}{(100 - 20) \text{ K}} \times 10^3 \text{ mm/m}$$
$$= 23,3 \text{ W/m}^2 \text{K}$$

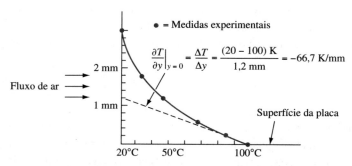

FIGURA 4.2 Dados experimentais sobre a distribuição de temperatura para o Exemplo 4.1.

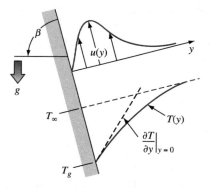

FIGURA 4.3 Distribuições de temperatura e velocidade em convecção natural sobre uma placa aquecida em um ângulo de β horizontal.

A situação é bem similar em convecção natural, conforme mostrado na Fig. 4.3. É importante lembrar que, em convecção natural ou livre, o movimento do fluido é causado por efeitos de flutuação (empuxo) devido a inversão da densidade do fluido (que requer diferença de temperatura), ao passo que um gradiente de pressão imposto conduz o fluxo do fluido em convecção forçada. A diferença principal em sua respectiva distribuição de velocidade é que a convecção forçada da velocidade aproxima-se do valor de fluxo livre imposto por uma força externa, já na convecção natural, primeiro a velocidade aumenta com o aumento da distância da placa, pois o efeito da viscosidade diminui mais rapidamente, e a diferença de densidade tende a ser mais lenta. Eventualmente, entretanto, a força de empuxo diminui na medida em que a densidade do fluido aproxima-se do valor do fluido ao redor, fazendo primeiro a velocidade alcançar um valor máximo e, depois, longe da superfície aquecida, se aproximar a zero. Os campos de temperatura em convecção natural e forçada apresentam formatos similares e, em ambos os casos, o mecanismo de transferência do calor na interface de fluido/sólido é condução.

A discussão precedente indica que o coeficiente de transferência de calor por convecção depende da densidade, viscosidade e velocidade do fluido, bem como de suas propriedades térmicas. Em convecção forçada, a velocidade geralmente é imposta no sistema por uma bomba ou ventilador e pode ser especificada diretamente. Em convecção natural, a velocidade depende do efeito do empuxo devido à diferença de temperatura entre a superfície e o fluido, ao coeficiente da exposição térmica do fluido, que determina a mudança de densidade por diferença de temperatura unitária, e ao campo de força, que é a força gravitacional em sistemas localizados na Terra.

4.3 Fundamentos da camada-limite

Para obter um entendimento dos parâmetros significativos na convecção forçada, é necessário examinar o campo de fluxo com mais detalhes. A Figura 4.4 mostra a distribuição de velocidade em várias distâncias da borda dianteira de uma placa.

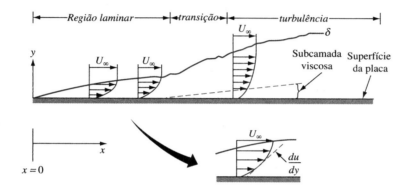

FIGURA 4.4 Perfis de velocidade em camadas-limite laminar, de transição e turbulência no fluxo sobre uma placa plana.

Da borda dianteira em diante, desenvolve-se uma área no fluxo cujas forças viscosas fazem o fluido descer lentamente. Essas forças viscosas dependem da tensão de cisalhamento τ. No fluxo sobre uma placa plana, a velocidade de fluido paralelo à placa pode ser usada para definir essa tensão como:

$$\tau = \mu \frac{du}{dy} \qquad (4.2)$$

em que du/dy é o gradiente de velocidade e a constante de proporcionalidade μ é chamada viscosidade dinâmica. Se a tensão de cisalhamento for expressa em newtons por metro quadrado e o gradiente de velocidade em (segundos)$^{-1}$, então μ representa a unidade de newton-segundos por metro quadrado (N s/m^2).*

É chamada *camada-limite* a região do fluxo próxima da placa em que a velocidade do fluido é reduzida pelas forças de viscosidade. A distância da placa na qual a velocidade atinge 99% da velocidade de fluxo livre é arbitrariamente designada como espessura de camada-limite, e a área além desse ponto é chamada fluxo livre sem perturbação ou regime de fluxo potencial.

Inicialmente, o fluxo na camada-limite é completamente laminar. Sua espessura cresce com o aumento da distância da borda dianteira e, em alguma distância crítica x_c, os efeitos inerciais tornam-se suficientemente grandes quando comparados à ação de amortecimento de pequenos desvios que começam a surgir no fluxo. Na medida em

---

*Observe que μ também pode ser expresso em unidades de kg/m s. Com essas unidades, é necessário usar constante de conversão g_c para consistência dimensional; a Eq. 4.2 seria, então: $\tau = (\mu/g_c)\, du/dy$.

que esses desvios começam a aumentar, a regularidade do fluxo viscoso é atrapalhada e ocorre uma transição de fluxo laminar para turbulento. Na região de fluxo turbulento, porções macroscópicas de fluido movem-se através de linhas de fluxo e transportam intensamente energia térmica e momento. Conforme mostrado em livros de mecânica de fluidos [1], o parâmetro adimensional que está quantitativamente relacionado às forças de viscosidade e inércia e cujo valor determina a transição de fluxo laminar para turbulento, em Números de Reynolds* Re_x, é definido como

$$Re_x = \frac{\rho U_\infty x}{\mu} = \frac{U_\infty x}{\nu} \qquad (4.3)$$

onde $\quad U_\infty =$ velocidade de fluxo livre
$x =$ distância da borda dianteira
$\nu = \mu/\rho =$ viscosidade cinemática do fluido
$\rho =$ densidade do fluído

Formatos aproximados dos perfis de velocidade em fluxos laminares e turbulentos são retratados na Fig. 4.4. No intervalo laminar, o perfil de velocidade da camada-limite é aproximadamente parabólico. No intervalo turbulento, há uma fina camada quase na superfície (a subcamada viscosa), por meio da qual o perfil de velocidade é quase linear. Fora dessa camada, o perfil de velocidade é completamente comparado ao perfil laminar.

O valor crítico de Re_x no qual ocorre a transição, $Re_{c,x}$, depende da rugosidade da superfície e do nível de atividade turbulenta – o nível de turbulência – no fluxo principal. Quando estão presentes grandes perturbações no fluxo principal, a transição começa quando $Re_x = 10^5$, porém, em campos de fluxo com menor perturbação, ela não começará até $Re_x = 2 \times 10^5$ [1, 2]. Se o fluxo estiver livre de distúrbios, a transição poderá não iniciar até $Re = 10^6$. Por exemplo, considere o fluxo de ar em 1 m/s e 20°C paralelo a uma chapa plana. Com $\nu = 15,7 \times 10^{-6}$ m²/s, a distância da borda dianteira em que ocorre a transição é fornecida por:

$$x_c = \frac{Re_{c,x}\nu}{U_\infty} = \frac{(10^5)\left(15,7 \times 10^{-6} \frac{m^2}{s}\right)}{\left(1\frac{m}{s}\right)} = 1,57\,m$$

O regime de transição estende-se a um Número de Reynolds sobre duas vezes o valor em que começa a transição, e abaixo desse ponto a camada-limite é turbulenta.

4.4 Equações de conservação de massa, momento e energia para fluxo laminar em uma placa plana

Na abordagem clássica para convecção, derivam-se equações diferenciais para equilíbrios de momento e energia na camada-limite. Então, são resolvidas essas equações para gradiente de temperatura no fluido, em interface de fluido/parede, para avaliação do coeficiente de transferência de calor por convecção. Uma abordagem um pouco mais simples, porém mais útil, é derivar equações integrais em vez de equações diferenciais e usar uma análise aproximada para obter uma solução. Nesta seção, as equações diferenciais que controlam o fluxo de um fluido em uma chapa plana serão derivadas para ilustrar a similaridade entre transferência de calor e momento, e para introduzir parâmetros adimensionais com relação aos processos. Em seguida, as equações integrais do fluxo sobre uma superfície plana serão desenvolvidas e resolvidas a fim de ilustrar uma abordagem analítica, que também será usada para obter os coeficientes da camada-limite de transferência de calor em fluxo turbulento.

---

*O Número de Reynolds, que descreve a similaridade dinâmica adimensional do fluxo de fluido fornecido pela taxa de inércia para as forças viscosas, recebeu esse nome em homenagem ao matemático britânico e professor de engenharia, Osborne Reynolds (1842-1912). Nascido na Irlanda, Reynolds estudou na Universidade de Cambridge e trabalhou no Owens College em Manchester, Inglaterra. Osborne conduziu experimentos para desenvolver a base de semelhança para determinar a transição de fluxos laminares para turbulentos.

Para derivar a *conservação de massa* ou equação de continuidade, considere um volume de controle dentro da camada-limite, conforme mostrado na Fig. 4.5, e suponha que prevaleçam condições estáveis. Não há gradientes na direção z (perpendicular ao plano do esboço), e o fluido é incompressível. Então, as taxas de fluxo de massa para dentro e para fora do volume de controle, respectivamente, na direção x são:

$$\rho u\, dy \quad \text{e} \quad \rho\left(u + \frac{\partial u}{\partial x} dx\right) dy$$

Assim, o fluxo de massa líquida no elemento na direção x é:

$$-\rho \frac{\partial u}{\partial x} dx\, dy$$

De maneira similar, o fluxo de massa líquida no volume de controle na direção y é:

$$-\rho \frac{\partial v}{\partial y} dx\, dy$$

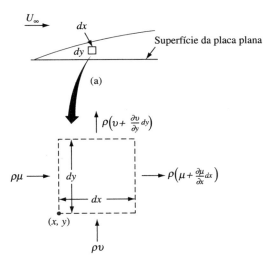

FIGURA 4.5 Volume de controle ($dx\, dy \cdot 1$) para conservação da massa em uma camada-limite incompressível no fluxo em uma chapa plana.

Como a taxa de fluxo da massa líquida fora do volume de controle deve ser zero, obtemos:

$$-\rho\left(\frac{\partial u}{\partial x} + \frac{\partial v}{\partial y}\right) dx\, dy = 0$$

da qual se segue que o fluxo estacionário bidimensional, a conservação de massa requer:

$$\frac{\partial u}{\partial x} + \frac{\partial v}{\partial y} = 0 \qquad (4.4)$$

A equação de *conservação de momento* é obtida com a aplicação da Segunda Lei de Newton, de movimento do elemento. Presumindo que o fluxo seja Newtoniano, não há gradientes de pressão na direção y, e esse cisalhamento de viscosidade na direção y é insignificante, as taxas do fluxo de momento na direção x do fluido que corre pelas faces verticais do lado esquerdo e do lado direito (veja Fig. 4.6) são $\rho u^2\, dy$ e $\rho[u + (\partial u/\partial x)\, dx]^2\, dy$, respectivamente. Deve-se notar, entretanto, que o fluxo pelas faces horizontais também contribuirá para o equilíbrio de momento na direção x. O fluxo de momento na direção x que entra pela face inferior é $\rho u v\, dx$, e o fluxo de momento por unidade de largura que sai pela face superior é:

$$\rho\left(v + \frac{\partial v}{\partial y}dy\right)\left(u + \frac{\partial u}{\partial y}dy\right)dx$$

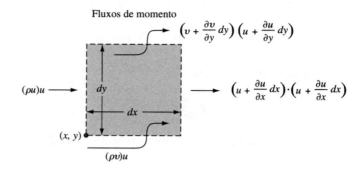

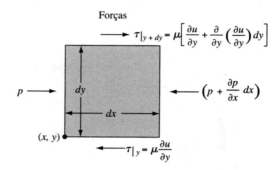

FIGURA 4.6 Volume de controle diferencial para conservação de momento em uma camada-limite incompressível bidimensional.

A força de cisalhamento de viscosidade na face inferior é $\tau|_y = -\mu(\partial u/\partial y)\,dx$, e na face superior é:

$$|\tau|_{y+dy} = \mu\,dx\left[\frac{\partial u}{\partial y} + \frac{\partial}{\partial y}\left(\frac{\partial u}{\partial y}\right)dy\right]$$

Assim, o cisalhamento de viscosidade líquido na direção x é $\mu\,dx(\partial^2 u/\partial y^2)\,dy$.

A força de pressão sobre a face esquerda é $p\,dy$, e sobre a face direita é $-[p + (\partial p/\partial x)\,dx]\,dy$. Então, a força de pressão líquida na direção de movimento é $-(\partial p/\partial x)\,dx\,dy$. A equação da soma das forças da taxa do fluxo de momento fora o volume de controle na direção x dá:

$$\rho\left(u + \frac{\partial u}{\partial x}dx\right)^2 dy - \rho u^2\,dy + \rho\left(v + \frac{\partial v}{\partial y}dy\right)\left(u + \frac{\partial u}{\partial y}dy\right)dx - \rho v u\,dx$$
$$= \mu\frac{\partial^2 u}{\partial y^2}dx\,dy - \frac{\partial p}{\partial x}dx\,dy$$

Negligenciando os diferenciais de segunda ordem e usando a equação de conservação de massa, a equação de conservação de momento diminui para:

$$\rho\left(u\frac{\partial u}{\partial x} + v\frac{\partial u}{\partial y}\right) = \mu\frac{\partial^2 u}{\partial y^2} - \frac{\partial p}{\partial x} \tag{4.5}$$

A Figura 4.7 mostra a taxa em que a energia é conduzida e propagada para dentro e para fora do volume de controle. Há quatro termos convectivos, além dos termos condutivos derivados no Capítulo 2. Um equilíbrio de energia requer que a taxa líquida de condução e convecção seja zero. Isso resulta:

$$k\,dx\,dy\left(\frac{\partial^2 T}{\partial x^2} + \frac{\partial^2 T}{\partial y^2}\right) - \left[\rho c_p\left(u\frac{\partial T}{\partial x} + \frac{\partial u}{\partial x}T + \frac{\partial u}{\partial x}\frac{\partial T}{\partial x}dx\right)\right]dx\,dy$$
$$-\left[\rho c_p\left(v\frac{\partial T}{\partial y} + \frac{\partial v}{\partial y}T + \frac{\partial v}{\partial y}\frac{\partial T}{\partial y}dy\right)\right]dx\,dy = 0$$

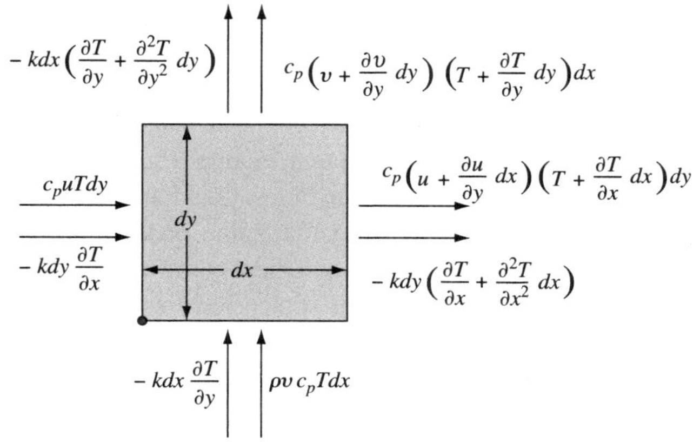

FIGURA 4.7 Volume de controle diferencial para conservação de energia.

A equação de *conservação de energia* foi derivada mediante a suposição de que todas as propriedades físicas são dependentes de temperatura e que a velocidade do fluxo é suficientemente pequena para que a dissipação de viscosidade possa ser desprezada. Quando isso não acontece, a energia mecânica é irreversivelmente convertida em energia térmica, dando origem a um termo adicional do lado esquerdo da equação. O termo, chamado *dissipação de viscosa* Φ, é dado por:

$$\Phi = \mu\left\{\left(\frac{\partial u}{\partial y} + \frac{\partial v}{\partial x}\right)^2 + 2\left[\left(\frac{\partial u}{\partial x}\right)^2 + \left(\frac{\partial v}{\partial y}\right)^2\right] - \frac{2}{3}\left(\frac{\partial u}{\partial x} + \frac{\partial v}{\partial y}\right)^2\right\}$$

para propriedades constantes. O efeito da dissipação viscosa pode ser significante se o fluido for muito viscoso, como em mancais de rolamentos, ou se a taxa de cisalhamento viscosa for extremamente alto [3, 4].

Usando a conservação de equação de massa e desprezando os termos de segunda ordem, como foi feito na derivação da conservação da equação de momento, produzindo a seguinte expressão para a equação de energia sem dissipação:

$$u\frac{\partial T}{\partial x} + v\frac{\partial T}{\partial y} = \alpha\left(\frac{\partial^2 T}{\partial x^2} + \frac{\partial^2 T}{\partial y^2}\right) \tag{4.6}$$

A camada-limite é bastante fina sob condições normais $\partial T/\partial y \gg \partial T/\partial x$. Além disso, o termo de pressão na equação de momento é zero para o fluxo sobre uma placa plana, desde que $(\partial U_\infty/\partial x) = 0$. Portanto, a similaridade entre as equações de momento e de energia torna-se aparente:

$$u\frac{\partial u}{\partial x} + v\frac{\partial u}{\partial y} = \nu\left(\frac{\partial^2 u}{\partial y^2}\right) \tag{4.7a}$$

$$u\frac{\partial T}{\partial x} + v\frac{\partial T}{\partial y} = \alpha\left(\frac{\partial^2 T}{\partial y^2}\right) \tag{4.7b}$$

Nas relações precedentes, ν é a viscosidade cinemática, igual a μ/ρ, geralmente, é chamado difusividade de momento. A taxa ν/α é igual a $(\mu/\rho)/(k/\rho c_p)$, que é o Número de Prandtl, Pr:

$$\Pr = \frac{c_p\mu}{k} = \frac{\nu}{\alpha} \tag{4.8}$$

Se ν é igual a α, então Pr é 1, e as equações de momento e energia são idênticas. Para essa condição, soluções adimensionais de $u(y)$ e $T(y)$ são idênticas se as condições de contorno forem similares. Assim, fica aparente que o Número de Prandtl, que é a taxa de propriedades de fluido (ou mais especificamente a razão entre o momento e as difusividades térmicas), controla a relação entre as distribuições de velocidade e temperatura.

4.5 Equações adimensionais da camada-limite e parâmetros de similaridade

Soluções para as equações (4.7a-b), as então chamadas equações de camada-limite laminar para convecção forçada de baixa velocidade, resultarão nos perfis de velocidade e temperatura. Em geral, essas soluções são complicadas e o leitor é remetido para as referências Schlichting [1], Van Driest [2] e Langhaar [5], para um tratamento dos procedimentos matemáticos, que excedem o escopo desse texto. Entretanto, pode-se obter uma percepção adicional considerável sobre os aspectos físicos do fluxo da camada-limite, bem como a forma dos parâmetros de similaridade que governam os processos de transporte, por meio da não dimensionalização das equações governantes, mesmo sem resolvê-las.

A Fig. 4.8 mostra o desenvolvimento da velocidade e das camadas-limite térmicas no fluxo sobre uma superfície plana de formato arbitrário. Para expressar as equações de camada-limite na forma adimensional, foram definidas as variáveis adimensionais a seguir, que são similares àquelas definidas na Seção 2.2:

$$x^* = \frac{x}{L} \qquad v^* = \frac{v}{U_\infty}$$

$$y^* = \frac{y}{L} \qquad p^* = \frac{p}{\rho_\infty U_\infty^2}$$

$$u^* = \frac{u}{U_\infty} \qquad T^* = \frac{T - T_s}{T_\infty - T_s}$$

onde L é uma dimensão de comprimento característica como o comprimento de uma placa, U_∞ é a velocidade de fluxo livre, T_s é a temperatura de superfície, T_∞ é a temperatura de fluxo livre, e ρ_∞ é a densidade de fluxo livre.

Substituindo as variáveis adimensionais acima nas equações dimensionais (4.4), (4.5) e (4.7b) resultam as equações de camada-limite correspondentes:

$$\frac{\partial u^*}{\partial x^*} + \frac{\partial v^*}{\partial y^*} = 0 \tag{4.9a}$$

$$u^* \frac{\partial u^*}{\partial x^*} + v^* \frac{\partial u^*}{\partial y^*} = -\frac{\partial p^*}{\partial x^*} + \frac{1}{\text{Re}_L} \frac{\partial^2 u^*}{\partial y^{*2}} \tag{4.9b}$$

$$u^* \frac{\partial T^*}{\partial x^*} + v^* \frac{\partial T^*}{\partial y^*} = \frac{1}{\text{Re}_L \text{Pr}} \frac{\partial^2 T^*}{\partial y^{*2}} \tag{4.9c}$$

Observe que, por meio da não dimensionalização das equações da camada-limite, nós a moldamos numa forma em que aparecem os parâmetros de similaridade adimensional Re_L e Pr. Esses parâmetros de similaridade nos permitem aplicar soluções de um sistema para outro sistema similar geometricamente com parâmetros de similaridade que apresentam o mesmo valor em ambas. Por exemplo, se o Número de Reynolds for o mesmo, as distribuições de velocidade adimensionais para fluxo de ar, água e glicerina sobre uma placa plana serão as mesmas para dados valores de x^*.

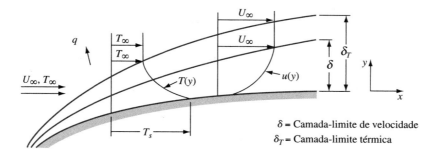

FIGURA 4.8 Desenvolvimento das camadas-limite de velocidade e térmica no fluxo sobre uma superfície plana de formato arbitrário.

A inspeção da Eq. (4.9a) mostra que v^* está relacionado a u^*, y^* e x^*:

$$v^* = f_1(u^*, y^*, x^*) \tag{4.10}$$

e que da Eq. (4.9b), a solução para u^*, de acordo com isso, pode ser expressa na forma

$$u^* = f_2\left(x^*, y^*, \text{Re}_L, \frac{\partial p^*}{\partial x^*}\right) \tag{4.11}$$

A distribuição de pressão sobre a superfície de um corpo é determinada por seu formato. Da equação do momento na direção y pode ser mostrado que $\partial p^*/\partial y^* = 0$ e p^* é apenas uma função de x^*. Portanto, dp^*/dx^* pode ser obtido independentemente. Isso representa a influência do formato na distribuição de velocidade no fluxo livre apenas na parte de fora da camada-limite.

4.5.1 Coeficiente de atrito

Da Eq. (4.2), a tensão de cisalhamento superficial τ_s é dada por:

$$\tau_s = \mu \left.\frac{\partial u}{\partial y}\right|_{y=0} = \frac{\mu U_\infty}{L} \left.\frac{\partial u^*}{\partial y^*}\right|_{y^*=0} \tag{4.12}$$

Definindo o coeficiente de resistência de atrito local C_f como:

$$C_{fx} = \frac{\tau_s}{\rho U_\infty^2/2} \tag{4.13}$$

e substituindo a Eq. (4.12) para τ_s, obtemos:

$$C_{fx} = \frac{2}{\text{Re}_L} \left.\frac{\partial u^*}{\partial y^*}\right|_{y^*=0} \tag{4.14}$$

Da Eq. (4.11), o gradiente de velocidade adimensional $\partial u^*/\partial y^*$ na superfície ($y^* = 0$) depende somente de x^*, Re_L, e dp^*/dx^*. Mas, como dp^*/dx^* é inteiramente determinado pelo formato geométrico de um corpo, a Eq. (4.14) reduz à forma:

$$C_{fx} = \frac{2}{\text{Re}_L} f_3(x^*, \text{Re}_L) \tag{4.15}$$

de corpos de formato similar. Essa relação implica que, para o fluxo sobre os corpos de formato similar, o coeficiente de resistência de atrito local é relacionado a x^* e Re_L por uma função universal independente do fluido ou da velocidade de fluxo livre.

A média da resistência de atrito sobre o corpo, $\bar{\tau}$, pode ser determinada integrando a tensão de cisalhamento local τ sobre a superfície do corpo. Assim, $\bar{\tau}$ deve ser independente de x^*, e o coeficiente da média de fricção $\bar{C}_f$ depende somente do valor do Número de Reynolds para o fluxo sobre corpos similares geometricamente:

$$\bar{C}_f = \frac{\bar{\tau}}{\rho U_\infty^2/2} = \frac{2}{\text{Re}_L} f_4(\text{Re}_L) \qquad (4.16)$$

EXEMPLO 4.2 Para fluxo sobre uma superfície ligeiramente curvada, a tensão de cisalhamento local é fornecida pela relação:

$$\tau_s(x) = 0{,}3\left(\frac{\rho\mu}{x}\right)^{0{,}5} U_\infty^{1{,}5}$$

Dessa equação dimensional, obtenha relações adimensionais para coeficientes de atrito local e médio.
SOLUÇÃO Na Eq. (4.13), o coeficiente de atrito local é:

$$C_{fx} = \frac{\tau_s(x)}{\frac{1}{2}\rho U_\infty^2} = 0{,}6\left(\frac{\rho\mu}{x}\right)^{0{,}5} \frac{U_\infty^{1{,}5}}{\rho U_\infty^2}$$

$$= 0{,}6\left(\frac{\mu}{\rho U_\infty x}\right)^{0{,}5} = \frac{0{,}6}{\text{Re}_x^{0{,}5}} = \frac{0{,}6}{(\text{Re}_L x^*)^{0{,}5}}$$

Integrando o valor local e dividindo-o pela área pela unidade de largura ($L \times 1$), obtemos a média de cisalhamento $\bar{\tau}$:

$$\bar{\tau} = \frac{1}{L}\int_0^L 0{,}3\left(\frac{\rho\mu}{x}\right)^{0{,}5} U_\infty^{1{,}5}\, dx = 0{,}6\left(\frac{\rho\mu}{L}\right)^{0{,}5} U_\infty^{1{,}5}$$

e o coeficiente médio de atrito é, portanto,

$$\bar{C}_f = \frac{\bar{\tau}}{\rho U_\infty^2/2} = \frac{1{,}2}{\text{Re}_L^{0{,}5}}$$

4.5.2 Número de Nusselt

Na transferência de calor por convecção, a chave desconhecida é o coeficiente de transferência de calor. Da Eq. (4.1), obtemos a equação a seguir em termos dos parâmetros adimensionais:

$$h_c = -\frac{k_f}{L}\left[\frac{(T_\infty - T_s)}{(T_s - T_\infty)}\right]\frac{\partial T^*}{\partial y^*}\bigg|_{y^*=0} = +\frac{k_f}{L}\frac{\partial T^*}{\partial y^*}\bigg|_{y^*=0} \qquad (4.17)$$

A inspeção dessa equação sugere que a forma adimensional apropriada do coeficiente de transferência de calor é chamada *Número de Nusselt*, Nu, definido por:

$$\text{Nu} = \frac{h_c L}{k_f} \equiv \frac{\partial T^*}{\partial y^*}\bigg|_{y^*=0} \qquad (4.18)$$

Com base nas equações (4.9a) e (4.9c), fica claro que, para uma geometria prescrita, o Número de Nusselt local depende somente de x^*, Re_L, e Pr:

$$\text{Nu} = f_5(x^*, \text{Re}_L, \text{Pr}) \tag{4.19}$$

Depois que essa relação funcional é conhecida, seja com base em uma análise ou em experimentos com determinado fluido, ela pode ser usada para obter o valor de Nu para outros fluidos e para quaisquer valores de U_∞ e L. Além disso, a partir do valor local de Nu, podemos obter o valor local de h_c e, depois, o valor de média do coeficiente da transferência de calor $\bar{h}_c$ e uma média do Número de Nusselt $\overline{\text{Nu}_L}$. Como a média do coeficiente de transferência de calor é obtida pela integração sobre a superfície de transferência de calor de um corpo, isso é independente de x^*, e a média do Número de Nusselt é uma função de apenas Re_L e Pr:

$$\overline{\text{Nu}_L} = \frac{\bar{h}_c L}{k_f} = f_6(\text{Re}_L, \text{Pr}) \tag{4.20}$$

4.6 Cáculo de coeficientes de transferência de calor por convecção

Cinco métodos gerais estão disponíveis para o cálculo de coeficientes de transferência de calor por convecção:

1. Análise dimensional combinada com experimentos.
2. Soluções matemáticas exatas das equações de camada-limite.
3. Análises aproximadas das equações de camada-limite por métodos integrais.
4. A analogia entre transferência de calor e momento.
5. Análise numérica ou modelagem com métodos de dinâmicas de fluido computacional (CFD).

Essas técnicas contribuíram para o entendimento de transferência de calor por convecção. Contudo, nenhum método é capaz de resolver todos os problemas, pois cada um tem limitações que restringem o escopo dessa aplicação.

A *análise dimensional* é matematicamente simples e encontrou uma ampla variedade de aplicação [5, 6]. A principal limitação desse método é que os resultados obtidos são incompletos e quase inúteis, sem dados experimentais. Esse tipo de análise contribui pouco para o entendimento do processo de transferência, mas facilita a interpretação e amplia a variedade de dados experimentais, correlacionando-os em termos de grupos adimensionais.

Há dois métodos diferentes para determinar grupos adimensionais apropriados para correlacionar dados experimentais. O primeiro deles, discutido na seção seguinte, requer a listagem de variáveis pertinentes a um fenômeno. Essa técnica é simples de usar, mas, se uma variável pertinente for omitida, ocorrerão erros nos resultados. No segundo método, os grupos adimensionais e as condições de similaridade são deduzidos de equações diferenciais que descrevem o fenômeno. Esse método é preferível quando o fenômeno pode ser descrito matematicamente, mas a solução de equações resultantes geralmente é muito complexa para ser utilizada na prática. Essa técnica foi apresentada na Seção 4.5.

As *análises matemáticas exatas* requerem solução simultânea das equações que descrevem o movimento do fluido e a transferência de energia no fluido em movimento [7]. O método pressupõe que os mecanismos físicos estejam suficientemente entendidos para serem descritos em linguagem matemática. Esse requisito preliminar limita o escopo de soluções exatas, pois as equações matemáticas que descrevem o fluxo do fluido e os mecanismos de transferência de calor podem ser escritas somente para o fluxo laminar. Mesmo para fluxo laminar, as equações são bastante complicadas, porém as soluções foram obtidas para um número de sistemas simples, como fluxo sobre uma placa plana, um aerofólio ou um cilindro circular [7].

Soluções exatas são importantes pelas conclusões feitas no decorrer da análise, as quais podem ser precisamente especificadas e sua validade verificada pelo experimento. Elas também servem como uma base de comparação e como uma verificação em métodos aproximados mais simples. Além do mais, o desenvolvimento de computadores de alta velocidade aumentou a gama de problemas respectivos à solução matemática, e os resultados de computação de diferentes sistemas são continuamente publicados na literatura.

Análises aproximadas da camada-limite evitam a descrição matemática detalhada do seu fluxo. Em vez disso, uma equação plausível, porém simples, é usada para descrever as distribuições de velocidade e temperatura na camada-limite. O problema é, então, analisado em uma base macroscópica aplicando-se uma equação de movimento e a equação de energia para agregar às partículas de fluido contidas nessa camada. Esse método é relativamente simples e resulta soluções para problemas que não podem ser tratados por uma análise matemática exata. Em instâncias em que outras soluções estão disponíveis, há consenso na precisão de engenharia com as soluções obtidas por esse método aproximado. A técnica não é limitada ao fluxo laminar e também pode ser aplicada a fluxo turbulento.

A *analogia entre transferência de calor e de momento* é uma ferramenta útil para analisar processos de transferência turbulenta. O conhecimento que se tem dos mecanismos de troca turbulenta é insuficiente para que se escrevam as equações matemáticas que descrevem a distribuição de temperatura diretamente, mas o mecanismo de transferência pode ser descrito em termos de um modelo simplificado. De acordo com um desses modelos amplamente aceitos, um movimento misto em uma direção perpendicular ao fluxo mediano é responsável pela transferência de momento e de energia. O movimento misto pode ser descrito, no sentido estatístico, por um método similar ao utilizado para retratar o movimento de moléculas de gás na teoria cinética. Não há consenso sobre esse modelo ser uma correspondência às condições reais existentes na natureza, mas, por questões práticas, seu uso pode ser justificado pelo fato de os resultados experimentais serem substancialmente um consenso com as previsões analíticas com base no modelo hipotético.

Os *métodos numéricos* podem solucionar, de forma aproximada, as equações exatas do movimento [8, 9]. A aproximação resulta da necessidade de expressar as variáveis de campo (temperatura, velocidade e pressão) em pontos discretos no tempo e no espaço, em vez de expressá-las de modo contínuo. Entretanto, a solução pode ser suficientemente exata se houver cuidado na discretização de equações exatas. Uma das vantagens mais importantes de métodos numéricos é que, uma vez que o procedimento da solução tenha sido programado, as soluções para diferentes condições de contorno, variáveis de propriedade, entre outros, podem ser facilmente calculadas. Geralmente, os métodos numéricos podem lidar facilmente com condições de contorno complexas. Esses métodos são discutidos em [9] e estão na extensão dos métodos apresentados no Capítulo 3 para problemas de condução.

4.7 Análise dimensional

A análise dimensional difere de outras abordagens porque não resulta em equações que podem ser resolvidas. Em vez disso, combina diversas variáveis em grupos adimensionais, como o Número de Nusselt, que facilita a interpretação e a amplitude da gama de aplicação dos dados experimentais. Na prática, os coeficientes de transferência de calor por convecção geralmente são calculados com base em equações empíricas obtidas, correspondendo dados experimentais com o auxílio de análise dimensional.

A limitação mais importante da análise dimensional é que não fornece informações sobre a natureza de um fenômeno. De fato, para aplicar a análise dimensional, é necessário saber previamente quais variáveis influenciam o fenômeno, e o sucesso ou não do método dependem da seleção apropriada dessas variáveis. Portanto, é importante ter, pelo menos, uma teoria preliminar ou profundo entendimento físico de um fenômeno antes de realizar esse tipo de análise. Entretanto, uma vez conhecidas as variáveis pertinentes, a análise dimensional pode ser aplicada, para a maior parte dos problemas, pelo procedimento de rotina destacado a seguir.*

4.7.1 Dimensões primárias e fórmulas dimensionais

A primeira etapa é selecionar um sistema de *dimensões primárias*. A escolha das dimensões primárias é arbitrária, mas as fórmulas dimensionais de todas as variáveis pertinentes devem ser expressas em seus termos. No sistema SI, são usadas as dimensões primárias de comprimento L, tempo t, temperatura T e massa M.

A fórmula dimensional de uma quantidade física resulta definições ou leis físicas. Por exemplo, a fórmula dimensional para o comprimento de uma barra é $[L]$ por definição;† a velocidade média de uma partícula de fluido é

---

*A teoria algébrica de análise dimensional não será desenvolvida aqui. Para obter um tratamento rigoroso e amplo dos fundamentos matemáticos, são recomendados os capítulos 3 e 4 de Langhaar [5].

† Colchetes indicam que a quantidade apresenta a fórmula dimensional.

igual a uma distância dividida pelo intervalo de tempo que leva para atravessá-la. Logo, a fórmula dimensional de velocidade é $[L/t]$ ou $[Lt^{-1}]$ (ou seja, uma distância ou comprimento dividido por um tempo). As unidades de velocidade no sistema SI são expressas em metros por segundo. As fórmulas dimensionais e os símbolos de quantidades físicas que ocorrem frequentemente nos problemas de transferência de calor estão na Tabela 4.1.

TABELA 4.1 Importantes quantidades físicas de transferência de calor e massa e suas dimensões

Quantidade	Símbolo	Dimensões em Sistema MLtT
Comprimento	L, x	L
Tempo	t	t
Massa	M	M
Forças	F	ML/t^2
Temperatura	T	T
Calor	Q	ML^2/t^2
Velocidade	u, v, U_∞	L/t
Aceleração	a, g	L/t^2
Trabalho	W	ML^2/t^2
Pressão	p	M/t^2L
Densidade	ρ	M/L^3
Energia interna	e	L^2/t^2
Entalpia	i	L^2/t^2
Calor específico	c	L^2/t^2T
Viscosidade absoluta	μ	M/Lt
Viscosidade cinemática	$\nu = \mu/\rho$	L^2/t
Condutividade térmica	k	ML/t^3T
Difusividade térmica	α	L^2/t
Resistência térmica	R	Tt^3/ML^2
Coeficiente de expansão	β	$1/T$
Tensão de superfície	σ	M/t^2
Tensão de cisalhamento	τ	M/Lt^2
Coeficiente de transferência de calor	h	M/t^3T
Taxa de fluxo de massa	$\dot{m}$	M/t

4.7.2 Teorema de Buckingham π

Para determinar o número de grupos adimensionais independentes necessário para obter uma relação que descreve um fenômeno físico, pode ser usado o Teorema de Buckingham π.[‡] De acordo com essa regra, o número necessário de grupos adimensionais independentes, que pode ser formado pela combinação de variáveis físicas pertinentes a um problema, é igual ao número total dessas quantidades físicas n (densidade, viscosidade, coeficiente de transferência de calor) menos o número de dimensões primárias m necessário para expressar as fórmulas dimensionais. Se chamarmos esses grupos π_1, π_2 e assim por diante, a equação que expressa a relação entre as variáveis terá uma solução da forma

$$F(\pi_1, \pi_2, \pi_3, \ldots) = 0 \tag{4.21}$$

[‡] Uma regra mais rigorosa proposta por Van Driest [26] mostra que o teorema π sustenta o conjunto de equações simultâneas, que é formado por equiparar os expoentes de cada dimensão primária a zero, e é linearmente independente. Se uma equação no conjunto for uma combinação linear de uma ou mais equações diferentes (por exemplo, se as equações forem linearmente dependentes), o número de grupos adimensionais é igual ao número total de variáveis menos o número de equações independentes.

Em um problema envolvendo cinco quantidades físicas e três dimensões primárias, $n - m$ é igual a dois e a solução terá a forma

$$F(\pi_1, \pi_2) = 0 \qquad (4.22)$$

ou a forma

$$\pi_1 = f(\pi_2) \qquad (4.23)$$

Dados experimentais para esse caso podem ser apresentados de maneira conveniente por plotagem π_1 em função de π_2. A curva empírica resultante revela a relação funcional entre π_1 e π_2, que não pode ser deduzida da análise dimensional.

Para um fenômeno que pode ser descrito em termos de três grupos adimensionais (exemplo, se $n - m = 3$), a Eq. (4.21) terá a forma

$$F(\pi_1, \pi_2, \pi_3) = 0 \qquad (4.24)$$

mas também pode ser escrita como:

$$\pi_1 = f(\pi_2, \pi_3)$$

Para esse caso, os dados experimentais podem se correlacionar por meio de plotagem π_1 contra π_2 para diversos valores de π_3. É possível, também, combinar dois dos π para plotar esse parâmetro em função dos π restantes em uma única curva.

4.7.3 Determinação de grupos adimensionais

Um método simples para determinar grupos adimensionais será aplicado ao problema de correlacionar dados experimentais de transferência de calor por convecção ao fluxo de fluido no tubo aquecido. Essa abordagem poderia ser usada para transferência de calor em fluxo por um tubo ou uma placa.

Da descrição do processo de transferência de calor por convecção, espera-se que as quantidades físicas listadas na Tabela 4.2 sejam pertinentes ao problema.

Há sete quantidades físicas e quatro dimensões primárias. Portanto, é esperado que os três grupos adimensionais sejam necessários para correlacionar os dados. Para encontrar esses grupos adimensionais, escrevemos π como um produto das variáveis, cada um referente a uma energia desconhecida:

$$\pi = D^a k^b U_\infty^c \rho^d \mu^e c_p^f \bar{h}_c^g \qquad (4.25)$$

TABELA 4.2 Quantidades físicas pertinentes em transferência de calor por convecção

Variável	Símbolo	Dimensões
Diâmetro do tubo	D	$[L]$
Condutividade térmica de fluido	k	$[ML/t^3T]$
Velocidade de fluido com fluxo livre	U_∞	$[L/t]$
Densidade do fluido	ρ	$[M/L^3]$
Viscosidade do fluido	μ	$[M/Lt]$
Calor específico a pressão constante	c_p	$[L^2/t^2T]$
Coeficiente de transferência de calor	$\bar{h}_c$	$[M/t^3T]$

e substituindo as fórmulas dimensionais

$$\pi = [L]^a \left[\frac{ML}{t^3T}\right]^b \left[\frac{L}{t}\right]^c \left[\frac{M}{L^3}\right]^d \left[\frac{M}{Lt}\right]^e \left[\frac{L^2}{t^2T}\right]^f \left[\frac{M}{t^3T}\right]^g \qquad (4.26)$$

Para π ser adimensional, os expoentes de cada dimensão primária devem, separadamente, somar zero. Igualando a soma dos expoentes de cada dimensão primária a zero, é possível obter o conjunto de equações

$$b + d + e + g = 0 \quad \text{para} \quad M$$
$$a + b + c - 3d - e + 2f = 0 \quad \text{para} \quad L$$
$$-3b - c - e - 2f - 3g = 0 \quad \text{para} \quad t$$
$$-b - f - g = 0 \quad \text{para} \quad T$$

Evidentemente, qualquer conjunto de valores a, b, c, d, e aquele que satisfaz esse conjunto de equações formarão π adimensional. Há sete desconhecidos, porém somente quatro equações. É possível, então, escolher valores para três dos expoentes em cada um dos grupos adimensionais. A única restrição na escolha de expoentes é que cada um dos selecionados deve ser independente dos outros, o que ocorre quando o determinante formado com os coeficientes dos termos restantes não se iguala a zero (ou seja, não desaparece).

Como $\bar{h}_c$, o coeficiente de transferência de calor por convecção é a variável que eventualmente desejamos avaliar, isso é conveniente para definir seu expoente g na Eq. (4.26) igual à unidade. Ao mesmo tempo, deixamos $c = d = 0$ para simplificar as manipulações algébricas. Resolvendo as equações simultaneamente, obtemos $a = 1$, $b = -1$, $e = f = 0$. O primeiro grupo adimensional será, então:

$$\pi_1 = \frac{\bar{h}_c D}{k}$$

que reconhecemos como o *Número de Nusselt*, $\overline{\text{Nu}}_D$.

Para π_2, selecionamos g igual a zero, assim $\bar{h}_c$ não aparecerá novamente, e deixamos $a = 1$ e $f = 0$. Soluções simultâneas das equações com essas escolhas resultam $b = 0$, $c = d = 1$, $e = -1$ e

$$\pi_2 = \frac{U_\infty D \rho}{\mu}$$

Esse grupo adimensional é um *Número de Reynolds*, Re_D, com o diâmetro do tubo como parâmetro de comprimento.

Se deixarmos $e = 1$ e $c = g = 0$, obtemos o terceiro grupo adimensional,

$$\pi_3 = \frac{c_p \mu}{k}$$

que é o *Número de Prandtl*, Pr.

Embora o coeficiente de transferência de calor por convecção seja uma função de seis variáveis, com a ajuda da análise dimensional, podemos observar que as sete variáveis originais foram combinadas em três grupos adimensionais. De acordo com a Eq. (4.24), a relação funcional pode ser escrita assim:

$$\overline{\text{Nu}}_D = f(\text{Re}_D, \text{Pr})$$

e os dados experimentais agora podem ser correlacionados em termos de três variáveis, ao invés de as sete originais. A importância dessa redução torna-se aparente quando tentamos planejar experimentos e correlacionar dados experimentais.

4.7.4 Correlação de dados experimentais

Em uma série de testes com fluxo de ar sobre um cano de 25 mm de diâmetro externo, suponha que o coeficiente de transferência de calor seja medido experimentalmente em velocidades variando de 0,15 a 30 m/s. Esse intervalo de velocidade corresponde aos Números de Reynolds baseados no intervalo de diâmetro $D\rho U_\infty/\mu$ de 250 a 50 000. Como a velocidade foi a única variável nesses testes, os resultados são correlacionados na Fig. 4.9(a) por plotagem do coeficiente de transferência de calor $\bar{h}_c$ em função da velocidade U_∞. A curva resultante permite uma determinação direta de $\bar{h}_c$ a qualquer velocidade do sistema usada nos testes, mas não pode ser usada para determinar os coeficientes de transferência de calor para cilindros maiores ou menores daqueles usados nos testes. Nem o coeficiente de transferência de calor poderia ser usado se o ar estivesse sob pressão e sua densidade fosse diferente daquela usada nos testes. A menos que os dados experimentais pudessem ser correlacionados de forma mais eficiente, seria necessário executar experimentos separados para cada diâmetro de cilindro, cada densidade etc. O esforço seria muito grande.

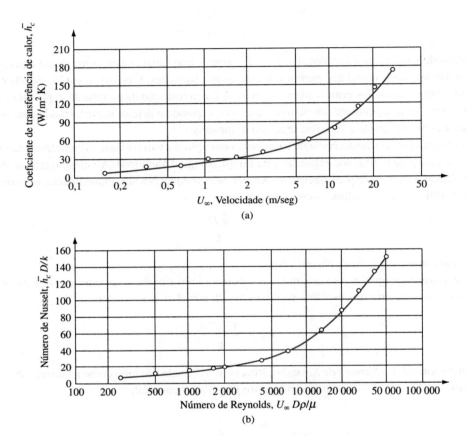

FIGURA 4.9 Variação de Número de Nusselt com Número de Reynolds para fluxo cruzado de ar sobre um cano ou um cilindro longo com (a) traçado dimensional, (b) traçado adimensional.

Com a análise dimensional, entretanto, os resultados de uma série de testes podem ser aplicados a uma variedade de outros problemas, conforme ilustrado na Fig. 4.9(b), em que os dados da Fig. 4.9(a) são retratados em termos de grupos adimensionais pertinentes. A abscissa na Fig. 4.9(b) é o Número de Reynolds $U_\infty D\rho/\mu$, e a coordenada do eixo vertical é o Número de Nusselt $\bar{h}_c D/k$. Essa correlação dos dados permite a avaliação do coeficiente de transferência de calor por convecção no fluxo de ar, sobre qualquer tamanho de cano ou cabo, desde que o Número de Reynolds do sistema caia no intervalo coberto no experimento e nos sistemas geometricamente similares.

Somente os dados experimentais obtidos com o ar não revelam a dependência do Número de Nusselt no Número de Prandtl, visto que este é uma combinação de propriedades físicas cujo valor não varia consideravelmente para gases. Para determinar a influência do Número de Prandtl, é necessário usar fluidos diferentes. De acordo com a análise anterior, dados experimentais com diversos fluidos cujas propriedades físicas resultam em uma ampla variedade de Números de Prandtl são necessários para completar a correlação.

Na Fig. 4.10, os resultados experimentais de diversas investigações independentes para transferência de calor entre ar, água e óleos, em fluxo cruzado sobre um tubo ou cabo são plotados para uma ampla variedade de temperatura, tamanho do cilindro e velocidade. A ordenada na Fig. 4.10 é a quantidade adimensional* $\overline{Nu}_D/Pr^{0,3}$ e a abscissa é Re_D. Uma inspeção dos resultados mostra que todos os dados seguem uma linha de forma bastante razoável, portanto, podem ser correlacionados empiricamente.

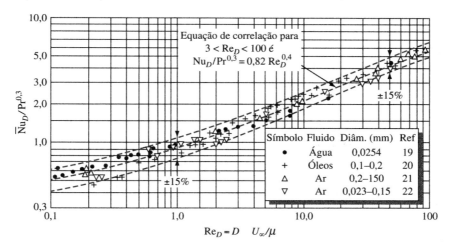

FIGURA 4.10 Correlação de dados experimentais de transferência de calor para vários fluidos em fluxo cruzado sobre canos, cabos e cilindros circulares.

Deve ser observado que os dados experimentais nas figuras 4.9 e 4.10 cobrem diferentes intervalos de Números de Reynolds: entre 0,1 e 100 na Fig. 4.10 e entre aproximadamente 200 e 50 000 na outra. Uma extrapolação da equação de correlação na Fig. 4.10 em um Número de Reynolds muito acima de 200 ou 300 levaria a sérios erros. Por exemplo, para ar (Pr = 0,71) que flui sobre um cilindro em Re_D = 20 000, a equação de correlação na Fig. 4.10 seria prevista

$$Nu_D = Pr^{0,3} \times 0,82 \times Re_D^{0,4} = 0,71^{0,3} \times 0,82 \times 20\,000^{0,4} = 39$$

e os dados experimentais na Fig. 4.9 seriam $Nu_D = 85$, o que caracteriza uma diferença substancial. Quando não há dados disponíveis em um intervalo encontrado em um projeto, pode ser necessária alguma extrapolação, mas, conforme mostrado no exemplo acima, a extrapolação de dados muito além do intervalo dos parâmetros adimensionais em experimentos deve ser evitada, quando possível. Se não houver oportunidade para conduzir experimentos apropriados, os resultados de extrapolação devem ser tratados com cautela.

4.7.5 Princípios de similaridade

O resultado marcante da Fig. 4.10 pode ser explicado pelo Princípio da Similaridade. De acordo com esse princípio, muitas vezes chamado Lei de Modelo, o comportamento de dois sistemas será semelhante se as taxas de suas dimensões lineares, forças, velocidades, assim por diante, forem iguais. Sob condições de convecção forçada em sistemas geometricamente semelhantes, os campos de velocidade serão similares desde que a proporção de forças inerciais, em relação às forças de viscosidade, seja a mesma em ambos os fluidos. O Número de Reynolds é a proporção dessas forças e, consequentemente, espera-se condições de fluxo similares na convecção forçada para determinado valor desse número. O Número de Prandtl é a proporção de duas propriedades de transporte molecular, a viscosidade cinemática $\nu = \mu/\rho$, que afeta a distribuição de velocidade e a difusividade térmica $k/\rho c_p$, que afeta

---

*Combinar o Número de Nusselt com o Número de Prandtl para plotagem de dados é uma questão de conveniência. Conforme mencionado anteriormente, qualquer combinação de parâmetros adimensionais é satisfatória. A seleção do parâmetro mais conveniente geralmente é feita com base na experiência, por tentativa e erro, com o auxílio de resultados experimentais, embora, por vezes, os grupos característicos estejam sujeitos aos resultados de soluções analíticas.

o perfil de temperatura. Em outras palavras, é um grupo adimensional que relaciona a distribuição de temperatura com a distribuição de velocidade. Assim, em sistemas geometricamente semelhantes que apresentam os mesmos números de Prandtl e de Reynolds, as distribuições de temperatura serão semelhantes. O Número de Nusselt é igual à razão entre o gradiente de temperatura em uma interface de fluido-para-superfície e o gradiente de temperatura de referência. Portanto, esperamos que, em sistemas que apresentam geometrias semelhantes e campos de temperaturas similares, os valores numéricos dos Números de Nusselt serão iguais. Essa previsão é consequência dos resultados experimentais da Fig. 4.10.

Análises dimensionais foram realizadas para diversos sistemas de transferência de calor, e a Tabela 4.3 resume os grupos adimensionais mais importantes usados no projeto.

TABELA 4.3 Grupos adimensionais de importância para transferência de calor e fluxo de fluido

Grupo	Definição	Interpretação
Número de Biot (Bi)	$\dfrac{\bar{h}L}{k_s}$	Razão entre a resistência térmica interna de um corpo sólido e sua resistência térmica superficial
Coeficiente de resistência (C_f)	$\dfrac{\tau_s}{\rho U_\infty^2/2}$	Razão entre a tensão de cisalhamento superficial e a energia cinética de fluxo livre
Número de Eckert (Ec)	$\dfrac{U_\infty^2}{c_p(T_s - T_\infty)}$	Energia cinética de fluxo relativa à diferença de entalpia da camada-limite
Número de Fourier (Fo)	$\dfrac{\alpha t}{L^2}$	Tempo adimensional; razão entre a taxa de condução de calor e a taxa de armazenamento de energia interna em um sólido
Fator de fricção (f)	$\dfrac{\Delta p}{(L/D)(\rho U_m^2/2)}$	Queda de pressão adimensional do fluxo interno pelos dutos
Número de Grashof (Gr_L)	$\dfrac{g\beta(T_s - T_\infty)L^3}{\nu^2}$	Razão entre forças de empuxo e viscosas
Fator Colburn j (j_H)	$St Pr^{2/3}$	Coeficiente de transferência de calor adimensional
Número de Nusselt (Nu_L)	$\dfrac{\bar{h}_c L}{k_f}$	Coeficiente de transferência de calor adimensional; proporção de transferência de calor por convecção com a condução em uma camada de fluido de espessura L
Número de Peclet (Pe_L)	$Re_L Pr$	Produto dos números de Reynolds e Prandtl
Número de Prandtl (Pr)	$\dfrac{c_p \mu}{k} = \dfrac{\nu}{\alpha}$	Razão entre a difusividade de momento molecular e a difusividade térmica
Número de Rayleigh (Ra)	$Gr_L Pr$	Produto dos números de Grashof e Prandtl
Número de Reynolds (Re_L)	$\dfrac{U_\infty L}{\nu}$	Razão entre a inércia e as forças viscosas
Número de Stanton (St)	$\dfrac{\bar{h}_c}{\rho U_\infty c_p} = \dfrac{Nu_L}{Re_L Pr}$	Coeficiente de transferência de calor adimensional

4.8* Solução analítica para o escoamento laminar da camada-limite sobre uma placa plana[†]

Na seção anterior, determinamos grupos adimensionais para correlacionar dados experimentais da transferência de calor por convecção forçada. Descobrimos que o Número de Nusselt depende do Número de Reynolds e do Número de Prandtl, ou seja,

---

[†] No decorrer deste capítulo, os detalhes matemáticos podem ser omitidos em um curso introdutório sem interromper a continuidade da apresentação.

$$\text{Nu} = \phi(\text{Re})\psi(\text{Pr}) \tag{4.27}$$

Nas seções seguintes, é necessário considerar métodos analíticos para determinar as relações funcionais na Eq. (4.27) para fluxo de baixa velocidade em uma placa plana. Esse sistema foi selecionado principalmente por que, embora seja mais simples para analisar, seus resultados apresentam diversas aplicações práticas, por exemplo: são boas aproximações para o fluxo sobre as superfícies de corpos aerodinâmicos, como asas de avião ou pás de turbinas.

Em vista das diferenças nas características do fluxo, as forças friccionais e a transferência de calor são governadas por relações diferentes para fluxo laminar e turbulento. Primeiro, tratamos a camada-limite laminar, que é responsável por um método de solução exato e aproximado. A camada-limite turbulenta é tratada na Seção 4.10.

Para determinar o coeficiente de transferência de calor por convecção forçada e o coeficiente de atrito para fluxo incompressível sobre uma superfície plana, devemos satisfazer as equações de continuidade, momento e energia simultaneamente. Essas relações foram descritas na Seção 4.4 e serão repetidas abaixo.

Continuidade:

$$\frac{\partial u}{\partial x} + \frac{\partial v}{\partial y} = 0 \tag{4.4}$$

Momento:

$$\rho\left(u\frac{\partial u}{\partial x} + v\frac{\partial u}{\partial y}\right) = \mu\frac{\partial^2 u}{\partial y^2} - \frac{\partial p}{\partial x} \tag{4.5}$$

Energia:

$$u\frac{\partial T}{\partial x} + v\frac{\partial T}{\partial y} = \alpha\frac{\partial^2 T}{\partial y^2} \tag{4.7b}$$

4.8.1 Espessura da camada-limite e atrito superficial

A Equação (4.5) deve ser resolvida simultaneamente com a equação de continuidade, Eq. (4.4), para determinar a distribuição da velocidade, a espessura da camada-limite e a força de atrito na parede. Essas equações são resolvidas primeiramente definindo uma função de fluxo $\psi(x,y)$ que atenda automaticamente a equação de continuidade, que é:

$$u = \frac{\partial \psi}{\partial y} \quad \text{e} \quad v = -\frac{\partial \psi}{\partial x}$$

Introduzindo a nova variável

$$\eta = y\sqrt{\frac{U_\infty}{\nu x}}$$

podemos ter:

$$\psi = \sqrt{\nu x U_\infty}\, f(\eta)$$

em que $f(\eta)$ refere-se a uma função de fluxo adimensional. Em termos de $f(\eta)$, os componentes de velocidade são

$$u = \frac{\partial \psi}{\partial y} = \frac{\partial \psi}{\partial \eta}\frac{\partial \eta}{\partial y} = U_\infty \frac{d[f(\eta)]}{d\eta}$$

e

$$v = -\frac{\partial \psi}{\partial x} = \frac{1}{2}\sqrt{\frac{\nu U_\infty}{x}}\left\{\frac{d[f(\eta)]}{d\eta}\eta - f(\eta)\right\}$$

A expressão $\partial u/\partial x$, $\partial u/\partial y$ e $\partial^2 u/\partial y^2$ em termos de η e, inserindo as expressões resultantes na equação de momento, resulta na equação diferencial ordinária, não linear e de terceira ordem

$$f(\eta)\frac{d^2[f(\eta)]}{d\eta^2} + 2\frac{d^3[f(\eta)]}{d\eta^3} = 0$$

que deve ser um assunto resolvido para as três condições de limite

$$f(\eta) = 0 \quad \text{e} \quad \frac{d[f(\eta)]}{d\eta} = 0 \quad \text{para } \eta = 0$$

e

$$\frac{d[f(\eta)]}{d\eta} = 1 \quad \text{para } \eta = \infty$$

A solução dessa equação diferencial foi obtida numericamente por Blasius em 1908 [10]. Os resultados significativos estão mostrados nas figuras 4.11 e 4.12.

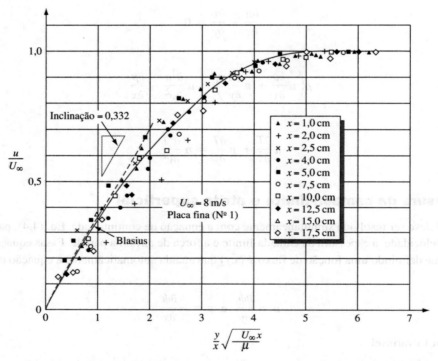

FIGURA 4.11 Perfil de velocidade em uma camada-limite laminar de acordo com Blasius, com dados experimentais de Hansen [11].
Fonte: Cortesia do Comitê Consultivo Nacional de Aeronáutica (National Advisory Committee for Aeronautics), NACA TM 585.

Na Fig. 4.11, os perfis de velocidade Blasius na camada-limite laminar em uma placa plana são plotados na forma adimensional, juntamente com os dados experimentais obtidos por Hansen [11]. A ordenada é a velocidade local, u, na direção x dividida pela velocidade de fluxo livre U_∞ e a abscissa é um parâmetro de distância adimensional $(y/x)\sqrt{(\rho U_\infty x)/\mu}$. Observamos que uma única curva é suficiente para correlacionar as distribuições de velocidade em todas as posições ao longo da placa. A velocidade u atinge 99% do valor de fluxo livre U_∞ em $(y/x)\sqrt{(\rho U_\infty x)/\mu} = 5,0$. Se definirmos a espessura da camada-limite hidrodinâmica como essa distância da superfície na qual a velocidade local u atinge 99% do valor de fluxo livre U_∞, a espessura δ da camada-limite torna-se:

$$\delta = \frac{5x}{\sqrt{Re_x}} \tag{4.28}$$

em que $Re_x = \rho U_\infty x/\mu$, que é o Número de Reynolds local. A Eq. (4.28) satisfaz a descrição qualitativa de crescimento da camada-limite δ, sendo zero na borda frontal ($x = 0$) e aumentando com x ao longo da placa. Em qualquer posição, ou seja, em qualquer valor de x, a espessura da camada-limite é inversamente proporcional à raiz quadrada do Número de Reynolds local. Assim, um aumento na velocidade resulta uma diminuição na espessura da camada-limite.

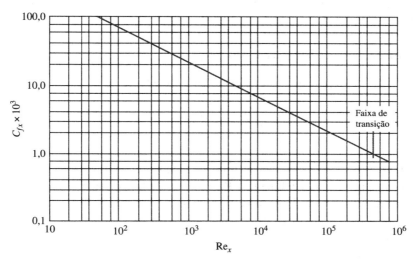

FIGURA 4.12 Coeficiente de atrito local *versus* Número de Reynolds baseado na distância das bordas frontais para escoamento laminar sobre uma placa plana.

A força de cisalhamento na parede pode ser obtida do gradiente de velocidade em $y = 0$ na Fig. 4.11. Vemos, então, que:

$$\left.\frac{\partial(u/U_\infty)}{\partial(y/x)\sqrt{Re_x}}\right|_{y=0} = 0{,}332$$

e, assim, em qualquer valor especificado de x, o gradiente de velocidade na superfície é

$$\left.\frac{\partial u}{\partial y}\right|_{y=0} = 0{,}332\,\frac{U_\infty}{x}\sqrt{Re_x}$$

Substituindo esse gradiente de velocidade na equação para o cisalhamento, a tensão de cisalhamento τ_s por unidade área da parede, torna-se:

$$\tau_s = \mu\left.\frac{\partial u}{\partial y}\right|_{y=0} = 0{,}332\mu\,\frac{U_\infty}{x}\sqrt{Re_x} \tag{4.29}$$

Observamos que a força de cisalhamento da parede na borda dianteira é muito grande e diminui com o aumento da distância da borda dianteira.

Para uma representação gráfica, é mais conveniente usar coordenadas adimensionais. Dividindo ambos os lados da Eq. (4.29) pela pressão de velocidade no fluxo livre $\rho U_\infty^2/2$, temos:

$$C_{fx} = \frac{\tau_s}{\rho U_\infty^2/2} = \frac{0{,}664}{\sqrt{Re_x}} \tag{4.30}$$

em que C_{fx} é o coeficiente adimensional local de arraste ou de atrito. A Fig. 4.12 é um traçado de C_{fx} com relação a Re_x e mostra graficamente a variação do coeficiente de atrito local. O coeficiente de atrito médio é obtido por integração da Eq. (4.30) entre a borda dianteira $x = 0$ e $x = L$:

$$\bar{C}_f = \frac{1}{L} \int_0^L C_{fx} dx = 1{,}33 \sqrt{\frac{\mu}{U_\infty \rho L}} \qquad (4.31)$$

Assim, para fluxo laminar sobre uma placa plana, o coeficiente de atrito médio $\bar{C}_f$ é igual a duas vezes o valor do coeficiente de atrito local em $x = L$.

4.8.2 Transferência de calor por convecção

A equação de conservação de energia para uma camada-limite laminar é:

$$u \frac{\partial T}{\partial x} + v \frac{\partial T}{\partial y} = \alpha \frac{\partial^2 T}{\partial y^2} \qquad (4.7b)$$

As velocidades na equação de conservação de energia, u e v, apresentam os mesmos valores em qualquer ponto x, y como na equação dinâmica de fluido, Eq. (4.5). Para o caso da placa plana, Pohlhausen [12] usou as velocidades calculadas previamente por Blasius [10] para obter a solução do problema de transferência de calor. Sem considerar os detalhes dessa solução matemática, é possível obter resultados significativos por comparação da Eq. (4.7b) com a Eq. (4.5), a equação de momento. As duas são similares; de fato $u(x, y)$ também é uma solução para a distribuição de temperatura $T(x, y)$ se $\nu = \alpha$ e se a temperatura da placa T_s for constante. Facilmente verifica-se isso substituindo o símbolo T na Eq. (4.7b) pelo símbolo u e observando que as condições de contorno e para ambos, T e u, são idênticas. Se usarmos a temperatura superficial como nossos dados e deixarmos a variável na Eq. (4.7b) ser $(T - T_s)/(T_\infty - T_s)$, então as condições de contorno serão:

$$\frac{T - T_s}{T_\infty - T_s} = 0 \quad \text{e} \quad \frac{u}{U_\infty} = 0 \quad \text{em } y = 0$$

$$\frac{T - T_s}{T_\infty - T_s} = 1 \quad \text{e} \quad \frac{u}{U_\infty} = 1 \quad \text{em } y \to \infty$$

em que T_∞ é a temperatura de fluxo livre.

A condição que $\nu = \alpha$ corresponde a um Número de Prandtl de unidade desde que

$$\text{Pr} = \frac{c_p \mu}{k} = \frac{\nu}{\alpha}$$

Para Pr = 1, a distribuição de velocidade é, portanto, idêntica à distribuição de temperatura. Uma interpretação em termos de processos físicos é que a transferência de momento é análoga à transferência de calor quando Pr = 1. As propriedades físicas de muitos gases são tais que apresentam Números de Prandtl oscilando entre 0,6 e 1,0 e, portanto, a analogia é satisfatória. Líquidos, por outro lado, têm Números de Prandtl consideravelmente diferentes da unidade, e, para eles, a análise anterior não pode ser aplicada diretamente [13].

Usando os resultados analíticos do trabalho de Pohlhausen, a distribuição de temperatura na camada-limite laminar para Pr = 1 pode ser modificada empiricamente para incluir fluidos que apresentam Números de Prandtl diferentes da unidade. Na Fig. 4.13, perfis de temperatura calculados teoricamente na camada-limite são mostrados para valores de Pr de 0,6, 0,8, 1,0, 3,0, 7,0, 15 e 50. Agora, definimos uma espessura térmica de camada-limite $\delta_{térmica}$ como a distância da superfície na qual a diferença de temperatura entre a parede e o fluido atinge 99% do valor de fluxo livre. A inspeção dos perfis de temperatura mostra que a camada-limite térmica é maior que a camada-limite hidrodinâmica para fluidos que apresentam Pr inferior à unidade, mas a camada-limite térmica é menor que a hidrodinâmica quando Pr é maior que a unidade.

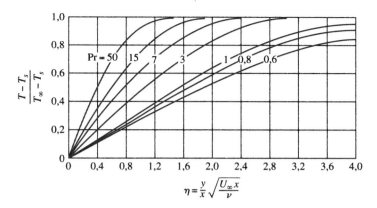

FIGURA 4.13 Distribuições adimensionais de temperatura em um fluxo de fluido sobre uma placa aquecida para vários Números de Prandtl.

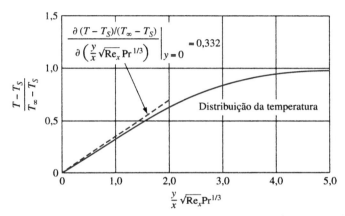

FIGURA 4.14 Distribuição de temperatura adimensional para fluxo laminar sobre uma placa aquecida a temperatura uniforme.

De acordo com os cálculos de Pohlhausen, a relação entre a camada-limite térmica e hidrodinâmica é, aproximadamente:

$$\delta/\delta_{térmica} = \text{Pr}^{1/3} \tag{4.32}$$

Usando o mesmo fator de correção, $\text{Pr}^{1/3}$, em qualquer distância da superfície, as curvas da Fig. 4.13 são retratadas na Fig. 4.14. A nova abscissa é $\text{Pr}^{1/3}(y/x)\sqrt{\text{Re}_x}$ e a coordenada do eixo vertical é a temperatura adimensional $(T - T_s)/(T_\infty - T_s)$, em que T é a temperatura local do fluido, T_s a temperatura de superfície da placa, e T_∞ a temperatura de fluxo livre. Essa modificação da ordenada traz os perfis de temperatura para ampla variedade de Números de Prandtl, juntamente com uma única linha, que é a curva para $\text{Pr} = 1$.

4.8.3 Avaliação de coeficiente de transferência de calor por convecção

A taxa e o coeficiente de transferência de calor por convecção agora podem ser determinados. O gradiente de temperatura adimensional na superfície (em $y = 0$) é

$$\left. \frac{\partial[(T - T_s)/(T_\infty - T_s)]}{\partial[(y/x)\sqrt{\text{Re}_x}\,\text{Pr}^{1/3}]} \right|_{y=0} = 0{,}332$$

Portanto, para qualquer valor especificado de x,

$$\left. \frac{\partial T}{\partial y} \right|_{y=0} = 0{,}332 \frac{\text{Re}_x^{1/2}\text{Pr}^{1/3}}{x}(T_\infty - T_s) \tag{4.33}$$

e a taxa local de transferência de calor por convecção por unidade de área torna-se, ao substituir $\partial T/\partial y$ da Eq. (4.33),

$$q_c'' = -k\frac{\partial T}{\partial y}\bigg|_{y=0} = -0{,}332 k\frac{\text{Re}_x^{1/2}\text{Pr}^{1/3}}{x}(T_\infty - T_s) \tag{4.34}$$

A taxa total de transferência de calor de uma placa de largura b e comprimento L, obtida por integração de q_c'' da Eq. (4.34) entre $x = 0$ e $x = L$, é

$$q = 0{,}664 k\,\text{Re}_L^{1/2}\text{Pr}^{1/3} b(T_s - T_\infty) \tag{4.35}$$

O coeficiente de transferência de calor por convecção local é

$$h_{cx} = \frac{q_c''}{(T_s - T_\infty)} = 0{,}332\frac{k}{x}\text{Re}_x^{1/2}\text{Pr}^{1/3} \tag{4.36}$$

e o Número de Nusselt local correspondente é

$$\text{Nu}_x = \frac{h_{cx} x}{k} = 0{,}332\,\text{Re}_x^{1/2}\text{Pr}^{1/3} \tag{4.37}*$$

O número médio de Nusselt $\bar{h}_c L/k$ obtido por integração do lado direito da Eq. (4.36) entre $x = 0$ e $x = L$, e dividindo o resultado por L para obter $\bar{h}_c$, que é o valor médio de hcx; multiplicando $\bar{h}_c$ por L/k temos:

$$\overline{\text{Nu}}_L = 0{,}664\,\text{Re}_L^{1/2}\text{Pr}^{1/3} \tag{4.38}$$

O valor médio do Número de Nusselt sobre um comprimento L da placa é, portanto, duas vezes o valor local de Nu_x em $x = L$. Pode ser facilmente verificado que a relação entre a média e o valor local também se estende ao coeficiente de transferência de calor, ou seja,

$$\bar{h}_c = 2 h_{c(x=L)} \tag{4.39}$$

Na prática, as propriedades físicas nas equações (4.32) para (4.38) variam com a temperatura, e supõe-se que as propriedades físicas sejam constantes para fins de análise. Foram encontrados dados experimentais para reforçar de modo satisfatório os resultados previstos analiticamente, se as propriedades forem avaliadas a uma temperatura média na metade do caminho entre essa superfície e a temperatura de fluxo livre; essa temperatura média é chamada *temperatura de película*.

EXEMPLO 4.3 Um coletor solar de placa plana é colocado horizontalmente em um telhado, conforme mostrado na Fig. 4.15. Para determinar sua eficiência, é necessário calcular a perda de calor de sua superfície para o ambiente. O coletor é uma faixa longa de 0,3 m de largura. A temperatura superficial do coletor é 60°C. Se um vento a 16°C estiver soprando sobre o coletor a uma velocidade de 3 m/s, calcule as seguintes quantidades em $x = 0{,}3$ m e $x = x_c$.

(a) espessura da camada-limite;
(b) coeficiente de atrito local;
(c) coeficiente de atrito média;
(d) resistência local ou tensão de cisalhamento devido ao atrito.

---

*Observe que, na Eq. (4.37), foi derivado sob a suposição de que $Pr \geq 1$. Isso, portanto, não é válido para valores pequenos de Pr, ou seja, metais líquidos. Uma equação empírica para Números de Nusselt locais válidos de metais líquidos ($Pr < 0{,}1$) é fornecida na Tabela 4.5 na página 241.

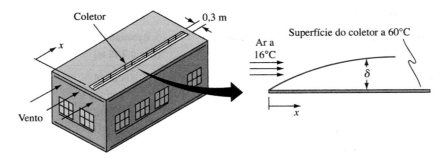

FIGURA 4.15 Coletor solar de placa plana para o Exemplo 4.3.

(a) espessura térmica da camada-limite;
(b) coeficiente local de transferência de calor por convecção;
(c) o coeficiente médio de transferência de calor por convecção;
(d) taxa de transferência de calor por convecção.

SOLUÇÃO As propriedades relevantes do ar a 38°C são:

$$\rho = 1,13 \text{ kg/m}^3$$
$$c_p = 1,005 \text{ kJ/kg K}$$
$$\mu = 1,91 \times 10^{-5} \text{ kg/m s}$$
$$k = 0,0266 \text{ W/m K}$$
$$\text{Pr} = 0,72$$

O Número de Reynolds local em $x = 0,3$ m é:

$$\text{Re}_{x=0,3} = \frac{U_\infty \rho x}{\mu} = \frac{(3 \text{ m/s})(1,13 \text{ kg/m}^3)(0,3 \text{ m})}{1,91 \times 10^{-5} \text{ kg/m s}} = 53\,250$$

e em $x = 2,7$ m é:

$$\text{Re}_{x=2,7 \text{ m}} = 4,8 \times 10^5$$

Presumindo que o Número de Reynolds crítico seja 5×10^5, a distância crítica é:

$$x_c = \frac{\text{Re}_c \mu}{U_\infty \rho} = \frac{(5 \times 10^5)(1,91 \times 10^{-5} \text{ kg m/s})}{(3 \text{ m/s})(1,13 \text{ kg/m}^3)} = 2,8 \text{ m}$$

As quantidades desejadas são determinadas substituindo valores apropriados da variável nas equações pertinentes. Os resultados dos cálculos são mostrados na Tabela 4.4, e é recomendado que o leitor verifique-os.

Tabela 4.4 Os resultados para o Exemplo 4.3

Peça	Símbolo	Equação Usada	Unidades SI	Resultado (x = 0,305 m)	Resultado (x = 2,8 m)
(a)	δ	(4.28)	m	0,00648	0,0195
(b)	C_{fx}	(4.30)	–	0,00283	0,000942
(c)	$\bar{C}_f$	(4.31)	–	0,00566	0,00189
(d)	τ_s	(4.29)	N/m²	0,0149	0,00497
(e)	$\delta_{térmica}$	(4.32)	m	0,00723	0,0217
(f)	h_{cx}	(4.36)	W/m² K	6,12	2,04
(g)	$\bar{h}_c$	(4.39)	W/m² K	12,23	4,08
(h)	q	(4.35)	W	50,5	152

Uma relação útil entre o Número de Nusselt local, Nu_x, e o coeficiente de atrito correspondente, C_{fx}, é obtido dividindo a Eq. (4.37) por $Re_x Pr^{1/3}$:

$$\left(\frac{Nu_x}{Re_x Pr}\right) Pr^{2/3} = \frac{0,332}{Re_x^{1/2}} = \frac{C_{fx}}{2} \qquad (4.40)$$

A taxa adimensional $Nu_x/Re_x Pr$ é conhecida como o *Número de Stanton*, St_x. De acordo com a Eq. (4.40), o Número de Stanton vezes o Número de Prandtl acrescido de dois terços de energia é igual à metade do valor do coeficiente de atrito. Essa relação entre a transferência de calor e o atrito do fluido foi proposta por Colburn [14] e ilustra o inter-relacionamento dos dois processos.

4.9* Análise aproximada da camada-limite por integração

Para contornar o problema envolvido na solução de equações diferenciais parciais da camada-limite, pode ser usada uma abordagem integral. Para isso, será considerado um volume de controle elementar que se estende desde a parede até além do limite da camada-limite na direção y, seja dx a espessura na direção x, e com uma largura de unidade na direção z, conforme mostrado na Fig. 4.16. Para obter uma relação para o valor líquido do fluxo de entrada de momento e o transporte líquido de energia, o procedimento é similar àquele usado para derivar as equações de camada-limite na seção anterior.

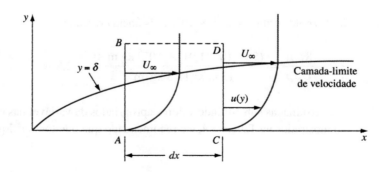

FIGURA 4.16 Volume de controle para análise da conservação de momento por integração.

O fluxo de momento que atravessa a face *AB* na Fig. 4.16 será:

$$\int_0^\delta \rho u^2 \, dy$$

Da mesma forma, o fluxo de momento que atravessa a face *CD* será:

$$\int_0^\delta \rho u^2 \, dy + \frac{d}{dx} \int_0^\delta \rho u^2 \, dy \, dx$$

O fluido também entra no volume de controle pela face *BD* a uma taxa

$$\frac{d}{dx} \int_0^\delta \rho u \, dy \, dx$$

Essa quantidade é a diferença entre a taxa de fluxo que atravessa deixando a face *CD* e a energia que atravessa para dentro da face *AB*. Como o fluido que entra por *BD* tem um componente de velocidade na direção x igual à velocidade de fluxo livre U_∞, o fluxo de momento x no volume de controle que atravessa a face superior é:

$$U_\infty \frac{d}{dx} \int_0^\delta \rho u \, dy \, dx$$

A adição dos componentes x do momento, obtemos

$$\frac{d}{dx} \int_0^\delta \rho u^2 \, dy \, dx - U_\infty \frac{d}{dx} \int_0^\delta \rho u \, dy \, dx = -\frac{d}{dx} \int_0^\delta \rho u (U_\infty - u) \, dy$$

Não haverá cisalhamento na face *BD*, pois essa face está fora da camada-limite, em que du/dy é igual a zero. Há, entretanto, uma força de cisalhamento τ_w atuando na interface sólida do fluido, e haverá forças de pressão atuando nas faces *AB* e *CD*. Escrevendo as forças líquidas que atuam no volume de controle e adicionando-as, resulta a relação:

$$p\delta - \left(p + \frac{dp}{dx} dx\right)\delta - \tau_w \, dx = -\delta \frac{dp}{dx} dx - \tau_w \, dx \qquad (4.41)$$

Para fluxo sobre uma placa plana, o gradiente de pressão na direção x pode ser desprezado; então, a equação de momento pode ser escrita na forma:

$$\frac{d}{dx} \int_0^\delta \rho u (U_\infty - u) dy = \tau_w \qquad (4.42)$$

A integral da equação de energia pode ser derivada de maneira similar. Nesse caso, no entanto, um volume de controle que se estende além dos limites da temperatura e da velocidade da camada-limite deve ser usado na derivação (veja Fig. 4.17). A Primeira Lei de Termodinâmica implica considerar a energia na forma de entalpia, a energia cinética e o calor, bem como a força de cisalhamento. Para velocidades baixas, entretanto, os termos de energia cinética e a força de cisalhamento são pequenos, comparados a outras quantidades, e podem ser ignorados; assim, a taxa em que a entalpia entra pela face *AB* é fornecida por:

$$\int_0^{y_s} c_p \rho u T \, dy$$

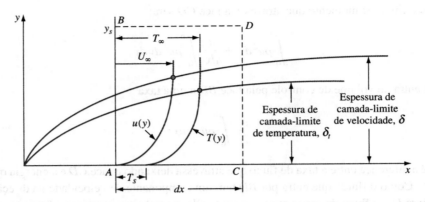

FIGURA 4.17 Volume de controle para a análise da conservação de energia por integração.

e a taxa do fluxo de saída de entalpia pela face CD é:

$$\int_0^{y_s} c_p \rho u T \, dy + \frac{d}{dx} \int_0^{y_s} c_p \rho u T \, dy \, dx$$

A entalpia conduzida para dentro do volume de controle que atravessa a face superior é fornecida por:

$$c_p T_s \frac{d}{dx} \int_0^{y_s} \rho u \, dy \, dx$$

Finalmente, o calor será conduzido pela interface entre o fluido e a superfície sólida a uma taxa de

$$-k \, dx \left(\frac{\partial T}{\partial y} \right)_{y=0}$$

Adicionando todas as quantidades de energia, obtemos a equação integral da conservação de energia na forma:

$$c_p T_\infty \frac{d}{dx} \int_0^{y_s} \rho u \, dy \, dx - \frac{d}{dx} \int_0^{y_s} \rho c_p T u \, dy \, dx - k \, dx \left(\frac{\partial T}{\partial y} \right)_{y=0} = 0 \qquad (4.43)$$

Entretanto, é necessário observar que a temperatura iguala-se à temperatura do fluxo livre, T_∞, fora do limite da camada-limite de temperatura. Portanto, essa integração precisa apenas ser efetuada até $y = \delta_t$. A Equação (4.43), então, pode ser simplificada para a forma

$$\frac{d}{dx} \int_0^{\delta_t} (T_\infty - T) u \, dy - \alpha \left(\frac{\partial T}{\partial y} \right)_{y=0} = 0 \qquad (4.44)$$

que geralmente é conhecida como equação integral de energia da camada-limite laminar para fluxos de baixa velocidade.

4.9.1 Cálculos dos coeficientes de transferência de calor e de atrito no fluxo laminar

No método integral aproximado, a primeira etapa é presumir os contornos de velocidade e temperatura na forma de polinômios. Então, os coeficientes de polinômios são avaliados para satisfazer as condições-limite. Presumindo um polinômio de quatro termos para distribuição de velocidade [15],

$$u(y) = a + by + cy^2 + dy^3 \tag{4.45}$$

as constantes são avaliadas aplicando-se as condições de contorno:

em $y = 0$: $u = 0$ e, portanto, $a = 0$

$u = v = 0$ e, portanto, $\dfrac{\partial^2 u}{\partial y^2} = 0$

$y = \delta$: $u = U_\infty$ e $\dfrac{\partial u}{\partial y} = 0$

Essas condições fornecem quatro equações para avaliação dos quatro coeficientes desconhecidos em termos de velocidade de fluxo livre e a espessura da camada-limite. É fácil verificar que os coeficientes que satisfazem essas condições de contorno são:

$$a = 0 \quad b = \frac{3}{2}\frac{U_\infty}{\delta} \quad c = 0 \quad d = -\frac{U_\infty}{2\delta^3}$$

Substituindo esses coeficientes na Eq. (4.45) e dividindo-os pela velocidade de fluxo livre U_∞ para não dimensionalizar o resultado, obtém-se:

$$\frac{u}{U_\infty} = \frac{3}{2}\frac{y}{\delta} - \frac{1}{2}\left(\frac{y}{\delta}\right)^3 \tag{4.46}$$

Substituindo a Eq. (4.46) pela distribuição de velocidade na equação integral do momento [Eq. (4.42)], obtém-se:

$$\frac{d}{dx}\int_0^\delta \rho U_\infty^2 \left[\frac{3}{2}\frac{y}{\delta} - \frac{1}{2}\left(\frac{y}{\delta}\right)^3\right] \cdot \left[1 - \frac{3}{2}\frac{y}{\delta} + \frac{1}{2}\left(\frac{y}{\delta}\right)^3\right] dy = \tau_w = \mu\left(\frac{du}{dy}\right)_{y=0} \tag{4.47}$$

A tensão de cisalhamento da parede τ_w pode ser obtida avaliando o gradiente de velocidade da Eq. (4.46) em $y = 0$. Substituindo por τ_w e realizando a integração na Eq. (4.47), resulta:

$$\frac{d}{dx}\left(\rho U_\infty^2 \frac{39\delta}{280}\right) = \frac{3}{2}\mu\frac{U_\infty}{\delta} \tag{4.48}$$

A Equação (4.48) pode ser reorganizada e integrada para obter a espessura da camada-limite em termos de viscosidade, distância da borda dianteira e distribuição de velocidade do fluxo livre:

$$\frac{\delta^2}{2} = \frac{140\nu x}{13 U_\infty} + C \tag{4.49}$$

Visto que $\delta = 0$ na borda dianteira (ou seja, $x = 0$), o coeficiente C na relação anterior deve ser igual a 0 e:

$$\delta^2 = \frac{280\nu x}{13 U_\infty}$$

ou

$$\frac{\delta}{x} = \frac{4{,}64}{\text{Re}_x^{1/2}} \tag{4.50}$$

Para avaliar o coeficiente de atrito, deve-se substituir a Eq. (4.46) na Eq. (4.47):

$$\tau_w = \mu\frac{du}{dy}\bigg|_{y=0} = \mu\frac{3}{2}\frac{U_\infty}{\delta}$$

Substituindo para δ da Eq. (4.50) resulta:

$$\tau_w = \frac{3}{9{,}28} \frac{\mu U_\infty}{x} \mathrm{Re}_x^{1/2}$$

e o coeficiente de atrito C_{fx} é:

$$C_{fx} = \frac{\tau_w}{\frac{1}{2}\rho U_\infty^2} = \frac{0{,}647}{\mathrm{Re}_x^{1/2}} \tag{4.51}$$

A seguir, passamos para a equação de energia e propomos uma distribuição de temperatura na camada-limite da mesma forma que a distribuição de velocidade:

$$T(y) = e + fy + gy^2 + hy^3 \tag{4.52}$$

As condições de contorno para distribuição de velocidade são aquelas em $y = 0$, $T = T_s$; em $y = \delta_t$ (a espessura da camada-limite de temperatura), $T = T_\infty$ e $dT/dy = 0$. Também, da Eq. (4.7b), d^2T/dy^2 em $y = 0$ deve ser zero porque u e v são zero na interface. Dessas condições, ocorre que as constantes são:

$$e = T_s \qquad f = \frac{3}{2}\frac{(T_\infty - T_s)}{\delta_t} \qquad g = 0 \qquad h = \frac{(T_\infty - T_s)}{2\delta_t^3}$$

Se a variável na equação de energia for tirada como a temperatura no fluido menos a temperatura da parede, a distribuição de temperatura pode ser escrita na forma adimensional:

$$\frac{T - T_s}{T_\infty - T_s} = \frac{3}{2}\frac{y}{\delta_t} - \frac{1}{2}\left(\frac{y}{\delta_t}\right)^3 \tag{4.53}$$

Usando as equações (4.53) e (4.46) para $T - T_s$ e u, respectivamente, o integral na Eq. (4.44) pode ser escrita como:

$$\int_0^{\delta_t} (T_\infty - T)u\, dy = \int_0^{\delta_t} [(T_\infty - T_s) - (T - T_s)]u\, dy$$

$$= (T_\infty - T_s)U_\infty \int_0^{\delta_t}\left[1 - \frac{3}{2}\frac{y}{\delta_t} + \frac{1}{2}\left(\frac{y}{\delta_t}\right)^3\right]\left[\frac{3}{2}\frac{y}{\delta} - \frac{1}{2}\left(\frac{y}{\delta}\right)^3\right]dy$$

Executando a multiplicação sob o sinal da integral, obtemos:

$$(T_\infty - T_s)U_\infty \int_0^{\delta_t}\left(\frac{3}{2\delta}y - \frac{9}{4\delta\delta_t}y^2 + \frac{3}{4\delta\delta_t^3}y^4 - \frac{1}{2\delta^3}y^3 + \frac{3}{4\delta_t\delta^3}y^4 - \frac{1}{4\delta_t^3\delta^3}y^6\right)dy$$

que, após integração, resulta:

$$(T_\infty - T_s)U_\infty\left(\frac{3}{4}\frac{\delta_t^2}{\delta} - \frac{3}{4}\frac{\delta_t^2}{\delta} + \frac{3}{20}\frac{\delta_t^2}{\delta} - \frac{1}{8}\frac{\delta_t^4}{\delta^3} + \frac{3}{20}\frac{\delta_t^4}{\delta^3} - \frac{1}{28}\frac{\delta_t^4}{\delta^3}\right)$$

Se tivermos $\zeta = \delta_t/\delta$, a expressão acima pode ser escrita como:

$$(T_\infty - T_s)U_\infty\delta\left(\frac{3}{20}\zeta^2 - \frac{3}{280}\zeta^4\right)$$

Para fluidos que têm Número de Prandtl igual ou maior que a unidade, ζ é igual ou menor que a unidade e o segundo termo entre parênteses pode ser ignorado, comparado ao primeiro.* Substituindo essa forma aproximada para a integral na Eq. (4.44):

$$\frac{3}{20} U_\infty (T_\infty - T_s)\zeta^2 \frac{\partial \delta}{\partial x} = \alpha \frac{\partial T}{\partial y}\bigg|_{y=0} = \frac{3}{2}\alpha \frac{T_\infty - T_s}{\delta\zeta}$$

ou

$$\frac{1}{10} U_\infty \zeta^3 \delta \frac{\partial \delta}{\partial x} = \alpha$$

Da Eq. (4.50), obtemos:

$$\delta \frac{\partial \delta}{\partial x} = 10{,}75 \frac{\nu}{U_\infty}$$

e com essa expressão temos:

$$\zeta^3 = \frac{10}{10{,}75}\frac{\alpha}{\nu}$$

ou

$$\delta_t = 0{,}976\, \delta\, \mathrm{Pr}^{-1/3} \qquad (4.54)$$

Exceto para a constante numérica (0,976 comparado a 1,0), o resultado precedente está de acordo com o cálculo exato de Pohlhausen [12].

Com base nas equações (4.1) e (4.53), a taxa de fluxo de calor por convecção da placa por unidade de área é:

$$q_c'' = -k\frac{\partial T}{\partial y}\bigg|_{y=0} = -\frac{3}{2}\frac{k}{\delta_t}(T_\infty - T_s)$$

Substituindo as equações (4.50) e (4.54) para δ e δ_t gera:

$$q'' = -\frac{3}{2}\frac{k}{x}\frac{\mathrm{Pr}^{1/3}\mathrm{Re}_x^{1/2}}{(0{,}976)(4{,}64)}(T_\infty - T_s) = 0{,}33\frac{k}{x}\mathrm{Re}_x^{1/2}\mathrm{Pr}^{1/3}(T_s - T_\infty) \qquad (4.55)$$

e o Número de Nusselt local, Nu_x, é:

$$\mathrm{Nu}_x = \frac{h_{cx}x}{k} = \frac{q_c''}{(T_s - T_\infty)}\frac{x}{k} = 0{,}33\mathrm{Re}_x^{1/2}\mathrm{Pr}^{1/3} \qquad (4.56)$$

Esse resultado está em perfeito acordo com a Eq. (4.37), o resultado de uma análise exata de Pohlhausen [12].

O exemplo citado ilustra a utilidade da análise aproximada da camada-limite. De acordo com uma percepção e intuição um tanto física, essa técnica produz resultados satisfatórios sem as complicações matemáticas inerentes nas equações de camada-limite exatas. O método aproximado foi aplicado em outros problemas e os resultados estão disponíveis na literatura.

4.10* Analogia entre transferência de momento e de calor em fluxo turbulento sobre uma superfície plana

Na maioria das aplicações práticas, o fluxo na camada-limite é turbulento e não laminar. Qualitativamente, o mecanismo de troca em fluxo turbulento pode ser retratado como uma ampliação da troca molecular em fluxo laminar. No fluxo laminar estável, as partículas de fluido seguem linhas de fluxo bem definidas. Calor e momento são

---

*Para metais líquidos, que apresentam $\mathrm{Pr} \ll 1$, $\zeta > 1$ e o segundo termo não pode ser desprezado.

transferidos uniformemente somente por difusão molecular, e o fluxo cruzado é tão pequeno que flui uniformemente, sem apresentar mistura apreciável, quando um corante é injetado no fluido. Em fluxo turbulento, por outro lado, a cor será distribuída sobre uma ampla área em curta distância do ponto de injeção descendente. O mecanismo de mistura consiste em vórtices flutuando rapidamente que carregam partículas de fluido de maneira irregular. Grupos de partículas colidem entre si aleatoriamente, estabelecendo um fluxo cruzado em escala macroscópica e efetivamente misturam o fluido. Como a mistura no fluxo turbulento está em uma escala macroscópica, com grupos de partículas transportados em zigue-zague pelo fluido, o mecanismo de troca é, muitas vezes, mais eficiente que em fluxo laminar. Como resultado, as taxas de transferência de calor e momento no fluxo turbulento e os coeficientes de atrito associada e a transferência de calor são, geralmente, maiores que em fluxo laminar.

Se o fluxo turbulento em um ponto é a média durante um período de tempo (comparado ao período de uma única flutuação), as propriedades de média de tempo e a velocidade do fluido são constantes se a média do fluxo permanecer estável. Portanto, é possível descrever cada propriedade de fluido e velocidade no fluxo turbulento em termos de um *valor médio* que não varia com o tempo e um *componente flutuante* que é uma função de tempo. Para simplificar o problema, considere um fluxo bidirecional (Fig. 4.18) no qual o valor médio da velocidade é paralelo à direção x. Então, os componentes da velocidade instantânea u e v podem ser expressos na forma

$$u = \bar{u} + u' \qquad (4.57)$$
$$v = v'$$

onde a barra sobre um símbolo indica o valor médio temporal, e o primordial indica o desvio instantâneo do valor médio. De acordo com o modelo usado para descrever o fluxo,

$$\bar{u} = \frac{1}{t^*} \int_0^{t^*} u \, dt \qquad (4.58)$$

em que t^* é um intervalo de tempo grande comparado ao período das flutuações. A Fig. 4.19 mostra qualitativamente a variação de tempo de u e u'. Da Eq. (4.58), ou de uma inspeção do gráfico, parece que a média de tempo de u' é zero (ou seja, $\overline{u'} = 0$). Um argumento similar mostra que $\overline{v'}$ e $\overline{(\rho v')}$ também são zero.

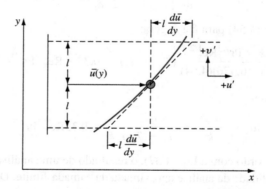

FIGURA 4.18 Extensão da mistura para transferência de momento em fluxo turbulento.

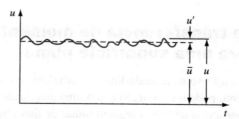

FIGURA 4.19 Variação temporal da velocidade instantânea em fluxo turbulento.

Através do plano normal à direção y, os componentes de flutuação da velocidade transportam continuamente massa e, consequentemente, momento. A taxa instantânea de transferência de x-momento na direção y por unidade de área em determinado ponto é:

$$-(\rho v)'(\bar{u} + u')$$

onde o sinal de menos, como será mostrado posteriormente, ocorre por correlação estatística entre u' e v'.

A média de tempo da transferência de momento x dá origem a um cisalhamento turbulento *aparente*, ou tensão de Reynolds τ_t, definida por:

$$\tau_t = -\frac{1}{t^*} \int_0^{t^*} (\rho v)'(\bar{u} + u') \, dt \qquad (4.59)$$

Separando esse termo em duas partes, a média de tempo da primeira é:

$$\frac{1}{t^*} \int_0^{t^*} (\rho v)' \bar{u} \, dt = 0$$

já que $\bar{u}$ é uma constante e a média de tempo de $(\rho v)'$ é zero. Integrando o segundo termo, a Eq. (4.59) torna-se:

$$\tau_t = -\frac{1}{t^*} \int_0^{t^*} (\rho v)' u' \, dt = -\overline{(\rho v)' u'} \qquad (4.60)$$

ou, se ρ for constante,

$$\tau_t = -\rho \overline{(v' u')} \qquad (4.61)$$

onde $\overline{(v' u')}$ é a média de tempo do produto de u' e v'.

É fácil visualizar que as médias do tempo de produtos mistos com flutuações de velocidade, como $\overline{v' u'}$, diferem de zero. Na Fig. 4.18, é possível ver que as partículas que viajam ascendentemente ($v' > 0$) surgem em uma camada na qual a velocidade média $\bar{u}$ é maior que a camada da qual elas são originárias. Presumindo que as partículas de fluido preservam, em média, sua velocidade original $\bar{u}$ durante a migração, elas tendem a desacelerar outras partículas depois de atingir seu destino, assim, dão origem a um componente negativo u'. Inversamente, se v' é negativo, o valor observado de u' no novo destino será positivo. Na média, portanto, um v' positivo é associado a um u' negativo e vice-versa. A média de tempo de $\overline{u'v'}$ está, portanto, na média diferente de zero, mas uma quantidade negativa. A tensão de cisalhamento turbulenta definida pela Eq. (4.61) é positiva, e o mesmo sinal da tensão de cisalhamento laminar correspondente:

$$\tau_l = \mu \frac{d\bar{u}}{dy} = \rho v \frac{d\bar{u}}{dy}$$

Contudo, deve-se observar que a tensão de cisalhamento laminar é verdadeira, enquanto a de cisalhamento turbulenta aparente é simplesmente um conceito introduzido para representar os efeitos na transferência de momento pelas flutuações turbulentas. Esse conceito permite que se expresse a tensão de cisalhamento total no fluxo turbulento como:

$$\tau = \frac{\text{força viscosa}}{\text{área}} + \text{fluxo de momento turbulento} \qquad (4.62)$$

Para relacionar o fluxo de momento turbulento para o gradiente de velocidade de média de tempo $d\bar{u}/dy$, nós postulamos que as flutuações de partículas de fluido macroscópicas no fluxo turbulento são, em média, similares ao movimento de moléculas em um gás (ou seja, elas viajam, em média, uma distância l perpendicular a $\bar{u}$ (Fig. 4.18) antes de pararem no outro plano y). Essa distância *l* é conhecida como *extensão da Mistura de Prandtl* [16, 17] e corresponde qualitativamente ao caminho livre médio de uma molécula de gás. Presumindo que as partículas de fluido mantenham sua identidade e suas propriedades físicas durante o movimento de travessia, e que a flutuação turbulenta decorra principalmente da diferença nas propriedades da média do tempo entre planos y espaçados a uma distância *l*, se uma partícula de fluido viajar de uma camada y para uma camada $y + l$:

$$u' \simeq l \frac{d\bar{u}}{dy} \qquad (4.63)$$

Com esse modelo, a tensão de cisalhamento turbulenta τ_t em uma forma análoga à tensão de cisalhamento laminar é:

$$\tau_t = -\rho \overline{v'u'} = \rho \varepsilon_M \frac{d\bar{u}}{dy} \qquad (4.64)$$

em que o símbolo ε_M é chamado *viscosidade de turbilhão* ou *coeficiente de troca turbulenta para momento*. A viscosidade de turbilhão ε_M é formalmente análoga à viscosidade cinemática ν, porém, já que ν é uma propriedade física, ε_M depende das dinâmicas do fluxo. Combinando as equações (4.63) e (4.64) mostra-se que $\varepsilon_M = -v'l$ e a Eq. (4.62) fornece um total para a tensão de cisalhamento na forma:

$$\tau = \rho(\nu + \varepsilon_M) \frac{d\bar{u}}{dy} \qquad (4.65)$$

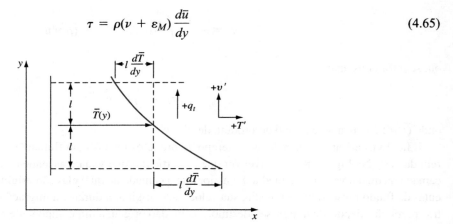

FIGURA 4.20 Extensão da mistura para transferência de energia em fluxo turbulento.

No fluxo turbulento, ε_M é muito maior que ν e o termo viscoso pode, portanto, ser ignorado.

A transferência de energia na forma de calor em um fluxo turbulento pode ser retratada de maneira análoga. Vamos considerar a distribuição de temperatura média temporal bidimensional, conforme mostrada na Fig. 4.20. Os componentes da velocidade flutuante transportam continuamente partículas de fluido e energia armazenada nelas, pelo plano normal à direção y. A taxa instantânea de transferência de energia por unidade de área em qualquer ponto na direção y é:

$$(\rho v')(c_p T) \qquad (4.66)$$

onde $T = \bar{T} + T'$. Seguindo a mesma linha de raciocínio que levou à Eq. (4.61), a média temporal de transferência de energia devido a flutuações, chamada *taxa turbulenta de transferência de calor*, q_t, é:

$$q_t = A\rho c_p \overline{v'T'} \qquad (4.67)$$

Usando o Conceito de extensão de mistura de Prandtl, podemos relacionar a flutuação de temperatura com o gradiente de temperatura média temporal pela seguinte equação:

$$T' \simeq l\frac{d\bar{T}}{dy} \qquad (4.68)$$

Isso significa que, quando uma partícula de fluido migra da camada y para outra camada, a uma distância l acima ou abaixo, a flutuação de temperatura resultante é causada principalmente pela diferença entre as temperaturas de média temporal nas camadas. Presumindo que os mecanismos de transporte de temperatura (ou energia) e velocidade sejam semelhantes, as extensões da mistura nas equações (4.63) e (4.68) são iguais. O produto $\overline{v'T'}$, entretanto, é positivo na média porque um v' positivo é acompanhado por um T' positivo, e vice-versa.

Combinando as equações (4.67) e (4.68), a taxa de turbulência da transferência de calor por unidade de área, torna-se

$$q_t'' = \frac{q_t}{A} = c_p\rho\overline{v'T'} = -c_p\rho\overline{v'l}\frac{d\bar{T}}{dy} \qquad (4.69)$$

em que o sinal de menos é uma consequência da Segunda Lei da Termodinâmica (veja Capítulo 1). Para expressar o fluxo turbulento de calor de forma análoga à equação de condução de Fourier, definimos ε_H, uma quantidade chamada *coeficiente de troca turbulenta para temperatura* ou difusividade de turbilhão de calor pela equação $\varepsilon_H = \overline{v'l}$. Substituindo ε_H por $\overline{v'l}$ na Eq. (4.69) obtemos

$$q_t'' = -c_p\rho\varepsilon_H\frac{d\bar{T}}{dy} \qquad (4.70)$$

A taxa total de transferência de calor por unidade de área normal à velocidade média do fluxo pode, então, ser escrita como:

$$q'' = \frac{q}{A} = \frac{\text{condução molecular}}{\text{unidade de área}} + \frac{\text{transferência turbulenta}}{\text{unidade de área}}$$

ou na forma simbólica como:

$$q'' = -c_p\rho(\alpha + \varepsilon_H)\frac{d\bar{T}}{dy} \qquad (4.71)$$

em que $\alpha = k/c_p\rho$, que é uma difusividade molecular de calor. A contribuição para transferência de calor por condução molecular é proporcional a α, e a contribuição turbulenta é proporcional a ε_H. Para os fluidos, exceto metais líquidos, ε_H é muito maior que α no fluxo turbulento. A taxa de viscosidade cinemática molecular para difusividade molecular de calor, ν/α, foi anteriormente denominada Número de Prandtl. Do mesmo modo, a taxa da viscosidade de turbilhão turbulenta para a difusividade de turbilhão $\varepsilon_M/\varepsilon_H$ poderia ser considerada um Número de Prandtl turbulento Pr_t. De acordo com a teoria da extensão da mistura Prandtl, o Número de Prandtl turbulento é unitário, já que $\varepsilon_M = \varepsilon_H = \overline{v'l}$.

Embora esse tratamento de fluxo turbulento esteja simplificado, os resultados experimentais indicam que está, pelo menos, correto qualitativamente. Isakoff e Drew [18] descobriram que Pr_t para aquecimento de mercúrio em fluxo turbulento dentro de um tubo pode variar de 1,0 a 1,6; Forstall e Shapiro [19] descobriram que Pr_t é aproximadamente 0,7 para gases. Alguns pesquisadores também demonstraram que Pr_t é substancialmente independente do valor do Número de Prandtl laminar, bem como o tipo de experimento. Presumindo que Pr_t seja unidade, o fluxo de calor turbulento pode ser relacionado à tensão de cisalhamento por meio de combinação das equações (4.64) e (4.70):

$$q_t'' = -\tau_t c_p\frac{d\bar{T}}{d\bar{u}} \qquad (4.72)$$

Essa relação foi originalmente derivada em 1874 pelo cientista britânico Osborn Reynolds e é chamada *Analogia Reynolds*. É uma boa aproximação quando o fluxo é turbulento e pode ser aplicado às camadas-limite turbulentas e ao fluxo turbulento em tubulações ou dutos. Entretanto, a analogia de Reynolds não se sustenta na subcamada viscosa [20]. Como essa camada oferece grande resistência térmica para o fluxo de calor, a Eq. (4.72), em geral, não é suficiente para uma solução quantitativa. Ela pode ser usada diretamente para calcular a taxa de transferência de calor somente para fluidos que apresentam Número de Prandtl unitário. Esse caso especial não será considerado.

4.11 Analogia de Reynolds para o escoamento turbulento sobre superfícies planas

Para derivar uma relação entre a transferência de calor e o atrito de superfície no fluxo sobre uma superfície plana para um Número de Prandtl unitário, é importante considerar que a tensão de cisalhamento laminar τ é:

$$\tau = \mu \frac{du}{dy}$$

e a taxa do fluxo de calor por unidade de área através de qualquer plano perpendicular à direção y é:

$$q'' = -k \frac{dT}{dy}$$

Combinando essas equações, temos:

$$q'' = -\tau \frac{k}{\mu} \frac{dT}{du} \tag{4.73}$$

Uma inspeção das equações (4.72) e (4.73) mostra que, se $c_p = k/\mu$ (ou seja, para Pr = 1), a mesma equação do fluxo de calor se aplica às camadas laminar e turbulenta.

Para determinar a taxa de transferência de calor de uma placa plana para um fluido com Pr = 1 fluindo sobre ela em escoamento turbulento, substituímos k/μ por c_p e separamos as variáveis na Eq. (4.73). Presumindo que q'' e τ sejam constantes, temos:

$$\frac{q_s''}{\tau_s c_p} du = -dT \tag{4.74}$$

sendo o subscrito é usado para indicar que q'' e τ são determinados na superfície da placa. Integrando a Eq. (4.74) entre os limites $u = 0$ quando $T = T_s$ e, $u = U_\infty$ quando $T = T_\infty$ resulta:

$$\frac{q_s''}{\tau_s c_p} U_\infty = (T_s - T_\infty) \tag{4.75}$$

Mas, como por definição, a transferência de calor local e o coeficiente de atrito são:

$$h_{cx} = \frac{q_s''}{(T_s - T_\infty)} \quad \text{e} \quad \tau_{sx} = C_{fx} \frac{\rho U_\infty^2}{2}$$

a Eq. (4.75) pode ser escrita como:

$$\frac{h_{cx}}{c_p \rho U_\infty} = \frac{Nu_x}{Re_x Pr} = \frac{C_{fx}}{2} \tag{4.76}$$

A Eq. (4.76) é satisfatória para gases em que Pr é aproximadamente unitário. Colburn [14] mostrou que a Eq. (4.76) também pode ser usada para fluidos que apresentam Números Prandtl variando de 0,6 a aproximadamente 50 se for modificada de acordo com os resultados experimentais, para a forma

$$\frac{Nu_x}{Re_x Pr} Pr^{2/3} = St_x Pr^{2/3} = \frac{C_{fx}}{2} \tag{4.77}$$

em que o subscrito x indica a distância da borda dianteira da placa.

Para aplicar a analogia entre transferência de calor e transferência de momento, na prática, é necessário saber o coeficiente de atrito C_{fx}. Para fluxo turbulento sobre a superfície de uma placa, a equação empírica para coeficiente de atrito local

$$C_{fx} = 0{,}0576\left(\frac{U_\infty x}{\nu}\right)^{-1/5} \quad (4.78a)$$

está em bom acordo com os resultados no intervalo do Número de Reynolds variando entre 5×10^5 e 10^7, desde que não ocorra separação. Presumindo que a camada-limite turbulenta tenha início na borda dianteira, o coeficiente de atrito médio sobre a superfície de uma placa de comprimento L pode ser obtido por integração na Eq. (4.78a):

$$\bar{C}_f = \frac{1}{L}\int_0^L C_{fx}\, dx = 0{,}072\left(\frac{U_\infty L}{\nu}\right)^{-1/5} \quad (4.78b)$$

Usando o método de integração na Seção 4.9 combinado com dados experimentais para coeficiente de atrito, também se pode derivar uma expressão para a espessura da camada-limite no fluxo turbulento. De acordo com Schlichting [1], a espessura da camada-limite hidrodinâmica pode ser aproximada pela relação:

$$(\delta/x) = 0{,}37/\text{Re}_x^{0{,}2} \quad (4.79)$$

Comparando as equações (4.78a) e (4.79) com os resultados para fluxo laminar, equações (4.30) e (4.28), fica evidente que o decaimento do coeficiente de atrito com a distância é mais gradual no fluxo turbulento do que no laminar ($x^{-0{,}2}$ versus $x^{-0{,}5}$), e a espessura da camada-limite aumenta mais rapidamente no fluxo turbulento do que no laminar ($\delta_t \propto x^{0{,}8}$ versus $\delta \propto x^{0{,}5}$).

No escoamento turbulento, o crescimento da camada-limite é influenciado mais pelas flutuações aleatórias no fluido do que pela difusão molecular. Portanto, o Número de Prandtl não exerce um papel importante no processo e, para Pr > 0,5, a Eq. (4.79) é também uma aproximação razoável para a espessura da camada-limite térmica, ou seja, $\delta \approx \delta_t$ no fluxo turbulento [21].

4.12 Camada-limite mista

Na realidade, uma camada-limite laminar precede a camada-limite turbulenta entre $x = 0$ e $x = x_c$. Como a resistência de atrito local de uma camada-limite laminar é menor que a resistência de atrito local de uma camada-limite turbulenta no mesmo Número de Reynolds, a resistência média calculada da Eq. (4.78b), sem corrigir a parte laminar da camada-limite, é muito grande. A resistência real pode ser intimamente estimada presumindo que, por trás do ponto de transição, a camada-limite turbulenta se comporta como se tivesse sido iniciada na borda dianteira.

Adicionando a resistência de atrito laminar entre $x = 0$ e $x = x_c$ para a resistência turbulenta entre $x = x_c$ e $x = L$, por unidade de largura, resulta em

$$\bar{C}_f = \frac{[0{,}072\text{Re}_L^{-1/5}L - 0{,}072\text{Re}_{x_c}^{-1/5}x_c + 1{,}33\text{Re}_{x_c}^{-1/2}x_c]}{L}$$

Para um número crítico de Reynolds de 5×10^5, isso resulta:

$$\bar{C}_f = 0{,}072\left(\text{Re}_L^{-1/5} - \frac{0{,}0464 x_c}{L}\right) \quad (4.80)$$

Substituindo a Eq. (4.78a) para C_{fx} na Eq. (4.77), obtemos o Número de Nusselt local de qualquer valor de x maior que x_c:

$$\text{Nu}_x = \frac{h_{cx} x}{k} = 0{,}0288\,\text{Pr}^{1/3}\left(\frac{U_\infty x}{\nu}\right)^{0{,}8} \quad (4.81)$$

Observamos que o coeficiente de transferência de calor local h_{cx} da transferência de calor por convecção por meio de uma camada-limite turbulenta diminui com a distância x na forma $h_{cx} \propto 1/x^{0,2}$. A Equação (4.81) mostra que, em comparação com o fluxo laminar, em que $h_{cx} \propto 1/x^{1/2}$, o coeficiente de transferência de calor no fluxo turbulento diminui menos rapidamente com x e que o coeficiente de transferência de calor turbulenta é bem maior que o coeficiente de transferência laminar em determinado valor de Número de Reynolds.

A média do coeficiente de transferência de calor no fluxo turbulento sobre uma superfície plana de comprimento L pode ser calculada, para uma primeira aproximação, integrando a Eq. (4.81) entre $x = 0$ e $x = L$:

$$\bar{h}_c = \frac{1}{L}\int_0^L h_{cx}\,dx$$

Na forma adimensional, temos q

$$\overline{\mathrm{Nu}}_L = \frac{\bar{h}_c L}{k} = 0{,}036 \mathrm{Pr}^{1/3} \mathrm{Re}_L^{0,8} \tag{4.82}$$

A Eq. (4.82) ignora a existência da camada-limite laminar e, portanto, é válida somente quando $L \gg x_c$. A camada-limite laminar pode ser incluída na análise se a Eq. (4.56) for usada entre $x = 0$ e $x = x_c$ e se a Eq. (4.81) estiver entre $x = x_c$ e $x = L$ para a integração de h_{cx}. Isso resulta, com $\mathrm{Re}_c = 5 \times 10^5$,

$$\overline{\mathrm{Nu}}_L = 0{,}036 \mathrm{Pr}^{1/3}(\mathrm{Re}_L^{0,8} - 23\,200) \tag{4.83}$$

EXEMPLO 4.4 O cárter de um automóvel tem aproximadamente 0,6 m de comprimento, 0,2 m de largura e 0,1 m de profundidade (Fig. 4.21). Supondo que a temperatura de sua superfície seja 350 K, calcule a proporção do fluxo de calor do cárter para o ar atmosférico em 276 K em uma velocidade de estrada de 30 m/s. Presuma que a vibração do motor e o chassi induza a transição do fluxo laminar para turbulento tão perto da borda dianteira que, por motivos práticos, a camada-limite é turbulenta sobre toda a superfície. Ignore a radiação e use, para as superfícies frontal e posterior, a mesma média do coeficiente de transferência de calor por convecção usada para a parte inferior e as laterais.

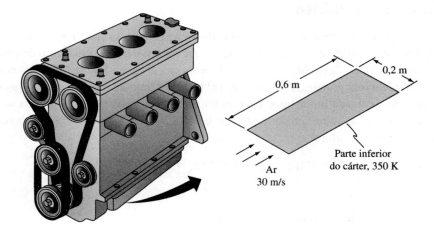

FIGURA 4.21 Cárter automobilístico do Exemplo 4.4.

SOLUÇÃO Usando as propriedades de ar em 313 K, o Número de Reynolds é:

$$\mathrm{Re}_L = \frac{\rho U_\infty L}{\mu} = \frac{1{,}092 \times 30 \times 0{,}6}{19{,}123 \times 10^{-6}} = 1{,}03 \times 10^6$$

Na Eq. (4.82), a média de Número de Nusselt é:

$$\overline{\mathrm{Nu}}_L = 0{,}036 \mathrm{Pr}^{1/3} \mathrm{Re}_L^{0{,}8}$$
$$= 0{,}036(0{,}71)^{1/3}(1{,}03 \times 10^6)^{0{,}8}$$
$$= 2\,075$$

e a média do coeficiente de transferência de calor por convecção torna-se:

$$\overline{h}_c = \frac{\overline{\mathrm{Nu}}_L k}{L} = \frac{2\,075 \times (0{,}0265\,\mathrm{W/mK})}{(0{,}6\,\mathrm{m})} = 91{,}6\,\mathrm{W/m^2K}$$

A área superficial que dissipa calor é 0,28 m², e a taxa de perda de calor do cárter é, portanto,

$$q_c = \overline{h}_c A(T_s - T_\infty) = (91{,}6\,\mathrm{W/m^2K})(0{,}28\,\mathrm{m^2})(350 - 276)(\mathrm{K})$$
$$= 1\,898\,\mathrm{W}$$

4.13* Condições de contorno especiais e escoamento de alta velocidade

Nas seções anteriores deste capítulo, a condição de contorno na superfície presumia uma temperatura constante e uniforme. Há, entretanto, outras situações de interesse prático, por exemplo, uma superfície com fluxo de calor constante e uma placa plana com um comprimento inicialmente não aquecido, seguida de uma temperatura de superfície uniforme acima da temperatura ambiente.

As condições de contorno de uma placa plana com fluxo sobre sua superfície e um comprimento inicialmente não aquecido estão ilustradas na Fig. 4.22. A camada-limite hidrodinâmica começa em $x = 0$, enquanto a camada-limite térmica começa em $x = \zeta$, sendo que a temperatura de superfície aumenta de T_∞ para T_s. Nenhuma transferência de calor ocorre entre $0 \leq x < \zeta$. Para esse caso, presumindo fluxo laminar, o método integral resulta:

$$\mathrm{Nu}_x/\mathrm{Nu}_{x,\zeta=0} = \{1 - (\zeta/x)^{3/4}\}^{-0{,}33} \qquad (4.84)$$

sendo que $\mathrm{Nu}_{x,\zeta=0}$ é dado pela Eq. (4.56).
Para fluxo turbulento com um comprimento inicialmente não aquecido,

$$\mathrm{Nu}_x/\mathrm{Nu}_{x,\zeta=0} = \{1 - (\zeta/x)^{0{,}9}\}^{-0{,}9} \qquad (4.85)$$

sendo que $\mathrm{Nu}_{x,\zeta=0}$ é dado pela Eq. (4.81).
Quando o fluxo ocorre sobre uma placa plana com a imposição de um fluxo de calor constante (por exemplo, por aquecimento elétrico), o Número de Nusselt no fluxo laminar é dado por:

$$\mathrm{Nu}_x = 0{,}453 \mathrm{Re}_x^{0{,}5} \mathrm{Pr}^{0{,}33} \qquad (4.86)$$

enquanto, para fluxo turbulento,

$$\mathrm{Nu}_x = 0{,}0308 \mathrm{Re}_x^{0{,}8} \mathrm{Pr}^{0{,}33} \qquad (4.87)$$

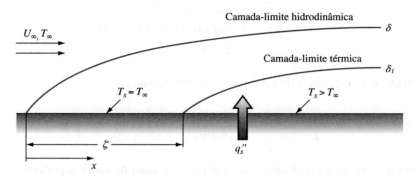

FIGURA 4.22 Placa plana em fluxo paralelo com comprimento inicial não aquecido.

Para um comprimento inicial não aquecido com fluxo de calor constante em $x > \zeta$, as equações (4.86) e (4.87) podem ser modificadas usando fatores de correção iguais às laterais direitas das equações (4.84) e (4,85), respectivamente.

Com o fluxo de calor constante, a temperatura da superfície não é uniforme. Porém, se for conhecido o coeficiente de transferência de calor, a temperatura da superfície pode ser obtida a partir de

$$T_s(x) = T_\infty + (q_s''/h_x) \qquad (4.88)$$

em determinada localização.

Outra condição de superfície especial ocorre em fluxo de alta velocidade. A transferência de calor por convecção em fluxo de alta velocidade é importante para aviões e mísseis quando a velocidade fica próxima ou excede a velocidade do som. Para um gás perfeito, a velocidade do som pode ser obtida de:

$$a = \sqrt{\frac{\gamma \mathscr{R}_u T}{\mathscr{M}}} \qquad (4.89)$$

Onde γ = taxa de calor específica, c_p/c_v (aproximadamente 1,4 para o ar)
$\mathscr{R}_u$ = constante universal dos gases
T = temperatura absoluta
$\mathscr{M}$ = peso molecular do gás

Quando o gás flui à velocidade do som ou superior a ela sobre uma superfície aquecida ou resfriada, o campo do fluxo não pode mais ser descrito unicamente em termos de Número de Reynolds; em vez disso, a proporção da velocidade desse fluxo com a velocidade acústica – o Número de Mach, $M = U_\infty/a_\infty$ – também deve ser considerado. Quando a velocidade do gás em um sistema de fluxo atinge um valor próximo à velocidade do som, os efeitos da dissipação viscosa na camada-limite tornam-se importantes. Sob tais condições, a temperatura de uma superfície sobre a qual o gás está fluindo pode realmente exceder a temperatura de fluxo livre. A Fig. 4.23 mostra as distribuições de velocidade e temperatura esquematicamente para um fluxo sobre uma superfície adiabática, como uma parede perfeitamente isolada. A alta temperatura na superfície é o resultado combinado de aquecimento devido à dissipação viscosa e ao aumento de temperatura do fluido, pois a energia cinética do fluxo é convertida em energia interna, enquanto o fluxo desacelera na camada-limite. O formato real do perfil de temperatura depende da relação entre a taxa em que a força de cisalhamento de viscosidade aumenta a energia interna do fluido e a taxa em que o calor é conduzido em direção ao fluxo livre.

Embora os processos em uma camada-limite de alta velocidade não sejam adiabáticos, é prática geral relacioná-los a esses processos. A conversão de energia cinética em um gás em descida lenta adiabaticamente para velocidade zero está descrita por:

$$i_0 = i_\infty + \frac{U_\infty^2}{2g_c} \qquad (4.90)$$

em que i_0 é a entalpia de estagnação e i_∞ é a entalpia do gás no escoamento livre. Para um gás ideal, a Eq. (4.90) torna-se

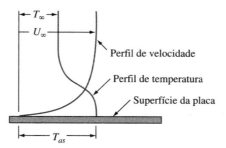

FIGURA 4.23 Distribuição de velocidade e temperatura em fluxo de alta velocidade sobre uma placa isolada.

$$T_0 = T_\infty + \frac{U_\infty^2}{2g_c c_p} \tag{4.91}$$

ou, em termos do Número de Mach,

$$\frac{T_0}{T_\infty} = 1 + \frac{\gamma - 1}{2} M_\infty^2 \tag{4.92}$$

em que T_0 é a temperatura de estagnação e T_∞ é a temperatura de fluxo livre.

Em uma camada-limite real, o fluido não é trazido para descansar reversivelmente, porque o processo de cisalhamento de viscosidade é termodinamicamente irreversível. Em consideração à irreversibilidade em um fluxo da camada-limite, definimos um fator de recuperação r como

$$r = \frac{T_{as} - T_\infty}{T_0 - T_\infty} \tag{4.93}$$

em que T_{as} é a temperatura de superfície adiabática.

Experimentos [22] mostraram que, em fluxo laminar:

$$r = \text{Pr}^{1/2} \tag{4.94}$$

enquanto, no fluxo turbulento:

$$r = \text{Pr}^{1/3} \tag{4.95}$$

Quando uma superfície não é isolada, a taxa de transferência de calor por convecção entre um gás de alta velocidade e essa superfície é governada pela relação

$$q_c'' = -k \frac{\partial T}{\partial y} \bigg|_{y=0}$$

A influência da transferência de calor para, e da, superfície na distribuição de temperatura está ilustrada na Fig. 4.24. Observamos que, no fluxo de alta velocidade, o calor pode ser transferido para a superfície mesmo quando a temperatura da superfície está acima da temperatura do fluxo livre. Esse fenômeno é o resultado do cisalhamento de viscosidade e, geralmente, é chamado aquecimento aerodinâmico. A taxa de transferência de calor em fluxo de alta velocidade sobre uma superfície plana pode ser prevista [1] da equação de energia da camada-limite:

$$u \frac{\partial T}{\partial x} + v \frac{\partial T}{\partial y} = \alpha \frac{\partial^2 T}{\partial y^2} + \frac{\mu}{\rho c_p} \left(\frac{\partial u}{\partial x} \right)^2$$

em que o último termo é responsável pela dissipação de viscosidade. Entretanto, para fins mais práticos, a taxa de transferência de calor pode ser calculada com as mesmas relações utilizadas para o fluxo de baixa velocidade, se o coeficiente médio da transferência de calor por convecção for redefinido pela relação

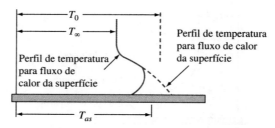

FIGURA 4.24 Perfis de temperatura em uma camada-limite de alta velocidade para aquecimento e resfriamento.

$$q_c'' = \bar{h}_c (T_s - T_{as}) \tag{4.96}$$

que resultará no fluxo de aquecimento zero quando a temperatura da superfície T_s for igual à temperatura da superfície adiabática.

Como os gradientes de temperatura em uma camada-limite são grandes para o fluxo de alta velocidade, as variações nas propriedades físicas do fluido também serão substanciais. Eckert [23] mostrou, entretanto, que as equações de transferência de calor com propriedade constante ainda podem ser usadas se todas as propriedades forem avaliadas para uma temperatura de referência T^* dada por:

$$T^* = T_\infty + 0{,}5(T_s - T_\infty) + 0{,}22(T_{as} - T_\infty) \tag{4.97}$$

Os valores locais do coeficiente de transferência de calor, definidos por:

$$h_{cx} = \frac{q_c''}{T_s - T_{as}} \tag{4.98}$$

podem ser obtidos nas seguintes equações:

Camada-limite laminar ($\mathrm{Re}_x^* < 10^5$):

$$\mathrm{St}_x^* = \left(\frac{h_{cx}}{c_p \rho U_\infty}\right)^* = 0{,}332(\mathrm{Re}_x^*)^{-1/2}(\mathrm{Pr}^*)^{-2/3} \tag{4.99}$$

Camada-limite turbulenta ($10^5 < \mathrm{Re}_x^* < 10^7$):

$$\mathrm{St}_x^* = \left(\frac{h_{cx}}{c_p \rho U_\infty}\right)^* = 0{,}0288(\mathrm{Re}_x^*)^{-1/5}(\mathrm{Pr}^*)^{-2/3} \tag{4.100}$$

Camada-limite turbulenta ($10^7 < \mathrm{Re}_x^* < 10^9$)

$$\mathrm{St}_x^* = \left(\frac{h_{cx}}{c_p \rho U_\infty}\right)^* = \frac{2{,}46}{(\ln \mathrm{Re}_x^*)^{2{,}584}} (\mathrm{Pr}^*)^{-2/3} \tag{4.101}$$

A Equação (4.101) é baseada em dados experimentais para coeficientes de atrito local em fluxo de gás de alta velocidade [23] no intervalo do Número de Reynolds, variando de 10^7 a 10^9, que estão correlacionados por

$$C_{fx} = \frac{4{,}92}{(\ln \mathrm{Re}_x^*)^{2{,}584}} \tag{4.102}$$

Se o valor médio do coeficiente de transferência de calor for determinado, as expressões acima devem ser integradas entre $x = 0$ e $x = L$. No entanto, pode ser que haja a necessidade de essa integração ser feita numericamente em muitos casos práticos, porque a temperatura de referência T^* não é a mesma para as partes laminar e turbulenta da camada-limite, conforme mostrado pelas equações (4.94) e (4.95).

Quando a velocidade de um gás é extremamente alta, a camada-limite pode ficar tão quente a ponto de o gás começar a dissociar-se. Nessas situações, Eckert [23] recomenda que o coeficiente de transferência de calor seja baseado na diferença de entalpia, entre a superfície e o estado adiabático, $(i_s - i_{as})$, e seja definido por:

$$q_c'' = h_{ci}(i_s - i_{as}) \tag{4.103}$$

Se um fator de recuperação de entalpia for definido por:

$$r_i = \frac{i_{as} - i_\infty}{i_0 - i_\infty}$$

a mesma relação usada anteriormente para calcular a temperatura de referência pode ser usada para calcular uma entalpia de referência:

$$i^* = i_\infty + 0{,}5(i_s - i_\infty) + 0{,}22(i_{as} - i_\infty) \tag{4.104}$$

O número local de Stanton é então redefinido como

$$St_{x,t}^* = \frac{h_{c,i}}{\rho^* u_\infty} \tag{4.105}$$

e usado nas equações (4.99), (4.100) e (4.101) para calcular o coeficiente de transferência de calor. Deve-se observar que as entalpias nas relações acima são valores locais que incluem a energia química de dissociação e a energia interna. Como mostrado em [23], esse método de cálculo está de acordo com os dados experimentais.

Em algumas situações, por exemplo, em altitudes extremamente elevadas, a densidade do fluido pode ser tão pequena que a diferença entre as moléculas de gás se tornam da mesma ordem de magnitude da camada-limite. Nesses casos, o fluido não pode ser tratado como contínuo, e faz-se necessário subdividir os processos e fluxo em regimes. Os regimes de fluxo são caracterizados pela proporção do caminho livre molecular para uma escala física significativa do sistema; essa proporção é chamada Número de Knudsen, Kn. Fluxo contínuo corresponde a pequenos valores de Kn; em valores maiores de Kn ocorrem colisões moleculares, principalmente na superfície e no fluxo principal. Como o transporte de energia é por movimento livre de moléculas entre a superfície e o fluxo principal, este regime é chamado *regime de molécula livre*. Entre os regimes contínuo e de molécula livre está um intervalo de transição chamado *regime fluxo de deslizamento*, porque ele é tratado supondo um "erro" de temperatura e velocidade nas interfaces de fluido sólido. A Fig. 4.25 mostra um mapa desses regimes. Para um tratamento de transferência de calor e atrito nesses sistemas de fluxo especializados, deve-se consultar [24–27].

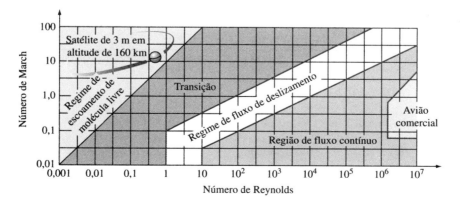

FIGURA 4.25 **Regimes de fluxo em alta velocidade.**

4.14 Considerações finais

Neste capítulo, estudamos os princípios de transferência de calor por convecção forçada. Vimos que a transferência de calor por convecção está intimamente relacionada aos mecanismos do fluxo de fluido, particularmente para fluxo nas proximidades da superfície de transferência. Também observamos que a natureza da transferência de calor, assim como o fenômeno, depende muito de quão longe está o fluido da superfície em fluxo laminar ou em fluxo turbulento.

Para familiarizar-se com os princípios básicos da teoria da camada-limite e da transferência de calor por convecção forçada, consideramos o problema da convecção no fluxo sobre uma placa plana em alguns detalhes. Esse sistema é geograficamente simples, mas ilustra os recursos mais importantes da convecção forçada. Em capítulos subsequentes, devemos tratar a transferência de calor por convecção em sistemas geometricamente mais complicados. No capítulo a seguir, examinaremos o fenômeno de convecção natural. No Capítulo 6, será retomada a transferência de calor por convecção para e de fluxo de fluidos dentro de tubos e dutos. No Capítulo 7, será considerada a convecção forçada em fluxo sobre superfícies exteriores de corpos como cilindros, esferas, tubos e pacotes de tubos. A aplicação dos princípios da transferência de calor por convecção forçada para seleção e projeto de equipamento de transferência de calor será considerada no Capítulo 8.

Para sua conveniência, um resumo das equações usadas para calcular a transferência de calor e os coeficientes de atrito em fluxo de baixa velocidade de gases e líquidos, ou em superfícies ligeiramente curvadas, está apresentado na Tabela 4.5, a seguir. Para informações adicionais e correlações ou equações de outras condições e geometrias, deve-se consultar [3, 18, 21 e 28].

TABELA 4.5 Resumo das equações empíricas úteis para cálculo dos fatores de atrito e coeficientes de transferência de calor em escoamento sobre superfícies planas ou ligeiramente curvadas em ângulo de ataque zero[a]

Coeficiente	Equação	Condições
	Fluxo laminar	
Coeficiente de fricção local	$C_{fx} = 0{,}664 Re_x^{-0{,}5}$	$Re_x < 5 \times 10^5$
Número de Nusselt local em distância x	$Nu_x = 0{,}332 Re_x^{0{,}5} Pr^{0{,}33}$	$Pr > 0{,}5, Re_x < 5 \times 10^5$
da borda dianteira	$Nu_x = 0{,}565(Re_x Pr)^{0{,}5}$	$Pr < 0{,}1, Re_x < 5 \times 10^5$
Coeficiente de fricção média	$\bar{C}_f = 1{,}33 Re_L^{-0{,}5}$	$Re_L < 5 \times 10^5$
Média de Número de Nusselt entre $x = 0$ e $x = L$	$\overline{Nu}_L = 0{,}664 Re_L^{0{,}5} Pr^{0{,}33}$	$Pr > 0{,}5, Re_L < 5 \times 10^5$
	Fluxo Turbulento	
Coeficiente de fricção local	$C_{fx} = 0{,}0576 Re_x^{-0{,}2}$	
Número de Nusselt local em distância x da borda dianteira	$Nu_x = 0{,}0288 Re_x^{0{,}8} Pr^{0{,}33}$	$Re_x > 5 \times 10^5, Pr > 0{,}5$
Coeficiente de fricção média	$\bar{C}_f = 0{,}072[Re_L^{-0{,}2} - 0{,}0464(x_c/L)]$	
Média de Número de Nusselt entre $x = 0$ e $x = L$ com transição em $Re_{x,c} = 5 \times 10^5$	$\overline{Nu}_L = 0{,}036 Pr^{0{,}33}[Re_L^{0{,}8} - 23{,}200]$	$Re_L > 5 \times 10^5, Pr > 0{,}5$

[a]Aplicável a fluxo de baixa velocidade (número Mach $< 0{,}5$) de gases e líquidos com todas as propriedades físicas avaliadas na temperatura média da película, $T_f = (T_s + T_\infty)/2$.

$$C_{fx} = \tau_s/(\rho U_\infty^2/2g_c) \quad \bar{C}_f = (1/L)\int_0^L C_{fx}\,dx \quad Pr = c_p\mu/k$$

$$Nu_x = h_c x/k \quad \overline{Nu} = \bar{h}_c L/k \quad \bar{h}_c = (1/L)\int_0^L h_c(x)\,dx$$

$$Re_x = \rho U_\infty x/\mu \quad Re_L = \rho U_\infty L/\mu$$

Referências

1. SCHLICHTING, H. *Boundary Layer Theory*. 6. ed, J. Kestin, transl., Nova York: McGraw-Hill, 1968.
2. VAN DRIEST, E. R. Calculation of the Stability of the Laminar Boundary Layer in a Compressible Fluid on a Flat Plate with Heat Transfer. *J. Aero. Sci.*, v. 19, 1952, p. 801-813.
3. KAKAÇ, S.; SHAH, R. K.; AUNG, W. *Handbook of Single Phase Convective Heat Transfer*. Nova York: Wiley, 1987.
4. LANDAU, L. D.; LIFSHITZ, E. M. *Fluid Mechanics*. New York: Pergamon Press, 1959.
5. LANGHAAR, H. L. *Dimensional Analysis and Theory of Models*. Nova York: Wiley, 1951.
6. VAN DRIEST, E. R. On Dimensional Analysis and the Presentation of Data in Fluid Flow Problems. *J. Appl. Mech.*, v. 13, 1940, p. A-34.
7. ROHSENOW, W. M.; HARTNETT, J. P.; CHO, Y. I. *Handbook of Heat Transfer*. Nova York: McGraw-Hill, 1998.
8. PATANKAR, S. V.; SPALDING, D. B. *Heat and Mass Transfer in Boundary Layers*, 2. ed. Londres: International Textbook Co., 1970.
9. MAJUMDAR, P. *Computational Methods for Heat and Mass Transfer*. Nova York, NY: Taylor & Francis, 2005.
10. BLASIUS, M. Grenzschichten in Flüssigkeiten mit Kleiner Reibung. *Z. Math. Phys.*, v. 56, n. 1, 1908.
11. HANSEN, M. Velocity Distribution in the Boundary Layer of a Submerged Plate. *NACA TM* 582, 1930.
12. POHLHAUSEN, E. Der Wärmeaustausch zwischen festen Körpern und Flüssigkeiten mit kleiner Reibung und kleiner Wärmeleitung. *Z. Angew. Math. Mech.*, v. 1, 1921, p. 115.
13. GEBHART, B. *Heat Transfer*. 2. ed., Nova York: McGraw-Hill, 1971.
14. COLBURN, A. P. A Method of Correlating Forced Convection Heat Transfer Data and a Comparison with Fluid Friction. *Trans. AIChE*, v. 29, 1993, p. 174-210.
15. ECKERT, E. R. G.; DRAKE, R. M. *Heat and Mass Transfer*. 2. ed. Nova York: McGraw-Hill, 1959.
16. PRANDTL, L. Bemerkungen über den Wärmeübergang im Rohr. *Phys. Zeit*, v. 29, 1928, p. 487.
17. PRANDTL, L. Eine Beziehung zwischen Wärmeaustauch und Ströhmungswiederstand der Flüssigkeiten. *Phys. Zeit*, v. 10, 1910, p. 1072.
18. ISAKOFF, S. E.; DREW, T. B. Heat and Momentum Transfer in Turbulent Flow of Mercury. *Institute of Mechanical Engineers and ASME*, Proceedings, General Discussion on Heat Transfer, 1951, p. 405-409.
19. FORSTALL Jr., W.; SHAPIRO, A. H. Momentum and Mass Transfer in Co-axial Gas Jets. *J. Appl. Mech*, v. 17, 1950, p. 399.
20. MARTINELLI, R. C. Heat Transfer to Molten Metals. *Trans. ASME*, v. 69, 1947, p. 947-959.
21. KAYS, W.; CRAWFORD, M; WEIGAND, B. *Convective Heat and Mass Transfer*, 4. ed. Nova York: McGraw-Hill, 2005.
22. KAYE, J. Survey of Friction Coefficients, Recovery Factors, and Heat Transfer Coefficients for Supersonic Flow. *J. Aeronaut. Sci.*, v. 21, n. 2, 1954, p. 117-229.
23. ECKERT, E. R. G. Engineering Relations for Heat Transfer and Friction in High-Velocity Laminar and Turbulent. Boundary Layer Flow over Surfaces with Constant Pressure and Temperature. *Trans. ASME*, v. 78, 1956, p. 1273-1284.
24. VAN DRIEST, E. R. Turbulent Boundary Layer in Compressible Fluids. *J. Aeronaut. Sci.*, v. 18, n. 3, 1951, p. 145-161.
25. OPPENHEIM, A. K. Generalized Theory of Convective Heat Transfer in a Free-Molecule Flow. *J. Aeronaut. Sci*, v. 20, 1953, p. 49-57.
26. HAYES, W. D.; PROBSTEIN, R. F. *Hypersonic Flow Theory*. Nova York: Academic Press, 1959.
27. WHITE, F. M. *Viscous Fluid Flow*. 2. ed. Nova York: McGraw-Hill, 1991.
28. BIRD, R. B.; STEWART, W. E.; LIGHTFOOT, E. N. *Transport Phenomena*. 2nd ed., New York, NY: Wiley, 2007.

Problemas

Os problemas para este capítulo estão organizados por assunto, como mostrados abaixo.

Tópico	Número do Problema
Números adimensionais	4.1 - 4.6
Análises dimensionais	4.7 - 4.19
Camadas-limite	4.20 - 4.28
Escoamento sobre uma placa plana	4.29 - 4.40
Analogia entre transferência de calor e momento	4.41 - 4.44
Dissipação viscosa	4.45 - 4.48
Problemas de projeto	4.49 - 4.59
Escoamento de alta velocidade	4.60 - 4.66

4.1 Calcule o Número de Reynolds para fluxo sobre um tubo a partir dos seguintes dados: $D = 6$ cm, $U_\infty = 1,0$ m/s, $\rho = 300$ kg/m³, $\mu = 0,04$ N s/m²

4.2 Calcule o Número de Prandtl a partir dos seguintes dados: $c_p = 2,1$ kJ/kg K, $k = 3,4$ W/m K, $\mu = 0,45$ kg/m s.

4.3 Calcule o Número de Nusselt para fluxo sobre uma esfera a partir das seguintes condições: $D = 0,15$ m, $k = 0,2$ W/m K, $\bar{h}_c = 102$ W/m² K.

4.4 Calcule o Número de Stanton para fluxo sobre um tubo a partir dos seguintes dados: $D = 10$ cm, $U_\infty = 4$ m/s, $\rho = 13\,000$ kg/m³, $\mu = 1 \times 10^{-3}$ N s/m², $c_p = 140$ J/kg K, $\bar{h}_c = 1000$ W/m² K.

4.5 Calcule os grupos adimensionais $\bar{h}_c D/k$, $U_\infty D \rho/\mu$ e $c_p \mu/k$ para água, álcool n-butílico, mercúrio, hidrogênio, ar e vapor saturado a uma temperatura de 100°C. Use $D = 1$ m, $U_\infty = 1$ m/s e $\bar{h}_c = 1$ W/m² K.

4.6 Um fluido escoa a 5 *m/s* sobre uma ampla placa lisa de 15 cm de comprimento. Para cada item da lista a seguir, calcule o Número de Reynolds na extremidade jusante, ou seja, extremidade de escoamento descendente da placa. Indique se o fluxo nesse ponto é laminar, de transição ou turbulento. Presuma que todos os fluidos estejam a 40°C. (a) ar, (b) CO_2, (c) água, (d) óleo de motor.

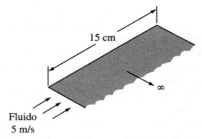

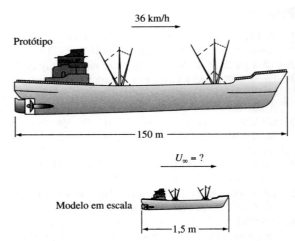

4.7 Faça novamente o gráfico com os pontos e dados da Fig. 4.9(b) em papel *log-log* e encontre uma equação que melhor aproxime a curva de correlação. Compare seus resultados com a Fig. 4.10. Então, suponha que o fluxo a 1 atm e 100°C esteja escoando em um cano de 5 cm de diâmetro externo a uma velocidade de 1 m/s. Usando os dados da Fig. 4.10, estime o Número de Nusselt, o coeficiente de transferência de calor e a taxa da transferência de calor por metro linear do cano se este estiver a 200°C; compare esses resultados com as previsões da equação de correlação.

4.8 A média do Número de Reynolds para o ar que passa pelo fluxo turbulento sobre uma placa plana de 2 metros de comprimento é $2,4 \times 10^6$. Sob essas condições, a média do Número de Nusselt foi determinada como igual a 4 150. Determine o coeficiente médio da transferência de calor de um óleo que apresenta as propriedades térmicas semelhantes àquelas do Apêndice 2, Tabela 18, a 30°C para o mesmo Número de Reynolds e fluindo sobre a mesma placa.

4.9 A razão adimensional $U_\infty/\sqrt{Lg}$, chamada *Número de Froude*, é uma medida de similaridade entre um navio transoceânico e um modelo de escala do navio a ser testado em laboratório em um canal de água. Um cargueiro de 150 metros de comprimento é projetado para funcionar a 36 km/h, e um modelo de 1,52 m geometricamente similar é rebocado em um canal para estudar a resistência às ondas. Qual deve ser a velocidade do reboque em m/s^{-1}?

4.10 Descobriu-se que o torque devido à resistência de atrito da película de óleo entre um eixo de rotação e seus rolamentos é dependente da força F normal ao eixo, da velocidade da rotação N do eixo, da viscosidade dinâmica μ do óleo, e do diâmetro do eixo D. Estabeleça uma correlação entre essas variáveis usando análise dimensional.

4.11 Quando uma esfera cai livremente pelo fluido homogêneo, atinge uma velocidade terminal na qual seu peso é equilibrado pela força de empuxo e resistência de atrito do fluido. Faça uma análise dimensional desse problema e indique como os dados experimentais desse problema podem ser correlacionados. Ignore os efeitos de compressibilidade e a influência da rugosidade da superfície.

4.12 Foram realizados experimentos sobre a distribuição da temperatura em um cilindro longo e homogêneo (0,1 m de diâmetro, condutividade térmica de 0,2 W/m K) com geração de calor interno uniforme. Pela análise dimensional, determine a relação entre a temperatura de estado estacionário no centro do cilindro T_c, o diâmetro, a condutividade térmica e a taxa de geração de calor. Utilize a temperatura na superfície como seu dado de referência. Qual é a equação para a temperatura central se a diferença entre esta temperatura e a da superfície é 30°C quando a geração de calor é 3 000 W/m^3?

4.13 As equações de convecção relacionadas aos números de Nusselt, de Reynolds e de Prandtl podem ser rearranjadas para mostrar que o coeficiente de transferência de calor h_c para gases depende da temperatura absoluta T e o grupo $\sqrt{U_\infty/x}$. Essa fórmula é a forma $h_{c,x} = CT^n\sqrt{U_\infty/x}$, em que n e C são constantes. Indique claramente como essa relação poderia ser obtida para o caso de fluxo laminar de $Nu_x = 0,332\,Re_x^{0,5}Pr^{0,333}$ para a condição $0,5 < Pr < 5,0$. Restrições de estado, conforme necessário.

4.14 Uma série de testes na qual a água foi aquecida enquanto fluía por um tubo aquecido eletricamente com 0,96 m de comprimento e 13 mm de diâmetro interno resultou em dados experimentais de queda de pressão conforme mostrado a seguir.

Taxa de Fluxo de Massa $\dot{m}$ (kg/s)	Temperatura no interior (*bulk*) do Fluido T_b (°C)	Temperatura de Superfície do Tubo T_s (°C)	Queda de Pressão com Transferência de Calor, Δp_{ht} (kPa)
1,37	32	52	67,0
0,98	45	94	33,0
0,82	36	104	22,5
1,39	37	120	58,4
0,97	42	140	31,1

Dados de queda de pressão isotérmica para o mesmo tubo são descritos abaixo em termos de fator de atrito adimensional $f = (\Delta p/\rho \bar{u}^2)(2D/L)g_c$ e o Número de Reynolds com base no diâmetro do cano, $Re_D = 4\dot{m}/\pi D\mu$. O símbolo $\bar{u}$ indica a velocidade média no cano.

Re_D	f
$1,71 \times 10^5$	0,0189
$1,05 \times 10^5$	0,0205
$1,9 \times 10^5$	0,0185
$2,41 \times 10^5$	0,0178

Comparando os coeficientes de atrito isotérmicos e não isotérmicos para Números de Reynolds no *bulk* que são similares, derive uma equação adimensional para os coeficientes de atrito não isotérmicos na forma

$$f = \text{constante} \times Re_D^n (\mu_s/\mu_b)^m$$

em que μ_s = viscosidade para a temperatura de superfície, μ_b = viscosidade para a temperatura no interior do corpo (no *bulk*) e n e m = constantes empíricas.

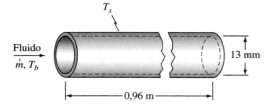

4.15 Os dados experimentais demonstrados na tabela foram obtidos na passagem de álcool n-butílico em uma temperatura no *bulk* de 15°C sobre uma placa plana aquecida de 0,3 m de comprimento, 0,9 m de largura e a uma temperatura de superfície de 60°C. Correlacione os dados experimentais usando números adimensionais apropriados à curva que melhor se ajusta aos dados com a Eq. (4.38).

Velocidade (m/s)	Coeficiente médio de transferência de calor (W/m²°C)
0,089	121
0,305	218
0,488	282
1,14	425

4.16 Os dados de teste tabelados a seguir foram retirados das medidas feitas para determinar o coeficiente de transferência de calor dentro de tubos para Números de Reynolds somente ligeiramente acima da transição, e para Números de Prandtl relativamente altos (como associados aos óleos). Os testes foram feitos em um trocador de tubo duplo de água para fornecer o resfriamento. O cano usado para transportar os óleos foi de 1,5 cm de diâmetro externo, 18 BWG e 3,0 m de comprimento. Correlacione os dados em termos de parâmetros adimensionais apropriados.

Teste N°	Fluido	$\bar{h}_c$ (W/m²K)	ρu (kg/m²s)	c_p (kJ/kg K)	k_f (W/m k)	$\mu_b \times 10^3$ (kg/m s)	$\mu_f \times 10^3$ (kg/m s)
11	10C óleo	490	1450	1,971	0,1324	5,63	8,01
19	10C óleo	725	2030	1,976	0,1324	5,49	7,85
21	10C óleo	1500	3320	2,034	0,1342	3,96	5,75
23	10C óleo	810	1445	2,072	0,1337	3,06	4,09
24	10C óleo	940	3985	1,896	0,1356	9,82	11,22
25	10C óleo	770	1400	2,076	0,1337	3,0	4,81
36	1488 pyranol	800	2425	1,088	0,1273	4,97	6,95
39	1488 pyranol	760	3840	1,088	0,1280	9,5	12,00
45	1488 pyranol	1025	2680	1,088	0,1271	4,25	5,3
48	1488 pyranol	715	5180	1,088	0,1285	16,52	22,00
49	1488 pyranol	600	4370	1,088	0,1285	16,32	18,78

onde $\bar{h}_c$ = coeficiente de transferência de calor superficial médio com base na diferença média de temperatura, W/m² K

ρu = velocidade da massa, kg/m² s

c_p = calor específico, kJ/kg K

k_f = condutividade térmica, W/m K (baseada na temperatura do filme)

μ_b = viscosidade, baseada na média de temperatura no *bulk* (média combinada), kg/m s

μ_f = viscosidade, baseada na média de temperatura do filme, kg/m s

Dica: Inicie correlacionando Nu e Re_D sem considerar os Números de Prandtl, já que a influência desse número sobre o número de Nusselt é estimada como sendo relativamente pequena. Fazendo o gráfico de Nu *versus* Re em papel *log-log*, pode-se supor a natureza da equação de correlação, $Nu = f_1(Re)$. Um gráfico de

Nu/f_1(Re) *versus* Pr revelará, então, a dependência sobre Pr. Para a equação final, a influência da variação de viscosidade também deve ser considerada.

4.17 Uma pá de turbina com um comprimento característico de 1 m é resfriada à pressão atmosférica em túnel de vento a 40°C com uma velocidade de 100 m/s. Para uma temperatura de superfície de 500 K, a taxa de resfriamento é determinada como 10 000 watts. Use esses resultados para calcular a taxa de resfriamento de outra pá de turbina de formato similar, mas com um comprimento característico de 0,5 m e funcionando a uma temperatura superficial de 600 K no ar a 40°C e velocidade de 200 m/s.

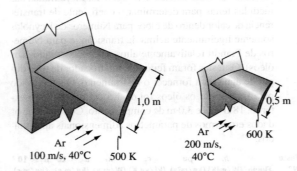

4.18 O arraste sobre a asa de um avião em voo é conhecida como uma função da densidade do ar (ρ), a viscosidade do ar (μ), a velocidade do fluxo livre (U_∞), a dimensão característica da asa (s) e a tensão de cisalhamento na superfície da asa (τ_s).

Mostre que o arraste adimensional, $\dfrac{\tau_s}{\rho U_\infty^2}$, pode ser expressa como uma função do número de Reynolds, $\dfrac{\rho U_\infty s}{\mu}$.

4.19 Suponha que o gráfico abaixo mostre valores medidos de h_c para ar em convecção forçada sobre um cilindro com diâmetro D, traçado em um gráfico logarítmico Nu_D como uma função de $Re_D Pr$.

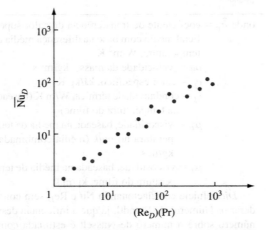

Escreva a correlação adimensional apropriada para a média de Número de Nusselt para esses dados e indique algumas limitações para sua equação.

4.20 Óleo de motor a 100°C escoa paralelamente sobre uma superfície plana com velocidade de 3 m/s. Calcule a espessura da camada-limite hidrodinâmica a uma distância de 0,3 m da borda dianteira da superfície.

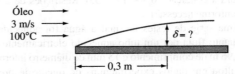

4.21 Presumindo uma distribuição linear de velocidade e uma distribuição linear de temperatura na camada-limite sobre uma placa plana, derive uma relação entre as espessuras de camada-limite térmica e hidrodinâmica e o Número de Prandtl.

4.22 Ar a 20°C escoa a 1 m/s entre duas placas lisas paralelas espaçadas em 5 cm. Calcule a distância da entrada até o ponto em que as camadas-limite hidrodinâmicas se encontram.

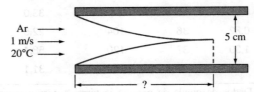

4.23 Um fluido em temperatura T_∞ está fluindo a uma velocidade U_∞ sobre uma placa plana que está à mesma temperatura que o fluido a uma distância de x_0 da borda dianteira, mas a uma temperatura superior T_s além desse ponto.

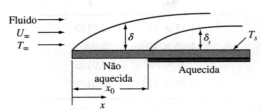

Mostre por meios de equações de integração de camada-limite que ζ, a proporção da espessura da camada-limite térmica, e a espessura da camada-limite hidrodinâmica, sobre a parte aquecida da placa é aproximadamente

$$\zeta \approx Pr^{-1/3}\left[1 - \left(\frac{x_0}{x}\right)^{3/4}\right]^{1/3}$$

se o fluxo for laminar.

4.24 Ar a 1000°C flui com uma velocidade de entrada de 2 m/s entre duas placas lisas paralelas espaçadas em 1 cm. Calcule a distância da entrada até o ponto em que as camadas-limite se encontram.

4.25 Medições experimentais da distribuição da temperatura durante o fluxo de ar a pressão atmosférica sobre a asa de um avião indicam que a distribuição de temperatura perto da superfície pode ser aproximada por uma equação linear:

$$(T - T_s) = ay(T_\infty - T_s)$$

em que a = uma constante = $2\ \text{m}^{-1}$, T_s = temperatura da superfície, K, T_∞ = temperatura de fluxo livre, K, e y = distância perpendicular da superfície (mm). (a) Estime o coeficiente de transferência de calor por convecção se $T_s = 50°C$ e $T_\infty = -50°C$. (b) Calcule o fluxo de calor em W/m².

4.26 Para o fluxo sobre uma superfície isotérmica ligeiramente curvada, a distribuição de temperatura dentro da camada-limite δ_t pode ser aproximada pelo polinômio $T(y) = a + by + cy^2 + dy^3 (y < \delta_t)$, sendo que y é a distância normal à superfície. (a) Aplicando as condições de contorno apropriadas, determine as constantes a, b, c e d.

(b) Em seguida, obtenha uma relação adimensional da distribuição de temperatura na camada-limite.

4.27 O método integral também pode ser aplicado para condições de fluxo turbulento diante da disponibilidade dos dados experimentais da tensão de cisalhamento de uma parede. Em uma das tentativas para analisar fluxo turbulento sobre uma placa plana, Ludwig Prandtl propôs, em 1921, as seguintes relações adimensionais para as distribuições de temperatura e velocidade:

$$u/U_\infty = (y/\delta)^{1/7}$$
$$(T - T_\infty)/(T_s - T_\infty) = 1 - (y/\delta_t)^{1/7} \quad (T_s > T > T_\infty)$$

Dos dados experimentais, uma relação empírica que compara a tensão de cisalhamento na parede à espessura da camada-limite é:

$$\tau_s = 0{,}023\rho U_\infty^2/\text{Re}_\delta^{0{,}25} \quad \text{onde} \quad \text{Re}_\delta = U_\infty \delta/\nu$$

Seguindo a abordagem destacada na Seção 4.9.1 para condições laminares, substitua as relações nas equações integrais de energia e de momento da camada-limite e derive equações para: (a) a espessura da camada-limite; (b) o coeficiente de atrito local; (c) o número de Nusselt local. Presuma $\delta = \delta_t$ e discuta as limitações de seus resultados.

4.28 Para metais líquidos com Números de Prandtl muito menores que a unidade, a camada-limite hidrodinâmica é bem mais fina que a camada-limite térmica. Como resultado, pode-se presumir que a velocidade na camada-limite é uniforme [$u = U_\infty$ e $v = 0$]. A Eq. (4.7b) mostra que a equação de energia e sua condiçãode contorno são análogas àquelas de uma laje semi-infinita com uma repentina mudança na temperatura superficial [veja Eq. (2.93)]. Então, mostre que o Número de Nusselt local é fornecido por:

$$\text{Nu}_x = 0{,}56\,(\text{Re}_x \text{Pr})^{0{,}5}$$

Compare essa equação com a relação apropriada na Tabela 4.5.

4.29 Hidrogênio a 15°C e à pressão de 1 atm está fluindo ao longo de uma placa plana a uma velocidade de 3 m/s. Se a placa apresenta largura de 0,3 m e 71°C, calcule as seguintes quantidades em x = 0,3 m e na distância correspondendo ao ponto de transição, ou seja, $\text{Re}_x = 5 \times 10^5$ (use propriedades a 43°C): (a) espessura da camada-limite hidrodinâmica, em cm; (b) espessura da camada-limite térmica, em cm; (c) coeficiente de atrito local, adimensional; (d) média do coeficiente de atrito, adimensional; (e) força de arraste, em N; (f) coeficiente de transferência de calor por convecção local, em W/m² °C; (g) média do coeficiente de transferência de calor por convecção, em W/m² °C; (h) taxa de transferência de calor, em W.

4.30 Repita o problema 4.29, partes (d), (e), (g) e (h) para x = 4,0 m e U_∞ = 80 m/s, (a) levando em conta a camada-limite laminar, e (b) presumindo que camada-limite turbulenta começa na borda dianteira.

4.31 Determine a taxa de perda de calor da parede de um edifício como resultado de um vento a 16 km/h paralelo a sua superfície. A parede é de 24 m de comprimento e 6 m de altura, a temperatura de sua superfície é 27°C e a temperatura do ar ambiente é 4°C.

4.32 Um trocador de calor de placa plana operará em uma atmosfera de nitrogênio a uma pressão de aproximadamente 10^4 N/m² e 38°C. Esse trocador foi originalmente projetado para operar no ar a 1 atm e fluxo turbulento de 38°C. Calcule a razão entre o coeficiente de transferência de calor no ar e no nitrogênio, presumindo um resfriamento na superfície da placa plana com circulação forçada à mesma velocidade para ambos os casos.

4.33 Um trocador de calor para aquecer mercúrio líquido está em desenvolvimento. Ele pode ser visualizado como uma placa plana de 15 cm de comprimento e 30 cm de largura. A placa é mantida a 70°C e o mercúrio flui em paralelo à lateral menor a 15°C com uma velocidade de 0,3 m/s. (a) Determine o coeficiente de atrito local no ponto mediano e a força de arraste total na placa; (b) Determine a temperatura do mercúrio a um ponto de 10 cm da borda dianteira e 1,25 mm da superfície da placa; (c) Calcule o Número de Nusselt no final da placa.

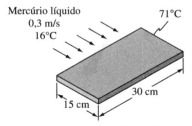

4.34 Água a uma velocidade de 2,5 m/s flui em paralelo a uma placa plana, fina, macia e horizontal de 1 m de comprimento. Determine a espessura da camada-limite hidrodinâmica e térmica local e o coeficiente de atrito local no ponto mediano dessa placa. Qual é a taxa de transferência de calor de um lado da placa para a água por unidade de largura dessa placa se a temperatura da superfície for mantida uniforme a 150°C e a temperatura do fluxo principal de água for 15°C?

4.35 Uma placa fina e plana é colocada em um fluxo de ar à pressão atmosférica que flui em paralelo a ela a uma velocidade de 5 m/s. A temperatura na superfície da placa é mantida uniformemente a 200°C, e a do fluxo de ar principal é 30°C. Calcule a temperatura e a velocidade horizontal em um ponto a 30 cm da borda dianteira e 4 mm acima da superfície dessa placa.

4.36 A temperatura da superfície de uma placa plana, fina, localizada paralela a um fluxo de ar é de 90°C. A velocidade do fluxo livre é de 60 m/s e a temperatura do ar é 0°C. A placa tem 60 cm de largura e 45 cm de comprimento na direção ao fluxo de ar. Ignorando o efeito da extremidade da placa e presumindo que o fluxo na camada-limite mude rapidamente de laminar para turbulento para o Número de Reynolds de transição de $Re_{tr} = 4 \times 10^5$, encontre: (a) a média do coeficiente de transferência de calor nas regiões laminar e turbulenta; (b) a taxa de transferência de calor para a placa inteira, considerando ambos os lados; (c) a média do coeficiente de atrito nas regiões laminar e turbulenta; (d) a força de arraste total. Faça o gráfico também para o coeficiente de transferência de calor e o coeficiente de atrito local como uma função da distância da borda dianteira da placa.

4.37 A asa de um avião tem um revestimento de alumínio polido. A uma altitude de 1500 m ela absorve 100 W/m² por radiação solar. Presumindo que a superfície interior do revestimento da asa esteja bem isolada e a asa tenha uma linha de 6 m de comprimento (ou seja, $L = 6$ m), calcule a temperatura de equilíbrio dessa asa em um voo a uma velocidade de 150 m/s em distâncias de 0,1 m, 1 m e 5 m da borda dianteira. Discuta o efeito de um gradiente de temperatura ao longo da linha.

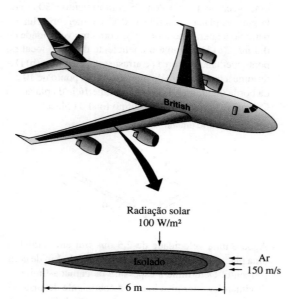

4.38 Uma aleta de resfriamento de alumínio para um trocador de calor está situado paralelo a um fluxo de ar a pressão atmosférica. O estabilizador, conforme mostrado no esboço a seguir, é de 0,075 m de altura, 0,005 m de espessura e 0,45 m na direção do fluxo. Sua temperatura base é de 88°C e o ar está a 10°C a uma velocidade de 27 m/s. Determine a força de arraste total e a taxa total de transferência de calor da aleta para o ar.

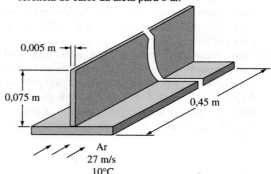

4.39 Ar a 320 K com velocidade de escoamento livre de 10 m/s é usado para resfriar pequenos dispositivos eletrônicos montados em uma placa de circuito impresso, conforme mostrado no esboço abaixo. Cada dispositivo é um quadrado plano de 5 mm × 5 mm e dissipa 60 mW. Um turbulador está localizado na borda dianteira para atuar sobre a camada-limite, de forma que ela fique turbulenta. Presumindo que as superfícies inferiores dos dispositivos eletrônicos estejam isoladas, estime a temperatura da superfície no centro do quinto dispositivo na placa de circuito.

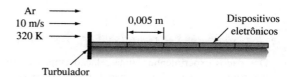

4.40 O coeficiente de atrito médio para o fluxo sobre uma placa de 0,6 m de comprimento é 0,01. Qual o valor da força de arraste em N por m de largura da placa para os seguintes fluidos: (a) ar a 15°C; (b) vapor a 100°C e à pressão atmosférica; (c) água a 40°C; (d) mercúrio a 100°C; (e) álcool n-butílico a 100°C?

4.41 Uma placa plana fina e quadrada de 15 cm tem seu arraste testado em um túnel de vento com ar a 30 m/s, 100 kPa e 16°C escoando paralelamente às superfícies superior e inferior. A força de resistência (força de arrasto) total observada é 0,06 N. Usando a definição do coeficiente de atrito [Eq. (4.13)] e a analogia de Reynolds, calcule a taxa da transferência de calor dessa placa quando a temperatura da superfície é mantida a 121°C.

4.42 Uma placa plana, fina, quadrada, de 15 cm é suspensa de uma balança em um fluxo uniforme de óleo de motor, que flui paralelamente e ao longo de ambas as superfícies da placa. A resistência total nessa placa é medida e definida como 55,5 N. Se o óleo flui a uma taxa de 15 m/s com uma temperatura de 45°C, calcule o coeficiente de transferência de calor usando a analogia de Reynolds.

4.43 Para um estudo sobre o aquecimento global, um instrumento eletrônico foi projetado para mapear as características da absorção de CO_2 do Oceano Pacífico. O pacote do instrumento lembra uma placa plana com uma área de superfície total (superior e inferior) de 2 m². Para operação segura, sua temperatura de superfície não deve exceder a temperatura do oceano em mais de 2°C. Para monitorar a temperatura do pacote com o instrumento, rebocado por um navio em movimento a 20 m/s, a tensão no cabo de reboque é medida. Se a tensão for 400 N, calcule a taxa de geração de calor máxima permitida do pacote com o instrumento.

4.44 Para fluxo de gás sobre uma superfície plana que foi artificialmente enrugada por jateamento, a transferência de calor local por convecção pode ser correlacionada pela relação adimensional $Nu_x = 0,05Re_x^{0,9}$. (a) Derive uma relação para a média do coeficiente de transferência de calor no fluxo sobre uma placa plana de comprimento L. (b) Presumindo que a analogia entre transferência de calor e de momento seja válida, derive a relação para o coeficiente de atrito local. (c) Se o gás for o ar a uma temperatura de 400 K fluindo a uma velocidade de 50 m/s, estime o fluxo de calor a 1 m da borda dianteira para uma temperatura da superfície da placa de 300 K.

4.45 Quando a dissipação viscosa é prevista, a conservação de energia Eq. (4.6) deve considerar a taxa em que a energia mecânica é irreversivelmente convertida em energia térmica devido aos efeitos da viscosidade no fluido. Isso dá origem a um termo adicional ϕ do lado direito, a dissipação viscosa, em que:

$$\frac{\phi}{\mu} = \left(\frac{\partial u}{\partial y} + \frac{\partial v}{\partial x}\right)^2 + 2\left[\left(\frac{\partial u}{\partial x}\right)^2 + \left(\frac{\partial v}{\partial y}\right)^2\right] - \frac{2}{3}\left(\frac{\partial u}{\partial x} + \frac{\partial v}{\partial y}\right)^2$$

Aplique a equação resultante para fluxo laminar entre duas placas paralelas infinitas, com uma placa superior movendo-se a uma velocidade U. Supondo as propriedades físicas constantes (ρ, c_p, k e μ), obtenha expressões para distribuições de velocidade e temperatura. Compare a solução com o termo de dissipação incluído nos resultados quando a dissipação é ignorada. Encontre a velocidade da placa necessária para produzir um aumento de temperatura de 1 K na temperatura do ar nominal de 40°C para o caso em que a dissipação é ignorada.

4.46 Um rolamento radial pode ser idealizado como uma placa plana estacionária e uma plana em movimento que se move paralelamente a ela. O espaço entre essas duas placas é preenchido por um fluido incompressível. Considere um rolamento no qual as placas estacionárias e em movimento estejam a 10°C e 20°C, respectivamente, a distância entre elas seja de 3 mm, a velocidade da placa em movimento, de 5 m/s, e que haja óleo de motor entre elas. (a) Calcule o fluxo de calor para as placas superior e inferior. (b) Determine a temperatura máxima do óleo.

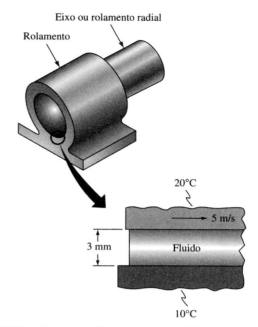

4.47 Um rolamento radial tem um vão de 0,5 mm. O munhão (eixo) tem um diâmetro de 100 mm e gira a 3600 rpm dentro do rolamento. Ele é lubrificado por óleo com densidade de 800 kg/m³, viscosidade de 0,01 kg/ms e condutividade térmica de 0,14 W/m K. Se a superfície do rolamento estiver a 60°C, determine a distribuição de temperatura no filme de óleo, presumindo que a superfície do munhão esteja isolada.

4.48 Um rolamento radial tem um vão de 0,5 mm. O munhão (eixo) tem um diâmetro de 100 mm e gira a 3600 rpm dentro do rolamento. Ele é lubrificado por óleo com densidade de 800 kg/m³, viscosidade de 0,01 kg/ms e condutividade térmica de 0,14 W/m K. Se a temperatura do munhão e do rolamento for mantida a 60°C, calcule a taxa de transferência de calor do rolamento e a potência necessária para rotação por unidade de comprimento.

4.49 Um caminhão frigorífico está viajando a 130 km/h em uma rodovia deserta com temperatura do ar a 50°C. A carroceria do caminhão pode ser idealizado como uma caixa retangular de 3 m de largura, 2,1 m de altura e 6 m de comprimento, a uma temperatura superficial de 10°C. Suponha que: (1) a transferência de calor da parte dianteira e da posterior do caminhão possa ser ignorada; (2) o fluxo não se separa da superfície; (3) a camada-limite é turbulenta sobre toda a superfície. Se a capacidade de refrigeração de uma tonelada for necessária para cada 3 600 W de perda de calor, calcule a tonelagem necessária da unidade de refrigeração.

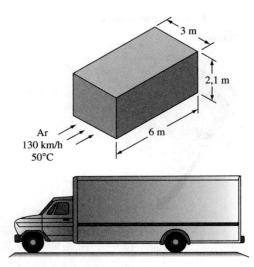

4.50 No Equador, onde o Sol fica praticamente a pino ao meio-dia, uma orientação quase ideal para a placa de um aquecedor solar é na posição horizontal. Suponha que um coletor solar de 4 m × 4 m para uso doméstico de água quente seja montado em um telhado horizontal, como mostrado no esboço na sequência. A temperatura da superfície da cobertura de vidro é estimada em 40°C, e o ar 20°C está soprando a uma velocidade de 25 km/h. Calcule a perda de calor por convecção do coletor para o ar quando o coletor é montado: (a) na borda dianteira do telhado ($L_c = 0$); (b) a uma distância de 10 m da borda dianteira.

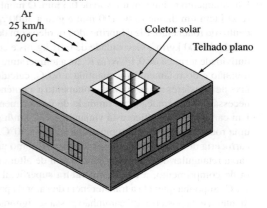

4.51 Um dispositivo eletrônico deve ser resfriado pelo ar fluindo sobre aletas de alumínio na superfície inferior, conforme mostrado:

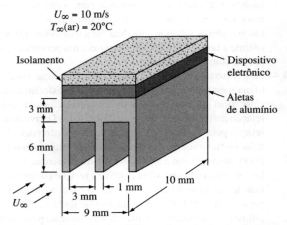

O dispositivo dissipa 5 W, a resistência de contato térmico entre a superfície inferior do dispositivo e a superfície superior do conjunto de aletas de resfriamento é de 0,1 cm² K/W. Considere que o dispositivo está a uma temperatura uniforme e isolado na parte superior. Agora, calcule essa temperatura no estado estacionário.

4.52 Um arranjo de 16 *chips* de silício dispostos em 2 linhas está isolado na parte inferior e resfriada por um fluxo de ar em convecção forçada sobre a parte superior. Esse arranjo pode ser localizado tanto na lateral longa como na curta voltada para o ar-condicionado. Se cada *chip* for de 10 mm × 10 mm de área superficial e dissipa a mesma energia, calcule a taxa de dissipação de energia máxima permitida para os dois arranjos possíveis se a temperatura da superfície máxima permitida dos *chips* for 100°C. Qual seria o efeito de um turbulador na borda

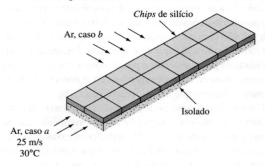

dianteira para transformar a camada-limite em fluxo turbulento? A temperatura do ar é 30°C e sua velocidade é 25 m/s.

4.53 O sistema de ar-condicionado em um veículo Chevrolet para uso em clima de deserto deve ser dimensionado. Ele deve manter a temperatura interior de 20°C quando o veículo estiver a 100 km/h através do ar seco a 30°C à noite. Se a parte superior do veículo puder ser idealizada como uma placa plana de 6 m de comprimento e 2 m de largura, e as laterais como placas planas de 3 m de altura e 6 m de comprimento, calcule a taxa na qual o calor deve ser removido do interior para manter as condições de conforto especificadas. Presuma que o coeficiente de transferência de calor na parede interior do veículo seja 10 W/m² K.

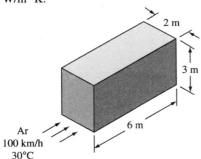

Veículo idealizado

4.54 As seis aletas de alumínio idênticos mostrados no esboço abaixo estão conectados a um dispositivo eletrônico para resfriamento. O ar de resfriamento flui a uma velocidade de 5 m/s de uma ventoinha a 20°C. Se a temperatura média na base de uma aleta não exceder 100°C, calcule a dissipação de energia máxima permitida para o dispositivo.

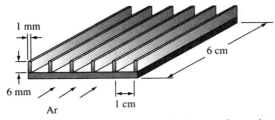

4.55 Vinte e cinco *chips* quadrados de computador, cada um com 10 mm × 10 mm de tamanho e 1 mm de espessura, são montados com um espaço de 1 mm entre eles sobre um substrato plástico isolante, conforme mostrado na sequência. Esses *chips* são resfriados por nitrogênio que flui ao longo do comprimento em linha a −40°C e à pressão atmosférica para evitar que sua temperatura exceda 30°C. O projeto deve fornecer uma taxa de dissi-

pação de 30 mW por *chip*. Calcule a velocidade mínima de fluxo livre necessária para fornecer condições operacionais seguras a cada *chip* na matriz.

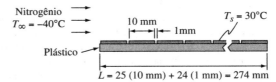

4.56 Foi proposto rebocar *icebergs* da região polar para o Oriente Médio a fim de fornecer água potável para as regiões áridas de lá. Um equipamento apropriado para esse trabalho deve ser relativamente largo e plano. Considere um *iceberg* com 0,25 km de espessura e 1 km quadrado. Ele deve ser rebocado a 1 km/h sobre uma distância de 6 000 km na água cuja temperatura média durante a viagem é de 8°C. Presumindo que a interação desse *iceberg* com seu arredor possa ser aproximada pela transferência de calor e atrito em sua superfície inferior, calcule os seguintes parâmetros: (a) a taxa média em que o gelo derreterá na superfície inferior; (b) a energia necessária para rebocá-lo na velocidade designada; (c) se os custos da energia de reboque forem aproximadamente de 50 centavos por kW/h por hora de energia e o custo da água despejada no destino pode ser aproximado pelos mesmos dados, calcule o custo da água potável. O calor latente da fusão do gelo é de 334 kJ/kg, e sua densidade é de 900 kg/m³.

4.57 Em uma operação de manufatura, uma tira comprida de chapa metálica é levada por um transportador a uma velocidade de 2 m/s, enquanto uma cobertura sobre sua superfície superior é tratada por um processo de cura por aquecimento radiante. Suponha que lâmpadas infravermelhas montadas sobre o transportador forneçam um fluxo radiante de 2 500 W/m² sobre o revestimento, que absorve 50% do fluxo radiante incidente, apresenta uma emissividade de 0,5 e irradia para os arredores a uma temperatura de 25°C. Além disso, o revestimento perde calor por convecção por um coeficiente de transferência de calor entre ambas as superfícies, superior e inferior, e o ar ambiente, o que pode ser presumido como a mesma temperatura que o ambiente. Calcule a temperatura do revestimento sob condições no estado estacionário.

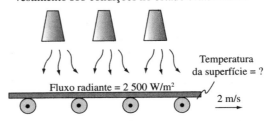

4.58 Um coletor solar de placa plana quadrada de 4 m² para aquecimento de água para uso doméstico é mostrado esquematicamente. A radiação solar a uma taxa de 750 W/m² incide na cobertura de vidro, que transmite 90% do fluxo. A água flui pelos tubos soldados na parte de trás da placa de absorção, entrando a uma temperatura de 25°C. A cobertura de vidro apresenta 27°C no estado estacionário e irradia calor com uma emissividade 0,92 para o céu a −50°C. Além disso, a cobertura de vidro perde calor por convecção para o ar a 20°C fluindo sobre sua superfície a 30 km/h.

(a) Calcule a taxa em que o calor é coletado pelo fluido atuante, ou seja, a água nos tubos, por unidade de área da placa de absorção. (b) Calcule a eficiência do coletor η_c, que é definida como a razão entre a energia útil transferida para a água nos tubos em razão entre a energia solar incidente na placa que o cobre. (c) Calcule a temperatura da água de saída se sua taxa de fluxo pelo coletor é de 0,02 kg/s. Considere o calor específico da água como 4 179 J/kg K.

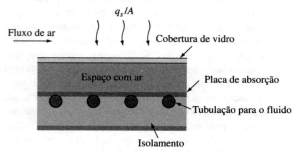

4.59 Uma haste de trânsito de 15 cm de comprimento e 2,5 cm de diâmetro ($k = 0,96$ W/m k °F, $\rho = 1\,592$ kg/m^3 ft, $c = 837$ J/kg K) na extremidade de uma barra de madeira com diâmetro de 2,5 cm a uma temperatura uniforme de 100°C é repentinamente colocada em um fluxo de ar de 16°C, 30 m/s, fluindo paralelamente nos eixos dessa haste. Calcule a temperatura média de sua linha central 8 min após iniciar o resfriamento. Assuma a condução de calor radial, mas inclua perdas de radiação em uma emissividade de 0,90 para a área circundante negra a temperatura do ar.

4.60 Uma placa plana altamente polida e cromada é colocada em um túnel de vento de alta velocidade para simular o fluxo sobre a fuselagem de um avião supersônico. O fluxo de ar no túnel de vento está a uma temperatura de 0°C, pressão de 3 500 N/m² e apresenta uma velocidade paralela à placa de 800 m/s. Qual será a temperatura da parede adiabática na região laminar, e quão longa é a camada-limite laminar?

4.61 O ar a uma temperatura estática de 21°C e pressão estática de 0,7 kPa (abs.) flui em ângulo de ataque zero sobre uma placa plana, fina e aquecida eletricamente, a uma velocidade de 60 m/s. Se a placa for de 10 cm de comprimento na direção do fluxo e 6 m na direção normal ao fluxo, determine a taxa de dissipação de calor elétrica necessária para mantê-la a uma temperatura média de 55°C.

4.62 A rejeição de calor dos carros de corrida é um problema porque os trocadores de calor necessários, geralmente, criam um arraste adicional. Foi proposta a integração da rejeição de calor na película de um desses carros e isso será testado no Salar de Bonneville. Os testes prelimi-

nares devem ser realizados em um túnel de vento em uma placa plana sem rejeição de calor. O ar atmosférico no túnel está a 10°C e flui a 250 m/s sobre a placa plana não condutora térmica de 3 m de comprimento. Qual a temperatura da placa, descendo 1 m da borda dianteira? O quanto essa temperatura difere da temperatura a 0,005 m da borda dianteira?

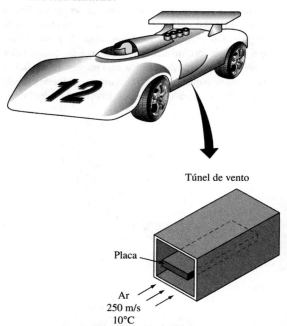

4.63 O ar a 15°C e a pressão atmosférica de 0,01 flui a uma velocidade de 250 m/s sobre uma faixa plana, fina, metálica, de 0,1 m de comprimento na direção do fluxo. Determine: (a) a temperatura de superfície da placa no equilíbrio; (b) a taxa de remoção de calor necessária por metro de largura se a temperatura de superfície precisar ser mantida a 30°C.

4.64 Uma placa plana é colocada em um túnel de vento supersônico com fluxo de ar sobre ela a um Número de Mach de 2,0, pressão de 25 000 N/m², e temperatura ambiente de −15°C. Se a placa tiver um comprimento de 30 cm na direção do fluxo, calcule a taxa de resfriamento por unidade de área necessária para manter a temperatura da placa abaixo de 120°C.

4.65 Um satélite volta à atmosfera da Terra a uma velocidade de 2 700 m/s. Estime a temperatura máxima do campo de calor que chegaria se o material blindado não pudesse ser removido e os efeitos da radiação fossem ignorados. A temperatura da camada superior da atmosfera é ≅ −50°C.

4.66 Um modelo em escala de parte da asa de um avião é testado em um túnel de vento em um Número de Mach de 1,5. A pressão e a temperatura do ar na seção de teste são 20 000 N/m² e −30°C, respectivamente. Se a parte da asa precisar ser mantida a uma temperatura média de 60°C, determine a taxa de resfriamento necessária. O modelo de asa pode ser aproximado por uma placa plana com 0,3 m de comprimento na direção do fluxo.

Problemas de Projeto

4.1 **Carga de aquecimento em fábrica** (Continuação do Problema de Projeto 1.3) No Problema do Projeto 1.3, você calculou a perda de calor de um pequeno edifício industrial no inverno. Nos cálculos iniciais, estimou o coeficiente de transferência de calor por convecção na Tabela 1.3. Repita agora os cálculos de perda de calor, mas com o coeficiente de transferência de calor externo do material apresentado neste capítulo. Para calcular as condições de convecção forçada no edifício, presuma que os ventos em Denver, Colorado, possam atingir até 110 km/h, mas não excederá 30 km/h sob condições normais. Discuta o efeito da luz sobre a carga aquecida e calcule qual o efeito das luzes elétricas se forem necessárias 20 lâmpadas incandescentes de 150 W para fornecer iluminação adequada para esse edifício industrial. Você pode sugerir um método de iluminação aprimorado?

4.2 **Caminhão frigorífico** (Continuação do Problema do Projeto 2.10) Aperfeiçoe o projeto térmico para o contêiner refrigerado do Problema do projeto 2.10 calculando o coeficiente de transferência de calor por convecção sobre duas laterais e parte superior a 100 km/h, mediante as informações apresentadas neste capítulo. A perda de calor da parte frontal e posterior do caminhão pode ser estimada com base nas informações da Tabela 1.3. A perda de calor na parte inferior do contêiner será relativamente pequena porque ele fica próximo da estrada sobre a carroceria do caminhão.

4.3 **Piscina com aquecimento solar** Calcule a perda de calor de uma piscina com área superficial de 3 m × 10 m e profundidade média de 1,5 m e projete um sistema de aquecimento solar para ela. Anteriormente, a piscina foi aquecida por um aquecedor elétrico que pode ser usado como um auxiliar quando não há radiação solar suficiente para manter a temperatura da piscina, e desativado quando há radiação suficiente para os coletores a aquecerem. Os painéis do coletor são orientados na direção sul a uma inclinação igual à latitude −10 graus, conforme recomendado pelos especialistas de aquecimento solar (consulte J. F. Kreider, C. J. Hoogendoorn e F. Kreith, *Retrofit Solar Swimming Pool Heating System* (Sistema de Aquecimento Solar para Piscina de Retromontagem)).

Sistema de Aquecimento Solar para Piscina de Retromontagem

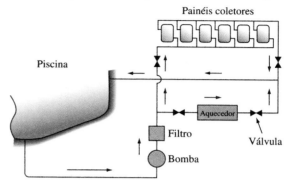

Detalhes do painel solar

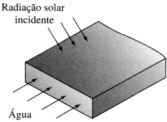

Projeto: Component, Systems, Economics, Hemisphere Publishing, 1989. A piscina está localizada em San Diego, Califórnia, onde a velocidade média dos ventos é de 16 km/h, e deve ser mantida a uma temperatura de 28°C durante o ano. O sistema de aquecimento solar é um ciclo de água fechado com disposição de tubulação que permite fluir para o aquecedor existente, de forma autônoma, fluxo por meio de aquecedor elétrico e painéis solares e, para os painéis solares, somente conforme mostrado no diagrama esquemático. Para minimizar o custo, o coletor solar deve ser feito de uma extrusão plástica preta e sem cobertura. O coeficiente de transferência de calor para a água nas passagens de fluxo retangulares do coletor pode ser estimado na Tabela 1.3. Sugira maneiras para reduzir a perda de calor da piscina durante a noite e calcule o custo-benefício do sistema.

CAPÍTULO 5

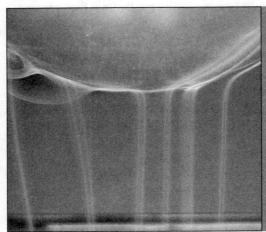

Convecção natural

Camada-limite em convecção natural em torno de um objeto pontiagudo retratado por linhas de trajetória de fumaça quente em elevação que colidem com o corpo refrigerante.
Fonte: Cortesia de Sanjeev Sharma e do Prof. Jean Hertzberg, Department of Mechanical Engineering, University of Colorado, Boulder, Co.

Conceitos e análises a serem aprendidos

A transferência de calor por convecção natural, também chamada *convecção livre ou fluxo induzido por flutuação com transferência de calor*, é o resultado do movimento de fluidos produzido pela inversão da densidade. Por exemplo, o ar em contato com uma superfície quente é aquecido, sua densidade decresce e, na presença de gravidade, sobe devido à força de empuxo (flutuação). Assim, o ar frio se move das áreas do entorno para preencher esse vazio, e é estabelecida uma corrente com fluxo de ar para cima. O processo inverso ocorre quando o ar entra em contato com uma superfície mais fria. Então, ele afunda, ou se move para baixo, e é estabelecida uma corrente reversa. Isso descreve a convecção natural em sua essência e é o modo de transferência de calor observado quando, por exemplo, uma xícara de café resfria-se sobre a mesa. O estudo deste capítulo abordará:

- como modelar matematicamente a transferência de calor por convecção natural para condições em estado estacionário;
- como obter parâmetros de escala similar ou adimensional;
- como aplicar diferentes correlações para determinar a transferência de calor por convecção natural para diferentes geometrias e orientação de superfície, corpos inclinados e espaços fechados;
- como determinar a influência da convecção natural sobre a convecção forçada;
- como calcular a transferência de calor devido à convecção natural das aletas e das superfícies com aletas.

5.1 Introdução

A transferência de calor por convecção ocorre sempre que um corpo é colocado em um fluido com uma temperatura mais alta ou mais baixa que a sua. Como resultado dessa diferença de temperatura, o calor flui entre o fluido e o corpo e causa uma alteração na densidade do fluido na proximidade da superfície. A diferença na densidade leva a um fluxo para baixo do fluido mais pesado e para cima do mais leve. Se o movimento do fluido é causado somente por essas diferenças resultando de gradientes de temperatura e não é auxiliado por uma bomba ou um ventilador, um mecanismo de transferência de calor associado é chamado *convecção natural*. As correntes de convecção natural transferem energia interna armazenada no fluido basicamente da mesma maneira que as correntes de convecção forçada. Contudo, a intensidade do movimento misto é geralmente menor na convecção natural e, consequentemente, os coeficientes de transferência de calor são mais baixos que na forçada.

Embora os coeficientes de transferência de calor por convecção sejam relativamente pequenos, muitos dispositivos dependem amplamente deste modo de transferência de calor para resfriarem. No campo da engenharia elétrica, as linhas de transmissão, transformadores, retificadores, dispositivos eletrônicos e fiações eletricamente aquecidas, como os elementos aquecedores de uma fornalha elétrica, são resfriados em parte por convecção natural. Como resultado do calor gerado internamente, as temperaturas desses corpos se elevam acima da temperatura do entorno. Conforme essa diferença aumenta, a taxa do fluxo de calor também aumenta até atingir um estado de equilíbrio em que a geração da taxa de calor equivalha à sua taxa de dissipação.

A convecção natural é o mecanismo de fluxo de calor predominante nos radiadores a vapor, as paredes dos edifícios ou no corpo humano em estado de repouso em uma atmosfera estável. A determinação da carga de calor em equipamentos de aquecimento, aparelhos de ar-condicionado e computadores requer, portanto, conhecimento sobre os coeficientes de transferência de calor por convecção natural. A convecção natural também é responsável por perdas de calor de tubulações de vapor ou outros fluidos aquecidos. A convecção natural foi proposta em aplicações da energia nuclear para refrigerar as superfícies dos corpos em que o calor é gerado pela fissão [1]. A importância da transferência de calor por convecção natural levou à publicação de um livro dedicado inteiramente ao assunto [2].

Em todos os exemplos mencionados, a atração gravitacional é a força corporal responsável pelas correntes de convecção. A gravidade, no entanto, não é a única força corporal que pode produzir a convecção natural. Em certas aeronaves, há componentes, como as lâminas de turbinas a gás e os estatorretores de helicópteros, que giram a altas velocidades. Grandes forças centrífugas estão associadas a essas velocidades rotativas, e suas magnitudes, como a força gravitacional, também são proporcionais à densidade do fluido e podem gerar fortes correntes de convecção natural. O resfriamento de componentes rotativos por convecção natural, portanto, é viável mesmo em fluxos de calor elevado.

As velocidades do fluido nas correntes de convecção natural são geralmente baixas, especialmente as geradas por gravidade, mas as características do fluxo nas imediações da superfície de transferência de calor são semelhantes à convecção forçada. Uma camada-limite se forma perto da superfície e a velocidade do fluido na interface é zero. A Fig. 5.1 mostra a velocidade e as distribuições de temperatura perto de uma placa plana aquecida colocada na posição vertical no ar [3]. A determinada distância da parte inferior da placa, a velocidade ascendente local aumenta conforme aumenta a distância da superfície. A velocidade atinge um valor máximo próximo dela, e, em seguida, diminui e se aproxima de zero novamente, como mostrado na Fig. 5.1. Embora o perfil de velocidade seja diferente daquele observado na convecção forçada sobre uma placa plana, em que a velocidade se aproxima à velocidade de fluxo livre assintoticamente, as características de ambos os tipos de camadas-limite são semelhantes nas proximidades da superfície. Na convecção natural e também na forçada, o fluxo pode ser laminar ou turbulento, dependendo de fatores como a distância da borda esquerda, as propriedades do fluido, a força do corpo e a diferença de temperatura entre a superfície e o fluido.

O campo de temperatura na convecção natural, Fig.5.1, é semelhante ao observado na convecção forçada. Portanto, se aplica a interpretação física do Número de Nusselt apresentado na Seção 4.5. Para aplicações práticas, no entanto, a equação de Newton, a Eq. (1.11) é geralmente usada.

$$dq = h_c\, dA(T_s - T_\infty)$$

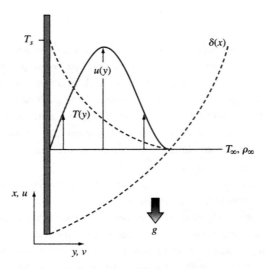

FIGURA 5.1 Distribuições de temperatura e velocidade nas proximidades de uma placa plana aquecida colocada verticalmente no ar parado.
Fonte: E. Schmidt; W. Beckmann [3].

A equação é escrita para uma área diferencial dA, porque o coeficiente de transferência de calor h_c não é uniforme ao longo de uma superfície. Assim como na convecção forçada sobre uma placa plana, devemos, portanto, distinguir entre um valor de local de h_c e um valor médio de $\bar{h}_c$ obtido pela média de h_c sobre toda a superfície. A temperatura T_∞ refere-se a um ponto no fluido suficientemente afastado do corpo de modo que a temperatura do fluido não é afetada pela presença de uma fonte de aquecimento (ou resfriamento) no corpo.

A determinação exata do coeficiente de transferência de calor por convecção natural da camada-limite é muito difícil. O problema foi resolvido somente para objetos de geometria simples, com uma placa plana vertical e um cilindro horizontal [3, 4]. Soluções especiais não serão discutidas aqui. Em vez disso, definiremos as equações diferenciais para convecção natural de uma placa plana vertical usando apenas princípios físicos fundamentais. A partir delas, sem realmente resolvê-las, determinaremos as condições de similaridade e os parâmetros adimensionais associados que correlacionam dados experimentais. Na Seção 5.3, serão apresentados dados experimentais pertinentes para várias formas de interesse prático com base nesses parâmetros adimensionais e será discutido seu significado físico. A Seção 5.4 trata da convecção natural a partir de objetos em rotação, em que, devido à aceleração centrífuga, a força atuante em razão da aceleração pode ser mais importante que a força gravitacional do corpo. A Seção 5.5 lida com os problemas em que a convecção natural e a convecção forçada atuam simultaneamente, isto é, convecção mista. A Seção 5.6 trata de transferência de calor de, e para, superfícies aletadas na convecção natural.

5.2 Parâmetros de similaridade para convecção natural

Na análise da convecção natural, faremos uso de um fenômeno comumente chamado empuxo e frequentemente enunciado da seguinte maneira: um corpo imerso em um fluido experimenta uma força de empuxo ou força de elevação igual à massa do fluido deslocado. Portanto, um corpo submerso é elevado quando sua densidade é menor que a do fluido circundante e afunda quando sua densidade é maior. Isso, em essência, é o efeito de empuxo que por sua vez é a força motriz na convecção natural.

Para a finalidade de nossa análise, consideremos um painel de aquecimento doméstico, que pode ser idealizado como uma placa plana vertical, muito longa e muito ampla, no plano perpendicular ao piso para que o fluxo seja bidimensional (Fig. 5.2).

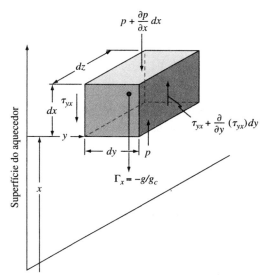

FIGURA 5.2 Forças atuando sobre um elemento de fluido no fluxo de convecção natural.

Quando o aquecedor é desligado, o painel fica com a mesma temperatura do ar do entorno. A força gravitacional ou corporal atuando em cada elemento de fluido está em equilíbrio com o gradiente de pressão hidrostática e o ar está imóvel. Quando o aquecedor é ligado, o fluido na proximidade do painel aquece e sua densidade diminui. Portanto, a força do corpo (definida como força por unidade de massa) em uma unidade de volume na parte aquecida do fluido é menor que no fluido não aquecido. Esse desequilíbrio faz com que o fluido aquecido suba – um fenômeno bem conhecido devido às experiências. Além da força de empuxo, há forças de pressão e também as de atrito, que atuam quando o ar está em movimento. Uma vez que tenham sido estabelecidas condições de estado estacionário, a força total em um elemento de volume $dx\,dy\,dz$ na direção positiva x perpendicular ao piso consiste em:

1. A força devido ao gradiente de pressão.

$$p\,dy\,dz - \left(p + \frac{\partial p}{\partial x}dx\right)dy\,dz = -\frac{\partial p}{\partial x}(dx\,dy\,dz)$$

2. A força do corpo $\Gamma_x \rho(dx\,dy\,dz)$, onde $\Gamma_x = -g/g_c$, uma vez que a gravidade fica ativa por si só[*]
3. As forças de cisalhamento de atrito devido ao gradiente de velocidade.

$$(-\tau_{yx})\,dx\,dz + \left(\tau_{yx} + \frac{\partial \tau_{yx}}{\partial y}dy\right)dx\,dz$$

Uma vez que $\tau_{yx} = \mu(\partial u/\partial y)/g_c$ no fluxo laminar, a força de atrito líquida é:

$$\left(\frac{\mu}{g_c}\frac{\partial^2 u}{\partial y^2}\right)dx\,dy\,dz$$

Devido à deformação do elemento de fluido, as forças serão desprezadas, tendo em conta a baixa velocidade. Ostrach [1] mostrou que os efeitos do trabalho de compressão e de aquecimento por atrito podem ser importantes em problemas de convecção natural quando as diferenças de temperatura são muito grandes, estão envolvidas escalas de comprimento muito amplas, ou quando ocorrem forças muito intensas no corpo, como em equipamentos rotativos de alta velocidade.

---

[*] g_c é a constante gravitacional, igual a 1 kg m/N s² no sistema SI.

A taxa de variação de momento do elemento de fluido é $\rho\,dx\,dy\,dz \times [u(\partial u/\partial x) + v(\partial u/\partial y)]$, como mostrado na Seção 4.4. Aplicando a Segunda Lei de Newton ao rendimento do volume elementar

$$\rho\left(u\frac{\partial u}{\partial x} + v\frac{\partial u}{\partial y}\right) = -g_c\frac{\partial p}{\partial x} - \rho g + \mu\frac{\partial^2 u}{\partial y^2} \tag{5.1}$$

após cancelar $dx\,dy\,dz$. O fluido não aquecido longe da placa fica em equilíbrio hidrostático, ou $g_c(\partial p_e/\partial x) = -\rho_e g$ onde a letra e subscrita denota equilíbrio de condições. A qualquer altura, a pressão é uniforme e, portanto, $\partial p/\partial x = \partial p_e/\partial x$. Substituindo $\rho_e g$ por $-(\partial p/\partial x)$ na Eq. (5.1) resulta:

$$\rho\left(u\frac{\partial u}{\partial x} + v\frac{\partial u}{\partial y}\right) = (\rho_e - \rho)g + \mu\frac{\partial^2 u}{\partial y^2} \tag{5.2}$$

Pode ser feita uma simplificação adicional supondo que a densidade ρ depende apenas da temperatura, e não da pressão. Para um fluido incompressível, isto é evidente, mas, no caso de um gás, isso implica que a dimensão vertical do corpo é pequena o suficiente para que a densidade hidrostática ρ_e seja constante. Essa simplificação é chamada *aproximação de Boussinesq*. Com esses pressupostos, o termo de empuxo pode ser escrito como:

$$g(\rho_e - \rho) = g(\rho_\infty - \rho) = -g\rho\beta(T_\infty - T) \tag{5.3}$$

em que β é o coeficiente da expansão térmica, definido como:

$$\beta = -\frac{1}{\rho}\left.\frac{\partial \rho}{\partial T}\right|_p \cong \frac{\rho_\infty - \rho}{\rho(T - T_\infty)} \tag{5.4}$$

Para um gás ideal (ou seja, $\rho = p/RT$), o coeficiente de expansão térmica é:

$$\beta = \frac{1}{T_\infty} \tag{5.5}$$

em que a temperatura T_∞ é a temperatura absoluta longe da placa.

A equação de movimento para convecção natural é obtida substituindo o termo flutuante, Eq. (5.3), na Eq. (5.2), resultando:

$$u\frac{\partial u}{\partial x} + v\frac{\partial u}{\partial y} = g\beta(T - T_\infty) + \nu\frac{\partial^2 u}{\partial y^2} \tag{5.6}$$

Na derivação da equação de conservação de energia para o fluxo perto da placa, seguimos os mesmos passos utilizados no Capítulo 4 para derivar a equação da conservação de energia para o fluxo forçado perto de uma placa plana. Isso leva à Eq. (4.7b), que também descreve o campo de temperatura para o problema da convecção natural:

$$u\frac{\partial T}{\partial x} + v\frac{\partial T}{\partial y} = \alpha\frac{\partial^2 T}{\partial y^2} \tag{4.7b}$$

Os parâmetros adimensionais podem ser determinados a partir do Teorema de Buckingham π, Seção 4.7. Temos sete grandezas físicas:

U_∞ = velocidade característica

L = comprimento característico

g = aceleração devido à gravidade

β = coeficiente de expansão

$(T - T_\infty)$ = diferença de temperatura

ν = viscosidade cinemática

α = difusividade térmica

que podem ser expressas em quatro dimensões principais: massa, comprimento, tempo e temperatura. Portanto, é preciso expressar o coeficiente de transferência de calor adimensional (Número de Nusselt) de 7 − 4 = 3 grupos adimensionais:

$$\text{Nu} = \text{Nu}(\pi_1, \pi_2, \pi_3) \tag{5.7}$$

Usando o método descrito na Seção 4.7, temos:

$$\pi_1 = \frac{U_\infty L}{\nu}$$

$$\pi_2 = \frac{\nu}{\alpha}$$

$$\pi_3 = \frac{g\beta(T - T_\infty)L^3}{\nu^2} \tag{5.8}$$

Reconhecemos π_1 como o Número de Reynolds e π_2 como o Número de Prandtl. O terceiro grupo adimensional é chamado *Número de Grashof*, Gr, e representa a taxa de forças de empuxo em relação às forças de viscosidade. As unidades consistentes são:

$$\alpha, \nu \ (\text{m}^2/\text{s}) \qquad g \ (\text{m/s}^2)$$
$$L \ (\text{m}) \qquad \beta \ (1/\text{K})$$
$$U_\infty \ (\text{m/s}) \qquad (T - T_\infty) \ (\text{K})$$

Considerando que a velocidade do fluxo é determinada pelo campo da temperatura, π_1 não é um parâmetro independente. Portanto, deve-se eliminar a dependência do Número de Nusselt de π_1. Resultados experimentais para a transferência de calor por convecção natural, portanto, podem ser relacionados por uma equação do tipo:

$$\text{Nu} = \phi(\text{Gr})\psi(\text{Pr}) \tag{5.9}$$

O Número de Grashof e o Número de Prandtl são frequentemente agrupados como um produto GrPr, chamado *Número de Rayleigh*, Ra. Então, a relação do Número de Nusselt torna-se:

$$\text{Nu} = \phi(\text{Ra}) \tag{5.10}$$

Usando uma equação desse tipo, os dados experimentais de várias fontes de convecção natural de fios e tubos horizontais de diâmetro D são correlacionados na Fig. 5.3 plotando $\bar{h}_c D/k$, a média do Número de Nusselt, contra $c_p \rho^2 g \beta \Delta T D^3 / \mu k$, que é o Número de Rayleigh. As propriedades físicas são avaliadas na temperatura da película. Observamos que os dados para fluidos tão diferentes quanto o ar, a glicerina e a água são bem relacionados sobre uma faixa de Números de Rayleigh de 10^{-5} a 10^9 para cilindros que variam de pequenos cabos a grandes tubos.

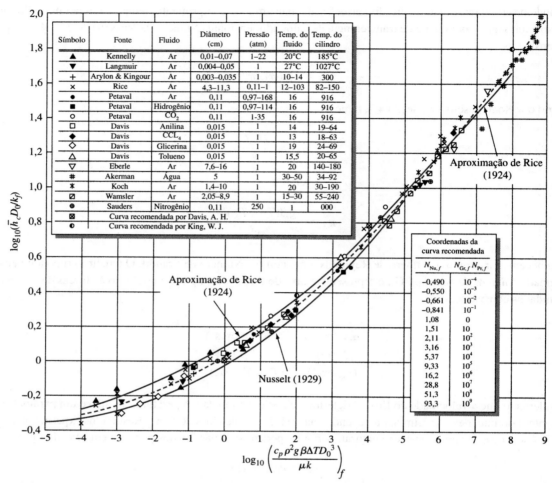

FIGURA 5.3 Correlação de dados para transferência de calor por convecção natural de cilindros horizontais em gases e líquidos.
Fonte: HEAT TRANSMISSION por W. H. McAdams. Copyright 1954 por MCGRAW-HILL COMPANIES, INC. -BOOKS. Reproduzido com permissão da MCGRAW--HILL COMPANIES, INC. -BOOKS no formato de livro de texto via Copyright Clearance Center.

EXEMPLO 5.1 Um aquecedor elétrico consiste de uma bobina horizontal de resistência elétrica, conforme mostrado na Fig. 5.4. Essa bobina deve ser testada em uma baixa potência que resultará em uma temperatura do fio de 127°C. Calcule a taxa de perda de calor de convecção por unidade de comprimento do fio, que é de 1 mm de diâmetro. Para esse cálculo, o fio pode ser considerado horizontal e em linha reta. A temperatura da sala é de 27°C. Repita o cálculo para um teste realizado em uma atmosfera de dióxido de carbono, também a 27°C.

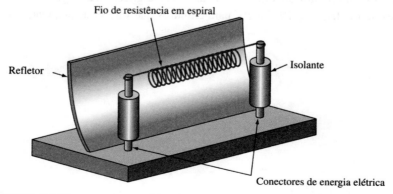

FIGURA 5.4 Diagrama esquemático do aquecedor elétrico para o Exemplo 5.1.

SOLUÇÃO Usando a temperatura do filme de 77°C para calcular as propriedades do Apêndice 2, Tabela 28, o Número de Rayleigh é:

$$Ra_D = \frac{g\beta \Delta T D^3}{\nu^2} Pr$$

$$= \frac{(9,8 \text{ m/s}^2)(350 \text{ K})^{-1}(100 \text{ K})(0,001 \text{ m})^3}{(2,12 \times 10^{-5} \text{ m}^2/\text{s})^2}(0,71) = 4,43$$

$$\log_{10} Ra_D = 0,646$$

Da Fig. 5.3, $\log_{10} Nu_D = 0,12$, $Nu_D = 1,32$ e

$$\bar{h}_c = \frac{(1,32)(0,0291 \text{ W/m K})}{0,001 \text{ m}}$$

$$= 38,4 \text{ W/m}^2 \text{ K}$$

A taxa de perda de calor por metro linear no ar é:

$$q = (38,4 \text{ W/m}^2 \text{ K})(100 \text{ K})\pi(0,001 \text{ m}^2/\text{m})$$

$$= 12,1 \text{ W/m}$$

Utilizando a Tabela 29, no Apêndice 2, para as propriedades do dióxido de carbono, temos

$$Ra_D = 16,90$$
$$\log_{10} Ra_D = 1,23$$
$$\log_{10} Nu_D = 0,21$$
$$Nu_D = 1,62$$
$$\bar{h}_c = 33,2 \text{ W/m}^2 \text{ K}$$
$$q = 10,4 \text{ W/m}$$

Foi afirmado em [5] que a correlação na Fig. 5.3 também fornece resultados aproximados para formas tridimensionais, tais como cilindros e blocos curtos, se a dimensão de comprimento característico é determinada por:

$$\frac{1}{L} = \frac{1}{L_{hor}} + \frac{1}{L_{vert}}$$

em que L_{vert} é a altura e L_{hor} a dimensão média horizontal do corpo. Sparrow e Ansari [6], no entanto, mostraram que o comprimento característico dado por essa equação pode levar a grandes erros na previsão de $\overline{Nu}_L$ para alguns corpos tridimensionais. Seus dados sugerem que é provável que nenhum comprimento característico único diminuirá dados para uma ampla gama de formas geométricas, e que pode ser necessária uma equação de correlação separada para cada forma.

Uma correlação para convecção natural de placas e cilindros verticais é mostrada na Fig. 5.5.[*] A ordenada é $\bar{h}_c L/K$, o Número de Nusselt médio baseado na altura do corpo, e a abscissa é $c_p \rho^2 \beta g \Delta T L^3 / \mu k$, o Número de Rayleigh. É possível notar que há uma mudança na inclinação da linha que correlaciona o experimento:

---

[*]De acordo com Gebhart [9], um cilindro vertical de diâmetro D pode ser tratado como uma chapa plana de altura L quando $D/L > 35 Gr_L^{-1/4}$.

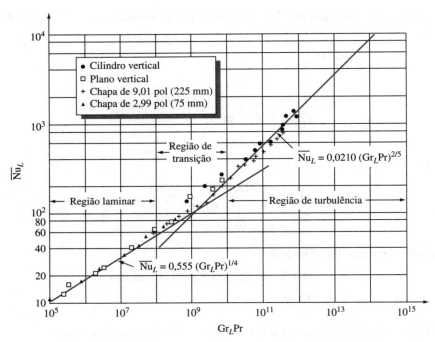

FIGURA 5.5 Correlação de dados para transferência de calor por convecção natural de placas e cilindros verticais [10].

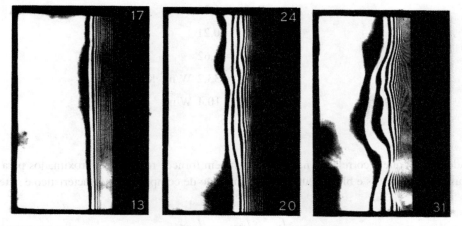

FIGURA 5.6 Fotografia de interferência ilustrando o escoamento por convecção natural laminar e turbulento do ar ao longo de uma placa plana vertical. Os números da fotografia indicam a altura da borda inferior em polegadas. Uma polegada equivale a 2,54 cm.

Fonte: Cortesia do Professor E. R. C. Eckert.

dados em um Número de Rayleigh de 10^9. A razão para a mudança de inclinação é que o fluxo é laminar até um Número de Rayleigh de cerca de 10^8, passa por um regime de transição entre 10^8 e 10^{10}, e torna-se totalmente turbulento em Números de Rayleigh acima de 10^{10}. Essas alterações são ilustradas nas fotografias da Fig. 5.6, que mostram linhas de densidade constante em convecção natural de uma placa plana vertical de ar à pressão atmosférica e foram obtidas com um interferômetro óptico Mach-Zehnder [7, 8]. Esse instrumento produz ondas de interferência registradas por uma câmera. Essas ondas são o resultado de gradientes de densidade causados por gradientes de temperatura nos gases. O espaçamento das ondas é uma medida direta da distribuição de densidade, que está relacionada com a distribuição de temperatura. A Figura 5.6 mostra o padrão de ondas observado no ar perto de uma placa plana vertical aquecida de 0,91 m de altura e 0,46 m de largura. O fluxo é laminar por cerca de 50 cm a partir da parte inferior da placa. A transição para fluxo turbulento começa a 53 cm, correspondente a um número crítico de

Rayleigh de cerca de 4×10^8. Perto do topo da placa, o escoamento turbulento é abordado. Esse tipo de comportamento é típico da convecção natural em superfícies verticais e, em condições normais, o valor crítico do Número de Rayleigh é geralmente tomado como 10^9 para o ar. Tratamentos de transição e estabilidade em sistemas de convecção natural são apresentados em [2] e [9].

Quando as propriedades físicas do fluido variam consideravelmente com a temperatura, e a diferença de temperatura entre a superfície do corpo T_s e o meio circundante T_∞ é grande, podem ser obtidos resultados satisfatórios por avaliar as propriedades físicas na Eq. (5.10) à temperatura média de $(T_s + T_\infty)/2$. No entanto, quando a temperatura da superfície não é conhecida, deve ser assumido um valor inicialmente, que pode ser usado para calcular o coeficiente de transferência de calor para uma primeira aproximação. A temperatura da superfície é então recalculada com esse valor do coeficiente de transferência de calor e, se houver uma discrepância significativa entre o presumido e os valores calculados de T_s, o último é usado para recalcular o coeficiente de transferência de calor para a segunda aproximação. Correlações que incluem especificamente o efeito das propriedades variáveis são dadas por Clausing [11].

EXEMPLO 5.2 Deve ser determinada a classificação para o pequeno aquecedor com resistência em placa vertical mostrado na Fig. 5.7. Estime a energia elétrica necessária para manter a superfície desse aquecedor a 130°C no ar ambiente a 20°C. A placa tem 15 cm de altura e 10 cm de largura. Compare com os resultados para uma placa de 450 cm de altura. O coeficiente de transferência de calor por radiação $\bar{h}_r$ é 8,5 W/m² K para a temperatura de superfície especificada.

SOLUÇÃO
A temperatura do filme é de 75°C, e o valor correspondente da Gr$_L$ é encontrado como sendo $65 L^3 (T_s - T_\infty)$, em que L é em centímetros e T está em K, da última coluna na Tabela 28, Apêndice 2, por interpolação. Para as condições especificadas, obtemos

$$\text{Gr}_L = (65 \text{ cm}^{-3} \text{ K}^{-1})(15 \text{ cm})^3 (110 \text{ K}) = 2{,}41 \times 10^7$$

para a placa menor. Uma vez que o Número de Grashof é menor que 10^9, o escoamento é laminar. Para o ar a 75°C, o Número de Prandtl é 0,71, e GrPr é, portanto, $1{,}17 \times 10^7$. A partir da Fig. 5.5, o Número de Nusselt médio é 35,7 a GrPr $= 1{,}17 \times 10^7$ e, portanto,

$$\bar{h}_c = 35{,}7 \frac{k}{L} = (35{,}7) \frac{(2{,}9 \times 10^{-2} \text{ W/m K})}{(0{,}15 \text{ m})} = 6{,}90 \text{ W/m}^2 \text{ K}$$

Combinando os efeitos de convecção e radiação, conforme mostrado no Capítulo 1, a taxa de dissipação total de ambos os lados da placa é, portanto,

$$q = A(\bar{h}_c + \bar{h}_r)(T_s - T_\infty)$$
$$= [(2)(0{,}15)(0{,}10) \text{ m}^2][(6{,}9 + 8{,}5) \text{ W/m}^2 \text{ K}](110 \text{ K}) = 50{,}8 \text{ W}$$

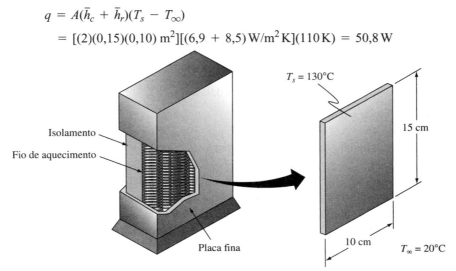

FIGURA 5.7 Diagrama esquemático do aquecedor da resistência da placa vertical para o Exemplo 5.2.

Para a placa grande, o Número de Rayleigh é $(450/15)^3$ vezes maior ou $Ra = 4{,}62 \times 10^{11}$, indicando que o fluxo é turbulento. A partir da Fig. 5.5, a média do Número de Nusselt é 973 e $\bar{h}_c = 6{,}3\,\text{W/m}^2\,\text{K}$. A taxa de dissipação de calor total de ambos os lados da placa é, portanto,

$$q = [(2)(4{,}5)(0{,}10)\,\text{m}^2][(6{,}3 + 8{,}5)\,\text{W/m}^2\,\text{K}](110\,\text{K}) = 1\,465\,\text{W}$$

5.3 Correlação empírica para várias formas

Depois que os dados experimentais foram correlacionados por análise dimensional, é prática geral determinar uma equação para a linha que melhor se adapta aos dados. Também é útil comparar os resultados experimentais com os obtidos por meios analíticos, se eles estiverem disponíveis. Essa comparação permite que se verifique se o método analítico descreve adequadamente os resultados experimentais. Se os dois concordam, podem-se descrever com confiança os mecanismos físicos que são importantes para o problema.

A seção apresenta os resultados de alguns estudos experimentais sobre a convecção natural para uma série de formas geométricas de interesse prático. Cada forma é associada a uma dimensão característica, como a sua distância da borda esquerda x, o comprimento L, o diâmetro D e assim por diante. A dimensão característica é anexada como um índice subscrito aos parâmetros adimensionais Nu e Gr. Os valores médios do Número de Nusselt para dada superfície são identificados por uma barra, ou seja, $\overline{\text{Nu}}$; os valores locais são mostrados sem uma barra. Todas as propriedades físicas devem ser avaliadas para a média aritmética entre a temperatura superficial T_s e a do fluido não perturbado T_∞. A diferença de temperatura no Número de Grashof, ΔT, representa o valor absoluto da diferença entre as temperaturas T_s e T_∞. A precisão com que o coeficiente de transferência de calor pode ser previsto a partir de qualquer uma das equações, na prática geralmente não chega a ser melhor que 20%, porque a maioria dos dados experimentais se dispersa nessa faixa; ±15% ou mais e, na maioria das aplicações de engenharia, as correntes de fuga são inevitáveis devido a alguma interação com superfícies além da transferência de calor.

Nas subseções a seguir, serão apresentadas as equações de correlação para várias geometrias importantes. Essa informação também é mostrada de forma condensada em Observações de Fechamento, Seção 5.7, onde breves descrições e simples ilustrações das geometrias são dadas juntamente com as equações de correlação apropriadas.

5.3.1 Cilindros e chapas verticais

Para uma superfície plana vertical, é possível encontrar soluções analíticas e aproximadas para as equações de momento e energia, equações (5.6) e (4.7b), utilizando a análise integral da camada-limite introduzida na Seção 4.9. Podem ser encontrados detalhes do método para convecção natural em [2]. Os resultados indicam que o valor local do coeficiente de transferência de calor por convecção natural laminar de uma placa vertical isotérmica ou cilindro a uma distância x da borda esquerda é

$$h_{cx} = 0{,}508\,\text{Pr}^{1/2}\,\frac{\text{Gr}_x^{1/4}}{(0{,}952 + \text{Pr})^{1/4}}\,\frac{k}{x} \qquad (5.11a)$$

e a espessura da camada-limite é dada por:

$$\delta(x) = 4{,}3x\left[\frac{\text{Pr} + 0{,}56}{\text{Pr}^2\text{Gr}_x}\right]^{1/4} \qquad (5.11b)$$

Uma vez que $\text{Gr}_x \sim x^3$, a Eq. (5.11a) mostra que o coeficiente de transferência de calor diminui com a distância da borda esquerda para a energia 1/4, e a Eq. (5.11b) mostra que a espessura da camada-limite aumenta com $x^{1/4}$. Para uma superfície aquecida, a borda principal é a inferior, e, para uma superfície mais fria que o fluido circundante, a borda principal é a superior. O valor médio do coeficiente de transferência de calor para uma altura L é obtido por meio da integração da Eq. (5.11qa) e dividindo por L:

$$\bar{h}_c = \frac{1}{L}\int_0^L h_{cx}\,dx = 0{,}68\mathrm{Pr}^{1/2}\frac{\mathrm{Gr}_L^{1/4}}{(0{,}952+\mathrm{Pr})^{1/4}}\frac{k}{L} \tag{5.12a}$$

Na forma adimensional, o Número de Nusselt médio é:

$$\overline{\mathrm{Nu}}_L \frac{\bar{h}_c L}{k} = 0{,}68\mathrm{Pr}^{1/2}\frac{\mathrm{Gr}_L^{1/4}}{(0{,}952+\mathrm{Pr})^{1/4}} \tag{5.12b}$$

Gryzagoridis [12] mostrou experimentalmente que a Eq. (5.12b) representa adequadamente os dados no regime $10 < \mathrm{Gr}_L\mathrm{Pr} < 10^8$.

Para um plano vertical submerso em um metal líquido ($\mathrm{Pr} < 0{,}03$), o Número de Nusselt médio no fluxo laminar é de [13]

$$\overline{\mathrm{Nu}}_L \frac{\bar{h}_c L}{k} = 0{,}68(\mathrm{Gr}_L\mathrm{Pr}^2)^{1/3} \tag{5.12c}$$

Para convecção natural sobre uma placa plana vertical ou cilindro vertical na região turbulenta, o valor de h_{cx}, o coeficiente de transferência de calor local, é quase constante sobre a superfície. McAdams [5] recomenda, para $\mathrm{Gr}_L > 10^9$, a equação

$$\overline{\mathrm{Nu}}_L \frac{\bar{h}_c L}{k} = 0{,}13(\mathrm{Gr}_L\mathrm{Pr})^{1/3} \tag{5.13}$$

De acordo com essa equação, o coeficiente de transferência de calor é independente do comprimento L.

Além dos problemas em que o corpo tem uma temperatura de superfície uniforme, às vezes, há situações em que é especificado um fluxo de calor de superfície uniforme, por exemplo, aquecimento elétrico. Uma vez que, neste caso, a diferença de temperatura não é conhecida *a priori*, devemos assumir um valor e iterar ou seguir um procedimento proposto por Sparrow e Gregg [14], que resolveram o problema de fluxo de calor uniforme para uma placa plana vertical com vários Números de Prandtl em fluxo laminar. No entanto, os dados experimentais de Dotson [15] indicam que as equações para convecção natural laminar de uma placa plana vertical se aplicam a uma temperatura de superfície constante, bem como para um fluxo de calor uniforme sobre a superfície (neste último caso, a superfície temperatura T_s é tomada na metade da altura total da placa). Um estudo experimental feito por Yan e Lin [16] demonstrou que, para o fluxo de calor constante, a relação de chapas planas verticais também pode ser aplicada à convecção natural de fluidos no interior de tubos verticais para Números de Rayleigh altos. Outros tipos de correlações para fluxo de calor constante são apresentados em [17] e [18].

Para uma placa vertical ou uma placa longa inclinada em um ângulo θ em relação à vertical com a superfície aquecida virada para baixo, Fig. 5.8, ou superfície resfriada voltada para cima, Fig. 5.8(b), Fujii e Imura [19] constataram que a equação a seguir

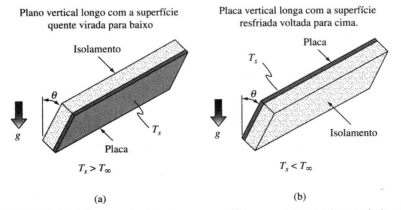

FIGURA 5.8 (a) Placa vertical longa com superfície aquecida voltada para baixo, (b) Placa vertical longa com superfície resfriada voltada para cima.

$$\overline{Nu}_L = 0{,}56(Gr_L Pr \cos\theta)^{1/4} \qquad (5.14)$$

aplica-se na faixa

$$10^5 < Gr_L Pr \cos\theta < 10^{11} \text{ e } 0 \leq \theta \leq 89°$$

Na Eq. (5.14), L é o comprimento da placa, a dimensão que gira em um plano vertical, com o aumento de θ. Se a superfície aquecida é virada para cima (ou a superfície resfriada é virada para baixo), a Eq. (5.13) é recomendada.

5.3.2 Placas horizontais

Para placas horizontais bidimensionais, como mostrado nas figuras 5.9 e 5.10, as seguintes equações correlacionam dados experimentais [5, 20]:

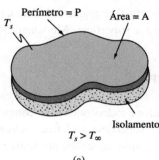
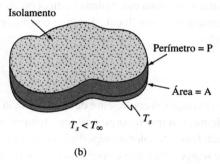

FIGURA 5.9

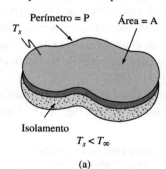
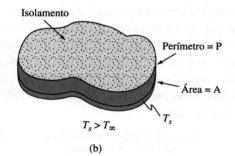

FIGURA 5.10

Superfície superior quente ou superfície inferior fria [figuras 5.9(a) e (b)]:

$$\overline{Nu}_L = 0{,}54 Ra_L^{1/4} \quad (10^5 \lesssim Ra_L \lesssim 10^7) \qquad (5.15)$$

$$\overline{Nu}_L = 0{,}15 Ra_L^{1/3} \quad (10^7 \lesssim Ra_L \lesssim 10^{10}) \qquad (5.16)$$

Superfície inferior quente ou superfície superior fria [figuras 5.10(a) e (b)]:

$$\overline{Nu}_L = 0{,}27 Ra_L^{1/4} \quad (10^5 \lesssim Ra_L \lesssim 10^{10}) \qquad (5.17)$$

onde $L = \dfrac{\text{área superficial}}{\text{perímetro}}$

Dados experimentais para uma placa horizontal circular resfriada virada para baixo em um metal líquido são correlacionados com a relação [21]:

$$\overline{\mathrm{Nu}}_D = \frac{\bar{h}_c D}{k} = 0{,}26(\mathrm{Gr}_D \mathrm{Pr}^2)^{0{,}35} \tag{5.18}$$

EXEMPLO 5.3 Calcule a taxa de perda de calor por convecção das partes superior e inferior de um *grill* de restaurante de 1 metro quadrado, liso, horizontal, aquecido a 227°C, em ar ambiente a 27°C (veja Fig. 5.11).

SOLUÇÃO A dimensão adequada do comprimento para uma placa quadrada é de $L^2/4L = 0{,}25\,\mathrm{m}$. Usando as propriedades do ar à temperatura média, encontramos:

$$\mathrm{Ra}_L = \frac{(9{,}8\,\mathrm{m/s^2})(200\,\mathrm{K})(0{,}25\,\mathrm{m})^3 0{,}71}{(396\,\mathrm{K})(2{,}7 \times 10^{-5}\,\mathrm{m^2/s})^2} = 7{,}55 \times 10^7$$

A partir da Eq. (5.17), o Número de Nusselt para transferência de calor da parte inferior da placa é:

$$\overline{\mathrm{Nu}}_L = 0{,}27(7{,}55 \times 10^7)^{0{,}25} = 25{,}2$$

E, a partir da Eq. (5.16), o Número de Nusselt da superfície superior é:

$$\overline{\mathrm{Nu}}_L = 0{,}15(7{,}55 \times 10^7)^{0{,}33} = 63{,}4$$

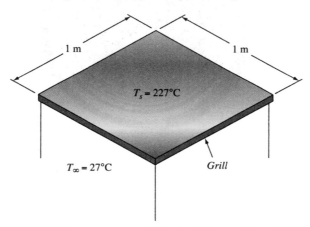

FIGURA 5.11 Diagrama esquemático do *grill* para o Exemplo 5.3.

Os coeficientes de transferência de calor correspondentes são:

Parte inferior: $\bar{h}_c = (25{,}2)(0{,}032\,\mathrm{W/m\,K})/(0{,}25\,\mathrm{m}) = 3{,}23\,\mathrm{W/m^2\,K}$

Parte superior: $\bar{h}_c = (63{,}4)(0{,}032\,\mathrm{W/m\,K})/(0{,}25\,\mathrm{m}) = 8{,}11\,\mathrm{W/m^2\,K}$

Portanto, a perda de calor por convecção total é:

$$q = (1\,\mathrm{m^2})(3{,}23 + 8{,}11)(\mathrm{W/m^2\,K})(200\,\mathrm{K}) = 2\,268\,\mathrm{W}$$

Observe que o calor dissipado pela superfície voltada para cima é quase 72% do total.

5.3.3 Cilindros, esferas, cones e corpos tridimensionais

O campo de temperatura em torno de um cilindro horizontal aquecido no ar é ilustrado na Fig. 5.12, que mostra as ondas de interferência fotografadas por Eckert e Soehnghen [8]. O fluxo é laminar sobre toda a superfície. O espaçamento mais perto das ondas de interferência sobre a parte inferior do cilindro indica um gradiente de temperatura mais íngreme e, por conseguinte, um coeficiente de transferência de calor local maior que sobre a parte superior. A variação do coeficiente de transferência de calor com a posição angular α é mostrada na Fig. 5.13 para dois Números de Grashof. Os resultados experimentais não diferem sensivelmente dos cálculos teóricos de Hermann [4], que derivou a equação

$$\mathrm{Nu}_{D\alpha} = 0{,}604\,\mathrm{Gr}_D^{1/4}\phi(\alpha) \tag{5.19}$$

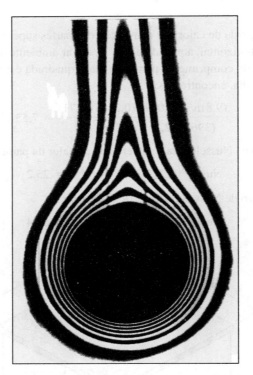

FIGURA 5.12 Fotografia de interferência ilustrando o campo de temperatura em torno de um cilindro horizontal no fluxo laminar.
Fonte: Cortesia do Professor E. R. G. Eckert.

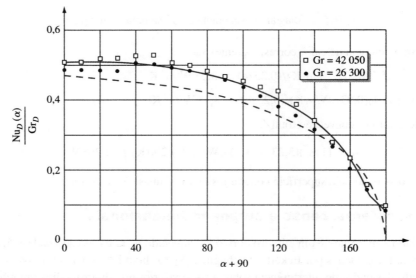

FIGURA 5.13 O coeficiente de transferência de calor adimensional local ao longo da circunferência de um cilindro horizontal em convecção natural laminar.
Fonte: E. R. G. Eckert; E. E. Soehnghen., *Studies on Heat Transfer in Laminar Free Convection with the Zehnder-Mach Interferometer*. USAF Technical Report 5747, dez. 1948; linha destacada de acordo com Hermann [4].

para o ar, ou seja, Pr = 0,71. O ângulo α é medido a partir da posição horizontal e os valores numéricos da função $\phi(\alpha)$ são como segue:

	Metade inferior			**Metade superior**				
α	−90	−60	−30	0	30	60	75	90
$\phi(\alpha)$	0,76	0,75	0,72	0,66	0,58	0,46	0,36	0

Uma equação para o coeficiente de transferência de calor médio de fios ou tubos horizontais simples em convecção natural, com base nos dados experimentais na Fig. 5.3, é:

$$\overline{\mathrm{Nu}_D} = 0{,}53(\mathrm{Gr}_D \mathrm{Pr})^{1/4} \tag{5.20}$$

Essa equação é válida para Números de Prandtl maiores que 0,5 e Números de Grashof variando de 10^3 a 10^9. Para diâmetros muito pequenos, Langmuir mostrou que a taxa de dissipação de calor por unidade de comprimento é quase independente do diâmetro do fio, fenômeno que ele aplicou em sua invenção dos filamentos enrolados em lâmpadas incandescentes cheias de gás. O Número de Nusselt médio para Gr_D inferior a 10^3 é mais convenientemente avaliado da linha tracejada desenhada através de pontos experimentais na Fig. 5.3 na faixa de Número de Grashof baixo.

No escoamento turbulento, foi observado que o fluxo de calor pode ser aumentado substancialmente sem um correspondente aumento na temperatura da superfície. Na convecção natural, o mecanismo de troca turbulenta aumenta em intensidade como a taxa de fluxo de calor é aumentada e, assim, reduz a resistência térmica.

EXEMPLO 5.4 Em qual temperatura uma longa tubulação de aço horizontal aquecida de 1 m de diâmetro produz um fluxo turbulento de ar a 27°C? Repita para o caso em que a tubulação é colocada em um banho de água a 27°C. Use valores de propriedade a 27°C.

SOLUÇÃO Os critérios para a transição são $\mathrm{Ra}_D = 10^9$. Para o ar a 27°C, isso dá:

$$\mathrm{Ra}_D = \frac{(9{,}8\,\mathrm{m/s^2})(300\,\mathrm{K})^{-1}(\Delta T)(1\,\mathrm{m})^3(0{,}71)}{(1{,}64 \times 10^{-5}\,\mathrm{m^2/s})^2} = 10^9$$

Portanto:

$$\Delta T = 12°\mathrm{C}$$
$$T_{\mathrm{tubo}} = 12 + 27 = 39°\mathrm{C}$$

Para a água (Tabela 13, Apêndice 2), obtemos:

$$\mathrm{Ra}_D = \frac{(9{,}8\,\mathrm{m/s^2})(2{,}73 \times 10^{-4}\,\mathrm{K^{-1}})(\Delta T)(1\,\mathrm{m})^3(5{,}9)}{(0{,}861 \times 10^{-6}\,\mathrm{m^2/s})^2} = 10^9$$

Resolvendo para ΔT, encontramos $\Delta T = 0{,}05°\mathrm{C}$. Observe que, na água, até uma diferença pequena da temperatura induzirá a turbulência.

Para metais líquidos em fluxo laminar, a equação

$$\overline{\mathrm{Nu}_D} = 0{,}53(\mathrm{Gr}_D \mathrm{Pr}^2)^{1/4} \tag{5.21}$$

correlaciona os dados disponíveis [22] para cilindros horizontais.

Al-Arabi e Khamis [23] têm correlacionado dados de transferência de calor para cilindros de vários comprimentos, diâmetros e ângulos de inclinação em relação à vertical, conforme mostrado na Fig. 5.14. Seus resultados estão na forma $\overline{\mathrm{Nu}_L} = m(\mathrm{Gr}_L \mathrm{Pr})^n$, em que m e n são funções do diâmetro do cilindro e do ângulo de inclinação em relação à vertical, a transição de θ para fluxo turbulento ocorreu perto de:

$$(\mathrm{Gr}_L \mathrm{Pr})_{\mathrm{cr}} = 2{,}6 \times 10^9 + 1{,}1 \times 10^9 \,\mathrm{tg}\,\theta \tag{5.22}$$

No regime laminar, $9{,}88 \times 10^7 \leq \mathrm{Gr}_L \mathrm{Pr} \leq (\mathrm{Gr}_L \mathrm{Pr})_{cr}$, encontraram

$$\overline{\mathrm{Nu}}_L = [2{,}9 - 2{,}32(\operatorname{sen}\theta)^{0{,}8}](\mathrm{Gr}_D)^{-1/12}(\mathrm{Gr}_L\mathrm{Pr})^{[1/4+(1/12)(\operatorname{sen}\theta)1{,}2]} \quad (5.23)$$

e no esquema turbulento $(\mathrm{Gr}_L\mathrm{Pr})_{cr} \leq \mathrm{Gr}_L\mathrm{Pr} \leq 2{,}95 \times 10^{10}$, encontraram

$$\overline{\mathrm{Nu}}_L = [0{,}47 + 0{,}11(\operatorname{sen}\theta)^{0{,}8}](\mathrm{Gr}_D)^{-1/12}(\mathrm{Gr}_L\mathrm{Pr})^{1/3} \quad (5.24)$$

Em ambos regimes, o Número de Grashof baseado no diâmetro do cilindro está restrito ao intervalo $1{,}08 \times 10^4 \leq \mathrm{Gr}_D \leq 6{,}9 \times 10^5$.

Sparrow e Stretton [24] correlacionaram os dados de convecção natural para cubos, esferas e cilindros verticais curtos em uma escala de Número de Rayleigh de cerca de 200 até $1{,}5 \times 10^9$ pela relação empírica:

$$\mathrm{Nu}_{L^+} = 5{,}75 + 0{,}75[\mathrm{Ra}_{L^+}/F(\mathrm{Pr})]^{0{,}252} \quad (5.25)$$

em que

$$F(\mathrm{Pr}) = [1 + (0{,}49/\mathrm{Pr})^{9/16}]^{16/9}$$

Na Eq. (5.25), a dimensão de comprimento em Nu_{L^+} e Ra_{L^+} é definida pela relação:

$$L^+ = A/(4A_{\text{horiz}}/\pi)^{1/2}$$

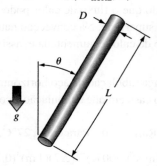

FIGURA 5.14 Nomenclatura para cilindro finito, aquecido ou resfriado, de comprimento L e diâmetro D inclinado a partir da vertical.

onde $A =$ área superficial do corpo

$A_{\text{horiz}} =$ área de projeção horizontal do corpo

Por exemplo, para um cubo com lados de comprimento S e uma superfície horizontal,

$$L^+ = \frac{6S^2}{\sqrt{\dfrac{4S^2}{\pi}}} = 5{,}32S$$

enquanto para uma esfera de diâmetro D,

$$L^+ = \frac{\pi D^2}{\sqrt{\dfrac{4}{\pi}\dfrac{\pi D^2}{4}}} = \pi D$$

Para convecção natural para ou a partir de pequenas esferas de diâmetro D, a equação empírica

$$\overline{\mathrm{Nu}}_D = 2 + 0{,}392(\mathrm{Gr}_D)^{1/4} \quad \text{para } 1 < \mathrm{Gr}_D < 10^5 \quad (5.26)$$

é recomendada [25]. Para esferas muito pequenas, como o Número de Grashof aproxima-se de zero, o Número de Nusselt aproxima-se de um valor de 2, ou seja, $\bar{h}_c D/k \to 2$. Essa condição corresponde à condução pura por meio de uma camada estagnada de fluido em torno da esfera.

Dados experimentais para convecção natural de cones verticais apontando para baixo, com ângulos de vértice entre 3° e 12° têm sido correlacionados [26] por

$$\overline{\text{Nu}}_L = 0{,}63(1 + 0{,}72\varepsilon)\text{Gr}_L^{1/4} \tag{5.27}$$

em que $3° < \phi < 12°$, $7{,}5 < \log \text{Gr}_L < 8{,}7$, $0{,}2 \leq \varepsilon \leq 0{,}8$

$$\varepsilon = \frac{2}{\text{Gr}_L^{1/4} \text{tg}(\phi/2)}$$

ϕ = ângulo do vértice

L = altura inclinada do cone

5.3.4 Espaços fechados

A transferência de calor por convecção natural em espaços fechados, como mostrado esquematicamente na Fig. 5.15, é importante para determinar a perda de calor através de janelas com vidros duplos, dos coletores solares de placa plana, pela construção de paredes e em muitas outras aplicações. Se o gabinete é composto por duas superfícies paralelas isotérmicas em temperaturas T_1 e T_2 espaçadas a uma distância δ e com altura L e partes superior e inferior do compartimento isoladas, o Número de Grashof é definido por:

$$\text{Gr}_\delta = \frac{g\beta(T_1 - T_2)\delta^3}{\nu^2}$$

e o parâmetro L/δ é chamado *razão de aspecto*. Uma diferença de temperatura produzirá fluxo no compartimento. Em cavidades verticais ($\tau = 90°$), Hollands e Konicek [27] descobriram que, para $\text{Gr}_\delta \gtrsim 8\,000$, o fluxo consiste em uma grande célula girando no compartimento. O mecanismo de transferência de calor é essencialmente por condução em todo o compartimento para $\text{Gr}_\delta < 8\,000$. Como o Número de Grashof é aumentado além desse valor, o fluxo torna-se mais de um tipo de camada-limite com fluido subindo em uma camada na superfície aquecida, virando no canto da parte superior e fluindo para baixo em uma camada na superfície resfriada. A espessura da camada-limite diminui com $\text{Gr}_\delta^{1/4}$, e a região do núcleo é mais ou menos inativa e termicamente estratificada.

Para a geometria na Fig. 5.15 com $\tau = 90°$, Catton [28] recomenda as correlações de Berkovsky e Polevikov:

$$\overline{\text{Nu}}_\delta = 0{,}22\left(\frac{L}{\delta}\right)^{-1/4}\left(\frac{\text{Pr}}{0{,}2 + \text{Pr}}\text{Ra}_\delta\right)^{0{,}28} \tag{5.28a}$$

aplica-se na faixa

$$2 < L/\delta < 10, \quad \text{Pr} < 10 \text{ e } \text{Ra}_\delta < 10^{10}$$

e

$$\overline{\text{Nu}}_\delta = 0{,}18\left(\frac{\text{Pr}}{0{,}2 + \text{Pr}}\text{Ra}_\delta\right)^{0{,}29} \tag{5.28b}$$

aplica-se na faixa

$$1 < L/\delta < 2, \quad 10^{-3} < \text{Pr} < 10^5, \text{ e } 10^3 < \frac{\text{Ra}_\delta \text{Pr}}{0{,}2 + \text{Pr}}$$

Para fatores de proporção maiores e $\tau = 90°$, a seguinte relação é recomendada [29]:

$$\overline{\text{Nu}}_\delta = 0{,}42\text{Ra}_\delta^{0{,}25}\text{Pr}^{0{,}012}/(L/\delta)^{0{,}3} \tag{5.29a}$$

na faixa $10 < L/\delta < 40$, $1 < \text{Pr} < 2 \times 10^4$ e $10^4 < \text{Ra}_\delta < 10^7$.

Para Números de Rayleigh maiores no intervalo $10^6 < \text{Ra}_\delta < 10^9$, as razões de aspecto na faixa $1 < L/\delta < 40$ e $1 < \text{Pr} < 20$, a relação

$$\overline{Nu}_\delta = 0{,}046\, Ra_\delta^{0{,}33} \tag{5.29b}$$

é recomendada [29]. Todas as propriedades nas equações (5.28) e (5.29) devem ser avaliadas de acordo com a temperatura média $(T_1 + T_2)/2$.

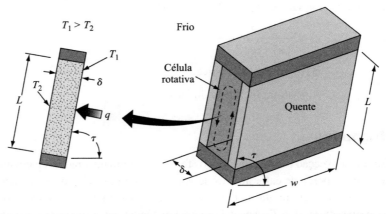

FIGURA 5.15 Nomenclatura para convecção natural em espaços fechados inclinados.

Faltam dados para fatores de proporção menores que um. Imberger [30] descobriu que, como $Ra_\delta \to \infty$, $Nu_\delta \to (L/\delta)Ra_\delta^{1/4}$ por $L/\delta = 0{,}01$ e $0{,}02$. Bejan et al. [31] descobriram que $Nu_\delta = 0{,}014 Ra_\delta^{0{,}38}$ por $L/\delta = 0{,}0625$ e $2 \times 10^8 < Ra_\delta < 2 \times 10^9$. Nansteel e Greif [32] descobriram que $Nu_\delta = 0{,}748 Ra_\delta^{0{,}226}$ por $L/\delta = 0{,}5$, $2 \times 10^{10} < Ra_\delta \leq 10^{11}$ e $3{,}0 \leq Pr \leq 4{,}3$.

Em uma camada de fluido horizontal com aquecimento vindo de cima, a transferência de calor ocorre apenas por condução. O aquecimento por baixo resulta na transferência de calor por condução só se $Ra_\delta < 1\,700$, em que o comprimento de escala é o espaçamento delimitador de camada. Acima desse valor de Ra_δ, o movimento do fluido ocorre sob a forma de várias células rotativas com um eixo horizontal, conhecidas como células de Benard. O fluxo começa a se tornar turbulento para $Ra_\delta \sim 5\,500$ com $Pr = 0{,}7$ e por $Ra_\delta \sim 55\,000$ com $Pr = 8\,500$ [34] e torna-se totalmente turbulento para $Ra_\delta \sim 10^6$.

Hollands et al. [34] correlacionaram dados referentes a camadas horizontais do ar contidas entre duas placas planas aquecidas a partir da parte inferior (veja Fig. 5.16) para uma ampla faixa de Números de Rayleigh com:

$$\overline{Nu}_\delta = 1 + 1{,}44\left[1 - \frac{1\,708}{Ra_\delta}\right]^{\bullet} + \left[\left(\frac{Ra_\delta}{5\,830}\right)^{1/3} - 1\right]^{\bullet} \tag{5.30a}$$

em que a notação $[\ ]^{\bullet}$ indica que, se a quantidade dentro do suporte é negativa, deve ser considerada zero. Essa equação representada de forma bem próxima dos dados para o ar a partir do Número de Rayleigh crítico ($Ra_\delta = 1\,700$) para $Ra_\delta = 10^8$. Para corresponder os dados para água, foi necessário adicionar um termo à equação anterior:

$$\overline{Nu}_\delta = 1 + 1{,}44\left[1 - \frac{1\,708}{Ra_\delta}\right]^{\bullet} + \left[\left(\frac{Ra_\delta}{5\,830}\right)^{1/3} - 1\right]^{\bullet} + 2{,}0\left[\frac{Ra_\delta^{1/3}}{140}\right]^{[1 - \ln(Ra_\delta^{1/3}/140)]} \tag{5.30b}$$

que é, então, válida a partir do Número de Rayleigh crítico ($\sim 1\,700$) para $Ra_\delta = 3{,}5 \times 10^9$. Essas duas equações de correlação são mostradas com os dados experimentais nas figuras 5.17 e 5.18.

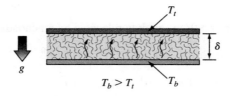

FIGURA 5.16 Camada de ar horizontal aquecida por baixo.

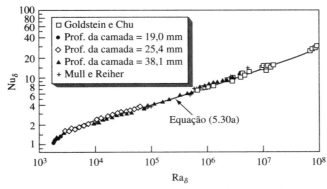

FIGURA 5.17 Correlação de dados para transferência de calor por convecção natural por meio de uma camada horizontal de ar contida entre duas placas planas e aquecidas por baixo.
Fonte: Reproduzido a partir de Krisnamurti [34], com permissão de Pergamon Press, Ltd.

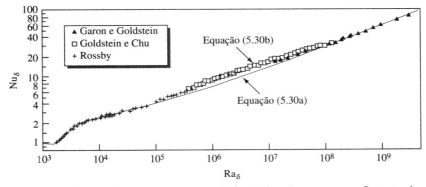

FIGURA 5.18 Correlação de dados para transferência de calor por convecção natural por meio de uma camada horizontal de água aquecida por baixo.
Fonte: Reimpresso a partir de Hollands et al. [34] com permissão de Pergamon Press, Ltd.

EXEMPLO 5.5 Uma panela coberta de água com 8 cm de profundidade é colocada em um queimador de fogão, como mostrado na Fig. 5.19. O elemento do queimador é controlado por um termostato e mantém o fundo da panela a 100°C. Supondo que a superfície superior da água tem, inicialmente, a temperatura de 20°C, qual é a taxa inicial de transferência de calor do queimador para a água? A panela é circular e tem 15 cm de diâmetro.

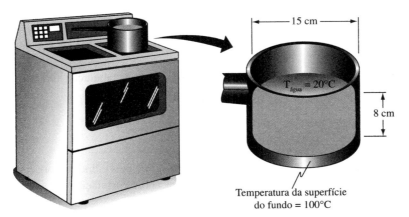

FIGURA 5.19 Diagrama esquemático para o Exemplo 5.5.

SOLUÇÃO Para as propriedades da água a 60°C, temos:

$$\text{Ra}_\delta = \frac{(9,8 \text{ m/s}^2)(5,18 \times 10^{-4} \text{ K}^{-1})(80 \text{ K})(0,08 \text{ m})^3(3,02)}{(0,478 \times 10^{-6} \text{ m}^2/\text{s})^2}$$

$$= 2,75 \times 10^9$$

Na Eq. (5.30b), encontramos:

$$\overline{\text{Nu}}_\delta = 1 + 1,44 + 76,8 + 0,1 = 79,3$$

$$\bar{h}_c = \overline{\text{Nu}}_\delta \frac{k}{\delta} = \frac{(79,3)(0,657 \text{ W/m K})}{0,08 \text{ m}} = 651 \text{ W/m}^2 \text{ K}$$

A taxa inicial de transferência de calor é, então,

$$q = (651 \text{ W/m}^2 \text{ K})\left(\frac{\pi 0,15^2 \text{ m}^2}{4}\right)(80 \text{ K})$$

$$= 920 \text{ W}$$

Convecção natural em uma cavidade formada entre duas placas inclinadas (observe a Fig. 5.15) é encontrada em coletores solares de placa plana e em janelas com vidros duplos ($\tau = 90°$). Essa configuração foi investigada para grandes fatores de proporção ($L/\delta > 12$) por Hollands et al. [35]. Eles descobriram que a equação a seguir correlaciona dados experimentais em ângulos de inclinação, τ, menores que 70°:

$$\overline{\text{Nu}}_L = 1 + 1,44\left[1 - \frac{1\,708}{\text{Ra}_L \cos \tau}\right]^{\cdot}\left[1 - \frac{1\,708(\text{sen } 1,8\tau)^{1,6}}{\text{Ra}_L \cos \tau}\right]$$

$$+ \left[\left(\frac{\text{Ra}_L \cos \tau}{5\,830}\right)^{1/3} - 1\right]^{\cdot}$$

Novamente, a notação [ ] implica que, se a quantidade entre parênteses for negativa, deve ser definida igual a zero. A implicação é que, se o Número de Rayleigh é menor que um valor crítico de $\text{Ra}_{L,c} = 1\,708/\cos \tau$, não há fluxo dentro da cavidade.

Para os ângulos de inclinação entre 70° e 90°, Catton [28] recomenda que o Número de Nusselt para um compartimento vertical ($\tau = 90°$) seja multiplicado por $(\text{sen } \tau)^{1/4}$, ou seja, $\overline{\text{Nu}}_L(\tau) = \overline{\text{Nu}}_L(\tau = 90°) \text{ sen } \tau^{1/4}$. Catton também dá correlações para proporções menores que 12.

Para convecção natural dentro de cavidades esféricas de diâmetro D, a relação

$$\frac{D\bar{h}_c}{k} = C(\text{Gr}_D \text{Pr})^n \qquad (5.32)$$

é recomendada [36] com as constantes C e n selecionadas a partir da tabulação abaixo:

Gr_DPr	C	n
10^4–10^9	0,59	1/4
10^9–10^{12}	0,13	1/3

Para transferência de calor por convecção natural pela abertura entre dois cilindros concêntricos horizontais, como mostrado na Fig. 5.20, Raithby e Hollands [37] sugerem a equação de correlação

$$\frac{k_{\text{eff}}}{k} = 0,386\left[\frac{\ln(D_o/D_i)}{b^{3/4}(1/D_i^{3/5} + 1/D_o^{3/5})^{5/4}}\right]\left(\frac{\text{Pr}}{0,861 + \text{Pr}}\right)^{1/4} \text{Ra}_b^{1/4} \qquad (5.33)$$

Aqui, D_o é o diâmetro do cilindro exterior, D_i é o diâmetro do cilindro interno, $2b = D_o - D_i$, e o Número de Rayleigh Ra_b baseia-se na diferença de temperatura pela abertura. A condutividade térmica efetiva k_{eff} é aquela que deve ter um fluido imóvel (com condutividade k) no espaço para transferir a mesma quantidade de calor que o fluido em movimento.

A equação de correção, a Eq. (5.33), é válida sobre a seguinte gama de parâmetros:

$$0{,}70 \leq \text{Pr} \leq 6\,000$$

$$10 \leq \left[\frac{\ln(D_o/D_i)}{b^{3/4}(1/D_i^{3/5} + 1/D_o^{3/5})^{5/4}}\right]^4 \text{Ra}_b \leq 10^7$$

FIGURA 5.20 Nomenclatura em convecção natural entre dois cilindros concêntricos horizontais.

$$b = \frac{D_o - D_i}{2}$$

Para esferas concêntricas, Raithby e Hollands [37] recomendam:

$$\frac{k_{\text{eff}}}{k} = 0{,}74\left[\frac{b^{1/4}}{D_o D_i (D_i^{-7/5} + D_o^{-7/5})^{5/4}}\right] \text{Ra}_b^{1/4}\left(\frac{\text{Pr}}{0{,}861 + \text{Pr}}\right)^{1/4} \quad (5.34)$$

A Eq. (5.34) é válida para:

$$0{,}70 \leq \text{Pr} \leq 4\,200$$

e

$$10 \leq \left[\frac{b}{(D_o D_i)^4 (D_i^{-7/5} + D_o^{-7/5})^5}\right] \text{Ra}_b \leq 10^7$$

em que $2b = D_o - D_i$.

5.4* Cilindros, discos e esferas rotativos

A transferência de calor por convecção entre um corpo em rotação e um fluido circundante é importante na análise térmica de eixos, volantes, rotores de turbinas e outros componentes rotativos de máquinas diversas. A convecção de um cilindro horizontal rotativo aquecido em ar ambiente tem sido estudada por Anderson e Saunders [38].

Com a transferência de calor, é atingida uma velocidade crítica quando a velocidade circunferencial da superfície do cilindro torna-se aproximadamente igual à velocidade de convecção natural ascendente, ao lado de um cilindro aquecido estacionário. Abaixo da velocidade crítica, a convecção natural simples caracteriza-se pelo Número de Grashof convencional $\beta g(T_s - T_\infty)D^3/\nu^2$, controla a taxa de transferência de calor. Para velocidades superiores à crítica ($\text{Re}_\omega > 8\,000$ no ar), o Número de Reynolds periférico para velocidade $\pi D^2 \omega / \nu$ torna-se o parâmetro de controle. Os efeitos combinados dos números de Reynolds, de Prandtl e de Grashof sobre o Número de Nusselt médio para um cilindro horizontal, girando no ar acima da velocidade crítica (veja fig. 5.21), podem ser expressos pela equação empírica [39]

$$\overline{\text{Nu}}_D = \frac{\bar{h}_c D}{k} = 0{,}11(0{,}5\text{Re}_\omega^2 + \text{Gr}_D\text{Pr})^{0{,}35} \quad (5.35)$$

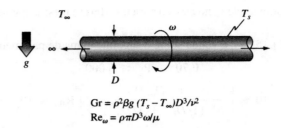

$Gr = \rho^2 \beta g (T_s - T_\infty) D^3 / \nu^2$
$Re_\omega = \rho \pi D^3 \omega / \mu$

FIGURA 5.21 Cilindro horizontal girando no ar.

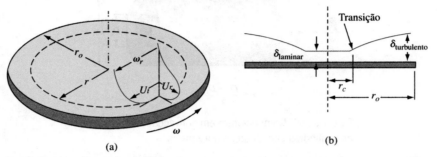

(a)   (b)

FIGURA 5.22 Perfis de velocidade e camada-limite para um disco girando em um ambiente infinito.

A transferência de calor de um disco giratório já foi estudada de forma experimental por Cobb e Saunders [40] e teoricamente por Millsap e Pohlhausen [41] e Kreith e Taylor [42], entre outros. A camada-limite do disco é laminar e de espessura uniforme em Números de Reynolds rotacionais $\omega D^2/\nu$ abaixo de cerca de 10^6. Em Números de Reynolds superiores, o fluxo torna-se turbulento perto da borda externa e, como Re_ω é aumentado, o ponto de transição move-se radialmente para dentro. A camada-limite engrossa com o aumento do raio (veja Fig. 5.22). Para o regime laminar, a média do Número de Nusselt para um disco girando no ar é [40, 43]

$$\overline{Nu}_D = \frac{\bar{h}D}{k} = 0{,}36\left(\frac{\omega D^2}{\nu}\right)^{1/2} \tag{5.36}$$

para $\omega D^2/\nu < 10^6$.

No regime de escoamento turbulento de um disco girando no ar [40], o valor local do Número de Nusselt a um raio r é dado aproximadamente por

$$Nu_r = \frac{h_c r}{k} = 0{,}0195\left(\frac{\omega r^2}{\nu}\right)^{0{,}8} \tag{5.37}$$

O valor médio do Número de Nusselt para o escoamento laminar entre $r = 0$ e r_c e o escoamento turbulento no anel externo entre $r = r_c$ e r_o é

$$\overline{Nu}_{r_o} = \frac{\bar{h}_c r_o}{k} = 0{,}36\left(\frac{\omega r_o^2}{\nu}\right)^{1/2}\left(\frac{r_c}{r_o}\right)^2 + 0{,}015\left(\frac{\omega r_o^2}{\nu}\right)^{0{,}8}\left(1 - \left(\frac{r_c}{r_o}\right)^{2{,}6}\right) \tag{5.38}$$

para $r_c < r_o$.

EXEMPLO 5.6 Um eixo de aço de 20 cm de diâmetro é aquecido a 400°C para tratamento térmico. Então, é permitido que o eixo resfrie no ar (a 20°C) ao girar sobre seu próprio eixo (horizontal) a 3 rpm. Calcule a taxa de transferência de calor de convecção do eixo quando ele esfriar a 100°C.

SOLUÇÃO A velocidade de rotação do eixo é de:

$$\omega = \frac{3\,\text{rev/min}(2\pi\,\text{rad/rev})}{(60\,\text{s/min})} = 0,31\,\text{rad/s}$$

A partir das propriedades do ar a 60°C, o Número de Reynolds é:

$$\text{Re}_\omega = \frac{\pi(0,2\,\text{m})^2(0,31\,\text{s}^{-1})}{1,94\times 10^{-5}\,\text{m}^2/\text{s}} = 2\,008$$

e o Número de Rayleigh é:

$$\text{Ra} = \frac{(9,8\,\text{m/s}^2)(333\,\text{K})^{-1}(80\,\text{K})(0,2\,\text{m})^3(0,71)}{(1,94\times 10^{-5}\,\text{m}^2/\text{s})^2} = 3,55\times 10^7$$

Na Eq. (5.35),

$$\overline{\text{Nu}}_D = 0,11[0,5(2\,008)^2 + 3,55\times 10^7]^{0,35} = 49,2$$

$$\overline{h}_c = \frac{(49,2)(0,0279\,\text{W/m K})}{0,20\,\text{m}} = 6,86\,\text{W/m}^2\,\text{K}$$

e

$$q = (6,86\,\text{W/m}^2\,\text{K})[\pi(0,2)(1)\,\text{m}^2](80\,\text{K}) = 345\,\text{W/m}$$

Observe que o efeito da convecção natural induzida por gravidade é grande em relação à induzida pela rotação do eixo.

Para um disco girando em um fluido tendo um Número de Prandtl maior que a unidade, o Número de Nusselt local pode ser obtido de acordo com [44], a partir da equação:

$$\text{Nu}_r = \frac{\text{Re}_r\,\text{Pr}\,\sqrt{(C_{Dr}/2)}}{5\text{Pr} + 5\ln(5\text{Pr} + 1) + \sqrt{(2/C_{Dr})} - 14} \tag{5.39}$$

em que C_{Dr} é o coeficiente de arrasto local para o rádio r, que, de acordo com [45], é dado por:

$$\frac{1}{\sqrt{C_{Dr}}} = -2,05 + 4,07\log_{10}\text{Re}_r\sqrt{C_{Dr}} \tag{5.40}$$

Para uma esfera de diâmetro D girando em um ambiente infinito com $\text{Pr} > 0,7$ no esquema de fluxo laminar ($\text{Re}_\omega = \omega D^2/\nu < 5\times 10^4$), o Número de Nusselt médio ($\overline{h}_c D/k$) pode ser obtido a partir de;

$$\overline{\text{Nu}}_D = 0,43\text{Re}_\omega^{0,5}\text{Pr}^{0,4} \tag{5.41}$$

e na faixa de Número de Reynolds entre 5×10^4 e 7×10^5, a equação

$$\overline{\text{Nu}}_D = 0,066\text{Re}_\omega^{0,67}\text{Pr}^{0,4} \tag{5.42}$$

correlaciona os dados experimentais disponíveis [46].

5.5 Convecção forçada e natural combinadas

No Capítulo 4, foi abordada a convecção forçada em fluxo sobre uma superfície plana, e as seções anteriores desse capítulo trataram da transferência de calor em sistemas de convecção natural. Nesta seção, será considerada a interação entre processos de convecção natural e forçada.

Em qualquer processo de transferência de calor, ocorrem gradientes de densidade e surgem as correntes na presença de uma convecção natural do campo de força. Se os efeitos de convecção forçada são muito grandes, a influência das correntes de convecção natural pode ser insignificante e, da mesma forma, quando as forças de convecção natural são muito fortes, os efeitos de convecção forçada podem ser insignificantes. Agora, as questões que serão consideradas são, sob quais circunstâncias pode ser ignorada a convecção forçada ou natural, e quais são as condições quando ambos os efeitos são da mesma ordem de grandeza?

Para obter uma indicação das magnitudes relativas aos efeitos de convecção natural ou forçada, consideramos a equação diferencial que descreve o fluxo uniforme sobre uma placa plana vertical com o efeito do empuxo e a velocidade de fluxo livre de U_∞ na mesma direção. Esse é o caso quando a placa está aquecida e o fluxo forçado está para cima, ou quando a placa está resfriada e o fluxo forçado está para baixo. Tomando a direção do fluxo como x e assumindo que as propriedades físicas são uniformes, exceto para o efeito da temperatura sobre a densidade, a Equação de Navier-Stokes de camada-limite incluindo forças de convecção natural é:

$$u\frac{\partial u}{\partial x} + v\frac{\partial u}{\partial y} = -\frac{1}{\rho}\frac{\partial p}{\partial x} + \frac{\mu}{\rho}\frac{\partial^2 u}{\partial y^2} + g\beta(T - T_\infty) \tag{5.43}$$

Essa equação pode ser generalizada da seguinte maneira: substituindo X por x/L, Y por y/L, θ por $(T - T_\infty)/(T_0 - T_\infty)$, P por $(p - p_\infty)/(\rho U_\infty^2/2g_c)$, U por u/U_∞, e V por v/U_∞ na Eq. (5.43) resulta:

$$U\frac{\partial U}{\partial X} + V\frac{\partial U}{\partial Y} = -\frac{1}{2}\frac{\partial P}{\partial X} + \left(\frac{\mu}{\rho U_\infty L}\right)\frac{\partial^2 U}{\partial Y^2} + \left[\frac{g\beta L^3(T_0 - T_\infty)}{\nu^2}\right]\frac{\nu^2}{U_\infty^2 L^2}\theta \tag{5.44}$$

Na região perto da superfície, ou seja, na camada-limite $\partial U/\partial X$ e U são da ordem da unidade. Uma vez que U muda de 1 em $x = 0$ para um valor muito pequeno em $x = 1$, e considerando que u é a mesma ordem de magnitude de U_∞, o lado esquerdo da Eq. (5.44) é da ordem da unidade. Semelhante raciocínio indica que os dois primeiros termos sobre o lado direito, bem como θ, são da ordem da unidade. Consequentemente, o efeito de empuxo influenciará a distribuição de velocidade que, por sua vez, depende da distribuição de temperatura, se o coeficiente de θ é da ordem de 1 ou maior; ou seja, se:

$$\frac{[g\beta L^3(T_0 - T_\infty)]/\nu^2}{(U_\infty L/\nu)^2} = \frac{\text{Gr}_L}{\text{Re}_L^2} \cong 1 \tag{5.45}$$

Em outras palavras, a relação de Gr/Re^2 dá uma indicação qualitativa da influência do empuxo na convecção forçada. Quando o Número de Grashof é da mesma ordem de grandeza ou é maior que o quadrado do Número de Reynolds, os efeitos de convecção natural não podem ser ignorados em comparação com a convecção forçada. Da mesma forma, em um processo de convecção natural, a influência de convecção forçada torna-se significativa quando o quadrado do Número de Reynolds é da mesma ordem de grandeza que o Número de Grashof.

Vários casos especiais foram tratados na literatura [47-49]. Por exemplo, para convecção forçada laminar sobre uma placa plana vertical, Sparrow e Gregg [47] mostraram que, para Números de Prandtl entre 0,01 e 10, o efeito do empuxo sobre o coeficiente de transferência de calor local para convecção forçada pura será inferior a 10% se:

$$\text{Gr}_x \leq 0,150\text{Re}_x^2 \tag{5.46}$$

Eckert e Diaguila [49] estudaram a convecção mista em um tubo vertical com ar, principalmente em regime turbulento. Quando o fluxo induzido por empuxo estava na mesma direção do fluxo forçado, eles descobriram que o coeficiente de transferência de calor local diferia daquele para comportamento de convecção natural pura por menos de 10% se:

$$\text{Gr}_x > 0,007\text{Re}_x^{2,5} \tag{5.47a}$$

e do comportamento de convecção forçada pura por menos de 10% se:

$$\text{Gr}_x < 0,0016\text{Re}_x^{2,5} \tag{5.47b}$$

Na Fig. 5.23, as equações (5.46) e (5.47) foram traçadas para demonstrar os regimes no fluxo de camada-limite para convecção natural pura, convecção mista, e convecção forçada para geometrias em que o empuxo e os efeitos de escoamento forçado são paralelos.

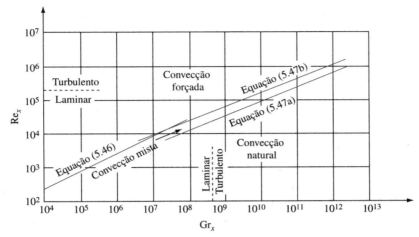

FIGURA 5.23 Regimes de convecção para efeitos paralelos de escoamento e empuxo; processos de camada-limite.
Fonte: Cortesia de B. Gebhart, *Heat Transfer*, 2. ed., Nova York: McGraw-Hill, 1971.

Siebers et al. [50] mediram a transferência de calor por convecção mista em uma grande placa vertical plana (3,03 m altura × 2,95 m largura). A placa foi aquecida eletricamente para que fosse possível produzir um fluxo de convecção natural, e colocada em um túnel de vento para expô-la simultaneamente a um fluxo forçado horizontal paralelo à placa. Portanto, esse estudo se focou no fluxo de empuxo vertical e no fluxo forçado horizontal. Eles se basearam na magnitude da convecção natural no Gr_H, em que H é a altura da placa, e na magnitude da convecção forçada no Re_L, em que L é a largura da placa. Seus resultados indicam que, se $Gr_H/Re_L^2 < 0,7$, então a transferência de calor é basicamente devida à convecção forçada, e se $Gr_H/Re_L^2 > 10$, a convecção natural domina. Para valores intermediários, ou seja, para convecções mistas, eles forneceram equações correlatas para os coeficientes locais de transferência de calor. A Fig. 5.24 apresenta diferentes regimes de escoamento para essa geometria no caso de escoamento laminar (Fig. 5.24a) e escoamento turbulento (Fig. 5.24b).

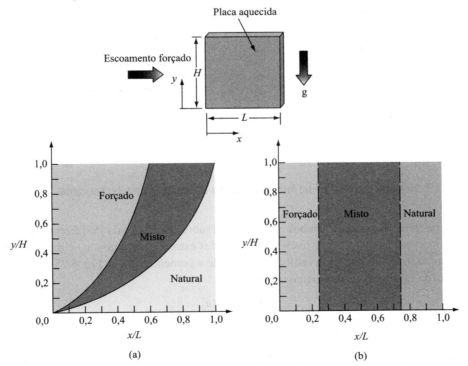

FIGURA 5.24 (a) Zonas laminares de convecções forçada, mista e natural, para uma placa vertical aquecida em escoamento forçado horizontal [50]; (b) zonas de turbulências das convecções forçada, mista e natural, para uma placa vertical aquecida em fluxo horizontal forçado [50].

Um método empírico para estimar o Número de Nusselt para as convecções combinada (mista), forçada e natural foi proposto [20]

$$(\overline{Nu})^n_{combinada} = (\overline{Nu})^n_{forçada} \pm (\overline{Nu})^n_{natural} \qquad (5.48)$$

em que $n = 3$ para placas verticais, o sinal de $+$ é utilizado quando os fluxos estão na mesma direção, e o sinal $-$ de quando estão em direções opostas.

A influência da convecção natural no fluxo forçado em tubos e dutos é abordada no Capítulo 6, Seção 6.3.

5.6* Superfícies aletadas

Superfícies aletadas ou estendidas são comumente utilizadas para aumentar a área da superfície em um trocador de calor ou em um dissipador, para promover uma maior transferência de calor [57]. O projeto da convecção natural da aleta e do conjunto de aletas pode, entretanto, ser difícil, devido à junção entre o fluxo e os campos temperatura, e aos limitados dados experimentais disponíveis. Embora sejam aplicáveis as relações da aleta desenvolvidas no Capítulo 2, a avaliação do coeficiente apropriado de transferência de calor para a geografia do projeto físico pode trazer dificuldades. Nesta seção, os resultados dos experimentos são resumidos e realizadas algumas correlações para a convecção natural comum da geometria das aletas.

5.6.1 Aletas em tubos horizontais

Diversos tipos de trocadores de calor (por exemplo, aquecedores de rodapé ou dispositivos para resfriamento de equipamentos eletrônicos) usam aletas circulares ou quadradas anexadas a um tubo, conforme demonstrado na Fig. 5.25. Para aletas quadradas, os dados estão disponíveis somente sem o uso de um tubo em ar na variação de $0,2 < Ra_s < 4 \times 10^4$, dos experimentos feitos por Elenbaas [52] e Bahrani e Sparrow [53]. Raithby e Hollands [54] recomendaram a seguinte relação:

$$Nu_s = \left\{ \left(\frac{Ra_s^{0,89}}{18} \right)^{2,7} + (0,62 Ra_s^{1/4})^{2,7} \right\}^{0,37} \qquad (5.49)$$

A nomenclatura está definida na Fig. 5.25.

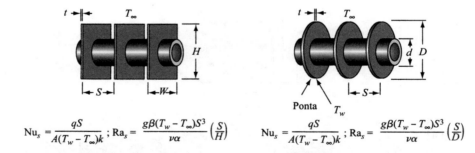

FIGURA 5.25 Aletas circulares e no formato de placa anexadas a um tubo horizontal.

Para as aletas circulares anexadas aos tubos horizontais, Tsubouchi e Masuda [55] fizeram experimentos no ar em que eles medem separadamente a transferência de calor das extremidades (pontas) circunferenciais das aletas e dos tubos, mais as superfícies das aletas verticais. Utilizando a nomenclatura da Fig. 5.25, a correlação proposta para a transferência de calor a partir das extremidades é:

$$Nu_s = C\, Ra_s^b \qquad (5.50)$$

Em que $b = 0,9$, $C = (0,44 + 0,12\xi)$ e $\xi = (D/d)$. Foram obtidos dados para $2 < Ra_s < 10^4$ e $1,36 < \xi < 3,73$ com as propriedades avaliadas para a temperatura do filme.

A transferência de calor das superfícies laterais das aletas juntamente com o cilindro de suporte foi correlacionada para aletas longas ($1,67 < \xi$) por

$$\mathrm{Nu}_s = \frac{\mathrm{Ra}_s}{12\pi}\left\{2 - \exp\left[-\left(\frac{C}{\mathrm{Ra}_s}\right)^{3/4}\right] - \exp\left[-\beta\left(\frac{C}{\mathrm{Ra}_s}\right)^{3/4}\right]\right\} \quad (5.51a)$$

onde

$$\beta = (0{,}17/\xi) + e^{-(4{,}8/\xi)} \quad \text{e} \quad C = \left\{\frac{23{,}7 - 1{,}1[1 + (152/\xi^2)]^{1/2}}{1 + \beta}\right\}^{4/3}$$

Para aletas curtas ($1{,}0 < \xi < 1{,}67$), a correlação que substitui a Eq. (5.51a) é:

$$\mathrm{Nu}_s = C_0\,\mathrm{Ra}_0^P\left\{1 - \exp\left[-\left(\frac{C_1}{\mathrm{Ra}_0}\right)^{C_2}\right]\right\}^{C_3} \quad (5.51b)$$

onde

$$C_0 = -0{,}15 + (0{,}3/\xi) + 0{,}32\xi^{-16} \qquad C_1 = -180 + (480/\xi) - 1{,}4\xi^8$$

$$C_2 = 0{,}04 + (0{,}9/\xi) \qquad C_3 = 1{,}3(1 - \xi^{-1}) + 0{,}0017\xi^{12}$$

$$P = 0{,}25 + C_2 C_3 \qquad \mathrm{Ra}_0 = \mathrm{Ra}_s \xi$$

com propriedades avaliadas a uma temperatura de parede, T_w.

As relações numéricas de Nusselt a partir das superfícies laterais das aletas circulares e quadradas são equivalentes se $D = 1{,}23H$. Consequentemente, as equações anteriores também podem ser utilizadas para estimar a transferência combinada de calor das aletas quadradas em um tubo ou cilindro, conforme apresentado na Fig. 5.25.

Edwards e Chaddock [56] correlacionaram dados experimentais para a transferência de calor da superfície total das aletas circulares, incluindo a extremidade para $(D/d) = 1{,}94$, na variação de $5 < \mathrm{Ra}_s < 10^4$, por

$$\mathrm{Nu}_s = 0{,}125\,\mathrm{Ra}_s^{0{,}55}\left[1 - \exp\left(-\frac{137}{\mathrm{Ra}_s}\right)\right]^{0{,}294} \quad (5.52)$$

com propriedades avaliadas a $[T_\infty + 0{,}62(T_w + T_\infty)]$. Medições subsequentes de Jones e Nwizu [57] encontraram valores um pouco menores utilizando a Eq. (5.52).

5.6.2 Aletas horizontais triangulares

Um conjunto de corrugações triangulares horizontais aquecidas, com uma altura inclinada L, conforme demonstrado na Fig. 5.26, pode ser tratado como uma superfície com aletas triangulares. Al-Arabi e El-Rafaee [58] mediram a transferência de calor a partir da referida superfície em ar com uma $W \gg L$ para o alcance de variação:

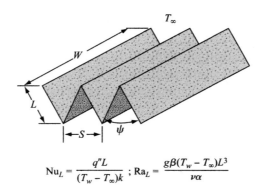

$$\mathrm{Nu}_L = \frac{q''L}{(T_w - T_\infty)k} \;;\; \mathrm{Ra}_L = \frac{g\beta(T_w - T_\infty)L^3}{\nu\alpha}$$

FIGURA 5.26 Nomenclatura para as aletas triangulares.

$1{,}8 \times 10^4 < \mathrm{Ra}_L < 1{,}4 \times 10^7$ e dados correlatos utilizando as seguintes expressões:

$$\mathrm{Nu}_L = \left[\frac{0{,}46}{\mathrm{sen}\left(\dfrac{\psi}{2}\right)} - 0{,}32\right]\mathrm{Ra}_L^m \tag{5.53a}$$

para $1{,}8 \times 10^4 < \mathrm{Ra}_L < \mathrm{Ra}_c$ e

$$\mathrm{Nu}_L = \left[0{,}090 + \frac{0{,}054}{\mathrm{sen}\left(\dfrac{\psi}{2}\right)}\right]\mathrm{Ra}_L^{1/3} \tag{5.53b}$$

para $\mathrm{Ra}_c < \mathrm{Ra}_L < 1{,}4 \times 10^7$
em que $\psi = $ o ângulo, conforme apresentado na Fig. 5.26

$\mathrm{Ra}_c = [15{,}8 - 14{,}0\,\mathrm{sen}\,(\psi/2)] \times 10^5$

$m = 0{,}148\,\mathrm{sen}\,(\psi/2) + 0{,}187$

5.6.3 Aletas retangulares em superfícies horizontais

Dado da transferência de calor, para ou a partir de superfícies horizontais com aletas finas retangulares, conforme apresentado na Fig. 5.27 (viradas para cima para $T_w > T_\infty$ ou para baixo para $T_w < T_\infty$), foram correlacionadas por Jones e Smith [59] para em torno de $\pm 25\%$ acima da variação de $2 \times 10^2\,\mathrm{Ra}_s < 6 \times 10^5$, $\mathrm{Pr} = 0{,}71$, $0{,}026 < H/W < 0{,}19$ e $0{,}0160 < S/W < 0{,}20$ pela equação:

$$\mathrm{Nu}_s = \left[\left(\frac{1\,500}{\mathrm{Ra}_s}\right)^2 + (0{,}081\,\mathrm{Ra}_s^{0{,}39})^{-2}\right]^{-1/2} \tag{5.54}$$

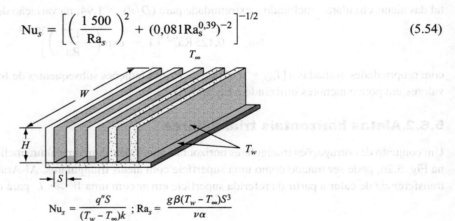

$\mathrm{Nu}_s = \dfrac{q''S}{(T_w - T_\infty)k}$; $\mathrm{Ra}_s = \dfrac{g\beta(T_w - T_\infty)S^3}{\nu\alpha}$

FIGURA 5.27 Aletas retangulares em uma superfície horizontal.

Essa relação ignora o efeito dos parâmetros geométricos H/S e H/W. Enquanto H/S não parece ser muito importante, H/W é conhecido por ter um efeito significativo. Quando H/W for um grande fluxo de entrada horizontal que passa pelas extremidades das aletas, resultará em altos coeficientes de transferência de calor. Para H/W pequenos, o fluido refrigerante no comprimento da aleta é puxado para baixo por uma ação do termossifão aplicada por cima, reduzindo, assim, os coeficientes de transferência de calor.

5.6.4 Aletas retangulares em superfícies verticais

Aletas de placas paralelas verticais se assemelham com canais bidimensionais formados por placas paralelas. Essa configuração é frequentemente encontrada na refrigeração por convecção natural de equipamentos elétricos, que variam de transformadores até servidores computacionais ("mainframes"), e de transistores até fontes de alimentação.

Em canais relativamente curtos, camadas-limite individuais se desenvolvem ao longo de cada superfície, e as condições se aproximam às das placas isoladas em um meio infinito, conforme abordado anteriormente. Para canais longos, as camadas-limite se fundem e, então, a temperatura do fluido a uma dada altura não é conhecida explicitamente. O coeficiente de transferência de calor é, portanto, baseado no ambiente ou na temperatura de entrada, e esta convenção será seguida neste livro.

Bar-Cohen e Rohsenow [60] compilaram uma tabulação das relações de Números de Nusselt recomendadas para aletas em placas paralelas verticais sob diversas condições de contorno térmicas existentes na prática (Tabela 5.1). A Fig. 5.28 apresenta um conjunto típico de placas de circuitos impressos em um computador com as definições geométricas necessárias para se utilizar a Tabela 5.1. Para todos os casos, o Número de Nusselt, Nu_0, é baseado no espaçamento entre aletas adjacentes, S, sendo o comprimento característico e o fluxo médio de calor a partir da aleta, q_0''. Dois Números de Rayleigh foram utilizados na Tabela 5.1, um para o caso isotérmico, quando a diferença de temperatura, θ_0, é especificada explicitamente como a diferença entre a temperatura da superfície da aleta e as temperatura ambiente de entrada; o outro para a condição de isofluxo quando o fluxo de calor é especificado e a

TABELA 5.1 Relações compostas Nu0 para aletas de placas paralelas [60]

Condições-limite	Relações compostas
Aletas simetricamente isotérmicas	$Nu_0 = \{576/(Ra')^2 + 2{,}873/\sqrt{Ra'}\}^{-1/2}$
Aletas assimetricamente isotérmicas (um lado isolado)	$Nu_0 = \{144/(Ra')^2 + 2.873/\sqrt{Ra'}\}^{-1/2}$
Aletas simétricas adiabáticas (θ_0 a $L/2$)	$Nu_{0,L/2} = \{12/Ra'' + 1{,}88/(Ra'')^{2/5}\}^{-1/2}$
Aletas assimétricas adiabáticas (um lado isolado, θ_0 a $L/2$)	$Nu_{0,L/2} = \{6/Ra'' + 1{,}88/(Ra'')^{2/5}\}^{-1/2}$

Em que $Nu_0 \equiv q_0''S/k\theta_0$

$Ra' \equiv \bar{\rho}^2 g \beta c_p S^4 \theta_0 / \mu k L$

$Ra'' \equiv \bar{\rho}^2 g \beta c_p S^5 q_0'' / \mu k^2 L$

S = espaçamento do cartão (m)

c_p = calor específico (J/kg K)

g = aceleração da gravidade (m/s²)

K = condutividade térmica (W/m K)

L = altura do canal (m)

q_0'' = calor uniforme (W/m²)

β = coeficiente de expansão volumétrica (K⁻¹)

$\bar{\rho}$ = densidade (kg/m³)

θ_0 = diferença de temperatura (k)

μ = viscosidade dinâmica (kg/m s)

Ra' = valor do canal Rayleigh (sem dimensão)

Ra'' = valor do canal Rayleigh modificado (sem dimensão)

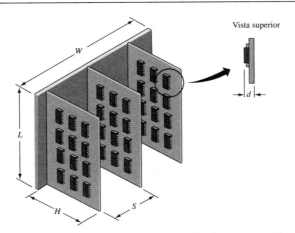

FIGURA 5.28 Agrupamento de placas de circuitos impressos refrigerados por convecção natural — definição geométrica. *Observação: d* é a espessura efetiva da placa, incluindo a placa e os circuitos montados nela.

temperatura da superfície não é conhecida explicitamente. Para o último caso, o coeficiente de transferências de calor é baseado na diferença de temperatura entre a superfície em sua altura média, $L/2$, e a entrada na matriz.

Além de compilar relações para os Números de Nusselt, Bar-Cohen e Rohsenow [60] também determinaram o espaçamento entre as aletas adjacentes que maximizarão o índice volumétrico da dissipação de calor. Esse espaçamento "ideal", S_{ideal}, depende da espessura do cartão ou da placa, e do parâmetro P definido.

$$P = c_p \rho^2 g \beta \Delta T / \mu k L \tag{5.55}$$

Para placas com espessura desprezíveis, o espaçamento ideal com aletas isotérmicas é:

$$S_{ideal} = 2{,}7/P^{0,25} \tag{5.56a}$$

e as condições isotérmicas assimétricas (um lado com uma temperatura constante e o outro isolado):

$$S_{ideal} = 2{,}15/P^{0,25} \tag{5.56b}$$

Para as condições de fluxo de calor uniforme, S_{ideal} é definido como o espaçamento que resulta da taxa máxima de dissipação volumétrica do calor (ou área principal) pela diferença da unidade de temperatura (baseado em uma altura média menos a temperatura de entrada). Para ambas as superfícies com um fluxo constante de calor q'',

$$S_{ideal} = 1{,}5/R^{0,2} \tag{5.56c}$$

enquanto, para condições assimétricas,

$$S_{ideal} = 1{,}2/R^{0,2} \tag{5.56d}$$

em que

$$R = c_p \rho^2 g \beta q'' / \mu L k^2 \tag{5.57}$$

em ambos os casos.

A discussão sobre um fluxo tridimensional e os efeitos geométricos é apresentada em [60]. Quando uma convecção natural não puder resfriar adequadamente um dispositivo eletrônico, será necessário recorrer à convecção forçada.

5.7 Considerações finais

Na Tabela 5.2, são apresentadas as equações de correlação úteis para a determinação do valor médio do coeficiente de transferência de calor por convecção natural.

TABELA 5-2 Correlações da transferência de calor por convecção natural

Geometria	Equação de correlação	Restrições
Placa longa vertical ou inclinada com uma superfície quente virada para baixo	$\overline{Nu}_L = 0{,}56(Gr_L\,Pr\cos\theta)^{1/4}$	$10^5 < Gr_L Pr\cos\theta < 10^{11}$ $0 \leq \theta \leq 89°$
Placa longa horizontal com uma superfície quente virada para cima ou uma superfície fria virada para baixo	$\overline{Nu}_L = 0{,}54\,Ra_L^{1/4}$ $\overline{Nu}_L = 0{,}15\,Ra_L^{1/3}$ $L = A/P$	$10^5 \lesssim Ra_L \lesssim 10^7$ $10^7 \lesssim Ra_L \lesssim 10^{10}$
Placa horizontal com a superfície quente virada para baixo ou a superfície fria virada para cima	$\overline{Nu}_L = 0{,}27\,Ra_L^{1/4}$ $L = A/P$	$10^5 \lesssim Ra_L \lesssim 10^{10}$

(Continua)

TABELA 5-2 Continuação

Geometria	Equação de correlação	Restrições
Cilindro simples longo horizontal	$\overline{Nu}_D = 0{,}53(Gr_D Pr)^{1/4}$	$Pr > 0{,}5;\ 10^3 < Gr_D < 10^9$
	$\overline{Nu}_D = 0{,}53(Gr_D Pr^2)^{1/4}$	Metais líquidos, escoamento laminar
Cilindro inclinado, comprimento L	$\overline{Nu}_L = [2{,}9 - 2{,}32(\operatorname{sen} \theta)^{0{,}8}]$ $\times (Gr_D)^{-1/12}[Gr_L Pr]^{[1/4 + 1/12(\operatorname{sen} \theta)1{,}2]}$	Laminar: $9{,}88 \times 10^7 \leq Gr_L Pr \leq (Gr_L Pr)_{cr}$ $1{,}08 \times 10^4 \leq Gr_D \leq 6{,}9 \times 10^5$
	$\overline{Nu}_L = [0{,}47 + 0{,}11(\operatorname{sen}\theta)^{0{,}8}](Gr_D)^{-1/12}(Gr_L Pr)^{1/3}$	Turbulento: $(Gr_L Pr)_{cr} \leq Gr_L Pr \leq 2{,}95 \times 10^{10}$ $1{,}08 \times 10^4 \leq Gr_D \leq 6{,}9 \times 10^5$ onde $(Gr_L Pr)_{cr} = 2{,}6 \times 10^9 + 1{,}1 \times 10^9\ \operatorname{tg}\theta$
Esfera Diâmetro	$\overline{Nu}_D = 2 + 0{,}392(Gr_D)^{1/4}$	$1 < Gr_D < 10^5$
Cone vertical	$\overline{Nu}_L = 0{,}63(1 + 0{,}72\varepsilon)Gr_L^{1/4}$	$3° < \phi < 12°$ $7{,}5 < \log Gr_L < 8{,}7$ $0{,}2 \leq \varepsilon < 0{,}8$ onde $\varepsilon = 2/[Gr_L^{1/4}\operatorname{tg}(\phi/z)]$

TABELA 5-2 Continuação

Geometria	Equação de correlação	Restrições
Espaço confinado entre duas placas verticais aquecidas por um lado 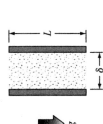	$\overline{Nu}_\delta = 0{,}22\left(\dfrac{L}{\delta}\right)^{-1/4}\left(\dfrac{Pr}{0{,}2+Pr}\,Ra_\delta\right)^{0{,}28}$ $\overline{Nu}_\delta = 0{,}18\left(\dfrac{Pr}{0{,}2+Pr}\,Ra_\delta\right)^{0{,}29}$	$\left.\begin{array}{l}2<\dfrac{L}{\delta}<10,\ Pr<10\\[2pt] Ra_\delta<10^{10}\end{array}\right\}$ $\left.\begin{array}{l}1<\dfrac{L}{\delta}<2,\ 10^{-3}<Pr<10^{5}\\[2pt] 10^{3}<\dfrac{Ra_\delta Pr}{0{,}2+Pr}\end{array}\right\}$
Espaço confinado entre duas placas horizontais aquecidas por baixo	$\overline{Nu}_\delta = 1 + 1{,}44\left[1-\dfrac{1\,708}{Ra_\delta}\right]^{\cdot} + \left[\left(\dfrac{Ra_\delta}{5\,830}\right)^{1/3}-1\right]^{\cdot}$ $\overline{Nu}_\delta = 1 + 1{,}44\left[1-\dfrac{1\,708}{Ra_\delta}\right]^{\cdot} + \left[\left(\dfrac{Ra_\delta}{5\,830}\right)^{1/3}-1\right]^{\cdot}$ $\qquad + 20\left[\dfrac{Ra_\delta^{1/3}}{140}\right]^{(1-\ln(Ra_\delta^{1/3}/140))}$	Ar, $1\,700 < Ra_\delta < 10^{8}$ Água, $1\,700 < Ra_\delta < 3{,}5\times10^{9}$
Cavidade esférica interior 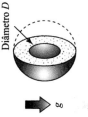	$\overline{Nu}_D = C(Gr_D\,Pr)^n$	Consulte a tabela segundo a Eq. (5.32)
Cilindro longo concêntrico  	$\dfrac{k_{eff}}{k} = 0{,}386\left[\dfrac{\ln(D_o/D_i)}{b^{3/4}(1/D_i^{3/5}+1/D_o^{3/5})^{5/4}}\right]^{1/4} Ra_b^{1/4}$ $\quad\times\left(\dfrac{Pr}{0{,}861+Pr}\right)^{1/4}$	$0{,}70 \le Pr \le 6\,000$ $10 \le \left[\dfrac{\ln(D_o/D_i)}{b^{3/4}(1/D_i^{3/5}+1/D_o^{3/5})^{5/4}}\right] Ra_b \le 10^{7}$

TABELA 5-2 Continuação

Geometria	Equação de correlação	Restrições
Esferas concêntricas $2b = D_o - D_i$ 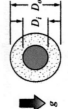	$\dfrac{k_{eff}}{k} = 0{,}74 \left[\dfrac{b^{1/4}}{D_o D_i (D_i^{-7/5} + D_o^{-7/5})^{5/4}} \right]$ $\times \text{Ra}_b^{1/4} \left(\dfrac{\text{Pr}}{0{,}861 + \text{Pr}} \right)^{1/4}$	$0{,}70 \leq \text{Pr} \leq 4\,200$ $10 \leq \left[\dfrac{b}{(D_o D_i)^4 (D_i^{-7/5} + D_o^{-7/5})^5} \right] \text{Ra}_b \leq 10^7$
Cilindro longo rotativo	$\overline{\text{Nu}}_D = \dfrac{\bar{h}_c D}{k} = 0{,}11(0{,}5\text{Re}_\omega^2 + \text{Gr}_D\text{Pr})^{0{,}35}$	$\text{Re}_\omega = \dfrac{\pi D^2 \omega}{\nu} > 8\,000$
Disco rotativo 	$\overline{\text{Nu}}_D = \dfrac{\bar{h}_c D}{k} = 0{,}36(\text{Re}_\omega)^{1/2}$	$\text{Re}_\omega = \dfrac{\omega D^2}{\nu} < 10^6$
Esfera rotativa 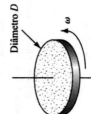	$\overline{\text{Nu}}_D = 0{,}43 \text{Re}_\omega^{0{,}5} \text{Pr}^{0{,}4}$ $\overline{\text{Nu}}_D = 0{,}066 \text{Re}_\omega^{0{,}67} \text{Pr}^{0{,}4}$	$\text{Re}_\omega = \dfrac{\omega D^2}{\nu} < 5 \times 10^4$ $\text{Pr} > 0{,}7$ $5 \times 10^4 < \text{Re}_\omega < 7 \times 10^5$

Referências

1. OSTRACH, S. New Aspects of Natural-Convection Heat Transfer. *Trans. ASME*, v. 75, 1953, p. 1287-1290.
2. JALURIA, Y. *Natural Convection Heat and Mass Transfer*. Nova York: Pergamon, 1980.
3. SCHMIDT, E.; BECKMANN, W. Das Temperatur und Geschwindigkeitsfeld vor einerwärmeabgebendensenkrechten Platte bei natürlicher Konvektion. *Tech. Mech. Thermodyn.*, v. 1, n. 10, p. 341-349, out. 1930; cont., vol. 1, n. 11, p. 391-406, nov. 1930.
4. HERMANN, R. Wärmeübergang bei freir Ströhmung am wagrechten Zylinder in zweiatomic Gasen. *VDI Forschungsh.*, n. 379, 1936; traduzidona NACA Tech. Memo. 1366, nov. 1954.
5. McADAMS, W. H. *Heat Transmission*. 3. ed., Nova York: McGraw-Hill, 1954.
6. SPARROW, E. M.; ANSARI, M. A. A Refutation of King's Rule for Multi-Dimensional External Natural Convection. *Int. J. Heat Mass Transfer*, v. 26, 1983, p. 1357-1364.
7. ECKERT, E. R. G.; SOEHNGHEN, E. Interferometric Studies on the Stability and Transition to Turbulence of a Free-Convection Boundary Layer. *Proceedings of the General Discussion on Heat Transfer*. Londres: ASME-IME, 1951, p. 321-323.
8. ECKERT, E. R. G.; SOEHNGHEN, E. *Studies on Heat Transfer in Laminar Free Convection with the Zehnder-Mach Interferometer*. USAF Tech. Rept. 5747, dez. 1948.
9. GEBHART, B., *Heat Transfer*, 2. ed., cap. 8, McGraw-Hill, Nova York, 1970.
10. ECKERT, E. R. G.; JACKSON, T. W. Analysis of Turbulent Free Convection Boundary Layer on Flat Plate. *NACA Rept. 1015*, jul. 1950.
11. CLAUSING, A. M. Natural Convection Correlations for Vertical Surfaces Including Influences of Variable Properties. *J. Heat Transfer*, v. 105, n. 1, 1983, p. 138-143.
12. GRYZAGORIDIS, J. Natural Convection from a Vertical Flat Plate in the Low Grashof Number Range. *Int. J. Heat Mass Transfer*, v. 14, 1971, p. 162-164.
13. DWYER, O. E. *Liquid-Metal Heat Transfer*; cap. 5 in Sodium and NaK Supplement to Liquid Metals Handbook. Washington, Atomic Energy Commission, 1970.
14. SPARROW, E. M.; GREGG, J. L. Laminar Free Convection from a Vertical Flat Plate. *Trans. ASME*, v. 78, 1956, p. 435-440.
15. DOTSON. J. P. Heat Transfer from a Vertical Flat Plate to Free Convection. *M. S. tese*, Purdue University, maio 1954.
16. YAN, W. M.; LIN, T. F. Theoretical and Experimental Study of Natural Convection Pipe Flows at High Rayleigh Numbers. *Int. J. Heat Mass Transfer*, v. 34, 1991, p. 291-302.
17. VLIET, G. C. Natural Convection Local Heat Transfer on Constant Heat Flux Inclined Surfaces. *Trans. ASME, Ser. C, J. Heat Transfer*, v. 91, 1969, p. 511-516.
18. VLIET, G. C.; LIU, C. K. An Experimental Study of Turbulent Natural Convection Boundary Layers. *Trans. ASME, Ser. C, J. Heat Transfer*, v. 91, 1969, p. 517-531.
19. FUJII, T.; IMURA, H. Natural Convection Heat Transfer from a Plate with Arbitrary Inclination. *Int. J. Heat Mass Transfer*, v. 15, 1972, p. 755-767.
20. INCROPERA, F. P.; DeWITT, D. P. *Introduction to Heat Transfer*. 2. ed., Nova York: Wiley, 1990.
21. McDONALD, J. S.; CONNALLY, T. J. Investigation of Natural Convection Heat Transfer in Liquid Sodium. *Nucl. Sci. Eng.*, v. 8, 1960, p. 369-377.
22. HYMAN; S. C.; BONILLA C. F.; ERHLICH, S. W. Heat Transfer to Liquid Metals and Non-Metals at Horizontal Cylinders. In: *AIChE Symposium on Heat Transfer*, Atlantic City, 1953, p. 21-23.
23. AL-ARABI, M.; KHAMIS, M. Natural Convection Heat Transfer from Inclined Cylinders. *Int. J. Heat Mass Transfer*, v. 25, 1982, p. 3-15.
24. SPARROW, E. M.; STRETTON A. J. Natural Convection from Variously Oriented Cubes and from Other Bodies of Unity Aspect Ratios. *Int. J. Heat Mass Transfer*, v. 28, n. 4, 1985, p. 741-752.
25. YUGE, T. Experiments on Heat Transfer from Spheres Including Combined Natural and Forced Convection. *Trans. ASME. Ser. C, J. Heat Transfer*, v. 82, 1960, p. 214-220.
26. OOSTHUIZEN, P. H.; DONALDSON, E. Free Convection Heat Transfer from Vertical Cones. *Trans. ASME. Ser. C, J. Heat Transfer*, v. 94, 1972, p. 330-331.
27. HOLLANDS, K. G. T.; KONICEK, L. Experimental Study of the Stability of Differentially Heated Inclined Air Layers. *Int. J. Heat Mass Transfer*, v. 16, p. 1467-1476, 1973.
28. CATTON, I. Natural Convection in Enclosures. In: *Proceedings, Sixth International Heat Transfer Conference*, Toronto, v. 6, p. 13-31, Washington, D.C.: Hemisphere, 1978.
29. MacGREGOR, R. K.; EMERY, A. P. Free Convection through Vertical Plane Layers: Moderate and High Prandtl Number Fluid. *J. Heat Transfer*, v. 91, 1969, p. 391.
30. IMBERGER, J. Natural Convection in a Shallow Cavity with Differentially Heated End Walls, Parte 3. Experimental Results. *J. Fluid Mech.*, v. 65, 1974, p. 247-260.
31. BEJAN, A.; AL-HOMOUD A. A.; IMBERGER, J. Experimental Study of High Rayleigh Number Convection in a Horizontal Cavity with Different End Temperatures. *J. Heat Transfer*, v. 109, 1981, p. 283-299.
32. NANSTEEL, M.; GREIF, R. Natural Convection in Undivided and Partially Divided Rectangular Enclosures. *J. Heat Transfer*, v. 103, 1981, p. 623-629.
33. KRISNAMURTI, R. On the Transition to Turbulent Convection, Parte 2, The Transition to Time-Dependent Flow. *J. Fluid Mech.*, v. 42, 1970, p. 309-320.
34. HOLLANDS, K. G. T.; RAITHBY, G. D.; KONICEK, L. Correlation Equations for Free Convection Heat Transfer in Horizontal Layers of Air and Water. *Int. J. Heat Mass Transfer*, v. 18, 1975, p. 879-884.
35. HOLLANDS, K. G. T.; UNNY, T. E.; RAITHBY, G. D.; KONICEK, L. Free Convection Heat Transfer Across Inclined Air Layers. *J. Heat Transfer*, v. 98, 1976, p. 189-193.
36. KREITH, F. Thermal Design of High Altitude Balloons and Instrument Packages. *J. Heat Transfer*, v. 92, 1970, p. 307-332.

37. RAITHBY, G. D.; HOLLANDS, K. G. T. A General Method of Obtaining Approximate Solutions to Laminar and Turbulent Free Convection Problems. In *Advances in Heat Transfer*, Nova York: Academic Press, 1974.
38. ANDERSON, J. T.; SAUNDERS, O. A. Convection from na Isolated Heated Horizontal Cylinder Rotating about Its Axis. *Proc. R. Soc. London Ser. A*, v. 217, 1953, p. 555-562.
39. KAYS, W. M.; BJORKLUND, I. S. Heat Transfer from a Rotating Cylinder with and without Cross Flow. Trans. ASME. *Ser. C*, v. 80, 1958, p. 70-78.
40. COBB, E. C.; SAUNDERS, O. A. Heat Transfer from a Rotating Disk. *Proc. R. Soc. London Ser. A*, v. 220, 1956, p. 343-351.
41. MILLSAP, K.; POHLHAUSEN, K. Heat Transfer by Laminar Flow from a Rotating Plate. *J. Aero-sp. Sci.*, v. 19, 1952, p. 120-126.
42. KREITH, F.; TAYLOR Jr., J. H. Heat Transfer from a Rotating Disk in Turbulent Flow. *ASME paper 56-A-146*, 1956.
43. WAGNER, C. Heat Transfer from a Rotating Disk to Ambient Air. *J. Appl. Phys.*, v. 19, 1948, p. 837-841.
44. KREITH, F.; TAYLOR, J. H,; CHANG, J. P. Heat and Mass Transfer from a Rotating Disk.Trans. ASME. *Ser. C*, v. 81, 1959, p. 95-105.
45. THEODORSEN, T.; REGIER, A. Experiments on Drag of Revolving Disks, Cylinders, and Streamlined Rods at High Speeds.Washington, D.C.: NACA Rept. 793, 1944.
46. KREITH, F.; ROBERTS, L. G.; SULLIVAN, J. A.; SINHA, S. N. Convection Heat Transfer and Flow Phenomena of Rotating Spheres. *Int. J. Heat Mass Transfer*, v. 6, 1963, p. 881-895.
47. SPARROW, E. M.; GREGG, J. L. Buoyancy Effects in Forced Convection Flow and Heat Transfer. Trans. ASME. *J. Appl. Mech.*, sect. E, v. 81, 1959, p. 133-135.
48. MORI, Y. Buoyancy Effects in Forced Laminar Convection Flow over a Horizontal Flat Plate.Trans. ASME. *J. Heat Transfer*, sect. C, v. 83, 1961, p. 479-482.
49. ECKERT, E.; DIAGUILA, A. J. *Convective Heat Transfer for Mixed, Free, and Forced Flow through Tubes*. Trans. ASME. v. 76, 1954, p. 497-504.
50. SIEBERS, D. L.; SCHWIND, R. G.; MOFFAT, R. J. Experimental Mixed Convection Heat Transfer from a Large, Vertical Surface in Horizontal Flow. *Sandia Rept. SAND 83-8225*, Albuquerque, N. M.: Sandia National Laboratories, 1983.
51. MANGLIK, R. M. Heat Transfer Enhancement. In: BEJAN, A. ; KRAUS, A. D. (Eds.). *Heat Transfer Handbook*, cap. 14, Hoboken, NJ: Wiley, 2003.
52. ELENBAAS, W. Heat Dissipation of Parallel Plates by Free Convection. *Physica IX*, n. 1, jan. 1942, p. 2-28.
53. BAHRANI, P. A.; SPARROW, E. M. Experiments on Natural Convection from Vertical Parallel Plates with Either Open or Closed Edges. ASME. *J. Heat Transfer*, v. 102, 1980, p. 221-227.
54. RAITHBY, G. D.; HOLLANDS, K. G. T. Natural Convection. In: KREITH, F. (Ed.). CRC Handbook of Mechanical Engineering, *CRC Press*, Boca Raton, FL, 1998.
55. TSUBOUCHI, T.; MASUDA, M. Natural Convection Heat Transfer from Horizontal Cylinders with Circular Fins. Proc. 6th *Int. Heat Transfer Conf.*, Paper NC 1.10, Paris, 1970.
56. EDWARDS, J. A.; CHADDOCK, J. B. Free Convection and Radiation Heat Transfer from Fin-on-Tube Heat Exchangers. *ASME Paper n. 62-WA-205*, 1962; veja também *Trans. of ASHRAE*, v. 69, 1963, p. 313-322.
57. JONES, C. D.; NWIZU, E. I. Optimum Spacing of Circular Fins on Horizontal Tubes for Natural Convection Heat Transfer. *ASHRAE Symp*. Bull. DV69-3, 1969, p. 11-15.
58. AL-ARABI, M.; EL-RAFAEE, M. M. Heat Transfer by Natural Convection from Corrugated Plates to Air. *Int. J. Heat Mass Transfer*, v. 21, 1978, p. 357-359.
59. JONES, C. D.; SMITH, L. F. Optimum Arrangement of Rectangular Fins on Horizontal Surfaces for Free Convection Heat Transfer. *J. Heat Transfer*, v. 92, 1970, p. 6-10.
60. BAR-COHEN, A.; ROHSENOW, W. M. Thermally Optimum Arrays of Cards and Fins in Natural Convection. *IEEE Trans. on Components*, Hybrids, and Mfg. Tech., v. CHMT-6, jun. 1983.

Problemas

Os problemas para este capítulo estão organizados por assunto, como mostrados abaixo.

Tópico	Número do Problema
Noções básicas	5.1-5.6
Placas e cilindros verticais	5.7-5.14
Placas horizontais e inclinadas	5.15-5.22
Cilindros, esferas e corpos tridimensionais	5.23-5.32
Espaços confinados	5.33-5.41
Superfícies rotativas	5.42-5.44
Aletas verticais	5.45
Convecção forçada e natural combinada	5.46-5.49
Problemas de Projeto	5.50-5.53

5.1 Mostre que o coeficiente de expansão térmica para um gás não ideal é $1/T$, em que T é a temperatura absoluta.

5.2 A partir da definição e dos valores de propriedade constante no Apêndice 2, Tabela 13, calcule o coeficiente de expansão térmica, β, para a água saturada a 403 K. Depois, compare seus resultados com os valores da tabela.

5.3 Utilizando as tabelas de vapor padrão, calcule o coeficiente da expansão térmica com base em sua definição para o vapor, a uma pressão de 0,1 atm e 10 atm. Após, compare seus resultados com o valor obtido ao assumir que o vapor é um gás perfeito e explique a diferença.

5.4 Um cilindro longo com 0,1 m de diâmetro tem uma temperatura superficial de 400 K. Se imerso em um fluido a 350 K, convecção natural ocorrerá como resultado da diferença de temperatura. Calcule os números de Grashof e de Rayleigh que determinarão o Número de Nusselt se o fluido for (a) nitrogênio, (b) ar, (c) água, (d) óleo, (e) mercúrio.

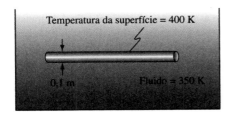

5.5 Utilize a Fig. 5.3 para determinar o Número de Nusselt e o coeficiente de transferência de calor para as condições informadas no Problema 5.4.

5.6 A equação a seguir foi proposta para o coeficiente de transferência de calor em convecção natural de um cilindro vertical longo para o ar a uma pressão atmosférica de:

$$\bar{h}_c = \frac{536{,}5(T_s - T_\infty)^{0{,}33}}{T}$$

Em que T = a temperatura do filme = $(T_s + T_\infty)/2$ e T está na faixa de 0° até 200°C. A equação correspondente em um formato adimensional é:

$$\bar{h}_c L/k = C(\mathrm{Gr}\mathrm{Pr})^m$$

Compare as duas equações para determinar os valores de C e m, de modo que a segunda equação forneça o mesmo resultado da primeira.

5.7 O projeto *Solar One*, localizado próximo a Barstow, CA, foi a primeira usina de geração de energia elétrica em grande escala (10 MW de potência) nos Estados Unidos. Um diagrama esquemático da usina é apresentado abaixo. O receptor pode ser tratado como um cilindro de 7 m de diâmetro e altura de 13,5 m. Em condições de operação de projeto, a temperatura média da superfície externa do receptor e a do ambiente do ar são aproximadas. Estime a taxa de perda de calor em MW, a partir do receptor via convecção natural, somente para as temperaturas fornecidas. Quais são os outros mecanismos pelos quais o calor pode ser perdido pelo receptor?

5.8 Compare a taxa de perda de calor de um corpo humano com a absorção típica de energia pelo consumo de alimentos (1033 Kcal/dia). Utilize como modelo do corpo um cilindro vertical de diâmetro de 30 cm e altura de 1,8 m em condições de ar calmo. Assuma que a temperatura da pele é 2°C abaixo da temperatura normal do corpo. Despreze radiação, transpiração, resfriamento (suor) e efeitos da roupa.

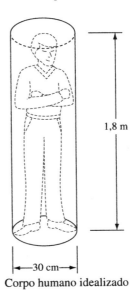

Corpo humano idealizado

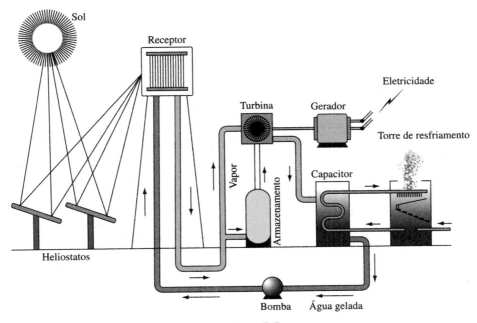

Problema 5.7

5.9 Um aquecedor elétrico para ambiente foi projetado no formato de um cilindro vertical de 2 m de altura e 30 cm de diâmetro. Por motivos de segurança, sua superfície não pode exceder 32°C. Se a temperatura do ar do quarto for 20°C, determine a potência do aquecedor em watts.

5.10 Considere um projeto de um reator nuclear que utiliza um aquecimento por convecção natural do líquido de bismuto, conforme mostrado na sequência. O reator deve ser construído com placas verticais paralelas de 1,8 m de altura e 1,2 m de largura, na qual o calor é gerado uniformemente. Estime a taxa máxima de dissipação possível do calor para cada placa se a temperatura média da superfície não é para exceder 870°C e a temperatura de bismuto mínima permitida é 315°C.

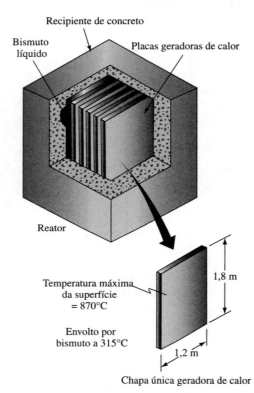

Chapa única geradora de calor

5.11 Um banho de mercúrio a 60°C deve ser aquecido por meio de imersão de barras cilíndricas de aquecimento elétrico, ambas medindo 20 cm de altura e 2 cm de diâmetro. Calcule a taxa máxima de energia elétrica de uma barra típica considerando que a temperatura máxima de sua superfície é 140°C.

5.12 O calor de um cobertor elétrico foi submetido a um teste de aceitação. Ele dissipa 400 W na configuração máxima quando suspenso no ar a 2°C. (a) Se a manta tiver uma largura de 1,3 m qual é o comprimento necessário, considerando que a temperatura média na configuração máxima deve ser 40°C? (b) Se a temperatura média na configuração mínima for 30°C, qual taxa de dissipação seria possível?

5.13 Uma chapa de alumínio de altura de 0,4 m, comprimento de 1 m e espessura de 0,002 m deve ser resfriada de uma temperatura inicial de 150°C para 50°C quando imersa subitamente em água a 20°C. A chapa é suspensa por dois fios presos em suas extremidades superiores, conforme apresentado no desenho esquemático. (a) Determine as taxas de calor inicial e final da transferência a partir da placa. (b) Estime o tempo necessário. (*Dica*: Note que $h = \Delta T^{0,25}$ na convecção natural laminar.)

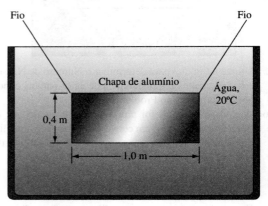

5.14 Uma placa quadrada plana de cobre com espessura de 2,5 m × 2,5 m deve ser refrigerada em uma posição vertical. A temperatura inicial da placa é de 90°C com um fluido ambiente a 30°C. O meio do fluido pode ser o ar atmosférico ou a água. Para ambos os fluidos: (a) calcule o Número de Grashof; (b) determine o coeficiente de transferência de calor inicial; (c) calcule a taxa inicial de transferência de calor por convecção; (d) estime a taxa inicial da mudança de temperatura para a placa.

5.15 Um aparelho de laboratório é utilizado para manter um bloco de gelo horizontal a uma temperatura de −2,2°C, para que, desse modo, as amostras possam ser preparadas na superfície do gelo e mantidas a uma temperatura próxima de 0°C. Se o gelo for de 10 mm × 3,8 mm e o laboratório for mantido a uma temperatura de 16°C, encontre a taxa de resfriamento em watts que o aparelho deve fornecer ao gelo.

5.16 Uma placa de circuito eletrônico com o formato plano de 0,3 m × 0,3 m no plano e dissipa 15 W. Ela será colocada em operação em uma superfície isolada, tanto em uma posição horizontal como em um ângulo de 45° em relação à horizontal; em ambos os casos estarão em uma situação de calmaria a 25°C. Caso o circuito falhe a uma temperatura acima de 60°C, determine qual das duas instalações é mais segura.

5.17 Um ar refrigerado passa por um duto longo de metal do ar-condicionado com 0,2 m de altura e 0,3 m de largura. Se a temperatura no duto for 10°C e passar por um vão subterrâneo de uma casa com uma temperatura de 30°C, estime: (a) a taxa de transferência de calor para o ar refrigerado por metro linear do duto; (b) a carga adicional do ar-condicionado se o duto medir 20 m de comprimento; (c) discuta qualitativamente a conservação de energia que resultaria se o duto estivesse isolado com lã de vidro.

5.18 Uma radiação solar a 600 W/m² é absorvida por um telhado preto inclinado a 30°C, conforme apresentado na imagem a seguir. Se a face inferior do telhado estiver bem isolada, estime a temperatura máxima do telhado para uma temperatura de ar de 20°C.

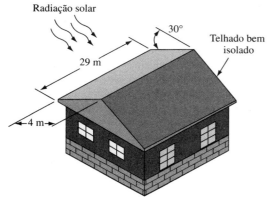

5.19 Uma placa de cobre de 1 m² é coloca horizontalmente em uma estaca de 2 m de altura. A placa foi revestida com um material que fornece absorção solar de 0,9 e emissão de infravermelho de 0,25. Se a temperatura do ar for de 30°C, determine a temperatura de equilíbrio em um dia normal claro em que a incidência de radiação solar em uma superfície horizontal é de 850 W/m².

5.20 Uma chapa de aço de 2,5 m × 2,5 m com espessura de 1,5 mm é removida de um forno de recozimento a uma temperatura uniforme de 425°C e colocada em um espaço a 20°C em posição horizontal. (a) Calcule a taxa de transferência de calor da chapa de metal imediatamente após sua remoção da fornalha, considerando tanto a radiação como a convecção. (b) Determine o tempo necessário para que a chapa de aço se esfrie a uma temperatura de 60°C. (*Dica*: Esse cálculo necessitará de uma integração numérica.)

5.21 Uma placa fina de circuito eletrônico de 0,1 m × 0,1 m deve ser refrigerada a uma temperatura de 25°C, conforme ilustrado abaixo. Ela é colocada em posição vertical e a parte traseira é bem isolada. Se a dissipação do calor for uniforme a 200 W/m², determine a temperatura média da superfície da placa de cobertura.

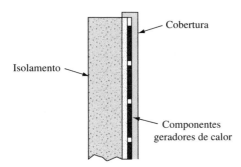

5.22 Uma jarra de café está a uma temperatura de 17°C na placa de aquecimento de uma cafeteira elétrica. Se esta for ligada, a temperatura da placa aumentará imediatamente para 70°C, e será mantida assim por meio de um termostato. Considere que a jarra seja um cilindro vertical com diâmetro de 130 mm, e a profundidade equivale à quantidade do café, que é de 100 mm. Desconsi-

dere a perda de calor nas laterais e na parte superior da jarra. Quanto tempo levará para que o café fique a uma temperatura considerada ideal para ser bebido (50°C)? Quanto custou para aquecer o café se a energia elétrica custa $ 0,05/kW h?

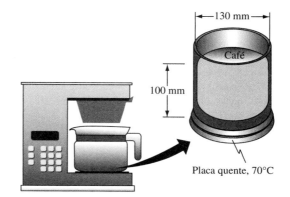

5.23 Um experimento de laboratório foi realizado para determinar a correlação da transferência de calor por convecção natural no ar para um cilindro horizontal de seção transversal elíptica. O cilindro tem 1 m de comprimento e diâmetro hidráulico de 1 cm, área de superfície de 0,0314 m², e é aquecido internamente por meio de resistência elétrica. Os dados obtidos incluem dissipação de energia, temperatura da superfície do cilindro e temperatura do ar ambiente. A dissipação de energia foi corrigida para os efeitos da radiação:

$T_s - T_\infty$ (°C)	q (W)
15,2	4,60
40,7	15,76
75,8	34,29
92,1	43,74
127,4	65,62

Suponha que todas as propriedades do ar possam ser avaliadas a 27°C e determine as constantes na equação de correlação: $Nu = C(GrPr)^m$.

5.24 Um cano de cobre longo, horizontal, com um diâmetro de 2 cm, carrega vapor seco a uma pressão absoluta de 1,2 atm. O cano está dentro de uma câmara de teste ambiental em que a pressão do ar ambiente pode ser ajustada de 0,5 a 2,0 atm absoluto, e a temperatura do ar ambiente se mantém constante a 20°C. Qual é o efeito dessa mudança de pressão na taxa de fluxo condensado por metro de comprimento do cano? Suponha que a mudança de pressão não afete a viscosidade absoluta, condutividade térmica ou calor específico do ar.

5.25 Compare a taxa de fluxo condensado do cano do Problema 5.24 (pressão do ar = 2,0 atm) com a de um cano de 3,89 cm de diâmetro externo e pressão de ar de 2,0 atm. Qual é a taxa de fluxo condensado se o tubo de 2 cm estiver submerso em um banho de água a uma temperatura constante de 20°C?

5.26 Um termopar (0,8 mm de diâmetro externo) foi colocado horizontalmente em uma grande área fechada em que as paredes estão a uma temperatura de 37°C. O recinto está repleto de um gás transparente em repouso, que apresenta as mesmas propriedades do ar. A força eletromotriz (emf) do termopar indica uma temperatura de 230°C. Estime a temperatura verdadeira se a emissividade do termopar for 0,8.

5.27 Somente 10% da energia dissipada pelo filamento de tungstênio de uma lâmpada incandescente pode ser considerada uma luz visível. Considere uma lâmpada de 100 W com um bulbo de vidro esférico de 10 cm, conforme ilustrado no desenho a seguir. Supondo uma emissividade de 0,85 para o vidro e uma temperatura de ar ambiente de 20°C, qual é a temperatura do bulbo?

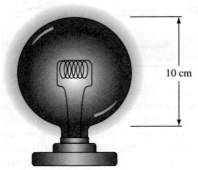

5.28 Uma esfera de 20 cm de diâmetro contendo um ar líquido (140°C) está coberta por uma lã de vidro com espessura de 5 cm (densidade de (50 kg/m^3) e emissividade de 0,8. Estime a taxa de transferência de calor por convecção e por radiação para o ar líquido, sendo que o ar do entorno está a uma temperatura de 20°C. Como você reduziria a transferência de calor?

5.29 A barra de alumínio de uma linha de transmissão de energia elétrica com 2 cm de diâmetro apresenta emissividade de 0,07 e transporta 500 A a 400 kV. O fio tem resistência elétrica de 1,72 $\mu\Omega$ cm^2/cm a 20°C e foi suspenso horizontalmente entre duas torres, com uma distância de 1 km entre elas. Determine a temperatura da superfície da linha de transmissão, se a temperatura do ar for 20°C. Qual fração da energia dissipada é devida à radiação da transferência de calor?

5.30 Um cano de vapor horizontal com um diâmetro de 20 cm transporta 1,66 kg/min de vapor saturado seco pressurizado a 120°C. Se a temperatura do ar ambiente for 20°C, determine a taxa do fluxo de condensação no final dos 3 m de cano. Utilize uma emissividade de 0,85 para a superfície do cano. Se a perda de calor deve ser mantida abaixo de 1% da taxa de transporte de energia pelo vapor, qual a espessura necessária do isolamento de fibra de vidro? A taxa de transporte de energia pelo vapor é o calor da condensação do fluxo de vapor. O calor da vaporização do vapor é de 2210 KJ/kg.

5.31 Uma barra comprida de aço (medindo 2 cm de diâmetro e 2 m de comprimento) foi sujeita a um tratamento térmico e imersa em um banho de óleo com temperatura de 100°C. Para resfriar a barra totalmente, é necessário removê-la do banho e deixá-la exposta ao ar ambiente. Será mais rápido se o cilindro for resfriado na vertical ou na horizontal? Quanto tempo os dois métodos precisarão esperar para que a barra resfrie até 40°C para uma temperatura do ar de 20°C?

5.32 Em uma fábrica de processamento de petróleo, é frequentemente necessário bombear pelos canos os líquidos de alta viscosidade, como asfalto. Para manter os custos de bombeamento dentro do razoável, os oleodutos são aquecidos eletricamente para reduzir a viscosidade do asfalto. Considere um cano não isolado com 15 cm de diâmetro externo e uma temperatura ambiente de 20°C. Quanta energia por metro de comprimento do cano é necessária para mantê-lo a uma temperatura de 50°C? Se o cano estivesse isolado com 5 cm de fibra de vidro, qual seria a energia necessária?

5.33 Estime a taxa de transferência de calor por convecção por uma janela dupla de 1 m de altura em uma construção em que o vidro externo da janela fica exposto a uma temperatura de 0°C e o interno a 20°C. Esses vidros estão distantes 2,5 cm um do outro. Qual a resistência térmica (valor-R) da janela se a taxa do fluxo de calor de radiação for de 84 W/m^2?

5.34 É solicitado a um arquiteto que determine a perda de calor da parede de um prédio construído conforme ilustrado no desenho abaixo. O espaço entre as paredes é de 10 cm e contém ar. Se a superfície interior estiver a 20°C e a exterior a 8°C: (a) estime a perda de calor por convecção natural; (b) determine o efeito de colocar um defletor (anteparo) horizontalmente a uma altura média da seção vertical; (c) verticalmente no centro da seção horizontal; (d) verticalmente, a meio caminho, entre as duas superfícies.

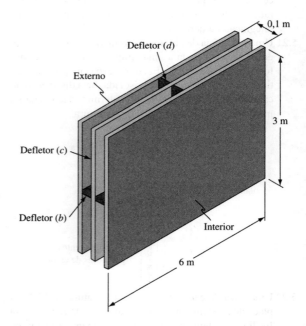

5.35 Um coletor solar plano com uma área de 3 m × 5 m tem uma placa de absorção que deve ser operada a 70°C. Para reduzir as perdas de calor, foi colocada uma cobertura de vidro a uma distância de 0,05 m dessa placa. Sua temperatura de operação estimada é 35°C. Determine a taxa de perda de calor do absorvedor se a ponta de 3 m está inclinada em ângulos de 0°, 30° e 60° na horizontal.

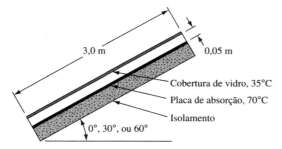

5.36 Determine a taxa de perda de calor por uma janela com vidro duplo, representada no desenho a seguir, se a temperatura interna da sala for 65°C e a temperatura média externa do ar for de 0°C em um mês de inverno. Despreze o efeito da moldura da janela. Se a casa for eletricamente aquecida a um custo de $ 0,06/kW h, estime a economia feita durante esse mês se utilizada uma janela de vidro duplo, em comparação com uma de vidro único.

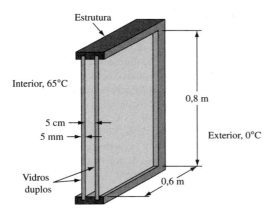

5.37 Calcule a taxa de transferência de calor entre um par de cilindros horizontais concêntricos com diâmetros de 20 mm e 126 mm. O cilindro interno é mantido a uma temperatura de 37°C, e o externo é mantido a 17°C.

5.38 Dois canos longos, de alumínio, horizontais, concêntricos, de diâmetro de 0,2 m e 0,25 m são mantidos a 300 K e 400 K, respectivamente. O espaço entre os canos foi preenchido com nitrogênio. Se a superfície dos canos for polida para prevenir a radiação, estime a taxa de transferência de calor para as pressões dos gases no espaço anular com: (a) 10 atm; (b) 0,1 atm.

5.39 Um projeto de coletor solar consiste de diversos tubos paralelos; cada um é concentricamente fechado em um tubo externo transparente à radiação solar. Esses tubos apresentam paredes finas com cilindros de diâmetros interno e externo de 0,10 e 0,15 m, respectivamente. O espaço entre os tubos é preenchido com ar à pressão atmosférica. Sob condições de operação, as superfícies internas e externas dos tubos são de 70°C e 30°C, respectivamente. (a) Qual é a perda de transferência de calor por metro do comprimento do tubo? (b) Estime a

perda por radiação, considerando que a emissividade da superfície externa do tubo interno é de 0,2 e que o cilindro externo se comporta como se fosse um corpo negro. (c) Discuta as opções de projetos para a redução da perda total de calor.

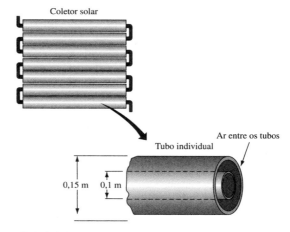

5.40 Oxigênio líquido a −183°C é armazenado em um contêiner de paredes esféricas finas com 2 m de diâmetro externo. Esse contêiner está envolto por outra esfera de diâmetro interno de 2,5 m para reduzir a perda de calor. A superfície interna esférica tem uma emissividade de 0,05 e a esfera exterior é preta. Sob condições normais de operação, o espaço entre as esferas é evacuado (feito vácuo), mas um acidente resultou em vazamento da esfera exterior; então, esse espaço está preenchido novamente com ar a um atm. Se a esfera exterior estiver a 25°C, compare as perdas de calor antes e depois do acidente.

5.41 As superfícies de duas esferas concêntricas com raio de 75 e 100 mm são mantidas a 325 K e 275 K, respectivamente. (a) Se o espaço entre as esferas for preenchido com nitrogênio a 5 atm, estime a taxa de transferência de calor por convecção. (b) Se ambas as superfícies das esferas são pretas, estime a taxa total de transferência de calor entre elas. (c) Sugira métodos para redução da transferência de calor.

5.42 Estime a taxa de transferência de calor de uma lateral com um disco de diâmetro de 2 m, a uma temperatura de superfície de 50°C rotacionando a 600 rev/min em ar à temperatura de 20°C.

5.43 Uma esfera de 0,1 m de diâmetro está rotacionando a 20 rpm dentro de um grande contêiner de CO_2 a pressão atmosférica. Se a esfera estiver com uma temperatura de 60°C e o CO_2 a 20°C, estime a taxa de transferência de calor.

5.44 Um aço doce (1% carbono), com 2 cm de diâmetro externo, girando em seu eixo a uma temperatura de 20°C a 20 000 rev/min no ar, é anexado a dois rolamentos com uma distância entre eles de 0,7 m, conforme apresentado a seguir. Se a temperatura no rolamento for de 90°C, determine a distribuição da temperatura no eixo (*Dica*: Demonstre que para as rotações de alta velocidade na Eq. (5.35) se aproxima de $\overline{Nu}_D = 0,086(\pi D^2 \omega/\nu)^{0,7}$.)

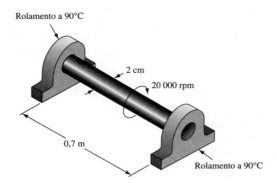

5.45 Um dispositivo eletrônico deve ser refrigerado em ar a uma temperatura de 20°C por um conjunto de aletas retangulares verticais espaçadas igualmente, conforme demonstrado no desenho abaixo. As aletas são de alumínio e sua temperatura média, T_s, é de 100°C. Calcule: (a) o espaçamento ideal, S; (b) a quantidade de aletas; (c) a taxa de transferência de calor de uma aleta; (d) a taxa total de dissipação de calor; (e) A suposição de uma temperatura uniformizada da aleta é justificada?

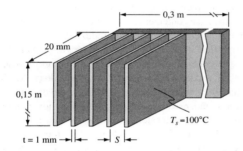

5.46 Considere uma placa plana vertical de 20 cm de altura a 120°C suspensa em um fluido a 100°C. Se o fluido for forçado a passar pela placa de cima para baixo, estime a velocidade do fluido para a qual a convecção natural se torna desprezível (menos de 10%) no: (a) mercúrio; (b) ar; (c) água.

5.47 Suponha que uma placa fina plana na vertical com 60 cm de altura e 40 cm de largura esteja imersa em um fluido com um fluxo paralelo a sua superfície. Se ela estiver a 40°C e o fluido a 10°C, estime o Número de Reynolds em que o efeito de empuxo é essencialmente desprezível para a transferência de calor da placa, se o fluido for: (a) mercúrio; (b) ar; (c) água. Em seguida, calcule a velocidade correspondente do fluido para cada um dos três.

5.48 Uma placa isotérmica de 30 cm de altura foi suspensa em uma corrente de ar atmosférica fluindo a 2 m/s em uma direção vertical. Se a temperatura do ar está a 16°C, estime a temperatura da placa com o efeito de convecção natural com coeficiente de transferência de calor menor que 10%.

5.49 Um disco horizontal de 1 m de diâmetro rotaciona em uma temperatura de ar de 25°C. Se estiver a 100°C, estime a quantidade de rotações por minuto em que a convecção natural para o disco parado se tornará menor que 10% da transferência de calor para um disco de rotação.

5.50 O sistema de refrigeração de uma pista de patinação em ambiente interno deve ser medido por um técnico de HVAC. O sistema de refrigeração tem um COP (coeficiente de desempenho) de 0,5. Estima-se que a superfície do gelo seja de −2°C e o ar ambiente 24°C. Determine o tamanho do sistema de refrigeração (em kW) necessário para uma superfície de gelo com diâmetro circular de 110 m.

5.51 Uma placa de circuito de 0,15 m² deve ser resfriada em uma posição vertical, conforme demonstrado no desenho abaixo. Em um lado, a placa é isolada; no outro lado, são colocados 100 *chips* quadrados estreitamente espaçados. Cada *chip* dissipa 0,06 W de calor. A placa é exposta ao ar a uma temperatura de 25°C, e a temperatura máxima permitida para *chip* é de 60°C. Investigue as seguintes opções de resfriamento: (a) convecção natural; (b) ar refrigerante com um fluxo de ar para cima com velocidade de 0,5 m/s; (c) ar refrigerante com um fluxo para baixo a uma velocidade de 0,5 m/s.

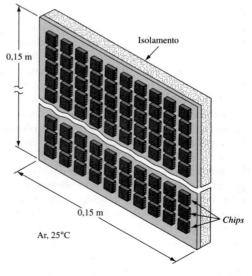

5.52 Uma fornalha industrial a gás é utilizada para gerar vapor. Ela consiste em uma estrutura cúbica de 3 m e as superfícies interiores estão completamente cobertas com tubos para caldeira que transportam vapor úmido pressurizado a 150°C. É necessário manter as perdas da fornalha a 1% da entrada de calor total de 1 MW. Seu lado externo pode ser isolado com um tipo de manta de lã mineral ($k = 0,13$ W/m °C) protegida por uma carcaça externa de chapas metálicas polidas. Suponha que o chão da fornalha está isolado. Qual é a temperatura das chapas de metal laterais da carcaça? Qual é a espessura necessária do isolamento?

5.53 Um dispositivo eletrônico deve ser refrigerado por uma convecção natural em ar atmosférico a 20°C. O dispositivo gera internamente 50 W e somente uma das superfícies externas é adequada para anexar aletas refrigerantes. A superfície disponível para a montagem das aletas de arrefecimento possui 0,15 m de altura e 0,4 m de largura. O comprimento máximo de uma aleta perpendicular à superfície é limitado a 0,02 m, e a temperatura na base da aleta não pode exceder 70°C em um projeto e 100°C em outro. Projete uma matriz de aletas espaçadas a uma distância S de cada uma, de modo que as camadas-limite não interfiram significativamente entre si e que a taxa máxima de dissipação do calor seja atingida. Para a avaliação desse espaçamento, assuma que as aletas estão a uma temperatura uniforme. Em seguida, escolha uma espessura t que fornecerá uma boa eficiência da aleta e determine qual temperatura base é viável. (Para uma análise térmica completa, consulte ASME *J. Heat Transfer*, 1977, p. 369; *J. Heat Transfers*, 1979, p. 569; e *J. Heat Transfer*, 1984, p. 116.)

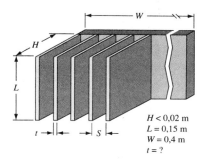

Problemas de Projeto

5.1 **Melhorias no projeto de um aquecedor de rodapé residencial** (Capítulo 5)

Aquecedores de rodapé utilizados em aplicações residenciais não tiveram qualquer alteração nos últimos 30 anos. Tanto em sistemas de aquecimento elétrico como à base de água quente, o aquecedor de rodapé é um tubo horizontal com aletas verticais de alumínio sobrepostas com espaços reduzidos entre elas. Uma chapa de metal extrudado direciona o fluxo de convecção natural do ar gelado próximo ao solo e acima do tubo aletado. Considere projetos alternativos para esse dispositivo de transferência de calor com o objetivo de reduzir o preço de compra por unidade de transferência de calor. Para esse fim, considere a escolha dos materiais, a fabricação e o desempenho de transferência de calor. Obviamente, deve ser evitado qualquer projeto que aumente os custos operacionais (por exemplo, a necessidade de limpeza periódica).

5.2 **Projeto de aquecedor** (Capítulo 5)

Nos *Problemas de projeto* 1.5 e 4.5, você calculou a carga de calor para uma pequena construção industrial em Denver, Colorado. Repita a carga de calor estimada, porém, calcule a transferência de calor por convecção com as equações apresentadas neste capítulo. A fim de manter a temperatura a 20°C, é necessário providenciar um sistema de aquecimento. Duas opções estão disponíveis: uma seria um aquecedor com placa de base elétrica, e a outra seria um sistema que circula a água quente por um tubo fino localizado na parte de dentro de uma superfície interna do edifício. A água pode ser aquecida por combustão por convecção natural a uma temperatura de 10 a 80°C com eficiência de 80%. Os custos com o gás natural no Colorado são de $ 14 por 100 m³ aproximadamente. Os custos de energia elétrica para uma indústria nesse local são aproximadamente de $ 0,05/kWh. Recomende o sistema de aquecimento adequado, baseado em uma análise econômica.

5.3 **Investigação da temperatura da pele** (Capítulo 5)

Os médicos podem utilizar a temperatura local da pele como um indicador de inflamações subjacentes. A patente dos EUA n. 3,570,312, "Skin Temperature Sensing Device" por F. Kreith, 16 mar. 1971, descreve tal dispositivo, que utiliza um pequeno tubo de parede fina com um termopar ou um termistor conectado na extremidade final. A fim de obter resultados reprodutíveis, é necessário exercer a mesma pressão na pele com medições repetidas.

Projete um dispositivo de detecção à temperatura da pele que não seja maior que um lápis e que possa ser guardado no bolso juntamente com uma caneta. Escolha um termopar adequado ou um termistor das literaturas disponíveis e idealize um meio de exercer uma pressão constante repetitiva com esse dispositivo. Estime também os erros possíveis que podem ser causados devido à perda de calor no exterior do cilindro após ter sido estabelecido um equilíbrio de temperatura entre ele e a pele. Para experiências com este dispositivo, consulte F. Kreith e D. Gudagni. Skin Temperature Sensing Device. *Journal of Physics*, E. Sci, Inst., v. 5, p. 869-876, 1971.

5.4 **Projeto de aletas** (Capítulo 5)

Reconsidere o projeto da aleta do Problema de Projeto 2.1, porém, calcule o coeficiente de transferência de calor por convecção natural com base na informação apresentada neste capítulo. Conforme apresentado no diagrama esquemático abaixo, a invenção prevê diversas aletas de 6 cm de altura com uma formação gradual em formato circular anexada à pilha de exaustão. Explique por que o inventor não colocou aletas contínuas da parte superior do fogão até o telhado. Calcule a quantidade de calor que será recuperada pela formação das aletas, assumindo-se que o fogão opera oito horas por dia. Em seguida, calcule também o custo do material que você escolheu para a aleta supondo que é aproximadamente o mesmo que o da fabricação do material; estime o valor em dólares por quilowatt-hora da recuperação do calor dessa melhoria da estrutura. Levando em consideração o custo de fabricação das aletas circunferenciais, uma simples aleta plana presa a uma chapa de metal poderia ter um melhor custo-benefício?

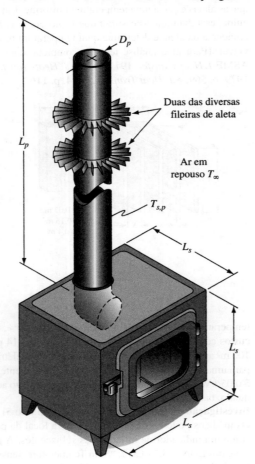

CAPÍTULO 6

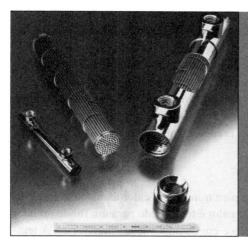

Convecção forçada no interior de tubos e dutos

Feixe de tubos típico de múltiplos tubos circulares e seção de corte de um minitrocador de calor de casco e tubo.
Fonte: Cortesia de Exergy, LLC.

Conceitos e análises a serem aprendidos

O processo de transferência de calor por convecção quando o fluxo do fluido é forçado por um gradiente de pressão aplicado é referido como convecção forçada. Quando esse fluxo é confinado em um tubo ou duto de seção transversal de geometria arbitrária, o crescimento e desenvolvimento das camadas-limite também estão confinados. Em tais fluxos, o diâmetro hidráulico do duto é o comprimento característico para o dimensionamento da camada-limite, para a representação adimensional da perda do atrito do fluxo e do coeficiente de transferência de calor. A transferência de calor por convecção no interior de tubos e dutos é encontrada em inúmeras aplicações em que permutadores de calor constituídos de tubos circulares são empregados, assim como uma variedade de geometrias de seção transversal não circular. O estudo deste capítulo abordará:

- como expressar a forma adimensional do coeficiente de transferência de calor em um duto e a sua dependência com as propriedades do fluxo e da geometria do tubo;
- como modelar matematicamente a transferência de calor por convecção forçada em um tubo longo circular para o fluxo laminar de fluido;
- como determinar o coeficiente de transferência de calor em dutos de diferentes geometrias a partir de correlações teóricas e/ou empíricas diferentes, nos fluxos laminar e turbulento;
- como modelar e empregar a analogia entre a transferência de calor e a de momento em fluxo turbulento;
- como avaliar os coeficientes da transferência de calor em alguns exemplos, nos quais são empregadas técnicas de aprimoramento, tais como tubos em espiral, tubos com aletas e inserções de fita torcida.

6.1 Introdução

O aquecimento e o resfriamento de fluidos que escoam dentro de dutos estão entre os processos de transferência de calor mais importantes na engenharia. O projeto e a análise de trocadores de calor exigem um conhecimento do coeficiente de transferência de calor entre a parede do duto e o fluido em seu interior. As dimensões de caldeiras, economizadores, sobreaquecedores e preaquecedores dependem do coeficiente de transferência de calor entre a superfície interna dos tubos e o fluido. Além disso, no projeto de condicionadores de ar e de refrigeração, é necessário avaliar os coeficientes de transferência de calor para os fluidos que se deslocam dentro de dutos. Considerando que são conhecidos o coeficiente de transferência de calor para determinada geometria e as condições de fluxo especificadas, a taxa de transferência de calor à diferença de temperatura predominante, pode ser calculada a partir da seguinte equação:

$$q_c = \bar{h}_c A (T_{\text{superfície}} - T_{\text{fluido}}) \tag{6.1}$$

Essa relação também pode ser usada para determinar a área necessária para transferir o calor a uma taxa especificada para um potencial de temperatura específico. Entretanto, quando o calor é transferido para um fluido no interior de um duto, a temperatura do fluido varia ao longo dessa tubulação e em qualquer seção transversal. A temperatura do fluido no escoamento dentro de um duto deve, portanto, ser definida com cuidado e precisão.

O coeficiente de transferência de calor $\bar{h}_c$ pode ser calculado a partir do Número de Nusselt $\bar{h}_c D_H / k$, como mostrado na Seção 4.5. Para o fluxo em tubos ou dutos longos (Fig. 6.1a), o comprimento significativo no Número de Nusselt é o *diâmetro hidráulico*, D_H, definido como:

$$D_H = 4\,\frac{\text{área da seção transversal do fluxo}}{\text{perímetro molhado}} \tag{6.2}$$

Para um tubo ou tubulação circular, a área da seção transversal do fluxo é $\pi D^2/4$, o perímetro molhado é πD, e, por conseguinte, o diâmetro interior do tubo é igual ao diâmetro hidráulico.

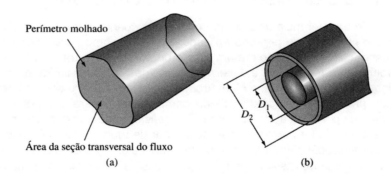

FIGURA 6.1 Diâmetro hidráulico para (a) seção transversal irregular, e (b) anel.

Para uma coroa circular formada entre dois tubos concêntricos (Fig. 6.1B), temos:

$$D_H = 4\,\frac{(\pi/4)(D_2^2 - D_1^2)}{\pi(D_1 + D_2)} = D_2 - D_1 \tag{6.3}$$

Na prática da engenharia, o Número de Nusselt para o fluxo em dutos é avaliado, geralmente, a partir de equações empíricas com base em resultados experimentais. As únicas exceções são o fluxo laminar no interior de tubos circulares, dutos de seção transversal não circulares selecionados e outros poucos dutos para os quais as soluções analíticas e teóricas estão disponíveis [13]. Alguns exemplos simples de transferência de calor de fluxo laminar em tubos circulares são tratados na Seção 6.2. A partir de uma análise dimensional, tal como mostrado na Seção 4.5, os resultados obtidos em experiências de transferência de calor de convecção forçada em dutos e canalizações podem ser correlacionados com uma equação da forma:

$$\text{Nu} = \phi(\text{Re})\psi(\text{Pr}) \tag{6.4}$$

em que os símbolos ϕ e ψ indicam as funções dos números de Reynolds e de Prandtl, respectivamente. Para dutos curtos, particularmente em fluxo laminar, o lado direito da Eq. (6.4) deve ser modificado, incluindo a relação de aspecto x/D_H:

$$\mathrm{Nu} = \phi(\mathrm{Re})\psi(\mathrm{Pr})f\left(\frac{x}{D_H}\right)$$

Em que $f(x/D_H)$ denota a dependência funcional na razão de aspecto.

6.1.1 Temperatura de referência do fluido

O coeficiente de transferência de calor por convecção utilizado para construir o Número de Nusselt para a transferência de calor para um fluido que escoa em uma canalização é definido pela Eq. (6.1). Como mencionado anteriormente, o valor numérico de $\bar{h}_c$ depende da escolha da temperatura de referência no fluido. Para o fluxo sobre uma superfície plana, a temperatura do fluido muito distante da fonte de calor é geralmente uniforme e seu valor é uma escolha natural na Eq. (6.1). Na transferência de calor para, ou a partir de, um fluido que escoa em uma canalização, sua temperatura não nivela, mas varia tanto ao longo da direção do fluxo da massa quanto na direção do fluxo de calor. Em dada seção transversal da canalização, a temperatura do fluido no centro pode ser selecionada como a de referência na Eq. (6.1). No entanto, na prática, medir a temperatura no centro é difícil; além disso, ela não é uma medida da variação da energia interna de todo o fluido na canalização. É, por conseguinte, uma prática comum e que devemos seguir aqui, para utilização da *temperatura média do volume de fluido* T_b, como a temperatura do fluido de referência na Eq. (6.1). A temperatura média do fluido em uma estação da canalização é, muitas vezes, chamada *temperatura da mistura de copo*, porque é a temperatura na qual o fluido, passando por uma área de seção transversal da canalização durante determinado tempo interno, assumiria se fosse recolhido e misturado em um copo.

O uso da temperatura de volume do fluido como sendo de referência na Eq. (6.1) torna possível realizar balanços térmicos facilmente, porque, no estado estacionário, a diferença de temperatura média do volume entre duas seções de uma canalização é uma medida direta da taxa da transferência de calor:

$$q_c = \dot{m}c_p \Delta T_b \tag{6.5}$$

em que q_c = taxa de transferência de calor para o fluido, W
$\dot{m}$ = taxa de fluxo, kg/s
c_p = calor específico à pressão constante, kJ/kg K
ΔT_b = diferença da temperatura média do volume do fluido entre as seções transversais em questão, K ou °C

Os problemas associados com as variações da temperatura do volume na direção do fluxo serão considerados em detalhes no Capítulo 8, no qual é retomada a análise de trocadores de calor. Para os cálculos preliminares, é prática comum o uso da temperatura do volume a meio caminho entre a seção de entrada e a seção de saída de um tubo, como a temperatura de referência na Eq. (6.1). Esse procedimento é satisfatório quando o fluxo de calor na parede do duto é constante, mas pode requerer alguma modificação quando o calor é transferido entre dois fluidos separados por uma parede, por exemplo, em um trocador, quando um fluido escoa no interior de um tubo, enquanto o outro passa sobre o exterior. Embora esse tipo de problema seja de grande importância prática, neste capítulo, a ênfase será dada à avaliação dos coeficientes da transferência de calor por convecção, os quais podem ser determinados em dado sistema de fluxo quando as temperaturas de volume e das paredes pertinentes são especificadas.

6.1.2 Efeito do Número de Reynolds na transferência de calor e queda de pressão no fluxo completamente estabelecido

Para dado fluido, o Número de Nusselt depende principalmente das condições de escoamento, as quais podem ser caracterizadas pelo Número de Reynolds, Re. Para o fluxo em canalizações longas, o comprimento característico no Número de Reynolds, como no Número de Nusselt, é o diâmetro hidráulico, e a velocidade a ser utilizada é a média sobre a área da seção transversal do fluxo, $\bar{U}$, ou:

$$\text{Re}_{D_H} = \frac{\bar{U}D_H \rho}{\mu} = \frac{\bar{U}D_H}{\nu} \tag{6.6}$$

Nos dutos longos, os efeitos de entrada não são importantes, o fluxo é laminar quando o Número de Reynolds está abaixo de cerca de 2 100; na faixa entre 2 100 e 10 000, ocorre uma transição de fluxo laminar para turbulento. O fluxo nesse regime é chamado *transitivo*. Em um Número de Reynolds de cerca de 10 000, o fluxo se torna totalmente turbulento.

No fluxo laminar por um duto, assim como sobre uma placa, não há mistura de partículas do fluido mais quente e mais frio pelo movimento de turbilhão, e a transferência de calor ocorre apenas por condução. Uma vez que todos os fluidos, com exceção dos metais líquidos, têm pequena condutividade térmica, os coeficientes de transferência de calor no fluxo laminar são relativamente pequenos. No fluxo transitivo, certa quantidade de mistura ocorre por meio de redemoinhos que carregam fluido mais quente para as regiões mais frias e vice-versa. Uma vez que o movimento de mistura, mesmo que seja apenas em pequena escala, acelera consideravelmente a transferência de calor, um aumento acentuado ocorre acima de $\text{Re}_{D_H} = 2\,100$ (deve ser notado, entretanto, que essa mudança ou *transição*, pode geralmente ocorrer ao longo de um intervalo do Número de Reynolds de $2\,000 < \text{Re}_{D_H} < 5\,000$). Essa mudança pode ser vista na Fig. 6.2, em que os valores medidos experimentalmente do Número de Nusselt médio para o ar atmosférico fluindo por um tubo longo aquecido são representados como uma função do Número de Reynolds. Uma vez que o Número de Prandtl para o ar não varia sensivelmente, a Eq. (6.4) reduz a $Nu = \phi(\text{Re}_{D_H})$, e a curva traçada por meio dos pontos experimentais mostra a dependência de *Nu* nas condições do fluxo. É possível notar que o Número de Nusselt permanece pequeno no regime laminar, aumentando de cerca de 3,5 a $\text{Re}_{D_H} = 300$ para 5,0 a $\text{Re}_{D_H} = 2\,100$. Acima do Número de Reynolds de 2100, o de Nusselt começa a aumentar rapidamente até que aquele atinja cerca de 8 000. À medida que o Número de Reynolds é aumentado, o Número de Nusselt também aumenta, mas a uma taxa mais lenta.

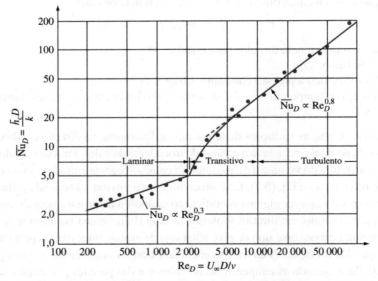

FIGURA 6.2 Número de Nusselt *versus* o Número de Reynolds para o ar que escoa em um tubo longo, aquecido e com temperatura de parede uniforme.

Uma explicação qualitativa para esse comportamento pode ser determinada pela observação do campo de fluxo do fluido mostrado esquematicamente na Fig. 6.3. Com o Número de Reynolds acima de 8 000, o fluxo no interior da canalização é totalmente turbulento, exceto para uma camada muito fina do fluido adjacente à parede. Nesta camada, os redemoinhos turbulentos são amortecidos como resultado das forças viscosas que predominam perto da superfície e, por conseguinte, o calor flui através dela, principalmente por condução.* A borda dessa subcamada é indicada por uma linha tracejada na Fig. 6.3.

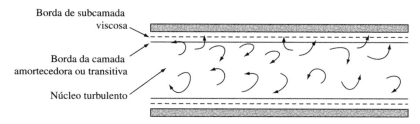

FIGURA 6.3 Estrutura do fluxo para um fluido em fluxo turbulento por um tubo.

O fluxo para além dessa camada é turbulento e as setas circulares nesse regime representam os turbilhões que varrem a borda da camada, provavelmente a penetram e transportam com eles fluido à temperatura prevalecente ali. Os turbilhões misturam os fluidos mais quentes e os mais frios tão eficazmente que o calor é transferido muito rapidamente entre a borda da subcamada viscosa e o volume turbulento do fluido. É assim evidente que, exceto para líquidos de elevada condutividade térmica (por exemplo, os metais líquidos), a resistência térmica da subcamada controla a taxa de transferência de calor e a maior parte da queda de temperatura entre o volume do fluido e a superfície da canalização ocorre nessa camada. A porção turbulenta do campo de fluxo, por outro lado, oferece pouca resistência ao fluxo de calor. O único meio eficaz de aumentar o coeficiente de transferência de calor é, portanto, diminuir a resistência térmica da subcamada. Isso pode ser conseguido pelo aumento da turbulência no fluxo principal de modo que os redemoinhos turbulentos possam penetrar mais profundamente na camada. Um aumento na turbulência, no entanto, é acompanhado por grandes perdas de energia, que aumentam a queda de pressão de atrito na canalização. No projeto e seleção de trocadores de calor industriais, quando devem ser considerados não apenas o custo inicial, mas também as despesas operacionais, a queda de pressão é um fator importante. Um aumento na velocidade do fluxo produz os coeficientes de transferência de calor mais elevados, o que, de acordo com a Eq. (6.1), diminui a dimensão e, consequentemente, o custo inicial do equipamento para uma taxa de transferência de calor especificada. Ao mesmo tempo, no entanto, os custos de bombeamento aumentam. Por conseguinte, o projeto ideal requer um compromisso entre os custos iniciais e os de operação. Na prática, verificou-se que os aumentos dos custos de bombeamento e das despesas operacionais frequentemente ultrapassam a economia no custo inicial do equipamento de transferência de calor sob condições de funcionamento contínuo. Como resultado, as velocidades utilizadas na maior parte dos equipamentos de troca de calor comerciais são relativamente baixas, correspondendo ao Número de Reynolds de não mais que 50 000. O fluxo laminar é geralmente evitado em equipamento de troca de calor devido aos coeficientes de transferência de calor baixos obtidos. No entanto, na indústria química, onde líquidos muito viscosos são usados frequentemente, o fluxo laminar não pode ser evitado algumas vezes sem produzir grandes perdas de pressão indesejáveis.

Na Seção 4.12, foi mostrado que, para o fluxo turbulento de líquidos e gases sobre uma placa plana, o Número de Nusselt é proporcional ao Número de Reynolds elevado à potência 0,8. Considerando que a subcamada viscosa geralmente controla a taxa de fluxo de calor na convecção forçada turbulenta, independentemente da geometria do sistema, não é surpreendente que, para a convecção turbulenta forçada nas canalizações, o Número de Nusselt esteja relacionado com o Número de Reynolds pelo mesmo tipo de lei de potência. Para o caso do ar que flui em um tubo, esta relação está ilustrada no gráfico da Fig. 6.2.

---

* Apesar de alguns estudos [1] demonstrarem que o transporte turbulento também existe em certa medida próximo da parede, especialmente quando o Número de Prandtl é maior que 5, essa camada é geralmente referida como a "subcamada viscosa".

6.1.3 Efeito do Número de Prandtl

O Número de Prandtl, Pr, é uma função das propriedades dos fluidos. Foi definido como a razão entre a viscosidade cinemática do fluido e sua difusividade térmica:

$$\Pr = \frac{\nu}{\alpha} = \frac{c_p \mu}{k}$$

A viscosidade cinemática ν, ou μ/ρ, é muitas vezes referida como a *difusividade molecular do momento*, porque ela é uma medida da taxa de transferência de momento entre as moléculas. A difusividade térmica de um fluido, $k/c_p\rho$, é chamada *difusividade molecular do calor*. Ela é uma medida da relação de transmissão de calor e as capacidades de armazenamento de energia das moléculas.

O Número de Prandtl relaciona a distribuição de temperatura com a distribuição de velocidade, como mostrado na Seção 4.5, para o fluxo sobre uma placa plana. Para o fluxo em um tubo, tal como ao longo de uma placa plana, os perfis da velocidade e de temperatura são semelhantes para fluidos tendo um Número de Prandtl unitário. Quando o Número de Prandtl é menor, o gradiente de temperatura próximo de uma superfície é menos acentuado que o da velocidade e, para fluidos cujo Número de Prandtl é maior que um, o gradiente de temperatura é mais acentuado do que o da velocidade. O efeito do Número de Prandtl sobre o gradiente de temperatura em fluxo turbulento em tubos em determinado Número de Reynolds está ilustrado esquematicamente na Fig. 6.4, em que os perfis de temperatura em diferentes Números de Prandtl são mostrados a $\text{Re}_D = 10\,000$. Essas curvas revelam que, a um Número de Reynolds especificado, o gradiente de temperatura na parede é mais acentuado em um fluido tendo um Número de Prandtl grande do que em um pequeno. Consequentemente, em um Número de Reynolds dado, os fluidos com Números de Prandtl maiores têm Números de Nusselt maiores.

Metais líquidos têm, geralmente, uma elevada condutividade térmica e um calor específico pequeno; os seus Números de Prandtl são, por conseguinte, pequenos, variando de 0,005 a 0,01. Os Números de Prandtl de gases variam de 0,6 a 1,0. A maioria dos óleos, por outro lado, têm valores que alcançam 5 000 ou mais, porque a sua viscosidade é grande a baixas temperaturas e a condutibilidade térmica é pequena.

6.1.4 Efeitos de entrada

Além do Número de Reynolds e do Número de Prandtl, diversos outros fatores podem influenciar a transferência de calor por convecção forçada em um duto. Por exemplo, quando o duto é curto, os efeitos de entrada são importantes. Quando um fluido entra em uma canalização a uma velocidade uniforme, o fluido imediatamente adjacente à parede do tubo é colocado em repouso. Para uma curta distância a partir da entrada, é formada uma camada-limite laminar ao longo da parede do tubo. Se a turbulência no fluxo de fluido que entra é elevada, a camada-limite se tornará turbulenta rapidamente. Independentemente da camada-limite permanecer laminar ou se tornar turbulenta, ela aumentará sua espessura até preencher todo o duto. A partir desse ponto, o perfil de velocidade pelo duto permanece essencialmente inalterado.

O desenvolvimento da camada-limite térmica em um fluido aquecido ou resfriado em um duto é qualitativamente similar ao da camada-limite hidrodinâmica. Na entrada, a temperatura é geralmente uniforme transversalmente, mas à medida que o fluido segue ao longo do tubo, a camada aquecida ou resfriada aumenta de espessura até que o calor é transferido para o fluido ou a partir dele para o centro do duto. Para além desse ponto, se o perfil de velocidade estiver totalmente estabelecido, o da temperatura permanecerá essencialmente constante.

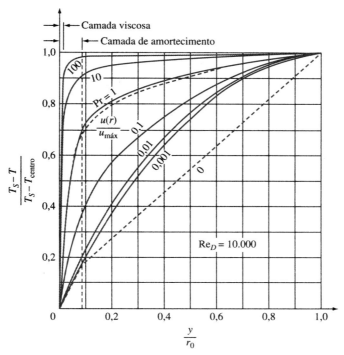

FIGURA 6.4 Efeito do Número de Prandtl no perfil de temperatura para o fluxo turbulento em um tubo longo (y é a distância desde a parede do tubo, e r_0 é o raio interno do tubo).
Fonte: Cortesia de R. C. Martinelli, Heat Transfer to Molten Metals, *Trans. ASME*, v. 69, 1947, p. 947. Reproduzido com permissão da The American Society of Mechanical Engineers International.

As formas finais dos perfis de velocidade e de temperatura dependem do fluxo completamente desenvolvido ser laminar ou turbulento. A Fig. 6.5 e a 6.6, na página a seguir, ilustram qualitativamente o crescimento das camadas-limite, bem como as variações no coeficiente de transferência de calor de convecção local, perto da entrada de um tubo para as condições laminar e de turbulência, respectivamente. A inspeção dessas figuras mostra que o coeficiente de transferência de calor por convecção varia consideravelmente próximo da entrada. Se a entrada é com arestas quadradas, como na maioria dos trocadores de calor, o desenvolvimento inicial das camadas-limite hidrodinâmica e térmica ao longo das paredes do tubo é muito semelhante ao que ocorre ao longo de uma superfície plana. Consequentemente, o coeficiente de transferência de calor é maior próximo da entrada e diminui ao longo do duto até que a velocidade e os perfis de temperatura para o fluxo completamente desenvolvido tenham sido estabelecidos. Se o Número de Reynolds do tubo para o fluxo totalmente desenvolvido $\bar{U}D\rho/\mu$ é inferior a 2 100, os efeitos da entrada podem ser apreciáveis para um comprimento da ordem de 100 diâmetros hidráulicos a partir da entrada. Para um fluxo laminar em um tubo circular, o comprimento de entrada hidráulica, no qual o perfil de velocidade se aproxima da sua forma totalmente desenvolvida, pode ser obtido com base na relação [3]

$$\left(\frac{x_{\text{totalmente desenvolvida}}}{D}\right)_{\text{lam}} = 0{,}05 \text{Re}_D \tag{6.7}$$

e a distância a partir da entrada na qual o perfil de temperatura se aproxima da sua forma totalmente desenvolvida é dada pela relação [4]

$$\left(\frac{x_{\text{totalmente desenvolvida}}}{D}\right)_{\text{lam},T} = 0{,}05 \text{Re}_D \, \text{Pr} \tag{6.8}$$

No fluxo turbulento, as condições são essencialmente independentes dos Números de Prandtl e, para velocidades médias de tubos correspondentes a Números de Reynolds de fluxo turbulento, os efeitos de entrada desaparecem a cerca de 10 ou 20 diâmetros do orifício de entrada.

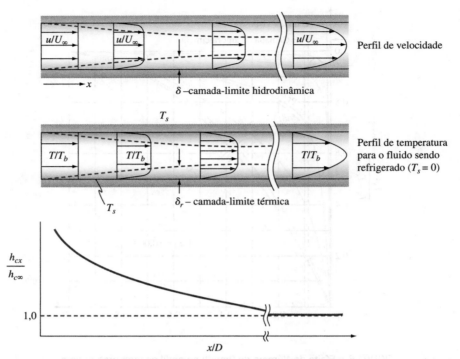

FIGURA 6.5 Distribuição de velocidade, perfis de temperatura e variação do coeficiente de transferência de calor local perto da entrada de um tubo para ar sendo resfriado em fluxo laminar (temperatura superficial T_s uniforme).

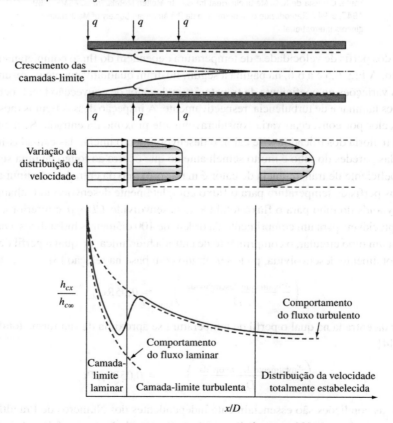

FIGURA 6.6 A distribuição da velocidade e a variação do coeficiente de transferência de calor local perto da entrada de um tubo uniformemente aquecido para um fluido em fluxo turbulento.

6.1.5 Variação das propriedades físicas

Outro fator que pode influenciar consideravelmente a transferência de calor e a fricção é a variação das propriedades físicas com a temperatura. Quando um fluido que escoa em um duto é aquecido ou resfriado, a sua temperatura e, consequentemente, as suas propriedades físicas, variam ao longo do duto e sobre qualquer seção transversal dada. Para os líquidos, apenas a dependência da temperatura da viscosidade é de grande importância. Para os gases, por outro lado, o efeito da temperatura sobre as propriedades físicas é mais complicado do que para os líquidos, porque a condutividade térmica e a densidade, além da viscosidade, variam significativamente com a temperatura. Em ambos os casos, o valor numérico do Número de Reynolds depende do local em que as propriedades são avaliadas. Acredita-se que esse número, com base na temperatura média do volume, é o parâmetro significativo para descrever as condições do fluxo. No entanto, um sucesso considerável na correlação empírica dos dados experimentais de transferência de calor tem sido conseguido por meio da avaliação da viscosidade a uma *temperatura média de película*, definida como sendo a temperatura aproximadamente a meio caminho entre a parede e as temperaturas médias do volume. Outro método para considerar a variação das propriedades físicas com a temperatura é avaliar todas as propriedades da temperatura média do volume e corrigir para os efeitos térmicos pela multiplicação do lado direito da Eq. (6.4) por uma função proporcional à relação das temperaturas do volume para a parede ou do volume para as viscosidades da parede.

6.1.6 Condições-limite térmicas e efeitos da compressibilidade

Para fluidos tendo um Número de Prandtl unitário ou menos, o coeficiente de transferência de calor também depende da condição térmica de contorno. Por exemplo, em sistemas geometricamente semelhantes de transferência de calor de metal líquido ou gás, uma temperatura da parede uniforme conduz a menores coeficientes de transferência de calor por convecção do que a entrada de calor uniforme com Números de Reynolds e de Prandtl iguais [5-7]. Quando o calor é transferido para, ou a partir de, gases que fluem em velocidades muito altas, os efeitos da compressibilidade influenciam a transferência de calor e o fluxo. Os problemas associados com a transferência de calor para, ou a partir de, fluidos com Números de Mach elevados são referenciados em [8-10].

6.1.7 Limites de precisão em valores previstos dos coeficientes de transferência de calor por convecção

Na aplicação de qualquer equação empírica para a convecção forçada em problemas práticos, é importante saber que os valores previstos do coeficiente de transferência de calor não são exatos. Os resultados obtidos por vários experimentadores, mesmo sob condições cuidadosamente controladas, diferem consideravelmente. No fluxo turbulento, a precisão de um coeficiente de transferência de calor previsto a partir de qualquer equação ou gráfico disponível não é melhor que $\pm 20\%$ e no fluxo laminar, a precisão pode ser da ordem de $\pm 30\%$. Na região de transição, em que os dados experimentais são escassos, a precisão do Número de Nusselt previsto com base em informações disponíveis pode ser ainda menor. Assim, o número de algarismos significativos obtidos a partir dos cálculos deve ser consistente com esses limites de precisão.

6.2* Análise de convecção forçada laminar em um tubo longo

Para ilustrar alguns dos conceitos mais importantes em convecção forçada, analisaremos um caso simples e calcularemos o coeficiente de transferência de calor para o fluxo laminar por um tubo sob condições totalmente desenvolvidas com um fluxo de calor constante na parede. Começamos por derivar a distribuição da velocidade. Considere um elemento de fluido, como mostrado na Fig. 6.7; a pressão é uniforme ao longo da seção transversal e as forças de pressão são equilibradas pelas forças de cisalhamento viscosas atuando sobre a superfície:

$$\pi r^2 [p - (p + dp)] = \tau 2\pi r \, dx = -\left(\mu \frac{du}{dr}\right) 2\pi r \, dx$$

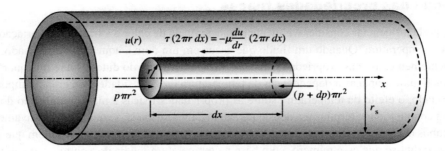

FIGURA 6.7 **Balanço de forças sobre um elemento de fluido cilíndrico dentro de um tubo de raio r_s.**

A partir dessa relação, obtemos:

$$du = \frac{1}{2\mu}\left(\frac{dp}{dx}\right)r\,dr$$

em que dp/dx é o gradiente de pressão axial. A distribuição radial da velocidade axial é, então,

$$u(r) = \frac{1}{4\mu}\left(\frac{dp}{dx}\right)r^2 + C$$

em que C é uma constante de integração cujo valor é determinado pela condição de contorno em que $u = 0$ a $r = r_s$. Usando essa condição para avaliar C resulta a distribuição da velocidade:

$$u(r) = \frac{r^2 - r_s^2}{4\mu}\frac{dp}{dx} \tag{6.9}$$

A velocidade máxima $u_{máx}$ no centro ($r = 0$) é:

$$u_{máx} = -\frac{r_s^2}{4\mu}\frac{dp}{dx} \tag{6.10}$$

de modo que a distribuição da velocidade pode ser escrita na forma adimensional como:

$$\frac{u}{u_{máx}} = 1 - \left(\frac{r}{r_s}\right)^2 \tag{6.11}$$

Essa relação mostra que a distribuição da velocidade no fluxo laminar completamente desenvolvido é parabólica.

Além das características de transferência de calor, o projeto de engenharia exige a consideração da perda de pressão e da potência de bombeamento requeridas para manter o fluxo de convecção pelo duto. A perda de pressão no tubo de comprimento L é obtida a partir de um equilíbrio de força sobre o elemento fluido no interior do tubo entre $x = 0$ e $x = L$ (veja Fig. 6.7):

$$\Delta p \pi r_s^2 = 2\pi r_s \tau_s L \tag{6.12}$$

em que $\Delta p = p_1 - p_2 =$ queda de pressão no comprimento $L(\Delta_p = -(dp/dx)L)$ e
$\tau_s =$ tensão de cisalhamento na parede ($\tau_s = -\mu(du/dr)|_{r=r_s}$)

A queda de pressão também pode ser relacionada com o *fator de atrito de Darcy f* de acordo com:

$$\Delta p = f\frac{L}{D}\frac{\rho \bar{U}^2}{2g_c} \tag{6.13}$$

em que $\bar{U}$ é a velocidade média no tubo.

É importante notar que f, o fator de atrito na Eq. (6.13), não é a mesma quantidade que o coeficiente de atrito C_f definido no Capítulo 4 como:

$$C_f = \frac{\tau_s}{\rho \bar{U}^2/2g_c} \quad (6.14)$$

C_f é, muitas vezes, referido como *coeficiente de atrito de Fanning*. Uma vez que $\tau_s = -\mu(du/dr)_{r=r}$ é evidente a partir das equações (6.12), (6.13) e (6.14) que:

$$C_f = \frac{f}{4}$$

Para o fluxo por meio de um tubo, a taxa de fluxo de massa é obtida a partir da Eq. (6.9)

$$\dot{m} = \rho \int_0^{r_s} u 2\pi r\, dr = \frac{\Delta p \pi \rho}{2L\mu} \int_0^{r_s} (r^2 - r_s^2) r\, dr = -\frac{\Delta p \pi r_s^4 \rho}{8L\mu} \quad (6.15)$$

e a velocidade média de $\bar{U}$ é:

$$\bar{U} = \frac{\dot{m}}{\rho \pi r_s^2} = -\frac{\Delta p r_s^2}{8L\mu} \quad (6.16)$$

igual à metade da velocidade máxima no centro. A equação (6.13) pode ser rearranjada na forma:

$$p_1 - p_2 = \Delta p = \frac{64 L \mu}{\rho \bar{U}^2 D} \frac{\bar{U}^2}{2} = \frac{64}{\text{Re}_D} \frac{L}{D} \frac{\rho \bar{U}^2}{2g_c} \quad (6.17)$$

Comparando a Eq. (6.17) com a Eq. (6.13), vemos que o fator de atrito é uma função simples do Número de Reynolds para o fluxo laminar totalmente desenvolvido em um tubo.

$$f = \frac{64}{\text{Re}_D} \quad (6.18)$$

A potência de bombeamento P_p é igual ao produto da queda de pressão, e a taxa de fluxo volumétrico do fluido $\dot{Q}$, dividido pela eficiência da bomba η_p ou:

$$P_p = \Delta p \dot{Q}/\eta_p \quad (6.19)$$

Essa análise é limitada para o fluxo laminar com uma distribuição parabólica da velocidade em tubulações ou tubos circulares, conhecido como *Fluxo de Poiseuille*, mas a abordagem utilizada para derivar essa relação é mais geral. Se a tensão de cisalhamento é conhecida como uma função da velocidade e sua derivada, o fator de fricção também pode ser obtido para o fluxo turbulento. No entanto, para esse fluxo, a relação entre o cisalhamento e a velocidade média não é bem compreendida. Além disso, embora no fluxo laminar o fator de atrito é independente da rugosidade superficial, no turbulento, a qualidade da superfície do tubo influencia a perda de pressão. Portanto, os fatores de fricção para o fluxo turbulento não podem ser derivados analiticamente, mas devem ser medidos e correlacionados empiricamente.

6.2.1 Fluxo de calor uniforme

Para a análise de energia, considere o volume de controle representado na Fig. 6.8. No fluxo laminar, o calor é transferido por condução para dentro e para fora do elemento em uma direção radial e, na direção axial, o transporte de energia é por convecção. Assim, a taxa de condução de calor para o elemento é:

$$dq_{k,r} = -k 2\pi r\, dx\, \frac{\partial T}{\partial r}$$

e a taxa de condução do calor para fora do elemento é:

$$dq_{k,r+dr} = -k 2\pi (r + dr) dx \left[\frac{\partial T}{\partial r} + \frac{\partial^2 T}{\partial r^2} dr \right]$$

A taxa líquida de convecção para fora do elemento é:

$$dq_c = 2\pi r\, dr\, \rho c_p u(r) \frac{\partial T}{\partial x} dx$$

Escrevendo um balanço líquido de energia na forma

taxa líquida de condução entrando no elemento = taxa líquida de convecção saindo do elemento

obtemos, desprezando os termos de segunda ordem,

$$k\left(\frac{\partial T}{\partial r} + r\frac{\partial^2 T}{\partial r^2}\right)dx\, dr = r\rho c_p u \frac{\partial T}{\partial x} dx\, dr$$

que pode ser expresso na forma

$$\frac{1}{ur}\frac{\partial}{\partial r}\left(r\frac{\partial T}{\partial r}\right) = \frac{\rho c_p}{k}\frac{\partial T}{\partial x} \qquad (6.20)$$

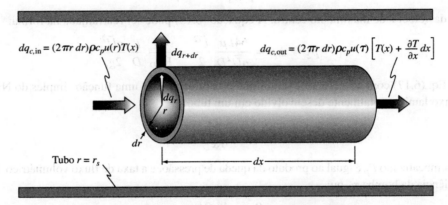

FIGURA 6.8 Esboço esquemático do volume de controle para a análise de energia no fluxo através do tubo.

A temperatura do fluido deve aumentar linearmente com a distância x, visto que o fluxo de calor sobre a superfície é especificado para ser uniforme, assim,

$$\frac{\partial T}{\partial x} = \text{constante} \qquad (6.21)$$

Quando o gradiente de temperatura axial $\partial T/\partial x$ é constante, a Eq. (6.20) se reduz de uma equação parcial para uma equação diferencial ordinária com r como a única coordenada de espaço.

A simetria e as condições de contorno para a distribuição de temperatura na Eq. (6.20) são:

$$\frac{\partial T}{\partial r} = 0 \qquad \text{a } r = 0$$

$$\left|k\frac{\partial T}{\partial r}\right|_{r=r_s} = q_s'' = \text{constante} \qquad \text{a } r = r_s$$

Para resolver a Eq. (6.20), substituímos a distribuição de velocidade da Eq. (6.11). Considerando que o gradiente de temperatura não afeta o perfil de velocidade, isto é, as propriedades não mudam com a temperatura, obtemos:

$$\frac{\partial}{\partial r}\left(r\frac{\partial T}{\partial r}\right) = \frac{1}{\alpha}\frac{\partial T}{\partial x} u_{\text{máx}}\left(1 - \frac{r^2}{r_s^2}\right)r \qquad (6.22)$$

A primeira integração em relação à r resulta:

$$r\frac{\partial T}{\partial r} = \frac{1}{\alpha}\frac{\partial T}{\partial x}\frac{u_{\text{máx}}r^2}{2}\left(1 - \frac{r^2}{2r_s^2}\right) + C_1 \qquad (6.23)$$

Uma segunda integração em relação à r resulta:

$$T(r,x) = \frac{1}{\alpha}\frac{\partial T}{\partial x}\frac{u_{\text{máx}}}{4}r^2\left(1 - \frac{r^2}{4r_s^2}\right) + C_1 \ln r + C_2 \qquad (6.24)$$

Mas note que $C_1 = 0$ uma vez que $(\partial T/\partial r)_{r=0} = 0$ e que a segunda condição de contorno é satisfeita pela exigência de que o gradiente de temperatura axial $\partial T/\partial x$ seja constante. Se deixarmos a temperatura no centro ($r = 0$) ser de T_c, então $C_2 = T_c$ e a distribuição da temperatura, torna-se:

$$T - T_c = \frac{1}{\alpha}\frac{\partial T}{\partial x}\frac{u_{\text{máx}}r_s^2}{4}\left[\left(\frac{r}{r_s}\right)^2 - \frac{1}{4}\left(\frac{r}{r_s}\right)^4\right] \qquad (6.25)$$

A temperatura média do volume T_b, utilizada na definição do coeficiente de transferência de calor, pode ser calculada a partir de:

$$T_b = \frac{\int_0^{r_s}(\rho u c_p T)(2\pi r\, dr)}{\int_0^{r_s}(\rho u c_p)2\pi r\, dr} = \frac{\int_0^{r_s}(\rho u c_p T)2\pi r\, dr}{c_p \dot{m}} \qquad (6.26)$$

Uma vez que o escoamento de calor da parede do tubo é uniforme, a entalpia do fluido deve aumentar linearmente com x e, portanto, $\partial T_b/\partial x = $ constante. Podemos calcular a temperatura do volume, substituindo as equações (6.25) e (6.11) para T e u, respectivamente na Eq. (6.26). Isso resulta:

$$T_b - T_c = \frac{7}{96}\frac{u_{\text{máx}}r_s^2}{\alpha}\frac{\partial T}{\partial x} \qquad (6.27)$$

e a temperatura da parede é:

$$T_s - T_c = \frac{3}{16}\frac{u_{\text{máx}}r_s^2}{\alpha}\frac{\partial T}{\partial x} \qquad (6.28)$$

Na derivação das distribuições de temperatura, foi utilizada uma distribuição de velocidade parabólica que existe no fluxo totalmente desenvolvido em um tubo longo. Assim, com $\partial T/\partial x$ igual a uma constante, a média do coeficiente de transferência de calor é:

$$\bar{h}_c = \frac{q_c}{A(T_s - T_b)} = \frac{k(\partial T/\partial r)_{r=r_s}}{T_s - T_b} \qquad (6.29)$$

Avaliando o gradiente de temperatura radial a $r = r_s$ da Eq. (6.23) e substituindo-o com as equações (6.7) e (6.8) na definição acima resulta:

$$\bar{h}_c = \frac{24k}{11r_s} = \frac{48k}{11D} \qquad (6.30)$$

ou

$$\overline{\text{Nu}}_D = \frac{\bar{h}_c D}{k} = 4{,}364 \quad \text{para } q_s'' = \text{constante} \qquad (6.31)$$

EXEMPLO 6.1 Água a 10°C que entra em um tubo de 0,02 m de diâmetro interno deve ser aquecida a 40°C a uma taxa de fluxo de massa de 0,01 kg/s. O lado de fora do tubo é envolvido com um elemento elétrico para aquecimento com isolamento (veja Fig. 6.9) que produz um fluxo uniforme de 15 000 W/m² sobre a superfície. Desprezando quaisquer efeitos de entrada, determine:

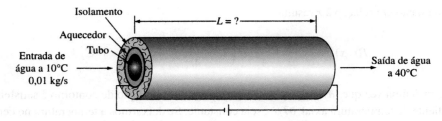

FIGURA 6.9 Diagrama esquemático de água fluindo pelo tubo aquecido eletricamente, Exemplo 6.1.

(a) o Número de Reynolds
(b) o coeficiente de transferência de calor
(c) o comprimento de tubo necessário para um aumento de 30°C na temperatura média
(d) a temperatura da superfície do tubo interno na saída
(e) o fator de atrito
(f) a queda de pressão na tubulação
(g) a potência de bombeamento necessária se a bomba é de 50% de eficiência.

SOLUÇÃO A partir da Tabela 13 no Apêndice 2, as propriedades adequadas da água a uma temperatura média entre a entrada e a saída de 25°C são obtidas por interpolação:

$$\rho = 997 \text{ kg/m}^3$$
$$c_p = 4\,180 \text{ J/kg K}$$
$$k = 0{,}608 \text{ W/m K}$$
$$\mu = 910 \times 10^{-6} \text{ N s/m}^2$$

(a) O Número de Reynolds é:

$$\text{Re}_D = \frac{\rho \bar{U} D}{\mu} = \frac{4\dot{m}}{\pi D \mu} = \frac{(4)(0{,}01 \text{ kg/s})}{(\pi)(0{,}02 \text{ m})(910 \times 10^{-6} \text{ N s/m}^2)} = 699$$

Isso estabelece que o fluxo é laminar.

(b) Uma vez que a condição de limite térmico é uma de fluxo de calor uniforme, $\text{Nu}_D = 4{,}36$ a partir da Eq. (6.31) e

$$\bar{h}_c = 4{,}36 \frac{k}{D} = 4{,}36 \frac{0{,}608 \text{ W/m K}}{0{,}02 \text{ m}} = 132 \text{ W/m}^2 \text{ K}$$

(c) O comprimento de tubo necessário para um aumento de temperatura de 30°C é obtido a partir de um balanço de calor

$$q'' \pi D L = \dot{m} c_p (T_{\text{saída}} - T_{\text{entrada}})$$

Resolvendo para L quando $T_{\text{saída}} - T_{\text{entrada}} = 30$ K resulta:

$$L = \frac{\dot{m} c_p \Delta T}{\pi D q''} = \frac{(0{,}01 \text{ kg/s})(4180 \text{ J/kg K})(30 \text{ K})}{(\pi)(0{,}02 \text{ m})(15{,}000 \text{ W/m}^2)} = 1{,}33 \text{ m}$$

Desde que $L/D = 66{,}5$ e $0{,}05 \text{Re}_D = 33{,}5$, os efeitos de entrada são desprezíveis de acordo com a Eq. (6.7). Observe que, se L/D foi significativamente inferior a 33,5, os cálculos teriam que ser repetidos com os efeitos de entrada levados em conta, utilizando as relações a serem apresentadas.

(d) Da Eq. (6.1)

$$q'' = \frac{q_c}{A} = \bar{h}_c(T_s - T_b)$$

e

$$T_s = \frac{q_c}{A\bar{h}_c} + T_b = \frac{15.000 \text{ W/m}^2}{132 \text{ W/m}^2{}^\circ\text{C}} + 40^\circ\text{C} = 154^\circ\text{C}$$

(e) O fator de atrito é encontrado a partir da Eq. (6.18):

$$f = \frac{64}{\text{Re}_D} = \frac{64}{699} = 0,0915$$

(f) A queda de pressão no tubo é, a partir da Eq. (6.17),

$$p_1 - p_2 = \Delta p = f\left(\frac{L}{D}\right)\left(\frac{\rho \bar{U}^2}{2g_c}\right)$$

Desde que

$$\bar{U} = \frac{4\dot{m}}{\rho \pi D^2} = \frac{4\left(0,01 \dfrac{\text{kg}}{\text{s}}\right)}{\left(997 \dfrac{\text{kg}}{\text{m}^3}\right)(\pi)(0,02 \text{ m})^2} = 0,032 \frac{\text{m}}{\text{s}}$$

temos:

$$\Delta p = (0,0915)(66,5)\frac{\left(997 \dfrac{\text{kg}}{\text{m}^3}\right)(0,032 \dfrac{\text{m}}{2})^2}{2\left(1 \dfrac{\text{kg m}}{\text{N s}^2}\right)} = 3,1 \frac{\text{N}}{\text{m}^2}$$

(g) A potência de bombeamento P_p é obtida a partir da Eq. 6.19 ou

$$P_p = \dot{m}\frac{\Delta p}{\rho \eta_p} = \frac{(0,01 \text{ kg/s})(3,1 \text{ N/m}^2)}{(997 \text{ kg/m}^3)(0,5)} = 6,2 \times 10^{-5} \text{ W}$$

6.2.2* Temperatura de superfície uniforme

Quando a temperatura da superfície do tubo é uniforme, em vez do fluxo de calor, a análise é mais complicada porque a diferença de temperatura entre a parede e o volume varia ao longo do tubo, isto é, $\partial T_b/\partial x = f(x)$. A Eq. (6.20) pode ser resolvida sujeita à segunda condição de contorno $r = r_s$, $T(x, r_s)$ = constante, mas é necessário um procedimento iterativo. O resultado não é uma expressão algébrica simples, mas o Número de Nusselt é encontrado (por exemplo, veja Kays e Perkins [11]) sendo uma constante:

$$\overline{\text{Nu}}_D = \frac{\bar{h}_c D}{k} = 3,66 \quad (T_s = \text{constante}) \tag{6.32}$$

Além do valor do Número de Nusselt, a condição de contorno de temperatura constante também requer uma temperatura diferente para avaliar a taxa de transferência de calor para, ou a partir de, um fluido que escoa por meio de um duto. Exceto para a região de entrada, na qual a camada-limite se desenvolve e o coeficiente de transferência de calor diminui, a diferença de temperatura entre a superfície do duto e o volume permanece constante ao longo do duto, quando o fluxo de calor é uniforme. Isso é evidente com base em um exame da Eq. (6.20) e está ilustrado

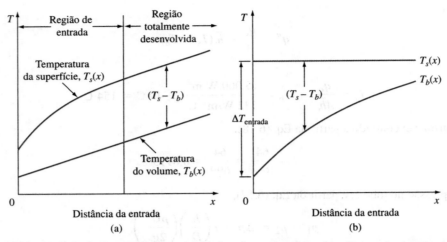

FIGURA 6.10 Variação da temperatura média do volume com fluxo de calor constante e temperatura da parede constante: (a) fluxo de calor constante, $q_s(x)$ = constante; (b) temperatura da superfície constante, $T_s(x)$ = constante.

graficamente na Fig. 6.10. Para uma temperatura de parede constante, por outro lado, apenas a temperatura do volume aumenta ao longo do duto e o potencial de temperatura diminui (veja a Fig. 6.10). Primeiro escrevemos a equação do balanço de calor:

$$dq_c = \dot{m}c_p\, dT_b = q_s'' P\, dx$$

em que P é o perímetro do duto e q_s'' é o fluxo de calor da superfície. A partir do anterior, podemos obter uma relação para o gradiente de temperatura do volume na direção x:

$$\frac{dT_b}{dx} = \frac{q_s'' P}{\dot{m}c_p} = \frac{P}{\dot{m}c_p} h_c(T_s - T_b) \tag{6.33}$$

Uma vez que $dT_b/dx = d(T_b - T_s)/dx$ para uma temperatura de superfície constante, depois de separar as variáveis, temos:

$$\int_{\Delta T_{\text{entrada}}}^{\Delta T_{\text{saída}}} \frac{d(\Delta T)}{\Delta T} = -\frac{P}{\dot{m}c_p} \int_0^L h_c\, dx \tag{6.34}$$

em que $\Delta T = T_s - T_b$ e os subscritos "entrada" e "saída" denotam as condições na entrada ($x = 0$) e na saída ($x = L$) do duto, respectivamente. Integrando a Eq. (6.34) resulta:

$$\ln\left(\frac{\Delta T_{\text{saída}}}{\Delta T_{\text{entrada}}}\right) = -\frac{PL}{\dot{m}c_p}\bar{h}_c \tag{6.35}$$

em que

$$\bar{h}_c = \frac{1}{L}\int_0^L h_c\, dx$$

Rearranjando a Eq. (6.35) resulta:

$$\frac{\Delta T_{\text{saída}}}{\Delta T_{\text{entrada}}} = \exp\left(\frac{-\bar{h}_c PL}{\dot{m}c_p}\right) \tag{6.36}$$

A taxa de transferência de calor por convecção para, ou a partir de, um fluido que escoa por meio de um duto com T_s constante pode ser expressa sob a forma:

$$q_c = \dot{m}c_p[(T_s - T_{b,\text{entrada}}) - (T_s - T_{b,\text{saída}})] = \dot{m}c_p(\Delta T_{\text{entrada}} - \Delta T_{\text{saída}})$$

e substituindo $\dot{m}c_p$ da Eq. (6.35), obtemos:

$$q_c = \bar{h}_c A_s \left[\frac{\Delta T_{\text{saída}} - \Delta T_{\text{entrada}}}{\ln(\Delta T_{\text{saída}}/\Delta T_{\text{entrada}})} \right] \quad (6.37)$$

A expressão no colchete é chamada *diferença de temperatura média logarítmica* (LMTD).

EXEMPLO 6.2 Óleo de motor usado pode ser reciclado por um sistema de reprocessamento patenteado. Suponha que tal sistema inclui um processo durante o qual o óleo de motor flui por um tubo de cobre de 1 cm de diâmetro interno com 0,02 cm de parede, a uma taxa de 0,05 kg/s. O óleo entra a 35°C e deve ser aquecido para 45°C por vapor de condensação à pressão atmosférica no lado de fora, como mostrado na Fig. 6.11. Calcule o comprimento do tubo necessário.

SOLUÇÃO Vamos considerar que o tubo é muito longo e que sua temperatura é uniforme a 100°C. A primeira aproximação deve ser verificada; o segundo pressuposto é uma aproximação de engenharia justificada pela alta condutividade térmica do cobre e do grande coeficiente de transferência de calor para um vapor de condensação (veja Tabela 1.4). A partir da Tabela 16 no Apêndice 2, obtemos as seguintes propriedades para o óleo a 40°C:

$$c_p = 1\ 964\ \text{J/kg K}$$
$$\rho = 876\ \text{kg/m}^3$$
$$k = 0{,}144\ \text{W/m K}$$
$$\mu = 0{,}210\ \text{N s/m}^2$$
$$\text{Pr} = 2\ 870$$

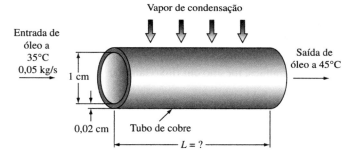

FIGURA 6.11 Diagrama esquemático para o Exemplo 6.2.

O Número de Reynolds é

$$\text{Re}_D = \frac{4\dot{m}}{\mu \pi D} = \frac{(4)(0{,}05\ \text{kg/s})}{(\pi)(0{,}210\ \text{N s/m}^2)(0{,}01\ \text{m})} = 30{,}3$$

O fluxo é, portanto, laminar e o Número de Nusselt para uma temperatura de superfície constante é 3,66. O coeficiente de transferência de calor médio é:

$$\bar{h}_c = \overline{\text{Nu}}_D \frac{k}{D} = 3{,}66\ \frac{0{,}144\ \text{W/m K}}{0{,}01\ \text{m}} = 52{,}7\ \text{W/m}^2\ \text{K}$$

A taxa de transferência de calor médio é:

$$q_c = c_p \dot{m}(T_{b,\text{saída}} - T_{b,\text{entrada}})$$
$$= (1\ 964\ \text{J/kg K})(0{,}05\ \text{kg/s})(45 - 35)\ \text{K} = 982\ \text{W}$$

Recordando que $\ln(1/x) = -\ln x$, encontramos que a LMTD é:

$$\text{LMTD} = \frac{\Delta T_{\text{saída}} - \Delta T_{\text{entrada}}}{\ln(\Delta T_{\text{saída}}/\Delta T_{\text{entrada}})} = \frac{55 - 65}{\ln(55/65)} = \frac{10}{0{,}167} = 59{,}9 \text{ K}$$

Substituindo as informações anteriores na Eq. (6.37), em que $A_s = L\pi D_i$, resulta:

$$L = \frac{q_c}{\pi D_i \bar{h}_c \text{LMTD}} = \frac{982 \text{ W}}{(\pi)(0{,}01 \text{ m})(52{,}7 \text{ W/m}^2\text{K})(59{,}9 \text{ K})} = 9{,}91 \text{ m}$$

Verificando a nossa primeira hipótese, encontramos $L/D \sim 1\,000$, justificando a negligência dos efeitos de entrada. Observe também que LMTD é quase igual à diferença entre a temperatura da superfície e a temperatura média do fluido do volume a meio caminho entre a entrada e a saída. O comprimento requerido não é adequado para um projeto prático com um tubo reto. Para atingir o desempenho térmico desejado de uma forma mais conveniente, pode-se encaminhar o tubo para a frente e para trás várias vezes, ou usar um tubo em espiral. A primeira abordagem será discutida no Capítulo 8, sobre projeto de trocador de calor, e o projeto do tubo em espiral é ilustrado em um exemplo na seção seguinte.

6.3 Correlações para convecção forçada laminar

Esta seção apresenta correlações empíricas e resultados analíticos que podem ser utilizados no projeto térmico dos sistemas de transferência de calor composto por tubulações e dutos que contêm fluidos líquidos ou gasosos em fluxo laminar. Embora os coeficientes de transferência de calor em fluxo laminar sejam consideravelmente menores que no turbulento, no projeto de equipamento de troca de calor para líquidos viscosos é necessário, muitas vezes, aceitar um coeficiente menor de transferência de calor com a finalidade de reduzir os requisitos da potência de bombeamento. O fluxo de gás laminar ocorre em trocadores de calor compactos de alta temperatura, nos quais os diâmetros dos tubos são muito pequenos e as densidades do gás são baixas. Outras aplicações da convecção forçada de fluxo laminar ocorrem em processos químicos e na indústria alimentícia, no resfriamento de equipamentos eletrônicos, bem como em instalações de energia solar e nuclear, quando os metais líquidos são usados como meio de transferência de calor. Uma vez que os metais líquidos têm alta condutividade térmica, os seus coeficientes de transferência de calor são relativamente grandes, mesmo em fluxo laminar.

6.3.1 Dutos curtos circulares e retangulares

Os detalhes das soluções matemáticas para o fluxo laminar em dutos curtos com efeitos de entrada estão fora do escopo deste texto. As referências listadas no final deste capítulo, especialmente [4] e [11], contêm a base matemática para as equações e os gráficos de engenharia apresentados e discutidos nesta seção.

Para aplicações de engenharia, é mais conveniente apresentar os resultados das investigações analíticas e experimentais em termos de um Número de Nusselt definido de forma convencional como $h_c D/k$. No entanto, o coeficiente de transferência de calor h_c pode variar ao longo do tubo, e, para aplicações práticas, é mais importante o valor médio do coeficiente de transferência de calor. Consequentemente, para as equações e os gráficos apresentados nesta seção, usaremos um Número de Nusselt $\overline{\text{Nu}}_D = \bar{h}_c D/k$, tomado como média em relação à circunferência e o comprimento do duto L:

$$\overline{\text{Nu}}_D = \frac{1}{L}\int_0^L \frac{D}{k} h_{c(x)} dx = \frac{\bar{h}_c D}{k}$$

em que o subscrito x refere-se às condições locais em x. Esse Número de Nusselt é frequentemente chamado *número logarítmico médio de Nusselt*, porque pode ser usado diretamente nas equações logarítmicas de razões médias, apresentadas na seção anterior, e ser aplicado em trocadores de calor (veja Capítulo 8).

Os números médios de Nusselt para fluxo laminar em tubos com uma temperatura uniforme da parede foram calculados analiticamente por vários investigadores. Os resultados são mostrados na Fig. 6.12 para várias distribuições de velocidade. Essas soluções são baseadas nas idealizações de uma temperatura constante da parede do tubo e uma distribuição uniforme da temperatura na entrada do tubo e se aplicam apenas quando as propriedades físicas são independentes da temperatura. A abscissa é a quantidade adimensional $Re_D Pr D/L$.* Para determinar o valor médio do Número de Nusselt para dado tubo de comprimento L e diâmetro D, avalia-se o Número de Reynolds, Re_D, e o Número de Prandtl, Pr, constitui o parâmetro adimensional $Re_D Pr D/L$, e entra-se na curva adequada da Fig. 6.12. A seleção da curva representando as condições que mais correspondem aproximadamente às condições físicas depende da natureza do fluido e da geometria do sistema. Para fluidos com Número de Prandtl alto, tais como óleos, o perfil da velocidade é estabelecido muito mais rapidamente do que o perfil de temperatura. Consequentemente, a aplicação da curva identificada como "velocidade parabólica" não conduz a um erro sério em tubos longos quando $Re_D Pr D/L$ é inferior a 100. Para tubos de grande comprimento, o Número de Nusselt se aproxima de um valor mínimo limitante de 3,66 quando a temperatura do tubo é uniforme. Quando a taxa de transferência de calor é uniforme, o valor limitador de $\overline{Nu}_D$ é 4,36.

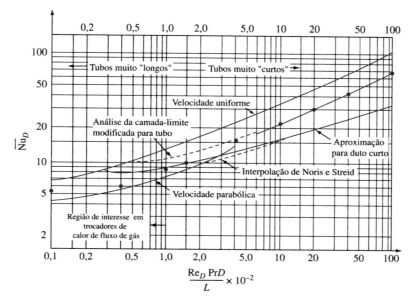

FIGURA 6.12 Soluções analíticas e correlações empíricas para a transferência de calor em fluxo laminar por meio de tubos circulares a uma temperatura de parede constante, $\overline{Nu}_D$ versus $Re_D Pr D/L$. Os pontos representam a Eq. (6.38).
Fonte: Cortesia de W. M. Kays, Numerical Solution for Laminar Flow Heat Transfer in Circular Tubes, *Trans. ASME*, v. 77, 1955, p. 1265-1274.

Para tubos muito curtos ou dutos retangulares com velocidade uniforme e distribuição de temperatura inicial, as condições de fluxo ao longo da parede se aproximam daquelas ao longo de uma placa plana, e a análise da camada-limite apresentada no Capítulo 4 prevê resultados satisfatórios para líquidos com Números de Prandtl entre 0,7 e 15,0. A solução da camada-limite é aplicada [14, 15] quando L/D é inferior a $0,0048 Re_D$ para tubos, e quando L/D_H é inferior a $0,0021 Re_{D_H}$ para dutos lisos de seção transversal retangular. Para essas condições, a equação para o fluxo de líquidos e gases sobre a placa plana pode ser convertida para as coordenadas da Fig. 6.12, resultando

$$\overline{Nu}_{D_H} = \frac{Re_{D_H} Pr D_H}{4L} \ln\left[\frac{1}{1 - (2,654/Pr^{0,167})(Re_{D_H} Pr D_H/L)^{-0,5}}\right] \quad (6.38)$$

Uma análise para tubos mais longos é apresentada em [12] e os resultados são mostrados na Fig. 6.12 para Pr = 0,73 na faixa $Re_D Pr D/L$ de 10 a 1 500, em que essa aproximação é aplicável.

---

* Em vez da relação adimensional $Re_D Pr D/L$, alguns autores usam o Número de Graetz, Gz, que é $\pi/4$ vezes essa relação [13].

Para fluxos laminares em tubos circulares, seja na região de entrada térmica ou para as condições totalmente desenvolvidas, é apresentado um conjunto de equações convenientes [13] para a determinação do Número de Nusselt médio. Portanto, os coeficientes de transferência de calor para ambas as condições, fluxo de calor uniforme e temperatura de superfície uniforme, são:

Para parede de tubo com $q_s'' =$ constante,

$$\overline{\mathrm{Nu}}_D = \begin{cases} 1{,}953[L/(D\mathrm{Re}_D\mathrm{Pr})]^{1/3} & \text{para } [L/(D\mathrm{Re}_D\mathrm{Pr})] \leq 0{,}03 \\ 4{,}364 + (0{,}0722(D\mathrm{Re}_D\mathrm{Pr}))/L & \text{para } [L/(D\mathrm{Re}_D\mathrm{Pr})] \leq 0{,}03 \end{cases} \qquad (6.39)$$

Para parede do tubo com $T_s =$ constante,

$$\overline{\mathrm{Nu}}_D = \begin{cases} 1{,}615[L/(D\mathrm{Re}_D\mathrm{Pr})]^{-1/3} - 0{,}7 & \text{para } [L/(D\mathrm{Re}_D\mathrm{Pr})] \leq 0{,}005 \\ 1{,}615[L/(D\mathrm{Re}_D\mathrm{Pr})]^{-1/3} - 0{,}2 & \text{para } 0{,}005 < [L/(D\mathrm{Re}_D\mathrm{Pr})] < 0{,}03 \\ 3{,}657 + (0{,}0499(D\mathrm{Re}_D\mathrm{Pr})/L) & \text{para } [L/(D\mathrm{Re}_D\mathrm{Pr})] \geq 0{,}03 \end{cases} \qquad (6.40)$$

Note que, quando L é muito grande ($\rightarrow \infty$), os valores de $\overline{\mathrm{Nu}}_D$ são obtidos como 4,364 e 3,657, respectivamente, para o Número de Nusselt médio com as duas condições de limite das equações (6.39) e (6.40).

6.3.2 Dutos de seção transversal não circular

A transferência de calor e fricção em fluxo laminar totalmente desenvolvido por meio de dutos com grande variedade de seções transversais foi tratada analiticamente [13]. Os resultados estão resumidos na Tabela 6.1 sob a seguinte nomenclatura:

$\overline{\mathrm{Nu}}_{H1}$ = Número de Nusselt médio para o fluxo de calor uniforme na direção do fluxo e temperatura de parede uniforme em qualquer seção transversal

$\overline{\mathrm{Nu}}_{H2}$ = Número de Nusselt médio para o fluxo de calor axial e circunferencialmente uniforme

$\overline{\mathrm{Nu}}_T$ = Número de Nusselt médio para temperatura de parede uniforme

$f\mathrm{Re}_{D_H}$ = produto do fator de fricção e Número de Reynolds

A geometria do duto encontrada frequentemente é a do anel de tubo concêntrico mostrado esquematicamente na Fig. 6.1(b). A transferência de calor para, ou a partir de, um fluido que escoa pelo espaço formado entre os dois tubos concêntricos pode ocorrer nas superfícies interna, externa ou em ambas ao mesmo tempo. Além disso, a superfície de transferência de calor pode estar à temperatura constante ou em fluxo de calor constante. Um extenso tratamento desse tópico foi apresentado por Kays e Perkins [11] e inclui os efeitos da entrada e o impacto da excentricidade. Aqui, vamos considerar apenas o caso mais comum encontrado, um anel em que um dos lados está isolado e o outro está à temperatura constante.

Denotando a superfície interna pelo subscrito i e a superfície externa por o, a taxa de transferência de calor e os Números de Nusselt correspondentes são:

$$q_{c,i} = \bar{h}_{c,i}\pi D_i L(T_{s,i} - T_b)$$

$$q_{c,o} = \bar{h}_{c,o}\pi D_o L(T_{s,o} - T_b)$$

$$\overline{\mathrm{Nu}}_i = \frac{\bar{h}_{c,i}D_H}{k}$$

$$\overline{\mathrm{Nu}}_o = \frac{\bar{h}_{c,o}D_H}{k}$$

em que $D_H = D_o - D_i$.

Os Números de Nusselt para o fluxo de calor na superfície interna apenas com a superfície externa com isolamento, $\overline{\mathrm{Nu}}_i$, e o fluxo de calor na superfície externa com a superfície interna com isolamento, $\overline{\mathrm{Nu}}_o$, bem como o produto do fator de atrito e o Número de Reynolds para o fluxo laminar totalmente desenvolvido são apresentados na Tabela 6.2. Para outras condições, tais como fluxo de calor constante e anéis curtos, deve-se consultar [13].

TABELA 6.1 Número de Nusselt e o fator de atrito para o fluxo laminar completamente desenvolvido de um fluido newtoniano por dutos específicos

Geometria $\left(\dfrac{L}{D_H} > 100\right)$		$\overline{\text{Nu}}_{H1}$	$\overline{\text{Nu}}_{H2}$	$\overline{\text{Nu}}_T$	$f\,\text{Re}_{D_H}$	$\dfrac{\overline{\text{Nu}}_{H1}}{\overline{\text{Nu}}_T}$
Triângulo 60°	$\dfrac{2b}{2a} = \dfrac{\sqrt{3}}{2}$	3,111	1,892	2,47	53,33	1,26
Quadrado	$\dfrac{2b}{2a} = 1$	3,608	3,091	2,976	56,91	1,21
Hexágono		4,002	3,862	3,34[b]	60,22	1,20
Retângulo	$\dfrac{2b}{2a} = \dfrac{1}{2}$	4,123	3,017	3,391	62,19	1,22
Círculo		4,364	4,364	3,657	64,00	1,19
Retângulo	$\dfrac{2b}{2a} = \dfrac{1}{4}$	5,331	2,930	4,439	72,93	1,20
Retângulo com isolamento	$\dfrac{2b}{2a} = \dfrac{1}{4}$	6,279[b]	—	5,464[b]	72,93	1,15
Elipse	$\dfrac{2b}{2a} = 0{,}9$	5,099	4,35[b]	3,66	74,80	1,39
Retângulo	$\dfrac{2b}{2a} = \dfrac{1}{8}$	6,490	2,904	5,597	82,34	1,16
Placas paralelas	$\dfrac{2b}{2a} = 0$	8,235	8,235	7,541	96,00	1,09
Placas paralelas com isolamento	$\dfrac{2b}{2a} = 0$	5,385	—	4,861	96,00	1,11

[a] Fonte: Abstraído de Shah e London [13].
[b] Valores interpolados.

TABELA 6.2 Número de Nusselt e fator de atrito para o fluxo laminar totalmente desenvolvido em um anela

$\dfrac{D_i}{D_o}$	$\overline{Nu}_i$	$\overline{Nu}_o$	$f\,Re_{D_H}$
0,00	—	3,66	64,00
0,05	17,46	4,06	86,24
0,10	11,56	4,11	89,36
0,25	7,37	4,23	93,08
0,50	5,74	4,43	95,12
1,00	4,86	4,86	96,00

[a]Uma superfície com uma temperatura constante e a outra isolada [13].

EXEMPLO 6.3 Calcule o coeficiente médio de transferência de calor e o coeficiente de atrito para o fluxo de álcool n-butílico a uma temperatura de volume de 293 K por meio de um duto quadrado de 0,1 m × 0,1 m, 5 m de comprimento, com paredes a 300 K e uma velocidade média de 0,03 m/s (veja Fig. 6.13).

SOLUÇÃO O diâmetro hidráulico é:

$$D_H = 4\left(\dfrac{0,1 \times 0,1}{4 \times 0,1}\right) = 0,1\ m$$

As propriedades físicas a 293 K da Tabela 19 no Apêndice 2 são:

$$\rho = 810\ kg/m^3$$
$$c_p = 2\,366\ J/kg\ K$$
$$\mu = 29,5 \times 10^{-4}\ N\ s/m^2$$
$$\nu = 3,64 \times 10^{-6}\ m^2/s$$
$$k = 0,167\ W/m\ K$$
$$Pr = 50,8$$

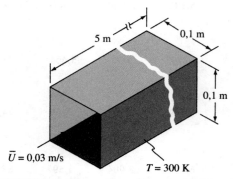

FIGURA 6.13 Diagrama esquemático do duto de aquecimento para o Exemplo 6.3.

O Número de Reynolds é:

$$Re_{D_H} = \dfrac{\bar{U}D_H\rho}{\mu} = \dfrac{(0,03\ m/s)(0,1\ m)(810\ kg/m^3)}{29,5 \times 10^{-4}\ N\ s/m^2} = 824$$

Portanto, o escoamento é laminar. Considerando um fluxo totalmente desenvolvido, obtemos o Número de Nusselt para uma temperatura uniforme de parede com base na Tabela 6.1:

$$\overline{\mathrm{Nu}}_{D_H} = \frac{\bar{h}_c D_H}{k} = 2{,}98$$

Isso conduz para o coeficiente médio de transferência de calor

$$\bar{h}_c = 2{,}98 \frac{0{,}167 \text{ W/m K}}{0{,}1 \text{ m}} = 4{,}98 \text{ W/m}^2 \text{ K}$$

Similarmente, da Tabela 6.1, o produto $\mathrm{Re}_{D_H} f = 56{,}91$, e

$$f = \frac{56{,}91}{824} = 0{,}0691$$

Lembre-se de que, para um perfil de velocidade totalmente desenvolvida, o comprimento do duto deve ser de pelo menos $0{,}05\mathrm{Re} \times D_H = 4{,}1$ m, mas o duto deve ser de 172 m de comprimento para um perfil de temperatura plenamente desenvolvida. Assim, *o fluxo completamente desenvolvido não existirá*.

Se usarmos a Fig. 6.12 com $\mathrm{Re}_{D_H}\mathrm{Pr}D/L = (824)(50{,}8)(0{,}1/5) = 837$, o Número de Nusselt médio será de cerca de 15 e $\bar{h}_c = (15)(0{,}167 \text{ W/m K})/0{,}1 \text{ m} = 25 \text{ W/m}^2 \text{ K}$. Esse valor é cinco vezes maior do que aquele que se refere ao fluxo completamente desenvolvido.

Note que, para esse problema, a diferença entre as temperaturas do volume e de parede é pequena. Por isso, as variações de propriedade não são significativas nesse caso.

6.3.3 Efeito das variações de propriedade

O mecanismo do fluxo de calor microscópico no escoamento laminar é a condução. A taxa de fluxo de calor entre as paredes de uma canalização e o fluido que escoa por ela pode ser obtida analiticamente resolvendo as equações de movimento e fluxo de calor por condução simultaneamente, como mostrado na Seção 6.2. Contudo, para obter uma solução, é necessário conhecer ou supor a distribuição de velocidade no duto. No fluxo laminar totalmente desenvolvido por meio de um tubo sem transferência de calor, a distribuição de velocidade é parabólica em qualquer seção transversal. Entretanto, quando ocorre transferência de calor apreciável, há diferenças de temperatura e as propriedades do fluido, da parede e do volume podem ser bastante diferentes. Essas variações de propriedades distorcem o perfil da velocidade.

Nos líquidos, a viscosidade diminui com o aumento da temperatura; nos gases, é observada a tendência oposta. Quando um líquido é aquecido, o fluido próximo da parede é menos viscoso que o fluido no centro. Consequentemente, a velocidade do fluido aquecido é maior que a de um não aquecido perto da parede, mas menor que a do fluido não aquecido no centro. A distorção do perfil de velocidade parabólica para líquidos aquecidos ou resfriados é apresentada na Fig. 6.14. Para os gases, as condições são invertidas, porém a variação da densidade com a temperatura introduz complicações adicionais.

Fatores empíricos de correção da viscosidade são meramente regras aproximadas. Dados recentes indicam que eles podem não ser satisfatórios na presença de grandes gradientes de temperatura. Como uma aproximação, na ausência de um método mais satisfatório, no caso dos líquidos, é sugerido [16] que o Número de Nusselt, obtido das soluções analíticas apresentadas na Fig. 6.12, seja multiplicado pela relação da viscosidade à temperatura de volume μ_b a viscosidade à temperatura da superfície μ_s, elevado à potência 0,14, ou seja, $(\mu_b/\mu_s)^{0{,}14}$, para corrigir a variação das propriedades devido aos gradientes de temperatura. Para os gases, Kays e London [17] sugerem que o Número de Nusselt seja multiplicado pelo fator de correção de temperatura mostrado abaixo. Se todas as propriedades do fluido são avaliadas na temperatura média do volume, o Número de Nusselt corrigido é:

$$\overline{\mathrm{Nu}}_D = \overline{\mathrm{Nu}}_{D,\text{Fig 6.12}} \left(\frac{T_b}{T_s}\right)^n$$

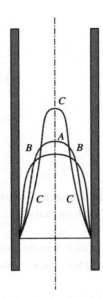

FIGURA 6.14 Efeito da transferência de calor em perfis de velocidade no fluxo laminar totalmente desenvolvido por um tubo. Curva A, fluxo isotérmico; curva B, aquecimento do líquido ou resfriamento do gás; curva C, resfriamento do líquido ou de aquecimento do gás.

em que $n = 0{,}25$ para um gás sendo aquecido em um tubo e $0{,}08$ para um gás sendo resfriado em um tubo. Hausen [18] recomenda a seguinte relação para o coeficiente médio de convecção no fluxo laminar por dutos com temperatura de superfície uniforme:

$$\overline{\mathrm{Nu}}_{D_H} = 3{,}66 + \frac{0{,}668 \mathrm{Re}_{D_H} \mathrm{Pr} D/L}{1 + 0{,}045(\mathrm{Re}_{D_H} \mathrm{Pr} D/L)^{0{,}66}} \left(\frac{\mu_b}{\mu_s}\right)^{0{,}14} \qquad (6.41)$$

em que $100 < \mathrm{Re}_{D_H}\mathrm{Pr}D/L < 1\,500$.

Uma equação empírica relativamente simples, sugerida por Sieder e Tate [16], tem sido amplamente utilizada para correlacionar os resultados experimentais para líquidos em tubos e pode ser escrita na seguinte forma:

$$\overline{\mathrm{Nu}}_{D_H} = 1{,}86 \left(\frac{\mathrm{Re}_{D_H} \mathrm{Pr} D_H}{L}\right)^{0{,}33} \left(\frac{\mu_b}{\mu_s}\right)^{0{,}14} \qquad (6.42)$$

em que todas as propriedades nas equações (6.41) e (6.42) são baseadas na temperatura de volume, e o fator empírico de correção é introduzido para explicar o efeito da variação da temperatura sobre as propriedades físicas. A Eq. (6.42) pode ser aplicada quando a temperatura da superfície é uniforme na faixa de $0{,}48 < \mathrm{Pr} < 16\,700$ e $0{,}0044 < (\mu_b/\mu_s) < 9{,}75$. Whitaker [19] recomenda o uso da Eq. (6.42) apenas quando $(\mathrm{Re}_D \mathrm{Pr} D/L)^{0{,}33}(\mu_b/\mu_s)^{0{,}14}$ é maior que 2.

Para um fluxo laminar dos gases entre duas placas paralelas uniformemente aquecidas a uma distância de $2y_0$, Swearingen e McEligot [20] mostraram que as variações das propriedades de gás podem ser tomadas em consideração pela relação

$$\overline{\mathrm{Nu}} = \mathrm{Nu}_{\text{propriedades constantes}} + 0{,}024 Q^{+0{,}3} Gz_b^{0{,}75} \qquad (6.43)$$

em que $\quad Q^+ = q_s'' y_0/(KT)_{\text{entrada}}$

$q_s'' =$ fluxo de calor na superfície nas paredes

$Gz_b = (\mathrm{Re}_{D_H}\mathrm{Pr}D_H/L)_b$

e o subscrito b indica que as propriedades físicas devem ser avaliadas a T_b.

A variação nas propriedades físicas também afeta o coeficiente de atrito. Para avaliar o coeficiente de atrito de fluidos sendo aquecidos ou resfriados, sugere-se que os líquidos para o fator de atrito isotérmico seja modificado para:

$$f_{\text{transferência de calor}} = f_{\text{isotérmico}}\left(\frac{\mu_s}{\mu_b}\right)^{0,14} \quad (6.44)$$

e para os gases por

$$f_{\text{transferência de calor}} = f_{\text{isotérmico}}\left(\frac{T_s}{T_b}\right)^{0,14} \quad (6.45)$$

EXEMPLO 6.4 Um aparelho eletrônico é resfriado pelo fluxo de água por meio de orifícios capilares no revestimento, como mostrado na Fig. 6.15. A temperatura do revestimento do dispositivo é constante a 353 K. Os furos capilares são de 0,3 m de comprimento e $2,54 \times 10^{-3}$ m de diâmetro. Se a água entra a uma temperatura de 333 K e escoa a uma velocidade de 0,2 m/s, calcule sua temperatura de saída.

SOLUÇÃO As propriedades da água a 333 K, pela Tabela 13 no Apêndice 2, são:

$$\rho = 983 \text{ kg/m}^3$$
$$c_p = 4\ 181 \text{ J/kg K}$$
$$\mu = 4,72 \times 10^{-4} \text{ N s/m}^2$$
$$k = 0,658 \text{ W/m K}$$
$$\text{Pr} = 3,00$$

Para verificar se o fluxo é laminar, avalie o Número de Reynolds na temperatura do volume na entrada,

$$\text{Re}_D = \frac{\rho \bar{U} D}{\mu} = \frac{(983 \text{ kg/m}^3)(0,2 \text{ m/s})(0,00254 \text{ m})}{4,72 \times 10^{-4} \text{ kg/ms}} = 1\ 058$$

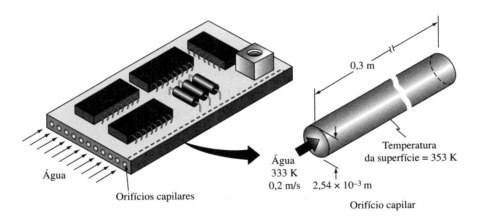

FIGURA 6.15 Diagrama esquemático para o Exemplo 6.4.

O fluxo é laminar; e, sendo:

$$\text{Re}_D \text{Pr} \frac{D}{L} = \frac{(10,58)(3,00)(0,00254 \text{ m})}{0,3 \text{ m}} = 26,9 > 10$$

a Eq. (6.42) pode ser utilizada para avaliar o coeficiente de transferência de calor. Mas, sendo a temperatura média do volume desconhecida, avaliaremos todas as propriedades, primeiro na temperatura de entrada do volume T_{b1}, após, determinaremos uma temperatura de saída de volume e, para finalizar, realizaremos uma segunda iteração para que possamos obter um valor mais preciso. Designando a condição de entrada e saída com os subscritos 1 e 2 respectivamente, o balanço de energia torna-se:

$$q_c = \bar{h}_c \pi DL\left(T_s - \frac{T_{b1} + T_{b2}}{2}\right) = \dot{m}c_p(T_{b2} - T_{b1}) \tag{a}$$

Na temperatura de parede de 353 K, $\mu_s = 3{,}52 \times 10^{-4}$ N s/m², de acordo com a Tabela 13 no Apêndice 2. Da Eq. (6.42), podemos calcular o Número de Nusselt médio.

$$\overline{\text{Nu}}_D = 1{,}86\left[\frac{(1\,058)(3{,}00)(0{,}00254\text{ m})}{0{,}3\text{ m}}\right]^{0{,}33}\left(\frac{4{,}72}{3{,}52}\right)^{0{,}14} = 5{,}74$$

assim:

$$\bar{h}_c = \frac{k\overline{\text{Nu}}_D}{D} = \frac{(0{,}658\text{ W/m K})(5{,}74)}{0{,}00254\text{ m}} = 1\,487\text{ W/m}^2\text{ K}$$

A taxa de fluxo de volume é:

$$\dot{m} = \rho\frac{\pi D^2}{4}\bar{U} = \frac{(983\text{ kg/m}^3)\pi(0{,}00254\text{ m})^2(0{,}2\text{ m/s})}{4} = 0{,}996 \times 10^{-3}\text{ kg/s}$$

Inserindo os valores calculados para hc e m na Eq. (a), juntamente com $T_{b1} = 333$ K e $T_s = 353$ K, resulta:

$$(1\,487\text{ W/m}^2\text{ K})\pi(0{,}00254\text{ m})(0{,}3\text{ m})\left(353 - \frac{333 + T_{b2}}{2}\right)(\text{K})$$
$$= (0{,}996 \times 10^{-3}\text{ kg/s})(4\,181\text{ J/kg K})(T_{b2} - 333)(\text{K}) \tag{b}$$

Resolvendo para T_{b2}, resulta:

$$T_{b2} = 345\text{ K}$$

Para a segunda iteração, avaliaremos todas as propriedades na nova temperatura média de volume:

$$\bar{T}_b = \frac{345 + 333}{2} = 339\text{ K}$$

De acordo com os dados da Tabela 13 no Apêndice 2, a esta temperatura, obtemos:

$$\rho = 980\text{ kg/m}^3$$
$$c_p = 4\,185\text{ J/kg K}$$
$$\mu = 4{,}36 \times 10^{-4}\text{ N s/m}^2$$
$$k = 0{,}662\text{ W/m K}$$
$$\text{Pr} = 2{,}78$$

Recalculando o Número de Reynolds com as propriedades com base na nova temperatura média do volume, resulta:

$$\text{Re}_D = \frac{\rho\bar{U}D}{\mu} = \frac{(980\text{ kg/m}^3)(0{,}2\text{ m/s})(2{,}54 \times 10^{-3}\text{ m})}{4{,}36 \times 10^{-4}\text{ kg/ms}} = 1\,142$$

Com esse valor de Re_D, o coeficiente de transferência de calor pode agora ser calculado. Na segunda iteração, obtém-se $\text{Re}_D\text{Pr}(D/L) = 26{,}9$, $\overline{\text{Nu}}_D = 5{,}67$ e $\bar{h}_c = 1\,479$ W/m² K. Substituindo o novo valor de $\bar{h}_c$ na Eq. (b), resulta $T_{b2} = 345$ K. Devido à pequena diferença de temperatura entre o volume e a parede, outras iterações não afetarão sensivelmente os resultados neste exemplo. Nos casos em que é grande a diferença de temperatura, uma segunda iteração pode ser necessária.

Recomenda-se que os resultados sejam verificados com a utilização do método LMTD com a Eq. (6.37).

6.3.4 Efeito da convecção natural

Uma complicação adicional para a determinação de um coeficiente de transferência de calor no fluxo laminar ocorre quando as forças de flutuação são da mesma ordem de grandeza que as forças externas devido à circulação forçada. Tal condição pode surgir em refrigeradores de óleo quando baixas velocidades de fluxo são empregadas. Isso também ocorre no resfriamento das partes rotativas, tais como as lâminas do rotor das turbinas a gás e estatorreatores ligados às hélices de helicópteros, as forças de convecção natural podem ser tão grandes que o seu efeito sobre o padrão da velocidade não pode ser desprezado, mesmo em fluxo de alta velocidade. Quando as forças de flutuação externas estão na mesma direção, tal como as forças gravitacionais sobrepostas em fluxo ascendente, aumentam a taxa de transferência de calor. Quando as forças de flutuação e externas atuam em direções opostas, a transferência de ca-

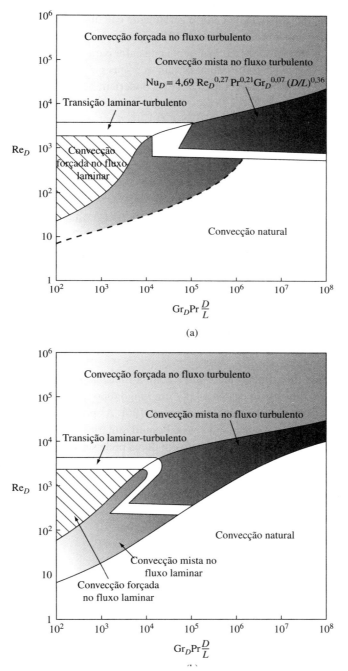

FIGURA 6.16 Regimes de convecção forçada, natural e mista para (a) fluxo em tubo horizontal, e (b) fluxo em tubo vertical.
Fonte: Cortesia de B. Metais; E. R. G. Eckert, Forced, Free, and Mixed Convection Regimes, *Trans. ASME. Ser. C. J. Heat Transfer*, v. 86, 1964, p. 295-298.

lor é reduzida. Eckert et al. [14, 15] estudaram a transferência de calor no escoamento misto e os seus resultados são apresentados qualitativamente nas figuras 6.16(a) e (b). Na área escura sombreada, a contribuição da convecção natural para a transferência de calor total é menor que 10%, enquanto, na área sombreada levemente, os efeitos da convecção forçada são menos de 10% e predomina a convecção natural. Na área não sombreada, a convecção natural e a forçada são da mesma ordem de grandeza. Na prática, os efeitos da convecção natural quase nunca são significativos no fluxo turbulento [21]. Nos casos em que é duvidoso se o fluxo de convecção forçada ou natural se aplica, o coeficiente de transferência de calor é geralmente calculado usando as relações de convecção forçada e natural separadamente e o maior deles é usado [22]. A precisão desta regra é estimada em cerca de 25%.

A influência da convecção natural sobre a transferência de calor para fluidos em tubos horizontais isotérmicos foi investigada por Depew e August [23]. Eles descobriram que seus próprios dados com $L/D = 28,4$, bem como os dados previamente disponíveis para tubos com $L/D > 50$, poderiam ser correlacionados pela seguinte equação:

$$\overline{\mathrm{Nu}}_D = 1{,}75 \left(\frac{\mu_b}{\mu_s}\right)^{0,14} [\mathrm{Gz} + 0{,}12(\mathrm{Gz}\mathrm{Gr}_D^{1/3}\,\mathrm{Pr}^{0,36})^{0,88}]^{1/3} \tag{6.46}$$

Na Eq. (6.46), Gz é o Número de Graetz, definido por

$$\mathrm{Gz} = \left(\frac{\pi}{4}\right) \mathrm{Re}_D \mathrm{Pr} \left(\frac{D}{L}\right)$$

O Número de Grashof, Gr_D é definido pela Eq. (5.8). A Equação (6.46) foi desenvolvida a partir de dados experimentais com parâmetros adimensionais na faixa de $25 < \mathrm{Gz} < 700$, $5 < \mathrm{Pr} < 400$ e $250 < \mathrm{Gr}_D < 10^5$. As propriedades físicas, com exceção para μ_s, devem ser avaliadas na temperatura média de volume.

Correlações para tubos e dutos verticais são consideravelmente mais complicadas, pois dependem da direção relativa do fluxo de calor e da convecção natural. Um resumo das informações disponíveis é apresentado em Metais e Eckert [24] e Rohsenow et al. [25].

6.4 * Analogia entre momento e transferência de calor em fluxo turbulento

Para ilustrar as variáveis físicas mais importantes que afetam a transferência de calor por convecção forçada turbulenta para, ou a partir de, fluidos que se deslocam por um longo tubo ou duto, devemos desenvolver a chamada *analogia de Reynolds* entre calor e transferência de momento [26]. As premissas necessárias para a analogia simples são válidas apenas para fluidos tendo um Número de Prandtl unitário, mas a relação fundamental entre a transferência de calor e o atrito do fluido para o escoamento em dutos pode ser ilustrada para esse caso, sem introduzir dificuldades matemáticas. Os resultados da análise simples podem também ser estendidos para outros líquidos por meio de fatores empíricos de correção.

A taxa de fluxo de calor por área unitária em um fluido pode ser relacionada com o gradiente de temperatura pela equação desenvolvida anteriormente:

$$\frac{q_c}{A \rho c_p} = -\left(\frac{k}{\rho c_p} + \varepsilon_H\right) \frac{dT}{dy} \tag{6.47}$$

Da mesma forma, a tensão de cisalhamento provocada pela ação combinada das forças de viscosidade e a transferência do momento turbulento é dada por:

$$\frac{\tau}{\rho} = \left(\frac{\mu}{\rho} + \varepsilon_M\right) \frac{du}{dy} \tag{6.48}$$

De acordo com a analogia de Reynolds, calor e momento são transferidos por meio de processos análogos no fluxo turbulento. Por conseguinte, tanto q quanto τ variam de acordo com y, a distância da superfície, da mesma maneira. Para o fluxo turbulento totalmente desenvolvido em um tubo, a tensão de cisalhamento local aumenta linearmente com a distância radial r. Assim, podemos escrever:

$$\frac{\tau}{\tau_s} = \frac{r}{r_s} = 1 - \frac{y}{r_s} \tag{6.49}$$

e

$$\frac{q_c/A}{(q_c/A)_s} = \frac{r}{r_s} = 1 - \frac{y}{r_s} \tag{6.50}$$

em que o subscrito s indica as condições na superfície interna do tubo. Introduzindo as equações (6.49) e (6.50) nas equações (6.47) e (6.48) respectivamente, resulta:

$$\frac{\tau_s}{\rho}\left(1 - \frac{y}{r_s}\right) = \left(\frac{\mu}{\rho} + \varepsilon_M\right)\frac{du}{dy} \tag{6.51}$$

e

$$\frac{q_{c,s}}{A_s\rho c_p}\left(1 - \frac{y}{r_s}\right) = -\left(\frac{k}{\rho c_p} + \varepsilon_H\right)\frac{dT}{dy} \tag{6.52}$$

Se $\varepsilon_H = \varepsilon_M$, as expressões entre parênteses nos lados da direita das equações (6.51) e (6.52) serão iguais desde que a difusividade molecular do momento μ/ρ seja igual à difusividade molecular do calor $k/\rho c_p$, isto é, o Número de Prandtl seja da ordem da unidade. Dividindo a Eq. (6.52) pela Eq. (6.51) resulta, sob essas restrições,

$$\frac{q_{c,s}}{A_s c_p \tau_s} du = -dT \tag{6.53}$$

A integração da Eq. (6.53) entre a parede, em que $u = 0$ e $T = T_s$ e o volume do fluido, sendo $u = \bar{U}$ e $T = T_b$, resulta:

$$\frac{q_s \bar{U}}{A_s c_p \tau_s} = T_s - T_b$$

que também pode ser escrita na forma:

$$\frac{\tau_s}{\rho \bar{U}^2} = \frac{q_s}{A_s(T_s - T_b)} \frac{1}{c_p \rho \bar{U}} = \frac{\bar{h}_c}{c_p \rho \bar{U}} \tag{6.54}$$

uma vez que $\bar{h}_c$ é, por definição, igual a $q_s/A_s(T_s - T_b)$. Multiplicando o numerador e o denominador do lado direito por $D_H \mu k$ e reagrupando, resulta:

$$\frac{\bar{h}_c}{c_p \rho \bar{U}} \frac{D_H \mu k}{D_H \mu k} = \left(\frac{\bar{h}_c D_H}{k}\right)\left(\frac{k}{c_p \mu}\right)\left(\frac{\mu}{\bar{U} D_H \rho}\right) = \frac{\overline{Nu}}{RePr} = \overline{St}$$

em que $\overline{St}$ é o *Número de Stanton*.

Para trazer o lado esquerdo da Eq. (6.54) para uma forma mais conveniente, usamos as equações (6.13) e (6.14):

$$\tau_s = f\frac{\rho \bar{U}^2}{8}$$

Substituindo a Eq. (6.14) para τ_s na Eq. (6.54) finalmente se produz uma relação entre o Número de Stanton $\overline{St}$ e o fator de atrito

$$\overline{St} = \frac{\overline{Nu}}{RePr} = \frac{f}{8} \tag{6.55}$$

a *analogia de Reynolds* para o fluxo em um tubo. Ela concorda muito bem com os dados experimentais para a transferência de calor em gases cujo Número de Prandtl está próximo da unidade.

De acordo com os dados experimentais para os fluidos que se deslocam nos tubos lisos na faixa dos Números de Reynolds de 10 000 a 1 000 000, o fator de atrito é determinado pela relação empírica [17]

$$f = 0{,}184 Re_D^{-0{,}2} \tag{6.56}$$

Usando essa relação, a Eq. (6.55) pode ser escrita como

$$\overline{St} = \frac{\overline{Nu}}{RePr} = 0{,}023Re_D^{-0{,}2} \qquad (6.57)$$

Desde que Pr seja considerada unidade,

$$\overline{Nu} = 0{,}023Re_D^{0{,}8} \qquad (6.58)$$

ou

$$\overline{h}_c = 0{,}023\overline{U}^{0{,}8}D^{-0{,}2}k\left(\frac{\mu}{\rho}\right)^{-0{,}8} \qquad (6.59)$$

Observe que, no fluxo turbulento totalmente estabelecido, o coeficiente de transferência de calor é diretamente proporcional à velocidade elevada à potência 0,8, mas inversamente proporcional ao diâmetro do tubo elevado à potência 0,2. Para dada taxa de escoamento, um aumento no diâmetro do tubo reduz a velocidade e, assim, provoca uma diminuição em $\overline{h}_c$ proporcional a $1/D^{1,8}$. O uso de tubos pequenos e altas velocidades, por conseguinte, conduz a grandes coeficientes de transferência de calor, mas, ao mesmo tempo, a energia necessária para vencer a resistência da fricção é aumentada. Assim, no projeto do equipamento de troca de calor, é necessário encontrar um equilíbrio entre o ganho nas taxas de transferência de calor, obtidas pela utilização de dutos tendo áreas de seção transversal pequenas, e o aumento que o acompanha nos requisitos de bombeamento.

A Fig. 6.17 apresenta o efeito da rugosidade da superfície no coeficiente de atrito. Observamos que o coeficiente de atrito aumenta sensivelmente com a rugosidade relativa, definida como a razão entre a altura média de aspereza e o diâmetro D. De acordo com a Eq. (6.55), seria de esperar que a rugosidade da superfície, que aumenta o coeficiente de atrito, também aumentasse a condutância de convecção. Experimentos realizados por Cope [28] e Nunner [29] estão qualitativamente de acordo com essa previsão, mas é necessário um significativo aumento na rugosidade superficial para melhorar sensivelmente a taxa de transferência de calor. Uma vez que um aumento da rugosidade da superfície provoca um aumento substancial na resistência ao atrito, para a mesma queda de pressão, a taxa de transferência de calor obtida em um tubo liso é maior que a em um tubo áspero em fluxo turbulento.

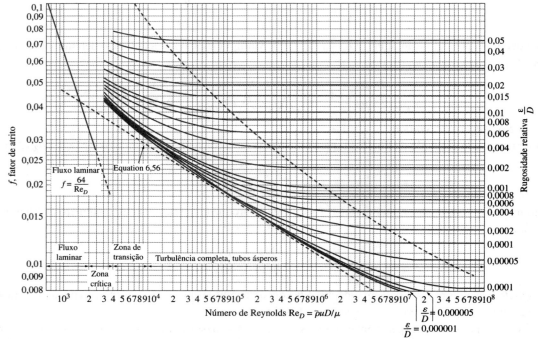

FIGURA 6.17 **Fator de atrito *versus* o Número de Reynolds para fluxo laminar e turbulento em tubos com várias rugosidades de superfície.**
Fonte: Cortesia de L. F. Moody, Friction Factor for Pipe Flow, *Trans. ASME*, v. 66, 1944.

Medições por Dipprey e Sabersky [30] em tubos com rugosidade artificialmente variada com grãos de areia encontram-se resumidas na Fig. 6.18, na qual o Número de Stanton é traçado em relação ao Número de Reynolds para vários valores da razão de rugosidade ε/D. A linha reta inferior é para tubos lisos. Nos Números de Reynolds pequenos, St tem o mesmo valor para as superfícies de tubos ásperas e lisas. Quanto maior for o valor de ε/D, menor o valor de Re no qual a transferência de calor começa a melhorar com o aumento do Número de Reynolds. Mas, para cada valor de ε/D, o Número de Stanton atinge um máximo e, com um aumento adicional do Número de Reynolds, começa a diminuir.

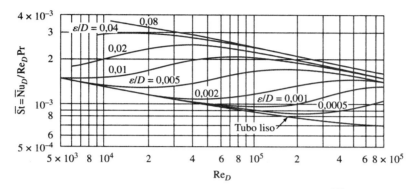

FIGURA 6.18 Transferência de calor em tubos artificialmente rugosos, $\overline{St}$ versus Re para vários valores de ε/D de acordo com Dipprey e Sabersky [30].
Fonte: Cortesia de T. Von Karman, The Analogy between Fluid Friction and Heat Transfer, *Trans. ASME*, v. 61, 1939, p. 705.

6.5 Correlações empíricas para convecção forçada turbulenta

A analogia de Reynolds apresentada na seção anterior foi estendida de forma semianalítica para fluidos com Números de Prandtl maiores que a unidade em [31-34] e para metais líquidos com números muito pequenos de Prandtl em [31]. Contudo, os fenômenos de convecção forçada turbulenta são tão complexos que as correlações empíricas são utilizadas na prática em projetos de engenharia.

6.5.1 Dutos e tubos

A equação de Dittus-Boelter [35] estende a analogia de Reynolds para fluidos com Números de Prandtl entre 0,7 e 160 multiplicando o lado direito da Eq. (6.58) por um fator de correção da forma Pr^n:

$$\overline{Nu}_D = \frac{\bar{h}_c D}{k} = 0{,}023 Re_D^{0{,}8} Pr^{\,n} \qquad (6.60)$$

onde

$$n = \begin{cases} 0{,}4 & \text{para aquecimento} \quad (T_s > T_b) \\ 0{,}3 & \text{para resfriamento} \quad (T_s < T_b) \end{cases}$$

Com todas as propriedades nessa correlação avaliadas na temperatura de volume T_b, a Eq. (6.60) foi confirmada experimentalmente para dentro de ±25% para uma temperatura de parede uniforme, bem como as condições de fluxo de calor uniformes dentro das seguintes faixas de parâmetros:

$$0{,}5 < Pr < 120$$
$$6\,000 < Re_D < 10^7$$
$$60 < (L/D)$$

Uma vez que esta correlação não considera as variações nas propriedades físicas devido ao gradiente de temperatura em determinada seção transversal, deve ser usada apenas para situações com diferenças de temperatura moderadas ($T_s - T_b$).

Para situações em que haja variações significativas de propriedades devido à grande diferença de temperatura ($T_s - T_b$), é recomendada uma correlação desenvolvida por Sieder e Tate [16]:

$$\overline{\mathrm{Nu}}_D = 0,027 \mathrm{Re}_D^{0,8} \mathrm{Pr}^{1/3} \left(\frac{\mu_b}{\mu_s}\right)^{0,14} \quad (6.61)$$

Na Eq. (6.61), todas as propriedades, exceto μ_s, são avaliadas na temperatura de volume. A viscosidade μ_s é avaliada na temperatura da superfície. A Eq. (6.61) é apropriada para a temperatura de parede uniforme e fluxo de calor uniforme na seguinte gama de condições:

$$0,7 < \mathrm{Pr} < 10\,000$$
$$6\,000 < \mathrm{Re}_D < 10^7$$
$$60 < (L/D)$$

Para considerar a variação nas propriedades físicas, devido ao gradiente de temperatura na direção do fluxo, a superfície e as temperaturas de volume devem ser os valores de meio caminho entre a entrada e a saída do duto. Para dutos de formas diferentes de seção transversal circular, as equações (6.60) e (6.61) podem ser usadas se o diâmetro D for substituído pelo diâmetro hidráulico D_H.

Uma correlação semelhante à Eq. (6.61), mas restrita a gases, foi proposta por Kays e London [17] para dutos longos:

$$\overline{\mathrm{Nu}}_{D_H} = C \mathrm{Re}_{D_H}^{0,8} \mathrm{Pr}^{0,3} \left(\frac{T_b}{T_s}\right)^n \quad (6.62)$$

em que todas as propriedades são baseadas na temperatura de volume T_b. A constante C e o expoente n são:

$$C = \begin{cases} 0,020 & \text{para a temperatura da superfície uniforme } T_s \\ 0,020 & \text{para o fluxo de calor uniforme } q_s'' \end{cases}$$

$$n = \begin{cases} 0,020 & \text{para aquecimento} \\ 0,150 & \text{para resfriamento} \end{cases}$$

Correlações empíricas mais complexas foram propostas por Petukhov e Popov [38] e por Sleicher e Rouse [37]. Seus resultados são apresentados na Tabela 6.3, os quais apresentam quatro equações empíricas de correlação amplamente utilizadas pelos engenheiros para prever o coeficiente de transferência de calor para a convecção forçada turbulenta em tubos longos, lisos e circulares. Um estudo experimental cuidadoso com água aquecida em tubos lisos com Números de Prandtl de 6,0 e 11,6 mostrou que as correlações de Petukhov-Popov e de Sleicher-Rouse concordaram com os dados sobre uma faixa de Número de Reynolds entre 10 000 e 100 000 dentro de ±5%, enquanto as correlações de Dittus-Boelter e Sieder-Tate, muito utilizadas pelos engenheiros na transferência de calor, subestimam os dados de 5 a 15% [38]. A Fig. 6.19 mostra uma comparação dessas equações com os dados experimentais com Pr = 6,0 (água a 26,7°C). O exemplo seguinte ilustra o uso de algumas dessas correlações empíricas.

TABELA 6.3 Correlações de transferência de calor para líquidos e gases em fluxo incompressível por tubos e dutos

Nome (referência)	Fórmula[a]	Condições	Equação
Dittus-Boelter [35]	$\overline{Nu}_D = 0{,}23 Re_D^{0{,}8} Pr^n$ $n \begin{cases} = 0{,}4 & \text{para aquecimento} \\ = 0{,}3 & \text{para resfriamento} \end{cases}$	$0{,}5 < Pr < 120$ $6\,000 < Re_D < 10^7$	(6.60)
Sieder-Tate [16]	$\overline{Nu}_D = 0{,}027 Re_D^{0{,}8} Pr^{0{,}3} \left(\dfrac{\mu_b}{\mu_s}\right)^{0{,}14}$	$6\,000 < Re_D < 10^7$ $0{,}7 < Pr < 10^4$	(6.61)
Petukhov-Popov [36]	$\overline{Nu}_D = \dfrac{(f/8) Re_D Pr}{K_1 + K_2 (f/8)^{1/2} (Pr^{2/3} - 1)}$ em que $f = (1{,}82 \log_{10} Re_D - 1{,}64)^{-2}$ $K_1 = 1 + 3{,}4 f$ $K_2 = 11{,}7 + \dfrac{1{,}8}{Pr^{1/3}}$	$0{,}5 < Pr < 2\,000$ $10^4 < Re_D < 5 \times 10^6$	(6.63)
Sleicher-Rouse [37]	$\overline{Nu}_D = 5 + 0{,}015 Re_D^a Pr_s^b$ em que $a = 0{,}88 - \dfrac{0{,}24}{4 + Pr_s}$ $b = 1/3 + 0{,}5 e^{-0{,}6 Pr_s}$	$0{,}1 < Pr < 10^5$ $10^4 < Re_D < 10^6$	(6.64)

[a]Todas as propriedades são avaliadas na temperatura do volume do fluido, exceto quando indicado. Os subscritos b e s indicam as temperaturas do volume e de superfície, respectivamente.

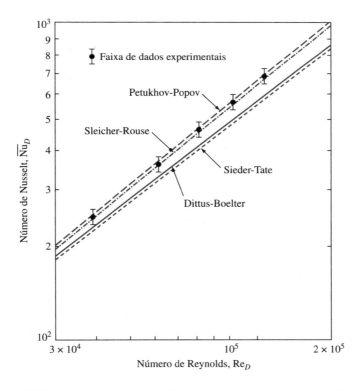

FIGURA 6.19 Comparação do Número de Nusselt previsto e medido para o fluxo turbulento de água em um tubo (26,7°C; Pr = 6,0).

EXEMPLO 6.5 Determine o Número de Nusselt para a água fluindo a uma velocidade média de 3 m/s em um anel formado entre um tubo de 2,5 cm de diâmetro externo e um tubo de 3,7 cm de diâmetro interno, como mostrado na Fig. 6.20. A água está a 80°C e está sendo resfriada. A temperatura da parede interna é de 37°C e a parede externa do anel é isolada. Despreze os efeitos de entrada e compare os resultados obtidos a partir das quatro equações da Tabela 6.3. As propriedades da água são apresentadas abaixo em unidades de engenharia.

T (°C)	m (kg/h m)	k (W/mk)	p (kg/m³)	c (kJ/kg k)
37	2,48	0,62	987,3	4,186
60	1,70	0,66	976,2	4,186
82	1,11	0,675	968,2	4,186

SOLUÇÃO O diâmetro hidráulico, D_H, para essa geometria é de 1,2 cm. O Número de Reynolds com base no diâmetro hidráulico e nas propriedades da temperatura do volume, é:

$$\mathrm{Re}_{D_H} = \frac{\rho \bar{U} D_H}{\mu}$$

$$= \frac{(968{,}2 \text{ kg/m}^3)(3 \text{ m/s})(1{,}2 \text{ cm})(1/100 \text{ m/cm})}{(3{,}094 \times 10^{-4} \text{ kg/ms})}$$

$$= 112\,650$$

O Número de Prandtl é:

$$\Pr = \frac{c_p \mu}{k} = \frac{(4{,}186 \text{ kJ/kg k})(3{,}094 \times 10^{-4} \text{ kg/ms})}{(0{,}67 \text{ W/mk}) \times \left(\dfrac{1}{1\,000} \dfrac{\text{kW}}{\text{W}}\right)}$$

$$= 1{,}93$$

O Número de Nusselt, de acordo com a correlação de Dittus-Boelter [Eq. (6.60)], é:

$$\overline{\mathrm{Nu}}_{D_H} = 0{,}023 \,\mathrm{Re}_{D_H}^{0{,}8} \Pr^{0{,}3} = (0{,}023)(11\,000)(1{,}22) = 308$$

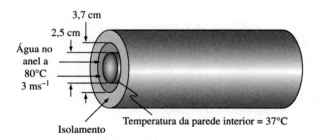

FIGURA 6.20 Diagrama esquemático do anel para o resfriamento de água no Exemplo 6.5.

Usando a correlação de Sieder-Tate [Eq. (6.61)], obtemos:

$$\overline{\mathrm{Nu}}_{D_H} = 0{,}027 \mathrm{Re}_{D_H}^{0{,}8} \Pr^{0{,}3} \left(\frac{\mu_b}{\mu_s}\right)^{0{,}14}$$

$$= (0{,}027)(11\,000)(1{,}22)\left(\frac{2{,}32 \times 10^{-4}}{5{,}17 \times 10^{-4}}\right)^{0{,}14} = 340$$

A correlação de Petukhov-Popov [Eq. (6.63)] resulta:

$$f = (1{,}82 \log_{10} \text{Re}_{D_H} - 1{,}64)^{-2} = (9{,}194 - 1{,}64)^{-2} = 0{,}0175$$

$$K_1 = 1 + 3{,}4f = 1{,}0595$$

$$K_2 = 11{,}7 + \frac{1{,}8}{\text{Pr}^{0{,}33}} = 13{,}15$$

$$\overline{\text{Nu}}_{D_H} = \frac{f \, \text{Re}_{D_H} \text{Pr}/8}{K_1 + K_2(f/8)^{1/2}(\text{Pr}^{0{,}67} - 1)}$$

$$= \frac{(0{,}0175)(112\,650)(1{,}93/8)}{1{,}0593 + (13{,}15)(0{,}0175/8)^{1/2}(0{,}553)}$$

$$= 340$$

A correlação de Sleicher-Rouse [Eq. (6.64)] produz:

$$\overline{\text{Nu}}_{D_H} = 5 + 0{,}015 \text{Re}_D^a \text{Pr}_s^b; \text{ onde } \text{Pr}_s = \left.\frac{\mu C_p}{k}\right|_{t=t_s} = 4{,}43 \; (t_s = 37°C)$$

$$a = 0{,}88 - \frac{0{,}24}{4 + 4{,}43} = 0{,}88 - 0{,}0285 = 0{,}851$$

$$b = \frac{1}{3} + \frac{0{,}5}{e^{0{,}6\,\text{Pr}_s}} = 0{,}333 + \frac{0{,}5}{14{,}27} = 0{,}368$$

Para as propriedades com base na temperatura da superfície (37°C), $\text{Re}_D = 73\,840$

$$\overline{\text{Nu}}_{D_H} = 5 + (0{,}015)(73\,840)^{0{,}851}(4{,}43)^{0{,}368}$$

$$= 5 + (0{,}015)(13\,897)(1{,}729) = 365$$

Considerando que a resposta correta é $\overline{\text{Nu}}_{D_H} = 340$, a primeira equação subestima $\overline{\text{Nu}}_{D_H}$ em cerca de 10%, enquanto o método de Sleicher-Rouse superestima o valor em cerca de 7%.

Deve ser observado que, em geral, as temperaturas da superfície e da película não são conhecidas e, por conseguinte, a utilização da Eq. (6.64) requer iteração para grandes diferenças de temperatura. A principal dificuldade em aplicar a Eq. (6.63) para as condições com propriedades que variam é que o fator de atrito, f, pode ser afetado pelo aquecimento ou pelo resfriamento de uma forma desconhecida. Assim, para se considerar os efeitos de propriedades variáveis na seção transversal do fluxo, devido a uma diferença significativa de temperatura entre a superfície do tubo e o fluido do volume, muitas vezes, é utilizado um fator de correção. Este está geralmente na forma de uma razão da viscosidade do volume com a superfície elevada a alguma potência ou da razão da temperatura elevada a uma potência, dependendo se o fluido é aquecido ou resfriado dentro do tubo; são dados dois exemplos nas equações (6.61) e (6.62).

Para gases e líquidos escoando em tubos circulares curtos ($2 < L/D < 60$) com contrações abruptas na entrada, que é a configuração de entrada de maior interesse no projeto de trocador de calor, o efeito de entrada para os Números de Reynolds correspondentes ao fluxo turbulento torna-se importante [40]. Uma extensa análise teórica da transferência de calor e da queda de pressão nas zonas de entrada das passagens lisas é dada em [41] e um levantamento completo dos resultados experimentais para vários tipos de condições de entrada é dado em [40].

A equação de Gnielinski é a mais aceita e, por isso, mais utilizada atualmente para fluxos turbulentos em tubos circulares, pois ela considera tanto a propriedade variável quanto os efeitos do comprimento de entrada [42]. Ela é uma modificação da equação de Petukhov e Popov [36], válida para o fluxo de passagem e regimes de fluxo turbulento totalmente desenvolvido ($2\,300 \leq \text{Re}_D \leq 5 \times 10^6$), bem como uma ampla variedade de fluidos ($0{,}5 < \text{Pr} \leq 200$) e é expressa como segue:

$$\overline{\mathrm{Nu}}_D = \frac{(f/8)(\mathrm{Re}_D - 1\,000)\,\mathrm{Pr}}{1 + 12{,}7(f/8)^{1/2}(\mathrm{Pr}^{2/3} - 1)}\left[1 + (D/L)^{2/3}\right]K \qquad (6.65)$$

em que

$$K = \begin{cases} (\mathrm{Pr}_b/\mathrm{Pr}_s)^{0,11} & \text{para líquidos} \\ (T_b/T_s)^{0,45} & \text{para gases} \end{cases}$$

e o fator de atrito f é calculado com base na mesma expressão usada na correlação de Petukhov e Popov da Eq. (6.65), conforme listado na Tabela 6.3. É possível observar que, em vez de uma relação de viscosidade, a razão entre o Número de Prandtl do volume do fluido e as temperaturas da superfície do tubo foi utilizada para considerar os efeitos das propriedades variáveis. Esse mesmo fator de correção também pode ser usado como um multiplicador para calcular f.

6.5.2 Dutos de forma não circular

Passagens de fluxo retangular, oval, trapezoidal e anular concêntrica, entre outras, são frequentemente utilizadas em muitos trocadores de calor. Alguns exemplos incluem trocadores de calor de placa-aleta, tubo oval-aleta e tubo-duplo. A prática geralmente aceita na maioria dos casos, com um bom grau de precisão, conforme verificado com os dados experimentais [43], é usar as correlações de tubo circular com todas as variáveis adimensionais com base no diâmetro hidráulico para estimar tanto o coeficiente de transferência de calor por convecção quanto o fator de atrito em fluxos turbulentos. Assim, quaisquer das correlações listadas na Tabela 6.3 podem ser empregadas, embora a recomendação mais frequente, em muitos manuais, é para a correlação de Gnielinski da Eq. (6.65).

A exceção para essa regra é o caso de fluxos turbulentos em anéis concêntricos nos quais as curvaturas dos diâmetros interno e externo, ou D_i e D_o, tendem a ter um efeito sobre o comportamento convectivo, especialmente quando a relação (D_i/D_o) é pequena [44, 45]. Com base em dados experimentais e em uma análise estendida [44], a seguinte correlação tem sido proposta:

$$\overline{\mathrm{Nu}}_{D_H} = \overline{\mathrm{Nu}}_c\left[1 + \{0{,}8(D_i/D_o)^{-0,16}\}^{15}\right]^{1/15} \qquad (6.66)$$

em que $\overline{\mathrm{Nu}}_c$ é calculado a partir da Eq. (6.65), novamente usando o diâmetro hidráulico da seção transversal anular, $D_H = (D_o - D_i)$ como escala de comprimento. O efeito da curvatura da parede do duto representado pela razão dos diâmetros usada na Eq. (6.66) é uma forma modificada do fator de correção considerado por Petukhov e Roizen [45]. Além disso, se os efeitos das variações da temperatura nas propriedades do fluido da seção transversal do fluxo forem incluídos na análise, então o mesmo fator de correção K recomendado na Eq. (6.65) pode ser empregado para líquidos ou gases.

6.5.3 Metais líquidos

Metais líquidos têm sido utilizados como meio de transferência de calor, pois apresentam certas vantagens em relação a outros líquidos comuns utilizados para o mesmo propósito. Sódio, mercúrio, chumbo e ligas de chumbo-bismuto são metais líquidos que têm pontos de fusão relativamente baixos e combinam elevadas densidades com baixas pressões de vapor a temperaturas elevadas, bem como com grandes condutividades térmicas que variam de 10 a 100 W/m K. Esses metais podem ser utilizados em uma vasta gama de temperaturas, têm grande capacidade de calor por volume unitário e grandes coeficientes de transferência de calor por convecção. São especialmente adequados para uso em usinas nucleares, onde são liberadas grandes quantidades de calor que devem ser removidas de um pequeno volume. O desenvolvimento de bombas eletromagnéticas facilitou a eliminação de alguns problemas de segurança no manuseio e no bombeamento desses metais.

Mesmo em um fluxo altamente turbulento, o efeito de turbilhão em metais líquidos tem uma importância secundária em relação à condução. O perfil da temperatura é estabelecido mais rapidamente que o perfil da velocidade. Para aplicações típicas, a suposição de um perfil de velocidade uniforme (chamado "fluxo de bolas") pode dar resultados satisfatórios, embora a evidência experimental seja insuficiente para uma avaliação quantitativa do possível desvio da solução analítica para *fluxo de bolas*. As equações empíricas para gases e líquidos, portanto, não se aplicam. Estão disponíveis várias análises teóricas para a avaliação do Número de Nusselt, entretanto, ainda existem algumas discrepâncias inexplicáveis entre dados experimentais e resultados analíticos. Tais discrepâncias podem ser observadas na Fig. 6.21, na qual os Números de Nusselt medidos experimentalmente para o aquecimento de mercúrio em tubos longos são comparados com a análise de Martinelli [2].

Lubarsky e Kaufman [46] descobriram que a relação

$$\overline{\text{Nu}}_D = 0{,}625(\text{Re}_D\text{Pr})^{0{,}4} \tag{6.67}$$

correlacionou empiricamente a maioria dos dados na Fig. 6.21, mas a faixa de erro era substancial. Acredita-se que os pontos apresentados que estão muito abaixo da média foram obtidos em sistemas em que o metal líquido não "molhou" a superfície. No entanto, não há conclusões definitivas sobre o efeito de molhamento até o momento.

De acordo com Skupinski et al. [47], o Número de Nusselt para metais líquidos que fluem em tubos lisos pode ser obtido com base na seguinte equação:

$$\overline{\text{Nu}}_D = 4{,}82 + 0{,}0185(\text{Re}_D\text{Pr})^{0{,}827} \tag{6.68}$$

se o fluxo de calor for uniforme na faixa $\text{Re}_D\text{Pr} > 100$ e $L/D > 30$, com todas as propriedades avaliadas na temperatura de volume.

De acordo com uma investigação da região de entrada térmica para o fluxo turbulento de um metal líquido em um tubo com o fluxo de calor uniforme, o Número de Nusselt depende somente do

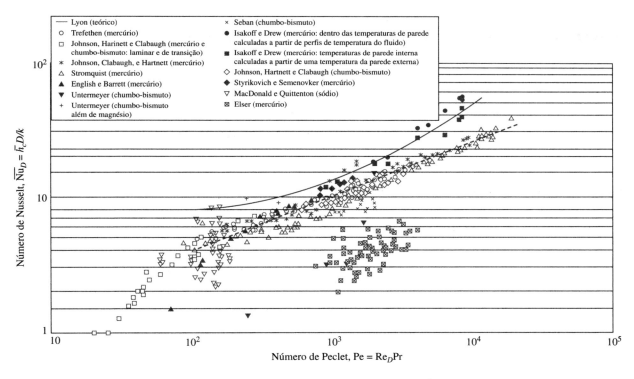

FIGURA 6.21 Comparação dos Números de Nusselt medidos e previstos para metais líquidos aquecidos em tubos longos com fluxo de calor uniforme.
Fonte: Cortesia do National Advisory Committee for Aeronautics, NACA TN 3363.

Número de Reynolds quando $\text{Re}_D\text{Pr} < 100$. Para essas condições, Lee [48] verificou que a equação

$$\overline{\text{Nu}}_D = 3{,}0\text{Re}_D^{0{,}0833} \tag{6.69}$$

é adequada para ser usada na análise. A convecção nas regiões de entrada para os fluidos com um pequeno Número de Prandtl também tem sido investigada analiticamente por Deissler [41] e os dados experimentais que suportam a análise estão resumidos em [49] e [50]. No fluxo turbulento, o comprimento da entrada térmica $(L/D_H)_{entrada}$ é de aproximadamente 10 diâmetros equivalentes quando o perfil da velocidade já está desenvolvido, e de 30 diâmetros quando desenvolve-se simultaneamente com o perfil de temperatura.

Segundo Seban e Shimazaki [51], para uma temperatura de superfície constante, os dados são correlacionados pela equação:

$$\overline{Nu}_D = 5{,}0 + 0{,}025(Re_D Pr)^{0{,}8} \tag{6.70}$$

na faixa $RePr > 100$, $L/D > 30$.

EXEMPLO 6.6 Um metal líquido escoa a uma taxa de massa de 3 kg/s por um tubo de 5 cm de diâmetro interno com fluxo constante de calor em um reator nuclear. O fluido a 473 K é para ser aquecido e a parede do tubo está 30 K acima dessa temperatura. Determine o comprimento do tubo requerido para um aumento de 1 K na temperatura de volume, usando as seguintes propriedades:

$$\rho = 7{,}7 \times 10^3 \text{ kg/m}^3$$
$$\nu = 8{,}0 \times 10^{-8} \text{ m}^2/\text{s}$$
$$c_p = 130 \text{ J/kg K}$$
$$k = 12 \text{ W/m K}$$
$$Pr = 0{,}011$$

SOLUÇÃO A taxa de transferência de calor por elevação de temperatura unitária é:

$$q = \dot{m} c_p \Delta T = (3{,}0 \text{ kg/s})(130 \text{ J/kg K})(1 \text{ K}) = 390 \text{ W}$$

O Número de Reynolds é:

$$Re_D = \frac{\dot{m}D}{\rho A \nu} = \frac{(3 \text{ kg/s})(0{,}05 \text{ m})}{(7{,}7 \times 10^3 \text{ kg/m}^3)[\pi(0{,}5 \text{ m})^2/4](8{,}0 \times 10^{-8} \text{ m}^2/\text{s})}$$
$$= 1{,}24 \times 10^5$$

O coeficiente de transferência de calor é obtido a partir da Eq. (6.67):

$$\overline{h}_c = \left(\frac{k}{D}\right) 0{,}625 (Re_D Pr)^{0{,}4}$$
$$= \left(\frac{12 \text{ W/m K}}{0{,}05 \text{ m}}\right) 0{,}625 [(1{,}24 \times 10^5)(0{,}011)]^{0{,}4}$$
$$= 2\,692 \text{ W/m}^2 \text{ K}$$

A área de superfície necessária é:

$$A = \pi D L = \frac{q}{\overline{h}_c (T_s - T_b)}$$
$$= \frac{390}{(2\,692 \text{ W/m}^2 \text{ K})(30 \text{ K})}$$
$$= 4{,}83 \times 10^{-3} \text{ m}^2$$

Finalmente, o comprimento requerido é:

$$L = \frac{A}{\pi D} = \frac{4,83 \times 10^{-3}\,\text{m}}{(\pi)(0,05\,\text{m})}$$

$$= 0,0307\,\text{m}$$

6.6 Melhoramento da transferência de calor e arrefecimento de dispositivo eletrônico

6.6.1 Aperfeiçoamento de convecção forçada no interior de tubos

O desenvolvimento e o uso de várias técnicas de *melhoramento* de transferência de calor [52-54] surgem pela necessidade de aumentar o desempenho dos trocadores de calor a fim de reduzir o consumo de energia e material e também o impacto associado à degradação do meio ambiente. Uma variedade de métodos caracterizados como técnicas *passivas* ou *ativas* foi desenvolvida. A diferença principal entre eles é que o primeiro, ao contrário dos métodos ativos, não requer entrada adicional de potência externa que não seja necessária para o movimento do fluido. Técnicas passivas geralmente consistem de modificação geométrica ou de material da superfície de transferência de calor primário; os exemplos incluem superfícies com aletas, inserções de tubos que produzem fluxo em redemoinho e tubos em espiral, entre outras [52-54].

O objetivo do aperfeiçoamento da convecção forçada é aumentar a taxa de transferência de calor q_c, expressa pela seguinte equação de variação:

$$q_c = \bar{h}_c A \Delta T$$

Assim, para uma diferença de temperatura fixa ΔT, aumentando a área da superfície A (tal como é feito no caso de tubos com aletas) ou o coeficiente de transferência convectiva de calor $\bar{h}_c$, alterando o movimento do fluido (tal como é produzido por inserções para fluxo em redemoinho nos tubos), ou aumentando ambos (como é o caso com a utilização de tubos espirais ou helicoidais, serrilhados e outros tipos de aletas), a taxa de transferência de calor q pode ser aumentada. Existe, no entanto, uma dissipação associada à queda de pressão, devido a um aumento das perdas por atrito; a analogia entre a transferência de calor e momento discutida na Seção 6.4 e a associação entre os dois sugere esse resultado. A consequente avaliação de qualquer aperfeiçoamento de transferência de calor efetiva requer uma análise ampliada baseada em critérios de avaliação diferentes e os detalhes de tal avaliação de desempenho podem ser encontrados em [52-54].

Tubos com aletas Em aplicações de convecção forçada de fase única, têm sido muito utilizados tubos com aletas nas superfícies internas, externas ou ambas em trocadores de calor de tubo duplo e tubo e envoltório. Alguns exemplos são apresentados nas figuras 6.22 e 6.23. Nesta seção, serão discutidos os tubos com aletas em sua superfície interna. Embora os dados experimentais para várias geometrias diferentes e arranjos de fluxo tenham sido relatados na literatura, a análise e a interpretação adequadas para a elaboração de correlações entre o Número de Nusselt e o fator de atrito são bastante escassas. Foram realizados também alguns estudos teóricos baseados em simulações computacionais de fluxos forçados convectivos (tanto em regime laminar como em turbulento) em tubos com aletas. Além disso, questões de como modelar os efeitos da dimensão e espessura da aleta, juntamente com a sua geometria longitudinal (aleta helicoidal ou espiral, por exemplo) foram abordadas nesses estudos [53].

Para fluxos laminares no interior de tubos que têm aletas em linha reta ou espirais, com base em dados experimentais para os fluxos de petróleo e utilizando a escala de comprimento diâmetro hidráulico, D_H. Watkinson et al. [55] atribuíram as seguintes correlações para o fator de atrito isotérmico, que é comum para os tubos com aletas retas e com espirais:

FIGURA 6.22 Exemplos típicos de tubos com aletas utilizados em trocadores de calor comerciais.
Fonte: F. W. Brökelmann Aluminiumwerk

$$f_{D_H} = \frac{65,6}{\text{Re}_{D_H}} \left(\frac{D_H}{D_o}\right)^{1,4} \tag{6.71}$$

em que D_o é o diâmetro interno do tubo "nu", isto é, o diâmetro quando todas as aletas são removidas. Para calcular o Número de Nusselt, foram propostas duas equações diferentes. Para tubos com aletas retas, a equação é:

$$\text{Nu}_{D_H} = \frac{1,08 \times \log \text{Re}_{D_H}}{N^{0,5}(1 + 0,01 \text{Gr}_{D_H}^{1/3})} \text{Re}_{D_H}^{0,46} \text{Pr}^{1/3} \left(\frac{L}{D_h}\right)^{1/3} \left(\frac{\mu_s}{\mu_b}\right)^{0,14} \tag{6.72}$$

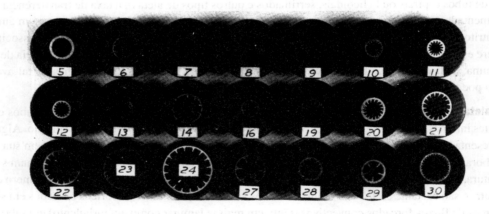

FIGURA 6.23 Perfis de tubos com aletas internas.
Fonte: Cooling Air in Turbulent Flow with Internally Finned Tubes, T. C. Carnavos, Heat Transfer Eng., v. 1, 1979, reproduzido com autorização do editor, Taylor & Francis Group, <http://www.informaworld.com>.

em que N é o número de aletas sobre a periferia do tubo. Para tubos com aletas em espiral, ele é:

$$\text{Nu}_{D_H} = \frac{8,533 \times \log \text{Re}_{D_H}}{(1 + 0,01 \text{Gr}_{D_H}^{1/3})} \text{Re}_{D_H}^{0,26} \text{Pr}^{1/3} \left(\frac{t}{p}\right)^{0,5} \left(\frac{L}{D_h}\right)^{1/3} \left(\frac{\mu_s}{\mu_b}\right)^{0,14} \tag{6.73}$$

em que t é a espessura e p é o passo da espiral de aletas. É possível observar que, enquanto a correção da viscosidade em função da temperatura foi incluída nas expressões para o Número de Nusselt, ela está faltando no fator de atrito dado pela Eq. (6.71). Fica evidente que, para as condições de aquecimento ou arrefecimento, f_{D_H} seria diferente do que em condições isotérmicas, com menor atrito quando o fluido está sendo aquecido e, inversamente, maior atrito quando está sendo resfriado. Em tais casos, pode ser feita uma aproximação de engenharia por meio da inclusão da correção fornecida pelas equações (6.44) e (6.45).

Carnavos [56] apresenta estudos sobre o desempenho da transferência de calor para o resfriamento do ar em fluxo turbulento com 21 tubos diferentes, tendo espiral interna integral e aletas longitudinais (ou retas). Para os perfis dos 21 tubos mostrados na Fig. 6.22, os dados de transferência de calor foram correlacionados dentro de $\pm 6\%$ em Números de Reynolds entre 10^4 e 10^5 pela equação:

$$\overline{\mathrm{Nu}}_{D_H} = 0{,}023 \mathrm{Re}_{D_H}^{0,8} \mathrm{Pr}^{0,4} \left(\frac{A_{fa}}{A_{fc}}\right)^{0,1} \left(\frac{A_n}{A_a}\right)^{0,5} (\sec \alpha)^3 \qquad (6.74)$$

O fator de atrito f_{D_H} foi correlacionado dentro de $\pm 7\%$ para todas as configurações, exceto 11, 12 e 28 (veja Fig. 6.22) pela relação:

$$f_{D_H} = \frac{0{,}184}{\mathrm{Re}_{D_H}^{0,2}} \left(\frac{A_{fa}}{A_{fn}}\right)^{0,5} (\cos \alpha)^{0,5} \qquad (6.75)$$

em que A_{fa} = área da seção transversal livre de fluxo real
A_{fc} = área do fluxo de núcleo aberto dentro das aletas
A_a = área de transferência de calor real
A_n = área de transferência de calor nominal com base em tubo de diâmetro interno sem aletas
α = ângulo de hélice para aletas espirais
A_{fn} = área de fluxo nominal com base em tubo de diâmetro interno sem aletas

Para aplicar essas correlações, as propriedades físicas devem se basear na temperatura média do volume.

Inserção de fita torcida A inserção de fita torcida é um dispositivo eficaz e amplamente utilizado para aumentar o coeficiente de transferência de calor em fluxo de fase única. Tem sido demonstrado o aumento substancial do coeficiente de transferência de calor com uma pequena penalização de queda de pressão [57]. Muitas vezes, é utilizado em novos projetos de trocadores, de modo que, para um serviço específico de troca de calor, pode-se alcançar uma redução significativa da dimensão. Ele também é empregado no reequipamento de trocadores de calor de casco e tubo existentes, de modo a melhorar suas cargas de calor. A facilidade com que os feixes de tubos múltiplos podem ser equipados com inserções de fitas torcidas e a sua remoção, como representado na Fig. 6.24, os torna muito úteis em aplicações nas quais possa ocorrer incrustação e a limpeza frequente do lado do tubo seja necessária.

As características geométricas de uma fita torcida, como mostrado na Fig. 6.24(b), são descritas pelo passo de torção H de 180°, espessura da fita δ, e a largura da fita d (a qual é usualmente cerca de o mesmo que o diâmetro interior D do tubo em fitas ajustadas com e sem aperto). A intensidade da torção da fita é dada pela relação adimensional de torção y ($= H/D$) e, dependendo do diâmetro do tubo e do material da fita, podem ser empregadas inserções com uma razão de torção muito pequena. Quando colocadas dentro de um tubo circular, o campo de fluxo se altera de diversas maneiras: a velocidade ao longo do eixo e o nível de fluido aumentam devido ao bloqueio e particionamento da seção transversal do fluxo, há um incremento no fluxo efetivo ao longo do duto particionado com torção helicoidal e a curvatura helicoidal induz um fluido circular secundário ou um redemoinho. No entanto, o mecanismo mais dominante é a formação de redemoinho, o qual pode ser dimensionado em condições de fluxo laminar por um parâmetro de redemoinho adimensional [58] definido como

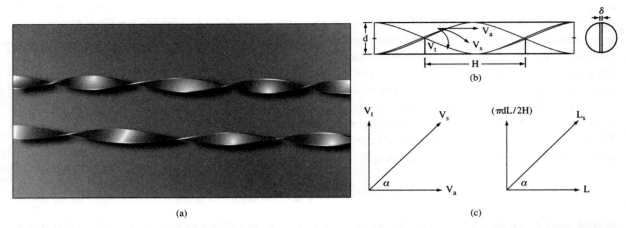

FIGURA 6.24 Inserções de fita torcida: (a) aplicação típica em um trocador de calor de casco e tubo; (b) funcionalidades geométricas características; e (c) a representação da velocidade de fluxo de redemoinho induzida pela fita e o comprimento do fluxo helicoidal, juntamente com os seus respectivos componentes [53, 57].

$$\text{Sw} = \frac{\text{Re}_s}{\sqrt{y}} \tag{6.76}$$

em que

$$\text{Re}_s = \rho V_s D/\mu \qquad V_s = (G/\rho)\left[1 + (\pi/2y)^2\right]^{1/2} \qquad G = \dot{m}/(\pi D^2/4) - 2\delta \tag{6.77}$$

Com base nesse escalonamento do comportamento de redemoinho no regime de fluxo laminar, Manglik e Bergles [58] desenvolveram a seguinte correlação para o fator de atrito isotérmico de Fanning:

$$C_{f,s} = \frac{15{,}767}{\text{Re}_s}\left[\frac{\pi + 2 - 2(\delta/D)}{\pi - 4(\delta/D)}\right]^2 (1 + 10^{-6}\text{Sw}^{2{,}55})^{1/6} \tag{6.78}$$

em que $C_{f,s}$ é baseado na velocidade efetiva do redemoinho e no comprimento do fluxo com redemoinho [veja Fig. 6.24c] ou

$$C_{f,s} = \frac{g_c \Delta p D}{2\rho V_s^2 L_s} \qquad L_s = L\left[1 + \left(\frac{\pi}{2y}\right)^2\right]^{1/2} \tag{6.79}$$

Essa correlação foi encontrada para prever um grande conjunto de dados experimentais para uma ampla gama de fluidos, condições de fluxo ($0 \le \text{Sw} \le 2\,000$), e geometria da fita ($1{,}5 \le y \le \infty$, $0{,}02 \le (\delta/D) \le 0{,}12$) para $\pm 10\%$ [59]. Manglik e Bergles [58] forneceram a seguinte correlação para a transferência de calor no fluxo laminar no interior de tubos circulares montados com uma fita torcida e mantidos a uma temperatura de parede constante ou uniforme:

$$\overline{\text{Nu}}_D = 4{,}612\left(\frac{\mu_b}{\mu_s}\right)^{0{,}14}\left[\left\{\left(1 + 0{,}0951\,\text{Gz}^{0{,}894}\right)^{2{,}5}\right.\right.$$
$$+ 6{,}413 \times 10^{-9}\left(\text{Sw}\cdot\text{Pr}^{0{,}391}\right)^{3{,}835}\bigg\}^2$$
$$\left.+ 2{,}132 \times 10^{-14}\left(\text{Re}_D\cdot\text{Ra}\right)^{2{,}23}\right]^{0{,}1} \tag{6.80}$$

Para as condições mais práticas de aquecimento ou de resfriamento, o fator de atrito dado pela Eq. (6.78) requer um fator de correção para esclarecer as variações das propriedades do fluido na seção transversal do tubo, e isso pode ser feito como:

$$C_{f,\text{transferência de calor}} = C_{f,\text{isotérmico}} \times \begin{cases} (\mu_b/\mu_w)^m & m = \begin{cases} 0{,}65 & \text{aquecimento de líquido} \\ 0{,}58 & \text{arrefecimento de líquido} \end{cases} \\ (T_b/T_w)^{0{,}1} & \text{para aquecimento/arrefecimento de gases} \end{cases} \quad (6.81)$$

O escalonamento do fluxo em redemoinho é encontrado no regime de fluxo turbulento devido às inserções de fitas torcidas com o Sw sendo inaplicável. Em vez disso, Manglik e Bergles [60] equacionaram os dados para o fator de atrito de Fanning isotérmico como

$$C_f = \left(\frac{0{,}0791}{\text{Re}_D^{0{,}25}}\right)\left(1 + \frac{2{,}752}{y^{1{,}29}}\right)\left[\frac{\pi}{\pi - (4\delta/D)}\right]^{1{,}75}\left[\frac{\pi + 2 - (2\delta/D)}{\pi - (4\delta/D)}\right]^{1{,}25} \quad (6.82)$$

Essa equação é capaz de prever os dados experimentais disponíveis para ±5% [57] e corrigir as condições de aquecimento/resfriamento; assim, pode ser adotado o seguinte:

$$C_{f,\text{transferência de calor}} = C_{f,\text{isotérmico}} \begin{cases} (\mu_b/\mu_s)^{0{,}35(d_h/d)} & \text{para líquidos} \\ (T_b/T_s)^{0{,}1} & \text{para gases} \end{cases} \quad (6.83)$$

Para a transferência de calor de fluxo turbulento com $\text{Re}_D \geq 10^4$, a correlação do Número de Nusselt desenvolvido por Manglik e Bergles [60] é expressa como:

$$\overline{\text{Nu}}_D = 0{,}023\,\text{Re}_D^{0{,}8}\,\text{Pr}^{0{,}4}\left[1 + \frac{0{,}769}{y}\right]\left[\frac{\pi + 2 - (2\delta/D)}{\pi - (4\delta/D)}\right]^{0{,}2}$$
$$\times \left[\frac{\pi}{\pi - (4\delta/D)}\right]^{0{,}8} \phi \quad (6.84)$$

em que o fator de correção de relação de propriedade ϕ é dado por:

$$\phi = (\mu_b/\mu_s)^n \text{ ou } (T_b/T_s)^m$$
$$n = \begin{cases} 0{,}18 & \text{aquecimento de líquido} \\ 0{,}30 & \text{resfriamento de líquido} \end{cases} \text{ e } m = \begin{cases} 0{,}45 & \text{aquecimento de gás} \\ 0{,}15 & \text{resfriamento de gás} \end{cases}$$

As previsões dessa correlação podem descrever [57, 60] um grande conjunto de dados experimentais para uma vasta gama de relações de torção de fita ($2 \leq y \leq \infty$) para ±10% para fluxos turbulentos de líquido e para gás em tubos circulares com fitas torcidas.

Tubos enrolados Tubos enrolados são utilizados em equipamentos de troca de calor não somente para aumentar a área da superfície de transferência de calor por unidade de volume, mas para aumentar o coeficiente de transferência de calor do fluxo dentro do tubo. A configuração básica é mostrada na Fig. 6.25. Como resultado das forças centrífugas, um padrão de fluxo secundário que consiste em dois vórtices perpendiculares à direção axial do fluxo está definido acima e o transporte de calor ocorrerá por difusão na direção radial e também por convecção. A contribuição desse transporte convectivo secundário domina o processo global e aumenta a taxa de transferência de calor por comprimento unitário do tubo em comparação a um tubo reto de igual comprimento.

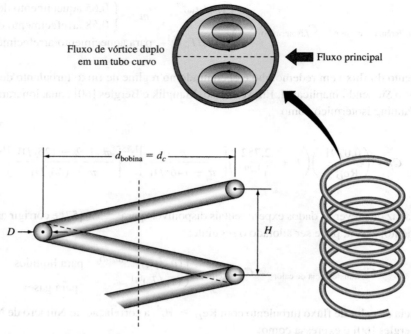

FIGURA 6.25 Diagrama esquemático ilustrando o escoamento e a nomenclatura para a transferência de calor em tubos enrolados helicoidalmente.

A caracterização do fluxo e o coeficiente de transferência de calor de convecção associado em tubos enrolados são regidos pelo Número de Reynolds do fluxo e a razão entre o diâmetro do tubo e o diâmetro da bobina, D/d_c. O produto desses dois números adimensionais é chamado *Número de Dean*, $De \equiv Re_D(D/d_c)^{1/2}$.

Três regiões podem ser distinguidas [61]: a de *número pequeno de Dean*, $De < 20$, na qual são desprezíveis as forças inerciais devido ao fluxo secundário; a de *números intermediários de Dean*, $20 < De < 40$, na qual as forças inerciais devidas ao fluxo secundário equilibram as forças viscosas; e a *de número grande de Dean*, $De > 40$, onde as forças viscosas são significativas apenas no limite próximo da parede do tubo. Vários investigadores relataram diferentes correlações [53] para os fatores de atrito isotérmico em fluxos de redemoinho totalmente desenvolvidos em tubo enrolados. A equação abaixo dada por Manlapaz e Churchill [62] pode fornecer as previsões mais generalizadas para uma vasta gama de geometria de tubo enrolado e condições operacionais que cobrem todas as três regiões de fluxo do Número de Dean:

$$f = \left(\frac{64}{Re_D}\right)\left[\left(1 - \frac{0{,}18}{\{1 + (35/He)^2\}^{0{,}5}}\right)^m + \left(1 + \frac{D}{d_c}\right)^2\left(\frac{He}{88{,}33}\right)\right]^{0{,}5} \quad (6.85)$$

em que

$$m = \begin{cases} 2 & De < 20 \\ 1 & 20 < De < 40, \text{ e } He = De\left[1 + (H/\pi d_c)^2\right]^{1/2} \\ 0 & De > 40 \end{cases}$$

É possível observar que o número helicoidal (He, definido acima, que agrupa o Número de Dean, D_e, o diâmetro da bobina d_c, e o passo da bobina H) se reduz para o Número de Dean quando $H = 0$ ou $d_c \to \infty$, ou seja, quando um tubo curvo simples é considerado.

Manlapaz e Churchill [62] também apresentam duas expressões distintas, mas semelhantes, para prever os Números de Nusselt médios em fluxos em redemoinho laminar totalmente desenvolvidos em bobinas de tubo circular mantidas em duas condições térmicas de contorno fundamentais. Para bobinas com a parede do tubo com temperatura uniforme,

$$\overline{Nu}_D = \left[\left\{3{,}657 + \frac{4{,}343}{[1 + (957/Pr \cdot He^2)]^2}\right\}^3 + 1{,}158\left\{\frac{He}{[1 + (0{,}477/Pr)]}\right\}^{3/2}\right]^{1/3} \quad (6.86)$$

e para a condição de fluxo de calor uniforme na parede do tubo,

$$\overline{Nu}_D = \left[\left\{4{,}364 + \frac{4{,}636}{[1 + (1\,342/Pr \cdot He)]^2}\right\}^3 + 1{,}816\left\{\frac{He}{[1 + (1{,}15/Pr)]}\right\}^{3/2}\right]^{1/3} \quad (6.87)$$

As previsões dessas equações estão de acordo com um grande conjunto de dados com base em diferentes investigações experimentais [53].

Tal como no caso de fluxos em redemoinho gerados por inserções de fita torcida, verificou-se que o fluxo no interior de tubos enrolados permanece no regime viscoso para um número de Reynolds muito maior que em um tubo reto [53, 63]. O redemoinho ou os vórtices helicoidais tendem a suprimir o aparecimento da turbulência, o que atrasa a transição e, para determinar o número de Reynolds crítico para a transição, a relação mostrada a seguir, determinada por Srinivasan et al. [63] é talvez a mais frequentemente citada:

$$Re_{D, \text{transição}} = 2\,100\left[1 + 12\sqrt{D/d_c}\right]^2, 10 < (d_c/D) < \infty \quad (6.88)$$

Para prever os fatores de atrito de Fanning isotérmicos para fluxos turbulentos completamente desenvolvidos em tubos enrolados, Mishra e Gupta [64] desenvolveram uma correlação pela superposição dos efeitos do fluxo em redemoinho sobre os fluxos retos que é dada como

$$C_f = \frac{0{,}079}{Re_D^{0{,}25}} + 0{,}0075\left[\frac{D}{d_c\{1 + (H/\pi d_c)^2\}}\right]^{0{,}5} \quad (6.89)$$

Essa equação é válida para $Re_{D,\text{transição}} < Re_D < 10^5$, $6{,}7 < (d_c/D) < 346$, e $0 < (H/d_c) < 25{,}4$ e descreve a base de dados da literatura [53]. Para o regime de fluxo turbulento, Mori e Nakayama [65] sugerem que o Número de Nusselt pode ser correlacionado para os fluxos de gás ($Pr \approx 1$) como:

$$\overline{Nu}_D = \frac{Pr}{26{,}2(Pr^{2/3} - 0{,}074)} Re_D^{4/5}\left(\frac{D}{d_c}\right)^{1/10}\left[1 + 0{,}098\left\{Re_D\left(\frac{D}{d_c}\right)^2\right\}^{1/5}\right] \quad (6.90)$$

e para os fluxos de líquido ($Pr > 1$) como:

$$\overline{Nu}_D \frac{Pr^{0{,}4}}{41{,}0} Re_D^{5/6}\left(\frac{D}{d_c}\right)^{1/12}\left[1 + 0{,}61\left\{Re_D\left(\frac{D}{d_c}\right)^{2{,}5}\right\}^{1/6}\right] \quad (6.91)$$

Em geral, os ganhos da transferência melhorada de calor por enrolamento de um tubo circular são menores em fluxos turbulentos quando comparados aos do regime laminar.

6.6.2 Resfriamento por convecção forçada de dispositivos eletrônicos

Recentes avanços no projeto de circuitos integrados (CIs) resultaram em CIs que contêm o equivalente a milhões de transistores em uma área de aproximadamente 1 cm quadrado. O grande número de circuitos em um CI permite aos projetistas ampliar cada vez mais a funcionalidade em espaços muito pequenos. No entanto, uma vez que cada transistor dissipa potência elétrica sob a forma de calor, a integração em larga escala resulta em uma demanda muito maior de resfriamento para manter os CIs em sua temperatura de funcionamento requerida. A necessidade de resfriamento aprimorado para tais dispositivos tem despertado grande interesse na literatura de transferência de calor no resfriamento eletrônico. Nesta seção, discutiremos brevemente alguns dos recentes avanços neste campo que envolve a convecção forçada dentro de dutos.

Um método muito comum para a utilização de CIs em dispositivo eletrônico é a instalação de uma matriz de vários CIs em uma placa de circuito impresso (PCI), como mostrado na Fig. 6.26. Os sinais dos CIs são encaminhados para a borda da PCI, onde um conector está ligado. A PCI, em seguida, pode ser conectada a uma placa de circuito maior. Deste modo, a montagem e a reparação de um dispositivo que contém muitas PCIs são simplificadas. Um computador pessoal é um bom exemplo desse tipo de arranjo, pois os PCIs contendo circuitos para controladores de disco, memória, vídeo, e assim por diante, estão conectados à placa de circuito principal.

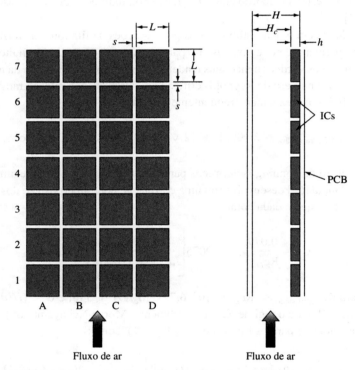

FIGURA 6.26 Matriz totalmente preenchida de módulos de dimensão uniforme.

Uma vez que as PCIs são montadas em paralelo e próximas umas das outras, formam um canal de fluxo por meio do qual o ar frio pode ser forçado. Esse tipo de escoamento do canal é diferente em dois aspectos do fluxo do canal discutido anteriormente neste capítulo. Primeiro, o comprimento do canal no sentido do fluxo é relativamente pequeno em comparação com seu diâmetro hidráulico. Assim, os efeitos de entrada são importantes, talvez mais que na maioria das aplicações de fluxo. Segundo, como pode ser visto na Fig. 6.26, a superfície da placa de circuito impresso não é lisa. Uma das superfícies do canal é coberta com os CIs que, tipicamente, tem vários milímetros de espessura e estão bem espaçados entre si.

Sparrow et al. [66] investigaram as características da transferência de calor por convecção forçada para essa geometria. Eles estudaram a transferência de calor com base em uma matriz de 27 mm quadrados, CIs de 10 mm de altura montado em uma PCI. A matriz de CI continha 17 CIs na direção do fluxo e quatro CIs na direção transversal do fluxo, com um espaçamento de 6,7 mm entre os CIs na matriz. O espaçamento para a PCI adjacente era de 17 mm. Os resultados experimentais são apresentados na Fig. 6.27, em que o Número de Nusselt, Nu_L, para cada

CI, está plotado em função do seu número de linha (local de entrada do fluxo de ar de resfriamento para a PCI). A escala de comprimento do Número de Nusselt é o comprimento do CI, e o Número de Reynolds com base no espaçamento é H_c, entre as PCIs (veja Fig. 6.26). Os resultados mostram claramente o efeito da entrada. Da quinta linha em diante, a transferência de calor parece estar totalmente desenvolvida. Nesse regime, os dados são expressos por:

$$\text{Nu}_n = C\,\text{Re}_{H_c}^{0,72} \tag{6.92}$$

em que $\quad C = 0{,}093$ na faixa $2\,000 \leq \text{Re}_{H_c} \leq 7\,000$

n = número da linha

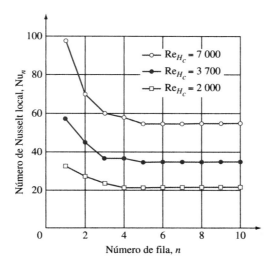

FIGURA 6.27 Número de Nusselt local para matriz totalmente preenchida.
Fonte: Dados de Sparrow et al. [66].

No regime $5\,000 < \text{Re}_{H_c} < 17\,000$, o coeficiente C na Eq. (6.79) varia de acordo com a rugosidade do canal de fluxo, expressa pela altura dos CIs, h, como mostrado abaixo [67]:

h (mm)	C
5	0,0571
7,5	0,0503
10	0,0602

Em muitas PCIs, as matrizes de CIs não são necessariamente compostas de CIs idênticos. Eles podem ter altura diferente, forma retangular de diferentes dimensões e é provável que existam alguns locais na matriz em que nenhum CI esteja instalado. Sparrow et al. [66, 68] examinaram o efeito de um CI faltante em uma matriz e o efeito de CIs diferentes em uma matriz irregular.

Uma vez que a finalidade do resfriamento é assegurar que a temperatura de um CI não exceda um valor máximo permitido, é importante discutir um fator de complicação que afeta a temperatura de um CI individual. Normalmente no fluxo do canal, somos capazes de calcular a temperatura da parede local de acordo com os métodos descritos anteriormente neste capítulo. No entanto, com os canais compostos de PCIs, alguns dos fluxos de resfriamento no canal podem contornar os CIs, resultando uma temperatura de ar mais elevada nas proximidades dos CIs que o previsto a partir da temperatura média em determinada linha de CI. Esse efeito aumenta conforme as PCIs ou os CIs em uma única PCI estão mais espaçados, pois o fluxo pode desviar dos CIs com mais facilidade. Atualmente, não existem equações gerais que permitam prever a correção da temperatura do CI e o projetista é aconselhado a usar um fator de segurança para proteger a matriz do superaquecimento.

EXEMPLO 6.7 Uma matriz de circuitos integrados em uma placa de circuito impresso deve ser resfriada por convecção forçada com uma corrente de ar que flui a 20°C a uma velocidade de 1,8 m/s no canal entre as placas de circuitos impressos adjacentes. Os circuitos integrados medem 27 mm quadrados e 10 mm de altura, e o espaçamento entre eles e as placas adjacentes de circuito impresso é de 17 mm. Determine os coeficientes de transferência de calor para o segundo e o sexto circuito integrado ao longo do caminho do fluxo.

SOLUÇÃO A 20°C, as propriedades do ar da Tabela 28, Apêndice 2, são $v = 15,7 \times 10^{-6}\,m^2/s$ e $k = 0,0251$ W/m K. Considerando que o Número de Reynolds é baseado no espaçamento H_c, temos

$$\text{Re}_{H_c} = \frac{UH_c}{v} = \frac{(1,8\ m/s)(0,017\ m)}{15,7 \times 10^{-6}\ m^2/s} = 1\,949$$

Com base na Fig. (6.27), vemos que o segundo circuito integrado está na região de entrada e estimando $Nu_2 = 29$, obtemos:

$$h_{c,2} = \frac{Nu_2 k}{L} = \frac{(29)\left(0,0251\ \dfrac{W}{m\ K}\right)}{0,027\ m} = 27,0\ \frac{W}{m^2 K}$$

O sexto circuito integrado está na região desenvolvida. Com base na Eq. (6.79), obtemos:

$$Nu_6 = 0,093(1\,949)^{0,72} = 21,7$$

ou

$$h_{c,6} = \frac{Nu_6 k}{L} = \frac{(21,7)(0,0251\ W/m\ K)}{0,027\ m} = 20,2\ \frac{W}{m^2 K}$$

6.7 Considerações finais

Neste capítulo, apresentamos correlações teóricas e empíricas que podem ser usadas para calcular o Número de Nusselt, com base no qual pode ser obtido o coeficiente de transferência de calor por convecção para, ou a partir de, um fluido que escoa por um canal. Não pode ser desconsiderado o fato de as equações empíricas derivadas de dados experimentais por meio de análise dimensional serem aplicáveis apenas ao longo do intervalo de parâmetros para os quais existem dados para verificar a relação dentro de uma faixa de erro especificado. Erros graves podem ocorrer se uma relação empírica for aplicada para além do intervalo de parâmetros sobre os quais não foi verificada.

Ao aplicar uma relação empírica para calcular um coeficiente de transferência de calor por convecção, a seguinte sequência de passos deve ser seguida:

1. Colete dados referentes às propriedades físicas adequadas para o fluido no intervalo de temperatura de interesse.
2. Estabeleça a geometria apropriada para o sistema e o comprimento significativo correto para os números de Reynolds e de Nusselt.
3. Com o cálculo do Número de Reynolds, determine se o fluxo é laminar, turbulento ou de transição,
4. Determine se os efeitos da convecção natural podem ser importantes calculando o Número de Grashof e comparando-o com o quadrado do Número de Reynolds.
5. Selecione uma equação apropriada que se aplica ao fluxo e à geometria necessária. Repita os cálculos iniciais dos parâmetros adimensionais de acordo com as estipulações da equação selecionada.
6. Faça uma estimativa da ordem de magnitude do coeficiente de transferência de calor (veja Tabela 1.4).
7. Calcule o valor do coeficiente de transferência de calor com base na equação do passo 5 e compare-o com a estimativa na etapa 6 para detectar possíveis erros na vírgula decimal ou nas unidades.

Deve ser notado que os dados experimentais, nos quais as relações empíricas são baseadas, quase sempre foram obtidos sob condições controladas em laboratório, enquanto a maioria das aplicações práticas ocorre em condições de um modo ou de outro diferentes. Consequentemente, o valor previsto de um coeficiente de transferência de calor pode se desviar do valor real. Uma vez que essas incertezas são inevitáveis, usar uma correlação simples, especialmente para projetos preliminares, é, muitas vezes, satisfatório.

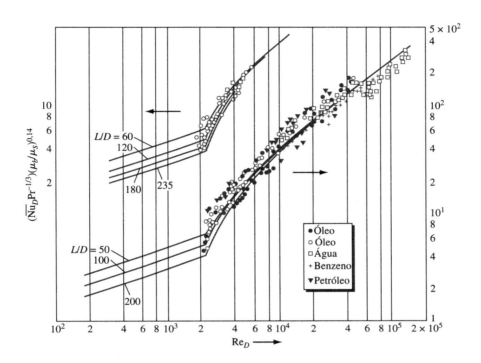

FIGURA 6.28 Curvas de correlação recomendadas para os coeficientes de transferência de calor no regime de transição.
Fonte: De E. N. Sieder e C. E. Tate [16], com a permissão do detentor dos direitos autorais, the American Chemical Society.

Uma nota especial de cuidado refere-se ao regime de transição. Os mecanismos de transferência de calor e o escoamento do fluido na região de transição (Re_D entre 2 100 e 6 000) variam consideravelmente de sistema para sistema. Nessa região, o fluxo pode ser instável e têm sido observadas flutuações na queda de pressão e de transferência de calor. Há, portanto, uma grande incerteza na transferência de calor básica e no desempenho de atrito do fluxo. Consequentemente, o projetista é aconselhado a, se possível, projetar equipamentos que operem fora dessa região. As curvas da Fig. 6.28 podem ser utilizadas, mas o desempenho real pode desviar-se consideravelmente do previsto com base nessas curvas. Muitas vezes, em vez de estimar o Número de Reynolds de transição, a prática corrente é simplesmente usar a correlação de Gnielinski dada pela Eq. (6.65) para $Re_D > 2\ 300$ com a ressalva de que sempre haverá alguma incerteza na região de transição.

Para auxiliar a rápida seleção de uma relação adequada para a obtenção do coeficiente de transferência de calor para o fluxo de um duto, algumas das equações empíricas mais utilizadas estão resumidas na Tabela 6.4. Uma síntese mais completa de equações pode ser encontrada em [25, 68 e 69].

Tabela 6.4 Resumo das correlações de convecção forçada para escoamento incompressível dentro de tubos e dutos a, b, c

Descrição do sistema	Correlação recomendada	Equação em texto
Fator de atrito para o fluxo laminar em dutos longos	Líquidos: $f = (64/Re_D)(\mu_s/\mu_b)^{0,14}$	(6.44)
	Gases: $f = (64/Re_D)(T_s/T_b)^{0,14}$	(6.45)
Número de Nusselt para fluxo laminar totalmente desenvolvido em tubos longos com um fluxo de calor uniforme, $Pr > 0,6$	$\overline{Nu}_D = 4,36$	(6.31)
Número de Nusselt para fluxo laminar totalmente desenvolvido em tubos longos com temperatura uniforme da parede, $Pr > 0,6$	$\overline{Nu}_D = 3,36$	(6.32)
Número de Nusselt médio de fluxo laminar em tubos e dutos de comprimento intermediário, com temperatura uniforme da parede, $(Re_{D_H} Pr D_H/L)^{0,33}(\mu_b/\mu_s)^{0,14} > 2$, $0,004 < (\mu_b/\mu_s) < 10$, e $0,5 < Pr < 16\,000$	$\overline{Nu}_{D_H} = 1,86(Re_{D_H} Pr D_H/L)^{0,33}(\mu_b/\mu_s)^{0,14}$	(6.42)
Número de Nusselt médio de fluxo laminar em tubos e dutos com temperatura uniforme da parede, $100 < (Re_{D_H} Pr D_H/L) < 1\,500$ e $Pr < 0,7$	$\overline{Nu}_{D_H} = 3,66$ $+ \dfrac{0,0668 Re_{D_H} Pr D/L}{1 + 0,045(Re_{D_H} Pr D/L)^{0,66}} \left(\dfrac{\mu_b}{\mu_s}\right)^{0,14}$	(6.41)
Fator de atrito para fluxo turbulento totalmente desenvolvido por meio de tubos e dutos longos e lisos	$f = 0,184/Re_{D_H}^{0,2}(10\,000 < Re_{D_H} < 10^6)$	(6.56) (6.61)
Número de Nusselt médio para o fluxo turbulento totalmente desenvolvido através de tubos e dutos longos e lisos, $6\,000 < Re_{D_H} < 10^7$, $0,7 < Pr < 10\,000$ e $L/D_H > 60$	$\overline{Nu}_{D_H} = 0,027\, Re_{D_H}^{0,8} Pr^{1/3}(\mu_b/\mu_s)^{0,14}$ ou Tabela 6.3 ou a correlação de Gnielinski Eq. (6.65) para $Re_D > 2\,300$	(6.63)
Número de Nusselt médio para metais líquidos em fluxo turbulento totalmente desenvolvido por meio de tubos lisos com fluxo de calor uniforme, $100 < Re_D Pr < 10^4$ e $L/D > 30$	$\overline{Nu}_D = 4,82 + 0,0185\,(Re_D Pr)^{0,827}$	(6.68)
O mesmo que acima, mas na região de entrada térmica quando $Re_D\, Pr < 100$	$\overline{Nu}_D = 3,0 Re_D^{0,0833}$	(6.69)
Número de Nusselt médio para metais líquidos no fluxo turbulento totalmente desenvolvido por meio de tubos lisos a uma temperatura de superfície uniforme, $Re_D Pr > 100$ e $L/D > 30$	$\overline{Nu}_D = 5,0 + 0,025(Re_D Pr)^{0,8}$	(6.70)

[a] Todas as propriedades físicas nas correlações são avaliadas na temperatura T_b, exceto μ_s, que é avaliada na temperatura superficial T_s.
[b] $Re_{D_H} = D_H \bar{U}\rho/\mu$, $D_H = 4A_c/P$ e $\bar{U} = \dot{m}/\rho A_c$.
[c] As correlações de fluxo incompressíveis se aplicam quando a velocidade média é inferior à metade da velocidade do som (Número de Mach < 0,5) para os gases e vapores.

1. NOTTER, R. H.; SLEICHER, C. A. The Eddy Diffusivity in the Turbulent Boundary Layer near a Wall. *Eng. Sci.*, v. 26,

Referências

1971, p. 161-171.
2. MARTINELLI, R. C. *Heat Transfer to Molten Metals.* Trans. ASME, v. 69, 1947, p. 947.
3. LANGHAAR, H. L. Steady Flow in the Transition Length of a Straight Tube. *J. Appl. Mech.*, v. 9, 1942, p. 55-58.
4. KAYS, W. M.; CRAWFORD, M. E. *Convective Heat and Mass Transfer.* 2. ed. Nova York: McGraw-Hill, 1980.
5. DWYER, O. E. *Liquid-Metal Heat Transfer.* Cap. 5 in Sodium and NaK Supplement to Liquid Metals Handbook. Washington, D.C.: Atomic Energy Commission, 1970.
6. SELLARS, J. R.; TRIBUS, M.; KLEIN, J. S. Heat Transfer to Laminar Flow in a Round Tube or Flat Conduit – the Graetz Problem Extended. *Trans. ASME*, v. 78, 1956, p. 441-448.
7. SCHLEICHER, C. A.; TRIBUS, M. Heat Transfer in a Pipe with Turbulent Flow and Arbitrary Wall Temperature Distribution. *Trans. ASME*, v. 79, 1957, p. 789-797.
8. ECKERT, E. R. G. Engineering Relations for Heat Transfer and Friction in High Velocity Laminar and Turbulent Boundary Layer Flow over Surfaces with Constant Pressure and Temperature. *Trans ASME*, v. 78, 1956, p. 1273-1284.
9. HAYES, W. D.; PROBSTEIN, R. F. *Hypersonic Flow Theory.* Nova York: Academic Press, 1959.
10. KREITH, F. *Principles of Heat Transfer.* 2. ed., cap. 12, Scranton, Pa.: International Textbook Co., 1965.
11. KAYS, W. M.; PERKINS, K. R. Forced Convection, Internal Flow in Ducts. In: ROHSENOW, W. R.; HARTNETT, J. P.; GANIC, E. N. (Eds.). *Handbook of Heat Transfer Applications.* v. 1, cap. 7, Nova York: McGraw-Hill, 1985.
12. KAYS, W. M. Numerical Solution for Laminar Flow Heat Transfer in Circular Tubes. *Trans. ASME*, v. 77, 1955, p. 1265-1274.
13. SHAH, R. K.; LONDON, A. L. *Laminar Flow Forced Convection in Ducts.* Nova York: Academic Press, 1978.
14. ECKERT, E. R. G; DIAGUILA, A. J. Convective Heat Transfer for Mixed Free and Forced Flow through Tubes. *Trans. ASME*, v. 76, 1954, p. 497-504.
15. METAIS, B.; ECKERT, E. R. G. Forced, Free, and Mixed Convection Regimes. *Trans. ASME. Ser. C. J. Heat Transfer*, v. 86, 1964, p. 295-296.
16. SIEDER, E. N.; TATE, C. E. Heat Transfer and Pressure Drop of Liquids in Tubes. *Ind. Eng. Chem.*, v. 28, 1936, p. 1429.
17. KAYS, W. M.; LONDON, A. L., *Compact Heat Exchangers.* 3. ed., Nova York: McGraw-Hill, 1984.
18. HAUSEN, H. *Heat Transfer in Counter Flow, Parallel Flow and Cross Flow.* Nova York: McGraw-Hill, 1983.
19. WHITAKER, S. Forced Convection Heat Transfer Correlations for Flow in Pipes, Past Flat Plates, Single Cylinders, and for Flow in Packed Beds and Tube Bundles. *AIChE J.* v.18, 1972, p. 361-371.
20. SWEARINGEN, T. W.; McELIGOT, D. M. Internal Laminar Heat Transfer with Gas-Property Variation. Trans. ASME, *Ser. C. J. Heat Transfer*, v. 93, 1971, p. 432-440.
21. Engineering Sciences Data. *Heat Transfer Subsciences*, Technical Editing and Production Ltd., London, 1970.
22. McADAMS, W. M., *Heat Transmission*, 3. ed., Nova York: McGrawHill, 1954.
23. DEPEW, C. A.; AUGUST, S. E. Heat Transfer due to Combined Free and Forced Convection in a Horizontal and Isothermal Tube. Trans. ASME. *Ser. C. J. Heat Transfer*, v. 93, 1971, p. 380-384.
24. METAIS, B.; ECKERT, E. R. G. Forced, Free, and Mixed Convection Regimes. *Trans. ASME, Ser. C. J. Heat Transfer*, v. 86, 1964, p. 295-296.
25. ROHSENOW, W. M.; HARTNETT, J. P.; CHO, Y. I. (Eds.). *Handbook of Heat Transfer.* Nova York: McGraw-Hill, 1998.
26. REYNOLDS, O. On the Extent and Action of the Heating Surface for Steam Boilers. *Proc. Manchester Lit. Philos. Soc.*, v. 8, 1874.
27. MOODY, L. F. *Friction Factor for Pipe Flow.* Trans. ASME, v. 66, 1944.
28. COPE, W. F. The Friction and Heat Transmission Coefficients of Rough Pipes. *Proc. Inst. Mech. Eng.*, v. 145, p. 99, 1941.
29. NUNNER, W. *Wärmeübergang und Druckabfall in Rauhen Rohren.* Forschungsh: VDI, n. 455, 1956.
30. DIPPREY, D. F.; SABERSKY, R. H. Heat and Momentum Transfer in Smooth and Rough Tubes at Various Prandtl Numbers. *International Journal of Heat and Mass Transfer*, v. 5, 1963, p. 329-353.
31. PRANDTL, L. Eine Beziehung zwischen Wärmeaustausch und Strömungswiederstand der Flüssigkeiten. *Phys. Z.*, v. 11, 1910, p. 1072.
32. VONKARMAN, T. The Analogy between Fluid Friction and Heat Transfer. *Trans. ASME*, v. 61, 1939, p. 705.
33. BOELTER, L. M. K.; MARTINELLI, R. C.; JONASSEN, F. Remarks on the Analogy between Heat and Momentum Transfer. *Trans. ASME*, v. 63, 1941, p. 447-455.
34. DEISSLER, R. G. Investigation of Turbulent Flow and Heat Transfer in Smooth Tubes Including the Effect of Variable Properties. *Trans. ASME*, v. 73, 1951, p. 101.
35. DITTUS, F. W.; BOELTER, L. M. K. *Univ. Calif. Berkeley Publ. Eng.*, v. 2, 1930, p. 433.
36. PETUKHOV, B. S. Heat Transfer and Friction in Turbulent Pipe Flow with Variable Properties. *Adv. Heat Transfer*, v. 6, Nova York: Academic Press, 1970, p. 503-564.
37. SLEICHER, C. A.; ROUSE, M. W. A Convenient Correlation for Heat Transfer to Constant and Variable Property

Fluids in Turbulent Pipe Flow. *International Journal of Heat and Mass Transfer*, v. 18, 1975, p. 677-683.

38. LORENTZ, J. J.; YUNG, D. T.; PARCHAL, C. B.; LAYTON, G. E. An Assessment of Heat Transfer Correlations for Turbulent Water Flow through a Pipe at Prandtl Numbers of 6.0 and 11.6.ANL/OTEC-PS-11, Argonne Natl. Lab., Argonne, Ill. jan. 1982.

39. McADAMS, W. M. *Heat Transmission*, 3. ed. New York: McGrawHill, 1954.

40. HARTNETT, J. P. Experimental Determination of the Thermal Entrance Length for the Flow of Water and of Oil in Circular Pipes. *Trans. ASME*, v. 77, 1955, p. 1211-1234.

41. DEISSLER, R. G. Turbulent Heat Transfer and Friction in the Entrance Regions of Smooth Passages. *Trans. ASME*, v. 77, 1955, p. 1221-1234.

42. GNIELINSKI, V. New Equations for Heat and Mass Transfer in Turbulent Pipe and Channel Flow. *International Chemical Engineering*, v. 16, n. 2, 1976, p. 359-368; originalmente em alemão em *Forschung im Ingenieurwesen*, v. 41, n. 1, 1975, p. 8-16.

43. BHATTI, M. S.; SHAH, R. K.Turbulent and Transition Flow Convective Heat Transfer in Ducts. In: KAKAÇ, S.; SHAH, R. K.; AUNG, W. (Eds.). *Handbook of Single-Phase Convective Heat Transfer*, Nova York: Wiley, 1987.

44. MANGLIK, R. M.; BERGLES, A. E. Experimental Investigation of Turbulent Flow Heat Transfer in Horizontal Concentric Annular Ducts. In: GIOT, M.; MAYINGER, F.; CELATA, G. P. (Eds.). *Experimental Heat Transfer, Fluid Mechanics and Thermodynamics*. Pisa, Italy: Edzioni ETS, v. 3, 1997, p. 1393-1400.

45. PETUKHOV, B. S.; ROIZEN, L. I. *Generalized Dependence for Heat Transfer in Tubes of Annular Cross Section*. High Temperature, v. 12, 1974, p. 485-489.

46. LUBARSKY, B.; KAUFMAN, S. J. *Review of Experimental Investigations of Liquid-Metal Heat Transfer*. NACA TN 3336, 1955.

47. SKUPINSKI, E.; TORTEL, J.; VAUTREY, L. Determination des Coefficients de Convection d'un Alliage Sodium Potassium dans un Tube Circulative. *International Journal of Heat and Mass Transfer*, v. 8, 1965, p. 937-951.

48. LEE, S. Liquid Metal Heat Transfer in Turbulent Pipe Flow with Uniform Wall Flux. *International Journal of Heat and Mass Transfer*, v. 26, 1983, p. 349-356.

49. STEIN, R. P. Heat Transfer in Liquid Metals. In: HARTNETT, J. P.; IRVINE, T. F. (Eds.). *Advances in Heat Transfer*. v. 3, Nova York: Academic Press, 1966.

50. AZER, N. Z. Thermal Entry Length for Turbulent Flow of Liquid Metals in Pipes with Constant Wall Heat Flux.Trans. ASME, *Ser. C. J. Heat Transfer*, v. 90, 1968, p. 483-485.

51. SEBAN, R. A.; SHIMAZAKI, T. T. *Heat Transfer to Fluid Flowing Turbulently in a Smooth Pipe with Walls at Constant Temperature*. Trans. ASME, v. 73, 1951, p. 803-807.

52. BERGLES, A. E. Techniques to Enhance Heat Transfer. In: ROHSENOW, W. M.; HARTNETT, J. P.; CHO, Y. I. (Eds.) *Handbook of Heat Transfer*, 3. ed., Nova York, NY: McGraw-Hill, cap. 11, 1998.

53. MANGLIK, R. M. Heat Transfer Enhancement. In: BEJAN, A.; KRAUS, A. D. (Eds.). *Heat Transfer Handbook*. Hoboken, NJ: Wiley, 2003.

54. WEBB, R. L.; KIM, N.-H. *Principles of Enhanced Heat Transfer*. 2. ed., Boca Raton, FL: Taylor & Francis, 2005.

55. WATKINSON, MILETTI, A. P., D. C.; KUBANEK, G. R. *Heat Transfer and Pressure Drop of Internally Finned Tubes in Laminar Oil Flows*. Paper n. 75-HT-41, ASME, New York, 1975.

56. CARNAVOS, T. C. Cooling Air in Turbulent Flow with Internally Finned Tubes. *Heat Transfer Eng.*, v. 1, 1979, p. 43-46.

57. MANGLIK, R. M.; BERGLES, A. E. Swirl Flow Heat Transfer and Pressure Drop with Twisted-Tape Inserts. *Advances in Heat Transfer*, v. 36, Nova York: Academic Press, 2002, p. 183-266.

58. MANGLIK, R. M.; BERGLES, A. E.Heat Transfer and Pressure Drop Correlations for Twisted-Tape Inserts in Isothermal Tubes: Part I – Laminar Flows. *Journal of Heat Transfer*, v. 115, n. 4, 1993, p. 881-889.

59. MANGLIK, R. M.; MARAMRAJU, S.; BERGLES, A. E. The Scaling and Correlation of Low Reynolds Number Swirl Flows and Friction Factors in Circular Tubes with Twisted-Tape Inserts. *Journal of Enhanced Heat Transfer*, v.8, n. 6, 2001, p. 383-395.

60. MANGLIK, R. M.; BERGLES, A. E. Heat Transfer and Pressure Drop Correlations for Twisted-Tape Inserts in Isothermal Tubes: Part II– Transition and Turbulent Flows. *Journal of Heat Transfer*, v. 115, n. 4, 1993, p. 890-896.

61. JANSSEN, L. A. M.; HOOGENDOORN, C. J., Laminar Convective Heat Transfer in Helically Coiled Tubes. *International Journal of Heat and Mass Transfer*, v. 21, 1978, p. 1197-1206.

62. MANLAPAZ, R. L.; CHURCHILL, S. W. Fully Developed Laminar Flow in a Helically Coiled Tube of Finite Pitch. *Chemical Engineering Communications*, v. 7, 1980, p. 57-78.

63. SRINIVASAN, P. S.; NANDAPURKAR, S. S.; HOLLAND, F. A. Pressure Drop and Heat Transfer In: Coils.*The Chemical Engineer*, n. 218, maio 1968, p. 113-119.

64. MISHRA, P. ; GUPTA, S. N. *Momentum Transfer in Curved Pipes*, 1. Newtonian Fluids; 2. Non-Newtonian Fluids. Industrial and Engineering Chemistry, Process Design and Development, v. 18, 1979, p. 130-142.

65. MORI, Y.; NAKAYAMA, W. Study on Forced Convective Heat Transfer in Curved Pipes (3. Report, Theoretical Analysis Under the Condition of Uniform Wall Temperature and Practical Formulae). *International Journal of Heat and Mass Transfer*, v. 10, 1967, p. 681-695.
66. SPARROW, E. M.; NIETHAMER, J. E.; CHABOKI, A. Heat Transfer and Pressure Drop Characteristics of Arrays of Rectangular Modules in Electronic Equipment. *International Journal of Heat and Mass Transfer*, v. 25, 1982, p. 961-973.
67. ANTONETTI, V. W. Cooling Electronic Equipment. sec. 517. In: KREITH, F. (Ed.). *Heat Transfer and Fluid Flow Data Books*. Schenectady, N.Y.: Genium Publ. Co., 1992.
68. HEWITT, G. F.; SHIRES, G. L.; POLEZHAEV, Y. V. (Eds.). *International Encyclopedia of Heat and Mass Transfer*. Boca Raton, FL: CRC Press, 1997.
69. KREITH, F. (Ed.). *CRC Handbook of Thermal Engineering*. Boca Raton, FL: CRC Press, 2000.

Problemas

Os problemas para este capítulo estão organizados por assunto, como mostrados abaixo.

Tópico	Número do Problema
Fluxo laminar, totalmente desenvolvido	6.1-6.5
Região de entrada laminar	6.6-6.10
Fluxo turbulento totalmente desenvolvido	6.11-6.22
Região de entrada turbulenta	6.23-6.28
Convecção mista	6.29-6.30
Metais líquidos	6.31-6.34
Mecanismos de transferência de calor combinados	6.35-6.43
Problemas de análise	6.44-6.49

6.1 Para medir a taxa de fluxo de massa de um fluido em fluxo laminar por um tubo circular, um medidor de velocidade do tipo de filamento incandescente é colocado no centro do tubo. Partindo do princípio que a estação de medição está longe da entrada do tubo, a distribuição de velocidade é parabólica:

$$u(r)/U_{máx} = [1 - (2r/D)^2]$$

em que $U_{máx}$ é a velocidade da linha central ($r = 0$), r é a distância radial a partir da linha de centro do tubo, e D é o diâmetro do tubo.

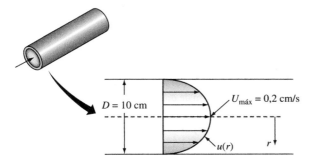

(a) Derive uma expressão para a velocidade média do fluido na seção transversal em termos de $U_{máx}$ e D.
(b) Obtenha uma expressão para a taxa de fluxo de massa.
(c) Se o fluido é o mercúrio a 30°C, D = 10 cm e o valor medido de $U_{máx}$ é de 0,2 cm/s, calcule a taxa de fluxo de massa a partir da medição.

6.2 Nitrogênio a 30°C e à pressão atmosférica entra em um duto triangular com 0,02 m de cada lado, a uma taxa de 4×10^{-4} kg/s. Se a temperatura do duto é uniforme a 200°C, estime a temperatura de volume do nitrogênio a 2 m e a 5 m da entrada.

6.3 Ar a 30°C entra em um duto retangular de 1 m de comprimento e 4 mm por 16 mm de seção transversal, a uma taxa de 0,0004 kg/s. Se um fluxo de calor uniforme de 500 W/m² é aplicado em ambos os lados longitudinais do duto, calcule: (a) a temperatura de saída de ar; (b) a temperatura média da superfície do duto; (c) a queda de pressão.

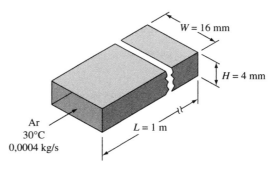

6.4 Óleo de motor flui a uma taxa de 0,5 kg/s por um tubo de 2,5 cm de diâmetro interno. O óleo entra a 25°C, e a parede do tubo está a 100°C. (a) Se o tubo é de 4 m de comprimento, determine se o fluxo está totalmente desenvolvido. (b) Calcule o coeficiente de transferência de calor.

6.5 A equação:

$$\overline{Nu} = \frac{\overline{h_c}D}{k} = \left[3,65 + \frac{0,668(D/L)RePr}{1 + 0,04[(D/L)RePr]^{2/3}}\right]\left(\frac{\mu_b}{\mu_s}\right)^{0,14}$$

foi recomendada por H. Hausen (Zeitschr. Ver. Deut. Ing., Beiheft, n. 4, 1943) para a transferência de calor por convecção forçada em fluxo laminar totalmente desenvolvido através de tubos. Compare os valores do Número de Nusselt previstos pela Equação de Hausen para $Re = 1\,000$, $Pr = 1$ e $L/D = 2, 10$ e 100 com os obtidos com base em duas outras equações ou gráficos apropriados do texto.

6.6 Ar a uma temperatura média de 150°C flui por um duto quadrado curto de $10 \times 10 \times 2{,}25$ cm a uma taxa de 15 kg/h, como mostrado no diagrama abaixo. A temperatura da parede do duto é 430°C. Determine o coeficiente médio de transferência de calor usando a equação do duto com a correção de L/D apropriada. Compare seus resultados com relações do fluxo sobre placa plana.

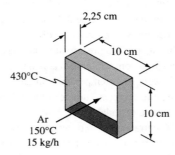

6.7 Água entra em um trocador de calor de tubo duplo a 60°C. Ela flui para o interior por meio de um tubo de cobre de 2,54 cm de diâmetro interno a uma velocidade média de 2 cm/s. O vapor flui no anel e condensa no exterior do tubo de cobre a uma temperatura de 80°C. Calcule a temperatura de saída da água, se o trocador de calor mede 3 m de comprimento.

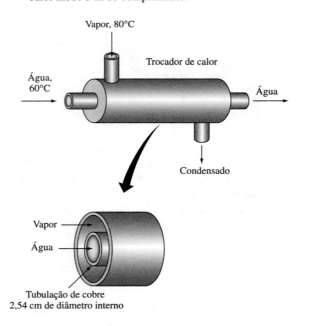

6.8 Um aparelho eletrônico é resfriado por ar que passa a 27°C por meio de seis pequenas passagens tubulares perfuradas através da parte inferior do dispositivo em paralelo, como mostrado a seguir. A taxa de fluxo de massa por cada tubo é 7×10^{-5} kg/s. O calor é gerado no dispositivo, resultando em fluxo de calor aproximadamente uniforme para o ar na passagem de resfriamento. Para determinar o fluxo de calor, a temperatura do ar na saída foi medida e verificou-se ser de 77°C. Calcule a taxa de geração de calor, o coeficiente médio de transferência de calor e a temperatura da superfície do canal de resfriamento no centro e na saída.

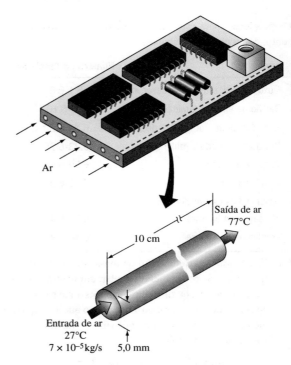

Passagem tubular individual

6.9 Óleo de motor não utilizado com uma temperatura de entrada de 100°C flui a uma taxa de 250 g/s por um tubo de 5,1 cm de diâmetro interno envolvido por um revestimento contendo vapor condensado a 150°C. Se o tubo é de 9 m de comprimento, determine a temperatura de saída do óleo.

6.10 Determine a taxa de transferência de calor por metro de um óleo leve que flui por um tubo de cobre longo de 0,6 m com 2,5 cm de diâmetro interno a uma velocidade de 0,03 ms^{-1} pés/min. O óleo entra no tubo a 16°C e o tubo é aquecido por vapor condensado sobre a sua superfície externa na pressão atmosférica, com um coeficiente de transferência de calor de 11,3 kW/m^2 k. As propriedades do óleo a diversas temperaturas estão listadas na seguinte tabela:

Temperatura (°C)					
	15	30	40	65	100
ρ(kg/m³)	912	912	896	880	864
c(kJ/kg k)	1,8	1,84	1,925	2,0	2,135
k(W/m k)	0,133	0,133	0,131	0,129	0,128
μ(kg/ms)	0,089	0,0414	0,023	0,00786	0,0033
Pr	1204	573	338	122	55

6.11 Calcule o Número de Nusselt e o coeficiente de transferência de calor por convecção por três métodos diferentes para a água a uma temperatura de volume de 32°C fluindo a uma velocidade de 1,5 m/s por um duto de 2,54 cm de diâmetro interno a uma temperatura da parede de 43°C. Compare os resultados.

6.12 Ar à pressão atmosférica é aquecido em um longo anel circular (25 cm de diâmetro interno, 38 cm de diâmetro externo) por vapor condensado a 149°C na superfície interna. Se a velocidade do ar é 6 m/s e a temperatura de volume é 38°C, calcule o coeficiente de transferência de calor.

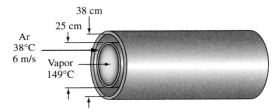

6.13 Se a resistência total entre o vapor e o ar (incluindo a parede do tubo e a incustração do tubo do lado do vapor), no Problema 6.12, é de 0,05 m² K/W, calcule a diferença de temperatura entre a superfície externa do tubo interior e o ar. Demonstre o circuito térmico.

6.14 Ar atmosférico a uma velocidade de 61 m/s e a uma temperatura de 16°C entra em um duto de metal quadrado de 0,61 m de comprimento de 20 cm × 20 cm de seção transversal. Se a parede do duto está a 149°C, determine o coeficiente de transferência de calor médio. Comente sobre o efeito da razão L/D_h.

6.15 Calcule o coeficiente de transferência de calor médio h_c para água a 10°C que flui a 4 m/s em um tubo longo de 2,5 cm de diâmetro interno (temperatura da superfície de 40°C), utilizando três equações diferentes. Compare seus resultados. Determine também a queda de pressão por metro de comprimento do tubo.

6.16 Água a 80°C flui por um tubo fino de cobre (15,2 cm de diâmetro interno) a uma velocidade de 7,6 m/s. O duto está localizado em uma sala a 15°C e o coeficiente de transferência de calor na superfície externa do tubo é de 14,1 W/m² K. (a) Determine o coeficiente de transferência de calor na superfície interna. (b) Estime o comprimento do duto no qual a temperatura da água cai 1°C.

6.17 Mercúrio a uma temperatura de volume de entrada de 90°C flui por meio de um tubo de 1,2 cm de diâmetro interno a uma taxa de fluxo de 4535 kg/h. Esse tubo é parte de um reator nuclear no qual o calor pode ser gerado uniformemente a qualquer taxa desejada, ajustando o nível de fluxo de nêutrons. Determine o comprimento do tubo necessário para elevar a temperatura de volume do mercúrio a 230°C, sem gerar qualquer vapor de mercúrio, e determine o fluxo de calor correspondente. O ponto de ebulição de mercúrio é de 355°C.

6.18 Gases de exaustão com propriedades semelhantes às do ar seco, entram em uma chaminé de exaustão cilíndrica de paredes finas a 800 K. A chaminé é feita de aço e de 8 m de altura com um diâmetro interno de 0,5 m. Se a taxa de fluxo de gás é de 0,5 kg/s e o coeficiente de transferência de calor na superfície externa é 16 W/m² K, estime a temperatura de saída do gás de exaustão se a temperatura ambiente é de 280 K.

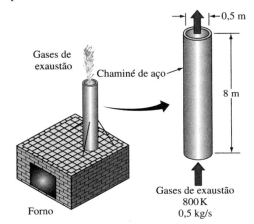

6.19 Água a uma temperatura média de 27°C está fluindo por um tubo liso de 5,08 cm de diâmetro interno a uma velocidade de 0,91 m/s. Se a temperatura na superfície interna do tubo é de 49°C, determine: (a) o coeficiente de transferência de calor; (b) a taxa de fluxo de calor por metro de tubo; (c) o aumento da temperatura do volume por metro; (d) a queda de pressão por metro.

6.20 Uma solução de anilina-álcool está fluindo a uma velocidade de 3 m/s por um tubo longo de 2,5 cm de diâmetro interno de parede fina. O vapor é condensado à pressão atmosférica na superfície externa do tubo e a temperatura da parede é de 100°C. O tubo está limpo e não há qualquer resistência térmica de depósitos de incrustações na superfície interna. Utilizando as propriedades físicas tabuladas a seguir, estime o coeficiente de transferência de calor entre o fluido e o tubo utilizando as equações (6.60) e (6.61) e compare os resultados. Considere que a temperatura de volume da solução de anilina é de 20°C e despreze os efeitos da entrada.

Temperatura (°C)	Viscosidade (kg/ms)	Condutividade térmica (W/m k)	Gravidade Específica	Calor Específico (kJ/kg k)
20	0,0051	0,173	1,03	2,09
60	0,0014	0,169	0,98	2,22
100	0,0006	0,164		2,34

6.21 Salmoura (NaCl a 10% por peso) com uma viscosidade de 0,0016 N s/m^2 e uma condutibilidade térmica de 0,85 W/m K está fluindo por um tubo longo de 2,5 cm de diâmetro interno em um sistema de refrigeração a 6,1 m/s. Sob essas condições, o coeficiente de transferência de calor é de 16.500 W/m^2 K. Para uma temperatura de salmoura de -1°C e do tubo de 18,3°C, determine o aumento da temperatura da salmoura por metro do tubo, se sua velocidade for dobrada. Considere que o calor específico da solução salina é 3768 J/kg K e que sua densidade é igual à da água.

6.22 Derive uma equação da forma $h_c = f(T, D, U)$ para o fluxo turbulento de água por um tubo longo na faixa de temperatura entre 20° e 100°C.

6.23 O sistema de admissão de um motor de automóvel pode ser aproximado com um tubo de 4 cm de diâmetro interno e 30 cm de comprimento. Ar a uma temperatura de volume de 20°C entra no coletor a uma taxa de fluxo de 0,01 kg/s. O coletor é uma fundição de alumínio pesada e está a uma temperatura uniforme de 40°C. Determine a temperatura do ar na extremidade do tubo de admissão.

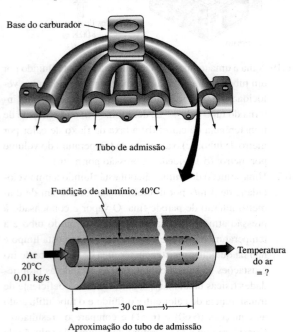

Aproximação do tubo de admissão

6.24 Água a alta pressão a uma temperatura de entrada de 93°C flui com uma velocidade de 1,5 m/s por um tubo de 0,015 m de diâmetro e 0,3 m de comprimento. Se a temperatura da parede do tubo é de 204°C, determine o coeficiente de transferência de calor médio e estime o aumento da temperatura de volume da água.

6.25 Suponha que um engenheiro tenha sugerido que o ar, em vez de água, pode fluir por meio do tubo no Problema 6.24 e que a velocidade do ar pode ser aumentada até que o coeficiente de transferência de calor com o ar se iguale ao obtido com a água a 1,5 m/s. Determine a velocidade necessária e comente sobre a viabilidade da sugestão do engenheiro. Observe que a velocidade do som no ar a 100°C é de 387 m/s.

6.26 Ar atmosférico a 10°C entra em um duto liso retangular longo com 2 m de comprimento, com uma seção transversal de 15 cm × 7,5 cm. A taxa de fluxo de massa do ar é de 0,1 kg/s. Se os lados estão a 150°C, estime: (a) o coeficiente de transferência de calor; (b) a temperatura de saída do ar; (c) a taxa de transferência de calor; (d) a queda de pressão.

6.27 Ar a 16°C e à pressão atmosférica entra em um tubo de 1,25 cm de diâmetro interno a 30 m/s. Para uma temperatura média de 100°C de parede, determine a temperatura de descarga do ar e a queda de pressão se o tubo tem: (a) 10 cm de comprimento; (b) 102 cm de comprimento.

6.28 A equação

$$\overline{\mathrm{Nu}} = 0{,}116(\mathrm{Re}^{2/3} - 125)\mathrm{Pr}^{1/3}\left[1 + \left(\frac{D}{L}\right)^{2/3}\right]\left(\frac{\mu_b}{\mu_s}\right)^{0,14}$$

foi proposta por Hausen para a faixa de transição (2 300 < Re < 8 000), assim como para Números de Reynolds mais elevados. Compare os valores de Nu previstos por essa equação para $Re = 3000$ e $Re = 20\,000$ com $D/L = 0{,}1$ e 0,01, com os obtidos a partir das equações ou gráficos apropriados no texto. Assuma que o fluido é a água a 15°C fluindo por um tubo a 100°C.

6.29 Água a 20°C entra em um tubo longo de 1,91 cm de diâmetro interno e 57 cm de comprimento a uma taxa de fluxo de 3 g/s. A parede do tubo é mantida a 30°C. Determine a temperatura de saída da água. Qual o percentual de erro que pode ser observado na obtenção desse resultado se os efeitos de convecção natural forem desprezados?

6.30 Um receptor térmico solar central gera calor por meio de um campo de espelhos para concentrar a luz solar sobre um banco de tubos pelo qual flui um líquido de refrigeração. A energia solar absorvida pelos tubos é transferida para o líquido de resfriamento, o qual pode então fornecer calor útil para uma carga. Considere um receptor fabricado de vários tubos horizontais em paralelo. Cada tubo mede 1 cm de diâmetro interno e 1 m de comprimento. O refrigerante é o sal fundido que entra nos tubos a 370°C. Sob as condições de partida, o fluxo de sal é de 10 gm/s em cada tubo e o fluxo solar líquido absorvido pelos tubos é de 10^4 W/m^2. A parede do tubo suportará temperaturas de até 600°C. Será que os tubos sobreviverão à ativação? Qual é a temperatura de saída do sal?

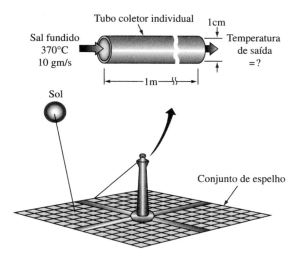

6.31 Determine o coeficiente de transferência de calor para o bismuto líquido que flui por um anel (5 cm de diâmetro interno, 6,1 cm de diâmetro externo) a uma velocidade de 4,5 m/s. A temperatura da parede da superfície interna é 427°C e o bismuto está a 316°C. Pode ser considerado que as perdas de calor a partir da superfície externa podem ser desprezadas.

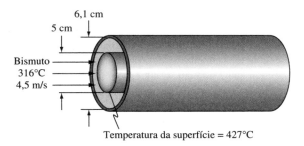

6.32 Mercúrio flui dentro de um tubo de cobre de 9 m de comprimento, com um diâmetro interno de 5,1 centímetros a uma velocidade média de 7 m/s. A temperatura na superfície interna do tubo é de 38°C uniformemente ao longo do tubo e a média aritmética da temperatura de volume do mercúrio é de 66°C. Assumindo que os perfis de velocidade e de temperatura estão totalmente desenvolvidos, calcule a taxa de transferência de calor por convecção para o comprimento de 9 m, considerando o mercúrio como: (a) um líquido normal; (b) um metal líquido. Compare os resultados.

6.33 Um trocador de calor deve ser projetado para aquecer um fluxo de bismuto fundido de 377°C a 477°C. O trocador de calor é constituído por um tubo de 50 mm de diâmetro interno com uma temperatura de superfície mantida uniformemente a 500°C por um aquecedor elétrico. Encontre o comprimento do tubo e a energia necessária para aquecer 4 kg/s e 8 kg/s de bismuto.

6.34 Sódio líquido deve ser aquecido de 500 K a 600 K, passando a uma taxa de fluxo de 5,0 kg/s por um tubo de 5 cm de diâmetro interno, cuja superfície é mantida a 620 K. Qual comprimento de tubo deve ser usado?

6.35 Um tubo de aço de 2,54 cm de diâmetro externo e 1,9 cm de diâmetro interno transporta ar seco a uma velocidade de 7,6 m/s e uma temperatura de −7°C. O ar ambiente está a 21°C e tem um ponto de orvalho de 10°C. Quanto isolamento com uma condutividade de 0,18 W/mK é necessário para evitar a condensação sobre a parte externa do isolamento se $\bar{h} = 2,4\,W/m^2\,K$ no exterior?

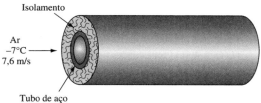

6.36 Um trocador de calor de tubo duplo é usado para condensar vapor a 7370 N/m². Água a uma temperatura de volume média de 10°C flui a 3,0 m/s por um tubo interno de cobre com diâmetro interno de 2,54 cm, e 3,05 cm de diâmetro externo. Vapor em temperatura de saturação flui no anel formado entre a superfície externa do tubo interior e um tubo exterior de 5,08 cm de diâmetro interno. O coeficiente médio de transferência de calor do vapor de condensação é 5700 W/m² K e a resistência térmica de uma incrustação de superfície na superfície externa do tubo de cobre é 0,000118 m² K/W. (a) Determine o coeficiente global de transferência de calor entre o vapor e a água com base na área externa do tubo de cobre e esboce o circuito térmico. (b) Avalie a temperatura na superfície interna do tubo. (c) Estime o comprimento requerido para condensar 45 g/s de vapor. (d) Determine as temperaturas de entrada e de saída da água.

6.37 Considere que o cilindro interno no Problema 6.31 é uma fonte de calor consistindo de uma haste de alumínio revestido de urânio com um diâmetro de 5 cm e 2 m de comprimento. Estime o fluxo de calor que aumentará 40°C a temperatura do bismuto e as temperaturas máximas no centro e na superfície necessárias para transferir calor nessa taxa.

6.38 Avalie a taxa de perda de calor por metro de água pressurizada que flui a 200°C por um tubo de 10 cm de diâmetro interno, a uma velocidade de 3 m/s. O tubo é coberto por uma camada de 5 cm de espessura de lã de magnésia 85% com uma emissividade de 0,5. O calor é transferido para o ambiente a 20°C por convecção e radiação natural. Desenhe o circuito térmico e indique todos os pressupostos.

6.39 Em um trocador de calor de dois tubos concêntricos, a água flui no anel e uma solução de anilina-álcool, tendo as propriedades listadas no Problema 6.20, flui no tubo central. O tubo interno tem 1,3 cm de diâmetro interno e 1,6 cm de diâmetro externo, e o diâmetro interno do tubo exterior é de 1,9 cm. Para uma temperatura de volume de água de 27°C e uma temperatura de volume de anilina de 60°C, determine o coeficiente total de transferência de calor com base no diâmetro externo do tubo central, e a queda de pressão de atrito por comprimento unitário para a água e a anilina para as seguintes taxas de fluxo volumétricas: (a) taxa da água 0,06 litro/s, taxa da anilina 0,06 litro/s; (b) taxa da água 0,6 litro/s, taxa da anilina 1 gpm;(c) taxa da água 1 gpm, taxa da anilina 0,6 litro/s; (d) taxa da água 0,6 l/s, taxa da anilina 0,6 litro/s ($L/D = 400$.) Propriedades físicas da solução de anilina:

Temperatura (°C)	Viscosidade (kg/m s)	Condutividade térmica (W/m k)	Gravidade Específica	Calor Específico (kJ/kg k)
20	0,0051	0,173	1,03	2,09
60	0,0014	0,169	0,98	2,22
100	0,0006	0,164		2,34

6.40 Um tubo de plástico de 7,6 cm de diâmetro interno e 1,27 cm de espessura da parede tem uma condutividade térmica de 1,7 W/m K, uma densidade de 2 400 kg/m^3 e um calor específico de 1 675 J/kg K. Ele é resfriado de uma temperatura inicial de 77°C por passagem de ar a 20°C no interior e no exterior do tubo, paralela ao seu eixo. As velocidades das duas correntes de ar são de tal modo que os coeficientes de transferência de calor são os mesmos nas superfícies interiores e exteriores. As medições mostram que, depois de 50 minutos, a diferença de temperatura entre as superfícies do tubo e o ar é de 10% da diferença da temperatura inicial. Um segundo experimento foi proposto, no qual o tubo de um material semelhante com diâmetro interno de 15 cm e espessura de parede de 2,5 cm será resfriado a partir da mesma temperatura inicial, novamente usando ar a 20°C e alimentando, para o interior do tubo, o mesmo número de quilogramas de ar por hora usado na primeira experiência. A taxa de fluxo de ar sobre as superfícies exteriores serão ajustadas para obter o mesmo coeficiente de transferência de calor do lado de fora e de dentro do tubo.É possível considerar que a taxa de fluxo de ar é tão elevada que o aumento de temperatura ao longo do eixo do tubo pode ser desprezado. Usando a experiência adquirida inicialmente com o tubo de 4,5 cm, estime quanto tempo demorará para esfriar a superfície do tubo maior para 27°C, sob as condições descritas. Indique todas as hipóteses e aproximações em sua solução.

6.41 Gases de exaustão com propriedades semelhantes ao ar seco entram em uma chaminé de exaustão a 800 K. A chaminé é de aço e mede 8 m de altura e 0,5 m de diâmetro interno. A taxa de fluxo de gás é de 0,5 kg/s e a temperatura ambiente é de 280 K. A parte externa da chaminé tem uma emissividade de 0,9. Se a perda de calor a partir do exterior é por radiação e convecção natural, calcule a temperatura de saída do gás.

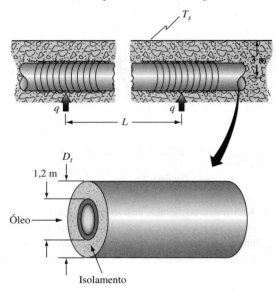

6.42 Uma lavanderia comercial possui um duto de exaustão cilíndrico vertical de 3,05 m de comprimento e diâmetro interno de 15,2 cm. Os gases de escape, tendo propriedades físicas semelhantes às do ar seco, entram a 316°C. O duto é isolado com 10,2 cm de lã de rocha com uma condutividade térmica de $k = 0,7 + 0,016\,T$ (em que T está em °C e k em W/mk). Se os gases entram a uma velocidade de 0,61 m/s, calcule: (a) a taxa de transferência de calor para o ar ambiente imóvel a 15,6°C; (b) a temperatura de saída dos gases de exaustão. Apresente suas hipóteses e aproximações.

6.43 Uma tubulação longa de 1,2 m de diâmetro externo de transporte de petróleo deve ser instalada no Alasca. Para evitar que o óleo torne-se muito viscoso para o bombeamento, a tubulação está enterrada 3 m abaixo do solo. O petróleo também é aquecido periodicamente nas estações de bombeamento, como mostra o esquema a seguir. O oleoduto deve ser coberto por um isolamento com uma espessura t e uma condutibilidade térmica de 0,05 W/m K. É especificado pelo engenheiro da instalação da estação de bombeamento que a queda de temperatura do petróleo a uma distância de 100 km não deve ser superior a 5°C quando a temperatura da superfície do solo é $T_s = -40$°C. A temperatura do oleoduto depois de cada aquecimento é de 120°C e a taxa de fluxo é de 500 kg/s. As propriedades do petróleo a ser bombeado são dadas como segue:

densidade ($\rho_{\text{óleo}}$) = 900 kg/m^3
condutividade térmica ($k_{\text{óleo}}$) = 0,14 W/m K

viscosidade cinemática $(\nu_{\text{óleo}}) = 8{,}5 \times 10^{-4}$ m²/s
calor específico $(c_{\text{óleo}}) = 2000$ J/kg K

O solo sob as condições árticas é seco (do Apêndice 2 Tabela 11, $k_s = 0{,}35$ W/m K). (a) Estime a espessura do isolamento necessário para atender às especificações do engenheiro. (b) Calcule a taxa de transferência de calor requerida para o petróleo em cada ponto de aquecimento. (c) Calcule a potência de bombeamento necessária para mover o petróleo entre duas estações de aquecimento adjacentes.

6.44 Mostre que, para o fluxo laminar totalmente desenvolvido entre duas placas planas espaçadas por $2a$, o Número de Nusselt baseado na temperatura "média de volume" e com espaçamento da passagem é igual a 4,12 se a temperatura de ambas as paredes variar linearmente com a distância x, ou seja, $\partial T/\partial x = C$. A temperatura "média de volume" é definida como:

$$T_b = \frac{\int_{-a}^{a} u(y)T(y)dy}{\int_{-a}^{a} u(y)dy}$$

6.45 Repita o problema 6.44, mas considere que uma parede é isolada e a temperatura da outra parede aumenta linearmente com x.

6.46 Para o fluxo totalmente turbulento em um longo tubo de diâmetro D, desenvolva uma relação entre a razão $(L/\Delta T)/D$ em termos de parâmetros de transferência de calor e fluxo, em que $L/\Delta T$ é o comprimento do tubo requerido para elevar a temperatura de volume do fluido por ΔT. Use a Eq. (6.60) para os fluidos com o Número de Prandtl da ordem da unidade ou superior e a Eq. (6.67) para metais líquidos.

6.47 Água em fluxo turbulento deve ser aquecida em um trocador de calor tubular de passagem única, por condensação de vapor do lado de fora dos tubos. A taxa de fluxo da água, suas temperaturas de entrada e de saída e a pressão do vapor são fixas. Considerando que a temperatura da parede do tubo permanece constante, determine a dependência da área total do trocador de calor requerida para o diâmetro interno dos tubos.

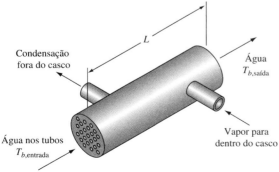

Trocador de calor de passagem única

6.48 Um condensador de 45 000 m² é construído com tubos de 2,5 cm de diâmetro externo de metal, que têm 60 cm de comprimento e paredes com espessura de 1,2 mm. Os seguintes dados de resistência térmica foram obtidos com várias velocidades de água no interior dos tubos (*Trans. ASME*, v. 58, 1936, p. 672):

$1/U_0 \times 10^3$ (K m²/W)	Velocidade da Água (m/s)	$1/U_0 \times 10^3$ (k m²/W)	Velocidade da Água (m/s)
0,364	2,11	0,544	0,90
0,373	1,94	0,485	1,26
0,391	1,73	0,442	2,06
0,420	1,50	0,593	0,87
0,531	0,89	0,391	1,97
0,368	2,14		

Considerando que o coeficiente de transferência de calor no lado do vapor é de 11,3 kw/m²k e a temperatura média do volume da água é de 50°C, determine a resistência da escala.

6.49 Um reator nuclear tem canais de fluxo retangulares com uma grande relação de aspecto $(W/H) \gg 1$.

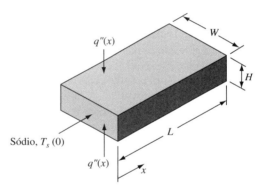

A geração de calor das superfícies superior e inferior é igual e uniforme para qualquer valor de x. No entanto, a taxa varia ao longo do percurso do fluxo do refrigerante de sódio de acordo com

$$q''(x) = q_0'' \operatorname{sen}(\pi x/L)$$

Considerando que os efeitos da entrada são desprezíveis e o coeficiente de transferência de calor por convecção é uniforme: (a) obtenha uma expressão para a variação da temperatura média de volume do sódio, $T_m(x)$; (b) derive uma relação para a temperatura da superfície da parte superior e inferior do canal, $T_s(x)$; (c) determine a distância $x_{\text{máx}}$ na qual $T_s(x)$ é máximo.

Problemas de projeto

6.1 **Sistema de resfriamento de reator químico.** (Capítulo 6)
Projete um sistema de refrigeração interno para um reator químico. O reator tem uma forma cilíndrica de 2 m de diâmetro e 14 m de altura e é bem isolado externamente. A reação exotérmica libera 50 kW/m³ de meio de reação e este opera a 250°C. Foi determinado experimentalmente que o coeficiente de transferência de calor entre o meio de reação e uma superfície de transferência de calor no interior do reator é 1700 W/m² K. No projeto do sistema, considere: (a) o custo de capital; (b) o custo operacional e de manutenção; (c) a quantidade de volume retomada pelo sistema de resfriamento no interior do reator e a redução concomitante na produção do reator;(d) a disponibilidade do calor removido para utilização fora do reator; (e) a escolha do meio de resfriamento.

6.2 **Resfriamento de circuitos integrados de silício de alta potência**
Timothy L. Hoopman, da 3M Corporation, descreveu um novo método para resfriamento de circuitos integrados de silício de alta potência e densidade (D. Cho et al. (Eds.), Microchanneled Structures. In: *Microstructures, Sensors, and Actuators*, DCS, v. 19: *ASME* Winter Annual Meeting, Dallas, Texas, nov. 1990). Esse método envolve a gravação de microcanais na superfície posterior do circuito integrado. Eles têm tipicamente diâmetros hidráulicos de 10 μ a 100 μ com as relações de comprimento-diâmetro de 50-1000. As distâncias de centro a centro desses microcanais podem ser tão pequenas quanto 100 μ, dependendo da geometria.

Projete um sistema de refrigeração de microcanais adequado para um circuito integrado de 10 mm × 10 mm. Os canais microgravados são cobertos com uma tampa de silício, como mostrado no diagrama esquemático abaixo. O circuito integrado e a tampa devem ser mantidos a uma temperatura de 350 K e o sistema tem que remover um fluxo de calor de 50 W/cm². Explique a razão pela qual os microcanais, mesmo em fluxo laminar, produzem coeficientes muito elevados de transferência de calor. Além disso, compare a diferença de temperatura obtida com o projeto de microcanais com um projeto convencional, utilizando resfriamento por convecção forçada de água em um canal que cobre a superfície do circuito integrado.

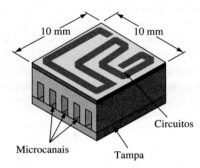

6.3 **Aquecedor de Resistência Elétrica** (Capítulos 2, 3, 6 e 10)
Nos Problemas de Projeto 2.7 e 3.2, você determinou o coeficiente de transferência de calor requerido para a água que flui sobre a superfície externa de um elemento de aquecimento. Agora, determine o comprimento do tubo, a taxa de fluxo volumétrico de água requerida e a queda de pressão, se o elemento está localizado dentro de um tubo de 15 cm de diâmetro interno. Forneça a taxa de fornecimento de água quente de um aquecedor típico doméstico, determine quantos tubos seriam necessários e como eles poderiam ser organizados e conectados eletricamente. Faça uma estimativa de custo bruto e decida se a queda de pressão é razoável. Finalmente, compare os resultados com os obtidos do projeto que utiliza um elemento aquecedor de seção transversal circular simples mostrado na Fig. 2.7(a).

CAPÍTULO 7

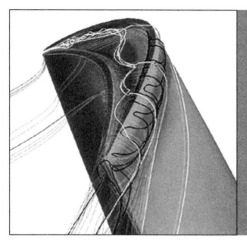

Convecção forçada sobre superfícies exteriores

Simulação computacional do fluxo em vórtice da transferência de calor sobre a ponta de uma pá do rotor de uma turbina de gás de alta pressão, em que as áreas mais escuras representam as regiões de alto fluxo térmico.
Fonte: Cortesia da NASA.

Conceitos e análises a serem aprendidos

No escoamento de fluido e na transferência de calor por convecção forçada sobre superfícies exteriores ou sobre corpos bojudos (de formato arredondado), o crescimento da camada-limite não fica confinado e seu desenvolvimento espacial ao longo da superfície influencia o processo do fluxo térmico local. Em escoamentos externos, o comprimento da superfície fornece o comprimento característico para a escala da camada-limite, bem como para representação adimensional da perda de fricção de fluxo e coeficiente de transferência de calor. Na prática de engenharia, há uma variedade de aplicações de transferência de calor convectiva sobre superfícies exteriores. Dentre elas, inclui-se o fluxo sobre bancos em trocadores de calor de tubo shelland, no degelo das asas de aviões, no tratamento de calor em metal e no resfriamento de equipamentos elétricos e eletrônicos. O estudo deste capítulo abordará:

- como caracterizar o comportamento do fluxo sobre superfícies exteriores e corpos bojudos e determinar a resistência associada ao fluido e a transferência convectiva de calor;
- como calcular o coeficiente de transferência de calor em sistemas e dispositivos *packed-bed*;*
- como analisar a convecção forçada em fluxo cruzado sobre bancos de vários tubos ou pacotes, e prever a perda por atrito e o coeficiente de transferência de calor;
- como caracterizar fluxos de jato na medida em que eles incidem sobre superfícies bojudas e determinar a transferência de calor devido a um ou vários sistemas por jato, assim como jatos submersos.

---

* Do inglês *packed-bed* que se refere a uma câmara repleta de pequenas esferas (ou corpos similares) formando dutos por onde escoa o fluido similar a uma embalagem na qual os espaços livres foram preenchidos com pedaços de isopor (por exemplo).

7.1 Fluxo sobre corpos bojudos

Neste capítulo, devemos considerar a transferência de calor por convecção forçada entre a superfície externa de corpos bojudos, como esferas, cabos, tubos e feixes de tubos, e fluidos que escoam perpendicularmente e em ângulos com relação aos eixos desses corpos. O fenômeno da transferência de calor desses sistemas, como aqueles em que um fluido se desloca dentro de um duto ou ao longo de uma placa plana, está relacionado à natureza do fluxo. A diferença mais importante entre o fluxo sobre um corpo bojudo e aquele sobre uma placa plana ou um corpo aerodinâmico está no comportamento da camada-limite. Lembramos que a camada-limite de um fluido sobre a superfície de um corpo aerodinâmico será separada quando o aumento da pressão ao longo da superfície se tornar muito elevado. Nesses corpos, se a separação ocorrer efetivamente, será bem próxima da parte traseira. Em um corpo bojudo, por outro lado, o ponto de separação muitas vezes ocorre não muito longe da borda dianteira. Além do ponto de separação da camada-limite, o fluido em uma região próxima à superfície escoa em direção oposta ao fluxo principal, conforme mostrado na Fig. 7.1. A inversão local no fluxo resulta em distúrbios que produzem turbilhões, fato apresentado na Fig. 7.2, que é uma fotografia do padrão de fluxo no ângulo reto em relação ao eixo de um cilindro. É possível ver os turbilhões de ambos os lados descendo pela extensão do cilindro, e, na parte de trás, a formação de uma possível turbulência.

Grandes perdas de pressão estão associadas à separação do fluxo, já que a energia cinética dos turbilhões deslocados não pode ser recuperada. No fluxo sobre um corpo aerodinâmico, a perda de pressão é causada principalmente pela resistência do atrito com a película. Para um corpo bojudo, no entanto, a resistência do atrito com a película é pequena comparada com a resistência, devido à forma no intervalo de Número de Reynolds de interesse comercial. A resistência de forma ou pressão aumenta com a separação do fluxo, o que impede o fechamento das linhas de corrente e induz, assim, uma região de baixa pressão na parte posterior do corpo. Quando a pressão na parte de trás do corpo é inferior à da parte frontal, existe uma diferença de pressão que produz uma força de arraste além do atrito da película. A magnitude do arraste de forma diminui à medida que a separação se move mais para a parte posterior.

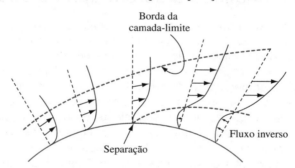

FIGURA 7.1 Tensão esquemática da camada-limite sobre um cilindro circular próximo ao ponto de separação.

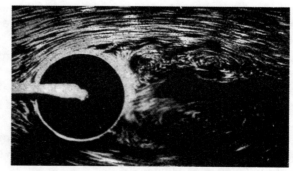

FIGURA 7.2 Padrão de fluxo em escoamento cruzado sobre um único cilindro horizontal.
Fonte: Fotografia de H. L. Rubach, Mitt. Forschungsarb., vol. 185, 1916.

As formas geométricas mais importantes para o trabalho de engenharia são o cilindro circular longo e a esfera. O fenômeno de transferência de calor para essas duas formas em fluxo cruzado foi estudado por muitos pesquisadores, e os dados representativos estão resumidos na Seção 7.2. Além da média do coeficiente de transferência de calor sobre um cilindro, será considerada a variação do coeficiente em torno da circunferência. Um conhecimento da variação periférica da transferência de calor associada ao fluxo sobre um cilindro é importante para muitos problemas práticos, como cálculos da transferência de calor para asas de avião, cujos contornos da borda dianteira são aproximadamente cilíndricos. A inter-relação entre transferência de calor e fenômeno de escoamento também será reforçada, pois pode ser aplicada para medir a velocidade e suas flutuações em um deslocamento turbulento usando um anemômetro de fio quente.

A Seção 7.3 trata da transferência de calor em feixe de tubo, que são sistemas nos quais se destaca a importância da transferência de calor para as, ou das, partículas esféricas ou de outros formatos. As Seções 7.4 e 7.5 abordam transferência de calor para, ou de, feixes de tubos em fluxo cruzado, uma configuração amplamente usada em *boilers*, preaquecedores de ar e trocadores de calor convencionais de envoltório e tubo. A Seção 7.6 trata da transferência de calor em jatos.

7.2 Cilindros, esferas e outros formatos bojudos

Fotografias de padrões de fluxo típicos para fluxo sobre um único cilindro e uma esfera são mostradas nas figuras 7.2 e 7.3, respectivamente. Os pontos mais frontais desses corpos são chamados *pontos de estagnação*. As partículas de fluidos que se chocam nesse ponto são levadas ao repouso e a pressão no ponto de estagnação, p_0, sobe aproximadamente o correspondente à perda de energia, ou seja, $(\rho U_\infty^2/2g_c)$, acima da pressão no escoamento livre contínuo, p_∞. O fluxo é dividido no ponto de estagnação do cilindro e uma camada-limite é construída ao longo da superfície. O fluido acelera na medida em que passa na superfície do cilindro, como pode ser visto pela aproximação das linhas de corrente mostrada na Fig. 7.4. Esse padrão de escoamento para um fluido não viscoso em fluxo não rotacional, um caso altamente idealizado, é chamado *fluxo potencial*. A velocidade atinge um máximo em ambos os lados do cilindro, então cai novamente a zero no ponto de estagnação na parte de trás. A distribuição de pressão correspondente a esse padrão de fluxo idealizado é mostrada pela linha sólida na Fig. 7.5.

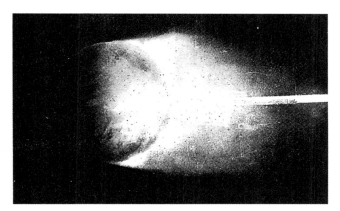

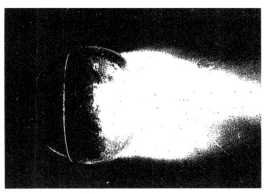

FIGURA 7.3 **Fotografias de fluxo de ar sobre uma esfera. Na figura inferior, um fio junto à superfície induziu a transição precoce e atrasou o deslocamento.**

Fonte: Cortesia de L. Prandtle *Journal da Royal Aeronautical Society.*

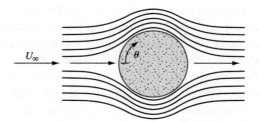

FIGURA 7.4 Linhas de corrente de fluxo potencial sobre um cilindro circular.

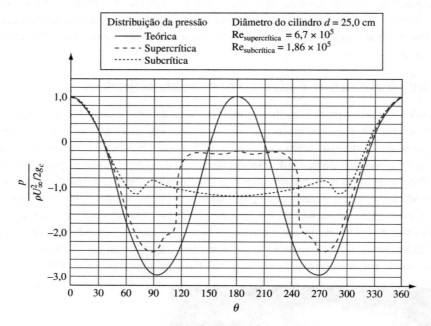

FIGURA 7.5 Distribuição da pressão em torno de um cilindro circular em escoamento cruzado em vários Números de Reynolds; p é a pressão local, $\rho U^2_\infty/2g_c$ é a pressão de impacto de fluxo livre; θ é o ângulo medido com base no ponto de estagnação.

Fonte: Com permissão de L. Flachsbart, *Handbuch der Experimental Physik*, v. 4, part 2.

Como a distribuição de pressão é simétrica em relação ao plano central vertical do cilindro, fica claro que não haverá resistência de pressão no fluxo não rotacional. Entretanto, a menos que o Número de Reynolds seja muito baixo, um fluido real não adere à superfície inteira do cilindro, conforme mencionado anteriormente; a camada-limite na qual o escoamento é rotacional será separada das laterais do cilindro, como resultado do gradiente de pressão adverso. A separação da camada-limite e sua esteira resultante na parte posterior do cilindro dão origem a distribuições da pressão, mostradas para diferentes Números de Reynolds pelas linhas tracejadas na Fig. 7.5. É possível observar que há uma concordância entre a distribuição de pressão ideal e a real na vizinhança do ponto de estagnação frontal. Na parte posterior do cilindro, entretanto, as distribuições real e ideal diferem consideravelmente. As características do padrão de deslocamentoe da camada-limite dependem do Número de Reynolds, $\rho U_\infty D/\mu$, o qual é baseado na velocidade da corrente livre U_∞ e o diâmetro externo do corpo D para o escoamento sobre um cilindro ou uma esfera. As propriedades são avaliadas nas condições de corrente livre. O padrão de escoamento em torno do cilindro passa por uma série de alterações à medida que o Número de Reynolds aumenta, e, como a transferência de calor depende muito do fluxo, devemos considerar primeiro o efeito do Número de Reynolds sobre ela, e então interpretar os dados da transferência de calor com base nessas informações.

Os esboços na Fig. 7.6 ilustram os padrões de fluxo normais dos intervalos característicos dos Números de Reynolds. As letras nessa figura correspondem aos regimes de escoamento indicados na Fig. 7.7, em que os coeficientes de arraste adimensional de um cilindro e uma esfera, C_D, são traçados como uma função do Número de Reynolds.

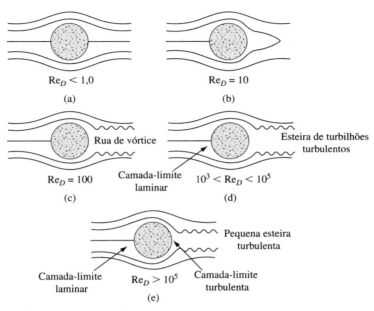

FIGURA 7.6 Padrões de fluxo para escoamento cruzado sobre um cilindro em vários Números de Reynolds.

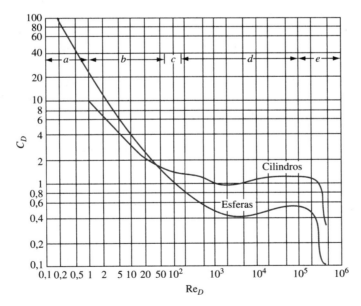

FIGURA 7.7 Coeficiente de resistência *versus* Número de Reynolds para cilindros circulares longos e esferas em escoamento cruzado.

O termo de força no fator de arraste total é a soma das forças de pressão e atrito; isso está definido pela seguinte equação:

$$C_D = \frac{\text{força de atrito}}{A_f(\rho U_\infty^2/2g_c)}$$

em que ρ = densidade de corrente (fluxo) livre
U_∞ = velocidade de corrente (fluxo) livre
A_f = área projetada frontal = πDL (cilindro) ou $\pi D^2/4$ (esfera)
D = diâmetro externo do cilindro, ou diâmetro de esfera
L = comprimento do cilindro

A discussão a seguir restringe a aplicação a cilindros longos, mas também oferece um quadro ilustrativo do fluxo que passa em uma esfera. As letras (a) até (e) referem-se às Figuras 7.6 e 7.7.

(a) Em Números de Reynolds da ordem de unidade ou menores, o fluxo adere à superfície e as linhas de corrente seguem aqueles previstos na teoria de escoamento potencial. As forças de inércia são muito pequenas e a resistência é causada somente pelas forças da viscosidade, portanto, não há separação de fluxo. O calor é transferido somente por condução.

(b) Nos Números de Reynolds da ordem de 10, as forças de inércia tornam-se apreciáveis e dois turbilhões fracos aparecem na parte posterior do cilindro. A resistência da pressão é responsável agora por aproximadamente metade da resistência total.

(c) Em um Número de Reynolds da ordem de 100, os vórtices separam-se nos dois lados do cilindro alternadamente, e estendem-se a uma considerável distância a jusante. Esses vórtices são referidos como *esteira de vórtice de von Karman*, em homenagem ao cientista Theodore von Karman, que estudou a difusão de vórtices nos objetos bojudos. A resistência da pressão agora predomina.

(d) Para Números de Reynolds que variam entre 10^3 e 10^5, a resistência de atrito da película é pequena se comparada à resistência da pressão causada por turbilhões turbulentos na esteira. O coeficiente e a resistência permanecem constantes porque a camada-limite continua laminar desde a borda dianteira até o ponto de separação, o qual se mantém inteiramente no intervalo de Números de Reynolds em uma posição angular θ entre 80° e 85° medidos a partir da direção do fluxo.

(e) Para Números de Reynolds superiores a 10^5 aproximadamente (o valor exato depende do nível de turbulência do fluxo livre), a energia cinética do fluido na camada-limite laminar sobre a parte frontal do cilindro é suficiente para sobrepor o gradiente de pressão desfavorável sem separação. O fluxo na camada-limite torna-se turbulento enquanto ainda está colado, e o ponto de separação move-se para a parte posterior. Como o fechamento das linhas de corrente reduz o tamanho da esteira, a resistência da pressão também é substancialmente reduzida. Experimentos feitos por Fage e Falkner [1, 2] indicam que, depois que a camada-limite se torna turbulenta, ela não se descola até atingir uma posição angular correspondente a um θ de aproximadamente 130°.

Análises do crescimento da camada-limite e a variação do coeficiente de transferência de calor local com a posição angular em torno dos cilindros circulares e esfera têm sido parcialmente bem-sucedidas. Squire [3] solucionou as equações de movimento e energia de um cilindro em temperatura constante no fluxo cruzado sobre a parte em que uma superfície laminar se adere. Ele mostrou que, no ponto de estagnação e em sua vizinhança imediata, o coeficiente de transferência de calor por convecção pode ser calculado a partir da seguinte equação:

$$\text{Nu}_D = \frac{h_c D}{k} = C\sqrt{\frac{\rho U_\infty D}{\mu}} \tag{7.1}$$

em que C é uma constante cujo valor numérico em vários Números de Prandtl é tabulado abaixo:

Pr	0,7	0,8	1,0	5,0	10,0
C	1,0	1,05	1,14	2,1	1,7

Sobre a parte dianteira do cilindro ($0 < \theta < 80°$), a equação empírica para $h_c(\theta)$, o valor local do coeficiente de transferência de calor em θ

$$\text{Nu}(\theta) = \frac{h_c(\theta)D}{k} = 1{,}14\left(\frac{\rho U_\infty D}{\mu}\right)^{0{,}5}\text{Pr}^{0{,}4}\left[1 - \left(\frac{\theta}{90}\right)^3\right] \tag{7.2}$$

concorda de forma satisfatória [4] com dados experimentais.

Giedt [5] mediu as pressões e os coeficientes locais de transferência de calor sobre toda a circunferência de um cilindro longo, de 10,2 cm de diâmetro externo, em um fluxo de ar sobre um intervalo de Números de Reynolds de 70 000 a 220 000. Os resultados de Giedt são mostrados na Fig. 7.8, e dados similares de Números de Reynolds inferiores são mostrados na Fig. 7.9 (os dados estão na página seguinte). Se os dados mostrados nas Figuras 7.8 e 7.9 forem comparados aos Números de Reynolds correspondentes com os padrões de fluxo e as características da camada-limite descritos anteriormente, algumas observações importantes podem ser feitas.

Em Números de Reynolds abaixo de 100 000, a separação da camada-limite laminar ocorre em uma posição angular de aproximadamente 80°. A transferência de calor e as características do fluxo sobre a parte dianteira do cilindro lembram aquelas para escoamento laminar sobre uma placa plana, discutidas anteriormente. A transferência de calor local é maior no ponto de estagnação e diminui ao longo da superfície, na medida em que a espessura da camada-limite aumenta, atingindo um mínimo nas laterais do cilindro, próximo ao ponto de separação. Além do ponto de separação, a transferência de calor local aumenta porque existe turbulência considerável sobre a parte posterior do cilindro, onde os turbilhões da esteira varrem a superfície. Entretanto, o coeficiente de transferência de calor sobre a parte posterior não é maior do que sobre a parte frontal, pois os turbilhões recirculam em parte do fluido e, apesar da alta turbulência, não são eficazes para misturá-lo na proximidade da superfície do fluxo principal como ocorre em uma camada-limite turbulenta.

Em Números de Reynolds maiores o suficiente para permitir a transição do fluxo laminar para turbulento na camada-limite sem separação da camada-limite laminar, o coeficiente de transferência de calor apresenta dois mínimos em torno do cilindro. O primeiro ocorre no ponto de transição. Na medida em que a transição de fluxo laminar para turbulento progride, o coeficiente de transferência de calor aumenta e atinge um máximo aproximadamente no ponto em que a camada-limite se torna completamente turbulenta. Então, o coeficiente de transferência de calor começa a diminuir novamente e atinge o segundo mínimo em aproximadamente 130°, o ponto em que a camada-limite turbulenta se separa do cilindro. Sobre a parte posterior, o coeficiente de transferência de calor aumenta para outro máximo no ponto de estagnação posterior.

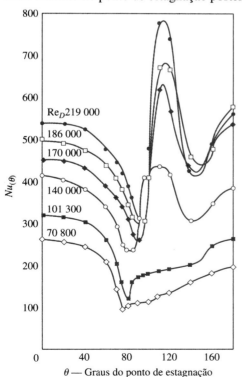

FIGURA 7.8 Variação angular do coeficiente de transferência de calor adimensional (Nu_θ) em altos Números de Reynolds para um cilindro circular em fluxo cruzado.

Fonte: Cortesia de W. H. Giedt. *Investigation of Variation of Point Unit-Heat-Transfer Coeffient around a Cylinder Normal to an Air Stream*. Trans. ASME, v. 71, 1949, p. 375-381. Reproduzido com permissão da The American Society of Mechanical Engineers International.

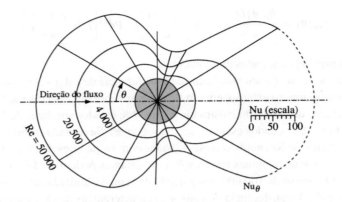

FIGURA 7.9 Variação angular do Número de Nusselt local, Nu(θ) = $h^c(\theta)D_o/k_f$ para baixos Números de Reynolds para um cilindro circular em fluxo cruzado.
Fonte: De acordo com W. Lorisch, de *M. ten Bosch, Die Wärmeübertragung*, 3d ed., Berlin:Springer Verlag, 1936.

EXAMPLO 7.1 Para projetar um sistema de aquecimento com a finalidade de evitar formação de gelo na asa de um avião, é necessário conhecer o coeficiente de transferência de calor sobre a superfície externa da borda dianteira. O contorno dessa borda pode ser aproximado a um meio cilindro de 30 cm de diâmetro, conforme mostrado na Fig. 7.10. O ar ambiente está a $-34°C$ e a temperatura da superfície deve ser menor do que $0°C$. O avião é projetado para voar a 7 500 m de altitude a uma velocidade de 150 m/s. Calcule a distribuição do coeficiente de transferência de calor por convecção sobre a parte frontal da asa.

SOLUÇÃO Em uma altitude de 7 500 m, a pressão atmosférica padrão é de 38,9 kPa e a densidade do ar é 0,566 kg/m³ (veja Tabela 38 no Apêndice 2).

O coeficiente de transferência de calor no ponto de estagnação ($\theta = 0$) é, de acordo com a Eq. (7.2),

$$h_c(\theta = 0) = 1{,}14\left(\frac{\rho U_\infty D}{\mu}\right)^{0{,}5} Pr^{0{,}4} \frac{k}{D}$$

$$= (1{,}14)\left(\frac{(0{,}566\,\text{kg/m}^3) \times (150\,\text{m/s}) \times (0{,}30\,\text{m})}{1{,}74 \times 10^{-5}\,\text{kg/m s}}\right)^{0{,}5} (0{,}72)^{0{,}4}\left(\frac{0.024\,\text{W/m K}}{0{,}30\,\text{m}}\right)$$

$$= 96{.}7\,\text{W/m}^2\,°C$$

A variação de h_c com θ é obtida multiplicando-se o valor do coeficiente de transferência de calor no ponto de estagnação por $1 - (\theta/90)^3$. Os resultados estão tabulados abaixo.

θ (deg)	0	15	30	45	60	75
$h_c(\theta)$(W/m² °C)	96,7	96,3	93,1	84,6	68,0	40,7

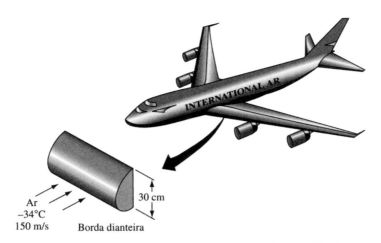

FIGURA 7.10 Aproximação da borda dianteira da asa de um avião do Exemplo 7.1.

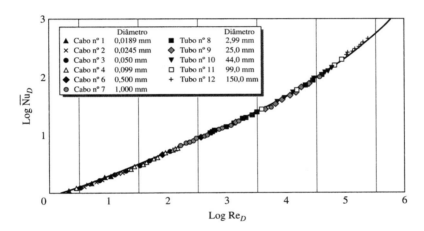

FIGURA 7.11 Média de Número de Nusselt *versus* Número de Reynolds para um cilindro circular em fluxo cruzado com ar.
Fonte: After R. Hilpert [6, p. 220].

Fica evidente após a discussão anterior que a variação do coeficiente de transferência de calor em torno de um cilindro ou uma esfera é um problema muito complexo. Para muitas aplicações práticas, não é necessário saber o valor local $h_{c\theta}$, avaliar o valor médio do coeficiente de transferência de calor em torno do corpo é suficiente. Alguns observadores mediram os coeficientes médios de transferência de calor para fluxo sobre cilindros e esferas simples. Hilpert [6] mediu precisamente os coeficientes médios de transferência de calor para escoamento de ar sobre cilindros de diâmetros que variam de 19 μm a 15 cm. Seus resultados estão mostrados na Fig. 7.11, em que a média de Nusselt $\bar{h}_c D/k$ é traçada como uma função do Número de Reynolds $U_\infty D/\nu$.

Uma equação para um cilindro em temperatura uniforme T_s em fluxo cruzado de líquidos e gases foi proposta por Žukauskas [7]:

$$\overline{\mathrm{Nu}_D} = \frac{\bar{h}_c D}{k} = C\left(\frac{U_\infty D}{\nu}\right)^m \mathrm{Pr}^n \left(\frac{\mathrm{Pr}}{\mathrm{Pr}_s}\right)^{0,25} \quad (7.3)$$

em que todas as propriedades do fluido são avaliadas em sua temperatura em fluxo livre, exceto para Pr_s, que é avaliada na temperatura de superfície. As constantes na Eq. (7.3) são fornecidas na Tabela 7.1. Para $\mathrm{Pr} < 10$, $n = 0,37$ e para $\mathrm{Pr} > 10$, $n = 0,36$.

TABELA 7.1 Coeficientes para a Eq. (7.3)

Re$_D$	C	m
1–40	0,75	0,4
40–1 × 10^3	0,51	0,5
1 × 10^3–2 × 10^5	0,26	0,6
2 × 10^5–1 × 10^6	0,076	0,7

Para cilindros que não são normais ao fluxo, Groehn [8] desenvolveu a seguinte equação:

$$\overline{\mathrm{Nu}}_D = 0{,}206\,\mathrm{Re}_N^{0,63}\mathrm{Pr}^{0,36} \tag{7.4}$$

Na Eq. (7.4), o Número de Reynolds, Re$_N$, é baseado no componente da velocidade de fluxo normal para o eixo do cilindro:

$$\mathrm{Re}_N = \mathrm{Re}_D\,\mathrm{sen}\,\theta$$

e o ângulo de guinada, θ, é o aquele entre a direção do escoamento e o eixo do cilindro, por exemplo, $\theta = 90°$ para fluxo cruzado.

A equação (7.4) é válida para Re$_N$ = 2 500 até o Número de Reynolds crítico, que depende do ângulo de guinada, como segue:

θ	Re$_{crit}$
15°	2 × 10^4
30°	8 × 10^4
45°	2,5 × 10^5
>45°	>2,5 × 10^5

Groehn também descobriu que, no intervalo $2 \times 10^5 < \mathrm{Re}_D < 10^6$, o Número de Nusselt é independente do ângulo de guinada:

$$\overline{\mathrm{Nu}}_D = 0{,}012\,\mathrm{Re}_D^{0,85}\,\mathrm{Pr}^{0,36} \tag{7.5}$$

Para cilindros com seções cruzadas não circulares em gases, Jakob [9] compilou dados de duas fontes e apresentou os coeficientes da equação de correlação

$$\overline{\mathrm{Nu}}_D = B\,\mathrm{Re}_D^n \tag{7.6}$$

na Tabela 7.2. Na Eq. (7.6), todas as propriedades devem ser calculadas à temperatura da película, que foi definida no Capítulo 4 como a média das temperaturas da superfície e do fluido de escoamento livre.

Para transferência de calor de um cilindro no fluxo cruzado de metais líquidos, Ishiguro et al. [10] recomendaram a seguinte equação de correlação:

$$\overline{\mathrm{Nu}}_D = 1{,}125(\mathrm{Re}_D\mathrm{Pr})^{0,413} \tag{7.7}$$

no intervalo $1 \leq \mathrm{Re}_D\mathrm{Pr} \leq 100$. A Eq.(7.7) prevê um $\overline{\mathrm{Nu}}_D$ ligeiramente mais baixo do que os estudos analíticos para a temperatura constante [$\overline{\mathrm{Nu}}_D = 1{,}015(\mathrm{Re}_D\mathrm{Pr})^{0,5}$] ou fluxo constante [$\overline{\mathrm{Nu}}_D = 1{,}145(\mathrm{Re}_D\mathrm{Pr})^{0,5}$]. Conforme destacado em [10], nenhuma condição-limite foi obtida no esforço experimental. A diferença entre a Eq. (7.7) e as equações de correlação para os dois estudos analíticos é aparentemente devida à suposição de fluxo com baixo valor de viscosidade nos estudos analíticos. Essa suposição não é possível para uma região separada em valores maiores de Re$_D$Pr, que é onde a Eq. (7.7) desvia dos resultados analíticos.

TABELA 7.2 Constantes na Eq. (7.6) para convecção forçada perpendicular aos tubos não circulares

Direção do Fluxo e Perfil	Re_D De	Re_D Para	n	B
→ ◇ ↕D	5 000	100 000	0,588	0,222
→ ◯ ↕D	2 500	15 000	0,612	0,224
→ ◇ ↕D	2 500	7 500	0,624	0,261
→ ⬡ ↕D	5 000	100 000	0,638	0,138
→ ⬡ ↕D	5 000	19 500	0,638	0,144
→ □ ↕D	5 000	100 000	0,675	0,092
→ □ ↕D	2 500	8 000	0,699	0,160
→ │ ↕D	4 000	15 000	0,731	0,205
→ ⬡ ↕D	19 500	100 000	0,782	0,035
→ ◯ ↕D	3 000	15 000	0,804	0,085

Com base em experiências, Quarmby e Al-Fakhri [11] concluíram que o efeito da relação de aspecto do tubo (comprimento para diâmetro) é insignificante para valores de relação de aspecto superiores a 4. O fluxo de ar forçado sobre o cilindro era essencialmente aquele de um cilindro infinito em deslocamento cruzado. Eles examinaram o efeito de variações na duração do aquecimento e, portanto, a proporção de aspecto, por cinco seções de aquecimento longitudinais independentes do cilindro. Seus dados para proporções de aspecto maiores foram comparados favoravelmente aos dados de Žukauskas [7] para cilindros em fluxo cruzado. Para proporções de aspecto inferiores a 4, recomendaram:

$$\overline{Nu}_D = 0{,}123 \, Re_D^{0{,}651} + 0{,}00416 \left(\frac{D}{L}\right)^{0{,}85} Re_D^{0{,}792} \quad (7.8)$$

que se aplica na faixa:

$$7 \times 10^4 < Re_D < 2{,}2 \times 10^5$$

Propriedades na Eq. (7.8) são avaliadas na temperatura da película. A equação (7.8) está em conformidade com os dados de Žukauskas [7] no limite $L/D \to \infty$ para essa variação relativamente pequena de Número de Reynolds.

Diversos estudos tentaram determinar o coeficiente de transferência de calor próximo à base de um cilindro conectado a uma parede e exposto a fluxo cruzado, ou próximo à ponta de um cilindro exposto a deslocamento cruzado. O objetivo desses estudos era determinar, com precisão, o coeficiente de transferência de calor para aletas e bancos de tubo e o resfriamento de componentes elétricos. Sparrow e Samie [12] mediram o coeficiente de transferência de calor na ponta de um cilindro e também para um comprimento da parte cilíndrica (equivalente a 1/4 do diâmetro) próximo à ponta. Descobriram que, dependendo do Número de Reynolds, os coeficientes de transferência de calor são 50% a 100% maiores que aqueles que seriam previstos na Eq. (7.3). Sparrow et al [13] examinaram a transferência de calor próxima à extremidade conectada de um cilindro em fluxo cruzado. Descobriram que, em uma região de aproximadamente um diâmetro da extremidade conectada, os coeficientes de transferência de calor eram em torno de 9% menor do que aqueles que seriam previstos na Eq. (7.3).

A turbulência no fluxo livre que se aproxima do cilindro pode ter forte influência sobre a média de transferência de calor. Yardi e Sukhatme [14] determinaram, por experimentos, um aumento de 16% na média do coeficiente de transferência de calor enquanto a intensidade na turbulência do fluxo livre aumentava de 1% para 8% no Número de Reynolds, variando de 6 000 a 60 000. Por outro lado, a escala de comprimento da turbulência de escoamento livre não afetou a média do fator de transferência de calor. Suas medidas demonstraram que o efeito da turbulência de fluxo livre foi maior no ponto de estagnação frontal e diminuiu para um efeito desprezível no ponto de estagnação posterior. As equações fornecidas neste capítulo, no geral, consideram que a turbulência de deslocamento livre é muito baixa.

7.2.1 Anemômetro de fio quente

A relação entre a velocidade e a taxa de transferência de calor de um único cilindro em fluxo cruzado é usada para medir velocidade e suas flutuações em deslocamento turbulento e em processos de combustão usando um anemômetro de fio quente. Esse instrumento consiste basicamente em um cabo aquecido eletricamente (de 3 a 30 μm de diâmetro) esticado entre as extremidades de dois pilares. Quando exposto a um fluxo de fluido mais gelado, perde calor por convecção. A temperatura do cabo e sua resistência elétrica, por consequência, dependem da temperatura, da velocidade do fluido e da corrente de aquecimento. Para determinar a velocidade do fluido, há algumas opções: se o cabo está mantido a uma temperatura constante por meio do ajuste da corrente, pode-se determinar a velocidade do fluido pela medida do valor da corrente; se o cabo é aquecido por uma corrente constante, a velocidade é deduzida a partir da medição da resistência elétrica ou da queda de tensão no cabo. No método de temperatura constante, o cabo aquecido forma um braço no circuito de uma ponte de Wheatstone, como mostrado na Fig. 7.12(a). A resistência do lado do reostato, R_e, é ajustada para equilibrar a ponte quando a temperatura e, consequentemente, a resistência do cabo, atingirem algum valor desejado. Quando a velocidade do fluido aumenta, a corrente necessária para manter constantes a temperatura e a resistência do cabo também deve aumentar. Essa alteração na corrente é obtida pelo ajuste do reostato em série com a fonte de tensão. Quando o galvanômetro indica que a ponte está em equilíbrio novamente, a alteração na corrente, lida no amperímetro, indica a alteração na velocidade. Em outro método, a corrente do cabo é mantida constante e as flutuações na tensão caem pelas variações na velocidade do fluido, que são detectadas na entrada de um amplificador, cuja saída está conectada a um osciloscópio. A Fig. 7.12(b) mostra esquematicamente uma disposição para medição de tensão. Informações adicionais sobre o método de fio quente são apresentadas em Dryden e Keuthe [15] e Pearson [16]. Embora o circuito necessário para manter a temperatura do cabo constante seja mais complexo do que o necessário para operação de corrente constante, muitas vezes ele é preferido, já que as propriedades do fluido que afetam a transferência de calor do cabo são constantes se sua temperatura e as do fluxo livre forem constantes também. Isso simplifica muito a determinação da velocidade na corrente do cabo.

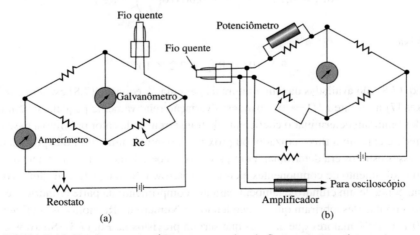

FIGURA 7.12 Circuitos esquemáticos para sondas de fio quente e equipamento associado. (a) Método com temperatura constante; (b) Método com corrente constante.

EXEMPLO 7.2 Um cabo de platina polida com diâmetro de 25 μm e 6 mm de comprimento é usado em um anemômetro de fio quente para medir a velocidade do ar a 20°C no intervalo entre 2 e 10 m/s (observe a Fig. 7.13). O cabo é colocado no circuito da ponte de Wheatstone mostrado na Fig. 7.12(a). Sua temperatura deve ser mantida a 230°C com ajustes da corrente usando um reostato. É necessário conhecer a corrente requerida como uma função de velocidade do ar para projetar o circuito elétrico. A resistividade elétrica da platina a 230°C é 17,1 $\mu\Omega$ cm.

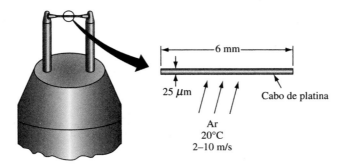

Sonda de anemômetro de fio quente

FIGURA 7.13 Estiramento do anemômetro de fio quente do Exemplo 7.2.

SOLUÇÃO Como o cabo é muito fino, a condução que passa por ele e o gradiente de temperatura em qualquer seção transversal podem ser desconsiderados. À temperatura de fluxo livre, o ar apresenta uma condutividade térmica de 0,0251 W/m °C e uma viscosidade cinética de $1,57 \times 10^{-5}$ m²/s. A uma velocidade de 2 m/s, o Número de Reynolds é:

$$\text{Re}_D = \frac{(2\,\text{m/s})(25 \times 10^{-6}\,\text{m})}{1,57 \times 10^{-5}\,\text{m}^2/\text{s}} = 3,18$$

O intervalo do Número de Reynolds de interesse, portanto, é de 1 a 40, assim, a correlação na equação da Eq. (7.3) e da Tabela 7.1 é:

$$\frac{\bar{h}_c D}{k} = 0,75\,\text{Re}_D^{0,4}\text{Pr}^{0,37}\left(\frac{\text{Pr}}{\text{Pr}_s}\right)^{0,25}$$

Desconsiderando uma variação no Número de Prandtl de 20°C a 230°C, o coeficiente médio de transferência de calor por convecção como uma função de velocidade é:

$$\bar{h}_c = (0,75)(3,18)^{0,4}\left(\frac{U_\infty}{2}\right)^{0,4}(0,71)^{0,37}\left(\frac{0,0251\,\text{W/m K}}{25 \times 10^{-6}\,\text{m}}\right)$$
$$= 799\,U_\infty^{0,4}\,\text{W/m}^2\,°\text{C}$$

Neste ponto, é necessário calcular o coeficiente de transferência de calor para fluxo de calor radiado. De acordo com a Eq. (1.21), temos:

$$\bar{h}_r = \frac{q_r}{A(T_s - T_\infty)} = \frac{\sigma\epsilon(T_s^4 - T_\infty^4)}{T_s - T_\infty} = \sigma\epsilon(T_s^2 + T_\infty^2)(T_s + T_\infty)$$

ou, como

$$(T_s^2 + T_\infty^2)(T_s + T_\infty) \approx 4\left(\frac{T_s + T_\infty}{2}\right)^3$$

temos, aproximadamente,

$$\bar{h}_r = \sigma\epsilon 4\left(\frac{T_s + T_\infty}{2}\right)^3$$

A emissividade de platina polida do Apêndice 2, Tabela 7, é de aproximadamente 0,05, portanto, $\bar{h}_r$ é aproximadamente 0,05 W/m² °C. Isso mostra que a quantidade de calor transferido por radiação é insignificante quando comparada ao calor transferido por convecção forçada.

A taxa em que o calor é transferido do cabo, portanto,

$$q_c = \bar{h}_c A(T_s - T_\infty) = (799 U_\infty^{0,4})(\pi)(25 \times 10^{-6})(6 \times 10^{-3})(210)$$
$$= 0,0790 U_\infty^{0,4} \text{ W}$$

deve ser igual à taxa de dissipação da energia elétrica para manter o cabo a 230°C. A resistência elétrica do cabo, R_e, é

$$R_e = (17,1 \times 10^{-6} \, \Omega \text{ cm}) \frac{0,6 \text{ cm}}{\pi(25 \times 10^{-4} \text{ cm})^2/4} = 2,09 \, \Omega$$

Um equilíbrio de calor com a corrente i em amperes dá:

$$i^2 R_e = 0,0790 U_\infty^{0,4}$$

Resolvendo a corrente como uma função de velocidade, temos:

$$i = \left(\frac{0,0790}{2,09}\right)^{1/2} U_\infty^{0,2} = 0,19 U_\infty^{0,20} \text{ amp}$$

7.2.2 Esferas

É importante conhecer as características de transferência de calor de ou para corpos esféricos para prever o desempenho térmico de sistemas em que nuvens de partículas são aquecidas ou resfriadas em um escoamento de fluido. É necessário um entendimento da transferência de calor de partículas isoladas para tentar correlacionar dados para *packed-beds*, nuvens de partículas ou outras situações em que as partículas possam interagir. Quando as partículas têm formato irregular, os dados das esferas produzirão resultados satisfatórios se o diâmetro da esfera for substituído por um equivalente, ou seja, se D for tomado como diâmetro de uma partícula esférica que apresenta a mesma área de superfície que a partícula irregular.

O coeficiente de arraste total de uma esfera é mostrado como uma função do Número de Reynolds para fluxo livre na Fig. 7.7*, e os dados correspondentes da transferência de calor entre uma esfera e ar estão mostrados na Fig. 7.14. Para Número de Reynolds de aproximadamente 25 a 100.000, a equação recomendada por McAdams [17] para calcular a média do coeficiente de transferência de calor para esferas aquecidas ou resfriadas por um gás é:

$$\overline{\text{Nu}}_D = \frac{\bar{h}_c D}{k} = 0,37 \left(\frac{\rho D U_\infty}{\mu}\right)^{0,6} = 0,37 \, \text{Re}_D^{0,6} \tag{7.9}$$

Para Números de Reynolds entre 1,0 e 25, a equação

$$\bar{h}_c = c_p U_\infty \rho \left(\frac{2,2}{\text{Re}_D} + \frac{0,48}{\text{Re}_D^{0,5}}\right) \tag{7.10}$$

pode ser usada para transferência de calor em um gás. Para transferência de calor em líquidos e em gases, a equação

$$\overline{\text{Nu}}_D = \frac{\bar{h}_c D}{k} = 2 + (0,4 \, \text{Re}_D^{0,5} + 0,06 \, \text{Re}_D^{0,67}) \text{Pr}^{0,4} \left(\frac{\mu}{\mu_s}\right)^{0,25} \tag{7.11}$$

---

*Quando a esfera é arrastada juntamente por um escoamento (por exemplo, um líquido derramado em um fluxo de gás), a velocidade pertinente do Número de Reynolds é a diferença de velocidade entre o fluxo e o corpo.

correlaciona os dados disponíveis nos intervalos de Número de Reynolds entre 3,5 e 7,6 × 10^4 e Números de Prandtl entre 0,7 e 380 [18].

Achenbach [19] mediu a média da transferência de calor de uma esfera de superfície e temperatura constantes no ar em Números de Reynolds além do valor crítico.

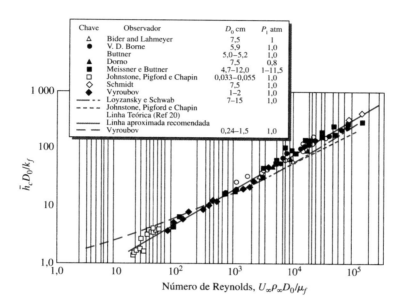

FIGURA 7.14 Correlações para os coeficientes médios de transferência de calor experimentais para fluxo em torno de uma esfera.
Fonte: Heat transmission por W. H. McAdams. Copyright 1954 por MCGRAW-HILL Companies, INC. - Books. Reproduzido com permissão de McGraw-HillCompanies, INC. - Books no formato de Livro texto via Copyright Clearance Center.

Para Números de Reynolds abaixo do valor crítico $100 < \text{Re}_D < 2 \times 10^5$, encontramos:

$$\overline{\text{Nu}}_D = 2 + \left(\frac{\text{Re}_D}{4} + 3 \times 10^{-4}\,\text{Re}_D^{1,6}\right)^{1/2} \tag{7.12}$$

que pode ser comparado aos dados de diversas origens na Fig. 7.14. No caso-limite, quando o Número de Reynolds é menor do que a unidade, Johnston et al [20] mostraram, a partir de considerações teóricas, que o Número de Nusselt se aproxima de um valor constante 2 para um Número de Prandtl unitário, a menos que as esferas tenham diâmetro da ordem do caminho livre médio das moléculas no gás. Além do ponto crítico, $4 \times 10^5 < \text{Re}_D < 5 \times 10^6$, Achenbach recomendou:

$$\overline{\text{Nu}}_D = 430 + 5 \times 10^{-3}\,\text{Re}_D + 0,25 \times 10^{-9}\,\text{Re}_D^2 - 3,1 \times 10^{-17}\,\text{Re}_D^3 \tag{7.13}$$

No caso da transferência de calor de uma esfera para um metal líquido, Witte [21] usou uma técnica de medição transiente para determinar a equação de correlação

$$\overline{\text{Nu}}_D = \frac{\overline{h}_c D}{k} = 2 + 0,386(\text{Re}_D \text{Pr})^{1/2} \tag{7.14}$$

no intervalo de $3,6 \times 10^4 < \text{Re}_D < 2 \times 10^5$. Devem ser avaliadas as propriedades na temperatura da película. O único metal líquido que testaram foi o sódio. Os dados parecem estar um pouco abaixo dos resultados anteriores para ar ou água, porém concordam bem com as análises anteriores que presumiam fluxo potencial de sódio líquido em torno de uma esfera.

7.2.3 Objetos bojudos

Sogin [22] determinou experimentalmente o coeficiente de transferência de calor na região da esteira separada, atrás de uma placa plana, de largura D, colocada perpendicularmente ao fluxo e de um meio cilindro de diâmetro D sobre Números de Reynolds entre 1 e 4×10^5. Com isso, descobriu que as seguintes equações estão correlacionadas aos resultados da média de transferência de calor no ar:

Placa plana normal:

$$\overline{\mathrm{Nu}}_D = \frac{\bar{h}_c D}{k} = 0{,}20\, \mathrm{Re}_D^{2/3} \tag{7.15}$$

Meio cilindro com superfície traseira plana:

$$\overline{\mathrm{Nu}}_D = \frac{\bar{h}_c D}{k} = 0{,}16\, \mathrm{Re}_D^{2/3} \tag{7.16}$$

As propriedades devem ser avaliadas na temperatura da película. Esses resultados confirmam uma análise feita por Mitchell [23].

Sparrow e Geiger [24] desenvolveram a seguinte equação para transferência de calor da face acima de um disco orientado com seus eixos alinhados com o fluxo livre:

$$\overline{\mathrm{Nu}}_D = 1{,}05\, \mathrm{Re}_D^{1/2} \mathrm{Pr}^{0{,}36} \tag{7.17}$$

que é válido para $5\,000 < \mathrm{Re}_D < 50\,000$. As propriedades devem ser avaliadas nas condições de escoamento livre.

Tien e Sparrow [25] mediram os coeficientes de transferência de massa de placas quadradas para ar em vários ângulos para um fluxo livre. Eles estudaram o intervalo $2 \times 10^4 < \mathrm{Re}_L < 10^5$ dos ângulos de ataque e cúspide de 25°, 45°, 65° e 90° e ângulos de guinada de 0°, 22,5° e 45°. Encontraram um resultado bastante inesperado de que todos os dados poderiam ser correlacionados com precisão ($\pm 5\%$) com uma única equação:

$$(\bar{h}_c / c_p \rho U_\infty) \mathrm{Pr}^{2/3} = 0{,}930\, \mathrm{Re}_L^{-1/2} \tag{7.18}$$

em que L representa a escala de comprimento da borda da placa. As propriedades devem ser avaliadas na temperatura do fluxo livre.

A insensibilidade para o ângulo de abordagem do escoamento foi atribuída a uma realocação do ponto de estagnação quando o ângulo foi alterado, com o fluxo sendo ajustado para minimizar a força de resistência na placa. Como a placa era quadrada, esse movimento do ponto de estagnação não parece alterar o comprimento do caminho médio do fluxo. Para formas diferentes de quadrado, essa insensibilidade para o ângulo da abordagem do escoamento pode não ser mantida.

EXEMPLO 7.3 Determine a taxa de perda de calor por convecção de um painel de coletor solar conectado a um telhado e exposto a uma velocidade de ar de 0,5 m/s, conforme mostrado na Fig. 7.15. A matriz é um quadrado de 2,5 m, a superfície dos coletores está a 70°C e a temperatura do ar ambiente é 20°C.

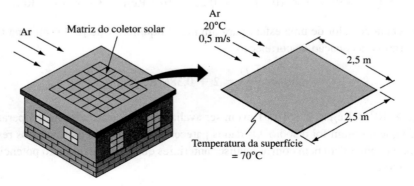

FIGURA 7.15 Esboço para o Exemplo 7.3.

SOLUÇÃO Na temperatura de fluxo livre a 20°C, a viscosidade cinemática do ar é $1,57 \times 10^{-5}$ m²/s, a densidade é 1,16 kg/m³, o calor específico é 1 012 W s/kg °C e Pr = 0,71. Então, o Número de Reynolds é:

$$\text{Re}_L = \frac{U_\infty L}{\nu} = \frac{(0,5 \text{ m/s})(2,5 \text{ m})}{(1,57 \times 10^{-5} \text{ m}^2/\text{s})} = 79\,618$$

Equação (7.18) resulta:

$$(\bar{h}_c/c_p\rho U_\infty)\text{Pr}^{2/3} = 0,930(79\,618)^{-1/2} = 0,0033$$

A média do coeficiente de transferência de calor é:

$$\bar{h}_c = (0,0033)(0,71)^{-2/3}(1,16 \text{ kg/m}^3)(1\,012 \text{ W s/kg K})(0,5 \text{ m/s}) = 2,43 \text{ W/m}^2 \text{ °C}$$

e a taxa de perda de calor da matriz é:

$$q = (2,43 \text{ W/m}^2 \text{ K})(70-20)(\text{K})(2,5 \text{ m})(2,5 \text{ m}) = 759 \text{ W}$$

Wedekind [26] mediu a transferência de calor por convecção de um disco isotérmico com eixos alinhados na perpendicular ao fluxo de gás de escoamento livre. Embora não seja efetivamente um corpo bojudo, essa geometria é importante na área de resfriamento de componentes eletrônicos. Seus dados estão correlacionados pela seguinte relação

$$\overline{\text{Nu}_D} = 0,591\,\text{Re}_D^{0,564}\text{Pr}^{1/3} \tag{7.19}$$

que é válida no intervalo $9 \times 10^2 < \text{Re}_D < 3 \times 10^4$.

Na Eq. (7.19), D é o diâmetro do disco. O intervalo das proporções de espessura/diâmetro do disco testadas por Wedekind era de 0,06 a 0,16. Os valores de propriedades devem ser avaliados na temperatura da película. Os dados foram correlacionados usando a transferência de calor da área inteira do disco.

7.3* Packed-beds

Muitos processos importantes requerem contato entre um fluxo de gás ou líquido e partículas sólidas. Esses processos incluem reatores catalíticos, secadores de grãos, leitos para armazenamento de energia térmica solar, cromatografia gasosa, regeneradores e leitos dessecantes. O contato entre o fluido e a superfície da partícula permite a transferência de calor e/ou massa entre o fluido e a partícula. O dispositivo pode consistir em um tubo, vaso ou algum outro recipiente de volume repleto de partículas por meio do qual flui gás ou líquido. A Fig. 7.16(a) retrata uma câmara com um preenchimento que pode ser usado para armazenamento de calor de energia solar. Ele seria aquecido durante o ciclo de carregamento por tubulação de ar quente ou outro fluido com força de aquecimento. As partículas que compõem a câmara são aquecidas à temperatura do ar, armazenando, assim, o calor. Durante o ciclo de descarregamento, o ar do resfriador seria bombeado pela câmara, resfriando as partículas e removendo o calor armazenado. As partículas, que compõem o preenchimento, podem ter diversas formas, incluindo de rochas, de grânulos catalisadores ou formatos fabricados comercialmente, conforme mostrado na Fig. 7.16(b), dependendo da intenção de uso.

Dependendo do uso, pode ser necessário transferir calor ou massa entre a partícula e o fluido, ou transferir calor pela parede do vaso de contenção. Por exemplo, na câmara na Fig. 7.16(a), deve-se prever a taxa de transferência de calor entre o ar e as partículas. Por outro lado, pode ser necessário um reator catalítico para rejeitar o calor da reação (que ocorre na superfície da partícula) pelas paredes do recipiente do reator. A presença de partículas do catalisador modifica a transferência de calor da parede tal que estender essas correlações do fluxo por um tubo vazio não se torna aplicável.

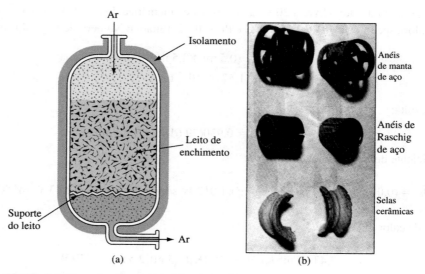

FIGURA 7.16 Trocador de calor de leito de enchimento.
Fonte: Cortesia de Frank Kreith.

Correlações para transferência de calor ou massa em câmaras de preenchimento que utilizam um Número de Reynolds baseado em velocidade de fluido superficial U_s, ou seja, a velocidade do fluido que existiria se o leito estivesse vazio. A escala de comprimento usada em Números de Reynolds e de Nusselt é, geralmente, o diâmetro equivalente do pacote D_p. Como o único tipo de pacote possível é o de esferas, devem ser definidos um diâmetro de partícula equivalente, baseado de alguma forma no volume de partícula, e a área de superfície. Essa definição pode variar de uma correlação para outra; portanto, é necessário ter cuidado antes de tentar aplicar a correlação. Outro parâmetro importante é a fração nula, que é a fração do volume da câmara vazia (1 − fração de volume da câmara ocupado por sólido). A fração nula, que pode aparecer explicitamente nas correlações, por vezes, é usada no Número de Reynolds. Além disso, o Número de Prandtl pode aparecer explicitamente na correlação mesmo se os dados originais forem somente para gases. Nesse caso, é possível que a correlação não seja confiável para líquidos.

Whitaker [18] correlacionou dados para transferência de calor de gases de diferentes tipos de pacote e de fontes. Os tipos de pacote incluíam cilindros com diâmetro igual em altura, esferas e diversos comerciais, como anéis de Raschig, anéis de partição e selas de Berl. Os dados são correlacionados a ±25% pela equação:

$$\frac{\bar{h}_c D_p}{k} = \frac{1-\varepsilon}{\varepsilon}(0{,}5\,\mathrm{Re}_{D_p}^{1/2} + 0{,}2\,\mathrm{Re}_{D_p}^{2/3})\mathrm{Pr}^{1/3} \qquad (7.20)$$

na faixa $20 < \mathrm{Re}_{D_p} < 10^4$, $0{,}34 < \varepsilon < 0{,}78$.

O diâmetro do casco D_p é definido como seis vezes o volume da partícula dividido pela área de superfície da partícula que, para uma esfera, se reduz ao diâmetro. Todas as propriedades do fluido devem ser avaliadas na sua temperatura. Se a temperatura varia de forma significativa no trocador de calor, pode-se usar a média dos valores de entrada e de saída. Whitaker definiu o Número de Reynolds como:

$$\mathrm{Re}_{D_p} = \frac{D_p U_s}{\nu(1-\varepsilon)}$$

A equação (7.20) não correlaciona dados para cubos, isto porque pode ocorrer uma redução significativa na área de superfície quando os cubos empilham uns sobre os outros. Da mesma forma, dados de uma disposição regular (corpo centrado cúbico) de esferas também ficam acima das correlações fornecidas pela Eq. (7.20).

Upadhyay [27] usou a analogia de transferência de massa para estudar a transferência de calor e de massa em câmaras preenchidas em Números de Reynolds muito baixos. Upadhyay recomenda a seguinte equação:

$$(\bar{h}_c/c_p\rho U_s)\text{Pr}^{2/3} = \frac{1}{\varepsilon} 1{,}075 \, \text{Re}_{D_p}^{-0{,}826} \qquad (7.21)$$

no intervalo $0{,}01 < \text{Re}_{D_p} < 10$ e

$$(\bar{h}_c/c_p\rho U_s)\text{Pr}^{2/3} = \frac{1}{\varepsilon} 0{,}455 \, \text{Re}_{D_p}^{-0{,}4} \qquad (7.22)$$

na faixa $10 < \text{Re}_{D_p} < 200$.

O Número de Reynolds nas equações (7.21) e (7.22) é definido como:

$$\text{Re}_{D_p} = \frac{D_p U_s}{\nu}$$

em que o diâmetro parcial é:

$$D_p = \sqrt{\frac{A_p}{\pi}}$$

e A_p é a área de superfície da partícula.

O intervalo de fração nula testado por Upadhyay foi limitado, $0{,}371 < \varepsilon < 0{,}451$ e os dados eram somente para grânulos cilíndricos. Os dados reais foram para uma operação de transferência de massa, dissolução das partículas sólidas em água. O uso dessa equação para gases, $\text{Pr} = 0{,}71$, pode ser questionável.

Para calcular transferência de calor da parede da câmara preenchida para gás, Beek [28] recomenda:

$$\frac{\bar{h}_c D_p}{k} = 2{,}58 \, \text{Re}_{D_p}^{1/3} \text{Pr}^{1/3} + 0{,}094 \, \text{Re}_{D_p}^{0{,}8} \text{Pr}^{0{,}4} \qquad (7.23)$$

para partículas como cilindros, que podem ser agrupadas próximas à parede, e

$$\frac{\bar{h}_c D_p}{k} = 0{,}203 \, \text{Re}_{D_p}^{1/3} \text{Pr}^{1/3} + 0{,}220 \, \text{Re}_{D_p}^{0{,}8} \text{Pr}^{0{,}4} \qquad (7.24)$$

para partículas como esferas, que entram em contato com a parede em algum ponto. Nas equações (7.23) e (7.24), o Número de Reynolds é:

$$40 < \text{Re}_{D_p} = \frac{U_s D_p}{\nu} < 2\,000$$

em que D_p é definido por Beek como o diâmetro da esfera ou cilindro. Para outros tipos de pacote, seria suficiente uma definição como aquela usada por Whitaker. Propriedades nas equações (7.23) e (7.24) são avaliadas na temperatura da película. Beek também fornece uma equação de correlação para o fator de atrito:

$$f = \frac{D_p}{L} \frac{\Delta p}{\rho U_s^2 g_c} = \frac{1-\varepsilon}{\varepsilon^3}\left(1{,}75 + 150\frac{1-\varepsilon}{\text{Re}_{D_p}}\right) \qquad (7.25)$$

Na Eq. (7.25), Δp é a queda de pressão em um comprimento L da câmara preenchida.

EXEMPLO 7.4 Monóxido de carbono em pressão atmosférica deve ser aquecido de 50°C a 350°C em uma câmara com preenchimento. A câmara é um tubo com 7,62 cm de diâmetro interno preenchido em uma disposição aleatória de cilindro sólido de 0,93 cm de diâmetro e 1,17 cm de comprimento (veja Fig. 7.17). A taxa do fluxo de monóxido de carbono é 5 kg/h e a superfície interna do tubo é mantida a 400°C. Determine a média do coeficiente de transferência de calor na parede desse tubo.

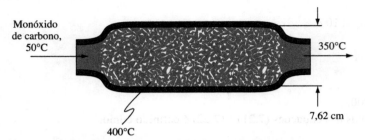

FIGURA 7.17 Esboço esquemático da câmara para o Exemplo 7.4.

SOLUÇÃO A temperatura da película é de 225°C na entrada do preaquecedor e de 375°C na saída. Ao avaliar propriedades de monóxido de carbono (Tabela 30, Apêndice 2) na média delas, ou 300°C, encontramos viscosidade cinemática de $4,82 \times 10^{-5}$ m²/s, condutividade térmica de 0,042 W/m °C, densidade de 0,60 kg/m³, calor específico de 1 081 J/kg °C, e Número de Prandtl de 0,71. A velocidade superficial é:

$$U_s = \frac{(5\,\text{kg/h})}{(0,6\,\text{kg/m}^3)(\pi\,0,0762^2/4)(\text{m}^2)} = 1\,827\,\text{m/h}$$

O volume do casco cilíndrico é $[\pi(0,93\,\text{cm})^2/4](1,17\,\text{cm}) = 0,795\,\text{cm}^3$, e a área de superfície é $(2)[\pi(0,93\,\text{cm})^2/4] + \pi(0,93\,\text{cm})(1,17\,\text{cm}) = 4,78\,\text{cm}^2$. Portanto, o diâmetro do casco equivalente é:

$$D_p = \frac{(6)(0,795\,\text{cm}^3)}{4,78\,\text{cm}^2} = 1\,\text{cm} = 0,01\,\text{m}$$

em um Número de Reynolds de:

$$\text{Re}_{D_p} = \frac{(1\,827\,\text{m/h})/(3\,600\,\text{s/h})(0,01\,\text{m})}{(4,82 \times 10^{-5}\,\text{m}^2/\text{s})} = 105$$

Na Eq. (7.23), encontramos:

$$\frac{\bar{h}_c D_p}{k} = 2,58(105)^{1/3}(0,71)^{1/3} + 0,094(105)^{0,8}(0,71)^{0,4}$$

$$= 14,3$$

ou

$$\bar{h}_c = \frac{(14,3)(0,042\,\text{W/mK})}{0,01\,\text{m}} = 60,1\,\text{W/m}^2\,°\text{C}$$

7.4 Feixes de tubos em fluxo cruzado

A avaliação do coeficiente de transferência de calor por convecção entre um feixe de tubos e um fluido que se desloca em ângulos retos nos tubos é uma etapa importante no projeto e também na análise de desempenho de muitos tipos de trocador de calor comerciais. Há, por exemplo, um grande número de aquecedores nos quais o fluido quente dentro dos tubos aquece o gás que passa na parte externa dos tubos. A Fig. 7.18 mostra diversas disposições de aquecedores de ar nos quais os produtos de combustão, depois de deixarem o boiler, economizador ou superaquecedor, são usados para preaquecer o ar que passa pelas unidades de geração de fluxo. As carcaças desses aquecedores a gás geralmente são retangulares e, dentro do casco, o gás flui no espaço entre a parte externa dos tubos e o casco. Como a área em corte seccional do fluxo está continuamente mudando ao longo do trajeto, a velocidade do gás dentro do casco aumenta e diminui periodicamente. Situação similar pode ser observada em alguns trocadores de calor de líquido/líquido de tubos pequenos sem defletores, nos quais o fluido passa internamente sobre os tubos. Nessas unidades, a disposição do tubo é similar, exceto que a área de corte seccional da carcaça varia quando ela é cilíndrica.

Os dados da transferência de calor e queda de pressão para um grande número desses núcleos de trocador de calor foram compilados por Kays e London [29]. O resumo inclui dados sobre feixes de tubos lisos, com lamelas, com aletas em tiras ou chapas, com lamelas onduladas, com rebarbas de pinos, etc.

Nesta seção, discutimos um pouco sobre o fluxo e as características da transferência de calor de feixes de tubos lisos. Não nos preocuparemos com informações detalhadas sobre o núcleo de um trocador de calor específico, ou uma determinada disposição de tubos, ou tipos de aletas dos tubos, mas nos concentraremos no elemento comum à maioria dos trocadores de calor: o feixe de tubos em fluxo cruzado. Essas informações são diretamente aplicáveis a um dos trocadores de calor mais comuns, de carcaça e tubo, e fornecerão uma base para compreensão dos dados de engenharia sobre os trocadores de calor específicos apresentados em [29].

A transferência de calor no fluxo sobre os feixes de tubos depende muito do padrão do escoamento e do grau de turbulência, o que depende da velocidade do fluido e tamanho e disposição dos tubos. As fotografias na Fig. 7.19 e na Fig. 7.20 ilustram os padrões de deslocamento para água que flui em regime de turbulência baixa sobre tubos dispostos em linha e escalonados, respectivamente. As fotografias foram obtidas [30] aspergindo pó fino de alumínio sobre a superfície de água escoando perpendicular aos eixos dos tubos colocados verticalmente. Observe que os padrões de fluxo em torno dos tubos nas primeiras linhas transversais são similares aos do deslocamento em torno de tubos simples. Observando o tubo na primeira linha da disposição em linha, é possível ver que a camada-limite se separa de ambos os lados do tubo e uma esteira por trás dela é formada. A esteira turbulenta estende-se até o tubo localizado na segunda linha transversal. Como resultado da alta turbulência nas passagens, as camadas-limite em torno dos tubos na segunda e nas linhas subsequentes tornam-se progressivamente mais finas. Portanto, não é inesperado que, no fluxo turbulento, os coeficientes de transferência de calor dos tubos na primeira linha sejam menores do que os das linhas subsequentes. Em fluxo laminar, por outro lado, foi observada uma tendência oposta [31] devido ao efeito de sombra provocado pelos tubos do escoamento ascendente.

Para uma disposição de tubo escalonado em espaços mínimos (Fig. 7.20), a passagem turbulenta por trás de cada tubo é um pouco menor do que em disposições similares em linha, porém não ocorre redução significativa na dissipação geral de energia. Experimentos em vários tipos de disposições dos tubos [7] demonstraram que, para unidades práticas, a relação entre a transferência de calor e a dissipação de energia depende principalmente da velocidade do fluido, do tamanho dos tubos e da distância entre os tubos. Entretanto, na zona de transição, o desempenho de uma disposição de tubos escalonados em espaços mínimos é um pouco superior ao similar de tubos em linha. No regime laminar, a primeira linha de tubos apresenta transferência de calor mais baixa do que nas linhas inferiores, exatamente o comportamento oposto da disposição em linha.

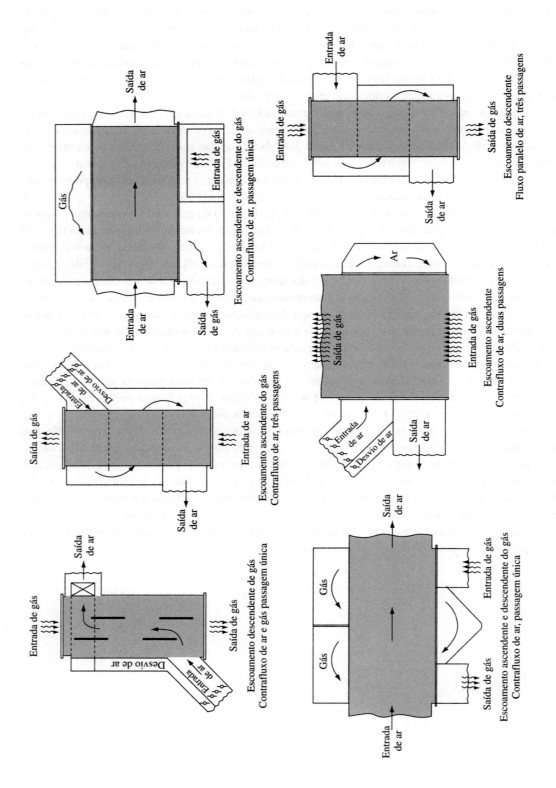

FIGURA 7.18 Algumas disposições para aquecedores de ar tubulares.
Fonte: Cortesia de Babcock&Wilcox Company.

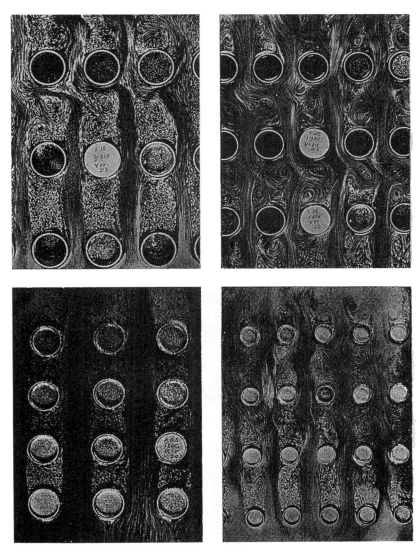

FIGURA 7.19 Padrão de fluxo para feixes de tubo em linha. O fluxo em todas as fotografias é ascendente.
Fonte: *Photographic Study of Fluid Flow between Banks of Tubes*. Pendennis Wallis, Proceedings of the Institution of Mechanical Engineers, Professional Engineering Publishing, ISSN 0020-3483, v.142/1939, DOI: 10. 1243/PIME_PROC_1939_142_027_02, p. 379-387.

As equações disponíveis para o cálculo dos coeficientes de transferência de calor em escoamentos sobre feixes de tubos são totalmente baseadas em dados experimentais, pois o padrão de fluxo é muito complexo para ser tratado analiticamente. Experimentos demonstraram que o deslocamento sobre feixes de tubos escalonados, a transição de fluxo laminar para o turbulento é mais gradual do que em um tubo, ao passo que, para feixes de tubos em linha, os fenômenos de transição se parecem com aqueles observados no escoamento em um tubo. Em ambos os casos, a transição do escoamento laminar para turbulento começa em um Número de Reynolds baseado em velocidade na área de fluxo mínimo, aproximadamente 200, e o escoamento torna-se totalmente turbulento em um Número de Reynolds de aproximadamente 6 000.

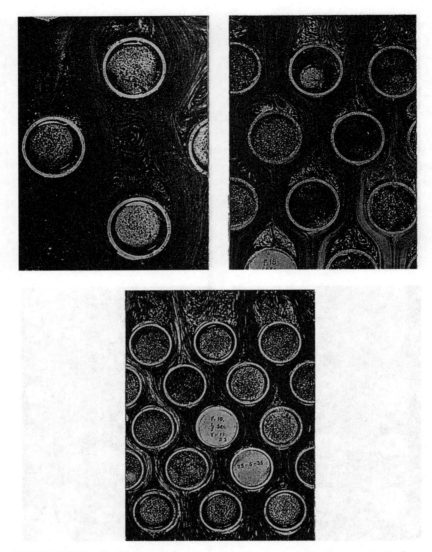

FIGURA 7.20 Padrão de fluxo para feixes de tubo escalonados. O escoamento é ascendente em todas as fotografias.
Fonte: *Photographic Study of Fluid Flow between Banks of Tubes*. Pendennis Wallis, Proceedings of the Institution of Mechanical Engineers, Professional Engineering Publishing, ISSN 0020-3483, v.142/1939, DOI: 10. 1243/PIME_PROC_1939_142_027_02, p. 379-387.

Para cálculos de engenharia, é primordial o coeficiente médio de transferência de calor para todo o feixe de tubos. Os dados experimentais da transferência de calor em fluxo sobre feixes de tubos, normalmente, são correlacionados a uma equação da forma $\overline{Nu}_D = \text{const}(Re_D)^m(Pr)^n$, que foi previamente usada para correlacionar os dados para escoamento sobre um único tubo. Para aplicar essa equação em fluxo sobre feixes de tubos é necessário selecionar uma velocidade de referência, pois a do fluido varia dependendo de seu trajeto. A velocidade usada para construir o Número de Reynolds para fluxo sobre feixes de tubo é baseada em uma *área livre mínima* disponível para o escoamento do fluido, independentemente da área mínima existente nas aberturas transversal ou diagonal. Para disposição de tubo em linha (Fig. 7.21), a área de fluxo livre mínima por comprimento de unidade de tubo $A_{mín}$ é sempre $A_{mín} = S_T - D$, em que S_T é a distância entre os centros dos tubos em linhas adjacentes longitudinais (medidas perpendicularmente à direção do deslocamento), ou em passo transversal. Em seguida, a velocidade máxima é $S_T/(S_T - D)$ vezes a velocidade de fluxo livre no dispositivo sem tubos. O símbolo S_L indica a distância de centro a centro entre as linhas transversais adjacentes de tubos ou canos (medidas na direção do escoamento) e é chamada de *passo longitudinal*.

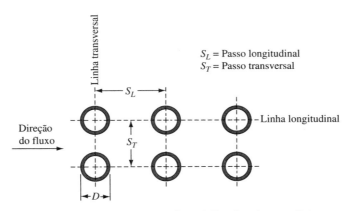

FIGURA 7.21 Nomenclatura para disposições de tubos em linha.

Para disposições escalonadas (Fig. 7.22) a área de escoamento livre mínima pode ocorrer, como no caso anterior, entre os tubos adjacentes em uma linha ou, se S_L/S_T for muito menor que $\sqrt{(S_T/2)^2 + S_L^2} < (S_T + D)/2$, entre tubos opostos na diagonal. No último caso, a velocidade máxima $U_{máx}$ é $(S_T/2)/(\sqrt{S_L^2 + (S_T/2)^2} - D)$ velocidade do fluxo com base na área do dispositivo sem tubos.

Após determinar a velocidade máxima, o Número de Reynolds é:

$$Re_D = \frac{U_{máx} D}{\nu}$$

em que D é o diâmetro do tubo.

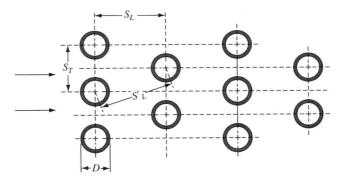

FIGURA 7.22 Esboço ilustrando a nomenclatura para disposições de tubos escalonados.

Žukauskas [7] desenvolveu equações de correlação para prever a transferência de calor média de feixes de tubos. As equações são basicamente para tubos em linhas internas do feixe. No entanto, os coeficientes médios de transferência de calor para linhas 3, 4, 5, ... são indistinguíveis um dos outros; a segunda linha apresenta uma transferência de calor de 10% a 25% mais baixa do que as linhas internas para Re < 10^4 e transferência de calor igual para Re > 10^4; a transferência de calor da primeira linha pode ser 60% a 75% daquela das linhas internas, dependendo do passo longitudinal. Portanto, as equações de correlação podem prever a transferência de calor de feixes de tubos em 6% para 10 ou mais linhas. As correlações são válidas para 0,7 < Pr < 500.

As equações de correlação são da forma:

$$\overline{Nu}_D = C\, Re_D^m Pr^{0,36}\left(\frac{Pr}{Pr_s}\right)^{0,25} \tag{7.26}$$

em que o *s* subscrito significa que os valores das propriedades do fluido devem ser avaliados à temperatura da parede do tubo. Outras propriedades do fluido devem ser avaliadas à temperatura do centro do fluido.

Para tubos em linha no escoamento laminar, um intervalo de $10 < Re_D < 100$,

$$\overline{Nu}_D = 0{,}8 \ Re_D^{0,4} Pr^{0,36} \left(\frac{Pr}{Pr_s}\right)^{0,25} \quad (7.27)$$

e para tubos escalonados no escoamento laminar, um intervalo de $10 < Re_D < 100$,

$$\overline{Nu}_D = 0{,}9 \ Re_D^{0,4} Pr^{0,36} \left(\frac{Pr}{Pr_s}\right)^{0,25} \quad (7.28)$$

Chen e Wung [32] validaram as equações (7.27) e (7.28) usando uma solução numérica para $50 < Re_D < 1\,000$.

No regime de transição, $10^3 < Re_D < 2 \times 10^5$, *m* é o expoente em Re_D e varia de 0,55 a 0,73 para feixes em linha, dependendo da distância entre as fileiras do tubo. É recomendado um valor médio de 0,63 para feixes em linha com $S_T/S_L \geq 0{,}7$:

$$\overline{Nu}_D = 0{,}27 \ Re_D^{0,63} Pr^{0,36} \left(\frac{Pr}{Pr_s}\right)^{0,25} \quad (7.29)$$

[Para $S_T/S_L < 0{,}7$, a Eq. (7.29) prevê significativamente $\overline{Nu}_D$; entretanto, essa disposição de tubo resulta em trocador de calor ineficaz].

Para bancos escalonados com $S_T/S_L < 2$,

$$\overline{Nu}_D = 0{,}35 \left(\frac{S_T}{S_L}\right)^{0,2} Re_D^{0,60} Pr^{0,36} \left(\frac{Pr}{Pr_s}\right)^{0,25} \quad (7.30)$$

e para $S_T/S_L \geq 2$,

$$\overline{Nu}_D = 0{,}40 \ Re_D^{0,60} Pr^{0,36} \left(\frac{Pr}{Pr_s}\right)^{0,25} \quad (7.31)$$

No regime turbulento, $Re_D > 2 \times 10^5$, a transferência de calor para tubos internos aumenta rapidamente devido à turbulência gerada pelos tubos seguintes à primeira fileira. Em alguns casos, o expoente de Número de Reynolds *m* excede 0,8, o que corresponde ao expoente para camada-limite turbulenta na parte frontal do tubo. Isso significa que a transferência de calor na parte de trás do tubo deve aumentar ainda mais rapidamente. Portanto, o valor de *m* depende da disposição do tubo, da sua rugosidade, das propriedades do fluido e da turbulência de fluxo livre. É recomendado um valor médio $m = 0{,}84$.

Para feixes de tubos em linha,

$$\overline{Nu}_D = 0{,}021 \ Re_D^{0,84} Pr^{0,36} \left(\frac{Pr}{Pr_s}\right)^{0,25} \quad (7.32)$$

Para linhas escalonadas com $Pr > 1$,

$$\overline{Nu}_D = 0{,}022 \ Re_D^{0,84} Pr^{0,36} \left(\frac{Pr}{Pr_s}\right)^{0,25} \quad (7.33)$$

e se $Pr = 0.7$,

$$\overline{Nu}_D = 0{,}019 \ Re_D^{0,84} \quad (7.34)$$

As equações de correlação precedentes,(7.27) a (7.34), são comparadas a dados experimentais de diversas fontes na Fig. 7.23 para disposições em linha, e, na Fig. 7.24, para disposições escalonadas. Linhas sólidas nas figuras representam as equações de correlação.

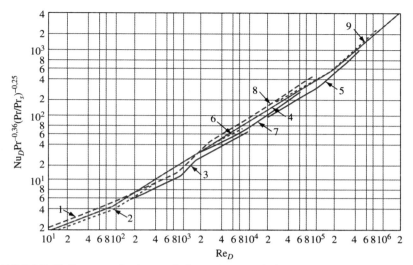

FIGURA 7.23 Comparação de transferência de calor de feixes em linha. Curva 1, $S_T/D \times S_L/D = 1{,}25 \times 1{,}25$, e curva 2, $1{,}5 \times 1{,}5$ (após Bergelin et al.); curva 3, $1{,}25 \times 1{,}25$ (após Kays e London); curva 4, $1{,}45 \times 1{,}45$ (após Kuznetsov e Turilin); curva 5, $1{,}3 \times 1{,}5$ (após Lyapin); curva 6, $2{,}0 \times 2{,}0$ (após Isachenko); curva 7, $1{,}9 \times 1{,}9$ (após Grimson); curva 8, $2{,}4 \times 2{,}4$ (após Kuznetsov e Turilin); curva 9, $2{,}1 \times 1{,}4$ (após Hammecke et al).

Fonte: *Heat Transfer from Tubes in Cross Flow* by A. A. Zukauskas, Advances in Heat Transfer, v. 8, 1972, p. 93-106. Copyright © 1972 by Academic Press. Reimpresso com permissão do editor.

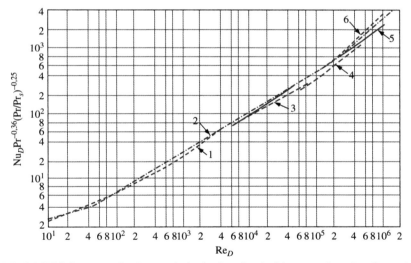

FIGURA 7.24 Comparação de transferência de calor de feixes escalonados. Curva 1, $S_T/D \times S_L/D = 1{,}5 \times 1{,}3$ (após Bergelin et al.); curva 2, $1{,}5 \times 1{,}5$ e $2{,}0 \times 2{,}0$ (após Grimson e Isachenko); curva 3, $2{,}0 \times 2{,}0$ (após Antuf'yev e Beletsky, Kuznetsov e Turilin, e Kazakevich); curva 4, $1{,}3 \times 1{,}5$ (após Lyapin); curva 5, $1{,}6 \times 1{,}4$ (após Dwyer e Sheeman); curva 6, $2{,}1 \times 1{,}4$ (após Hammecke et al.).

Fonte: *Heat Transfer from Tubes in Cross Flow.* by A. A. Zukauskas, Advances in Heat Transfer, v. 8, 1972, p. 93-106. Copyright © 1972 by Academic Press. Reimpresso com permissão do editor.

Achenbach [33] estendeu os dados de feixe de tubos para $Re_D = 7 \times 10^6$ para uma disposição escalonada com passo transversal $S_T/D = 2$ e passo lateral $S_L/D = 1{,}4$. Seus dados estão correlacionados pela relação

$$\overline{Nu}_D = 0{,}0131\,Re_D^{0{,}883}Pr^{0{,}36} \tag{7.35}$$

que é válida no intervalo $4{,}5 \times 10^5 < Re_D < 7 \times 10^6$.

Achenbach também investigou o efeito da rugosidade do tubo na transferência de calor e queda de pressão em feixes e tubos em linha no regime turbulento [34]. Ele descobriu que a queda de pressão pelo feixe de tubos ásperos foi cerca de 30% menor e o coeficiente de transferência de calor foi aproximadamente 40% maior do que para feixe de tubos lisos. O efeito máximo foi observado para uma rugosidade de superfície de aproximadamente 0,3% do diâmetro do tubo e foi atribuído ao aparecimento precoce de turbulência promovida pela rugosidade.

Para bancos em linha espaçados minimamente, é necessário basear o Número de Reynolds na velocidade média integrada sobre o perímetro do tubo, de forma que o resultado para vários espaçamentos será reduzido em uma única linha de correlação. Tais resultados, apresentados em [7], indicam que esse procedimento correlaciona dados para $2 \times 10^3 < \text{Re}_D < 2 \times 10^5$ e para espaçamentos $1,01 \leq S_T/D = S_L/D \leq 1,05$. Entretanto, Aiba et al. [35] mostraram que existe um Número de Reynolds crítico, Re_{Dc}, para uma única linha de tubos minimamente espaçados. Abaixo de Re_{Dc}, forma-se uma área estagnante atrás do primeiro cilindro, reduzindo a transferência de calor aos (três) cilindros restantes abaixo daquela para um cilindro isolado. Acima de Re_{Dc}, a área estagnante sobe em um vórtice e aumenta significativamente a transferência de calor dos cilindros a jusante.

No intervalo de $1,15 \leq S_L/D \leq 3,4$, Re_{Dc} pode ser calculado de

$$\text{Re}_{Dc} = 1,14 \times 10^5 \left(\frac{S_L}{D}\right)^{-5,84} \tag{7.36}$$

De dados [7] em feixes de tubos minimamente espaçados ($1,01 \leq S_T/D = S_L/D \leq 1,05$), pode-se concluir que o comportamento descontínuo não ocorre quando uma única linha de tubos é colocada em um feixe que consiste de várias dessas linhas de tubos.

A queda de pressão para um banco de tubos em escoamento cruzado pode ser calculada de

$$\Delta p = f \frac{\rho U_{\text{máx}}^2}{2 g_c} N \tag{7.37}$$

em que a velocidade é aquela da área de fluxo livre mínimo, N é o número de linhas transversais, e o coeficiente de fricção f depende de Re_D (também com base na velocidade na área de fluxo livre mínimo) de acordo com a Fig. 7.25 para feixes em linha, e a Fig. 7.26 para feixes escalonados [7]. O fator de correlação x mostrado nessas figuras contribui para disposições não quadradas em linha e disposições escalonadas em triângulo não equilateral.

A variação da média do coeficiente de transferência de calor de um feixe de tubos com o número de linhas transversais está mostrada na Tabela 7.3 para *fluxo turbulento*. Para calcular a média do coeficiente de transferência de calor para bancos de tubos com menos de 10 linhas, o $\bar{h}_c$ obtido das equações (7.32) a (7.34) deve ser multiplicado pela relação apropriada $\bar{h}_{cN}/\bar{h}_c$.

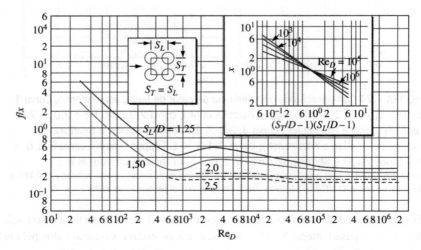

FIGURA 7.25 Coeficientes da queda de pressão de feixes em linha conforme referido para um passo longitudinal relativo S_L/D.

Fonte: *Heat Transfer from Tubes in Cross Flow* by A. A. Zukauskas, Advances in Heat Transfer, v. 8, 1972, p. 93-106. Copyright © 1972 by Academic Press. Reimpresso com permissão do editor.

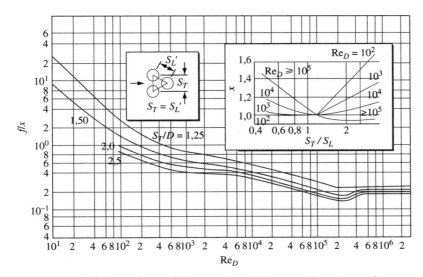

FIGURA 7.26 Coeficientes da queda de pressão de feixes escalonados conforme referido para a fileira transversal relativo S_T/D.
Fonte: *Heat Transfer from Tubes in Cross Flow.* by A. A. Zukauskas, Advances in Heat Transfer, Vol. 8, 1972, pp. 93–106. Copyright © 1972 by Academic Press. Reimpresso com permissão do editor.

TABELA 7.3 Relação de h_c para linhas transversais N para $\bar{h}_c$ de 10 linhas transversais no fluxo[a] turbulento

Taxa $\bar{h}_{cN}/\bar{h}_c$	N									
	1	2	3	4	5	6	7	8	9	10
Tubos escalonados	0,68	0,75	0,83	0,89	0,92	0,95	0,97	0,98	0,99	1,0
Tubos em linha	0,64	0,80	0,87	0,90	0,92	0,94	0,96	0,98	0,99	1,0

[a] De W. M. Kays and R. K. Lo [36].

EXEMPLO 7.5 Ar atmosférico a 14°C deve ser aquecido para 30°C passando sobre um feixe de tubos de bronze em que o fluxo a 100°C está condensado. O coeficiente de transferência de calor no interior dos tubos é de aproximadamente 5,6 kW/m^2 K. Os tubos são de 0,6 m de comprimento, 1,2 cm de diâmetro externo, BWG n.18 (espessura da parede 1,2 mm). Eles devem ser dispostos em um padrão quadrado com um passo de 1,8 cm dentro de um vaso retangular com 0,6 m de largura e 37,5 cm de altura. O trocador de calor é mostrado esquematicamente na Fig. 7.27. Se a taxa de massa total do fluxo de ar a ser aquecido for 4 kg/s, calcule: (a) o número de linhas transversais necessárias; (b) a queda de pressão.

SOLUÇÃO (a) A temperatura geral média do ar T_{ar} será aproximadamente igual a:

$$\frac{14 + 30}{2} = 22°C$$

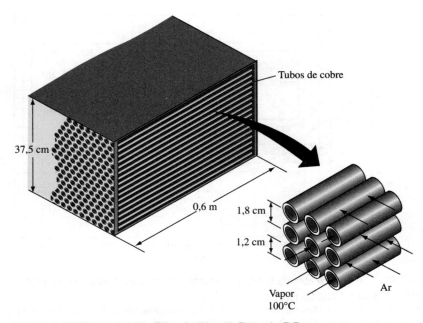

FIGURA 7.27 Estiramento do feixe de tubo do Exemplo 7.5.

No Apêndice 2, a Tabela 28 fornece as propriedades do ar nessa temperatura média: $\rho = 1,15$ kg/m^3, 0,025 W/m K, $1,83 \times 10^{-5}$ kg/ms, Pr = 0,71 e Pr$_s$ = 0,71. A velocidade da massa na área de corte seccional mínima, que fica entre tubos adjacentes, é calculada a seguir. O recipiente é de 37,5 cm de altura e mantém 20 linhas de tubos longitudinais. A área livre mínima é:

$$A_{\text{mín}} = (20)(0,6)\left(\frac{1,8 - 1,2}{100}\,\text{m}\right) = 0,072\ \text{m}^2$$

e a velocidade de massa máxima $\rho U_{\text{máx}}$ é:

$$G_{\text{máx}} = \frac{(4\ \text{kg/s})}{(0,072\,\text{m}^2)} = 55,55\ \text{kg/m}^2\text{s}$$

Portanto, o Número de Reynolds é:

$$\text{Re}_{\text{máx}} = \frac{G_{\text{máx}} D_0}{\mu} = \frac{(55,55\ \text{kg/m}^2\text{s})\left(\frac{1,2}{100}\,\text{m}\right)}{(1,83 \times 10^{-5}\ \text{kg/m s})} = 36\,426$$

Presumindo que serão necessárias mais de 10 linhas, o coeficiente de transferência de calor é calculado da Eq. (7.29). Temos, então:

$$\bar{h}_c = \left(\frac{0,025}{1,2 \times 10^{-2}}\right)(0,27)(36\,426)^{0,63}(0,71)^{0,36}$$
$$= 371,8\ \text{W/m}^2\ \text{K}$$

Podemos agora determinar a temperatura na parede externa do tubo. Há três resistências térmicas em séries entre o escoamento e o ar. A resistência do lado do fluxo por tubo é de, aproximadamente,

$$R_1 = \frac{1/\bar{h}_i}{\pi D_i L} = \frac{1/5\,600}{3,14 \left(\dfrac{0,96}{100} \text{ m}\right)(0,6)} = 0,00987 \text{ K/W}$$

A resistência da parede do cano ($k = 100$ W/m K) é de, aproximadamente,

$$R_2 = \frac{\left(\dfrac{1,20}{1\,000}\text{ m}\right) \times \dfrac{1}{100\,(\text{W/m K})}}{(3,14)\left(\dfrac{1,12}{100}\text{ m}\right)(0,6\text{ m})} = 0,00057 \text{ K/W}$$

A resistência do lado externo do tubo é:

$$R_3 = \frac{1/\bar{h}_0}{\pi D_0 L} = \frac{1/371,8}{3,14 \times \left(\dfrac{1,2}{100}\right) \times 0,6} = 0,1189 \text{ K/W}$$

A resistência total é, então,

$$R_1 + R_2 + R_3 = 0,129 \text{ K/W}$$

Como a soma da resistência no lado do fluxo e a resistência da parede do tubo é aproximadamente 8% da resistência total, em torno de 8% da queda de temperatura total ocorre entre o escoamento e a parede externa do tubo. A temperatura da superfície do tubo pode ser corrigida:

$$T_s = 94°\text{C}$$

Isso pouco mudará os valores das propriedades físicas, e não será necessário qualquer ajuste no valor calculado anteriormente de $\bar{h}_c$.

Agora, pode ser calculada a diferença de temperatura média entre o fluxo e o ar. Usando a média aritmética, temos:

$$\Delta T_{\text{média}} = T_{\text{vapor}} - T_{\text{ar}} = 100 - \left(\frac{14 + 30}{2}\right) = 78°\text{C}$$

O calor específico do ar em pressão constante é 1 008 kJ/kg K = 1 008 J/kg K. Equacionando a taxa de fluxo de calor do escoamento de ar à sua taxa de aumento de entalpia, resulta:

$$\frac{20N\,\Delta T_{\text{média}}}{R_1 + R_2 + R_3} = \dot{m}_{\text{ar}} c_p (T_{\text{saída}} - T_{\text{entrada}})_{\text{ar}}$$

Resolvendo para N, que é o número de linhas transversais, resulta:

$$N = \frac{(4 \text{ kg/s})(1\,008 \text{ kJ/kg K})(30 - 14)(°\text{C})}{(20)(78°\text{C})} = 5,3$$

ou seja, número de linhas = 5.

Como o número de tubos é inferior a 10, é necessário corrigir $\bar{h}_c$ de acordo com a Tabela 7.3, ou

$$\bar{h}_{c6}\text{ linhas} = 0,92\bar{h}_{c10\text{ linhas}} = (0,92)(371,8) = 342 \text{ W/m}^2 \text{ K}$$

Repetindo os cálculos com os valores corretos da média do coeficiente da transferência de calor no ar lateral, descobrimos que seis linhas transversais são suficientes para aquecer o ar de acordo com as especificações.

(b) A queda de pressão é obtida da Eq. (7.37) e da Fig. 7.25. Como $S_T = S_L = 1,5D$, temos:

$$\left(\frac{S_T}{D} - 1\right)\left(\frac{S_L}{D} - 1\right) = 0,5^2 = 0,25$$

Para Re$_D$ = 36 000 e $(S_T/D - 1)(S_L/D - 1) = 0{,}25$, o fator de correção é $x = 2{,}5$, e o fator de atrito da Fig. 7.24 é:

$$f = (2{,}5)(0{,}3) = 0{,}75$$

A velocidade é:

$$U_{\text{máx}} = \frac{G_{\text{máx}}}{\rho} = \frac{(55{,}55 \text{ kg/m}^2\text{s})\left(\frac{1{,}2}{100}\right)}{(1{,}14 \text{ kg/m}^3)}$$
$$= 58.5 \text{ m/s}$$

Com $N = 6$, a queda de pressão é, portanto,

$$\Delta p = \frac{f}{2} \rho U_{\text{máx}}^2 N$$
$$= \frac{0{,}75}{2} (1{,}14 \text{ kg/m}^3)(58{,}5 \text{ m/s})^2$$
$$= 1\,460 \text{ N/m}^2$$

EXEMPLO 7.6 Gás metano a 20°C deve ser preaquecido em um trocador de calor que consiste em uma disposição escalonada de tubos com 4 cm de diâmetro externo, 5 linhas profundas, com espaçamentos longitudinal de 6 cm e transversal de 8 cm (veja Fig. 7.28). O fluxo da pressão subatmosférica está sendo condensado dentro dos tubos, mantendo a temperatura da parede a 50°C. Determine: (a) a média do coeficiente de transferência de calor para o feixe de tubos; (b) a queda de pressão por meio do feixe de tubos. A velocidade do escoamento do metano é 10 m/s ascendente.

SOLUÇÃO Para metano a 20°C, a Tabela 36, Apêndice 2, mostra $\rho = 0{,}668$ kg/m^3, $k = 0{,}0332$ W/m K, $\nu = 16{,}27 \times 10^{-6}$ m^2/s e Pr = 0,73. At 50°C, Pr = 0,73.

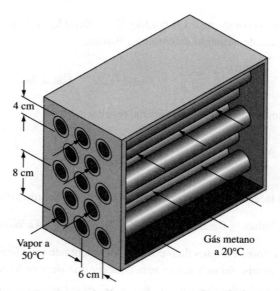

FIGURA 7.28 Estiramento do trocador de calor do Exemplo 7.6.

(a) Da geometria do feixe de tubos, vemos que a área de fluxo mínima está entre tubos adjacentes em uma linha e que é a metade da área frontal do feixe de tubos. Assim,

$$U_{\text{máx}} = 2\left(10\,\frac{\text{m}}{\text{s}}\right) = 20\text{ m/s}$$

e

$$\text{Re}_D = \frac{U_{\text{máx}} D}{\nu} = \frac{\left(20\,\frac{\text{m}}{\text{s}}\right)(0{,}04\,\text{m})}{\left(16{,}27 \times 10^{-6}\,\frac{\text{m}^2}{\text{s}}\right)} = 49\,170$$

que é o regime da transição.

Como $S_T/S_L = 8/6 < 2$, usamos a Eq. (7.30):

$$\overline{\text{Nu}}_D = 0{,}35\left(\frac{S_T}{S_L}\right)^{0{,}2} \text{Re}_D^{0{,}60}\text{Pr}^{0{,}36}\left(\frac{\text{Pr}}{\text{Pr}_s}\right)^{0{,}25}$$

$$= (0{,}35)\left(\frac{8}{6}\right)^{0{,}2}(49\,170)^{0{,}6}(0{,}73)^{0{,}36}(1)$$

$$= 216$$

e

$$\overline{h}_c = \frac{\overline{\text{Nu}}\,k}{D} = \frac{(216)\left(0{,}0332\,\frac{\text{W}}{\text{m K}}\right)}{(0{,}04\,\text{m})} = 179\,\frac{\text{W}}{\text{m}^2\,\text{K}}$$

Como há menos de 10 linhas, o fator de correlação na Tabela 7.3 é $\overline{h}_c = (0{,}92)(179) = 165$ W/m² K.

(b) A queda de pressão do feixe de tubos é obtida pela Eq. (7.37). A inserção na Fig. (7.26) fornece o fator de correlação x. Temos $S_T/S_L = 8/6 = 1{,}33$ e $\text{Re}_D = 49\,170$, resultando $x = 1{,}0$. Usando o principal corpo da figura com $S_T/D = 8/4 = 2$, descobrimos que $f/x = 0{,}25$ ou $f = 0{,}25$. Agora, a queda da pressão pode ser calculada da Eq. (7.37):

$$\Delta p = (0{,}25)\frac{\left(0{,}668\,\frac{\text{kg}}{\text{m}^3}\right)\left(20\,\frac{\text{m}}{\text{s}}\right)^2}{2\left(1{,}0\,\frac{\text{kg m}}{\text{N s}^2}\right)}(5) = 167\text{ N/m}^2$$

7.4.1 Metais líquidos

Dados experimentais das características de transferência de calor de metais líquidos em escoamento cruzado sobre um feixe de tubos foram obtidos no Brookhaven National Laboratory [37, 38]. Nesses testes, mercúrio (Pr = 0,022 [37]) e NaK (Pr = 0,017 [38]) foram aquecidos em fluxo normal para o feixe de tubos escalonados, consistindo de 60 a 70 tubos de 1,2 cm, 10 linhas de profundidade dispostas em uma matriz triangular equilateral com uma relação passo-diâmetro de 1 375. Os coeficientes local e médio da transferência de calor foram medidos em escoamento turbulento. Os fatores de transferência de calor médio no interior do feixe de tubos está correlacionada pela equação no intervalo de Número de Reynolds de 20 000 a 80 000. São apresentados dados adicionais em [39].

$$\text{Nu}_D = 4{,}03 + 0{,}228(\text{Re}_D\text{Pr})^{0{,}67} \qquad (7.38)$$

As medições da distribuição do coeficiente da transferência de calor local em torno da circunferência de um tubo indicam que, para metal líquido, os efeitos turbulentos na esteira sobre a transferência de calor são comparados à transferência de calor por condução dentro do fluido. Ao passo que com ar e água, um marcante aumento no coeficiente da transferência de calor local ocorre na região da esteira do tubo (veja Fig. 7.8), com mercúrio, o coeficiente da transferência de calor diminui continuamente com o aumento θ. Em um Número de Reynolds de 83.000, a taxa $h_{c\theta}/\bar{h}_c$ foi descoberta como 1,8 no ponto de estagnação, 1,0 a $\theta = 90°$, 0,5 a $\theta = 145°$, e 0,3 a $\theta = 180°$.

7.5* Feixes de tubos com aletas em fluxo cruzado

Como no caso de escoamentos dentro de um tubo, particularmente no fluxo de gás, em que o coeficiente da transferência de calor é relativamente baixo, diversas aplicações requerem o uso de técnicas aprimoradas [40, 41] em fluxo cruzado sobre feixes de vários tubos ou matrizes de tubos. O objetivo, que pode ser retomado da discussão da Seção 6.6, é aumentar a área de superfície A e/ou o coeficiente de transferência de calor por convecção $\bar{h}_c$, reduzindo assim a resistência térmica no fluxo sobre feixes de tubos. Isto, conforme evidenciado na equação da taxa de transferência de calor,

$$q_c = \bar{h}_c A \Delta T$$

resulta em um aumento de q_c para uma diferença de temperatura fixa ΔT ou uma redução no ΔT necessário para uma carga de calor fixa q_c. O método mais amplamente usado para atender a esses objetivos aprimorados é empregar tubos com aletas externas. Um exemplo típico de tais tubos para uma variedade de trocadores de calor é mostrado na Fig. 7.29.

Para fluxo cruzado sobre feixes de tubos com aletas, Žukauskas [42] examinou um grande conjunto de dados experimentais e correlações dos tubos com aletas circulares, ou aletas helicoidais. Ao calcular a queda de pressão e a transferência de calor, lembramos que o Número de Reynolds é baseado na velocidade de fluxo máxima no banco de tubos, e é fornecido por:

$$U_{máx} = U_\infty \times máx\left[\frac{S_T}{S_T - D}, \frac{(S_T/2)}{[S_L^2 + (S_T/2)^2]^{1/2} - D}\right]$$

e

$$\text{Re} = (\rho U_{máx} D/\mu) \tag{7.39}$$

em que S_T e S_L são passos transversais e longitudinais, respectivamente, da matriz de tubos. Além disso, de acordo com análises e resultados de Lokshin e Fomina [43] e Yudin [44], a perda de atrito é fornecida em termos do Número de Euler, Eu, e a queda de pressão é obtida de

$$\Delta p = \text{Eu}(\rho V_\infty^2 N_L) C_z \tag{7.40}$$

FIGURA 7.29 Tubo típico com aletas em suas superfícies usadas em trocadores de calor industriais.

em que C_z é um fator de correção para feixes de tubo com $N_L < 5$ linhas de tubos na direção do fluxo, o que pode ser obtido da seguinte tabela:

N_L	1	2	3	4	≥ 5
Alinhado	2,25	1,6	1,2	1,05	1,0
Cruzado	1,45	1,25	1,1	1,05	1,0

Em bancos de tubos de fluxos cruzados *em linha* (alinhados) com *aletas circular* ou *helicoidal*, em que ε é a taxa de extensão da superfície com aletas (ε = relação da área de superfície total com aletas com a área de superfície de tubo liso sem aletas), o Número de Euler e o Número de Nusselt, respectivamente, são fornecidos pelas seguintes equações:

$$\text{Eu} = 0{,}068\varepsilon^{0{,}5}\left(\frac{S_T - 1}{S_L - 1}\right)^{-0{,}4} \qquad (7.41)$$

para $10^3 \leq \text{Re}_D \leq 10^5$, $1{,}9 \leq \varepsilon \leq 16{,}3$, $2{,}38 \leq (S_T/D) \leq 3{,}13$ e $1{,}2 \leq (S_L/D) \leq 2{,}35$,

$$\text{Nu}_D = 0{,}303\varepsilon^{-0{,}375}\,\text{Re}_D^{0{,}625}\,\text{Pr}^{0{,}36}\left(\frac{\text{Pr}}{\text{Pr}_w}\right)^{0{,}25} \qquad (7.42)$$

para $5 \times 10^3 \leq \text{Re}_D \leq 10^5$, $5 \leq \varepsilon \leq 12$, $1{,}72 \leq (S_T/D) \leq 3{,}0$ e $1{,}8 \leq (S_L/D) \leq 4{,}0$

Da mesma forma como para fluxo cruzado sobre feixes de tubo escalonado com aletas circulares ou helicoidais, a equação recomendada para o Número de Euler é:

$$\text{Eu} = C_1 \text{Re}_D^a \varepsilon^{0{,}5}\,(S_T/D)^{-0{,}55}\,(S_L/D)^{-0{,}5} \qquad (7.43)$$

em que

$C_1 = 67{,}6,\ a = -0{,}7$ para $10^2 \leq \text{Re}_D < 10^3$, $1{,}5 \leq \varepsilon \leq 16$, $1{,}13 \leq S_T/D \leq 2{,}0$, $1{,}06 \leq S_L/D \leq 2{,}0$

$C_1 = 3{,}2,\ a = -0{,}25$ para $10^3 \leq \text{Re}_D < 10^5$, $1{,}9 \leq \varepsilon \leq 16$, $1{,}6 \leq S_T/D \leq 4{,}13$, $1{,}2 \leq S_L/D \leq 2{,}35$

$C_1 = 0{,}18,\ a = 0$ para $10^5 \leq \text{Re}_D < 1{,}4 \times 10^6$, $1{,}9 \leq \varepsilon \leq 16$, $1{,}6 \leq S_T/D \leq 4{,}13$, $1{,}2 \leq S_L/D \leq 2{,}35$

e o Número de Nusselt é fornecido por:

$$\text{Nu} = C_2\,\text{Re}_D^a \text{Pr}^b\,(S_T/S_L)^{0{,}2}\,(p_f/D)^{0{,}18}\,(h_f/D)^{-0{,}14}\,(\text{Pr}/\text{Pr}_w)^{0{,}25} \qquad (7.44)$$

sendo que p_f é o espaço da aleta, e h_f é a altura da aleta, e

$C_2 = 0{,}192,\ a = 0{,}65,\ b = 0{,}36$ para $10^2 \leq \text{Re}_D \leq 2 \times 10^4$

$C_2 = 0{,}0507,\ a = 0{,}8,\ b = 0{,}4$ para $2 \times 10^4 \leq \text{Re}_D \leq 2 \times 10^5$

$C_2 = 0{,}0081,\ a = 0{,}95,\ b = 0{,}4$ para $2 \times 10^5 \leq \text{Re}_D \leq 1{,}4 \times 10^6$

Além disso, a Eq. (7.44) é válida para o intervalo geral dos seguintes parâmetros de passo para aletas e tubos:

$$0{,}06 \leq (p_f/D) \leq 0{,}36,\ 0{,}07 \leq h_f/D \leq 0{,}715,\ 1{,}1 \leq (S_T/D) \leq 4{,}2,\ 1{,}03 \leq (S_L/D) \leq 2{,}5$$

Ao avaliar o Número de Euler, Eu, e o Número de Nusselt, Nu, fornecidos pelas correlações nas equações (7.41) a (7.44), e consequentemente a queda de pressão e o coeficiente da transferência de calor em fluxo cruzado sobre bancos de tubos com aletas, é importante comparar os resultados com aqueles para tubos lisos e sem aletas. Para esse fim, deve--se repetir os problemas dos Exemplos 7.5 e 7.6 (Seção 7.4), usando os tubos com aletas em vez de tubos lisos.

7.6* Jatos livres

Uma forma de experimentar o alto fluxo de calor por convecção de, ou para, uma superfície é usar um jato de fluido direcionado sobre uma superfície, pois o coeficiente de transferência de calor é alto neste caso. Com jato múltiplo projetado apropriadamente em uma superfície com fluxo de calor não uniforme, pode-se obter uma temperatura de superfície substancialmente uniforme. A superfície na qual o jato é imposto é denominada superfície-alvo.

Jatos confinados e jatos livres O jato pode ser confinado ou livre. Com um jato confinado, o deslocamento de fluido é afetado por uma superfície paralela à superfície-alvo [Fig. 7.30(a)]. Se a superfície paralela for suficientemente longe da superfície-alvo, o jato não será afetado por ela e temos um jato livre [Fig. 7.30(b)].

A transferência de calor da superfície-alvo pode ou não levar a uma variação na fase do fluido. Nesta seção, serão considerados somente os jatos livres sem mudança na fase.

Classificação de jatos livres Dependendo da seção cruzada do jato emitido de um bico e do número de bicos, os jatos são classificados como:

    Jato arredondado simples ou circular (SRJ)
    Jato em faixas isoladas ou retangulares (SSJ)
    Matriz de jatos arredondados (ARJ)
    Matriz de jatos em faixas (ASJ)

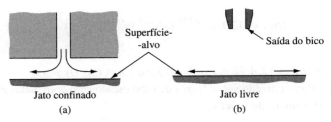

FIGURA 7.30 Jatos confinados e livres.

Os jatos livres são ainda classificados como de *superfície livre* ou *submersos*. No caso de um jato de superfície livre, o efeito da tensão de cisalhamento da superfície sobre seu fluxo é insignificante. Um jato líquido circundado por um gás é um bom exemplo de um jato de superfície livre. No caso de um jato submerso, o fluxo é afetado pela tensão de cisalhamento na superfície. Com isso, uma quantidade significativa do fluido ao redor é arrastada pelo jato. O fluido de entrada (a parte do fluido circundante arrastada pelo jato) afeta o fluxo e as características da transferência de calor do jato. Um jato gasoso emitido em um meio gasoso (por exemplo, um jato de ar emitido em uma atmosfera de ar) ou um jato líquido em um meio líquido são exemplos de jatos submersos. Outra diferença entre os dois é a gravidade, que, geralmente, exerce função nos jatos de superfície livre; o efeito da gravidade geralmente é insignificante em jatos submersos. Os dois tipos de jatos estão ilustrados na Fig. 7.31.

Em um jato arredondado de superfície livre, a espessura da película de líquido ao longo da superfície-alvo diminui continuamente [Fig. 7.31(a)]. Com um jato de superfície livre em faixas, a espessura do filme de líquido atinge um valor constante a alguma distância do eixo do jato [Fig. 7.31(b)]. Com um jato submerso, por causa do arrastamento do fluido ao redor, a espessura do fluido aumenta na direção do fluxo [Fig. 7.31(c)].

Fluxo com jatos únicos Três regiões distintas são identificadas em jatos únicos (Fig. 7.32). A certa distância da saída do bico, o fluxo do jato não é afetado significativamente pela superfície-alvo; essa é uma região de jato livre. Na região de jato livre, o componente de velocidade perpendicular ao eixo é insignificante comparado ao componente axial. Na região seguinte, a de estagnação, o fluxo do jato é influenciado pela superfície-alvo. A magnitude da velocidade axial diminui enquanto aumenta a magnitude da velocidade paralela para a superfície. Depois da região da estagnação está a da parede-jato, em que o componente de velocidade axial é insignificante comparado ao de velocidade paralela à superfície.

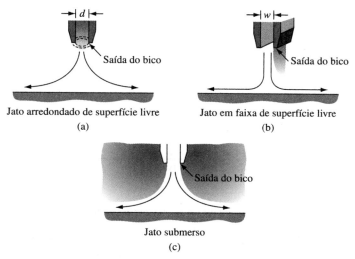

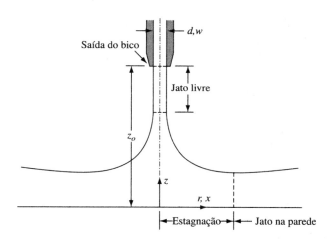

FIGURA 7.31 Superfície livre e jatos submersos.

FIGURA 7.32 As três regiões em um jato e a definição de coordenadas.

7.6.1 Jatos de superfície livre – correlações para a transferência de calor

A menos que o nível de turbulência no jato emitente seja muito alto, uma camada-limite laminar desenvolve-se adjacente à superfície-alvo. Ela apresenta quatro regiões conforme mostrado na Fig. 7.33.

A delineação das quatro regiões para um SRJ com Pr > 0,7 é

Região I	Camada de estagnação: as espessuras, a velocidade e a temperatura através das camadas-limite é constante, $\delta > \delta_t$.
Região II	As espessuras das camadas-limite de velocidade e temperatura aumentam com r, mas nenhuma atinge a superfície livre da película do fluido.
Região III	A camada-limite de velocidade atinge a superfície livre, porém a camada-limite de temperatura não.
Região IV	As camadas-limite de velocidade e de temperatura atingem a superfície livre.

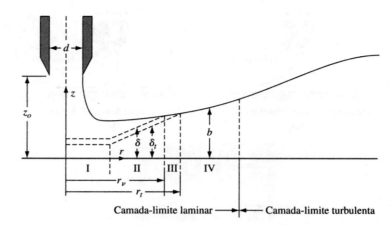

FIGURA 7.33 Definições das quatro regiões na camada-limite laminar.

Correlações de Transferência de Calor com uma Superfície Livre SRJ *Fluxo de Calor Uniforme* (Liu et al. [45])
Região I: $r < 0,8\, d$

$$\text{Pr} > 3 \quad \overline{\text{Nu}}_d = 0{,}797\, \text{Re}_d^{1/2} \text{Pr}^{1/3} \tag{7.45}$$

$$0{,}15 \leq \text{Pr} \leq 3 \quad \overline{\text{Nu}}_d = 0{,}715\, \text{Re}_d^{1/2} \text{Pr}^{2/5} \tag{7.46}$$

Região II: $0{,}8 < r/d < r_v/d$

$$\frac{r_v}{d} = 0{,}1773\, \text{Re}_d^{1/3} \tag{7.47}$$

$$\overline{\text{Nu}}_d = 0{,}632\, \text{Re}_d^{1/2} \text{Pr}^{1/3} \left(\frac{d}{r}\right)^{1/2} \tag{7.48}$$

Nesta seção, o Número de Reynolds tem por base a velocidade do jato, v_j.

Região III: $r_v < r < r_t$ (de Suryanarayana [46])

$$\frac{r_t}{d} = \left\{-\frac{s}{2} + \left[\left(\frac{s}{2}\right)^2 + \left(\frac{p}{3}\right)^3\right]^{1/2}\right\}^{1/3} + \left\{-\frac{s}{2} + \left[\left(\frac{s}{2}\right)^2 - \left(\frac{p}{3}\right)^3\right]^{1/2}\right\}^{1/3} \tag{7.49}$$

$$p = \frac{-2c}{0{,}2058\, \text{Pr} - 1}$$

$$s = \frac{0{,}00686\, \text{Re}_d \text{Pr}}{0{,}2058\, \text{Pr} - 1}$$

$$c = -5{,}051 \times 10^{-5}\, \text{Re}_d^{2/3}$$

$$\overline{\text{Nu}}_d = \frac{0{,}407\, \text{Re}_d^{1/3} \text{Pr}^{1/3} \left(\dfrac{d}{r}\right)^{2/3}}{\left[0{,}1713\left(\dfrac{d}{r}\right)^2 + \dfrac{5{,}147}{\text{Re}_d}\left(\dfrac{r}{d}\right)\right]^{2/3} \left[\dfrac{1}{2}\left(\dfrac{r}{d}\right)^2 + c\right]^{1/3}} \tag{7.50}$$

Região IV: $r > r_t$

$$\overline{\text{Nu}}_d = \frac{0{,}25}{\dfrac{1}{\text{Re}_d \text{Pr}}\left[1 - \left(\dfrac{r_t}{r}\right)^2\right]\left(\dfrac{r}{d}\right)^2 + 0{,}13\left(\dfrac{b}{d}\right) + 0{,}0371\left(\dfrac{b_t}{d}\right)} \tag{7.51}$$

em que $\dfrac{b}{d} = 0{,}1713\left(\dfrac{d}{r}\right) + \dfrac{5{,}147}{\mathrm{Re}_d}\left(\dfrac{r}{d}\right)^2 \qquad b_t = b \quad \text{at } r_t$

A Região IV ocorre somente para $Pr < 4{,}86$ e não é válida para $Pr > 4{,}86$. Valores de r_v/d e r_t/d podem ser encontrados na Tabela 7.4.

As equações (7.45) a (7.51) são aplicáveis a jatos laminares. Com um bico arredondado, o limite superior do Número de Reynolds para fluxo laminar fica entre 2 000 e 4 000. Nos experimentos que conduzem às correlações, foram empregadas bordas afiadas projetadas especialmente (com uma aleta para quebra de momento na entrada), conforme mostrado na Fig. 7.34. Nesses experimentos não houve derramamentos, apesar de os Números de Reynolds atingirem 80 000. Normalmente, são usados bicos de canos e é recomendado que as equações (7.45) a (7.51) sejam usadas para fluxo laminar em canos. Com deslocamentos turbulentos em bicos de canos, obtêm-se resultados de derramamentos. Para obter informações sobre esse tipo de transferência de calor, consulte Lienhard et al. [47].

TABELA 7.4 Valores de r_v/d [Eq. (7.47)] e r_t/d [Eq. (7.49)]

			r_t/d		
Re_d	r_t/d	Pr = 1	Pr = 2	Pr = 3	Pr = 4
1 000	1,773	4,1	5,71	7,55	10,75
4 000	2,81	6,51	9,07	11,98	17,06
10 000	3,82	8,8	12,3	16,3	23,2
20 000	4,82	11,1	15,5	20,5	29,2
30 000	5,5	12,8	17,8	23,5	33,4
40 000	6,1	14,0	19,5	25,8	36,8
50 000	6,5	15,1	21,0	27,8	39,6

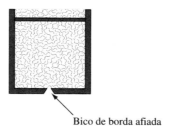

Bico de borda afiada

FIGURA 7.34 Orifício de borda afiada.

EXEMPLO 7.7 Um jato de água (a 20°C) é emitido em um bico de 6 mm de diâmetro a uma taxa de 0,008 kg/s. O jato bate em um disco de 4 cm de diâmetro que está sujeito a um fluxo de calor uniforme de 70 000 W/m² (taxa de transferência de calor total de 88 W). Encontre a temperatura da superfície em distâncias radiais de (a) 3 mm, e (b) 12 mm do eixo do jato.

SOLUÇÃO Propriedades da água (do Apêndice 2, Tabela 13):

$$\mu = 993 \times 10^{-6}\,\text{N s/m}^2$$
$$k = 0{,}597\,\text{W/m K}$$
$$Pr = 7{,}0$$
$$\mathrm{Re}_d = \dfrac{4\dot{m}}{\pi d \mu} = \dfrac{4 \times 0{,}008}{\pi \times 0{,}006 \times 993 \times 10^{-6}} = 1\,709$$

(a) Para $r = 3$ mm, $r/d = 0,003/0,006 = 0,5$ ($<0,8$).
   Da Eq. (7.45),

$$\overline{\text{Nu}}_d = \frac{\overline{h}_c d}{k} = 0,797 \times 1\,709^{1/2} \times 7,0^{1/3} = 63,0$$

$$\overline{h}_c = \frac{63,0 \times 0,597}{0,006} = 6\,269 \text{ W/m}^2\,°C$$

$$T_s = T_j + \frac{q''}{\overline{h}_c} = 20 + \frac{70\,000}{6\,269} = 31,2\,°C$$

(b) Para $r = 12$ mm, $r_v = 0,1773 \times 1\,709^{1/3} \times 0,006 = 0,013$ m e $r < r_v$.
   Da Eq. (7.48) para a Região II,

$$\overline{\text{Nu}}_d = 0,632 \times 1\,709^{1/2} \times 7,0^{1/3} \times \left(\frac{0,006}{0,012}\right)^{1/2} = 35,3$$

$$\overline{h}_c = \frac{35,3 \times 0,597}{0,006} = 3\,512 \text{ W/m}^2\,°C \quad T_s = 20 + \frac{70\,000}{3\,512} = 39,9\,°C$$

A camada-limite torna-se turbulenta em algum ponto corrente abaixo. Diferentes critérios da transição para fluxo turbulento têm sido sugeridos. Indicando o raio no qual o fluxo se torna turbulento por r_c, $r_c/d = 1\,200\,\text{Re}_d^{-0,422}$. Os critérios de Liu et al. [45] para o raio r_h no qual o fluxo se torna totalmente turbulento e a correlação de transferência de calor nessa região são:

Fluxo totalmente turbulento:

$$\frac{r_h}{d} = \frac{28\,600}{\text{Re}_d^{0,68}}$$

$$\text{Nu}_d = \frac{8\,\text{Re}_d\text{Pr}f}{49\left(\dfrac{b}{d}\right) + 28\left(\dfrac{r}{d}\right)^2 f} \tag{7.52}$$

em que:

$$f = \frac{C_f/2}{1,07 + 12,7(\text{Pr}^{2/3} - 1)\sqrt{C_f/2}} \quad C_f = 0,073\,\text{Re}_d^{-1/4}\left(\frac{r}{d}\right)^{1/4}$$

$$\frac{b}{d} = \frac{0,02091}{\text{Re}_d^{1/4}}\left(\frac{r}{d}\right)^{5/4} + C\left(\frac{d}{r}\right) \quad C = 0,1713 + \frac{5,147}{\text{Re}_d}\left(\frac{r_c}{d}\right) - \frac{0,02091}{\text{Re}_d^{1/4}}\left(\frac{r_c}{d}\right)^{1/4}$$

Embora a região de estagnação seja limitada a menos de $0,8d$ do eixo do jato, pode-se tirar vantagem do alto coeficiente de transferência de calor para resfriamento em regiões de altos escoamentos de calor.

Correlações de transferência de calor com superfície livre SRJ *Temperatura de Superfície Uniforme* (Webb e Ma [48]) $\text{Pr} > 1$.

Região I: $r/d < 1$

$$\overline{\text{Nu}}_d = 0,878\,\text{Re}_d^{1/2}\text{Pr}^{1/3} \tag{7.53}$$

Região II: $\delta < b$ $r < r_v$ $\dfrac{r_v}{d} = 0{,}141\,\text{Re}_d^{1/3}$ $\hat{r} = \dfrac{r}{d}\dfrac{1}{\text{Re}_d^{1/3}}$

$$\text{Nu}_d = 0{,}619\,\text{Re}_d^{1/3}\text{Pr}^{1/3}(\hat{r})^{-1/2} \tag{7.54}$$

Região III: $\delta = b$ $\delta_t < b$ $r_v < r < r_t$ $\hat{r} = \dfrac{r}{d}\dfrac{1}{\text{Re}_d^{1/3}}$

$$\text{Nu}_d = \dfrac{2\,\text{Re}_d^{1/3}\text{Pr}^{1/3}}{(6{,}41\hat{r}^2 + 0{,}161/\hat{r})[6{,}55\,\ln(35{,}9\hat{r}^3 + 0{,}899) + 0{,}881]^{1/3}} \tag{7.55}$$

No geral, os coeficientes de transferência de calor por convecção com temperatura de superfície uniforme são menores do que aqueles com fluxo de calor de superfície uniforme.

Correlações de transferência de calor com uma superfície Livre SSJ Coeficientes de transferência de calor por convecção local — *Uniform Heat Flux* (Wolf et al. [49], válido para $17.000 < Re_w < 79\,000$, $2{,}8 < \text{Pr} < 5$:

$$\text{Nu}_w = \text{Re}_w^{0{,}71}\text{Pr}^{0{,}4}f(x/w) \tag{7.56}$$

Para $0 \leq \dfrac{x}{w} \leq 1{,}6$ use:

$$f(x/w) = 0{,}116 + \left(\dfrac{x}{w}\right)^2\left[0{,}00404\left(\dfrac{x}{w}\right)^2 - 0{,}00187\left(\dfrac{x}{w}\right) - 0{,}0199\right] \tag{7.57}$$

Para $1{,}6 \leq \left(\dfrac{x}{w}\right) \leq 6$ use:

$$f(x/w) = 0{,}111 - 0{,}02\left(\dfrac{x}{w}\right) + 0{,}00193\left(\dfrac{x}{w}\right)^2 \tag{7.58}$$

A Figura 7.32 define x e w.

Correlação de fluxo turbulento A Eq. (7.56) é válida para fluxos laminares. A transição para turbulência é afetada pelo nível de turbulência do fluxo livre. O fluxo de turbulência ocorre para Re_x no intervalo de $4{,}5 \times 10^6$ (baixa turbulência de fluxo livre de 1,2%) para $1{,}5 \times 10^6$ (alta turbulência de 5%). Na região turbulenta para o coeficiente de transferência de calor por convecção local, McMurray et al. [50] sugerem

$$\text{Nu}_x = 0{,}037\,\text{Re}_x^{4/5}\text{Pr}^{1/3} \tag{7.59}$$

em que $\text{Nu}_x = (h_c x/k)$ e $\text{Re}_x = v_J x/\nu$. A equação (7.59) é válida para um Número de Reynolds local $\text{Re}_x = 2{,}5 \times 10^6$.

Correlações de transferência de calor com uma matriz de jatos Com jatos simples, os coeficientes de transferência de calor na zona de estagnação é bastante alto, contudo diminui rapidamente com r/d ou x/w. Altas taxas de transferência de calor para grandes superfícies podem ser obtidas com jatos múltiplos, com o benefício dos altos coeficientes de transferência de calor na zona de estagnação. Se a distância de separação entre dois jatos for aproximadamente igual à zona de estagnação, pode-se esperar um alto coeficiente de transferência. Entretanto, a menos que seja removido rapidamente, o fluido gasto leva à degradação da taxa de transferência de calor, e a média do coeficiente de transferência pode não atingir altos valores obtidos na região de estagnação com jatos simples.

O número de variáveis com uma matriz de jatos é muito grande, e é improvável que uma única correlação possa ser desenvolvida para englobar todas as variáveis possíveis. Algumas delas referem-se ao espaçamento entre os jatos e a superfície-alvo, o Número de Reynolds de jato, o Número de Prandtl de fluido, o espaçamento dos jatos (distância entre os eixos de dois jatos adjacentes) e a disposição da matriz [quadrada ou triangular (veja Fig. 7.35)]. Em muitos casos, é esperado que o Número de Reynolds de cada jato tenha o mesmo valor; no entanto, com fluxo de calor não uniforme, o emprego de Números de Reynolds de jatos diferentes pode levar a uma temperatura de superfície mais uniforme.

Em dados experimentais com jatos em linha e triangulares, Pan e Webb [51] sugeriram a seguinte equação:

$$\overline{Nu}_d = 0{,}225\, Re_d^{2/3} Pr^{1/3} e^{-0{,}095(S/d)} \qquad (7.60)$$

A Eq. (7.60) é válida para:

$$2 \leq \frac{z_o}{d} \leq 5 \quad 2 \leq \frac{S}{d} \leq 8 \quad 5\,000 \leq Re_d \leq 22\,000$$

Para valores maiores de S/d, baseados em resultados experimentais, Pan e Webb [51] recomendam:

$$\overline{Nu}_d = 2{,}38\, Re_d^{2/3} Pr^{1/3} \left(\frac{d}{S}\right)^{4/3} \qquad (7.61)$$

A equação (7.61) é válida para $13{,}8 < S/d < 330$ and $7\,100 < Re_d < 48\,000$. Para outras configurações, consulte a revisão de Webb e Ma [48].

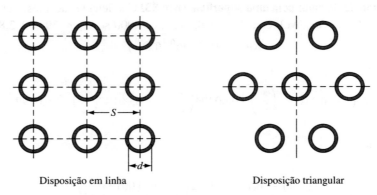

FIGURA 7.35 Definição de dispositivos em linha e triangular de matriz de jato.

Deve-se observar que, com um bico vertical, a velocidade do fluido aumenta (ou diminui) na medida em que o fluido que passa pelo bico se aproxima da superfície-alvo. No caso de esse aumento (ou diminuição) ser significativo, a velocidade do jato e o diâmetro ou largura usados nos cálculos do Número de Reynolds e do Número de Nusselt devem refletir alterações na velocidade. A velocidade modificada é $v_m = v_j \pm \sqrt{2gz_o}$, em que v_j é a velocidade do jato na saída do bico e z_o é a distância entre a saída do bico e a superfície-alvo. A velocidade do jato aumenta se a superfície-alvo estiver abaixo do bico, e diminui se estiver acima. O diâmetro correspondente e a largura são $d_j\sqrt{v_j/v_m}$ ou $w_j v_j/v_m$, em que j subscrito indica os valores na saída do bico.

7.6.2 Jatos submersos – correlações de transferência de calor

Quando o fluido do jato é circundado pelo mesmo tipo de fluido (jato líquido em um líquido ou gasoso em um gás) temos um jato submerso. A maior parte dos aplicativos de engenharia de jatos submersos envolve jatos gasosos, geralmente de ar no ar. O fluido circundante é arrastado pelo jato em ambas as regiões, de jato livre e de jato de parede. Por causa desse arrastamento, a espessura do fluido em movimento aumenta na direção do fluxo. Com jatos livres, a espessura é substancialmente constante para jatos em fenda e diminui para jatos arredondados na região do jato de parede. Consequentemente, ambas as características, mecânica do fluido e de transferência de calor, dos jatos submersos são diferentes daquelas de jatos de superfície livre.

Jatos simples arredondados Para transferência de calor local com fluxo de calor uniforme, Ma e Bergles [52] propuseram:

$$Nu_d = Nu_{d,o}\left[\frac{\text{tgh}(0{,}88 r/d)}{(r/d)}\right]^{1/2} \quad \frac{r}{d} < 2 \qquad (7.62)$$

$$\text{Nu}_d = \frac{1{,}69\,\text{Nu}_{d,o}}{(r/d)^{1{,}07}} \qquad \frac{r}{d} > 2 \tag{7.63}$$

em que
$$\text{Nu}_{d,o} = 1{,}29\,\text{Re}_d^{0{,}5}\text{Pr}^{0{,}4} \tag{7.64}$$

Para jatos líquidos, substitui-se o expoente de 0,4 para Pr na Eq. (7.64) por 0,33.

Uma equação composta para ambas as regiões, de estagnação e jato na parede, por Sun et al. [53] é:

$$\text{Nu}_d = \text{Nu}_{d,o}\left\{\left[\frac{\sqrt{\text{tgh}(0{,}88r/d)}}{\sqrt{r/d}}\right]^{-17} + \left[\frac{1{,}69}{(r/d)^{1{,}07}}\right]^{-17}\right\}^{-1/17} \tag{7.65}$$

sendo que $\text{Nu}_{d,o}$ é fornecido pela Eq. (7.64).

Uma correlação para o coeficiente médio de transferência de calor para raio r com temperatura de superfície uniforme por Martin [54] é:

$$\overline{\text{Nu}}_d = 2\frac{d}{r}\,\frac{1 - 1{,}1(d/r)}{1 + 0{,}1\left(\dfrac{z_o}{d} - 6\right)\dfrac{d}{r}}\left[\text{Re}_d\left(1 + \frac{\text{Re}_d^{0{,}55}}{200}\right)\right]^{0{,}5}\text{Pr}^{0{,}42} \tag{7.66}$$

A Eq.(7.66) é válida para:

$$2\,000 < \text{Re}_d < 400\,000 \qquad 2{,}5 \le r/d < 7{,}5 \qquad 2 \le z_o/d \le 12$$

com propriedades avaliadas em $(T_s + T_j)/2$.

Sitharamayya e Raju [55] sugeriram:

$$\overline{\text{Nu}}_d = [8{,}1\,\text{Re}_d^{0{,}523} + 0{,}133(r/d - 4)\text{Re}_d^{0{,}828}](d/r)^2\text{Pr}^{0{,}33} \tag{7.67}$$

Jatos simples em faixas Para o coeficiente médio de transferência de calor até x com temperatura de superfície uniforme, Martin [54] sugeriu a relação:

$$\overline{\text{Nu}}_w = \frac{1{,}53(2\,\text{Re}_w)^m\text{Pr}^{0{,}42}}{\dfrac{x}{w} + \dfrac{z_o}{w} + 2{,}78} \tag{7.68}$$

em que $\quad m = 0{,}695 - 2\left[\dfrac{x}{w} + 0{,}796\left(\dfrac{z_o}{w}\right)^{1{,}33} + 6{,}12\right]^{-1}\quad$ e $\quad\text{Re}_w = \dfrac{v_j w}{\mu}$

A Equação (7.68) é válida para $1\,500 \le \text{Re}_w \le 45\,000$, $4 \le x/w < 50$ e $4 \le z_o/w \le 20$. Propriedades avaliadas em $(T_s + T_j)/2$.

EXEMPLO 7.8 Considere emissões de ar a 20°C de um jato em faixa com largura de 3 mm, 20 mm de comprimento, com uma velocidade de 10 m/s. Ele bate em uma chapa mantida a 60°C. A saída do bico é distante 10 mm da placa. Estime a taxa de transferência de calor da região de 4 cm de largura da placa diretamente abaixo do jato.

SOLUÇÃO Propriedades do ar (do Apêndice 2, Tabela 13) em $(20 + 60)/2 = 40°C$

$$\rho = 1{,}092\,\text{kg/m}^3 \qquad \mu = 1{,}912 \times 10^{-5}\,\text{Ns/m}^2$$
$$k = 0{,}0265\,\text{W/m K} \qquad \text{Pr} = 0{,}71$$
$$\text{Re}_w = \frac{1{,}092 \times 10 \times 0{,}003}{1{,}912 \times 10^{-5}} = 1\,713$$

Da Eq. (7.68) com $x = 0,02$ m, $z_o = 0,01$ m e $w = 0,003$ m,

$$m = 0,695 - 2\left[\frac{0,02}{0,003} + 0,796\left(\frac{0,01}{0,003}\right)^{1,33} + 6,12\right]^{-1} = 0,575$$

$$\overline{Nu}_w = \frac{1,53 \times (2 \times 1\,713)^{0,575} \times 0,71^{0,42}}{\frac{0,02}{0,003} + \frac{0,01}{0,003} + 2,78} = 11,2$$

$$\overline{h}_c = \frac{11,2 \times 0,0265}{0,003} = 98,9\,\text{W/m}^2\,°\text{C}$$

$$q = 98,9 \times 0,04 \times 0,02 \times (60 - 20) = 3,2\,\text{W}$$

Matriz de jatos arredondados O coeficiente médio de transferência de calor com temperatura de superfície para disposição alinhada (quadrada) ou triangular (hexagonal) [Fig. (7.35)] (Martin [54]) é:

$$\overline{Nu}_d = K \frac{\sqrt{f}(1 - 2,2\sqrt{f})}{1 + 0,2(z_o/d - 6)\sqrt{f}} \text{Re}_d^{2/3}\text{Pr}^{0,42} \tag{7.69}$$

em que
$$K = \left[1 + \left(\frac{z_o/d}{0,6}\sqrt{f}\right)^6\right]^{-1/20}$$

e
$$f = \text{área do bico relativa} = \frac{\pi d^2/4}{\text{área do quadrado ou hexagono}}$$

A Eq.(7.69) é válida para $2\,000 \leq \text{Re}_d \leq 100\,000$, $0,004 \leq f \leq 0,04$ e $2 \leq z_o/d \leq 12$. Propriedades avaliadas em $(T_s + T_j)/2$.

Matriz de jatos em faixas Para o coeficiente médio de transferência de calor com temperatura de superfície uniforme, Martin [54] propôs:

$$\overline{Nu}_w = \frac{1}{3} f_o^{3/4}\left(\frac{4\,\text{Re}_w}{f/f_o + f_o/f}\right)^{2/3} \text{Pr}^{0,42} \tag{7.70}$$

em que $f_o = \left[60 + 4\left(\frac{z_o}{2w} - 2\right)^2\right]^{-1/2}$ e $f = \frac{w}{S}$

A Eq. (7.70) é válida no intervalo
$$750 \leq \text{Re}_w \leq 20\,000 \quad 0,008 \leq f \leq 2,5f_o \quad 2 \leq x/w \leq 80$$

com propriedades avaliadas em $(T_s + T_j)/2$.

A transferência de calor com jatos é afetada por muitos fatores, como a inclinação do jato, superfícies estendidas sobre a superfície-alvo, rugosidade da superfície, derramamento e pulsação do jato, bomba hidráulica e rotação da superfície-alvo. Para obter uma discussão desses efeitos e mais detalhes sobre eles, consulte Webb e Ma [48] e Lienhard [56]. Martin [54] discute a disposição espacial ideal dos jatos submersos.

7.7 Considerações finais

As equações de correlação úteis para determinar o valor médio dos coeficientes de transferência de calor por convecção em escoamento cruzado sobre superfícies exteriores estão tabuladas na Tabela 7.5.

TABELA 7.5 Correlações de transferência de calor para fluxo externo

Geometria	Equação de correlação	Restrições
Cilindro circular longo normal para gás ou fluxo líquido	$\overline{\mathrm{Nu}}_D = C\,\mathrm{Re}_D^m \mathrm{Pr}^n (\mathrm{Pr}/\mathrm{Pr}_s)^{1/4}$ (veja Tabela 7.1)	$1 < \mathrm{Re}_D < 10^6$
Cilindro não circular em um gás	$\overline{\mathrm{Nu}}_D = B\,\mathrm{Re}_D^n$ (veja Tabela 7.2)	$2\,500 < \mathrm{Re}_D < 10^5$
Cilindro circular em um metal líquido	$\overline{\mathrm{Nu}}_D = 1{,}125(\mathrm{Re}_D \mathrm{Pr})^{0{,}413}$	$1 < \mathrm{Re}_D \mathrm{Pr} < 100$
Cilindro curto em um gás	$\overline{\mathrm{Nu}}_D = 0{,}123\,\mathrm{Re}_D^{0{,}651} + 0{,}00416 (D/L)^{0{,}85} \mathrm{Re}_D^{0{,}792}$	$7 \times 10^4 < \mathrm{Re}_D < 2{,}2 \times 10^5$ $L/D < 4$
Esfera em um gás	$\dfrac{\overline{h}_c}{c_p \rho U_\infty} = (2{,}2/\mathrm{Re}_D + 0{,}48/\mathrm{Re}_D^{0{,}5})$	$1 < \mathrm{Re}_D < 25$
	$\overline{\mathrm{Nu}}_D = 0{,}37\,\mathrm{Re}_D^{0{,}6}$	$25 < \mathrm{Re}_D < 10^5$
	$\overline{\mathrm{Nu}}_D = 430 + 5 \times 10^{-3}\,\mathrm{Re}_D$ $+ 0{,}25 \times 10^{-9}\,\mathrm{Re}_D^2 - 3{,}1 \times 10^{-17}\,\mathrm{Re}_D^3$	$4 \times 10^5 < \mathrm{Re}_D < 5 \times 10^6$
Esfera em um gás ou líquido	$\overline{\mathrm{Nu}}_D = 2 + (0{,}4\,\mathrm{Re}_D^{1/2} + 0{,}06\,\mathrm{Re}_D^{2/3}) \mathrm{Pr}^{0{,}4} (\mu/\mu_s)^{1/4}$	$3{,}5 < \mathrm{Re}_D < 7{,}6 \times 10^4$ $0{,}7 < \mathrm{Pr} < 380$
Esfera em um metal líquido	$\overline{\mathrm{Nu}}_D = 2 + 0{,}386(\mathrm{Re}_D \mathrm{Pr})^{1/2}$	$3{,}6 \times 10^4 < \mathrm{Re}_D < 2 \times 10^5$
Placa plana longa com largura D, perpendicular ao fluxo em um gás	$\overline{\mathrm{Nu}}_D = 0{,}20\,\mathrm{Re}_D^{2/3}$	$1 < \mathrm{Re}_D < 4 \times 10^5$
Cilindro semirredondo com superfície traseira plana, em um gás	$\overline{\mathrm{Nu}}_D = 0{,}16\,\mathrm{Re}_D^{2/3}$	$1 < \mathrm{Re}_D < 4 \times 10^5$
Placa quadrada, dimensão L, fluxo de um gás ou líquido	$(\overline{h}_c/c_p \rho U_\infty) \mathrm{Pr}^{2/3} = 0{,}930\,\mathrm{Re}_L^{-1/2}$	$2 \times 10^4 < \mathrm{Re}_L < 10^5$ ângulos de aleta e ataque de 25° a 90° em ângulos de direção de 0° a 45°
Face de disco com eixo alinhado com o fluxo de gás ou líquido	$\overline{\mathrm{Nu}}_D = 1{,}05\,\mathrm{Re}^{1/2} \mathrm{Pr}^{0{,}36}$	$5 \times 10^3 < \mathrm{Re}_D < 5 \times 10^4$
Disco isotérmico com eixo perpendicular ao fluxo, gás ou líquido	$\overline{\mathrm{Nu}}_D = 0{,}591\,\mathrm{Re}_D^{0{,}564} \mathrm{Pr}^{1/3}$	$9 \times 10^2 < \mathrm{Re}_D < 3 \times 10^4$
Packed-bed – transferência de calor para ou a partir das partículas do enchimento, em um gás	$\overline{\mathrm{Nu}}_{D_p} = \dfrac{1-\varepsilon}{\varepsilon}(0{,}5\,\mathrm{Re}_{D_p}^{1/2} + 0{,}2\,\mathrm{Re}_{D_p}^{2/3}) \mathrm{Pr}^{1/3}$	$20 < \mathrm{Re}_{D_p} < 10^4$ $0{,}34 , ´ , 0{,}78$
(ε = fração sem preenchimento)	$(\overline{h}_c/c_p \rho U_s) \mathrm{Pr}^{2/3} = \dfrac{1{,}075}{\varepsilon}\,\mathrm{Re}_{D_p}^{-0{,}826}$	$0{,}01 < \mathrm{Re}_{D_p} < 10$
D_p = diâmetro de enchimento equivalente (veja Eq. 7.20)	$(\overline{h}_c/c_p \rho U_s) \mathrm{Pr}^{2/3} = \dfrac{0{,}455}{\varepsilon}\,\mathrm{Re}_{D_p}^{-0{,}4}$	$10 < \mathrm{Re}_{D_p} < 200$
Packed-bed – transferência de calor para e a partir da parede do recipiente, gás	$\overline{\mathrm{Nu}}_{D_p} = 2{,}58\,\mathrm{Re}_{D_p}^{1/3} \mathrm{Pr}^{1/3} + 0{,}094\,\mathrm{Re}_{D_p}^{0{,}8} \mathrm{Pr}^{0{,}4}$	$40 < \mathrm{Re}_{D_p} < 2\,000$ enchimento tipo cilindro
	$\overline{\mathrm{Nu}}_{D_p} = 0{,}203\,\mathrm{Re}_{D_p}^{1/3} \mathrm{Pr}^{1/3} + 0{,}220\,\mathrm{Re}_{D_p}^{0{,}8} \mathrm{Pr}^{0{,}4}$	$40 < \mathrm{Re}_{D_p} < 2\,000$ enchimento tipo esfera

TABELA 7.5 Continuação

Geometria	Equação de correlação	Restrições
Feixe de tubo em fluxo cruzado (veja figuras 7.21 e 7.22)	$\overline{Nu}_D Pr^{-0,36}(Pr/Pr_s)^{-0,25} = C(S_T/S_L)^n Re_D^m$	

C	m	n	
0,8	0,4	0	$10 < Re_D < 100$, em linha
0,9	0,4	0	$10 < Re_D < 100$, escalonado
0,27	0,63	0	$1\,000 < Re_D < 2 \times 10^5$, em linha $S_T/S_L \geq 0,7$
0,35	0,60	0,2	$1\,000 < Re_D < 2 \times 10^5$, escalonado $S_T/S_L < 2$
0,40	0,60	0	$1\,000 < Re_D < 2 \times 10^5$, escalonado $S_T/S_L \geq 2$
0,021	0,84	0	$Re_D > 2 \times 10^5$, em linha
0,022	0,84	0	$Re_D > 2 \times 10^5$, escalonado $Pr > 1$

$\overline{Nu}_D = 0,019 Re_D^{0,84}$ — $Re_D > 2 \times 10^5$, escalonado $Pr = 0,7$

Geometria	Equação de correlação	Restrições
Fluxo sobre feixe de tubo escalonado, gás ou líquido (Pr > 0.5)	$\overline{Nu}_D = 0,0131 Re_D^{0,883} Pr^{0,36}$	$4,5 \times 10^5 < Re_D < 7 \times 10^6$, $S_T/D = 2$, $S_L/D = 1,4$
Metais líquidos	$\overline{Nu}_D = 4,03 + 0,228(Re_D Pr)^{2/3}$	$2 \times 10^4 < Re_D < 8 \times 10^4$, escalonado

Referências

1. FAGE, A. The Air Flow around a Circular Cylinder in the Region Where the Boundary Layer Separates from the Surface. *Brit. Aero. Res. Comm. R and M 1179*, 1929.
2. FAGE, A.; FALKNER, V. M. The Flow around a Circular Cylinder. *Brit. Aero. Res. Comm. R and M 1369*, 1931.
3. SQUIRE, H. B. *Modern Developments in Fluid Dynamics*. 3. ed., v. 2, Oxford: Clarendon, 1950.
4. MARTINELLI, R. C.; GUIBERT, A. G.; MORIN, E. H.; BOELTER, L. M. K. An Investigation of Aircraft Heaters VIII — a Simplified Method for Calculating the Unit-Surface Conductance over Wings. *NACA, ARR*, March 1943.
5. GIEDT, W. H. Investigation of Variation of Point Unit Heat — Transfer Coefficient around a Cylinder Normal to an Air Stream. *Trans. ASME*, v. 71, 1949, p. 375-381.
6. HILPERT, R. Wärmeabgabe von geheiztenDrähten und Rohren. *Forsch. Geb. Ingenieurwes.* v. 4, 1933, p. 215.
7. ZUKAUSKAS, A. A. Heat Transfer from Tubes in Cross Flow. *Advances in Heat Transfer, Academic Press*, v. 8, 1972, p. 93-106.
8. GROEHN, H. G. Integral and Local Heat Transfer of a Yawed Single Circular Cylinder up to Supercritical Reynolds Numbers. *Proc. 8th Int. Heat Transfer Conf.*, v. 3, Washington, D.C.: Hemisphere, 1986.
9. JAKOB, M., *Heat Transfer*, v. 1, Nova York: Wiley, 1949.
10. SHIGURO, R. I; SUGIYAMA, K.; KUMADA, T. Heat Transfer around a Circular Cylinder in a Liquid-Sodium Crossflow. *Int. J. Heat Mass Transfer*, v. 22, 1979, p. 1041-1048.
11. QUARMBY, A.; AL-FAKHRI, A. A. M. Effect of Finite Length on Forced Convection Heat Transfer from Cylinders. *Int. J. Heat Mass Transfer*, v. 23, 1980, p. 463-469.
12. SPARROW, E. M.; SAMIE, F. Measured Heat Transfer Coefficients at and Adjacent to the Tip of a Wall-Attached Cylinder in Crossflow — Application to Fins. *J. Heat Transfer*, v. 103, 1981, p. 778-784.
13. SPARROW, E. M.; STAHl, T. J.; TRAUB, P. Heat Transfer Adjacent to the Attached End of a Cylinder in Crossflow. *Int. J. Heat Mass Transfer*, v. 27, 1984, p. 233-242.
14. YARDI, N. R.; SUKHATME, S. P. Effects of Turbulence Intensity and Integral Length Scale of a Turbulent Free Stream on Forced Convection Heat Transfer from a Circular Cylinder in Cross Flow. *Proc. 6th Int. Heat Transfer Conf.*, Washington, D.C.: Hemisphere, 1978.
15. DRYDEN, H.; KUETHE, A. N. The Measurement of Fluctuations of Air Speed by the Hot-Wire Anemometer. *NACA Rept.* 320, 1929.
16. PEARSON, C. E. Measurement of Instantaneous Vector Air Velocity by Hot-Wire Methods. *J. Aerosp. Sci.*, v. 19, 1952, p. 73-82.

17. McADAMS, W. H. *Heat Transmission*, 3. ed., New York: McGrawHill, 1953.
18. WHITAKER, S. Forced Convection Heat Transfer Correlations for Flow in Pipes, Past Flat Plates, Single Cylinders, Single Spheres, and for Flow in Packed Beds and Tube Bundles. *AIChE J.*, v. 18, 1972, p. 361-371.
19. ACHENBACH, E.Heat Transfer from Spheres up to Re = 6 × 106. *Proc. 6th Int. Heat Transfer Conf.*, v. 5, Washington, D.C.: Hemisphere, 1978.
20. JOHNSTON, H. F.; PIGFORD,R. L.; CHAPIN, J. H.Heat Transfer to Clouds of Falling Particles. *Univ. of Ill. Bull.*, v. 38, n. 43, 1941.
21. WITTE, L. C. An Experimental Study of Forced Convection Heat Transfer from a Sphere to Liquid Sodium. *J. Heat Transfer*, v. 90, 196, p. 9-128.
22. SOGIN, H. H. A Summary of Experiments on Local Heat Transfer from the Rear of Bluff Obstacles to a Lowspeed Airstream. Trans. ASME, *Ser. C. J. Heat Transfer*, v. 86, 1964, p. 200-202.
23. MITCHELL, J. W. Base Heat Transfer in Two-Dimensional Subsonic Fully Separated Flows. Trans. ASME, *Ser. C. J. Heat Transfer*, v. 93, 1971, p. 342-348.
24. SPARROW, E. M.; GEIGER, G. T.Local and Average Heat Transfer Characteristics for a Disk Situated Perpendicular to a Uniform Flow. *J. Heat Transfer*, v. 107, 1985, p. 321-326.
25. TIEN, K. K.; SPARROW, E. M. Local Heat Transfer and Fluid Flow Characteristics for Airflow Oblique or Normal to a Square Plate. *Int. J. Heat Mass Transfer*, v. 22, 1979, p. 349-360.
26. WEDEKIND, G. L.Convective Heat Transfer Measurement Involving Flow Past Stationary Circular Disks. *J. Heat Transfer*, v. 111, 1989, p. 1098-1100.
27. UPADHYAY, S. N.; AGARWAL,B. K. D.; SINGH, D. R. On the Low Reynolds Number Mass Transfer in Packed Beds. J. *Chem. Eng. Jpn.*, v. 8, 1975, p. 413-415.
28. BEEK, J. Design of Packed Catalytic Reactors. *Adv. Chem. Eng.*, v. 3, 1962, p. 203-271.
29. KAYS, W. M.; LONDON, A. L. *Compact Heat Exchangers*, 2. ed., Nova York: McGraw-Hill, 1964.
30. WALLIS, R. D. Photographic Study of Fluid Flow between Banks of Tubes. *Engineering*, v. 148, 1934, p. 423-425.
31. MEECE, W. E. The Effect of the Number of Tube Rows upon Heat Transfer and Pressure Drop during Viscous Flow across In-Line Tube Banks. M.S. thesis, Univ. of Delaware, 1949.
32. CHEN, C. J.; WUNG,T-S. Finite Analytic Solution of Convective Heat Transfer for Tube Arrays in Crossflow: Part II – Heat Transfer Analysis. *J. Heat Transfer*, v. 111, 1989, p. 641-648.
33. ACHENBACH, E. Heat Transfer from a Staggered Tube Bundle in Cross-Flow at High Reynolds Numbers. *Int. J. Heat Mass Transfer*, v. 32, 1989, p. 271-280.
34. ACHENBACH, E. Heat Transfer from Smooth and Rough Inline Tube Banks at High Reynolds Number. *Int. J. Heat Mass Transfer*, v. 34, 1991, p. 199-207.
35. AIBA, S.; OTA, T.; TSUCHIDA, H.; Heat Transfer of Tubes Closely Spaced in an In-Line Bank. Int. *J. Heat Mass Transfer*, v. 23, 1980, p. 311-319.
36. KAYS, W. M.; LO, R. K. Basic Heat Transfer and Flow Friction Design Data for Gas Flow Normal to Banks of Staggered Tubes – Use of a Transient Technique. *Tech. Rept.* 15, Navy Contract N6-ONR-251 T. O. 6, Stanford Univ., 1952.
37. DOE, R. J.; DROPKIN, D.; DWYER, O. E. Heat Transfer Rates to Cross flowing Mercury in a Staggered Tube Bank – *Trans. ASME*, v. 79, 1957, p. 899-908.
38. RICHARDS, C. L.; DWYER, O. E.; DROPKIN, D. Heat Transfer Rates to Crossflowing Mercury in a Staggered Tube Bank – II. *ASME — AIChE Heat Transfer Conf.*, paper 57-HT -11, 1957.
39. KALISH,S.; DWYER, O. E. Heat Transfer to NaK Flowing through Unbaffled Rod Bundles. *Int. J. Heat Mass Transfer*, v. 10, 1967, p. 1533-1558.
40. BERGLES, A. E. Techniques to Enhance Heat Transfer. In: ROHSENOW, W. M.; HARTNETT, J. P.; CHO, Y. I. (Eds.). *Handbook of Heat Transfer*, 3. ed., Nova York: McGrawHill, 1998.
41. MANGLIK, R. M. Heat Transfer Enhancement. In: BEJAN, A.; KRAUS, A. D. (Eds.). *Heat TranIsfer Handbook*. Wiley, Hoboken, NJ, 2003.Transfer, J. P. Hartnett; IRVINE, R. F (Eds.).v. 26, p. 105-217, Nova York: Academic Press, 1995.
42. ZUKAUSKAS, A. *High-Performance Single-Phase Heat Exchangers*. Nova York: Hemisphere, 1989.
43. LOKSHIN, V. A.; FOMINA, V. N. Correlation of Experimental Data on Finned Tube Bundles. *Teploenergetika*, v. 6, 1978, p. 36-39.
44. YUDIN, V. F. *Teploobmen Poperechnoorebrenykh Trub* [Heat Transfer of Crossfinned Tubes]. Leningrad, Russia: Mashinostroyeniye Publishing House, 1982.
45. LIU, X.; LIENHARD, V. J. H. ; LOMBARA, J. S. Convective Heat Transfer by Impingement of Circular Liquid. Jets. *J. Heat Transfer*, v. 113, 1991, p. 571-582.
46. SURYANARAYANA, N. V. Forced Convection – External Flows. In: KREITH, F. (Ed.). CRC Handbook of Mechanical Engineering, CRC Press, 1998.
47. LIU, X.; LIENHARD, V. J. H.; GABOUR, L. A. Splattering and Heat Transfer During Impingement of a Turbulent Liquid Jet. *J. Heat Transfer*, v. 114, 1992, p. 362-372.
48. WEBB, B. W.; MAC. F. Single-phase Liquid Jet Impingement Heat Transfer. In: HARTNETT, J. P.; IRVINE, R. F. (Eds.). *Advances in HeatTransfer*, v. 26, Nova York: Academic Press, 1995, p. 105-217.
49. WOLF, D. H.; VISKANTA, R.; INCROPERA, F. P. Local Convective Heat Transfer from a Heated Surface to a

Planar Jet of Water with a Non-uniform Velocity Profile. *J. Heat Transfer*, v. 112, 1990, p. 899-905.
50. McMURRAY, D. C.; MEYERS, P. S.; UYEHARA, O. A. Influence of Impinging Jet Variables on Local Heat Transfer Coefficients along a Flat Surface with Constant Heat Flux. *Proc. 3d Int. Heat Transfer Conference*, v. 2, 1966, p. 292-299.
51. PAN, Y.; WEBB, B. W. Heat Transfer Characteristics of Arrays of Free-Surface Liquid Jets. *J. Heat Transfer*, v. 117, 1995, p. 878-886.
52. MA, C. F.; BERGLES, A. E. Convective Heat Transfer on a Small Vertical Heated Surface in an Impinging Circular Liquid Jet. In: WANG, B. X. (Ed.). *Heat Transfer Science and Technology*, Nova York: Hemisphere, 1988, p. 193-200.
53. SUN, H.; MA, C. F.; NAKAYAMA, W. Local Characteristics of Convective Heat Transfer from Simulated Microelectronic Chips to Impinging Submerged Round Jets. *J. Electronic Packaging*, v. 115, 1993, p. 71-77.
54. MARTIN, H. Impinging Jets. In: HEWITT, G. F. (Ed.). *Handbook of Heat Exchanger Design*. Nova York: Hemisphere, 1990.
55. SITHARAMAYYA, S.; RAJU, K. S. Heat Transfer between an Axisymmetric Jet and a Plate Held Normal to the Flow. *Can. J. Chem. Eng.*, v. 45, 1969, p. 365-369.
56. LIENHARD, V. J. H. Liquid Jet Impingement. In: TIEN, C. L. (Ed.). *Annual Review of Heat Transfer*, v. 6, Nova York: Begell House, 1995.

Problemas

Os problemas para este capítulo estão organizados por assunto, como mostrados abaixo.

Tópico	Número do Problema
Cilindros em fluxo cruzado	7.1-7.18
Anemômetro de fio quente	7.19-7.22
Esferas	7.23-7.31
Corpos bojudos	7.32-7.36
Packed-bed	7.37-7.39
Feixes de tubos	7.40-7.46

7.1 Determine o coeficiente de transferência de calor no ponto de estagnação e o valor médio do coeficiente de transferência de calor para um tubo simples com diâmetro externo de 5 cm e comprimento de 60 cm em fluxo cruzado. A temperatura da superfície do tubo é de 260°C, a velocidade do fluxo do fluido perpendicular ao eixo do tubo é 6 m/s e a temperatura do fluido é 38°C. Considere os seguintes fluidos: (a) ar; (b) hidrogênio; (c) água.

7.2 Um termômetro de vidro com mercúrio a 40°C (diâmetro externo = 1 cm) é inserido através da parede de um tubo em um fluxo de ar a 3 m/s a 66°C. Calcule o coeficiente de transferência de calor entre o ar e o termômetro.

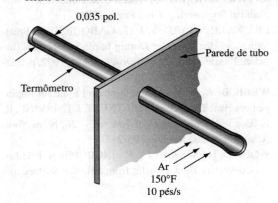

7.3 Um vapor a 1 atm e 100°C está fluindo em um cano com diâmetro externo de 5 cm a uma velocidade de 6 m/s. Calcule o Número de Nusselt, o coeficiente de transferência de calor e a taxa de transferência de calor por metro do comprimento do tubo, se este estiver a 200°C.

7.4 Uma linha de transmissão elétrica de 1,2 cm de diâmetro transporta uma corrente de 200 A e apresenta uma resistência de 3×10^{-4} ohm por metro de comprimento. Se o ar em torno dessa linha estiver a 16°C, determine a temperatura da superfície em um dia de inverno, presumindo um vento a 33 km/h.

7.5 Derive uma equação na forma $\bar{h}_c = f(T, U, U_\infty)$ para o fluxo de ar sobre um cilindro horizontal longo para um intervalo de temperatura entre 0°C e 100°C. Use a Eq. (7.3) como base.

7.6 Repita o problema 7.5 para água no intervalo de temperatura de 10°C a 40°C.

7.7 O oleoduto do Alasca transporta 230 milhões de litros de petróleo cru por dia, de Prudhoe Bay para Valdez, cobrindo uma distância de 1.280 quilômetros. O diâmetro da tubulação é de 1,2 m e ela está isolada com 10 cm de fibra de vidro coberto com revestimento de aço. Aproximadamente metade do comprimento do oleoduto está acima do solo, estendendo-se na direção norte-sul. O isolamento mantém a superfície externa da capa de aço em torno de 10°C. Se a temperatura média ambiente for 0°C e os ventos dominantes tiverem a uma velocidade de 2 m/s a noroeste, calcule a taxa total de perda de calor da porção do oleoduto acima do solo.

7.8 Uma engenheira está projetando um sistema de aquecimento que consistirá de vários tubos colocados em um duto que carrega o fornecimento de ar para um edifício. Ela decide executar testes preliminares com um único tubo de cobre com diâmetro externo de 2 cm transportando vapor condensado a 100°C. A velocidade do ar no duto é de 5 m/s, e sua temperatura é 20°C. O tubo pode ser colocado em posição normal ao fluxo, mas pode obter a vantagem de colocar o tubo a um ângulo com relação ao escoamento de ar e assim aumentar a área de superfície de transferência de calor. Se a largura do duto é de 1 m, preveja o rendimento dos testes planejados e calcule como o ângulo θ afetará a taxa de transferência de calor. Há limites?

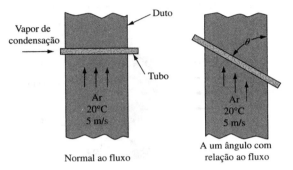

7.9 Uma longa haste hexagonal extrudada em cobre é removida de um forno de tratamento do calor a 400°C e imersa em um fluxo de ar perpendicular a seu eixo a 50°C e a uma velocidade de 10 m/s. A superfície do cobre tem uma emissividade de 0,9 devido à oxidação. A haste tem 3 cm cruzando as laterais planas opostas e apresenta uma área de corte secional de 7,79 cm² e um perímetro de 10,4 cm. Determine o tempo necessário para o centro do cobre resfriar a 100°C.

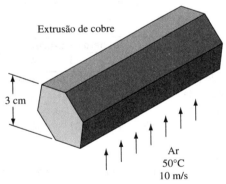

7.10 Repita o problema 7.9 considerando a extrusão de corte seccional elíptica com o eixo principal normal ao fluxo de ar e a mesma massa por unidade de comprimento. O eixo principal da seção de corte elíptico é 5,46 cm, e seu perímetro é 12,8 cm.

7.11 Calcule a taxa de perda de calor de um corpo humano a 37°C em um fluxo de ar de 5 m/s a 35°C. O corpo pode ser modelado como um cilindro de 30 cm de diâmetro e 1,8 m de altura. Compare seus resultados com os de convecção natural de um corpo (Problema 5.8) e com a energia típica obtida da ingestão de alimentos a 1 033 kcal/dia.

7.12 Uma barra de combustível do reator nuclear é um cilindro com 6 cm de diâmetro. Ela deve ser testada quanto ao resfriamento com um fluxo de sódio a 205°C a uma velocidade de 5 cm/s perpendicular a seu eixo. Se a superfície da barra não excede 300°C, calcule o máximo de dissipação de energia permitido na barra.

7.13 Uma aleta com pinos em aço inoxidável de 5 cm de comprimento e 6 mm de diâmetro externo estende-se de uma placa plana em um fluxo de ar de 175 m/s, conforme mostrado no esboço abaixo. Calcule: (a) a média do coeficiente de transferência de calor entre o ar e a aleta; (b) a temperatura no final da aleta; (c) a taxa de fluxo de calor da aleta.

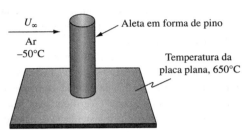

7.14 Repita o Problema 7.13 com glicerina a 20°C fluindo sobre a aleta a 2 m/s. A temperatura da placa é 50°C.

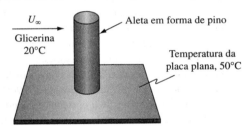

7.15 Água a 180°C entra em um tubo liso de ferro forjado com 15 m de comprimento e 2,5 cm de diâmetro a 3 m/s. Se o ar a 10°C flui perpendicular ao cano em 12 m/s, determine a temperatura externa da água. (Observe que a diferença de temperatura entre o ar e a água varia ao longo do tubo.)

7.16 A temperatura do fluxo de ar em um duto de 25 cm de diâmetro cujas paredes internas estão a 320°C deve ser medida usando um termopar soldado em um poço de aço cilíndrico de 1,2 cm de diâmetro externo com exterior oxidado, conforme mostrado no esboço abaixo. O ar flui normal ao cilindro a uma velocidade de massa de 17 600 kg/h m². Se a temperatura indicada pelo termopar é de 200°C, calcule a temperatura real do ar.

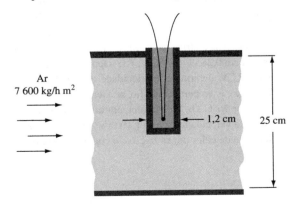

7.17 Desenvolva uma expressão para a razão entre a taxa de transferência de calor a 40°C de uma fina faixa plana com largura de $\pi D/2$ e comprimento L a ângulo de ataque zero e de um tubo de mesmo comprimento e diâmetro D em fluxo cruzado com seu eixo normal ao fluxo de água no intervalo de Número de Reynolds entre 50 e 1 000. Suponha que ambas as superfícies estejam a 90°C.

7.18 Repita o problema 7.17 para ar fluindo sobre as duas superfícies no intervalo de Reynolds entre 40 000 e 200 000. Despreze a radiação.

7.19 O manual de instrução para um anemômetro de fio quente afirma que "em termos gerais, a corrente varia como um quarto de energia da velocidade média a uma resistência do fio constante". Verifique esta instrução usando as características de transferência de calor de um fio fino em ar ou em água.

7.20 Um anemômetro de fio quente é usado para determinar o perfil de velocidade da camada-limite no fluxo de ar sobre o modelo de um automóvel em escala. O fio aquecido é mantido em um mecanismo transversal que o move em uma direção normal com a superfície do modelo. Ele é operado à temperatura constante. A espessura da camada-limite deve ser definida como a distância da superfície do modelo no qual a velocidade é 90% da velocidade de fluxo livre. Se a corrente da sonda for I_0 quando o fio quente é mantido na velocidade do fluxo livre, U_∞, qual corrente indicará a borda da camada-limite? Despreze a transferência de calor por radiação do fio aquecido e a condução das suas extremidades.

7.21 Um anemômetro de fio de platina aquecido operado em modo de temperatura constante foi usado para medir a velocidade de um fluxo de hélio. O diâmetro do fio é 20 μm, seu comprimento é 5 mm e é operado a 90°C. O circuito eletrônico usado para manter a temperatura do fio é uma saída de energia máxima de 5 W, e é impossível controlar precisamente sua temperatura se a tensão aplicada no fio for inferior a 0,5 V. Compare a operação do fio no deslocamento de hélio a 20°C e 10 m/s com sua operação em ar ou água na mesma temperatura e velocidade. A resistência elétrica da platina a 90°C é 21,6 $\mu\Omega$ cm.

7.22 Um anemômetro de fio quente consiste em um fio de platina com 5 mm de comprimento e 5 μm de diâmetro. A sonda é operada a uma corrente constante de 0,03 A. A resistência elétrica da platina é 17$\mu\Omega$ cm a 20°C e aumenta em 0,385% por °C. (a) Se a tensão contida no fio for 1,75 V, determine a velocidade do fluxo de ar em todo ele e a temperatura do fio, se a temperatura do fluxo livre for 20°C. (b) Qual a temperatura do fio e sua tensão se a velocidade de ar for 10 m/s? Despreze a transferência de calor por radiação e a condução do fio.

7.23 Uma esfera de 2,5 cm deve ser mantida a 50°C tanto no fluxo de ar quanto no escoamento de água, ambos a 20°C e velocidade de 2 m/s. Compare a taxa de transferência de calor e a resistência na esfera para os dois fluidos.

7.24 Compare o efeito da convecção forçada na transferência de calor de uma lâmpada incandescente com o caso de convecção natural (veja Problema 5.27). Qual será a temperatura do vidro para a velocidade do ar de 0,5, 1, 2 e 4 m/s?

7.25 Em um experimento, a transferência de calor de uma esfera de 1,2 cm de diâmetro emersa em sódio foi medida. Ela foi submetida a um banho de sódio a uma determinada velocidade enquanto um aquecedor elétrico dentro dela mantinha a temperatura a um ponto definido. A tabela a seguir apresenta os resultados do experimento. Determine como esses dados foram previstos pela correlação apropriada fornecida no texto. Expresse seus resultados em termos da diferença percentual entre o Número de Nusselt determinado no experimento e aquele calculado a partir da equação.

	Número de Execução				
	1	2	3	4	5
Velocidade (m/s)	3,44	3,14	1,56	3,44	2,16
Temperatura de superfície da esfera (°C)	478	434	381	350	357
Temperatura do banho de sódio (°C)	300	300	300	200	200
Temperatura do aquecedor (°C)	486	439	385	357	371
Fluxo de calor × 10^{-6} W/m²	14,6	8,94	3,81	11,7	8,15

7.26 Uma esfera de cobre inicialmente à temperatura uniforme de 132°C é repentinamente liberada do fundo de um banho de bismuto a 500°C. O diâmetro da esfera é 1 cm, e ela sobe através do banho a 1 m/s. Quanto a esfera sobe antes da sua temperatura central atingir 300°C? Qual é a temperatura de sua superfície nesse ponto? (A esfera apresenta uma camada fina de níquel para proteger o cobre do bismuto.)

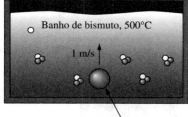

Banho de bismuto, 500°C
1 m/s
Esfera de cobre, diâmetro de 1 cm

7.27 Uma gota de água esférica de 1,5 mm de diâmetro é liberada livremente no ar atmosférico. Calcule a média do coeficiente de transferência de calor por convecção quando essa gota de água atinge sua velocidade terminal. Suponha que a água esteja a 50°C e o ar esteja a 20°C. Despreze a transferência de massa e a radiação.

7.28 Em uma torre de chumbo são formados projéteis BB esféricos de 0,95 cm de diâmetro por gotejamento de chumbo derretido, os quais se solidificam na descida em ar resfriado. Na velocidade terminal, ou seja, quando o arraste iguala-se a força gravitacional, calcule o coeficiente total de transferência de calor se a superfície de chumbo estiver a 171°C, a superfície do chumbo apresentar uma emissividade de 0,63 e a temperatura do ar de 16°C. Considere $C_D = 0,75$ para o primeiro cálculo experimental.

7.29 Uma esfera de cobre de 2,5 cm de diâmetro é suspensa por um fino fio no centro de uma cavidade experimental de um forno cilíndrico cuja parede interna é mantida uniformemente a 430°C. Ar seco a uma temperatura de 90°C a uma pressão de 1,2 atm é soprado regularmente sobre o forno a uma velocidade de 14 m/s. A superfície interior da parede do forno é preta. O cobre é levemente oxidado e sua emissividade é 0,4. Presumindo que o ar seja completamente transparente para radiação, calcule, para o estado assintótico: (a) o coeficiente de transparência de calor por convecção entre a esfera de cobre e o ar; (b) a temperatura da esfera.

7.30 Foi proposto um método de medição da transferência de calor por convecção de esferas. Uma esfera de cobre com 20 mm de diâmetro com um aquecedor elétrico embutido está para ser suspensa em um túnel de vento. Um par termoelétrico dentro da esfera mede a temperatura da sua superfície. A esfera é suportada no túnel por um tipo de tubo de aço inoxidável 304 com diâmetro externo de 5 mm, diâmetro interno de 3 mm, e 20 cm de comprimento. O tubo de aço é conectado à parede do túnel de vento de tal forma que o calor não é transferido pela parede. Para este experimento, examine a magnitude da correção que deve ser aplicada à energia do aquecedor esférico para dar conta da condução juntamente com o suporte ao tubo. A temperatura do ar é 20°C e o intervalo desejável de Números de Reynolds é de 10^3 a 10^5.

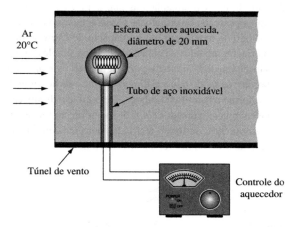

7.31 (a) Calcule o coeficiente de transferência de calor para uma gota esférica de combustível injetada em um motor a diesel a 80°C e 90 m/s. A gota de óleo tem 0,025 mm de diâmetro, a pressão do cilindro é de 4 800 kPa e a temperatura do gás é 944 K. (b) Calcule o tempo necessário para aquecer a gota a sua temperatura de autoignição de 600°C.

7.32 A transferência de calor de uma placa de circuito eletrônico deve ser determinada colocando-se um modelo da placa em um túnel de vento. Essa placa é quadrada, mede 15 cm de lado e tem aquecedores elétricos embutidos. O fluxo de ar do túnel é fornecido a 20°C. Determine a temperatura média do modelo em função da dissipação de energia a uma velocidade de ar de 2,5 e 10 m/s. O modelo é inclinado a 30° e torcido a 10° com respeito à direção do fluxo de ar, conforme mostrado abaixo. A superfície do modelo atua como um corpo negro.

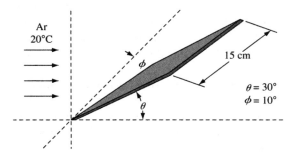

7.33 Um circuito eletrônico contém um resistor elétrico que dissipa 1,5 W. O projetista deseja modificar o circuito de forma que será necessário que o resistor dissipe 2,5 W. Esse resistor tem o formato de um disco de 1 cm de diâmetro e 0,6 mm de espessura. Sua superfície é alinhada a um fluxo de ar refrigerante a 30°C e a uma velocidade de 10 m/s. A vida útil do resistor torna-se inaceitável se sua temperatura de superfície exceder 90°C. Será necessário substituir o resistor para este novo circuito?

7.34 Suponha que o resistor no Problema 7.33 seja rotacionado de forma que seu eixo fique alinhado ao fluxo. Qual é a dissipação de energia máxima permitida?

7.35 Para diminuir o tamanho das placas-mãe de computadores pessoais, os projetistas passaram a empregar um método de montagem mais compacto de *chips* de memória. Os módulos de memória em linha simples, como são chamados, montam essencialmente os *chips* nas bordas, de modo que sua dimensão fina é na horizontal, conforme mostrado no esboço. Determine a dissipação de energia máxima dos *chips* de memória em funcionamento a 90°C se forem resfriados por uma corrente de ar a 60°C com uma velocidade de 10 m/s.

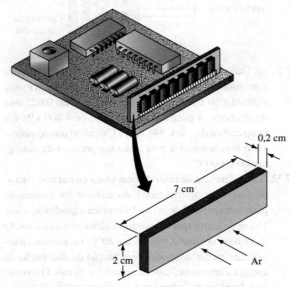

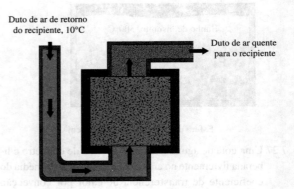

7.36 Um meio cilindro longo é colocado em um fluxo de ar, virado com a face plana para baixo. Um aquecedor de resistência elétrica dentro dele mantém a temperatura de sua superfície a 50°C. O diâmetro do cilindro é de 5 cm, a velocidade do ar é de 31,8 m/s, e a temperatura do ar é de 20°C. Determine a potência do aquecedor por comprimento do cilindro. Despreze a transferência de calor por radiação.

7.37 Um método de armazenar energia solar para uso durante a noite ou em dias frios é armazená-la na forma de calor sensível em um leito de pedra, conforme mostrado no esboço abaixo. Suponha que tal leito de pedra tenha sido aquecido a 70°C e seja necessário que se aqueça um fluxo de ar soprado através do leito. Se a temperatura de entrada do ar for de 10°C e a velocidade da massa de ar no leito for de 0,5 kg/s m², qual deve ser o tamanho do leito para que a saída de ar inicial seja de 65°C? Presuma que as pedras sejam esféricas, 2 cm de diâmetro, e que o leito tenha fração nula de 0,5. (*Sugestão*: a área de superfície das pedras por unidade de volume do leito é $(6/D_p)(1 - \varepsilon)$.)

7.38 Suponha que o leito de pedra no problema 7.37 tenha sido completamente descarregado e todo o leito esteja a 10°C. Um ar quente a 90°C e 0,2 m/s é, então, usado para recarregar o leito. Quanto tempo será necessário até que as primeiras pedras voltem a ter 70°C, e qual é a transferência de calor total do ar para o leito?

7.39 Um conversor catalítico automotivo é um leito preenchido no qual um catalisador de platina é revestido na superfície de pequenas esferas de alumina. Um recipiente de metal mantém grânulos catalisadores e permite que os gases de exaustão do motor fluam por meio do leito de grânulos. O catalisador deve ser aquecido por gases de exaustão a 300°C para que o catalisador possa ajudar a oxidar hidrocarbonetos não queimados nos gases. O tempo necessário para obter essa temperatura é crítico, porque os hidrocarbonetos não queimados emitidos pelo veículo durante o frio compreendem uma grande fração

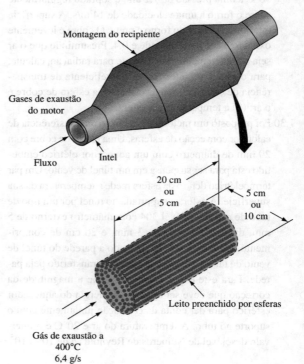

do total da emissão do veículo durante um teste de emissão. É necessário um volume fixo de catalisador, mas o formato do leito pode ser modificado para aumentar a taxa de aquecimento. Compare o tempo de aquecimento de um leito de 5 cm de diâmetro e 20 cm de comprimento com um de 10 cm de diâmetro de 5 cm de comprimento. Os grânulos catalisadores são esféricos, 5 mm de diâmetro, e apresentam densidade de 2 g/cm^3, condutividade térmica de 12 W/m K e calor específico de 1 100 J/kg K. A fração nula do leito de enchimento é 0,5. O gás de exaustão do motor está a uma temperatura de 400°C, a uma taxa de fluxo de 6,4 g/s e apresenta as propriedades do ar.

7.40 Determine a média do coeficiente de transferência de calor do ar a 60°C fluindo a uma velocidade de 1 m/s sobre um feixe de tubos com 6 cm de diâmetro externo dispostos conforme mostrado no esboço. A temperatura da parede do tubo é de 117°C.

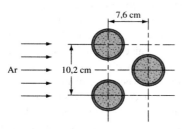

7.41 Repita o Problema 7.40 para um banco de tubos no qual todos são separados com espaços de 7,5 cm em suas linhas centrais.

7.42 Gás de dióxido de carbono a uma pressão atmosférica deve ser aquecido de 25°C a 75°C por bombeamento por meio de um feixe de tubo a uma velocidade de 4 m/s. Os tubos são aquecidos pela condensação de vapor a 200°C. Os tubos medem 10 mm de diâmetro externo, estão dispostos em linha e apresentam espaçamento longitudinal de 15 mm e transversal de 17 mm. Se forem necessárias 13 linhas de tubo, qual será a média do coeficiente de transferência de calor e qual a queda de pressão do dióxido de carbono?

7.43 Calcule o coeficiente de transferência de calor do sódio líquido a 540°C fluindo sobre um feixe de tubo escalonado de 10 linhas com tubos de 2,5 cm de diâmetro. Esses tubos estão dispostos em uma matriz equilateral-triangular com uma relação campo-diâmetro de 1,5. A velocidade de entrada é de 0,6 m/s, com relação à área do casco, e a temperatura da superfície do tubo é de 200°C. A temperatura de saída do sódio é 310°C.

7.44 Mercúrio líquido a uma temperatura de 315°C flui a uma velocidade de 10 cm/s sobre um feixe escalonado de 16 tubos BWG de 16 mm, de aço inoxidável. Os tubos estão dispostos em uma matriz equilateral-triangular com uma relação campo-diâmetro de 1.375. Se a água, a uma pressão de 2 atm, estiver sendo evaporada dentro dos tubos, calcule a taxa média de transferência de calor para a água por metro de comprimento do feixe, se este for de 10 linhas de profundidade e tiver 60 tubos. O coeficiente de transferência de calor na fervura é 20.000 W/m^2 K.

7.45 Compare a taxa de transferência de calor e a queda de pressão para uma disposição em linha e uma escalonada de um feixe de tubos consistindo em 300 tubos de 1,8 m de comprimento com um diâmetro externo de 2,5 cm. Esses tubos devem ser dispostos em 15 fileiras com espaçamento transversal e longitudinal de 5 cm. Sua temperatura de superfície é 95°C, e a água a 35°C está fluindo a uma taxa de massa de 5 400 kg/s sobre eles.

7.46 Considere um trocador de calor composto de tubos de cobre de 12,5 mm de diâmetro externo em uma disposição escalonada com espaçamento transversal de 25 mm e longitudinal de 30 mm, com 9 tubos na direção longitudinal. O vapor em condensação a 150°C escoa pelos tubos. O trocador de calor é usado para aquecer uma corrente de ar fluindo a 5 m/s de 20°C para 32°C. Qual é a média do coeficiente de transferência de calor e da queda de pressão para o feixe de tubos?

Problemas de projeto

7.1 **Usos alternativos para a tubulação do Alasca** (Capítulo 7) Estudos recentes demonstraram que o fornecimento de óleo cru da encosta norte do Alasca logo diminuirá para os níveis não econômicos, e essa produção então será cessada. Estão sendo consideradas alternativas para o uso das tubulações do Alasca e a geração de renda aproveitando os grandes recursos de gás natural naquela região. A tubulação foi projetada para manter o óleo cru a uma temperatura suficientemente alta para permitir que ele seja bombeado e, ao mesmo tempo, para proteger o frágil subsolo congelado local. Do ponto de vista do projeto térmico existente da tubulação, considere a viabilidade de transporte das seguintes alternativas: (I) gás natural; (II) gás natural liquefeito; (III) metanol; (IV) combustível diesel. Suas considerações devem incluir: (a) temperatura necessária para o transporte de cada produto candidato; (b) isolamento e capacidade de aquecimento da tubulação existente; (c) efeito sobre os sistemas no local para proteger o subsolo congelado; (d) utilização das estações de bombeamento de óleo cru existentes.

7.2 Resfriamento do motor da motocicleta

Fabricantes de motocicletas oferecem motores com dois métodos de refrigeração: *refrigeração a ar* e *refrigeração por líquido*. Na refrigeração a ar, as aletas são aplicadas na parte externa do cilindro e este é orientado para fornecer o melhor escoamento de ar possível. Na refrigeração por líquido, o cilindro do motor é encamisado e um refrigerante líquido é circulado entre o cilindro e a camisa. O refrigerante é, então, circulado para um trocador de calor em que o fluxo de ar é utilizado para transferir calor do refrigerante para o ar. Discuta as vantagens e as desvantagens das duas disposições e quantifique seus resultados com cálculos. Considerações incluem: peso, custo, conforto do motociclista, centro de gravidade, requisitos de manutenção e *design* compacto. Como linha de base, considere um motor de dois cilindros medindo 8,5 cm de diâmetro e 10 cm de comprimento, produzindo um máximo de 80 hp a uma eficiência térmica de 15%. Suponha que a parede externa do cilindro opere a uma temperatura de 200°C e que o ar ambiente esteja a 40°C.

7.3 Refrigeração de microprocessador (Capítulo 7)

Considere um microprocessador dissipando 50 W com dimensões de 2 cm × 2 cm quadrados e uma altura de 0,5 cm (veja a figura). Para refrigerá-lo, é necessário montá-lo em um dispositivo chamado *dissipador de calor*, que serve para duas finalidades. Primeiro, ele distribui o calor do microprocessador relativamente pequeno para uma área maior; segundo, fornece área de transferência de calor estendida na forma de aletas. Um ventilador pequeno pode, então, ser usado para fornecer resfriamento com ar forçado. As principais restrições para o projeto de um dissipador de calor são custo e tamanho. Para *laptops*, o uso de ventiladores também é uma consideração importante. Desenvolva um projeto de dissipador de calor que mantenha o microprocessador a 90°C ou menos, e faça sugestões para otimizar o sistema de refrigeração.

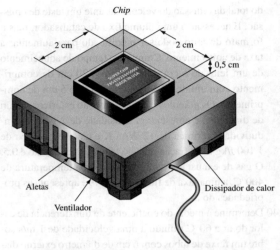

7.4 Análise de resfriamento de uma extrusão de alumínio (Capítulos 3 e 7)

No Capítulo 3, foi solicitada a determinação do tempo necessário para uma extrusão de alumínio refrigerar a uma temperatura máxima de 40°C. Repita esses cálculos, mas determine os coeficientes de transferência de calor por convecção sobre a extrusão, presumindo que o ar seja direcionado perpendicular à face direita da extrusão a uma velocidade de 15 m/s. Na parte frontal, as condições lembram as de um jato que incide sobre uma superfície, ao passo que as condições nas superfícies superior e inferior lembram aquelas de um fluxo sobre uma placa; consulte o esboço a seguir. A face traseira apresenta um problema, e algumas estimativas e ideias construtivas sobre como calcular os coeficientes de transferência de calor serão deixadas para o projetista realizar.

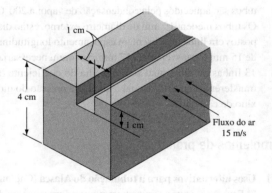

CAPÍTULO 8

Trocadores de calor

Uma seção frontal de um radiador veicular típico, que é um trocador de calor compacto do tipo tubo-aleta, mostrando as passagens de escoamento de ar no interior da aleta por tubos chatos de fluxo de refrigerante.
Fonte: Cortesia de Philip Sayer/Alamy.

Conceitos e análises a serem aprendidos

Os trocadores de calor geralmente são dispositivos ou sistemas que transferem calor de um fluido escoando para outro. Os fluidos podem ser líquidos ou gasosos e, em alguns trocadores, é possível escoar mais de dois fluidos. Esses dispositivos podem ter uma estrutura tubular, dos quais os trocadores de cano duplo e de concha e tubo são os mais comuns, ou uma estrutura de placas empilhadas, que inclui um trocador de aleta de placa, e de placa e estrutura, entre outras configurações. As aplicações mais evidentes, e historicamente as mais antigas, podem ser encontradas em uma usina de energia. O gerador de vapor ou caldeira, o condensador de vapor por água resfriada, o aquecedor de água que alimenta a caldeira e o regenerador de ar por combustão, além de vários outros tipos de equipamentos, são todos trocadores de calor. Na maioria das residências, os mais comuns são o aquecedor de água quente a gás e as serpentinas do evaporador e condensador de um aparelho de ar-condicionado central. Todos os veículos automotores têm um radiador e óleo refrigerante, além de outros trocadores de calor. O estudo deste capítulo abordará:

- como classificar os diferentes tipos de trocadores de calor e qualificar suas características estruturais e geométricas;
- como configurar a rede de resistência térmica para o coeficiente geral de transferência de calor;
- como calcular a diferença de temperatura média de registro (ou LMTD, na sigla em inglês) e avaliar o desempenho térmico de um trocador de calor usando o método F-LMTD;
- como determinar a eficiência de um trocador de calor e avaliar o desempenho térmico por meio do método ε-NTU;
- como modelar e avaliar o desempenho térmico e hidrodinâmico dos trocadores de calor que empregam técnicas de melhoramento de transferência de calor, além de trocadores de calor em microescala.

8.1 Introdução

Este capítulo aborda a análise térmica de vários tipos de trocadores que transferem calor entre dois fluidos. Serão apresentados dois métodos para prever o desempenho de trocadores de calor industriais convencionais, e as técnicas para estimar o tamanho necessário e o tipo mais adequado de trocador de calor para realizar uma tarefa específica.

Quando um trocador de calor é colocado em um sistema de transferência térmica, é necessário ter uma queda na temperatura para que o processo de transferência ocorra. A magnitude desta queda pode ser menor se o trocador de calor for maior, mas isso aumentará os custos do trocador. Considerações econômicas, características de desempenho térmico, requisitos de energia de bombeamento e economia do sistema são fatores levados em consideração nos projetos de engenharia de equipamentos de trocador de calor. A função dos trocadores de calor teve sua importância ampliada recentemente, pois os engenheiros têm dado, cada vez mais, importância ao uso eficiente da energia e desejam otimizar os projetos não só em termos da análise térmica e retorno econômico do investimento, mas também de retorno de energia de um sistema. Assim, além de fatores como disponibilidade e quantidade de energia e matérias-primas necessárias para cumprir certa tarefa, reforça-se a importância da economia ser considerada.

8.2 Tipos básicos de trocadores de calor

Um trocador de calor é um dispositivo no qual o calor é transferido entre uma substância mais quente e outra mais fria, geralmente fluido. Há três tipos básicos:

Recuperadores Neste tipo de trocador, os fluidos quente e frio são separados por uma parede e o calor é transferido por uma combinação de convecção para e da parede, e a condução através da parede. Esta pode incluir superfícies estendidas, como aletas (veja o Capítulo 2), ou outros dispositivos de melhoria de transferência de calor.

Regeneradores Em um regenerador, os fluidos quente e frio ocupam o mesmo espaço no centro do trocador de forma alternada. O centro, ou "matriz" do trocador, serve como dispositivo de armazenagem de calor que é periodicamente aquecido pelo fluido mais quente e, depois, transfere o calor ao mais frio. Em uma configuração de *matriz fixa*, os fluidos quente e frio passam de forma alternada por um trocador estacionário. Para a operação contínua, é necessário ter duas ou mais matrizes, como exibido na Fig. 8.1(a). Um arranjo geralmente utilizado para a matriz é do tipo *packed-bed*, discutida no Capítulo 7. Outra abordagem é o *regenerador por rotação*, no qual uma matriz circular gira e expõe alternadamente uma porção de sua superfície ao fluido quente e, depois, ao frio, como mostrado na Fig. 8.1(b). Hausen [1] fornece um tratamento completo da teoria e prática do regenerador.

Trocadores de calor por contato direto Neste tipo de trocador de calor, os fluidos quente e frio entram diretamente em contato uns com os outros. Um exemplo é uma torre de resfriamento em que um jato de água cai do topo e entra em contato direto com um fluxo de ar ascendente, que o resfria. Outros sistemas de contato direto usam líquidos não miscíveis ou a troca de sólido para gás. O exemplo de um trocador de calor de contato direto usado para transferir calor entre sal fundido e ar é descrito em Bohn e Swanson [2]. Como a abordagem de contato direto está no estágio de pesquisa e desenvolvimento, é importante que se consulte Kreith e Boehm [3] para outras informações.

Este capítulo aborda o primeiro tipo de trocador de calor e focará no *design* de "casca e tubo". O arranjo mais simples desse tipo de trocador consiste em um tubo dentro de outro, como mostrado na Fig. 8.2(a). Tal arranjo pode ser operado no contrafluxo ou no escoamento paralelo, com o fluido quente ou frio passando pelo espaço anular e o outro fluido passando por dentro do cano interno.

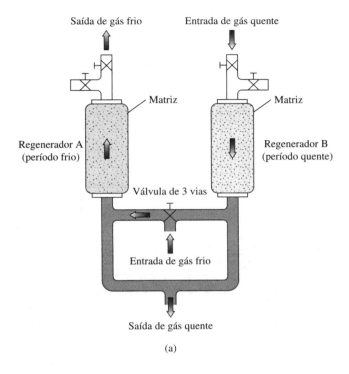
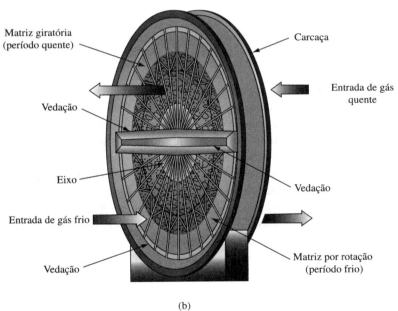

FIGURA 8.1 (a) Regenerador ou sistema de cama dupla fixa. (b) Regenerador por rotação.

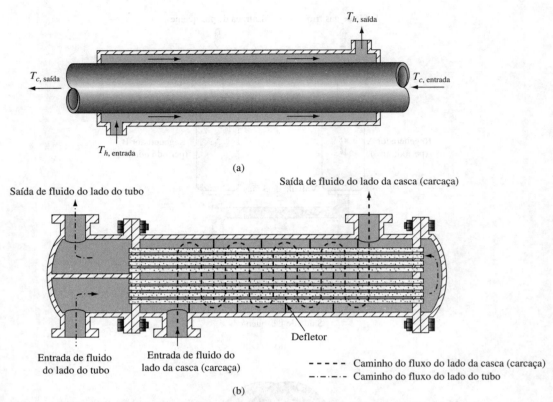

FIGURA 8.2 (a) Trocador de calor de contrafluxo simples de tubo dentro de tubo. (b) Trocador de calor de casca e tubo com defletores por segmento: passagem por dois tubos, passagem pela casca.

Um tipo de trocador de calor muito usado na indústria química e de processamento é o arranjo de casca e tubo, mostrado na Fig. 8.2(b). Nele, um fluido entra nos tubos enquanto o outro é forçado através da casca e sobre o lado externo dos tubos. O fluido é forçado a escoar sobre os tubos e não ao longo deles, pois pode ser obtido um maior coeficiente de transferência de calor no fluxo transversal do que no fluxo paralelo aos tubos. Para atingir um fluxo transversal no lado da casca, insere-se defletores, como mostrado na Fig. 8.2(b). Esses defletores garantem que o fluxo passe pelos tubos em cada seção, fluindo para baixo no primeiro, para cima no segundo, e assim por diante. Dependendo dos arranjos dos coletores nas duas extremidades do trocador de calor, pode ser realizada uma passada ou mais pelos tubos. Para um arranjo de duas passadas pelo tubo, o coletor de entrada é dividido para que o fluido indo para os tubos passe pela metade dos tubos em uma direção, depois volte e retorne pela outra metade dos tubos, como mostrado na Fig. 8.2(b). Três ou quatro passadas podem ser obtidas ao rearranjar o espaço do coletor. Uma variedade de defletores tem sido usada na indústria (veja a Fig. 8.3), porém o tipo mais comum é o de disco e rosca, mostrado na Fig. 8.3(b).

No aquecimento ou resfriamento de gases, muitas vezes, é conveniente usar um trocador de calor de fluxo cruzado, como o mostrado na Fig. 8.4. Neste trocador de calor, um dos fluidos passa pelos tubos enquanto o fluido gasoso é forçado pelo feixe de tubos. O deslocamento do fluido exterior pode ser por convecção forçada ou natural. Neste tipo de trocador, o gás fluindo transversalmente ao tubo é considerado *misturado*, e o fluido no tubo é considerado *não misturado*. O fluxo de gás exterior é misturado, porque pode se mover livremente entre os tubos conforme troca calor, enquanto o fluido dentro dos tubos, por sua vez, está confinado e não pode se misturar com qualquer outro fluxo durante o processo de troca. O escoamento misturado implica que todos os fluidos em qualquer plano normal ao fluxo apresentam a mesma temperatura. O não misturado implica que nenhuma transferência de calor resulta deste gradiente [4], embora possam existir diferenças de temperatura no fluido em, pelo menos, uma direção normal ao fluxo.

Outro tipo de trocador de calor de fluxo cruzado comumente utilizado na indústria de aquecedores, ventiladores e aparelhos de ar-condicionado é mostrado na Fig. 8.5. Nesse arranjo, o gás flui por um feixe de tubos com aletas e não é misturado, pois está confinado em passagens de fluxo separadas.

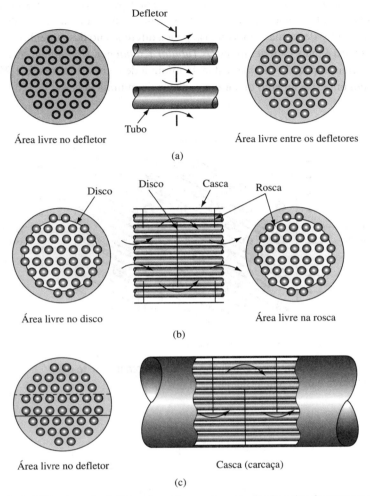

FIGURA 8.3 Três tipos de defletores usados em trocadores de calor de carcaça e tubo: (a) defletor de orifício; (b) defletor de disco e rosca; (c) defletor segmentar.

No desenho de trocadores de calor, é importante especificar se os fluidos são misturados ou não, e quais deles serão misturados. Deve-se também equilibrar a queda de temperatura ao obter coeficientes de transferência de calor aproximadamente iguais no exterior e no interior dos tubos. Se isso não for realizado, uma das resistências térmicas pode ser indevidamente grande e causar uma queda geral de temperatura desnecessariamente alta para uma dada razão de transferência de calor que, por sua vez, exige equipamentos maiores e resulta em prejuízo econômico.

O trocador de calor de carcaça e tubo apresentado na Fig. 8.2(b) apresenta *lâminas com tubos* fixados em cada uma de suas extremidades, e os tubos são soldados ou expandidos nas lâminas. Esse tipo de construção fornece o menor custo inicial, mas somente pode ser utilizado para pequenas diferenças de temperatura entre os fluidos quente e frio, pois não há como evitar a tensão térmica provocada pela expansão diferencial entre os tubos e a carcaça. Outra desvantagem é que o feixe de tubos não pode ser removido para limpeza. Essas limitações podem ser superadas por modificações no desenho básico, como mostrado na Fig. 8.6. Nesse arranjo, é afixada uma lâmina de tubo, mas a outra é parafusada a uma cobertura de cabeça flutuante que permite que o feixe de tubo se mova em relação à carcaça. A lâmina do tubo flutuante é presa entre a cabeça flutuante e um rebolo para que possa ser possível remover o feixe de tubos para limpeza. O trocador de calor mostrado na Fig. 8.6 tem uma passagem de carcaça e duas passagens de tubo.

No desenho e seleção de um trocador de calor de carcaça e tubo devem ser considerados os requisitos de energia e os custos iniciais da unidade. Resultados obtidos por Pierson [5] mostram que o menor campo possível em cada direção resulta no requisito de força mínima para uma taxa especificada da transferência de calor. Como os menores valores de espaçamento também permitem o uso de uma carcaça menor, o custo da unidade é reduzido quando os tubos são embalados de forma compacta. Há pouca diferença no desempenho entre os arranjos em linha e em estágio, mas o primeiro é mais fácil de limpar. A *Tubular Exchanger Manufacturers Association* (TEMA) recomenda que os tubos sejam espaçados a uma distância mínima de centro a centro de 1,25 vezes o seu diâmetro externo, quando estão em um espaçamento quadrado, a distância mínima deve ser de 0,65 cm.

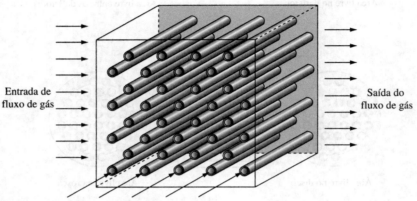

FIGURA 8.4 Aquecedor a gás de fluxo cruzado com um fluido (gás) misturado e outro não misturado.

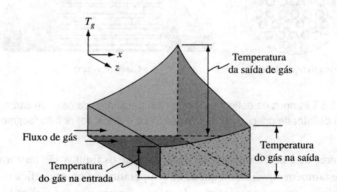

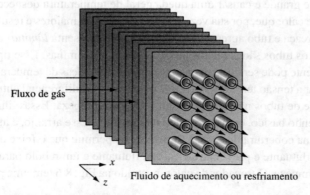

FIGURA 8.5 Trocador de calor de escoamento cruzado, comumente utilizado na indústria de aquecedores, ventiladores e aparelhos de ar-condicionado. Nesse arranjo, os fluidos não são misturados.

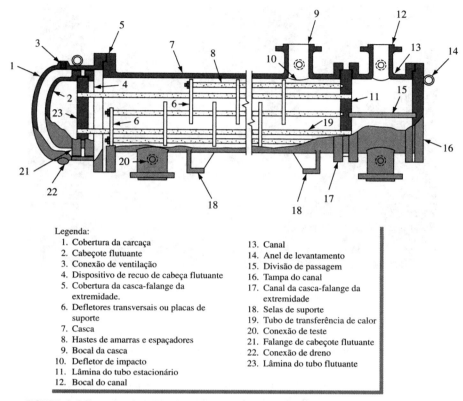

FIGURA 8.6 Trocador de calor de carcaça e tubo com cabeçote flutuante.
Fonte: Cortesia da Tubular Exchanger Manufacturers Association.

A Figura 8.7 é uma fotografia de um grande trocador com defletores para serviço de óleo vegetal. O escoamento do fluido do lado da carcaça nos trocadores de calor com defletores é parcialmente perpendicular e paralelo aos tubos. O coeficiente de transferência de calor no lado da carcaça nesse tipo de unidade depende não só do tamanho e espaçamento dos tubos e da velocidade e propriedades físicas do fluido, mas do espaçamento e do formato dos defletores. Além disso, sempre há vazamentos pelos furos do tubo no defletor e entre o defletor e o lado interno da carcaça, e um desvio entre o feixe de tubos e a carcaça pode ocorrer. Devido a essas implicações, o coeficiente de transferência de calor pode ser estimado somente por métodos aproximados ou por experimentos com unidades semelhantes. De acordo com um método aproximado amplamente usado para os cálculos de projetos [6], o fator de transferência de calor médio calculado para o arranjo de tubos correspondentes em um fluxo cruzado simples é multiplicado por 0,6 para considerar vazamentos e outros desvios do modelo simplificado. Para mais informações, recomendamos consultar Tinker [6], Short [7], Donohue [8] e Singh e Soler [9].

Em algumas aplicações, o tamanho e peso de um trocador de calor são preocupações essenciais. Isso pode ser verdadeiro para trocadores de calor em que um ou ambos os fluidos são gases, pois os coeficientes de transferência de calor do lado gasoso são pequenos e poderão resultar grandes requisitos de área de superfície de transferência de calor. *Trocadores de calor compacto* referem-se a projetos nos quais grandes áreas de superfície de transferência de calor são fornecidas no menor espaço possível. Os aplicativos nos quais trocadores de calor são necessários incluem: (I) um núcleo de aquecimento veicular, no qual o refrigerante de motor circula pelos tubos e o ar do compartimento do passageiro é soprado sobre a superfície exterior aletada dos tubos: (II) os condensadores de refrigeração, nos quais o refrigerante circula dentro de tubos e é resfriado pelo ar ambiente que circula sobre o lado externo aletado dos tubos.

A Figura 8.8 mostra outro aplicativo, um radiador automotivo. Pode-se observar que o refrigerante do motor é bombeado por tubos horizontais chatos enquanto o ar da ventoinha do motor é assoprado através dos canais aletados entre os tubos refrigerantes. As aletas são soldadas aos tubos refrigerantes e ajudam a transferir calor das su-

FIGURA 8.7 Feixe de tubos do trocador de calor com defletores.
Fonte: A reprodução dessas imagens é cortesia da Alcoa Inc.

perfícies externas para o fluxo de ar. São necessários dados experimentais para permitir a determinação do coeficiente de transferência de calor do lado do gás e a queda de pressão para o interior do trocador de calor compacto, como apresentado na figura. Os parâmetros de desenho das aletas que afetam a transferência de calor e a queda de pressão do lado do gás incluem espessura, espaçamento, material e comprimento. Kays e London [10] compilaram dados de transferência de calor e queda de pressão para um grande número de núcleos de trocadores de calor compactos. Para cada um, os parâmetros de aleta listados anteriormente são fornecidos em adição ao diâmetro hidráulico no lado do gás, à área total de superfície de transferência de calor por unidade de volume e à fração da área de transferência de calor total que corresponde à área das aletas. Os dados em London [10] são apresentados na forma de número de Stanton e fator de atrito como uma função do Número de Reynolds no lado do gás. Dados os requisitos do trocador de calor, o projetista pode estimar o desempenho de várias opções de núcleos trocadores de calor para determinar o melhor projeto.

FIGURA 8.8 Radiador de alumínio soldado a vácuo.
Fonte: Cortesia da Ford Motor Company.

Dada a grande variedade de aplicativos e configurações estruturais de trocadores de calor, como discutido há pouco, torna-se importante fornecer um esquema de classificação para auxiliar no processo de seleção. Embora vários esquemas tenham sido propostos na literatura [11-13], alguns refletindo a dificuldade inerente de tentar categorizar equipamentos produzidos em diferentes materiais, formatos e tamanhos para vários usos, a seguir representem os critérios mais simples [11] que podem ser adotados:

1. *O tipo de trocador de calor: (a) recuperador e (b) regenerador.* Conforme discutido anteriormente, um recuperador é um tipo de trocador de calor convencional, no qual o calor é recuperado pelo escoamentode do fluido frio a partir do fluxo de fluido quente. Os dois escoamentos de fluido deslocam-se simultaneamente, possivelmente em uma variedade de arranjos de fluxo, por meio de um trocador de calor. Em um regenerador, os fluidos quente e frio escoam de maneira alternada pelo trocador, que age essencialmente como um armazenamento de energia transiente e unidade de dissipação.
2. *O tipo de processo de troca de calor entre os fluidos: (a) contato indireto, ou transmural, e (b) contato direto.* Em um trocador de calor transmural, os fluidos quente e frio são separados por um material sólido, geralmente de geometria tubular ou de placa. No trocador de calor de contato direto, como o nome sugere, tanto o fluido quente quanto o frio deslocam-se no mesmo espaço, sem uma parede divisória.
3. *A fase termodinâmica ou o estado dos fluidos: (a) fase única, (b) evaporação ou ebulição, e (c) condensação.* Esse critério refere-se ao estado da fase dos fluidos quente e frio, e as três categorias aos casos em que ambos mantêm um fluxo de fase única e um dos dois passa por evaporação ou condensação do escoamento.
4. *O tipo de construção ou geometria: (a) superfície tubular, (b) placa, e (c) estendida ou aletada.* Um exemplo típico de cada uma das duas primeiras categorias, respectivamente, é o trocador de calor de carcaça e tubo e o trocador de calor de estrutura e placa [14]. Um trocador de superfície aletada ou estendida poderia ter uma geometria tubular (tubo-aleta) ou placa (placa-aleta). Muitas vezes, é chamado de *trocador de calor compacto*, especialmente quando tem uma grande densidade de área de superfície, isto é, uma razão relativamente grande da área de superfície de transferência de calor para volume.

Assim, com base nesse esquema, um radiador automotivo, por exemplo (veja a Fig. 8.8), seria classificado como um recuperador transmural com fluxos de fluido de fase única e uma superfície aletada (construção do tipo tubo--aleta). Esse trocador também pode ser caracterizado como um trocador de calor compacto [10] devido a sua grande densidade de área. Da mesma maneira, um aquecedor de caldeira alimentado a água, que é um trocador de carcaça e tubo semelhante ao mostrado na Fig. 8.7, seria classificado como um recuperador transmural de uma construção tubular com condensação em um fluido (a água do sistema de alimentação é aquecida pela condensação do vapor extraído de uma turbina de energia). Entretanto, é importante lembrar que os esquemas de classificação servem somente como diretrizes, e que o projeto e seleção reais dos trocadores de calor podem envolver vários outros fatores [11-14].

8.3 Coeficiente global de transferência de calor

A análise térmica e o desenho de um trocador de calor requerem fundamentalmente a aplicação da Primeira Lei da Termodinâmica em conjunto com os princípios da transferência de calor. No Capítulo 1, foram abordadas aplicações e diferenças entre os modelos termodinâmicos e de transferência de calor de um dispositivo e/ou sistema de troca de calor. Isso está ilustrado na Fig. 8.9, na qual é apresentada uma representação simples dos dois modelos para o caso de um trocador de calor de carcaça e tubo típico. Aqui, para um trocador geral, o modelo termodinâmico fornece uma transferência geral ou total de energia como

$$-q_{\text{perda}} + \sum \dot{E}_{\text{entrada}} - \sum \dot{E}_{\text{saída}} = 0$$

Esta afirmação da primeira lei não é muito útil em projetos de trocadores de calor. Entretanto, quando reapresentada para considerar os fluidos quente e frio separadamente, com suas taxas de fluxo de massa, entalpia de entrada e saída (escritas em termos de calor específico e diferença de temperatura), fornece o modelo para determinar a transferência de calor entre os dois fluxos de fluido quando $q_{\text{perda}} = 0$:

$$q = (\dot{m}c_p)_c(T_{c,\text{saída}} - T_{c,\text{entrada}}) = (\dot{m}c_p)_h(T_{h,\text{entrada}} - T_{h,\text{saída}}) \quad (8.1)$$

A taxa de transferência dada pela Eq. (8.1) pode então ser equacionada com o coeficiente de transferência de calor geral, ou a resistência térmica geral, e a diferença de temperatura média real entre os fluidos quente e frio para concluir o modelo.

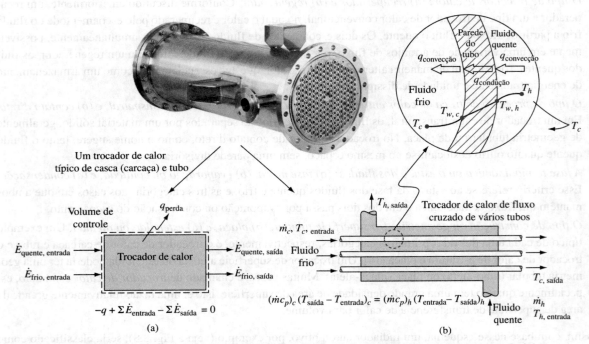

FIGURA 8.9 Aplicação e contraste entre (a) um modelo termodinâmico e (b) um modelo de transferência de calor para um trocador de calor típico de carcaça e tubo usado no processamento químico.
Fonte: Trocador de calor típico de concha e tubo, cortesia de Sanjivani Phytopharma Pvt Ltd.

Avaliar o coeficiente de transferência de calor geral entre os dois fluxos de fluido é uma das primeiras tarefas na análise térmica de um trocador. No Capítulo 1, foi mostrado que o coeficiente de transferência de calor geral entre um fluido quente na temperatura T_h e um fluido frio na temperatura T_c separado por uma parede plana sólida é definido por:

$$q = UA(T_h - T_c) \quad (8.2)$$

em que $\quad UA = \dfrac{1}{\sum_{n=1}^{n=3} R_n} = \dfrac{1}{(1/h_1 A_1) + (L/kA_k) + (1/h_2 A_2)}$

Para um trocador de calor de tubo-dentro-do-tubo, como mostrado na Fig. 8.2(a), a área da superfície interna de transferência de calor é $2\pi r_i L$ e a área na superfície externa é $2\pi r_o L$. Portanto, se o coeficiente de transferência de calor geral for baseado na área externa, A_o,

$$U_o = \dfrac{1}{(A_o/A_i h_i) + [A_o \ln(r_o/r_i)/2\pi kL] + (1/h_o)} \quad (8.3)$$

e *na base da área interna*, A_i, temos:

$$U_i = \frac{1}{(1/h_i) + [A_i \ln(r_o/r_i)/2\pi kL] + (A_i/A_o h_o)} \tag{8.4}$$

Se o tubo for aletado, as equações(8.3) e (8.4) devem ser modificadas como na Eq. (2.69). Embora para um projeto preciso e cuidadoso seja sempre necessário calcular os coeficientes de transferência de calor individuais, para estimativas preliminares, muitas vezes é útil ter um valor aproximado de U que seja típico das condições encontradas na prática. A Tabela 8.1 lista alguns desses valores para várias aplicações [15]. Deve ser notado que, em muitos casos, o valor de U é quase completamente determinado pela resistência térmica em uma das interfaces fluido/sólido, como no caso de um dos fluidos ser um gás, e o outro um líquido, ou quando um deles é um líquido em ebulição com um coeficiente de transferência de calor muito grande.

8.3.1 Fatores de incrustação

O coeficiente de transferência de calor geral de um trocador de calor sob certas condições operacionais, especialmente na indústria de processamentos, muitas vezes não pode ser previsto somente com a análise térmica. Durante a operação com a maioria dos líquidos e alguns gases, um depósito gradualmente ocorre na superfície de transferência de calor. Esse depósito pode ser de ferrugem, escama da caldeira, lodo, coque ou uma série de outras coisas. Seu efeito, chamado *incrustação*, é de aumento na resistência térmica. Normalmente, o fabricante não pode prever

TABELA 8.1 Coeficientes gerais de transferência de calor para várias aplicações (W/m² K)[a]

Fluxo de calor → para: ↓ de:	Gás (estagnado) $\bar{h}_c = 5 - 15$	Gás (fluindo) $\bar{h}_c = 10 - 100$	Líquido (estagnado) $\bar{h}_c = 50 - 1\,000$	Líquido (fluindo) Água $\bar{h}_c = 1\,000 - 3\,000$ Outros líquidos $\bar{h}_c = 500 - 2\,000$	Líquido em Ebulição Água $\bar{h}_c = 3\,500 - 60\,000$ Outros líquidos $\bar{h}_c = 1\,000 - 20\,000$
Gás (convecção natural) $\bar{h}_c = 5 - 15$	Ar ambiente/externo através do vidro $U = 1-2$	Superaquecedores $U = 3-10$		Câmara de combustão $U = 10-40$ + radiação	Caldeira de vapor $U = 10-40$ + radiação
Gás (fluindo) $\bar{h}_c = 10 - 100$		Trocadores de calor para gases $U = 10-30$	Caldeira a gás $U = 10-50$		
Líquido (convecção natural) $\bar{h}_c = 50 - 10\,000$			Banho de óleo para aquecimento $U = 25-500$	Bobina de resfriamento $U = 500-1\,500$ com mistura	
Líquido (fluindo) água $\bar{h}_c = 3\,000 - 10\,000$ outros líquidos $\bar{h}_c = 500 - 3\,000$	Radiador de aquecimento central $U = 5-15$	Resfriadores a gás $U = 10-50$	Bobina de aquecimento em água em contêiner/água sem misturar $U = 50-250$, com mistura $U = 500-2\,000$	Trocador de calor água/água $U = 900-2\,500$ água/outros líquidos $U = 200-1\,000$	Evaporadores de refrigeradores $U = 300-1\,000$
Água de vapor de condensação $\bar{h}_c = 5\,000 - 30\,000$ outros líquidos $\bar{h}_c = 1\,000 - 4\,000$	Radiadores de vapor $U = 5-20$	Aquecedores de ar $U = 10-50$	Jaquetas a vapor ao redor de vasos com misturadores, água $U = 300-1\,000$ outros líquidos $U = 150-500$	Vapor/água de condensador $U = 1\,000-4\,000$ outros vapores/água $U = 300-1\,000$	Evaporadores vapor/água $U = 1\,500-6\,000$ vapor/outros líquidos $U = 300-2\,000$

[a]Fonte: Adaptado de Beek e Muttzall [15].

a natureza do depósito de sujeira ou a taxa de incrustação. Portanto, somente o desempenho de trocadores limpos pode ser garantido. A resistência térmica do depósito pode ser obtida de testes reais ou da experiência. Se os testes de desempenho são realizados em um trocador limpo e repetidos posteriormente após a unidade ter funcionado por algum tempo, a resistência térmica do depósito (ou *fator de incrustação*) R_d pode ser determinada pela relação

$$R_d = \frac{1}{U_d} - \frac{1}{U} \qquad (8.5a)$$

em que U = coeficiente geral de transferência de calor de trocadores limpos
U_d = coeficiente geral de transferência de calor após a incrustação ter ocorrido
R_d = fator de incrustação (ou resistência térmica unitária) do depósito

Uma forma conveniente de trabalho da Eq. (8.5a) é:

$$U_d = \frac{1}{R_d + 1/U} \qquad (8.5b)$$

Os fatores de incrustação para várias aplicações foram compilados pela *Tubular Exchanger Manufacturers Association* (TEMA) e estão disponíveis em sua publicação [16]. Alguns exemplos são apresentados na Tabela 8.2. Os fatores de incrustação devem ser aplicados como indicado na seguinte equação para o coeficiente de transferência de calor de projeto geral U_d de tubos *sem aletas* com depósitos:

$$U_d = \frac{1}{(1/\bar{h}_o) + R_o + R_k + (R_i A_o/A_i) + (A_o/\bar{h}_i A_i)} \qquad (8.6)$$

em que U_d = coeficiente geral de projeto da transferência de calor, W/m² K, baseado na área unitária da superfície do tubo externo
$\bar{h}_o$ = coeficiente médio de transferência de calor do fluido do lado externo da tubulação, W/m² K
$\bar{h}_i$ = coeficiente médio de transferência de calor do fluido dentro da tubulação, W/m² K
R_o = resistência à incrustação unitária do lado externo da tubulação, m² K/W
R_i = resistência à incrustação unitária do lado interno da tubulação, m² K/W
R_k = resistência térmica unitária da tubulação, m² K/W, baseado na área da superfície externa do tubo
$\dfrac{A_o}{A_i}$ = razão entre a área de superficial externa e interna do tubo

TABELA 8.2 Fatores típicos de incrustação

Tipo do fluido	Fator de incrustação, R_d (m² K/W)
Água do mar	
abaixo de 325 K	0,00009
acima de 325 K	0,0002
Água de adução de caldeira tratada acima de 325 K	0,0002
Óleo combustível	0,0009
Óleo de têmpera	0,0007
Vapores de álcool	0,00009
Vapor, sem transporte de óleo	0,00009
Ar industrial	0,0004
Líquido refrigerante	0,0002

Fonte: Cortesia da Standards of Tubular Exchanger Manufacturers Association.

8.4 Diferença de temperatura média logarítmica

As temperaturas dos fluidos em um trocador de calor não são constantes, variando de ponto a ponto como fluxo de calor do fluido mais quente para o mais frio. Mesmo para uma resistência térmica constante, a razão do fluxo de calor varia ao longo do caminho dos trocadores, pois seu valor depende da diferença de temperatura entre o fluido quente e frio nesta seção. As figuras 8.10 - 8.13 ilustram as alterações na temperatura que podem ocorrer em cada fluido, ou em ambos, em um trocador simples de carcaça e tubo [Fig. 8.2(a)]. As distâncias entre as linhas sólidas são proporcionais às diferenças de temperatura ΔT entre os dois.

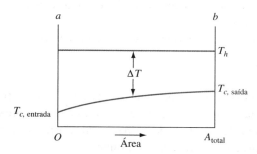

FIGURA 8.10 Distribuição de temperatura em um condensador de passagem única.

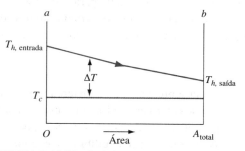

FIGURA 8.11 Distribuição de temperatura em um evaporador de passagem única.

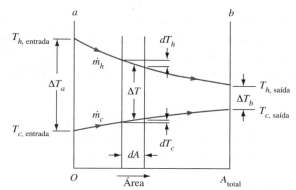

FIGURA 8.12 Distribuição de temperatura em um trocador de calor de fluxo paralelo de passagem única.

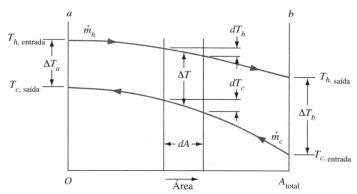

FIGURA 8.13 Temperatura em um trocador de calor de contrafluxo de passagem única.

A Fig. 8.10 ilustra o caso no qual um vapor está condensando a uma temperatura constante enquanto o outro fluido está sendo aquecido. A Fig. 8.11 representa um caso em que um líquido é evaporado em temperatura constante enquanto o calor sai de um fluido mais quente cuja temperatura diminui conforme se desloca pelo trocador de calor. Para ambos os casos, a direção do fluxo de cada fluido é imaterial e o meio de temperatura constante também pode estar em descanso. A Fig. 8.12 representa condições em um trocador de fluxo paralelo e a Fig. 8.13 aplica-se ao contrafluxo. Nenhuma alteração de fase ocorre nos últimos dois casos. A inspeção da Fig. 8.12 mostra que, independentemente do comprimento do trocador, a temperatura final do fluido mais frio nunca pode atingir a temperatura de saída do fluido mais quente no escoamento paralelo. Para o contrafluxo, por outro lado, a temperatura final do fluido mais frio pode exceder a temperatura de saída do mais quente, pois existe um gradiente favorável em todo o trocador de calor. Uma vantagem adicional do arranjo em contrafluxo é que é necessário menos área de superfície do que no fluxo paralelo para certa razão de fluxo de calor. Conclui-se, então, que o arranjo em contrafluxo é o mais eficiente de todos os arranjos de trocadores de calor.

Para determinar a razão da transferência de calor em qualquer dos casos mencionados, a equação

$$dq = U \, dA \, \Delta T \tag{8.7}$$

deve ser integrada sobre a área de transferência de calor A ao longo do comprimento do trocador. Se o coeficiente de transferência de calor geral U for constante, as alterações na energia cinética forem desprezadas, e a carcaça do trocador for perfeitamente isolada, a Eq. (8.7) pode ser facilmente integrada de forma analítica para escoamentos paralelos ou contrafluxos. Um equilíbrio de energia sobre uma área diferencial dA resulta:

$$dq = -\dot{m}_h c_{ph} \, dT_h = \pm \, \dot{m}_c c_{pc} \, dT_c = U \, dA(T_h - T_c) \tag{8.8}$$

em que $\dot{m}$ é a razão de massa do fluxo em kg/s, c_p é o calor específico em pressão constante em J/kg K, e T é a temperatura bruta média do fluido em K. Os subscritos h e c referem-se aos fluidos quente e frio, respectivamente; o sinal de mais no terceiro termo aplica-se ao fluxo paralelo, e o sinal de menos, ao contrafluxo. Se os calores específicos dos fluidos não variarem com a temperatura, podemos escrever um equilíbrio de calor da entrada para uma seção cruzada arbitrária no trocador:

$$-C_h(T_h - T_{h,\text{entrada}}) = C_c(T_c - T_{c,\text{entrada}}) \tag{8.9}$$

onde $C_h \equiv \dot{m}_h c_{ph}$, taxa de capacidade térmica do fluido mais quente, W/K
$C_c \equiv \dot{m}_c c_{pc}$, taxa de capacidade térmica do fluido mais frio, W/K

Solucionando a Eq. (8.9) para T_h, temos:

$$T_h = T_{h,\text{entrada}} - \frac{C_c}{C_h}(T_c - T_{c,\text{entrada}}) \tag{8.10}$$

do qual obtemos:

$$T_h - T_c = -\left(1 + \frac{C_c}{C_h}\right)T_c + \frac{C_c}{C_h} T_{c,\text{entrada}} + T_{h,\text{entrada}} \tag{8.11}$$

Substituindo a Eq. (8.11) por $T_h - T_c$ na Eq. (8.8) resulta, após algum rearranjo, em:

$$\frac{dT_c}{-[1 + (C_c/C_h)]T_c + (C_c/C_h)T_{c,\text{entrada}} + T_{h,\text{entrada}}} = \frac{U \, dA}{C_c} \tag{8.12}$$

Integrando a Eq. (8.12) sobre o comprimento total do trocador (isto é, de $A = 0$ a $A = A_{\text{total}}$), temos:

$$\ln\left\{\frac{-[1 + (C_c/C_h)]T_{c,\text{saída}} + (C_c/C_h)T_{c,\text{entrada}} + T_{h,\text{entrada}}}{-[1 + (C_c/C_h)]T_{c,\text{entrada}} + (C_c/C_h)T_{c,\text{entrada}} + T_{h,\text{entrada}}}\right\} = -\left(\frac{1}{C_c} + \frac{1}{C_h}\right)UA$$

que pode ser simplificado para:

$$\ln\left[\frac{(1 + C_c/C_h)(T_{c,\text{entrada}} - T_{c,\text{saída}}) + T_{h,\text{entrada}} - T_{c,\text{saída}}}{T_{h,\text{entrada}} - T_{c,\text{entrada}}}\right] = -\left(\frac{1}{C_c} + \frac{1}{C_h}\right)UA \tag{8.13}$$

Da Eq. (8.9), obtemos:

$$\frac{C_c}{C_h} = \frac{T_{h,\text{saída}} - T_{h,\text{entrada}}}{T_{c,\text{saída}} - T_{c,\text{entrada}}} \tag{8.14}$$

que pode ser usado para eliminar as razões de capacidade de calor na Eq. (8.13). Após algum rearranjo, temos:

$$\ln\left(\frac{T_{h,\text{saída}} - T_{c,\text{saída}}}{T_{h,\text{entrada}} - T_{c,\text{entrada}}}\right) = [(T_{h,\text{saída}} - T_{c,\text{saída}}) - (T_{h,\text{entrada}} - T_{c,\text{entrada}})]\frac{UA}{q} \tag{8.15}$$

pois

$$q = C_c(T_{c,\text{saída}} - T_{c,\text{entrada}}) = C_h(T_{h,\text{entrada}} - T_{h,\text{saída}})$$

Deixando $T_h - T_c = \Delta T$, a Eq. (8.15) pode ser escrita novamente como

$$q = UA\frac{\Delta T_a - \Delta T_b}{\ln(\Delta T_a/\Delta T_b)} \tag{8.16}$$

em que a e b subscritos referem-se às extremidades correspondentes do trocador e ΔT_a é a diferença de temperatura entre os deslocamentos de fluidos quente e frio na mesma entrada, enquanto ΔT_b é a diferença de temperatura na extremidade de saída, conforme mostrado nas figuras 8.12 e 8.13. Na prática, é conveniente usar uma diferença de temperatura média efetiva $\overline{\Delta T}$ para o trocador de calor todo, definido por

$$q = UA\overline{\Delta T} \tag{8.17}$$

Comparando as equações (8.16) e (8.17), temos que, para o escoamento paralelo ou contrafluxo,

$$\overline{\Delta T} = \frac{\Delta T_a - \Delta T_b}{\ln(\Delta T_a/\Delta T_b)} \tag{8.18}$$

A diferença de temperatura média, $\overline{\Delta T}$, é chamada *diferença de temperatura média logarítmica* (LMTD). Ela também se aplica quando a temperatura de um dos fluidos é constante, como exibido nas figuras 8.10 e 8.11. Quando $\dot{m}_h c_{ph} = \dot{m}_c c_{pc}$, a diferença de temperatura é constante no contrafluxo e $\overline{\Delta T} = \Delta T_a = \Delta T_b$. Se a diferença de temperatura ΔT_a não for mais que 50% de ΔT_b, a diferença de temperatura média aritmética estará entre 1% da LMTD e pode ser usada para simplificar cálculos.

O uso da temperatura média logarítmica é somente uma aproximação na prática, pois o U geralmente não é uniforme nem constante. No trabalho de projeto, entretanto, o coeficiente de transferência de calor geral normalmente é avaliado como uma seção média na metade da distância entre as extremidades e é tratado como uma constante. Se o U varia de forma considerável, a integração numérica de passo a passo da Eq. (8.7) pode ser necessária.

Para trocadores de calor mais complexos, como os arranjos de carcaça e tubo com várias passagens e com trocadores de escoamento cruzado com fluxos misturados e não misturados, a derivação matemática de uma expressão pela diferença de temperatura média se torna muito complexa. O procedimento comum é de modificar a LMTD simples por fatores de correção, publicados em formato de gráfico por Bowman et al. [17] e pela TEMA [16]. Quatro desses gráficos* são mostrados nas figuras 8.14-8.17.

A ordenada de cada um é o fator de correção F. Para obter a temperatura média real de qualquer um desses arranjos, a LMTD calculada para o *contrafluxo* deve ser multiplicada por um fator de correção adequado, isto é:

$$\Delta T_{\text{média}} = (\text{LMTD})(F) \tag{8.19}$$

---

*Fatores de correção para vários outros arranjos são apresentados em TEMA [16].

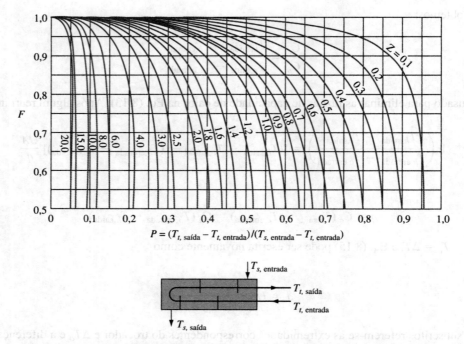

FIGURA 8.14 Fator de correção para LMTD de contrafluxo para o trocador de calor com uma passagem pela carcaça e duas (ou um múltiplo de dois) passagens pelo tubo.
Fonte: Cortesia da Tubular ExchangerManufacturersAssociation.

Os valores mostrados na abscissa são para a razão da diferença de temperatura adimensional

$$P = \frac{T_{t,\text{saída}} - T_{t,\text{entrada}}}{T_{s,\text{entrada}} - T_{t,\text{entrada}}} \tag{8.20}$$

onde os subscritos t e s referem-se ao tubo e ao fluido da carcaça, respectivamente. A razão P é um indicativo da eficiência de aquecimento ou resfriamento, e pode variar de zero – para uma temperatura constante de um dos fluidos – para a unidade, no caso em que a temperatura de entrada do fluido mais quente é igual à de saída do mais frio. O parâmetro para cada uma das curvas, Z, é igual à razão dos produtos entre a taxa do fluxo de massa vezes a capacidade de calor dos dois fluidos, $\dot{m}_t c_{pt}/\dot{m}_s c_{ps}$. Essa razão também é igual à alteração de temperatura do fluido da carcaça dividido pela alteração de temperatura do fluido nos tubos:

$$Z = \frac{\dot{m}_t c_{pt}}{\dot{m}_s c_{ps}} = \frac{T_{s,\text{entrada}} - T_{s,\text{saída}}}{T_{t,\text{saída}} - T_{t,\text{entrada}}} \tag{8.21}$$

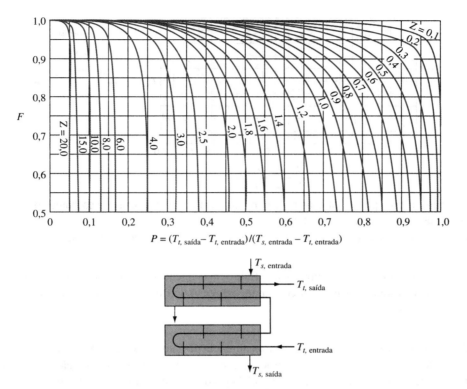

FIGURA 8.15 Fator de correção para LMTD de contrafluxo para o trocador de calor com duas passagens pela carcaça e um múltiplo de dois para as passagens pelo tubo.

Fonte: Cortesia da Tubular Exchanger Manufacturers Association.

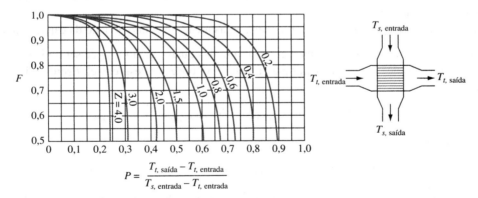

FIGURA 8.16 Fator de correção para LMTD de contrafluxo para trocadores de calor de escoamento cruzado com o fluido no lado da carcaça misturado, o outro fluido não misturado, e uma passagem pelo tubo.

Fonte: Extraído de Bowman, Mueller e Nagle [17], com permissão dos editores, American Society of Mechanical Engineers.

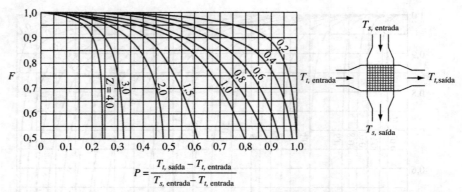

FIGURA 8.17 Fator de correção para o LMTD de contrafluxo para um trocador de calor de escoamento cruzado com os fluidos não misturados e uma passagem pelo tubo.

Fonte: Cortesia de R. A. Bowman, A. C. Mueller e W. M. Nagle. *Mean Temperature Difference in Design*.Trans. ASME, v. 62, 1940, p. 283-294.

Ao aplicar os fatores de correção, não importa se o fluido mais quente escoa pela carcaça ou tubos. Se a temperatura de qualquer um dos fluidos permanecer constante, a direção do fluxo também é irrelevante, pois F é igual a 1 e a LMTD é aplicada diretamente.

EXEMPLO 8.1 Determinar a área de superfície de transferência de calor necessária para um trocador de calor construído de um tubo de 0,0254 m de diâmetro externo para resfriar 6,93 kg/s de uma solução de álcool etílico a 95% ($c_p = 3\,810$ J/kg K) de 65,6°C para 39,4°C, usando 6,30 kg/s de água disponível a 10°C. Suponha que o coeficiente geral da transferência de calor baseada na área do tubo externo é de 568 W/m² K e considere cada um dos seguintes arranjos:

(a) Tubo e carcaça de fluxo paralelo
(b) Tubo e carcaça de contrafluxo
(c) Trocador de contrafluxo com 2 passagens pela carcaça e 72 passagens pelo tubo, o álcool fluindo pela carcaça e a água escoando pelos tubos
(d) Fluxo cruzado, com uma passagem pelo tubo e uma pela carcaça, o fluido do lado da carcaça misturado

SOLUÇÃO A temperatura de saída da água para qualquer um dos quatro arranjos pode ser obtida de um equilíbrio de energia geral, supondo que a perda de calor para a atmosfera pode ser desprezível. Escrevendo o equilíbrio de energia como

$$\dot{m}_h c_{ph}(T_{h,\text{entrada}} - T_{h,\text{saída}}) = \dot{m}_c c_{pc}(T_{c,\text{saída}} - T_{c,\text{entrada}})$$

e substituindo os dados nessa equação, obtemos:

$$(6{,}93)(3\,810)(65{,}6 - 39{,}4) = (6{,}30)(4\,187)(T_{c,\text{saída}} - 10)$$

do qual a temperatura de saída da água é tida como 36,2°C. A razão do fluxo de calor do álcool para a água é de:

$$q = \dot{m}_h c_{ph}(T_{h,\text{entrada}} - T_{h,\text{saída}}) = (6{,}93\text{ kg/s})(3\,810\text{ J/kg K})(65{,}6 - 39{,}4)(\text{K})$$
$$= 691\,800\text{ W}$$

(a) Da Eq. (8.18), a LMTD para o fluxo paralelo é de:

$$\text{LMTD} = \frac{\Delta T_a - \Delta T_b}{\ln(\Delta T_a / \Delta T_b)} = \frac{55{,}6 - 3{,}2}{\ln(55{,}6/3{,}2)} = 18{,}4\,°C$$

Da Eq. (8.16), a área de superfície de transferência de calor é de:

$$A = \frac{q}{(U)(\text{LMTD})} = \frac{(691\ 800\ \text{W})}{(568\ \text{W/m}^2\ \text{K})(18,4\ \text{K})} = 66,2\ \text{m}^2$$

O comprimento de 830 m de um trocador para um tubo de 0,0254 m de diâmetro externo seria grande demais para ser prático.

(b) Para o arranjo de contrafluxo, a diferença de temperatura média adequada é de 65,6 − 36,2 = 29,4°C, pois $\dot{m}_c c_{pc} = \dot{m}_h c_{ph}$. A área necessária é:

$$A = \frac{q}{(U)(\text{LMTD})} = \frac{691\ 800}{(568)(29,4)} = 41,4\ \text{m}^2$$

que é cerca de 40% menor que a área necessária para o fluxo paralelo.

(c) Para o arranjo de contrafluxo com duas passagens pela carcaça, determinamos a diferença de temperatura média adequada ao aplicar o fator de correção encontrado na Fig. 8.15 para a temperatura média para o contrafluxo:

$$P = \frac{T_{c,\text{saída}} - T_{c,\text{entrada}}}{T_{h,\text{entrada}} - T_{c,\text{entrada}}} = \frac{36,2 - 10}{65,6 - 10} = 0,47$$

e a razão da taxa de capacidade de calor é de:

$$Z = \frac{\dot{m}_t c_{pt}}{\dot{m}_s c_{ps}} = 1$$

Do gráfico da Fig. 8.15, $F = 0,97$, e a área de transferência de calor é:

$$A = \frac{41,4}{0,97} = 42,7\ \text{m}^2$$

O comprimento do trocador para 72 tubos de 0,0254 m de diâmetro externo em paralelo seria:

$$L = \frac{A/72}{\pi D} = \frac{42,7/72}{\pi(0,0254)} = 7,4\ \text{m}$$

Esse comprimento é razoável, mas se for preciso encurtar o trocador, mais tubos podem ser usados.

(d) Para o arranjo de escoamento cruzado (Fig. 8.4), o fator de correção é encontrado no gráfico da Fig. 8.16 como sendo 0,88. A área de superfície necessária, portanto, é de 47,0 m², cerca de 10% maior que aquela para o trocador na parte (c).

8.5 Eficiência do trocador de calor

Na análise térmica dos vários tipos de trocadores de calor apresentados na sessão anterior, usamos a Eq. (8.17) expressada como:

$$q = UA\ \Delta T_{\text{médio}}$$

Essa forma é conveniente quando todas as temperaturas terminais necessárias para a avaliação da temperatura média adequada são conhecidas, e a Eq. (8.17) é amplamente empregada no projeto de trocadores de calor específicos. Entretanto, há várias ocasiões em que o desempenho de um trocador de calor (isto é, U) é conhecido ou pode ser estimado, mas as temperaturas dos fluidos que saem do trocador não são conhecidas. Esse tipo de problema é encontrado na seleção de um trocador de calor ou quando a unidade foi testada em uma taxa de escoamento, mas as condições de serviço requerem diferentes razões de fluxo para um ou ambos os fluidos. Em textos e livros de projeto de trocadores de calor, esse tipo de produto é também chamado de *problema de classificação* (ou problema de estimativa), no qual as temperaturas de saída ou a carga de calor total precisa ser determinada, dado o tamanho (A) e o desempenho convectivo (U) da unidade. As temperaturas de saída e a taxa do fluxo de calor somente podem ser encontradas por um procedimento tedioso de tentativa e erro se forem usados os gráficos apresentados na seção anterior. Em tais casos, é preferível contornar totalmente quaisquer referências ao logarítmico ou qualquer outra diferença de temperatura média. Um método que atinge esse objetivo foi proposto por Nusselt [18] e TenBroeck [19].

Para obter uma equação para a taxa de transferência de calor que não envolva nenhuma das temperaturas de saída, apresentamos a *eficiência do trocador de calor* $\mathscr{E}$, que é definida como a razão da taxa real de transferência de calor em um dado trocador para a máxima taxa possível de troca. Esta última seria obtida em um trocador de calor de contrafluxo de área de transferência de calor infinita. Neste tipo de unidade, se não houver perdas externas de calor, a temperatura externa do fluido mais frio é igual à temperatura de entrada do fluido mais quente quando $\dot{m}_c c_{pc} < \dot{m}_h c_{ph}$; quando $\dot{m}_h c_{ph} < \dot{m}_c c_{pc}$, a temperatura de saída do líquido mais quente é igual à temperatura de entrada do mais frio. Em outras palavras, a eficiência compara a taxa de transferência real para a taxa máxima cujo único limite é a Segunda Lei da Termodinâmica. Dependendo de qual das taxas de capacidade de calor for menor, a eficiência é:

$$\mathscr{E} = \frac{C_h(T_{h,\text{entrada}} - T_{h,\text{saída}})}{C_{\text{mín}}(T_{h,\text{entrada}} - T_{c,\text{entrada}})} \tag{8.22a}$$

ou

$$\mathscr{E} = \frac{C_c(T_{c,\text{saída}} - T_{c,\text{entrada}})}{C_{\text{mín}}(T_{h,\text{entrada}} - T_{c,\text{entrada}})} \tag{8.22b}$$

onde $C_{\text{mín}}$ é a menor entre as magnitudes $\dot{m}_h c_{ph}$ e $\dot{m}_c c_{pc}$. Deve ser observado que o denominador na Eq. (8.22) é a transferência de calor termodinamicamente máxima possível entre os fluidos quente e frio escoando pelo trocador de calor, dadas sua temperatura de entrada e taxa de fluxo de massa correspondentes, ou a energia máxima disponível. O numerador é a transferência de calor real obtida na unidade e, assim, a eficiência $\mathscr{E}$ representa um desempenho termodinâmico do trocador de calor.

Uma vez que a eficiência do trocador é conhecida, a taxa de transferência de calor pode ser determinada diretamente da seguinte equação:

$$q = \mathscr{E}\, C_{\text{mín}}(T_{h,\text{entrada}} - T_{c,\text{entrada}}) \tag{8.23}$$

pois

$$\mathscr{E}\, C_{\text{mín}}(T_{h,\text{entrada}} - T_{c,\text{entrada}}) = C_h(T_{h,\text{entrada}} - T_{h,\text{saída}}) = C_c(T_{c,\text{saída}} - T_{c,\text{entrada}})$$

A Equação (8.23) é a relação básica nesta análise, pois expressa a taxa de transferência de calor nos termos de eficiência, a menor taxa de capacidade de calor e a diferença entre as temperaturas de entrada. Ela substitui a Eq. (8.17) na análise LMTD, mas não envolve as temperaturas de saída. Também é adequada para fins de projeto e pode ser usada em vez da Eq. (8.17).

Ilustraremos o método de derivação de uma expressão para a eficiência de um trocador de calor ao aplicá-lo em um arranjo de fluxo paralelo. A eficiência pode ser apresentada na Eq. (8.13) ao substituir $(T_{c,\text{entrada}} - T_{c,\text{saída}})/(T_{h,\text{entrada}} - T_{c,\text{entrada}})$ pela relação de eficiência da Eq. (8.22b). Obtemos:

$$\ln\left[1 - \mathscr{E}\left(\frac{C_{\text{mín}}}{C_h} + \frac{C_{\text{mín}}}{C_c}\right)\right] = -\left(\frac{1}{C_c} + \frac{1}{C_h}\right)UA$$

ou

$$1 - \mathscr{E}\left(\frac{C_{\text{mín}}}{C_h} + \frac{C_{\text{mín}}}{C_c}\right) = e^{-(1/C_c + 1/C_h)UA}$$

Calculando para $\mathscr{E}$ resulta

$$\mathscr{E} = \frac{1 - e^{-[1+(C_h/C_c)]UA/C_h}}{(C_{\text{mín}}/C_h) + (C_{\text{mín}}/C_c)} \tag{8.24}$$

Quando C_h for menor que C_c, a eficiência torna-se:

$$\mathscr{E} = \frac{1 - e^{-[1+(C_h/C_c)]UA/C_h}}{1 + (C_h/C_c)} \tag{8.25a}$$

e quando $C_c < C_h$, obtemos:

$$\mathscr{E} = \frac{1 - e^{-[1+(C_c/C_h)]UA/C_c}}{1 + (C_c/C_h)} \tag{8.25b}$$

A eficiência para ambos os casos pode, portanto, ser escrita na forma

$$\mathscr{E} = \frac{1 - e^{-[1+(C_{\text{mín}}/C_{\text{máx}})]UA/C_{\text{mín}}}}{1 + (C_{\text{mín}}/C_{\text{máx}})} \tag{8.26}$$

A derivação acima ilustra como a eficiência para um dado arranjo de fluxo pode ser expressa em termos de parâmetros de duas dimensões, a razão de taxa de capacidade de calor $C_{\text{mín}}/C_{\text{máx}}$ e a razão da condutância geral para a

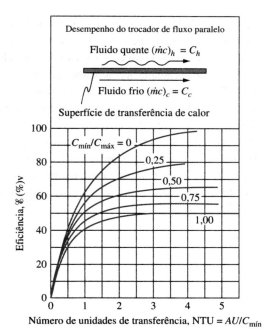

FIGURA 8.18 **Eficiência do trocador de calor para fluxo paralelo.**

Fonte: Com permissão de Kays e London [10].

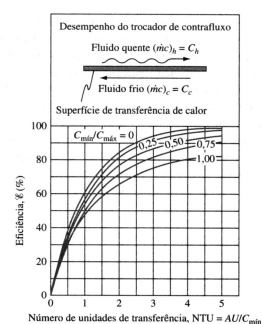

FIGURA 8.19 **Eficiência do trocador de calor para contrafluxo.**

Fonte: Com permissão de Kays e London [10].

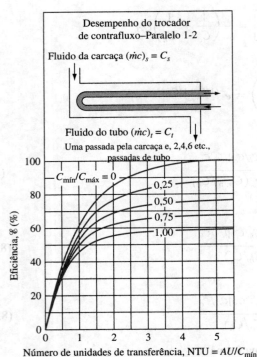

FIGURA 8.20 Eficiência do trocador de calor de carcaça e tubo com uma passagem pela carcaça aletada e duas (ou um múltiplo de dois) passagens pelo tubo.

Fonte: Com permissão de Kays e London [10].

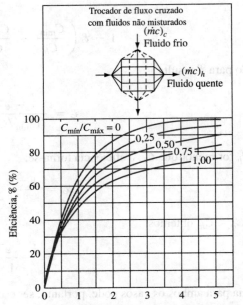

FIGURA 8.21 Eficiência do trocador de calor para fluxo cruzado com ambos os fluidos não misturados.

Fonte: Com permissão de Kays e London [10].

menor taxa de capacidade de calor, $UA/C_{mín}$. O último dos dois parâmetros é chamado *número de unidades de transferência de calor*, ou NTU (na sigla, em inglês). O número de unidades de transferência de calor é uma medida do tamanho da transferência de calor do trocador. Quanto maior o valor de NTU, mais próximo o trocador de calor chega a seu limite termodinâmico. Pelas análises de que, a princípio, são semelhantes àquela apresentada aqui para o fluxo paralelo, a eficiência pode ser avaliada para a maioria dos arranjos de fluxo de interesse prático. Os resultados foram compilados por Kays e London [10] em gráficos adequados, a partir dos quais a eficiência pode ser determinada para valores dados de NTU e $C_{mín}/C_{máx}$. As curvas de eficiência para alguns dos arranjos de fluxos comuns são mostrados nas figuras 8.18-8.22. As abscissas dessas figuras são os NTUs dos trocadores de calor. O parâmetro constante para cada curva é a razão da taxa de capacidade de calor $C_{mín}/C_{máx}$, e a eficiência é lida na ordenada. Note que, para um evaporador ou condensador, $C_{mín}/C_{máx} = 0$, pois se um fluido permanece em temperatura constante ao longo do trocador, seu calor específico eficiente e sua taxa de capacidade de calor são, por definição, iguais a um valor infinito.

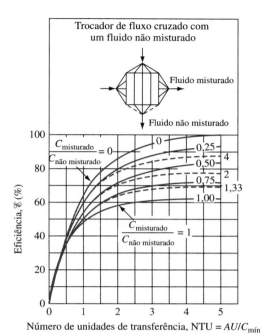

FIGURA 8.22 Eficiência do trocador de calor para escoamento cruzado com um fluido misturado e o outro não misturado. Quando $C_{\text{misturado}}/C_{\text{não misturado}} > 1$, o NTU é baseado no $C_{\text{não misturado}}$.
Fonte: Com permissão de W. M. Kays e A. L. London [10].

EXEMPLO 8.2 Com base em um teste de desempenho em um trocador de calor de carcaça única bem adequado com defletores de duas passagens pelo tubo, os dados a seguir estão disponíveis: óleo (c_p = 2 100 J/kg K) em fluxo turbulento dentro dos tubos entrando a 340 K na taxa de 1,00 kg/s e saída a 310 K; água fluindo no lado da carcaça entrando a 290 K e saindo a 300 K. Uma alteração nas condições de serviço exige o resfriamento de um óleo semelhante em uma temperatura inicial de 370 K, mas com três quartos da taxa de fluxo usada no teste de desempenho. Estime a temperatura de saída do óleo para a mesma taxa de fluxo da água e temperatura de entrada que antes.

SOLUÇÃO Os dados de teste podem ser usados para determinar a taxa de capacidade de calor da água e a condutância geral do trocador. A taxa de capacidade de calor da água é, com base na Eq. (8.14),

$$C_c = C_h \frac{T_{h,\text{entrada}} - T_{h,\text{saída}}}{T_{c,\text{saída}} - T_{c,\text{entrada}}} = (1,00 \text{ Kg/s})(2\ 100 \text{ J/kg K}) \frac{340 - 310}{300 - 290}$$
$$= 6\ 300 \text{ W/K}$$

e a taxa de temperatura P é, com base na Eq. (8.20),

$$P = \frac{T_{t,\text{saída}} - T_{t,\text{entrada}}}{T_{s,\text{entrada}} - T_{t,\text{entrada}}} = \frac{340 - 310}{340 - 290} = 0,6$$

$$Z = \frac{300 - 290}{340 - 310} = 0,33$$

Da Fig. 8.14, $F = 0,94$ e a diferença média de temperatura é de:

$$\Delta T_{\text{média}} = (F)(\text{LMTD}) = (0,94) \frac{(340 - 300) - (310 - 290)}{\ln[(340 - 300)/(310 - 290)]} = 27,1 \text{ K}$$

Da Eq. (8.17), a condutância geral é:

$$UA = \frac{q}{\Delta T_{\text{média}}} = \frac{(1{,}00 \text{ kg/s})(2\,100 \text{ J/kg K})(340 - 310)(\text{K})}{(27{,}1 \text{ K})} = 2\,325 \text{ W/K}$$

Como a resistência térmica no lado do óleo é importante, uma diminuição na velocidade de 75% do valor original aumentará a resistência térmica bruscamente a razão da velocidade aumentada para uma potência de 0,8. Isso pode ser verificado pela Eq. (6.62). Sob as novas condições, a condutância, o NTU e a razão da taxa de capacidade de calor serão, portanto, de aproximadamente

$$UA \simeq (2\,325)(0{,}75)^{0{,}8} = 1\,850 \text{ W/K}$$

$$\text{NTU} = \frac{UA}{C_{\text{óleo}}} = \frac{(1\,850 \text{ W/K})}{(0{,}75)(1{,}00 \text{ kg/s})(2\,100 \text{ J/kg K})} = 1{,}17$$

e

$$\frac{C_{\text{óleo}}}{C_{\text{água}}} = \frac{C_{\text{mín}}}{C_{\text{máx}}} = \frac{(0{,}75)(1{,}00 \text{ kg/s})(2\,100 \text{ J/kg K})}{(6\,300 \text{ W/K})} = 0{,}25$$

Da Fig. 8.20, a eficiência é igual a 0,61. Assim, a partir da definição de $\mathscr{E}$ na Eq. (8.22a), a temperatura de saída do óleo é:

$$T_{\text{saída de óleo}} = T_{\text{entrada de óleo}} - \mathscr{E}\,\Delta T_{\text{máx}} = 370 - [0{,}61(370 - 290)] = 321{,}2 \text{ K}$$

O próximo exemplo ilustra um problema mais complexo.

EXEMPLO 8.3 Um aquecedor do tipo de placa achatada (Fig. 8.23) será usado para aquecer o ar com os gases de exaustão quente de uma turbina. A taxa de fluxo de ar necessária é de 0,75 kg/s, entrando a 290 K; os gases quentes estão disponíveis a uma temperatura de 1150 K e uma taxa de massa de 0,60 kg/s.

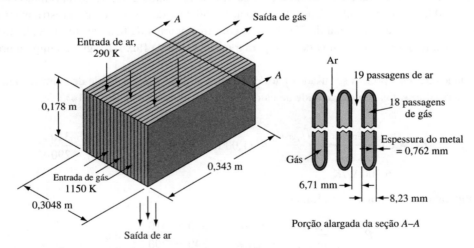

FIGURA 8.23 Aquecedor do tipo de placa achatada.

Determine a temperatura do ar saindo do trocador de calor para os parâmetros listados a seguir.

P_a = perímetro molhado no lado do ar, 0,703 m
P_g = perímetro molhado no lado do gás, 0,416 m
A_g = área da seção transversal da passagem de gás (por passagem), $1{,}6 \times 10^{-3}$ m^2
A_a = área da seção transversal da passagem de ar (por passagem), $2{,}275 \times 10^{-3}$ m^2
A = área de superfície de transferência de calor, 2,52 m^2

SOLUÇÃO A inspeção da Fig. 8.23 mostra que a unidade é do tipo de fluxo cruzado, com ambos os fluidos não misturados. Como uma primeira aproximação, os efeitos das extremidades serão desprezados. Os sistemas de fluxo para os escoamentos de ar e gás são semelhantes ao fluxo nos dutos retos com as seguintes dimensões:

L_a = comprimento do duto de ar, 0,178 m

D_{Ha} = diâmetro hidráulico do duto de ar, $\dfrac{4A_a}{P_a}$ = 0,0129 m

L_g = comprimento do duto de gás, 0,343 m

D_{Hg} = diâmetro hidráulico do duto de gás, $\dfrac{4A_g}{P_g}$ = 0,0154 m

A = área de superfície de transferência de calor, 2,52 m²

Os coeficientes de transferência de calor podem ser avaliados na Eq. (6.63) para o fluxo nos dutos (L_a/D_{Ha} = 13,8, L_g/D_{Hg} = 22,3). Entretanto, surge uma dificuldade, pois as temperaturas de ambos os fluidos variam ao longo do duto. Portanto, é necessário estimar uma temperatura bruta média e refinar os cálculos após as temperaturas de saída e da parede terem sido encontradas. Selecionando a temperatura média bruta do lado do ar como sendo 573 K e a temperatura média bruta do lado do gás como sendo 973 K, as propriedades nessas temperaturas são, do Apêndice 2, Tabela 28 (supondo que as propriedades do gás podem ser aproximadas por aquelas do ar):

μ_{ar} = 2,93 × 10⁻⁵ N s/m² $\mu_{gás}$ = 4,085 × 10⁻⁵ N s/m²
Pr_{ar} = 0,71 $Pr_{gás}$ = 0,73
k_{ar} = 0,0429 W/m K $k_{gás}$ = 0,0623 W/m K
$c_{p_{ar}}$ = 1 047 J/kg K $c_{p_{gás}}$ = 1 101 J/kg K

As taxas de fluxo de massa por área de unidade são:

$$\left(\frac{\dot{m}}{A}\right)_{ar} = \frac{(0,75 \text{ kg/s})}{(19)(2,275 \times 10^{-3} \text{ m}^2)} = 17,35 \text{ kg/m}^2 \text{ s}$$

$$\left(\frac{\dot{m}}{A}\right)_{gás} = \frac{(0,60 \text{ kg/s})}{(18)(1,600 \times 10^{-3} \text{ m}^2)} = 20,83 \text{ kg/m}^2 \text{ s}$$

Os *Números de Reynolds* são:

$$\text{Re}_{ar} = \frac{(\dot{m}/A)_{ar} D_{Ha}}{\mu_a} = \frac{(17,35 \text{ kg/m}^2 \text{ s})(0,0129 \text{ m})}{(2,93 \times 10^{-5} \text{ kg/m s})} = 7\,640$$

$$\text{Re}_{gás} = \frac{(\dot{m}/A)_{gás} D_{Hg}}{\mu_g} = \frac{(20,83 \text{ kg/m}^2 \text{ s})(0,0154 \text{ m})}{(4,085 \times 10^{-5} \text{ kg/m s})} = 7\,850$$

Usando a Eq. (6.63), os coeficientes médios de transferência de calor são:

$$\bar{h}_{ar} = 0,023 \frac{k_a}{D_{Ha}} \text{Re}_{ar}^{0,8} \text{Pr}^{0,4}$$
$$= 0,023 \frac{0,0429}{0,0129} (7\,640)^{0,8}(0,71)^{0,4}$$
$$= 85,2 \text{ W/m}^2 \text{ K}$$

Como L_a/D_{Ha} = 13,8, precisamos corrigir esse coeficiente de transferência de calor para os efeitos de entrada, de acordo com a Eq. (6.68). O fator de correção é de 1,377, então o coeficiente de transferência de calor corrigido é de (1,377)(85,2) = 117 W/m² K = $\bar{h}_{ar}$.

$$\bar{h}_{gás} = (0,023) \frac{0,0623}{0,0154} (7\,850)^{0,8}(0,73)^{0,4}$$
$$= 107,1 \text{ W/m}^2 \text{ K}$$

Como $L_g/D_{Hg} = 22{,}3$, devemos corrigir esse coeficiente de transferência de calor para os efeitos de entrada, de acordo com a Eq. (6.69). O fator de correção é de $1 + 6(D_{Hg}/L_g) = 1{,}27$, então o coeficiente de transferência de calor corrigido é de $(1{,}27)(107{,}1) = 136 \text{ W/m}^2 \text{ K} = \bar{h}_{\text{gás}}$.

A resistência térmica da parede de metal deve ser desprezada; portanto, a condutância geral é:

$$UA = \frac{1}{\dfrac{1}{\bar{h}_a A} + \dfrac{1}{\bar{h}_g A}} = \frac{1}{\dfrac{1}{(117 \text{ W/m}^2 \text{ K})(2{,}52 \text{ m}^2)} + \dfrac{1}{(136 \text{ W/m}^2 \text{ K})(2{,}52 \text{ m}^2)}}$$
$$= 158 \text{ W/K}$$

O número de unidades de transferência, baseado no gás, que apresenta uma taxa de capacidade de calor menor, é de:

$$\text{NTU} = \frac{UA}{C_{\text{mín}}} = \frac{(158 \text{ W/K})}{(0{,}60 \text{ kg/s})(1\,101 \text{ J/kg K})} = 0{,}239$$

A razão da taxa-capacidade de calor é de:

$$\frac{C_g}{C_a} = \frac{(0{,}60)(1\,101)}{(0{,}75)(1\,047)} = 0{,}841$$

e, com base na Fig. 8.21, a eficiência é de aproximadamente 0,13. Finalmente, as temperaturas médias de saída do gás e ar são:

$$T_{\text{saída de gás}} = T_{\text{entrada de gás}} - \mathscr{E}\,\Delta T_{\text{máx}}$$
$$= 1\,150 - 0{,}13(1\,150 - 290) = 1\,038 \text{ K}$$

$$T_{\text{saída de ar}} = T_{\text{entrada de ar}} + \frac{C_g}{C_a}\mathscr{E}\,\Delta T_{\text{máx}} = 290 + (0{,}841)(0{,}13)(1\,150 - 290)$$
$$= 384 \text{ K}$$

Uma verificação das temperaturas médias brutas do lado do ar e do gás fornecem valores de 337 K e 1 094 K. Uma segunda iteração com valores de propriedade baseados nessas temperaturas resulta valores suficientemente próximos para valores presumidos (573 K, 973 K) para tornar uma terceira aproximação desnecessária. Para apreciar a utilidade da abordagem baseada no conceito de eficiência de trocadores de calor, sugere-se que este problema seja resolvido por meio de tentativa e erro, usando a Eq. (8.17) e o gráfico na Fig. 8.17.

A eficiência do trocador no Exemplo 8.3 é muito baixa (13%), pois a área de transferência de calor é pequena demais para utilizar a energia disponível de forma eficiente. O ganho relativo que pode ser atingido ao aumentar a área de transferência de calor é bem representada nas curvas de eficiência. Um aumento de cinco vezes na área ampliaria a eficiência para 60%. Se, no entanto, um projeto específico entrar próximo ou acima do cotovelo dessas curvas, aumentar a área de superfície não melhorará o desempenho de forma apreciável, mas pode causar um aumento indevido na queda de pressão de atrito ou do custo do trocador de calor.

EXEMPLO 8.4 Um trocador de calor (condensador) usando vapor da exaustão de uma turbina na pressão de 10 cm Hg (13,2 kPa) será usado para aquecer 3,15 kg/s de água do mar ($c = 3{,}98$ kJ/kg K) de 16°C para 44°C. O trocador precisa ser dimensionado para uma passagem pela carcaça e quatro passagens pelo tubo com 60 circuitos tubulares paralelos de 2,49 cm de diâmetro interno e 2,81 cm de diâmetro externo de tubos de latão ($k = 100$ W/m k). Para um trocador limpo, os coeficientes de transferência de calor médios nos lados de vapor e água são estimados como sendo 3,4 e 1,7 kW/m^2 k, respectivamente. Calcule o comprimento necessário do tubo para serviços de longo prazo.
SOLUÇÃO Em 10 cm Hg, a temperatura do vapor condensando será de 52°C, então a eficiência necessária do trocador é de:

$$\mathcal{E} = \frac{T_{c,\text{saída}} - T_{c,\text{entrada}}}{T_{h,\text{entrada}} - T_{c,\text{entrada}}} = \frac{44 - 16}{52 - 16} = 0{,}78$$

Para um condensador, $C_{\text{mín}}/C_{\text{máx}} = 0$, e da Fig. 8.20, NTU = 1,4. Os fatores de incrustação da Tabela 8.2 são 0,00009 m² k/W para ambos os lados dos tubos. O projeto geral de coeficiente de transferência de calor por área externa da unidade do tubo é, da Eq. (8.6),

$$U_d = \frac{1}{\dfrac{1}{3\,400} + 0{,}00009 + \dfrac{0{,}0281}{2 \times 100}\ln\dfrac{2{,}81}{2{,}49} + \dfrac{0{,}00009 \times 2{,}81}{2{,}49} + \dfrac{2{,}81}{1\,700 \times 2{,}49}}$$

$$= 857 \text{ W/m}^2\,\text{k}$$

A área total A_o é de $60\pi D_o L$, e como $U_d A_o / C_{\text{mín}} = 1{,}4$, o comprimento do tubo é de:

$$L = \frac{1{,}4 \times 3{,}15 \times 3\,980 \times 100}{60 \times \pi \times 2{,}81 \times 857} = 3{,}86\,\text{m}$$

Na prática, o escoamento pelo trocador de calor de fluxo cruzado pode ser parcialmente misturado. DiGiovanni e Webb [20] mostraram que a eficiência de um trocador de calor no qual um fluxo não é misturado e o outro é parcialmente misturado é de:

$$\mathcal{E}_{pm:u} = \mathcal{E}_{u:u} - y(\mathcal{E}_{u:u} - \mathcal{E}_{m:u}) \tag{8.27}$$

Os subscritos na eficiência na Eq. (8.27) são *pm* para parcialmente misturados, *m* para misturado e *u* para não misturado, isto é, $\mathcal{E}_{m:u}$ é a eficiência para um trocador de calor com um fluxo misturado e outro não misturado.

Se um fluxo é misturado e o outro é parcialmente misturado

$$\mathcal{E}_{pm:m} = \mathcal{E}_{m:m} + y(\mathcal{E}_{u:m} - \mathcal{E}_{m:m}) \tag{8.28}$$

Se ambos os fluxos são parcialmente misturados

$$\mathcal{E}_{pm:pm} = \mathcal{E}_{u:pm} - y(\mathcal{E}_{u:pm} - \mathcal{E}_{m:pm}) \tag{8.29}$$

Nas equações (8.27) a (8.29), o parâmetro y é a fração da mistura do fluxo parcialmente misturado. Para um não misturado $y = 0$ e para um misturado $y = 1$. Atualmente, não há método geral para determinar a fração de mistura para um dado trocador de calor. Como y provavelmente será uma função forte da geometria do trocador de calor, bem como o Número de Reynolds do fluxo, dados experimentais referentes a várias geometrias do trocador de calor de interesse são provavelmente necessários para a aplicação da correção do grau de mistura. A incerteza associada ao grau de mistura é maior para projetos com maior NTU.

8.6* Melhoria de transferência de calor

A melhoria da transferência de calor é a prática de modificar uma superfície de transferência ou a seção cruzada do fluxo para aumentar o coeficiente de transferência de calor entre a superfície e um fluido ou a área da superfície para efetivamente sustentar maiores cargas de calor com uma diferença de temperatura menor [21–22]. Em capítulos anteriores, foram abordados alguns exemplos práticos de melhoria de transferência de calor, como aletas, rugosidade na superfície, inserção de fita torcida e tubo em espiral, que são geralmente referidos como técnicas passivas [21]. A melhoria de transferência de calor também pode ser atingida pela vibração da superfície ou fluido, campos eletrostáticos ou misturadores mecânicos. Estes últimos, muitas vezes, são chamados de *técnicas ativas*, pois requerem a aplicação de força externa. Embora as técnicas ativas tenham recebido atenção na literatura de pesquisa, suas aplicações práticas têm sido muito limitadas. Nesta seção, portanto, focaremos em alguns exemplos específicos de técnicas passivas, isto é, aquelas baseadas na modificação da superfície de transferência de calor; uma discussão mais completa e extensa do espectro completo de técnicas de melhoria pode ser encontrada nas referências Manglik [21] e Bergles [22].

Os aumentos na transferência de calor devido ao tratamento da superfície podem ser trazidos ao aumentar a turbulência e a área de superfície, melhorar a mistura ou espiralar o fluxo. Esses efeitos geralmente resultam em um aumento na queda de pressão e na transferência de calor. Entretanto, com uma avaliação de desempenho adequada e otimização concomitante [21-22], pode ser atingida uma melhoria significativa da transferência de calor relativa à superfície de transferência de calor suave (não tratada) da mesma área de transferência de calor nominal (base) para uma variedade de aplicações. A maior atratividade das diferentes técnicas de melhoria de transferência de calor está ganhando importância industrial, pois os trocadores de calor oferecem oportunidade de: (1) reduzir a área de superfície de transferência de calor necessária para certa aplicação e, assim, reduzir o tamanho e o custo do trocador de calor;(2) aumentar a carga de calor do trocador; (3) permitir uma abordagem mais próxima às temperaturas. Todas podem ser visualizadas a partir da expressão para carga de calor de um trocador de calor, na Eq. (8.17):

$$Q = UA \text{ LMTD} \tag{8.17}$$

Qualquer técnica de melhoria que aumenta o coeficiente de transferência de calor também aumenta a condutância geral U. Portanto, em trocadores de calor convencionais e compactos, pode-se reduzir a área de transferência de calor A, aumentar a carga de calor Q ou diminuir a diferença de temperatura LMTD, respectivamente, para Q e LMTD fixos, A e LMTD fixos ou Q e A fixos. A melhoria também pode ser usada para evitar o superaquecimento das superfícies de transferência de calor em sistemas com uma taxa de geração de calor fixa, como no resfriamento de dispositivos elétricos e eletrônicos.

Em qualquer aplicação prática, é necessária uma análise completa para determinar o benefício econômico da melhoria. Tal análise deve incluir um possível aumento de custo inicial, aumento do desempenho da transferência de calor do trocador de calor, o efeito nos custos operacionais e os custos de manutenção. Em algumas aplicações industriais, a possibilidade de aumentar a incrustação da superfície de troca de calor causada pela melhoria é uma preocupação. A incrustação acelerada pode rapidamente eliminar qualquer aumento no coeficiente de transferência de calor atingido pela melhoria de uma superfície limpa. Não obstante, com as preocupações atuais do uso de energia sustentável e a necessidade de conservação, os benefícios de usar técnicas de melhoria na maioria dos sistemas de troca de calor não podem ser subestimados.

8.6.1 Aplicações

É grande e crescente o número de obras de literatura referentes assunto de melhoria de transferência de calor. Manglik e Bergles [23] documentaram o mais recente catálogo de artigos técnicos e relatórios sobre o assunto e discutiram o *status* dos recentes avanços, além dos prospectos de desenvolvimentos futuros na tecnologia de transferência de calor melhorado. A taxonomia desenvolvida [21-22] para a classificação das várias técnicas de melhoria e suas aplicações considera essencialmente a condição de escoamento do fluido (convecção natural de fase única, convecção forçada de fase única, ebulição em vaso, ebulição do fluxo, condensação, etc.) e o tipo de técnica de melhoria (superfície áspera, superfície estendida, dispositivos de melhoria deslocada, fluxo em espiral, aditivos de fluidos, vibração, etc.).

A Tabela 8.3 mostra como cada técnica de melhoria se aplica aos diferentes tipos de fluxo de acordo com Bergles et al. [24]. As superfícies estendidas ou aletas são provavelmente as técnicas mais comuns de melhoria de transferência de calor, e os exemplos dos diferentes tipos de aletas são mostrados na Fig. 8.24. A aleta foi discutida no Capítulo 2 como uma superfície estendida com aplicação primária em uma transferência de calor do lado do gás. A eficiência da aleta nessa aplicação é baseada na baixa condutividade térmica do gás relativo àquela do material da aleta. Assim, enquanto a queda de temperatura ao longo da aleta reduz um pouco sua eficiência, em geral, é atingido um aumento na área de superfície e, por consequência, no desempenho da transferência de calor. Recentemente, vários fabricantes disponibilizaram tubos com aletas internas integrais e a previsão de um coeficiente de transferência de calor convectivo associado foi destacada no Capítulo 6. As superfícies estendidas também podem tomar a forma de aletas interrompidas quando o objetivo é forçar o redesenvolvimento de camadas limítrofes. Conforme discutido na Seção 8.2, os trocadores de calor compactos [10, 12] usam superfícies estendidas para fornecer uma área de superfície de transferência de calor necessária no menor volume possível: exemplos representativos de tais aletas são mostrados na Fig. 8.24. Esse tipo de trocador de calor é importante em aplicações como radiadores automotivos e regeneradores de turbinas a gás, em que a principal preocupação é o tamanho geral do trocador.

TABELA 8.3 Aplicação das técnicas de melhoria aos diferentes tipos de fluxos[a]

	Convecção natural de fase única	Convecção forçada de fase única	Recipiente de ebulição	Ebulição de fluxo	Condensação
Superfícies estendidas	c	c	c	o	c
Superfícies rugosas	o	c	o	c	c
Dispositivos de melhoria deslocados	n	o	n	o	n
Dispositivos de fluxo em espiral	n	c	n	c	o
Superfícies tratadas	n	c	c	o	c

[a] c = praticados comumente, o = praticados ocasionalmente, n = não praticados.

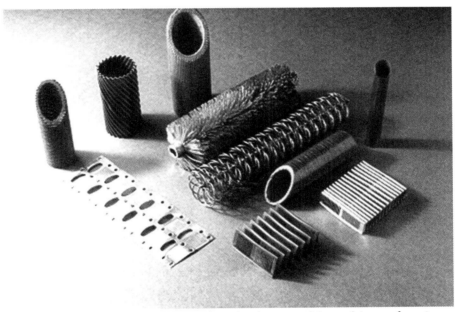

FIGURA 8.24 Exemplos de diferentes tipos de tubos com aletas e aletas em formato de placas usados em trocadores de calor de aletas tubulares e aletas em formato de placas compactas.
Fonte: Cortesia do Dr. Ralph Webb.

As superfícies rugosas referem-se a pequenos elementos de aspereza com altura aproximada da espessura da camada-limite. Recentemente, uma variedade de elementos de aspereza estruturada de diferentes geometrias e distribuições de superfície tem sido considerada na literatura [21-22]. Esses elementos de aspereza não fornecem aumento significativo na área de superfície; se houver um aumento na área, então tais modificações de superfície são classificadas como *superfícies estendidas*. Sua eficiência é baseada na promoção da transição precoce ao fluxo turbulento ou promoção da mistura entre o escoamento bruto e a subcamada viscosa em um deslocamento turbulento totalmente desenvolvido. Os elementos de aspereza podem ter formatos diferentes, como uma superfície coberta de areia, ou regular, como as estrias ou pirâmides usinadas. As superfícies ásperas são primariamente usadas para promover a transferência de calor em uma convecção forçada de fase única.

Os dispositivos de melhoria deslocados são inseridos no canal do fluxo para melhorar a mistura entre o fluxo bruto e a superfície de transferência de calor. Um exemplo comum é o misturador estático na forma de uma série de lâminas corrugadas para promover a mistura de escoamento bruto. Esses dispositivos são usados com mais frequência na convecção forçada de fase única, particularmente no processamento térmico de meio viscoso na indústria química para promover a mistura de ambos os fluidos e melhorar a transferência de calor ou massa.

O exemplo mais frequente de um dispositivo de fluxo em espiral é o de uma inserção de fita torcida tipicamente usada dentro de tubos de um trocador de calor de carcaça e tubo. A respectiva predição de coeficientes de transferência de calor convectivo de fase única foi considerada no Capítulo 6. Outro exemplo é um tubo oval espiralado helicoidalmente sobre seu eixo, como mostrado na Fig. 8.25. A melhoria surge primariamente devido aos fluxos de espiral secundária ou helicoidal gerados pela geometria do escoamento em espiral e o aumento do comprimento do trajeto do fluxo no tubo. Os dispositivos de deslocamento em espiral são usados para fluxo forçado de fase única e em sua ebulição [25].

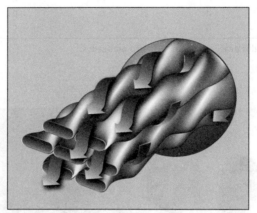

FIGURA 8.25 Uma representação esquemática de um feixe de tubos ovais espiralados helicoidalmente e escoamento em espiral do fluxo externo axial; o escoamento em espiral também é gerado dentro dos tubos.

As superfícies tratadas são principalmente usadas em aplicações de ebulição e de condensamento. Consistem em estruturas de superfície muito pequenas, como inclusões de superfície que propiciam ebulição nucleada ao fornecer locais de nucleação de bolhas. A condensação pode ser melhorada ao promover a formação de gotículas, em vez de um filme, na superfície de condensação. Isso pode ser conseguido ao cobrir a superfície com um material que deixa a superfície impermeável. A ebulição e a condensação serão discutidas no Capítulo 10.

A Fig. 8.26 na próxima página compara o desempenho de quatro técnicas de melhoria para convecção forçada de passagem única em um tubo com o desempenho em um tubo liso [26]. A base de comparação é a transferência de calor (Número de Nusselt) e a queda de pressão (fator de atrito) plotados como uma função do Número de Reynolds. Podemos ver que em um dado Número de Reynolds, as quatro técnicas de melhoria fornecem um Número de Nusselt aumentado relativo ao tubo liso, mas ao custo de um aumento ainda maior no fator de atrito.

8.6.2 Análise das técnicas de melhoria

Ressaltamos anteriormente a necessidade de uma análise abrangente de qualquer opção à técnica de melhoria para determinar seus benefícios potenciais. Como a melhoria da transferência de calor pode ser usada para atingir vários objetivos, não existe procedimento geral que permita a comparação de técnicas de melhoria diferentes. Uma comparação como a apresentada na Fig. 8.26, que é limitada ao desempenho hidráulico e térmico da superfície de troca de calor, muitas vezes, é um ponto de partida útil. Outros fatores que precisam ser incluídos na análise são o diâmetro hidráulico, o comprimento das passagens de fluxo e o arranjo de escoamento (cruzado, contrafluxo, etc.). Além dessas variáveis geométricas, a taxa de fluxo por passagem ou o Número de Reynolds e a LMTD podem ser variados ou limitados para uma aplicação específica. Os fatores que podem ser variados precisam ser ajustados na análise para produzir o objetivo desejado, como aumentar a carga de calor, a área de superfície mínima ou reduzir a queda de pressão. A Tabela 8.4 lista as variáveis que devem ser consideradas em uma análise completa.

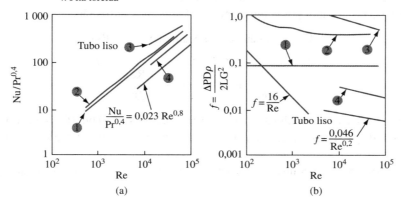

FIGURA 8.26 Dados típicos para promotores de turbulência inseridos nos tubos. (a) Dados de transferência de calor, (b) dados de atrito [26].

TABELA 8.4 Variáveis na análise da melhoria de transferência de calor

Símbolo	Descrição	Comentários
1. –	Tipo de técnica de aprimoramento	
2. $Nu(Re_{D_H})$	Desempenho térmico da técnica de aprimoramento	Determinado pela escolha da técnica
3. $f(Re_{D_H})$	Desempenho hidráulico da técnica de aprimoramento	Determinado pela escolha da técnica
4. Re_{D_H}	Número de Reynolds do fluxo	Provavelmente uma variável independente
5. D_H	Diâmetro hidráulico da passagem do fluxo	Pode ser determinado pela escolha da técnica
6. L	Comprimento da passagem de fluxo	Geralmente uma variável independente com limites
7. –	Arranjo de fluxo	Pode ser determinado pela escolha da técnica
8. LMTD	Temperaturas de fluxo terminal	Pode ser determinada pela aplicação
9. Q	Taxa de transferência de calor	Provavelmente uma variável dependente
10. A_s	Área da superfície de transferência de calor	Provavelmente uma variável dependente
11. Δp	Queda da pressão	Provavelmente uma variável dependente

Muitos aplicativos restringem uma ou mais dessas variáveis, simplificando assim a análise. Como exemplo, considere um trocador de calor de carcaça e tubo existente sendo usado para condensar um vapor de hidrocarbono no lado da carcaça com água resfriada bombeada pelo lado do tubo. Pode ser possível aumentar o fluxo do vapor ao aumentar a transferência de calor do lado da água, pois a resistência térmica do lado do vapor é provavelmente desprezível. Suponha que a queda de pressão do lado da água seja fixa devido às restrições da bomba, e considere necessário manter o tamanho e a configuração do trocador de calor para simplificar os custos de instalação. A transferência de calor do lado da água poderia ser aumentada ao colocar qualquer um dos vários dispositivos, tais como fitas em espiral ou inserções de fitas torcidas dentro dos tubos, ou inserções de bobinas e cabos para criar uma rugosidade estruturada [21-22] na superfície interna do tubo. Supondo que os dados de desempenho térmico e hidráulico estejam disponíveis para cada técnica de melhoria sendo considerada, então os itens 1, 2 e 3 na Tabela 8.4, além do 5, 6, 7 e 10, são conhecidos. Ajustaremos Re_{D_H}, que afetará a temperatura de saída de água ou LMTD, Q, e Δp. Como a LMTD não é importante (dentro de certo limite), podemos determinar qual superfície fornece o maior Q (e, portanto, o fluxo de vapor) para um Δp fixo.

Vários métodos de avaliação de desempenho foram propostos na literatura [21-22], baseados em uma variedade de figuras de mérito aplicáveis a diferentes utilizações de trocadores de calor. Entre eles, Soland et al. [27] delinearam uma metodologia de desempenho útil que incorpora o comportamento térmico/hidráulico da superfície de transferência de calor com os parâmetros de fluxo e geométricos para o trocador de calor. Para cada superfície de trocadores de calor, o método projeta a força de bombeamento do fluido por volume unitário do trocador de calor em comparação com o NTU do trocador por volume unitário. Esses parâmetros são:

$$\frac{P_p}{V} = \frac{\text{potência bombeamento}}{\text{volume}} \propto \frac{f \, \text{Re}_{D_H}^3}{D_H^4} \tag{8.30}$$

$$\frac{\text{NTU}}{V} = \frac{\text{NTU}}{\text{volume}} \propto \frac{j \, \text{Re}_{D_H}}{D_H^2} \tag{8.31}$$

Dado o fator de atrito $f(\text{Re})$, o desempenho de transferência de calor $\text{Nu}(\text{Re})$ ou $j(\text{Re})$ para a superfície de trocador, e o diâmetro hidráulico da passagem de fluxo D_H, pode-se facilmente construir um gráfico dos dois parâmetros P/V e NTU/V.

Nas equações (8.30) e (8.31), o Número de Reynolds é baseado na área de fluxo A_f, que ignora qualquer melhoria:

$$\text{Re}_{D_H} = \frac{GD_H}{\mu} \tag{8.32}$$

$$G = \frac{\dot{m}}{A_f}$$

em que $\dot{m}$ é a taxa de escoamento de massa na passagem de fluxo da área A_f.

O fator de atrito é:

$$f = \frac{\Delta p}{4(L/D_H)(G^2/2\rho g_c)} \tag{8.33}$$

em que Δp é a queda de pressão de atrito no núcleo.

O j ou fator de Colburn é definido como:

$$j = \frac{\bar{h}_c}{Gc_p} \text{Pr}^{2/3} \tag{8.34}$$

em que $\bar{h}_c$ é o coeficiente de transferência de calor baseado na área de superfície A_b nua (sem melhoria). O diâmetro hidráulico é definido como no Capítulo 6, mas pode ser escrito de forma mais conveniente:

$$D_H = \frac{4V}{A_b} \tag{8.35}$$

Usando essas definições, um tubo liso de diâmetro interno D e um outro tubo de diâmetro interno D com uma inserção de fita torcida e com a mesma taxa de fluxo de massa apresentam o mesmo G, Re_D, A_b e D, mas espera-se que f e j sejam maiores para o último tubo.

Tal gráfico é útil para comparar duas superfícies de troca de calor, pois permite uma comparação conveniente baseada em qualquer uma das restrições a seguir:

1. Volume e potência de bombeamento fixos do trocador de calor
2. Potência de bombeamento e taxa de transferência de calor fixos
3. Volume fixo e taxa de transferência de calor fixos

Essas restrições podem ser visualizadas na Fig. 8.27, na qual os dados de $f\,\text{Re}_D^3/D^4$ e $j\,\text{Re}_D/D^2$ são plotados para as duas superfícies para serem comparados. Com base no ponto de referência chamado de "o" na Fig. 8.27, rotulamos as comparações baseadas nas três restrições.

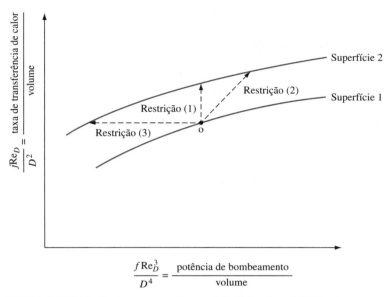

FIGURA 8.27 Método de comparação geral de Soland et al. [27].
Fonte: Cortesia de T. Tinker. Analysis of Fluid Flow Pattern in Shell-and-Tube Heat Exchangers and the Effect Distribution of the HeatnExchanger Performance. *Inst. Mech. Eng.*, ASME Proc. General Discuss. Heat Transfer, setembro 1951, p. 89-115.

Uma comparação baseada na restrição (1) pode ser feita ao se construir uma linha vertical através do ponto de referência. Confrontando os dois valores ordenados em que essa linha intercepta as curvas, é possível comparar a taxa de transferência de calor para cada superfície. A superfície com a maior curva transferirá mais calor. A restrição (2) pode ser visualizada ao se construir uma linha com inclinação +1. Comparando a abscissa ou a ordenada na qual a linha de inclinação +1 intercepta as curvas, é possível verificar o volume do trocador de calor necessário para cada superfície. A superfície com a maior curva exigirá o menor volume. A restrição (3) pode ser visualizada ao se construir uma linha horizontal. Comparando a abscissa em que a linha intercepta as curvas, pode-se comparar a potência de bombeamento para cada superfície. A superfície com a maior curva exigirá a menor potência de bombeamento.

EXEMPLO 8.5 Com base nos dados apresentados na Fig. 8.26, compare o desempenho das protuberâncias de parede e uma fita torcida [superfícies (1) e (4) na Fig. 8.26] para um fluxo de ar na base do volume fixo do trocador de calor e potência de bombeamento. Suponha que ambas as superfícies estejam aplicadas ao interior de um tubo de diâmetro interno de 1 cm de seção transversal circular.

SOLUÇÃO Primeiro deve-se construir as curvas $f(Re)$ e $j(Re)$ para as duas superfícies.

As curvas (1) e (4) na Fig. 8.26(a) e (b) podem ser representadas por linhas retas com boa precisão. Com base nos dados na Fig. 8.26(a) e (b), essas linhas retas para os Números de Nusselt são:

$$\text{Nu}_1/\text{Pr}^{0,4} = 0{,}054\,\text{Re}_D^{0,805}$$
$$\text{Nu}_4/\text{Pr}^{0,4} = 0{,}057\,\text{Re}_D^{0,772}$$

em que o 1 e 4 subscritos denotam as superfícies 1 e 4.

Como $j = \text{St}\,\text{Pr}^{2/3} = \text{Nu}\,\text{Re}_D^{-1}\,\text{Pr}^{-1/3}$, temos:

$$j_1 = 0{,}054 \, \text{Re}_D^{-0,195} \text{Pr}^{1/15}$$

e

$$j_4 = 0{,}057 \, \text{Re}_D^{-0,228} \text{Pr}^{1/15}$$

Para os dados de coeficiente de atrito, encontramos:

$$f_1 = 0{,}075 \, \text{Re}_D^{0,017}$$
$$f_4 = 0{,}222 \, \text{Re}_D^{-0,238}$$

Ao comparar as duas superfícies, precisamos nos restringir à faixa

$$10^4 < \text{Re}_D < 10^5$$

no qual os dados para ambas as superfícies são válidos.

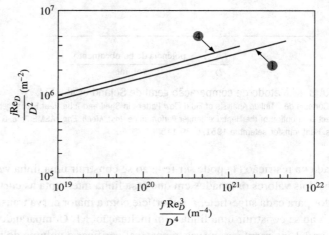

FIGURA 8.28 Comparação das protuberâncias de parede e fitas torcidas com base no método de Soland et al. [27].

Construindo os dois parâmetros de comparação, temos

$$\frac{f_1 \text{Re}_D^3}{D_1^4} = \frac{0{,}075 \, \text{Re}_D^{3,017}}{(0{,}01)^4} = 7{,}5 \times 10^6 \, \text{Re}_D^{3,017} \, \text{m}^{-4}$$

$$\frac{f_4 \text{Re}_D^3}{D_4^4} = \frac{0{,}222 \, \text{Re}_D^{2,76}}{(0{,}01)^4} = 2{,}22 \times 10^7 \, \text{Re}_D^{2,76} \, \text{m}^{-4}$$

$$\frac{j_1 \text{Re}_D}{D_1^2} = \frac{0{,}054 \, \text{Re}_D^{0,805} \, \text{Pr}^{1/15}}{(0{,}01)^2} = 527{,}8 \, \text{Re}_D^{0,805} \, \text{m}^{-2}$$

$$\frac{j_4 \text{Re}_D}{D_4^2} = \frac{0{,}057 \, \text{Re}_D^{0,772} \text{Pr}^{1/15}}{(0{,}01)^2} = 557{,}1 \, \text{Re}_D^{0,772} \, \text{m}^{-2}$$

Esses parâmetros estão plotados na Fig. 8.28 para a faixa de Número de Reynolds de interesse. De acordo com a restrição especificada, uma linha vertical conectando as curvas rotuladas (1) e (4) na Fig. 8.26 demonstra claramente que a superfície 4, a fita torcida, é a melhor das duas superfícies. Isto é, para um volume fixo de trocador de calor e potência de bombeamento constante, a melhoria de fita torcida transferirá mais calor.

8.7* Trocadores de calor em microescala

Com os avanços na microeletrônica e outros dispositivos de dissipação de alto fluxo de calor, uma variedade de trocadores novos em microescala têm sido desenvolvidos para atender às necessidades de resfriamento. Suas estruturas geralmente incorporam canais de microescala, que essencialmente exploram os benefícios de coeficientes de transferência de calor de alta convecção em fluxos por dutos com diâmetro hidráulico muito pequeno [28]. Aplicações de tais trocadores de calor incluem sumidouros de calor através de microcanais, microtrocadores de calor e microtubos de calor, usados em microeletrônicos, aviônica*, dispositivos médicos, sondas espaciais e satélites, entre outros [28-30], e alguns exemplos podem ser observados na Fig. 8.29.

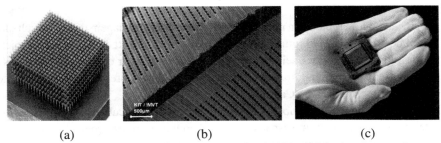

(a)　　　　　　　　　(b)　　　　　　　　　(c)

FIGURA 8.29 Trocadores de calor típicos em microescala: (a) módulo de microcanais fabricados por um processo de sinterização a laser; (b) detalhes da montagem de microestrutura de um típico microtrocador de calor; (c) trocador de calor para resfriamento de módulo de microchip.
Fonte: (a) Cortesia da PennWell Corporation; (b) detalhe da montagem de microestrutura de um microtrocador de calor de fluxo cruzado feito de aço inoxidável, fabricado pelo Institute for Micro Process Engineering, Karlsruhe Instituteof Technology, Alemanha; (c) cortesia do Pacific Northwest National Laboratory.

Para entender a implicação dos microcanais na transferência de calor por convecção, considere os fluxos laminares de fase única. Devido ao diâmetro hidráulico D_h ser muito pequeno, podendo variar de um milímetro a alguns micrometros, o fluxo tende a ser completamente desenvolvido e, assim, caracterizado por um Número de Nusselt constante. Como resultado, o coeficiente de transferência de calor dado por:

$$h = \text{Nu}\left(\frac{k}{D_h}\right)$$

aumentaria substancialmente com a diminuição do diâmetro hidráulico. Isso foi primeiramente explorado por Tuckerman e Pease [30] para resfriamento microeletrônico, e a exploração de microcanais com fluxos únicos e de duas fases continua a atrair considerável atenção de pesquisadores [28].

8.8 Considerações finais

Neste capítulo, estudamos o projeto térmico dos trocadores de calor nos quais dois fluidos em temperaturas diferentes deslocam-se em espaços separados por uma parede e trocam calor por convecção para, e da, parede e condução através da parede. Tais trocadores de calor, por vezes chamados de recuperadores, são os dispositivos de transferência de calor mais comuns e mais importantes industrialmente. A configuração mais comum é o trocador de calor de carcaça e tubo para o qual apresentamos dois métodos de análise térmica: a LMTD (diferença de temperatura média de registro) e o NTU ou método de eficiência. O primeiro é mais conveniente quando todas as temperaturas terminais estão especificadas e a área do trocador de calor precisa ser determinada; o segundo é preferível quando o desempenho térmico ou a área são conhecidos, especificados ou podem ser estimados. Ambos os métodos são úteis, mas é importante enfatizar novamente as hipóteses rigorosas nas quais elas se baseiam:

---

* Aviônica é o termo usado para designar sistemas eletrônicos utilizados em aviões, espaçonaves e satélites artificiais.

1. O coeficiente geral de transferência de calor U é uniforme sobre toda a superfície do trocador de calor.
2. As propriedades físicas dos fluidos não variam com a temperatura.
3. As correlações disponíveis são satisfatórias para prever os coeficientes de transferência de calor individuais necessários para determinar U.

A atual metodologia de projetos é geralmente baseada em valores médios adequadamente escolhidos. Quando a variação espacial de U pode ser prevista, o valor apropriado é uma média de área, $\bar{U}$, dada por:

$$\bar{U} = \frac{1}{A} \int_A U \, dA$$

Se necessário, a integração pode ser realizada numericamente, mas essa abordagem deixa o resultado final com uma margem de erro difícil de quantificar. No futuro, provavelmente será aumentada a ênfase no projeto auxiliado por computador (CAD, na sigla em inglês) e o leitor é encorajado a acompanhar os desenvolvimentos dessa área. Essas ferramentas serão particularmente importantes no projeto de condensadores e algumas informações preliminares sobre este tópico serão apresentadas no Capítulo 10.

Além dos recuperadores, há outros dois tipos *genéricos* de trocadores de calor em uso. Nesses dois tipos, os fluxos de fluido quente e frio ocupam o mesmo espaço, um canal com ou sem inserções sólidas. No tipo *regenerador*, o fluido quente e o frio passam de forma alternada sobre a mesma superfície de transferência de calor. No outro tipo, exemplificado pela *torre de resfriamento*, os dois fluidos escoam pela mesma passagem simultaneamente e entram em contato entre si diretamente. Portanto, esses tipos de trocadores são, muitas vezes, chamados de *dispositivos de contato direto*. Em muitos dos trocadores deste último tipo, a transferência de calor é acompanhada pela transferência simultânea de massa.

Os regeneradores de fluxo periódico têm sido usados na prática somente com gases. O regenerador consiste em uma ou mais passagens de fluxo parcialmente preenchidas com pastilhas sólidas ou com inserções de matrizes de metal. Durante uma parte do ciclo, as inserções armazenam energia interna enquanto o fluido mais quente desloca-se sobre suas superfícies. Durante a outra parte do ciclo, a energia interna é liberada conforme o fluido mais frio passa pelo regenerador e é aquecido. Assim, o calor é transferido em um processo cíclico. A principal vantagem do regenerador é uma alta eficiência de transferência de calor por unidade de peso e espaço. O principal problema é evitar o vazamento entre os fluidos mais quentes e mais frios em pressões elevadas. Os regeneradores têm sido utilizados com sucesso como preaquecedores de ar em fornalhas de lareira aberta e altos-fornos, em processos de liquefação de gás e em turbinas a gás.

Para as estimativas preliminares de parâmetros de tamanho e desempenho de trocadores de calor de carcaça e tubo, normalmente, basta saber a ordem de magnitude do coeficiente de transferência de calor geral sob as condições médias de serviço. Os valores típicos dos coeficientes de transferência de calor geral recomendados para as estimativas preliminares são dados na Tabela 8.5.

TABELA 8.5 Coeficientes aproximados de transferência de calor geral para estimativas preliminares

Carga	Coeficientes gerais, U (W/m² K)
Vapor para água	
aquecedor instantâneo	2 270-3 400
aquecedor de tanque de armazenamento	990-1 700
Vapor para óleo	
combustível pesado	57-170
combustível leve	170-340
destilado de petróleo leve	280-1 130
Vapor para soluções aquosas	570-3 400
Vapor para gases	28-280
Vapor para ar comprimido	57-170
Água para água, resfriadores de água com camisa	850-1 560
Água para óleo lubrificante	110-340
Água para vapores de óleo condensantes	220-570
Água para álcool condensante	255-680
Água para Freon-12 condensante	450-850
Água para amônia condensante	850-1 400
Água para solventes orgânicos, álcool	280-850
Água para Freon-12 em ebulição	280-850
Água para gasolina	340-510
Água para gasóleo ou destilado	200-340
Água para salmoura	570-1 130
Orgânicos leves para orgânicos leves	220-425
Orgânicos médios para orgânicos médios	110-340
Orgânicos pesados para orgânicos pesados	57-200
Orgânicos pesados para orgânicos leves	57-340
Óleo cru para gasóleo	170-310

Fonte: Adaptado de Mueller [31].

Para um resumo atualizado de tópicos especializados sobre o projeto e desempenho de trocadores de calor, incluindo a evaporação e condensação, vibração de trocador de calor, trocadores de calor compactos, incrustação de trocadores de calor e métodos de melhoria de troca de calor, a leitura de Shaw e Bell [32] e Hewitt [33] é sugerida.

Referências

1. HAUSEN, H. *Heat Transfer in Counterflow*, Parallel Flow and Cross Flow, Nova York: McGraw-Hill, 1983.
2. BOHN, M. S.; SWANSON, L. W. A Comparison of Models and Experimental Data for Pressure Drop and Heat Transfer in Irrigated Packed Beds. *Int. J. Heat Mass Transfer*, v. 34, 1991, p. 2509-2519.
3. KREITH, F.; BOEHM, R. F. (Eds.) *Direct Contact Heat Transfer*. Nova York: Hemisphere, 1987.
4. TABOREK, J. *F*. and *θ* Charts for Cross-Flow Arrangements. In: *Handbook of Heat Exchanger Design*, v. 1, Section 1.5.3, Schlünder, E. U. ed., Washington, D.C.: Hemisphere, 1983.
5. PIERSON, O. L. Experimental Investigation of Influence of Tube Arrangement on Convection Heat Transfer and Flow Resistance in Cross Flow of Gases over Tube Banks.*Trans. ASME*, v. 59, 1937, p. 563-572.
6. TINKER, T. Analysis of the Fluid Flow Pattern in Shell-and-Tube Heat Exchangers and the Effect Distribution on the Heat Exchanger Performance. Inst. Mech. Eng., *ASME Proc. General Discuss. Heat Transfer*, p. 89-115, September 1951.
7. SHORT, B. E. *Heat Transfer and Pressure Drop in Heat Exchangers*. Bull. 3819, Univ. of Texas, 1938. (Consulte também a revisão, Bull, 4324, junho, 1943.)

8. DONOHUE, D. A. Heat Transfer and Pressure Drop in Heat Exchangers. *Ind. Eng. Chem.*, v. 41, 1949, p. 2499-2511.
9. SINGH, K. P.; SOLER, A. I. *Mechanical Design of Heat Exchangers*. Cherry Hill, N.J.: ARCTURUS Publishers, Inc.,1984.
10. KAYS, W. M.; LONDON, A. L. *Compact Heat Exchangers*. 3., Nova York: McGraw-Hill, 1984.
11. HEWITT, G. F.; SHIRES, G. L.; BOTT, T. R. *Process Heat Transfer*. Boca Raton, FL: CRC Press, 1994.
12. SHAH, R. K.; SEKULIC, D. P. *Fundamentals of Heat Exchanger Design*. Hoboken, NJ: Wiley, 2003.
13. FRAAS, A. P. *Heat Exchanger Design*. 2. ed., Hoboken, NJ: Wiley, 1989.
14. WANG, L.; SUNDÉN, B.; MANGLIK, R. M. *Plate Heat Exchangers*: Design, Applications and Performance. Southampton, UK:WIT Press, 2007.
15. BEEK, W. J.; MUTTZALL, K. M. K. *Transport Phenomena*. Nova York: Wiley, 1975.
16. TEMA. *Standards of the Tubular Exchanger Manufacturers Association*. 7. ed. Nova York: Exchanger Manufacturers Association, 1988.
17. BOWMAN, R. A.; MUELLER, A. C.; NAGLE, W. M. Mean Temperature Difference in Design. *Trans. ASME*, v. 62, 1940, p. 283-294.
18. NUSSELT, W. A New Heat Transfer Formula for Cross-Flow. *Technische Mechanik und Thermodynamik*, v.12, 1930.
19. TEN BROECK, H. Multipass Exchanger Calculations. *Ind. Eng. Chem.*, v. 30, 1938, p. 1041-1042.
20. DIGIOVANNI, M. A.; WEBB, R. L. Uncertainty in Effectiveness – NTU Calculations for Crossflow Heat Exchangers. *Heat Transfer Engineering*, v. 10, 1989, p. 61-70.
21. MANGLI, R. M. K. Heat Transfer Enhancement. In: BEHAN, A.; KRAUS, A. D. (Eds.) *Heat Transfer Handbook*, Cap. 14, Hoboken, NJ:Wiley, 2003.
22. BERGLES, A. E. Techniques to Enhance Heat Transfer. In: ROHSENOW, W. M.; HARTNETT, J. P.; CHO, Y. I. (Eds.). *Handbook of Heat Transfer*, 3. ed., Ch. 11, Nova York: McGraw-Hill, 1998.
23. MANGLIK, R. M.; BERGLES, A. E. Enhanced Heat and Mass Transfer in the New Millennium: A Review of the 2001 Literature. *Journal of Enhanced Heat Transfer*, v. 11, n.2, 2004, p. 87-118.
24. BERGLES, A. E.; JENSEN, M. K.; SHOME, B. Bibliography on Enhancement of Convective Heat and Mass Transfer.RPI Heat Transfer Laboratory, Rpt. HTL23, 1995. Consulte também A. E. Bergles, V. Nirmalan, G. H. Junkhan, and R. L. Webb, *Bibliography on Augmentation of Convective Heat and Mass Transfer-11*, Rept. HTL – 31, ISU – ERI – Ames – 84221, Iowa State University, Ames, Iowa, 1983.
25. MANGLIK, R. M.; BERGLES, A. E. Swirl Flow Heat Transfer and Pressure Drop with Twisted Tape Inserts. *Advances in Heat Transfer*, v. 36, Nova York: Academic Press, 2002, p. 183-266.
26. WEBB, R. L.; KIM, N. K.. *Principles of Enhanced Heat Transfer*, Boca Raton, FL: Taylor & Francis, 2005.
27. SOLAND, J. G.; MACK Jr., W. M.; ROHSENOW, W. M. Performance Ranking of Plate – Fin Heat Exchange Surfaces. *J. Heat Transfer*, v. 100, 1978, p. 514-519.
28. SOBHAN, C. B.; "BUD" PETERSON, G. P. *Microscale and Nanoscale Heat Transfer*: Fundamentals and Engineering Applications. Boca Raton, FL: CRC Press, 2008.
29. SADASIVAM, R.; MANGLIK, R. M.; JOG, M. A. Fully Developed Forced Convection Through Trapezoidal and Hexagonal Ducts. *International Journal of Heat and Mass Transfer*, v. 42, n. 23, 1999, p. 4321-4331.
30. TUCKERMAN, D. B.; PEASE, R. F. High Performance Heat Sinking for VLSI. *IEEE Electron Device Letters*, v. EDL-2, 1981, p. 126-129.
31. MUELLER, A. C. Thermal Design of Shell-and-TubeHeat Exchangers for Liquid-to-Liquid Heat Transfer. Eng. Bull., Res. Ser. 121, Purdue Univ. Eng. Exp. Stn., 1954.
32. SHAW, R. K.; BELL, K. J. Heat Exchangers. In: KREITH, F. (Ed.). *CRC Handbook of Thermal Engineering*. Boca Raton, FL: CRC Press, 2000.
33. HEWITT, G. F. (Ed.). *Heat Exchanger Design Handbook*. Nova York: Begell House, 1998.

Problemas

Os problemas para este capítulo estão organizados como mostrados na tabela abaixo.

Tópico	Número do Problema
Determinação do coeficiente geral de transferência de calor	8.1 – 8.10
Método LMTD ou de eficiência, coeficiente geral de transferência de calor fornecido	8.11 – 8.34
Método LMTD ou de eficiência, coeficiente geral de transferência de calor não fornecido	8.35 – 8.52
Trocadores de calor compactos	8.53 – 8.55

8.1 Em um trocador de calor, conforme mostrado na figura a seguir, o ar flui sobre os tubos de cobre, que contêm vapor e medem 1,8 cm de diâmetro interno e 2,1 cm de diâmetro externo. Os coeficientes de transferência de calor por convecção nos lados do ar e do vapor dos tubos são de 70 W/m^2 K e 210 W/m^2 K, respectivamente. Calcule o coeficiente geral de transferência de calor para o trocador de calor: (a) baseado na área do tubo interno; (b) baseado na área do tubo externo.

8.2 Repita o Problema 8.1, mas considere que o fator de incrustação de 0,00018 m^2 K/W desenvolveu-se no interior do tubo durante o funcionamento.

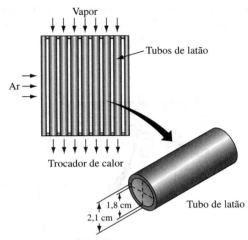

Cano 40 de aço com 5 cm

8.3 Um óleo leve flui por um tubo de cobre de 2,6 cm de diâmetro interno e 3,2 cm de diâmetro externo. O ar escoa perpendicularmente sobre o exterior do tubo, como mostrado no desenho a seguir. O coeficiente de transferência de calor por convecção para o óleo é de 120 W/m² K, e para o ar é de 35 W/m² K. Calcule o coeficiente geral de transferência de calor baseado na área externa do tubo: (a) considerando a resistência térmica do tubo; (b) desprezando a resistência do tubo.

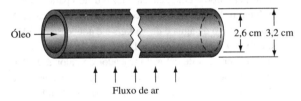

8.4 Repita o Problema 8.3, mas considere que os fatores de incrustação de 0,0009 m² K/W e 0,0004 m² K/W desenvolveram-se no lado interno e externo, respectivamente.

8.5 A água fluindo em um longo tubo de alumínio precisa ser aquecida por ar escoando perpendicularmente ao exterior do tubo. O diâmetro interno do tubo é de 1,85 cm e o diâmetro externo é de 2,3 cm. A taxa de fluxo de massa pelo tubo é de 0,65 kg/s e a temperatura da água no tubo é em média 30°C. A velocidade do escoamento livre e a temperatura ambiente do ar são de 10 m/s e 120°C, respectivamente. Estime o coeficiente geral de transferência de calor para o trocador de calor usando as correlações adequadas dos capítulos anteriores. Expresse todas as suas suposições.

8.6 A água quente é usada para aquecer o ar em um trocador de calor de cano duplo, como mostrado no desenho a seguir. Se os coeficientes de transferência de calor do lado da água e do lado do ar forem de 550 W/m² k e 55 W/m² K, respectivamente, calcule o coeficiente geral de transferência de calor baseado no diâmetro externo. O cano 40, de aço, do trocador de calor mede 5 cm, e possui (k = 54 W/m K) com água dentro.

8.7 Repita o Problema 8.6 considerando que, com o tempo, tenha se desenvolvido um fator de incrustação de 0,58 m²/kW K baseado no diâmetro externo do tubo.

8.8 O coeficiente de transferência de calor de um tubo de cobre (diâmetro interno de 1,9 cm e diâmetro externo de 2,3 cm) é de 500 W/m² K no interior e de 120 W/m² K no exterior, mas um depósito com um fator de incrustação de 0,009 m² K/W (baseado no diâmetro externo do tubo) acumulou-se com o tempo. Estime a porcentagem de aumento no coeficiente geral de transferência de calor caso o depósito fosse removido.

8.9 Em um trocador de calor de carcaça e tubo com $\bar{h}_i = \bar{h}_o$ = 5 600 W/m² K e resistência de parede desprezível, qual é a alteração em porcentagem do coeficiente geral de transferência de calor (baseado na área externa) se o número de tubos fosse dobrado? Os tubos medem 2,5 cm de diâmetro externo e 2 mm de espessura de parede. Suponha que as taxas de escoamento dos fluidos sejam constantes, o efeito da temperatura nas propriedades do fluido seja desprezível, e a área de sessão transversal total dos tubos seja pequena quando comparada com a área de fluxo da carcaça.

8.10 Água a 27°C entra em um tubo condensador de 1,6 cm nº 18 BWG de aço níquel-cromo (k = 26 W/m k) em uma taxa de 0,32 litros/s. O tubo mede 3 m de comprimento, e seu lado externo é aquecido por vapor condensando a 49°C. Sob essas condições, o coeficiente médio de transferência de calor no lado da água é de 9,9 kw/m² K. O coeficiente de transferência de calor no lado do vapor pode ser tomado como 11,3 kW/m² K. No interior do tubo, entretanto, está se formando uma escama com uma condutância térmica equivalente a 5,6 kW/m² K. (a) Calcule o coeficiente geral de transferência de calor U por pé quadrado da área de superfície externa após a escama ter se formado; (b) calcule a temperatura de saída da água.

8.11 A água é aquecida por ar quente em um trocador de calor. A taxa de fluxo da água é de 12 kg/s e a do ar é de 2 kg/s. A água entra a 40°C e o ar entra a 460°C. O coeficiente geral de transferência de calor do trocador de calor é de 275 W/m² K baseado em uma área de superfície de 14 m². Determine a eficiência do trocador de calor se ele for: (a) um tipo de fluxo paralelo, ou (b) um tipo de fluxo cruzado (ambos os fluidos não misturados). Depois, calcule a taxa de transferência de calor para os dois tipos de trocadores descritos e as temperaturas de saída dos fluidos quente e frio para as condições dadas.

8.12 Os gases de exaustão de uma usina elétrica são usados para preaquecer o ar em um trocador de calor de fluxo cruzado. Os gases de exaustão entram no trocador a 450°C e saem a 200°C. O ar entra no trocador de calor a 70°C, sai a 250°C, e apresenta uma taxa de fluxo de massa de 10 kg/s. Suponha que as propriedades dos gases de exaustão possam ser próximas às do ar. O coeficiente geral de transferência de calor do trocador é de 154 W/m² K. Calcule a área de superfície necessária do trocador de calor se: (a) o ar não estiver misturado e os gases de exaustão estiverem misturados; (b) os fluidos não estão misturados.

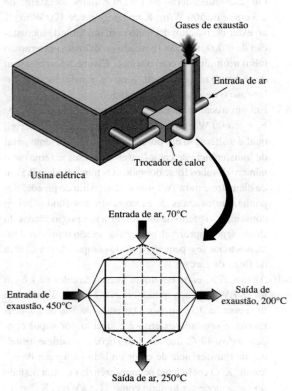

Diagrama para o trocador de calor

8.13 Um trocador de calor de carcaça e tubo com uma passagem pela carcaça e quatro pelo tubo é mostrado no desenho a seguir. O fluido nos tubos entra a 200°C e sai a 100°C. A temperatura do fluido é de 20°C entrando na carcaça e 90°C saindo da carcaça. O coeficiente geral de transferência de calor baseado na área de superfície de 12 m² é de 300 W/m² K. Calcule a taxa de transferência de calor entre os fluidos.

8.14 Óleo (c_p = 2,1 kJ/kg K) é usado para aquecer água em um trocador de calor de carcaça e tubo com uma única passagem pela carcaça e duas pelo tubo. O coeficiente geral de transferência de calor é de 525 W/m² K. As taxas de fluxo de massa são de 7 kg/s para o óleo e 10 kg/s para a água. Esses dois elementos entram no trocador de calor a 240°C e 20°C, respectivamente. O trocador precisa ser projetado para que a água saia a uma temperatura mínima de 80°C. Calcule a área de superfície de transferência de calor necessária para atingir essa temperatura.

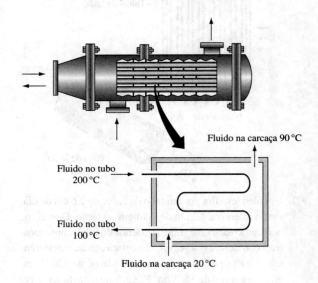

Problema 8.13

8.15 Um trocador de calor de carcaça e tubo com duas passagens pelo tubo e uma pela carcaça é usado para aquecer a água, utilizando vapor de condensação na carcaça. A taxa de fluxo da água é de 15 kg/s e é aquecida de 60°C a 80°C. O vapor condensa a 140°C e o coeficiente geral de transferência de calor do trocador de calor é de 820 W/m² K. Se houver 45 tubos com um diâmetro externo de 2,75 cm, calcule o comprimento necessário do tubo.

8.16 Benzeno fluindo a 12,5 kg/s precisa ser resfriado de 82°C para 54°C por 10 kg/s de água disponível a 15,5°C. Usando a Tabela 8.5, estime a área de superfície necessária para: (a) escoamento cruzado com seis passagens pelo tubo e uma passagem pela carcaça, com nenhum dos fluidos misturados; (b) um trocador de contrafluxo com uma passagem pela carcaça e oito pelo tubo, com o fluido mais frio dentro dos tubos.

8.17 Água entrando em um trocador de calor de carcaça e tubo a 35°C precisa ser aquecida para 75°C por um óleo. O óleo entra a 110°C e sai a 75°C. O trocador de calor é arranjado para o contrafluxo com a água fazendo uma passagem pela carcaça e o óleo fazendo duas passagens pelo tubo. Se a taxa de fluxo de água for de 68 kg por minuto e o coeficiente de transferência de calor for estimado da Tabela 8.1 como sendo 320 W/m² K, calcule a área necessária para o trocador de calor.

8.18 Começando com um equilíbrio de calor, mostre que a eficiência do trocador de calor para um arranjo de contrafluxo é:

$$\mathscr{E} = \frac{1 - \exp[-(1 - C_{mín}/C_{máx})\text{NTU}]}{1 - (C_{mín}/C_{máx})\exp[-(1 - C_{mín}/C_{máx})\text{NTU}]}$$

8.19 Na carcaça de um trocador de calor e tubo com duas passagens pela carcaça e oito passagens pelo tubo, 12,6 kg/s de água é aquecida de 80°C para 150°C. Gases quentes de exaustão tendo aproximandamente as mesmas propriedades físicas que o ar entram nos tubos a 340°C e saem a 180°C. Com base na superfície externa do tubo, a área total da superfície é de 930 m². Determine: (a) a diferença de temperatura média de registro se o trocador de calor for do tipo de contrafluxo simples; (b) o fator de correção F para o arranjo real; (c) a eficiência do trocador de calor; (d) o coeficiente geral de transferência de calor.

8.20 Em recuperadores de turbinas a gás, gases de exaustão são usados para aquecer o ar de entrada e $C_{mín}/C_{máx}$ é, portanto, aproximadamente igual à unidade. Mostre que, para este caso, $\mathscr{E} = NTU/(1 + NTU)$ para o contrafluxo e $\mathscr{E} = (1/2)(1 - e^{-2NTU})$ para o fluxo paralelo.

8.21 Em um trocador de calor de única passagem, 4 536 kg/h de água entram a 15°C e resfriam 9 071 kg/h de um óleo com um calor específico de 2 093 J/kg °C de 93°C para 65°C. Se o coeficiente geral de transferência de calor for de 284 W/m² °C, determine a área de superfície necessária.

8.22 Um preaquecedor tubular de passagem única aquecido por vapor é projetado para aumentar 5,6 kg/s de ar de 20°C a 75°C, usando vapor saturado a 27 bar (abs.). Propõe-se, então: (a) dobrar a taxa de fluxo do ar; (b) aumentar a pressão do vapor, para ser capaz de usar o mesmo trocador de calor e atingir o aumento desejado de temperatura. Calcule a pressão de vapor necessária para as novas condições e comente sobre as características de projeto do novo arranjo.

8.23 Por motivos de segurança, um trocador de calor funciona como demonstrado (a) na figura apresentada abaixo. Um engenheiro aponta que é aconselhável dobrar a área de transferência de calor para dobrar sua taxa de transferência. A sugestão é adicionar um segundo trocador idêntico como mostrado em (b). Avalie essa situação, isto é, prove que a taxa de transferência de calor dobraria.

8.24 Em um trocador de calor de contrafluxo de passagem única, 1,25 kg/s de água entra a 15°C e resfria 2,5 kg/s de um óleo com um calor específico de 2,1 kJ/kg de 95°C para 65°C. Se o coeficiente geral de transferência de calor for de 280 W/m² K, determine a área necessária de superfície.

8.25 Determine a temperatura de saída do óleo no Problema 8.24 para as mesmas temperaturas iniciais de fluido se o arranjo de escoamento for de uma passada na carcaça e duas no tubo. A área total e o coeficiente médio geral de transferência de calor são iguais aos da unidade do Problema 8.24.

8.26 Dióxido de carbono a 427°C será usado para aquecer 12,6 kg/s de água pressurizada de 37°C para 148°C enquanto a temperatura do gás cai 204°C. Para um coeficiente geral de transferência de calor de 57 W/m² K, compute a área necessária do trocador em pés quadrados para: (a) fluxo paralelo; (b) contrafluxo; (c) um trocador de corrente reversa 2–4; (d) fluxo cruzado com o gás misturado.

8.27 Um economizador será comprado para uma usina elétrica. A unidade deve ser grande o suficiente para aquecer 7,5 kg/s de água pressurizada de 71°C para 182°C. Há 26 kg/s de gases de combustão (c_p = 1000 J/kg K) disponíveis a 426°C. Estime: (a) a temperatura de saída dos gases de combustão; (b) a área de transferência de calor para um arranjo de contrafluxo caso o coeficiente geral de transferência de calor seja de 57 W/m² K.

8.28 Água escoando por um cano é aquecida pelo vapor condensando no seu exterior. (a) Supondo um coeficiente geral de transferência de calor uniforme ao longo do cano, derive uma expressão para a temperatura da água como uma função da distância da entrada. (b) Para um coeficiente geral de transferência de calor de 570 W/m² K baseado no diâmetro interno de 5 cm, uma temperatura de vapor de 104°C, e uma taxa de fluxo de água de 0,063 kg/s, calcule o comprimento necessário para aumentar a temperatura da água de 15,5°C para 65,5°C.

8.29 Água na taxa de 0,32 litro/s a uma temperatura de 27°C entra em um tubo condensador de 1,6 cm BWG nº 18

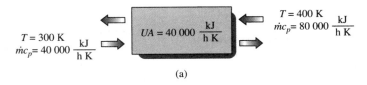

(a)

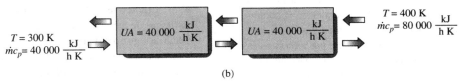

(b)

Problema 8.23

feito de aço níquel-cromo ($k = 26$ W/m K). Esse tubo mede 3 m de comprimento, e seu lado externo é aquecido por vapor condensando a 50°C. Sob essas condições, o coeficiente médio de transferência de calor no lado da água é de 10 kW/m² K e o de transferência de calor no lado do vapor pode ser tomado como 11,3 kW/m² K. No interior do tubo, entretanto, há uma casca (incrustação) com uma condutância térmica equivalente a 5,6 kW/m² K. Calcule: (a) o coeficiente geral de transferência de calor U por metro quadrado da superfície exterior; (b) a temperatura de saída da água.

8.30 Propõe-se preaquecer a água para uma caldeira usando os gases de combustão de uma pilha de caldeiras. Os gases de combustão estão disponíveis na taxa de 0,25 kg/s a 150°C, com um calor específico de 1 000 J/kg K. A água entrando no trocador a 15°C na taxa de 0,05 kg/s precisa ser aquecida até 90°C. O trocador de calor precisa ser do tipo de corrente reversa com uma passagem pela carcaça e quatro pelo tubo. A água flui dentro dos tubos, que são feitos de cobre (diâmetro interno de 2,5 cm, diâmetro externo de 3,0 cm). O coeficiente de transferência de calor no lado do gás é de 115 W/m² K, e o coeficiente de transferência de calor no lado da água é de 1 150 W/m² K. Uma camada de incrustação no lado da água oferece uma resistência térmica adicional de 0,002 m² K/W. (a) Determine o coeficiente de transferência de calor geral com base no diâmetro externo do tubo. (b) Determine a diferença de temperatura média adequada para o trocador de calor. (c) Estime o comprimento necessário do tubo. (d) Qual seria a temperatura de saída e eficiência se a taxa de fluxo da água for dobrada, dando um coeficiente de transferência de calor de 1 820 W/m² K?

8.31 Água quente precisa ser aquecida de 10°C para 30°C a uma taxa de 300 kg/s pelo vapor de pressão atmosférica em um trocador de calor de passagem única de carcaça e tubo consistindo em um cano de aço 40 de 2,5 cm. O coeficiente de superfície no lado do vapor é estimado como sendo 11 350 W/m² K. Uma bomba disponível pode entregar a quantidade desejada de água, contanto que a queda de pressão pelos canos não exceda 105 kPa. Calcule o número de tubos em paralelo necessários e o comprimento de cada tubo para operar o trocador de calor com a bomba disponível.

8.32 A água fluindo a uma taxa de 12,6 kg/s precisa ser resfriada de 90°C para 65°C pela taxa de escoamento igual de água fria entrando a 40°C. A velocidade da água será tal que o coeficiente geral de transferência de calor U é de 2 300 W/m² K. Calcule a área de superfície do trocador (em metros quadrados) necessária para cada um dos seguintes arranjos: (a) fluxo paralelo; (b) contrafluxo; (c) um trocador de calor de multipassagem com a água quente fazendo uma passagem por uma carcaça bem equilibrada e a água fria fazendo duas passagens pelos tubos, e (d) um trocador de calor de escoamento cruzado com ambos os lados não misturados.

8.33 Água fluindo a uma taxa de 10 kg/s por um trocador de calor de carcaça e tubo com passagem dupla por 50 tubos aquece o ar que escoa pelo lado da carcaça. O comprimento dos tubos de cobre é de 6,7 m, e o diâmetro externo é 2,6 cm e diâmetro interno é 2,3 cm. Os coeficientes de transferência de calor da água e do ar são de 470 W/m² K e 210 W/m² K, respectivamente. O ar entra na carcaça na temperatura de 15°C e a uma taxa de fluxo de 16 kg/s. Conforme entra nos tubos, a temperatura da água é de 75°C. Calcule: (a) a eficiência do trocador de calor; (b) a taxa de transferência de calor para o ar; (c) a temperatura de saída do ar e da água.

8.34 Um condensador de vapor de baixa pressão resfriado a ar é mostrado na figura a seguir. O banco de tubos tem quatro linhas de profundidade na direção do fluxo de ar, e há um total de 80 tubos, que apresentam um diâmetro interno de 2,2 cm e externo de 2,5 cm, com 9 m de comprimento e aletas circulares na parte externa. A área dos tubos mais a aleta é 16 vezes a área do tubo nu, isto é, a área de aleta é 15 vezes a área do tubo nu (despreze a superfície do tubo coberta por aletas). A eficiência das aletas é de 0,75. O ar escoa pelo lado de fora dos tubos. Em certo dia, o ar entra a 22,8°C e sai a 45,6°C. A taxa de fluxo de ar é de $3,4 \times 10^5$ kg/h.

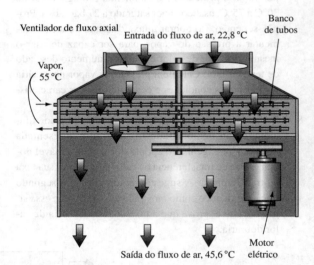

A temperatura do vapor é de 55°C e o coeficiente de condensação é de 10^4 W/m² K. O fator de incrustação do lado do vapor é de 10^4 W/m² K. A condutância da parede do tubo por área unitária é de 10^5 W/m² K. A resistência da incrustação do lado do ar é desprezível. O coeficiente de transferência de calor do filme do lado do ar é de 285 W/m² K (note que esse valor foi corrigido para o número de fileiras de tubos transversais). (a) Qual é a diferença média de registro de temperatura entre os dois fluxos? (b) Qual é a taxa de transferência de calor? (c) Qual é a taxa de condensação de vapor? (d) Estime a taxa de condensação de vapor se não houvesse aletas.

8.35 Projete (ou seja, determine a área total e um arranjo adequado das passagens por carcaça e tubos) um aquecedor tubular de água de alimentação capaz de aquecer 2 300 kg/h de água de 21°C para 90°C. São dadas as seguintes especificações: (a) o vapor saturado a uma pressão absoluta de 920 kPa está condensando na superfície tubular externa; (b) o coeficiente de transferência de calor no lado do vapor é de 6 800 W/m^2 K; (c) os tubos são de cobre, com diâmetro externo de 2,5 cm e interno de 2,3 cm, e 2,4 m de comprimento; (d) a velocidade da água é de 0,8 m/s.

8.36 Dois engenheiros estão discutindo sobre a eficiência de um trocador de calor de múltiplas passagens pelo lado dos tubos comparada a um trocador semelhante com uma passagem no lado dos tubos. Smith alega que, para certo número de tubos e taxa de transferência de calor, é necessário ter mais área em um trocador de duas passagens do que em um de uma passagem, pois a diferença de temperatura efetiva é menor. Jones, por outro lado, alega que, como a velocidade do lado do tubo, e, portanto, o coeficiente de transferência de calor são maiores, menos área é necessária em um trocador de duas passagens.

Com as condições dadas abaixo, qual deles está certo? Qual caso você recomendaria, ou qual alteração no trocador seria recomendável?

Especificações do trocador:
Total de 200 passagens pelo tubo
Tubos de cobre com diâmetro externo de 2,5 cm, BWG 16
Fluido do lado do tubo:
água entrando a 16°C, saindo a 28°C em uma taxa de 225 000 kg/h
Fluido do lado da carcaça:
Mobiltherm 600, entrando a 50°C e saindo a 33°C
Coeficiente do lado da carcaça = 1 700 W/m^2 K

8.37 Um trocador de calor de carcaça e tubo horizontal é usado para condensar vapores orgânicos. Estes se condensam no exterior dos tubos, enquanto a água é usada como meio de resfriamento no lado interno. Os tubos do condensador são de cobre, com diâmetro externo de 1,9 cm, interno de 1,6 cm e 2,4 m de comprimento. Há 768 tubos. A água faz quatro passagens pelo trocador.

Os dados de teste obtidos quando a unidade foi posta em serviço pela primeira vez são os seguintes:
Taxa de fluxo de água = 3 700 litros/min
Temperatura de entrada de água = 29°C
Temperatura de saída de água = 49°C
Temperatura de condensação do vapor orgânico = 118°C

Após três meses de operação, outro teste foi realizado sob as mesmas condições que o primeiro (isto é, mesma taxa de água, temperatura de entrada e de condensação) e mostrou que a temperatura da água na saída era de 46°C. (a) Qual é a velocidade do fluido (água) do lado do tubo? (b) Qual é a eficiência, $\mathscr{E}$, do trocador no primeiro e no segundo teste? (c) Supondo que não houve qualquer alteração no coeficiente de transferência de calor interno ou coeficiente de condensação, incrustação desprezível do lado da carcaça, e nenhuma incrustação no momento do primeiro teste, estime o coeficiente de incrustação do lado do tubo no momento do segundo teste.

8.38 Um trocador de calor de carcaça e tubo será usado para resfriar 25,2 kg/s de água de 38°C para 32°C. O trocador tem uma passagem do lado da carcaça e duas do lado do tubo. A água quente escoa pelos tubos, e a água resfriante flui pela carcaça. A água de resfriamento entra a 24°C e sai a 32°C. O coeficiente de transferência de calor do lado da carcaça (externo) é estimado em 5 678 W/m^2 K. As especificações de projeto requerem que a queda de pressão pelos tubos seja o mais próximo possível a 13,8 kPa, que os tubos sejam de cobre BWG 18 (espessura de parede de 1,24 mm) e que cada passagem tenha 4,9 m de comprimento. Suponha que as perdas de pressão na entrada e saída são iguais a uma vez e a uma vez e meia a velocidade mais provável ($\rho U^2/2g_c$), respectivamente. Para essas especificações, qual diâmetro de tubo e quantos tubos serão necessários?

8.39 Um trocador de calor de carcaça e tubo com as características dadas a seguir será usado para aquecer 27 000 kg/h de água antes de ser enviada para um sistema de reação. O vapor saturado a 2,36 atm de pressão absoluta está disponível como o meio de aquecimento e será condensado sem sub-resfriamento no lado externo dos tubos. Por experiência prévia, o coeficiente de condensação do lado do vapor pode ser presumido como constante e igual a 11 300 W/m^2 K. Se a água entra a 16°C, em qual temperatura ela sairá do trocador? Use estimativas razoáveis para os coeficientes de incrustação.

Especificações do trocador de calor:
Tubos: tubos horizontais de cobre com 2,5 cm de diâmetro externo e 2,3 cm de diâmetro interno em seis linhas verticais
Comprimento do tubo = 2,4 m
Número total de tubos = 52
Número de passagens do lado do tubo = 2

8.40 Determine o tamanho apropriado de um trocador de calor de carcaça e tubo com duas passagens de tubo e uma pela carcaça para aquecer 8,82 kg/s de etanol puro de 15,6°C para 60°C. O meio de aquecimento é o vapor saturado a 152 kPa condensando no lado externo dos tubos com um coeficiente de condensação de 15 000 W/m^2 K. Cada passagem do trocador tem 50 tubos de cobre com diâmetro externo de 1,91 cm e uma espessura de parede de 0,211 cm. Para o dimensionamento, suponha que a área da seção transversal do cabeçote por passada seja o dobro da área total interna da seção transversal do tubo. Espera-se que o etanol incruste no lado interno dos tubos com um coeficiente de incrustação de 5 678 W/m^2 K.

Após ser conhecido o tamanho do trocador de calor, isto é, o comprimento dos tubos, estime a queda de pressão de atrito usando o coeficiente de perda interior da unidade. Depois, estime a energia de bombeamento necessária com uma eficiência de bomba de 60% e o custo de bombeamento por ano a uma taxa de $ 0,10 por kWh.

8.41 Um regenerador de contrafluxo é usado em uma usina de energia com turbina a gás para preaquecer o ar antes de entrar no combustor. O ar sai do compressor a uma temperatura de 350°C. O gás de exaustão sai da turbina a 700°C. As taxas de fluxo de massa de ar e gás são de 5 kg/s. Tome o c_p do ar e do gás como iguais a 1,05 kJ/kg K. Determine a área de transferência de calor necessária como uma função da eficiência do regenerador caso o coeficiente geral de transferência de calor seja de 75 W/m² K.

8.42 Determine os requisitos de área de transferência de calor do Problema 8.41 se forem usados um trocador de calor (a) de carcaça e tubo 1–2; (b) de fluxo cruzado não misturado; (c) de fluxo paralelo.

8.43 Um pequeno aquecedor espacial é construído com tubos de cobre de calibre 18 de 1,2 cm, com 0,6 m de comprimento. Os tubos são arranjados em triângulos equiláteros escalonados em centros de 3,6 cm com quatro linhas de 15 tubos cada. Um ventilador sopra 0,95 m³/s de ar em pressão atmosférica a 21°C de forma uniforme sobre os tubos (veja o esboço a seguir). Estime: (a) a taxa de transferência de calor; (b) a temperatura de saída do ar; (c) a taxa e condensação de vapor, supondo que o vapor saturado a 14 kPa (bitola) dentro dos tubos é a fonte de calor. Indique suas suposições. Trabalhe as partes (a), (b) e (c) deste problema com dois métodos: primeiro use a LMTD, que exige uma solução de tentativa e erro ou uma solução gráfica; depois, use o método de eficiência.

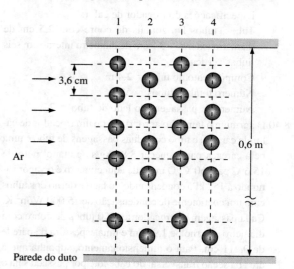

8.44 Um trocador de calor de fluxo cruzado e uma passagem de tubo estão sendo considerados para recuperar a energia de gases de exaustão de um motor propulsionado por turbina. O trocador de calor é construído de placas retas formando um padrão de caixa de ovo, como mostrado no esboço a seguir. As velocidades do ar entrando (10°C) e dos gases de exaustão (425°C) são iguais a 61 m/s. Supondo que as propriedades dos gases de exaustão sejam as mesmas que a do ar, estime o coeficiente geral de transferência de calor U para um comprimento de trajeto de 1,2 m, desprezando a resistência térmica da parede de metal intermediária. Depois, determine a temperatura de saída do ar, comentando sobre a adequação do projeto proposto e, se possível, sugerindo melhorias. Indique suas suposições.

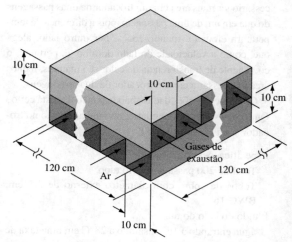

8.45 Um trocador de calor de contrafluxo de carcaça e tubo precisa ser projetado para aquecer um óleo de 27°C a 82°C. O trocador de calor apresenta duas passagens por tubos e uma pela carcaça. O óleo precisa passar por canos 40 de 3,6 cm a uma velocidade de 1 m/s, e o vapor condensará a 102°C no lado externo dos canos. O calor específico do óleo é de 4,2 kJ/kg, e sua densidade de massa é de 925 kg/m³. O coeficiente de transferência de calor do lado do vapor é de aproximadamente 10 kW/m² K e a condutividade térmica do metal dos tubos é de 30 W/m K. Os resultados de experimentos anteriores que fornecem os coeficientes de transferência de calor do lado do óleo para canos do mesmo tamanho, na mesma velocidade de óleo que aquelas a serem usadas no trocador, são:

ΔT (°C)	75	64	53	42	20	—
$T_{óleo}$ (°C)	27	38	49	60	71	82
h_{cl} (W/m² K)	80	85	100	140	250	540

(a) Encontre o coeficiente geral de transferência de calor U baseado na área de superfície externa no ponto em que o óleo está a 38°C. (b) Encontre a temperatura da superfície interna do cano quando a temperatura do óleo estiver a 38°C. (c) Encontre o comprimento necessário do feixe de tubos.

8.46 Um trocador de calor de carcaça e tubo em uma usina de amônia está preaquecendo 1 132 m³ de nitrogênio à pressão atmosférica por hora de 21°C para 65°C usando vapor condensando a 138 000 N/m². Os tubos no trocador de calor apresentam um diâmetro interno de 2,5 cm. Para trocar da síntese de amônia para a síntese de metanol, esse aquecedor precisa ser usado para preaquecer monóxido de carbono de 21°C para 77°C, usando vapor condensando a 241 000 N/m². Calcule a taxa de fluxo que pode ser antecipada desse trocador de calor em quilogramas de monóxido de carbono por segundo.

8.47 Em uma usina industrial, um trocador de calor de carcaça e tubo está aquecendo a água suja pressurizada na taxa de 38 kg/s de 60°C para 110°C por meio de vapor condensando a 115°C no lado externo dos tubos. O trocador de calor tem 500 tubos de aço (diâmetro interno = 1,6 cm, externo = 2,1 cm) em um feixe de tubos de 9 m de comprimento. A água flui pelos tubos enquanto o vapor se condensa na carcaça. Presumindo que a resistência térmica da escala na parede interior do cano não será alterada quando a taxa de massa do fluxo for aumentada, e que as alterações nas propriedades da água com a temperatura são desprezíveis, estime: (a) o coeficiente de transferência de calor no lado da água; (b) a temperatura de saída da água suja, se sua taxa de massa de escoamento for dobrada.

8.48 Benzeno líquido (gravidade específica = 0,86) precisa ser aquecido em um trocador de calor de cano concêntrico de contrafluxo de 30°C para 90°C. Para uma tentativa de projeto, a velocidade do benzeno pelo cano interior (diâmetro interno = 2,7 cm, externo = 3,3 cm) pode ser considerada como 8 m/s. O vapor saturado do processo a 1,38 × 10⁶ N/m² está disponível para aquecer. São propostos dois métodos para utilizar esse vapor: (a) passar o vapor de processo diretamente pelo anel do trocador – isso necessitaria que o último fosse projetado para alta pressão; (b) acelerar o vapor adiabaticamente para 138 000 N/m² antes de passá-lo pelo aquecedor. Em ambos os casos, a operação seria controlada para que o vapor saturado entre e a água saturada saia do aquecedor. Como aproximação, suponha em ambos os casos que o coeficiente de transferência de calor para o vapor condensado permanece constante a 12 800 W/m² K, e que são desprezíveis tanto a resistência térmica da parede do cano quanto a queda de pressão para o vapor. Se o diâmetro interior do cano externo for de 5 cm, calcule a taxa de massa do fluxo do vapor (kg/s por cano) e o comprimento necessário do aquecedor para cada arranjo.

8.49 Calcule o coeficiente geral de transferência de calor e a taxa do fluxo de calor dos gases quentes para o ar frio no banco de tubos de escoamento cruzado do trocador de calor mostrado na ilustração a seguir. São dadas as seguintes condições de operação:

Taxa de fluxo de ar = 0,4 kg/s
Taxa de fluxo do gás quente = 0,65 kg/s
Temperatura dos gases quentes entrando no trocador = 870°C

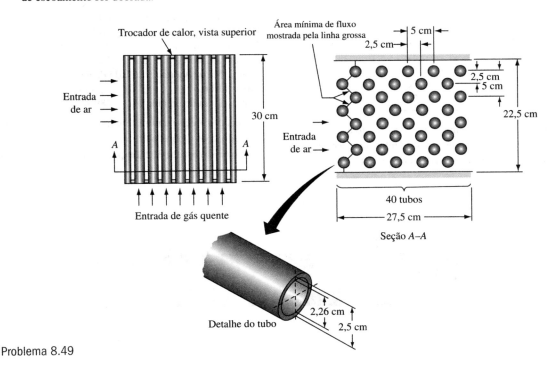

Problema 8.49

Temperatura do ar frio entrando no trocador = 40°C
Ambos os gases estão aproximadamente à pressão atmosférica.

8.50 Um óleo com calor específico de 2 100 J/kg K entra em um resfriador de óleo a 82°C na taxa de 2,5 kg/s. O resfriador é uma unidade de contrafluxo com água como refrigerante; a área de transferência é de 28 m² e o coeficiente geral de transferência de calor é de 570 W/m² K. A água entra no trocador a 27°C. Determine a taxa de água necessária caso o óleo tenha que sair do resfriador a 38°C.

8.51 Fluindo na taxa de 1,25 kg/s em um trocador de calor de contrafluxo simples, ar seco é resfriado de 65°C para 38°C pelo ar frio que entra a 15°C e flui em uma taxa de 1,6 kg/s. Planeja-se aumentar o comprimento do trocador de calor para que 1,25 kg/s de ar possa ser resfriado de 65°C para 26°C com uma corrente de ar de contrafluxo a 1,6 kg/s entrando a 15°C. Supondo que o calor específico do ar seja constante, calcule a razão do comprimento do novo trocador para o comprimento do original.

8.52 Vapor saturado a 1,35 atm se condensa do lado externo de uma tubulação de cobre de 2,6 m de comprimento, aquecendo 5 kg/h de água fluindo no tubo. As temperaturas da água medidas em 10 estações igualmente espaçadas ao longo do comprimento do tubo (veja esboço abaixo) são:

Estação	Temp °C
1	18
2	43
3	57
4	67
5	73
6	78
7	82
8	85
9	88
10	90
11	92

Calcule: (a) o coeficiente médio geral de transferência de calor U_o baseado na área externa do tubo; (b) o coeficiente médio de transferência de calor do lado da água h_w (suponha que o coeficiente do lado do calor a h_s é de 11 000 W/m² K); (c) o coeficiente geral local U_x baseado na área de tubo externo para cada uma das 10 seções entre as estações de temperatura; (d) os coeficientes locais h_{wx} do lado da água para cada uma das 10 seções. Plote todos os itens contra o comprimento do tubo, cujas dimensões são: diâmetro interno = 2 cm, externo = 2,5 cm, estação de temperatura 1 é na entrada do tubo e a estação 11 é na saída.

8.53 Calcule o coeficiente de transferência de calor do lado da água e a queda de pressão do refrigerante por comprimento de tubo, referentes ao núcleo de um refrigerante compacto de uma instalação de turbina a gás de 5 000 hp. A água flui para dentro de um tubo de alumínio achatado com uma sessão transversal mostrada abaixo:

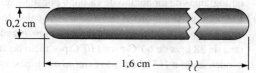

O diâmetro interno do tubo antes de ser achatado era de 1,23 cm com uma espessura de parede (t) de 0,025 cm. A água entra no tubo a 15,6°C e sai a 26,7°C à velocidade de 1,34 m/s.

8.54 Um trocador de calor compacto de ar para água precisa ser projetado para servir como um inter-resfriador para uma usina de turbina a gás de 5 000 hp. O trocador precisa atender às seguintes especificações de transferência de calor e desempenho de queda de pressão:

Condições de operação do lado do ar:
Taxa de fluxo   25,2 kg/s
Temperatura de entrada   400 K
Temperatura de saída   300 K
Pressão de entrada (p_1)   2,05 × 10⁵ N/m² (abs.)
Taxa da queda de pressão   7,6%
Condições de operação do lado da água:
Taxa de fluxo   50,4 kg/s
Temperatura de entrada   289 K

O trocador precisa ter uma configuração de escoamento cruzado com ambos os fluidos não misturados. A superfície do trocador de calor proposta consiste em tubos

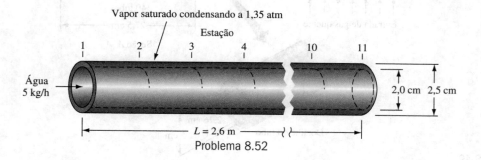

Problema 8.52

achatados com aletas contínuas de alumínio, especificadas como uma superfície 11.32-0.737-SR na referência Kays e London [10]. O trocador de calor é mostrado esquematicamente:

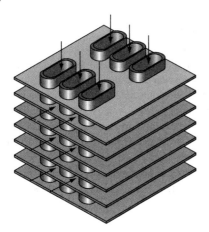

A transferência de calor medida e as características de atrito para esta superfície do trocador estão mostrados na figura.

Detalhes geométricos para a superfície proposta:

Lado do ar: Raio hidráulico da passagem do fluxo
$(r_h) = 0,0878$ cm
Área de transferência total/volume total
$(\alpha_{ar}) = 886$ m^2/m^3
Área de fluxo livre/área frontal
$(\sigma) = 0,780$
Área de aletas/área total $(A_f/A) = 0,845$
Espessura do metal da aleta
$(t) = 0,0001$ m
Comprimento da aleta
($\frac{1}{2}$ distância entre tubos, $L_f) = 0,00572$ m

Lado da água tubos: especificações dadas no Problema 8.53 área de transferência do lado da água/volume total
$(\alpha_{H_2O}) = 138$ m^2/m^3

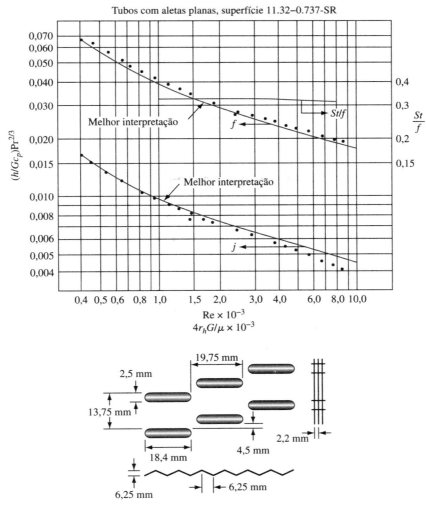

Problema 8.54

O projeto precisa especificar o tamanho do núcleo, a área frontal do fluxo de ar e seu comprimento. A velocidade da água dentro dos tubos é de 1,34 m/s. Veja o Problema 8.53 para o cálculo do coeficiente e a transferência de calor do lado da água.

Observações: (I) A área de escoamento livre é definida para que a velocidade de massa, G, seja a taxa de fluxo de massa do ar por área de escoamento livre unitário; (II) a queda de pressão do núcleo é dada por $\Delta p = fG^2L/2\rho r_h$, em que L é o comprimento do núcleo na direção do fluxo de ar; (III) o comprimento da aleta, L_f, é definido tal que $L_f = 2A/P$, onde A é a área da seção transversal da aleta para a condução de calor e P é o perímetro efetivo da aleta.

8.55 Os trocadores de calor compactos de microcanal podem ser usados para resfriar dispositivos microeletrônicos de alto escoamento de calor. O esboço abaixo mostra uma visão esquemática de um sumidouro típico de calor de microcanal. As técnicas de microfabricação podem ser usadas para produzir canais e aletas de alumínio em massa com as seguintes dimensões:

$w_c = w_w = 50 \ \mu m$
$b = 200 \ \mu m$
$L = 1,0 \ cm$
$t = 100 \ \mu m$

Supondo que temos um total de 100 aletas e que a água a 30°C é usada como meio de refrigeração em um Número de Reynolds de 2 000, estime: (a) a taxa de fluxo de água por todos os canais; (b) o Número de Nusselt; (c) o coeficiente de transferência de calor; (d) a resistência térmica efetiva entre os elementos IC formando a fonte de calor e a água refrigerante; (e) a taxa de dissipação de calor permitida se a diferença de temperatura entre a fonte e a água não exceder 100 K.

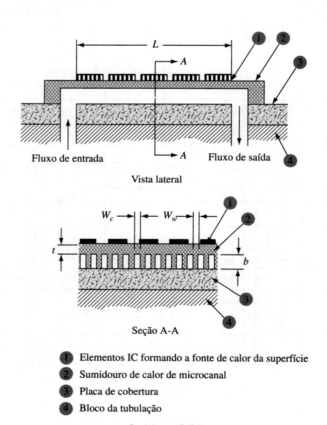

① Elementos IC formando a fonte de calor da superfície
② Sumidouro de calor de microcanal
③ Placa de cobertura
④ Bloco da tubulação

Problema 8.55

Problemas de projeto

8.1 **Melhoria da eficiência de fornos** (Capítulo 8)
Na indústria, é comum a recuperação de energia térmica do gás de combustão de um forno. Um método para usar essa energia térmica é preaquecer o ar de combustão do forno com um trocador que transfira o calor do gás de combustão para o fluxo de ar de combustão. Projete tal trocador de calor considerando que o forno seja aceso com gás natural na taxa de 10 MW, usa ar de combustão na taxa de 90 pés cúbicos padrão por segundo, e é 75% eficiente antes de a recuperação do calor ser empregada. Usando a Primeira Lei de Termodinâmica, determine a temperatura do gás de combustão saindo do forno antes de o trocador de calor ser instalado. Depois, determine o melhor projeto para o trocador de calor e calcule as temperaturas de saída para ambos os fluxos. As considerações mais importantes serão o custo de capital do trocador de calor, seus custos de manutenção e a queda de pressão tanto no lado do ar quanto no lado do gás de combustão.

8.2 **Condensador para uma turbina a vapor** (Capítulo 8)
O vapor saturado sai de uma turbina de vapor na taxa de fluxo de massa de 2 kg/s e uma pressão de 0,5 atm, como mostrado no diagrama a seguir. Projete um trocador de calor para condensar o vapor para o estado líquido saturado utilizando água a 10 °C como fluido de arrefecimento. Use um coeficiente de transferência de calor de condensação na faixa média na Tabela 10.5. No Capítulo 10, você vai calcular o coeficiente de transferência de calor de condensação.

8.3 **Recuperação de resíduos de calor** (Capítulo 8)
Analise a eficiência de um trocador de calor projetado para aquecer água com o gás de uma câmara de combustão, conforme mostrado no diagrama a seguir. A água flui por um tubo com aletas com as dimensões mostradas no diagrama esquemático, à taxa de 0,17 kg/s, enquanto os gases de combustão estão fluindo pelo anel nos canais de escoamento entre as aletas na velocidade de 10 m/s. Os tubos aletados podem ser construídos de aço-carbono ou cobre. Determine a taxa de transferência de calor por comprimento unitário do tubo do gás para a água a uma temperatura de 200 K, e temperatura de gás de combustão de 700 K. Baseado na análise de custo da comparação entre cobre e aço, recomende o material adequado para ser usado nesse dispositivo.

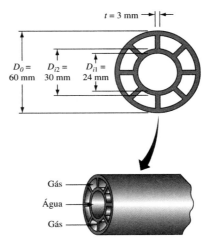

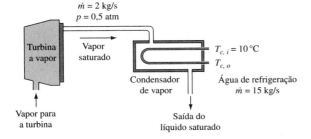

CAPÍTULO 9

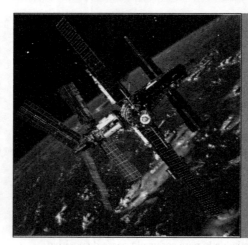

Transferência de calor por radiação

Um satélite em órbita no espaço com seus painéis solares e radiadores que abertos dissipam calor. O sistema de geração de energia do satélite recebe energia solar por radiação e dissipa o calor residual por radiação no lado escuro.
Fonte: Foto cortesia da Nasa.

Conceitos e análises a serem aprendidos

A transferência de calor por radiação é diferente da transferência de calor por convecção e condução porque a radiação depende da temperatura absoluta elevada à quarta potência. Além disso, o calor pode ser transportado por radiação sem um meio de intervenção. Consequentemente, a integração de transferência de calor por radiação em uma análise térmica geral apresenta desafios consideráveis, incluindo a necessidade de condições-limite cuidadosamente estabelecidas e pressupostos necessários para a adequada inclusão no circuito térmico de um sistema. O estudo deste capítulo abordará:

- como expressar a dependência da energia emitida de um corpo negro monocromático em seu comprimento de onda e temperatura absoluta;
- como expressar a relação entre a intensidade de radiação e a energia emitida;
- como empregar as propriedades de radiação como emissividade, absorbância e transmissividade na análise de transferência de calor, incluindo a sua dependência com o comprimento de onda;
- como definir e usar pressupostos de corpo negro e corpo cinza;
- como avaliar um fator de forma de radiação para a transferência de calor por radiação entre superfícies diferentes;
- como configurar uma rede equivalente para a radiação em envoltórios consistindo de várias superfícies;
- como utilizar o MATLAB para resolver problemas de transferência de calor por radiação;
- como avaliar problemas térmicos quando a radiação é combinada com convecção e condução;
- como modelar os fundamentos da radiação em meios gasosos.

9.1 Radiação térmica

Quando um corpo é colocado em um envoltório cujas paredes estão a uma temperatura inferior, sua temperatura diminuirá mesmo se o envoltório for evacuado. O processo pelo qual o calor é transferido de um corpo em razão de sua temperatura, sem o auxílio de qualquer meio intermediário, é chamado de *radiação térmica*. Este capítulo aborda as características da radiação térmica e a transferência de calor por radiação.

O mecanismo físico de radiação ainda não é completamente compreendido. A energia radiante é imaginada como sendo transportada por ondas eletromagnéticas, outras vezes como transportada por fótons. Nenhum desses pontos de vista descreve completamente a natureza de todos os fenômenos observados. Sabe-se, entretanto, que a radiação viaja com à velocidade da luz c, igual à cerca de 3×10^8 m/s no vácuo. Essa velocidade é igual ao produto da frequência e do comprimento de onda da radiação, ou

$$c = \lambda v$$

em que λ = comprimento de onda, m
v = frequência, s^{-1}

Embora o metro seja a unidade de comprimento de onda, usar o micrômetro (μm), igual a 10^{-6} m [1 μm = 10^4Å (angstroms)] é mais conveniente. Na literatura de engenharia, o mícron (igual a um micrômetro) também é usado e é denotado pelo símbolo μ.

Do ponto de vista da teoria eletromagnética, as ondas viajam à velocidade da luz; do ponto de vista da teoria quântica, a energia é transportada por fótons que viajam a esta velocidade. Embora todos os fótons tenham a mesma velocidade, sempre há uma distribuição de energia entre eles. A energia associada a um fóton, e_p, é dada por $e_p = hv$, em que h é a constante de Planck, igual a $6,625 \times 10^{-34}$ J s, e v é a frequência da radiação em s^{-1}. O espectro de energia também pode ser descrito em termos de comprimento de onda da radiação, λ, que está relacionado à velocidade e à frequência de propagação por $\lambda = c/v$.

Os fenômenos de radiação são geralmente classificados por seu comprimento de onda característico (Fig. 9.1). Os fenômenos eletromagnéticos englobam muitos tipos de radiação, desde raios gama e raios X com comprimentos de onda curtos até ondas de rádio com grandes comprimentos de onda. O comprimento de onda da radiação depende de como a radiação é produzida. Por exemplo, um metal bombardeado por elétrons de alta frequência emite raios X, enquanto certos cristais podem ser estimulados a emitir ondas de rádio de comprimento longo. *A radiação térmica* é definida como energia radiante emitida por um meio em decorrência de sua temperatura. Em outras palavras, a emissão de radiação térmica é regulada pela temperatura do corpo emissor. O intervalo de comprimento de onda englobado pela radiação térmica fica aproximadamente entre 0,1 e 100 μm. Este intervalo geralmente é subdividido em ultravioleta, visível e infravermelho, como mostrado na Fig. 9.1.

A radiação térmica sempre abrange uma faixa de comprimentos de onda. A quantidade de radiação emitida por unidade de comprimento de onda é chamada *radiação monocromática*; ela varia com o comprimento de onda, e a palavra *espectral* é usada para denotar essa dependência. A distribuição espectral depende da temperatura e das características da superfície do corpo luminescente. O Sol, com uma temperatura superficial efetiva de cerca de 5 800 K, emite a maior parte de sua energia abaixo de 3 μm, enquanto que a Terra, a uma temperatura de cerca de 290 K, emite mais de 99% de sua radiação em comprimentos de onda mais longos do que 3 μm. A diferença das faixas espectrais aquece o interior de uma estufa, mesmo quando o ar exterior é frio, porque o vidro permite que a radiação com vários comprimentos de onda provenientes do Sol passe, entretanto, ele é quase opaco à radiação na faixa de comprimento de onda emitida pelo interior da estufa. Assim, a maior parte da energia solar que entra na estufa fica presa lá. Nos últimos anos, a queima de combustíveis fósseis aumentou a quantidade de dióxido de carbono na atmosfera. Uma vez que o dióxido de carbono absorve radiação no espectro solar, menos energia escapa. Isso causa o aquecimento global, também chamado de "efeito estufa".

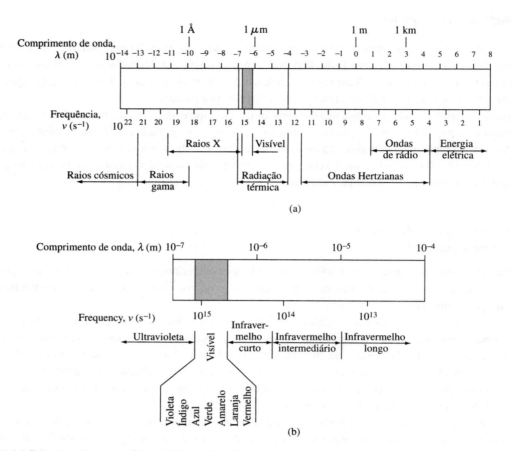

FIGURA 9.1 (a) Espectro eletromagnético. (b) Parte da radiação térmica do espectro eletromagnético.

9.2 Radiação de corpo negro

Corpo negro, ou radiador ideal, é um corpo que, em qualquer temperatura, emite e absorve a quantidade máxima possível de radiação em qualquer comprimento de onda determinado. O radiador ideal é um conceito teórico que define um limite máximo para a emissão de radiação em conformidade com a Segunda Lei da Termodinâmica. É um padrão com o qual são comparadas as características de radiação de outros meios.

Para fins laboratoriais, um corpo negro pode ser aproximado por uma cavidade, como uma esfera oca, cujas paredes interiores são mantidas a uma temperatura uniforme T. Se há um pequeno buraco na parede, qualquer radiação que entra por ele é parcialmente absorvida e refletida nas superfícies interiores. Como se pode observar no desenho esquemático da Fig. 9.2, a radiação refletida não escapará imediatamente da cavidade, antes, atingirá repetidamente a superfície interior. Cada vez que atinge, parte dela é absorvida; quando o feixe de radiação original finalmente atinge o buraco novamente e escapa, está tão enfraquecido pela repetição da reflexão que a energia que sai da cavidade é insignificante. Isso ocorre independentemente da superfície e da composição da parede da cavidade. Assim, um pequeno buraco nas paredes em torno de uma cavidade grande age como um corpo negro, porque praticamente toda a radiação incidente nele é absorvida no interior da cavidade.

De forma semelhante, a radiação emitida pela superfície interior de uma cavidade é absorvida e refletida muitas vezes e acaba preenchendo-a uniformemente. Se um corpo negro é colocado na cavidade à mesma temperatura da superfície interior, recebe radiação de forma uniforme, ou seja, ela é *irradiada isotropicamente*. O corpo negro absorve toda a radiação incidente, e como o sistema consistindo do corpo negro e da cavidade está a uma temperatura uniforme, a taxa de emissão de radiação pelo corpo deve ser igual à sua taxa de irradiação (caso contrário, haveria uma transferência líquida de energia na forma de calor entre dois corpos à mesma temperatura em um sistema isolado, uma evidente violação da Segunda Lei da Termodinâmica). Assim, denotando a taxa na qual a energia radiante das paredes da cavidade é incidente sobre o corpo negro, ou seja, a irradiação do corpo negro, por G_b e a taxa na qual ele emite energia por E_b, obtemos $G_b = E_b$. Isso significa que a irradiação em uma cavidade cujas paredes estão a uma temperatura T é igual à potência emissiva de um corpo negro à mesma temperatura. Um pequeno buraco na parede de uma cavidade não perturbará sensivelmente essa condição, e a radiação que escapa dele, portanto, terá características de corpo negro. Uma vez que esta radiação é independente da natureza da superfície, segue-se que a potência *emissiva de um corpo negro depende apenas de sua temperatura*.

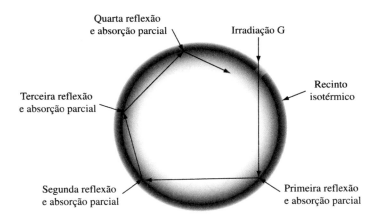

FIGURA 9.2 Diagrama esquemático da cavidade do corpo negro.

9.2.1 Leis dos corpos negros

A emissão espectral de energia radiante por unidade de tempo e por unidade de área de um corpo negro no comprimento de onda λ na faixa de comprimento de onda $d\lambda$ será denotada por $E_{b\lambda}\, d\lambda$. A quantidade $E_{b\lambda}$ normalmente é chamada de *potência emissiva monocromática do corpo negro*. Uma relação mostrando como a potência emissiva de um corpo negro é distribuída entre os diferentes comprimentos de onda foi derivada por Max Planck em 1900, por meio de sua teoria quântica. De acordo com a *Lei de Planck*, um radiador ideal à temperatura T emite radiação de acordo com a relação [1]

$$E_{b\lambda}(T) = \frac{C_1}{\lambda^5(e^{C_1/\lambda T} - 1)} \tag{9.1}$$

em que $E_{b\lambda}$ = potência emissiva monocromática de um corpo negro a uma temperatura absoluta T, W/m³
λ = comprimento de onda, m (μ)
T = temperatura absoluta do corpo, K
C_1 = primeira constante de radiação
= 3,7415 × 10⁻¹⁶ W m²
C_2 = segunda constante de radiação
= 1,4388 × 10⁻² m K

A potência emissiva monocromática para um corpo negro a diferentes temperaturas é representada na Fig. 9.3 como uma função do comprimento de onda. Observe que a emissão de energia de radiação é apreciável entre 0,2 e cerca de 50 μm em temperaturas abaixo de 5800 K. O comprimento de onda no qual a potência emissiva monocromática é uma máxima, $E_{b\lambda}(\lambda_{máx}, T)$ diminui com o aumento da temperatura.

A relação entre o comprimento de onda $\lambda_{máx}$ em que $E_{b\lambda}$ é um máximo e a temperatura absoluta é chamada *Lei de Wien* [1]. Pode ser derivada da Lei de Planck, satisfazendo a condição para um máximo de $E_{b\lambda}$, ou:

$$\frac{dE_{b\lambda}}{d\lambda} = \frac{d}{d\lambda}\left[\frac{C_1}{\lambda^5(e^{C_2/\lambda T} - 1)}\right]_{T=\text{const}} = 0$$

O resultado dessa operação é:

$$\lambda_{\text{máx}} T = 2{,}898 \times 10^{-3}\,\text{m K} \tag{9.2}$$

O intervalo de comprimentos de onda no visível, mostrada como uma banda na Fig. 9.3, estende-se sobre uma região estreita de 0,4 a 0,7 μm. Apenas uma quantidade muito pequena do total da energia está contida nesse intervalo de comprimentos de onda em temperaturas abaixo de 800 K. Em temperaturas mais altas, no entanto, aumenta a quantidade de energia radiante dentro da faixa visível e o olho humano começa a detectar a radiação. A sensação produzida na retina e transmitida ao nervo óptico depende da temperatura. Essa relação entre temperatura e comprimento de onda da energia radiante ainda é usada para estimar as temperaturas dos metais durante um tratamento térmico. A cerca de 800 K, uma quantidade de energia radiante suficiente para ser observada, é emitida em comprimentos de onda entre 0,6 e 0,7 μm, e um objeto a essa temperatura brilha com uma cor vermelho fraco. Conforme a temperatura é aumentada, a cor muda para vermelho brilhante e amarelo, tornando-se quase branco em cerca de 1 500 K. Ao mesmo tempo, o brilho também aumenta, porque cada vez mais radiação total cai dentro da faixa visível.

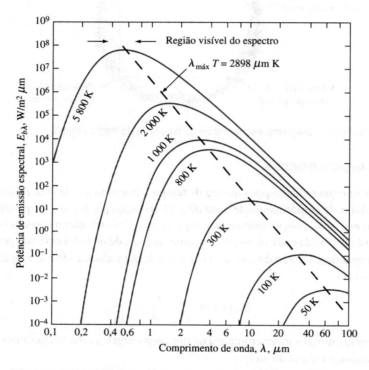

FIGURA 9.3 Potência emissiva de um corpo negro monocromático.

No Capítulo 1, foi visto que a emissão total de radiação por unidade de área de superfície, por unidade de tempo de um corpo negro, está relacionada à quarta potência da temperatura absoluta, de acordo com a *lei de Stefan-Boltzmann*

$$E_b(T) = \frac{q_r}{A} = \sigma T^4 \tag{9.3}$$

em que A = área do corpo negro que emite a radiação, m^2
T = temperatura absoluta da área A em K
σ = constante de Stefan-Boltzmann
  = $5{,}670 \times 10^{-8}$ W/m^2 K^4

A energia de emissão total dada pela Eq. (9.3) representa a radiação térmica total emitida através do espectro inteiro de comprimento de onda. A uma dada temperatura T, a área sob uma curva, como mostrado na Fig. 9.3, é E_b.

A potência emissiva total e a potência emissiva monocromática estão relacionadas por:

$$\int_0^\infty E_{b\lambda}\, d\lambda = \sigma T^4 = E_b \qquad (9.4)$$

Substituindo a Eq. (9.1) por $E_b\lambda$ e realizando a integração indicada acima, pode-se observar que a constante de Stefan-Boltzmann σ e as constantes C_1 e C_2 na Lei de Planck estão relacionadas por:

$$\sigma = \left(\frac{\pi}{C_2}\right)^4 \frac{C_1}{15} = 5{,}670 \times 10^{-8}\ \text{W/m}^2\ \text{K}^4 \qquad (9.5)$$

A Lei de Stefan-Boltzmann mostra que, na maioria dos casos, os efeitos da radiação são insignificantes quando submetidos a baixas temperaturas devido ao pequeno valor para σ. À temperatura ambiente ($\sim$300 K), a potência emissiva total de uma superfície negra é de aproximadamente 460 W/m². Esse valor é apenas cerca de um décimo do fluxo de calor transferido de uma superfície de um líquido por convecção, mesmo quando o coeficiente dessa transferência e a diferença de temperatura são razoavelmente baixos, com valores de 100 W/m² K e 50 K, respectivamente. Portanto, sob baixas temperaturas, muitas vezes, podemos desprezar os efeitos da radiação; no entanto, devemos incluir seus efeitos a altas temperaturas porque a potência aumenta com a quarta potência da temperatura absoluta.

9.2.2 Funções de radiação e emissão de banda

Para cálculos de engenharia envolvendo superfícies reais, é importante conhecer a energia irradiada em um comprimento de onda específico ou em uma banda finita de comprimentos de onda específicos λ_1 e λ_2, ou seja, $\int_{\lambda_1}^{\lambda_2} E_{b\lambda}(T)\, d\lambda$.. Os cálculos numéricos para tais casos são facilitados pelo uso das *funções de radiação* [2]. A derivação dessas funções e sua aplicação são ilustradas a seguir.

A qualquer temperatura dada, a potência emissiva monocromática é máxima no comprimento de onda $\lambda_{\text{máx}} = 2{,}898 \times 10^{-3}/T$, de acordo com a Eq. (9.2). Substituindo $\lambda_{\text{máx}}$ na Eq. (9.1) resulta na máxima potência emissiva monocromática à temperatura T, $E_{b\lambda\text{máx}}(T)$, ou

$$E_{b\lambda\text{max}}(T) = \frac{C_1 T^5}{(0{,}002898)^5 (e^{C_2/0{,}002898} - 1)} = 12{,}87 \times 10^{-6} T^5\ \text{W/m}^3 \qquad (9.6)$$

Se dividirmos a potência emissiva monocromática de um corpo negro, $E_{b\lambda}(T)$, por sua máxima potência emissiva na mesma temperatura, $E_{b\lambda\text{máx}}(T)$, obtemos a seguinte razão adimensional:

$$\frac{E_{b\lambda}(T)}{E_{b\lambda\text{máx}}(T)} = \left(\frac{2{,}898 \times 10^{-3}}{\lambda T}\right)^5 \left(\frac{e^{4{,}965} - 1}{e^{0{,}014388/\lambda T} - 1}\right) \qquad (9.7)$$

em que λ está em micrômetros e T em kelvin.

Observe que o lado direito da Eq. (9.7) é uma função exclusiva do produto λT. Para determinar a potência emissiva monocromática $E_{b\lambda}$ para um corpo negro em dados valores de λ e T, avalie $E_{b\lambda}/E_{b\lambda\text{máx}}$ com base na Eq. (9.7) e $E_{b\lambda\text{máx}}$ e na Eq. (9.6) e multiplique.

EXEMPLO 9.1 Determine: (a) o comprimento de onda no qual a potência emissiva monocromática de um filamento de tungstênio a 1 400 K tem um valor máximo; (b) a potência emissiva monocromática naquele comprimento de onda; (c) a potência emissiva monocromática em 5 μm.

SOLUÇÃO Da Eq. (9.2), o comprimento de onda no qual a potência emissiva máxima é:

$$\lambda_{\text{máx}} = 2{,}898 \times 10^{-3}/1\,400 = 2{,}07 \times 10^{-6}\ \text{m}$$

Da Eq. (9.6) a $T = 1400$ K,

$$E_{b\lambda\text{máx}} = 12{,}87 \times 10^{-6} \times (1\,400)^5 = 6{,}92 \times 10^{10}\ \text{W/m}^3$$

A $\lambda = 5\,\mu m$, $\lambda T = 5 \times 1\,400 = 7{,}0 \times 10^3$ mK; substituindo esse valor na Eq. (9.7), temos:

$$\frac{E_{b\lambda}(1\,400)}{E_{b\lambda max}(1\,400)} = \left(\frac{2{,}898 \times 10^{-3}}{7{,}0 \times 10^{-3}}\right)^5 \left(\frac{e^{4{,}965} - 1}{e^{0{,}014388/\lambda T} - 1}\right)$$

$$= (0{,}1216)\left(\frac{e^{4{,}965} - 1}{e^{2{,}055} - 1}\right) = 0{,}254$$

Assim, $E_{b\lambda}$ a 5 μm é 25,4% do valor máximo $E_{b\lambda máx}$ ou $1{,}758 \times 10^{10}$ W/m³.

Muitas vezes, é necessário determinar a fração da emissão total do corpo negro em uma banda espectral entre os comprimentos de onda λ_1 e λ_2. Para obter a emissão de uma banda, como mostrado na Fig. 9.4 pela área sombreada, devemos primeiro calcular $E_b(0 - \lambda_1, T)$, a emissão do corpo negro no intervalo entre 0 a λ_1 a T, ou

$$\int_0^{\lambda_1} E_{b\lambda}(T)\,d\lambda = E_b(0 - \lambda_1, T) \tag{9.8}$$

Essa expressão pode ser reformulada em forma adimensional como uma função de λT, o produto do comprimento de onda e da temperatura.

$$\frac{E_b(0 - \lambda_1 T)}{\sigma T^4} = \int_0^{\lambda_1 T} \frac{E_{b\lambda}}{\sigma T^5}\,d(\lambda T) \tag{9.9}$$

Das Equações (9.6) e (9.7), o integrando na Eq. (9.9) é somente uma função de λT e, portanto, a Eq. (9.9) pode ser integrada entre limites especificados. A fração da emissão total do corpo negro entre 0 e um dado valor de λ é apresentada na Fig. 9.5 e na Tabela 9.1 como uma função universal de λT.

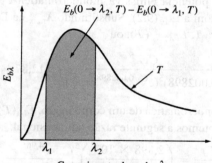

FIGURA 9.4 Banda e função de radiação.

Para determinar a quantidade de radiação emitida na faixa entre λ_1 e λ_2 para uma superfície negra à temperatura T, podemos avaliar a diferença entre as duas integrais a seguir:

$$\int_0^{\lambda_2} E_{b\lambda}(T)\,d\lambda - \int_0^{\lambda_1} E_{b\lambda}(T)\,d\lambda = E_b(0 - \lambda_2 T) - E_b(0 - \lambda_1 T) \tag{9.10}$$

O procedimento é ilustrado no próximo exemplo.

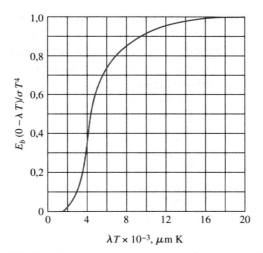

FIGURA 9.5 Taxa de emissão de corpo negro entre 0 e λ para a emissão total, $E_b(0 - \lambda T)/\sigma T^4$ versus λT.

TABELA 9.1 Funções de radiação de corpo negro

λT (m K × 10³)	$\dfrac{E_b(0 - \lambda T)}{\sigma T^4}$	λT (m K × 10³)	$\dfrac{E_b(0 - \lambda T)}{\sigma T^4}$
0,2	0,341796 × 10⁻²⁶	6,2	0,754187
0,4	0,186468 × 1⁻¹¹	6,4	0,769234
0,6	0,929299 × 10⁻⁷	6,6	0,783248
0,8	0,164351 × 10⁻⁴	6,8	0,796180
1,0	0,320780 × 10⁻³	7,0	0,808160
1,2	0,213431 × 10⁻²	7,2	0,819270
1,4	0,779084 × 10⁻²	7,4	0,829580
1,6	0,197204 × 10⁻¹	7,6	0,839157
1,8	0,393449 × 10⁻¹	7,8	0,848060
2,0	0,667347 × 10⁻¹	8,0	0,856344
2,2	0,100897	8,5	0,874666
2,4	0,140268	9,0	0,890090
2,6	0,183135	9,5	0,903147
2,8	0,227908	10,0	0,914263
3,0	0,273252	10,5	0,923775
3,2	0,318124	11,0	0,931956
3,4	0,361760	11,5	0,939027
3,6	0,403633	12	0,945167
3,8	0,443411	13	0,955210
4,0	0,480907	14	0,962970
4,2	0,516046	15	0,969056
4,4	0,548830	16	0,973890
4,6	0,579316	18	0,980939
4,8	0,607597	20	0,985683
5,0	0,633786	25	0,992299
5,2	0,658011	30	0,995427
5,4	0,680402	40	0,998057
5,6	0,701090	50	0,999045
5,8	0,720203	75	0,999807
6,0	0,737864	100	1 000 000

EXEMPLO 9.2 Um vidro de sílica transmite 92% da radiação incidente na faixa de comprimento de onda entre 0,35 e 2,7 μm e é opaco em comprimentos de onda mais longos e mais curtos. Calcule a porcentagem de radiação solar que o vidro transmitirá. Pode-se considerar que o Sol irradia como um corpo negro a 5 800 K.

SOLUÇÃO Para os comprimentos de onda dentro do qual o vidro é transparente, $\lambda T = 2\,030$ μm K no limite inferior e 15 660 μm K no limite superior. A partir da Tabela 9.1, temos:

$$\frac{\int_0^{2\,030} E_{b\lambda}\,d\lambda}{\int_0^{\infty} E_{b\lambda}\,d\lambda} = 6{,}7\%$$

and

$$\frac{\int_0^{15\,660} E_{b\lambda}\,d\lambda}{\int_0^{\infty} E_{b\lambda}\,d\lambda} = 97{,}0\%$$

Assim, 90,3% do total de energia radiante incidente sobre o vidro está na faixa de comprimento de onda entre 0,35 e 2,7 μm e 83,1% da radiação solar é transmitida através do vidro.

9.2.3 Intensidade da radiação

Em nossa discussão até agora, consideramos apenas a quantidade total de potência emissiva, ou seja, a radiação que sai de uma superfície. O conceito, no entanto, é insuficiente para uma análise de transferência de calor quando se procura a quantidade de radiação que passa em uma direção determinada (descrita em termos de intensidade da radiação, I) e é interceptada por algum outro corpo. Antes de definir a intensidade de radiação, devemos ter medidas de direção e o espaço em que um corpo irradia. Como mostrado na Fig. 9.6(a), um ângulo plano diferencial $d\alpha$ é definido como a razão de um elemento do comprimento de arco dl em um círculo de raio r. Da mesma forma, um ângulo sólido diferencial $d\omega$, conforme definido na Fig. 9.6(b), é a relação entre o elemento de área dA_n de uma esfera para o quadrado do raio da esfera, ou:

$$d\omega = \frac{dA_n}{r^2} \tag{9.11}$$

A unidade de ângulo sólido é o *esterradiano* (ou esferorradiano) (sr).

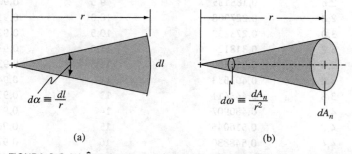

FIGURA 9.6 (a) Ângulo plano diferencial e (b) ângulo sólido diferencial.

A taxa de fluxo de calor de radiação por unidade de área superficial que emana de um corpo e passa em uma direção determinada pode ser medida pela determinação da radiação por um elemento na superfície de um hemisfério construído em torno da superfície irradiante. Se o raio desse hemisfério for igual à unidade, ele tem uma superfície de 2π e subtende um ângulo sólido de 2π esterradianos, ou sr, sobre um ponto no centro de sua base. A área de superfície em tal hemisfério com um raio unitário apresenta o mesmo valor numérico que o chamado ângulo sólido ω medido com base no elemento de superfície irradiante. O ângulo sólido pode ser usado para definir simultaneamente a direção e o espaço no qual se propaga a radiação de um corpo.

A *intensidade de radiação* $I(\theta, \phi)$ é a energia emitida por unidade de área de superfície projetada na direção θ, ϕ por unidade de tempo em um ângulo sólido $d\omega$ centralizado em uma direção que pode ser definida em termos do ângulo de zênite θ e o ângulo azimutal ϕ no sistema de coordenadas esféricas da Fig. 9.7. A área diferencial dA_n nessa figura é perpendicular à direção (θ, ϕ). Mas para uma superfície esférica, $dA_n = r\, d\theta\, r\, \text{sen}\, d\phi$, e, portanto,

$$d\omega = \text{sen}\,\theta\, d\theta\, d\phi \qquad (9.12)$$

Com as definições acima, a intensidade de radiação $I(\theta, \phi)$ é a taxa na qual a radiação é emitida na direção (θ, ϕ) por unidade de área da superfície emissora normal a essa direção, por ângulo sólido unitário centralizado em (θ, ϕ).

Como a área projetada da emissão da Fig. 9.7 é $dA_1 \cos\theta$, obtemos para a intensidade de uma superfície negra, $I_b(\theta, \phi)$,

$$I_b(\theta, \phi) = \frac{dq_r}{dA_1 \cos\theta\, d\omega}\, (\text{W/m}^2\,\text{sr}) \qquad (9.13)$$

em que dq_r é a taxa na qual a radiação emitida a partir de dA_1 passa por dA_n.

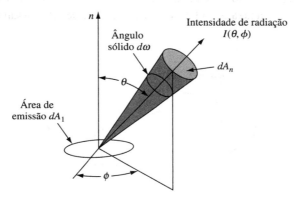

FIGURA 9.7 Diagrama esquemático ilustrando a intensidade de radiação.

EXEMPLO 9.3 Uma superfície negra plana de área $A_1 = 10\,\text{cm}^2$ emite $1000\,\text{W/m}^2$ sr na direção normal. Uma pequena superfície A_2 tendo a mesma área de A_1 é colocada em relação a A_1, como mostrado na Fig. 9.8, a uma distância de 0,5 m. Determine o ângulo sólido subtendido por A_2 e a taxa na qual A_2 é irradiado por A_1.

SOLUÇÃO Como A_1 é negro, caracteriza-se como um emissor difuso e sua intensidade I_b é independente da direção. Além disso, como ambas as áreas são muito pequenas, podem ser aproximadas como áreas de superfície diferenciais e o ângulo sólido pode ser calculado a partir da Eq. (9.11) ou $d\omega_{2-1} = dA_{n,2}/r^2$.

A área $dA_{n,2}$ é a projeção de A_2 na direção *normal* para a radiação incidente para dA_1, ou $dA_{n,2} = dA_2 \cos\theta_2$, em que θ_2 é o ângulo entre n_2 normal e o raio de radiação que conecta dA_1 e dA_2, ou seja, $\theta_2 = 30°$. Assim,

$$d\omega_{2-1} = \frac{A_2 \cos\theta_2}{r^2} = \frac{10^{-3}\,\text{m}^2 \cos 30°}{(0{,}5\,\text{m})^2} = 0{,}00346\,\text{sr}$$

A irradiação de A_2 por A_1, $q_{r,1\to 2}$, é:

$$q_{r,1\to 2} = I_1 A_1 \cos\theta_1\, d\omega_{2-1}$$
$$= \left(1\,000\,\frac{\text{W}}{\text{m}^2\,\text{sr}}\right)(10^{-3}\,\text{m}^2)(\cos 60°)(0{,}00346\,\text{sr}) = 0{,}00173\,\text{W}$$

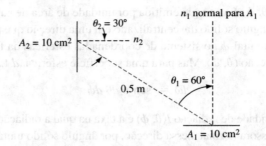

FIGURA 9.8 Diagrama mostrando a relação entre A_1 e A_2 para o Exemplo 9.3.

9.2.4 Relação entre intensidade e potência

Para relacionar a intensidade de radiação à potência emissiva, basta determinar a energia que irradia de uma superfície em uma casca semi-esférica colocado acima dela, como mostrado na Fig. 9.9. Como a semi-esfera interceptará os raios que emanam da superfície, a quantidade total de radiação que passa através da superfície semi-esférica é igual à potência emissiva. Da Eq. (9.13), a taxa de radiação emitida a partir de dA_1 passando por dA_n é

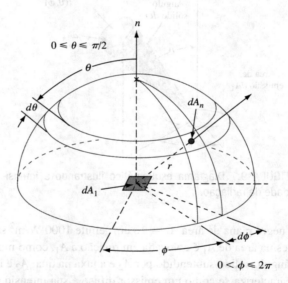

FIGURA 9.9 Radiação de uma área diferencial dA_1 sobre uma semi-esfera circundante centralizada no dA_1.

$$\frac{dq_r}{dA_1} = I_b(\theta, \phi) \cos \theta \, d\omega \tag{9.14}$$

Substituindo a Eq. (9.12) para o ângulo sólido $d\omega$ e integrando sobre toda a semi-esfera, temos a taxa total de emissão radiante por unidade de área, chamada de *potência emissiva*:

$$\left(\frac{q}{A}\right)r = \int_0^{2\pi} \int_0^{\pi/2} I_b(\theta, \phi) \cos \theta \, \text{sen} \, \theta \, d\theta \, d\phi \tag{9.15}$$

Para integrar a Eq. (9.15), a variação da intensidade com θ e ϕ deve ser conhecida. A intensidade de superfícies reais não apresenta variação apreciável com ϕ, mas varia com θ; esse assunto será abordado mais detalhadamente na próxima seção. Embora esta variação possa ser considerada, para a maioria dos cálculos de engenharia é possível supor que a superfície é difusa e a intensidade é uniforme em todas as direções angulares. A radiação de corpo negro é perfeitamente difusa e a radiação de superfícies ásperas industriais aparenta características difusas. Se a intensidade de uma superfície for independente da direção, essa é considerada em conformidade com a *Lei de Cosseno de Lambert*. Para uma superfície negra, a integração da Eq. (9.15) produz a *potência emissiva do corpo negro* E_b.

$$\left(\frac{q}{A}\right)_r = E_b = \pi I_b \tag{9.16}$$

Assim, para uma superfície negra, a potência emissiva é igual π vezes a intensidade. A mesma relação entre potência e intensidade é considerada para qualquer superfície que esteja em conformidade com a Lei de Cosseno de Lambert.

O conceito de intensidade pode ser aplicado à radiação total sobre todo o espectro de comprimento de onda, bem como à radiação monocromática. A relação entre a intensidade total e a monocromática I_λ é:

$$I(\phi, \theta) = \int_0^\infty I_\lambda(\phi, \theta)\, d\lambda \tag{9.17}$$

Se uma superfície irradia difusamente, é também evidente que:

$$E_\lambda = \pi I_\lambda \tag{9.18}$$

uma vez que I_λ é uniforme em todas as direções.

9.2.5 Irradiação

Para fazer um balanço de calor em um corpo, precisamos saber que não somente a radiação deixa a superfície, mas que também alguma radiação incide sobre a superfície. Essa radiação é originada da emissão e da reflexão em outras superfícies e geralmente tem uma distribuição direcional e espectral específica. Como mostrado na Fig. 9.10, a radiação incidente pode ser caracterizada em termos da intensidade espectral incidente, $I_{\lambda,i}$, definida como a taxa na qual a energia radiante no comprimento de onda λ incide em uma direção (θ, ϕ) por unidade de área da superfície de interceptação normal para essa direção, por unidade de ângulo sólido sobre a direção (θ, ϕ), por unidade do intervalo do comprimento de onda $d\lambda$ em λ. A irradiação do termo denota a radiação incidente de todas as direções em uma superfície. A irradiação espectral, $G_\lambda (\text{W/m}^2\, \mu\text{m})$, é definida como a taxa na qual a radiação monocromática com comprimento de onda λ incide em uma superfície por unidade de área daquela superfície, ou

$$G_\lambda = \int_0^{2\pi} \int_0^{\pi/2} I_{\lambda,i}(\lambda, \theta, \phi) \cos\theta \operatorname{sen}\theta\, d\theta\, d\phi \tag{9.19a}$$

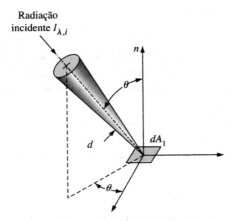

FIGURA 9.10 Radiação incidente em uma área diferencial dA_1 em um sistema de coordenadas esféricas.

em que o sen $\theta\, d\theta\, d\phi$ é o ângulo sólido unitário. Observe que o fator cos θ origina-se do fato de que G_λ é um fluxo com base na área real da superfície l, enquanto $I_{\lambda,i}$ é definido em termos de área projetada. A irradiação total representa a taxa de radiação incidente por área unitária a partir de todas as direções e ao longo de todos os comprimentos de onda e é dada por:

$$G = \int_0^\infty G_\lambda(\lambda)\, d\lambda = \int_0^\infty \int_0^{2\pi} \int_0^{\pi/2} I_{\lambda,i}(\lambda, \theta, \phi) \cos\theta\, \text{sen}\theta\, d\theta\, d\phi\, d\lambda \qquad (9.19b)$$

Se a radiação incidente for difusa – isto é, se a área de intercepção for difusamente irradiada e $I_{\lambda,i}$ for independente de direção – segue-se que:

$$G = \pi I_i \qquad (9.20)$$

9.3 Propriedades de radiação

A maior parte das superfícies encontradas na prática em engenharia não se comporta como corpos negros. Para caracterizar as propriedades de radiação de superfícies que não sejam negras, são utilizadas quantidades adimensionais, tais como a emissividade, a absorbância e a transmissividade para relacionar as capacidades de emitir, absorver e transmitir de uma superfície real com aquelas de um corpo negro. As propriedades de radiação de superfícies reais são funções do comprimento de onda, temperatura e direção. As propriedades que descrevem de que forma uma superfície se comporta como uma função do comprimento de onda são denominadas *propriedades espectrais ou monocromáticas*; as propriedades que descrevem a distribuição de radiação com a direção angular são denominadas *propriedades direcionais*. Para o cálculo preciso da transferência de calor, temos que saber as propriedades relativas da superfície de saída, bem como de todas as outras superfícies com as quais a troca de radiação ocorre.

Considerar as propriedades espectrais e direcionais de todas as superfícies, mesmo que elas sejam conhecidas, resulta em análises complexas e trabalhosas que podem ser realizadas apenas por computador. No entanto, os cálculos de engenharia de precisão aceitáveis podem geralmente ser realizados por uma abordagem simplificada, usando um valor de propriedade da radiação único em média na faixa de direção e comprimento de onda de interesse. As propriedades de radiação médias de todos os comprimentos de onda e direções são denominadas *propriedades totais*. Embora as propriedades da radiação total sejam usadas quase que exclusivamente nas situações abordadas neste capítulo, é importante estar ciente das características espectrais e direcionais das superfícies para atribuir-lhes o devido valor em problemas nos quais essas variações sejam significativas. Nesta seção, discutiremos as propriedades da radiação por ordem de complexidade crescente, começando com propriedades totais, seguidas de propriedades espectrais e, finalmente, direcionais.

9.3.1 Propriedades da radiação

Para a maioria dos cálculos de engenharia, as propriedades da radiação total conforme definidas nesta subseção são suficientemente precisas. A definição das propriedades da radiação total é ilustrada na Fig. 9.11. Quando a radiação é incidente sobre uma superfície à taxa G, uma parte do total de irradiação é absorvida no material, outra é refletida pela superfície e o restante é transmitida pelo corpo. A absorbância, a refletividade e a transmissividade descrevem como a irradiação total é distribuída.

A *absorbância* α de uma superfície é a fração da irradiação total absorvida pelo corpo. A *refletividade* ρ de uma superfície é definida como a fração da radiação refletida pela superfície. A *transmissividade* τ de um corpo é a fração da radiação incidente transmitida. Se um balanço energético for feito sobre uma superfície, como ilustrado na Fig. 9.11, obtemos:

$$\alpha G + \rho G + \tau G = G \qquad (9.21)$$

Da Eq. (9.21), é evidente que a soma da absorbância, da refletividade e da transmissividade deve ser igual à unidade:

$$\alpha + \rho + \tau = 1 \qquad (9.22)$$

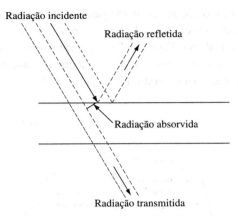

FIGURA 9.11 Diagrama esquemático ilustrando a radiação incidente, refletida e absorvida em termos de propriedades de radiação total.

Quando um corpo é opaco, não transmite qualquer radiação incidente, ou seja, $\tau = 0$. Para um corpo opaco, a Eq. (9.22) reduz-se a:

$$\alpha + \rho = 1 \tag{9.23}$$

Se uma superfície for também um refletor perfeito, no qual toda irradiação é refletida, ρ é unitário e a transmissividade, e a absorbância é zero. Um bom espelho se aproxima de uma refletividade 1. Como mencionado anteriormente, um corpo negro absorve toda a irradiação e, portanto, tem uma absorbância igual à unidade e uma refletividade igual a zero.

A *emissividade* é outra propriedade importante de radiação total das superfícies reais. A *emissividade* de uma superfície, ε, é definida como a radiação total emitida dividida pela radiação total que pode ser emitida por um corpo negro à mesma temperatura, ou:

$$\varepsilon = \frac{E(T)}{E_b(T)} = \frac{E(T)}{\sigma T^4} \tag{9.24}$$

Como um corpo negro emite a máxima radiação possível a uma dada temperatura, a emissividade de uma superfície é sempre entre zero e um. Mas quando uma superfície é negra, $E(T) = E_b(T)$ e $\varepsilon_b = \alpha_b = 1,0$.

9.3.2 Propriedades de radiação monocromática e Lei de Kirchhoff

As propriedades de radiação total podem ser obtidas com base em propriedades monocromáticas, que se aplicam somente a um comprimento de onda. Designando E_λ como a potência emitida monocromática de uma superfície arbitrária, a emissividade monocromática hemisférica da superfície, ε_λ, é dada por:

$$\varepsilon_\lambda = \frac{E_\lambda(T)}{E_{b\lambda}(T)} \tag{9.25}$$

Em outras palavras, ε_λ é a fração da radiação de corpo negro emitida pela superfície no comprimento de onda λ. Da mesma forma, a absorbância monocromática hemisférica de uma superfície, α_λ, é definida como a fração do total de irradiação no comprimento de onda λ que é por ela absorvida,

$$\alpha_\lambda = \frac{G_{\lambda,\text{absorvida}}(T)}{G_\lambda(T)} \tag{9.26}$$

Um balanço de energia em uma base monocromática, semelhante à Eq. (9.22), leva a:

$$\alpha_\lambda + \rho_\lambda + \tau_\lambda = 1 \tag{9.27}$$

Uma importante relação entre ε_λ e α_λ pode ser obtida pela *Lei da Radiação de Kirchhoff*, que afirma, em essência, que a emissividade monocromática é igual à absorvência monocromática para qualquer superfície. Uma derivação rigorosa dessa lei foi apresentada por Planck [1], mas as características essenciais podem ser ilustradas de forma mais simples por meio da consideração a seguir. Suponha que coloquemos um pequeno corpo dentro de um envoltório negro, cujas paredes são fixas à temperatura T (veja Fig. 9.12).

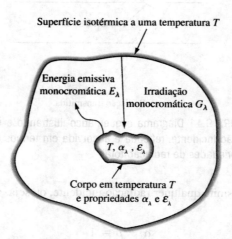

FIGURA 9.12 Radiação emitida e recebida no comprimento de onda λ por um corpo em um envoltório isotérmico à temperatura T.

Após o estabelecimento do equilíbrio térmico, o corpo deve atingir a temperatura das paredes. Em conformidade com a Segunda Lei da Termodinâmica, o corpo deve, nestas condições, emitir tanta radiação quanto a que absorve em cada comprimento de onda. Se a radiação monocromática por unidade de tempo, por área unitária incidente no corpo for $G_{b\lambda}$, a condição de equilíbrio é expressa por:

$$E_\lambda = \alpha_\lambda G_{b\lambda} \qquad (9.28)$$

ou

$$\frac{E_\lambda}{\alpha_\lambda} = G_{b\lambda} \qquad (9.29)$$

Mas como a radiação incidente depende apenas da temperatura do envoltório, ela seria a mesma em qualquer outro corpo em equilíbrio térmico com o envoltório, independentemente da absorbância da superfície do corpo. Pode-se concluir, portanto, que a relação entre a energia emissiva monocromática e a absorbância em um determinado comprimento de onda é a mesma para todos os corpos em equilíbrio térmico. Já a absorbância sempre deve ser menor que a unidade e pode ser igual a um somente para um absorvente perfeito, ou seja, um corpo negro, a Eq. (9.29) mostra também que, a qualquer temperatura dada, a potência emissiva é o máximo para um corpo negro. Assim, quando $\alpha_\lambda = 1$, $E_\lambda = E_{b\lambda}$ e $G_{b\lambda} = E_{b\lambda}$ na Eq. (9.29). Substituindo E_λ por $\varepsilon_\lambda E_{b\lambda}$ na Eq. (9.28), temos:

$$\varepsilon_\lambda E_{b\lambda} = \alpha_\lambda G_{b\lambda} = \alpha_\lambda E_{b\lambda}$$

que mostra que em qualquer comprimento de onda λ a temperatura T,

$$\varepsilon_\lambda(\lambda, T) = \alpha_\lambda(\lambda, T) \qquad (9.30)$$

como afirmado no início.

Embora a relação acima tenha sido derivada sob a condição de que o corpo está em equilíbrio com seu entorno, ela é uma relação geral que se aplica sob quaisquer condições, porque tanto α_λ quanto ε_λ são propriedades da superfície que dependem unicamente da condição da superfície e sua temperatura. Portanto, podemos concluir que, a menos que as mudanças de temperatura causem a alteração física das características de superfície, a absorbância monocromática hemisférica é igual à emissividade monocromática de uma superfície.

A emissividade total hemisférica para uma superfície que não seja negra é obtida das equações (9.4) e (9.25). Combinando essas duas relações, encontramos que a uma dada temperatura T, a emissividade total hemisférica é:

$$\varepsilon(T) = \frac{E(T)}{E_b(T)} = \frac{\int_0^\infty \varepsilon_\lambda(\lambda) E_{b\lambda}(\lambda, T) \, d\lambda}{\int_0^\infty E_{b\lambda}(\lambda, T) \, d\lambda} \quad (9.31)$$

Essa relação mostra que, quando a emissividade monocromática de uma superfície for uma função do comprimento de onda, esta irá variar com a temperatura da superfície, mesmo que a emissividade monocromática seja unicamente uma propriedade de superfície. A razão para essa variação é que a porcentagem da radiação total que cai dentro de uma faixa de determinado comprimento de onda depende da temperatura da superfície que a emite.

EXEMPLO 9.4 A emissividade hemisférica de uma tinta com alumínio é de aproximadamente 0,4 em comprimentos de onda abaixo de 3 μm e 0,8 em comprimentos de onda maiores, conforme mostrado na Fig. 9.13. Determinar a emissividade total dessa superfície a uma temperatura de 27°C e a uma temperatura de 527°C. Por que os dois valores são diferentes?

SOLUÇÃO À temperatura ambiente, o produto λT no qual as alterações de emissividade são iguais a 3 μm $\times$ (27 + 273) K = 900 μm K, e à temperatura elevada, $\lambda T = 2\,700$ μm K. Da tabela 9.1, obtemos:

$$\frac{E_b(0 \to \lambda T)}{\sigma T^4} \cong 0{,}0001 \text{ para } \lambda T = 900 \,\mu\text{m K}$$

$$\frac{E_b(0 \to \lambda T)}{\sigma T^4} = 0{,}140 \text{ para } \lambda T = 2400 \,\mu\text{m K}$$

Assim, a emissividade a 27°C é essencialmente igual a 0,8, e a 527°C, a Eq. (9.31) resulta:

$$\varepsilon = \frac{\int_0^{\lambda_1} \varepsilon_\lambda(\lambda) E_{b\lambda}(\lambda T) \, d\lambda + \int_{\lambda_i}^\infty \varepsilon_\lambda(\lambda) E_{b\lambda}(\lambda T) \, d\lambda}{\int_0^\infty E_{b\lambda}(\lambda T) \, d\lambda}$$

$$= (0{,}4)(0{,}14) + (0{,}8)(0{,}86) = 0{,}744$$

A razão para a diferença da emissividade total é que, à temperatura mais alta, a porcentagem da potência emissiva total na região de baixa emissividade da tinta é apreciável; a uma temperatura mais baixa, praticamente toda a radiação é emitida em comprimentos de onda acima de 3 μm.

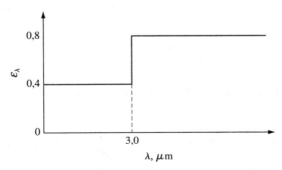

FIGURA 9.13 Emissividade espectral para tinta no Exemplo 9.4.

Da mesma forma, a *absorbância total* de uma superfície pode ser obtida com base em definições básicas. Considere uma superfície à temperatura T, sujeita à radiação incidente de uma fonte em T^* dada por:

$$G = \int_0^\infty G_\lambda(\lambda^*, T^*) d\lambda \qquad (9.32)$$

em que o asterisco é usado para denotar as condições da fonte. Se a variação da absorbância monocromática com comprimento de onda da superfície receptora é dada por $\alpha_\lambda(\lambda)$, a absorbância total é:

$$\alpha(\lambda^*, T^*) = \frac{\int_0^\infty \alpha_\lambda(\lambda) G_\lambda(\lambda^*, T^*)\, d\lambda}{\int_0^\infty G_\lambda(\lambda^*, T^*)\, d\lambda} \qquad (9.33)$$

Observe que a absorbância total de uma superfície depende da temperatura e das características espectrais da radiação incidente. Portanto, embora a relação $\varepsilon_\lambda = \alpha_\lambda$ seja sempre válida, os valores totais da absorbância e emissividade são, em geral, diferentes para superfícies reais.

9.3.3 Corpos cinza

Corpos cinza são superfícies com emissividades monocromáticas e absorbância, cujos valores são independentes do comprimento de onda. Apesar de as superfícies reais não cumprirem exatamente essa especificação, muitas vezes, é possível escolher os valores médios apropriados para a emissividade e a absorbância, $\bar{\varepsilon}$ e $\bar{\alpha}$, para fazer o pressuposto de corpo cinza aceitável para análise de engenharia. Para um corpo completamente cinza, com o subscrito g denotando cinza:

$$\varepsilon_\lambda = \bar{\varepsilon} = \bar{\alpha} = \alpha_\lambda = \varepsilon_g = \alpha_g$$

A energia emissiva E_g é dada por:

$$E_g = \varepsilon_g \sigma T^4 \qquad (9.34)$$

Assim, se a emissividade de um corpo cinza for conhecida em um comprimento de onda, também serão conhecidas as emissividades total e a absorbância total. Além disso, os valores totais de absorbância e emissividade são iguais, mesmo se o corpo não estiver em equilíbrio térmico com o seu entorno. Na prática, no entanto, a escolha dos valores médios adequados deve refletir as condições da fonte para a absorbância média e a temperatura da superfície do corpo que recebe e emite radiação para a escolha da emissividade média. Uma superfície idealizada como tendo propriedades uniformes, mas cuja emissividade média não é igual à absorbância média, é chamada de *corpo cinza seletivo*.

EXEMPLO 9.5 A tinta com alumínio do exemplo 9.4 é usada para cobrir a superfície de um corpo mantido a 27°C. Em uma instalação, esse corpo é irradiado pelo Sol, em outra, por uma fonte a 527°C. Calcule a absorbância eficaz da superfície para ambas as condições, considerando que o Sol é um corpo negro a 5800 K.

SOLUÇÃO Para o caso de irradiação solar, encontramos na Tabela 9.1, para $\lambda T = 3\,\mu m \times 5\,800$ K $= 17\,400\,\mu m K = 17{,}4 \times 10^{-3}$ m K, que:

$$\frac{E_b(0 \rightarrow \lambda T)}{\sigma T^4} = 0{,}98$$

Isso significa que 98% da radiação solar cai abaixo de 3 μm e a absorbância eficaz é, com base na equação Eq. (9.33),

$$\alpha(\lambda_{sol}, T_{sol}) = \left(\int_0^{3\mu m} \alpha(\lambda) G_\lambda(\lambda_s, T_s)\, d\lambda + \int_{3\mu m}^\infty \alpha(\lambda) G_\lambda(\lambda_s, T_s)\, d\lambda \right) \Big/ \int_0^\infty G_\lambda(\lambda_s, T_s)\, d\lambda$$

$$= (0{,}4)(0{,}98) + (0{,}8)(0{,}02) = 0{,}408$$

Para a segunda condição com a fonte em 527°C (800 K), a absorbância pode ser calculada de maneira similar. No entanto, o cálculo é o mesmo para a emissividade a 800 K no Exemplo 9.4, uma vez que $\varepsilon_\lambda = \alpha_\lambda$ e $\bar{\varepsilon} = \bar{\alpha}$ em equilíbrio. Assim, $\bar{\alpha} = 0{,}744$ para uma fonte a 800 K.

Os dois exemplos anteriores ilustram os limites dos pressupostos de corpos cinza. Considerando que pode ser aceitável tratar a superfície de alumínio pintado como totalmente cinza com uma média $\bar{\alpha} = \bar{\varepsilon} = (0,8 + 0,744)/2 = 0,77$ para a troca de radiação entre ela e uma fonte a 800 K ou menos, a aproximação para a troca de radiação entre a superfície e o Sol, tal aproximação levaria a um erro grave. No último caso, a superfície teria de ser tratada como seletivamente cinza com os valores médios para $\bar{\alpha}$ e $\bar{\varepsilon}$ iguais a 0,408 e 0,80, respectivamente.

9.3.4 Características de superfícies reais

A radiação de superfícies reais difere em vários aspectos da radiação de corpo negro ou cinza. Qualquer superfície real irradia menos que um corpo negro à mesma temperatura. Superfícies cinzas irradiam uma fração constante ε_g da potência emissiva monocromática de uma superfície negra à mesma temperatura T ao longo de todo o espectro; superfícies reais irradiam uma fração ε_λ em qualquer comprimento de onda, mas essa fração não é constante e varia com o comprimento de onda. Fig. 9.14, mostra uma comparação da emissão espectral de superfícies negras, cinzas e reais. Ambas irradiam difusamente, e a forma da curva espectrorradiométrica para uma superfície cinza é semelhante àquela de uma superfície negra na mesma temperatura, com a altura reduzida proporcionalmente pelo valor numérico da emissividade.

A emissão espectral da superfície real, indicada pela linha ondulada na Fig. 9.14, difere em detalhes da emissão espectral de corpos cinza. Mas, para efeitos de análise, as duas podem ser suficientemente semelhantes na média para caracterizar a superfície como cinza com $\varepsilon_g = 0,6$. A potência emissiva é dada pela Eq. (9.34):

$$E_{\text{real}} \cong \varepsilon_g \sigma T^4$$

Observe, no entanto, que a Fig. 9.14 compara a potência emissiva da superfície real com a de uma superfície cinza com $\varepsilon_g = 0,6$ a uma temperatura de 2 000 K. Em comprimentos de onda acima de 1,5 μm, o ajuste é razoavelmente bom; entretanto, em comprimentos de onda abaixo de 1,5 μm, a emissividade da superfície real é apenas cerca de 50% do que a para o corpo cinza. Para temperaturas abaixo de 2 000 K, a diferença não apresentará um erro grave porque a maior parte das emissões radiantes ocorre em comprimentos de onda acima de 1,5 μm. Em temperaturas mais altas, no entanto, pode ser necessário aproximar a superfície real com um valor de emissividade inferior a 0,6 para $\lambda < 1,5 \mu$m. Para a absorbância à radiação solar, que cai em grande parte abaixo de 2,0 μm, um valor mais próximo de 0,3 seria uma boa aproximação.

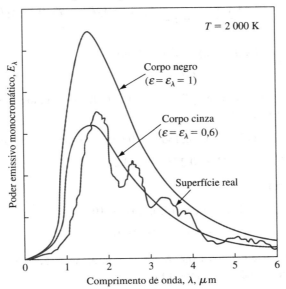

FIGURA 9.14 Comparação da emissão monocromática hemisférica para um corpo negro, um cinza ($\varepsilon_g = 0,6$) e uma superfície real.

EXEMPLO 9.6 A emissividade espectral hemisférica de uma superfície pintada é mostrada na Fig. 9.15. Usando uma aproximação cinza seletiva, calcule a emissividade efetiva sobre todo o espectro; (b) a potência a 1 000 K; (c) a percentagem da radiação solar que essa superfície absorveria. Considere que a radiação solar corresponde a uma fonte de corpo negro a 5 800 K.

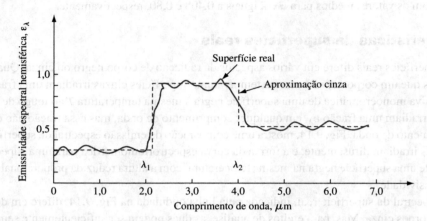

FIGURA 9.15 Emissividade espectral hemisférica da superfície para o Exemplo 9.6.

SOLUÇÃO Devemos aproximar as características da superfície real por um modelo cinza de três bandas. Abaixo de 2,0 μm, a emissividade é 0,3; entre 2,0 e 4,0 μm, a emissividade é em torno de 0,9; acima de 4,0 μm, a emissividade é cerca de 0,5.

(a) A emissividade efetiva sobre todo o espectro é:

$$\bar{\varepsilon} = \frac{\int_0^\infty \varepsilon_\lambda E_{b\lambda}\, d\lambda}{\int_0^\infty E_{b\lambda}\, d\lambda}$$

$$= \varepsilon_1 \left[\frac{E_b(0 \rightarrow \lambda_1 T)}{\sigma T^4} \right] + \varepsilon_2 \left[\frac{E_b(0 \rightarrow \lambda_2 T) - E_b(0 \rightarrow \lambda_1 T)}{\sigma T^4} \right]$$

$$+ \varepsilon_3 \left[\frac{E_b(0 \rightarrow \infty) - E_b(0 \rightarrow \lambda_2 T)}{\sigma T^4} \right]$$

A partir dos dados, $\lambda_1 T = 2 \times 10^{-3}$ m K e $\lambda_2 T = 4 \times 10^{-3}$ m K. Avaliando a emissão de um corpo negro nas três bandas com base na Tabela 9.1, resulta:

$$\bar{\varepsilon} = (0,3)(0,0667) + 0,9(0,4809 - 0,0667) + 0,5(1,0 - 0,4809)$$

$$= 0,0200 + 0,373 + 0,255 = 0,6485$$

(b) A potência de emissão é, então,

$$E = \bar{\varepsilon}\sigma T^4 = (0,6485)(5,67 \times 10^{-8})(1\,000)^4$$

$$= 3,67 \times 10^4 \,\text{W/m}^2$$

A potência emissiva de uma superfície negra a 1 000 K é, para comparação, $5,67 \times 10^4$ W/m².

(c) Para calcular a absorbância solar média, usamos a Eq. (9.33):

$$\bar{\alpha}_s = \frac{\int_0^\infty \alpha_\lambda G_\lambda^*\, d\lambda}{\int_0^\infty G_\lambda^*\, d\lambda}$$

De acordo com a Lei de Kirchhoff, $\alpha_\lambda = \varepsilon_\lambda$ e, portanto,

$$\bar{\alpha}_s = \frac{\varepsilon_1 \int_0^{2\mu m} G_\lambda^* d\lambda}{\sigma T^4} + \frac{\varepsilon_2 \int_{2\mu m}^{4\mu m} G_\lambda^* d\lambda}{\sigma T^4} + \frac{\varepsilon_3 \int_{4\mu m}^\infty G_\lambda^* d\lambda}{\sigma T^4}$$

Supondo que o Sol irradia como um corpo negro a 5800 K, obtemos, da Tabela 9.1:

$$\bar{\alpha}_s = (0,3)(0,941) + 0,9(0,990 - 0,94) + 0,5(1,0 - 0,99)$$
$$= 0,332$$

Assim, em torno de 33% da radiação solar seria absorvida. Observe que a razão entre a emissividade a 1 000 K e a absorbância de uma fonte de 5 800 K é quase 2.

Para sua conveniência, as emissividades hemisféricas totais de um grupo selecionado de superfícies industrialmente importantes a diferentes temperaturas são apresentadas na Tabela 9.2. Uma tabulação mais extensa de propriedades de radiação medidas experimentalmente para muitas superfícies foi elaborada por Gubareff et al [8]. Alguns recursos e tendências gerais dos seus resultados são discutidos abaixo.

TABELA 9.2 Emissividades hemisféricas de diversas superfícies[a]

Comprimento de onda e temperatura média

Material	9,3 μm 310 K	5,4 μm 530 K	3,6 μm 800 K	1,8 μm 1700 K	0,6 μm solar ~6 000 K
Metais					
Alumínio					
polido	~0,04	0,05	0,08	~0,19	~0,3
oxidado	0,11	~0,12	0,18		
24-ST envelhecido	0,4	0,32	0,27		
cobertura da superfície	0,22				
anodizado (a 1000°F)	0,94	0,42	0,60	0,34	
Latão					
polido	0,10	0,10			
oxidado	0,61				
Cromo					
polido	~0,08	~0,17	0,26	~0,40	0,49
Cobre					
polido	0,04	0,05	~0,18	~0,17	
oxidado	0,87	0,83	0,77		
Ferro					
polido	0,06	0,08	0,13	0,25	0,45
fundido, oxidado	0,63	0,66	0,76		
galvanizado, novo	0,23			0,42	0,66
galvanizado, sujo	0,28			0,90	0,89
chapa de aço, bruto	0,94	0,97	0,98		
óxido	0,96		0,85		0,74
derretido				0,3-0,4	
Magnésio	0,07	0,13	0,18	0,24	0,30
Filamento de molibdênio			~0,09	~0,15	~0,2[b]
Prata					
polido	0,01	0,02	0,03		0,11
Aço inoxidável					
18-8, polido	0,15	0,18	0,22		
18-8, envelhecido	0,85	0,85	0,85		

TABELA 9.2 Emissividades hemisféricas de diversas superfícies[a]

Comprimento de onda e temperatura média

Material	9,3 μm 310 K	5,4 μm 530 K	3,6 μm 800 K	1,8 μm 1700 K	0,6 μm solar ~6 000 K
Tubo de aço, oxidado		0,94			
Filamento de tungstênio	0,03			~0,18	0,35[c]
Zinco					
polido	0,02	0,03	0,04	0,06	0,46
chapa galvanizada	~0,25				
Materiais de construção e isolamento					
Papel de amianto	0,93	0,93			
Asfalto	0,93		0,9		0,93
Tijolo					
vermelho	0,93				0,7
cerâmica de lareira	0,9		~0,7	~0,75	
sílica	0,9		~0,75	0,84	
magnesita refratária	0,9			~0,4	
Esmalte, branco	0,9				
Mármore, branco	0,95		0,93		0,47
Papel, branco	0,95		0,82	0,25	0,28
Gesso	0,91				
Placa de cobertura	0,93				
Aço esmaltado, branco				0,65	0,47
Cimento de amianto, vermelho				0,67	0,66
Tintas					
Laca aluminizada	0,65	0,65			
Tintas cremosas	0,95	0,88	0,70	0,42	0,35
Laca, negra	0,96	0,98			
Tinta cor de fuligem	0,96	0,97		0,97	0,97
Tinta vermelha	0,96				0,74
Tinta amarela	0,95		0,5		0,30
Tintas a óleo (todas as cores)	~0,94	~0,9			
Branco (ZnO)	0,95		0,91		0,18
Diversos					
Gelo	~0,97[d]				
Água	~0,96				
Carbono					
T-carbono, 0,9% cinzas	0,82	0,80	0,79		
filamento	~0,72			0,53	
Madeira	~0,93				
Vidro	0,90				(Baixa)

[a]Uma vez que a emissividade num determinado comprimento de onda é igual à absorbância do comprimento de onda, os valores da tabela podem ser usados para aproximar a absorbância da radiação de uma fonte à temperatura listada. Por exemplo, o alumínio polido absorverá 30% da radiação solar incidente.
[b]A 3000 K.
[c]A 3600 K.
[d]A 273 K.

Fonte: Fischenden e Saunders [3]; Hamilton e Morgan [4]; Kreith e Black [5]; Schmidt e Furthman [6]; McAdams [7]; Gubareff et al [8].

A Fig. 9.16 na próxima página mostra a emissividade monocromática medida (ou absorbância) de alguns condutores elétricos em função do comprimento de onda [9]. Superfícies polidas de metais têm emissividades baixas, mas, como mostrado na Fig. 9.17, a presença de uma camada de óxido pode aumentá-las sensivelmente. A emissividade monocromática de um condutor elétrico (por exemplo, veja as curvas para Al ou Cu na Fig. 9.16) aumenta com a diminuição do comprimento de onda. Consequentemente, de acordo com a Eq. (9.31), a emissividade total de condutores elétricos aumenta com o aumento da temperatura, conforme ilustrado na Fig. 9.18 para vários metais e um dielétrico.

Como um grupo, os isolantes elétricos exibem a tendência oposta e têm geralmente elevados valores de emissividade de infravermelho. A Fig. 9.19 ilustra a variação da emissividade monocromática de vários isolantes elétricos com comprimento de onda.

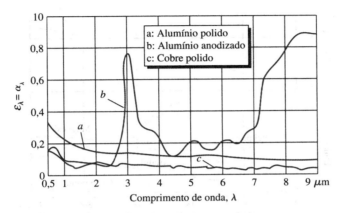

FIGURA 9.16 Variação de absorbância monocromática (ou emissividade) com o comprimento de onda para três condutores elétricos em temperatura ambiente.

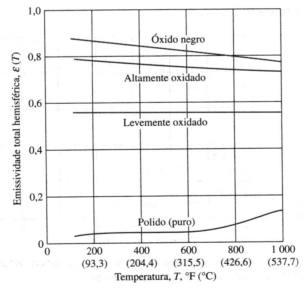

FIGURA 9.17 Efeito de revestimento oxidativo na emissividade total hemisférica de cobre.
Fonte: Dados de Gubareff et al [8].

Para cálculos de transferência de calor, é necessária conhecer a emissividade e absorbância média para a banda do comprimento de onda em que a maior parte da radiação seja emitida ou absorvida. A banda de interesse do comprimento de onda depende da temperatura do corpo de onde provém a radiação, como apontado na Seção 9.1. Se a distribuição da emissividade monocromática for conhecida, a emissividade total pode ser avaliada da Eq. (9.31) e a absorbância total pode ser calculada a partir da Eq. (9.33), se a temperatura e as características espectrais da fonte também forem especificadas. Sieber [9] avaliou a absorbância total das superfícies de diversos materiais em função da temperatura da fonte, com a superfície receptora à temperatura ambiente e o emissor como sendo corpo negro. Seus resultados são mostrados na Fig. 9.20, em que a ordenada é a absorbância total para radiação normal à superfície e a abscissa é a temperatura da fonte. Observamos que a absorbância de alumínio, típico de bons condutores, aumenta com o aumento da temperatura da fonte, enquanto que a absorção dos não condutores exibe a tendência oposta.

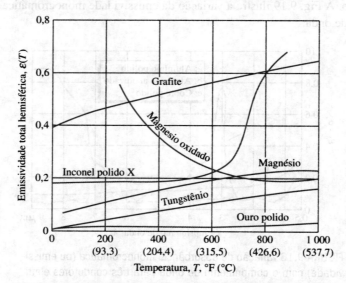

FIGURA 9.18 Efeito da temperatura na emissividade total hemisférica de vários metais e um dielétrico.

Fonte: Dados de Gubareff et al [8].

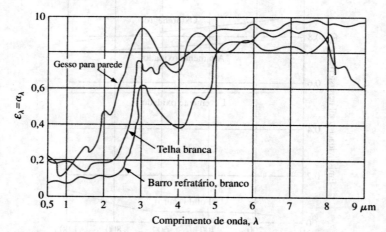

FIGURA 9.19 Variação da absorbância monocromática (ou emissividade) com o comprimento de onda para três isolantes elétricos.

Fonte: De acordo com Sieber [9].

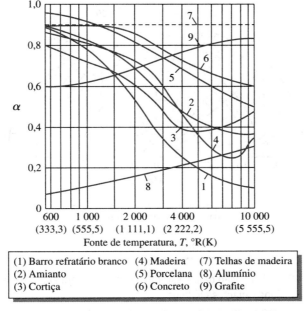

FIGURA 9.20 A variação de absorbância total com temperatura da fonte para vários materiais à temperatura ambiente.

Fonte: De acordo com Sieber [9].

A Fig. 9.21 ilustra que a emissividade das superfícies reais também é uma função da direção. A emissividade direcional $\varepsilon(\theta, \phi)$ é definida como a intensidade da radiação emitida por uma superfície na direção θ, ϕ dividida pela intensidade do corpo negro:

$$\varepsilon(\theta, \phi) = \frac{I(\theta, \phi)}{I_b} \qquad (9.35)$$

Com relação à Eq. (9.25), a emissividade monocromática hemisférica é definida pela relação:

$$\varepsilon_\lambda = \frac{E_\lambda}{E_{b\lambda}} = \frac{\int_{\phi=0}^{2\pi} \int_{\theta=0}^{\pi/2} I_\lambda(\theta, \phi) \operatorname{sen} \theta \cos \theta \, d\theta \, d\phi}{\pi I_{b\lambda}} \qquad (9.36)$$

mas como mencionado anteriormente, a variação da emissividade com o ângulo azimutal ϕ é geralmente insignificante. Se a emissividade é uma função apenas do ângulo de elevação θ, a Eq. (9.36) pode ser integrada ao longo do ângulo ϕ e simplificada para:

$$\varepsilon_\lambda = \frac{2\pi \int_{\theta=0}^{\pi/2} I_\lambda(\theta) \operatorname{sen} \theta \cos \theta \, d\theta}{\pi I_b} \qquad (9.37)$$

Substituindo a Eq. (9.35) por I_λ/I_b, temos:

$$\varepsilon_\lambda = 2 \int_{\theta=0}^{\pi/2} \varepsilon_\lambda(\theta) \operatorname{sen} \theta \cos \theta \, d\theta \qquad (9.38)$$

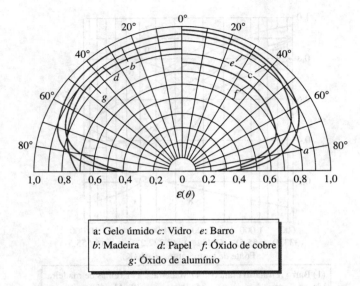

a: Gelo úmido c: Vidro   e: Barro
b: Madeira   d: Papel   f: Óxido de cobre
g: Óxido de alumínio

FIGURA 9.21 A variação de emissividade direcional com ângulo de elevação para vários isolantes elétricos.

Fonte: De Schmidt e Eckert [10], com permissão.

EXEMPLO 9.7 A emissividade direcional de uma superfície oxidada a 800 K pode ser aproximada por:

$$\varepsilon(\theta) = 0,70 \cos \theta$$

Determine: (a) a emissividade perpendicular para a superfície; (b) a emissividade hemisférica; (c) a potência emissiva radiante se a superfície for 5 cm × 10 cm.

SOLUÇÃO

(a) $\varepsilon(0)$, a emissividade para $\theta = 0°$ ou $\cos \theta = 1$, é 0,70.

(b) A emissividade hemisférica é obtida realizando a integração indicada pela Eq. (9.38):

$$\bar{\varepsilon} = 2 \int_0^{\pi/2} 0,70 \cos^2 \theta \, \mathrm{sen}\, \theta \, d\theta = -\left(\frac{1,4}{3}\right) \cos^3 \theta \Big|_0^{\pi/2}$$

Substituindo os limites acima, temos 0,467. Observe que a relação $\varepsilon(0)/\bar{\varepsilon} = 1,5$.

(c) A potência emissiva é

$$E = \bar{\varepsilon} A \sigma T^4 = (0,467)(5 \times 10^{-3} \, \mathrm{m}^2)(5,67 \times 10^{-8} \, \mathrm{W/m^2 \, K^4})(1\,800\,\mathrm{K})^4$$

$$= 1\,390\,\mathrm{W}$$

Os gráficos polares nas figuras 9.21 e 9.22 ilustram a emissividade direcional para alguns não condutores e condutores elétricos, respectivamente. Nesses gráficos, θ é o ângulo entre a normal a superfície, e a direção do feixe radiante dela emitido. Para superfícies cuja intensidade de radiação segue a Lei do Cosseno de Lambert e depende apenas da área projetada, as curvas de emissividade seriam semicírculos. A Fig. 9.21 mostra que, para não condutores, tais como madeira, papel e películas de óxido, a emissividade diminui em valores maiores do ângulo de emissão θ, embora seja observada a tendência oposta (veja Fig. 9.22) para metais polidos. Por exemplo, a emissividade de cromo polido, amplamente utilizado como um escudo de radiação, é tão baixa quanto 0,06 no sentido normal, mas aumenta a 0,14 quando visto de um ângulo θ de 80°. Os dados experimentais na variação direcional da emissividade são escassos, e até que mais informações estejam disponíveis, uma aproximação satisfatória para cálculos de engenharia é supor um valor médio de $\bar{\varepsilon}/\varepsilon_n = 1,2$ para as superfícies metálicas polidas, e, para superfícies não metálicas, $\bar{\varepsilon}/\varepsilon_n = 0,96$, no qual ε é a emissividade média através de um ângulo sólido hemisférico de 2π esferorradianos e ε_n é a emissividade na direção normal à superfície.

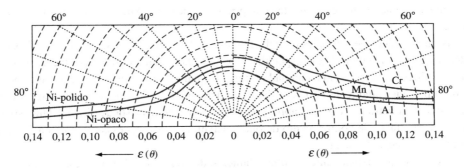

FIGURA 9.22 Variação da emissividade direcional com o ângulo de elevação para vários metais.
Fonte: De Schmidt e Eckert [10], com permissão.

Refletividade e transmissividade Quando uma superfície não absorve toda a radiação incidente, a parte não absorvida será transmitida ou refletida. A maioria dos sólidos é opaca e não transmite a radiação. A parte da radiação não absorvida se reflete e, portanto, volta para o espaço hemisférico. Isso pode ser caracterizado pela refletividade hemisférica monocromática ρ_λ definida como:

$$\rho_\lambda = \frac{\text{energia radiante refletida por unidade de tempo-área-comprimento de onda}}{G_\lambda} \quad (9.39)$$

ou pela refletividade total ρ, definida como:

$$\rho = \frac{\text{energia radiante refletida por unidade de tempo-área}}{\int_0^\infty G_\lambda \, d\lambda} \quad (9.40)$$

Para materiais não transmissores, as relações

$$\rho_\lambda = 1 - \alpha_\lambda \quad (9.41)$$

e

$$\rho = 1 - \alpha$$

devem ser validas para cada comprimento de onda e ao longo de todo o espectro, respectivamente.

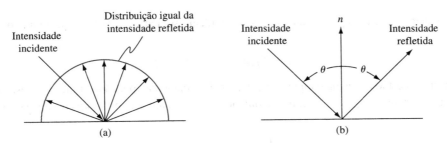

FIGURA 9.23 Diagrama esquemático ilustrando a reflexão (a) difusa e (b) especular.

Para o caso mais geral de um material que absorve, reflete e transmite parcialmente a radiação incidente em sua superfície, definimos τ_λ como a fração transmitida no comprimento de onda λ e τ como a fração da radiação total incidente transmitida. Referindo-se à Fig. 9.11, a relação monocromática é:

$$\rho_\lambda + \alpha_\lambda + \tau_\lambda = 1 \quad (9.42)$$

e a relação total entre a absorbância, a refletividade e a transmissividade é dada pela Eq. (9.22). O vidro, a pedra de sal e outros cristais inorgânicos são exemplos de alguns sólidos que, caso não sejam muito espesso, são de certa forma transparente às radiações de determinados comprimentos de onda. Muitos líquidos e todos os gases também são transparentes.

Existem dois tipos básicos de reflexões de radiação: *especular* e *difusa*. Se o ângulo de reflexão é igual ao ângulo de incidência, é chamada de reflexão especular. Por outro lado, quando um feixe incidente reflete uniformemente em todas as direções, a reflexão é chamada *difusa*. Nenhuma superfície real é especular ou difusa. Em geral, o reflexo de superfícies altamente polidas e lisas está mais próximo às características especulares, enquanto o reflexo de superfícies industriais "ásperas" aproxima-se mais das características difusas. Um espelho comum reflete especularmente na faixa de comprimento de onda visível, mas não necessariamente na faixa de maior comprimento de onda de radiação térmica.

A Fig. 9.23 ilustra, esquematicamente, o comportamento dos refletores difusos e especulares. Para cálculos de engenharia, as superfícies industrialmente chapeadas, usinadas ou pintadas podem ser tratadas como difusas, de acordo com experimentos de Schonhorst e Viskanta [11]. Os métodos para o tratamento de problemas com as superfícies parcialmente especulares e difusas são apresentados em Sparrow e Cess [12], Siegel e Howe [13], e Hering e Smith [14].

9.4 O fator de forma da radiação

Em problemas mais práticos envolvendo radiação, a intensidade da radiação térmica passando entre as superfícies não é sensivelmente afetada pela presença de meios intermediários, pois, a menos que a temperatura seja tão elevada que cause a ionização ou dissociação, os gases monoatômicos e a maioria dos diatômicos, bem como o ar, são transparentes. Além disso, como as superfícies mais industriais podem ser tratadas como emissores difusos e refletores de radiação em uma análise de transferência de calor, um problema-chave no cálculo da transferência do calor da radiação entre as superfícies é a determinação da fração da radiação total difusa deixando uma superfície e sendo interceptada por outra e vice-versa. A fração da radiação distribuída difusamente que deixa a superfície A_i e alcança a superfície A_j é chamada de *fator de forma da radiação* F_{i-j}. O primeiro subscrito anexado ao fator de forma de radiação denota a superfície da qual emana a radiação, e o segundo subscrito indica a superfície que está recebendo a radiação. O fator de forma é também chamado de *fator de configuração* ou *fator de vizualização*.

Considere as duas superfícies negras A_1 e A_2, conforme mostrado na Fig. 9.24. A radiação deixa A_1 e chega a A_2 é:

$$q_{1 \to 2} = E_{b1} A_1 F_{1-2} \tag{9.43}$$

e a radiação deixa A_2 e chega a A_1 é:

$$q_{2 \to 1} = E_{b2} A_2 F_{2-1} \tag{9.44}$$

Como ambas as superfícies são negras, toda a radiação incidente será absorvida e a taxa líquida de troca de energia, $q_{1 \rightleftarrows 2}$, é:

$$q_{1 \rightleftarrows 2} = E_{b1} A_1 F_{1-2} - E_{b2} A_2 F_{2-1} \tag{9.45}$$

Se ambas as superfícies estão à mesma temperatura, $E_{b1} = E_{b2}$, então não pode haver qualquer escoamento líquido de calor entre elas. Portanto, $q_{1 \rightleftarrows 2} = 0$, e, desde que nenhuma das áreas nem fatores de forma sejam funções da temperatura:

$$A_1 F_{1-2} = A_2 F_{2-1} \tag{9.46}$$

A Eq. (9.46) é conhecida como o *teorema da reciprocidade*. A taxa líquida de transferência entre quaisquer das duas superfícies negras, A_1 e A_2, pode ser escrita de duas formas:

$$q_{1 \rightleftarrows 2} = A_1 F_{1-2}(E_{b1} - E_{b2}) = A_2 F_{2-1}(E_{b1} - E_{b2}) \tag{9.47}$$

A inspeção da Eq. (9.47) revela que a taxa líquida do fluxo de calor entre dois corpos negros pode ser determinada avaliando a radiação de qualquer uma das superfícies para a outra e substituindo sua potência emissiva pela diferença entre as potências emissivas das duas. Porém, como o resultado final é independente da escolha da superfície de saída, seleciona-se a superfície cujo fator de forma pode ser determinado mais facilmente. Por exemplo, o fator de forma F_{1-2} para qualquer superfície A_1 completamente fechada por outra superfície é a unidade. Em geral, no entanto, a determinação de um fator de forma para uma geometria qualquer, exceto as mais simples é bastante complexa.

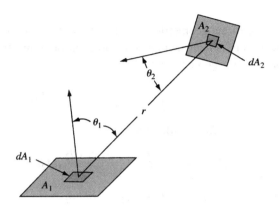

FIGURA 9.24 Nomenclatura para derivação do fator de forma geométrica.

Para determinar a fração da energia deixando a superfície A_1 que atinge a superfície A_2, considere primeiro as duas superfícies diferenciais dA_1 e dA_2. Caso a distância entre eles seja r, então $dq_{1 \to 2}$, a taxa em que a radiação de dA_1 é recebida por dA_2, é, da Eq. (9.13), determinado por:

$$dq_{1 \to 2} = I_1 \cos \theta_1 \, dA_1 \, d\omega_{1-2} \tag{9.48}$$

no qual I_1 = intensidade da radiação de dA_1

$dA_1 \cos \theta_1$ = projeção do elemento de área dA_1 conforme visto a partir de dA_2

$d\omega_{1-2}$ = ângulo sólido subentendido pela área dA_2 receptora em relação ao ponto central de dA_2

O ângulo subtendido $d\omega_{1-2}$ é igual à área projetada da superfície receptora na direção da radiação incidente dividida pelo quadrado da distância entre dA_1 e dA_2, ou, usando a nomenclatura da Fig. 9.24:

$$d\omega_{1-2} = \cos \theta_2 \frac{dA_2}{r^2} \tag{9.49}$$

Substituindo nas equações (9.49) e (9.16) para $d\omega_{1-2}$ e I_1, respectivamente, na Eq. (9.48) resulta:

$$dq_{1 \to 2} = E_{b1} \, dA_1 \left(\frac{\cos \theta_1 \cos \theta_2 \, dA_2}{\pi r^2} \right) \tag{9.50}$$

em que o termo entre parênteses é igual à fração da radiação total emitida por dA_1 que é interceptado por dA_2. Por analogia, a fração da radiação total emitida por dA_2 que atinge dA_1 é

$$dq_{2 \to 1} = E_{b2} \, dA_2 \left(\frac{\cos \theta_2 \cos \theta_1 \, dA_1}{\pi r^2} \right) \tag{9.51}$$

tal que a taxa líquida de transferência de calor radiante entre dA_1 e dA_2 é:

$$dq_{1 \rightleftarrows 2} = (E_{b1} - E_{b2}) \frac{\cos \theta_1 \cos \theta_2 \, dA_1 \, dA_2}{\pi r^2} \tag{9.52}$$

Para determinar $q_{1 \rightleftarrows 2}$, a taxa líquida da radiação entre todas as superfícies A_1 e A_2, podemos integrar a fração na equação anterior sobre ambas as superfícies e obter:

$$q_{1 \rightleftarrows 2} = (E_{b1} - E_{b2}) \int_{A_1} \int_{A_2} \frac{\cos \theta_1 \cos \theta_2 \, dA_1 \, dA_2}{\pi r^2} \tag{9.53}$$

A integral dupla é convenientemente escrita em notação abreviada como A_1F_{1-2} ou A_2F_{2-1}, no qual F_{1-2} é chamado de fator de forma avaliado com base na área A_1 e F_{2-1} é chamado fator de forma, avaliado com base em A_2. O método de avaliação da integral dupla encontra-se ilustrado no exemplo a seguir.

EXEMPLO 9.8 Determinar o fator de forma geométrica para um disco A_1 muito pequeno, e um disco A_2 paralelo, grande localizado a uma distância L diretamente acima do menor, conforme mostrado na Fig. 9.25.

SOLUÇÃO Da Eq. (9.53), o fator de forma geométrica é:

$$A_1F_{1-2} = \int_{A_1}\int_{A_2} \frac{\cos\theta_1 \cos\theta_2}{\pi r^2} dA_2\, dA_1$$

mas como A_1 é muito pequeno, o fator de forma é dado por:

$$A_1F_{1-2} = \frac{A_1}{\pi} \int_{A_2} \frac{\cos\theta_1 \cos\theta_2}{r^2} dA_2$$

Da Fig. 9.25, $\cos\theta_1 = \cos\theta_2 = L/r$, $r = \sqrt{\rho^2 + L^2}$ e $dA_2 = \rho\, d\phi\, d\rho$.
Substituindo essas relações, obtemos:

$$A_1F_{1-2} = \frac{A_1}{\pi} \int_0^a \int_0^{2\pi} \frac{L^2}{(\rho^2 + L^2)^2} \rho\, d\rho\, d\phi$$

que pode ser integrado diretamente para produzir:

$$A_1F_{1-2} = \frac{A_1 a^2}{a^2 + L^2} = A_2F_{2-1}$$

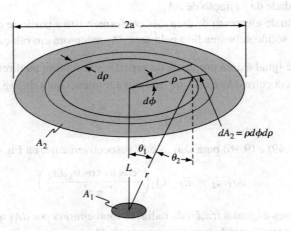

FIGURA 9.25 Nomenclatura para avaliação do fator de forma entre dois discos no Exemplo 9.8.

O Exemplo 9.8 mostra que a determinação de um fator de forma por meio da avaliação da integral dupla da Eq. (9.53) geralmente é muito tediosa. Os fatores de forma para um grande número de arranjos geométricos já foram avaliados, e a maioria deles pode ser encontrada nas referências [3-7]. Um grupo selecionado de interesse prático está resumido na Tabela 9.3 e nas figuras 9.26-9.30.

TABELA 9.3 Fator geométrico de forma para o uso nas equações (9.47) e (9.55)

Superfície entre qual radiação que está sendo trocada	Fator de forma, $F_{1\text{-}2}$
1. Planos infinitos paralelos.	1
2. Corpo A_1 completamente limitado por outro corpo, A_2. O corpo A_1 não pode ver nenhuma parte de si mesmo.	1
3. Elemento de superfície $dA(A_1)$ e superfície retangular (A_2) acima e paralelo a ela, com um canto do retângulo contido na normal para o dA.	Veja a Fig. 9.26
4. Elemento $dA(A_1)$ paralelo ao disco circular (A_2) com seu centro diretamente acima de dA. (Veja o Exemplo 9.8).	$\dfrac{a^2}{(a^2 + L^2)}$
5. Dois quadrados, retângulos, ou discos paralelos e iguais, de largura ou diâmetro D, distantes entre si por L.	Veja a Fig. 9.28 ou Fig. 9.29.
6. Dois discos paralelos de diâmetros desiguais, distantes entre si por L, *com* os centros na mesma normal aos seus planos; disco menor A_1 de raio a, o disco maior de raio b.	$\dfrac{1}{2a^2}[L^2 + a^2 + b^2 - \sqrt{(L^2 + a^2 + b^2)^2 - 4a^2b^2}]$
7. Dois retângulos em planos perpendiculares com um lado comum.	Veja a Fig. 9.27
8. Radiação entre um plano infinito A_1 e uma ou duas fileiras de tubos paralelos infinitos em um plano paralelo A_2 se a única outra superfície for uma superfície refratária por trás dos tubos.	Veja a Fig. 9.30.

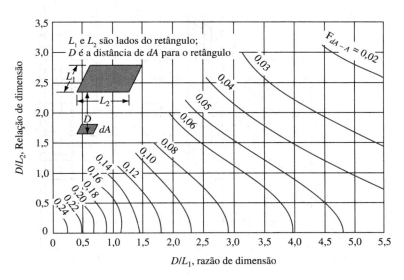

FIGURA 9.26 Fator de forma para um elemento de superfície dA e uma superfície retangular A paralela a ela.

Fonte: De Hottel [15], com permissão.

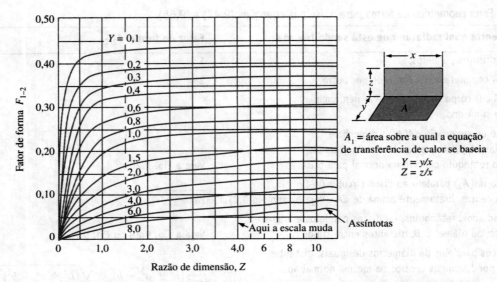

FIGURA 9.27 Fator de forma para retângulos adjacentes em planos perpendiculares compartilhando um lado comum.

Fonte: De Hottel [15], com permissão.

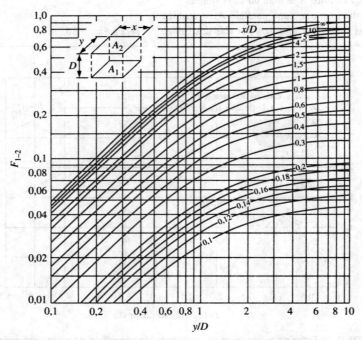

FIGURA 9.28 Fator de forma para retângulos diretamente opostos.

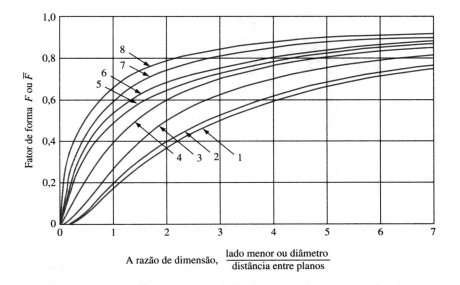

A radiação entre planos paralelos, diretamente opostos:
- 1, 2, 3 e 4: Radiação direta entre os planos, F
- 5, 6, 7 e 8: Planos ligados por paredes não condutoras mas que reemitem radiação, $\bar{F}$
- 1 e 5: Discos
- 2 e 6: Quadrados
- 3 e 7: 2:1 Retângulos
- 4 e 8: Retângulos longos e estreitos

FIGURA 9.29 **Fatores de forma para quadrados e retângulos iguais e paralelos, e discos**
Fonte: De Hottel [15], com permissão. Veja a Eq. (9.65) para definição de $\bar{F}$.

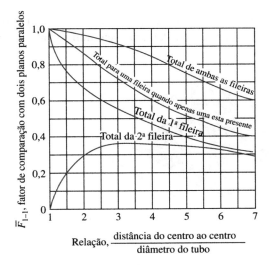
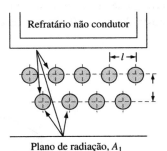

A ordenada é a fração do calor irradiado do plano A_1 para um número infinito de fileiras de tubos, ou para um plano substituindo os tubos

FIGURA 9.30 **Fator de forma para um plano e uma ou duas fileiras de tubos paralelos a ele.**
Fonte: De Hottel [15], com permissão.

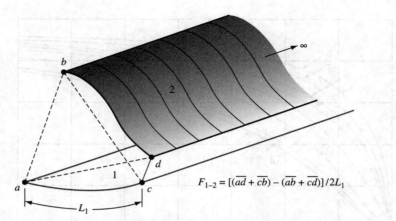

FIGURA 9.31 Diagrama esquemático ilustrando o método de cordas cruzadas.

Os fatores de forma para superfícies que são bidimensionais, infinitamente longas em uma direção e caracterizadas por seções transversais idênticas normais à direção infinita podem ser determinados por um procedimento simples chamado *método de cordas cruzadas*. A Fig. 9.31 mostra duas superfícies que satisfazem as restrições geométricas para o método de cordas cruzadas. Hottel e Sarofim [16] mostraram que o fator de forma F_{1-2} é igual à soma dos comprimentos das cordas cruzadas esticadas entre as extremidades das duas superfícies menos a soma dos comprimentos das cordas descruzadas divididas por duas vezes o comprimento L_1. Sob a forma de uma equação,

$$F_{1-2} = \frac{(\overline{ad} + \overline{cb}) - (\overline{ad} + \overline{cd})}{2L_1} \qquad (9.54)$$

EXEMPLO 9.9 Um arranjo de janela consiste em uma longa abertura de 1 m de altura e 5 m de comprimento. Sob essa janela, como mostrado na Fig. 9.32, há uma escrivaninha de 2 m de largura. Determine o fator de forma entre a janela e a mesa.

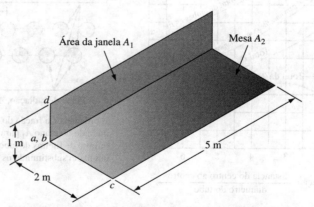

FIGURA 9.32 Janela e mesa para o Exemplo 9.9.

SOLUÇÃO Suponha que a janela e a mesa sejam suficientemente longas para serem aproximadas como superfícies infinitamente longas. Então, podemos usar o método de cordas cruzadas e, como para esse caso os pontos *a* e *b* são os mesmos, temos:

$$ab = 0$$
$$cb = L_1 = 2 \text{ m}$$
$$ad = L_2 = 1 \text{ m}$$
$$cd = L_3 = 15 \text{ m}$$

e
$$F_{1-2} = \tfrac{1}{2}(1 + 2 - \sqrt{5}) = 0{,}382$$

O cálculo dos fatores de forma para superfícies arbitrárias em três dimensões é bastante complexo e, portanto, feito numericamente. Em muitos problemas de interesse prático, pode haver objetos entre duas superfícies de interesse que bloqueiam parcialmente a vista de uma das superfícies para a outra. Essa situação dificulta ainda mais o cálculo dos fatores de forma. Emery *et al* [17] discutem e comparam os vários métodos numéricos para calcular o fator de forma entre superfícies arbitrárias.

9.4.1 Álgebra do fator de forma

Os fatores de forma básicos dos gráficos nas figuras 9.26 a 9.30 podem ser usados para se obter os fatores de forma para uma classe maior de geometrias, que podem ser construídas com base em curvas elementares. Esse processo é conhecido como *álgebra do fator de forma*, que é baseada no Princípio da Conservação de Energia. Suponha que queremos determinar o fator de forma da superfície A_1 para as áreas combinadas $A_2 + A_3$, conforme mostrado na Fig. 9.33. Podemos escrever:

$$F_{1\to(2+3)} = F_{1-2} + F_{1-3} \quad (9.55)$$

Ou seja, o fator de forma total é igual à soma das suas partes. Reescrevendo a Eq. (9.55) como

$$A_1 F_{1-2,3} = A_1 F_{1-2} + A_1 F_{1-3}$$

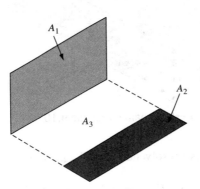

FIGURA 9.33 Ilustração esquemática da álgebra do fator de forma.

e usando as relações de reciprocidade

$$A_1 F_{1-2,3} = (A_2 + A_3) F_{2,3-1}$$
$$A_1 F_{1-2} = A_2 F_{2-1}$$
$$A_1 F_{1-3} = A_3 F_{3-1}$$

temos:

$$(A_2 + A_3) F_{2,3-1} = A_2 F_{2-1} + A_3 F_{3-1} \quad (9.56)$$

Essa simples relação pode ser usada para avaliar o fator de forma F_{1-2} em termos dos fatores de forma para retângulos perpendiculares com uma aresta comum dada na Fig. 9.27. Outras combinações podem ser obtidas de forma semelhante. O exemplo a seguir ilustra o procedimento de avaliação numérica dividido por 100.

EXEMPLO 9.10 Suponha que um arquiteto queira avaliar o percentual de luz que entra pela janela de uma loja A_1 e colide com a superfície do pavimento A_4 localizado em relação a A_1, conforme mostrado na Fig. 9.34. Supondo que a luz através da janela seja difusa, avalie o fator de forma F_{1-4} que é igual a essa percentagem dividida por 100.

SOLUÇÃO Seja $A_5 = A_1 + A_2$ e $A_6 = A_3 + A_4$. Usando a álgebra de fator de forma e aplicando a Eq. 9.55 e a Eq. 9.56, temos:

$$A_5 F_{5-6} = A_2 F_{2-3} + A_2 F_{2-4} + A_1 F_{1-3} + A_1 F_{1-4}$$

$$A_5 F_{5-3} = A_2 F_{2-3} + A_1 F_{1-3}$$

$$F_{2-6} = F_{2-3} + F_{2-4}$$

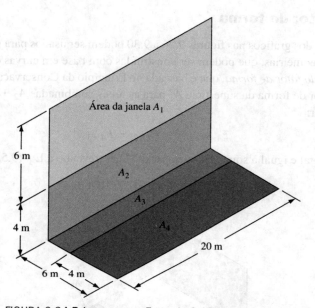

FIGURA 9.34 Esboço para o Exemplo 9.10.

Combinando as três equações anteriores e resolvendo para F_{1-4}, temos:

$$F_{1-4} = \frac{1}{A_1}(A_5 F_{5-6} - A_2 F_{2-6} - A_5 F_{5-3} + A_2 F_{2-3})$$

Os fatores de forma para o lado direito dessa equação são plotados na Fig. 9.27. Os valores são:

$$F_{5-6} = 0,19$$
$$F_{2-6} = 0,32$$
$$F_{5-3} = 0,08$$
$$F_{2-3} = 0,19$$

Portanto,

$$F_{1-4} = \frac{1}{60}(100 \times 0,19 - 40 \times 0,32 - 100 \times 0,08 + 40 \times 0,19)$$

$$= 0,097$$

Assim, apenas cerca de 10% da luz que passa através da janela incidirá na área do piso A_4.

9.5 Envoltórios com superfícies negras

Para determinar a transferência líquida do calor por radiação para ou a partir de uma superfície, é necessário considerar as radiações provenientes de todas as direções. Esse procedimento é facilitado pela construção figurativa de um envoltório em torno da superfície e pela especificação das características da radiação de cada superfície. As superfícies que compreendem o envoltório para uma determinada superfície *i* são todas aquelas que podem ser vistas por um observador presente na superfície *i* no espaço circundante. O envoltório não precisa necessariamente consistir somente de superfícies sólidas, pode incluir espaços abertos, denotados como "*windows*" [janelas]. Cada janela aberta pode ser atribuída a uma temperatura de corpo negro equivalente correspondente à radiação da entrada. Caso nenhuma radiação entre, uma janela funciona como um corpo negro a temperatura zero, que absorve toda a radiação de saída e não emite nem reflete.

A taxa líquida da perda de radiação de uma superfície típica A_i em um envoltório (veja Fig. 9.35) consistindo de N superfícies negras é igual à diferença entre a radiação emitida e a radiação absorvida, ou

$$q_{i \rightleftharpoons \text{envoltório}} = A_i(E_{bi} - G_i) \qquad (9.57)$$

em que G_i é a radiação incidente na superfície *i* por unidade de tempo e unidade de área, chamada de *irradiação*.

A radiação incidente sobre A_i vem das outras N superfícies no envoltório. A partir uma superfície *j* típica, o incidente de radiação em *i* é $E_{bj}A_jF_{j-i}$. Somando as contribuições de todas as N superfícies, temos:

$$A_iG_i = E_{b1}A_1F_{1-i} + E_{b2}A_2F_{2-i} + \cdots + E_{bN}A_NF_{N-i}$$

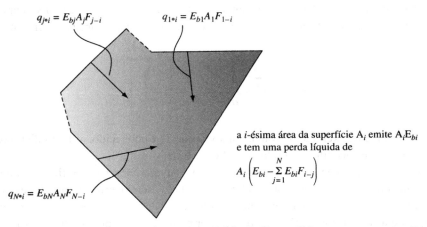

FIGURA 9.35 Diagrama esquemático do envoltório de N superfícies negras com quantidades de energia incidentes sobre e partindo da superfície *i*.

que pode ser escrita de forma compacta na forma:

$$A_iG_i = \sum_{j=1}^{N} E_{bj}A_jF_{j-i} \qquad (9.58)$$

Usando a Lei da Reciprocidade, $A_iF_{i-j} = A_jF_{j-i}$, e substituindo a Eq. (9.58) por G_i na Eq. (9.57), temos a taxa líquida de perda de calor de radiação de qualquer superfície em um envoltório de superfícies negras

$$q_{i \rightleftharpoons \text{envoltório}} = A_i\left(E_{bi} - \sum_{j=1}^{N} E_{bj}F_{i-j}\right) \qquad (9.59)$$

Uma abordagem alternativa para o problema é a extensão das equações (9.43) e (9.44). Como a energia radiante deixando qualquer superfície *i* deve incidir sobre as N superfícies que formam o envoltório.

$$\sum_{j=1}^{N} F_{i-j} = 1,0 \qquad (9.60)$$

A Eq. (9.60) inclui um termo F_{i-i}, que é diferente de zero quando uma superfície é côncava, de modo que alguma radiação saindo da superfície i será diretamente incidente sobre ela. A energia emissiva total de A_i, portanto, é distribuída entre as N superfícies de acordo com

$$A_i E_{bi} = \sum_{j=1}^{N} E_{bi} A_i F_{i-j} \qquad (9.61)$$

Introduzindo a Eq. (9.61) para $A_i E_{bi}$ na Eq. (9.59), temos a taxa líquida de perda de calor de superfície i na forma

$$q_{i \rightleftharpoons \text{envoltório}} = \sum_{j=i}^{N} (E_{bi} - E_{bj}) A_i F_{i-j} \qquad (9.62)$$

Assim, a perda líquida de calor pode ser calculada pela soma das diferenças de energia e multiplicando cada uma pelo fator de forma apropriado.

Uma inspeção da Eq. (9.62) mostra que também existe uma analogia entre o fluxo de calor por radiação e o de corrente elétrica. Caso a energia emissiva do corpo negro E_b seja considerada para atuar como um potencial, e o fator de forma da área $A_i F_{i-j}$ como a condutância entre dois nós nos potenciais E_{bi} e E_{bj}, então o fluxo líquido resultante do calor é análogo ao fluxo de corrente elétrica em uma rede análoga. Exemplos de redes para envoltório de corpo negro consistindo de três e quatro superfícies de transferência de calor em determinadas temperaturas são mostrados nas figuras 9.36(a) e (b), respectivamente.

Em problemas de engenharia, existem situações em que o fluxo de calor é prescrito para uma ou mais superfícies em um envoltório, e não a temperatura. Em tais casos, as temperaturas são desconhecidas. Para o caso de a taxa líquida de transferência de calor de radiação $q_{r,k}$ de uma superfície A_k ser prescrita e a temperatura especificada para todas as outras superfícies do envoltório, a Eq. (9.59) pode ser rearranjada para resolver para T_k. Uma vez que $E_{bk} = \sigma T_k^4$, obtemos:

$$T_k = \left[\frac{\sum_{j \neq k}^{N} \sigma T_j^4 F_{k-j} + (q_r/A)_k}{\sigma(1 - F_{k-k})} \right]^{1/4} \qquad (9.63)$$

em que $j = k$ é especificamente excluído da soma. Uma vez que T_k é conhecido, as taxas de transferência de calor em todas as outras superfícies podem ser obtidas pela Eq. (9.62).

De interesse especial é o caso de uma superfície *sem fluxo* ou *adiabática*, que reflete e emite radiação difusamente no mesmo ritmo em que os recebe. Sob condições de estado estacionário, as superfícies interiores das paredes refratárias em fornos industriais podem ser tratadas como adiabáticas. As paredes interiores dessas superfícies recebem o calor e a radiação por convecção, e perdem calor para o exterior por condução. Na prática, no entanto, o escoamento de calor por radiação é muito maior que a diferença entre o fluxo de calor por convecção e o fluxo de calor por condução a partir da superfície, e assim as paredes funcionam essencialmente como reemissoras de radiação, ou seja, como superfícies sem fluxo.

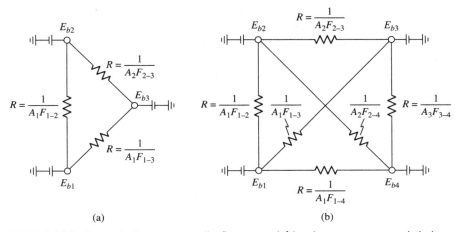

FIGURA 9.36 Redes equivalentes para radiação em envoltórios de corpo negro consistindo em (a) três e (b) quatro superfícies.

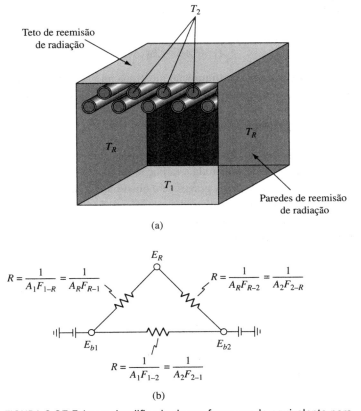

FIGURA 9.37 Esboço simplificado de um forno e rede equivalente para a radiação em um envoltório consistindo em duas superfícies negras e uma superfície adiabática.

Um esboço simplificado de um forno de combustível pulverizado é mostrado na Fig. 9.37(a). Parte-se do princípio de que o piso está a uma temperatura uniforme T_1 irradiando a um grupo de tubos de aço oxidados em T_2, que preenche o teto do forno. As paredes laterais e o teto são considerados como agindo na forma de reemissores de radiação a uma *temperatura uniforme T_R*. Supondo que A_R denota a área de reemissão e se considerarmos que o piso e os tubos são negros, a rede equivalente representando a troca de radiação entre o piso e os tubos na presença das paredes reemissoras é aquela mostrada na Fig. 9.37(b). Uma parte da radiação emitida de A_1 vai diretamente para a A_2, enquanto o resto atinge A_R e é refletido a partir dessa. Da radiação refletida, uma parte retorna para A_1 e A_2 e o resto para A_R para mais nova reflexão. No entanto, como as paredes refratárias devem se livrar de toda a radiação incidente por reflexão ou radiação, sua energia emissiva atuará no estado estacionário como um potencial flutuante cujo valor é real. Ou seja, sua energia emissiva e sua temperatura dependem apenas dos valores relativos das condutâncias entre E_R e E_b1 e E_R e E_b2. Assim, o efeito líquido desse padrão de radiação bastante complicado pode ser representado na rede equivalente por dois caminhos de escoamento de calor paralelos entre A_1 e A_2, um tendo uma condutância eficaz de A_1F_{1-2}, e o outro, igual a:

$$\frac{1}{1/A_1F_{1-R} + 1/A_2F_{2-R}}$$

O fluxo líquido de calor por radiação entre uma fonte negra e um dissipador negro de calor em um forno simples, então, é igual a:

$$q_{1 \rightleftharpoons 2} = A_1(E_{b1} - E_{b2})\left(F_{1-2} + \frac{1}{1/F_{1-R} + A_1/A_2F_{2-R}}\right) \tag{9.64}$$

Caso nenhuma das superfícies possa ver qualquer parte de si mesmo, F_{1-R} e F_{2-R} podem ser eliminados usando as equações (9.46) e (9.60). Isto rende, após algumas simplificações:

$$q_{1 \rightleftharpoons 2} = A_1\sigma(T_1^4 - T_2^4)\frac{A_2 - A_1F_{1-2}^2}{A_1 + A_2 - 2A_1F_{1-2}} = A_1\bar{F}_{1-2}(E_{b1} - E_{b2}) \tag{9.65}$$

em que $\bar{F}_{1-2}$ é o fator de forma eficaz para a configuração mostrada na Fig. 9.37. O mesmo resultado pode ser obtido das equações (9.62) e (9.63). Os detalhes dessa derivação são deixados como um exercício.

9.6 Envoltórios com superfícies cinza

Na seção anterior, considerou-se a radiação entre superfícies negras. A suposição de que uma superfície é negra simplifica os cálculos da transferência de calor, pois toda a radiação incidente é absorvida. Na prática, pode-se geralmente descartar as reflexões sem introduzir erros graves se a absorbância das superfícies radiantes for maior que 0,9. Existe, no entanto, inúmeros problemas envolvendo superfícies de baixa absorbância e emissividade, especialmente nas instalações em que a radiação é indesejável. Por exemplo, a parede interna de uma garrafa térmica é prateada para reduzir o fluxo de calor por radiação. Além disso, os termopares para trabalhos em alta temperatura são frequentemente rodeados por escudos de radiação para diminuir a diferença entre a temperatura indicada e a do meio a ser medido.

Caso as superfícies radiantes não sejam negras, a análise torna-se extremamente difícil, a menos que as superfícies sejam cinzentas. A análise dessa seção é limitada às superfícies cinzas que seguem a Lei do Cosseno de Lambert e também refletem difusamente. A radiação de tais superfícies pode ser tratada convenientemente em termos da *radiosidade*, J, que é definida como a taxa em que a radiação deixa uma dada superfície por unidade de área. A radiosidade é a soma da radiação emitida, refletida e transmitida. Para corpos opacos que não transmitem radiação, a radiosidade de uma superfície i típica pode ser definida [18]

$$J_i = \rho_i G_i + \varepsilon_i E_{bi} \tag{9.66}$$

em que J_i = radiosidade, W/m²
G_i = irradiação ou radiação incidente por unidade de tempo em uma unidade de área superficial, W/m²
E_{bi} = energia emissora do corpo negro, W/m²
ρ_i = refletividade
ε_i = emissividade

Considere a *i-ésima* superfície tendo a área A_i em um envoltório constituído por N superfícies, como mostrado na Fig. 9.35. Para manter a superfície i à temperatura T_i, certa quantidade de calor, q_i, deve ser fornecida de alguma fonte externa para compensar a perda líquida radiativa em uma condição de estado estacionário. A taxa líquida de transferência de calor de uma superfície *i* pela radiação é igual à diferença entre a saída e a entrada da radiação. Usando a terminologia da Eq. (9.66), a taxa líquida da perda de calor é a diferença entre a radiosidade e a irradiação, ou:

$$q_i = A_i(J_i - G_i) \qquad (9.67)$$

Observe que a Eq. (9.67) é válida somente quando a temperatura e a irradiação sobre A_i são uniformes. Para satisfazer as duas condições simultaneamente, às vezes, é necessário subdividir uma superfície física em seções menores para fins de análise.

Caso as superfícies de troca de radiação sejam cinzas, $\epsilon_i = \alpha_i$ e $\rho_i = (1 - \epsilon_i)$ para cada uma delas. A irradiação G_i então pode ser eliminada da Eq. (9.67) combinando-a com a Eq. (9.66). Isso resulta:

$$q_i = \frac{A_i \varepsilon_i}{\rho_i}(E_{bi} - J_i) = \frac{A_i \varepsilon_i}{1 - \varepsilon_i}(E_{bi} - J_i) \qquad (9.68)$$

Outra relação para a *taxa líquida de perda de calor* por radiação da A_i pode ser obtida pela avaliação da irradiação em termos da radiosidade de todas as outras superfícies que podem ser vistas a partir dela. A radiação incidente G_i pode ser avaliada pela mesma abordagem usada anteriormente em um envoltório de corpo negro. A radiação incidente consiste das porções de radiação de outras $N - 1$ superfícies que afetam A_i. Caso a superfície A_i possa ver uma parte de si mesma, uma parte da radiação emitida por A_i também contribuirá para a irradiação. Os fatores de forma para as superfícies cinzas com reflexão difusa são as mesmas das negras, desde que dependam somente das relações geométricas definidas pela Eq. (9.53). Podemos, portanto, escrever em forma simbólica:

$$A_i G_i = J_1 A_1 F_{1-i} + J_2 A_2 F_{2-i} + \cdots + J_i A_i F_{i-1} + \cdots + J_j A_j F_{j-i} + \cdots + J_N A_N F_{N-i} \qquad (9.69)$$

Usando as relações de reciprocidade:

$$A_1 F_{1-i} = A_i F_{i-1}$$
$$A_2 F_{2-i} = A_i F_{i-2}$$
$$A_N F_{N-i} = A_i F_{i-N}$$

A Eq. (9.69) pode ser escrita de forma que a única área que apareça seja A_i:

$$A_i G_i = J_1 A_i F_{i-1} + J_2 A_i F_{i-2} + \cdots + J_i A_i F_{i-i} + \cdots + J_j A_i F_{i-j} + \cdots + J_N A_i F_{i-N}$$

Isto pode ser expresso de forma compacta como

$$G_i = \sum_{j=1}^{N} J_j F_{i-j} \qquad (9.70)$$

A Eq. (9.70) é idêntica à Eq. (9.61) para um envoltório negro, exceto pelo fato de que a energia emissiva do corpo negro foi substituída pela radiosidade. Substituindo o somatório da Eq. (9.70) por G_i na Eq. (9.67), resulta:

$$q_i = A_i\left(J_i - \sum_{j=1}^{N} J_j F_{i-j}\right) \qquad (9.71)$$

As equações (9.68) e (9.71) podem ser escritas para cada uma das N superfícies do envoltório, determinando $2N$ equações para $2N$ incógnitas. Sempre haverá N incógnitas, enquanto as incógnitas restantes consistirão de q's ou T's, dependendo de quais condições de contorno forem especificadas. Os J's sempre podem ser eliminados, dando N equações relacionando as N temperaturas e taxas líquidas de transferência de radiação desconhecidas.

Em termos de um circuito elétrico análogo, podemos escrever a Eq. (9.68) sob a forma

$$q_i = \frac{E_{bi} - J_i}{(1 - \varepsilon_i)/A_i \varepsilon_i} \qquad (9.72)$$

e considerar a taxa de transferência de calor de radiação q_i como a corrente em uma rede entre potenciais E_{bi} e J_i com uma resistência de $(1 - \varepsilon_i)/A_i \varepsilon_i$ entre elas. Como o efeito da geometria do sistema sobre a radiação líquida entre quaisquer duas superfícies cinzas, A_i e A_k emitindo radiação às taxas J_i e J_k, respectivamente, são as mesmas para superfícies negras geometricamente semelhantes, ele pode ser expresso em termos do fator de forma geométrico definido pela Eq. (9.53). A troca direta de radiação entre quaisquer duas superfícies opacas e difusas A_i e A_j é dada por:

$$q_{i \rightleftarrows j} = (J_i - J_j)A_i F_{i-j} = (J_i - J_j)A_j F_{j-i} \quad (9.73)$$

As equações (9.68) a (9.73) dão a base para determinar a taxa líquida de transferência de calor radiante entre corpos cinzas em um envoltório cinza, por meio de uma rede equivalente. Os efeitos da refletividade e da emissividade podem ser levados em consideração ao conectar um *nó potencial de corpo negro* E_b, a cada um dos pontos nodais na rede por meio de uma *resistência finita* $(1 - \varepsilon)/A\varepsilon$. No caso de um corpo negro, essa resistência é zero, uma vez que $\varepsilon = 1$. Na Fig. 9.38, as redes equivalentes para a radiação em um envoltório consistindo em dois e quatro corpos cinzas são mostradas abaixo. Para envoltórios cinzas com duas superfícies, tais como duas placas infinitas em paralelo, cilindros concêntricos com altura infinita e esferas concêntricas, a rede reduz a uma única linha de resistências em séries, conforme mostrado na Fig. 9.38(a).

Para ilustrar o procedimento para o cálculo da transferência de calor por radiação entre as superfícies cinzas, deriva-se uma expressão para a taxa de transferência de calor por radiação entre dois cilindros longos concêntricos, de áreas A_1 e A_2 e temperaturas T_1 e T_2 respectivamente, e compara-se o resultado com a rede na Fig. 9.38(a).

Em relação à Fig. 9.39, o fator de forma do cilindro menor de área A_1, em relação ao cilindro maior que o envolve, F_{1-2}, é 1,0. Da Eq. (9.73), $A_1 F_{1-2} = A_2 F_{2-1}$ e $F_{2-1} = A_1/A_2$. Como a superfície 2 pode ser parcialmente vista por si própria, encontramos também da Eq. (9.60) $F_{2-2} = 1 - (A_1/A_2)$. Das equações (9.68) e (9.71), as taxas líquidas de perda de calor de A_1 e A_2 são:

$$q_1 = \frac{A_1 \varepsilon_1}{1 - \varepsilon_1}(E_{b1} - J_1) = A_1(J_1 - J_2)$$

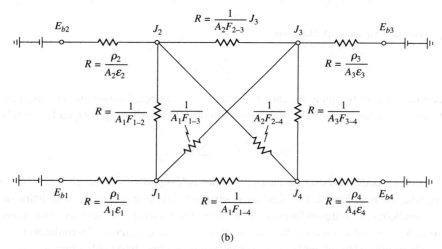

FIGURA 9.38 Redes equivalentes para radiação em envoltórios de corpo cinza consistindo de três e quatro superfícies: (a) duas superfícies cinzas; (b) quatro superfícies cinzas

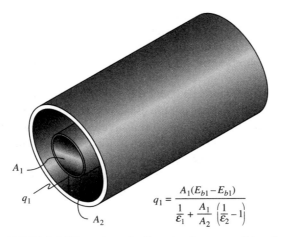

$$q_1 = \frac{A_1(E_{b1} - E_{b1})}{\frac{1}{\varepsilon_1} + \frac{A_1}{A_2}\left(\frac{1}{\varepsilon_2} - 1\right)}$$

FIGURA 9.39 Troca de radiação entre duas superfícies cilíndricas cinzas.

e

$$q_2 = \frac{A_2 \varepsilon_2}{1 - \varepsilon_2}(E_{b2} - J_2) = A_2(J_2 - J_1 F_{2-1} - J_2 F_{2-2})$$

Substituindo as expressões apropriadas para F_{2-1} e F_{2-2} obtemos a relação $q_2 = A_1(-J_1 + J_2) = -q_1$, conforme esperado do balanço geral de calor. Eliminando J_2 e substituindo J_1 na equação de perda de calor por A_1 obtemos:

$$q_1 = \frac{A_1(E_{b1} - E_{b2})}{1/\varepsilon_1 + (A_1/A_2)[(1 - \varepsilon_2)/\varepsilon_2]} \quad (9.74)$$

Para a rede análoga na Fig. 9.38(a), a soma de três resistências

$$\frac{1 - \varepsilon_1}{\varepsilon_1 A_1} + \frac{1}{A_1 F_{1-2}} + \frac{1 - \varepsilon_2}{\varepsilon_2 A_2} = \frac{1}{A_1}\left[\frac{1}{\varepsilon_1} + \frac{A_1}{A_2}\left(\frac{1 - \varepsilon_2}{\varepsilon_2}\right)\right]$$

que fornece o resultado idêntico para a taxa líquida da perda de calor de A_1, conforme esperado.

A taxa líquida de transferência de calor em sistemas simples em que a radiação é transferida somente entre duas superfícies cinzas, também pode ser escrita em termos de uma condutância equivalente $A_1 \mathscr{F}_{1-2}$ na forma:

$$q_{1 \rightleftharpoons 2} = A_1 \mathscr{F}_{1-2}(E_{b1} - E_{b2}) \quad (9.75)$$

Na Eq. (9.75), A_1 é a menor das duas superfícies e $\mathscr{F}_{1-2}$ é fornecido abaixo para algumas configurações.

Para dois cilindros concêntricos infinitamente longos ou duas esferas concêntricas,

$$\mathscr{F}_{1-2} = \frac{1}{[(1 - \varepsilon_1)/\varepsilon_1] + 1 + [A_1(1 - \varepsilon_2)/A_2 \varepsilon_2]} \quad (9.76)$$

Para duas placas paralelas iguais com a mesma emissividade ε espaçadas por uma distância finita:

$$\mathscr{F}_{1-2} = \frac{\varepsilon[1 + (1 - \varepsilon)F_{1-2}]}{1 + [(1 - \varepsilon)F_{1-2}]^2} \quad (9.77)$$

em que o fator de forma F_{1-2} pode ser obtido na Fig. 9.29. Para duas placas paralelas infinitamente grandes,

$$\mathscr{F}_{1-2} = \frac{1}{1/\varepsilon_1 + 1/\varepsilon_2 - 1} \quad (9.78)$$

Para um corpo cinza pequeno de área A_1 dentro de um envoltório grande de área $A_2 (A_1 \ll A_2)$,

$$\mathscr{F}_{1-2} = \varepsilon_1$$

Em diversos problemas reais, a transferência de calor por radiação provocará uma mudança na energia interna e na temperatura de um corpo. Então, a taxa de transferência de calor deve ser interpretada como resultado de um estado quase estacionário. Sob essas circunstâncias, a solução exigirá uma análise transiente similar à indicada no Capítulo 2, com a temperatura de superfície de um corpo como uma função do tempo.

EXEMPLO 9.11 Oxigênio líquido (temperatura de ebulição, $-166°C$) deve ser armazenado em um contêiner esférico com diâmetro de 0,3 m. O sistema é isolado por um espaço evacuado entre a esfera interna e a concêntrica que a envolve, que mede 0,45 m de diâmetro interno, conforme apresentado na Fig. 9.40. Ambas as esferas são feitas de alumínio polido ($\varepsilon = 0,03$), e a temperatura da esfera externa é de $-1°C$. Estime a taxa de fluxo de calor por radiação para o oxigênio presente dentro do contêiner.

SOLUÇÃO Embora a energia interna do oxigênio mude, sua temperatura permanece constante, pois está passando por uma mudança em sua fase. As temperaturas absolutas das superfícies são:

$$T_1 = 273 - 166 = 107 \text{ K}$$
$$T_2 = 273 - 1 = 272 \text{ K}$$

Da Eq. (9.74), a taxa de transferência de calor a partir da esfera interna é:

$$q_1 = \frac{A_1 \sigma (T_1^4 - T_2^4)}{1/\varepsilon_1 + (A_1/A_2)[(1 - \varepsilon_2)/\varepsilon_2]}$$

$$= \frac{\pi (0,3)^2 \times 5,67(1,07^4 - 2,72^4)}{1/0,03 + (0,09/0,2025)(0,97/0,03)} = 1,8 \text{ W}$$

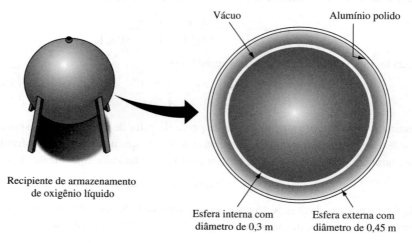

FIGURA 9.40 Esboço para o Exemplo 9.11.

Como a transferência de calor por radiação de A_1 é negativa, o calor é transferido ao oxigênio, conforme esperado.

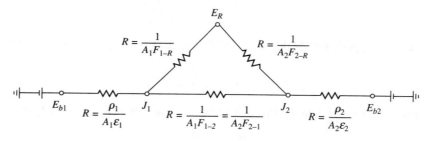

FIGURA 9.41 Circuito análogo para a radiação em um envoltório com duas superfícies cinzas conectadas por uma superfície reemissora de radiação.

O fluxo de calor radiante em um envoltório com duas superfícies cinzas conectadas por superfícies reemissoras de radiação também pode ser resolvido sem dificuldade por meio de um circuito equivalente. De acordo com as equações (9.72) e (9.73), somente se faz necessária a substituição de E_{b1} e E_{b2}, os potenciais utilizados na Seção 9.5 para superfícies negras, por J_1 e J_2 e conectar os novos potenciais com as resistências $\rho_1/\varepsilon_1 A_1$ e $\rho_2/\varepsilon_2 A_2$ com os seus respectivos potenciais de corpos negros E_{b1} e E_{b2}. A rede resultante é apresentada na Fig. 9.41 e, nela, pode-se ver que a condutância total entre E_1 e E_2 é, agora:

$$A_1 \mathscr{F}_{1-2} = \dfrac{1}{\dfrac{\rho_1}{\varepsilon_1 A_1} + \dfrac{\rho_2}{\varepsilon_2 A_2} + \dfrac{1}{A_1[F_{1-2} + 1/(1/F_{1-R} + A_1/A_2 F_{2-R})]}}$$

em que o último termo do denominador é a condutância para a rede de corpo negro fornecida pela Eq. (9.64). A expressão para a condutância pode ser reformulada em um formato mais conveniente

$$A_1 \mathscr{F}_{1-2} = \dfrac{1}{A_1\left(\dfrac{1}{\varepsilon_1} - 1\right) + \dfrac{1}{A_2}\left(\dfrac{1}{\varepsilon_2} - 1\right) + \dfrac{1}{A_1 \bar{F}_{1-2}}} \tag{9.79}$$

em que $A_1 \bar{F}_{1-2}$ é a condutância efetiva para a rede de corpo negro, igual ao inverso do último termo no denominador da expressão original. A equação para a transferência líquida de calor radiante por unidade de tempo entre duas superfícies cinzas a temperaturas uniformes na presença de superfícies irradiadoras, pode então ser escrita como:

$$q_{1 \rightleftarrows 2} = A_1 \mathscr{F}_{1-2} \sigma (T_1^4 - T_2^4) \tag{9.80}$$

Para envoltórios com diversas superfícies, a transferência de calor por radiação para qualquer uma delas pode ser calculada desenhando-se um circuito análogo e executando uma análise desse circuito. Esta pode ser feita aplicando-se a Lei de Corrente de Kirchhoff, que define que a soma das correntes que chegam em um determinado nó é igual a zero. Quando um computador está disponível, o mesmo resultado pode ser obtido por um método de matriz, explicado na Seção 9.7.

9.7* Inversão da matriz

Os métodos de matriz foram utilizados no Capítulo 3 para resolver numericamente problemas de condução. O método de inversão de matrizes é uma ferramenta poderosa para a resolução de problemas de radiação, embora isso, na prática, necessite de determinadas suposições e simplificações. Esse método pode ser aplicado somente se a radiação incidente sobre cada superfície for uniforme, e se cada superfície for isotérmica. Qualquer superfície em um envoltório que não atenda a esses dois requisitos deve ser subdividida em pequenos segmentos até que a temperatura e o fluxo de radiação incidente sobre cada segmento seja quase uniforme. Entretanto, em um computador, a inclusão de superfícies não aumenta significativamente a quantidade de trabalho necessário para se obter uma solução numérica [5, 13].

9.7.1 Envoltórios com superfícies cinzas

O problema em questão é resolver N equações algébricas lineares em N incógnitas. As equações são obtidas pela avaliação das emissividades das superfícies e os fatores de forma entre elas e, escrevendo-se as equações (9.68) e (9.71) para cada ponto nodal,

$$(q_i)''_{\text{net}} = \dfrac{\varepsilon_i}{\rho_i}(E_{bi} - J_i) = \dfrac{\varepsilon_i}{1 - \varepsilon_i}(E_{bi} - J_i) \tag{9.68}$$

e

$$(q_i)''_{\text{net}} = J_i - \sum_{j=1}^{j=N} J_j F_{i-j} \tag{9.71}$$

Para um envoltório cinza que consite em três superfícies com temperaturas determinadas, esse procedimento resulta:

$$(q_1)''_{net} = \frac{\varepsilon_1}{1 - \varepsilon_1}(E_{b1} - J_1) = J_1 - J_1 F_{1-1} - J_2 F_{1-2} - J_3 F_{1-3} \tag{9.81a}$$

$$(q_2)''_{net} = \frac{\varepsilon_2}{1 - \varepsilon_2}(E_{b2} - J_2) = J_2 - J_1 F_{2-1} - J_2 F_{2-2} - J_3 F_{2-3} \tag{9.81b}$$

$$(q_3)''_{net} = \frac{\varepsilon_3}{1 - \varepsilon_3}(E_{b3} - J_3) = J_3 - J_1 F_{3-1} - J_2 F_{3-2} - J_3 F_{3-3} \tag{9.81c}$$

Nesse conjunto de equações, $N = 3$ e as três incognitas são as radiosidades J_1, J_2 e J_3. O conjunto de equações acima pode ser rearranjado em um formato mais conveniente:

$$\left(1 - F_{1-1} + \frac{\varepsilon_1}{1 - \varepsilon_1}\right)J_1 + (-F_{1-2})J_2 + (-F_{1-3})J_3 = \frac{\varepsilon_1}{1 - \varepsilon_1}E_{b1} \tag{9.82a}$$

$$(-F_{2-1})J_1 + \left(1 - F_{2-2} + \frac{\varepsilon_2}{1 - \varepsilon_2}\right)J_2 + (-F_{1-3})J_3 = \frac{\varepsilon_2}{1 - \varepsilon_2}E_{b2} \tag{9.82b}$$

$$(-F_{3-1})J_1 + (-F_{3-2})J_2 + \left(1 - F_{3-3} + \frac{\varepsilon_3}{1 - \varepsilon_3}\right)J_3 = \frac{\varepsilon_3}{1 - \varepsilon_3}E_{b3} \tag{9.82c}$$

Utilizando uma notação matricial, obtemos:

$$a_{11}J_1 + a_{12}J_2 + a_{13}J_3 = C_1 \tag{9.83a}$$
$$a_{21}J_1 + a_{22}J_2 + a_{23}J_3 = C_2 \tag{9.83b}$$
$$a_{31}J_1 + a_{32}J_2 + a_{33}J_3 = C_3 \tag{9.83c}$$

Essas equações podem ser escritas na forma de uma matriz condensada, apresentada no Capítulo 3:

$$\mathbf{AJ} = \mathbf{C} \tag{9.84}$$

em que **A** é uma matriz 3×3

$$\mathbf{A} = \begin{bmatrix} a_{11} & a_{12} & a_{13} \\ a_{21} & a_{22} & a_{23} \\ a_{31} & a_{32} & a_{33} \end{bmatrix} \tag{9.85}$$

e **J** e **C** são vetores que consistem em três elementos cada um:

$$\mathbf{J} = \begin{bmatrix} J_1 \\ J_2 \\ J_3 \end{bmatrix} \tag{9.86}$$

$$\mathbf{C} = \begin{bmatrix} \dfrac{\varepsilon_1}{1 - \varepsilon_1}E_{b1} \\ \dfrac{\varepsilon_2}{1 - \varepsilon_2}E_{b2} \\ \dfrac{\varepsilon_3}{1 - \varepsilon_3}E_{b3} \end{bmatrix} = \begin{bmatrix} C_1 \\ C_2 \\ C_3 \end{bmatrix} \tag{9.87}$$

Para o caso geral de um envoltório com N superfícies, a matriz terá a mesma forma da Eq. (9.84), mas

$$\mathbf{A} = \begin{bmatrix} a_{11} & a_{12} & \cdots & a_{1N} \\ a_{21} & a_{22} & \cdots & \\ a_{31} & & & \\ \vdots & & & \\ a_{N1} & a_{N2} & \cdots & a_{NN} \end{bmatrix}, \quad \mathbf{C} = \begin{bmatrix} C_1 \\ C_2 \\ \vdots \\ C_4 \end{bmatrix}, \quad \mathbf{J} = \begin{bmatrix} J_1 \\ J_2 \\ \vdots \\ J_N \end{bmatrix}$$

Os elementos fora da diagonal de **A** são:

$$a_{ij} = -F_{i-j} \quad (i \ne j) \tag{9.88}$$

e os termos da diagonal são:

$$a_{ii} = \left(1 - F_{ii} + \frac{\varepsilon_i}{1 - \varepsilon_i}\right) \tag{9.89}$$

Os elementos de **C** são:

$$C_i = \frac{\varepsilon_i}{1 - \varepsilon_i} E_{bi} \tag{9.90}$$

Quando a superfície do envoltório é negra e sua temperatura T_i especificada, a radiosidade J_i é igual a E_{bi}. Portanto, ela não é desconhecida, e os termos na matriz para um elemento negro são:

$$a_{ij} = 0 \quad (i \ne j) \tag{9.91}$$
$$a_{ii} = 1{,}0 \tag{9.92}$$
$$C_i = E_{bi} = \sigma T^4 \tag{9.93}$$

Quando se especifica o fluxo de calor em vez da temperatura para uma superfície A_i, os elementos fora da diagonal **A** permanecem os da Eq. (9.88). Entretanto, os elementos diagonais, a_{ii}, tornam-se:

$$a_{ii} = 1 - F_{ii} \tag{9.94}$$

e os elementos na matriz **C** são:

$$C_i = (q_i)''_{net} \tag{9.95}$$

Isso pode ser facilmente verificado para um envoltório com três superfícies, inspecionando-se a Eq. (9.81). Por exemplo, se o fluxo de calor para a superfície 1 for especificado, a Eq. (9.82a) torna-se, ao eliminarmos o E_{b1} desconhecido,

$$(q_1)''_{net} = (1 - F_{1-1})J_1 + (-F_{1-2})J_2 + (-F_{1-3})J_3 \tag{9.96}$$

Para se obter uma solução numérica, é necessário inverter a matriz **A**. Se $\mathbf{A}^{-1}$ denota o inverso de **A**, a solução para as radiosidades é dada por:

$$\mathbf{J} = \mathbf{A}^{-1}\mathbf{C} \tag{9.97}$$

em que

$$\mathbf{A}^{-1} = \begin{bmatrix} b_{11} & b_{12} & \cdots & b_{1N} \\ b_{21} & \cdots & & \\ \vdots & & & \\ b_{N1} & b_{N2} & \cdots & b_{NN} \end{bmatrix} \tag{9.98}$$

A solução para cada radiosidade pode, então, ser escrita na forma de uma série:

$$\begin{aligned} J_1 &= b_{11}C_1 + b_{12}C_2 + \cdots + b_{1N}C_N \\ J_2 &= b_{21}C_1 + b_{22}C_2 + \cdots + b_{2N}C_N \\ &\vdots \\ J_N &= b_{N1}C_1 + b_{N2}C_2 + \cdots + b_{NN}C_N \end{aligned} \tag{9.99}$$

Em termos práticos, a inversão da matriz faz com que diminua a dificuldade em se resolver as equações algébricas lineares simultâneas para as radiosidades. Uma vez que as radiosidades são conhecidas, a taxa do fluxo de calor pode ser obtida com base na Eq. (9.71) para cada superfície. Quando o escoamento de calor é especificado, a Eq. (9.68) pode ser resolvida para as temperaturas T_i,

$$T_i = \left[\frac{1 - \varepsilon_i}{\sigma \varepsilon_i} (q_i)''_{\text{net}} + J_i/\sigma \right]^{1/4} \qquad (9.100)$$

Os exemplos a seguir ilustram o procedimento.

EXEMPLO 9.12 As temperaturas das superfícies superior e inferior do tronco de cone com bases paralelas ilustradas na Fig. 9.42 são mantidas a 600 K e 1 200 K, respectivamente, e o lado A_2 é perfeitamente isolado ($q_2 = 0$). Se todas as superfícies forem cinzas e difusas, determine a troca radiativa líquida entre as superfícies superior e inferior, ou seja, A_3 e A_1.

SOLUÇÃO Com base na Tabela 9.3, encontramos $F_{31} = 0{,}333$, e a partir da Eq. (9.60), obtemos $F_{32} = 1 - F_{31} = 0{,}667$.

De acordo com o teorema de reciprocidade, $A_1 F_{13} = A_3 F_{31}$ e $A_2 F_{23} = A_3 F_{32}$. Portanto, $F_{13} = 0{,}147$ e $F_{23} = 0{,}130$. Da Eq. (9.60) obtemos $F_{12} = 1 - F_{13} = 0{,}853$ e, por reciprocidade, $F_{21} = F_{12} A_1/A_2 = 0{,}372$. Finalmente, $F_{22} = 1 - F_{21} - F_{23} = 0{,}498$.

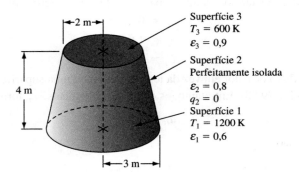

FIGURA 9.42 Diagrama esquemático do cone para o Exemplo 9.12.

De acordo com as relações gerais fornecidas pelas equações (9.68) e (9.71), o sistema a ser resolvido para esse problema pode ser escrito como:

$$E_{b1} \cdot \frac{\varepsilon_1}{1 - \varepsilon_1} = J_1\left(1 - F_{11} + \frac{\varepsilon_1}{1 - \varepsilon_1}\right) + J_2(-F_{12}) + J_3(-F_{13})$$

$$0 = J_1(-F_{21}) + J_2(1 - F_{22}) + J_3(-F_{23})$$

$$E_{b3} \cdot \frac{\varepsilon_3}{1 - \varepsilon_3} = J_1(-F_{31}) + J_2(-F_{32}) + J_3\left(1 - F_{33} + \frac{\varepsilon_3}{1 - \varepsilon_3}\right)$$

ou em uma notação matricial $\mathbf{A} \cdot \mathbf{J} = \mathbf{C}$.

Sistemas algébricos lineares de equações no formato $\mathbf{A} \cdot \mathbf{X} = \mathbf{B}$ podem ser resolvidos para avaliar todos os J's, tanto usando MATLAB quanto escrevendo um programa simples em C++. A taxa líquida da transferência de calor entre as partes superior e inferior, ou seja, o valor de $q_{3 \rightleftarrows 1}$, pode então ser determinada com base na Eq. (9.73). A Fig. 9.43 apresenta o diagrama de fluxo ou algoritmo para as operações em um computador para resolver esse problema. O programa MATLAB e a solução são apresentados na Tabela 9.4, e os símbolos utilizados foram definidos na Tabela 9.5.

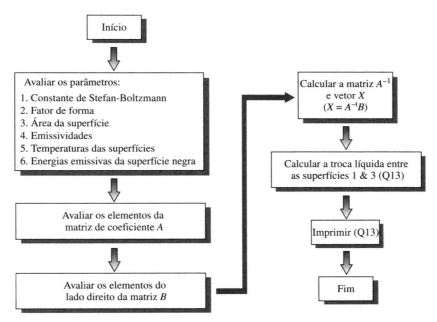

FIGURA 9.43 **Fluxograma para o Exemplo 9.12.**

TABELA 9.4 Programa MATLAB para o Exemplo 9.12

% Fornece todas as entradas e constantes dados para o problema
SIGMA = 0,567E-07; % Constante de Stefan-Boltzmann (W/m^2/K^4) AR(1)59*pi; %Área(1)5R1^2*pi

% Os parâmetros físicos avaliados são, por exemplo, o fator de forma e a emissividade.

```
F(1,1)=0,0;
F(1,2)=0,853;
F(1,3)=0,147;
F(2,1)=0,372;
F(2,2)=0,498;
F(2,3)=0,130;
F(3,1)=0,333;
F(3,2)=0,667;
F(3,3)=0,0;
ESP(1)=0,6;
ESP(3)=0,9;
T(1 =1200;
T(3)=600;
EB(1)=SIGMA*T(1)^4;
EB(3)=SIGMA*T(3)^4;
```

% Os valores dos elementos da matriz de coeficiente A na equação.

```
%[A][X]=[B] são especificados
A(1,1)=1-F(1,1)+ESP(1)/(1-ESP(1));
A(1,2)=-F(1,2);
A(1,3)=-F(1,3);
A(2,1)=-F(2,1);
A(2,2)=1-F(2,2);
A(2,3)=-F(2,3);
A(3,1)=-F(3,1);
A(3,2)=-F(3,2);
A(3,3)=1-F(3,3)+ESP(3)/(1-ESP(3));
```

TABELA 9.4 Continuação

% Os valores do lado direito do vetor B são especificados.

```
B(1)=EB(1)*ESP(1)/(1-ESP(1));
B(2)=0;
B(3)=EB(3)*ESP(3)/(1-ESP(3));
```

% A rotina de inversão é utilizada para resolver para X.

```
X=inv(A)*B'   % soluções para J
```

TABELA 9.5 Símbolos e notações de funções utilizadas no MATLAB para o Exemplo 9.12

Símbolo MATLAB	Equação de notação do equilíbrio térmico	Descrição	Unidades
A(I,J)	a_{ij}	coeficiente dos elementos da matriz	—
AR(1), AR(3)	A_1, A_3	áreas das superfícies superior e inferior	m^2
B(I)	C_i	elementos do lado direito da matriz	W/m^2
EB(1), EB(3)	E_{b1}, E_{b3}	energias emissivas do corpo negro	W/m^2
ESP(1), etc.	ε_1, etc.	emissividade hemisférica total	—
F(1,1), F(1,2), etc.	F_{11}, F_{12}, etc.	fatores de forma	—
pi	π	3,1459...	—
Q31	$q_{3 \rightleftarrows 1}$	troca líquida entre as superfícies 3 e 1	W
SIGMA	σ	Constante de Stefan-Boltzmann (0.567×10^{-7})	$W/m^2\,K^4$
T(1), T(3)	T_1, T_3	temperaturas das superfícies	K
X(I)	J_i	radiosidades (elementos de um vetor de solução)	W/m^3

EXEMPLO 9.13 Determine a temperatura da superfície 1 para o cone apresentado na Fig. 9.42 se $q_1 = 3 \times 10^5 \, W/m^2$ e $\varepsilon_3 = 1$. Considere que os outros parâmetros são os mesmos do Exemplo 9.12.

SOLUÇÃO Com base nas equações (9.94), (9.95), e (9.97), o sistema de equações abaixo deve ser resolvido para J_1, J_2 e J_3.

$$q_1/A_1 = J_1(1 - F_{11}) + J_2(-F_{12}) + J_3(-F_{13})$$
$$0 = J_1(-F_{21}) + J_2(1 - F_{22}) + J_3(-F_{23})$$
$$E_{b3} = J_3$$

Uma vez que os J_1 são conhecidos, a Eq. (9.100) resulta em T_1. O programa MATLAB para a solução desse problema é apresentado na Tabela 9.6. Como ele é muito semelhante à versão anterior, o diagrama de fluxo é o mesmo utilizado no Exemplo 9.12.

TABELA 9.6 Programa MATLAB para o Exemplo 9.13

```
% Forneça todos os dados e constantes do problema
SIGMA = 0,567E-07; % constante de Stefan-Boltzmann (W/m^2/K^4)
F(1,1) = 0,0; %F(I,J) fator de forma
F(1,2) = 0,853;
F(1,3)=0,147;
F(2,1)=0,372;
F(2,2)=0,498;
F(2,3)=0,130;
F(3,1)=0,333;
F(3,2)=0,667;
F(3,3)=0,0;
AR(1)=9*pi;  %Área(1)=R1^2*pi
ESP(1)=0,6;  %ESP emissividade hemisférica total
```

TABELA 9.6 Continuação

```
ESP(3)=0,9;
Q1=300000;
T(3)=600;
EB(3)=SIGMA*T(3)^4; %EB potências de emissividade do corpo negro
```
% Avaliar os elementos da matriz do coeficiente.
```
A(1,1)=1-F(1,1);
A(1,2)=-F(1,2);
A(1,3)=-F(1,3);
A(2,1)=-F(2,1);
A(2,2)=1-F(2,2);
A(2,3)=-F(2,3);
A(3,1)=(0);
A(3,2)=(0);
A(3,3)=(1);
```
% Avaliar os elementos do lado direito da matriz.
```
B(1) = Q1/AR(1);
B(2) = 0;
B(3) = EB(3);
```
% resolver o sistema de equações para X.
```
X=inv(A)*B';
T(1)=((X(1)1Q1*(1-ESP(1))/(AR(1)*ESP(1)))/SIGMA)^0,25
```
% solução para as temperaturas.
```
T1=T(1) %Valor para a temperatura exigida em K
```

9.7.2 Envoltórios com superfícies não cinzas

O método de abordagem utilizado para calcular a transferência de calor em envoltórios com superfícies cinzas pode ser adaptado facilmente às superfícies não cinzas. Se as propriedades das superfícies são funções dos comprimentos de onda, podem ser aproximadas por "faixas" cinzas nas quais é utilizado um valor médio de emissividade e absorbância. Então, o mesmo método de cálculo utilizado anteriormente para envoltórios cinzas pode ser utilizado para determinar a transferência de calor por radiação dentro de cada faixa. O exemplo a seguir ilustra o procedimento.

EXEMPLO 9.14 Determine a taxa de transferência de calor entre duas grandes placas paralelas planas localizadas a uma distância de 0,6 m uma da outra, se uma placa (A) está a uma temperatura de 1 127°C e a outra (B) a 287°C. A placa A tem emissividade de 0,1 entre 0 e 2,5 μm e emissividade 0,9 para comprimentos de ondas maiores que 2,5 μm. A emissividade da placa B é de 0,9 entre 0 e 4,0 μm, e 0,1 em comprimentos de ondas maiores.
SOLUÇÃO O fator de forma F_{A-B} para duas placas grandes retangulares paralelas é de 1,0 se os efeitos das extremidades forem desprezados. A radiosidade de A é dada por:

$$\int_0^\infty J_{\lambda A} \, d\lambda = \int_0^\infty \varepsilon_{\lambda A} E_{b\lambda A} \, d\lambda + \int_0^\infty \rho_{\lambda A} G_{\lambda A} \, d\lambda$$

e a radiosidade B por:

$$\int_0^\infty J_{\lambda B} \, d\lambda = \int_0^\infty \varepsilon_{\lambda B} E_{b\lambda B} \, d\lambda + \int_0^\infty \rho_{\lambda B} G_{\lambda B} d\lambda$$

Entretanto, utilizando-se faixas espectrais entre 0 e 2,5 μm, 2,5 e 4,0 μm, e 4,0 μm ou maiores, o sistema obedece às leis de radiação de superfícies cinzas dentro de cada faixa, e a taxa de transferência de calor pode ser calculada com base na Eq. (9.75) nas três bandas apresentadas abaixo:

Banda 1:

$$q_{A \rightleftharpoons B}\bigg|_0^{2,5\,\mu m} = \mathcal{F}_{A-B}(\varepsilon_A = 0,1, \varepsilon_B = 0,9) \times \left[\frac{E_{b,0-2,5}(T_A)}{E_{b,0-\infty}(T_A)}\sigma T_A^4 - \frac{E_{b,0-2,5}(T_B)}{E_{b,0-\infty}(T_B)}\sigma T_B^4\right]$$

Banda 2:

$$q_{A \rightleftharpoons B}\bigg|_{2,5\,\mu m}^{4,0\,\mu m} = \mathcal{F}_{A-B}(\varepsilon_A = 0,9, \varepsilon_B = 0,9) \times \left[\frac{E_{b,2,5-4,0}(T_A)}{E_{b,0-\infty}(T_A)}\sigma T_A^4 - \frac{E_{b,2,5-4,0}(T_B)}{E_{b,0-\infty}(T_B)}\sigma T_B^4\right]$$

Banda 3:

$$q_{A \rightleftharpoons B}\bigg|_{4,0\,\mu m}^{\infty} = \mathcal{F}_{A-B}(\varepsilon_A = 0,9, \varepsilon_B = 0,1) \times \left[\frac{E_{b,4,0-\infty}(T_A)}{E_{b,0-\infty}(T_A)}\sigma T_A^4 - \frac{E_{b,4,0-\infty}(T_B)}{E_{b,0-\infty}(T_B)}\sigma T_B^4\right]$$

em que:

$$\mathcal{F}_{A-B} = \frac{1}{1/\varepsilon_A + 1/\varepsilon_B - 1}$$

O percentual da radiação total dentro de uma determinada faixa é obtida com base nos dados da Tabela 9.1. Por exemplo, $(E_{b,0-2,5}/E_{b,0-\infty})$ para a temperatura de $T_A = 1\,400$ K é 0,375, e está em torno de 0,004 para a temperatura de $T_B = 560$ K. Assim, para a primeira banda,

$$q_{A \rightleftharpoons B1}\bigg|_0^{2,5\,\mu m} = 0,10 \times 5,67(0,375 \times 14^4 - 0,004 \times 5,6^4)$$

$$= 8\,160 \text{ W/m}^2 = 8,16 \text{ kW/m}^2$$

Similarmente, para a segunda banda,

$$q_{A \rightleftharpoons B2}\bigg|_{2,5\,\mu m}^{4,0\,\mu m} = 74,2 \text{ kW/m}^2$$

e para a terceira banda,

$$q_{A \rightleftharpoons B3}\bigg|_{4,0\,\mu m}^{\infty} = 4 \text{ kW/m}^2$$

Finalmente, somando-se as três bandas, a taxa total de transferência de calor por radiação é:

$$q_{A \rightleftharpoons B}\bigg|_0^{\infty} = \sum_{N=1}^{N=3} q_{A \rightleftharpoons BN} = 8,16 + 74,2 + 4 = 86,36 \text{ kW/m}^2$$

Deve-se observar que a maior parte da radiação é transferida dentro da segunda faixa, em que ambas as superfícies são quase negras.

Os envoltórios que consistem de diversas superfícies não cinzas podem ser tratados de maneira similar, dividindo-se o espectro de radiação em faixas finitas em que as propriedades de radiação podem ser aproximadas por valores constantes. É possível que esse procedimento torne-se particularmente útil quando o envoltório estiver preenchido com um gás que absorve e emite radiação somente em certos comprimentos de ondas.

9.7.3* Envoltórios com meios absorventes e transmissores

O método de análise descrito nas seções anteriores pode ser estendido para resolver problemas em que o calor é transferido por radiação em um envoltório contendo um meio que seja tanto absorvente quanto transmissor. Diversos tipos de vidros, plásticos e gases são exemplos desses meios. Para ilustrar o método de abordagem, primeiro vamos considerar a radiação entre duas placas quando o espaço entre elas é então preenchido por um gás "cinza" que não reflete qualquer radiação incidente. A geometria é apresentada na Fig. 9.44(a). As duas superfícies sólidas estão a temperaturas T_1 e T_2; as propriedades do gás transmissor são indicadas pelo subscrito m.

A Lei de Kirchhoff aplicada ao gás transmissor exige que $\alpha_m = \varepsilon_m$, e, como a refletividade do meio é zero,

$$\tau_m = 1 - \alpha_m = 1 - \varepsilon_m \tag{9.101}$$

Derivamos as equações para a taxa de transferência de calor entre as superfícies desenvolvendo o circuito térmico para o problema. A parte da radiação total que deixa a superfície 1 e atinge a superfície 2 após passar pelo gás é:

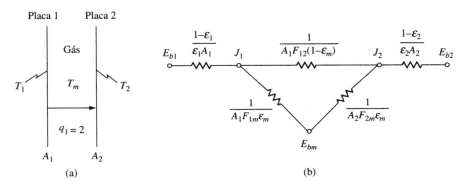

FIGURA 9.44 Analogia elétrica para radiação entre placas finitas separadas por um gás.

$$J_1 A_1 F_{12} \tau_m$$

e a radiação da superfície 2 que atinge a 1 é:

$$J_2 A_2 F_{12} \tau_m$$

A taxa líquida de transferência de calor entre as duas superfícies é, portanto,

$$q_{1 \rightleftarrows 2} = A_1 F_{12} \tau_m (J_1 - J_2) = \frac{J_1 - J_2}{1/A_1 F_{12}(1 - \varepsilon_m)} \tag{9.102}$$

Assim, para este caso, a resistência equivalente entre os pontos nodais J_1 e J_2 na rede será $1/A_1 F_{12}(1 - \varepsilon_m)$.

A transferência de calor por radiação também ocorre entre cada uma das superfícies e o gás. Se o gás está a uma temperatura T_m, emitirá uma radiação a uma taxa

$$J_m = \varepsilon_m E_{bm} \tag{9.103}$$

A fração da energia emitida pelo meio gasoso que atinge a superfície 1 é:

$$A_m F_{m-1} J_m = A_m F_{m-1} \varepsilon_m E_{bm} \tag{9.104}$$

De forma semelhante, a fração da radiação deixando o A_1 que é absorvida pelo meio transparente é:

$$J_1 A_1 F_{1m} \alpha_m = J_1 A_1 F_{1m} \varepsilon_m \tag{9.105}$$

A taxa líquida de transferência de calor entre o gás e a superfície 1 é a diferença entre a radiação emitida pelo gás em direção a A_1 e a radiação emitida por A_1 que é absorvida pelo gás. Assim,

$$q_{m \rightleftarrows 1} = A_m F_{m1} \varepsilon_m E_{bm} - J_1 A_1 F_{1m} \varepsilon_m \tag{9.106}$$

Utilizando-se o teorema de reciprocidade, $A_1 F_{1m} = A_m F_{m1}$, a troca líquida pode ser escrita da seguinte forma:

$$q_{m=1} = \frac{E_{bm} - J_1}{1/A_1 F_{1m} \varepsilon_m} \tag{9.107}$$

Da mesma forma, a troca de líquido entre o gás A_2 é:

$$q_{m=2} = \frac{E_{bm} - J_2}{1/A_2 F_{2m} \varepsilon_m} \tag{9.108}$$

Utilizando as relações acima para construir um circuito equivalente, as radiações entre as duas superfícies T_1 e T_2 respectivamente, separadas por um meio absorvente à temperatura T_m, podem ser representadas conforme ilustrado na Fig. 9.44(b). Se o gás não for mantido a uma temperatura específica, mas atingir uma temperatura de equilíbrio que emite radiação com a mesma taxa que a absorve, E_{bm} torna-se um nó flutuante na rede. Neste caso, a taxa líquida de transferência de calor entre A_1 e A_2 é:

$$q_{1=2} = \frac{\sigma(T_1^4 - T_2^4)}{\frac{1-\varepsilon_1}{\varepsilon_1 A_1} + \frac{1-\varepsilon_2}{\varepsilon_2 A_2} + \frac{1}{A_1[F_{1-2}\tau_m + 1/(F_{1-m}\varepsilon_m + A_1/A_2 F_{2-m}\varepsilon_m)]}} \quad (9.109)$$

Quando A_1 e A_2 são suficientemente grandes a ponto de F_{1-2}, F_{1-m} e F_{2-m} se aproximarem da unidade, o último fator no denominador aproxima-se de $1/(A_1[\tau_m + 2/\varepsilon_m])$.

Envoltórios mais complexos com diversas superfícies podem ser tratados pelo método de matrizes, sob a condição de que a rede térmica apropriada tenha sido desenhada. Os detalhes para o método da solução de tais casos podem ser encontrados em textos avançados sobre radiação [12, 13].

9.8* Propriedade de radiação de gases e vapores

Nesta seção, devemos considerar alguns conceitos básicos de radiação por meios gasosos. Uma abordagem detalha desse assunto vai além do escopo do texto e é importante que se consulte as referências [13, 15, 19, 20-27] para os detalhes da origem teórica e as derivações completas das técnicas de cálculo.

Gases elementares como O_2, N_2, H_2 e ar seco, apresentam uma estrutura molecular simétrica e não emitem nem absorvem radiação, a menos que sejam aquecidos a temperaturas extremas (altas) que os tornem plasmas ionizados e ocorram transformações na energia eletrônica. Por outro lado, os gases que têm moléculas polares com um momento eletrônico, tal como um dipolo ou quadrupolo, absorvem e emitem radiação em distribuições espectrais limitadas chamadas *bandas*. Na prática, os mais importantes desses gases são os H_2O, CO_2, CO, SO_2, NH_3 e os hidrocarbonetos. Esses gases são assimétricos em um ou mais de seus modos de vibração. Durante as colisões moleculares, as rotações e as vibrações de átomos individuais em uma molécula podem ser provocadas de modo que os átomos que apresentam cargas elétricas livres sejam capazes de emitir ondas eletromagnéticas. Similarmente, quando a radiação apropriada do comprimento da onda colide com tal gás, ela pode ser absorvida no processo. Restringiremos nossa consideração, neste caso, à avaliação das propriedades de radiação do H_2O e CO_2. Eles são os gases mais importantes nos cálculos da radiação térmica e ilustram os princípios básicos da radiação por gases.

Variações típicas nos níveis de energia atribuidas às mudanças na frequência rotacional ou vibracional se manifestam em um pico acentuado no comprimento da onda correspondente à transformação vibracional, com várias mudanças na energia rotacional ligeiramente acima ou abaixo do pico. Esse processo resulta em bandas de absorção ou emissão. A forma e a largura dessas bandas dependem da temperatura e da pressão do gás, e a magnitude da absorção monocromática é, primariamente, uma função da espessura da camada de gás. O espectro de absorção do vapor apresentado na Fig. 9.45 ilustra a complexidade do processo. As faixas de absorção mais importantes para o vapor estão entre 1,7 e 2,0 μm, 2,2 e 3,0 μm, 4,8 e 8,5 μm, e 11 e 25 μm.

Medidas experimentais em geral fornecem a absorbância de uma camada de gás sobre uma largura de banda que corresponde à largura da fenda do espectrômetro utilizado. Assim, dados experimentais geralmente são apresentados em termos de absorbância monocromática, conforme mostrado na Fig. 9.45. Entretanto, para a maioria dos cálculos de engenharia, a quantidade de interesse essencial é o total efetivo da absorbância ou da emissividade. Essa quantidade assume que o gás é cinza e, conforme apresentado na próxima página, seu valor depende não somente de pressão, temperatura e composição, mas da geometria do gás radiante.

Considerando que a emissão e a absorção da radiação são fenômenos superficiais para sólidos opacos, ao se calcular a radiação emitida ou absorvida por uma camada de gás, sua espessura, pressão, forma, e área de superfície devem ser levadas em consideração. Quando uma radiação monocromática a uma intensidade $I_{\lambda 0}$ passa por uma camada de gás de espessura L, a absorção da energia radiante em uma distância diferencial dx é regida pela seguinte relação:

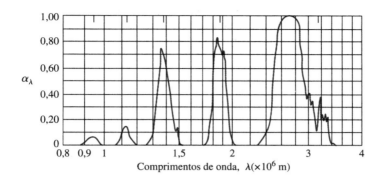

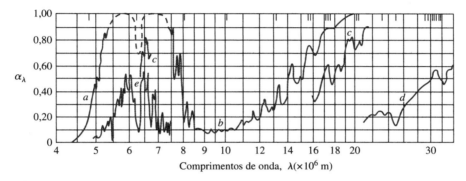

FIGURA 9.45 Absorção monocromática do vapor da água.

$$dI_{\lambda x} = -k'_\lambda I_{\lambda x}\, dx \qquad (9.110)$$

em que $I_{\lambda x}$ = intensidade a uma distância x
k'_λ = coeficiente de absorção monocromática, uma constante de proporcionalidade cujo valor depende da pressão e da temperatura do gás

A integração entre os limites $x = 0$ e $x = L$ resulta:

$$I_{\lambda L} = I_{\lambda 0} e^{-k'_\lambda L} \qquad (9.111)$$

em que $I_{\lambda L}$ é a intensidade da radiação em L. A diferença entre a intensidade de radiação que entra no gás a $x = 0$ e a intensidade da radiação que deixa a camada de gás a $x = L$ é a quantidade de energia absorvida pelo gás.

$$I_{\lambda 0} - I_{\lambda L} = I_{\lambda 0}(1 - e^{-k'_\lambda L}) = \alpha_{G\lambda} I_{\lambda 0} \qquad (9.112)$$

A quantidade entre parênteses representa a *absorbância monocromática do gás*, $\alpha_{G\lambda}$ e, de acordo com a Lei de Kirchhoff, também representa a emissividade do comprimento de onda λ, $\varepsilon_{G\lambda}$. Para obter valores efetivos da emissividade ou da absortividade, é necessária a somatória de todas as faixas de radiação. Foi observado que, para valores grandes de L, ou seja, para camadas espessas, a radiação do gás aproxima-se às condições de um corpo negro dentro do comprimento das ondas de suas bandas de absorção.

Entretanto, para corpos gasosos com dimensões finitas, a absorbância efetiva ou emissividade depende da forma e do tamanho do corpo gasoso, uma vez que a radiação não está confinada a uma direção. O método preciso para calcular a absorbância e a emissividade efetiva é muito complexo [15, 24-26], mas, para cálculos de engenharia, um método aproximado desenvolvido por Hottel e Egbert [19, 28] produziu resultados com uma precisão satisfatória. Hottel avaliou a emissividade efetiva total de diversos gases a temperaturas e pressões variadas e apresentou seus resultados em gráficos similares aos apresentados nas figuras 9.46 e 9.47. Os gráficos são aplicados estritamente a sistemas em que a massa de gás hemisférica de raio L irradia para um elemento de superfície localizado no centro da base do hemisfério. Entretanto, para outras formas que não sejam hemisférios, pode-se calcular o comprimento efetivo de um feixe. A Tabela 9.7 lista as constantes em que as dimensões características de diversas formas simples devem ser multiplicadas para que se obtenha um meio equivalente do comprimento do feixe hemisférico L para utilização nas figuras 9.46 e 9.47. Para cálculos aproximados, e para formas que não sejam as listadas na Tabela 9.7, L pode ser definido como $3,4 \times$ volume/área da superfície.

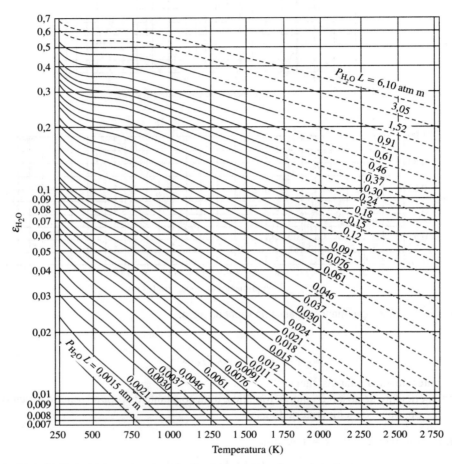

FIGURA 9.46 Emissividade do vapor da água a uma pressão total de 1 atm.
Fonte: HEAT TRANSMISSION por W. H. McAdams. Copyright 1954 por McGRAW-HILL COMPANIES, INC. -BOOKS. Reproduzido com permissão da MCGRAW-HILL COMPANIES, INC. -BOOKS no formato de Livro didático via Copyright Clearance Center.

Nas figuras 9.46 e 9.47, os símbolos P_{H_2O} e P_{CO_2} representam as pressões parciais dos gases. A pressão total para ambas as figuras é de 1 atm. Quando a pressão total do gás difere de 1 atm, os valores das figuras 9.46 e 9.47 devem ser multiplicados por um fator de correção. As emissividades de H_2O e CO_2 a uma pressão total P_T que não seja 1 atm são então obtidas pelas expressões [24]:

$$(\varepsilon_{H_2O})P_T = C_{H_2O}(\varepsilon_{H_2O})P_T = 1 \quad (9.113a)$$

$$(\varepsilon_{CO_2})P_T = C_{CO_2}(\varepsilon_{CO_2})P_T = 1 \quad (9.113b)$$

e os fatores de correção C_{H_2O} e C_{CO_2} foram plotados na Fig. 9.48 na página seguinte e Fig. 9.49, respectivamente. Quando os gases H_2O e CO_2 coexistem em uma mistura,

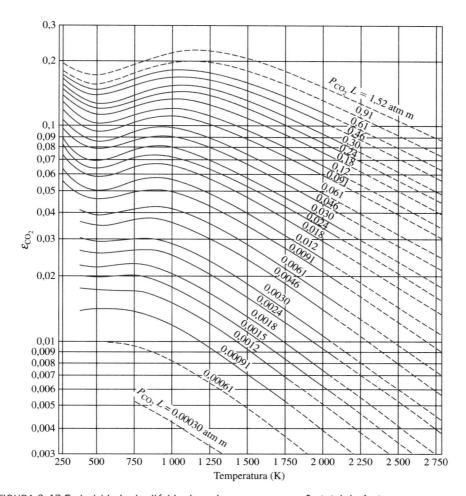

FIGURA 9.47 Emissividade do dióxido de carbono a uma pressão total de 1 atm.
Fonte: HEAT TRANSMISSION por W. H. McAdams. Copyright 1954 por McGRAW-HILL COMPANIES, INC. -BOOKS. Reproduzido com permissão da MCGRAW-HILL COMPANIES, INC. -BOOKS no formato de Livro didático via Copyright Clearance Center.

TABELA 9.7 Comprimento médio do feixe de gases de diversos formatos

Geometria	L
Esfera	2/3 (diâmetro)
Cilindro infinito	Diâmetro
Planos infinitos paralelos	2 (distância entre os planos)
Cilindro semi-infinito, irradiando para o centro da base	Diâmetro
Cilindro circular direito, altura igual ao diâmetro:	
irradiando para o centro da base	Diâmetro
irradiando para toda a superfície	2/3 (diâmetro)
Cilindro infinito de uma sessão transversal de meio circulo irradiando para um ponto no meio do lado plano	Raio
Paralelepípedos retangulares:	
cubo	2/3 (borda)
1:1:4 irradiando para 1 × 4 faces	0,9 (borda mais curta)
irradiando para 1 × 1 face	0,86 (borda mais curta)
irradiando para todas as faces	0,891 (borda mais curta)
Espaço externo de um banco de tubos infinitos com centros em triângulos equiláteros:	
diâmetro do tubo = espaço	3,4 (espaço)
diâmetro do tubo = 1/2 (espaço)	4,44 (espaço)

Fonte: Rohsenow, Hartnett e Ganic [29].

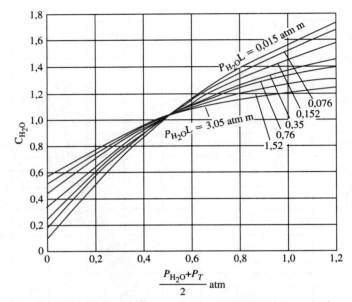

FIGURA 9.48 Fator de correção para a emissividade do vapor de água a uma pressão diferente de 1 atm.

Fonte: De Hottel e Egbert [19] e Egbert [25].

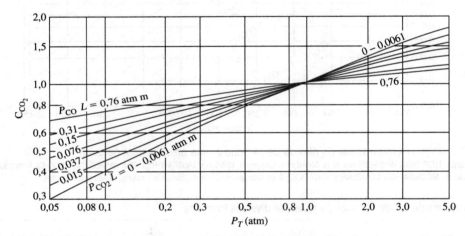

FIGURA 9.49 Fator de correção para a emissividade do dióxido de carbono a pressões diferentes de 1 atm.

Fonte: De Hottel e Egbert [19].

a emissividade da mistura pode ser calculada ao adicionar a emissividade de determinados gases, assumindo-se que cada um exista por si só e, depois, subtraindo o fator $\Delta\varepsilon$, que considera a emissão em faixas sobrepostas de comprimento de ondas. O fator $\Delta\varepsilon$ para H_2O e CO_2 foi plotado na Fig. 9.50. A emissividade de uma mistura de H_2O e CO_2 é, portanto, dada pela seguinte expressão:

$$\varepsilon_{mix} = C_{H_2O}(\varepsilon_{H_2O})P_T = 1 + C_{CO_2}(\varepsilon_{CO_2})P_T = 1 - \Delta\varepsilon \qquad (9.114)$$

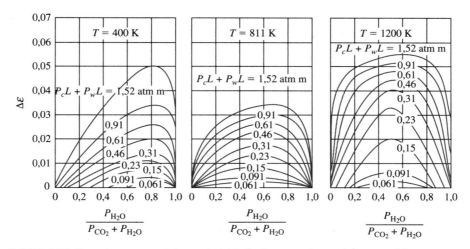

FIGURA 9.50 Fator $\Delta\varepsilon$ para corrigir a emissividade de uma mistura de vapor e CO_2.
Fonte: De Hottel e Egbert [19].

EXEMPLO 9.15 Determine a emissividade de uma mistura de gás que seja formada por N_2, H_2O e CO_2 a uma temperatura de 800 K. A mistura de gás está em uma esfera com diâmetro de 0,4 m, e as pressões parciais dos gases são $P_{N_2} = 1$ atm, $P_{H_2O} = 0,4$ atm e $P_{CO_2} = 0,6$ atm.

SOLUÇÃO O comprimento do feixe principal para uma massa esférica de gás é obtido na Tabela 9.7:

$$L = (2/3)D = 0,27\,\text{m}$$

As emissividades são apresentadas nas figuras 9.46 e 9.47 e os valores apropriados para os parâmetros a serem utilizados são:

$$T = 800\,\text{K}$$
$$P_{H_2O}L = 0,107\,\text{atm m}$$
$$P_{CO_2}L = 0,160\,\text{atm m}$$

A emissividade para o vapor da água e para o dióxido de carbono a uma pressão total de 1 atm está nas figuras 9.46 e 9.47, respectivamente,

$$(\varepsilon_{H_2O})P_{T=1} = 0,15$$
$$(\varepsilon_{CO_2})P_{T=1} = 0,125$$

O N_2 não irradia consideravelmente a 800 K, mas como a pressão total do gás é de 2 atm, deve-se corrigir os valores válidos para 1 atm para ε. Nas figuras 9.48 e 9.49, os fatores de correção da pressão são:

$$C_{H_2O} = 1,62$$
$$C_{CO_2} = 1,12$$

O valor para $\Delta\varepsilon$ utilizado para corrigir a emissão nas bandas de comprimento de onda sobrepostas está determinado na Fig. 9.50:

$$\Delta\varepsilon = 0,014$$

Finalmente, a emissividade da mistura pode ser obtida com base na Eq. (9.114):

$$\varepsilon_{\text{mix}} = 1,62 \times 0,15 + 1,12 \times 0,125 - 0,014 = 0,369$$

A absortividade do gás pode ser obtida nos gráficos de emissividade encontrados anteriormente alterando-se seus parâmetros. Como exemplo, considere o vapor da água a uma temperatura de T_{H_2O} com uma radiação incidente proveniente de uma superfície a uma temperatura T_s. A absorção do vapor da água é fornecida de forma aproximada pela relação

$$\alpha_{H_2O} = C_{H_2O}\varepsilon'_{H_2O}\left(\frac{T_{H_2O}}{T_s}\right)^{0,45} \tag{9.115}$$

se C_{H_2O} for obtido da Fig. 9.48 e o valor para a emissividade do vapor da água ε'_{H_2O} da Fig. 9.46 for avaliado a uma temperatura T_s e, sobre um produto do comprimento médio do feixe e pressão igual a $P_{H_2O}L(T_s/T_{H_2O})$. De maneira similar, a absortividade do C_{CO2} pode ser obtida de

$$\alpha_{CO_2} = C_{CO_2}\varepsilon'_{CO_2}\left(\frac{T_{CO_2}}{T_s}\right)^{0,65} \tag{9.116}$$

no mesmo lugar em que o valor C_{CO_2} extraído da Fig. 9.49, e o valor ε'_{CO_2} é avaliado com base na Fig. 9.47 em um produto do comprimento médio do feixe e pressão igual a $P_{CO_2}L(T_s/T_{CO_2})$.

EXEMPLO 9.16 Determine a absorbância de uma mistura de vapor de H_2O e um gás N_2 a uma pressão total a 2,0 atm e temperatura de 500 K se o comprimento médio de um feixe for de 0,75 m. Suponha que a radiação que passa pelo gás é emitida por uma fonte a 1000 K e a pressão parcial do vapor da água seja 0,4 atm.
SOLUÇÃO Uma vez que o nitrogênio é transparente, a absorção na mistura se dá devido ao vapor da água somente. Da Eq. (9.115), a absortividade do H_2O é:

$$\alpha_{H_2O} = C_{H_2O}\varepsilon'_{H_2O}(T_{H_2O}/T_s)^{0,45}$$

Os valores dos parâmetros necessários para avaliar a absorbância do gás foram obtidos dos dados fornecidos:

$$P_{H_2O} \cdot L = 0,4 \times 0,75 = 0,3 \,\text{atm m}$$
$$\tfrac{1}{2}(P_T + P_{H_2O}) = \tfrac{1}{2}(2 + 0,4) = 1,2 \,\text{atm}$$

Com base nas figuras 9.46 e 9.48, temos:

$$\varepsilon_{H_2O} = 0,29$$
$$C_{H_2O} = 1,40$$

Substituindo-se os valores acima na Eq. (9.115) obtém-se a absorbância da mistura

$$\alpha = 1,4 \times 0,29(500/1\,000)^{0,45} = 0,30$$

Para calcular a taxa do fluxo de calor entre um gás não luminoso a T_G e as paredes de um envoltório negro a T_s, a absorbância α_G do gás deve ser avaliada a uma temperatura T_s, e a emissividade ε_G a uma temperatura T_G. A taxa líquida do fluxo de calor radiante é, então, igual à diferença entre a radiação emitida e a absorvida:

$$q_r = \sigma A_G(\varepsilon_G T_G^4 - \alpha_G T_s^4) \tag{9.117}$$

EXEMPLO 9.17 Um gás combustível a 1 097°C contendo 5% de vapor de água flui a uma pressão atmosférica por um duto de 0,6 m feito de tijolo refratário. Estime a taxa de escoamento de calor por metro de comprimento do gás para a parede se a temperatura da superfície interna da parede for 1 027°C e o coeficiente médio de transferência de calor por convecção for 5,6 W/m²k.
SOLUÇÃO A taxa do fluxo de calor do gás para a parede por convecção por unidade de comprimento é:

$$q_c = \bar{h}_c A(T_{gás} - T_{superfície}) = (5,65)(2,4)(70) = 950 \,\text{W/m comprimento do duto}$$

Para determinar a taxa do fluxo de calor por radiação, calculamos primeiro o comprimento efetivo do feixe, ou

$$L = \frac{3.4 \times \text{volume}}{\text{área da superfície}} = \frac{(3,4)(0,36)}{2,4} = 0,52 \text{ m}$$

O produto da pressão parcial e L é:

$$pL = (0,05)(0,52) = 0,026 \text{ atm m}$$

Com base na Fig. 9.46, para $pL = 0,026$ e $T_G = 1\,367$ K ($1\,093°C$), encontramos $\epsilon_G = 0,035$. Similarmente, encontramos $\alpha_G = 0,039$ a $T_s = 1\,283$ K ($1\,010°C$). A correção da pressão é desprezível, uma vez que $\bar{C}_p \cong 1$ de acordo com a Fig. 9.48. Supondo-se que a superfície do tijolo seja negra, a taxa líquida do fluxo de calor do gás para a parede por radiação é, de acordo com a Eq. (9.117),

$$q_r = 5,67 \times 2,4\,[0,035(13,7)^4 - 0,039(13)^4] = 1\,620 \text{ W/m comprimento do tubo}$$

Portanto, o fluxo total de calor do gás para o duto é de 2 570 W/m comprimento do tubo. É interessante observar que uma pequena quantidade de gás contribui para quase metade do escoamento total de calor.

Uma análise recente das propriedades da radiação dos gases mostrou que, quando as propriedades da radiação de H_2O e CO_2 são avaliadas, nos gráficos das figuras 9.46–9.49, elas podem ser utilizadas para cálculos industriais de transferência de calor com uma precisão satisfatória, desde que a superfície do envoltório não seja altamente refletora. Mas o cálculo da transferência de calor radiante em um envoltório preenchido com gás torna-se consideravelmente mais complicado quando as superfícies do envoltório não são negras e refletem parte da radiação incidente. Quando a emissividade do envoltório é maior que 0,7, pode ser obtida uma resposta aproximada pela multiplicação da taxa do fluxo de calor calculada na Eq. (9.117) por $(\varepsilon_s + 1)/2$, em que ε_s é a emissividade da superfície do envoltório. Quando as paredes do envoltório apresentarem baixas emissividades, o procedimento descrito na Seção 9.5 poderá ser utilizado, desde que seja aceitável a suposição de que todas as superfícies e os gases sejam "cinzas". Se uma ou mais superfícies forem diferentes de cinza ou se o gás não puder ser tratado como um corpo cinza, deve ser utilizado um procedimento de aproximação de banda, similar ao utilizado no Exemplo 9.14. Os detalhes para tal refinamento nos procedimentos do cálculo são apresentados nas referências [12, 13, 20, 29]. As regras de medição que estendem a aplicação de dados de emissividade do espectro total de uma atmosfera para determinar a emissividade do gás em pressões altas e baixas, estão disponíveis em [27].

9.9 Radiação combinada com convecção e condução

Nas seções anteriores deste capítulo, a radiação foi considerada um fenômeno isolado. A troca de energia por radiação é o mecanismo predominante do fluxo de calor em altas temperaturas, pois a taxa do escoamento depende da quarta potência da temperatura absoluta. Em diversos problemas práticos, entretanto, a convecção e a condução não podem ser desprezadas e, nesta seção, consideraremos problemas que envolvem simultaneamente dois ou três modos do fluxo de calor.

Para incluir a radiação em uma rede térmica envolvendo convecção e condução, é conveniente definir o coeficiente de transferência de calor por radiação $\bar{h}_r$, como em

$$\bar{h}_r = \frac{q_r}{A_1(T_1 - T_2')} = \mathscr{F}_{1-2}\left[\frac{\sigma(T_1^4 - T_2^4)}{T_1 - T_2'}\right] \quad (9.118)$$

em que A_1 = área em que $\mathscr{F}_{1-2}$ é baseada, m²

$T_1 - T_2'$ = uma diferença de temperatura de referência em K, na qual T_2' pode ser escolhido como igual a T_2 ou a qualquer outra temperatura conveniente no sistema

$\bar{h}_r$ = coeficiente de transferência de calor por radiação W/m² K

Uma vez que o coeficiente de transferência de calor por radiação é calculado, ele pode ser tratado de modo similar ao coeficiente de transferência de calor por convecção, pois a taxa de fluxo de calor torna-se linearmente dependente da diferença de temperatura, e a radiação pode ser incorporada diretamente em uma rede térmica à qual a temperatura é a potência motriz. Saber o valor do $\bar{h}_r$ também é essencial para determinar a condutância global $\bar{h}$ para a superfície que emite ou recebe um fluxo de calor por convecção e radiação, conforme o Capítulo 1,

$$\bar{h} = \bar{h}_c + \bar{h}_r$$

Se $T_2 = T_2'$, a expressão entre colchetes na Eq. (9.118) é chamada de fator de *temperatura* F_T, e

$$\bar{h}_r = \mathscr{F}_{1-2} F_T \qquad (9.119)$$

EXEMPLO 9.18 Um termopar soldado em suas extremidades (Fig. 9.51) com uma emissividade de 0,8 é utilizado para medir a temperatura de um gás transparente que passa por um grande duto no qual as temperaturas das paredes estão a 227°C. A temperatura indicada pelo termopar é de 527°C. Se o coeficiente de transferência de calor por convecção entre sua superfície do termoar e o gás $\bar{h}_c$ for 140 W/m² K, estime a temperatura *real* do gás.

SOLUÇÃO A temperatura do termopar está abaixo da temperatura do gás, pois o par perde calor por radiação para a parede. Em condições de estado estacionário, a taxa de fluxo de calor por radiação a partir da junção do termopar com a parede é igual à taxa do escoamento por convecção do gás para o termopar. Pode-se escrever esse equilíbrio como:

$$q = \bar{h}_c A_T (T_G - T_T) = A_T \varepsilon \sigma (T_T^4 - T_{\text{parede}}^4)$$

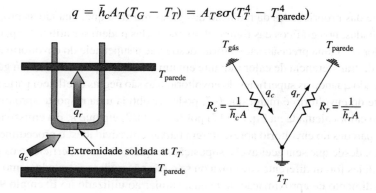

FIGURA 9.51 Sistema físico e rede térmica para um termopar com suas extremidades soldadas sem blindagem de proteção contra radiação.

em que A_T é a área da superfície, T_T é a temperatura do termopar e T_G a temperatura do gás. Substituindo-se os dados do problema, temos:

$$\frac{q}{A_T} = 0{,}8 \times 5{,}67 \left[\left(\frac{800}{100}\right)^4 - \left(\frac{500}{100}\right)^4 \right] = 15\,744 \text{ W/m}^2$$

e a temperatura verdadeira do gás é:

$$T_G = \frac{q}{\bar{h}_c A_T} + T_T = \frac{15\,744}{140} + 527 = 640°C$$

Em sistemas em que o calor é transferido simultaneamente por convecção e radiação, normalmente não é possível determinar diretamente o coeficiente de transferência de calor. Como o fator de temperatura F_T contém as temperaturas do emissor e do receptor de radiação, ele pode ser avaliado somente quando ambas as temperaturas forem conhecidas. Se uma das temperaturas depende da taxa de fluxo de calor, ou seja, se um dos potenciais da rede estiver "flutuando", deve-se assumir um valor para o potencial de flutuação e, então, determinar se o valor satisfará a continuidade do escoamento de calor no estado estacionário. Se a taxa do deslocamento de calor no nó potencial não for igual à taxa do fluxo de calor a partir do nó, deve ser assumida outra temperatura. O processo de tentativa e erro é contínuo e deve ser feito até que o equilíbrio da energia seja satisfeito. A técnica geral encontra-se ilustrada no próximo exemplo.

EXEMPLO 9.19 Determine a temperatura correta do gás no Exemplo 9.18, se o termopar estiver protegido por uma blindagem fina e cilíndrica contra radiação, com diâmetro interno quatro vezes maior que o diâmetro externo do termopar. Suponha que o coeficiente de transferência de calor por convecção da blindagem seja, em ambos os lados, de 110 W/m² K, e que a emissividade da blindagem de aço inoxidável seja de 0,3 a 540°C.

SOLUÇÃO Um esquema do sistema físico é apresentado na Fig. 9.52. O calor flui por convecção do gás para o termopar e seu isolamento. Ao mesmo tempo, o calor escoa por radiação do termopar para a superfície interna da blindagem, e é conduzido através da blindagem fluindo por radiação da superfície externa da blindagem para as paredes do duto. Se assumirmos que a temperatura do escudo é uniforme (ou seja, se desprezarmos a resistência térmica do caminho de condução, pois a blindagem é muito fina), a rede térmica será como a apresentada na Fig. 9.52. As temperaturas da parede do duto T_w e a temperatura do termopar T_T são conhecidas, e as temperaturas da blindagem T_s e do gás T_G devem ser determinadas. As últimas duas temperaturas são potenciais de flutuação. O equilíbrio térmico na blindagem pode ser escrito como

$$\begin{array}{c} \text{taxa do fluxo de calor de} \\ T_G \text{ e } T_T \text{ para } T_s \end{array} = \begin{array}{c} \text{taxa do fluxo de calor de} \\ \text{de } T_s \text{ para } T_w \end{array}$$

ou

$$\bar{h}_{cs}2A_s(T_G - T_s) + h_{rT}A_T(T_T - T_s) = \bar{h}_{rs}A_s(T_s - T_w)$$

Um equilíbrio térmico no termopar resulta:

$$\bar{h}_{cT}A_T(T_G - T_T) = \bar{h}_{rT}A_T(T_T - T_s)$$

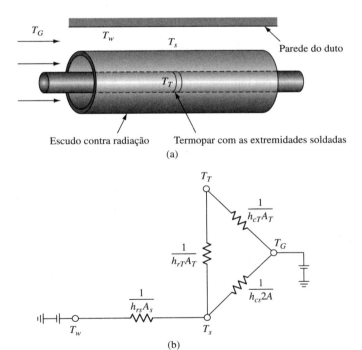

FIGURA 9.52 Sistema físico e rede térmica para um termopar com suas extremidades soldadas com a blindagem de proteção contra radiação.

em que a nomenclatura está definida na Fig. 9.51. Considerando A_T como unitária, A_s igual a 4, e obtém-se da Eq. (9.76):

$$A_T \mathscr{F}_{T-s} = \cfrac{1}{\cfrac{1-\varepsilon_T}{A_T \varepsilon_T} + \cfrac{1}{A_T} + \cfrac{1-\varepsilon_s}{A_s \varepsilon_s}} = \cfrac{1}{\cfrac{0,2}{0,8} + 1 + \cfrac{0,7}{(4)(0,3)}} = 0,547$$

e

$$A_s \mathscr{F}_{s-w} = A_s \varepsilon_s = (4)(0,3) = 1,2$$

Supondo que a temperatura da blindagem seja de 507°C, obtém-se, de acordo com a Eq. (9.118),

$$\bar{h}_{rT} A_T = A_T \mathscr{F}_{T-s} F_T = (0,547)(111,9) = 61,2$$

e

$$\bar{h}_{rs} A_s = A_s \mathscr{F}_{s-w} F_T = (1,2)(62,3) = 74,8$$

Substituindo esses valores no primeiro equilíbrio térmico, é possível avaliar a temperatura do gás, obtendo:

$$T_G = \frac{h_{rs} A_s (T_s - T_w) - h_{rT} A_T (T_T - T_s)}{(\bar{h}_{cs})(2 A_s)} + T_s$$

$$= \frac{20\,940 - 1\,224}{(110)(2)(4)} + 507 = 529°C$$

Como a temperatura do gás deve ser muito maior que aquela do termopar, a temperatura da blindagem utilizada é muito baixa. Repetindo o cálculo com uma nova temperatura da blindagem de 517°C obtém-se $T_G = 532°C$. Agora, substituimos esse valor para verificar se ele satisfaz o segundo equilíbrio térmico obtemos:

taxa do fluxo de calor por convecção *para* o termopar = 110 A_T(532 − 527) = 550 W

taxa líquida do fluxo de calor por radiação *do* termopar = $\bar{h}_{rT} A_T (T_T - T_s)$ = 623 W

Uma vez que a taxa do fluxo de calor que chega ao termopar é ligeiramente menor que a taxa do fluxo de calor que sai dele, a temperatura do escudo utilizada é um pouco baixa. Repetindo os cálculos com uma temperatura de isolamento presumida de 518°C, temos uma temperatura do gás de 531°C, o que satisfaz o equilíbrio de calor no termopar. Os detalhes dessa derivação são deixados como um exercício.

Uma comparação dos resultados nos exemplos 9.18 e 9.19 mostra que a temperatura indicada do termopar sem isolamento difere da verdadeira temperatura do gás em 113°C, e o par isolado lê apenas 4°C a menos que a temperatura verdadeira do gás. Um isolamento duplo reduziria o erro da temperatura para menos de 2°C para as condições especificadas no exemplo.

9.10 Considerações finais

Neste capítulo, foram apresentados as características da radiação térmica e os métodos para calcular a troca de calor por radiação. A emissão de energia radiante é proporcional à temperatura absoluta elevada à quarta potência, e a transferência de calor por radiação se torna, portanto, extremamente importante quando se trata de altas temperaturas. O irradiador ideal ou "corpo negro" é um conceito conveniente nas análises da transferência de calor por radiação, pois fornece um limite máximo para a emissão, para a absorção e à taxa de calor por radiação. A radiação do corpo negro apresenta características geométricas e espectrais que podem ser abordadas analítica ou numericamente.

As superfícies reais diferem das negras devido às suas características. As superfícies reais sempre absorvem e emitem menos radiação do que as negras quando submetidas a uma mesma temperatura. As características de suas superfícies podem frequentemente ser similares às dos corpos cinzas que emitem e absorvem uma dada fração da radiação do corpo negro em relação a todo o espectro de comprimentos de onda. A transferência de calor por radiação entre as superfícies reais pode ser analisada supondo que as superfícies são cinzas, ou utilizando aproximações de bandas também cinzas.

A relação geométrica entre os corpos é caracterizada pelo fator de forma, o qual determina a quantidade de radiação que deixa em uma superfície e incide em outra. Utilizando o fator de forma e as características das superfícies, é possível construir redes equivalentes para a radiação entre superfícies em um envoltório. Essas redes resultam diversas relações lineares que podem ser formuladas como uma matriz. É possível que as temperaturas e a transferência de calor por radiação para cada uma das superfícies em um envoltório podem ser determinadas pela inversão da matriz, que pode ser realizada em um computador. Quando a radiação e a convecção ocorrem simultaneamente, a análise exige a solução de equações não lineares que podem se tornar complexas, especialmente em sistemas com radiação através do meio gasoso. Estes tipos de problemas geralmente exigem soluções de tentativa e erro.

Referências

1. PLANCK, M. *The Theory of Heat Radiation*, New York: Dover, 1959.
2. DUNKLE, R. V. *Thermal* – Radiation Tables and Applications. Trans. ASME, v. 65, 1954, p. 549-552.
3. FISCHENDEN, M.; SAUNDERS, O. A. *The Calculation of Heat Transmission*. Londres: His Majesty's Stationery Office, 1932.
4. HAMILTON, D. C.; MORGAN, W. R. *Radiant Interchange Configuration Factors*. Washington, D.C.: NACA TN2836, 1962.
5. KREITH, F.; BLACK, W. Z. *Basic Heat Transfer*. New York: Harper & Row, 1980.
6. SCHMIDT, H.; FURTHMAN, E. Über die Gesamtstrahlung fäster Körper. *Mitt. Kaiser-Wilhelm-Inst. Eisenforsch.*, Abh. 109, Dusseldorf, 1928.
7. McADAMS, W. M. *Heat Transmission*, 3. ed., New York: McGrawHill, 1954.
8. G. G., GUBAREFF; J. E. JANSSEN; TORBORG, R. H. *Thermal Radiation Properties Survey*. Minneapolis, Minn.: Honeywell Research Center, 1960.
9. SIEBER, W. Zusammensetzung der von Werkund Baustoffen zurückgeworfene Wärmestrahlung. *Z. Tech. Phys.*, v. 22, 1941, p. 130-135.
10. SCHMIDT, E.; ECKERT, E. Über die Richtungsverteilung der Wärmestrahlung von Oberflächen. *Forsch. Geb. Ingenieurwes*. v. 6, 1935, p. 175-183.
11. SCHONHORST, J. R.; VISKANTA, R. An Experimental Examination of the Validity of the Commonly Used Methods of Radiant-Heat Transfer Analysis. Trans. ASME, Ser. C., *J. Heat Transfer*, v. 90, 1968, p. 429-436.
12. SPARROW, E. M.; CESS, R. D. *Radiation Heat Transfer*. New York: Hemisphere, 1978.
13. SIEGEL, R.; HOWELL, J. R. Thermal *Radiation Heat Transfer*, 3. ed., New York: Hemisphere, 1993.
14. HERING, R. G.; SMITH, T. F. Surface Roughness Effects on Radiant Energy Interchange. Trans. ASME, *Ser. C., J. Heat Transfer*, v. 93, 1971, p. 88-96.
15. HOTTEL, H. C. Radiant Heat Transmission. *Mech. Eng.*, v. 52, 1930, p. 699-704.
16. HOTTEL, H. C.; SAROFIM, A. F. *Radiative Heat Transfer*. New York: McGraw-Hill, 1967, p. 31-39.
17. EMERY, A. F.; JOHANSSON, O.; LOBO, M.; ABROUS, A. A Comparative Study of Methods for Computing the Diffuse Radiation Viewfactors for Complex Structures. *J. Heat Transfer*, v. 113, 1991, p. 413-422.
18. OPPENHEIM, A. K. The Network Method of Radiation Analysis. *Trans. ASME*, v. 78, 1956, p. 725-735.
19. HOTTEL, H. C.; EGBERT, R. B. Radiant Heat Transmission from Water Vapor. *AIChE Trans.*, v. 38, 1942, p. 531-565.
20. TIEN, C. L. Thermal Radiation Properties of Gases. *Adv. Heat Transfer*, v. 5, p. 254-321, 1968.
21. GOLDSTEIN, R. Measurements of Infrared Absorption by Water Vapor at Temperatures to 1000 K. *J. Quant. Spectrosc. Radiat. Transfer*, v. 4, 1964, p. 343-352.
22. EDWARDS, D. K.; SUN, W. Correlations for Absorption by the 9.4 and 10.4 – micron CO_2 Bands. *Appl. Opt.*, v. 3, 1964.
23. EDWARDS, D. K.; FLORNES, B. J.; GLASSEN, L. K.; SUN, W. Correlations of Absorption by Water Vapor at Temperatures from 300 to 1100 K. *Appl. Opt.*, v. 4, 1965, p. 715-722.
24. HOTTEL, H. C. In: McADAMS, W. C. *Heat Transmission*. 3. ed., cap. 4, New York: McGraw-Hill, 1954.
25. EGBERT, R. B. Sc.D. thesis, *Massachussets Institute of Technology*, 1941.
26. MODEST, M. F. Radiation. In: KREITH, F. (Ed.). *CRC Handbook of Thermal Engineering*. Boca Raton, FL: CRC Press, 2000.
27. EDWARDS, D. K.; MATOVOSIAN, R. Scaling Rules for Total Absorptivity and Emissivity of Gases. *J. Heat Transfer*, v. 106, 1984, p. 685-689.
28. HOTTEL, H. C. Heat Transmission by Radiation from Nonluminous Gases. *AIChE Trans.*, v. 19, 1927, p. 173-205.
29. ROHSENOW, W. M.; HARTNETT, J. P.; CHO, Y. I. (Eds.). *Handbook of Heat Transfer*, New York: McGraw-Hill, 1998.

Problemas

Os problemas deste capítulo estão organizados por assuntos, conforme descrito abaixo:

Tópico	Número do Problema
Características espectrais da radiação	9.1 – 9.8
Fatores de forma e troca de radiação de corpos negros	9.9 – 9.14
Radiação em envoltórios de corpos negros	9.15 – 9.22
Radiação em envoltórios de corpos cinzas	9.23 – 9.29
Radiação em meio gasoso	9.30 – 9.32
Radiação e convecção combinadas	9.33 – 9.53
Energia solar e aquecimento global	9.54 – 9.60

9.1 Para um radiador ideal (hohlraum) com uma abertura de 10 cm de diâmetro localizado em uma área tipo corpo negro a 16°C, calcule: (a) a taxa líquida de transferência de calor radiante para as temperaturas de radiador ideal de 100°C e 560°C; (b) o comprimento da onda em que a emissão está em seu máximo; (c) a emissão monocromática $\lambda_{máx}$; (d) os comprimentos de onda em que a emissão monocromática é de 1% do valor máximo.

9.2 Um filamento de tungstênio é aquecido a 2 700 K. Em qual comprimento de onda a quantidade máxima de radiação é emitida? Qual fração da energia total aparece na banda visível (0,4 a 0,75 μm)? Suponha que o filamento irradia como um corpo cinza.

9.3 Determine a média total da emissividade hemisférica e a potência emissiva de uma superfície que tenha uma emissividade hemisférica espectral de 0,8 com comprimentos de onda menores que 1,5 μm, 0,6 em comprimentos de ondas de 1,5 a 2,5 μm, e 0,4 em comprimentos de onda maiores que 2,5 μm. A temperatura de superfície é de 1111 K.

9.4 (a) Mostre que $E_{b\lambda}/T^5 = f(\lambda T)$ somente. (b) Para $\lambda T = 5\,000$ μm K, calcule $E_{b\lambda}/T^5$.

9.5 Calcule a emissividade média do alumínio anodizado a 100°C e 650°C a partir da curva espectral na Fig. 9.16. Suponha $\epsilon_\lambda = 0,8$ para $\lambda > 9\,\mu$m.

9.6 Um grande corpo de um gás não luminoso à temperatura de 1100°C apresenta emissões entre 2,5 e 3,5 mm e entre 5 e 8 μm. A 1 100°C, a emissividade efetiva na primeira faixa é de 0,8, e de 0,6 na segunda. Determine a energia emissiva desse gás em W/m².

9.7 Uma placa plana está em órbita solar a 150 000 000 km de distância do Sol. Ela está sempre com uma orientação normal em relação aos raios solares, e ambos os lados da placa apresentam um acabamento com uma absorbância espectral de 0,95 em comprimento de ondas menores que 3 μm e 0,06 em comprimento de ondas maiores que 3 μm. Supondo que o Sol seja uma fonte de corpo negro de 5 550 K e diâmetro de 1 400 000 km, determine a temperatura de equilíbrio da placa.

9.8 Substituindo a Eq. 9.1 para $E_b\lambda(T)$ na Eq. (9.4) e realizando a integração de todo o espectro, derive a relação entre σ e as constantes C_1 e C_2 na Eq. (9.1).

9.9 Determine a relação da emissividade esférica total com a emissividade normal para uma superfície não difusa se a intensidade da emissão variar de acordo com o cosseno do ângulo medido na emissividade normal.

9.10 Derive uma expressão para o fator de forma geométrico F_{1-2} para a superfície A_1 apresentada abaixo. A_1 possui 1 m × 20 m e foi colocado em paralelo e centralizado 5 m acima de uma superfície quadrada A_2 de 20 m.

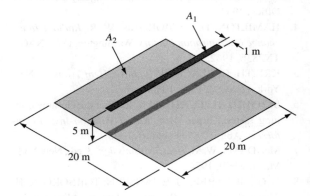

9.11 Determine o fator de forma F_{1-4} para a configuração geométrica exibida na próxima página.

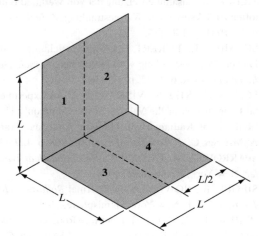

9.12 Determine o fator de forma F_{1-2} para a configuração geométrica exibida na próxima figura.

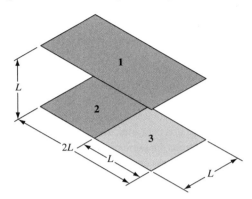

9.13 Utilizando as definições do fator de forma, estime a temperatura de equilíbrio de Marte, que tem um diâmetro de 6600 km e gira em torno do Sol a uma distância de 225×10^6 km. O diâmetro do Sol é de 1 384 000 km. Suponha que tanto Marte quanto o Sol ajam como um corpo negro, e que o Sol tenha uma temperatura de corpo negro equivalente a 5 600 k. Depois, repita seus cálculos supondo que o albedo de Marte (a fração da radiação recebida que retorna ao espaço) é de 0,15.

9.14 Um envoltório cilíndrico de 4 cm de diâmetro com superfícies negras, conforme apresentado no desenho abaixo, tem um furo de 2 cm na parte superior. Supondo que as paredes do envoltório apresentam a mesma temperatura, determine o percentual da radiação total emitida pelas paredes que escapará pelo furo na parte superior.

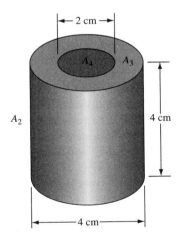

9.15 Mostre que a temperatura da superfície reemissora T_r na Fig. 9.37 é:

$$T_R = \left(\frac{A_1 F_{1R} T_1^4 + A_2 F_{2R} T_2^4}{A_1 F_{1R} + A_2 F_{2R}} \right)^{1/4}$$

9.16 Na construção de uma plataforma espacial, dois membros estruturais de mesmo tamanho com superfícies que podem ser consideradas negras estão posicionados próximos um do outro, conforme apresentado abaixo. Supondo que o membro esquerdo anexado à plataforma está a 500 K, o outro está a 400 K, e que o ambiente pode ser tratado como se fosse um corpo negro a 0 K, calcule: (a) a taxa em que a superfície mais quente deve ser aquecida para que sua temperatura seja mantida; (b) a taxa de perda de calor da superfície mais fria em relação ao ambiente; (c) a taxa líquida de perda de calor para o ambiente, para ambos os membros.

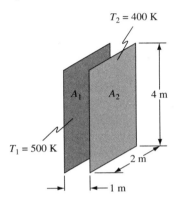

9.17 Uma fonte de radiação será construída, conforme apresentado no diagrama, para um estudo experimental de radiação. A base do hemisfério deve ser coberta por uma placa circular com um furo em seu centro com raio $R/2$. A face inferior da placa será mantida a 555 K por aquecedores acoplados a sua superfície, que é negra. A superfície hemisférica é bem isolada na face exterior. Utilize processos difusos cinzentos e distribuição uniforme da radiação. (a) Encontre a razão entre a intensidade radiante na abertura com a intensidade de emissão na superfície da placa aquecida. (b) Encontre a perda de energia radiante pela abertura em watts para $R = 0,3$ m. (c) Encontre a temperatura da superfície hemisférica.

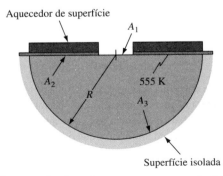

9.18 Uma grande placa de aço com espessura de 0,1 m tem um furo circular com diâmetro de 0,1 m com um eixo normal em relação à superfície. Considere as laterais do furo como negras e especifique a taxa de perda de calor por radiação do furo em W. A placa está a 811 K, e o ambiente está a 300 K.

9.19 Um disco de 15 cm é colocado na metade do caminho entre dois discos negros com 3 m de diâmetro, separados a uma distância de 7 m, com todas as superfícies do disco paralelas entre si. Se o ambiente estiver a 0 K, determine a temperatura dos dois discos grandes necessários para manter o disco pequeno a 540°C.

9.20 Prove que a condutância efetiva $A_1\bar{F}_{1-2}$, para duas placas negras paralelas de mesma área conectadas por paredes refletoras a uma temperatura constante, é:

$$A_1\bar{F}_{1-2} = A_1\left(\frac{1 + F_{1-2}}{2}\right)$$

9.21 Calcule a taxa líquida de transferência de calor radiante se as duas superfícies no problema 9.10 são negras e estão conectadas por uma superfície refratária com uma área de 500 m². A_1 está a 555 K e A_2 a 278 K. Qual é a temperatura da superfície refratária?

9.22 Uma esfera negra (diâmetro de 2,5 cm) é colocada em um grande forno de aquecimento por infravermelho cujas paredes são mantidas a 370°C. A temperatura do ar no forno é de 90°C e o coeficiente de transferência de calor por convecção entre a superfície da esfera e o ar é de 30 W/m² K. Estime a taxa líquida do fluxo de calor da esfera quando a temperatura da superfície for de 35°C.

9.23 A cavidade em forma de cunha no desenho a seguir consiste de duas longas faixas unidas por uma extremidade. A superfície 1, com uma largura de 1 m, apresenta emissividade de 0,4 e uma temperatura a 1 000 K. A outra parede apresenta temperatura de 600 K. Supondo processos difusos cinzas e distribuição de fluxo uniforme, calcule a taxa de perda de energia das superfícies 1 e 2 por metro de comprimento.

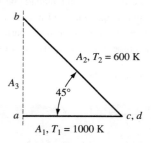

9.24 Derive uma equação para a taxa líquida de transferência de calor radiante da superfície 1 no sistema mostrado no desenho abaixo. Suponha que cada superfície esteja a uma temperatura uniforme e que o fator de forma geométrica de F_{1-2} é 0,1.

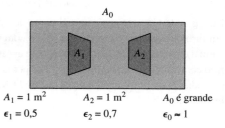

9.25 Duas placas planas paralelas de 1,5 m estão separadas a uma distância de 0,3 m entre si. A_1 está a uma temperatura de 1 100 K, e A_2 a 500 K. As emissividades das placas são de 0,5 e 0,8, respectivamente. Considerando que o ambiente seja negro e esteja a 0 R, e incluindo múltiplas interreflexões, determine: (a) a troca líquida de calor radiante entre as placas; (b) a entrada de calor necessária pela superfície A_1 para manter sua temperatura. As superfícies externas das placas são adiabáticas.

9.26 Duas esferas concêntricas de 0,2 m e 0,3 m de diâmetro devem ser utilizadas para armazenar um ar líquido (133 K). O espaço entre as duas esferas é evacuado. Se suas superfícies forem seladas com alumínio e o ar líquido apresentar um calor latente de vaporização de 209 kJ/kg, determine a quantidade de quilos do ar líquido evaporado por hora.

9.27 Determine as temperaturas do estado estacionário de duas blindagens contra radiação colocadas em um espaço evacuado entre dois planos infinitos a uma temperatura de 555 K e 278 K. A emissividade de todas as superfícies é de 0,8.

9.28 Três chapas finas de alumínio polido são colocadas em paralelo de modo que a distância entre elas seja muito pequena se comparada ao seu tamanho. Se uma das chapas externas estiver a 280°C e outra externa estiver a 60°C, calcule a temperatura da chapa intermediária e a taxa líquida do fluxo de calor por radiação. A convecção pode ser ignorada.

9.29 Para cada uma das seguintes situações, determine a taxa de transferência de calor entre duas placas paralelas de 1 m × 1 m colocadas a uma distância de 0,2 m e conectadas por paredes refletoras. Suponha que a placa 1 esteja mantida a 1500 K e a 2 a 500 K. (a) A placa 1 apresenta emissividade de 0,9 sobre todo o espectro e a 2, emissividade de 0,1. (b) A placa 1 tem emissividade de 0,1 entre 0 e 2,5 μm e emissividade de 0,9 com comprimentos de onda maiores que 2,5 μm; a placa 2 apresenta emissividade de 0,1 sobre todo o espectro. (c) A emissividade da placa 1 é a mesma da parte (b), e a placa 2 apresenta emissividade de 0,1 para comprimentos de onda entre 0 e 4,0 μm, e de 0,9 para comprimentos de ondas maiores que 4,0 μm.

9.30 Uma pequena esfera (diâmetro de 2,5 cm) foi colocada em um forno de aquecimento. O interior desse forno é um cubo de 0,3 m preenchido com ar a 101 kPa (abs.) Ele contém 3% de vapor de água a 810 K, e suas paredes estão a 1 640 K. A emissividade da esfera é igual a $0,44 - 0,00018\,T$, em que T é a temperatura da superfície em K. Quando a temperatura da superfície da esfera for 810 K, determine: (a) a irradiação total recebida pela parede do forno a partir da esfera; (b) a transferência líquida de calor por radiação entre a esfera e as paredes do forno; (c) o coeficiente de transferência de calor radiante.

9.31 Um hemisfério com raio 0,61 m (811 K de temperatura superficial) está preenchido com uma mistura de gás contendo 6,67% CO_2 e vapor de água com umidade relativa de 0,5% a 533 K e pressão de 2 atm. Determine a emissividade e a absorbância do gás e a taxa líquida do fluxo de calor radiante do gás.

9.32 Duas superfícies grandes, planas, infinitas e negras estão distanciadas 0,3 m entre si, e o espaço entre elas está preenchido por uma mistura de gases a 811 K e pressão atmosférica. O volume da mistura de gás consiste de 25% CO_2, 25% H_2O, e 50% N_2. Se uma superfície for mantida a 278 K e a outra a 1390 K, calcule: (a) a emissividade efetiva do gás em sua temperatura; (b) a absorbância efetiva do gás para a radiação vinda de uma superfície com 1390 K; (c) a absorbância efetiva do gás para a radiação vinda de uma superfície com 278 K; (d) a taxa líquida de transferência de calor para o gás por metro quadrado da área da superfície.

9.33 A cápsula de uma nave espacial tripulada tem o formato de um cilindro com diâmetro de 2,5 m e comprimento de 9 m (veja o desenho abaixo). O ar dentro dessa cápsula é mantido a 20°C, e o coeficiente de transferência de calor na superfície interna é de 17 W/m² K. Entre a casca exterior e a superfície externa, há uma camada de isolamento de lã de vidro de 15 cm com uma condutividade de 0,017 W/m K. Se a emissividade da casca for de 0,05 e não existir aquecimento ou irradiação aerodinâmica a partir de corpos astronômicos, calcule a taxa de transferência total de calor para o espaço a 0 K.

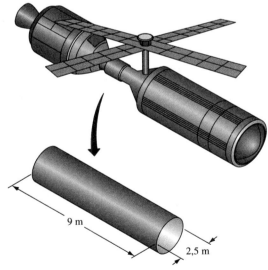

9.34 Um coletor solar de 1 m × 1 m é colocado no telhado de uma casa. O coletor recebe um fluxo de radiação solar de 800 W/m². Supondo que o ambiente aja como um corpo negro a uma temperatura efetiva do céu de 30°C, calcule a temperatura de equilíbrio do coletor: (a) supondo que sua superfície seja negra e que a condução e convecção sejam desprezíveis; (b) supondo que o coletor esteja na horizontal e perde calor por convecção natural.

9.35 No deserto, uma camada fina de água é colocada em uma panela de diâmetro medindo 1 m. A superfície superior está exposta a um ar com 300 K, e estima-se que o coeficiente de transferência de calor por convecção entre a superfície superior da água e o ar seja de 10 W/m² K. Supõe-se que a temperatura efetiva do céu, para uma noite clara, esteja entre 0 K e 200 K para uma noite nublada. Calcule a temperatura de equilíbrio da água em uma noite clara e em uma nublada.

9.36 Nitrogênio líquido é armazenado em um frasco térmico feito de duas esferas concêntricas com o espaço evacuado entre elas. A esfera interior tem um diâmetro externo de 1 m e o espaço entre as duas esferas é de 0,1 m. A superfícies de ambas as esferas é cinza com uma emissividade de 0,2. Se a temperatura de saturação para o nitrogênio à pressão atmosférica for de 78 K e seu calor latente de vaporização for de 2×10^5 J/kg, estime sua taxa de evaporação sob as seguintes condições: (a) A esfera externa está a 300 K. (b) A superfície externa da esfera envolvente é negra e perde calor por radiação para o ambiente a 300 K. Suponha que a convecção seja desprezível. (c) Repita a parte (b), mas inclua o efeito da perda de calor por convecção natural.

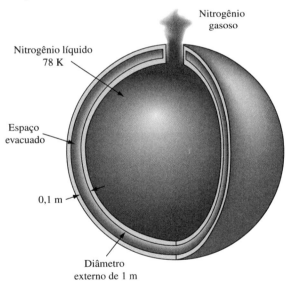

9.37 Um conjunto de equipamentos eletrônicos está instalado em uma caixa de chapa metálica que apresenta base quadrada de 0,3 m e 0,15 m de altura. O equipamento utiliza energia elétrica de 1 200 W e foi colocado no chão de uma sala grande. A emissividade das paredes da caixa é de 0,80, e a temperatura do ambiente ao redor é 21°C. Supondo que a temperatura média da parede do contêiner seja uniforme, estime sua temperatura.

9.38 Um tubo de aço oxidado com diâmetro externo de 0,2 m em uma temperatura de superfície de 756 K passa por uma sala grande em que o ar e as paredes estão a uma temperatura de 38°C. Se o coeficiente de transferência de calor por convecção da superfície do tubo para o ar na sala for de 28 W/m² K, estime a perda de calor total por metro de comprimento do tubo.

9.39 Uma chapa de aço inoxidável 304 polida com espessura de 6 mm é suspensa em um forno de secagem a vácuo relativamente grande com paredes negras. Suas dimensões são 30 cm × 30 cm, e seu calor específico é de 565 J/kg K. Se as paredes do forno estiverem a uma temperatura uniforme de 150°C e o metal for aquecido de 10 a 120°C, estime por quanto tempo a chapa deve ser deixada no forno se: (a) a transferência de calor por convecção pode ser desprezada; (b) o coeficiente de transferência de calor for 3 W/m²K.

9.40 Calcule a temperatura de equilíbrio de um termopar em um grande duto de ar se sua temperatura for de 1367 K, a temperatura da parede do duto for de 533 K, a emissividade do termopar for de 0,5 e o coeficiente de transferência de calor por convecção $\bar{h}_c$, for de 114 W/m²

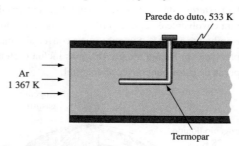

9.41 Repita o problema 9.40, adicionando uma blindagem contra radiação com emissividade $\varepsilon_s = 0,1$.

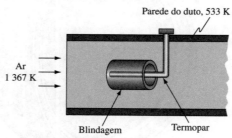

9.42 Um termopar é utilizado para medir a temperatura de uma chama em uma câmara de combustão. Se sua temperatura for de 1033 K e as paredes do forno estiverem a 700 K, qual é o erro na leitura do termopar devido à radiação das paredes? Suponha que as superfícies sejam negras e o coeficiente de convecção seja 568 W/m² K.

9.43 Uma placa de metal é deixada à luz solar. A energia G radiante incidente é de 780 W/m². O ar e o ambiente estão a 10°C. O coeficiente de transferência de calor por convecção natural da superfície superior da placa é de 17 W/m² K. A placa apresenta emissividade média de 0,9 em comprimentos de onda da luz solar, e 0,1 em comprimentos de onda maiores. Desprezando as perdas de condução na superfície inferior, determine a temperatura de equilíbrio da placa.

9.44 Um painel de aquecedor com seções quadradas de 0,6 m foi instalado na extremidade de um telhado de uma edificação com uma área de piso de 2,7 m × 3,6 m com uma altura de teto de 2,4 m. Se a superfície do aquecedor feita de ferro oxidado está a 147°C e as paredes e o ar na sala estão a 20°C no estado estacionário, determine: (a) a taxa de transferência de calor para a sala por radiação; (b) a taxa de transferência de calor para a sala por convecção ($h_c \approx 11$ W/m² K); (c) o custo para aquecer a sala considerando 7 centavos por kW h.

9.45 Em um processo de fabricação, um fluido circula por um porão mantido a uma temperatura de 300 K. O fluido é mantido em um encanamento com diâmetro externo de 0,4 m. A superfície do encanamento apresenta emissividade de 0,5. Para reduzir as perdas de calor, o encanamento está envolvido por uma fina camada de um cano de proteção com diâmetro interno de 0,5 m e uma emissividade de 0,3. O espaço entre os dois canos foi efetivamente evacuado para minimizar as perdas de calor e a superfície interior do cano está a 550 K. (a) Estime a perda de calor do fluido por metro de comprimento. (b) Se o fluido dentro do cano é um óleo que circula a uma velocidade de 1 m/s, calcule o comprimento do cano para uma queda de temperatura de 1 K.

9.46 Uma carga de 45 kg de dióxido de carbono foi armazenada em um cilindro de alta pressão que apresenta diâmetro externo de 25 cm, comprimento de 1,2 m e espessura de 1,2 cm. O cilindro é ajustado com um diafragma de segurança projetado para se romper a 140 bar (com a carga especificada, essa pressão será alcançada quando a temperatura aumentar até 50°C). Durante um incêndio, o cilindro é totalmente exposto à irradiação das chamas a 1 097°C ($\varepsilon = 1,0$). Para as condições especificadas, $c_p = 2,5$ kJ/kg K para CO_2. Desprezando a transferência de calor por convecção, determine quanto tempo o cilindro pode ficar exposto a essa irradiação antes que o diafragma se rompa, se a temperatura inicial for de 21°C e: (a) o cilindro for de aço nu (sem revestimento) oxidado ($\varepsilon = 0,79$); (b) o cilindro estiver pintado com uma tinta de alumínio ($\varepsilon = 0,30$).

9.47 Uma bomba de hidrogênio pode ser comparada à uma bola de fogo a uma temperatura 7 200 K, de acordo com um relatório publicado em 1950 pela Comissão de Energia Atômica dos Estados Unidos. (a) Calcule a taxa total de emissão de energia radiante em *watts*, supondo que o gás irradia como um corpo negro e apresente diâmetro de 1,5 km. (b) Se a atmosfera circundante absorver uma radiação abaixo de 0,3 μm, determine o percentual da radiação total emitida pela bomba que é absorvida pela atmosfera. (c) Calcule a taxa de irradiação em uma área de 1 m² de área da parede de uma casa que está localizada a 40 km do centro da explosão, se a explosão ocorrer a uma altitude de 16 km e as paredes estiverem na direção da explosão. (d) Estime a quantidade total de radiação absorvida, supondo que a explosão dure aproximadamente 10 segundos e que a parede esteja coberta por uma camada de tinta vermelha. (e) Se a parede for de carvalho, o qual se estima apresentar limite de inflamabilidade de 650 K, e espessura de 1 cm, determine se a madeira pegaria fogo. Justifique suas respostas por uma análise de engenharia criteriosa, explicando suas suposições.

9.48 Um forno elétrico deve ser utilizado para aquecer um lote de um determinado material com calor específico de 670 J/kg K de uma temperatura de 20°C para 760°C. O material é deixado na base do forno, cuja área é de 2 m × 4 m, conforme apresentado no desenho abaixo. As paredes laterais do forno são feitas de material refratário. Uma grade de resistores redondos é instalada em paralelo ao plano do telhado, mas muitas polegadas abaixo dele. Os resistores apresentam diâmetro de 13 mm e estão a uma distância de 5 cm de centro a centro. A temperatura do resistor deve ser mantida a 1 100°C; sob estas condições, a emissividade da superfície do resistor é de 0,6. Se a superfície superior da matéria-prima tiver uma emissividade de 0,9, estime o tempo necessário para se aquecer um lote de 6 toneladas métricas da matéria-prima. As perdas de calor externas do forno podem ser desprezadas, assim como o gradiente da temperatura da matéria-prima, e as condições de estado estacionário são assumidas.

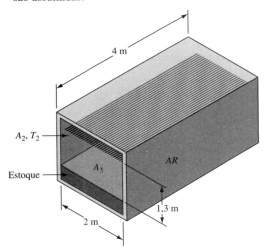

9.49 Uma caixa d'água retangular e plana é colocada no telhado de uma casa com sua superfície inferior perfeitamente isolada. Uma chapa de vidro cujas características de transmissão estão tabeladas abaixo é colocada 1 cm acima da superfície da água. Supondo que a radiação solar média incidente seja de 630 W/m², calcule a temperatura de equilíbrio da água para uma profundidade de 12 cm, se o coeficiente de transferência de calor na superfície superior do vidro for de 8,5 W/m² K e a temperatura do ar ambiente for de 20°C. Desconsidere as inter-reflexões.

τ_λ do vidro = 0 para um comprimento de onda de 0,35 μm

= 0,92 para um comprimento de onda entre 0,35 e 2,7 μm

= 0 para um comprimento de onda maior que 2,7 μm

ρ_λ do vidro = 0,08 para todos os comprimentos de ondas

9.50 Mercúrio deve ser evaporado a uma temperatura de 317°C em um forno. O mercúrio flui por um tubo de aço inoxidável de bitola n. 18 de 25,4 mm BWG que está instalado no centro do forno. O corte transversal do forno perpendicular ao eixo do tubo é um quadrado de 20 cm × 20 cm. O forno é de tijolo, apresenta emissividade de 0,85, e suas paredes são mantidas uniformemente a 977°C. Se o coeficiente de transferência de calor na parte interna do tubo for 2,8 kW/m² K, e a emissividade da superfície exterior do tubo for de 0,60, calcule a taxa de transferência de calor por pés de tubo, desprezando a convecção dentro do forno.

9.51 Um cadinho refratário cilíndrico com diâmetro de 2,5 cm utilizado para derreter chumbo deve ser construído para calibração de termopares. Um aquecedor elétrico imerso no metal é desligado a uma temperatura acima do ponto de derretimento. A curva de resfriamento da fusão é obtida na observação do campo eletromagnético do termopar (*emf*) como uma função do tempo. Desprezando as perdas de calor pela parede do cadinho, estime a taxa de resfriamento (W) para a superfície do chumbo derretido (ponto de fusão de 327,3°C, emissividade da superfície de 0,8) se a profundidade do cadinho acima da superfície do chumbo for de (a) 2,5 cm e (b) 17 cm. Suponha que a emissividade da superfície refratária seja unitário e o ambiente esteja a uma temperatura de 21°C. (c) Observando que o cadinho suporta em torno de 0,09 kg de chumbo, o qual apresenta calor de fusão de 23,260 J/kg, comente sobre sua adequação para o fim a que se destina.

9.52 Um satélite esférico em órbita em torno do Sol deve ser mantido a uma temperatura de 25°C. Esse satélite gira continuamente e está parcialmente coberto por células solares, tendo uma superfície cinza com absorbância de 0,1. O resto da esfera deverá ser coberta por um revestimento especial que apresenta absorbância de 0,8 para a radiação solar e emissividade de 0,2 para a radiação emitida. Estime a parte da superfície da esfera que pode ficar coberta por células solares. Suponha que a irradiação solar seja de 1420 W/m² para superfície perpendicular aos raios solares.

9.53 Uma placa quadrada de 10 cm eletricamente aquecida é colocada em uma posição horizontal 5 cm abaixo de uma segunda placa de mesmo tamanho, conforme mostrado no desenho esquemático. A superfície aquecida é cinza (emissividade = 0,8), e o receptor tem uma superfície negra. A placa inferior é aquecida uniformemente sobre sua superfície com uma fonte de energia de 300 W. Supondo que as perdas de calor da parte pela trás das superfícies radiantes e pelo receptor sejam desprezíveis, e que o ambiente esteja a uma temperatura de 27°C, calcule: (a) a temperatura do receptor; (b) a temperatura da placa aquecida; (c) a transferência de calor por radiação entre as duas superfícies; (d) a perda líquida de radiação para o ambiente. (e) Estime o efeito da convecção natural entre as duas superfícies na taxa de transferência de calor.

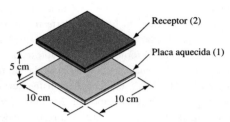

9.54 Estime a temperatura da Terra se não existisse atmosfera para reter a radiação solar. O diâmetro do nosso planeta é de aproximadamente $1{,}27 \times 10^7$ m, e a distância entre ele e o Sol é de $1{,}5 \times 10^{11}$ m $\pm$ 1,7%. Para seus cálculos, assuma que o Sol é uma fonte pontual e que a Terra se move em um movimento circular em torno dele. Além disso, suponha que ele irradia como um corpo negro a uma temperatura de 5760 K.

9.55 Repita o problema 9.54 para a temperatura de Marte. Neste caso, faça uma pesquisa simples em uma biblioteca para estimar o diâmetro desse planeta e sua distância aproximada em relação ao Sol.

9.56 O diâmetro do Sol é de $1{,}39 \times 10^9$ m. Estime o percentual de radiação total emitida pelo astro, que se assemelha a um corpo negro a 5760 K, e interceptada pela Terra. Da radiação total incidindo sobre a Terra, em torno de 70% incide sobre o oceano. Estime a quantidade de radiação solar que incide sobre o solo, a razão de energia atualmente utilizada no mundo e a quantidade de energia solar terrestre que está disponível. Depois, discuta porque toda a energia não pode se aproveitada.

9.57 Como a atmosfera em torno da Terra retem uma parte da radiação solar recebida, a temperatura média deste palneta é de aproximadamente 15°C. Estime a quantidade de radiação retida pela atmosfera, incluído CO_2 e metano, que são os principais compostos do escudo para manter a temperatura em um nível que possa manter organismos vivos. Em seguida, comente sobre a atual preocupação do aquecimento global como resultado do aumento da porcentagem de CO_2 e metano na atmosfera.

9.58 Uma célula solar PV hipotética no espaço pode utilizar uma radiação solar entre 0,8 e 1,1 μm em comprimento de onda. Estime a eficiência teórica máxima para essa célula solar quando voltada para o Sol, utilizando a curva de corpo negro ideal deste astro como uma fonte. Supondo que tal radiação fora da faixa espectral utilizada pela célula solar para gerar eletricidade é dissipada em calor, estime a taxa em que um módulo de células solares de área de 1,0 m^2 deveria ser refrigerado para manter sua temperatura abaixo de 32°C.

9.59 Repita o Problema 9.58 para um módulo PV em Phoenix em um dia ensolarado, ao meio-dia, a 38°C. Discorra sobre suas suposições.

9.60 Estime a taxa em que o calor precisa ser fornecido a um astronauta que está consertando um telescópio como o Hubble no espaço. Suponha que a emissividade da roupa espacial seja 0,5. Descreva seu modelo com um desenho simples e exponha claramente suas suposições.

Problemas de projetos

9.1 **Fornos elétricos energicamente eficientes** (Capítulo 9) Um grande fabricante de fornos elétricos domésticos deseja explorar mais meios energeticamente suficientes para cocção elétrica. A referência básica é de um forno padrão com elementos de aquecimento elétrico um volume suficiente para assar um peru de 9 kg. Investigue aquecimento por micro-ondas, elementos radiantes, aquecimento por convecção assistida ou quaisquer outros conceitos aceitáveis, ou combinações desses conceitos, que possam torná-lo mais eficiente. É possível considerar também o modo pelo qual a unidade é isolada e como é ventilada internamente. Embora o custo do forno seja importante, o consumo de energia, confiabilidade e rapidez de cozimento são funcionalidades primordiais para o projeto.

9.2 **Isolamento avançado para um aquecedor por água quente** (Capítulo 9).

Antecipando a próxima crise de energia, uma empresa visionária deseja investigar sistemas de isolamento avançado para suas linhas de aquecedores por água quente. Ela acredita que um segmento de mercado pagaria mais por um aquecedor por água quente que consuma menos energia e que, portanto, seja mais barato para funcionar. Um possível benefício adicional é que um pacote de isolamento mais fino pode proporcionar uma capacidade adicional de água quente e uma possível recuperação mais rápida. Inicie com o projeto de base para um aquecedor por água quente já disponível comercialmente. Investigue sistemas de isolamento comercialmente disponíveis, determine se algum deles poderia oferecer essas vantagens e quantifique o custo e o desempenho da transferência de calor. Também é aconselhável que avalie novos conceitos de isolamento que têm surgido na literatura sobre transferência de calor.

9.3 **Pirômetro óptico para medição de temperaturas** (Capítulo 9)

Um pirômetro óptico é um dispositivo utilizado para medir a temperatura de superfícies com alta temperatura. Neste instrumento, uma imagem da superfície aquecida é comparada com a imagem de um filamento aquecido ao qual a temperatura pode ser ajustada. Quando a cor das duas imagens é a mesma, a temperatura da superfície desconhecida é aquela do filamento. Geralmente, uma tabela de calibração com informações sobre a temperatura do filamento em relação ao aquecimento é disponibilizada pelos fabricantes em seus catálogos de venda. Supondo que o filamento esteja contido em uma câmara óptica evacuada, projete o filamento e o fornecimento de energia necessário para atingir as temperaturas de 1000 K a 2500 K. Considere platina e tungstênio como candidatos de materiais para a construção do filamento. Discuta a implicação das emissividades dos filamentos e da superfície sob análise e como isso afetaria a precisão da medido. Sugira métodos que possam ser utilizados para automatizar o dispositivo de modo a torna-lo essencialmente um dispositivo de medição de temperatura *on-line*.

9.4 Blindagem **de radiação de termopar** (Continuação do Problema 1.2)

Projete uma blindagem contra radiação para o termopar descrito no Problema de projeto 1.2. Determine a precisão da medição do termopar com o escudo como uma função da temperatura do ar e velocidade. Sugira modificações para a blindagem para que ele possa ser utilizado a fim de melhorar a precisão, por exemplo, pintura ou galvanoplastia de uma ou ambas as superfícies. Existem outras modificações na geometria do termopar e blindagem que poderiam fornecer melhorias adicionais?

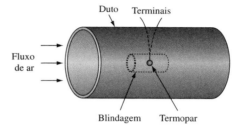

CAPÍTULO 10

Transferência de calor com mudança de fase

Geração de bolhas de vapor ou comportamento de ebulição em um recipiente de água com um aquecedor cilíndrico horizontal aquecido eletricamente em diferentes níveis de fluxo de calor: (a) no regime de ebulição nucleada parcial; (b) no regime de ebulição nucleada totalmente desenvolvida.

Fonte: Cortesia do Prof. Raj M. Manglik, *Thermal-Fluids & Thermal Processing Laboratory*, University of Cincinnati.

Conceitos e análises a serem aprendidos

A transferência de calor com a mudança de fase em um meio líquido-vapor (ebulição ou condensação) ou em um meio líquido-sólido (fundindo ou congelamento) é muito eficaz, porque a acomodação do calor latente não requer diferença de temperatura. As aplicações convencionais mais comuns são encontradas na caldeira e no condensador de uma usina de energia de vapor, na fabricação de gelo e na fundição de metal. Algumas aplicações mais recentes incluem a imersão e o resfriamento de microcanais na microeletrônica, evaporação e condensação em tubos de calor e crescimento de cristais, entre muitas outras. Os processos da transferência do calor em ebulição, condensação, fusão e congelamento são significativamente mais complexos do que aqueles na convecção e na condução de fase única. Muitas vezes, é difícil modelar matematicamente esses processos e, por conseguinte, é necessária experimentação substancial para prever a troca de energia. O estudo deste capítulo abordará:

- Como caracterizar o comportamento da ebulição em recipientes e seus diferentes regimes e como prever os coeficientes de transferência de calor correspondentes;
- Como identificar os diferentes regimes de fluxo em ebulição de convecção forçada, calcular o coeficiente de transferência de calor e determinar o fluxo crítico de calor em que ocorre o esgotamento;
- Como modelar a transferência de calor de condensação em uma placa plana vertical, ao lado de fora de um tubo horizontal, determinar os respectivos coeficientes da transferência do calor e aplicá-los em projetos de condensador;
- Como avaliar e prever o desempenho de tubos de calor;
- Como modelar e analisar a transferência de calor durante a fusão e o congelamento.

10.1 Introdução à ebulição

A transferência de calor para líquidos em ebulição é um processo de convecção que envolve mudança na fase de líquido para vapor. Os fenômenos de transferência de calor em ebulição são consideravelmente mais complexos do que os de convecção sem mudança de fase, porque, além de todas as variáveis associadas à convecção, aquelas associadas à mudança de fase também são relevantes. Na convecção em fase líquida, a geometria do sistema, a viscosidade, a densidade, a condutividade térmica, o coeficiente de expansão e o calor específico do fluido são suficientes para descrever o processo. Na transferência de calor em ebulição, no entanto, as características da superfície, a tensão superficial, o calor latente de vaporização, a pressão, a densidade e possivelmente outras propriedades do vapor desempenham um papel importante. Devido ao grande número de variáveis envolvidas, nem equações gerais que descrevem o processo de ebulição ou as correlações gerais de dados de transferência de calor em ebulição estão disponíveis. Um progresso considerável foi feito, no entanto, na obtenção de uma compreensão física do mecanismo da ebulição [1-5]. Ao observar os fenômenos da ebulição com a ajuda da fotografia em alta velocidade, verificou-se que existem regimes de ebulição distintos, nos quais os mecanismos de transferência de calor diferem radicalmente. Portanto, é melhor descrever e analisar cada um dos regimes de ebulição separadamente para correlacionar os dados experimentais.

10.2 Ebulição em recipiente

10.2.1 Regimes de ebulição em recipiente

Para adquirir uma compreensão física dos fenômenos característicos dos vários regimes de ebulição, primeiro consideraremos um sistema simples, que consiste de uma superfície de aquecimento, tal como uma placa plana ou um fio, submersos em um reservatório de água à temperatura de saturação, sem agitação externa; situação conhecida como ebulição em recipiente (ou ebulição em vaso). Um exemplo familiar de um sistema desse tipo é o da ebulição da água em uma chaleira. Enquanto a temperatura da superfície não excede o ponto de ebulição do líquido por mais do que alguns graus, o calor é transferido para o líquido perto da superfície de aquecimento por convecção natural. As correntes de convecção circulam o líquido superaquecido e a evaporação tem lugar na superfície livre do líquido. Embora ocorra alguma evaporação, o mecanismo de transferência de calor nesse processo é simplesmente a convecção natural, porque só o líquido está em contato com a superfície de aquecimento.

Conforme a temperatura da superfície de aquecimento é aumentada, é atingido um ponto no qual as bolhas de vapor são formadas e escapam da superfície aquecida em certos locais, conhecidos como locais de nucleação, que são inclusões muito pequenas na superfície, resultado do processo usado para fabricar a superfície. As inclusões são muito pequenas para admitir líquido, por causa da tensão de superfície do líquido e a bolsa de vapor resultante atua como um local para o crescimento e para a liberação de bolhas. Conforme elas são liberadas, o líquido escoa sobre a inclusão prendendo vapor e isso proporciona o início da próxima bolha. Este processo ocorre simultaneamente em uma série de locais de nucleação na superfície de aquecimento. Primeiro as bolhas de vapor são pequenas e se condensam antes de atingir a superfície, mas quando a temperatura é aumentada, elas se tornam numerosas e maiores, até que finalmente sobem para a superfície livre. Estes fenômenos podem ser observados quando a água ferve em uma chaleira.

Os vários regimes de ebulição em recipiente estão ilustrados na Fig. 10.1 para um fio horizontal aquecido eletricamente em um vaso de água destilada à pressão atmosférica, com uma temperatura de saturação correspondente de 100°C [6, 7]. Nesta curva, o fluxo de calor é traçado como uma função da diferença da temperatura entre a superfície e a temperatura de saturação. Essa diferença de temperatura ΔT_x é chamada de temperatura de excesso acima do ponto de ebulição ou *temperatura de excesso*. Observamos que, nos regimes 2 e 3, o fluxo de calor aumenta rapidamente com o aumento da temperatura da superfície. O processo nesses dois regimes é chamado de *ebulição nucleada*. No regime de bolha individual, a maioria do calor é transferida da superfície de aquecimento para o líquido circundante por uma ação de permuta vapor-líquido [8]. Conforme as bolhas de vapor se formam e crescem na superfície de aquecimento, vão empurrando o líquido quente a partir da vizinhança da superfície para o seu volume mais frio. Além disso, são criadas correntes intensas de microconvecção conforme as bolhas de vapor são emitidas e o líquido mais frio da massa corre em direção à superfície para preencher o vazio. Conforme o fluxo de calor na superfície é elevado e o número de bolhas aumenta até o ponto em que começam a se aglutinar, a transferência do calor por evaporação torna-se mais importante e eventualmente predomina em fluxos de calor muito grandes no regime 3 [9].

Se a temperatura de excesso em um sistema com temperatura controlada é elevada para cerca de 35°C, observamos que o fluxo de calor atinge um máximo (cerca de 10^6 W/m^2 em um reservatório de água), com um aumento adicional da temperatura, causando uma diminuição na taxa do deslocamento de calor. Esse escoamento de calor máximo, chamado *fluxo crítico de calor*, ocorre à *temperatura de excesso crítica* (ponto *a* na Fig. 10.1).

A causa do ponto de inflexão perto de *c* na curva pode ser encontrada pela verificação do mecanismo da transferência do calor durante a ebulição. No início desse processo, as bolhas crescem nos locais de nucleação na superfície, até que a força de empuxo ou as correntes do líquido circundante carregue-as para longe. Mas, conforme o fluxo do calor ou a temperatura da superfície aumenta na ebulição nucleada, aumenta também o número de locais nos quais as bolhas crescem, assim como sua taxa de crescimento e a frequência da formação. Conforme a taxa da emissão de bolhas de um local aumenta, as bolhas colidem e se fundem com suas antecessoras [10]. Esse ponto marca a transição do regime 2 para o regime 3 na Fig. 10.1. Eventualmente, as bolhas sucessivas se fundem formando caminhos no formato de cogumelo e colunas mais ou menos contínuas de vapor [3, 5, 9].

Conforme o fluxo máximo de calor é aproximado, o número das colunas de vapor aumenta. Mas, uma vez que cada nova coluna ocupa o espaço anteriormente ocupado pelo líquido, existe um limite para o número de colunas de vapor que pode ser emitido a partir da superfície. Este limite é atingido quando o espaço entre essas colunas não é suficiente para acomodar as correntes de líquido que devem se mover na direção da superfície quente, para substituir o líquido evaporado e formar as colunas de vapor.

Se a temperatura da superfície aumentar ainda mais, fazendo com que o ΔT_x no fluxo máximo de calor seja excedido, pode ocorrer uma das três situações apresentadas a seguir, dependendo do método de controle do calor e do material da superfície de aquecimento [11]:

1. Se a temperatura da superfície do aquecedor é a variável independente e o fluxo do calor é controlado por ela, o mecanismo alterará para ebulição de transição e o fluxo do calor diminuirá. Isso corresponde à operação em regime 4 na Fig. 10.1.
2. Se o fluxo do calor é controlado, como em um fio aquecido eletricamente, a temperatura da superfície é dependente dele. Desde que o ponto de fusão do material do aquecedor seja suficientemente alto, terá lugar uma transição de ebulição nucleada para a de película e o aquecedor operará em uma temperatura muito mais elevada. Esse caso corresponde a uma transição do ponto *a* para o ponto *b* na Fig. 10.1.
3. Se o fluxo do calor é independente, mas o material do aquecedor tem um ponto de fusão baixo, ocorre a queima. Por um tempo muito curto, o calor fornecido para o aquecedor excede a quantidade de calor removida, porque quando o fluxo máximo de calor é atingido, um aumento da geração de calor é acompanhado por uma diminuição na taxa de fluxo de calor da superfície do aquecedor. Consequentemente, a temperatura do material do aquecedor subirá ao ponto de fusão e o aquecedor queimará.

No regime de ebulição de película estável, uma película de vapor cobre a totalidade da superfície de aquecimento. No regime de ebulição de película de transição, a ebulição de película estável e a nucleada ocorrem alternadamente em uma dada localização sobre a superfície de aquecimento [12]. As fotografias nas figuras 10.2 e 10.3 ilustram os mecanismos da ebulição de película nucleada sobre um fio mergulhado em água à pressão atmosférica. Note a película de vapor que cobre completamente o fio na Fig. 10.3. Um fenômeno que se assemelha a essa condição pode ser observado quando uma gota de água cai em um fogão quente. A gota não evapora imediatamente, mas "dança" no fogão, porque se forma uma película de vapor na interface entre a superfície quente e o líquido, isolando a gota da superfície.

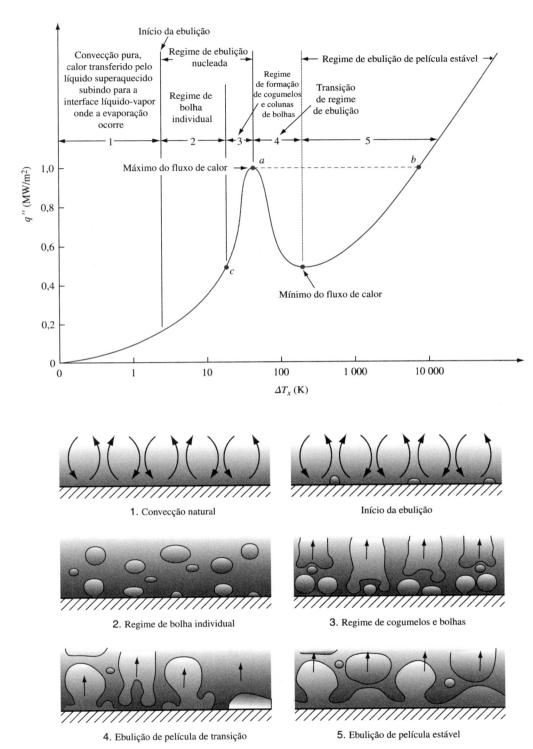

FIGURA 10.1 Curvas de ebulição típicas de um fio, tubo ou superfície horizontal em um reservatório de água na temperatura de saturação e à pressão atmosférica com uma representação esquemática de cada regime de ebulição.

10.2.2 Mecanismos de crescimento de bolha

Quando um fluido na sua temperatura de saturação, T_{sat}, entra em contato com uma superfície aquecida à temperatura $T_w > T_{sat}$, bolhas podem se formar na camada de limite térmico. O processo de crescimento da bolha é bastante complexo e há, essencialmente, duas condições de contorno: crescimento controlado por inércia e crescimento controlado por transferência de calor. Carey descreveu esses processos em detalhe [2]. No crescimento controlado por inércia, a transferência de calor é muito rápida e o crescimento de uma bolha é limitado pela rapidez com que ela pode empurrar para trás o líquido circundante. Essa condição existe durante os estágios iniciais do crescimento. Nos estágios posteriores, quando a bolha fica maior, a taxa de transferência de calor torna-se o fator limitante e o movimento da interface é muito mais lento.

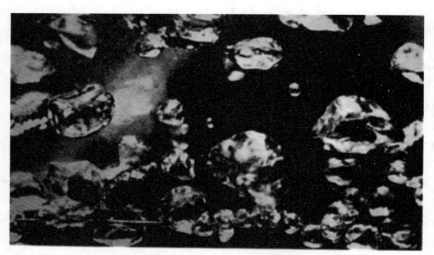

FIGURA 10.2 Fotografia mostrando a ebulição nucleada em um fio na água.
Fonte: Cortesia de J. T. Castles.

FIGURA 10.3 Fotografia mostrando a ebulição da película em um fio na água.
Fonte: Cortesia de J. T. Castles.

O processo de crescimento de bolhas próximo de uma superfície horizontal aquecida pode ser visualizado como uma sequência de estágios indicados esquematicamente na Fig. 10.4. Após a saída de uma bolha, o líquido na temperatura do fluido da massa se desloca na direção da superfície quente. Por um breve período de tempo, o calor da superfície é conduzido para o líquido e o superaquece, mas o crescimento das bolhas ainda não ocorreu. Esse intervalo de tempo, t_w é chamado de *período de espera*.

Quando o crescimento da bolha começa, a energia térmica necessária para vaporizar o líquido na interface líquido-vapor entra, pelo menos em parte, do líquido adjacente à bolha. Se o líquido imediatamente adjacente à interface está altamente superaquecido durante os estágios iniciais do crescimento da bolha, a transferência de calor para a interface não é um fator limitador. Mas como a bolha embrionária emerge da cavidade do local de nucleação, uma expansão rápida é acionada como um resultado do aumento repentino no raio de curvatura da bolha. O rápido crescimento resultante da bolha é resistido principalmente pela inércia do líquido. Para esse estágio inicial controlado pela inércia do processo de crescimento da bolha, ela cresce em uma forma aproximadamente hemisférica, como mostrado esquematicamente na Fig. 10.4(c). Nesse estágio, uma microcamada fina de líquido é deixada entre a parte inferior da interface da bolha e a superfície aquecida, como mostrado. Essa película, que é por vezes conhecida como *microcamada da evaporação*, varia em espessura de cerca de zero próximo da cavidade do local de nucleação, para um valor finito na borda da bolha hemisférica. O calor é transferido pela película a partir da superfície para a interface e vaporiza o líquido na superfície diretamente. Essa película pode evaporar completamente perto da cavidade onde a nucleação começou e, assim, elevar significativamente a temperatura da superfície. Quando isso ocorre, a superfície seca e, em seguida, torna-se úmida ciclicamente e a temperatura da superfície pode flutuar fortemente com o crescimento repetido e a liberação das bolhas.

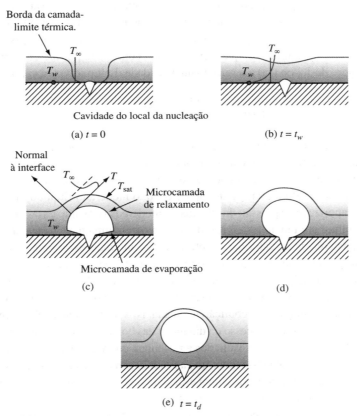

FIGURA 10.4 Estágios do crescimento da bolha próximo de uma superfície superaquecida em um fluido à temperatura de saturação.

A região do líquido adjacente à interface, por vezes conhecida como *microcamada de relaxamento*, é gradualmente descarregada do seu superaquecimento conforme a bolha cresce. A natureza do perfil de temperatura nessa região, em um estágio intermediário do processo de crescimento da bolha, está indicada pela linha cheia na Fig. 10.4(c). A interface está à temperatura de saturação, correspondente à pressão ambiente no líquido. As elevações de temperatura no líquido, com o aumento da distância a partir da interface, atingem um pico e diminuem para a temperatura ambiente. Conforme o crescimento continua, a transferência do calor para a interface pode se tornar um fator limitante e o crescimento da bolha é controlado pela transferência do calor.

Uma vez que o processo de crescimento da bolha torna-se controlado pela transferência do calor, as forças de inércia e de pressão do líquido ficam relativamente menores e a tensão superficial tende a puxar a bolha para uma forma mais esférica. Assim, na passagem da transição do crescimento controlado pela inércia para o crescimento controlado por transferência de calor, a bolha é transformada de uma forma hemisférica para uma configuração mais esférica, como mostrado na Fig. 10.4(d).

Durante todo o processo de crescimento da bolha, a tensão interfacial agindo ao longo da linha de contato (onde a interface encontra a superfície sólida) tende a mantê-la no lugar sobre a superfície. Forças de empuxo, arraste, elevação e/ou inércia, associadas ao movimento do fluido circundante tendem a puxar a bolha para longe. Essas forças de separação ficam mais fortes quando a bolha se torna maior [veja a Fig. 10.4(d)] e finalmente é liberada em $t = t_d$ [veja Fig. 10.4(e)].

A descrição anterior do processo de crescimento da bolha inclui ambos os regimes, o de crescimento controlado por transferência de calor e o controlado por inércia, mas a ocorrência ou a ausência de um regime depende das condições sob as quais ocorre o crescimento das bolhas. O crescimento controlado por inércia, muito rápido, é mais provável de ser observado sob condições que incluem um superaquecimento muito alto, alto fluxo de calor imposto, uma superfície altamente polida, ângulo de contato baixo (líquido altamente umectante), baixo calor latente de vaporização e baixa pressão do sistema (resultando em baixa densidade de vapor). Os quatro primeiros itens dessa lista resultam no acúmulo de altos níveis de superaquecimento durante o período de espera. Os dois últimos itens resultam no crescimento volumétrico muito rápido da bolha, uma vez que o processo de crescimento começa. O primeiro e os dois últimos itens implicam que o crescimento controlado por inércia é provável para grandes valores do produto do número de Jakob (Ja) e a relação da densidade do líquido para vapor, ρ_l/ρ_v. Ja é definido por:

$$\text{Ja}(\rho_l/\rho_v) = \frac{(T_\infty - T_{\text{sat}})c_{pl}}{h_{fg}} \left(\frac{\rho_l}{\rho_v}\right)$$

A forma da bolha é susceptível de ser hemisférica quando existirem essas condições.

Por outro lado, é mais provável o crescimento controlado por transferência de calor de uma bolha quando as condições incluem baixo superaquecimento da parede, baixo fluxo de calor imposto, uma superfície rugosa tendo muitas cavidades de tamanho moderado e grande, ângulo de contato moderado (líquido moderadamente umectante), elevado calor latente de vaporização e pressão do sistema de moderada para alta. Essas condições resultam em crescimento mais lento de bolhas, com menores efeitos da inércia ou em uma mais forte dependência da taxa de crescimento de bolhas na transferência do calor para a interface. Quanto mais essas condições são encontradas, maior é a probabilidade de que resultará no crescimento controlado por transferência de calor. Carey [2] resumiu os resultados das análises para os crescimentos controlados por transferência de calor e os controlados por inércia, que conduzem a uma descrição do ciclo de bolha completo e do mecanismo da transferência do calor de uma parede superaquecida para um líquido saturado em ebulição nucleada. Nos últimos anos, Dhir [13] forneceu resultados de simulações matemáticas e numéricas do processo da dinâmica das bolhas, tanto em ebulição nucleada em vaso como em regimes de ebulição de película, e esses resultados apresentam conhecimentos adicionais sobre os mecanismos de transferência de calor associados. Pode-se notar que a modelagem teórica e computacional da dinâmica das bolhas na ebulição em vasos é bastante complexa, a qual está além do escopo deste livro; o estudante interessado pode prosseguir com Dhir [13], Stephan e Kern [14], entre outros.

Quando a temperatura da superfície excede a de saturação, a ebulição local na vizinhança da superfície pode se realizar mesmo se a temperatura da massa estiver abaixo do ponto de ebulição. O processo de ebulição em um líquido cuja temperatura de massa é inferior à de saturação, mas cuja camada-limite é suficientemente superaquecida a ponto de formar bolhas próximo da superfície de aquecimento, é normalmente chamado de *transferência de calor para um líquido sub-resfriado* ou *ebulição de superfície*. Os mecanismos de formação das bolhas e de transferência de calor são semelhantes aos descritos para os líquidos na temperatura de saturação. No entanto, as bolhas aumentam em número, enquanto o seu tamanho e a média de vida diminuem com a redução da temperatura da massa a um dado fluxo de calor [15]. Como um resultado do aumento da população de bolhas, a agitação do líquido causada pelo movimento delas é mais intensa em um líquido sub-resfriado do que em um reservatório de líquido saturado, e fluxos de calor muito maiores podem ser atingidos antes que a temperatura crítica seja alcançada. O mecanismo pelo qual uma bolha típica transfere calor em água sub-resfriada e desgaseificada é ilustrado pelos desenhos na Fig. 10.5 [16]. A seguinte sequência de eventos com letras corresponde aos desenhos com letras na Fig. 10.5:

(a) O líquido próximo da parede é superaquecido.

(b) Um núcleo de vapor de tamanho suficiente para permitir que uma bolha cresça se formou em uma cova ou arranhões na superfície.

(c) A bolha cresce e empurra a camada do líquido superaquecido acima dela para longe da parede, para o líquido refrigerador acima. O movimento resultante do líquido está indicado por setas.

(d) A parte superior da superfície da bolha se estende no líquido resfriador. A temperatura na bolha caiu. Em decorrência da inércia do líquido, a bolha continua a crescer, mas a uma velocidade mais lenta do que durante o estágio (c), pois recebe menos calor por unidade de volume.

(e) A inércia do líquido fez a bolha crescer tanto que a sua superfície superior se estende muito no líquido refrigerante. Ele perde mais calor por evaporação e convecção do que recebe por condução a partir da superfície de aquecimento.

(f) As forças inerciais foram dissipadas e a bolha começa a entrar em colapso. O líquido frio de cima segue em sua mudança de estado.

(g) A fase de vapor foi condensada, a bolha desapareceu e a parede quente é borrifada por um fluxo de líquido frio em alta velocidade.

(h) A película de líquido superaquecido se estabeleceu e o ciclo se repete.

A descrição anterior do ciclo de vida de uma bolha típica aplica-se também qualitativamente através do estágio (e) para os líquidos que contêm gases dissolvidos, para soluções de mais de um líquido e para os líquidos saturados. Nesses casos, no entanto, a bolha não colapsa, mas é levada para longe da superfície por forças de empuxo ou correntes de convecção. Em qualquer caso, é criado um espaço vazio e a superfície é varrida pelo fluido mais frio correndo de cima. O que eventualmente acontece com as bolhas (se colapsam na superfície ou se são arrastadas para longe) tem pouca influência sobre o mecanismo da transferência do calor, o qual depende principalmente da ação de bombeamento e da agitação do líquido.

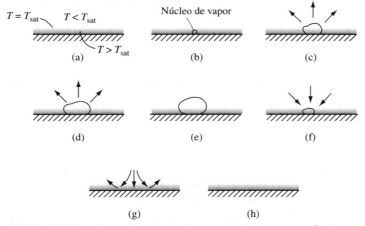

FIGURA 10.5 Padrão do fluxo induzido por uma bolha em um líquido em ebulição sub-resfriado.

A variável primária que controla o mecanismo da bolha é a *temperatura de excesso*. No entanto, deve ser notado que, no regime de ebulição nucleada, a variação total da temperatura de excesso – independentemente da temperatura da massa do fluido – é relativamente pequena para uma gama muito grande de fluxo de calor. Para fins de projeto, o coeficiente da transferência de calor convencional, que se baseia na diferença da temperatura entre o volume do fluido e a superfície, é apenas de interesse secundário em comparação ao escoamento de calor máximo atingível na ebulição nucleada e com a temperatura da parede na qual a ebulição começa.

A geração de vapor nos tubos da caldeira, a vaporização de líquidos, tais como a gasolina na indústria química e a ebulição de um refrigerante nas serpentinas de resfriamento de um refrigerador, são processos que se assemelham aos descritos anteriormente, exceto que o fluido geralmente flui após a superfície de aquecimento nessas aplicações industriais de ebulição. A superfície de aquecimento é frequentemente o interior de um tubo ou de um duto e o fluido na extremidade de descarga é uma mistura de líquido e vapor. As descrições anteriores de formação e comportamento de bolha também se aplicam qualitativamente para a convecção forçada, mas o mecanismo da transferência de calor é ainda mais complicado pelo movimento da massa do fluido. A ebulição na convecção forçada será discutida na Seção 10.3.

10.2.3 Ebulição nucleada em recipiente

O mecanismo dominante pelo qual o calor é transferido na convecção forçada de fase simples é a mistura turbulenta das partículas quentes e frias do fluido. Como mostrado no Capítulo 4, os dados experimentais para a convecção forçada, sem ebulição, podem ser correlacionados por uma relação do tipo

$$\text{Nu} = \phi(\text{Re}, \text{Pr})$$

onde o Número de Reynolds, Re, é uma medida da turbulência e do movimento da mistura associada com o fluxo. As taxas de transferência de calor aumentadas obtidas com a ebulição nucleada são o resultado da intensa agitação do fluido produzida pelo movimento das bolhas de vapor. Para correlacionar os dados experimentais, o Número de Reynolds convencional na Eq. (4.20) é modificado de modo que seja significativo da turbulência e do movimento da mistura para o processo de ebulição. Um tipo especial do Número de Reynolds, Re_b, o qual é uma medida da agitação do líquido na transferência do calor em ebulição nucleada, é obtido pela combinação do diâmetro médio de bolha, D_b, da velocidade da massa das bolhas por unidade de área, G_b, e da viscosidade do líquido, μ_l, para formar o módulo adimensional.

$$\text{Re}_b = \frac{D_b G_b}{\mu_l}$$

Este parâmetro, muitas vezes chamado de Número de Reynolds da bolha, toma o lugar do Reynolds convencional na ebulição nucleada. Se usarmos o diâmetro da bolha D_b como o comprimento significativo no Número de Nusselt, temos:

$$\text{Nu}_b = \frac{h_b D_b}{k_l} = \phi(\text{Re}_b, \text{Pr}_l) \tag{10.1}$$

em que Pr_l é o Número de Prandtl do líquido saturado e h_b é o *coeficiente da transferência do calor da ebulição nucleada*, definido como

$$h_b = \frac{q''}{\Delta T_x}$$

Na ebulição nucleada, a temperatura de excesso ΔT_x é o potencial de temperatura significante fisicamente. Ele substitui a diferença de temperatura entre a superfície e o volume do fluido, ΔT, utilizado na convecção monofásica. Numerosas experiências demonstraram a validade desse método, que elimina a necessidade de conhecer a temperatura exata do líquido e, portanto, pode ser aplicado para os líquidos saturados e para os sub-resfriados.

Usando dados experimentais na ebulição em vaso como um guia, Rohsenow [17] modificou a Eq. (10.1) por meio de hipóteses simplificadoras. Uma equação considerada conveniente para a redução e a correlação de dados experimentais [18] para muitos fluidos diferentes é

$$\frac{c_l \Delta T_x}{h_{fg} \text{Pr}_l^n} = C_{sf} \left[\frac{q''}{\mu_l h_{fg}} \sqrt{\frac{g_c \sigma}{g(\rho_l - \rho_v)}} \right]^{0,33} \tag{10.2}$$

onde c_l = calor específico do líquido saturado, J/kg K
q'' = fluxo de calor, W/m^2
h_{fg} = calor latente de vaporização, J/kg
g = aceleração gravitacional, m/s^2
ρ_l = densidade do líquido saturado, kg/m^3
ρ_v = densidade do vapor saturado, kg/m^3
σ = tensão superficial da interface líquido-para-vapor, N/m
Pr$_l$ = Número de Prandtl do líquido saturado
μ_l = viscosidade do líquido, kg/m s
n = 1,0 para água, 1,7 para outros fluidos
C_{sf} = constante empírica que depende da natureza da combinação do fluido de aquecimento da superfície e cujo valor numérico varia de sistema para sistema

O uso da Eq. (10.2) exige que os valores das propriedades sejam conhecidos com muita precisão. Em particular, note a sensibilidade do efeito no Número de Prandtl no fluxo do calor.

As variáveis mais importantes que afetam C_{sf} são a rugosidade da superfície do aquecedor, a qual determina o número de locais de nucleação em uma dada temperatura [12], e o ângulo de contato entre a bolha e a superfície de aquecimento, que é uma medida da capacidade de umedecimento de uma superfície com um fluido particular. Os desenhos apresentados na Fig. 10.6 mostram que o ângulo de contato θ diminui com maior umedecimento. A superfície totalmente molhada tem a menor área coberta por vapor a uma dada temperatura de excesso e, consequentemente, representa a condição mais favorável para a transferência de calor eficiente. Na ausência de informações quantitativas sobre o efeito da capacidade de umedecimento e das condições da superfície na constante C_{sf}, seu valor deve ser determinado empiricamente para cada combinação de fluido-superfície.

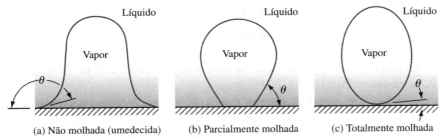

FIGURA 10.6 Efeito da capacidade de umedecimento da superfície no ângulo de contato θ da bolha.

A Figura 10.7 mostra dados experimentais obtidos por Addoms [19] para a ebulição em um recipiente de água com um fio de platina de 0,61 mm de diâmetro para várias pressões de saturação. Esses dados podem ser correlacionados usando o parâmetro adimensional

$$\frac{q''}{\mu_l h_{fg}} \sqrt{\frac{g_c \sigma}{g(\rho_l - \rho_v)}}$$

como sendo a ordenada e $c_l \Delta T_x / h_{fg} \text{Pr}_l$ como a abscissa. A inclinação da linha reta de melhor ajuste pelos pontos experimentais é de 0,33; para a ebulição da água sobre platina, o valor de C_{sf} é 0,013. Para efeitos de comparação, os valores experimentais de C_{sf} para uma série de outras combinações de fluido-superfície estão listados na Tabela 10.1.

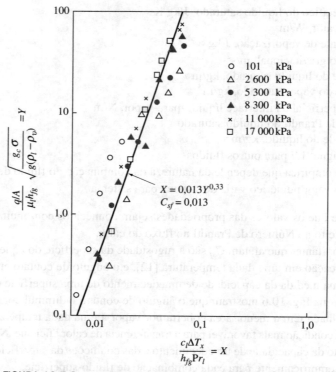

FIGURA 10.7 Correlação dos dados da transferência de calor para ebulição em recipiente para água pelo método de Rohsenow.
Fonte: De Rohsenow [17], com a permissão dos editores, American SocietyofMechanicalEngineers; dados de Addoms [19].

Os valores selecionados da tensão superficial de vapor-líquido para água a várias temperaturas estão apresentados na Tabela 10.2 para uso na Eq. (10.2).

A principal vantagem da correlação de Rohsenow é que o desempenho de uma combinação de fluido-superfície particular, em ebulição nucleada em qualquer pressão e fluxo de calor, pode ser previsto com base em um único teste. Apenas um valor do fluxo de calor q'' e o valor correspondente da diferença da temperatura de excesso ΔT_x são necessários para avaliar C_{sf} na Eq. (10.2). Deve ser notado, no entanto, que a Eq. (10.2) aplica-se apenas para as superfícies limpas; para as contaminadas, o expoente de Pr_l, n, foi encontrado variando entre 0,8 e 2,0. A contaminação também afeta o outro expoente na Eq. (10.2) e C_{sf}.

A forma geométrica da superfície de aquecimento não tem efeito apreciável sobre o mecanismo da ebulição nucleada [20, 21]. Isso não é inesperado, considerando que a influência do movimento das bolhas nas condições do fluido é limitada a uma região muito próxima da superfície. No entanto, a dimensão ou o diâmetro de um aquecedor cilíndrico horizontal tem uma influência significativa sobre a transferência de calor na ebulição nucleada [22, 23] e os coeficientes da transferência do calor mais elevados são obtidos por diâmetros maiores em comparação aos fios finos. Isso tem sido atribuído à formação da camada-limite das bolhas sobre a superfície cilíndrica maior, acompanhada por um movimento mais vigoroso de grandes bolhas impulsionadas pelo empuxo do lado de baixo do aquecedor, que deslizam sobre a superfície "limpando" e separando outras bolhas de crescimento menor no caminho [22, 23].

Para o cálculo do fluxo do calor, Collier e Thome [24] recomendam a equação de correlação seguinte, como sendo mais simples de usar do que a Eq. (10.2).

$$q'' = 0{,}000481\, \Delta T_x^{3,33} p_{\mathrm{cr}}^{2,3}\left[1{,}8\left(\frac{p}{p_{\mathrm{cr}}}\right)^{3,17} + 4\left(\frac{p}{p_{\mathrm{cr}}}\right)^{1,2} + 10\left(\frac{p}{p_{\mathrm{cr}}}\right)^{10}\right]^{3,33} \quad (10.3)$$

Na Eq. (10.3) ΔT_x é a temperatura de excesso em °C, p é a pressão de operação em atm, p_{cr} é a pressão crítica em atm, e q'' está em W/m².

TABELA 10.1 Valores do coeficiente Csf na Eq. (10.2) para várias combinações de superfície de líquido

Combinação de superfície aquecida por fluido	C_{sf}
Água sobre cobre riscado [18][a]	0,0068
Água sobre cobre polido com esmeril [18]	0,0128
Água-cobre [25]	0,0130
Água sobre cobre polido com esmeril, tratado com parafina [18]	0,0147
Água-latão [27]	0,0060
Água sobre aço inoxidável revestido com Teflon [18]	0,0058
Água sobre aço inoxidável polido e retificado [18]	0,0080
Água sobre aço inoxidável atacado quimicamente [18]	0,0133
Água sobre aço inoxidável polido mecanicamente [18]	0,0132
Água-platina [19]	0,0130
n-Pentano sobre cobre banhado [18]	0,0049
n-Pentano sobre cobre esfregado com esmeril [18]	0,0074
n-Pentano sobre cobre polido com esmeril [18]	0,0154
n-Pentano sobre níquel polido com esmeril [18]	0,0127
n-Pentano-cromo [26]	0,0150
Álcool isopropílico-cobre [25]	0,00225
Álcool n-Butil-cobre [25]	0,00305
Álcool etílico-cromo [26]	0,0027
Tetracloreto de carbono sobre cobre polido com esmeril [18]	0,0070
Tetracloreto de carbono-cobre [25]	0,0130
Benzeno-cromo [26]	0,0100
50% K_2CO_3-cobre [25]	0,00275
35% K_2CO_3-cobre [25]	0,0054

[a]Os números entre parênteses indicam as referências no final do capítulo.

TABELA 10.2 Tensão superficial de líquido-vapor para água

Tensão superficial $\sigma(\times 10^3$ N/m)	Temperatura de saturação °C
75,5	0
72,9	20
69,5	40
66,1	60
62,7	80
58,9	100
48,7	150
37,8	200
26,1	250
14,3	300
3,6	350

Fonte: N. B. Vargaftik. Tabela de *Thermophysical Properties of Liquids and Gases*, 2nd ed., Washington. DC: Hemisphere, 1975, p. 53.

10.2.4 Fluxo de calor crítico na ebulição nucleada em recipiente

O método de Rohsenow correlaciona os dados para todos os tipos de processos de ebulição nucleada, incluindo a ebulição em recipiente com líquidos sub-resfriados ou saturados e a ebulição de líquidos sub-resfriados ou saturados fluindo por convecção forçada ou natural em tubos ou dutos. Especificamente, a equação de correlação, Eq. (10.2), relaciona o fluxo do calor de ebulição para a temperatura de excesso, desde que as propriedades relevantes do fluido e o coeficiente C_{sf} pertinentes estejam disponíveis. A correlação é restrita à ebulição nucleada e não revela a temperatura de excesso na qual o fluxo de calor atinge um máximo ou qual é o valor desse fluxo quando a ebulição nucleada se rompe formando uma película isolante de vapor. Como mencionado anteriormente, o fluxo de calor máximo atingível com a ebulição nucleada, por vezes, é de maior interesse para o projetista do que a temperatura exata da superfície, porque para a transferência eficiente do calor [28] e para a segurança operacional [2, 29], em particular em sistemas de entrada de calor constante de alto desempenho, deve ser evitada a operação no regime de ebulição de película.

Embora não exista uma teoria satisfatória para prever os coeficientes da transferência do calor na ebulição, a condição do fluxo máximo do calor na ebulição nucleada em vaso, isto é, o fluxo crítico do calor, pode ser prevista com uma precisão razoável.

Uma inspeção estreita do regime de ebulição nucleada (Fig. 10.1) mostra [10] que ele consiste de dois sub-regimes principais, pelo menos. Na primeira região, que corresponde a baixas densidades de fluxo de calor, as bolhas se comportam como entidades isoladas e não interferem umas com as outras. Mas, conforme o fluxo do calor é aumentado, o processo da remoção do vapor a partir da superfície de aquecimento se altera de um sistema intermitente para um sistema contínuo e, conforme a frequência da emissão das bolhas da superfície aumenta, as bolhas isoladas se fundem em colunas de vapor contínuo.

As etapas do processo de transição de bolhas isoladas para colunas de vapor contínuas são mostradas esquematicamente na Fig. 10.8(a). As fotografias nas figuras 10.8(b) e (c) mostram os dois regimes para ebulição da água sobre uma superfície horizontal, à pressão atmosférica [10]. Na transição entre a região de bolhas isoladas para a de colunas de vapor, apenas uma pequena porção da superfície de aquecimento é coberta por vapor. Mas conforme o fluxo do calor vai aumentando, aumenta também o diâmetro da coluna e colunas de vapor adicionais são formadas. À medida que a fração de uma área de corte transversal paralela à superfície de aquecimento ocupada por vapor aumenta, as colunas de vapor vizinhas e o líquido encerrado começam a interagir. Eventualmente, é atingida uma taxa de geração de vapor, na qual o espaçamento próximo entre as colunas adjacentes de vapor conduz a altas velocidades relativas entre o vapor afastando-se da superfície e as correntes de líquido fluindo na direção da superfície mantendo a continuidade. O ponto do fluxo de calor máximo ocorre quando a velocidade do líquido em relação à velocidade do vapor é tão grande que um aumento adicional faria com que as colunas de vapor arrastassem o líquido para longe da superfície de aquecimento, ou faria com que as correntes de líquido arrastassem o vapor de volta para a superfície de aquecimento. Obviamente, ambos os casos são fisicamente impossíveis sem uma diminuição no fluxo do calor.

Com esse tipo de modelo de deslocamento como guia, Zuber e Tribus [30] e Moissis e Berenson [10] derivaram relações analíticas para o fluxo máximo de calor a partir de uma superfície horizontal. Essas relações estão em concordância essencial com uma equação proposta anteriormente por Kutateladze [31] por meios empíricos. A equação de Zuber [32] para o fluxo de pico (em W/m^2) na ebulição em vaso saturado é:

$$q''_{máx.Z} = \frac{\pi}{24} \rho_v^{1/2} h_{fg} [\sigma g(\rho_l - \rho_v) g_c]^{1/4} \quad (10.4)$$

Lienhard e Dhir [33] recomendam a substituição da constante $\pi/24$ por 0,149.

A Eq. (10.4) prevê que a água manterá um fluxo máximo de calor maior do que qualquer um dos líquidos comuns, porque tem um grande calor de vaporização. A inspeção adicional dessa equação sugere maneiras de aumentar o fluxo de calor máximo. A pressão afeta o pico do fluxo de calor porque ela muda tanto a densidade do vapor quanto o ponto de ebulição. Mudanças no ponto de ebulição afetam o calor de vaporização e a tensão superficial. Para cada líquido existe, portanto, uma certa pressão que produz o mais alto fluxo de calor. Isso está ilustrado na Fig. 10.9, em que o pico do fluxo de calor de ebulição nucleada é traçado como uma função da razão da pressão do sistema para a pressão crítica. Para a água, a pressão ideal é de cerca de 10 300 kPa e o pico do fluxo de calor é cerca de 3,8 MW/m^2. A quantidade entre parênteses na Eq. (10.4) também mostra que a força gravitacional afeta o pico do fluxo de calor. A razão para esse comportamento é que, em um dado campo, a fase líquida, em decorrência da sua maior densidade, está sujeita a uma força maior por unidade de volume do que a fase de vapor. Uma vez que essa diferença nas forças que atua sobre as duas fases traz uma separação das duas fases, um aumento na intensidade de campo, tal como em um campo de força centrífuga grande, aumenta a tendência de separação e também o pico do fluxo. Por outro lado, as experiências de Usiskin e Siegel [34] indicam que um campo gravitacional reduzido diminui o pico do fluxo de calor de acordo com a Eq. (10.4); em um campo de gravidade zero, o vapor não deixa o sólido aquecido e o fluxo de calor crítico tende para zero.

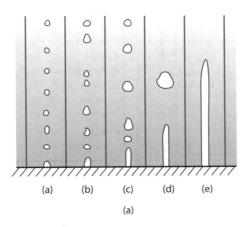

(a)

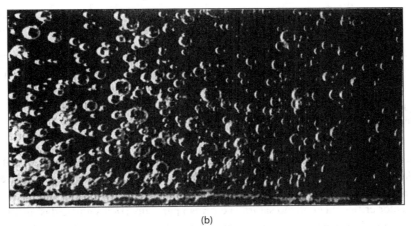

(b)

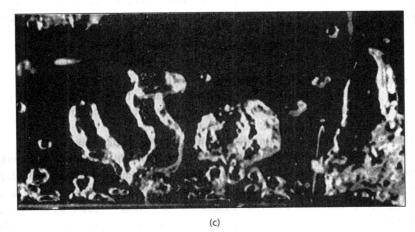

(c)

FIGURA 10.8 Transição do regime de bolha isolada para o regime de coluna contínua em ebulição nucleada. (a) Esboço esquemático da transição. (b) Fotografia do regime de bolha isolada para água à pressão atmosférica e um fluxo de calor de 121 000 W/m². (c) Fotografia do regime de coluna contínua para água à pressão atmosférica e um fluxo de calor de 366 000 W/m².
Fontes: (b) Cortesia de R. Moissis e P. J. Berenson. On the Hydrodynamic Transitions in Nucleate Boiling. Trans. ASME Ser. C. J. Heat Transfer, v. 85, p. 221-229, Aug. 1963, com a permissão dos editores, the American Society of Mechanical Engineers. (c) Cortesia de R. Moissis and P. J. Berenson [9], com a permissão dos editores, the American Society of Mechanical Engineers.

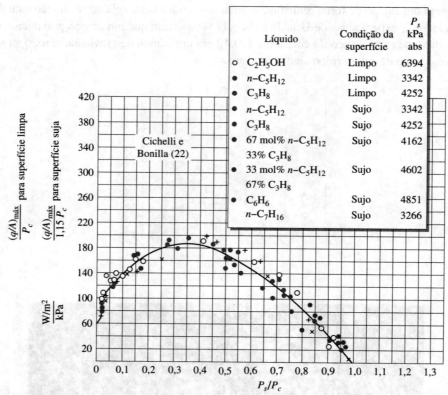

FIGURA 10.9 Pico de fluxo de calor em ebulição nucleada para várias pressões.
Fonte: Correlação de Cichelli e Bonilla [26], por permissão.

Em muitas aplicações práticas, a geometria do aquecedor é mais complexa do que a superfície plana horizontal infinita postulada por Zuber na derivação da Eq. (10.4). No entanto, se um fator de correção é aplicado, essa relação básica pode ser aplicada a outras geometrias. Lienhard e colaboradores [35-38] obtiveram dados experimentais para o fluxo de calor crítico na ebulição saturada em vaso para superfícies aquecidas quadradas e redondas de dimensão finita, cilindros, tiras e esferas. Uma vez que, para cada um desses casos, o aquecedor tem uma dimensão finita em uma dimensão, pelo menos, a escala que caracteriza o aquecedor torna-se um parâmetro importante:

$$q''_{máx} = q''_{máx.Z} \cdot f(L/L_b)$$

em que L_b é a escala de comprimento da bolha definida por:

$$L_b = \sqrt{\sigma/g(\rho_l - \rho_v)}$$

e $q''_{máx.Z}$ é o fluxo de calor máximo previsto por Zuber de acordo com a Eq. (10.4).

A relação (L/L_b) caracteriza a dimensão do aquecedor em relação às das colunas que transportam o vapor a partir da superfície próxima do fluxo de calor crítico. Usando essa relação e o fluxo de Zuber da Eq. (10.4), a Tabela 10.3 lista as relações do fluxo de calor crítico observado experimentalmente para o valor previsto da Eq. (10.4) para várias geometrias de aquecedor. Também é mostrada a gama de aplicabilidade. A correlação $q''_{máx}$ aperfeiçoada [33] para a placa horizontal infinitamente grande, com base em medições experimentais, também é mostrada sob a forma $q''_{máx}/q''_{máx.Z} = 1,14$; esse valor corresponde à recomendação para substituir $\pi/24$ por $0,149$ na Eq. (10.4). A precisão da correlação é de cerca de $\pm 20\%$.

TABELA 10.3 Correlações para o fluxo máximo de calor na ebulição em vaso

Geometria	$\dfrac{q''_{máx}}{q''_{máx:\,Z}} =$	Faixa	Referência
Placa plana infinita aquecida	1,14	$\dfrac{L}{L_b} > 30$	[35]
Pequeno aquecedor de largura ou diâmetro L com paredes laterais verticais	$\dfrac{135\,L_b^2}{A_{\text{aquecedor}}}$	$9 < \dfrac{L}{L_b} < 20$	[35]
Cilindro horizontal de raio R	$0{,}89 + 2{,}27\,e^{-3{,}44\sqrt{R/L_b}}$	$\dfrac{R}{L_b} > 0{,}15$	[36]
Grande cilindro horizontal de raio R	0,90	$\dfrac{R}{L_b} > 1{,}2$	[37]
Pequeno cilindro horizontal de raio R	$0{,}94\left(\dfrac{R}{L_b}\right)^{-1/4}$	$0{,}15 < \dfrac{R}{L_b} < 1{,}2$	[37]
Grande esfera de raio R	0,84	$4{,}26 < \dfrac{R}{L_b}$	[38]
Pequena esfera de raio R	$1{,}734\left(\dfrac{R}{L_b}\right)^{-1/2}$	$0{,}15 < \dfrac{R}{L_b} < 4{,}26$	[38]
Pequena fita horizontal, orientada verticalmente com altura lateral H, ambos os lados aquecidos	$1{,}18\left(\dfrac{H}{L_b}\right)^{-1/4}$	$0{,}15 < \dfrac{H}{L_b} < 2{,}96$	[37]
Pequena tira horizontal, orientada verticalmente com altura lateral H, com o lado posterior isolado	$1{,}4\left(\dfrac{H}{L_b}\right)^{-1/4}$	$0{,}15 < \dfrac{H}{L_b} < 5{,}86$	[37]
Corpo cilíndrico horizontal delgado pequeno de seção transversal arbitrária, com perímetro transversal L_p	$1{,}4\left(\dfrac{L_p}{L_b}\right)^{-1/4}$	$0{,}15 < \dfrac{L_p}{L_b} < 5{,}86$	[37]
Corpo bojudo pequeno com dimensão característica L	$C_0\left(\dfrac{L}{L_b}\right)^{-1/2}$	grande $\dfrac{L}{L_b}$	[37]

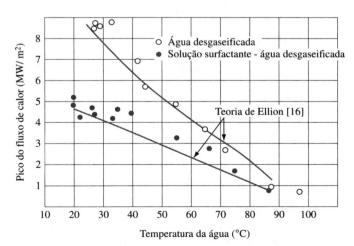

FIGURA 10.10 Efeito da temperatura do centro, em recipiente de ebulição, sobre o pico do fluxo de calor.

Fonte: Com a permissão de M. E. Ellion [16].

Quando o volume de líquido é sub-resfriado, o fluxo máximo de calor pode ser estimado [32] pela equação

$$q''_{máx} = q''_{máx,sat} \left\{1 + \left[\frac{2k_l(T_{sat} - T_{líquido})}{\sqrt{\pi \alpha_l \tau}}\right] \frac{24}{\pi h_{fg} \rho_v} \left[\frac{\rho_v^2}{g_c \sigma g(\rho_l - \rho_v)}\right]^{1/4}\right\} \quad (10.5)$$

em que

$$\tau = \frac{\pi}{3} \sqrt{2\pi} \left[\frac{g_c \sigma}{g(\rho_l - \rho_v)}\right]^{1/2} \left[\frac{\rho_v^2}{g_c \sigma g(\rho_l - \rho_v)}\right]^{1/4}$$

e $q''_{máx,sat}$ podem ser determinados com base na Eq. (10.4). A Figura 10.10 ilustra a influência da temperatura do centro (interior) no pico do fluxo do calor para água destilada e uma solução aquosa a 1% de um agente de superfície ativo de ebulição em um aquecedor de aço inoxidável. A adição do agente de superfície ativo diminui a tensão superficial da água de 72×10^{-3} para 34×10^{-3} N/m causando, assim, uma diminuição significativa no pico do fluxo do calor, um efeito que está de acordo com a Eq. (10.4). Gases não condensáveis e superfícies não molhadas também reduzem o pico do fluxo do calor a uma dada temperatura de massa.

Westwater [11], Huber e Hoehne [39] e outros, descobriram que certos aditivos (por exemplo, pequenas quantidades de Hiamina 1622) podem aumentar o fluxo do calor de pico. Além disso, a presença de um campo ultrassônico ou eletrostático pode aumentar o pico do fluxo de calor de atingível na ebulição nucleada.

EXEMPLO 10.1 Água à pressão atmosférica está em ebulição sobre uma superfície de aço inoxidável polida mecanicamente que é aquecida eletricamente por baixo. Determine o fluxo de calor da superfície para a água quando a temperatura da superfície é de 106°C e compare-o com o fluxo crítico de calor para a ebulição nucleada. Repita para o caso da ebulição de água sobre uma superfície de aço inoxidável revestida com teflon.

SOLUÇÃO A partir da Tabela 10.1, C_{sf} é 0,0132 para a superfície polida mecanicamente. Do Apêndice 2, Tabela 13, $h_{fg} = 2\,250$ J/g, $\rho_l = 962$ kg/m³ e $\rho_v = 0,60$ kg/m³, $c_l = 4\,211$ J/kg °C $Pr_l = 1,75$, $\mu_l = 2,77 \times 10^{-4}$ kg/m s. Da Tabela 10.2, a tensão superficial a 100°C é $58,8 \times 10^{-3}$ N/m. Substituindo essas propriedades na Eq. (10.2) com $\Delta T_x = 106 - 100 = 6°C$ resulta

$$q'' = \left(\frac{c_l \Delta T_x}{C_{sf} h_{fg} Pr_l}\right)^3 \mu_l h_{fg} \sqrt{\frac{g(\rho_l - \rho_v)}{g_c \sigma}}$$

$$= \left[\frac{(4\,211 \text{ J/kg °C})(6°C)}{(0,0132)(2,25 \times 10^6 \text{ J/kg})(1,75)}\right]^3 (2,77 \times 10^{-4} \text{ kg/m s})$$

$$\times (2,25 \times 10^6 \text{ J/kg}) \left[\sqrt{\frac{962 \text{ kg/m}^3)(9,8 \text{ m/s}^2)}{58,8 \times 10^{-3} \text{ N/m}}}\right]$$

$$= 28\,669 \text{ W/m}^2$$

Note que a densidade do vapor em relação à densidade do líquido foi desprezada. Para determinar o fluxo crítico do calor, use a Eq. (10.4):

$$q''_{máx.Z} = \frac{\pi}{24} \rho_v^{1/2} h_{fg} [\sigma g(\rho_l - \rho_v) g_c]^{1/4}$$

$$= \frac{\pi}{24} (0,60)^{1/2} (2,25 \times 10^6) [(58,8 \times 10^{-3})(9,8)(962)]^{0,25}$$

$$= 1,107 \times 10^6 \text{ W/m}^2$$

A 6°C de temperatura de excesso, o fluxo do calor é menor que o valor crítico; portanto, há ebulição nucleada no vaso. Se o fluxo do calor crítico calculado fosse menor do que o do calor calculado pela Eq. (10.2), a ebulição de película existiria e os pressupostos subjacentes à aplicação da Eq. (10.2) não seriam satisfeitos.

Desde que $q'' \sim C_{sf}^{-3}$, para a superfície de aço inoxidável revestida de Teflon, temos:

$$q'' = 29\,669\left(\frac{0{,}0132}{0{,}0058}\right)^3 = 349\,700\,\text{W/m}^2$$

um aumento notável no fluxo de calor; no entanto, ele ainda está abaixo do valor crítico.

Ao aplicar as equações teóricas para o escoamento de calor crítico na prática, são necessárias algumas ponderações. Os dados apresentados na literatura têm indicado valores mais baixos dos fluxos de calor críticos do que os previstos com base na Eq. (10.4) ou (10.5). Berenson [12] explica isso como segue. Embora a ebulição seja um fenômeno local, na maioria dos experimentos e instalações industriais é medido ou especificado um fluxo médio de calor. Portanto, se diferentes locais de uma superfície de aquecimento têm fluxos de calor ou curvas de ebulição nucleada diferentes, o resultado medido representará uma média. Mas o maior escoamento de calor local em uma dada diferença de temperatura será sempre maior do que o valor de medição médio e, se o fluxo de calor não é uniforme – por exemplo, se existem diferenças consideráveis no sub-resfriamento ou nas condições da superfície, ou se ocorrem variações gravitacionais (como em torno da periferia de um tubo horizontal) – um esgotamento pode ocorrer localmente, mesmo se o valor médio do fluxo de calor for inferior ao valor crítico.

Os mecanismos de ebulição em vaso podem ser melhorados por meio do aumento da rugosidade da superfície e por saliências especialmente modeladas. Berenson [12] estudou o efeito da rugosidade da superfície na ebulição em vaso com pentano sobre uma placa de cobre. Ele constatou que o fluxo de calor aumentado e a temperatura de excesso diminuíram consideravelmente com o aumento da rugosidade da superfície, o que aumentou o número disponível de locais de nucleação. O fluxo de calor crítico foi apenas ligeiramente aumentado e o desempenho da superfície melhorada caiu para o desempenho de superfície lisa quando o vapor aprisionado vazou das cavidades. No entanto, como recentemente apontado por Manglik e Jog [40], a dimensão e a forma da rugosidade, assim como a sua viabilidade para produzir locais de nucleação ativos e estáveis, são bastante difíceis de caracterizar definitivamente. Diferentes formas de umidificar para vários líquidos em ebulição alteram o desempenho de um aquecedor áspero. A rugosidade estruturada pré-fabricada, com geometrias de formato especial, proporciona um melhor e mais previsível desempenho de ebulição reforçado [40, 41].

A melhoria permanente pode ser conseguida com as saliências especialmente modeladas, tais como aquelas mostradas na Fig. 10.11. De acordo com Webb [42], que avaliou o desempenho de 29 superfícies especiais de aprimoramento, existem dois tipos: (1) muito poroso, e (2) formado mecanicamente com cavidades profundas e pequenas aberturas. No segundo tipo, a tensão superficial na abertura estreita evita a desgaseificação do vapor aprisionado na cavidade. Como pode ser visto com base nos dados representados graficamente na Fig. 10.11, algumas dessas superfícies especiais atingiram grandes aumentos no fluxo de calor de ebulição nucleada em comparação com os de superfícies lisas. Elas também podem operar em condições estáveis e alcançar fluxos de calor críticos duas ou três vezes maiores do que aqueles previstos pela teoria de Zuber-Kutateladze da Eq. (10.4). Uma avaliação extensiva de diferentes superfícies estruturadas ou especialmente produzidas, bem como várias outras técnicas e seu desempenho de ebulição reforçada foi dada por Manglik [41].

10.2.5 Ebulição de película em recipiente

Esse regime de ebulição tem menos importância industrial devido à temperatura muito elevada de superfície encontrada. Como mostrado na Fig. 10.3, a superfície é coberta por uma película de vapor. A transferência de calor é por condução pela película de vapor, e em temperaturas mais elevadas, por radiação a partir da superfície para a interface líquido-vapor. A transferência de calor para essa interface produz as bolhas de vapor vistas na fotografia. A transferência de calor por condução pela película de vapor é relativamente fácil de analisar [43, 44].

Para a ebulição de película sobre tubos de diâmetro D, Bromley [43] recomenda a seguinte equação de correlação para o coeficiente de transferência de calor devido apenas à condução:

$$\bar{h}_c = 0{,}62\left\{\frac{g(\rho_l - \rho_v)\rho_v k_v^3[h_{fg} + 0{,}68 c_{pv}\Delta T_x]}{D\mu_v \Delta T_x}\right\}^{1/4} \tag{10.6}$$

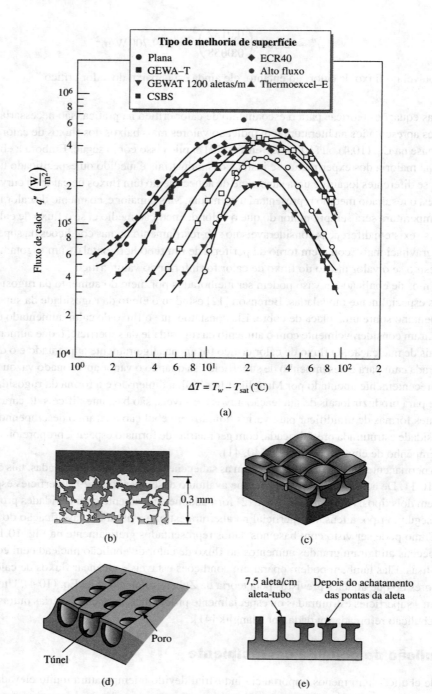

FIGURA 10.11 Superfícies aprimoradas da ebulição nucleada, após Webb (42); (a) comparação dos resultados da ebulição em vaso de tubo simples para p-xileno à 1 atm; (b) superfície de alto fluxo; (c) ECR40; (d) Thermoexcel-E; (e) GEWA-T.

Fonte: *The Evolution of Enhanced Surface Geometries for Nucleate Boiling*. Ralph L. Webb, Heat Transfer Engineering, Jan 1, 1981, Taylor & Francis, reproduzido com autorização do editor Taylor & Francis Group. <http://www.informaworld.com>.

Para tubos de diâmetro muito de grande e superfícies horizontais planas, Westwater e Breen [44] recomendam:

$$\bar{h}_c = \left(0{,}59 + 0{,}69\frac{\lambda}{D}\right)\left\{\frac{g(\rho_l - \rho_v)\rho_v k_v^3[h_{fg} + 0{,}68c_{pv}\Delta T_x]}{\lambda\mu_v\Delta T_x}\right\}^{1/4} \quad (10.7)$$

onde

$$\lambda = 2\pi\left[\frac{g_c\sigma}{g(\rho_l - \rho_v)}\right]^{1/2}$$

Para levar em conta a radiação a partir da superfície, Bromley [43] sugere a combinação dos dois coeficientes de transferência de calor sob a forma:

$$\bar{h}_{\text{total}} = \bar{h}_c + 0{,}75\bar{h}_r \quad (10.8)$$

onde $\bar{h}_c$ pode ser calculado com base na Eq. (10.6) ou (10.7). O coeficiente de transferência de calor por radiação $\bar{h}_r$ é calculado a partir da Eq. (1.31), considerando que a interface líquido-vapor e o sólido são planos e paralelos e que a interface tem uma emissividade de 1,0:

$$\bar{h}_r = \sigma\varepsilon_s\left(\frac{T_s^4 - F_{\text{sat}}^4}{T_s - T_{\text{sat}}}\right) \quad (10.9)$$

Aqui, ε_s é a emissividade da superfície e T_s é a temperatura absoluta da superfície.

EXEMPLO 10.2 Repita o exemplo 10.1 utilizando uma temperatura de superfície de 400°C para a superfície de aço inoxidável polida mecanicamente.
SOLUÇÃO Da Eq. (10.2), notamos que $q'' \sim \Delta T_x^3$; portanto:

$$q'' = 28\,669 \times \left(\frac{300}{6}\right)^3 = 3{,}6 \times 10^9 \text{ W/m}^2$$

Isso ultrapassa o fluxo crítico de calor $(1{,}107 \times 10^6 \text{ W/m}^2)$; por conseguinte, o sistema deve operar em regime de ebulição de película. No Apêndice 2, Tabela 35, encontramos: $k_c = 0{,}0249$ W/m K, $c_{pc} = 2034$ J/kg K, $\mu_c = 12{,}1 \times 10^{-6}$ kg/m s. Usando a Eq. (10.7) para $D \to \infty$, temos:

$$\lambda = 2\pi\left(\frac{58{,}8 \times 10^{-3}\,\text{N/m}}{(9{,}8\,\text{m/s}^2)(962\,\text{kg/m}^3)}\right)^{1/2} = 0{,}0157\,\text{m}$$

e

$$\bar{h}_c = (0{,}59)\left\{\frac{(9{,}8)(962)(0{,}60)(0{,}0249)^3[2\,250 + (0{,}68)(2\,034)(1\,000)(300)]}{(0{,}0157)(1{,}21 \times 10^{-6})(300)}\right\}^{1/4}$$
$$= 149{,}1\,\text{W/m}^2\,\text{K}$$

Uma vez que a superfície é polida, $\varepsilon_s \approx 0{,}05$ e da Eq. (10.9) vemos que $\bar{h}_r$ é desprezível. O fluxo de calor é, por conseguinte,

$$q'' = (149{,}1\,\text{W/m}^2\,\text{K})(300\,\text{K}) = 44\,740\,\text{W/m}^2$$

10.3 Ebulição em convecção forçada

As características da queda de pressão e da transferência de calor da ebulição por convecção forçada desempenham um papel importante no projeto de reatores nucleares de ebulição, sistemas de controle ambiental para usinas de energia do espaço e espaçonaves e outros sistemas avançados de produção de energia. Apesar do grande número de investigações experimentais e analíticas que foram realizadas na área da ebulição de convecção forçada, ainda não é possível prever todas as características quantitativas desse processo devido ao grande número de variáveis das quais ele depende e da complexidade dos vários padrões de fluxo de duas fases que ocorrem quando a qualidade da mistura de vapor-líquido (definida como a percentagem do total da massa que se encontra na forma de vapor em uma dada estação) aumenta durante a vaporização. No entanto, o processo de vaporização por convecção forçada foi fotografado [45, 46] e é possível fornecer uma descrição qualitativa do processo com base nessas observações fotográficas.

Na maioria das situações práticas, se um fluido estiver a uma temperatura abaixo do seu ponto de ebulição à pressão do sistema, entra em um duto e é aquecido; deste modo, ocorre a vaporização progressiva. A Fig. 10.12 na página seguinte mostra esquematicamente o que acontece em um duto vertical no qual um líquido é vaporizado com baixo fluxo de calor. A Fig. 10.12 inclui um gráfico qualitativo no qual o coeficiente da transferência do calor em um local específico é representado como uma função da qualidade do local. Devido ao calor ser continuamente adicionado ao líquido, a qualidade aumentará com a distância da entrada.

O coeficiente da transferência do calor na entrada pode ser previsto pela Eq. (6.63) com satisfatória precisão. No entanto, conforme a temperatura da massa do fluido aumenta em direção ao seu ponto de saturação, o que usualmente ocorre apenas a uma curta distância da entrada em um sistema projetado para vaporizar o fluido, as bolhas começarão a se formar nos locais de nucleação e serão transportadas para a corrente principal, como na ebulição nucleada em vaso. Esse regime, conhecido como *regime de fluxo borbulhante*, é mostrado esquematicamente na Fig. 10.12(a). O escoamento borbulhante ocorre com qualidade muito baixa e consiste de bolhas individuais de vapor arrastadas no fluxo principal. Na faixa de qualidade muito estreita sobre a qual existe o fluxo borbulhante, o coeficiente da transferência do calor pode ser previsto por meio da sobreposição das equações da convecção forçada de líquido e da ebulição nucleada em vaso, desde que a temperatura da parede não seja muito grande para produzir a ebulição da película (veja Seção 10.3.1).

Conforme a fração de vapor-volume aumenta, as bolhas individuais começam a se aglomerar e a formar bolsões ou cogumelos de vapor, como mostrado na Fig. 10.12(b). Nesse regime, conhecido como *regime de fluxo com bolsões*, a fração de massa de vapor é geralmente muito menor do que 1%; até 50% da fração de volume pode ser vapor e a velocidade do fluido no regime fluxo-bolsões pode aumentar sensivelmente. Os bolsões de vapor são volumes compressíveis que também produzem oscilações de fluxo dentro do duto, mesmo se o fluxo de entrada for constante. As bolhas podem continuar a nucleação na parede e é provável que o mecanismo de transferência de calor no fluxo tipo bolsão seja o mesmo que no regime borbulhante: uma sobreposição de convecção forçada para uma de ebulição nucleada de líquido e de vaso. O coeficiente da transferência do calor sobe devido ao aumento da velocidade do fluxo do líquido, como pode ser visto no gráfico na Fig. 10.12.

Embora os regimes borbulhante e de fluxo-bolsão sejam interessantes, é importante observar que, para relações de densidade de importância em evaporadores de convecção forçada, a qualidade nesses dois regimes é muito baixa para produzir vaporização apreciável. Eles se tornam importantes na prática apenas se a diferença de temperatura for tão grande que resulte na ebulição de película, ou se as oscilações no fluxo produzidas no regime de fluxo-bolsão causem instabilidade no sistema.

À medida que o fluido escoa mais adiante no tubo e a qualidade aumenta, aparece um terceiro regime de fluxo, comumente conhecido como *regime de fluxo anular* [veja Fig. 10.12(c)]. Nesse regime, a parede do tubo é coberta por uma fina película de líquido e o calor é transferido pela película líquida. No centro do tubo, o vapor está fluindo a uma velocidade mais elevada e, embora possa haver um número de locais de nucleação de bolha ativos na parede, o vapor é gerado principalmente pela vaporização da interface líquido-vapor no interior do tubo e não pela formação de bolhas no interior do anel líquido, a menos que o fluxo de calor seja elevado. Além do líquido no anel na parede, pode haver uma quantidade significativa de líquido disperso pelo núcleo do vapor em forma de gotículas. A faixa de qualidade para esse tipo de fluxo é fortemente afetada pelas propriedades dos fluidos e pela geometria. Em geral, entretanto, acredita-se que a transição para o próximo regime de fluxo, mostrado na Fig. 10.12(d), conhecido como o *regime de fluxo-névoa*, ocorre em qualidades de cerca de 25% ou superior.

A transição de fluxo de anular para de névoa é de grande interesse, pois é, presumivelmente, o ponto em que o coeficiente de transferência de calor experimenta uma queda abrupta, como mostrado no gráfico da Fig. 10.12. Em sistemas de fluxo de calor fixo, resulta um aumento acentuado na temperatura da parede; em sistemas com temperatura de parede fixa, há queda acentuada no fluxo de calor. Geralmente, esse ponto é conhecido como o *fluxo crítico de calor*. Especificamente para baixo escoamento de calor, a condição é chamada de *secagem*, porque a parede do tubo não é mais molhada pelo líquido. Uma importante alteração ocorre na transição entre o fluxo anular e o de névoa: no primeiro, a parede está coberta por um líquido de condutividade relativamente elevada; no segundo caso, devido à evaporação completa da película de líquido, a parede está coberta por um vapor de baixa condutividade. Berenson e Stone [45] observaram que o processo de secagem da parede ocorre da seguinte forma: Uma pequena mancha seca forma-se de repente na parede e cresce em todas as direções conforme o líquido vaporiza por causa da transferência de calor por condução. As pequenas faixas de líquido remanescentes na parede são quase estacionárias em relação ao vapor de alta velocidade e as gotículas no núcleo do vapor. O mecanismo de transferência de calor dominante é a condução pela película de líquido e, apesar de a nucleação ser capaz de produzir a mancha seca inicial na parede, ela tem apenas um pequeno efeito sobre a transferência de calor. Parece, assim, que o processo de secagem na transição para o fluxo de névoa é semelhante ao processo que ocorre com uma fina película de líquido em uma panela quente, cuja temperatura não é suficientemente grande para produzir a ebulição nucleada.

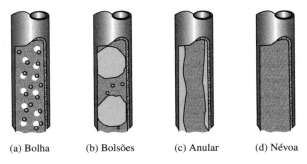

(a) Bolha (b) Bolsões (c) Anular (d) Névoa

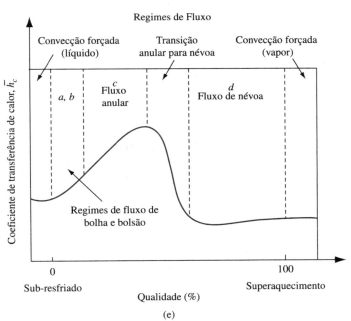

FIGURA 10.12 Características de vaporização em convecção forçada em um tubo vertical: coeficiente de transferência de calor versus qualidade e tipo de regime de fluxo.

A maior parte da transferência de calor no fluxo de névoa ocorre da parede quente para o vapor e, depois de o calor ter sido transferido para o núcleo do vapor, é transferido para as gotas de líquido. A vaporização do fluxo de névoa ocorre no interior do duto, e não na parede. Por essa razão, a temperatura do vapor no regime de fluxo-névoa pode ser maior do que a de saturação, e o equilíbrio térmico pode não existir no duto. Apesar de a fração de volume das gotas ser pequena, elas são responsáveis por uma fração de massa substancial por causa da alta relação de densidade do líquido-para-vapor.

Essas observações são consistentes com a análise de estabilidade teórica de Miles para uma película de líquido [47], a qual prevê que uma película de líquido é estável em números de Reynolds suficientemente pequenos, independentemente da velocidade do vapor. Como o Número de Reynolds da película de líquido em um evaporador de convecção forçada diminui com o aumento da qualidade, o anel de líquido será estável em qualidade suficientemente elevada, independentemente do valor da velocidade do vapor.

Os regimes de ebulição em convecção forçada dependem da magnitude do fluxo de calor e podem ser visualizados na Fig. 10.13. Para fluxos em alta temperatura, o regime de fluxo anular não é exibido. O escoamento de calor crítico nessas condições ocorre devido a uma transição de ebulição nucleada saturada no regime de fluxo de bolha/bolsão para ebulição de película saturada no regime de fluxo-névoa e é conhecido como partida de ebulição nucleada (DNB). Para fluxos de calor ainda mais altos, o fluxo de calor crítico resulta de uma transição da ebulição sub-resfriada no regime de fluxo-bolha para a ebulição de película sub-resfriada no regime de fluxo-névoa. Essa transição é também conhecida como DNB. Nos escoamentos de calor mais elevados que produzem DNB na ebulição de película sub-resfriada, ocorrem aumentos de temperatura muito grandes e isso pode favorecer desgaste real de tubo. Nos fluxos de calor menores, nos quais a transição é devida à secagem, o aumento de temperatura é muito menor e o desgaste físico não é provável.

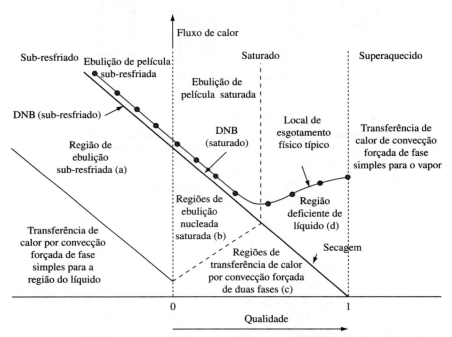

FIGURA 10.13 Regimes de transferência de calor por convecção forçada de duas fases como uma função da qualidade com o aumento do fluxo de calor como ordenada [24].

Para tubos horizontais, a situação é mais complexa devido à estratificação das fases do vapor e do líquido pela gravidade, especialmente em velocidades baixas de escoamento. Muito menos dados estão disponíveis para a orientação horizontal do que para a orientação vertical, mas é claro que o fluxo crítico de calor é fortemente influenciado. Além disso, a estratificação pode conduzir a um superaquecimento das porções superiores do tubo, quando o vapor pode se tornar superaquecido antes da secagem ocorrer na parte inferior do tubo.

10.3.1 Ebulição nucleada por convecção forçada

O método de correlacionar dados para a ebulição nucleada em vaso descrito na Seção 10.2.2 também tem sido aplicado com sucesso na ebulição dos fluidos que escoam dentro de tubos ou dutos por convecção forçada [17] ou convecção natural [25].

A Fig. 10.14 mostra as curvas de melhor ajuste por meio de dados de ebulição, típicas de convecção forçada sub-resfriada em tubos ou dutos [29, 48]. O sistema no qual foram obtidos esses dados consistiu de um anel vertical contendo um tubo de aço inoxidável eletricamente aquecido, colocado centralmente em tubos de diferentes diâmetros. O aquecedor foi resfriado por água destilada desgaseificada fluindo para cima com velocidades de 0,3 a 3,7 m/s e pressões de 207 a 620 kPa. A escala da Fig. 10.14 é logarítmica. A ordenada é o fluxo de calor q/A e a abscissa é ΔT, a diferença de temperatura entre a superfície de aquecimento e a massa do líquido. As linhas tracejadas representam as condições de convecção forçada em várias velocidades e diferentes graus de sub-resfriamento As linhas cheias indicam o desvio da convecção forçada causado pela ebulição na superfície. Notamos que o início da ebulição causado pelo aumento do fluxo de calor depende da velocidade do líquido e do grau de sub-resfriamento abaixo da sua temperatura de saturação à pressão prevalecente. Em pressões mais baixas, o ponto de ebulição a uma dada velocidade é atingido com fluxos de calor mais baixos. Um aumento na velocidade aumenta a eficácia da convecção forçada, diminui a temperatura da superfície em um dado fluxo de calor e, assim, atrasa o início da ebulição. Na região da ebulição, as curvas são acentuadas e a temperatura da parede é praticamente independente da velocidade do fluido. Isso mostra que a agitação provocada pelas bolhas é muito mais eficaz do que a turbulência na convecção forçada sem ebulição. Os dados de fluxo de calor com ebulição da superfície são traçados separadamente na Fig. 10.15 contra a temperatura de excesso. A curva resultante é semelhante à da ebulição nucleada em um reservatório saturado mostrada na Fig. 10.1 e enfatiza a semelhança entre os processos de ebulição e a sua dependência em relação ao excesso de temperatura; em particular, o fluxo de calor aumenta com ΔT^3. No entanto, ainda não existem dados suficientes para sugerir que a curva de ebulição totalmente desenvolvida para a convecção forçada sempre seguirá as correlações dos dados de ponto de ebulição em recipiente.

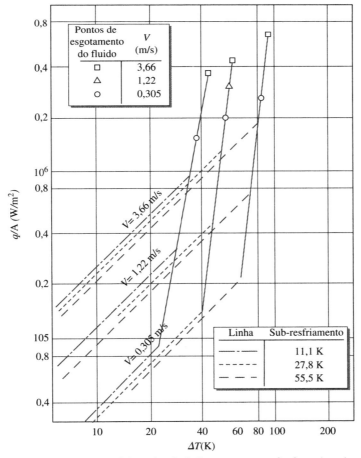

FIGURA 10.14 Dados típicos de ebulição para convecção forçada sub-resfriada: fluxo de calor *versus* diferença de temperatura entre a superfície e o centro de fluido.
Fonte: Com a permissão de McAdams et al [48].

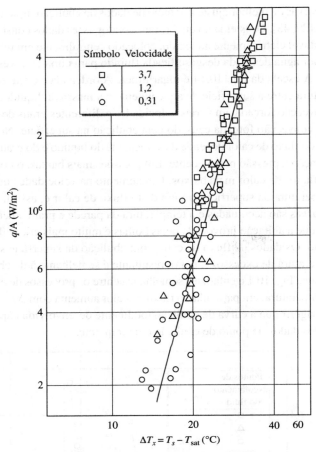

FIGURA 10.15 Correlação aproximada de dados para ebulição nucleada com convecção forçada obtida plotando o fluxo de calor versus a temperatura de excesso.

Fonte: Com a permissão de McAdams et al [48].

Para aplicar a correlação da ebulição em vaso para a ebulição para convecção forçada, o fluxo total de calor deve ser separado em duas partes, um *fluxo por ebulição* q_b/A e um *fluxo por convecção* q_c/A, em que

$$q_{total} = q_b + q_c$$

O fluxo de calor de ebulição é determinado pela subtração da taxa de escoamento de calor responsável pela convecção forçada apenas do fluxo total:

$$q_b = q_{total} - A\bar{h}_c(T_s - T_b) \tag{10.10}$$

em que $\bar{h}_c$ é determinado a partir da Eq. (6.63)* usando valores de propriedade para a fase líquida. Esse valor de q_b é determinado pela Eq. (10.2). Os resultados desse método de correlacionar dados para ebulição sobreposta na convecção são mostrados na Fig. 10.16 para um número de combinações de superfície-fluido. Alguns dos dados mostrados nessa figura foram obtidos com líquidos sub-resfriados, outros com líquidos saturados contendo várias quantidades de vapor.

---

*Rohsenow [17] recomenda que o coeficiente 0,023 na Eq. (6.63) seja substituído por 0,019 na ebulição nucleada.

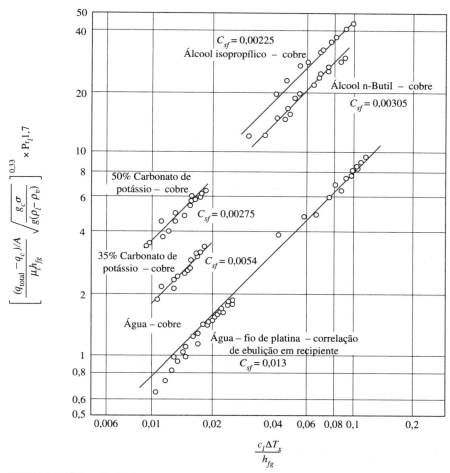

FIGURA 10.16 Correlação de dados para a ebulição por convecção pelo método de Rohsenow.
Fonte: Adaptado de Jens e Leppert [49], com permissão do editor, the American Societyof Naval Engineers.

10.3.2 Ebulição com produção líquida de vapor

Além da estreita faixa de qualidade na qual existe escoamento de bolha e a Eq. (10.10) é válida, a parte interna (central) do líquido estará à temperatura de saturação. O mecanismo de transferência de calor é aqui referido como ebulição nucleada saturada. Além disso, no regime anular, o calor é transferido pela película de líquido na parede. Nestes regimes de fluxo, Chen [50] propôs uma correlação que assume que a convecção e os mecanismos de transferência de calor em ebulição desempenham um papel e que os seus efeitos são aditivos:

$$h = h_c + h_b$$

em que

$$h_c = 0{,}023 \left[\frac{G(1-x)D}{\mu_l} \right]^{0{,}8} \Pr_l^{0{,}4} \frac{k_l}{D} F \qquad (10.11)$$

é a contribuição da região anular e

$$h_b = 0{,}00122 \left(\frac{k_l^{0{,}79} c_l^{0{,}45} \rho_l^{0{,}49} g_c^{0{,}25}}{\sigma^{0{,}5} \mu_l^{0{,}29} h_{fg}^{0{,}24} \rho_v^{0{,}24}} \right) \Delta T_x^{0{,}24} \Delta p_{\text{sat}}^{0{,}75} S \qquad (10.12)$$

é a contribuição da região de ebulição nucleada. Nas equações (10.11) e (10.12), são utilizadas unidades SI com Δp_{sat} (a alteração na pressão de vapor correspondente à mudança de temperatura ΔT_x) expressa em N/m². O parâmetro F pode ser calculado [51] de

$$F = 1,0 \quad \text{quando} \frac{1}{X_{tt}} < 0,1$$

$$F = 2,35\left(\frac{1}{X_{tt}} + 0,213\right)^{0,736} \quad \text{quando} \frac{1}{X_{tt}} > 0,1$$

em que

$$\frac{1}{X_{tt}} = \left(\frac{x}{1-x}\right)^{0,9}\left(\frac{\rho_l}{\rho_v}\right)^{0,5}\left(\frac{\mu_v}{\mu_l}\right)^{0,1}$$

o parâmetro S é dado por:

$$S = (1 + 0,12\,\text{Re}_{TP}^{1,14})^{-1} \quad \text{para} \ \ \text{Re}_{TP} < 32,5$$
$$S = (1 + 0,42\,\text{Re}_{TP}^{0,78})^{-1} \quad \text{para} \ \ 32,5 < \text{Re}_{TP} < 70$$
$$S = 0,1 \quad \text{para} \ \ \text{Re}_{TP} > 70$$

com o Número de Reynolds Re_{TP} definido como

$$\text{Re}_{TP} = \frac{G(1-x)D}{\mu_l} F^{1,25} \times 10^{-4}$$

Essa correlação foi testada contra dados para vários sistemas (água, metanol, ciclo-hexano, pentano, heptano e benzeno) para pressões que variam de 0,5 a 35 atm e qualidade x variando de 1 a 0,71, com um desvio médio de 11%. Collier e Thome [24] descrevem como a correlação de Chen pode ser estendida para a região de ebulição sub-resfriada.

EXEMPLO 10.3 Álcool n-butílico líquido saturado, $C_4H_{10}O$, está fluindo a 161 kg/h por um tubo de cobre de 1 cm de diâmetro interno à pressão atmosférica. A temperatura da parede do tubo é mantida a 140°C por condensação de vapor a 361 kPa de pressão absoluta. Calcule o comprimento de tubo necessário para atingir uma qualidade de 50%. Os seguintes valores de propriedades podem ser usados para o álcool:

$\sigma = 0,0183$ N/m, tensão superficial

$h_{fg} = 591\,500$ J/kg, calor de vaporização

$T_{sat} = 117,5°C$, ponto de ebulição à pressão atmosférica

$P_{sat} = 2$ atm, pressão de saturação correspondente a uma temperatura de saturação de 140°C

$\rho_v = 2,3$ kg/m³, densidade do vapor

$\mu_v = 0,0143 \times 10^{-3}$ kg/m s, viscosidade do vapor

SOLUÇÃO Os seguintes valores de propriedade são tomados no Apêndice 2, Tabela 19:

$$\rho_l = 737 \text{ kg/m}^3$$
$$\mu_l = 0,39 \times 10^{-3} \text{ kg/m s}$$
$$c_l = 3429 \text{ J/kg K}$$
$$\text{Pr}_l = 8,2$$
$$k_l = 0,163 \text{ W/m K}$$
$$C_{sf} = 0,00305 \text{ da Tabela 10.1}$$

A velocidade de massa é:

$$G = \frac{(161\,\text{kg/h})}{(3\,600\,\text{s/h})}\frac{4}{\pi(0,01\,\text{m})^2} = 569\,\text{kg/m}^2\text{s}$$

O Número de Reynolds do escoamento de líquido é:

$$\text{Re}_D = \frac{GD}{\mu_l} = \frac{(569\,\text{kg/m}^2\,\text{s})(0,01\,\text{m})}{(0,39 \times 10^{-3}\,\text{kg/m s})} = 14\,590$$

A contribuição para o coeficiente de transferência de calor devida ao fluxo anular de duas fases é:

$$h_c = (0,023)(14\,590)^{0,8}(8,2)^{0,4}\left(\frac{0,163\,\text{W/m k}}{0,01\,\text{m}}\right)(1 - x)^{0,8}F$$

$$= 1\,865(1 - x)^{0,8}F$$

Desde que a pressão do vapor se altera em 1 atm sobre a faixa de temperatura de T_{sat} a 140°C, temos $\Delta p_{\text{sat}} = 101\,300$ N/m². Por conseguinte, a contribuição para o coeficiente de transferência de calor a partir da ebulição nucleada é:

$$h_b = 0,00122\left[\frac{0,163^{0,79}3429^{0,45}737^{0,49}1^{0,25}}{0,0183^{0,5}(0,39 \times 10^{-3})^{0,29}591\,300^{0,24}2,3^{0,24}}\right] \times (140 - 117,5)^{0,24}(101\,300)^{0,75}S$$

ou $h_b = 8393S$.

O cálculo para $1/X_{tt}$ torna-se

$$\frac{1}{X_{tt}} = \left(\frac{x}{1-x}\right)^{0,9}\left(\frac{737}{2,3}\right)^{0,5}\left(\frac{0,0143}{0,39}\right)^{0,1} = 12,86\left(\frac{x}{1-x}\right)^{0,9}$$

Uma vez que o líquido está à temperatura de saturação, o fluxo de calor sobre um comprimento Δl pode ser relacionado a um aumento na qualidade por

$$\dot{m}h_{fg}\Delta x = q''\pi D\,\Delta l$$

Substituindo as quantidades conhecidas, encontramos:

$$\Delta l = 842\,031\,\frac{\Delta x}{q''}$$

em que da Eq. (10.11) $h = h_c + h_b$ and $q'' = h\,\Delta T_x$.

Podemos agora preparar uma tabela mostrando os cálculos graduais que acompanham o aumento da qualidade, a partir de $x = 0$ a $\dot{x} = 0,50$, assumindo que os passos Δx são pequenos o suficiente para que o fluxo de calor e os outros parâmetros sejam razoavelmente constantes nessa etapa.

x	Δx	$\frac{1}{X_{tt}}$	F	h_c (W/m² K)	Re_{TP}	S	h_b (W/m² K)	h (W/m² K)	q'' (W/m²)	Δl (m)	l (m)
0											0
0,01	0,01	0,206	1,24	2291	1,89	0,801	6728	9019	202927	0,041	0,041
0,05	0,04	0,909	2,56	4577	4,49	0,601	5045	9623	216509	0,156	0,197
0,10	0,05	1,78	3,90	6692	7,19	0,468	3922	10614	238820	0,176	0,373
0,20	0,10	3,69	6,41	9994	11,90	0,331	2780	12774	287419	0,293	0,666
0,30	0,10	6,00	9,01	12637	15,94	0,262	2197	14834	333755	0,252	0,919
0,40	0,10	8,93	11,98	14844	19,51	0,220	1846	16690	375523	0,224	1,143
0,50	0,10	12,86	15,59	16695	22,60	0,192	1616	18310	411984	0,204	1,347

O comprimento do tubo necessário para alcançar a qualidade de 50% é 1,35 m.

Note a importância relativa da contribuição da ebulição nucleada, h_b e a contribuição do fluxo de duas fases, h_c, ao longo do tubo.

10.3.3 Fluxo crítico de calor

As previsões do fluxo crítico de calor para sistemas de convecção forçada são menos precisas do que as de ebulição em recipiente, principalmente devido ao número de variáveis envolvidas e as dificuldades encontradas na tentativa de realizar experimentos controlados para medi-lo ou para determinar sua localização.

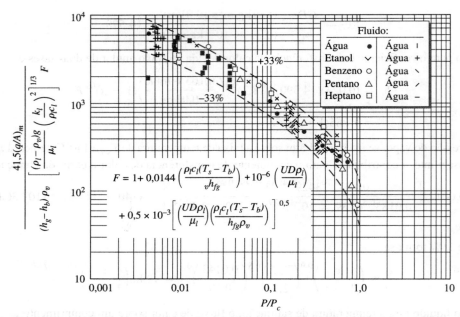

FIGURA 10.17 Correlação do pico do fluxo de calor para a ebulição de convecção forçada e vaporização.
Fonte: Cortesia de Griffith [52] e da *American Society of Mechanical Engineers*.

Foi proposto um número muito grande de correlações de fluxo de calor crítico, principalmente para água em ebulição em tubos redondos verticais com deslocamento constante. Uma correlação empírica do fluxo crítico de calor para a convecção forçada foi desenvolvida por Griffith [52] e abrange uma ampla faixa de condições. Griffith correlacionou dados do fluxo de calor críticos para água, benzeno, n-heptano, n-pentano e etanol em pressões que variam de 0,5% a 96% da pressão crítica, em velocidades de 0 a 30 m/s, em sub-resfriamento de 0 a 138°C e em qualidades que variam de 0 até 70%. Os dados utilizados foram obtidos em tubos redondos e canais retangulares. A Fig. 10.17 mostra os dados correlacionados, e uma inspeção dessa figura sugere que o fluxo de calor crítico pode aparentemente ser previsto dentro de ±33% para as condições utilizadas neste estudo. Na Fig. 10.17, h_{fg} é a entalpia do vapor saturado e h_b é a entalpia da massa do fluido, o qual pode ser líquido sub-resfriado, líquido saturado ou uma mistura de fluxo de duas fases em alguma qualidade menor que 70%.

A queda de pressão nos tubos e dutos com escoamento de duas fases foi investigada por vários autores. O problema é bastante complexo e nenhum método completamente satisfatório de cálculo está disponível. Um resumo muito útil de tecnologia de ponta foi elaborado por Griffith [53] que conclui, assim como vários outros, que o melhor método disponível para prever a perda de pressão é o proposto por Lockhart e Martinelli [54]. Esse problema foi abordado nos tratamentos detalhados por Tong [55] e Collier e Thome [24].

Uma forma muito eficaz de aumentar o pico do fluxo de calor atingível na ebulição de convecção forçada de baixa qualidade é inserir fitas torcidas em um tubo para produzir um padrão de fluxo helicoidal, o qual gera um campo de força centrífuga que corresponde a muitos g´s [56]. Gambill et al [57] atingiram um pico de fluxo de calor de 174 MW/m² em um sistema de redemoinho com água sub-resfriada a 61°C à 5 860 kPa escoando a uma velocidade de 30 m/s em um tubo de 0,5 cm de diâmetro; isso é quase três vezes o fluxo de energia que emana da superfície do Sol.

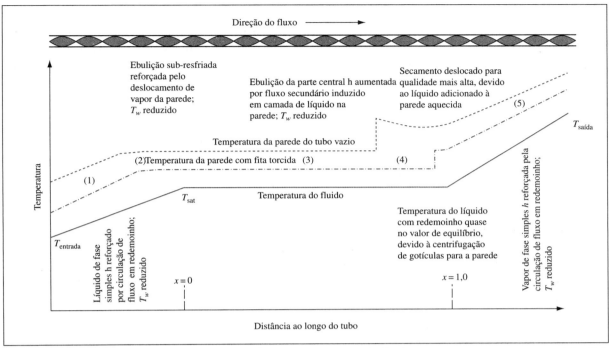

FIGURA 10.18 A influência do redemoinho induzido por fita torcida na evolução das temperaturas da parte central dos fluidos e da parede do tubo num corte longitudinal em uma ebulição por convecção forçada com fluxo de calor uniforme e fluxo fixo de massa, assim como o nível de pressão e temperatura de entrada fixos [58].
Fonte: Cortesia de R. M. Manglik e A. E. Bergles. *Swirl Flow Heat Transfer and Pressure Drop with Twisted-Tape Inserts. Advances in Heat Transfer*, New York, NY: Academic Press, v. 36, 2002, p. 183-266.

Uma ampla revisão da literatura sobre inserções de fita torcida e suas aplicações em ambos os fluxos monofásicos e a ebulição de convecção forçada, foi dada por Manglik e Bergles [58]. Para entender os efeitos do redemoinho gerado por essas inserções, considere um tubo de caldeira de passagem única, uniformemente aquecido para gerar vapor superaquecido; o fluxo de massa, o nível de pressão e a temperatura de entrada são fixos. Desse modo, a intenção da fita torcida é reduzir à temperatura da parede e a Fig. 10.18 retrata esquematicamente o progresso das temperaturas da parede para um tubo vazio e um tubo equipado com uma fita torcida [58]. O coeficiente de transferência de calor reforçado na região da fase simples (1), seguido por uma região relativamente pequena de ebulição sub-resfriada (2), resulta em redução substancial da temperatura da parede. Isto é, seguido pela ebulição da parte central do fluxo (3) e pela ebulição da película do fluxo disperso (4); quando o líquido é finalmente evaporado, o vapor de fase simples é aquecido na região (5). Com uma inserção de fita torcida, a temperatura da parede é reduzida em todas as regiões de ebulição, tal como mostrado na Fig. 10.18. Na ebulição do centro (3), o tubo vazio seca (ou atinge a condição de fluxo de calor crítico) em uma qualidade intermediária, com a temperatura da parede aumentando drasticamente. Devido ao resfriamento das gotículas na região de ebulição da película de fluxo disperso (4), a temperatura da parede diminui, antes de aumentar de novo, conforme o vapor é superaquecido. Depois do secamento, e estendendo-se para a região da qualidade (5), o fluido está em um estado de não equilíbrio – isto é, o vapor é superaquecido e há mais líquido sob a forma de gotas à temperatura de saturação.

Com uma inserção de fita torcida na região de ebulição da parte central (3) da Fig. 10.18, o líquido é centrifugado para a parede, de modo que uma película de líquido é mantida e o secamento é, portanto, retardado até atingir uma qualidade muito elevada. As gotículas remanescentes são novamente centrifugadas para a parede, reduzindo assim a excursão da temperatura. Uma condição de fluido em equilíbrio é promovida e, assim, a temperatura da parede assenta rapidamente para baixo e segue a temperatura do fluido (4). Além do secamento (5), devido ao reforço gerado pelo redemoinho do coeficiente de transferência de calor do vapor de fase simples, a temperatura da parede é reduzida mais uma vez em relação à de uma em um tubo vazio.

10.3.4 Transferência de calor além do ponto crítico

Como sugerido pela Fig. 10.13, há três transições críticas que conduzem a um aumento repentino da temperatura da parede para o fluxo de calor constante. A operação para além dos pontos críticos envolve: (1) ebulição de película sub-resfriada; (2) ebulição de película saturada; (3) uma região deficiente de líquido (fluxo de névoa). Para sistemas nos quais a temperatura é a variável independente, há uma quarta transição crítica conhecida como *transição de ebulição*.

Ebulição de película No regime de ebulição de película, um núcleo de líquido central está rodeado por uma película de vapor irregular. Como na ebulição de película em vaso, a presença da película de vapor simplifica a análise desse regime de ebulição. Essas análises geralmente seguem para a condensação de película, conforme descrito na Seção 10.4. Para a ebulição de película em tubos verticais, uma correlação que concorda razoavelmente bem com as análises é a recomendada para a ebulição em vaso do lado de fora dos tubos horizontais por Bromley [43], isto é, a Eq. (10.6).

Região deficiente de líquido Esse regime decorre de um afinamento da película líquida anular na superfície aquecida, o que acaba resultando no secamento da parede. A Fig. 10.13 mostra que, no fluxo de calor mais alto, a região deficiente de líquido resulta de uma transição da ebulição de película saturada, isto é, DNB.

Na ebulição de película saturada, o padrão do fluxo é invertido com relação ao do regime anular, Fig. 10.12. Isto é, um núcleo líquido central está rodeado por uma película de vapor. Como a qualidade termodinâmica é aumentada, o núcleo líquido rompe-se em pequenas gotas e o escoamento deficiente de líquido resultante é semelhante ao que resulta da transição do fluxo anular.

Gotículas líquidas atingem periodicamente a parede, produzindo assim coeficientes de transferência de calor significativamente mais elevados do que no regime de ebulição de película saturada – assim, o desgaste físico é improvável. A transferência de calor da parede para o vapor e, em seguida, do vapor para as gotículas, permite um estado de não equilíbrio, pois o vapor pode se tornar superaquecido na presença das gotículas. As correlações desenvolvidas para a transferência de calor nesse regime são de dois tipos: (1) correlações puramente empíricas, e (2) correlações empíricas que tentam explicar o não equilíbrio.

Uma correlação empírica desenvolvida por Groeneveld [59] é da forma da equação de Dittus-Boelter para a convecção forçada de fase simples:

$$\frac{hD}{k_v} = a\left\{\text{Re}_v\left[x + \frac{\rho_v}{\rho_l}(1-x)\right]\right\}^b \text{Pr}_v^c\left[1 - 0{,}1\left(\frac{\rho_l}{\rho_v} - 1\right)^{0{,}4}(1-x)^{0{,}4}\right]^d \quad (10.13)$$

A Tabela 10.4 indica os valores de *a*, *b*, *c* e *d* para diversas geometrias e a faixa das condições de funcionamento sobre a qual a correlação é válida.

Rohsenow [60] adverte que tais correlações puramente empíricas devem ser usadas com cautela. Collier e Thome [24] apresentam equações de correlação adicional que consideram o não equilíbrio no regime deficiente de líquido.

Ebulição de transição É difícil caracterizar o regime de ebulição de transição de uma forma quantitativa [3]. Dentro da região, a quantidade de vapor gerado não é suficiente para suportar uma película de vapor estável, mas é demasiado grande para permitir que uma quantidade de líquido suficiente atinja a superfície para suportar a ebulição nucleada. Berenson [12] sugere, portanto, que os núcleos e a película de ebulição ocorrem alternadamente em um determinado local. O processo é instável e fotografias mostram que o líquido, por vezes, surge na direção da superfície de aquecimento e para longe dela, por vezes. Às vezes, esse líquido turbulento torna-se tão altamente superaquecido que explode em vapor [11]. De um ponto de vista industrial, o regime de ebulição-transição é de pouco interesse; equipamento projetado para operar na região da ebulição nucleada pode ser dimensionado com mais segurança e operado com resultados mais reprodutíveis. Tong e Young [61] propuseram uma correlação para o fluxo de calor nessa região.

TABELA 10.4 Constantes para a Eq. (10.13)

Geometria	a	b	c	d	Número de pontos	Erro RMS, %
Tubos	$1{,}09 \times 10^{-3}$	0,989	1,41	−1,15	438	11,5
Anéis	$5{,}20 \times 10^{-2}$	0,668	1,26	−1,06	266	6,9
Tubos e anéis	$3{,}27 \times 10^{-3}$	0,901	1,32	−1,50	704	12,4

Faixa de Dados nos quais se Baseiam as Correlações

	Geometria	
Parâmetros e unidades	**Tubo**	**Anel**
Direção do fluxo	Vertical e horizontal	Vertical
Diâmetro interno, cm	0,25 a 2,5	0,15 a 0,63
Pressão, atm	68 a 215	34 a 100
G, kg/m² s	700 a 5300	800 a 4100
x, fração por peso	0,10 a 0,90	0,10 a 0,90
Fluxo de calor, kW/m²	120 a 2100	450 a 2250
hD/k_v	95 a 1770	160 a 640
$\mathrm{Re}_v\left[x + \dfrac{\rho_v}{\rho_l}(1-x)\right]$	$6{,}6 \times 10^4$ a $1{,}3 \times 10^6$	$1{,}0 \times 10^5$ a $3{,}9 \times 10^5$
Pr	0,88 a 2,21	0,91 a 1,22
$1 - 0{,}1\left(\dfrac{\rho_l}{\rho_v} - 1\right)^{0{,}4}(1-x)^{0{,}4}$	0,706 a 0,976	0,610 a 0,963

10.4 Condensação

Quando um vapor saturado entra em contato com uma superfície a uma temperatura inferior, ocorre a condensação. Em condições normais, um fluxo contínuo de líquido é formado sobre a superfície e o condensado flui para baixo, sob a influência da gravidade.

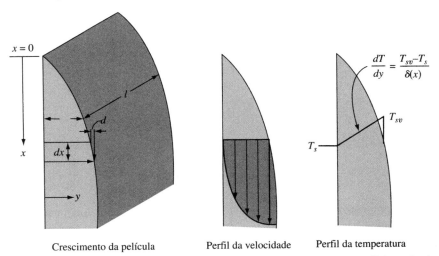

FIGURA 10.19 Película formada pela condensação de vapor em uma superfície vertical: crescimento de película, perfil de velocidade e distribuição da temperatura.

A menos que a velocidade do vapor seja muito elevada ou a película de líquido muito espessa, o movimento do condensado é laminar e o calor é transferido a partir da interface líquido-vapor para a superfície, meramente por condução. A taxa de fluxo de calor, por conseguinte, depende principalmente da espessura da película condensada, a qual, por sua vez, depende da taxa na qual o vapor é condensado e da taxa na qual o condensado é removido. Em uma superfície vertical, a espessura da película aumenta continuamente de cima para baixo, como mostrado na Fig. 10.19. À medida que a placa é inclinada em relação à posição vertical, a taxa de drenagem diminui e a película de líquido torna-se mais espessa. Isso, naturalmente, provoca uma diminuição na taxa de transferência de calor.

10.4.1 Condensação com a formação de película

Relações teóricas para o cálculo dos coeficientes de transferência de calor para condensação que resulta na formação de película para vapores puros em tubos e placas foram obtidas pela primeira vez por Nusselt [62], em 1916. Para ilustrar a abordagem clássica, é importante considerar uma superfície vertical plana na temperatura constante T_s, na qual um vapor puro na temperatura de saturação T_{sv} é condensado. Como mostrado na Fig. 10.19, uma película contínua de líquido flui para baixo sob a ação da gravidade, sua espessura aumenta e mais vapor se condensa na interface líquido-vapor. A uma distância x da parte superior da placa, a espessura da película é δ. Se o fluxo do líquido é laminar, e causado apenas pela gravidade, podemos estimar sua velocidade por meio de um equilíbrio de forças sobre o elemento $dx\,\delta l$. A força descendente por unidade de profundidade l agindo sobre o líquido a uma distância maior do que y a partir da superfície é $(\delta - y)\,dx\,\rho_l g/g_c$. Assumindo que o vapor do lado de fora da camada de condensado está em equilíbrio hidrostático ($dp/dx = \rho_v g/g_c$), uma força parcialmente de equilíbrio igual a $(\delta - y)\,dx\,\rho_v g/g_c$ estará presente como um resultado da diferença de pressão entre as faces superiores e inferiores do elemento. A outra força de retardamento do movimento descendente é o arraste no limite interior do elemento. A menos que o vapor flua a uma velocidade muito alta, o corte na superfície livre é bastante pequeno e pode ser desprezado. A força restante, então, será simplesmente o cisalhamento viscoso ($\mu_l\,du/dy$) dx no plano vertical y. Sob condições de estado estacionário, as forças ascendentes e descendentes são iguais:

$$(\delta - y)(\rho_l - \rho_v)g = \mu_l \frac{du}{dy}$$

em que os subscritos l e v denotam líquido e vapor, respectivamente. A velocidade u em y é obtida pela separação das variáveis e integração. Isso produz a expressão

$$u(y) = \frac{(\rho_l - \rho_v)g}{\mu_l}\left(\delta y - \frac{1}{2}y^2\right) + \text{constante}$$

A constante de integração é zero porque a velocidade u é zero na superfície, isto é, $u = 0$ para $y = 0$.

A taxa do fluxo da massa do condensado por unidade de largura Γ_c é obtida pela integração da taxa do fluxo da massa local na altitude x, $\rho u(y)$, entre os limites de $y = 0$ e $y = \delta$ ou

$$\Gamma_c = \int_0^\delta \frac{\rho_l(\rho_l - \rho_v)g}{\mu_l}\left(\delta y - \frac{1}{2}y^2\right)dy = \frac{\rho_l(\rho_l - \rho_v)\delta^3}{3\mu_l}g \qquad (10.14)$$

A alteração na taxa do fluxo do condensado Γ_c, com a espessura da camada do condensado de δ é:

$$\frac{d\Gamma_c}{d\delta} = \frac{g\rho_l(\rho_l - \rho_v)}{\mu_l}\delta^2 \qquad (10.15)$$

O calor é transferido por meio da camada de condensado exclusivamente por condução. Assumindo que o gradiente de temperatura é linear, a mudança da entalpia média do vapor na condensação para líquido e o sub-resfriamento na temperatura do líquido média da película de condensado é:

$$h_{fg} + \frac{1}{\Gamma_c}\int_0^\delta \rho_l u c_{pl}(T_{sv} - T)\,dy = h_{fg} + \frac{3}{8}c_{pl}(T_{sv} - T_s)$$

e a taxa de transferência de calor para a parede é $(k/\delta)(T_{sv} - T_s)$, em que k é a condutividade térmica do condensado. No estado estacionário, a taxa de mudança da entalpia do vapor de condensação deve ser igual à taxa de fluxo do calor para a parede:

$$\frac{q}{A} = k\frac{T_{sv} - T_s}{\delta} = \left[h_{fg} + \frac{3}{8}c_{pl}(T_{sv} - T_s)\right]\frac{d\Gamma_c}{dx} \qquad (10.16)$$

Igualando as expressões para $d\Gamma_c$ a partir das equações (10.15) e (10.16) resulta

$$\delta^3 d\delta = \frac{k\mu_l(T_{sv} - T_s)}{g\rho_l(\rho_l - \rho_c)h'_{fg}}dx$$

em que $h'_{fg} = h_{fg} + \frac{3}{8}c_{pl}(T_{sv} - T_s)$. Integrando entre os limites $\delta = 0$ para $x = 0$ e $\delta = \delta$ para $x = x$ e resolvendo para $\delta(x)$ resulta:

$$\delta = \left[\frac{4\mu_l kx(T_{sv} - T_s)}{g\rho_l(\rho_l - \rho_v)h'_{fg}}\right]^{1/4} \qquad (10.17)$$

Desde que a transferência de calor pela camada de condensado é por condução, o coeficiente de transferência de calor local h_{cx} é k/δ. Substituindo a expressão para δ da Eq. (10.17) resulta o coeficiente de transferência de calor como:

$$h_{cx} = \left[\frac{\rho_l(\rho_l - \rho_v)gh'_{fg}k^3}{4\mu_l x(T_{sv} - T_s)}\right]^{1/4} \qquad (10.18)$$

e o Número de Nusselt local para x é:

$$\text{Nu}_x = \frac{h_{cx}x}{k} = \left[\frac{\rho_l(\rho_l - \rho_v)gh'_{fg}x^3}{4\mu_l k(T_{sv} - T_s)}\right]^{1/4} \qquad (10.19)$$

A inspeção da Eq. (10.18) indica que o coeficiente da transferência do calor por condensação diminui com o aumento da distância a partir da parte superior conforme a película engrossa. O espessamento da película de condensado é semelhante ao crescimento de uma camada-limite sobre uma placa plana na convecção. Ao mesmo tempo, é também interessante observar que um aumento da diferença de temperatura $(T_{sv} - T_s)$ provoca diminuição do coeficiente de transferência de calor. Isso é causado pelo aumento da espessura da película como um resultado da taxa de condensação aumentada. Nenhum fenômeno comparável ocorre na convecção simples.

O valor médio do coeficiente de transferência de calor $\bar{h}_c$ para uma condensação de vapor em uma placa de altura L é obtido pela integração do valor local h_{cx} sobre a placa e dividindo pela área. Para uma placa vertical de largura e altura unitárias L, obtemos, por essa operação, o coeficiente médio de transferência de calor

$$\bar{h}_c = \frac{1}{L}\int_0^L h_{cx}dx = \frac{4}{3}h_{x=L} \qquad (10.20)$$

ou

$$\bar{h}_c = 0{,}943\left[\frac{\rho_l(\rho_l - \rho_v)gh'_{fg}k^3}{\mu_l L(T_{sv} - T_s)}\right]^{1/4} \qquad (10.21)$$

Pode ser facilmente mostrado que, para uma superfície inclinada em um ângulo ψ com a horizontal, o coeficiente médio é:

$$\bar{h}_c = 0{,}943\left[\frac{\rho_l(\rho_l - \rho_v)gh'_{fg}k^3 \text{ sen }\psi}{\mu_l L(T_{sv} - T_s)}\right]^{1/4} \qquad (10.22a)$$

Uma análise integral modificada para esse problema por Rohsenow [63], que está em melhor concordância com os dados experimentais se $\text{Pr} > 0{,}5$ e $c_{pl}(T_{sv} - T_s)/h'_{fg} < 1{,}0$, produz resultados idênticos para as equações (10.18) – (10.22a) exceto que h'_{fg} é substituído por $[h_{fg} + 0{,}68c_{pl}(T_{sv} - T_s)$

Chen [64] considerou os efeitos do cisalhamento e do momento interfacial, e calculou um fator de correção para a Eq. (10.22a):

$$\bar{h}'_c = \bar{h}_c\left(\frac{1 + 0{,}68A + 0{,}02AB}{1 + 0{,}85B - 0{,}15AB}\right)^{1/4} \qquad (10.22b)$$

em que $\bar{h}'_c$ é o coeficiente de transferência de calor corrigido, $\bar{h}_c$ é o coeficiente de transferência de calor da equação. (10.22a) e

$$A = \frac{c_l(T_{sv} - T_s)}{h_{fg}} < 2 \qquad \text{(limite superior de validade)}$$

$$B = \frac{k_l(T_{sv} - T_s)}{\mu_l h_{fg}} < 20 \qquad \text{(limite superior de validade)}$$

e

$$0{,}05 < \Pr_l < 1{,}0$$

Embora a análise anterior tenha sido feita especificamente para uma placa plana vertical, o desenvolvimento é também válido para as superfícies internas e externas de tubos verticais, se os tubos forem de diâmetro maior em comparação com a espessura da película. No entanto, esses resultados não podem ser estendidos para tubos inclinados. Em tais casos, o fluxo da película não será paralelo ao eixo do tubo e o ângulo de inclinação efetivo variará com x.

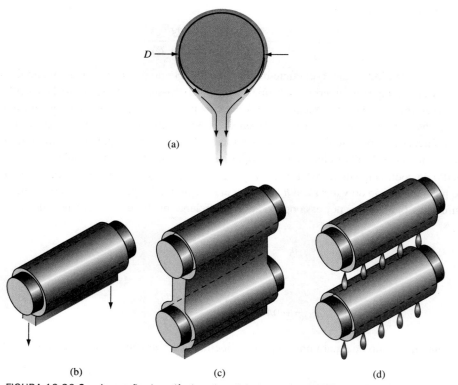

FIGURA 10.20 Condensação de película sobre: (a) uma esfera; (b) um tubo horizontal simples; (c) uma camada vertical de tubos horizontais, com uma folha contínua de condensado, e (d) uma camada vertical de tubos horizontais com gotejamento de condensado.

O coeficiente médio de transferência de calor de um vapor de condensação saturado puro no lado de fora de uma esfera ou de um tubo horizontal [veja Fig. 10.20(a) e (b)] pode ser avaliado pelo método utilizado para obter a Eq. (10.21). Para um diâmetro externo D, ele conduz à equação:

$$\bar{h}_c = c\left[\frac{\rho_l(\rho_l - \rho_v)gh'_{fg}k^3}{D\mu_l(T_{sv} - T_s)}\right]^{1/4} \tag{10.23}$$

em que $c = 0{,}815$ para uma esfera e $0{,}725$ para um tubo.

Se ocorrer condensação em N tubos horizontais dispostos de forma que a folha de condensado de um tubo flua diretamente para o tubo representado abaixo [veja Fig. 10.20(c)], o coeficiente de transferência de calor médio para o sistema pode ser estimado pela substituição do diâmetro do tubo D na Eq. (10.23) por DN. Esse método, em geral, produz resultados conservadores porque o condensado não cai em folhas lisas de uma fileira para a outra, mas goteja de tubo para tubo, como mostrado na Fig. 10.20(d).

Chen [64] sugeriu que, uma vez que a película de líquido é sub-resfriada, ocorre condensação adicional na camada de líquido entre os tubos. Assumindo que todo o sub-resfriamento é usado para a condensação adicional, as análises de Chen resultam:

$$\bar{h}_c = 0{,}728[1 + 0{,}2(N - 1)\text{Ja}]\left[\frac{g\rho_l(\rho_l - \rho_v)k^3 h'_{fg}}{ND\mu_l(T_{sv} - T_s)}\right]^{1/4} \tag{10.24}$$

em que Ja foi previamente definido como $c_{pl}(T_{sv} - T_s)/h_{fg}$. Ja é chamado de o *Número de Jakob* em homenagem ao pesquisador alemão da área de transferência de calor Max Jakob, que fez um trabalho pioneiro sobre os fenômenos de mudança de fase. Fisicamente, Ja representa a relação entre o máximo calor sensível absorvido pelo líquido e o calor latente do líquido. Quando Ja é pequeno, a absorção de calor latente domina e o fator de correção pode ser desprezado. A Eq. (10.24) está razoavelmente em boa concordância com os resultados experimentais, desde que $[(N - 1)\text{Ja}] < 2$.

Nas equações anteriores, o coeficiente de transferência de calor será em W/m² °C se as outras quantidades forem avaliadas nas unidades indicadas abaixo.

c_p = calor específico do vapor, J/kg °C
c_{pl} = calor específico do líquido, J/kg °C
k = condutividade térmica do líquido, W/m °C
ρ_l = densidade do líquido, kg/m³
ρ_v = densidade do vapor, kg/m³
g = aceleração da gravidade, m/s²
h_{fg} = calor latente de condensação ou vaporização, J/kg
$h'_{fg} = h_{fg} + \frac{3}{8}c_{pl}(T_{sv} - T_s)$, J/kg
μ_l = viscosidade do líquido, N s/m²
D = diâmetro do tubo, m
L = comprimento da superfície plana, m
T_{sv} = temperatura do vapor saturado, °C
T_s = temperatura da superfície da parede, °C

As propriedades físicas da película de líquido nas equações (10.17) - (10.24) devem ser avaliadas a uma temperatura de película efetiva $T_{\text{película}} = T_s + 0{,}25(T_{sv} - T_s)$ [19]. Quando utilizadas dessa maneira, as equações de Nusselt são satisfatórias para estimar os coeficientes de transferência de calor para a condensação de vapores. Geralmente, os dados experimentais estão de acordo com a teoria de Nusselt quando as condições físicas estão em conformidade com os pressupostos inerentes na análise. Os desvios na teoria de película de Nusselt ocorrem quando o fluxo de condensado torna-se turbulento, quando a velocidade do vapor é muito alta [65], ou quando um esforço especial é feito para tornar a superfície não umectante. Todos esses fatores tendem a aumentar os coeficientes de transferência de calor e a teoria de película de Nusselt, portanto, sempre produzirá resultados conservadores.

EXEMPLO 10.4 Um tubo longo de 0,013 m de diâmetro externo, 1,5 m de comprimento deve ser usado para condensar vapor a 40 000 N/m², $T_{sv} = 349$ K. Estime os coeficientes da transferência de calor para este tubo nas posições: (a) horizontal; e (b) vertical. Vamos considerar 325 K a temperatura média da parede do tubo.

SOLUÇÃO (a) À temperatura média da película de condensado [$T_f = (349 + 325)/2 = 337$ K], os valores pertinentes das propriedades físicas para o problema são:

$$k_l = 0,661 \text{ W/m K} \quad \mu_l = 4\,48 \times 10^{-4} \text{ N s/m}^2$$
$$\rho_l = 980,9 \text{ kg/m}^3 \quad c_{pl} = 4\,184 \text{ J/kg K}$$
$$h_{fg} = 2,349 \times 10^6 \text{ J/kg} \quad \rho_v = 0,25 \text{ kg/m}^3$$

Para o tubo na posição horizontal, a Eq. (10.23) se aplica e o coeficiente de transferência de calor é:

$$\bar{h}_c = 0,725 \left[\frac{(980,9)(980,6)(9,81)(2,417 \times 10^6)(0,661)^3}{(0,013)(4,48 \times 10^{-4})(349 - 325)} \right]^{1/4}$$

$$= 10,680 \text{ W/m}^2 \text{ K}$$

(b) Na posição vertical, o tubo pode ser tratado como uma placa vertical de área πDL e, de acordo com a Eq. (10.21), o coeficiente médio da transferência de calor é:

$$\bar{h}_c = 0,943 \left[\frac{(980,9)(980,6)(9,81)(2,417 \times 10^6)(0,661)^3}{(4,48 \times 10^{-4})(349 - 325)} \right]^{1/4}$$

$$= 4\,239 \text{ W/m}^2 \text{ K}$$

Efeito da turbulência da película As correlações anteriores mostram que, para uma dada diferença de temperatura, o coeficiente da transferência de calor médio é consideravelmente maior quando o tubo é colocado em uma posição horizontal, em que o percurso do condensado é mais curto e a película mais fina; do que na posição vertical, na qual o percurso é mais longo e a película mais espessa. Essa conclusão é geralmente válida quando o comprimento do tubo vertical é maior que 2,87 vezes o diâmetro externo, como pode ser visto pela comparação das equações (10.21) e (10.23). No entanto, essas equações são baseadas no pressuposto de que o fluxo da película de condensado é laminar e, consequentemente, elas não são aplicáveis quando o deslocamento do condensado é turbulento. O fluxo turbulento é raramente alcançado em um tubo horizontal, mas pode ser estabelecido sobre a porção inferior de uma superfície vertical. Quando isso ocorre, o coeficiente de transferência de calor médio torna-se maior à medida que o comprimento da superfície de condensação é aumentado, porque o condensado não mais oferece alta resistência térmica, tal como o faz no fluxo laminar. Esse fenômeno é um tanto análogo ao comportamento de uma camada-limite.

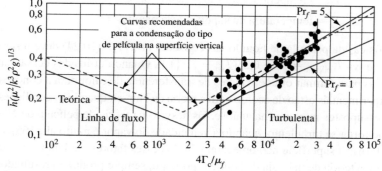

FIGURA 10.21 Efeito da turbulência na película na transferência de calor com condensação.

Assim como como a transição do escoamento de um fluido de laminar para turbulento sobre uma superfície, o movimento do condensado se torna turbulento quando seu Número de Reynolds excede um valor crítico de cerca de 2000. O Número de Reynolds da película de condensado, Re_δ, quando com base no diâmetro hidráulico [Eq. (6,2)], pode ser escrito como $Re_\delta = (4A/P)\Gamma_c/\delta\mu_f$, em que P é o perímetro molhado, igual a πD para um tubo vertical e A é a área da secção transversal do fluxo, igual a $P\delta$. De acordo com a análise de Colburn [66], o coeficiente de transferência de calor local para o deslocamento turbulento do condensado pode ser avaliado de:

$$h_{cx} = 0{,}056\left(\frac{4\Gamma_c}{\mu_f}\right)^{0,2}\left(\frac{k^3\rho^2 g}{\mu^2}\right)^{1/3}Pr_f^{1/2} \tag{10.25}$$

Para obter os valores médios do coeficiente de transferência de calor, é necessária a integração de h_x sobre a superfície usando a Eq. (10.18) para os valores de $4\Gamma_c/\mu_f$ inferiores a 2 000 e a Eq. (10.25) para valores maiores que 2000. Os resultados desses cálculos para dois valores do Número de Prandtl são representados como linhas cheias na Fig. 10.21, em que alguns dados experimentais obtidos com difenil em fluxo turbulento também são mostrados [67]. A linha pontilhada grossa mostrada nesse gráfico é uma curva empírica recomendada por McAdams [21] para avaliar o coeficiente de transferência de calor médio de condensação de vapores individuais em superfícies verticais.

EXEMPLO 10.5 Determine se o fluxo do condensado no Exemplo 10.4 parte (b) é laminar ou turbulento na extremidade inferior do tubo.

SOLUÇÃO O Número de Reynolds do condensado, na extremidade inferior do tubo pode ser escrito com o auxílio da Eq. (10.14) como:

$$Re_\delta = \frac{4\Gamma_c}{\mu_l} = \frac{4\rho_l^2 g \delta^3}{3\mu_l^2}$$

Substituindo a Eq. (10.17) por δ resulta:

$$Re_\delta = \frac{4\rho_l^2 g}{3\mu_l^2}\left[\frac{4\mu_l k_l L(T_{sv}-T_s)}{gh_{fg}\rho_l^2}\right]^{3/4} = \frac{4}{3}\left[\frac{4k_l L(T_{sv}-T_s)\rho_l^{2/3}g^{1/3}}{\mu_l^{5/3}h'_{fg}}\right]^{3/4}$$

Inserindo os valores numéricos para o problema na expressão acima, resulta:

$$Re_\delta = \frac{4}{3}\left[\frac{4(0{,}661)(1{,}5)(349-325)(980{,}9)^{2/3}(9{,}81)^{1/3}}{(4{,}48\times 10^{-4})^{5/3}(2{,}417\times 10^6)}\right]^{3/4} = 564$$

Uma vez que o Número de Reynolds na borda inferior do tubo é inferior a 2000, o fluxo do condensado é laminar e o resultado obtido pela Eq. (10.21) é válido.

Efeito da alta velocidade do vapor Uma das aproximações realizadas na teoria da película de Nusselt é que o arraste com atrito entre o condensado e o vapor é desprezível. Essa aproximação deixa de ser válida quando a velocidade do vapor é substancial em comparação com a velocidade do líquido na interface vapor-condensado. Quando o vapor escoa para cima, adiciona uma força retardadora no cisalhamento viscoso e faz com que a espessura da película aumente. Com o fluxo descendente de vapor, a espessura da película diminui e coeficientes de transferência de calor substancialmente maiores do que aqueles previstos a partir da Eq. (10.21) podem ser obtidos. Além disso, a transição de fluxo laminar para turbulento ocorre com Números de Reynolds de condensado da ordem de 300, quando a velocidade do vapor é alta. Carpenter e Colburn [68] determinaram os coeficientes da transferência de calor para a condensação de vapores puros de água e vários hidrocarbonetos em um tubo vertical de 2,44 m de comprimento e 1,27 cm de diâmetro interno, com velocidades de vapor na entrada de até 152 m/s na parte superior. Seus dados são correlacionados razoavelmente bem pela seguinte equação:

$$\frac{\bar{h}_c}{c_{pl}G_m}Pr_l^{0,50} = 0{,}046\sqrt{\frac{\rho_l}{\rho_v}f} \tag{10.26}$$

onde
$\quad$ Pr_l = número de Prandtl do líquido
$\quad$ ρ_l = densidade do líquido, kg/m³
$\quad$ ρ_v = densidade do vapor, kg/m³
$\quad$ c_{pl} = calor específico do líquido, J/kg K
$\quad$ $\bar{h}_c$ = coeficiente de transferência de calor médio, W/m² K
$\quad$ f = coeficiente de atrito do tubo avaliado na velocidade média do vapor = $\tau_w/[G_m^2/2\rho_v]$
$\quad$ τ_w = tensão de cisalhamento da parede, N/m²
$\quad$ G_m = valor médio da velocidade da massa do vapor, kg/s m²

O valor de G_m na Eq. (10.26) pode ser calculado com base em:

$$G_m = \sqrt{\frac{G_1^2 + G_1 G_2 + G_2^2}{3}}$$

em que $\quad$ G_1 = velocidade da massa na parte superior do tubo
$\quad$ G_2 = velocidade da massa na parte inferior do tubo

Todas as propriedades físicas do líquido na Eq. (10.26) devem ser avaliadas em uma temperatura de referência igual a $0{,}25 T_{sv} + 0{,}75 T_s$. Geralmente, esses resultados podem ser utilizados como uma indicação da influência da velocidade do vapor sobre o coeficiente da transferência de calor dos vapores de condensação, quando o vapor e o condensado fluem na mesma direção.

Soliman et al [69] modificaram os coeficientes numéricos na Eq. 10.26

$$\frac{\bar{h}_c}{c_{pl} G_m} \text{Pr}_l^{0{,}35} = 0{,}036 \sqrt{\frac{\rho_l}{\rho_v}} f \tag{10.27}$$

O efeito da velocidade do vapor em um tubo horizontal é dificultado pela existência de vários regimes de fluxo criados pela interação do vapor e do líquido no interior do tubo. Collier e Thome [24] tratam esse problema em detalhe.

Para a condensação na parte externa do tubo horizontal, quando o efeito da velocidade do vapor não pode ser ignorado, Shekriladze e Gomelauri [70] desenvolveram a equação de correlação seguinte:

$$\bar{h}_c' = \left[\frac{1}{2} \bar{h}_s^2 + \left(\frac{1}{4} \bar{h}_s^4 + \bar{h}_c^4 \right)^{1/2} \right]^{1/2} \tag{10.28}$$

em que $\bar{h}_c'$ é o coeficiente da transferência de calor corrigido para o efeito de tensão de cisalhamento do vapor, $\bar{h}_c$ é o coeficiente da transferência do calor não corrigido para a condensação em tubos horizontais, Eq. (10.23), e $\bar{h}_s$, a contribuição da tensão de cisalhamento do vapor para o coeficiente da transferência do calor é calculada pela seguinte equação:

$$\frac{\bar{h}_s D}{k_l} = 0{,}9 \left(\frac{\rho_l U_\infty D}{\mu_l} \right)^{0{,}5} \quad \text{para} \quad \frac{\rho_l U_\infty D}{\mu_l} < 10^6 \tag{10.29}$$

$$\frac{\bar{h}_s D}{k_l} = 0{,}59 \left(\frac{\rho_l U_\infty D}{\mu_l} \right)^{0{,}5} \quad \text{para} \quad \frac{\rho_l U_\infty D}{\mu_l} > 10^6 \tag{10.30}$$

em que U_∞ é a velocidade do vapor próxima do tubo.

Condensação de vapor superaquecido Embora as equações anteriores devam ser aplicadas apenas para vapores saturados, elas também podem ser utilizadas com uma precisão razoável para a condensação dos vapores superaquecidos. A taxa da transferência do calor de um vapor superaquecido para uma parede a T_s será, portanto:

$$q = A \bar{h}_c (T_{sv} - T_s) \tag{10.31}$$

em que $\quad$ $\bar{h}_c$ = valor médio do coeficiente da transferência do calor determinado com base em uma equação apropriada para a configuração geométrica com o mesmo vapor nas condições de saturação
$\quad$ T_{sv} = *temperatura de saturação* correspondente à pressão do sistema prevalecente

10.4.2 Condensação em forma de gota

Quando um material da superfície de condensação evita que o condensado molhe a superfície, como é o caso de um revestimento metálico (não óxido), o vapor se condensa em gotas, e não como uma película contínua [71]. Esse fenômeno é conhecido como *condensação em gota*. Uma grande parte da superfície não é coberta por uma película isolante sob essas condições e os coeficientes de transferência de calor são de 4 a 8 vezes mais altos do que na condensação em forma de película. A relação do fluxo da massa do condensado para a condensação em gota, $\dot{m}_D$, a partir do lado de fora de um tubo horizontal de diâmetro D para a condensação de película, $\dot{m}_f$, pode ser estimada [72] com base em:

$$\frac{\dot{m}_D}{\dot{m}_f} = \left(\frac{\rho_l^2 D^2 g}{24{,}2\mu_l \dot{m}_f}\right)^{1/9} \qquad (10.32)$$

Para vapor à pressão atmosférica e $\dot{m}_f = 0{,}014\,\text{kg/m}^2\,\text{s}$, a Eq. (10.32) prevê uma razão de 6,5.

Na prática, para o cálculo do coeficiente de transferência de calor, uma abordagem conservadora é supor a condensação em película porque, mesmo com vapor, a condensação em gota pode ser esperada apenas sob condições cuidadosamente controladas, que nem sempre podem ser mantidas na prática [73, 74]. No entanto, a condensação do vapor em gota pode ser uma técnica útil para o trabalho experimental quando se deseja reduzir a resistência térmica de um lado de uma superfície para um valor insignificante.

10.5* Projeto de condensador

A avaliação dos coeficientes da transferência do calor do vapor de condensação, tal como pode ser vista a partir das equações (10.21) até (10.23), pressupõe um conhecimento da temperatura da superfície de condensação. Em problemas práticos, normalmente essa temperatura não é conhecida, porque o seu valor depende das ordens de grandeza relativas das resistências térmicas em todo o sistema. O tipo de problema geralmente encontrado na prática, que trate de um cálculo do desempenho para uma peça de equipamento existente ou do projeto de equipamento para um processo específico, requer a avaliação simultânea das resistências térmicas nas superfícies internas e externas de um tubo ou na parede de um duto. Na maioria dos casos, a configuração geométrica pode ser especificada, como no caso de uma peça de equipamento existente, ou assumida, como no projeto de um novo equipamento. Quando a taxa desejada de condensação é especificada, o procedimento usual é estimar a área total da superfície requerida e, em seguida, selecionar um arranjo adequado para uma combinação da dimensão e número de tubos que atende à especificação da área preliminar. Então, o cálculo do desempenho pode ser realizado como se a pessoa estivesse lidando com uma parte existente do equipamento e os resultados podem ser comparados com as especificações posteriormente. A taxa de fluxo do refrigerante é geralmente determinada pela queda de pressão ou pela elevação da temperatura permitida. Uma vez que a taxa de escoamento é conhecida, a resistência térmica do líquido de resfriamento e a parede do tubo podem ser calculadas sem dificuldade. O coeficiente da transferência do calor do fluido de condensação, contudo, depende da temperatura da superfície de condensação, a qual pode ser calculada apenas depois que o coeficiente da transferência do calor é conhecido. Uma solução por tentativa e erro é, portanto, necessária. Ou se assume uma temperatura de superfície, ou, se for mais conveniente, deve-se estimar o coeficiente da transferência do calor do lado da condensação e calcular a temperatura da superfície correspondente. Com essa primeira aproximação, o coeficiente da transferência do calor é então recalculado e comparado com o valor assumido. Geralmente, uma segunda aproximação é suficiente para a exatidão satisfatória.

As ordens de grandeza dos coeficientes da transferência do calor para vários vapores listados na Tabela 10.5 auxiliarão nas estimativas iniciais e, com isso, a quantidade de tentativa e erro diminuirá. Notamos que a resistência térmica é muito pequena para o vapor, e, para vapores orgânicos, é da mesma ordem de grandeza que a resistência oferecida ao fluxo de calor pela água a um baixo Número de Reynolds turbulento. Na indústria de refrigeração e em alguns processos químicos, tubos com aletas têm sido utilizados para reduzir a resistência térmica no lado da condensação. Um método para lidar com a condensação de tubos com aletas e os bancos de tubos é apresentado em [76]. Quando repetidos, cálculos do coeficiente da transferência do calor para a condensação de vapores puros são feitos e é conveniente elaborar um alinhamento com gráficos concebidos por Chilton, Colburn, Genereaux e Vernon e reproduzidos em McAdams [21].

Misturas de vapores e gases não condensáveis A análise de um sistema de condensação contendo uma mistura de vapores ou um vapor puro misturado com gás não condensável é mais complicada que a análise de um sistema de vapor puro. Em geral, a presença de quantidades apreciáveis de um gás não condensável reduzirá a taxa da transferência do calor. Se taxas elevadas de transferência de calor são desejadas, recomenda-se ventilar o gás não condensável; isso vai cobrir a superfície de resfriamento e aumentar consideravelmente a resistência térmica. Os gases não condensáveis também inibem a transferência de massa, oferecendo uma resistência de difusão. Para um resumo abrangente de informações disponíveis sobre esse tópico, recomenda-se McAdams [21].

TABELA 10.5 Valores aproximados de coeficientes de transferência de calor para a condensação de vapores puros

Vapor	Sistema	Intervalo aproximado de $(T_{sv} - T_s)$ (K)	Faixa aproximada de coeficiente de transferência de calor média (W/m² K)
Vapor de água	Tubos horizontais 2,5-7,5 cm de diâmetro externo	3-22	11 440-22 800
Vapor de água	Superfície vertical 3,1 m de altura	3-22	5 700-11 400
Etanol	Superfície vertical 0,15 m de altura	11-55	1 100-1 900
Benzeno	Tubo horizontal, 2,5 cm de diâmetro externo	17-44	1 400-2 000
Etanol	Tubo horizontal, 5 cm de diâmetro externo	6-22	1 700-2 600
Amônia	Anel horizontal de 5 a 7,5 cm	1-4	1 400-2 600[a]

[a] Coeficiente de transferência de calor total U para velocidades de água entre 1,2 e 24 m/s [75] no interior do tubo.

10.6* Tubos de calor

Um dos principais objetivos dos sistemas de conversão de energia é a transferência de energia de um receptor para outro local em que ela possa ser utilizada para aquecer um fluido de trabalho. O tubo de calor é um novo dispositivo que pode transferir grandes quantidades de calor através de áreas de superfície pequena, com pequenas diferenças de temperatura. O método de operação de um tubo de calor é mostrado esquematicamente na Fig. 10.22. O dispositivo consiste de um tubo circular com uma camada anular de material poroso cobrindo o interior. O núcleo do sistema é oco no centro, o que permite que o fluido de trabalho passe livremente da extremidade de adição de calor do lado esquerdo para a extremidade de rejeição de calor do lado direito. A extremidade de adição de calor é equivalente a um evaporador e a extremidade de rejeição de calor corresponde a um condensador. O condensador e o evaporador são conectados por uma seção isolada de comprimento L. O líquido penetra o material poroso por ação capilar e, quando o calor é adicionado na extremidade do evaporador do tubo, o líquido é vaporizado no material poroso (no pavio) e move-se pelo núcleo central para a extremidade do condensador, e o calor é removido. Em seguida, o vapor condensa novamente nos poros e o ciclo se repete.

Uma grande variedade de combinações de materiais de tubo e fluido foi usada para tubos de calor. Algumas combinações de fluido de trabalho típico e materiais, bem como as faixas de temperatura ao longo das quais elas podem operar, são apresentadas na Tabela 10.6. A quarta e a quinta coluna da tabela lista fluxos de calor axial e de calor de superfície medidos e é evidente que podem ser obtidos escoamentos de calor muito altos [78, 79]

Para que um tubo de calor funcione, a altura máxima de bombeamento capilar $(\Delta p_c)_{máx}$, deve ser capaz de superar a queda total de pressão no tubo de calor. Essa queda de pressão consiste de três partes:

1. A queda de pressão requerida para retornar o líquido do condensador para o evaporador, Δp_e
2. A queda de pressão requerida para mover o vapor do evaporador para o condensador, Δp_v
3. A diferença potencial devida à diferença de elevação entre o evaporador e o condensador, Δp_g

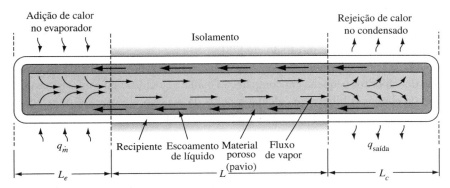

FIGURA 10.22 Diagrama esquemático de um tubo de calor e os mecanismos de fluxo associados.

TABELA 10.6 Algumas características operacionais típicas de tubos de calor

Faixa de Temperatura (K)	Fluido de Trabalho	Material do Vaso	Fluxo[a] de Calor Axial Medido (W/cm^2)	Fluxo de Calor de Superfície Medido (W/cm^2)
230-400	Metanol[b]	Cobre, níquel, aço inoxidável	0,45 a 373 K	75,5 a 373 K
280-500	Água	Cobre, níquel	0,67 a 473 K	146 a 443 K
360-850	Mercúrio[c]	Aço inoxidável	25,1 a 533 K	181 a 533 K
673-1073	Potássio	Níquel, aço inoxidável	5,6 a 1023 K	181 a 1023 K
773-1173	Sódio	Níquel, aço inoxidável	9,3 a 1123 K	224 a 1033 K

[a]Varia com a temperatura.
[b]Usando a porosidade de artéria roscada.
[c]Baseado no limite sônico no tubo de calor.
Fonte: Abstraído de Dutcher e Burke [77].

A condição para o equilíbrio de pressão pode assim ser expressa na forma

$$(\Delta p_c)_{\text{máx}} \geq \Delta p_e + \Delta p_v + \Delta p_g \tag{10.33}$$

Se esta condição não for satisfeita, o material com poros secará na região do evaporador e a tubulação de calor deixará de operar.

A queda de pressão do líquido no fluxo através de um material com poros homogêneo pode ser calculada com base na relação empírica:

$$\Delta p_e = \frac{\mu_l L_{\text{eff}} \dot{m}}{\rho_l K_w A_w} \tag{10.34}$$

em que μ_l = viscosidade do líquido
$\dot{m}$ = taxa de fluxo de massa
ρ_l = densidade do líquido
A_w = área da seção transversal do material com poros
K_w = permeabilidade dos poros ou fator do pavio
L_{eff} = comprimento efetivo entre o evaporador e condensador, dado por

$$L_{\text{eff}} = L + \frac{L_e + L_c}{2} \tag{10.35}$$

em que L_e = comprimento do evaporador
L_c = comprimento do condensador

A queda de pressão por materiais porosos longitudinais sulcados ou compostos pode ser obtida por meio de modificações menores da Eq. (10.34), como mostrado em [78].

A queda da pressão do vapor é geralmente pequena quando comparada com a perda da pressão do líquido. Enquanto a velocidade do vapor for pequena em comparação com a velocidade do som, menos do que 30%, pode-se desprezar os efeitos da compressibilidade e calcular a perda da pressão viscosa Δp_v de relações de fluxo incompressíveis. Para o fluxo laminar de estado estacionário (veja Capítulo 6)

$$\Delta p_v = f \frac{L_{\text{eff}}}{D} \rho \bar{u}^2 = \frac{64 \mu_v \dot{m} L_{\text{eff}}}{\rho_v \pi D_v^4} \tag{10.36}$$

em que D_v é o diâmetro interno do pavio, em contato com o vapor e o subscrito v denota as propriedades do vapor.

Em adição à queda viscosa, é necessária uma força de pressão para acelerar o vapor que entra da seção do evaporador para a sua velocidade axial, mas a maior parte dessa perda é recuperada no condensador, onde o fluxo do vapor é colocado em descanso. Um tratamento mais detalhado da perda da pressão do vapor, incluindo a recuperação da pressão no evaporador, é apresentado em [78].

A diferença de pressão devido à altura hidrostática ou potencial do líquido pode ser positiva, negativa ou nula, dependendo das posições relativas do evaporador e do condensador. A diferença de pressão Δp_g é dada por

$$\Delta p_g = \rho_l g L \, \text{sen} \, \phi \tag{10.37}$$

em que ϕ é o ângulo entre o eixo do tubo de calor e a horizontal (positivo quando o evaporador está acima do condensador).

O forçamento no pavio é o resultado da tensão superficial, que é uma força resultante de um desequilíbrio das atrações naturais entre um conjunto homogêneo de moléculas. Por exemplo, uma molécula perto da superfície de um líquido experimentará uma força dirigida para dentro devido à atração das moléculas vizinhas abaixo. Uma das consequências da tensão superficial é que a pressão exercida sobre uma superfície côncava é menor do que sobre uma superfície convexa. A diferença de pressão resultante Δp está relacionada com a tensão superficial σ_l e o raio de curvatura r_c. Para uma superfície hemisférica, a ação da força de tensão em torno da circunferência é igual a $2\pi r_c \sigma_l$ e é equilibrada por uma força de pressão sobre a superfície igual a $\Delta p \pi r_c^2$. Consequentemente,

$$\Delta p = \frac{2\sigma_l}{r_c} \tag{10.38}$$

Outra ilustração da tensão superficial pode ser observada quando um tubo capilar é colocado verticalmente em um fluido molhado; este subirá no tubo devido à ação capilar, conforme mostrado na Fig. 10.23. Um equilíbrio de pressão então resulta:

$$\Delta p_c = \rho_l g h = \frac{2\sigma_l}{r_c} \cos \theta \tag{10.39}$$

em que θ é o ângulo de contato, o qual está entre 0 e $\pi/2$ para fluidos úmidos. Para um fluido que não úmido, θ é maior que $\pi/2$ e o nível do líquido no tubo capilar será deprimido abaixo da superfície. Por isso, para obter um forçamento capilar, somente os fluidos úmidos podem ser usados em tubos de calor.

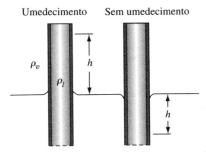

FIGURA 10.23 Aumento capilar em um tubo.

Substituindo as equações (10.34), (10.36), (10.37) e (10.39) para as condições de pressão na relação para o equilíbrio dinâmico, Eq. (10.33), resulta um dos principais critérios de projeto para tubos de calor:

$$\frac{2\sigma_l \cos\theta}{r_c} = \frac{\mu_l L_{\text{eff}} \dot{m}}{\rho_l K_w A_w} + \frac{64 \mu_v \dot{m} L_{\text{eff}}}{\rho_r \pi D_v^4} + \rho_l g L_{\text{eff}} \operatorname{sen}\phi \quad (10.40)$$

Se $(64\mu_v/\rho_v\pi D_v^4) \ll (\mu_l/\rho_l K_w A_w)$, a queda de pressão do vapor é insignificante e o segundo termo da Eq. (10.33) pode ser eliminado em um projeto preliminar.

A capacidade máxima de transporte de calor de um tubo de calor, devido a limitações de absorção, é dada pela seguinte relação:

$$q_{\text{máx}} = \dot{m}_{\text{máx}} h_{fg} \quad (10.41)$$

em que $\dot{m}_{\text{máx}}$ pode ser obtido da Eq. (10.40). Assumindo $\cos\theta = 1$ e uma queda de pressão de fluxo de vapor desprezível, pode-se resolver para $\dot{m}_{\text{máx}}$ e combinar o resultado com a Eq. (10.41) para obter a seguinte expressão para a capacidade máxima de transporte de calor:

$$q_{\text{máx}} = \left(\frac{\rho_l \sigma_l h_{fg}}{\mu_l}\right)\left(\frac{A_w K_w}{L_{\text{eff}}}\right)\left(\frac{2}{r_c} - \frac{\rho_l g L_{\text{eff}} \operatorname{sen}\phi}{\sigma_l}\right) \quad (10.42)$$

Na equação acima, todos os termos no primeiro parênteses $(\rho_l\sigma_l h_{fg}/\mu_l)$ são propriedades do fluido de trabalho. Esse grupo é conhecido como figura de mérito M:

$$M = \frac{\rho_l \sigma_l h_{fg}}{\mu_l} \quad (10.43)$$

e está representado na Fig. 10.24 como uma função da temperatura, para um certo número de fluidos de tubos de calor.

As propriedades geométricas do material com poros são funções de A_w, K e r_c. A Tabela 39 no Apêndice apresenta os dados para a dimensão e a permeabilidade do poro para alguns materiais porosos e dimensões de malha. Eles podem ser usados para o projeto preliminar, como mostrado no Exemplo 10.6, na página 682.

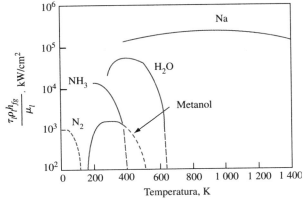

FIGURA 10.24 Figura de mérito para vários fluidos de trabalho de tubo de calor como uma função da temperatura.

Uma correlação largamente utilizada entre a transferência de calor máxima alcançável por um tubo de calor e suas dimensões dominantes e os parâmetros operacionais é:

$$q_{máx} = \frac{A_w h_{fg} g \rho_l^2}{\mu_l} \left(\frac{l_w K_w}{L_{eff}} \right) \qquad (10.44)$$

em que A_w = área da seção transversal do material poroso
 g = aceleração gravitacional
 h_{fg} = calor de vaporização do líquido
 ρ_l = densidade do líquido
 μ_l = viscosidade do líquido
 l_w = altura do fluido no material poroso

A altura do fluido no poro é dada por

$$l_w = \frac{2\sigma_l}{r_c \rho_l g} \qquad (10.45)$$

em que σ_l = tensão superficial
 r_c = raio efetivo de poro

A altura máxima atingida pelo fluido no poro devido à capilaridade com o sódio como fluido de trabalho é de, aproximadamente, 38,5 cm, o que é calculado assumindo um diâmetro de poros efetivo de $8,6 \times 10^{-3}$ cm. Isso é típico para uma tela feita com oito fios de $4,1 \times 10^{-3}$ cm de diâmetro por milímetro quadrado.

Os parâmetros mais dominantes que afetam a capacidade total da transferência de energia são a área do material poroso, a altura do fluido atingida e o comprimento do tubo de calor. Para qualquer altura efetiva, uma área do poro pode ser selecionada para conseguir a transferência de energia total desejada se a temperatura de operação, bem como as quedas de temperatura na seção de evaporador e na seção do condensador possam ser escolhidas livremente. No entanto, quando existe um limite para a temperatura do operador superior, bem como para a do tubo de calor na seção do condensador, a espessura da absorção pode ser determinada por essas considerações de temperatura. Em geral, a temperatura desce e a temperatura operacional sobe com o aumento da espessura do material poroso. Se a espessura do material poroso está baseada nas considerações da temperatura e da queda da temperatura, o comprimento máximo do tubo de calor para uma transferência de energia dada é determinado.

Embora um tubo de calor comporte-se como uma estrutura de altíssima condutividade térmica, ele tem limitações de transferência de calor que são regidas por certos princípios da mecânica dos fluidos. Os possíveis efeitos dessas limitações na capacidade de um tubo de calor com um fluido de trabalho de metal-líquido são mostrados na Fig. 10.25. As limitações individuais indicadas na figura são discutidas a seguir.

10.6.1 Limitação sônica

Quando o calor é transferido da seção do evaporador de um tubo de calor para a seção do condensador, a taxa de transferência de calor q entre as duas seções é dada por:

$$q = \dot{m}_v h_{fg} \qquad (10.46)$$

em que $\dot{m}_v$ é a taxa de fluxo de massa de vapor na saída do evaporador e h_{fg} é o calor latente do fluido. Devido à utilização da energia latente do fluido de trabalho, em vez da sua capacidade de calor, grandes taxas de transferência de calor podem ser conseguidas com um fluxo relativamente pequeno de massa. Além disso, se o calor é transferido por vapor de alta densidade/baixa velocidade, a transferência é quase isotérmica, porque são necessários apenas pequenos gradientes de pressão para mover o vapor.

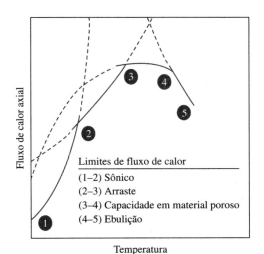

FIGURA 10.25 Limitações para o transporte de calor em um tubo de calor.

Para mostrar o efeito da densidade do vapor e da velocidade da transferência do calor, a Eq. (10.46) pode ser modificada utilizando-se a equação de continuidade

$$\dot{m}_v = \bar{\rho}_v \bar{u}_v A_v \tag{10.47}$$

em que $\bar{\rho}_v$ é a densidade média do vapor radial na saída do evaporador e A_v a área da seção transversal da passagem de vapor. Combinando as equações (10.46) e (10.47) e rearranjando, o resultado é:

$$\frac{q}{A_v} = \bar{\rho}_v \bar{u} h_{fg} \tag{10.48}$$

em que q/A_v é o fluxo de calor axial com base na área da seção transversal da passagem de vapor.

A Eq. (10.48) mostra que o fluxo de calor axial em um tubo de calor pode ser mantido constante e o ambiente do condensador ajustado para diminuir a pressão, a temperatura e a densidade do vapor, até que o fluxo na saída do evaporador se torne sônico. Uma vez que isto ocorre, as alterações de pressão no condensador não serão transmitidas para o evaporador. Essa condição limitante sônica está representada na Fig. 10.25 pela curva sólida entre os pontos 1 e 2. Alguns valores para os limites de fluxo de calor sônicos, como uma função da temperatura de saída do evaporador, são apresentados na Tabela 10.7 para Cs, K, Na e Li.

Embora, normalmente, os tubos de calor não sejam operados em fluxo sônico, tais condições foram encontradas durante a partida com os fluidos de trabalho listados na Tabela 10.7. As temperaturas durante tais partidas são sempre mais elevadas no início do evaporador de tubo de calor do que na saída do evaporador.

TABELA 10.7 Limitações sônicas de fluidos de trabalho de tubo de calor

Temperatura de saída do evaporador (°C)	Limites de Fluxo de Calor (kW/cm²)			
	Cs	K	Na	Li
400	1,0	0,5		
500	4,6	2,9	0,6	
600	14,9	12,1	3,5	
700	37,3	36,6	13,2	
800			38,9	1,0
900			94,2	3,9
1 000				12,0
1 100				31,1
1 200				71,0
1 300				143,8

10.6.2 Limitação de arraste

Normalmente, as limitações sônicas anteriormente discutidas não causam o secamento do material poroso com o sobreaquecimento do evaporador assistente. De fato, muitas vezes, elas impedem a realização de outras limitações durante a partida. No entanto, se é permitido o aumento da densidade do vapor sem um decréscimo de acompanhamento na velocidade, algum líquido do sistema de retorno do material pode sofrer arraste. O aparecimento do arraste expresso em termos de um número de Weber,

$$\frac{\rho_v \bar{u}^{-2} L_c}{2\pi \sigma_l} = 1 \qquad (10.49)$$

em que L_c é um comprimento característico que descreve o tamanho dos poros. A Eq. (10.49) expressa simplesmente a relação das forças inerciais do vapor para as forças de tensão da superfície dos líquidos. Quando essa relação excede a unidade, desenvolve-se uma condição muito semelhante à de um corpo de água agitado por ventos em alta velocidade em ondas que se propagam até que o líquido é arrancado de suas cristas. Uma vez que o arraste começa em um tubo de calor, a circulação do fluido aumenta até que o caminho de retorno do líquido não possa acomodar o fluxo aumentado. Isso causa a secagem e o sobreaquecimento do evaporador.

Devido ao comprimento da onda das perturbações na interface líquido-vapor em um tubo de calor ser determinado pela estrutura do material poroso, o limite de arraste pode ser estimado pela combinação das equações (10.48) e (10.49) para resultar:

$$\frac{q}{A_v} = h_{fg} \left(\frac{\lambda \pi \sigma_l \rho_v}{L_c} \right)^{1/2} \qquad (10.50)$$

A equação (10.50) pode então ser utilizada para obter o tipo de curva representado pela linha cheia entre os pontos 2 e 3 na Fig. 10.25.

10.6.3 Limitação de umedecimento do poro

A circulação de fluido em um tubo de calor é mantida por forças de capilaridade que se desenvolvem na estrutura do material poroso na interface líquido-vapor. Essas forças equilibram as perdas de pressão devidas ao fluxo nas fases de líquido e de vapor; elas se manifestam como muitos meniscos que permitem que a pressão no vapor seja mais alta que a pressão no líquido adjacente em todas as partes do sistema. Quando um menisco típico é caracterizado por dois principais raios de curvatura (r_1 e r_2), a queda de pressão ΔP_c por toda a superfície do líquido é dada por:

$$\Delta P_c = \sigma \left(\frac{1}{r_1} + \frac{1}{r_2} \right) \qquad (10.51)$$

Esses raios, que são menores na extremidade do evaporador do tubo de calor, diminuem ainda mais conforme aumenta a taxa da transferência do calor. Se o líquido umedece o material poroso perfeitamente, o raio será exatamente definido pela dimensão do poro do material quando um limite de transferência de calor é atingido. Qualquer aumento adicional na transferência de calor fará com que o líquido vá para o material poroso, e a secagem e o superaquecimento ocorrerão na extremidade do evaporador do sistema.

Tal como indicado pela Eq. (10.51), a força de capilaridade em um tubo de calor pode ser aumentada, diminuindo a dimensão dos poros do material expostos ao fluxo de vapor. No entanto, se a dimensão do poro é também diminuída no restante do material, o limite de absorção pode efetivamente ser reduzido devido à queda de pressão aumentada na fase líquida. Isso é mostrado pela *equação de Poiseuille* para a queda de pressão por capilaridade do tubo:

$$\Delta P_e = \frac{8 \mu_l \dot{m}_l L}{\pi r^4 \rho_l} \qquad (10.52)$$

em que μ é a viscosidade do líquido, $\dot{m}_l$ é a taxa de fluxo de massa do líquido, r é o raio do tubo, ρ é a densidade do líquido e L é o comprimento do tubo.

A Eq. (10.52) pode ser modificada para se obter a queda de pressão do líquido a uma taxa de transferência de calor q particular para várias estruturas de material poroso. As equações da Fig. 10.26, na próxima página, fornecem a queda de pressão para as estruturas de material poroso mostradas.

Embora o sistema de material poroso no formato de artéria pareça ideal, ele requer uma rede capilar adicional para distribuir o líquido sobre as superfícies utilizadas para a adição e a remoção do calor. Devido a essa complicação, as artérias são geralmente reservadas para os sistemas nos quais é provável que a ebulição ocorra dentro do material, se a massa da rede de retorno de líquido está localizada no caminho da entrada de calor. As consequências de tal ebulição serão discutidas mais tarde.

A Eq. (10.52b) é essencialmente a mesma que a Eq. (10.52c), exceto que ela envolve certo número de canais N e um raio r_e de canal efetivo, o qual é obtido do diâmetro hidráulico:

$$\frac{D_H}{2} = r_e = 2\left(\frac{\text{área de fluxo}}{\text{perímetro umedecido}}\right)$$

Embora os canais abertos estejam sujeitos a uma interação de vapor e líquido que provoca ondas, mas não arraste de líquido, a interação pode ser suprimida cobrindo-se esses canais com uma camada de tela de malha fina. Em razão de a tela estar localizada na interface do líquido e do vapor, seus finos poros fornecem grandes forças de capilaridade para a circulação do fluido, enquanto os canais proporcionam um percurso de escoamento menos restritivo para o retorno do líquido. Esse tipo geral de estrutura é chamado *porosidade composta* (ou pavio composto).

Todos os pavios compostos de tela podem ser feitas enrolando-se uma camada de tela fina em torno de um mandril, seguido por uma segunda camada de tela mais grossa. A montagem pode ser colocada em um tubo recipiente, para que seu diâmetro seja aumentado até que a parede interna entre em contato com a tela mais grossa. Em seguida, a quantidade $b/\varepsilon r_c^2$ na Eq. (10.52c) pode ser determinada por medições do fluxo do líquido através da tela antes do mandril ser retirado.

As quantidades nas equações acima são definidas como segue:

L_{eff} = comprimento efetivo da tubulação de calor
r_e = raio de canal efetivo
N = número de canais
b = fator de tortuosidade da tela
R_w = raio externo da estrutura da tela

R = raio de passagem de vapor
ε = fração de vazio na tela
r_c = raio efetivo de aberturas da tela
D = diâmetro médio do anel
w = largura do anel

Um sistema de pavio ideal para fluidos de trabalho de metal-líquido consiste de um tubo interior poroso separado de um tubo recipiente exterior por uma abertura que proporciona um anel desobstruído para o retorno do líquido. A queda de pressão em um anel concêntrico é obtida pela derivação da equação de Poiseuille para o fluxo entre duas placas paralelas. Apesar de não ser tão precisa como a equação para o deslocamento entre cilindros concêntricos, ela é mais fácil de manusear e é bastante precisa, desde que a largura do anel seja pequena comparada ao seu diâmetro médio. A Eq. (10.52e) para um anel crescente é obtida assumindo que o deslocamento obedece a uma função cosseno – a largura do anel dobra na parte superior do tubo, se torna zero na parte inferior e permanece inalterada nas laterais.

Na Fig. 10.25, a limitação da absorção é representada pela linha cheia entre os pontos 3 e 4. Embora essa limitação seja mostrada como ocorrendo em temperaturas em que essencialmente toda queda de pressão está na fase líquida, o efeito de uma queda de pressão de vapor significativa é indicado pela linha de extensão tracejada em temperaturas mais baixas.

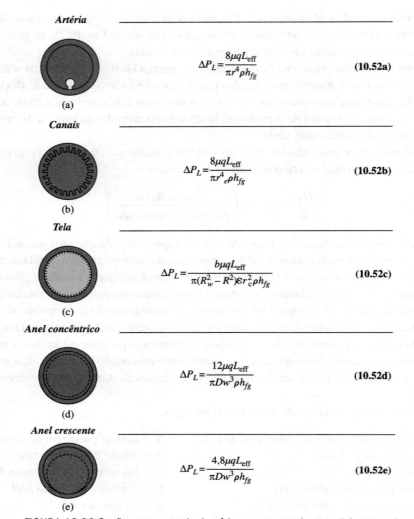

FIGURA 10.26 Seções transversais de várias estruturas de material poroso (pavio).

10.6.4 Limitações de ebulição

Na maioria dos sistemas de fluxo de duas fases, a formação de bolhas de vapor na fase líquida (ebulição) aumenta a convecção, o que é requerido para a transferência de calor. Muitas vezes, tal ebulição é difícil de ser produzida em sistemas de metal-líquido, porque o líquido tende a preencher os locais de nucleação necessários para a formação das bolhas. Em um tubo de calor, a convecção no líquido não é requerida porque o calor entra no tubo por condução por um pavio saturado fino. Além disso, a formação de bolhas de vapor é indesejável, porque elas podem causar pontos quentes e destruir a ação do pavio. Por conseguinte, os tubos de calor são geralmente aquecidos isotermicamente antes de serem usados para permitir que o líquido umedeça a parede interior do tubo de calor e para preencherem praticamente os menores locais de nucleação.

A ebulição pode ocorrer em fluxos de calor de entrada alta e altas temperaturas de operação. A curva entre os pontos 4 e 5 na Fig. 10.25 baseia-se nas seguintes equações:

$$p_i - p_l = \frac{2\sigma}{r} \tag{10.53}$$

$$\frac{q}{A} = \frac{k(T_w - T_v)}{t} \tag{10.54}$$

em que p_i é a pressão de vapor no interior da bolha, p_l a pressão no líquido adjacente, r o raio do maior local de nucleação, A a área de entrada de calor, k a condutividade térmica efetiva do pavio saturado, T_w a temperatura na parede interna, T_v a temperatura na interface líquido-vapor, e t é a espessura da primeira camada no pavio [78].

Uma vez que as dimensões dos locais de nucleação em um sistema são geralmente desconhecidas, não é possível prever quando ocorrerá a ebulição. No entanto, as equações (10.53) e (10.54) mostram como vários fatores influenciam a ebulição. Por exemplo, se os locais de nucleação são pequenos, será requerida uma grande diferença de pressão para as bolhas crescerem. Para um fluxo de entrada de calor dado, essa diferença de pressão dependerá da espessura e da condutividade térmica do pavio, da temperatura de saturação do vapor e da queda de pressão nas fases de vapor e líquida. Essa queda de pressão é, muitas vezes, desprezada, porque não é um fator no tratamento normal da ebulição.

A ebulição não é uma limitação com metais líquidos, mas quando a água é usada como fluido de trabalho, pode ser uma das principais limitações da transferência de calor, pois a condutividade térmica do fluido é baixa e não preenche prontamente os locais de nucleação. Atualmente, pouca informação experimental está disponível sobre essa limitação.

EXEMPLO 10.6 Determine a capacidade máxima de transporte de calor e a taxa de fluxo de líquido de um tubo de calor de água operando a 100°C e na pressão atmosférica. O tubo de calor tem 30 cm de comprimento e um diâmetro interno de 1 cm. O tubo de calor é inclinado a 30°, com o evaporador acima do condensador. O pavio consiste de quatro camadas de fósforo-bronze, tela de arame de malha 250 (diâmetro do arame de 0,045 mm) na superfície interior do tubo, como mostrado na Fig. 10.26(a).

SOLUÇÃO A relação de equilíbrio de pressão para evitar a secagem é:

$$(\Delta p_c)_{máx} \geq \Delta p_l + \Delta p_v + \Delta p_g$$

Como uma primeira aproximação na análise, desprezaremos a queda da pressão do vapor Δp_v. Substituindo na Eq. (10.39) para a altura de bombeamento capilar Δp_c nas equações (10.34) e (10.37) para a queda de pressão do líquido de Δp_l e do calor gravitacional Δp_g, respectivamente, resulta:

$$\frac{2\sigma_l \cos \theta}{r_c} = \frac{\mu_l q L_{eff}}{\rho_l h_{fg} A_w K_w} + \rho_l g L_{eff} \operatorname{sen} \phi$$

A área do pavio A_w é, aproximadamente:

$$A_w = \pi D t = \pi (1 \text{ cm})(4)(0,0045 \text{ cm})$$
$$= 0,057 \text{ cm}^2$$

em que t é a espessura das quatro camadas de malha de arame. O comprimento do fluxo efetivo L_{eff} é aproximadamente 0,30 m. Da Tabela 39, no Apêndice 2, o raio do poro r_c é 0,002 cm e a permeabilidade K é $0,3 \cdot 10^{-10}$ m². As propriedades da água a 100°C são, da Tabela 13 no Apêndice 2 e Tabela 10.2:

$$h_{fg} = 2,26 \times 10^6 \text{ J/kg}$$
$$\rho_l = 958 \text{ kg/m}^3$$
$$\mu_l = 279 \times 10^{-6} \text{ N s/m}^2$$
$$\sigma_l = 58,9 \times 10^{-3} \text{ N/m}$$

A taxa máxima do fluxo de líquido através do pavio pode ser obtida a partir da equação de equilíbrio de pressão. Assumindo um umedecimento perfeito com $\theta = 0$, substituindo $\dot{m}_{máx} h_{fg}$ por $q_{máx}$ e resolvendo para $\dot{m}_{máx}$ resulta:

$$\dot{m}_{máx} = \left(\frac{2\sigma_l}{r_c} - \rho_l g L_{eff} \operatorname{sen} \phi \right) \frac{\rho_l h_{fg} A_w K}{\mu_l L_{eff} h_{fg}}$$

$$= \left[\frac{2 \times 58{,}9 \times 10^{-3}\,\text{N/m}}{0{,}002 \times 10^{-2}\,\text{m}} - (958\,\text{kg/m}^3)(9{,}81\,\text{m/s}^2)(0{,}30\,\text{m})(0{,}5)\right]$$

$$\times \left[\frac{(958\,\text{kg/m}^3)(0{,}057 \times 10^{-4}\,\text{m}^2)(0{,}3 \times 10^{-10}\,\text{m}^2)}{(279 \times 10^{-6}\,\text{N s/m}^2)(0{,}30\,\text{m})}\right]$$

$$= 9{,}0 \times 10^{-6}\,\text{kg/s}$$

A capacidade máxima de transporte de calor é, então, com base na Eq. (10.41),

$$q_{\text{máx}} = \dot{m}_{\text{máx}}\, h_{fg}$$
$$= (8{,}8 \times 10^{-6}\,\text{kg/s})(2{,}26 \times 10^6\,\text{J/kg})$$
$$= 19{,}8\,\text{W}$$

Note que a capacidade de transporte de calor pode ser aumentada significativamente pela adição de duas ou três camadas de tela de malha 100.

Para um tratamento mais completo da teoria e da prática de tubo de calor, recomenda-se [78-81].

10.7* Congelamento e fusão

Problemas envolvendo a solidificação ou a fusão dos materiais são de importância considerável em muitos campos técnicos. Exemplos típicos no campo da engenharia são a fabricação de gelo, o congelamento de alimentos e a solidificação e fusão de metais em processos de fundição. Em geologia, a taxa de solidificação da terra foi utilizada para estimar a idade do nosso planeta. Qualquer que seja o campo de aplicação, o problema de interesse central é a taxa na qual ocorre a solidificação ou a fusão.

Consideraremos aqui apenas o problema de solidificação e é deixado para o leitor, como um exercício, mostrar que uma solução para esse problema é também uma solução para o problema correspondente na fusão. A Fig. 10.27 mostra a distribuição da temperatura em uma camada de gelo na superfície de um líquido. A face superior é exposta ao ar, à temperatura de subcongelamento. A formação de gelo ocorre progressivamente na interface sólido-líquido, como resultado da transferência de calor através do gelo para o ar frio. O calor flui por convecção da água para o gelo, por condução através do gelo, e por convecção para o dissipador. A camada de gelo é sub-resfriada, exceto para a interface em contato com o líquido, a qual está no ponto de congelamento. Uma porção do calor transferido para o dissipador é usada para resfriar o líquido na interface SL para o ponto de congelamento e para remover seu calor latente de solidificação. A outra parte serve para sub-resfriar o gelo. Sistemas cilíndricos ou esféricos podem ser descritos de uma maneira semelhante, mas a solidificação pode continuar, quer para dentro (como no congelamento da água no interior de uma lata) ou para fora (como no congelamento da água na parte externa de um tubo).

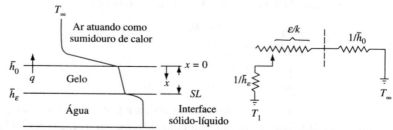

FIGURA 10.27 Distribuição de temperatura para a formação de gelo na água com a atuação do ar como sumidouro de calor e circuito térmico simplificado para o sistema com a capacidade de calor do sólido considerada desprezível.

O congelamento de uma laje pode ser formulado como um problema de valor-limite no qual a equação reguladora é a equação de condução geral para a fase sólida

$$\frac{\partial^2 T}{\partial x^2} = \frac{1}{\alpha} \frac{\partial T}{\partial t}$$

sujeita à condição de contorno que

$$-k\frac{\partial T}{\partial x} = \overline{h}_o(T_{x=0} - T_\infty) \qquad \text{para } x = 0$$

$$-k\frac{\partial T}{\partial x} = \rho L_f \frac{d\varepsilon}{dt} + \overline{h}_\varepsilon(T_l - T_{fr}) \text{ para } x = \varepsilon$$

em que ε = distância até a interface líquido-sólido, a qual é uma função do tempo t
L_f = calor latente de fusão do material
α = difusividade térmica da fase sólida ($k/\rho c$)
ρ = densidade da fase sólida
T_l = temperatura do líquido
T_∞ = temperatura do sumidouro de calor
T_{fr} = temperatura do ponto de congelamento
$\overline{h}_o$ = coeficiente de transferência de calor com $x = 0$, a interface ar-gelo
$\overline{h}_\varepsilon$ = coeficientes de transferência de calor com $x = \varepsilon$, a interface água-gelo

A solução analítica desse problema é muito difícil e foi obtida apenas para casos especiais. A razão para a dificuldade é que a equação que descreve o processo é uma diferencial parcial para a qual as soluções particulares são desconhecidas quando são impostas condições de contorno fisicamente realistas.

No entanto, pode ser obtida uma solução aproximada de valor prático considerando a capacidade de calor da fase sólida sub-resfriada como desprezível em relação ao calor latente de solidificação. Para simplificar ainda mais a análise, vamos considerar que as propriedades físicas do gelo, ρ, k, e c, são uniformes, que o líquido se encontra na temperatura de solidificação (isto é, $T_l = T_{fr}$ e $1/\overline{h}_\varepsilon = 0$) e que $\overline{h}_o$ e T_∞ são constantes durante o processo.

A taxa de fluxo de calor por unidade de área através da resistência oferecida pelo gelo e pelo ar, agindo em série, como um resultado do potencial de temperatura $(T_{fr} - T_\infty)$ é

$$\frac{q}{A} = \frac{T_{fr} - T_\infty}{1/\overline{h}_o + \varepsilon/k} \tag{10.55}$$

Esta é a taxa de fluxo de calor que remove o calor latente de fusão necessário para o congelamento na superfície $x = \varepsilon$ ou:

$$\frac{q}{A} = \rho L_f \frac{d\varepsilon}{dt} \tag{10.56}$$

em que $d\varepsilon/dt$ é a taxa de volume de formação de gelo por unidade de área na superfície crescente (m³/h m²) e ρL_f é o calor latente por unidade de volume (J/m³). Combinando as equações (10.55) e (10.56) para eliminar a taxa de fluxo de calor, resulta:

$$\frac{T_{fr} - T_\infty}{1/\overline{h}_o + \varepsilon/k} = \rho L_f \frac{d\varepsilon}{dt} \tag{10.57}$$

que relaciona a profundidade do gelo com o tempo de congelamento. As variáveis ε e t podem agora ser separadas e obtém-se:

$$d\varepsilon\left(\frac{1}{\overline{h}_o} + \frac{\varepsilon}{k}\right) = \frac{T_{fr} - T_\infty}{\rho L_f} dt \tag{10.58}$$

Para fazer essa equação adimensional, é necessário:

$$\varepsilon^+ = \frac{\overline{h}_o \varepsilon}{k}$$

e

$$t^+ = t\bar{h}_o^2 \frac{T_{fr} - T_\infty}{\rho L_f k}$$

Substituindo esses parâmetros adimensionais na Eq. (10.58) resulta:

$$d\varepsilon^+(1 + \varepsilon^+) = dt^+ \tag{10.59}$$

Se o processo de congelamento começa em $t = t^+ = 0$ e continua durante um tempo t, a solução da Eq. (10.59) obtida por integração entre os limites especificados é:

$$\varepsilon^+ + \frac{(\varepsilon^+)^2}{2} = t^+ \tag{10.60}$$

ou

$$\varepsilon^+ = -1 + \sqrt{1 + 2t^+} \tag{10.61}$$

Quando a temperatura do líquido T_l está acima da temperatura de fusão e o coeficiente de transferência de calor por convecção na interface sólido-líquido é $\bar{h}_c$, a equação adimensional que corresponde à Eq. (10.59) no tratamento simplificado anterior torna-se:

$$\frac{(1 + \varepsilon^+)d\varepsilon^+}{1 + R^+T^+(1 + \varepsilon^+)} = dt^+ \tag{10.62}$$

onde $R^+ = \dfrac{\bar{h}_\varepsilon}{\bar{h}_o}$

$T^+ = \dfrac{T_l - T_{fr}}{T_{fr} - T_\infty}$

e os outros símbolos representam as mesmas quantidades adimensionais anteriormente utilizadas na Eq. (10.59).

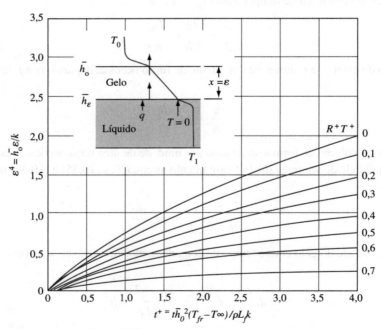

FIGURA 10.28 Solidificação da placa: espessura *versus* tempo.

Fonte: De London e Seban [82], com a permissão dos editores, American Society of Mechanical Engineers.

Para as condições de contorno que para $t^+ = 0$, $\varepsilon^+ = 0$ e para $t^+ = t^+$, $\varepsilon^+ = \varepsilon^+$, a solução da Eq. (10.62) torna-se:

$$t^+ = -\frac{1}{(R^+T^+)^2} \ln\left(1 + \frac{R^+T^+\varepsilon^+}{1 + R^+T^+}\right) + \frac{\varepsilon^+}{R^+T^+} \qquad (10.63)$$

Os resultados são mostrados graficamente na Fig. 10.28, na qual a espessura generalizada ε^+ é representada graficamente contra o tempo generalizado t^+, com a relação de *resistência-potencial generalizada* R^+T^+ como parâmetro.

EXEMPLO 10.7 Na produção de "Flakice", o gelo se forma em camadas finas em um tambor rotativo horizontal parcialmente submerso em água (veja Fig. 10.29). O cilindro é refrigerado internamente com um borrifo de solução salina a $-11°C$. O gelo formado na superfície exterior é removido conforme a superfície giratória do tambor emerge da água.

Para as condições de operação indicadas a seguir, estime o tempo necessário para formar uma camada de gelo que tenha 0,25 cm de espessura.

Temperatura de líquido-água = 4,4°C
Condutância de superfície-líquido = 57 W/m² K
Condutância entre a salmoura e o gelo (incluindo a parede de metal) = 570 W/m² K

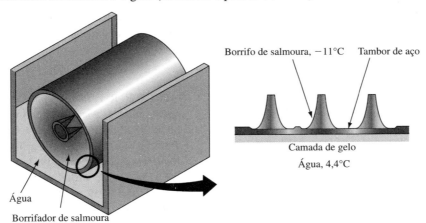

FIGURA 10.29 Diagrama esquemático para o Exemplo 10.7.

Use as seguintes propriedades para o gelo: calor latente de fusão = 333 700 J/kg; condutividade térmica = 2,22 W/m K; densidade = 918 kg/m³.

SOLUÇÃO Para as condições estabelecidas acima, temos:

$$R^+ = \frac{\bar{h}_\epsilon}{\bar{h}_o} = \frac{57}{570} = 0,1$$

$$T^+ = \frac{T_l - T_{fr}}{T_{fr} - T_\infty} = \frac{4,4 - 0}{0 - (-11)} = 0,4$$

$$\varepsilon^+ = \frac{\bar{h}_o \varepsilon}{k_{\text{gelo}}} = \frac{(570\,\text{W/m}^2\,°\text{C})(0,0025\,\text{m})}{2,32\,\text{W/m}\,°\text{C}} = 0,614$$

Assumimos agora que o gelo é uma folha. Isso se justifica porque a espessura do gelo é muito pequena se comparada ao raio de curvatura do tambor. As condições de limite para esse problema são, então, as mesmas que as assumidas na solução da Eq. (10.63), por isso essa equação é a solução para o problema em questão. Substituindo os valores numéricos para r^+, T^+ e ε^+ na Eq. (10.63) resulta:

$$t^+ = -\frac{1}{(0,04)^2} \ln\left(1 + \frac{0,0246}{1 + 0,04}\right) + \frac{0,614}{0,04} = 0,739$$

A partir da definição de t^+, o tempo t é:

$$t = \frac{0,739\rho L_f k}{\overline{h}_o^2(T_{fr} - T_\infty)}$$

$$= \frac{(0,739)(918\,\text{kg/m}^3)(333\,700\,\text{J/kg})(2,22\,\text{W/m K})}{(570\,\text{W/m}^2\,°\text{C})^2(11)(\text{K})} = 141\,\text{s}$$

Uma estimativa do erro causado por se desprezar a capacidade calorífica da parte solidificada foi obtida por meio de uma rede elétrica que simula o congelamento de uma laje originalmente na temperatura de fusão [83]. Verificou-se que o erro não é apreciável quando $\varepsilon\overline{h}_o/k$ é menor que 0,1 ou quando $L_f/(T_{fr} - T_\infty)c$ é maior que 1,5 [84]. Na faixa intermediária, as taxas de congelamento previstas pela análise simplificada são muito grandes. As soluções aqui apresentadas são válidas para o gelo e para outras substâncias que têm grandes calores de fusão. Um método aproximado para a previsão da taxa de congelamento do aço e de outros metais, em que $L_f/(T_{fr} - T_\infty)c$ pode ser inferior a 1,5 é apresentado em Cochran [84]. Métodos numéricos de solução para sistemas que envolvem uma mudança de fase são apresentados em Murray e Landis [85] e Lazaridis [86]. A fusão e o congelamento em cunhas e cantos foram analisados por Budhia e Kreith [87]. Uma visão geral da fusão e do congelamento é dada em Lion [88].

Referências

1. BERGLES, A. E. Fundamentals of Boiling and Evaporation. In: KAKAÇ, S.; BERGLES, A. E.; FERNANDES, E. O. (Eds.). *Two-Phase Flow Heat Exchangers*: Thermal-Hydraulic Fundamentals and Design. Kluwer Academic Publishers, Dordrecht, The Netherlands, 1988, p. 159-200.
2. CAREY, Van P. Liquid-Vapor Phase-Change Phenovena. Washington. D.C.: Hemisphere Publ. Co., 1992, 2 ed.; New York, NY: Taylor & Francis, 2007.
3. JORDAN, D. P. Film and Transition Boiling. In: IRVINE Jr., T. F.; HARTNETT, J. P. (Eds.). *Advances in Heat Transfer*. v. 5. New York: Academic Press., 1968, p. 55-125.
4. LEPPERT, G.; PITTS, C. C. Boiling. In: IRVINE Jr., T. F.; HARTNETT, J. P. (Eds.). *Advances in Heat Transfer*. v. 1, New York: Academic Press, 1968, p. 185-265.
5. ROHSENOW, W. M. Boiling Heat Transfer. In: ROHSENOW, W. M. (Ed.). *Developments in Heat Transfer*. Cambridge, Mass., MIT Press. 1964, p. 169-260.
6. FARBER, E. A.; SCORAH, R. L. Heat Transfer to Water Boiling under Pressure. Trans. ASME, v. 70, 1948, p. 369-384.
7. NUKIYAMA, S. Maximum and Minimum Values of Heat Transmitted from a Metal to Boiling Water under Atmospheric Pressure. *J. Soc. Mech. Eng. Jpn.*, v.37, n. 206, 1934, p. 367-394.
8. ENGELBERG-FORSTER, K; GREIF, R. Heat Transfer to a Boiling Liquid – Mechanism and Correlations. Trans. ASME. *Ser. C. J. Heat Transfer*, v. 81, Feb. 1959, p. 43-53.
9. GAERTNER, R. F. *Photographic Study of Nucleate Pool Boiling on a Horizontal Surface*. Artigo ASME 63-WA-76.
10. MOISSIS, R.; BERENSON, P. J. On the Hydrodynamic Transitions in Nucleate Boiling. Trans. ASME. *Ser. C. J. Heat Transfer*, v. 85, Aug. 1963, p. 221-229.
11. WESTWATER, J. W. Boiling Heat Transfer. *Am. Sci.*, v. 47, n. 3, Sept. 1959, p. 427-446.
12. BERENSON, P. J. Experiments on Pool-Boiling Heat Transfer. *Int. J. Heat Mass Transfer*, v. 5, 1962, p. 985-999.
13. DHIR, V. K. Numerical Simulations of Pool-Boiling Heat Transfer. *AIChE Journal*, v.47, n. 4, 2001, p. 813-834.
14. STEPHAN, P.; KERN, J. Evaluation of Heat and Mass Transfer Phenomena in Nucleate Boiling. *International Journal of Heat and Fluid Flow*, v. 25, 2004, p. 140-148.
15. GUNTHER, F. C. *Photographic Study of Surface Boiling Heat Transfer with Forced Convection*. Trans. ASME, v.73, 1951, p. 115-123.
16. ELLION, M. E. *A Study of the Mechanism of Boiling Heat Transfer*. Memorandum 20-88. Pasadena, Calif: Jet Propulsion Laboratory, mar. 1954.
17. ROHSENOW, W. M. *A Method of Correlating Heat-Transfer Data for Surface Boiling Liquids*. Trans. ASME, v. 74, 1952, p. 969-975.
18. VACHON, R. I.; NIX, G. H.; TANGER, G. E. Evaluation of Constants for the Rohsenow Pool-Boiling Correlation. Trans. ASME, *Ser. C. J. Heat Transfer*, v. 90, 1968, p. 239-247.

19. ADDOMS, J. N. *Heat Transfer at High Rates to Water Boiling outside Cylinders*. D.Sc. Thesis, Dept. of Chemical Engineering, Massachusetts Institute of Technology, 1948.
20. McADAMS, W. H. et al. Heat Transfer from Single Horizontal Wires to Boiling Water. *Chem. Eng. Prog.*, v. 44, 1948, p. 639-646.
21. McADAMS, W. H. *Heat Transmission*. 3 ed., New York: McGrawHill, 1954.
22. CORNWELL, K.; HOUSTON, S. D. Nucleate Pool Boiling on Horizontal Tubes: A Convection-Based Correlation. *International Journal of Heat and Mass Transfer*, v. 37, supl. 1, 1994, p. 303-309.
23. WASEKAR, V. M.; MANGLIK, R. M. Pool Boiling Heat Transfer in Aqueous Solutions of an Anionic Surfactant. *Journal of Heat Transfer*, v. 122, 2000, p. 708-715.
24. COLLIER, J. G.; THOME, J. R. *Convective Boiling and Cemquensation*. 3 ed., Oxford, UK: Clarendon Press, 2001.
25. PIRET, E. L.; ISBIN, H. S. Natural Circulation Evaporation Two-Phase Heat Transfer. *Chem. Eng. Prog.*, v. 50, 1954, p. 305.
26. CICHELLI, M. T.; BONILLA, C. F. *Heat Transfer to Liquids Boiling under Pressure*. Trans. AIChE, v. 41, 1945, p. 755-787.
27. CRYDER, D. S.; FINALBARGO, A. C. *Heat Transmission from Metal Surfaces to Boiling Liquids*: Effect of Temperature of the Liquid on Film Coefficient. Trans. AIChE, v. 33, 1937, p. 346-362.
28. Steam – Its Generation and Use. New York: Babcock & Wilcox Co., 1955.
29. KREITH, F.; SUMMERFIELD, M. J. *Heat Transfer to Water at High Flux Densities with and without Surface Boiling*. Trans. ASME, v. 71, 1949, p. 805-815.
30. ZUBER, N.; TRIBUS, M. Further Remarks on the Stability of Boiling Heat Transfer. Rel. 58-5, Dept. of Engineering, Los Angeles: Univ. of Calif., 1958.
31. KUTATELADZE, S. S. A Hydrodynamic Theory of Changes in a Boiling Process under Free Convection. *Izv. Akad. Nauk SSSR Otd. Teckh. Nauk*, n. 4, 1951, p. 524.
32. ZUBER, N.; TRIBUS, M.; WESTWATER, J. W. The Hydrodynamic Crisis in Pool Boiling of Saturated and Subcooled Liquids. In: Proceedings of the International Conference on Developments in Heat Transfer, Am. Soc. of Mech. Eng. (ASME) New York, 1962, p. 230-236.
33. LIENHARD, J. H.; DHIR, V. K. *Extended Hydrodynamic Theory of the Peak and Maximum Pool Boiling Heat Fluxes*. NASA Contract. Rept. CR-2270, July 1973.
34. USISKIN, C. M.; SIEGEL, R. An Experimental Study of Boiling in Reduced and Zero Gravity Fields. Trans. ASME, Ser. C, v. 83, 1961, p. 243-253.
35. LIENHARD, J. H.; DHIR, V. K.; RIHERD, D. M. Peak Pool Boiling Heat Flux Measurements on Finite Horizontal Flat Plates. ASME *J. Heat Transfer*, v. 95, 1973, p. 477-482.
36. SON, K. H.; LIENHARD, J. H. The Peak Pool Boiling Heat Flux on Horizontal Cylinders. *Int. J. Heat and Mass Transfer*, v. 13, 1970, p. 1425-1439.
37. LIENHARD, J. H.; DHIR, V. K. Hydrodynamic Prediction of Peak Pool-Boiling Heat Fluxes from Finite Bodies. ASME *J. Heat Transfer*, v. 95, 1973, p. 152-158.
38. DED, J. S.; LIENHARD, J. H. The Peak Pool Boiling Heat Flux from a Sphere. *AIChE Journal*, v. 18, 1972, p. 337-342.
39. HUBER, D. A.; HOEHNE, J. C. Pool Boiling of Benzene, Diphenyl, and Benzene-Diphenyl Mixtures under Pressure. Trans. ASME, Ser. C, v. 85, 1963, p. 215-220.
40. MANGLIK, R. M.; JOG, M. A. Molecular-to-Large - Scale Heat Transfer with Multiphase Interfaces: Current Status and New Directions. *Journal of Heat Transfer*, v. 131, n. 12, 2009.
41. MANGLIK, R. M. Heat Transfer Enhancement. In: BEJAN, A.; KRAUS, A. D. (Eds.). *Heat Transfer Handbook*. Chap. 14, Hoboken, NJ: Wiley, 2003.
42. WEBB, R. L. The Evolution of Enhanced Surface Geometries for Nucleate Boiling. *Heat Transfer Engineering*. v. 2, 1981, p. 46-69.
43. BROMLEY, L. A. Heat Transfer in Stable Film Boiling. *Chem. Eng. Prog.*, v. 46, 1950, p. 221-227.
44. WESTWATER, J. W.; BREEN, B. P. Effect of Diameter of Horizontal Tubes on Film Boiling Heat Transfer. *Chem. Eng. Prog.*, v. 58, 1962, p. 67-72.
45. BERENSON, P. J.; STONE, R. A. A Photographic Study of the Mechanism of Forced-Convection Vaporization. AIChE Reprint, n. 21, *Symposium on Heat Transfer*, San Juan, Puerto Rico, 1963.
46. KONMUTSOS, K.; MOISSIS, R.; SPYRIDONOS, A. A Study of Bubble Departure in Forced Convection Boiling. Trans. ASME, Ser. C., *J. Heat Transfer*, v. 90, 1968, p. 223-230.
47. MILES, J. W. The Hydrodynamic Stability of a Thin Film of Liquid in Uniform Shearing Motion. *J. Fluid Mech.*, v. 8, 1961, p. 592-610.
48. McADAMS, W. H.; KENNEL, W. E.; MINDEN, C. S.; CARL, R.; PICARNELL, P. M.; DREW, J. E. Heat Transfer at High Rates to Water with Surface Boiling. *Ind. Eng. Chem.*, v. 41, 1949, p. 1945-1953.
49. W. H. Jens G. Leppert. *Recent Developments in Boiling Research*. and II. J. Am. Eng., v. 66, 1955, p. 437-456; v. 67, 1955, p. 137-155.
50. CHEN, J. C. Correlation for Boiling Heat Transfer to Saturated Liquids in Convective Flow. *Ind. Eng. Chem. Proc. Des. Dev.*, v. 5, 1966, p. 332.
51. COLLIER, J. G. Forced Convective Boiling. *Two Phase Flow and Heat Transfer*, Chap. 8, Washington, D.C.: Hemisphere, 1981, p. 247-248.
52. GRIFFITH, P. Correlation of Nucleate-Boiling Burnout Data. ASME Paper 57-HT-21.

53. GRIFFITH, P. *Two Phase Flow in Pipes*. Course notes. Cambridge: Massachusetts Institute of Technology, 1964.
54. LOCKHART, R. W.; MARTINELLI, R. C. Proposed Correlation of Data for Isothermal Two -Component Flow in Pipes. *Chem. Eng. Prog.*, v. 45, 1949, p. 39-48.
55. TONG, L. S. *Boiling Heat Transfer and Two - Phase Flow*. Wiley, New York, 1965.
56. KREITH, F.; MARGOLIS, M. Heat Transfer and Friction in Turbulent Vortex Flow. *Appl. Sci. Res., Sec. A*, v. 8, 1959, p. 457-473.
57. GAMBILL, W. R.; BUNDY, R. D.; WANSBROUGH, R. W. Heat Transfer, Burnout, and Pressure Drop for Water in Swirl Flow through Tubes with Internal Twisted Tapes. *Chem. Eng. Prog.Symp.Ser.*, n. 32, v. 57, 1961, p. 127-137.
58. MANGLIK, R. M.; BERGLES, A. E. Swirl Flow Heat Transfer and Pressure Drop with Twisted-Tape Inserts. *Advances in Heat Transfer*, v. 36, New York: Academic Press, 2002, p. 183-266.
59. GROENEVELD, D. C. *Post-Dryout Heat Transfer at Reactor Operating Correlations*. Artigo AECL- 4513. Salt Lake City: UT National Topical Meeting on Water Reactor Safety, ANS, 1973.
60. ROHSENOW, W. M.; HARNETT, J. P.; CHO, Y. I. (Eds.). *Handbook of Heat Transfer*. New York: McGraw-Hill, 1998.
61. TONG, L. S.; YOUNG, J. D. A Phenomenological Transition and Film Boiling Heat Transfer Correlation. *Proc. 5th Int. Heat Transfer Conf.*, Tokyo, Sept. 1974.
62. NUSSELT, W. Die Oberflächenkemquensation des Wasserdampfes. *Z. Ver. Dtsch. Ing.*, v. 60, 1916, p. 541 e 569.
63. ROHSENOW, W. M. *Heat Transfer and Temperature Distribution in Laminar* - Film Cemquensation. Trans. ASME, v. 78, 1956, p. 1645-1648.
64. CHEN, M. M. An Analytical Study of Laminar Film Cemquensation. part 1. Flat Plates and part 2. Single and Multiple Horizontal Tubes. Trans. ASME, *Ser. C*, v. 83, 1961, p. 48-60.
65. ROHSENOW, W. M.; WEBER, J. M.; LING, A. T. *Effect of Vapor Velocity on Laminar and Turbulent Film Cemquensation*. Trans. ASME, v. 78, 1956, p. 1637-1644.
66. COLBURN, A. P. *The Calculation of Cemquensation Where a Portion of the Cemquensate Layer Is in Turbulent Flow*. Trans. AIChE. v. 30, 1933, p. 187.
67. KIRKBRIDGE, C. G. *Heat Transfer by Cemquensing Vapors on Vertical Tubes*. Trans. AIChE, v. 30, 1933, p. 170.
68. CARPENTER, E. F.; COLBURN, A. P. The Effect of Vapor Velocity on Cemquensation Inside Tubes. In: Proceedings, *General Discussion on Heat Transfer*, Inst. Mech. Eng. ASME, 1951, p. 20-26.
69. SOLIMAN, M.; SCHUSTER, J. R.; BERENSON, P. J. A General Heat Transfer Correlation for Annular Flow Cemquensation. *J. Heat Transfer*, v. 90, 1968, p. 267-276.
70. SHEKRILADZE, I. G.; GOMELAURI, V. I. Theoretical Study of Laminar Film Cemquensation of Steam. *Trans. Int. J. Heat Mass Transfer*, v. 9, 1966, p. 581-591.
71. DREW, T. B.; NAGLE, W. M.; SMITH, W. Q. *The Conditions for DropwiseCemquensation of Steam*. Trans. AIChE, v. 31, 1935, p. 605-621.
72. SILVER, R. S. An Approach to a General Theory of Surface Cemquensers. *Proc. Inst. Mech. Eng.*, v. 178, part 1, n. 14, 1964, p. 339-376.
73. ROSE, J. W. On the Mechanism of DropwiseCemquensation. *Int. J. Heat Mass Transfer*, v. 10, 1967, p. 755-762.
74. GRIFFITH, P.; LEE, M. S. The Effect of Surface Thermal Properties and Finish on Dropwise Cemquensation. *Int. J. Heat Mass Transfer*, v. 10, 1967, p. 697-707.
75. KATZ, A. P.; MACINTIRE, H. J.; GOULD, R. E. *Heat Transfer in Ammonia Cemquensers*. Bull. 209, Univ. Ill. Eng. Expt. Stn., 1930.
76. KATZ, D. L.; YOUNG, E. H.; BALEKJIAN, G. *Cemquensing Vapors on Finned Tubes*. Petroleum Refiner, nov. 1954, p. 175-178.
77. DUTCHE, R. C. H.; BURKE, M. R. *Heat Pipes*: A Cool Way to Cool Circuits. Electronics, feb. 16, 1970, p. 93-100.
78. DUNN, P. D.; REAY, D. A. *Heat Pipes*. 3 ed., New York Pergamon, 1982.
79. CHI, S. W. *Heat Pipe Theory and Practice*. Washington D.C.: Hemisphere, 1976.
80. RICHTER, R. Solar Collector Thermal Power Systems. v. 1, Rept. AFAPL-TR-74-89-1, Xerox Corp., Pasadena, Calif.: NTIS AD/A-000-940, National Technical Information Service, Springfield, Va., 1974.
81. SWANSON, L. Heat Pipes. In: KREITH, F. (Ed.). CRC Handbook of Mechanical Engineering. Boca Raton, FL: CRC Press, 1998.
82. LONDON, A. L.; SEBAN, R. A. *Rate of Ice Formation*. Trans. ASME, v. 65, 1943, p. 771-778.
83. KREITH, F.; ROMIE, F. E. A Study of the Thermal Diffusion Equation with Boundary Conditions Corresponding to Freezing or Melting of Materials at the Fusion Temperature. *Proc. Phys. Soc.*, v. 68, 1955, p. 277-291.
84. COCHRAN, D. L. *Solidification Application and Extension of Theory*. Tech. Rept. 24, Navy Contract N6-ONR-251, Stanford Univ., 1955.
85. MURRAY, W. D.; LANDIS, F. *Numerical and Machine Solutions of Transient Heat Conduction Problems Involving Melting or Freezing*. Trans. ASME, v. 81, 1959, p. 106-112.
86. LAZARIDIS, A. A Numerical Solution of the MultiDimensional Solidification (or Melting) Problem. *Int. J. Heat Mass Transfer*, v. 13, 1970, p. 1459-1477.
87. BUDHIA, H.; KREITH, F. Heat Transfer with Melting or Freezing in a Wedge. *Int. J. Heat Mass Transfer*, v. 16, 1973, p.195-211.
88. LION, N. Melting and Freezing. In: KREITH, F. (Ed.). CRC Handbook of Thermal Engineering, Boca Raton, Fl: CRC Press, 2000.
89. GOSWAMI, D. Y.; KREITH, F.; KREIDER, J. F. *Principles of Solar Engineering*. 2 ed., Philadelphia, PA: Taylor and Francis, Fig. 3.32, 2000.

Problemas

Os problemas para este capítulo estão organizados por assunto, como mostrado abaixo.

Tópico	Número do problema
Ebulição em recipiente (vaso)	10.1– 10.15
Ebulição de película	10.16 – 10.17
Ebulição por convecção	10.18 – 10.19
Condensação	10.20 – 10.31
Congelamento	10.32 – 10.36
Tubulações de calor	10.37 – 10.40

10.1 Água à pressão atmosférica está fervendo em uma panela com um fundo de cobre plano sobre um fogão elétrico que mantém a temperatura da superfície a 115°C. Calcule o coeficiente da transferência do calor da ebulição.

10.2 Estime o coeficiente da transferência do calor em ebulição nucleada para a água à pressão atmosférica na superfície exterior de um tubo vertical de cobre de 1,5 cm de diâmetro externo e 1,5 m de comprimento. Considere que a temperatura da superfície do tubo é constante a 10 K acima da temperatura de saturação.

10.3 Estime o fluxo de calor máximo obtido com ebulição nucleada em vaso em uma superfície limpa para: (a) água a 1 atm sobre latão; (b) água a 10 atm sobre latão.

10.4 Determine o excesso de temperatura na metade do fluxo máximo de calor para as combinações de fluido-superfície no Problema 10.3.

10.5 Em um experimento de ebulição em vaso, no qual a água estava em ebulição em uma grande superfície horizontal, à pressão atmosférica, um fluxo de calor de 4×10^5 W/m^2 foi medido a uma temperatura de excesso de 14,5 K. Qual era o material da superfície de ebulição?

10.6 Compare o fluxo crítico de calor para uma superfície horizontal plana com a de um fio horizontal de 3 mm de diâmetro submerso em água, à temperatura e pressão de saturação.

10.7 Para ebulição saturada em vaso de água sobre uma placa horizontal, calcule o pico de fluxo de calor, sob pressões de 10, 20, 40, 60 e 80% da pressão crítica p_c. Trace seus resultados como $q''_{máx}/p_c$ versus p/p_c. A tensão superficial da água pode ser tomada como $\sigma = 0{,}0743\,(1 - 0{,}0026\,T)$, em que σ está em newtons por metro e T em graus centígrados. A pressão crítica da água é 22,09 MPa.

10.8 Uma placa de aço inoxidável plana de 0,6 cm de espessura, 7,5 cm de largura e 0,3 m de comprimento está imersa na horizontal a uma temperatura inicial de 980°C em um grande banho de água a 100°C e à pressão atmosférica. Determine quanto tempo levará para esfriar essa placa para 540°C.

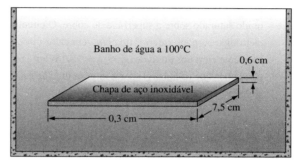

10.9 Calcule o fluxo máximo de calor atingível em ebulição nucleada com água saturada a 2 atm de pressão, em um campo gravitacional equivalente a um décimo do da Terra.

10.10 Prepare um gráfico que mostre o efeito do sub-resfriamento entre 0°C e 50°C no fluxo de calor máximo calculado no Problema 10.9.

10.11 Um tubo de cobre de parede fina, horizontal, de 0,5 cm de diâmetro externo está colocado em um reservatório de água à pressão atmosférica e a 100°C. No interior do tubo, um vapor orgânico está condensando e a temperatura da superfície exterior do tubo é uniforme a 232°C. Calcule o coeficiente de transferência de calor médio do lado de fora do tubo.

10.12 Na transferência de calor por ebulição (e condensação), o coeficiente de transferência de calor por convecção h_c depende da diferença entre as temperaturas de saturação e da superfície, $\Delta T = (T_{superfície} - T_{saturação})$, a força do corpo resultante da diferença da densidade entre o líquido e o vapor, $g(\rho_l - \rho_v)$, o calor latente, h_{fg}, a tensão superficial, σ, um comprimento característico do sistema, L, e as propriedades termofísicas do líquido ou do vapor, ρ, c_p, k e μ. Assim, podemos escrever:

$$h_c = h_c\{\Delta T, g(\rho_l - \rho_v), h_{fg}, \sigma, L, \rho, c_p, k, \mu\}$$

Determine: (a) o número de grupos adimensionais necessários para correlacionar os dados experimentais;(b) os grupos adimensionais adequados que devem incluir o Número de Prandtl, o Número de Jakob e o Número de Bond ($g\,\Delta\rho L^2/\sigma$).

10.13 As preocupações ambientais têm motivado recentemente a busca de substitutos para os refrigerantes de cloro-fluor-carbono. Foi concebido um experimento para determinar a aplicabilidade de uma substituição desse tipo. Um *chip* de silício está ligado ao fundo de uma placa de cobre fina, como mostrado no diagrama abaixo. Esse *chip* tem 0,2 cm de espessura e uma condutividade térmica de 125 W/m K. A placa de cobre tem 0,1 cm de espessura e não há qualquer resistência de contato entre o *chip* e a placa de cobre. Esse conjunto deve ser resfriado pela ebulição de um refrigerante líquido saturado sobre a superfície de cobre. O circuito eletrônico na parte inferior do *chip* gera calor uniformemente com um fluxo de $q_0'' = 5 \times 10^4 \text{ W/m}^2$. Suponhamos que os lados e a parte inferior do *chip* estão isolados.

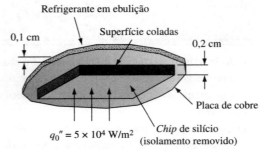

Calcule a temperatura no estado estacionário na superfície do cobre e na parte inferior do *chip*, bem como o fluxo máximo de calor na ebulição em vaso, assumindo que o coeficiente de ebulição, C_{sf}, é o mesmo que para o n-pentano em cobre polido. As propriedades físicas desse novo refrigerante são $c_p = 1\,100$ J/kg K, $h_{fg} = 8,4 \times 10^4$ J/kg, $\rho_l = 1\,620$ kg/m³, $\rho_v = 13,4$ kg/m³, $\sigma = 0,081$ N/m, $\mu_l = 4,4 \times 10^{-4}$ kg/m s, $T_\text{sat} = 60°C$ e $\text{Pr}_l = 9,0$.

10.14 Recentemente foi proposto por Andraka et al, do Sandia *National Laboratories Albuquerque*, no trabalho *Sodium Reflux Pool-Boiler Solar Receiver On-Sun Test Results* (SAND89-2773, June 1992), que o fluxo de calor a partir de um concentrador solar de prato parabólico pode ser conduzido de forma eficaz para um motor Stirling por uma caldeira de vaso líquido-metal. O esboço a seguir mostra uma seção transversal do conjunto caldeira de reservatório-receptor. O fluxo solar é absorvido no lado côncavo de uma cúpula hemisférica absorvedora, com ebulição de metal de sódio fundido sobre o lado convexo da cúpula. O vapor de sódio condensa sobre o tubo de aquecimento do motor, como mostrado perto da parte superior da figura. A condensação de sódio transfere o seu calor latente para o fluido de trabalho do motor que circula no interior do tubo. Cálculos indicam que deve ser esperado um fluxo de calor máximo de 75 W/cm² entregue pelo concentrador de energia solar para a cúpula do absorvedor.

Após o receptor ter sido testado por cerca de 50 horas, uma pequena mancha na cúpula do absorvedor derreteu de repente e o receptor falhou. É possível que o fluxo crítico para a ebulição de sódio tenha sido ultrapassado? Use as seguintes propriedades para o sódio: $\rho_v = 0,056$ kg/m³, $\rho_l = 779$ kg/m³, $h_{fg} = 4,039 \times 10^6$ J/kg, $\sigma_l = 0,138$ N/m, $\mu_l = 1,8 \times 10^{-4}$ kg/m s.

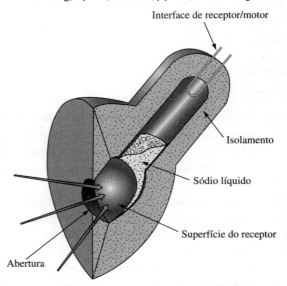

10.15 Calcule o pico de fluxo de calor para a ebulição nucleada em vaso de água à pressão de 3 atm e 110°C em cobre limpo.

10.16 Calcule o coeficiente de transferência de calor para a ebulição de película da água em um tubo horizontal de 1,3 cm, considerando que a temperatura do tubo é de 550°C e o sistema colocado sob uma pressão de 0,5 atm.

10.17 Um elemento de aquecimento elétrico revestido de metal de forma cilíndrica, como mostrado no diagrama abaixo, é imerso em água à pressão atmosférica. O elemento tem 5 cm de diâmetro externo e a geração de calor produz uma temperatura superficial de 300°C. Estime o fluxo de calor sob as condições no estado estacionário e a taxa de geração de calor por unidade de comprimento.

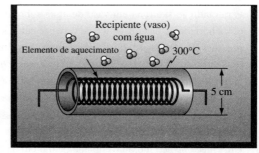

10.18 Calcule o fluxo máximo de calor seguro no regime de ebulição nucleada para água fluindo a uma velocidade de 15 m/s por meio de um tubo de 1,2 cm de diâmetro interno e 0,31 m de comprimento, se a água entra a 1 atm e 100°C.

10.19 Durante os anos 1980, a tecnologia elétrica térmica solar foi comercializada com a instalação de 350 MW de capacidade de geração de energia elétrica no deserto da Califórnia. A tecnologia envolveu o aquecimento de um óleo de transferência de calor em tubos receptores colocados no foco de concentradores solar de calha parabólica. O óleo de transferência de calor foi então usado para gerar vapor que, por sua vez, alimentou uma turbina a vapor/gerador elétrico. Uma vez que a transferência do calor do óleo para o vapor gera uma queda de temperatura e consequente perda da eficiência térmica, estão sendo consideradas alternativas para uma instalação futura. Em uma delas, o vapor seria gerado diretamente no interior dos tubos do receptor. Considere uma situação na qual um fluxo de calor de 50 000 W/m² é absorvido sobre a superfície exterior de um tubo de aço inoxidável 316 de 12,7 mm de diâmetro interno, com uma espessura de parede de 1,245 milímetros. Dentro do tubo, água líquida saturada a 300°C escoa a uma taxa de 100 kg/h. Determine a temperatura da parede do tubo, considerando que a qualidade de vapor deve ser aumentada para 0,5 e que a viscosidade do vapor à pressão de operação é $\mu_v = 2.0 \times 10^{-5}$ kg/m s. Despreze as perdas de calor do lado de fora do receptor. Veja Goswami, Kreith e Kreider [89] para uma descrição do sistema.

10.20 Calcule o coeficiente de transferência de calor médio para condensação do tipo de película de água a pressões de 10 kPa e 101 kPa para: (a) uma superfície vertical de 1,5 m de altura; (b) a superfície exterior de um tubo vertical de 1,5 cm de diâmetro externo com 1,5 m de comprimento; (c) a superfície exterior de um tubo horizontal de 1,6 cm de diâmetro externo com 1,5 m de comprimento; (d) um banco vertical de 10 tubos horizontais de 1,6 cm de diâmetro externo com 1,5 m de comprimento. Em todos os casos, considere que a velocidade do vapor pode ser desprezada e que as temperaturas da superfície são constantes a 11°C abaixo da temperatura de saturação.

10.21 A superfície interior de um tubo vertical de 5 cm de diâmetro interno e 1 m de comprimento é mantida a 120°C. Para vapor saturado a 350 kPa condensando no interior, estime o coeficiente de transferência de calor médio e a taxa de condensação, considerando que a velocidade do vapor é pequena.

10.22 Um tubo horizontal de 2,5 cm de diâmetro externo é mantido a uma temperatura de 27°C em sua superfície exterior. Calcule o coeficiente de transferência de calor médio se o vapor saturado a 12 kPa está condensando nesse tubo.

10.23 Repita o Problema 10.22 para uma camada de seis tubos horizontais de 2,5 cm de diâmetro externo, em condições térmicas semelhantes.

10.24 Vapor saturado a 34 kPa condensa sobre uma placa vertical de 1 m de altura, cuja temperatura de superfície é uniforme a 60°C. Compare o coeficiente de transferência de calor médio e o valor do coeficiente a 1/3m, 2/3m e de 1 m a partir da extremidade superior. Além disso, encontre a altura máxima para a qual a película de condensado permanecerá laminar.

10.25 A uma pressão de 490 kPa, a temperatura de saturação do dióxido de enxofre (SO_2) é de 32°C, a densidade é de 1 350kg/m³, o calor latente de vaporização é 343 kJ/kg, a viscosidade absoluta é de $3,2 \times 10^{-4}$ N s/m², o calor específico é 1 445 J/K kg e a condutividade térmica é de 0,192 W/m K. Se o SO_2 deve ser condensado a 490 kPa sobre uma superfície plana de 20 cm que está inclinada com um ângulo de 45° e cuja temperatura é mantida de maneira uniforme a 24°C, calcule: (a) a espessura da película de condensado a 1,3 centímetros da parte inferior; (b) o coeficiente de transferência de calor médio; (c) a taxa de condensação em quilogramas por hora.

10.26 Repita o Problema 10.25 (b) e (c) considerando que a condensação ocorre em um tubo horizontal de 5 cm de diâmetro externo.

10.27 O Problema 10.12 indicou que o Número de Nusselt para a condensação depende do Número de Prandtl e outros quatro grupos adimensionais, incluindo o Número de Jakob (Ja), o Número de Bond (Bo) e um grupo sem nome que se assemelha ao Número de Grashof $[\rho g(\rho_l - \rho_v)L^3/\mu^2]$.

Forneça uma explicação física para cada um desses três grupos e explique quando você espera que Bo e Ja exerçam uma influência significativa e quando as suas influências serão desprezíveis.

10.28 Cloreto de metila saturado a 4,3 bar (abs.) condensa em um banco de tubos horizontal de 10 × 10. Os tubos de 5 cm de diâmetro externo estão igualmente espaçados e distantes 10 cm de centro a centro nas fileiras e nas colunas. Se a temperatura da superfície dos tubos é mantida a 7°C por bombeamento de água através deles, calcule a taxa de condensação do cloreto de metila em lb/h pés. As propriedades do cloreto de metila saturado a 4,3 bar (abs.) são mostradas na lista que segue:

Temperatura de saturação = 16°C

Calor de vaporização = 390 kJ/kg
Densidade do líquido = 936 kg/m³
Calor específico do líquido = 1,6 kJ/kg K
Viscosidade absoluta do líquido = 2×10^{-4} kg/m s
Condutividade térmica do líquido = 0,17 W/m K

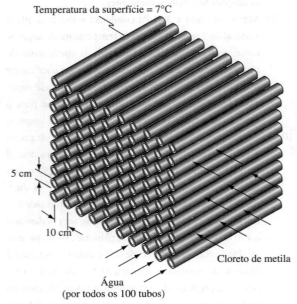

10.29 Um duto retangular vertical de água de 1 m de altura e 0,10 m de profundidade, como mostrado no desenho, é colocado em um ambiente de vapor saturado à pressão atmosférica. Se a superfície exterior do duto é de cerca de 50°C, estime a taxa de condensação de vapor por unidade de comprimento.

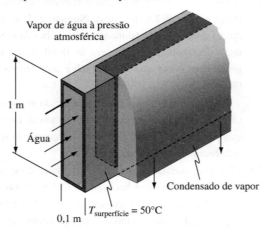

10.30 O trocador de calor de tubo dentro de um tubo de 1 m de comprimento mostrado no esboço é usado para condensar vapor a 2 atm no anel. A água flui no tubo interior, entrando a 90°C. O tubo interior é de cobre, com um diâmetro externo de 1,27 cm e 1,0 cm de diâmetro interno. (a) Calcule a taxa de fluxo de água requerida para manter a sua temperatura de saída abaixo de 100°C, (b) estime a queda de pressão e a energia de bombeamento para a água no trocador de calor, desprezando as perdas da entrada e da saída.

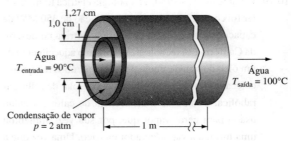

10.31 O condensador de uma passagem, trocador de calor mostrado no desenho tem 64 tubos dispostos em uma matriz quadrada com 8 tubos por linha. Os tubos são de 1,2 m de comprimento e são fabricados de cobre com um diâmetro externo de 1,2 cm. Eles estão contidos em um envoltório à pressão atmosférica. A água flui no interior dos tubos, cuja temperatura da parede externa é de 98°C. Calcule: (a) a taxa de condensação de vapor; (b) o aumento da temperatura da água, considerando a taxa de fluxo por tubo de 0,045 kg/s.

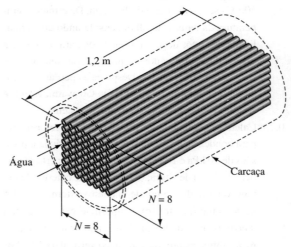

10.32 Mostre que a equação adimensional para a formação de gelo no lado de fora de um tubo de raio r_0 é:

$$t^* = \frac{r^{*2}}{2} \ln r^* + \left(\frac{1}{2R^*} - \frac{1}{4}\right)(r^{*2} - 1)$$

em que

$$r^* = \frac{\varepsilon + r_0}{r_0} \quad R^* = \frac{h_0 r_0}{k} \quad t^* = \frac{(T_f - T_s)kt}{\rho L r_o^2}$$

Considere que a água está inicialmente à temperatura de congelamento T_f, que o meio de resfriamento no interior da superfície do tubo está logo abaixo da temperatura de congelamento a uma temperatura uniforme T_s e que h_0 representa o coeficiente de transferência de calor total entre o meio de resfriamento e a interface tubo-gelo. Mostre também o circuito térmico.

10.33 Na fabricação de gelo em lata, as latas têm dimensões interiores de 27,5 × 55 × 125 cm, com um afunilamento interno de 2,5 cm, são enchidas com água e imersas em solução salina a uma temperatura de −12°C. Para o propósito de uma análise preliminar, o gelo real pode ser considerado como um cilindro equivalente tendo a mesma área de seção transversal da lata e os efeitos de extremidade podem ser desprezados. A condutância global entre a salmoura e a superfície interna da lata é de 225 W/m^2 K. Determine o tempo requerido para congelar a água e compare-o com o tempo necessário, considerando que a taxa de circulação da salmoura é aumentada para reduzir a resistência térmica da superfície para um décimo do valor especificado acima. O calor latente de fusão do gelo é 334 kJ/kg, sua densidade é 912,5 kg/m^3 e sua condutibilidade térmica é 2,2 W/m K.

10.34 Estime o tempo requerido para congelar vegetais em recipientes de lata cilíndrica fina de 15 cm de diâmetro. Ar a −12°C está soprando a 4 m/s sobre as latas, que estão empilhadas para formar um cilindro longo. As propriedades físicas dos vegetais antes e após o congelamento podem ser tomadas como as da água e do gelo, respectivamente.

10.35 Estime o tempo requerido para a radiação noturna congelar uma espessura de 3 cm de água com o ar ambiente e as temperaturas iniciais da água a 4°C. Os efeitos da evaporação podem ser desprezados.

10.36 A temperatura de um tanque de resfriamento de 100 m de diâmetro é de 7°C em um dia de inverno. Se a temperatura do ar cai subitamente para -7°C, calcule a espessura do gelo formado depois de três horas.

10.37 Em uma chuvosa tarde de segunda-feira, um rico banqueiro convida Sherlock Holmes para o café da manhã do dia seguinte para que pudessem discutir a cobrança de um empréstimo do fazendeiro Joe. Quando Holmes chega à casa do banqueiro, às 9 horas da terça-feira, encontra o corpo do banqueiro na cozinha. A casa do fazendeiro está localizada do outro lado de um lago, a aproximadamente 10 km da casa do banqueiro. Como não há estrada conveniente entre a casa do fazendeiro e a do banqueiro, Holmes telefona para a polícia.

A polícia chega à casa do fazendeiro na hora e o interroga sobre a morte do banqueiro. O fazendeiro alega ter estado em casa a noite toda. Os pneus de seu caminhão estão secos e ele explica que as botas estavam úmidas e sujas porque ele tinha ido pescar no lago no início da manhã. A polícia então telefona para Holmes para eliminar o fazendeiro Joe como suspeito de assassinato, porque ele não poderia ter ido até a casa do banqueiro desde que Holmes falou com ele.

Holmes, então, chama o serviço meteorológico local e descobre que, apesar de a temperatura ter estado entre 2°C e 5°C por semanas, ela havia caído para −30°C, de repente, na segunda-feira à noite. Lembrando de que uma camada de 3 cm de gelo pode suportar um homem, Holmes pega sua régua de cálculo e o texto de transferência de calor, acende seu cachimbo, faz alguns cálculos e, em seguida, telefona para a polícia para prender o fazendeiro Joe. Por quê?

10.38 Estime a área da seção transversal requerida para um tubo de calor de metanol-níquel de 30 cm de comprimento para o transporte de 30 W à pressão atmosférica.

10.39 Projete um sistema de resfriamento de tubo de calor para um satélite esférico que dissipa 5000 W/m^3, tem uma área de superfície de 5 m^2 e não pode exceder a temperatura de 120°C. Todo o calor deve ser dissipado por radiação para o espaço. Apresente todas as suas suposições.

10.40 Compare o fluxo de calor axial atingível por um tubo de calor utilizando água como o fluido de trabalho, com o de uma haste de prata sólida. Considere que ambos têm 20 cm de comprimento, que a diferença de temperatura para a haste de ponta a ponta é de 100°C e que o tubo de calor opera à pressão atmosférica. Apresente suas outras suposições.

Problemas de projeto

10.1 Evaporadora de nitrogênio líquido (Capítulo 10) O nitrogênio líquido é normalmente entregue em grandes recipientes com isolamento térmico (também conhecido como vaso de *dewar*) por fornecedores em um canteiro de obras. O vapor de nitrogênio é requerido em muitas aplicações, por isso é necessário proporcionar meios para evaporar o nitrogênio líquido. Projete um evaporador capaz de fornecer vapor de nitrogênio a uma taxa de 125 g/min. Seu projeto deve considerar o custo do equipamento, o espaço físico necessário e o custo operacional. Você também deve considerar que a maioria dos usuários finais não querem ser incomodados com equipamentos complexos. Assim, é necessário um sistema muito simples, porém eficaz e seguro.

10.2 Aquecedor baseado em resistência elétrica (Capítulos 2, 3, 6 e 10) Nos capítulos 2, 3 e 6, você determinou os coeficientes de transferência de calor requeridos para a água que flui sobre a superfície externa de um elemento de aquecimento. Essas soluções exigiram uma suposição de que, ao limitar a temperatura da superfície do elemento de aquecimento a 100°C, a ebulição de superfície poderia ser eliminada. Dada a pressão de operação do sistema e sua compreensão de transferência de calor em ebulição convectiva, determine se a constante foi muito conservadora. Se foi, refine seu projeto de aquecedor de água quente.

10.3 Condensador para uma turbina a vapor (Capítulo 10) Repita seu projeto para o Problema de Projeto 8.2 no Capítulo 8, mas calcule o coeficiente de transferência de calor de condensação. Explique quaisquer diferenças nos resultados.

10.4 Gerador de vapor de laboratório (Capítulo 10) Você deve projetar um gerador de vapor alimentado eletricamente para uso em um experimento de laboratório. A caldeira deve fornecer 1 g/s de vapor saturado seco à 1,5 atm. As considerações de projeto primárias são o custo, a facilidade de uso e a segurança. Você pode considerar um arranjo de caldeira de vaso, com um elemento de aquecimento de resistência elétrica, semelhante ao utilizado em uma chaleira. Discuta como o elemento de aquecimento elétrico seria dimensionado e fixado, como seria colocado no vaso, os problemas da qualidade da água e como você controlaria o dispositivo para garantir a produção de vapor continuamente.

Apêndices

Apêndice 1 **Sistema Internacional de Unidades A3**

Tabela 1 Unidades-base no SI A3
Tabela 2 Unidades definidas pelo SI A3
Tabela 3 Unidades derivadas do SI A4
Tabela 4 Prefixos SI A4
Tabela 5 Constantes físicas em unidades SI A4
Tabela 6 Fatores de conversão A5

Apêndice 2 **Tabelas de dados A6**

PROPRIEDADES DOS SÓLIDOS
Tabela 7 Emissividades normais dos metais A7
Tabela 8 Emissividades normais de não metais A8
Tabela 9 Emissividades normais de tintas e revestimentos de superfície A8
Tabela 10 Ligas A9
Tabela 11 Isolamentos e materiais de construção A10
Tabela 12 Elementos metálicos A11

PROPRIEDADES TERMODINÂMICAS DOS LÍQUIDOS
Tabela 13 Água em pressão de saturação A13
Tabela 14 Freon 12 (CCL_2F_2), líquido saturado A15
Tabela 15 R-134a ($C_2H_2F_4$), líquido saturado A16
Tabela 16 Amônia (NH_3), líquido saturado A17
Tabela 17 Óleo de motor não utilizado A18
Tabela 18 Óleo de transformador (Padrão 982-68) A19
Tabela 19 Álcool n-Butanol ($C_4H_{10}O$) A20
Tabela 20 Anilina comercial A20
Tabela 21 Benzeno (C_6H_6) A21
Tabela 22 Compostos orgânicos a 20°C, 68°F A21

FLUIDOS DE TRANSFERÊNCIA DE CALOR
Tabela 23 Mobiltherm 600 A22
Tabela 24 Sal de nitrato fundido (60% $NaNO_3$, 40% KNO_3, por peso) A23

METAIS LÍQUIDOS
Tabela 25 Bismuto A23
Tabela 26 Mercúrio (líquido saturado) A24
Tabela 27 Sódio A24

PROPRIEDADES TERMODINÂMICAS DOS GASES
Tabela 28 Ar seco em pressão atmosférica A25
Tabela 29 Dióxido de carbono em pressão atmosférica A26
Tabela 30 Monóxido de carbono em pressão atmosférica A27
Tabela 31 Hélio em pressão atmosférica A28
Tabela 32 Hidrogênio em pressão atmosférica A29
Tabela 33 Nitrogênio em pressão atmosférica A30
Tabela 34 Oxigênio em pressão atmosférica A31
Tabela 35 Vapor (H_2O) em pressão atmosférica A32
Tabela 36 Metano em pressão atmosférica A33

Tabela 37   Etano em pressão atmosférica   A34
Tabela 38   A atmosfera   A35

OUTRAS PROPRIEDADES E FUNÇÃO DE ERRO

Tabela 39   Tamanho dos poros de pavio de tubos de aquecimento e dados de permeabilidade em   A36
Tabela 40   Absorbância solar (α_s) e emissividades térmicas hemisféricas totais (ε_h) de elementos de construção selecionados   A37
Tabela 41   Dimensões de tubos de aço   A39
Tabela 42   Propriedades médias dos tubos   A41
Tabela 43   Função de erro   A43

EQUAÇÕES DE CORRELAÇÃO PARA PROPRIEDADES FÍSICAS

Tabela 44   Capacidades de calor de gases ideais   A44
Tabela 45   Viscosidades dos gases em baixa pressão   A44
Tabela 46   Condutividades térmicas dos gases a ~1 atm   A45
Tabela 47   Capacidades de calor de líquidos   A45
Tabela 48   Viscosidades de líquidos saturados   A46
Tabela 49   Condutividades térmicas de líquidos   A46
Tabela 50   Densidades de líquidos saturados   A47

Apêndice 3   **Programas de computador de matriz tridiagonal**   **A48**

Apêndice 4   **Códigos de computação para transferência de calor**   **A53**

Apêndice 5   **Literatura de transferência de calor**   **A54**

Apêndice 1

Sistema Internacional de Unidades

O Sistema Internacional de Unidades (SI) evoluiu do sistema MKS, no qual o metro é a unidade de comprimento, o quilograma é a unidade de massa e o segundo é a unidade de tempo. O SI está se tornando o sistema-padrão de unidades do mundo industrializado.

O SI é baseado em sete unidades. Outras unidades derivadas podem ser relacionadas a essas por meio de equações regentes. As unidades-base estão listadas na Tabela 1 juntamente com os símbolos recomendados. Várias unidades definidas estão listadas na Tabela 2, e as unidades derivadas de interesse para a transferência de calor e escoamento de fluido estão apresentadas na Tabela 3.

Os prefixos-padrão podem ser usados no SI para nomear múltiplos das unidades básicas e assim conservar espaço. Os prefixos-padrão estão listados na Tabela 4.

A Tabela 5 contém uma listagem em ordem alfabética das constantes físicas frequentemente utilizadas em problemas de transferência de calor e escoamento de fluidos, juntamente com seus valores no sistema de unidades SI.

TABELA 1 Unidades-base SI

Quantidade	Nome da Unidade	Símbolo
Comprimento	metro	m
Massa	quilograma	kg
Tempo	segundo	s
Corrente elétrica	ampère	A
Temperatura termodinâmica	kelvin	K
Intensidade luminosa	candela	cd
Quantidade de uma substância	mol	mol

TABELA 2 Unidades definidas no SI

Quantidade	Unidade	Equação de Definição
Capacitância	farad, F	$1\ F = 1\ A\ s/V$
Resistência elétrica	ohm,	$1\ = 1\ V/A$
Força	newton, N	$1\ N = 1\ kg\ m/s^2$
Diferença de potencial	volt, V	$1\ V = 1\ W/A$
Energia	watt, W	$1\ W = 1\ J/s$
Pressão	pascal, Pa	$1\ Pa = 1\ N/m^2$
Temperatura	kelvin, K	$K = °C + 273,15$
Trabalho, calor, energia	joule, J	$1\ J = 1\ N\ m$

TABELA 3 Unidades derivadas SI

Quantidade	Nome da Unidade	Símbolo
Aceleração	metro por segundo ao quadrado	m/s^2
Área	metro quadrado	m^2
Densidade	quilograma por metro cúbico	kg/m^3
Viscosidade dinâmica	newton-segundo por metro quadrado	N s/m^2
Força	newton	N
Frequência	hertz	Hz
Viscosidade cinética	metro quadrado por segundo	m^2/s
Ângulo plano	radiano	rad
Energia	watt	W
Intensidade radiante	watt por esterradiano	W/sr
Ângulo sólido	esterradiano	sr
Calor específico	joule por quilograma-kelvin	J/kg K
Condutividade térmica	watt por metro-kelvin	W/m K
Velocidade	metro por segundo	m/s
Volume	metro cúbico	m^3

TABELA 4 Prefixos SI

Multiplicador	Símbolo	Prefixo	Multiplicador	Símbolo	Prefixo
10^{12}	T	tera	10^{-2}	c	centi
10^9	G	giga	10^{-3}	m	mili
10^6	M	mega	10^{-6}	μ	micro
10^3	k	quilo	10^{-9}	n	nano
10^2	h	hecto	10^{-12}	p	pico
10^1	da	deca	10^{-15}	f	femto
10^{-1}	d	deci	10^{-18}	a	atto

TABELA 5 Constantes físicas em unidades SI

Quantidade	Símbolo	Valor
—	e	2,718281828
—	π	3,141592653
—	g_c	1,00000 kg m N^{-1} s^{-2}
Constante de Avogadro	N_A	6,022169 $\times$ 10^{26} kmol^{-1}
Constante de Boltzmann	k	1,380622 $\times$ 10^{23} J K^{-1}
Primeira constante de radiação	$C_1 = 2\pi hc^2$	3,741844 $\times$ 10^{-16} W m^2
Constante de Planck	h	6,626196 $\times$ 10^{-34} J s
Segunda constante de radiação	$C_2 = hc/k$	1,438833 $\times$ 10^{-2} m K
Velocidade da luz no vácuo	c	2,997925 $\times$ 10^8 m s^{-1}
Constante de Stefan-Boltzmann	σ	5,66961 $\times$ 10^{-8} W m^{-2} K^{-4}

TABELA 6 Fatores de conversão

Quantidade física	Símbolo	Fator de conversão
Área	A	1 ft^2 = 0,0920 m^2
		1 pol.^{2} = 6,452× 10^{-4} m^2
Densidade	ρ	1 lb$_m$/ft^3 = 16,018 kg/m^3
		1 slug/ft^3 = 515,379 kg/m^3
Energia, calor	Q	1 Btu = 1055,1 J
		1 cal = 4,186 J
		1 (ft)(lb$_f$) = 1,3558 J
		1 (hp)(h) = 2,685× 10^6 J
Força	F	1 lbf = 4,448 N
Taxa de fluxo de calor	q	1 Btu/h = 0,2931 W
		1 Btu/s = 1055,1 W
Fluxo de calor	q''	1 Btu/(h)(ft^2) = 3,1525 W/m^2
Geração de calor por volume unitário	$\dot{q}_G$	1 Btu/(h)(ft^3) = 10,343 W/m^3
Coeficiente de transferência de calor	h	1 Btu/(h)(ft^2)(°F) = 5,678 W/m^2 K
Comprimento	L	1 ft = 0,3048 m
		1 pol. = 2,54 cm = 0,0254 m
		1 milha = 1,6093 km = 1609,3 m
Massa	m	1 lb$_m$ = 0,4536 kg 1 slug = 14,594 kg
Taxa de fluxo de massa	$\dot{m}$	1 lb$_m$/h = 0,000126 kg/s
		1 lb$_m$/s = 0,4536 kg/s
Energia	P	1 hp = 745,7 W
		1 (ft)(lb$_f$)/s = 1,3558 W
		1 Btu/s = 1055,1 W
		1 Btu/h = 0,293 W
Pressão	P	1 lb$_f$/pol.^{2} = 6894,8 N/m^2 (Pa)
		1 lb$_f$/ft^2 = 47,88 N/m^2 (Pa)
		1 atm = 101.325 N/m^2 (Pa)
Capacidade de calor específico	c	1 Btu/(lb$_m$)(°F) = 4188 J/kg K
Temperatura	T	$T(°R) = (9/5)T(K)$
		$T(°F) = [T(°C)](9/5) + 32$
		$T(°F) = [T(K) - 273,15](9/5)$
Condutividade térmica	k	1 Btu/(h)(ft)(°F) = 1,731 W/m K
Difusividade térmica	α	1 ft^2/s = 0,0929 m^2/s
		1 ft^2/h = 2,581× 10^{-5} m^2/s
Resistência térmica	R_t	1 (h)(°F)/Btu = 1,8958 K/W
Velocidade	U_∞	1 ft/s = 0,3048 m/s
		1 mph = 0,44703 m/s
Viscosidade, dinâmica	μ	1 lb$_m$/(ft)(s) = 1,488 N s/m^2
		1 centipoise = 0,00100 N s/m^2
Viscosidade, cinemática	v	1 ft^2/s = 0,0929 m^2/s
		1 ft^2/h = 2,581× 10^{-5} m^2/s
Volume	V	1 ft^3 = 0,02832 m^3
		1 pol.^{3} = 1,6387× 10^{-5} m^3
		1 gal (liq. EUA) = 0,003785 m^3

Apêndice 2

Tabelas de dados

Para facilitar a conversão de valores de propriedade do SI para unidades inglesas, os fatores de conversão foram incorporados em cada tabela. Para dados dependentes de temperatura, esta é listada em ambos os sistemas de unidades. Os valores de propriedade são fornecidos em unidades SI (com exceção da Tabela 38); para obter a propriedade em unidades inglesas, a propriedade em unidades SI deve ser multiplicada pelo fator de conversão no topo da coluna. Por exemplo, suponha que desejamos determinar a viscosidade absoluta da água em unidades inglesas, a 95°F. Da Tabela 13, temos:

$$\mu = \underbrace{(719{,}8 \times 10^{-6})}_{\text{(valor SI da tabela)}} \times \underbrace{(0{,}6720)}_{\text{(fator de conversão do título da coluna)}} = 4{,}84 \times 10^{-4} \, lb_m/ft \, s$$

As tabelas 41 e 42 estão expressas somente em unidades inglesas, porque os tamanhos de canos e tubos geralmente são especificados nessas dimensões nos EUA.

Propriedades dos sólidos

TABELA 7 Emissividades normais de metais

Substância	Estado da Superfície	Temperatura (K)	Temperatura (R)	Emissividade Normal ε_n[a]
Alumínio	placa polida	296	533	0,040
		498	896	0,039
	laminado, polido	443	797	0,039
	placa áspera	298	536	0,070
Latão	oxidado	611	1100	0,22
	polido	292	526	0,05
		573	1031	0,032
	manchado	329	592	0,202
Cromo	polido	423	761	0,058
Cobre	oxidado preto	293	527	0,780
	levemente manchado	293	527	0,037
	polido	293	527	0,030
Ouro	não polido	293	527	0,47
	polido	293	527	0,025
Ferro	oxidado leve	398	716	0,78
	granulado brilhante	293	527	0,24
	polido	698	1256	0,144
Chumbo	cinza oxidado	293	527	0,28
	polido	403	725	0,056
Molibdênio	filamento	998	1796	0,096
Níquel	oxidado	373	671	0,41
	polido	373	671	0,045
Platina	polido	498	896	0,054
		898	1616	0,104
Prata	polido	293	527	0,025
Aço	oxidado bruto	313	563	0,94
	folha granulada	1213	2183	0,520
Estanho	brilhante	293	527	0,070
Tungstênio	filamento	3300	5940	0,39
Zinco	manchado	293	527	0,25
	polido	503	905	0,045

[a]Valores de emissividade hemisférica ε podem ser aproximados por $\varepsilon = 1,2\varepsilon_n$ para superfícies de metal brilhante, $\varepsilon = 0,95\varepsilon_n$ para outras superfícies lisas, e $\varepsilon = 0,98\varepsilon_n$ para superfícies brutas.

Fonte: Adaptado de K. Raznjevic, *Handbook of Thermodynamic Tables and Charts*, McGraw-Hill, New York, 1976.

TABELA 8 Emissividades normais de não metais

Substância	Estado da Superfície	Temperatura (K)	Temperatura (R)	Emissividade Normal ε_n^a
Placa de amianto		297	535	0,96
Tijolo	vermelho, bruto	293	527	0,93
Filamento de carbono		1313		0,53
Vidro	liso	293	527	0,93
Gelo	liso	273	491	0,966
	bruto	273	491	0,985
Alvenaria	rebocada	273	491	0,93
Papel		293	527	0,80
Gesso, cal	branco, bruto	293	527	0,93
Porcelana	vitrificada	293	527	0,93
Quartz	fundido, bruto	293	527	0,93
Borracha				
macia	cinza	297	535	0,86
dura	preta, bruta	297	535	0,95
Madeira				
faia	aplainada	343	617	0,935
carvalho	aplainado	294	529	0,885

Fonte: Adaptado de K. Raznjevic, *Handbook of Thermodynamic Tables and Charts,* McGraw-Hill, New York, 1976.

TABELA 9 Emissividades normais de tintas e revestimentos de superfície

Substância	Estado da Superfície	Temperatura (K)	Temperatura (R)	Emissividade Normal ε_n^a
Placa de amianto		297	535	0,96
Alumínio bronze		373	671	0,20-0,40
Alumínio esmalte	bruto	293	527	0,39
Tinta de alumínio	aquecida a 325°C	423-588	761-1058	0,35
Esmalte baquelite				
Esmalte		353	635	0,935
branco	bruto	293	527	0,90
preto	brilhante	298	536	0,876
Tinta a óleo		273-473	491-851	0,885
Primer de chumbo vermelho		293-373	527-671	0,93
Goma-laca, preta	brilhante	294	529	0,82
	fosca	348-418	626-752	0,91

Fonte: Adaptado de K. Raznjevic, *Handbook of Thermodynamic Tables and Charts,* McGraw-Hill, New York, 1976.

TABELA 10 Ligas

Metal	Composição (%)	ρ (kg/m³) × 6,243 × 10⁻² = (lb_m/ft³)	c_p (J/kg K) × 2,388 × 10⁻⁴ = (Btu/lb_m °F)	k (W/m K) × 0,5777 = (Btu/h ft °F)	α × 10⁵ (m²/s) × 3,874 × 10⁴ = (ft²/h)
Alumínio					
duralumínio	94-96 Al, 3-5 Cu, traço de Mg	2787	833	164	6,676
silumínia	87 Al, 13 Si	2659	871	164	7,099
Cobre					
alumínio bronze	95 Cu, 5 Al	8666	410	83	2,330
bronze	75 Cu, 25 Sn	8666	343	26	0,859
latão vermelho	85 Cu, 9 Sn, 6 Zn	8714	385	61	1,804
latão	70 Cu, 30 Zn	8522	385	111	3,412
prata alemã	62 Cu, 15 Ni, 22 Zn	8618	394	24,9	0,733
constantan	60 Cu, 40 Ni	8922	410	22,7	0,612
Ferro					
ferro fundido	~4 C	7272	420	52	1,702
ferro forjado	0,5 CH	7849	460	59	1,626
Aço					
aço-carbono	1 C	7801	473	43	1,172
	1,5 C	7753	486	36	0,970
aço-cromo	1 Cr	7865	460	61	1,665
	5 Cr	7833	460	40	1,110
	10 Cr	7785	460	31	0,867
níquel cromado	15 Cr, 10 Ni	7865	460	19	0,526
aço cromo-níquel	20 Cr, 15 Ni	7833	460	15,1	0,415
aço níquel	10 Ni	7945	460	26	0,720
	20 Ni	7993	460	19	0,526
	40 Ni	8169	460	10	0,279
	60 Ni	8378	460	19	0,493
níquel cromo	80 Ni, 15 C	8522	460	17	0,444
aço	40 Ni, 15 C	8073	460	11,6	0,305
manganês	1 Mn	7865	460	50	1,388
aço	5 Mn	7849	460	22	0,637
aço silício	1 Si	7769	460	42	1,164
	5 Si	7417	460	19	0,555
aço inoxidável	tipo 304	7817	461	14,4	0,387
	tipo 347	7817	461	14,3	0,387
aço tungstênio	1 W	7913	448	66	1,858
	5 W	8073	435	54	1,525

Fonte: Adaptado de E. R. G. Eckert e R. M. Drake, *Analysis of Heat and Mass Transfer*, McGraw-Hill, New York, 1972.

TABELA 11 Isolamentos e materiais de construção

Material	ρ (kg/m³) ×6,243×10⁻² = (lbₘ/ft³)	c_p (J/kg K) ×2,388×10⁻⁴ = (Btu/lbₘ °F)	k (W/m K) ×0,5777 = (Btu/h ft °F)	α×10⁵ (m²/s) ×3,874×10⁴ = (ft²/h)
Amianto	383	816	0,113	0,036
Asfalto	2120		0,698	
Baquelite	1270		0,233	
Tijolo				
comum	1800	840	0,38-0,52	0,028-0,034
carborundo (50% SiC)	2200		5,82	
magnesita (50% MgO)	2000		2,68	
alvenaria	1700	837	0,658	0,046
sílica (95% SiO_2)	1900		1,07	
zircão (62% ZrO_2)		3600		2,44
Papelão		0,14-0,35		
Cimento, duro		1,047		
Argila (48,7% umidade)	1545	880	1,26	0,101
Carvão, antracito	1370	1260	0,238	0,013-0,015
Concreto, seco	2300	837	1,8	0,094
Cortiça, placas	150	1880	0,042	0,015-0,044
Cortiça, expandida	120		0,036	
Terra diatomácea	466	879	0,126	0,031
Fibra de vidro	220		0,035	
Vidro, janela	2800	800	0,81	0,034
Vidro, lã	50		0,037	
	100		0,036	
	200	670	0,040	0,028
Granito	2750		3,0	
Gelo (0°C)	913	1830	2,22	0,124
Paina	25		0,035	
Linóleo	535		0,081	
Mica	2900		0,523	
Casca de pinheiro	342		0,080	
Gesso	1800		0,814	
Plexiglas	1180		0,195	
Madeira compensada		590		0,109
Poliestireno	1050		0,157	
Borracha, Buna	1250		0,465	
dura (ebonite)	1150	2009	0,163	0,0062
esponjosa	224		0,055	
Areia, seca			0,582	
Areia, úmida	1640		1,13	
Pó de serra	215		0,071	
Solo				
seco	1500	1842	~0,35	-0,0138
úmido	1500		~2,60	0,0414
Madeira				
carvalho	609-801	2390	0,17-0,21	0,0111-0,0121
pinho, abeto	416-421	2720	0,15	0,0124
Folhas de fibra de madeira	200		0,047	
Lã	200		0,038	
85% magnésia		0,059		

Fonte: Adaptado de E. R. G. Eckert e R. M. Drake, *Analysis of Heat and Mass Transfer*, McGraw-Hill, New York, 1972; K. Raznjevic:, *Handbook of Thermodynamic Tables and Charts*, McGraw-Hill, New York, 1976.

TABELA 12 Elementos metálicos[a]

Condutividade Térmica k (W/m K)[b]

Elemento	200 K −73°C	273 K 0°C 32°F	400 K 127°C 261°F	600 K 327°C 621°F	800 K 527°C 981°F	1000 K 727°C 1341°F	1200 K 927°C 1701°F
			× 0,5777 = (Btu/h ft °F)				
Alumínio	237	236	240	232	220		
Antimônio	30,2	25,5	21,2	18,2	16,8		
Berílio	301	218	161	126	107	89	73
Bismuto[c]	9,7	8,2					
Boro[c]	52,5	31,7	18,7	11,3	8,1	6,3	5,2
Cádmio[c]	99,3	97,5	94,7				
Césio	36,8	36,1					
Cromo	111	94,8	87,3	80,5	71,3	65,3	62,4
Cobalto[c]	122	104	84,8				
Cobre	413	401	392	383	371	357	342
Germânio	96,8	66,7	43,2	27,3	19,8	17,4	17,4
Ouro	327	318	312	304	292	278	262
Háfnio	24,4	23,3	22,3	21,3	20,8	20,7	20,9
Índio	89,7	83,7	74,5				
Irídio	153	148	144	138	132	126	120
Ferro	94	83,5	69,4	54,7	43,3	32,6	28,2
Chumbo	36,6	35,5	33,8	31,2			
Lítio	88,1	79,2	72,1				
Magnésio	159	157	153	149	146		
Manganês	7,17	7,68					
Mercúrio[c]	28,9						
Molibdênio	143	139	134	126	118	112	105
Níquel	106	94	80,1	65,5	67,4	71,8	76,1
Nióbio	52,6	53,3	55,2	58,2	61,3	64,4	67,5
Paládio	75,5	75,5	75,5	75,5	75,5	75,5	
Platina	72,4	71,5	71,6	73,0	75,5	78,6	82,6
Potássio	104	104	52				
Rênio	51	48,6	46,1	44,2	44,1	44,6	45,7
Ródio	154	151	146	136	127	121	115
Rubídio	58,9	58,3					
Silício	264	168	98,9	61,9	42,2	31,2	25,7

Propriedades a 293 K ou 20°C ou 68°F

Elemento	ρ (kg/m³) ×6,243×10⁻² = (lb_m/ft³)	c_p (J/kg K) ×2,388×10⁻⁴ = (Btu/lb_m °F)	k (W/m K) ×0,5777 = (Btu/h ft °F)	$\alpha \times 10^6$ (m²/s) 3,874×10⁴ = (ft²/h)	Temperatura de fusão (K)
Alumínio	2 702	896	236	97,5	933
Antimônio	6 684	208	24,6	17,7	904
Berílio	1 850	1 750	205	63,3	1 550
Bismuto	9 780	124	7,9	6,51	545
Boro	2 500	1 047	28,6	10,9	2 573
Cádmio	8 650	231	97	48,5	594
Césio	1 873	230	36	83,6	302
Cromo	7 160	440	91,4	29,0	2 118
Cobalto	8 862	389	100	29,0	1 765
Cobre	8 933	383	399	116,6	1 356
Germânio	5 360		61,6		1 211
Ouro	19 300	129	316	126,9	1 336
Háfnio	13 280		23,1		2 495
Índio	7 300		82,2		430
Irídio	22 500	134	147	48,8	2 716
Ferro	7 870	452	81,1	22,8	1 810
Chumbo	11 340	129	35,3	24,1	601
Lítio	534	3 391	77,4	42,7	454
Magnésio	1 740	1 017	156	88,2	923
Manganês	7 290	486	7,78	2,2	1 517
Mercúrio	13 546				234
Molibdênio	10 240	251	138	53,7	2 883
Níquel	8 900	446	91	22,9	1 726
Nióbio	8 570	270	53,6	23,2	2 741
Paládio	12 020	247	75,5	25,4	1 825
Platina	21 450	133	71,4	25,0	2 042
Potássio	860	741	103	161,6	337
Rênio	21 100	137	48,1	16,6	3 453
Ródio	12 450	248	150	48,6	2 233
Rubídio	1 530	348	58,2	109,3	312
Silício	2 330	703	153	93,4	1 685

(Continua)

TABELA 12 (continuação)

	Condutividade Térmica k (W/m K)[b]							Propriedades a 293 K ou 20°C ou 68°F				
	200 K −73°C −32°F	273 K 0°C 32°F	400 K 127°C 261°F	600 K 327°C 621°F	800 K 527°C 981°F	1000 K 727°C 1341°F	1200 K 927°C 1701°F	ρ (kg/m³) $\times 6{,}243 \times 10^{-2}$ = (lb$_m$/ft³)	c_p (J/kg K) $\times 2{,}388 \times 10^{-4}$ = (Btu/lb$_m$ °F)	k (W/m K) $\times 0{,}5777$ = (Btu/h ft °F)	$\alpha \times 10^6$ (m²/s) $3{,}874 \times 10^4$ = (ft²/h)	Temperatura de fusão (K)
Elemento				$\times 0{,}5777$ = (Btu/h ft °F)								
Prata	403	428	420	405	389	374	358	10 500	234	427	173,8	1 234
Sódio	138	135						971	1 206	133	113,6	371
Tântalo	57,5	57,4	57,8	58,6	59,4	60,2	61	16 600	138	57,5	25,1	3 269
Estanho[c]	73,3	68,2	62,2					5 750	227	67,0	51,3	505
Titânio[c]	24,5	22,4	20,4	19,4	19,7	20,7	22	4 500	611	22,0	8,0	1 953
Tungstênio[c]	197	182	162	139	128	121	115	19 300	134	179	69,2	3 653
Urânio[c]	25,1	27	29,6	34	38,8	43,9	49	19 070	113	27,4	12,7	1 407
Vanádio	31,5	31,3	32,1	34,2	36,3	38,6	41,2	6 100	502	31,4	10,3	2 192
Zinco	123	122	116	105				7 140	385	121	44,0	693
Zircônio[c]	25,2	23,2	21,6	20,7	21,6	23,7	25,7	6 570	272	22,8	12,8	2 125

[a] A pureza para todos os elementos excede 99%.
[b] Os erros percentuais esperados nos valores de condutividade térmica estão aproximadamente entre ±5% dos valores reais próximos à temperatura ambiente, e em até cerca de ±10% em outras temperaturas.
[c] Para materiais cristalinos, os valores são dados para os materiais policristalinos.

Fonte: Adaptado de E. R. G. Eckert and R. M. Drake, *Analysis of Heat and Mass Transfer*, McGraw-Hill, New York, 1972; K. Raznjevic, *Handbook of Thermodynamic Tables and Charts*, 3ª ed., McGraw-Hill, New York, 1976; Y. S. Touloukian, 3ª ed. *Thermophysical Properties of Matter*, IFI/Plenum, New York, 1970.

Propriedades termodinâmicas dos líquidos

TABELA 13 Água em pressão de saturação

Temperatura, T °F	K	°C	Densidade, ρ (kg/m³) $\times 6{,}243 \times 10^{-2}$ = (lb$_m$/ft³)	Coeficiente de expansão térmica, $\beta \times 10^4$ (1/K) $\times 0{,}5556$ = (1/R)	Calor Específico, c_p (J/kg K) $\times 2{,}388 \times 10^{-4}$ = (Btu/lb$_m$ °F)	Condutividade térmica, k (W/m K) $\times 0{,}5777$ = (Btu/h ft °F)	Difusividade térmica, $\alpha \times 10^6$ (m²/s) $\times 3{,}874 \times 10^4$ = (ft²/h)	Viscosidade Absoluta, $\mu \times 10^6$ (N s/m²) $\times 0{,}6720$ = (lb$_m$/ft s)	Viscosidade Cinética, $\nu \times 10^6$ (m²/s) $\times 3{,}874 \times 10^4$ = (ft²/h)	Número de Prandtl, Pr	$\dfrac{g\beta}{\nu^2} \times 10^{-9}$ (1/K m³) $\times 1{,}573 \times 10^{-2}$ = (1/R ft³)
32	273	0	999,9	−0,7	4 226	0,558	0,131	1 794	1,789	13,7	—
41	278	5	1000	—	4 206	0,568	0,135	1 535	1,535	11,4	—
50	283	10	999,7	0,95	4 195	0,577	0,137	1 296	1,300	9,5	0,551
59	288	15	999,1	—	4 187	0,585	0,141	1 136	1,146	8,1	—
68	293	20	998,2	2,1	4 182	0,597	0,143	993	1,006	7,0	2,035
77	298	25	997,1	—	4 178	0,606	0,146	880,6	0,884	6,1	—
86	303	30	995,7	3,0	4 176	0,615	0,149	792,4	0,805	5,4	4,540
95	308	35	994,1	—	4 175	0,624	0,150	719,8	0,725	4,8	—
104	313	40	992,2	3,9	4 175	0,633	0,151	658,0	0,658	4,3	8,833
113	318	45	990,2	—	4 176	0,640	0,155	605,1	0,611	3,9	—
122	323	50	988,1	4,6	4 178	0,647	0,157	555,1	0,556	3,55	14,59
167	348	75	974,9	—	4 190	0,671	0,164	376,6	0,366	2,23	—
212	373	100	958,4	7,5	4 211	0,682	0,169	277,5	0,294	1,75	85,09
248	393	120	943,5	8,5	4 232	0,685	0,171	235,4	0,244	1,43	140,0
284	413	140	926,3	9,7	4 257	0,684	0,172	201,0	0,212	1,23	211,7
320	433	160	907,6	10,8	4 285	0,680	0,173	171,6	0,191	1,10	290,3
356	453	180	886,6	12,1	4 396	0,673	0,172	152,0	0,173	1,01	396,5
392	473	200	862,8	13,5	4 501	0,665	0,170	139,3	0,160	0,95	517,2
428	493	220	837,0	15,2	4 605	0,652	0,167	124,5	0,149	0,90	671,4
464	513	240	809,0	17,2	4 731	0,634	0,162	113,8	0,141	0,86	8 48,5
500	533	260	779,0	20,0	4 982	0,613	0,156	104,9	0,135	0,86	1 076
536	553	280	750,0	23,8	5 234	0,588	0,147	98,07	0,131	0,89	1 360
572	573	300	712,5	29,5	5 694	0,564	0,132	92,18	0,128	0,98	1 766

(Continua)

TABELA 13 (*Continuação*)

Temperatura de saturação T			Pressão de saturação $p \times 10^{-5}$ (N/m²)	Volume específico de Vapor v_g (m³/kg)	Entalpia h_f (kJ/kg)	h_g (kJ/kg)	h_{fg} (kJ/kg)
°F	K	°C	× 1.450 × 10⁻⁴ = (psi)	× 16.02 = (ft³/lb_m)	× 0.430 = (Btu/lb_m)	× 0.430 = (Btu/lb_m)	× 0.430 = (Btu/lb_m)
32	273	0	0,0061	206,3	−0,04	2 501	2 501
50	283	10	0,0122	106,4	41,99	2 519	2 477
68	293	20	0,0233	57,833	83,86	2 537	2 453
86	303	30	0,0424	32,929	125,66	2 555	2 430
104	313	40	0,0737	19,548	167,45	2 574	2 406
122	323	50	0,1233	12,048	209,26	2 591	2 382
140	333	60	0,1991	7,680	251,09	2 609	2 358
158	343	70	0,3116	5,047	292,97	2 626	2 333
176	353	80	0,4735	3,410	334,92	2 643	2 308
194	363	90	0,7010	2,362	376,94	2 660	2 283
212	373	100	1,0132	1,673	419,06	2 676	2 257
248	393	120	1,9854	0,892	503,7	2 706	2 202
284	413	140	3,6136	0,508	589,1	2 734	2 144
320	433	160	6,1804	0,306	675,5	2 757	2 082
356	453	180	10,027	0,193	763,1	2 777	2 014
392	473	200	15,551	0,127	852,4	2 791	1 939
428	493	220	23,201	0,0860	943,7	2 799	1 856
464	513	240	33,480	0,0596	1 037,6	2 801	1 764
500	533	260	46,940	0,0421	1 135,0	2 795	1 660
536	553	280	64,191	0,0301	1 237,0	2 778	1 541
572	573	300	85,917	0,0216	1 345,4	2 748	1 403

Fonte: Adaptado de K. Raznjevic, *Handbook of Thermodynamic Tables and Charts*, McGraw-Hill, New York, 1976.

TABELA 14   Freon 12 (CCL$_2$F$_2$), líquido saturado

Temperatura, T			Densidade, ρ (kg/m³) $\times 6{,}243 \times 10^{-2}$ = (lb$_m$/ft³)	Coeficiente de expansão térmica, $\beta \times 10^3$ (1/K) $\times 0{,}5556$ = (1/R)	Calor específico, c_p (J/kg K) $\times 2{,}388 \times 10^{-4}$ = (Btu/lb$_m$ °F)	Condutividade térmica, k (W/m K) $\times 0{,}5777$ = (Btu/h ft °F)	Difusividade térmica, $\alpha \times 10^8$ (m²/s) $\times 3{,}874 \times 10^4$ = (ft²/h)	Viscosidade Absoluta, $\mu \times 10^4$ (N s/m²) $\times 0{,}6720$ = (lb$_m$/ft s)	Viscosidade Cinemática, $\nu \times 10^6$ (m²/s) $\times 3{,}874 \times 10^4$ = (ft²/h)	Número de Prandtl, Pr	$\dfrac{g\beta}{\nu^2} \times 10^{-10}$ (1/K m³) $\times 1{,}573 \times 10^{-2}$ = (1/R ft³)
°F	K	°C									
−58	223	−50	1 547	2,63	875,0	0,067	5,01	4,796	0,310	6,2	26,84
−40	233	−40	1 519		884,7	0,069	5,14	4,238	0,279	5,4	
−22	243	−30	1 490		895,6	0,069	5,26	3,770	0,253	4,8	
−4	253	−20	1 461		907,3	0,071	5,39	3,433	0,235	4,4	
14	263	−10	1 429		920,3	0,073	5,50	3,158	0,221	4,0	
32	273	0	1 397	3,10	934,5	0,073	5,57	2,990	0,214	3,8	6,68
50	283	10	1 364		949,6	0,073	5,60	2,769	0,203	3,6	
68	293	20	1 330		965,9	0,073	5,60	2,633	0,198	3,5	
86	303	30	1 295		983,5	0,071	5,60	2,512	0,194	3,5	
104	313	40	1 257		1 001,9	0,069	5,55	2,401	0,191	3,5	
122	323	50	1 216		1 021,6	0,067	5,45	2,310	0,190	3,5	

Fonte: Adaptado de E. R. G. Eckert e R. M. Drake, *Analysis of Heat and Mass Transfer*, McGraw-Hill, New York, 1972.

TABELA 15 R-134a ($C_2H_2F_4$), líquido saturado

Temperatura, T			Densidade, ρ (kg/m³) $\times 6{,}243 \times 10^{-2}$ = (lb_m/ft^3)	Coeficiente de expansão térmica, $\beta \times 10^3$ (1/K) $\times 0{,}5556$ = (1/R)	Calor específico, c_p (J/kg K) $\times 2{,}388 \times 10^{-4}$ = (Btu/lb_m °F)	Condutividade térmica, k (W/m K) $\times 0{,}5777$ = (Btu/h ft °F)	Difusividade térmica, $\alpha \times 10^8$ (m²/s) $\times 3{,}874 \times 10^4$ = (ft²/h)	Viscosidade absoluta, $\mu \times 10^4$ (N s/m²) $\times 0{,}6720$ = (lb_m/ft s)	Viscosidade cinética, $\nu \times 10^6$ (m²/s) $\times 3{,}874 \times 10^4$ = (ft²/h)	Número de Prandtl, Pr	$\dfrac{g\beta}{\nu^2} \times 10^{-10}$ (1/K m³) $\times 1{,}573 \times 10^{-2}$ = (1/R ft³)
°F	K	°C									
−58	223	−50	1 446	1,96	1 238	0,116	6,46	5,551	0,384	5,9	13,03
−40	233	−40	1 418	2,05	1 255	0,111	6,21	4,722	0,333	5,4	18,11
−22	243	−30	1 388	2,14	1 273	0,106	5,99	4,064	0,293	4,9	24,45
−4	253	−20	1 358	2,28	1 293	0,101	5,76	3,53	0,260	4,5	33,03
14	263	−10	1 327	2,43	1 316	0,097	5,53	3,086	0,233	4,2	43,99
32	273	0	1 295	2,59	1 341	0,092	5,30	2,711	0,209	4,0	57,98
50	283	10	1 261	2,81	1 370	0,088	5,07	2,388	0,189	3,7	76,73
68	293	20	1 225	3,08	1 405	0,083	4,84	2,107	0,172	3,6	102,00
86	303	30	1 188	3,43	1 446	0,079	4,60	1,858	0,156	3,4	137,52
104	313	40	1 147	3,91	1 498	0,075	4,35	1,634	0,142	3,3	189,00
122	323	50	1 102	4,59	1 566	0,070	4,08	1,431	0,130	3,2	266,92

Fonte: ASHRAE Handbook, ASHRAE Inc., Atlanta, GA, 2007.

TABELA 16 Amônia (NH$_3$), líquido saturado

Temperatura, T			Densidade, ρ (kg/m³) $\times 6{,}243 \times 10^{-2}$ = (lb$_m$/ft³)	Coeficiente de expansão térmica, $\beta \times 10^3$ (1/K) $\times 0{,}5556$ = (1/R)	Calor específico, c_p (J/kg K) $\times 2{,}388 \times 10^{-4}$ = (Btu/lb$_m$ °F)	Condutividade térmica, k (W/m K) $\times 0{,}5777$ = (Btu/h ft °F)	Difusividade térmica, $\alpha \times 10^8$ (m²/s) $\times 3{,}874 \times 10^4$ = (ft²/h)	Viscosidade absoluta, $\mu \times 10^4$ (N s/m²) $\times 0{,}6720$ = (lb$_m$/ft s)	Viscosidade cinética, $\nu \times 10^6$ (m²/s) $\times 3{,}874 \times 10^4$ = (ft²/h)	Número de Prandtl, Pr	$\dfrac{g\beta}{\nu^2} \times 10^{-10}$ (1/K m³) $\times 1{,}573 \times 10^{-2}$ = (1/R ft³)
°F	K	°C									
−58	223	−50	703,7		4 463	0,547	17,42	3,061	0,435	2,60	
−40	233	−40	691,7		4 467	0,547	17,75	2,808	0,406	2,28	
−22	243	−30	679,3		4 476	0,549	18,01	2,629	0,387	2,15	
−4	253	−20	666,7		4 509	0,547	18,19	2,540	0,381	2,09	
14	263	−10	653,6		4 564	0,543	18,25	2,471	0,378	2,07	
32	273	0	640,1	2,16	4 635	0,540	18,19	2,388	0,373	2,05	1,51
50	283	10	626,2		4 714	0,531	18,01	2,304	0,368	2,04	
68	293	20	611,8	2,45	4 798	0,521	17,75	2,196	0,359	2,02	18,64
86	303	30	596,4		4 890	0,507	17,42	2,081	0,349	2,01	
104	313	40	581,0		4 999	0,493	17,01	1,975	0,340	2,00	
122	323	50	564,3		5 116	0,476	16,54	1,862	0,330	1,99	

Fonte: Adaptado de E. R. G. Eckert and R. M. Drake, *Analysis of Heat and Mass Transfer*, McGraw-Hill, New York, 1972.

TABELA 17 Óleo de motor não utilizado

Temperatura, T °F	K	°C	Densidade, ρ (kg/m³) $\times 6{,}243 \times 10^{-2}$ = (lb_m/ft³)	Coeficiente de expansão térmica, $\beta \times 10^3$ (1/K) $\times 0{,}5556$ = (1/R)	Calor específico, c_p (J/kg K) $\times 2{,}388 \times 10^{-4}$ = (Btu/lb_m °F)	Condutividade térmica, k (W/m K) $\times 0{,}5777$ = (Btu/h ft °F)	Difusividade térmica, $\alpha \times 10^{10}$ (m²/s) $\times 3{,}874 \times 10^4$ = (ft²/h)	Viscosidade absoluta, $\mu \times 10^3$ (N s/m²) $\times 0{,}6720$ = (lb_m/ft s)	Viscosidade cinética, $\nu \times 10^6$ (m²/s) $\times 3{,}874 \times 10^4$ = (ft²/h)	Número de Prandtl, Pr	$\dfrac{g\beta}{\nu^2}$ (1/K m³) $\times 1{,}573 \times 10^{-2}$ = (1/R ft³)
32	273	0	899,1		1 796	0,147	911	3848	4280	471	
68	293	20	888,2	0,648	1 880	0,145	872	799	900	104	7,85 × 10³
104	313	40	876,1	0,691	1 964	0,144	834	210	240	28,7	1,18 × 10⁵
140	333	60	864,0	0,697	2 047	0,140	800	72,5	83,9	10,5	9,72 × 10⁵
176	353	80	852,0	0,704	2 131	0,138	769	32,0	37,5	4,90	4,91 × 10⁶
212	373	100	840,0	0,684	2 219	0,137	738	17,1	20,3	2,76	1,63 × 10⁷
248	393	120	829,0	0,697	2 307	0,135	710	10,3	12,4	1,75	4,44 × 10⁷
284	413	140	816,9	0,706	2 395	0,133	686	6,54	8,0	1,16	1,08 × 10⁸
320	433	160	805,9		2 483	0,132	663	4,51	5,6	0,84	—

Fonte: Adaptado de E. R. G. Eckert and R. M. Drake, *Analysis of Heat and Mass Transfer*, McGraw-Hill, New York, 1972.

TABELA 18 Óleo de transformador (Padrão 982-68)

Temperatura, T °F	K	°C	Densidade, ρ (kg/m³) ×6,243×10⁻² = (lb_m/ft³)	Coeficiente de expansão térmica, $\beta \times 10^3$ (1/K) ×0,5556 = (1/R)	Calor específico, c_p (J/kg K) ×2,388×10⁻⁴ = (Btu/lb_m °F)	Condutividade térmica, k (W/m K) ×0,5777 = (Btu/h ft °F)	Difusividade térmica, $\alpha \times 10^{10}$ (m²/s) ×3,874×10⁴ = (ft²/h)	Viscosidade absoluta, $\mu \times 10^3$ (N s/m²) ×0,6720 = (lb_m/ft s)	Viscosidade cinética, $\nu \times 10^6$ (m²/s) ×3,874×10⁴ = (ft²/h)	Número de Prandtl, Pr ×10⁻²
−58	223	−50	922		1 700	0,116	742	29,320	31,800	4,286
−40	233	−40	916		1 680	0,116	750	3,866	4,220	563
−22	243	−30	910		1 650	0,115	764	1,183	1,300	170
−4	253	−20	904		1 620	0,114	778	365,6	404	52
14	263	−10	898		1 600	0,113	788	108,1	120	15,3
32	273	0	891		1 620	0,112	778	55,24	67,5	8,67
50	283	10	885		1 650	0,111	763	33,45	37,8	4,95
68	293	20	879		1 710	0,111	736	21,10	24,0	3,26
86	303	30	873		1 780	0,110	707	13,44	15,4	2,18
104	313	40	867		1 830	0,109	688	9,364	10,8	1,57

Fonte: Adaptado de N. B. Vargaftik, *Tables on the Thermophysical Properties of Liquids and Gases*, 2ª ed., Hemisphere, Washington, DC, 1975.

TABELA 19 Álcool n-Butanol ($C_4H_{10}O$)

Temperatura, T			Densidade, ρ (kg/m³) ×6,243×10⁻² = (lb_m/ft³)	Coeficiente de expansão térmica, $\beta \times 10^4$ (1/K) ×0,5556 = (1/R)	Calor específico, c_p (J/kg K) ×2,388×10⁻⁴ = (Btu/lb_m °F)	Condutividade térmica, k (W/m K) ×0,5777 = (Btu/h ft °F)	Difusividade térmica, $\alpha \times 10^{10}$ (m²/s) ×3,874×10⁴ = (ft²/h)	Viscosidade absoluta, $\mu \times 10^3$ (N s/m²) ×0,6720 = (lb_m/ft s)	Viscosidade cinética, $\nu \times 10^6$ (m²/s) ×3,874×10⁴ = (ft²/h)	Número de Prandtl, Pr	$\dfrac{g\beta}{\nu^2} \times 10^{-6}$ (1/K m³) ×1,573×10⁻² = (1/R ft³)
°F	K	°C									
60	289	16	809		2 258	0,168	901	3,36	4,16	45,2	
100	311	38	796	8,1	2 542	0,166	816	1,92	2,41	29,4	1 367
150	339	66	777	8,6	2 852	0,164	743	1,00	1,29	17,4	5 086
200	366	93	756		3 166	0,163	666	0,57	0,76	11,1	
243,5	390,7	117,5	737		3 429	0,163	769	0,39	0,53	8,2	
300	422	149						0,28			

TABELA 20 Anilina comercial

Temperatura, T			Densidade, ρ (kg/m³) ×6,243×10⁻² = (lb_m/ft³)	Coeficiente de expansão térmica, $\beta \times 10^4$ (1/K) ×0,5556 = (1/R)	Calor específico, c_p (J/kg K) ×2,388×10⁻⁴ = (Btu/lb_m °F)	Condutividade térmica, k (W/m K) ×0,5777 = (Btu/h ft °F)	Difusividade térmica, $\alpha \times 10^{10}$ (m²/s) ×3,874×10⁴ = (ft²/h)	Viscosidade absoluta, $\mu \times 10^3$ (N s/m²) ×0,6720 = (lb_m/ft s)	Viscosidade cinética, $\nu \times 10^6$ (m²/s) ×3,874×10⁴ = (ft²/h)	Número de Prandtl, Pr	$\dfrac{g\beta}{\nu^2} \times 10^{-6}$ (1/K m³) ×1,573×10⁻² = (1/R ft³)
°F	K	°C									
60	289	16	1 025		2 011	0,173	839	4,84	4,72	56,0	
100	311	38	1 009	8,82	2 052	0,173	837	2,53	2,51	30,0	1 373
150	339	66	985	8,86	2 115	0,170	816	1,44	1,46	18,0	4 100
200	366	93	961		2 157	0,166	803	0,91	0,947	11,8	
300	422	149	921		2 261	0,161	775	0,48	0,521	6,8	

TABELA 21 Benzeno (C₆H₆)

Temperatura, T			Densidade, ρ (kg/m³) ×6,243×10⁻² = (lb_m/ft³)	Coeficiente de expansão térmica, $\beta \times 10^3$ (1/K) ×0,5556 = (1/R)	Calor específico, c_p (J/kg K) ×2,388×10⁻⁴ = (Btu/lb_m °F)	Condutividade térmica, k (W/m K) ×0,5777 = (Btu/h ft °F)	Difusividade térmica, $\alpha \times 10^{10}$ (m²/s) ×3,874×10⁴ = (ft²/h)	Viscosidade absoluta, $\mu \times 10^3$ (N s/m²) ×0,6720 = (lb_m/ft s)	Viscosidade cinética, $\nu \times 10^6$ (m²/s) ×3,874×10⁴ = (ft²/h)	Número de Prandtl, Pr	$\dfrac{g\beta}{\nu^2} \times 10^{-6}$ (1/K m³) ×1,573×10⁻² = (1/R ft³)
°F	K	°C									
60	239	16	883	1,08	1 675	0,161	1 089	0,685	0,776	7,2	19,072
80	300	27	875		1 759	0,159	1 035	0,589	0,673	6,5	
100	311	38	865		1 843	0,151	911	0,522	0,604	5,1	
150	339	66	857		1 926			0,387	0,452	4,5	
200	366	93						0,302		4,0	

TABELA 22 Compostos orgânicos a 20°C, 68°F

Líquido	Fórmula química	Densidade, ρ (kg/m³) ×6,243×10⁻² = (lb_m/ft³)	Coeficiente de expansão térmica, $\beta \times 10^4$ (1/K) ×0,5556 = (1/R)	Calor específico, c_p (J/kg K) ×2,388×10⁻⁴ = (Btu/lb_m °F)	Condutividade térmica, k (W/m K) ×0,5777 = (Btu/h ft °F)	Difusividade térmica, $\alpha \times 10^9$ (m²/s) ×3,874×10⁴ = (ft²/h)	Viscosidade absoluta, $\mu \times 10^4$ (N s/m²) ×0,6720 = (lb_m/ft s)	Viscosidade cinética, $\nu \times 10^6$ (m²/s) ×3,874×10⁴ = (ft²/h)	Número de Prandtl, Pr	$\dfrac{g\beta}{\nu^2} \times 10^{-8}$ (1/K m³) ×1,573×10⁻² = (1/R ft³)
Ácido acético	C₂H₄O₂	1 049	10,7	2 031	0,193	90,6				
Acetona	C₃H₆O	791	14,3	2 160	0,180	105,4	3,31	0,418	3,97	802,6
Clorofórmio	CHCl₃	1 489	12,8	967	0,129	89,6	5,8	0,390	4,35	825,3
Acetato etílico	C₄H₈O₂	900	13,8	2 010	0,137	75,7	4,49	0,499	6,59	543,5
Álcool etílico	C₂H₆O	790	11,0	2 470	0,182	93,3	12,0	1,52	16,29	46,7
Etilenoglicol	C₂H₆O₂	1 115		2 382	0,258	97,1	199	17,8	183,7	
Glicerol	C₃H₈O₃	1 260	5,0	2 428	0,285	93,2	14,800	1175	12,609	0,0000355
n-Heptano	C₇H₁₆	684	12,4	2 219	0,140	92,2	4,09	0,598	6,48	340,1
n-Hexano	C₆H₁₄	660	13,5	1 884	0,137	11,02	3,20	0,485	4,40	562,8
Álcool Isobutílico	C₄H₁₀O	804	9,4	2 303	0,134	72,4	39,5	4,91	67,89	3,82
Álcool metílico	CH₄O	792	11,9	2 470	0,212	108,4	5,84	0,737	6,80	214,9
n-Octano	C₈H₁₈	720	11,4	2 177	0,147	93,8	5,4	0,750	8,00	198,8
n-Pentano	C₅H₁₂	626	16,0	2 177	0,136	99,8	2,29	0,366	3,67	1171
Tolueno	C₇H₈	866	10,8	1 675	0,151	104,1	5,86	0,677	6,50	231,1
Terebentina	C₁₀H₁₆	855	9,7	1 800	0,128	83,2	14,87	1,74	20,91	31,4

Fonte: Adaptado de K. Raznjevic, *Handbook of Thermodynamic Tables and Charts*, McGraw-Hill, New York, 1976.

Fluidos de transferência de calor

TABELA 23 Mobiltherm 600

Temperatura, T °F	K	°C	Densidade, ρ (kg/m³) ×6,243×10⁻² =(lb_m/ft³)	Coeficiente de expansão térmica, $\beta \times 10^3$ (1/K) ×0,5556 =(1/R)	Calor específico, c_p (J/kg K) ×2,388×10⁻⁴ =(Btu/lb_m °F)	Condutividade térmica, k (W/m K) ×0,5777 =(Btu/h ft °F)	Difusividade térmica, $\alpha \times 10^{10}$ (m²/s) ×3,874×10⁴ =(ft²/h)	Viscosidade absoluta, $\mu \times 10^3$ (N s/m²) ×0,6720 =(lb_m/ft s)	Viscosidade cinética, $\nu \times 10^6$ (m²/s) ×3,874×10⁴ =(ft²/h)	Número de Prandtl, Pr	$\dfrac{g\beta}{\nu^2} \times 10^{-6}$ (1/K m³) ×1,573×10⁻² =(1/R ft³)
50	283	10	953	0,621	1 549	0,123	833				
122	323	50	929	0,637	1 680	0,120	769	30,28	32,60	424	5,9
212	373	100	899	0,658	1 859	0,116	694	5,48	6,10	87,9	173
302	423	150	870	0,680	2 031	0,113	640	2,04	2,34	36,6	1 218
392	473	200	839	0,705	2 209	0,110	594	1,05	1,25	21,0	4 425
482	523	250	810	0,730	2 386	0,106	545	0,64	0,790	14,5	11,470

Fonte: P. L. Geiringer, *Handbook of Heat Transfer Media*, Krieger, New York, 1977.

TABELA 24 Sal de nitrato fundido (60% NaNO$_3$, 40% KNO$_3$, por peso)

Temperatura, T			Densidade, ρ (kg/m^3) $\times 6{,}243 \times 10^{-2}$ = (lb$_m$/ft^3)	Coeficiente de expansão térmica, $\beta \times 10^4$ (1/K) $\times 0{,}5556$ = (1/R)	Calor específico, c_p (J/kg K) $\times 2{,}388 \times 10^{-4}$ = (Btu/lb$_m$ °F)	Condutividade térmica, k (W/m K) $\times 0{,}5777$ = (Btu/h ft °F)	Difusividade térmica, $\alpha \times 10^7$ (m^2/s) $\times 3{,}874 \times 10^4$ = (ft^2/h)	Viscosidade absoluta, $\mu \times 10^3$ (N s/m^2) $\times 0{,}6720$ = (lb$_m$/ft s)	Viscosidade cinética, $\nu \times 10^6$ (m^2/s) $\times 3{,}874 \times 10^4$ = (ft^2/h)	Número de Prandtl, Pr	$\dfrac{g\beta}{\nu^2} \times 10^{-9}$ (1/K m^3) $\times 1{,}573 \times 10^{-2}$ = (1/R ft^3)
°F		°C									
572		300	1 899	3,370	1 495	0,500	1,761	3,26	1,717	9,747	1,122
662		350	1 867	3,321	1 503	0,510	1,817	2,34	1,253	6,896	2,074
752		400	1 836	3,486	1 512	0,519	1,870	1,78	0,969	5,186	3,638
842		450	1 804	3,548	1 520	0,529	1,929	1,47	0,815	4,224	5,241
932		500	1 772	3,612	1 529	0,538	1,986	1,31	0,739	3,723	6,483
1 022		550	1 740	3,678	1 538	0,548	2,048	1,19	0,684	3,340	7,714
1 112		600	1 708		1 546	0,557	2,109	0,99	0,580	2,748	

Fonte: Sandia National Laboratories, SAND87-8005, A Review of the Chemical and Physical Properties of Molten Alkali Nitrate Salts and Their Effect on Materials Used for Solar Central Receivers. 1987.

Metais Líquidos

TABELA 25 Bismuto

Temperatura, T				Densidade, ρ (kg/m^3) $\times 6{,}243 \times 10^{-2}$ = (lb$_m$/ft^3)	Coeficiente de expansão térmica, $\beta \times 10^3$ (1/K) $\times 0{,}5556$ = (1/R)	Calor específico, c_p (J/kg K) $\times 2{,}388 \times 10^{-4}$ = (Btu/lb$_m$ °F)	Condutividade térmica, k (W/m K) $\times 0{,}5777$ = (Btu/h ft °F)	Difusividade térmica, $\alpha \times 10^5$ (m^2/s) $\times 3{,}874 \times 10^4$ = (ft^2/h)	Viscosidade absoluta, $\mu \times 10^4$ (N s/m^2) $\times 0{,}6720$ = (lb$_m$/ft s)	Viscosidade cinética, $\nu \times 10^7$ (m^2/s) $\times 3{,}874 \times 10^4$ = (ft^2/h)	Número de Prandtl, Pr	$\dfrac{g\beta}{\nu^2} \times 10^{-9}$ (1/K m^3) $\times 1{,}573 \times 10^{-2}$ = (1/R ft^3)
°F	K		°C									
600	589		316	10 011	0,117	144,5	16,44	1,14	16,22	1,57	0,014	46,5
800	700		427	9 867	0,122	149,5	15,58	1,06	13,39	1,35	0,013	65,6
1 000	811		538	9 739	0,126	154,5	15,58	1,03	11,01	1,08	0,011	106
1 200	922		649	9 611		159,5	15,58	1,01	9,23	0,903	0,009	
1 400	1 033		760	9 467		164,5	15,58	1,01	7,89	0,813	0,008	

TABELA 26 Mercúrio

Temperatura, T			Densidade, ρ (kg/m³) $\times 6{,}243 \times 10^{-2}$ = (lb$_m$/ft³)	Coeficiente de expansão térmica, $\beta \times 10^4$ (1/K) $\times 0{,}5556$ = (1/R)	Calor específico, c_p (J/kg K) $\times 2{,}388 \times 10^{-4}$ = (Btu/lb$_m$ °F)	Condutividade térmica, k (W/m K) $\times 0{,}5777$ = (Btu/h ft °F)	Difusividade térmica, $\alpha \times 10^{10}$ (m²/s) $\times 3{,}874 \times 10^{4}$ = (ft²/h)	Viscosidade absoluta, $\mu \times 10^4$ (N s/m²) $\times 0{,}6720$ = (lb$_m$/ft s)	Viscosidade cinética, $\nu \times 10^6$ (m²/s) $\times 3{,}874 \times 10^{4}$ = (ft²/h)	Número de Prandtl, Pr	$\dfrac{g\beta}{\nu^2} \times 10^{-10}$ (1/K m³) $\times 1{,}573 \times 10^{-2}$ = (1/R ft³)
°F	K	°C									
32	273	0	13 628		140,3	8,20	42,99	16,90	0,124	0,0288	
68	293	20	13 579	1,82	139,4	8,69	46,06	15,48	0,114	0,0249	13,73
122	323	50	13 506		138,6	9,40	50,22	14,05	0,104	0,0207	
212	373	100	13 385		137,3	10,51	57,16	12,42	0,0928	0,0162	
302	423	150	13 264		136,5	11,49	63,54	11,31	0,0853	0,0134	
392	473	200	13 145		157,0	12,34	69,08	10,54	0,0802	0,0134	
482	523	250	13 026		135,7	13,07	74,06	9,96	0,0765	0,0103	
600	588,7	315,5	12 847		134,0	14,02	81,50	8,65	0,0673	0,0083	

Fonte: Adaptado de E. R. G. Eckert and R. M. Drake, *Analysis of Heat and Mass Transfer*, McGraw-Hill, New York, 1972.

TABELA 27 Sódio

Temperatura, T			Densidade, ρ (kg/m³) $\times 6{,}243 \times 10^{-2}$ = (lb$_m$/ft³)	Coeficiente de expansão térmica, $\beta \times 10^3$ (1/K) $\times 0{,}5556$ = (1/R)	Calor específico, c_p (J/kg K) $\times 2{,}388 \times 10^{-4}$ = (Btu/lb$_m$ °F)	Condutividade térmica, k (W/m K) $\times 0{,}5777$ = (Btu/h ft °F)	Difusividade térmica, $\alpha \times 10^{5}$ (m²/s) $\times 3{,}874 \times 10^{4}$ = (ft²/h)	Viscosidade absoluta, $\mu \times 10^4$ (N s/m²) $\times 0{,}6720$ = (lb$_m$/ft s)	Viscosidade cinética, $\nu \times 10^7$ (m²/s) $\times 3{,}874 \times 10^{4}$ = (ft²/h)	Número de Prandtl, Pr	$\dfrac{g\beta}{\nu^2} \times 10^{-9}$ (1/K m³) $\times 1{,}573 \times 10^{-2}$ = (1/R ft³)
°F	K	°C									
200	367	94	929	0,27	1 382	86,2	6,71	6,99	7,31	0,0110	4,96
400	478	205	902	0,36	1 340	80,3	6,71	4,32	4,60	0,0072	16,7
700	644	371	860		1 298	72,4	6,45	2,83	3,16	0,0051	
1 000	811	538	820		1 256	65,4	6,19	2,08	2,44	0,0040	
1 300	978	705	778		1 256	59,7	6,19	1,79	2,26	0,0038	

Propriedades termodinâmicas dos gases

TABELA 28 Ar seco em pressão atmosférica

Temperatura, T			Densidade, ρ (kg/m³) $\times 6{,}243 \times 10^{-2}$ = (lb_m/ft³)	Coeficiente de expansão térmica, $\beta \times 10^3$ (1/K) $\times 0{,}5556$ = (1/R)	Calor específico, c_p (J/kg K) $\times 2{,}388 \times 10^{-4}$ = (Btu/lb_m °F)	Condutividade térmica, k (W/m K) $\times 0{,}5777$ = (Btu/h ft °F)	Difusividade térmica, $\alpha \times 10^6$ (m²/s) $\times 3{,}874 \times 10^4$ = (ft²/h)	Viscosidade absoluta, $\mu \times 10^6$ (N s/m²) $\times 0{,}6720$ = (lb_m/ft s)	Viscosidade cinética, $\nu \times 10^6$ (m²/s) $\times 3{,}874 \times 10^4$ = (ft²/h)	Número de Prandtl, Pr	$\dfrac{g\beta}{\nu^2} \times 10^{-8}$ (1/K m³) $\times 1{,}573 \times 10^{-2}$ = (1/R ft³)
°F	K	°C									
32	273	0	1,252	3,66	1 011	0,0237	19,2	17,456	13,9	0,71	1,85
68	293	20	1,164	3,41	1 012	0,0251	22,0	18,240	15,7	0,71	1,36
104	313	40	1,092	3,19	1 014	0,0265	24,8	19,123	17,6	0,71	1,01
140	333	60	1,025	3,00	1 017	0,0279	27,6	19,907	19,4	0,71	0,782
176	353	80	0,968	2,83	1 019	0,0293	30,6	20,790	21,5	0,71	0,600
212	373	100	0,916	2,68	1 022	0,0307	33,6	21,673	23,6	0,71	0,472
392	473	200	0,723	2,11	1 035	0,0370	49,7	25,693	35,5	0,71	0,164
572	573	300	0,596	1,75	1 047	0,0429	68,9	29,322	49,2	0,71	0,0709
752	673	400	0,508	1,49	1 059	0,0485	89,4	32,754	64,6	0,72	0,0350
932	773	500	0,442	1,29	1 076	0,0540	113,2	35,794	81,0	0,72	0,0193
1 832	1 273	1 000	0,268	0,79	1 139	0,0762	240	48,445	181	0,74	0,00236

Fonte: Adaptado de K. Raznjevic, *Handbook of Thermodynamic Tables and Charts*, McGraw-Hill, New York, 1976.

TABELA 29 Dióxido de carbono em pressão atmosférica

Temperatura, T			Densidade, ρ (kg/m³) $\times 6{,}243 \times 10^{-2}$ = (lb_m/ft³)	Coeficiente de expansão térmica, $\beta \times 10^3$ (1/K) $\times 0{,}5556$ = (1/R)	Calor específico, c_p (J/kg K) $\times 2{,}388 \times 10^{-4}$ = (Btu/lb_m °F)	Condutividade térmica, k (W/m K) $\times 0{,}5777$ = (Btu/h ft °F)	Difusividade térmica, $\alpha \times 10^4$ (m²/s) $\times 3{,}874 \times 10^4$ = (ft²/h)	Viscosidade absoluta, $\mu \times 10^6$ (N s/m²) $\times 0{,}6720$ = (lb_m/ft s)	Viscosidade cinética, $\nu \times 10^6$ (m²/s) $\times 3{,}874 \times 10^4$ = (ft²/h)	Número de Prandtl, Pr	$\dfrac{g\beta}{\nu^2} \times 10^{-6}$ (1/K m³) $\times 1{,}573 \times 10^{-2}$ = (1/R ft³)
°F	K	°C									
−63	220	−53	2,4733		783	0,01080	0,0592	11,105	4,490	0,818	
−9	250	−23	2,1657		804	0,01288	0,0740	12,590	5,813	0,793	
81	300	27	1,7973	3,33	871	0,01657	0,1058	14,958	8,321	0,770	472
171	350	77	1,5362	2,86	900	0,02047	0,1480	17,205	11,19	0,755	224
261	400	127	1,3424	2,50	942	0,02461	0,1946	19,32	14,39	0,738	118
351	450	177	1,1918	2,22	980	0,02897	0,2481	21,34	17,90	0,721	67,9
441	500	227	1,0732	2,00	1 013	0,03352	0,3084	23,26	21,67	0,702	41,8
531	550	277	0,9739	1,82	1 047	0,03821	0,3750	25,08	25,74	0,685	26,9
621	600	327	0,8938	1,67	1 076	0,04311	0,4483	26,83	30,02	0,668	18,2

Fonte: Adaptado de E. R. G. Eckert and R. M. Drake, *Analysis of Heat and Mass Transfer*, McGraw-Hill, New York, 1972.

TABELA 30 Monóxido de carbono em pressão atmosférica

Temperatura, T			Densidade, ρ (kg/m³) $\times 6{,}243 \times 10^{-2}$ = (lb$_m$/ft³)	Coeficiente de expansão térmica, $\beta \times 10^3$ (1/K) $\times 0{,}5556$ = (1/R)	Calor específico, c_p (J/kg K) $\times 2{,}388 \times 10^{-4}$ = (Btu/lb$_m$ °F)	Condutividade térmica, k (W/m K) $\times 0{,}5777$ = (Btu/h ft °F)	Difusividade térmica, $\alpha \times 10^4$ (m²/s) $\times 3{,}874 \times 10^4$ = (ft²/h)	Viscosidade absoluta, $\mu \times 10^6$ (N s/m²) $\times 0{,}6720$ = (lb$_m$/ft s)	Viscosidade cinética, $\nu \times 10^6$ (m²/s) $\times 3{,}874 \times 10^4$ = (ft²/h)	Número de Prandtl, Pr	$\dfrac{g\beta}{\nu^2} \times 10^{-6}$ (1/K m³) $\times 1{,}573 \times 10^{-2}$ = (1/R ft³)
°F	K	°C									
−63	220	−53	2,4733		783	0,01080	0,0592	11,105	4,490	0,818	
−63	220	−53	1,554		1 043	0,01906	0,1176	13,88	8,90	0,758	
−9	250	−23	0,841		1 043	0,02144	0,1506	15,40	11,28	0,750	
81	300	27	1,139	3,33	1 042	0,02525	0,2128	17,84	15,67	0,737	133
171	350	77	0,974	2,86	1 043	0,02883	0,2836	20,09	20,62	0,728	65,9
261	400	127	0,854	2,50	1 048	0,03226	0,3605	22,19	25,99	0,722	36,3
351	450	177	0,758	2,22	1 055	0,04360	0,4439	24,18	31,88	0,718	21,4
441	500	227	0,682	2,00	1 064	0,03863	0,5324	26,06	38,19	0,718	13,4
531	550	277	0,620	1,82	1 076	0,04162	0,6240	27,89	44,97	0,721	8,83
621	600	327	0,569	1,67	1 088	0,04446	0,7190	29,60	52,06	0,724	6,04

Fonte: Adaptado de E. R. G. Eckert and R. M. Drake, *Analysis of Heat and Mass Transfer*, McGraw-Hill, New York, 1972.

TABELA 31 Hélio em pressão atmosférica

Temperatura, T			Densidade, ρ (kg/m³) $\times 6{,}243 \times 10^{-2}$ = (lb$_m$/ft³)	Coeficiente de expansão térmica, $\beta \times 10^3$ (1/K) $\times 0{,}5556$ = (1/R)	Calor específico, c_p (J/kg K) $\times 2{,}388 \times 10^{-4}$ = (Btu/lb$_m$ °F)	Condutividade térmica, k (W/m K) $\times 0{,}5777$ = (Btu/h ft °F)	Difusividade térmica, $\alpha \times 10^4$ (m²/s) $\times 3{,}874 \times 10^4$ = (ft²/h)	Viscosidade absoluta, $\mu \times 10^6$ (N s/m²) $\times 0{,}6720$ = (lb$_m$/ft s)	Viscosidade cinética, $\nu \times 10^6$ (m²/s) $\times 3{,}874 \times 10^4$ = (ft²/h)	Número de Prandtl, Pr	$\dfrac{g\beta}{\nu^2} \times 10^{-6}$ (1/K m³) $\times 1{,}573 \times 10^{-2}$ = (1/R ft³)
°F	K	°C									
−454	3	−270				0,0106	0,04625	0,842			
−400	33	−240	1,466		5 200	0,0353	0,5275	5,02	3,42	0,74	
−200	144	−129	3,380	6,94	5 200	0,0928	0,9288	12,55	37,11	0,70	49,4
−100	200	−73	0,2435	5,00	5 200	0,1177	1,3675	15,66	64,38	0,694	11,8
0	255	−18	0,1906	3,92	5 200	0,1357	2,449	18,17	95,50	0,70	4,22
200	366	93	0,1328	2,73	5 200	0,1691	3,716	23,05	173,6	0,71	0,888
400	477	204	0,1020	2,10	5 200	0,197	5,215	27,50	269,3	0,72	0,284
600	589	316	0,08282	1,70	5 200	0,225	6,661	31,13	375,8	0,72	0,118
800	700	427	0,07032	1,43	5 200	0,251	8,774	34,75	494,2	0,72	0,0574
981	800	527	0,06023	1,25	5 200	0,275	10,834	38,17	634,1	0,72	0,0305
1 161	900	627	0,05286	1,11	5 200	0,298		41,36	781,3	0,72	0,0178

Fonte: Adaptado de E. R. G. Eckert and R. M. Drake, *Analysis of Heat and Mass Transfer*, McGraw-Hill, New York, 1972.

TABELA 32 Hidrogênio em pressão atmosférica

Temperatura, T			Densidade, ρ (kg/m³) $\times 6{,}243 \times 10^{-2}$ = (lb_m/ft³)	expansão térmica, $\beta \times 10^3$ (1/K) $\times 0{,}5556$ = (1/R)	Coeficiente de Calor específico, c_p (J/kg K) $\times 2{,}388 \times 10^{-4}$ = (Btu/lb_m °F)	Condutividade térmica, k (W/m K) $\times 0{,}5777$ = (Btu/h ft °F)	Difusividade térmica, $\alpha \times 10^4$ (m²/s) $\times 3{,}874 \times 10^4$ = (ft²/h)	Viscosidade absoluta, $\mu \times 10^6$ (N s/m²) $\times 0{,}6720$ = (lb_m/ft s)	Viscosidade cinética, $\nu \times 10^6$ (m²/s) $\times 3{,}874 \times 10^4$ = (ft²/h)	Número de Prandtl, Pr	$\dfrac{g\beta}{\nu^2} \times 10^{-6}$ (1/K m³) $\times 1{,}573 \times 10^{-2}$ = (1/R ft³)
°F	K	°C									
−369	50	−223	0,50955		10 501	0,0362	0,0676	2,516	4,880	0,721	
−279	100	−173	0,24572	10,0	11 229	0,0665	0,2408	4,212	17,14	0,712	333,8
−189	150	−123	0,16371	6,67	12 602	0,0981	0,475	5,595	34,18	0,718	55,99
−100	200	−73	0,12270	5,00	13 540	0,1282	0,772	6,813	55,53	0,719	15,90
−9	250	−23	0,09819	4,00	14 059	0,1561	1,130	7,919	80,64	0,713	6,03
81	300	27	0,08185	3,33	14 314	0,182	1,554	8,963	109,5	0,706	2,72
171	350	77	0,07016	2,86	14 436	0,206	2,031	9,954	141,9	0,697	1,39
261	400	127	0,06135	2,50	14 491	0,228	2,568	10,864	177,1	0,690	0,782
351	450	177	0,05462	2,22	14 499	0,251	3,164	11,779	215,6	0,682	0,468
441	500	227	0,04918	2,00	14 507	0,272	3,817	12,636	257,0	0,675	0,297
621	600	327	0,04085	1,67	14 537	0,315	5,306	14,285	349,7	0,664	0,134
800	700	427	0,03492	1,43	14 574	0,351	6,903	15,89	455,1	0,659	0,0677
981	800	527	0,03060	1,25	14 675	0,384	8,563	17,40	569	0,664	0,0379
1 341	1 000	727	0,02451	1,00	14 968	0,440	11,997	20,16	822	0,686	0,0145
2 192	1 200	927	0,02050	0,833	15 366	0,488	15,484	22,75	1107	0,715	0,00667

Fonte: Adaptado de E. R. G. Eckert and R. M. Drake, *Analysis of Heat and Mass Transfer*, McGraw-Hill, New York, 1972.

TABELA 33 Nitrogênio em pressão atmosférica

Temperatura T °F	Temperatura T K	Temperatura T °C	Densidade, ρ (kg/m³) $\times 6{,}243 \times 10^{-2}$ = (lb$_m$/ft³)	Coeficiente de expansão térmica, $\beta \times 10^3$ (1/K) $\times 0{,}5556$ = (1/R)	Calor específico, c_p (J/kg K) $\times 2{,}388 \times 10^{-4}$ = (Btu/lb$_m$ °F)	Condutividade térmica, k (W/m K) $\times 0{,}5777$ = (Btu/h ft °F)	Difusividade térmica, $\alpha \times 10^4$ (m²/s) $\times 3{,}874 \times 10^4$ = (ft²/h)	Viscosidade absoluta, $\mu \times 10^6$ (N s/m²) $\times 0{,}6720$ = (lb$_m$/ft s)	Viscosidade cinética, $\nu \times 10^6$ (m²/s) $\times 3{,}874 \times 10^4$ = (ft²/h)	Número de Prandtl, Pr	$\dfrac{g\beta}{\nu^2} \times 10^{-6}$ (1/K m³) $\times 1{,}573 \times 10^{-2}$ = (1/R ft³)
−279	100	−173	3,4808		1 072	0,00945	0,0253	6,86	1,97	0,786	
−100	200	−73	1,7108	5,00	1 043	0,01824	0,1022	12,95	7,57	0,747	855,6
81	300	27	1,1421	3,33	1 041	0,02620	0,2204	17,84	15,63	0,713	133,7
261	400	127	0,8538	2,50	1 046	0,03335	0,3734	21,98	25,74	0,691	37,00
441	500	227	0,6824	2,00	1 056	0,03984	0,5530	25,70	37,66	0,684	13,83
621	600	327	0,5687	1,67	1 076	0,04580	0,7486	29,11	51,19	0,686	6,25
800	700	427	0,4934	1,43	1 097	0,05123	0,9466	32,13	65,13	0,691	3,31
981	800	527	0,4277	1,25	1 123	0,05609	1,1685	34,84	81,46	0,700	1,85
1 161	900	627	0,3796	1,11	1 146	0,06070	1,3946	37,49	91,06	0,711	1,31
1 341	1 000	727	0,3412	1,00	1 168	0,06475	1,6250	40,00	117,2	0,724	0,714
1 521	1 100	827	0,3108	0,909	1 186	0,06850	1,8591	42,28	136,0	0,736	0,482
	1 200	927	0,2851	0,833	1 204	0,07184	2,0932	44,50	156,1	0,748	0,335

SFonte: Adaptado de E. R. G. Eckert and R. M. Drake, *Analysis of Heat and Mass Transfer*, McGraw-Hill, New York, 1972.

TABELA 34 Oxigênio em pressão atmosférica

Temperatura, T			Densidade, ρ (kg/m³) $\times 6{,}243 \times 10^{-2}$ = (lb$_m$/ft³)	Coeficiente de expansão térmica, $\beta \times 10^3$ (1/K) $\times 0{,}5556$ = (1/R)	Calor específico, c_p (J/kg K) $\times 2{,}388 \times 10^{-4}$ = (Btu/lb$_m$ °F)	Condutividade térmica, k (W/m K) $\times 0{,}5777$ = (Btu/h ft °F)	Difusividade térmica, $\alpha \times 10^4$ (m²/s) $\times 3{,}874 \times 10^4$ = (ft²/h)	Viscosidade absoluta, $\mu \times 10^6$ (N s/m²) $\times 0{,}6720$ = (lb$_m$/ft s)	Viscosidade cinética, $\nu \times 10^6$ (m²/s) $\times 3{,}874 \times 10^4$ = (ft²/h)	Número de Prandtl, Pr	$\dfrac{g\beta}{\nu^2} \times 10^{-6}$ (1/K m³) $\times 1{,}573 \times 10^{-2}$ = (1/R ft³)
°F	K	°C									
−279	100	−173	3,992	—	948	0,00903	0,0239	7,768	1,946	0,815	—
−189	150	−123	2,619	6,67	918	0,01367	0,0569	11,49	4,387	0,773	3398
−100	200	−73	1,956	5,00	913	0,01824	0,1021	14,85	7,593	0,745	850,5
−9	250	−23	1,562	4,00	916	0,02259	0,1579	17,87	11,45	0,725	299,2
80	300	27	1,301	3,33	920	0,02676	0,2235	20,63	15,86	0,709	129,8
171	350	77	1,113	2,86	929	0,03070	0,2968	23,16	20,80	0,702	64,8
261	400	127	0,9755	2,50	942	0,03461	0,3768	25,54	26,18	0,695	35,8
351	450	177	0,8682	2,22	957	0,03828	0,4609	27,77	31,99	0,694	21,3
441	500	227	0,7801	2,00	972	0,04173	0,5502	29,91	38,34	0,697	13,3
531	550	277	0,7096	1,82	988	0,04517	0,6441	31,97	45,05	0,700	8,79
621	600	327	0,6504	1,67	1004	0,04832	0,7399	33,92	52,15	0,704	6,02

Fonte: Adaptado de E. R. G. Eckert and R. M. Drake, *Analysis of Heat and Mass Transfer*, McGraw-Hill, New York, 1972.

TABELA 35 Vapor (H₂O) em pressão atmosférica

Temperatura, T °F	K	°C	Densidade, ρ (kg/m³) ×6,243×10⁻² = (lb_m/ft³)	Coeficiente de expansão térmica, $\beta \times 10^3$ (1/K) ×0,5556 = (1/R)	Calor específico, c_p (J/kg K) ×2,388×10⁻⁴ = (Btu/lb_m °F)	Condutividade térmica, k (W/m K) ×0,5777 = (Btu/h ft °F)	Difusividade térmica, $\alpha \times 10^4$ (m²/s) ×3,874×10⁴ = (ft²/h)	Viscosidade absoluta, $\mu \times 10^6$ (N s/m²) ×0,6720 = (lb_m/ft s)	Viscosidade cinética, $\nu \times 10^6$ (m²/s) ×3,874×10⁴ = (ft²/h)	Número de Prandtl, Pr	$\dfrac{g\beta}{\nu^2} \times 10^{-6}$ (1/K m³) ×1,573×10⁻² = (1/R ft³)
212	373	100	0,5977		2 034	0,0249	0,204	12,10	20,2	0,987	
225	380	107	0,5863		2 060	0,0246	0,204	12,71	21,6	1,060	
261	400	127	0,5542	2,50	2 014	0,0261	0,234	13,44	24,2	1,040	41,86
351	450	177	0,4902	2,22	1 980	0,0299	0,307	15,25	31,1	1,010	22,51
441	500	227	0,4405	2,00	1 985	0,0339	0,387	17,04	38,6	0,996	13,16
531	550	277	0,4005	1,82	1 997	0,0379	0,475	18,84	47,0	0,991	8,08
621	600	327	0,3652	1,67	2 026	0,0422	0,573	20,67	56,6	0,986	5,11
711	650	377	0,3380	1,54	2 056	0,0464	0,666	22,47	66,4	0,995	3,43
800	700	427	0,3140	1,43	2 085	0,0505	0,772	24,26	77,2	1,000	2,35
891	750	477	0,2931	1,33	2 119	0,0549	0,883	26,04	88,8	1,005	1,65
981	800	527	0,2739	1,25	2 152	0,0592	1,001	27,86	102,0	1,010	1,18
1 071	850	577	0,2579	1,18	2 186	0,0637	1,130	29,69	115,2	1,019	0,872

Fonte: Adaptado de E. R. G. Eckert and R. M. Drake, *Analysis of Heat and Mass Transfer*, McGraw-Hill, New York, 1972.

TABELA 36 Metano em pressão atmosférica

Temperatura, T			Densidade, ρ (kg/m³) $\times 6{,}243 \times 10^{-2}$ = (lb_m/ft³)	Coeficiente de expansão térmica, $\beta \times 10^3$ (1/K) $\times 0{,}5556$ = (1/R)	Calor específico, c_p (J/kg K) $\times 2{,}388 \times 10^{-4}$ = (Btu/lb_m °F)	Condutividade térmica, k (W/m K) $\times 0{,}5777$ = (Btu/h ft °F)	Difusividade térmica, $\alpha \times 10^4$ (m²/s) $\times 3{,}874 \times 10^4$ = (ft²/h)	Viscosidade absoluta, $\mu \times 10^6$ (N s/m²) $\times 0{,}6720$ = (lb_m/ft s)	Viscosidade cinética, $\nu \times 10^6$ (m²/s) $\times 3{,}874 \times 10^4$ = (ft²/h)	Número de Prandtl, Pr	$\dfrac{g\beta}{\nu^2} \times 10^{-6}$ (1/K m³) $\times 1{,}573 \times 10^{-2}$ = (1/R ft³)
°F	K	°C									
−112	193	−80	1,014	5,18		0,0207		7,4	7,30		954
−76	213	−60	0,9187	4,69		0,0230		8,1	8,82		592
−40	233	−40	0,8399	4,29		0,0260		8,8	10,48		383
−4	253	−20	0,7735	3,95		0,0278		9,5	12,28		257
32	273	0	0,7168	3,66	2 165	0,0302	0,195	10,35	14,43	0,74	174
68	293	20	0,6679	3,41	2 222	0,0332	0,224	10,87	16,27	0,73	126
122	323	50	0,6058	3,10	2 307	0,0372	0,266	11,80	19,48	0,73	80,1
212	373	100	0,5246	2,68	2 448			13,31	25,37		40,8
302	423	150	0,4626	2,36	2 628			14,71	31,80		22,9
392	473	200	0,4137	2,11	2 807			16,05	38,80		13,8
482	523	250	0,3742	1,91	2 991			17,25	46,10		8,8
572	573	300	0,3415	1,75	3 175			18,60	54,47		5,8

Fonte: Adaptado de N. B. Vargaftik, *Tables on the Thermophysical Properties of Liquids and Gases*, 2ª ed., Hemisphere, Washington, DC, 1975.

TABELA 37 Etano em pressão atmosférica

Temperatura, T			Densidade, ρ (kg/m³) $\times 6{,}243 \times 10^{-2}$ = (lb$_m$/ft³)	Coeficiente de expansão térmica, $\beta \times 10^3$ (1/K) $\times 0{,}5556$ = (1/R)	Calor específico, c_p (J/kg K) $\times 2{,}388 \times 10^{-4}$ = (Btu/lb$_m$ °F)	Condutividade térmica, k (W/m K) $\times 0{,}5777$ = (Btu/h ft °F)	Difusividade térmica, $\alpha \times 10^4$ (m²/s) $\times 3{,}874 \times 10^4$ = (ft²/h)	Viscosidade absoluta, $\mu \times 10^6$ (N s/m²) $\times 0{,}6720$ = (lb$_m$/ft s)	Viscosidade cinética, $\nu \times 10^6$ (m²/s) $\times 3{,}874 \times 10^4$ = (ft²/h)	Número de Prandtl, Pr	$\dfrac{g\beta}{\nu^2} \times 10^{-6}$ (1/K m³) $\times 1{,}573 \times 10^{-2}$ = (1/R ft³)
°F	K	°C									
−103	198	−75	1,870	5,05	1 647	0,0114		6,52	3,49		4 066
32	273	0	1,356	3,66	1 731	0,0183	0,0819	8,55	6,31	0,77	901
68	293	20	1,263	3,41		0,0207	0,0947	9,29	7,36	0,78	617
104	313	40	1,183	3,19	1 815	0,0235	0,109	9,86	8,33	0,76	451
140	333	60	1,112	3,00	1 899	0,0265	0,126	10,50	9,44	0,75	330
176	353	80	1,049	2,83	1 983	0,0296	0,142	11,11	10,66	0,75	244
212	373	100	0,992	2,68	2 067	0,0328	0,160	11,67	11,76	0,74	190
248	393	120	0,942	2,54	2 152			12,30	13,06		146
302	423	150	0,875	2,36	2 279			12,78	14,61		108
392	473	200	0,783	2,11	2 490			14,09	17,99		63,9
482	523	250	0,708	1,91	2 680			15,26	21,55		40,3

Fonte: Adaptado de N. B. Vargaftik, *Tables on the Thermophysical Properties of Liquids and Gases*, 2ª ed., Hemisphere, Washington, DC, 1975.

TABELA 38 A atmosfera[a]

Altitude, (ft)	Altitude, (m)	Temperatura absoluta (R) ×5/9 = (K)	Pressão absoluta (lb_f/ft²) ×47,88 = (N/m²)	Relação de pressão	Densidade (lb/ft³) ×16,02 = (Kg/m³)	Relação de densidade	Velocidade do som (ft/s) ×0,3048 = (m/s)
0	0	518	2 116	1,00	$7,65 \times 10^{-2}$	1,00	1 120
5 000	1 524	500	1 758	$8,32 \times 10^{-1}$	$6,60 \times 10^{-2}$	$8,61 \times 10^{-1}$	1 100
10 000	3 048	483	1 456	$6,87 \times 10^{-1}$	$5,66 \times 10^{-2}$	$7,38 \times 10^{-1}$	1 080
20 000	6 096	447	972	$4,59 \times 10^{-1}$	$4,08 \times 10^{-2}$	$5,33 \times 10^{-1}$	1 040
30 000	9 144	411	628	$2,97 \times 10^{-1}$	$2,88 \times 10^{-2}$	$3,76 \times 10^{-1}$	997
40 000	12 192	392	392	$1,85 \times 10^{-1}$	$1,88 \times 10^{-2}$	$2,45 \times 10^{-1}$	973
50 000	15 240	392	243	$1,15 \times 10^{-1}$	$1,16 \times 10^{-2}$	$1,52 \times 10^{-1}$	973
60 000	18 288	392	151	$7,13 \times 10^{-2}$	$7,32 \times 10^{-3}$	$9,45 \times 10^{-2}$	973
70 000	21 336	392	94,5	$4,47 \times 10^{-2}$	$4,51 \times 10^{-3}$	$5,90 \times 10^{-2}$	974
80 000	24 384	392	58,8	$2,78 \times 10^{-2}$	$2,80 \times 10^{-3}$	$3,67 \times 10^{-2}$	974
90 000	27 432	392	36,6	$1,73 \times 10^{-2}$	$1,67 \times 10^{-3}$	$2,28 \times 10^{-2}$	974
100 000	30 480	392	22,8	$1,08 \times 10^{-3}$	$1,1 \times 10^{-3}$	$1,4 \times 10^{-2}$	975
150 000	45 720	575	3,2	$1,5 \times 10^{-3}$	$9,7 \times 10^{-4}$	$1,3 \times 10^{-3}$	1 190
200 000	60 960	623	0,73	$3,6 \times 10^{-4}$	$2,2 \times 10^{-5}$	$2,9 \times 10^{-4}$	1 240
300 000	91 440	487	0,017	$9,0 \times 10^{-6}$	$6,9 \times 10^{-7}$	$9,0 \times 10^{-6}$	1 110
400 000	121 920	695	0,0011	$5,2 \times 10^{-7}$	$2,7 \times 10^{-8}$	$3,5 \times 10^{-7}$	1 430
500 000	152 400	910	$1,2 \times 10^{-4}$	$8,5 \times 10^{-8}$	$3,1 \times 10^{-9}$	$4,1 \times 10^{-8}$	
600 000	182 880	1 130	$4,1 \times 10^{-5}$	$1,9 \times 10^{-8}$	$5,7 \times 10^{-10}$	$7,5 \times 10^{-9}$	
700 000	213 360	1 350	$1,3 \times 10^{-5}$	$6,2 \times 10^{-9}$	$1,5 \times 10^{-10}$	$1,9 \times 10^{-9}$	
800 000	243 840	1 570	$4,6 \times 10^{-6}$	$2,2 \times 10^{-9}$	$4,6 \times 10^{-11}$	$6,0 \times 10^{-10}$	
900 000	274 320	1 800	$1,9 \times 10^{-6}$	$9,0 \times 10^{-10}$	$1,7 \times 10^{-11}$	$2,2 \times 10^{-10}$	

[a] Fontes de dados de propriedades atmosféricas: C. N. Warfield, "Tentative Tables for the Properties of the Upper Atmosphere," *NACATN* 1200, 1947; H. A. Johnson, M. W. Rubsein,

F. M. Sauer, E. G. Slack, and L. Fossner, "The Thermal Characteristics of High Speed Aircraft," AAF, AMC, Wright Field, TR 5632, 1947; J. P. Sutton, *Rocket Propulsion Elements*, 2ª ed., McGraw-Hill, New York, 1957.

Outras propriedades e função de erro

TABELA 39 Tamanho dos poros de pavio de tubos de aquecimento e dados de permeabilidade[a]

Materiais e tamanho da malha	Altura capilar[b] (cm)	Raio do poro (cm)	Permeabilidade (m^2)	Porosidade (%)
Fibra de vidro	25,4		0,061 × 10^{-11}	
Esferas de monel				
30–40	14,6	0,052[c]	4,15 × 10^{-10}	40
70–80	39,5	0,019[c]	0,78 × 10^{-10}	40
100–140	64,6	0,013[c]	0,33 × 10^{-10}	40
140–200	75,0	0,009	0,11 × 10^{-10}	40
Feltro de metal				
FM1006	10,0	0,004	1,55 × 10^{-10}	
FM1205		0,008	2,54 × 10^{-10}	
Pó de níquel				
200 μm	24,6	0,038	0,027 × 10^{-10}	
500 μm	<40,0	0,004	0,081 × 10^{-11}	
Fibra de níquel				
0,01 mm de diâmetro	<40,0	0,001	0,015 × 10^{-11}	68,9
Feltro de níquel		0,017	6,0 × 10^{-10}	89
Espuma de níquel		0,023	3,8 × 10^{-9}	96
Espuma de cobre		0,021	1,9 × 10^{-9}	91
Pó de cobre (sinterizado)	156,8	0,0009	1,74 × 10^{-12}	52
45–56 μm		0,0009		28,7
100–125 μm		0,0021		30,5
150–200 μm		0,0037		35
Níquel 50	4,8	0,0305	6,635 × 10^{-10}	62,5
Cobre 60	3,0		8,4 × 10^{-10}	
Níquel				
100 (3,23)		0,0131	1,523 × 10^{-10}	
120 (3,20)	5,4		6,00 × 10^{-10}	
120[d] (3,20)	7,9	0,019	3,50 × 10^{-10}	
2[e] × 120 (3,25)			1,35 × 10^{-10}	
Níquel				
200	23,4	0,004	0,62 × 10^{-10}	
2 × 200			0,81 × 10^{-10}	
Níquel[d]				
2 × 250		0,002		
4[e] × 250		0,002		
325		0,0032		
Fósforo/bronze		0,0021	0,296 × 10^{-10}	

[a] Retirado de P. D. Dunn e D. A. Reay, Heat Pipes, 3 ed., Pergamon, New York, 1982.
[b] Obtido, com água, a menos que declarado de outra forma
[c] Diâmetro de partícula
[d] Oxidado
[e] Denomina o número de camadas

Fontes de dados de propriedades atmosféricas: C. N. Warfield, Tentative Tables for the Properties of the Upper Atmosphere. *NACATN* 1200, 1947; H. A. Johnson, M. W. Rubsein, F. M. Sauer, E. G. Slack, and L. Fossner. The Thermal Characteristics of High Speed Aircraft. AAF, AMC, Wright Field, TR 5632, 1947; J. P. Sutton, *Rocket Propulsion Elements*, 2 ed., McGraw-Hill, New York, 1957.

TABELA 40 Absorbância solares (α_s) e emissividades térmicas hemisféricas totais (ε_h) de elementos de construção selecionados

Material	Cor	Tratamento de superfície/ condição da superfície	Absorbância solar (α_s)	Emissividade térmica hemisférica total (ε_h)
Alumínio	fosco-prata	como recebido	0,28 ± 0,02	0,07 ± 0,01
	prata brilhante	acabamento espelhado	0,24 ± 0,03	0,04 ± 0,01
Tinta de alumínio	prata brilhante	revestido à mão	0,35 ± 0,02	0,56 ± 0,01
Alumínio anodizado	verde-claro	anodizado em 2-4% ácido oxálico por 20 min em densidade corrente de 2,20 amp/dm² a 5-12 V	0,55 ± 0,02	0,29 ± 0,01
Amianto	cinza	superfície seca	0,73 ± 0,02	0,89 ± 0,02
		superfície úmida	0,92 ± 0,02	0,92 ± 0,02
Aço inoxidável austenítico AISI 321	prata fosca	não polido	0,42 ± 0,02	0,23 ± 0,01
	cinza-prateado	acabamento espelhado	0,38 ± 0,01	0,15 ± 0,01
	azul-claro	polimento espelhado e quimicamente oxidado por 12 min em 0,6M solução aquosa de ácido crômico e sulfúrico a 90°C.	0,85 ± 0,01	0,18 ± 0,01
	azul-claro	termicamente oxidado por 10 min a 1043 K sob condições atmosféricas normais	0,85 ± 0,03	0,14 ± 0,01
Tijolos	vermelho brilhante	afinado e alisado; superfície seca	0,65 ± 0,02	0,85 ± 0,02
		superfície úmida	0,88 ± 0,02	0,91 ± 0,02
Cimento	cinza-claro	uma fina camada seca em uma placa de alumínio com acabamento espelhado tendo ε_h de 0,04	0,67 ± 0,02	0,88 ± 0,02
Barro	cinza-claro	uma fina camada seca em uma placa de alumínio com acabamento espelhado tendo ε_h de 0,04	0,76 ± 0.02	0,92 ± 0,02
Concreto	rosa-claro	superfície lisa não refletiva	0,65 ± 0,02	0,87 ± 0,02
Cobre	vermelho-claro	acabamento espelhado	0,27 ± 0,03	0,03 ± 0,01
Esmaltes	branco		0,28 ± 0,02	0,90 ± 0,01
	preto	pintado à mão em uma placa de alumínio com acabamento espelhado tendo ε_h de 0,04	0,93 ± 0,02	0,90 ± 0,01
	azul		0,68 ± 0,02	0,87 ± 0,01
	vermelho		0,65 ± 0,02	0,87 ± 0,01
	amarelo		0,46 ± 0,02	0,88 ± 0,01
	verde		0,78 ± 0,02	0,90 ± 0,01
Ferro galvanizado	cinza-prateado	acabamento brilhante	0,39 ± 0,03	0,05 ± 0,01
	marrom-escuro	muito enferrujado e gasto pelo tempo	0,90 ± 0,02	0,90 ± 0,02
Verniz	incolor e transparente	filme pintado à mão em uma placa de alumínio com acabamento espelhado tendo ε_h de 0,04	transparente	0,88 ± 0,01
"Makrolon"	incolor e transparente	plástico comercialmente disponível	transparente (τ_s = 0,88 ± 0,02)	0,88 ± 0,02

TABELA 40 (Continuação)

Material	Cor	Tratamento de superfície/ condição da superfície	Absorbância solar (α_s)	Emissividade térmica hemisférica total (ε_h)
Mármore	branco levemente amarelado	não refletivo	0,40 ± 0,03	0,88 ± 0,02
Mosaico de ladrilhos	chocolate	não refletivo	0,82 ± 0,02	0,82 ± 0,02
Papel	branco	-	0,27 ± 0,03	0,83 ± 0,03
Madeira compensada	marrom-escuro	como recebido	0,67 ± 0,03	0,80 ± 0,02
Azulejos de porcelana	branco	superfície vitrificada refletiva	0,26 ± 0,03	0,85 ± 0,02
Telhas	vermelho brilhante	como recebidas; superfície seca	0,65 ± 0,02	0,85 ± 0,02
		superfície molhada	0,88 ± 0,02	0,91 ± 0,02
Areia	branco opaco	seco	0,52 ± 0,02	0,82 ± 0,03
	vermelho-escuro	seco	0,73 ± 0,02	0,86 ± 0,03
Aço	cinza brilhante	acabamento espelhado	0,41 ± 0,03	0,05 ± 0,01
	marrom-escuro	muito enferrujado e gasto	0,89 ± 0,02	0,92 ± 0,02
Pedra	rosa-claro	superfície lisa não refletiva	0,65 ± 0,02	0,87 ± 0,02
Fibra de vidro "Sun-lite"	incolor e transparente	como recebido de Kalwall, EUA.	(τ_s = 0,88±0,02)	0,04 ± 0,01
Estanho	prata-claro	acabamento espelhado	0,30 ± 0,03	0,90 ± 0,02
Verniz	incolor e transparente	filme pintado à mão em uma placa de alumínio com acabamento espelhado tendo ε_h de 0,04	transparente	
Vidro de janela	incolor e transparente	sem tratamento	(τ_s = 0,88±0,02)	0,86 ± 0,02
Cal	branco	uma grossa camada de cal depositada em uma placa de alumínio com acabamento espelhado tendo ε_h de 0,04	0,19 ± 0,02	0,80 ± 0,02
Madeira	marrom-claro	aplainada e afinada	0,59 ± 0,03	0,90 ± 0,02

Fonte: Reimpresso de Energy. vol. 14, V. C. Sharma and A. Sharma, "Solar properties of some building elements," pp. 805–810, Copyright 1989, com permissão da Elsevier.

TABELA 41 Dimensões de tubos de aço[a]

Medida nominal do cano (pol)	Diâmetro externo (pol)	Tamanho Nº	Espessura da parede (pol)	Diâmetro interno (pol)	Área da seção transversal do metal (pol²)	Área de seção transversal interna (ft²)
$\frac{1}{8}$	0,405	40[b]	0,068	0,269	0,072	0,00040
		80[c]	0,095	0,215	0,093	0,00025
$\frac{1}{4}$	0,540	40[b]	0,088	0,364	0,125	0,00072
		80[c]	0,119	0,302	0,157	0,00050
$\frac{3}{8}$	0,675	40[b]	0,091	0,493	0,167	0,00133
		80[c]	0,126	0,423	0,217	0,00098
$\frac{1}{2}$	0,840	40[b]	0,109	0,622	0,250	0,00211
		80[c]	0,147	0,546	0,320	0,00163
		160	0,187	0,466	0,384	0,00118
$\frac{3}{4}$	1,050	40[b]	0,113	0,824	0,333	0,00371
		80[c]	0,154	0,742	0,433	0,00300
		160	0,218	0,614	0,570	0,00206
1	1,315	40[b]	0,133	1,049	0,494	0,00600
		80[c]	0,179	0,957	0,639	0,00499
		160	0,250	0,815	0,837	0,00362
$1\frac{1}{4}$	1,660	40[b]	0,140	1,380	0,699	0,01040
		80[c]	0,191	1,278	0,881	0,00891
		160	0,250	1,160	1,107	0,00734
$1\frac{1}{2}$	1,900	40[b]	0,145	1,610	0,799	0,01414
		80[c]	0,200	1,500	1,068	0,01225
		160	0,281	1,338	1,429	0,00976
2	2,375	40[b]	0,154	2,067	1,075	0,02330
		80[c]	0,218	1,939	1,477	0,02050
		160	0,343	1,689	2,190	0,01556
$2\frac{1}{2}$	2,875	40[b]	0,203	2,469	1,704	0,03322
		80[c]	0,276	2,323	2,254	0,02942
		160	0,375	2,125	2,945	0,02463
3	3,500	40[b]	0,216	3,068	2,228	0,05130
		80[c]	0,300	2,900	3,016	0,04587
		160	0,437	2,626	4,205	0,03761
$3\frac{1}{2}$	4,000	40[b]	0,226	3,548	2,680	0,06870
		80[c]	0,318	3,364	3,678	0,06170
4	4,500	40[b]	0,237	4,026	3,173	0,08840
		80[c]	0,337	3,826	4,407	0,07986
		120	0,437	3,626	5,578	0,07170
		160	0,531	3,438	6,621	0,06447
5	5,563	40[b]	0,258	5,047	4,304	0,1390
		80[c]	0,375	4,813	6,112	0,1263
		120	0,500	4,563	7,953	0,1136
		160	0,625	4,313	9,696	0,1015

TABELA 41 (Continuação)

Medida nominal do cano (pol)	Diâmetro externo (pol)	Tamanho Nº	Espessura da parede (pol)	Diâmetro interno (pol)	Área da seção transversal do metal (pol²)	Área de seção transversal interna (ft²)
6	6,625	40[b]	0,280	6,065	5,584	0,2006
		80[c]	0,432	5,761	8,405	0,1810
		120	0,562	5,501	10,71	0,1650
		160	0,718	5,189	13,32	0,1469
8	8,625	20	0,250	8,125	6,570	0,3601
		30[b]	0,277	8,071	7,260	0,3553
		40[b]	0,322	7,981	8,396	0,3474
		60	0,406	7,813	10,48	0,3329
		80[c]	0,500	7,625	12,76	0,3171
		100	0,593	7,439	14,96	0,3018
		120	0,718	7,189	17,84	0,2819
		140	0,812	7,001	19,93	0,2673
		160	0,906	6,813	21,97	0,2532
10	10,75	20	0,250	10,250	8,24	0,5731
		30[b]	0,307	10,136	10,07	0,5603
		40[b]	0,365	10,020	11,90	0,5475
		60[c]	0,500	9,750	16,10	0,5185
		80	0,593	9,564	18,92	0,4989
		100	0,718	9,314	22,63	0,4732
		120	0,843	9,064	26,24	0,4481
		140	1,000	8,750	30,63	0,4176
		160	1,125	8,500	34,02	0,3941
12	12,75	20	0,250	12,250	9,82	0,8185
		30[b]	0,330	12,090	12,87	0,7972
		40	0,406	11,938	15,77	0,7773
		60	0,562	11,626	21,52	0,7372
		80	0,687	11,376	26,03	0,7058
		100	0,843	11,064	31,53	0,6677
		120	1,000	10,750	36,91	0,6303
		140	1,125	10,500	41,08	0,6013
		160	1,312	10,126	47,14	0,5592
14	14,0	10	0,250	13,500	10,80	0,9940
		20	0,312	13,376	13,42	0,9750
		30	0,375	13,250	16,05	0,9575
		40	0,437	13,126	18,61	0,9397
		60	0,593	12,814	24,98	0,8956
		80	0,750	12,500	31,22	0,8522
		100	0,937	12,126	38,45	0,8020
		120	1,062	11,876	43,17	0,7693
		140	1,250	11,500	50,07	0,7213
		160	1,406	11,188	55,63	0,6827

[a] Baseado na normas A.S.A. B36.10.
[b] Denota tamanhos classificados anteriormente como padrão.
[c] Antigo "extraforte."
Observação: A mesma tabela-padrão pode ser utilizada com o seguinte fator de conversão: 1 pol. = 2,5 cm.

TABELA 42 Propriedades médias dos tubos

Diâmetro		Espessura Parede		Externa				Interna			
Externo (pol.)	Interno (pol.)	Bitola Nominal BWG	(pol.)	Circunferência (pol.)	Superfície por pé linear (ft²)	Pés lineares de tubo por pé quadrado de superfície	Área transversal (pol.²)	(pol.³)	Volume ou capacidade por pé linear (ft³)	Gal. EUA	Comprimento do tubo contendo 1 ft³ (ft)
5/8	0,527	18	,049	1,9635	0,1636	6,1115	0,218	2,616	0,0015	0,011	661
	0,495	16	,065	→	→	→	0,193	2,316	0,0013	0,010	746
	0,459	14	,083	→	→	→	0,166	1,992	0,0011	0,009	867
3/4	0,652	18	,049	2,3562	0,1963	5,0930	0,334	4,008	0,0023	0,017	431
	0,620	16	,065	→	→	→	0,302	3,624	0,0021	0,016	477
	0,584	14	,083	→	→	→	0,268	3,216	0,0019	0,014	537
	0,560	13	,095	→	→	→	0,246	2,952	0,0017	0,013	585
1	0,902	18	,049	3,1416	0,2618	3,8197	0,639	7,668	0,0044	0,033	225
	0,870	16	,065	→	→	→	0,595	7,140	0,0041	0,031	242
	0,834	14	,083	→	→	→	0,546	6,552	0,0038	0,028	264
	0,810	13	,095	→	→	→	0,515	6,180	0,0036	0,027	280
1 1/4	1,152	18	,049	3,9270	,3272	3,0558	1,075	12,90	0,0075	0,056	134
	1,120	16	,065	→	→	→	0,985	11,82	0,0068	0,051	146
	1,084	14	,083	→	→	→	0,923	11,08	0,0064	0,048	156
	1,060	13	,095	→	→	→	0,882	10,58	0,0061	0,046	163
	1,032	12	,109	→	→	→	0,836	10,03	0,0058	0,043	172

TABELA 42 (continuação)

Diâmetro		Espessura Parede		Externa			Interna				Comprimento do tubo contendo 1 ft³ (ft)
Externo (pol.)	Interno (pol.)	Bitola Nominal BWG	Parede (pol.)	Circunferência (pol.)	Superfície por pé linear (ft²)	Pés lineares de tubo por pé quadrado de superfície	Área transversal (pol.²)	(pol.³)	Volume ou capacidade por pé linear (ft³)	Gal. EUA	
1,402	18	,049	4,7124	,3927	2,5465	1,544	18,53	0,0107	0,080	93	
1½	1,370	16	,065	→	→	→	1,474	17,69	0,0102	0,076	98
	1,334	14	,083				1,398	16,78	0,0097	0,073	103
	1,310	13	,095				1,343	16,12	0,0093	0,070	107
	1,282	12	,109				1,292	15,50	0,0090	0,067	111
1¾	1,620	16	,065	5,4978	,4581	2,1827	2,061	24,73	0,0143	0,107	70
	1,584	14	,083				1,971	23,65	0,0137	0,102	73
	1,560	13	,095				1,911	22,94	0,0133	0,099	75
	1,532	12	,109				1,843	22,12	0,0128	0,096	78
	1,490	11	,120				1,744	20,92	0,0121	0,090	83
2	1,870	16	,065	6,2832	,5236	1,9099	2,746	32,96	0,0191	0,143	52
	1,834	14	,083				2,642	31,70	0,0183	0,137	55
	1,810	13	,095				2,573	30,88	0,0179	0,134	56
	1,782	12	,109				2,489	29,87	0,0173	0,129	58
	1,760	11	,120				2,433	29,20	0,0169	0,126	59

Conversão: 1 pol. = 2,5 cm
1 ft = 0,3 m
1 Gal. EUA = 3,8 litros

TABELA 43 Função de erro

x	erf(x)	x	erf(x)	x	erf(x)
0,00	0,00000	0,76	0,71754	1,52	0,96841
0,02	0,02256	0,78	0,73001	1,54	0,97059
0,04	0,04511	0,80	0,74210	1,56	0,97263
0,06	0,06762	0,82	0,75381	1,58	0,97455
0,08	0,09008	0,84	0,76514	1,60	0,97635
0,10	0,11246	0,86	0,77610	1,62	0,97804
0,12	0,13476	0,88	0,78669	1,64	0,97962
0,14	0,15695	0,90	0,79691	1,66	0,98110
0,16	0,17901	0,92	0,80677	1,68	0,98249
0,18	0,20094	0,94	0,81627	1,70	0,98379
0,20	0,22270	0,96	0,82542	1,72	0,98500
0,22	0,24430	0,98	0,83423	1,74	0,98613
0,24	0,26570	1,00	0,84270	1,76	0,98719
0,26	0,28690	1,02	0,85084	1,78	0,98817
0,28	0,30788	1,04	0,85865	1,80	0,98909
0,30	0,32863	1,06	0,86614	1,82	0,98994
0,32	0,34913	1,08	0,87333	1,84	0,99074
0,34	0,36936	1,10	0,88020	1,86	0,99147
0,36	0,38933	1,12	0,88679	1,88	0,99216
0,38	0,40901	1,14	0,89308	1,90	0,99279
0,40	0,42839	1,16	0,89910	1,92	0,99338
0,42	0,44749	1,18	0,90484	1,94	0,99392
0,44	0,46622	1,20	0,91031	1,96	0,99443
0,46	0,48466	1,22	0,91553	1,98	0,99489
0,48	0,50275	1,24	0,92050	2,00	0,99532
0,50	0,52050	1,26	0,92524	2,10	0,997020
0,52	0,53790	1,28	0,92973	2,20	0,998137
0,54	0,55494	1,30	0,93401	2,30	0,998857
0,56	0,57162	1,32	0,93806	2,40	0,999311
0,58	0,58792	1,34	0,94191	2,50	0,999593
0,60	0,60386	1,36	0,94556	2,60	0,999764
0,62	0,61941	1,38	0,94902	2,70	0,999866
0,64	0,63459	1,40	0,95228	2,80	0,999925
0,66	0,64938	1,42	0,95538	2,90	0,999959
0,68	0,66378	1,44	0,95830	3,00	0,999978
0,70	0,67780	1,46	0,96105	3,20	0,999994
0,72	0,69143	1,48	0,96365	3,40	0,999998
0,74	0,70468	1,50	0,96610	3,60	1 000 000

Equações de correlação para propriedades físicas

A fonte para essas tabelas é C. L. Yaws, *Physical Properties — A Guide to the Physical, Thermodynamic and Transport Property Data of Industrially Important Chemical Compounds*, McGraw-Hill, New York, 1977. Uma edição mais recente deste livro (C. L. Yaws, *Chemical Properties Handbook: Physical, Thermodynamic, Environmental, Transport, Safety, and Health Related Properties for Organic and Inorganic Chemicals*, McGraw-Hill, New York, 1999) fornece equações com termos adicionais nas equações polinominais. Entretanto, para cálculos de engenharia, as versões mais simples nas tabelas a seguir são suficientes

TABELA 44 Capacidades de calor de gases ideais

$c_p = A + BT + CT^2 + DT^3$, cal/(g-mol K) para T em K[a]

Composto	A	$B \times 10^3$	$C \times 10^6$	$D \times 10^9$	c_p para 298 K, cal/(g-mol)(K)	Faixa, K
Dióxido de carbono, CO_2	5,14	15,4	−9,94	2,42	8,91	298–1 500
Monóxido de carbono, CO	6,92	−0,65	2,80	−1,14	6,94	298–1 500
Hélio, He	4,97	—	—	—	4,97	298–1 500
Hidrogênio, H_2	6,88	−0,022	0,21	0,13	6,90	298–1 500
Nitrogênio, N_2	7,07	−1,32	3,31	−1,26	6,94	298–1 500
Oxigênio, O_2	6,22	2,71	−0,37	−0,22	6,99	298–1 500
Água, H_2O	8,10	−0,72	3,63	−1,16	8,18	298–1 500
Metano, CH_4	5,04	9,32	8,87	−5,37	8,53	298–1 500
Etano, C_2H_6	2,46	36,1	−7,0	−0,46	12,57	298–1 500
Propano, C_3H_8	−0,58	69,9	−32,9	6,54	17,50	298–1 500
Dióxido de nitrogênio, NO_2	5,53	13,2	−7,96	1,71	8,80	298–1 500
Amônia, NH_3	6,07	8,23	−0,16	−0,66	8,49	298–1 500

[a] $\dfrac{\text{cal}}{\text{g-mol K}} \times \dfrac{4\,186}{\mathcal{M}} = \dfrac{J}{\text{kg K}}$ em que $\mathcal{M}$ é o peso molecular.

TABELA 45 Viscosidades dos gases em baixa pressão

$\mu_G = A + BT + CT^2$, micropoise para T em K

Composto	A	$B \times 10^2$	$C \times 10^6$	μ_G para 25°C, micropoise[a]	Faixa, °C
Dióxido de carbono, CO_2	25,45	45,49	−86,49	153,4	−100 a 1 400
Monóxido de carbono, CO	32,28	47,47	−96,48	165,2	−200 a 1 400
Hélio, He	54,16	50,14	−89,47	195,7	−160 a 1 200
Hidrogênio, H_2	21,87	22,2	−37,51	84,7	−160 a 1 200
Nitrogênio, N_2	30,43	49,89	−109,3	169,5	−160 a 1 200
Oxigênio, O_2	18,11	66,32	−187,9	199,2	−160 a 1 000
Água, H_2O	−31,89	41,45	−8,272	90,14	0 a 1 000
Metano, CH_4	15,96	34,39	−81,40	111,9	−80 a 1 000
Etano, C_2H_6	5,576	30,64	−53,07	92,2	−80 a 1 000
Propano, C_3H_8	4,912	27,12	−38,06	82,4	−80 a 1 000
Dióxido de nitrogênio, NO_2			Equação não aplicável		
Amônia, NH_3	−9,372	38,99	−44,05	103	−200 a 1 200

[a] micropoise $\times 10^{-7}$ = kg/m s

TABELA 46 Condutividades térmicas de gases a ~1 atm

$$k_G = A + BT + CT^2 + DT^3, \text{ micro cal/(cm s K) para } T \text{ em K}$$

Composto	A	B × 10²	C × 10⁴	D × 10⁸	k_G a 25°C micro cal/(s)(cm)(K)[a]	Faixa, °C
Dióxido de carbono, CO_2	−17,23	19,14	0,1308	−2,514	40,3	−90 a 1 400
Monóxido de carbono, CO	1,21	21,79	−0,8416	1,958	59,3	−160 a 1 400
Hélio, He	88,89	93,04	−1,79	3,09	351,20	−160 a 800
Hidrogênio, H_2	19,34	159,74	−9,93	37,29	417,22	−160 a 1 200
Nitrogênio, N_2	0,9359	23,44	−1,21	3,591	61,02	−160 a 1 200
Oxigênio, O_2	−0,7816	23,8	−0,8939	2,324	62,8	−160 a 1 200
Água, H_2O	17,53	−2,42	4,3	−21,73	42,8	0 a 800
Metano, CH_4	−4,463	20,84	2,815	−8,631	80,4	0 a 1 000
Etano, C_2H_6	−75,8	52,57	−4,593	39,74	51,1	0 a 750
Propano, C_3H_8	4,438	−1,122	5,198	−20,08	42	0 a 1 000
Dióxido de nitrogênio, NO_2	−33,52	26,46	−0,755	1,071	38,9	25 a 1 400
Amônia, NH_3	0,91	12,87	2,93	−8,68	63,03	0 a 1 400

[a] $\dfrac{\text{micro cal}}{\text{cm s K}} \times 4{,}186 \times 10^{-4} = $ W/m K

TABELA 47 Capacidades de calor de líquidos saturados

$$c_p = A + BT + CT^2 + DT^3, \text{ cal/g K para } T \text{ em K}$$

Composto	A	B × 10³	C × 10⁶	D × 10⁹	c_p, cal/(g)(K)[a]	Faixa, °C
Dióxido de nitrogênio, NO_2	−1,625	18,99	−61,72	68,77	0,37 @ 21,2°C	−11,2 a 140
Monóxido de carbono, CO	0,5645	4,798	−143,7	911,95	0,515 @ −191,5°C	−205 a −150
Carbon dioxide, CO_2	−19,30	254,6	−1 095,5	1 573,3	0,46 @ −30°C	−56,5 a 20
Metanol, CH_3OH	0,8382	−3,231	8,296	−0,1689	0,608 @ 25°C	−97,6 a 220
Etanol, C_2H_5OH	−0,3499	9,559	−37,86	54,59	0,58 @ 25°C	−114,1 a 180
n-Propanol, C_3H_7OH	−0,2761	8,573	−34,2	49,85	0,57 @ 25°C	−126,2 a 200
n-Butanol, C_4H_9OH	−0,7587	12,97	−46,12	58,59	0,56 @ 25°C	−89,3 a 200
Amônia, NH_3	−1,923	31,1	−110,9	137,6	1,05 @ −33,43°C	−77,4 a 100
Água, H_2O	0,6741	2,825	−8,371	8,601	1,0 @ 25°C	0 a 350
Hidrogênio, H_2	3,79	−329,8	12 170,9	−2 434,8	2,1 @ −252,8°C	−259,4 a −245
Nitrogênio, N_2	−1,064	59,47	−768,7	3 357,3	0,49 @ −195,8°C	−209,9 a −160
Oxigênio, O_2	−0,4587	32,34	−395,1	1 575,7	0,405 @ −183,0°C	−218,4 a −130
Hélio, He	−1,733	1 386,0	−293,133	27 280,000	0,96 @ −268,9°C	−270 a −268,5
Metano, CH_4	1,23	−10,33	72,0	−107,3	0,824 @ −161,5°C	−182,6 a −110
Etano, C_2H_6	0,1388	8,481	−56,54	126,1	0,583 @ −88,2°C	−183,2 a 20
Propano, C_3H_8	0,3326	2,332	−13,36	30,16	0,532 @ −42,1°C	−187,7 a 80

[a] $\dfrac{\text{cal}}{\text{g K}} \times 4\,186 = \dfrac{\text{J}}{\text{kg K}}$

TABELA 48 Viscosidades de líquidos saturados

$$\log \mu_L = A + \frac{B}{T} + CT + DT^2, \text{ centipoise para } T \text{ em K}$$

Composto	A	B	$C \times 10^2$	$D \times 10^6$	μ_L, centipoise[a]	Faixa, °C
Dióxido de nitrogênio, NO_2	−8,431	932,6	2,759	−37,54	0,39 @ 25°C	−11,2 a 158,0
Monóxido de carbono, CO	−2,346	105,2	0,4613	−19,64	0,21 @ −200°C	−205,0 a 140,1
Dióxido de carbono, CO_2	−1,345	21,22	1,034	−34,05	0,06 @ 25°C	−56,5 a 31,1
Metanol, CH_3OH	$\begin{cases} -99,73 \\ -17,09 \end{cases}$	7,317 2,096	46,81 4,738	−745,3 −48,93	0,53 @ 25°C	−97,6 a −40,0 −40,0 a 239,4
Etanol, C_2H_5OH	−2,697	700,9	0,2682	−4,917	1,04 @ 25°C	−105,0 a 243,1
n-Propanol, C_3H_7OH	−5,333	1,158	0,8722	−9,699	1,94 @ 25°C	−72,0 a 263,6
n-Butanol, C_4H_9OH	−4,222	1,130	0,4137	−4,328	2,61 @ 25°C	−60,0 a 289,8
Água, H_2O	−10,73	1,828	1,966	−14,66	0,90 @ 25°C	0,0 a 374,2
Hidrogênio, H_2	−4,857	25,13	14,09	−2,773	0,016 @ −256,0°C	−259,4 a −240,2
Nitrogênio, N_2	−12,14	376,1	12,00	−470,9	0,18 @ −200,0°C	−209,9 a −195,8
Oxigênio, O_2	−2,072	93,22	0,6031	−27,21	0,47 @ −210°C	−218,4 a −118,5
Hélio, He	$\begin{cases} 4,732 \\ -3,442 \end{cases}$	−2,990 1,002	−586,0 32,22	1 417,000 −35,650	0,0034 @ −270,0°C	−272,0 a −271,6 −270,5 a −268,0
Metano, CH_4	−11,67	499,3	8,125	−226,3	0,14 @ −170,0°C	−182,6 a −82,6
Etano, C_2H_6	−4,444	290,1	1,905	−41,64	0,032 @ 25°C	−183,2 a 32,3
Propano, C_3H_8	−3,372	313,5	1,034	−20,26	0,091 @ 25°C	−187,7 a 96,7

[a] centipoise $\times 10^{-3} = $ kg/(m s)

TABELA 49 Condutividades térmicas de líquidos

$$k_L = A + BT + CT^2, \text{ micro cal/(cm s K) para } T \text{ em K}$$

Composto	A	$B \times 10^2$	$C \times 10^4$	k_L, (micro cal)/(s)(cm)(K)[a]	Faixa, °C
Dióxido de nitrogênio, NO_2	519,74	6,22	−25,73	317 @ 25°C	−11 a 142
Monóxido de carbono, CO	475,48	3,31	−214,26	360 @ −200°C	−205 a −145
Dióxido de carbono, CO_2	972,06	−201,53	−22,99	184 @ 25°C	−56 a 26
Metanol, CH_3OH	770,13	−114,28	2,79	459,2 @ 25°C	−97,6 a 210,0
Etanol, C_2H_5OH	628,0	−91,88	5,28	404 @ 25°C	−114,1 a 190
n-Propanol, C_3H_7OH	442,74	−8,04	−5,29	368 @ 25°C	−126,2 a 220
n-Butanol, C_4H_9OH	546,51	−64,42	0,316	361 @ 25°C	−89,3 a 230,0
Água, H_2O	−916,62	1,254,73	−152,12	1,452 @ 25°C	0 a 350
Hidrogênio, H_2	−20,41	2,473,70	−5,347,26	268 @ −250°C	−259 a −241
Nitrogênio, N_2	627,99	−368,91	−22,57	275 @ −182,5°C	−209 a −152
Oxigênio, O_2	583,79	−210,49	−48,31	355 @ −183°C	−218 a −135
Hélio, He	$\begin{cases} -954,21 \\ 98,35 \end{cases}$	$1,55 \times 10^5$ −4,376,85	$-5,0 \times 10^6$ $9,05 \times 10^4$	200 @ −271,3°C 50 @ −270,0°C	−271,3 a −271,0 −271,0 a −268,3
Metano, CH_4	722,72	−144,42	−76,36	325 @ −120°C	−182,6 a −90,0
Etano, C_2H_6	699,31	−165,88	−4,87	170 @ 25°C	−183,2 a 20
Propano, C_3H_8	623,51	−126,79	−2,12	234 @ 25°C	−187,7 a 80,0

[a] $\dfrac{\text{micro cal}}{\text{cm s K}} \times 4,186 \times 10^{-4} = \dfrac{W}{m\ K}$

TABELA 50 Densidades de líquidos saturados

$$\rho = AB^{-(1-Tr)^{2/7}}, \text{g/cm}^3, Tr = T(K)/(T_c + 273,15)$$
[$T(K)$ = temperatura do líquido em kelvin]

Composto	A	B	T_c, °C	ρ, g/cm³	Faixa, °C
Dióxido de nitrogênio, NO_2	0,5859	0,2830	158,0	1,43 @ 25°C	−11,2 a 158,00
Monóxido de carbono, CO	0,2931	0,2706	−140,1	0,79 @ −191,52°C	−205,0 a −140,1
Dióxido de carbono, CO_2	0,4576	0,2590	31,1	0,71 @ 25°C	−56,5 a 31,1
Metanol, CH_3OH	0,2928	0,2760	239,4	0,79 @ 25°C	−97,6 a 239,4
Etanol, C_2H_5OH	0,2903	0,2765	243,1	0,79 @ 25°C	−114,1 a 243,1
n-Propanol, C_3H_7OH	0,2915	0,2758	263,6	0,80 @ 25°C	−126,2 a 263,6
n-Butanol, C_4H_9OH	0,2633	0,2477	289,8	0,80 @ 25°C	−89,3 a 289,8
Amônia, NH_3	0,2312	0,2471	132,4	0,60 @ 25°C	−77,74 a 132,4
Água, H_2O	0,3471	0,2740	374,2	1,00 @ 25°C	0,0 a 374,2
Hidrogênio, H_2	0,0315	0,3473	−240,2	0,07 @ −252,78°C	−259,4 a −240,2
Nitrogênio, N_2	0,3026	0,2763	−146,8	0,81 @ −195,81°C	−209,9 a −146,8
Oxigênio, O_2	0,4227	0,2797	−118,5	1,14 @ −183,16°C	−218,4 a −118,5
Hélio, He	0,0747	0,4406	−268,0	0,12 @ −268,9°C	−271 a −268,0
Metano, CH_4	0,1611	0,2877	−82,6	0,42 @ −161,5°C	−182,6 a −82,6
Etano, C_2H_6	0,2202	0,3041	32,3	0,33 @ 25°C	−183,2 a 32,3
Propano, C_3H_8	0,2204	0,2753	96,7	0,49 @ 25°C	−187,7 a 96,7

Apêndice 3

Programas computacionais de matriz tridiagonal

Solução de um sistema tridiagonal de equações

Os programas de computador que demonstram um algoritmo comumente utilizado para resolver um sistema de equações, que pode ser escrita na forma de uma matriz tridiagonal, são apresentados abaixo. A derivação do algoritmo é dada por S. V. Patankar em *Numerical Heat Transfer and Fluid Flow* (Hemisphere Publishing Corporation, Washington, DC, 1980). Esses programas consideram uma matriz modelo de dez elementos e são escritos para: (a) MATLAB e nas linguagens de programação; (b) C++ ; (c) FORTRAN. Entre as duas linguagens, C++ é a linguagem de programação científica atualmente usada, e a linguagem mais antiga FORTRAN está inclusa porque vários códigos de fonte aberta e comerciais usados atualmente foram escritos nessa linguagem.

(a) Programa de computador para MATLAB

```
% programa Matlab que demonstra a solução de uma matriz tridiagonal com
% uma Função definida pelo usuário
% TRIDIAG com N = 10

clc;
clear all;
limpar tudo;

% Declarar variáveis
N = 10;                     % N é a dimensão da matriz quadrada
I = 1:N;                    % I é uma variável por Loop
A = [1 0,9 0,8 1,1 ,95 ,85 1,15 ,7 ,75 1,2];
% A é o vetor de elementos diagonais

B = [-0,6 -0,5 -0,4 -0,7 -0,6 -0,4 -0,6 -0,4 -0,8 0];
% B é o vetor de elementos de diagonal superior

C = [0 -0,3 -0,2 -0,7 -0.,5 -0,1 -0,3 -0,2 -0,1 -0,5];
% C é o vetor de elementos de diagonal inferior

D = [0,1666 0,2022 0,2177 0,5155 0,5906 0,5489 1,075 0,8755 1,4728 1,6056];
% D é o vetor do lado direito

% Chame a função definida pelo usuário Tridiag

Tridiag (N, A, B, C, D);

% Fim do programa.
% Função definida pelo usuário Tridiag

function z = tridiag (N, A, B, C, D)

%Função Definida pelo usuário Tridiag resolve um Sistema TRIDIAGONAL:


%  | A(1)    -B(1)                                    |   | T(1)   |   |D(1)   |
%  |-C(2)     A(2) -B(2)                              |   | T(2)   |   |D(2)   |
%  |.          .     .                                |   |  .     |   |  .    |
%  |.          .   -C(i)   A(i)   -B(i)               |   | T(i)   | = |D(i)   |
%  |.          .     .       .                        |   |  .     |   |  .    |
%  |.          .     .    -C(N-1) A(N-1) -B(N-1)      |   |T(N-1)  |   |D(N-1) |
%  |.          .     .              -C(N)   A(N)      |   | T(N)   |   |D(N)   |

% em que N é o tamanho do sistema

%% Formando a matriz tridiagonal para coeficientes A, B e C
I = 1:N;
A1 = diag (A);    % A1 é a matriz quadrada de ordem N com o vetor A na diagonal.
```

```
B1 = diag (B, 1);
B1 (:, N+1) = [];
B1 (N+1, :) = []; % B1 é a matriz quadrada de ordem N com o vetor B na diagonal superior.
C1 = diag (C, -1);
C1 (1, :) = [];
C1 (:, 1) = []; % C1 é a matriz quadrada de ordem N com o vetor C na diagonal inferior.
P = A1 + (-B1) + (-C1) ; % definindo valores negativos da matriz subdiagonal e superdiagonal e
    adicionando à matriz diagonal.
% P é a matriz tridiagonal de coeficiente requerida.
T = inv (P)*D ; % T é a matriz solução que é obtida pelo método de inversão de matriz.

%% Comandos de impressão da saída do programa
fprintf ('I\t A\t B\t C\t D\t\t T \n');
fprintf ('-------------------------------------------------- \n');
Y = [I;A;B;C;D;T ];
fprintf ( %2.0i \t %2.2f \t %2.2f \t %2.2f \t %2.4f \t %2.4f \n', Y);
% Fim da função "Tridiag".
```

Output:

I	A	B	C	D	T
1	1.00	−0.60	0.00	0.1666	0.0999
2	0.90	−0.50	−0.30	0.2022	0.1112
3	0.80	−0.40	−0.20	0.2177	0.1444
4	1.10	−0.70	−0.70	0.5155	0.1999
5	0.95	−0.60	−0.50	0.5906	0.2779
6	0.85	−0.40	−0.10	0.5489	0.3778
7	1.15	−0.60	−0.30	1.0750	0.5001
8	0.70	−0.40	−0.20	0.8755	0.6443
9	0.75	−0.80	−0.10	1.4728	0.8111
10	1.20	0.00	−0.50	1.6056	1.0000

(b) Programas de computador em C++

Esse programa define e configura os coeficientes de matriz, em seguida, chama uma sub-rotina "Tridiag" para realizar a inversão da matriz, ou solução. A sub-rotina Tridiag pode ser incorporada em qualquer programa de simulação computacional escrito em C++ que necessite a solução de um sistema tridiagonal de equações.

```
/*Programa C11 para resolver uma dada matriz tridiagonal usando o algoritmo Thomas*/
/*O tamanho da matriz tridiagonal nesse exemplo é tomado como sendo 10*/
/*Incluindo os arquivos cabeçalho necessários*/
#include<stdio.h>
#include<iostream>
#include<conio.h>
#include<math.h>
#include<fstream>
using namespace std;

/*Definindo uma função que toma os elementos diagonal, diagonal superior e diagonal inferior da
  matriz tridiagonal junto com os elementosde arranjo do lado direito e o tamanho da matriz para
  resolver a matriz*/
/*A matriz tridiagonal é de forma geral*/
/*
```

```
|  A(1)    -B(1)                                          |   |T(1)  |   |D(1)   |
|  -C(2)   A(2)    -B(2)                                  |   |T(2)  |   |D(2)   |
|   .       .       .                                     |   | .    |   | .     |
|   .       .    -C(i)    A(i)     -B(i)                  |   |T(i)  | = |D(i)   |
|   .       .       .      .        .                     |   | .    |   | .     |
|   .       .       .    -C(N-1)  A(N-1)   -B(N-1)        |   |T(N-1)|   |D(N-1) |
|   .       .       .                -C(N)  A(N)          |   |T(N)  |   |D(N)   |
*/

/*N é o tamanho da matriz*/
void tridiag(int m, double W[10], double X[10], double Y[10], double
    Z[10])
{
    /*W, X, Y e Z são os elementos de arranjo do lado direito e diagonal, diagonal superior e diagonal inferior*/
        /*m é o tamanho da matriz tridiagonal*/
        double P[10]={0};
        double Q[10]={0};
        double T[10]={0};
        /*P e Q são as variáveis de recursão*/
        /*T é a variável de temperatura ou arranjo de solução*/
        /* Calcule os valores iniciais das variáveis de recursão*/
        P[0]=X[0]/W[0];
        Q[0]=Z[0]/W[0];
        /* Calcule os valores subsequentes das variáveis de recursão*/
        for(int i=1;i<m;i++)
        {
           P[i]=X[i]/(W[i]-(Y[i]*P[i-1]));
           Q[i]=(Z[i]+(Y[i]*Q[i-1]))/(W[i]-(Y[i]*P[i-1]));
        }
        /*Calcule Inverso para T*/
        T[m-1]=Q[m-1];
        for(int j=m-2;j>>=0;j— —)
        {
           T[j]=(P[j]*T[j+1])+Q[j];
        }
        /*Mostra o arranjo solução*/
        for(int i=0;i<m;i++)
        {
   cout<< \n ;
   cout<<T[i];
        }
}
/*Fim da função de resolução tridiagonal*/
int main()
{
      Of stream out data;
      /*Declare o tamanho da matriz tridiagonal*/
      int n=10;
      /*Declare os elementos diagonais*/
      duplo A[] = {1,.9,.8,1.1,.95,.85,1.15,.7,.75,1.2};
      /*Defina os valores negativos dos elementos na diagonal superior*/
      duplo B[] = {-.6,-.5,-.4,-.7,-.6,-.4,-.6,-.4,-.8,0};
      /*Defina os valores negativos dos elementos na diagonal inferior*/
      duplo C[] = {0,-.3,-.2,-.7,-.5,-.1,-.3,-.2,-.1,-.5};
      /*Defina os elementos de arranjo do lado direito*/
      duplo D[] =
{.1666,.2022,.2177,.5155,.5906,.5489,1.075,.8755,1.4278,1.6056};
      /*Chame a sub-rotina de resolução definida*/
      Tridiag (n, A, B, C, D);
}
/*Fim do Programa*/
```

A saída desse programa com a solução da matriz é a mesma que a dada no exemplo MATLAB anterior.

(c) Programas de computador em FORTRAN

Como no caso anterior, esse programa define e configura os coeficientes de matriz, em seguida, chama uma sub-rotina TRIDIAG para realizar a inversão da matriz, ou solução. Novamente, a sub-rotina TRIDIAG pode ser incorporada em qualquer outro programa computacional escrito em FORTRAN que necessite a solução de um sistema tridiagonal de equações.

```
C
C     ##### PROGRAMA PATANKAR. PARA #####
C
C     UM EXEMPLO DE PROGRAMA FORTRAN QUE DEMONSTRA
C     A SUB-ROTINA DE RESOLUÇÃO DE MATRIZ TRIDIAGONAL
C     TRIDIAG COM N = 10.

C     DECLARE AS VARIÁVEIS
      INTEGER I, N
      PARAMETER (N = 10)
      REAL*8 A(N), B(N), C(N), D(N), P(N), Q(N), T(N)

C     I É UMA VARIÁVEL DE LOOP DO
C     N É A DIMENSÃO DA MATRIZ QUADRADA
C     A É O VETOR DOS ELEMENTOS DIAGONAIS
C     B É O VETOR DE ELEMENTOS NA DIAGONAL SUPERIOR
C     C É O VETOR DE ELEMENTOS NA DIAGONAL INFERIOR
C     D É O VETOR DO LADO DIREITO
C     P É UMA VARIÁVEL DE RECURSÃO
C     Q É UMA VARIÁVEL DE RECURSÃO
C     T É O VETOR SOLUÇÃO
C     DEFINA OS ELEMENTOS DE ARRANJO DIAGONAL
      DATA A/ 1, .9, .8, 1.1, .95, .85, 1.15, .7, .75, 1.2/
C     DEFINA OS VALORES NEGATIVOS DOS ELEMENTOS DA DIAGONAL SUPERIOR
      DATA B/ -.6, -.5, -.4, -.7, -.6, -.4, -.6, -.4, -.8, 0/
C     DEFINA OS VALORES NEGATIVOS DOS ELEMENTOS DA DIAGONAL INFERIOR
      DATA C/ 0, -.3, -.2, -.7, -.5, -.1, -.3, -.2, -.1, -.5/
C     DEFINA OS ELEMENTOS DE ARRANJO DO LADO DIREITO
      DATA D/ .1666, .2022, .2177, .5155, .5906, .5489, 1,075,
     &        .8755, 1,4728, 1,6056/

C     CHAME A SUB-ROTINA DE RESOLUÇÃO
      CALL TRIDIAG (N, A, B, C, D, P, Q, T)

C     IMPRIMA OS DADOS DE ENTRADA E RESULTADOS NA TELA
      WRITE (6, 100)
      WRITE (6, *)
      DO 20 I=1, N, 1
           WRITE (6, 110) I, A(I), B(I), C(I), D(I), T(I)
20 CONTINUE

100 FORMAT (3X, I , 8X, A , 7X, B , 6X, C , 7X, D , 9X, T )
110 FORMAT (2X, I2, 5X, F5,2, 4X, F3.,1, 4X, F3,1, 4X, F7,4, 3X, F7,4)

C     FIM DO PROGRAMA DE EXEMPLO
      END
C
C     ***** SUB-ROTINA TRIDIAG *****
C
C           SUB-ROTINA TRIDIAG resolve um sistema tridiagonal:
C     | A(1)    -B(1)                                     | |T(1)  |   |D(1)  |
C     |-C(2)     A(2)   -B(2)                             | |T(2)  |   |D(2)  |
C     |  .        .       .       .       .       .       | | .    |   | .    |
C     |           .     -C(i)    A(i)    -B(i)     .      | |T(i)  | = |D(i)  |
C     |  .        .       .       .       .       .       | | .    |   | .    |
C     |                         -C(N-1)  A(N-1) -B(N-1)   | |T(N-1)|   |D(N-1)|
C     |                                  -C(N)   A(N)     | |T(N)  |   |D(N)  |
C
C     em que N é o tamanho do sistema
```

```fortran
      SUBROUTINE TRIDIAG (N, A, B, C, D, P, Q, T)
C   DECLARE AS VARIÁVEIS
      INTEGER N, I
      REAL*8 A(N), B(N), C(N), D(N), P(N), Q(N), T(N)
C   CALCULE VARIÁVEIS DE RECURSÃO
      P(1) = B(1)/A(1)
      Q(1) = D(1)/A(1)
      DO 10 I = 2, N, 1
         P(I) = B(I)/(A(I) -C(I) * P(I-1))
         Q(I) = (D(I)+C(I) * Q(I-1))/(A(I)-C(I) * P(I-1))
10    CONTINUE
C   VOLTAR SUBSTITUTO PARA T(I)
      T(N) = Q(N)
      DO 20 I=N-1, 1, -1
         T(I) = P(I) *T(I+1)+Q(I)
20    CONTINUE
C   FIM DA SUB-ROTINA TRIDIAG
      RETURN
      END
```

PROGRAM OUTPUT

I	A	B	C	D	T
1	1,00	-,6	,0	,1666	,0999
2	,90	-,5	-,3	,2022	,1112
3	,80	-,4	-,2	,2177	,1444
4	1,10	-,7	-,7	,5155	,1999
5	,95	-,6	-,5	,5906	,2779
6	,85	-,4	-,1	,5489	,3778
7	1,15	-,6	-,3	1,0750	,5001
8	,70	-,4	-,2	,8755	,6443
9	,75	-,8	-,1	1,4728	,8111
10	1,20	,0	-,5	1,6056	1,0000

Apêndice 4

Códigos de computador para transferência de calor

Uma breve e representativa lista de alguns códigos computacionais populares e pacotes de *software* comercialmente disponíveis é dada abaixo com seus respectivos URLs. Esses pacotes são usados, muitas vezes, para resolver diferentes problemas de transferência de calor para usuários industriais e pesquisadores acadêmicos. Esses códigos geralmente são feitos para resolver problemas muito complexos que podem envolver uma geometria complicada e incomum além de vários modos de transferência de calor, incluindo condução, convecção, radiação, ebulição e condensação. Nos casos de ebulição e condensação, ou fluxos de duas fases, às vezes, é necessária a modelagem adicional das interfaces de duas fases. Observe que essa listagem não é abrangente nem é um endosso de nenhum *software*, e muitos outros códigos e pacotes de *software* podem estar comercialmente disponíveis.

Nome do código	URL do *web site*
ADINA-FSI	<http://www.adina.com/index.shtml>
ANSWER™	<http://www.acricfd.com/>
Ansys CFX	<http://www.ansys.com/products/fluid-dynamics/cfx/>
Autodesk® Algor® Simulation	<http://usa.autodesk.com/>
CFD2000	<http://www.adaptive-research.com/>
COMSOL Multiphysics®	<http://www.comsol.com/>
FLUENT	<http://www.fluent.com/>
InThermal	<http://cae-net.com/v2/?page id[1]21>
MSC Nastran	<http://www.mscsoftware.com/Contents/Products/>
OpenFOAM®: open source CFD	<http://www.openfoam.com/>
PHOENICS	<http://www.cham.co.uk/>
STAR-CD	<http://www.cd-adapco.com/>

Apêndice 5

Literatura de transferência de calor

Uma série de fatores faz com que a profundidade na abordagem de conteúdos nos livros didáticos seja limitada. Com base nisso, o objetivo é fornecer o perfil necessário para o entendimento dos princípios e preparar os alunos para problemas mais complexos do "mundo real".

Fizemos um grande esforço para apresentar informações atualizadas neste livro, mas antes de começar a resolver um problema de transferência de calor da vida real, é importante que se tome conhecimento do trabalho realizado na área por outros especialistas da área. Algumas horas na biblioteca podem economizar várias horas "reinventando a roda". Além de livros e manuais especializados, várias revistas são dedicadas à transferência de calor e fornecem a literatura mais atual disponível. Anais de conferências também são fontes valiosas de informações. Embora os artigos nessas fontes tenham sido revistos por especialistas na área antes da publicação, é importante avaliar de forma crítica cada um deles e não supor que o trabalho é infalível.

A lista a seguir inclui as revistas mais importantes sobre transferência de calor publicadas em inglês, com informações sobre a editora e frequência de publicação:

Journal of Heat Transfer, publicação mensal pela American Society of Mechanical Engineers (ASME International).

International Journal of Heat and Mass Transfer, publicação em 26 edições em volume anual pela Elsevier.

International Journal of Heat and Fluid Flow, publicação bimestral pela Elsevier.

Numerical Heat Transfer, Part A: Applications, dois volumes por ano, com 12 edições em cada volume, publicado pela Taylor & Francis.

AIChE Journal, publicação mensal pela Wiley InterScience (para o American Institute of Chemical Engineers).

Journal of Fluid Mechanics, publicação quinzenal pela Cambridge University Press.

Advances in Heat Transfer, publicação anual e/ou semestral pela Elsevier (Academic Press).

Advances in Chemical Engineering, publicação anuale/ou semestralpela Elsevier (Academic Press).

Journal of Enhanced Heat Transfer, publicação semestral pela Begell House.

Heat and Mass Transfer, publicação mensal pela Springer.

Experimental Thermal and Fluid Science, publicação em oito edições em volume anual pela Elsevier.

International Journal of Multiphase Flow, publicação mensal pela Elsevier.

International Journal of Transport Phenomena, publicação semestral pela Old City Publishing (em associação com a Pacific Center of Thermal-Fluids Engineering).

Heat Transfer Engineering, publicação em 14 edições anuais pela Taylor & Francis.

Heat Transfer — Asian Research, publicação em oito edições em volume anual pela Wiley InterScience.

Índice Remissivo

A
Abordagem integral, análise de camada-limite aproximada, 222-227
Absortividade
  Definida, 472
  Emissividade e, 480-485, 518
  Gases e vapores, 513-514, 517-519
  Monocromático, 513
  Solar, A37-A38
  Total, 475-476
Absortividade monocromática, 513
Absortividade solar, A37-A38
Aletas
  Condições-limite para, 80-81, 281
  Condução de calor e, 58, 79-88
  Convecção forçada e, 335, 390-392
  Convecção natural de, 278-282
  Distribuição de temperatura e, 81-82
  Eficiência de, 84-86
  Espaçamento entre, 281-282
  Feixes de tubos com, 390-391
  Fluxo cruzado e, 390-391
  Retangular, 279-282
  Seção transversal uniforme, 79-84
  Seleção e projeto de, 84-88
  Superfícies horizontais, 278-280
  Superfícies verticais, 280-282
  Triangular, 278-280
  Tubos com, 278-279, 335-337
Aletas retangulares, 280-282
Aletas triangulares, 279
Análise de camada-limite aproximada, 207, 222-227
Análise dimensional, 207-214
  Dados experimentais, correlação de, 211-213
  Dimensões primárias, 208-209
  Grupos adimensionais para, 210-212, 214
  Princípio de similaridade e, 213
  Teorema de Buckingham ≠, 209
  Transferência de calor por convecção
    Coeficientes, avaliação de, 206-207
Análise matemática exata, 207
Análise numérica
  Condução, 143-195
  Condução estável, 144-154, 167-176
    Condução transiente (instável), 166-171, 176-182
    Convecção, 207-208
    Discretização e, 144
    Equação de diferenças usada para, 144
    Introdução para, 144
    Sistemas bidimensionais, 166-182
    Sistemas cilíndricos, 182-184
    Sistemas de limites irregulares, 184-188
    Sistemas unidimensionais, 144-166
Analogia de Reynolds
  Convecção forçada, 324-327
  Convecção forçada e, 299-301, 360-367
  Ebulição nucleada e, 539
  Fluxo totalmente estabelecido, efeitos em, 299-301
  Fluxo turbulento, 231-233, 324-327
  Número de Reynolds (Re)
  Queda de pressão e, 299-301
  Superfícies exteriores (cilindros e esferas), 360-368
  Transferência de calor por convecção, 231-233
  Transferência de calor por convecção e, 211
  Transição do fluxo de calor e, 300
Anemômetro de fio quente, 368-369
Ângulo sólido diferencial, 468
Aproximação de Boussinesq, 256
Aspereza de superfície
  Convecção forçada e, 326-327
  Ebulição nucleada e, 549

C
Calor por condução
  Cama embalada, 373-375
  Classificação de, 419
  Coeficiente de transferência de calor
    geral para, 419-423, 447
  Compacto, 417
  Concha e tubo, 414-420, 432
  Contato direto, 414-419
  Contato indireto, 419
  Diferença de temperatura média logarítmica, 423-430
  Efetividade, 429-437
  Fase termodinâmica (estado) de fluidos, 419
  Fatores de incrustação para, 421-422
  Fluxo cruzado, 414-416, 437
  Formas geométricas para, 418
  Melhoria de transferência de calor, 438-444
  Microescala, 445
  Número de unidades de transferência de calor, 432-433
  Projeto de, 415-419
  Radiadores, 417-418
  Recuperador, 411, 419
  Regenerador, 412-413, 419
  Tubo dentro do tubo, 414
Camadas limites
  Análise da transferência de calor por
    convecção e, 198-200, 204-207, 215-218, 232-234
  Arrasto (fricção) e, 232-234
  Coeficiente de fricção para, 206, 217-218
  Definido, 200
  Equações adimensionais, 204-207
  Espessura, 215-218
  Fluxo laminar, 199
  Fluxo transicional, 199-200
  Fluxo turbulento, 199-200
  Misto, 233
  Número de Nusselt (Nu) para, 206-207
  Parâmetros de similaridade e, 204-207
  Perfis de velocidade para, 199
Camas embaladas, convecção forçada e, 373-376
Campo longitudinal, 380
Campo transverso, 380
Canos de calor, 572-582
  Dados de permeabilidade e tamanho do poro do pavio, A36
  Limitações de arrastamento de, 577
  Limitações de ebulição de, 580
  Limitações de pavio de, 320-323
  Limitações sônicas de, 576-578
  Operação de, 572-576
  Queda de pressão em, 572-575, 578-581
  Tensão superficial em, 574-576
Canos (ocos), 68-74. Veja também
Canos de calor; Tubos de
  condução de calor por, 68-73
  Dimensões de aço, A39-A40
Capacidade de calor, A44-A45
  Gases ideais, A44
  Líquidos saturados, A45
Características de superfície, 476-486
Cilindros
  Aletas anexadas a, 278
  Convecção forçada sobre superfícies
    externas de, 358-368
  Convecção natural de, 257-263,

266-268, 272-275, 278
  Correlação empírica para, 262-263, 265-269, 272-273
  Fluxo cruzado sobre, 360-364
  Fluxo potencial sobre, 359-360
  Horizontais (tubos), 257-259, 265-268, 272-274, 278-279
  Número de Reynolds (Re) para, 360-368
  Rotação, 273-275
  Vertical, 259-263
Classificação de, 392
Coeficiente de arrasto (fricção)
  Camadas-limite adimensionais e, 205-206
  Camadas-limite mistas e, 233
Coeficiente de fricção
  Análise do fluxo laminar, 216-218, 222, 224-227, 307
  Análise do fluxo turbulento, 326-327
  Arrasto, 205-206, 232-234
  Avaliação de, 225-227
  Camadas-limite adimensionais e, 205-206
  Camadas-limite mistas e, 233
  Coeficiente de fricção e, 326-328
  Convecção forçada e, 306, 316-320, 326-327
  Dutos de seção transversal não circular, 316-319
  Efeitos de aspereza de superfície em, 326-328
  Equações empíricas para, 240
  Pele, 216-218, 222
  Ventilação, 306
Coeficiente de fricção da pele, 217-218, 222
Coeficiente de fricção de ventilação, 307
Coeficiente de transferência de calor geral, 32-36
  Condução de calor estável e, 72-73
  Fatores de incrustação para, 421-422
  Sistemas cilíndricos, 72-74
  Sistemas de transferência de calor combinados, 32-37
  Sistemas esféricos, 72-74
  Trocadores de calor, 419-423, 447
Coeficientes de matriz para condições-limite, 150, 164
Coeficientes de transferência de calor
  Avaliação de, 206-208, 219, 225-227
  Convecção (hc), 14, 206-208, 219-220, 224-227, 240
  Equações empíricas para, 240
  Geral, 33-35, 72-74
  Radiação (hr), 18

Coeficientes de transferência de calor por convecção
  Análise de camada-limite aproximada, 207
  Análise dimensional, 207
  Análise matemática exata, 207
  Avaliação de, 206-208, 219, 225-227
  Fluxo laminar, 219-220
  Limites de precisão de em valores previstos, 305
  Métodos numéricos de análise, 207-208
  Momento e transferência de calor, analogia entre, 207
Componente flutuante de fluxo turbulento, 228-230
Comprimento de mistura de Prandtl, 230-231
Condensação, 562-572
  Em filme, 563-571
  Em gotas, 571
  Fluxo turbulento, efeitos de, 568-569
  Misturas de vapores e gases não condensáveis, 572
  Temperatura de saturação, 570
  Vapor superaquecido, 570
  Velocidade de alto vapor, efeitos de, 569-570
Condensação em filme, 563-571
Condensação em gotas, 571
Condições de limite
  Aletas de seção transversal uniforme, 80-81
  Coeficientes de matriz para, 150, 164
  Condução de calor e, 76-78, 80-81
  Condução multidimensional, 89-91
  Condução transiente, 108-111
  Condução transiente (instável), 159-163, 166-171
  Conservação de energia e, 45-46
  Convecção de superfície especificada, 148-150, 160
  Espaçamento de aletas, 80-81, 280-282
  Fluxo de alta velocidade e, 235-239
  Fluxo de calor especificado, 148-150, 160, 166-171
  Formas cilíndricas, 76-77
  Radiação de superfície especificada, 149
  Sistemas bidimensionais, 166-171
  Situações especiais para a análise de convecção, 235-240
  Soluções numéricas
    Condução estável, 148-150, 167-171
    Sistemas unidimensionais, 148-150, 159-164

Superfície isolada, 148
Temperatura de superfície específica, 148-150
Condições de vácuo, resistência de contato térmico sob, 26
Condições-limite de superfície isolada, 148
Condições-limite de temperatura constante, 311-313
Condições-limite térmicas, 305
Condução. Veja também Condução térmica, Convecção em série com, 29-31
  Aletas e, 58, 79-88
  Análise numérica de, 143-194
  Condutância térmica para, 8
  Condutividade térmica e, 6-7, 10-13, 59
  Constante de conversão, 6
  Coordenadas para, 60-65
  Definido, 58-59
  Difusão e, 58-59
  Estado estável, 60, 62, 64-65, 88
  Estável, 60, 65, 87-97
  Forma adimensional, 63-64
  Geração de calor e, 65-68, 76-79
  Instável, 60, 127
  Lei de Fourier, 7, 10
  Paredes planas
    Dimensões múltiplas de fluxo de calor, 19-25
    Em paralelo, 22-24
    Em série, 19-22
    Fluxo de calor unidimensional, 8-10, 19
    Geração de calor e, 65-68
  Resistência térmica para, 8
  Sistemas cilíndricos, 60, 64-65, 68-74, 76-78, 182-184
  Sistemas esféricos, 59, 64-65, 73-76
  Sistemas multidimensionais, 88-97, 122-126
  Sistemas retangulares, 60-68
  Superfícies estendidas e, 79-84
  Temperatura e, 59-61
  Transferência de calor, 6-13, 59
    Sistemas bi ou tridimensionais, 60
    Sistemas em paralelo, 22-25
    Sistemas em série, 19-22, 29-31
    Sistemas unidimensionais, 60
  Transiente, 60, 97-125
  Unidades de, 7, 62
Condução de calor instável, 60, 127. Veja também Condução transiente
Condução de calor, veja Trocadores de calor
Condução estável

Análise numérica
    Condições-limite para, 148-150, 166-168
    Equação de diferença, 144-148, 168-171
    Métodos de solução para, 150-154, 171-176
    Coordenadas cilíndricas, 65
    Coordenadas esféricas, 65
    Coordenadas retangulares, 62
    Definidas, 62
    Forma adimensional, 64
    Sistemas bidimensionais, 166-176
    Sistemas multidimensionais, 88-97
    Sistemas unidimensionais, 60, 62, 64-65, 68-80, 144-154
Condução instável, 60
Condução transiente
    Análise numérica
        Condições-limite para, 159-163, 168-171
        Equação de diferença, 154-159, 167-168
        Métodos de solução para, 163-166, 176-181
    Condições-limite, 108-110
    Constante de tempo para, 98-99
    Corpos sólidos, 97-98, 101-102
    Definidas, 62
    Equação transcendental para, 105-106
    Função de erro gaussiano (erf) para, 110
    Gráficos para, 111-122
    Métodos de capacidade de calor aglomerado para, 97-99, 101-103
    Número de Biot (Bi) para, 97
    Placas infinitas, 103-108
    Resistência interna desprezível, sistemas com, 97-103
    Sistemas bidimensionais, 166-171, 176-182
    Sistemas compostos ou corpos, 101-102
    Sistemas multidimensionais, 122-126
    Sistemas unidimensionais, 97-122
    Sólidos semi-infinitos, 108-112
    Temperaturas transientes adimensionais e fluxo de calor em, 109-111, 113-120
Condutância térmica
    Transferência de calor por condução, 8
    Transferência de calor por convecção, 15
    Transferência de calor por radiação, 17

Condutividade térmica
    Efeitos de temperatura em, 10-12, 37-39
    Gases, 10-11, A45
    Isoladores e, 12-13
    Isolamento térmico e, 37-39
    Lei de Fourier para, 7, 10
    Líquidos, 11, A47
    Ordem de magnitude de, 7
    Sólidos, 12-13
Cones, convecção natural e, 265-269
Confinados e, 392
Constante de tempo para condução transiente, 98-99
Contrafluxo, 430-431
    Temperatura de excesso crítico, fluxo de calor crítico e, 534-535
    Transferência de calor além, 562
Convecção
    Análise de transferência de calor, 196-251
        Analogia de Reynolds para, 232-233
        Camada-limite aproximada, 207, 222-227
        Camada-limite mista, 233-235
        Camadas-limite e, 199, 204-207, 215-218
        Coeficientes de transferência de calor para, 206-208, 219-220, 224-227
        Condições-limite especiais para, 235-240
        Dimensional, 206-214
        Equações de conservação para, 200-203
        Matemático exato, 207
        Métodos numéricos, 207-208
        Momento e transferência de calor, Analogia entre, 207, 227-231
        Solução analítica para, 214-222
    Condução em série com, 29-31
    Condutância térmica para, 15
    Fluxo de alta velocidade, 235-239
    Fluxo laminar, 199-204, 214-224
    Fluxo turbulento, 199-200, 227-233
    Forçada
        Superfícies exteriores, 357-410
        Transferência de calor por, 13, 197
        Tubos e dutos, 297-356
    Natural, 13, 198, 252-295
    Ordem de magnitude de, 15
    Placas planas, 200-204, 214-223, 232
    Processo de transferência de calor, 12-16, 197-199
    Radiação em paralelo com, 31-32
    Resistência térmica para, 15
    Superfície para a transferência de calor fluido, 13-15, 19

    Taxa de transferência de calor, 13
    Transição de Fluxo, 199-200
Convecção forçada
    Anemômetro de fio quente para, 368-369
    Aspereza de superfície e, 326-328
    Camas embaladas e, 373-376
    Coeficiente (fator) de fricção para, 307, 316-319, 326-327
    Coeficientes de transferência de calor, limites de precisão em valores previstos de, 305
    Condições-limite térmicas para, 305
    Convecção natural combinada com, 275-278, 322-324
    Correlações empíricas para, 314-324, 327-335
    Definido, 14
    Diâmetro hidráulico para, 298
    Distribuições de temperatura e velocidade em, 197-198
    Dutos, 314-323, 327-332
    Ebulição nucleada em, 554-556
    Efeitos da compressibilidade em, 305
    Efeitos de entrada em, 302-305
    Efeitos do Número de Prandtl (Pr) em, 302-303
    em ebulição, 552-562
    Fluxo de calor crítico e, 559-562
    Fluxo incompressível de líquidos e gases, 328-329, 346
    Fluxo laminar, 305-324
    Fluxo totalmente desenvolvido,
Número de Reynolds (Re) efeitos sobre, 299-301
    Fluxo turbulento, 324-335
    Metais líquidos e, 332-334, 389
    Número de Nusselt (Nu) para, 298, 311, 314-318, 327-333, 371-373
    Número de Reynolds (Re) para, 299-301, 360-368
    Produção líquida de vapor, 558-559
    Propriedades físicas, variação devido à temperatura, 305
    Queda de pressão e, 299-301
    Regimes de ebulição em, 552-554
    Resfriamento, 341-343
    Resfriamento de dispositivo eletrônico, 341-343
    Superfícies exteriores, sobre, 357-410
    Técnicas de melhoria, 335-344
    Temperatura crítica (ponto de ebulição) e, 562
    Temperatura de referência de fluido, 299
    Transferência de calor e momento, analogia entre, 324-327
    Transferência de calor por, 13, 298

Tubos, 305-314, 324-341, 367, 376-391
Convecção forçada e, 392-400
  Correlações de transferência de calor para, 393-400
  Submergido, 392, 398-400
  Superfície livre, 392-398
  Único, fluxo com, 392-394
Convecção livre, veja Convecção natural, Jatos livres, 392-400
Convecção natural
  Aproximação de Boussinesq para, 256
  Cilindros, 257-263, 266-268, 272-274
  Cones, 265-269
  Convecção forçada combinada com, 275-278, 322-324
  Correlações empíricas para, 262-273, 275-286
  Definido, 14
  Discos, 273-275
  Distribuições de temperatura e velocidade em, 198
  Esferas, 265-268, 273-275
  Espaços confinados, 269-273
  Fluxo laminar, efeitos de em, 322-324
  Número de Grashof (Gr) para, 257, 268-269, 276-278
  Número de Nusselt (Nu) para, 257, 262-265, 269-274, 278
  Número de Rayleigh (Ra) para, 257-261, 270-272
  Parâmetros adimensionais para, 256-257
  Parâmetros de similaridade para, 254-262
  Placas, 259-265
  Sistemas de rotação e, 273-275
  Sistemas tridimensionais, 259, 265-269
  Superfícies aletadas, 278-282
  Transferência de calor por, 13, 253-254
Coordenadas para condução de calor, formas cilíndricas, 64-65
  Formas esféricas, 64-65
  Formas retangulares, 61-63
Corpo negro
  Definido, 461
  Energia emissiva de, 463
  Energia emissiva monocromática, 463-464
  Irradiação, 462-463
  Leis, 463-465
  Transferência de calor de radiação de, 16-17

Corpos fuselados, convecção forçada sobre, 358, 372-374
Corpos reais, radiação e, 17, 476-477
Corpos sólidos, condução transiente em, 97-98, 101-103
Corpos tridimensionais, naturais, 259, 265-268

D
Dados de permeabilidade e tamanho do poro do pavio, A36
Defletores, 414-415
Densidade de líquidos saturados, A47
Descretização, 144-145
Diâmetro hidráulico, 298
Diferença de temperatura média logarítmica, 423-430
Difusão, condução por, 58-59
Difusividade de turbilhão de calor, 231
Difusividade térmica, 62
Dimensões e unidades, 5
Discos, convecção natural de rotação, 273-275
Dispositivos de resfriamento por convecção forçada, 341-344
Distribuição espectral, 461
Distribuições de velocidade em convecção, 197-198
Dutos, 314-323, 327-332
  Analogia de Reynolds para, 324-327
  Circular, 315-316, 328-332
  Coeficiente (fator) de fricção para, 316-319, 326-327
  Convecção forçada em, 314-332
  Correlações empíricas para convecção forçada em, 327-332
  Fluxo laminar em, 314-323
  Fluxo turbulento em, 324-332
  Número de Nusselt (Nu) para, 327-332
  Retangular, 315
  Seções cruzadas não circulares, 316-319, 331-332
  Viscosidade dinâmica, 199

E
Ebulição
  Canos de calor, limitações de, 580
  Convecção forçada e, 552-562
  Filme, 549-551, 562
  Fluxo de calor crítico em, 534-535, 542-549, 559-562
  Líquido sub-resfriado, transferência de calor para, 538-540
  Mecanismos de crescimento de bolhas, 536-540
  Nucleado, 534-535, 539-549, 554-557
  Produção de vapor líquida, 558-559
  Região deficiente de líquidos, 562
  Superfície, 538-540

Temperatura e, 533-536
Temperatura excessiva crítica (ponto) de, 534-535, 562
Transferência de calor e, 533-562
Transição, 562
Vaso, 533-552
Ebulição de superfície, 538-540
Ebulição em filme, 549-551, 562
Ebulição em piscina, 533-551. Veja também Ebulição de fluxo potencial sobre superfícies externas, 358-361
Ebulição nucleada
  Coeficiente de transferência de calor, 540
  Convecção forçada e, 554-556
  Definido, 534
  Equação de Zuber para, 544
  Fluxo de calor crítico em, 542-549
  Fluxo de calor de pico e, 544-549
  Fluxo de convecção para, 555-557
  Fluxo de ebulição para, 555-557
  Melhorias para, 549-550
  Número de Reynolds (Re) para, 540
  Número de unidades de transferência de calor, 432-433
  Regimes, 534-535, 544-545
  Superfícies de aquecimento de fluido e, 540-542
Efeitos de compressibilidade na convecção forçada, 305
Efeitos de congelamento na transferência de calor, 582-586
Efeitos de entrada na convecção forçada, 302-305
Efeitos de fusão na transferência de calor, 582-586
Efetividade, trocador de calor, 429-437
Eficiência de aletas, 84-86
Emissão de banda, 465-469
Emissividade
  Absortividade e, 480-485, 518
  Definido, 472
  Fatores de correção para, 516-517
  Gases e vapores, 514-519
  Hemisféricas totais, A37-A38
  Superfícies reais, 476-485
Energia emissiva
  Intensidade da radiação, relação para, 470-471
  Leis de corpos negros e, 463-465
  Radiação de corpos negros e, 463-465, 469-471
  Superfícies negras e, 471
Energia emissiva monocromática, 463-464
Equação de camada-limite de Navier-Stokes, 276
Equação de condução, 59-65
  Coordenadas cilíndricas, 64-65

Coordenadas esféricas, 64-65
Coordenadas retangulares, 60-63
Difusividade térmica, 62
Forma adimensional, 63-64
Número de Fourier (Fo), 63
Operador laplaciano, 63-64
Utilização de, 59-61
Equação de conservação de energia, 203
Equação de conservação de massa, 201-202
Equação de conservação de momento, 201-203
Equação de diferença explícita, 155-156
Equação de diferença finita, 146-147
Equação de diferença implícita, 159
Equação de Dittus-Boelter, 327
Equação de Poiseuille, 578
Equação de Zuber, 544
Equação transcendental, 105-106
Equações de camada-limite adimensional, 204-207
Equações de diferenças
  Abordagem de controle de volume para, 144-148, 166-168
  Análise numérica usando, 144
  Condução estável, 144-148, 167-168
  Condução transiente (instável), 154-159, 166-168
  Explícito, 155-156
  Finito, 146
  Implícito, 159
  Sistemas bidimensionais, 166-168
  Sistemas unidimensionais, 144-148, 154-160, 166-167
  Soluções instáveis, 155-156
Esferas
  Convecção forçada sobre superfícies externas de, 358-368, 370-371
  Convecção natural combinada com, 266-269, 273-275
  Fluxo cruzado sobre, 360-364
  Fluxo potencial sobre, 359-360
  Número de Nusselt (Nu) para, 371
  Número de Reynolds (Re) para, 360-368
  Rotação, 273-275
Esferorradiano (sr), unidade de, 468
Espaços enclausurados, convecção natural em, 269-273
Especificado condições de limite
  Convecção de superfície, 148-150, 160
  fluxo de calor, 148-150, 160, 166-171
  Radiação de superfície, 149
  Temperatura de superfície, 148-150

Espectro eletromagnético, 461-462
Estado estável, equação de condução para, 60, 62, 64-65
Estruturas de pavio, seções transversais de, 580

F
Fase termodinâmica (estado) de fluidos, 419
Fator de forma
  Álgebra para, 493-494
  Condução estável multidimensional, 91-94
  Geométrica, 489-492
  Radiação, 486-495
  Teorema de reciprocidade para, 486
Fator de forma geométrica, 489-492
Fatores de conversão, 6, A5
Fatores de incrustação, 421-422
Feixes de tubos
  Aletadas, 389-392
  Arranjos de, 376
  Campo longitudinal, 380
  Campo transverso, 380
  Convecção forçada sobre, 376-392
  Em estágios, 376-381, 391-392
  Em linha, 377-381, 391
  Fluxo cruzado sobre, 377-391
  Queda de pressão coeficiente para, 384-385
Feixes de tubos em estágio (bancos), 376-381, 391
Feixes de tubos em linha (bancos), 377-381, 391
Fluidos. Veja também Convecção forçada; Mudanças de fase
  Condução em série com, 29-31
  Condutância térmica para, 15
  Convecção e, 13-15, 29-32
  Ordem de magnitude de, 15
  Radiação em paralelo com, 31-32
  Resistência térmica para, 15
  Transferência de calor entre superfície e, 13-16, 19
  Transferência de calor, propriedades de, A22-A23
Fluxo cruzado de superfície externa cilindros, 360-364
  Convecção forçada e, 360-364, 376-392, 400-402
  Esferas, 360-365
  Feixes de tubos, 376-391, 402
  Feixes de tubos aletados, 402
  Metais líquidos em, 390
Fluxo de alta velocidade, transferência de calor por convecção, análise de, 235-240
Fluxo de calor
  Convecção forçada e, 555-556, 559-562

Crítico, 534, 542-549, 559-562
Ebulição de vaso, 534-535
Ebulição nucleada, 542-549, 555-557
Fluxo de convecção, 555-557
Fluxo de ebulição, 555-557
Pico, 544-548
Transferência de calor além do ponto crítico, 562
Fluxo de calor crítico
  Convecção forçada e, 555-556, 559-562
  Ebulição em vaso, 534-535, 542-549, 559-562
  Ebulição nucleada, 542-549, 555-557
  Temperatura excessiva crítica (ponto) e, 534-535
  Transferência de calor além do ponto crítico, 562
Fluxo de calor de pico, 544-549
Fluxo de calor uniforme, convecção forçada e, 307-311
Fluxo de convecção (calor), 555-557
Fluxo de ebulição (calor), 555-557
Fluxo de Poiseuille, 307
Fluxo incompressível de líquidos e gases, 328-329, 346
Fluxo induzido por força flutuante com transferência De calor, veja Convecção natural
Fluxo laminar, 197-204
  Avaliação do coeficiente de transferência de calor, 224-227
  Camada-limite e, 199, 215-218
  Coeficiente de fricção de ventilação, 307
  Coeficiente de fricção (pele) para, 217-218, 225-226
  Convecção forçada, 305-324
  Convecção natural, efeitos de em, 322-324
  Correlações empíricas para, 314-324
  Distribuição de velocidade em, 199
  Dutos (curtos), 314-323
  Equação de conservação de energia para, 203, 218
  Equação de conservação de massa para, 201-202
  Equação de conservação de momento para, 201-203
  Fator de fricção para, 316-320
  Fluxo de calor uniforme e, 307-311
  Número de Nusselt (Nu) para, 220, 222, 314-318, 320-321, 324
  Parâmetros adimensionais para, 219
  Placas planas, sobre, 200-204, 214-223

Solução analítica para, 214-222
Temperatura de superfície uniforme e, 311-314
Transferência de calor por convecção, 218-222
Tubos (longos), em, 305-314
Variações de propriedades, efeitos de em, 319-322
Fluxo paralelo, eficiência do trocador de calor de, 430-431
Fluxo totalmente desenvolvido, Número de Reynolds (Re) efeitos sobre, 299-301
Fluxo transicional, velocidade distribuição em, 199-200
Fluxo turbulento, 199-200
  Analogia de Reynolds para, 231-233, 324-327
  Aspereza de superfície e, 326-328
  Camada-limite e, 199-200
  Coeficiente de troca para temperatura, 231
  Coeficiente (fator) de fricção para, 326-327
  Componente flutuante de, 228-230
  Comprimento de mistura de Prandtl para, 230-231
  Condensação, efeitos de em, 568-569
  Correlações empíricas para, 327-335
  Difusividade de turbilhão de calor, 231
  Distribuição de velocidade em, 199
  Dutos, 324-332
  Fluxo incompressível de líquidos e gases, 328-329
  Metais líquidos, 332-334
  Momento e transferência de calor, analogia entre, 207, 227-231, 324-327
  Número de Nusselt (Nu) para, 327-332
  Superfícies planas, sobre, 232
  Taxa de transferência de calor em, 230-231
  Tubos, 324-332
  Viscosidade de turbilhão, 230-231
Folhas refletivas para isolamento térmico, 37
Força, unidades de, 5
Função de erro (erf), 110, A43
Função de erro gaussiano, 110, A43
G
Gases
  Capacidades de calor de, A44
  Condutividade térmica de, 7, A45
  Convecção forçada de, 328, 346
  Correlações de transferência de calor por convecção para, 328-329
  Equações de correlação para propriedades físicas de, A44-A45

Fluxo incompressível em tubos e dutos, 328-329, 346
Não condensáveis misturados com vapor, 572
Propriedades de radiação de, 512-519
Propriedades termodinâmicas de, A25-A35
Sistemas de transferência de calor e, 31-32
Viscosidade de, A44
Geração de calor interno, 59
Geração de calor uniforme por paredes planas, 66-68
Gráficos para condução transiente, 111-126
I
Inserções de fita torcida, convecção forçada e, 337-339
Intensidade de radiação, 468-471
  Angulo sólido diferencial para, 468
  Definido, 468
  Energia emissiva, relação para, 470-471
Inversão de matriz
  Análise de condução de calor, 150-152
  Análise de radiação, 503-512
Irradiação
  Corpo negro, 462-463, 471-472
  Espectral, 471-472
  Isotrópico (uniforme), 462
Irradiação espectral, 471-472
Irradiação isotrópica (uniforme), 462
Isoladores, condutividade térmica e, 12-13
Isolamento térmico, 36-41
  Celular, 37-38
  Condutividade térmica de, 37-39
  Efeitos de temperatura em, 37-39
  Fibroso, 36-37
  Folhas reflexivas, 37
  Granular, 37
Isolamento térmico celular, 37-38
Isolamento térmico fibroso, 36-37
Isolamento térmico granular, 37
Iteração, 151
Iteração de Gauss-Seidel, 151
Iteração de Jacobi, 151
J
Jatos confinados, 392
Jatos de superfície livre, 392-398
Jatos submersos, 392, 398-400
L
Lei da conservação de energia, 41-46
  Aplicações de análise de transferência de calor, 43-46
  Condições-limite para, 45-46
  Primeira Lei da Termodinâmica para, 41-42

Sistema fechado, 42
Lei de Condução de Fourier, 7, 10
Lei de cosseno de Lambert, 471
Lei de Deslocamento de Wien, 463-464
Lei de Kirchhoff e, 473-476
Lei de Planck, 463
Lei de Stefan-Boltzmann, 464-465
Limitações de arrastamento em canos de calor, 577
Limitações de fluxo sônico em canos de calor, 576-578
Limitações de pavio em canos de calor, 320-323
Limites precisos, convecção forçada e, 477
Linhas de fluxo (fluxo de calor), 91-92
Líquidos
  Capacidades de calor de, A45
  Condutividade térmica de, 7, A46
  Convecção forçada de, 328, 346
  Correlações de transferência de calor por convecção para, 328-329
  Densidade de, A47
  Equações de correlação para propriedades físicas, A44-A47
  Fluxo incompressível em tubos e dutos, 328-329, 346
  Propriedades termodinâmicas de, A13-A21
  Saturado, A45-A47
  Viscosidade de, A46
Líquidos saturados, propriedades de, A44-A47
Líquido sub-resfriado, transferência de calor para, 538-540
M
Massa, unidades de, 5
Massa, unidades de, 5
Materiais de construção, absortividade e emissividade de, A37-A38
Matriz de multiplicação, 151
Matriz tridiagonal, 151, A48-A52
Mecanismos de crescimento de bolhas, 536-540
Meio de absorção, radiação e, 510-512
Metais líquidos
  Convecção forçada e, 332-335, 390
  Propriedades de, A23-A24
Método de capacidade de calor agrupado para condução transiente,
  Constante de tempo para, 98-99
  Corpos sólidos, 97-98, 101-102
  Número de Biot (Bi) para, 97
  Sistemas compostos ou corpos, 101-102
  Sistemas com resistência interna desprezível, 97-99, 101-103
Método de espaçamento de nó variável, 147

Método gráfico para condução de sistema multidimensional, 91-97
Métodos de solução numérica, 150-154
   Condução estável, 150-154, 171-176
   Condução transiente (instável), 163-166, 176-182
   Inversão de matriz, 151
   Iteração, 151, 171-176
   Multiplicação de matriz, 151
   Sistemas bidimensionais, 171-182
   Sistemas unidimensionais, 150-154, 164-166
Microcamada de evaporação, 537
Microcamada de relaxamento, 537
Mídia de transmissão, radiação e, 510-512
Momento e transferência de calor, analogia entre, 207, 227-231, 324-327
   Analogia de Reynolds e, 324-327
   Coeficiente de transferência de calor para, 207
   Convecção forçada e, 324-327
   Efeitos de aspereza de superfície em, 326-328
   Fluxo turbulento, 207, 227-231, 324-327
   Número de Stanton (St) para, 325
   Transferência de calor por convecção e, 207, 227-231
Mudanças de fase
   Canos de calor e, 572-582
   Condensação, 562-572
   Congelamento, 582-586
   Ebulição, 533-562
   Fusão, 582-586
   Projeto de condensador e, 571-572
   Transferência de calor com, 532-593

N
Nós, 145
Número de Biot (Bi), 77, 97
Número de Dean (Dn), 340
Número de Fourier (Fo), 63
Número de Graetz (Gz), 324
Número de Grashof (Gr), 257, 268-269
Número de Jakob (Ja), 538
Número de Nusselt médio logado, 314-316
Número de Nusselt (Nu)
   Análise de convecção de calor usando, 206-207, 211, 220, 222
   Análise de fluxo de alta velocidade usando, 236
   Camadas-limite adimensionais e, 206-207
   Convecção forçada, 298, 312, 314-318, 320, 324, 327-334, 370-373
   Convecção natural, 257, 262-265, 269-271, 273-274
   Fluxo laminar, 220, 222, 314-318, 320-321, 324
   Fluxo turbulento, 327-332
   Média logada, 314-316
   Metais líquidos, 333
   Número de Rayleigh (Ra) e, 270-272
   Número de Reynolds (Re) e, 301
   Superfícies exteriores e, 370-373
Número de Prandtl (Pr)
   Convecção forçada, efeitos em, 302-303
   Transferência de calor por convecção e, 211
Número de Rayleigh (Ra), 257-261, 270-272
Número de Stanton (St), 222, 327

O
Operador laplaciano, 63-64

P
Parâmetros adimensionais
   Análise dimensional e, 210-211, 214
   Condução transiente, 108-122
   Convecção natural, 256-258
   Equação de condução para, 63-64
   Número de Dean (Dn), 340
   Número de Grashof (Gr), 257
   Número de Nusselt (Nu), 206, 211, 257
   Número de Prandtl (Pr), 211
   Número de Rayleigh (Ra), 257-261, 270-272
   Número de Reynolds (Re), 211
   Teorema de Buckingham [p], 209, 256
Parâmetros de similaridade
   Aproximação de Boussinesq para, 256
   Camadas-limite adimensionais, 204-207
   Convecção natural, 254-262
Paredes planas
   Condução de calor estável por, 65-68
   Condução de calor por, 8-10, 19-25
   Dimensões múltiplas de fluxo de calor, 19-25
   Em paralelo, 22-24
   Em série, 19-22
   Fluxo de calor unidimensional, 8-10, 19
   Geração de calor uniforme por, 66-68
Pavios compostos, 570-572
Período de espera, crescimento de bolhas, 536
Placas infinitas, condução transiente em, 103-108
Placas planas
   Convecção natural de, 259-266
   Correlação empírica para, 262-263
   Fluxo laminar sobre, 200-204, 214-222
   Horizontal, 264-266
   Verticais, 259-264
Ponto de ebulição, veja Temperatura excessiva crítica
Primeira Lei da Termodinâmica, 41-42
Princípio de similaridade, 213
Produção de vapor líquida, 558-559
Programas C++, sistema tridiagonal de equações, A49-A50
Programas Fortran, sistema tridiagonal de equações, A51-A52
Programas MATLAB
   Análise de radiação, 506-509
   Sistema tridiagonal de equações, A48-A49
Projeto de condensador, 571-572
Propriedades da radiação, 472-486, 512-519
   Absortividade, 472, 475-476, 480-485, 513
   Características de superfície, 476-486
   Corpos cinza e, 476
   Emissividade, 472, 476-485
   Lei de Kirchhoff e, 473-476
   Monocromático, 473-476
   Reflexividade, 472, 484-486
   Transmissividade, 472, 485
Propriedades físicas, 305
   Equações de correlação para, A44-A47
   Variação de temperatura de, 305
Queda da pressão
   Canos de calor e, 572-575, 577-581
   Equação de Poiseuille para, 578
   Feixes de tubos, coeficientes para, 384-385
   Limitações de pavio de, 577-581
   Número de Reynolds (Re) efeitos em, 299-301

R
Radiação
   Análise, 502-512
   Inversão de matriz, 150, 503-512
   Mídia de absorção e transmissão, 512
   Programa MATLAB para, 506-508
   Superfícies cinzas, 503-509
   Superfícies não cinzas, 509-510
   Características de superfície, 476-486
   Coeficientes de transferência de calor, 17

Combinada com convecção e condução, 519-522
Condutância térmica para, 17
Convecção em paralelo com, 31-32
Corpo negro, 16-17, 462-472
Corpos reais, 17, 476-477
Enclausurados, 494-503, 509-512
Espectro eletromagnético de, 461-462
Fator de forma, 486-494
Gases, propriedades dos, 512-519
Inversão de matriz para, 503-512
Mídia de absorção e transmissão, 512
Monocromático, 461, 473-476
Programa MATLAB para, 506-508
Propriedades de, 472-486, 512-519
Resistência térmica para, 17
Superfícies cinzas e, 476-477, 498-509
Superfícies não cinzas e, 509-510
Superfícies negras e, 471, 495-498
Térmica, 461-462
Transferência de calor por, 16-17, 460-530
Unidades de, 17, 461

Vapores, propriedades dos, 512-519
Radiação de corpo negro, 462-472
Emissão de, 463-465
Emissão de banda, 465-469
Funções, 465-467
Intensidade de, 468-469
Irradiação, 471-472
Lei de cosseno de Lambert para, 471
Lei de deslocamento de Wien para, 463-464
Lei de Planck para, 463
Lei de Stefan-Boltzmann para, 464-465
Relação de intensidade-energia emissiva, 470-471
Radiação monocromática, 461, 473-476
Radiação térmica, 461-462. Veja também Radiação
Radiadores, transferência de calor de, 417-418
Radiosidade, 498
Raio crítico de isolamento, 71-72
Razão de aspecto, 269, 299
Reflexão difusa, 485
Reflexão especular, 485

Reflexividade, 472, 484-486
Região deficiente de líquidos, 562
Regime de bolha isolada, 544-545
Regime de coluna contínua, 544-545
Regime de ebulição de filme de transição, 535-536
Regime de ebulição de filme estável, 535-536
Regime de fluxo anular, 553-554
Regime de fluxo de bolhas, 552-553
Regime de fluxo de slug, 552-553
Regime de fluxo misto, 295-554
Regimes de ebulição, 533-536, 544-545, 552-554
Bolha isolada, 544-545
Coluna contínua, 544-545
Convecção forçada e, 552-554
Ebulição de filme em transição, 535-536
Ebulição de filme estável, 535-536
Ebulição de vaso, 533-536
Fluxo anular, 553-554
Fluxo de bolhas, 552-553
Fluxo de névoa, 553-554
Fluxo-sopro, 552-553
Nucleado, 534-535, 544-545

CONVERSÕES ENTRE AS UNIDADES HABITUAIS AMERICANAS E UNIDADES NO SI

Unidade habitual americana		Vezes o fator de conversão		É igual à unidade SI	
		Precisa	Prática		
Aceleração (linear)					
pés por segundo ao quadrado	ft/s^2	0,3048*	0,305	metros por segundo ao quadrado	m/s^2
polegada por segundo ao quadrado	pol/s^2	0,0254*	0,0254	metros por segundo ao quadrado	m/s^2
Área					
circular mil[†]	circular	0,0005067	0,0005	milímetro quadrado	mm^2
pé quadrado	ft^2	0,09290304*	0,0929	metro quadrado	m^2
polegada quadrada	pol^2	645,16*	645	milímetro quadrado	mm^2
Densidade (massa)					kg/m^3
slug por pé cúbico	slug/ft^3	515,379	515	quilograma por metro cúbico	
Densidade (peso)					
libra por pé cúbico	lb/ft^3	157,087	157	newton por metro cúbico	N/m^3
libra por polegada cúbica	lb/pol^3	271,447	271	quilonewton por metro cúbico	kN/m^3
Energia; trabalho					
pé-libra	ft-lb	1,35582	1,36	joule (N-m)	J
polegada-libra	pol-lb	0,112985	0,113	joule	J
quilowatt-hora	kWh	3,6*	3,6	megajoule	MJ
unidade térmica britânica	Btu	1 055,06	1055	joule	J
Força					
libra	lb	4,44822	4,45	newton (kg-m/s^2)	N
kip (1000 libras)	k	4,44822	4,45	quilonewton	kN
Força por unidade de comprimento					
libra por pé	lb/ft	145,939	14,6	newton por metro	N/m
libra por polegada	lb/pol	175,127	175	newton por metro	N/m
kip por pé	k/ft	14,5939	14,6	quilonewton por metro	kN/m
kip por polegada	k/pol	175,127	175	quilonewton por metro	kN/m
Comprimento					
pé	ft	0,3048*	0,305	metro	M
polegada	pol	25,4*	25,4	milímetro	mm
milha	mi	1,609344*	1,61	quilômetro	km
Massa					
slug	lb-s^2/ft	14,5939	14,6	quilograma	kg
Momento de uma força; torque					
libra-pé	lb-ft	1,35582	1,36	newton metro	N-m
libra-polegada	lb-pol	0,112985	0,113	newton metro	N-m
kip-pé	k-ft	1,35582	1,36	quilonewton metro	kNm
kip-polegada	k-pol	0,112985	0,113	quilonewton metro	kNm

*Um asterisco marca um fator de conversão *exato*.
[†] 1 circular mil é a área circular cujo diâmetro é 1 milímetro

Observação Para converter de unidades SI para unidades USCS, ***divida*** pelo fator de conversão

CONVERSÕES ENTRE AS UNIDADES HABITUAIS AMERICANAS E UNIDADES NO SI (continuação)

Unidade habitual americana		Vezes o fator de conversão Precisa	Vezes o fator de conversão Prática	É igual à unidade SI	
Momento de inércia (área)					
polegada à quarta potência	pol^4	416 231	416 000	milímetro à quarta potência	mm^4
polegada à quarta potência	pol^4	$0,416231 \times 10^{-6}$	$0,416 \times 10^{-6}$	metro à quarta potência	m^4
Momento de inércia (massa)					
slug por pé ao quadrado	slug-ft^2	1,35582	1,36	quilograma por metro quadrado	Kg-m^2
Potência					
pé-libra por segundo	ft-lb/s	1,35582	1,36	watt (J/s ou N-m/s)	W
pé-libra por minuto	ft-lb/min	0,0225970	0,0226	watt	W
cavalo-vapor (550 ft-lb/s)	hp	745,701	746	watt	W
Pressão; estresse					
libra por pé quadrado	psf	47,8803	47,9	pascal (N/m^2)	Pa
libra por polegada quadrada	psi	6 894,76	6 890	pascal	Pa
kip por pé quadrado	ksf	47,8803	47,9	quilopascal	kPa
kip por polegada quadrada	ksi	6,89476	6,89	megapascal	MPa
Módulo de seção					
polegada à terceira potência	pol^3	16 387,1	16 400	milímetro à terceira potência	mm^3
polegada à terceira potência	pol^3	$16,3871 \times 10^{-6}$	$16,4 \times 10^{-6}$	metro à terceira potência	m^3
Velocidade (linear)					
pé por segundo	ft/s	0,3048*	0,305	metro por segundo	m/s
polegada por segundo	pol/s	0,0254*	0,0254	metro por segundo	m/s
milha por hora	mph	0,44704*	0,447	metro por segundo	m/s
milha por hora	mph	1,609344*	1,61	quilômetro por hora	km/h
Volume					
pé cúbico	ft^3	0,0283168	0,0283	metro cúbico	m^3
polegada cúbica	pol^3	$16,3871 \times 10^{-6}$	$16,4 \times 10^{-6}$	metro cúbico	m^3
polegada cúbica	pol^3	16,3871	16,4	centímetro cúbico (cc)	cm^3
galão (231 pol^3)	gal.	3,78541	3,79	litro	L
galão (231 pol^3)	gal.	0,00378541	0,00379	metro cúbico	m^3

*Um asterisco marca um fator de conversão *exato*.
Observações Para converter de unidades SI para unidades USCS, ***divida*** pelo fator de conversão

Fórmulas de conversão de temperaturas

$$T(°C) = \frac{5}{9}[T(°F) - 32] = T(K) - 273,15$$

$$T(K) = \frac{5}{9}[T(°F) - 32] + 273.15 = T(°C) + 273,15$$

$$T(°F) = \frac{9}{5}T(°C) + 32 = \frac{9}{5}T(K) - 459,67$$

PRINCIPAIS UNIDADES UTILIZADAS NA MECÂNICA

Quantidade	Sistema Internacional (SI) Unidade	Símbolo	Fórmula	Sistema Comum Americano (USCS) Unidade	Símbolo	Fórmula
Aceleração (angular)	radiano por segundo ao quadrado		rad/s^2	radiano por segundo ao quadrado		rad/s^2
Aceleração (linear)	metro por segundo ao quadrado		m/s^2	pé por segundo ao quadrado		ft/s^2
Área	metro quadrado		m^2	pé quadrado		ft^2
Densidade (massa) (Massa específica)	quilograma por metro cúbico		kg/m^3	slug por pé cúbico		$slug/ft^3$
Densidade (peso) (Peso específico)	newton por metro cúbico		N/m^3	libra por pé cúbico	pcf	lb/ft^3
Energia, trabalho	joule	J	N-m	pé-libra		ft-lb
Forças	newton	N	kg-m/s	libra	lb	(unidade base)
Força por unidade de comprimento (Intensidade da força)	newton por metro		N/m	libra por pé		lb/ft
Frequência	hertz	Hz	s^{-1}	hertz	Hz	s^{-1}
Comprimento	metro	m	(unidade base)	pé	ft	(unidade base)
Massa	quilograma	kg	(unidade base)	slug		$lb\text{-}s^2/ft$
Momento de uma força; torque	newton metro	N-m		libra-pé		lb-ft
Momento de inércia (área)	metro à quarta potência		m^4	polegada à quarta potência		$pol.^4$
Momento de inércia (massa)	quilograma metro quadrado		$kg\text{-}m^2$	slug pé quadrado		$slug\text{-}ft^2$
Potência	watt	W	J/s (N-m/s)	pé-libra por segundo		ft-lb/s
Pressão	pascal	Pa	N/m^2	libra por pé quadrado	psf	lb/ft^2
Módulo de seção	metro à terceira potência		m^3	polegada à terceira potência		in.
Estresse	pascal	Pa	N/m^2	libra por polegada quadrada	psi	$lb/pol.^2$
Tempo	segundo	s	(unidade base)	segundo	s	(unidade base)
Velocidade (angular)	radiano por segundo		rad/s	radiano por segundo		rad/s
Velocidade (linear)	metro por segundo		m/s	pé por segundo	fps	ft/s
Volume (líquidos)	litro	L	$10^{-3} m^3$	galão	gal.	$231\ pol.^3$
Volume (sólidos)	metro cúbico		m^3	pé cúbico	cf	ft^3

PROPRIEDADES FÍSICAS SELECIONADAS

Propriedade	SI	Usos
Água (doce)		
densidade de peso	9,81 kN/m³	62,4 lb/ft³
densidade de massa	1000 kg/m³	1,94 slugs/ft³
Água do mar		
densidade de peso	10,0 kN/m³	63,8 lb/ft³
densidade de massa	1020 kg/m³	1,98 slugs/ft³
Alumínio (ligas estruturais)		
densidade de peso	28 kN/m³	175 lb/ft³
densidade de massa	2800 kg/m³	5,4 slugs/ft³
Aço		
densidade de peso	77,0 kN/m³	490 lb/ft³
densidade de massa	7850 kg/m³	15,2 slugs/ft³
Concreto reforçado		
densidade de peso	24 kN/m³	150 lb/ft³
densidade de massa	2400 kg/m³	4,7 slugs/ft³
Pressão atmosférica (nível do mar)		
valor recomendado	101 kPa	14,7 psi
valor internacional padrão	101,325 kPa	14,6959 psi
Aceleração da gravidade		
(nível do mar, aprox. 45° latitude)		
valor recomendado	9,81 m/s²	32,2 ft/s²
valor internacional padrão	9,80665 m/s²	32,1740 ft/s²

PREFIXOS SI

Prefixo	Símbolo	Fator de multiplicação	
tera	T	10^{12} =	1 000 000 000 000
giga	G	10^{9} =	1 000 000 000
mega	M	10^{6} =	1 000 000
quilo	k	10^{3} =	1 000
hecto	h	10^{2} =	100
deca	da	10^{1} =	10
deci	d	10^{-1} =	0,1
centi	c	10^{-2} =	0,01
mili	m	10^{-3} =	0,001
micro	μ	10^{-6} =	0,000 001
nano	n	10^{-9} =	0,000 000 001
pico	P	10^{-12} =	0,000 000 000 001

Observação: Não é recomendado no SI o uso dos prefixos hecto, deca, deci e centi.